U0804073

■ 2009年12月，国务院南水北调工程建设委员会第四次全体会议在北京召开，中共中央政治局常委、国务院副总理、国务院南水北调工程建设委员会主任李克强主持会议并讲话。中共中央政治局委员、国务院副总理、国务院南水北调工程建设委员会副主任回良玉出席会议。

（新华社　供稿）

■ 2009年12月，国务院南水北调工程建设委员会第四次全体会议召开会场。

（新华社　供稿）

■ 2009年11月，中共中央政治局委员、北京市市委书记刘淇察看南水北调北京市内配套工程大宁调蓄水库工程。

（王满仓　摄）

■ 2009年3月，全国人大常委会副委员长韩启德在河南省淅川县视察调研南水北调中线水源保护工作。

（余培松　摄）

■ 2009年10月，中央扩大内需促进经济增长政策落实检查工作领导小组第二十三检查组检查南水北调中线一期工程天津干线工程天津市境内1段工程建设情况。 （何　睦　摄）

■ 2009年9月，国务院南水北调办主任张基尧察看南水北调中线一期工程天津干线工程。 （许安强　摄）

■ 2009年9月，国务院南水北调办主任张基尧考察南水北调中线丹江口库区移民试点原阳县狮子岗新村并与移民群众座谈。
（杜丙照 摄）

■ 2009年6月，国务院南水北调办主任张基尧在山东省副省长贾万志陪同下考察南水北调东线一期工程济南市区段工程。
（杜丙照 摄）

■ 2009年10月，国务院南水北调办副主任李津成考察南水北调中线一期工程天津干线工程天津市境内2段工程。

（李永鑫　供稿）

■ 2009年11月，国务院南水北调办副主任、国务院南水北调建委专家委员会副主任宁远参加南水北调中线一期工程穿黄工程盾构施工技术咨询会议。

（冯晓波　摄）

■ 2009年4月，国务院南水北调办副主任张野在河南省宝丰县南水北调中线丹江口库区移民安置点调研。

（余培松　摄）

■ 2009年2月，水利部副部长鄂竟平考察南水北调东线一期工程解台站工程。

（江苏省南水北调办　供稿）

■ 2009年3月，天津市副市长李文喜检查南水北调中线一期工程天津干线工程天津市境内1段工程建设情况。
（高　群　摄）

■ 2009年5月，河南省省长郭庚茂在河南省宝丰县南水北调中线丹江口库区移民安置点进行调研。
（余培松　摄）

2009年7月，湖北省副省长田承忠检查南水北调中线工程汉江兴隆水利枢纽工程建设情况。

（龚富华　摄）

2009年3月，国务院南水北调工程建设委员会专家委员会组织专家考察南水北调中线一期工程京石段应急供水工程。

（胡敏锐　摄）

■ 2009年6月，南水北调东线一期工程洪泽湖—骆马湖段工程开工建设。

（江苏省南水北调办　供稿）

■ 2009年12月，南水北调东线一期工程泗阳站工程开工建设。（江苏省南水北调办　供稿）

■ 2009年6月，南水北调东线一期工程南四湖—东平湖段输水与航运结合工程开工建设。

（李新强　摄）

■ 2009年7月，南水北调中线一期工程天津干线（河北境内）工程开工建设。（李　旸　摄）

■ 2009年7月，南水北调中线一期工程郑州段工程开工建设。 （许安强 摄）

■ 2009年12月，南水北调中线一期工程沙河渡槽段工程开工建设。 （朱文君 摄）

2009年2月，南水北调中线工程汉江兴隆水利枢纽工程开工建设。（龚富华　摄）

2009年4月，南水北调北京市内配套工程暨南干渠、大宁调蓄水库工程开工建设。

（胡敏锐　摄）

■ 2009年3月，南水北调东线一期工程穿黄河工程滩地埋管工程施工现场。（李新强　摄）

■ 2009年4月，南水北调东线一期工程穿黄河工程南干渠渠道衬砌工程施工现场。（李新强　摄）

■ 2009年12月，南水北调东线一期工程刘老涧二站工程底板开挖现场。

（江苏水源公司　供稿）

■ 2009年12月，南水北调东线一期工程徐州市截污导流工程张楼中运河地涵施工现场。

（江苏省南水北调办　供稿）

■ 2009年12月，南水北调东线一期工程淮安市截污导流工程穿运河涵洞施工现场。

（江苏省南水北调办　供稿）

■ 2009年2月，南水北调东线一期工程临沂市截污导流工程吴坦河扩挖施工现场。

（公　臣　摄）

■ 2009年2月，南水北调东线一期工程临沂市截污导流工程橡胶坝施工现场。（公　臣　摄）

■ 2009年4月，南水北调东线一期工程菏泽市截污导流工程王双楼闸施工现场。（张永利　摄）

■ 2009年11月，南水北调中线一期工程穿黄工程施工现场。 （郝清华　摄）

■ 2009年9月，南水北调中线一期工程穿黄工程管片制作混凝土浇筑现场。 （郝继峰　摄）

2009年3月，南水北调中线一期工程南阳膨胀土试验段工程工地。 （郑　军　摄）

2009年12月，南水北调中线一期工程黄河北—漳河南段工程温博段工程3标幸福河渠道倒虹吸施工现场。 （余培松　摄）

■ 2009年4月，南水北调中线一期工程黄河北—漳河南段工程安阳段工程3标渠道衬砌施工现场。
（余培松　摄）

■ 2009年7月，南水北调中线一期工程天津干线工程工地。（李永鑫　摄）

■ 2009年8月，建设中的南水北调中线一期水源工程丹江口水库大坝加高工程汛期度汛。

（班静东　摄）

■ 2009年11月，建设中的南水北调中线一期水源工程丹江口水库大坝加高工程远景。

（班静东　摄）

■ 2009年8月，河南省委、省政府在许昌市许昌县姬家营移民新村举行南水北调中线丹江口库区试点移民搬迁启动仪式。（郭贵明　摄）

■ 2009年8月，湖北省南水北调中线工程移民搬迁现场。（湖北省移民局　供稿）

■ 2009年8月，南水北调中线丹江口库区移民入住郑州市中牟县移民新村。（余培松　摄）

■ 2009年2月，南水北调东线一期工程淮阴三站工程通过泵站机组试运行验收。（江苏省南水北调办　供稿）

■ 2009年12月，南水北调东线一期工程江都市截污导流工程出水口。

（江苏省南水北调办　供稿）

■ 2009年9月，建成后的南水北调东线一期工程三阳河工程。（江苏水源公司　供稿）

2009年5月，建成后的南水北调东线一期工程济平干渠东平段工程。

（李新强　摄）

2009年4月，建成通水后的南水北调中线一期工程京石段应急供水工程釜山隧洞工程。

（宋　波　摄）

■ 2009年9月，已建成的南水北调中线一期工程京石段应急供水工程漕河渡槽工程。
（宋 波 摄）

■ 2009年9月，已建成充水运行的南水北调中线一期工程京石段应急供水工程北京大宁调压池工程。
（宋 波 摄）

CHINA SOUTH-TO-NORTH WATER DIVERSION PROJECT CONSTRUCTION YEARBOOK

中国南水北调工程建设年鉴

2010

《中国南水北调工程建设年鉴》编纂委员会

中国电力出版社
www.cepp.com.cn

图书在版编目（CIP）数据

中国南水北调工程建设年鉴. 2010/《中国南水北调工程建设年鉴》编纂委员会编. —北京：中国电力出版社，2010. 10

ISBN 978 - 7 - 5123 - 0782 - 7

Ⅰ. ①中…　Ⅱ. ①中…　Ⅲ. ①南水北调 - 水利工程 - 中国 - 2010 - 年鉴　Ⅳ. ①TV68 - 54

中国版本图书馆 CIP 数据核字（2010）第 161168 号

中国电力出版社出版、发行

（北京三里河路 6 号　100044　http://www.cepp.com.cn）

北京盛通印刷股份有限公司印刷

各地新华书店经售

*

2010 年 10 月第一版　2010 年 10 月北京第一次印刷

787 毫米×1092 毫米　16 开本　47 印张　1136 千字　28 彩页

印数 0001—4000 册　定价 **300.00** 元

敬 告 读 者

本书封面贴有防伪标签，加热后中心图案消失

本书如有印装质量问题，我社发行部负责退换

版 权 专 有　　翻 印 必 究

《中国南水北调工程建设年鉴》
编纂委员会

主任委员： 鄂竟平　国务院南水北调工程建设委员会办公室主任

副主任委员： 杜　鹰　国家发展和改革委员会副主任

胡静林　财政部部长助理

鹿心社　国土资源部副部长

张力军　环境保护部副部长

仇保兴　住房和城乡建设部副部长

矫　勇　水利部副部长

单霁翔　国家文物局局长

夏占义　北京市人民政府副市长

熊建平　天津市人民政府副市长

张　和　河北省人民政府副省长

黄莉新　江苏省人民政府副省长

贾万志　山东省人民政府副省长、山东省南水北调工程建设指挥部副指挥

刘满仓　河南省人民政府副省长

田承忠　湖北省人民政府副省长

李津成　国务院南水北调工程建设委员会办公室副主任

张　野　国务院南水北调工程建设委员会办公室副主任

蒋旭光　国务院南水北调工程建设委员会办公室副主任

汪　洪　水利部总工程师

委　　员： （按姓氏笔画排序）

于福春　王文生　王安德　王志民　王树山　王新友

尹宏伟　邓东升　石　波　石春先　朱卫东　刘伟平

刘国洪　刘明松　刘春生　关　强　孙国升　杜鸿礼

李　勇　李鹏程　李新军　何凤慈　汪元良　汪安南

汪易森　沈凤生　宋　伟　张力威　张志颇　张劲松

张国良　张忠义　张岩松　张　波　张　悦　陈怡芳

赵　勇　柏仇勇　钮新强　段红东　袁松龄　郭志高

凌　江　蒋旭光　董安建　韩连峰

《中国南水北调工程建设年鉴》编纂委员会办公室

主　任： 王志民
副主任： 卢胜芳　徐子恺

编　辑　部

主　　任： 赵月园
副 主 任： 肖　军　杜丙照
编　　辑： 任志远　张玉山
特约编辑：（按姓氏笔画排序）

马荣辉　王宁新　王志文　王宝恩　王　彬　井书光
邓文峰　邓　杰　田自红　史晓立　史福全　冯云飞
皮　钧　边　玮　吕志辉　朱　涛　刘子慧　刘　军
刘远书　刘　杰　刘晓磊　闫亚林　苏治中　杜崇玲
杨元月　杨　方　杨占军　杨金海　杨　栋　杨晓婧
杨　益　李永清　李志竑　李松柏　李闽峰　李　勇
李　益　李　婧　李舜才　李道峰　相福亮　肖慧莉
吴淑章　何　睦　张元教　张少华　张　可　张　玫
张明光　张素洁　陈志荣　陈建军　陈　梅　武　健
罗　刚　金　旸　周曰农　周建华　周建华　周结斌
赵世新　胡　玮　胡周汉　宫汉桥　袁文传　袁连冲
耿新建　倪春飞　殷立涛　高德刚　郭贵明　曹海涛
曹燕进　龚富华　崔　荃　彭承波　董树龙　程　玲
谭　文　谭　杰　缪国斌　魏　伟　魏　岩

编 辑 说 明

一、《中国南水北调工程建设年鉴》是由国务院南水北调工程建设委员会办公室主办的专业年鉴，是逐年集中反映南水北调工程建设、生态环境、征地移民以及投融资等过程中的重要事件、技术资料、统计报表的资料性工具书，自 2005 年起每年编印一册。

二、《中国南水北调工程建设年鉴 2010》记载 2009 年的事件，设 10 个篇目：要事纪实、政策法规·重要文件、综合管理、东线工程、中线工程、西线工程、配套工程、队伍建设、统计资料、大事记。另有重要活动剪影和英文目录。

三、本年鉴所载内容实行文责自负。年鉴内容、技术数据及是否涉密等均经撰稿人所在单位把关审定。

四、本年鉴一律使用法定计量单位。技术术语、专业名词、标点符号等使用力求符合规范要求或约定俗成。单位名称首次出现时使用全称，再次出现时使用规范的简称。

五、本年鉴力求内容全面、资料准确、整体规范、文字简练，并注重实用性、可读性和连续性。

《中国南水北调工程建设年鉴》编辑部

2010 年 9 月

篇　　目

目　录

壹　要事纪实

贰 政策法规·重要文件

叁 综合管理

肆 东线工程

伍　中线工程

陆　西线工程

柒 配套工程

捌 队伍建设

玖 统计资料

拾 大事记

CHINA SOUTH-TO-NORTH WATER DIVERSION PROJECT CONSTRUCTION YEARBOOK

壹 要事纪实

IMPORTANT EVENT RECORDS

重 要 讲 话

国务院副总理李克强在国务院南水北调工程建设委员会第四次全体会议上的讲话

（2009 年 12 月 1 日）

南水北调是我国跨区域调配水资源的重大基础性工程，党中央、国务院对此高度重视。今天，我们召开国务院南水北调工程建设委员会（以下简称“国务院南水北调建委”）第四次全体会议，主要任务是：总结国务院南水北调建委第三次全体会议以来南水北调工作，分析存在的问题，部署明年工作，加快推进南水北调工程建设。刚才，国务院南水北调办、南水北调建委专家委负责同志分别汇报了南水北调工程建设情况和工程质量检查情况，河南省负责同志介绍了该省南水北调工作情况，工程沿线各省市负责同志和国务院有关部门负责同志也讲了很好的意见。良玉同志的讲话，我完全赞成。下面，我讲几点意见：

一、充分肯定南水北调工作取得的成绩

国务院南水北调建委第三次全体会议后一年多来，在国务院南水北调办和沿线各省市、各有关部门的密切配合和共同努力下，南水北调工程建设步伐明显加快，新开工项目不断增加，一批重要工程正在有力推进，工程建设已全面铺开，基本实现了今年预定的年度建设目标。南水北调工程所取得的进展，不仅对工程本身按总体进度有效推进十分重要，而且有利于扩大内需、加强基础设施建设，有利于促进就业、稳定建筑市场，有利于保障首都供水安全，对促进经济平稳较快发展作出了积极贡献。这些成绩来之不易，要认真总结，发扬光大，进一步做好南水北调各项工作。

二、进一步提高对南水北调工程重要性和紧迫性的认识

在看到成绩的同时，也应当看到南水北调工程面临的困难和挑战，进一步增强对工程重要性和紧迫性的认识。我国作为一个有 13 亿人口的发展中大国，基本国情不仅是人口多、底子薄，而且包括资源相对不足、生态环境承载能力有限。节约资源、保护环境是我们的基本国策。当前，水资源短缺已成为我国经济社会发展的重要制约因素。特别是在北方地区，水资源短缺的问题更为突出，对可持续发展构成严峻挑战。随着工业化、城镇化的继续推进，一些地区水资源短缺的问题还会进一步加剧。建设好南水北调工程，对于缓解北方地区水资源严重短缺现象、促进区域经济社会可持续发展具有重要意义。

南水北调工程开工建设之初，国务院就明确提出了先节水后调水、先治污后通水、先环保后用水（“三先三后”）的原则。在工程建设中，不仅要优化我国水资源配置、构建“四横三纵”水网体系，而且要增强全社会的节水意识，增强工程沿线地区环境保护意识，加强水污染治理、水源地保护和地下水限采。不仅要从工程措施层面促进沿线地区转变经济发展方式，调整产业结构，淘汰落后生产能力，而且要从社会层面促进生活方式合理转变，引导社会各界高度关注生态文明建设，加快建设资源节约型、环境友好型社会。因此，南水北调既是实现长江、黄河、淮河和海河水资源合理配置，缓解北方地区水资源严重短缺现象的重大水利工程，又是节约水资源、提高水资源利用效率、保护生态环境的重大示范工程，对于全国经济社会发展大局，对于落实节约资源、保护环境的基本国策，都十分重要。

2010年，我国经济工作面临保持经济平稳较快发展的繁重任务，需要继续努力扩大内需，加快转变经济发展方式，增强经济发展的内生动力和可持续性，更加注重保障和改善民生。积极推进南水北调工作，有利于扩大内需特别是居民消费需求，反映了受水地区广大人民群众的热切期盼。因此，南水北调工程是一项关系国计民生的重大工程，也是一项促进人民生活水平和质量不断提高的惠民工程。

目前，南水北调工程进度日见紧迫。要全面实现东线工程2013年通水、中线工程2014年汛后通水的建设目标，2010年南水北调工程的投资规模将达到400亿元以上，比过去7年累计完成的投资还要多，而且今后几年需要继续保持这样的投资强度。随着南水北调工程的全面铺开，建设和管理工作的强度将明显加大，沿线各省市、各有关部门要从大局出发，进一步增强责任感和紧迫感，共同推动南水北调工程又好又快建设，完成好党中央、国务院确定的这一重大战略性任务。

三、优质高效地推进南水北调工程建设

南水北调工程开工以来，沿线各省市、各有关部门密切配合，做了大量工作。工程建设始终按照贯彻落实科学发展观的要求，在很多方面做了有益探索，形成了一套符合南水北调工程建设实际的管理体制和运行机制，积累了宝贵的经验，为下一步搞好南水北调工程建设打下了良好基础。同时也要认识到，南水北调工程是一个涉及多领域、多地区、多层面的系统工程，工程战线长，建筑类型多，参建单位多，在建项目多，工程建设面临的困难和挑战前所未有。做好下一步工作，要深入贯彻落实科学发展观，坚持质量第一、安全第一，坚持改革创新、完善体制机制，统筹考虑工程建设、征地移民、治污环保、质量安全和节俭廉洁等各项工作，协调推进，保证工程建设的顺利进行，保证工程效益的有效发挥。

一要确保工程质量。质量是南水北调工程的生命线。从目前情况看，南水北调工程质量总体是好的，保障工程质量的方法措施是行之有效的，应当在今后工作中继续坚持。但应指出，工程质量管理中出现的个别问题不容忽视，必须始终把工程质量作为工程建设管理的核心任务，常抓不懈，贯穿于工程建设的全过程。要在制度、机制和措施上狠下工夫，坚持并不断完善行之有效的管理办法，严格执行基本建设程序，进一步规范南水北调工程招标投标工作，规范建设管理行为，实行全程、全员、全方位的质量管理责任制，严格质量监督检查，做到工程质量全过程有效监控。国务院南水北调办要进一步加强组织，不断完善措施，充分发挥项目法人、建设管理单位和监理单位的作用，落实设计、施工、监理及项目管理多层次的质量保证体系和规章制度，特别是落实施工一线监理和施工人员的质量责任，努力把南水北调工程建设成为经得起时间和历史检验的、质量一流的精品工程、放心工程。

二要把移民工作做好。这是南水北调工程建设的基础，是工程建设顺利推进的重要保障。南水北调工程是继三峡工程后又一项移民工作量较大的工程。经过前期的努力，目前库区移民工作有了一个稳健的起步，为下一步较大规模移民创造了条件。2010年移民工作将进入高峰期，如何有序、有效地进行移民工作，保证移民能够搬得出、稳得住、还能逐步致富，是对我们新的考验。要积极、稳妥地做好移民工作，加快库区移民搬迁实施进度，密切注意工作中出现的新情况，认真研究并妥善解决遇到的新问题，把南水北调工程建设成为促进社会发展与和谐稳定的民生工程。

三要加强治污环保工作。治污环保是南水北调工程成败的关键，关系到工程效益的发挥。要把治污环保工作放到更加突出的位置，坚持“三先三后”原则，强化治污责任，在落实既定治污项目的基础上，检查治污效果，完善后续项目及措施。进一步加强政策调控、法规和标准建设，发挥政策引导作用，推动技术改造和产业结构升级。要加快实施《丹江口库区及其上游水污染防治和水土保持规划》，统筹考虑库区经济社会发展，积极调整产业结构，开展生态试验区建设，落实库区后续扶持政策，使保护水源与当地发展同步推进、实现双赢。要统筹安排各类治污环保资金，提高工程沿线环境监测能力和治污基础能力建设，保证南水北调送出的水是清水，保证水质稳定并不断得到改善。

四要有序推进项目建设和运行管理。要按照国务院南水北调建委的要求，加强施工组织和进度管理工作，合理安排工期，提供资金保障，确保年度建设目标落到实处，确保按期实现通水目标。做好先期开工建设并完工项目的运行管理，关系到工程安全和效益的发挥。要认真把握南水北调工程渠道长、管理开放等特点，分析南水北调工程运行管理的特殊性，在制度建设上科学设计、力求创新，建立健全已完工项目运行管理的有效机制，为后续完工项目的运行管理积累经验。

四、着力解决南水北调工程建设中的主要问题

国务院南水北调办汇报中提到的6个问题，归纳起来主要是三个方面：

一是移民问题。原则赞成河南、湖北两省提出的“四年任务基本两年完成”的意见，努力实现移民早搬迁、早稳定，尽早改善移民群众生产生活条件。2010年移民搬迁任务相当繁重，有关省一定要落实责任，有关部门要加强配合，细化方案，落实措施，把工作做实、做好。移民搬迁工作要始终坚持以人为本，切实维护人民群众的合法权益。对工作过程中出现的问题要及时发现，认真研究，妥善解决。

二是资金问题。资金保障直接影响工程进度。从目前情况来看，资金保障还难以完全满足工程进度要求，一些省市压力较大。但2010年将是工程建设的关键一年，如果由于资金制约不能顺利推进，工程进度越往后延，成本越高，投入越大，所以一定要采取有效措施确保工程建设资金需要。希望有关地方政府高度重视，多想办法，使南水北调工程基金按规定要求及时征缴到位。同时，要尽快测算国家重大水利工程建设基金的征收方案，既要有利于工程建设，也要让地方和企业能够承受，加紧修改完善上报。在基金不能满足工程建设需要的情况下，可以使用银行贷款作为搭桥过渡资金，保证工程建设顺利推进。目前一些地方配套工程建设资金缺口较大，配套工程建设明显滞后于主体工程。这种局面如不及时改变，将对整个工程的效益发挥产生不利影响。希望沿线各省市高度重视，努力解决配套工程资金缺口。2010年沿线各省市由中央代发的地方国债，应把南水北调配套工程的资金需求放到重要位置加以考虑和安排，以保证配套工程和主体工程协同推进。国务院南水北调办也要加强对配套工程建设的检查和指导。

三是统筹协调问题。南水北调工程是一个系统工程，不仅工程建设进度要加快，管理也要进一步提高效率，使各项工作统筹考虑、协调推进。现在沿线各省市环境监测和治污能力还比较薄弱，欠账很多，仅靠南水北调资金难以解决问题，需要我们统筹协调，把正常的治污工作与南水北调工程的治污环保结合起来，把正常的资金投入向南水北调沿线倾斜。文物保护、科研开发等也要如此。只要树立起“一盘棋”的思想，想方设法筹集资金，就可以使这方面的矛盾得到有效缓解。要加快立法进程，争取尽早出台《南水北调供用水管理条例》，以便依法统筹各方力量，实现南水北调工程规范化管理。两部制水价方案也要抓紧研究细化，以发挥市场机制下价格杠杆的作用，促进南水北调工程经济效益的实现。

五、切实加强对南水北调工作的组织领导

2010年是南水北调工程建设的关键一年，任务相当繁重和艰巨。工程沿线各省市、各有关部门要按照党中央、国务院的决策部署，切实加强组织领导，从大局出发，按照各自职能分工，团结共建，确保2010年年度计划圆满完成，确保南水北调工作全面顺利推进，确保南水北调工程按时发挥效益。

工程沿线各级党委、政府要按照工程建设的统一部署，以主人翁姿态认真、负责地做好工作。要统筹协调本地区的各类行政和社会资源，用于移民安置、文物保护、污染防治、配套工程建设等方面。要增强工作主动性，落实库区移民责任，加快干线征地进度，把治污环保的任务完成好，把移交地方的工程管理好。

各有关部门要充分认识南水北调工程的艰巨性和紧迫性，切实做到各司其职，各负其责，密切协作配合，加强政策研究和衔接，加快推进有关基金征收、地下水控采、工程管理等方面法规制度建设，加强计划与资金的衔接，确保工程建设资金需求。国务院南水北调办要继续发挥好组织协调作用，进一步完善相关协调机制，加大协调力度，做好服务，加强督促检查和自身建设，发挥好中央与地方、部门与地方之间的联系纽带作用。

国务院副总理回良玉在国务院南水北调工程建设委员会第四次全体会议上的讲话

（2009年12月1日）

在南水北调工程初步设计审批过半、工程建设全面提速的关键阶段，在移民试点启动一年、移民工作加快推进的关键节点，国务院南水北调建委召开第四次全体会议，十分重要和及时。刚才，国务院南水北调办汇报了一年来南水北调工程建设进展情况，南水北调建委专家委汇报了工程质量检查情况，河南省政府汇报了河南段工程建设情况，有关地方和部门负责同志发表了意见，讲得都很好。克强同志还将作重要讲话。下面，我简要讲几点意见：

第一，充分肯定南水北调工程建设取得的成绩。国务院南水北调建委第三次全体会议以来，国务院南水北调办等有关部门与工程沿线各省市密切配合，认真贯彻中央扩大内需政策，抓住有利时机，努力加快工程建设步伐，做了大量卓有成效的工作。2009年是工程量完成最多、建设进展较快的一年。从前期工作看，工程设计工作、设计审核审批明显加快；从工程建设看，新开工项目不断增加，工程建设全线铺开，部分工程已经建成并初步发挥综合效益；从移民工作看，库区移民试点起步稳健，取得了重要经验，为下一步大规模移民创造了条件。另外，经过多年的磨合，工程建设管理体制机制进一步理顺，部门与地方之间工作配合更加默契。

第二，高度重视工程建设面临的挑战和困难。刚才，国务院南水北调办汇报的几个问题，有关部门和地方要高度重视，认真予以研究解决。其中，关于资金问题，要加大筹措力度，保证建设需要。当前，随着全球气候变化和干旱加剧，受水地区缺水问题更加突出，对加快南水北调工程建设的要求日益迫切。随着工程建设全面提速，工程战线长，涉及地区多，设计、施工、监理单位多，工程管理难度增大，特别是移民工作任务很重。此外，工程已开工7年，社会各方面关注程度越来越高，也对我们工作提出了更高要求。因此，我们一定要高度重视工程建设面临的挑战和困难。

第三，合理安排南水北调工程下一阶段的工作。国务院南水北调办商有关部门和地方政府提出的2010年工作安排意见，我都赞成。下一阶段的工作：一要扎实推进工程建设。要重视工程设计与施工的协调，重视进度与质量的协调，重视建设与运行的协调，重视调水与治污的协调，重视工程建设与移民进展的协调。二要全面加强工程管理。随着工程建设的进展，建成的项目将不断增加，要加强已建项目的运行管理。要坚持统一管理的原则，对于完工项目，尽快安排竣工验收，抓紧移交项目法人管理运行。对跨渠桥梁的管理，地方政府要切实负起管理责任，采取得力措施，严禁超限、超载，加强危险品运输车辆管理，杜绝安全隐患，防止出现重大安全事故。三要进一步加强治污环保。严格遵循“三先三后”的原则，把节水、治污、生态环境保护与工程建设有机结合起来，转变理念，改进手段，统筹兼顾，落实责任，促进产业布局调整和升级换代，确保沿线水质达标。四要加强配套工程建设。受水区有关省市要加大配套工程建设力度，抓紧审批相关规划，多渠道筹集资金，加强与干线工程的衔接，促进配套工程与干线工程同步发挥效益。

第四，坚决抓好南水北调工程建设质量。从当前情况看，南水北调工程质量总体上是好的。可以说，在确保工程质量上，现行的制度、办法和工作措施是行之有效的，要在今后工作中继续坚持。但另一方面，工程质量管理中暴露出的个别问题也不容忽视，必须引起足够重视和高度警觉，要深入调查分析，找准症结，采取有效措施，认真加以解决。既要重视枢纽工程的质量，又要重视渠道工程的质量；既要重视主体工程的质量，又要重视配套工程的质量。从南水北调建委专家委介绍的几起事故看，保障工程建设质量，要落实全过程、全方位、全员的质量管理责任制，把好每一个环节，提高工程设计质量、施工质量，强化监理工作，严格工程质量监督检查，切实做到不给工程留隐患、不给后代留遗憾。

第五，加快推进南水北调工程移民工作。河南、湖北两省库区移民达30多万人，移民搬迁工作量很大。对移民来讲，早搬迁，早稳定，早恢复生产生活。对工程建设来讲，早搬迁，早主动，越往后拖，搬迁成本和难度越大。因此，要加快移民工作进程，适当开展集中搬迁。要把移民搬迁工作的困难估计足，把方案做细，把措施做实，始终坚持以人为本，维护好人民群众利益，实现社会稳定、和谐搬迁。干线工程沿线地方政府要做好征地拆迁工作。

第六，进一步强化南水北调工程建设管理协调机制。南水北调工程任务艰巨，责任重大。有关部门和沿线各省市要进一步提高认识，增强使命感和紧迫感，抓住当前有利时机，加强组织领导，落实责任，团结共建，及时协调解决工程建设中的问题，保证工程建设顺利进行。国务院南水北调建委各成员单位要积极支持和全力配合国务院南水北调办的工作，把南水北调工程建设作为一项重要工作，摆上议事日程，确保认识到位、组织到位、责任到位、措施到位。国务院南水北调办要进一步加强自身建设，积极主动地履行组织、协调、监督、服务职责，重大事项及时向国务院南水北调建委报告。

国务院南水北调办主任张基尧在2010年南水北调工程建设工作会议上的讲话

（2009年12月28日）

同志们：

在南水北调工程建设全面展开、加快推进的关键时期，我们召开2010年南水北调工程建设工作会议。会议的主要任务是：贯彻落实中央经济工作会议和国务院南水北调建委第四次全体会议精神，以科学发展观为指导，总结工作，交流经验，分析问题，研究部署2010年南水北调工程建设及相关工作，进一步统一思想，认清形势，抓住机遇，团结奋进，推动工程建设优质高效、又好又快地进展，着力建设好节约资源、保护环境的惠民工程。

下面，我讲三点意见。

一、2009年南水北调工作的回顾

2009年，在党中央、国务院的亲切关怀和国务院南水北调建委的正确领导下，南水北调系统认真贯彻中央关于扩内需、促经济、调结构、保民生的宏观经济政策，国务院南水北调建委第三次全体会议部署的各项工作已经完成，南水北调工程建设各项工作取得了显著进展，工程建设进入加快推进的新阶段。

（一）设计审批工作取得突破

2008年初步设计审批和概算审核职能转由国务院南水北调办负责之后，国务院南水北调办积极改进前期工作的组织、审查管理方式及协调机制，着力提高设计质量和审批效率。

围绕国务院南水北调建委第三次全体会议确定的通水目标，国务院南水北调办研究编制了《南水北调东、中线一期工程建设总体目标控制方案》和工程建设网络计划，确定关键线路和节点工程，并优先进行初步设计审核审批。采取联合会审的方式，加强对设计单位的巡视检查以及设计工作中的专项协调，督促各项目法人及设计单位努力加快设计进度，不断提高设计质量，把问题解决在设计过程中，提高审查效率。着力加强对防渗、防冻、防浮托等重大技术问题的研究，并将研究成果用于工程设计，修改完善设计标准和工程规范，按照“整体控制、分部批复、延续管理、紧密衔接”的工作原则，先行批复设计单元工程技术方案，再进行概算审定批复工作。各省（市）南水北调办事机构、环保部门、移民部门和项目法人积极发挥作用，加大协调力度，工作中提前介入，及时发现和提出问题，为优化设计和降低成本创造了条件。各项目法人积极落实初步设计工作计划，启动设计招标，推动技术复核，开展有关重大专题的研究，着力推进工作进展。

国务院南水北调建委第三次全体会议以来，共审查批复南水北调东、中线一期工程设计单元工程初步设计报告50项，相当于前6年的总和（其中：东线15项，中线35项），批复投资规模约956亿元（其中：东线46亿元，中线910亿元）。南水北调工程自开工以来，已累计批复设计单元工程99项，占主体工程需批复总数的64%，累计批复投资1364亿元，占主体工程投资的60%。

（二）工程建设跃上新台阶

一年来，通过狠抓工程建设管理的制度化和规范化建设，促进了工程建设管理水平的不断提高。严格执行市场准入制度和施工单位信用档案制度，强化源头控制和动态管理，实现优胜劣汰，促进南水北调工程建设市场的良性发展。强化对招标投标活动的监督管理，扩大标段划分，规范招标评标程序，坚持有利于竞争、有利于施工、有利于管理的原则，保证招标投标结果的公平和公正。进一步健全质量管理体系，严格质量管理，强化质量监督，开展不同层次的质量检查，确保工程质量。明确安全生产责任和目标，制定措施和预案，加强重大危险源管理和隐患排查治理，严防安全事故的发生。同时，工程建设中还加强了进度管理、投资管理和科技管理，为工程建设的顺利推进提供了支撑和保障。

一年来，一大批工程项目陆续开工建设。东线济南市区段、南四湖至东平湖段，刘老涧二站等工程，中线黄河以北至漳河段、天津干线段、黄河以南段部分项目和湖北兴隆枢纽等工程相继开工建设。丹江口大坝加高工程，中线河南境内工程等在建工程进展顺利。中线穿黄工程上游线3450m过河隧洞已于12月22日顺利全线贯通，下游隧洞已掘进3000m，东线穿黄工程已扩挖215m。国务院南水北调建委第三次全体会议以来，南水北调新开工项目25个，投资规模342亿元，相当于前6年的总和。截至2009年11月底，东、中线一期工程开工项目总规模700亿元。

投资计划完成上新台阶。2009年下达年度投资计划共164.5亿元，截至2009年11月底已完成132.9亿元。其中：东线江苏水源公司下达计划3.7亿元，完成3.1亿元，占下达计划84%；东线山东干线公司下达计划13.2亿元，完成7.9亿元，占下达计划60%；中线水源公司下达计划27.1亿元（其中：库区移民试点21亿元，工程投资6.1亿元），完成6.1亿元，占下达计划100%；中线建管局下达计划114.2亿元，完成89.5亿元，占下达计划78%；湖北建管局下达计划5.2亿元，完成4.9亿元，占下达计划94%。自南水北调工程开工至今，累计完成投资353亿元，占在建工程总规模的51%，占主体工程投资的17%。

已建工程已开始发挥效益。南水北调京石段工程圆满完成向北京临时应急供水任务，河北3座水库累计放水4.35亿m^3，北京收水3.3亿m^3。2009年夏天北京用水高峰期日耗水量达278万m^3，其中京石段供水170万m^3，占60%以上。东线山东境内济平干渠工程及江苏境内三阳河潼河宝应站工程持续在防汛排涝中发挥重要作用。

工程质量管理得到全面加强。逐步建立起项目法人（建设单位）负责、监理单位控制、施工单位保证和政府监督相结合的质量管理体制。采用集中统一管理、分项实施的质量监督管理机制，制定并完善了10余项质量管理规定。加强工程质量监管与监督，充分发挥政府监管体系在项目稽察和质量专项检查中的作用，构建国务院南水北调办、各省（市）质量监督站和质量监督项目站三级质量监管网络。实行外部稽察与专家巡查相结合的监管方法，积极配合国家发展改革委、财政部、审计署等部门加强外部监督，督促指导项目法人针对发现的问题落实整改措施，充分发挥南水北调办建委专家委在工程质量检查和技术咨询等方面的作用。

科技管理取得丰硕成果。自国务院南水北调办成立以来，已成功实施了“十一五”国家科技支撑计划重大项目和南水北调工程建设重大关键技术研究及应用项目研究。截至目前，共取得了新产品、新材料、新工艺、新装置、计算机软件等科技成果52项，其中获国家及省部级奖7项；申请国家专利77项，已获得国内专利授权34项；完成南水北调专用技术标准13项。这些研究成果中，复杂地质条件下穿黄隧洞工程关键技术研究、超大口径PCCP管道结构安全与质量控制研究、大流量预应力渡槽设计和施工技术研究、低扬程水泵选型关键技术及应用研究等科技成果已经部分应用于南水北调工程设计和施工中，解决了一系列南水北调工程重要建筑物的结构、材料、施工技术与工艺、质量控制、关键设备等难题，实现了关键技术的突破。

（三）征地移民取得积极进展

在沿线地方各级政府组织领导和有关方面的密切配合下，干线工程征地拆迁工作进展平稳。截至2009年11月底，东、中线一期干线工程累计完成征地26.02万亩（其中，永久征地15.08万亩），累计搬迁5.16万人，生产安置11.18万人，搬迁工业企业675个，改移专项设施3728处。在干线工程征迁工作中，中线总干渠穿越焦作市区，征迁任务十分艰巨，在河南省委、省政府的坚强领导和焦作市委、市政府的有力组织下，焦作市举全市之力，与城市规划改造相结合，在南水北调征地搬迁费用的基础上贷款22亿元用于征迁补偿，组织2000多名机关干部入户到人，深入做好群众工作。经过艰苦努力，按时完成了拆迁任务。在整个拆建过程中，涌现出一大批感人至深的先进事迹和模范人物。焦作市结合城市拆迁开展学习实践科学发展观活动的做法，得到了中央学习实践科学发展观领导小组的充分肯定。

丹江口库区移民是南水北调工程征地移民工作的重中之重。自2008年11月开始，启动2.3万库区移民试点。河南省已全面完成1.1万试点移民搬迁工作，湖北省已组织搬迁7170人。截至目前，迁出地及安置地周边社会稳定，移民群众喜迁新居，对生活、生产安置满意。

丹江口库区移民试点工作平稳推进，为下一步实施大规模移民提供了经验，也为干线工程征地搬迁提供了借鉴。从移民试点经验看，一是领导高度重视，组织保障有力。河南省委、省政府讲政治、顾大局，把库区移民工作纳入重要议事日程，主要领导亲自动员，深入基层检查指导；分管领导靠前指挥，及时解决重大问题。各级党委、政府均成立领导小组，加强办事机构。河南省还组建库区移民搬迁指挥部，省直有关厅局组成25个工作组，进村入户，对口帮扶。党政领导的高度重视及基层党组织战斗堡垒作用的充分发挥，为移民搬迁提供了强有力的组织保证。二是广泛宣传动员，营造良好氛围。利用电视、广播、报纸等宣传媒体，扩大宣传南水北调工程的重大意义及对本省经济社会发展、库区人民脱贫的重大作用，宣传新时期国家“以人为本”的移民政策，组织移民到安置地现场察看，增加移民群众对安置地的了解和对新生活的信心，赢得广大移民群众的理解，形成了“移民为国作贡献、我为移民服好务”的良好氛围。三是坚持以人为本，实现和谐移民。移民工作坚持以“搬得出、稳得住、能发展、移民群众满意”为原则，把深入、细致的思想工作与解决实际问题结合起来，把移民新村建设与新农村建设结合起来，整合资源，加强扶持。河南省省直36个厅局分别制定了为移民服务的各项优惠政策，投入6.6亿元资金用于提高基础设施及配套工程建设标准。湖北省在省直厅局加大政策扶持的基础上，尊重移民意愿，调整安置方案，在移民的后期发展上下工夫。四是明确工作目标，结合移民搬迁安置工作，在实践中考核干部。各级组织部门把做好征地移民工作与干部考核紧密结合起来，把移民满意不满意作为考核评价干部的标准。在移民工作启动前，调整好基层领导班子，配齐配强迁出地及安置区的干部，制定以奖代补办法和按时搬迁奖励政策，激励基层干部做实、做细工作，鼓励移民群众积极搬迁。对行动不力或借移民之机谋取个人利益者批评教育，情节严重的作出组织处理。五是实行全过程监督，保障廉洁征迁。本着阳光运作、公开透明的原则，将丹江口库区移民补偿标准、地面附着物认定、资金兑付情况张榜公布，发放明白册，做细集体财产账，接受群众监督。加强廉政教育，市县纪检、监察、审计部门和检察院提前介入，全程监督，开展效能监察，跟踪审计，切实保证移民资金及时下达、规范兑付。

（四）治污环保平稳发展

东线治污方面，东线江苏、山东两省认真贯彻落实国务院《南水北调东线工程治污规划》，治污体制机制已经建立，法规标准逐步健全。沿线工业结构调整取得显著成效，城市污水处理设施已基本按期建成，污水处理收费机制及污水处理厂市场化运营改革走在全国前列，中水再生利用得到加强，人工湿地示范项目初具规模。列入主体工程的截污导流项目已全部开工，部分项目已经建成。截至目前，东线控制单元治污方案确定的426项治污项目，除1项正在抓紧前期工作外，已建成372项，在建53项，已建和在建工程项目达99.8%。东线沿线主要污染物排放总量及主要污染物浓度均较规划前削减了80%

以上，在黄河以南36个控制断面中，已有60%的断面达到水质目标要求，南四湖、东平湖水质有了明显改善。

中线水源保护方面，截至目前，《丹江口库区及上游水污染防治和水土保持规划》已累计下达投资28.45亿元。环库县级污水和垃圾处理设施已全部建成或在建。河南、湖北、陕西三省关停严重污染环境的各类小企业、小矿山400多家，水土保持工程进展顺利，丹江口水库水质总体保持良好。《丹江口库区及上游经济社会发展规划》由国家发展改革委牵头组织编制，目前已完成了初稿。初步建立了丹江口库区及上游生态补偿机制，财政部2008年下达了用于中线水源区生态建设的中央一般性财政转移支付资金14.6亿元，近日又下达2009年度资金17.9亿元。中线沿线河南、河北、天津和北京已经完成总干渠两侧水源保护区划定技术方案，天津市政府已经批复方案。

（五）工程建设经受了审计检查的检验

受中组部委托，审计署在2009年审计工作中，针对南水北调工程建设特点，分别对东、中线各参建单位和工程项目，特别对为拉动内需新增中央预算内用于南水北调工程项目资金的管理使用情况进行了延伸审计，对南水北调工程建设作出积极评价。审计认为，在党中央和国务院的正确领导下，国务院南水北调办贯彻落实科学发展观，积极贯彻党中央、国务院各项重大决策和国务院南水北调建委的工作部署，积极、有序地组织和推进工程建设。初步设计批复和工程建设明显加快；始终突出重点，加强治污环保工作；坚持以人为本，切实做好征地移民安置；加强资金筹措监管，保证资金使用安全、有效。同时，审计也指出在工程建设、资金使用和管理、工程质量管理和监督、建立健全工程建设管理制度方面存在的一些问题，并提出了很好的意见和建议。

2009年11月，按照中央领导指示，中央检查组对南水北调工程贯彻落实中央扩大内需促进经济增长政策情况进行了专项检查。检查组对南水北调工作充分肯定，认为国务院南水北调办及沿线各省市把贯彻落实中央扩大内需促进经济增长政策作为重大的政治任务，摆在突出的位置来抓。特别是2009年以来，在加快进度、强化管理方面做了大量卓有成效的工作，取得了明显进展，在拉动经济、改善民生、促进经济社会发展等方面发挥了十分重要的作用。同时，检查组也指出部分工程在基建程序、工程进度、资金管理和建设用地方面存在的一些问题，对我们今后的工作提出了很好的意见和建议。

为进一步对南水北调工程质量进行检查、评价和指导，2009年8月，南水北调建委专家委对南水北调东、中线一期部分在建项目进行了质量检查，并在综合前几次检查意见的基础上，向国务院报送了《南水北调中、东线一期工程质量调研报告》。南水北调建委专家委主任潘家铮同志在国务院南水北调建委第四次全体工作会议上作了汇报。汇报中对工程质量评价概括为4句话：一是南水北调一期工程质量保证体系基本建立，各参建单位正在逐步完善质量管理规章制度，已建成项目的工程质量总体能满足设计要求，但有个别项目出现质量事故和质量缺陷。二是枢纽工程的质量总体优于渠道工程质量，必须重视渠道工程的质量管理，尤其是填方段渠道。三是后期开工建设的工程质量普遍优于早期的工程质量，要认真总结早期工程建设经验和教训，修改完善早期实施的管理规定、办法和技术标准，不断提高质量管理的水平。四是南水北调工程所推行的项目法人直接管理与委托管理相结合、推行代建制的建设管理模式，是合适的，但尚需在运行中不断优化、完善，使之更好地适应南水北调工程建设的特点。报告中对工程质量作了总体肯定，更重要的是指出我们在质量管理中存在的问题，督促南水北调各级建设管理部门进一步提高认识，完善制度，强化管理，加强检查，促进工程质量的不断提高。

在外部审计、检查的同时，国务院南水北调办按照稽察计划结合建筑领域突出问题专项治理，组织开展项目稽察，重点检查招标投标、合同结算、设备采购和工程转包分包等环节，也发现了工程建设及资金使用中存在的一些问题，这些问题已经或正在整改中。

通过不同部门的审计、检查，南水北调各方面的工作经受了检验，得到有关部门和单位的总体肯定，这与大家的共同努力分不开。但同时，我们更应高度关注审计检查中提出的问题，要小题大做，防微杜渐，完善制度，堵塞管理的漏洞，减少薄弱环节，把各项工作做得更好。

以上成绩的取得，是党中央、国务院和国务院南水北调建委正确领导的结果，是国务院各有关部门、沿线各级地方政府、南水北调办事机构、环保部门、移民机构、各项目法人通力合作、辛勤工作的结果，是全体南水北调工程建设者执著追求、无私奉献的结果。在此，我代表国务院南水北调办，向国务院各有关部门、地方各级政府及南水北调办事机构、环保部门、移民机构、项目法人和建管单位以及全体建设者，表示崇高的敬意和衷心的感谢！

回顾一年来的工作，我们深深感到，做好南水北调工作，必须坚持科学发展观在南水北调工程建设中的统领地位，把科学发展观的各项要求贯彻到工作的方方面面，全面促进工程建设又快又好发展；必须正确分析把握工程建设形势，坚定不移地贯彻党和国家的各项方针政策以及国务院南水北调建委的工作部署，把工程建设纳入国民经济发展的大局；必须遵循经济社会发展规律和工程建设规律，在工程建设实践中坚持解放思想、开拓创新，不断完善符合南水北调工程特点的建管模式和有效的协调机制、规章制度；必须统筹兼顾、协调发展，正确处理好工程建设与前期工作、征地移民、治污环保、文物保护的关系；必须加强协调配合，充分调动各方面的积极性、主动性和创造性，共同构建南水北调工程建设的和谐氛围；必须充分发挥党的政治思想工作优势，坚持工程建设与队伍建设相结合，物质文明与精神文明两手抓。

在总结成绩和经验的同时，我们也清醒地看到，南水北调工程建设仍面临不少困难和问题：

一是工程设计审批需要进一步提高质量，加快进度。初步设计、工程方案、施工组织等还需进一步优化，质量还有待提高；初步设计审批中指出的问题还没有完全落实，个别项目仍存在设计隐患及投资浪费；已进行的膨胀土试验段研究等课题需要尽快提交成果，指导设计与施工；专项设施以及料场选择协调难度大，耗费时间长；概算突破较多，投资控制面临巨大压力。

二是工程建设管理需要进一步完善体系，加强力量。工程建设管理的制度化和规范化建设不够，制度执行不够严格，违规处理不及时、不到位；市场准入制度和施工单位信用档案制度需要进一步严格；项目管理、监理及施工单位的责任意识、质量意识不强，技术力量不能满足工程建设需要，需进一步加强；劳务分包不规范，个别项目存在以包代管现象，给工程质量管理和安全管理增加了困难。

三是工程质量管理需要进一步提高认识，强化监管。各级建设管理单位对南水北调工程尤其是渠道工程的重要性、特殊性和复杂性认识还不够，质量第一的意识还没有牢固树立；质量管理单位对现场质量监管的重视程度不够，建设一线的质量管理人员需要进一步充实，技术力量需要进一步加强，工程质量领导责任制及责任追究制需要进一步强化落实；部分工程还存在一定的质量缺陷及薄弱环节，需要采取措施予以消除；多层次、多环节的质量验收工作中，验收工作不认真，验收资料不真实的情况时有发生；看资料、听汇报的质量监管方式需要改变，多层次、全方位、突击抽查、实体检查的质量监督体系需要进一步完善。

四是征地移民工作需要进一步统筹协调，整体推进。当前，各地征地工作开展不平衡。还需要对局部地区和个别单位加强协调，促进工作的整体推进；干线工程征地迁建时间较长，个别项目需半年以上甚至一年时间，专项设施拆建遗留问题多，处置时间长，制约了工程建设的进一步展开和施工强度的进一步提高；库区移民还存在工作衔接不紧密，移民住房及配套设施建设质量不高，移民身份核定时间长，移民补偿资金兑付不及时，以及生产安置需尽快衔接、后期帮扶进一步完善的问题；个别地方工作中仍存在责任落实不到位、工作协调不到位、宣传教育不到位的情况，局部矛盾激化及扰民、民扰事件仍时有发生。

五是治污环保工作需要进一步强化责任，巩固成果。中线水源地保护，涉及多个部门，协调工作量大、难度高，《丹江口库区水污染防治和水土保持规划》资金到位情况较差，项目实施进度缓慢，难以满足规划要求。东线治污虽取得一定成效，但巩固已有成果面临很大压力，保持并稳步提高水质与沿线经济社会发展之间的矛盾凸显，地方政府保证水质目标的责任需要强化，后续工作规划需要进一步加强。

产生这些问题的原因，从客观层面分析：

一是当前国家经济体制改革正处于攻坚阶段，社会转型期不同部门、不同行业间政策制定缺乏统筹协调，体现在征地搬迁政策、社会保障政策以及概算定额政策等方面，给南水北调工程建设执行国家政策带来困难。

二是南水北调工程点多、线长，决定了工程建设涉及范围较一般工程广泛得多，也复杂得多。社会矛盾的处理、各方利益的协调、群众利益的维护等更加复杂。

三是工程建设周期长、跨度大，地质复杂，技术要求高，各种不确定因素多，新情况、新问题层出不穷，质量控制、投资控制难度大。

四是目前的工程建设管理体制比较复杂，地方政府与项目法人职责交叉，专项设施产权涉及多部门、多单位，利益多元协调困难，监管手段少，监管方式、方法需要改进。

从主观层面分析：

一是多层次、多方面的利益格局与南水北调统一管理的实际需要存在矛盾，工程建设、征地移民和治污环保工作都面临当前和长远、局部与全局的利益关系处理，借助南水北调工程为单位、为个人谋取利益的思想在少数同志中还有一定市场，有关部门、单位及少数同志的责任意识、大局意识、协作意识还需要进一步增强。

二是传统的政府行业管理模式以及单一项目的管理方式难以适应南水北调工程不断出现的新情况、新问题，建管机制面临着传承与创新的关系处理。面对工程建设的新形势、新问题，调整思路、转变方式、改进方法还需要进一步加强。

三是南水北调工程设计、建设、运行多个环节既相互独立，又紧密联系，具体工作中面临单一环节工作亟待加快、各环节之间又要紧密衔接的关系处理，统筹协调、环环相扣、压茬推进需要进一步研究和协调。

四是工程建设的多层次管理与长距离施工，信息畅通面临着多层次传递与快速反应及时决策的矛盾，畅通快捷准确的信息渠道、及时有效的问题处置机制还没有完全形成。

对存在的问题，我们要认真研究，采取切实措施及时解决，进一步提高南水北调工作的质量和水平。

二、南水北调工程建设面临的形势和任务

2009年12月1日，李克强副总理主持召开国务院南水北调工程建设委员会第四次全体会议，李克强、回良玉副总理分别作了重要讲话，强调加强统筹协调，加快工程建设，优质高效地开展工作，把南水北调工程建成节约利用水资源、保护生态环境的惠民工程。

会议明确了2010年南水北调工作目标：2010年要实现未开工的主体工程全部开工建设，保证工程建设质量，完成480亿元的年度投资计划；丹江口库区移民要按照“四年任务、两年完成”的目标，完成移民搬迁14.1万人，干线工程征迁要保证全部工程建设用地按时交付；沿线政府落实主体责任，加快转变经济发展方式，调整产业结构，不断加强治污能力和环境监测能力建设。

会议对南水北调各项工作提出明确要求：一是工程建设方面要进一步完善质量保证体系，全面落实管理责任制，加强质量监控，不留安全隐患；二是征地移民工作要坚持以人为本，落实好安置补偿政策，保护好移民及搬迁群众的合法权益，维护社会和谐稳定，营造良好建设环境；三是治污环保工作要坚持“三先三后”原则，把节水、治污和生态环境保护放在更加突出的位置，统筹安排和使用各类环保资金，确保沿线水质稳定并逐步改善；四是资金筹集方面，受水区地方政府要加大基金征缴力度，财政部抓紧报批《重大水利工程建设基金征收管理办法》，明确搭桥过渡资金渠道；五是配套工程建设要加快进度，保持与干线工程协调推进；六是已建项目运行管理，要抓紧安排完工项目竣工验收，验收后交项目法人统一管理，沿线地方政府给予支持帮助；七是已建成跨渠桥梁，尽快组织验收移交地方管理，地方政府要制定法规，切实负起管理责任。

2009年12月5日，中央召开经济工作会议，提出在即将到来的2010年，要继续保持宏观经济政策的连续性和稳定性，继续实施积极的财政政策和适度宽松的货币政策，继续扩大内需，改变发展方式，优化产业结构，保持经济平稳较快发展，继续注重改善民生、保持社会和谐稳定。

深入学习领会中央经济工作会议精神，全面贯彻落实国务院南水北调建委第四次全体会议部署，实现南水北调工程2010年的建设目标，需要我们进一步统一思想，认清形势，明确任务，把握机遇，推进工作。

当前，南水北调工程建设存在诸多有利条件：

一是国务院南水北调建委第四次全体会议的召开进一步统一了思想，明确了任务，解决了当前工程建设中亟待解决的问题，为工程建设进一步持续、健康、科学发展奠定了基础，消除了障碍。

二是国家继续实行积极的财政政策和适度宽松的货币政策，为工程建设提供了较为宽松的建设环境和资金环境。通过审计、稽察和各项检查，进一步促进了南水北调工程建设管理行为的规范和建设管理制度的完善。

三是前期工作取得丰硕成果。初步设计审查审批已经形成一套环节清晰、衔接紧密、联动配合的工作模式，审批工作大大加快，初步设计成果丰硕，为工程建设进一步提速奠定了基础。

四是征地移民取得了宝贵经验。丹江口库区移民试点顺利推进，为大规模移民提供了宝贵经验。在干线工程征迁中，北京、河南、天津等省市征迁工作，为干线工程征迁工作作出了示范。各级地方政府对征地移民工作更加重视，已经或正在采取措施，加强工作，落实责任。

五是七年的工程实践，形成了较为符合实际的管理体制、机制和管理办法，为进一步规范市场、完善机制、统筹协调、加强管理提供了有益借鉴。沿线省市和国务院有关部门经过几年的协调配合，思想进一步统一，协作进一步加强，支持力度进一步加大，工作水平进一步提高。参建单位及全体建设者投身南水北调事业的热情进一步高涨，为工程建设提供了有效保证。

在看到工作机遇的同时，我们也应清醒地认识到，随着南水北调工程建设的全面展开和继续深入，南水北调工作依然面临着诸多挑战，需要我们充分认识，正确应对：

一是京津地区水资源供需矛盾突出，对南水北调工程早日通水要求迫切。自1999年北方地区进入连续枯水期以来，京、津地区的水资源短缺形势日益严峻。2009年，北京地区降水大幅减少。密云、官厅两大水库来水比上年少52% ~78%。地下水持续超采，水位持续下降。天津市2009年潘家口水库上游地区来水较常年少36%，于桥水库上游较同期少33%。在南水北调工程全线通水前，京、津、冀临时应急供水的压力增大。

二是工程建设强度高，管理难度加大。南水北调工程开工以来，已开工项目总规模700亿元，完成投资353亿元，占干线主体工程总投资额2073亿元的17%，在今后5年内完成其余工程建设和移民环保工作，年均投资强度440亿元，相当于开工7年以来完成投资的总和。随着建设高潮的到来，工程建设战线拉长，管理工作量成倍增加，工程建设中进度、质量、安全和投资控制等将面临更大压力，部分完工工程的运行管理面临新的挑战。

三是征地移民工作全面展开，维稳压力日益显现。干线工程尚需完成土地征用72万亩，占全部征用土地98万亩的73.5%；需要安置农民17.9万人，占规划安置人口29.1万人的61.5%。丹江口库区移民在完成试点搬迁任务后，还要完成移民外迁21万人，后靠安置约10万人。其中，2010年河南、湖北两省拟外迁移民14万人，搬迁强度超过三峡工程。随着经济社会快速发展，各类大型基础设施相继建设，政策的协调性、适用性与群众期望反差越来越大，维护社会稳定、保障良好建设环境的任务越来越重。当前，各地征地搬迁工作发展不平衡，个别地区征迁工作已成为制约工程进展的主要问题，处理好维护社会稳定与保障工程建设的关系，成为下一步工作十分突出的任务。

四是治污环保工作任重道远，实现目标仍需付出极大努力。东线治污2010年除个别项目外，可以全部完成治污控制单元确定的治理项目，但要实现全线水质长期稳定达标，仍需付出极大努力。中线《丹江口库区及上游水污染防治和水土保持规划》实施进度缓慢，地方经济社会发展与水源地保护的矛盾突出，既需要加大规划的执行力度，又需要谋划保持丹江口一库清水的长远之策。

面对新的形势，南水北调全系统必须振奋精神、坚定信心，齐心协力、攻坚克难，充分利用有利条件，勇于迎接挑战，进一步加快南水北调工程建设步伐，积极开拓南水北调工程建设的新局面。

根据国务院南水北调建委第四次全体会议的部署，国务院南水北调办党组研究确定了2010年南水北调工作的指导思想和主要任务。

2010年南水北调工作的指导思想是：

以科学发展观为指导，认真贯彻中央经济工作会议精神和国务院南水北调建委第四次全体会议精神，切实落实各项工作部署，把保证工程质量和加快工程建设放在突出位置，进一步加强前期工作，着力提高初步设计工作的质量和效率，有效控制工程投资；进一步加强工程建设管理，着力提高工程管理水平和处置应急问题的能力；进一步做好征地移民工作，着力构建安定、团结的社会氛围和无障碍施工环境，保证社会和谐稳定；进一步深化东线治污及中线水源地保护，着力巩固和发展已经取得的治污环保成果，保证水质安全；进一步加强资金管理，突出廉政建设，着力保证“三个安全”，建设一流工程、廉洁工程、惠民工程。

2010年南水北调工作的主要任务是：

设计审查及投资计划方面，加快初步设

计审查审批，争取2010年上半年完成所有剩余主体工程的初步设计和审批工作，为工程全面提速创造条件。加强初步设计管理，提高初步设计工作质量，严控设计变更，从源头控制好工程投资。加大2010年度投资计划执行力度，2010年计划安排投资480亿元，是前7年工程投资的总和（以投资性质分：征地移民344亿元，占72%；主体工程116亿元，占24%；其他19亿元，占4%。以项目法人分：中线建管局181.4亿元，中线水源公司210.7亿元，东线江苏水源公司18.8亿元，山东建管局39.9亿元，湖北建管局25.3亿元，淮委建管局4亿元。以地区分：江苏18.8亿元，其中土建部分4亿元；山东39.9亿元，其中土建部分12.5亿元；河北53.4亿元，其中土建部分25.5亿元；河南226.8亿元，其中土建部分62.6亿元；湖北140亿元，其中土建部分11.4亿元）。2010年投资大，建设战线长，必须提高建设计划的严肃性，做好计划分解，加强计划落实，保证计划目标实现。

工程开工及在建工程建设方面，按照国务院南水北调建委第四次全体会议要求，东、中线一期工程除个别河湖疏浚等工程外，未开工的主体工程在2010年全部开工建设。所有在建工程质量满足设计要求，不出现重大质量、安全事故，不出现挤占挪用资金现象。同时，保证已建工程的运行安全和效益发挥。

干线搬迁及丹江口库区移民方面，按照“四年任务、两年完成”的目标，全力做好丹江口库区移民工作，2010年9月底前完成库区移民14.1万人（河南省6.1万人，湖北省8万人），适当进行2011年搬迁准备。在干线工程征迁工作中，加快土地移交及专项设施迁建，不出现形式开工现象。着力构建良好的建设环境，不出现群体性事件和因征地拆迁致使工程停工现象。

东线治污及中线水源地保护方面，东线治污规划确定的426项治污项目要抓紧建设，年内全部完成并发挥效益；24项截污导流项目除个别项目外年底前全部建成；协调编制运河航运污染治理规划，并纳入大运河综合治理规划；深化治污理念，由工程治理为主向加强生态建设、实行综合治理转变，实现水质稳定达标。中线水源保护，2010年二季度前完成《丹江口库区及上游水污染防治和水土保持规划》修编，并列入年度投资计划，加大近期规划项目实施力度，力争投资强度超过2009年；协调加快《丹江口库区及上游经济社会发展规划》编制，促进水源区经济社会发展和生态环境保护。

资金管理及廉政建设方面，加大南水北调工程基金的征缴力度，努力完成2010年32.9亿元的征缴计划（其中：北京3.4亿元，天津8.4亿元，河北10.6亿元，河南4.4亿元，江苏1.6亿元，山东4.5亿元）。根据《重大水利工程建设基金征收使用管理办法》的规定，落实搭桥过渡资金，为工程建设提供资金保障。加强资金监督管理，确保资金高效、安全使用。进一步强化监督稽察和廉政建设，努力构建教育、预防、惩治相结合的预防和惩治腐败体系，把工程建成高效工程、节俭工程、廉洁工程。

三、统一思想、齐心协力，打好南水北调全线建设的第一战役

围绕2010年工作部署，南水北调全体建设者要统一思想，振奋精神，团结协作，开拓奋进，确保国务院南水北调建委第四次全体会议精神落到实处，努力形成工程全线开工、协调推进的良好局面。

（一）精心组织，认真审查，进一步提高工程设计质量

设计是工程建设的灵魂。要在加快设计进度的同时，进一步提高设计质量，有效控制工程投资。一是要根据已建工程的经验和运行情况，完善设计标准，突出研究解决渠道防渗、膨胀土处理、冰期冻胀等技术问题，着力提高设计质量。二是要加大设计过程中

的指导、协调，妥善处理好跨渠桥梁、铁路、公路、电力、通信等专项设施、料场等涉及企业和地方利益的问题，减少施工过程中的设计变更。三是要增强设计、审核、招标设计等各环节的联系，有针对性地开好设计协调会，着力解决设计审查批复中的遗留问题，进一步提高设计一次审查通过率。四是要开展设计稽察，加强对设计完善和遗留问题处理情况的检查，提高招标设计及施工图设计质量。五是要严格执行国家政策规定，实事求是地解决涉及群众切身利益的问题，着力处理好技术安全与经济合理的关系，千方百计控制工程投资，通过加强设计工作，促进南水北调工程有序开工和顺利建设。在以上工作中，项目法人及设计单位要进一步落实责任，克服应付及侥幸心理，努力提供优秀的设计产品，减少设计审查的压力。

（二）规范有序，科学严谨，进一步提高建设管理水平

李克强副总理在讲话中指出：“要进一步增强工程建设的紧迫感，加强组织领导，加大工作力度，又好又快地推进南水北调工程建设。”回良玉副总理强调：“要确保工程质量安全和施工安全，实施有效监督，不给工程留隐患，不给后代留遗憾。”这是对我们南水北调工作者的殷切期望。要下力气对国家审计、专家委检查以及内部稽察中的问题认真整改，建立长效机制，从制度落实上下工夫，进一步提高科学管理水平。

工程建设管理方面，一是要转变方式，完善制度。要针对南水北调工程建设的新变化，以创新的思维研究科学管理的新形式和服务工程的新方式，加大对制度、规定执行情况的监督检查，做到规范有序，令行禁止。二是要规范市场，加强监管。严格市场准入制度，建立施工单位及监理单位信用档案，全面加强标段划分和招标管理，选好用好监理单位和承建队伍，杜绝转包，规范专业及劳务分包。三是要压缩层次，做实基层。各项目法人要把工程管理的重点向基层倾斜，充实建设一线的管理和技术力量，加大基层管理机构及监理单位的授权，强化其责任。要充分利用社会资源，及时解决工程建设中的技术问题和环境问题，为工程建设提供良好的外部环境。四是要完善程序，落实责任。认真执行工程验收的有关规定，进一步明确验收环节和程序。加大对隐蔽工程验收的管理，提高验收工作的及时性、真实性和完整性，严肃查处验收中的失职渎职行为。

质量管理方面，2010 年国务院南水北调办将在全系统开展质量管理年活动。一是各单位要进一步增强对南水北调工程重要性、紧迫性、特殊性和复杂性的认识，克服松懈、麻痹思想，认真总结工程开工以来的经验教训，始终把工程质量放在工程建设的首位。二是进一步巩固健全质量管理体系和管理网络，完善工作机制，落实工程质量领导责任制和责任追究制，进一步落实工程项目管理、施工、监理、设计单位负责人的质量管理责任。实行关键部位、关键环节施工人员签证制度，切实把好各工序质量验收关。加大制度执行和事故责任处罚力度。三是进一步强化项目法人质量管理责任，调整项目法人质量管理结构，完善质量管理规定，明确质量管理目标和要求。加强对委托及代建项目的管理，分标段明确工程联络员，落实项目法人监管责任。以建设过程各环节的高质量，来保证工程成品的高质量。四是进一步加强政府质量监督和工程专项稽察，充实完善重点工程质量监督站，配齐配强质量监督人员，充分发挥地方质量监督站及巡视组的作用。要区分不同项目，建立单个或多个标段相结合的质量巡视员制度，实行工程稽察专家组长分段负责制，严格执行质量奖惩和事故追究制度。要转变稽察思路，拓展稽察的深度和广度，从源头找问题、查隐患，注重稽察整改决定及整改意见的落实。五是进一步加强科学管理。按照有序开工、均衡生产的原

则，制定并及时调整关键线路及关键项目进度网络计划，合理配置生产资源，避免施工强度大起大落。各建设单位要进一步加强与地方的合作，努力构建无障碍施工环境，减少施工干扰对工程进度和质量的影响。六是要进一步加强关键技术和施工工艺的技术攻关，补充完善施工规程、设计标准及验收规定，加强设计监理和初步设计技术复核，充分发挥技术创新对工程质量的保障作用。

安全管理方面，一是落实安全生产责任制，严格执行安全操作规程，加大安全生产投入，落实安全保护措施。二是根据工程特点和时段，设置专职或兼职安全员，完善安全监督手段，授予包括停工在内的应急处置权。三是严格执行工程建设标准、规范，定期进行安全检查。各项目管理机构要监督各施工用人单位，加强安全教育和专业培训，提高自我防范能力。四是加强对重点部位及危险物品的管理，严格执行有关规定，周密计划，减少库存，防止意外事故的发生。

工程投资控制方面，一是严格初步设计审查及工程概算核定。在保证工程质量的前提下，要采取技术及管理措施，千方百计控制工程投资。二是加强招标管理，合理控制中标价格。坚决查处围标、串标及照顾本地企业的行为。三是严格执行南水北调工程投资静态控制动态管理的规定，科学安排工程建设，及时审查价差及项目预算，发挥资金使用效益。四是加强资金管理，完善规章制度，强化预算执行和控制，多层次开展财务人员培训，加大审计、稽察及其整改的力度，把审计稽察与专项治理行动结合起来，切实保证资金安全。

已建工程运行管理方面，一是沿线地方政府要加强保障南水北调工程设施安全的责任，根据工程建设进度和建筑物运行实际，制定地方法规，保证跨渠桥梁及已建工程的运行安全。二是项目法人要建立健全建设期完工项目运行管理规程规范，加强已建项目的维修养护和运行管理工作，研究并完善已建项目运行管理方式及运行经费来源。三是项目法人要加强与地方政府及交通、公安等有关部门的协调配合，确保工程设施得到有效保护、工程运行安全高效。四是加快南水北调东、中线一期工程管理设施建设，组建并完善运行管理机构，积极推行管养分离模式，加强运行管理人员专业技能培训，为已建工程的维护运行提供保障。

（三）以人为本，积极稳妥，进一步做好征地移民工作

胡锦涛总书记在2009年的中央经济工作会议上指出："稳定是硬任务，是第一责任。"2010年，南水北调征地移民任务十分繁重，要充分认识稳定对于工程建设和国民经济大局的重要意义，在保证社会稳定的前提下，加快征地移民工作进度，加大施工环境保障力度。

一是坚持以人为本。切实做好征地移民规划，提高规划的针对性、严密性和可操作性。库区移民初步设计在农村移民基础上对专项设施、城镇部分加快设计审查，尽早批复。要加强工作衔接，切实用好安置补偿政策和有关补充规定，切实维护和保障移民及搬迁群众的合法利益。

二是统一思想，落实责任。进一步坚持省（市）政府负责，逐级落实征地移民责任，充分调动基层政府和移民部门的积极性，着力解决征迁中的实际问题，突出解决土地征用周期长、交付慢的问题；加强与国家有关部门、企业及专项设施产权单位的协调力度，加快铁路、公路、电力、通信等设施的迁建进度，着力解决专项设施审批晚、迁建迟、影响征地的问题；加强正面宣传，加大组织保障，提倡进村入户、对口到人，做好思想工作，宣传先进典型和事迹，营造良好的搬迁氛围；加大地方政策支持，形成中央与地方政府政策的合力，为和谐搬迁和建设提供政策支持和环境保障。

三是做好库区大规模移民工作。2010 年丹江口库区移民任务十分繁重，极具挑战，要认真总结移民试点的经验和教训，充分发挥社会主义制度优势、党的领导组织优势、政治思想工作优势，统筹兼顾，协调推进，规范工作程序，完善相关制度；加大各级政府政策扶持，吸纳各项惠农政策，努力促进库区移民与新农村建设相结合；切实做好迁出区和安置区的对接及移民身份核定，保证移民新村及配套设施建设质量。在做好移民生活安置的同时，及时划拨土地，加大农业技术及专业培训，促进劳务合作，确保移民不仅搬得出、稳得住，还要能发展、能致富。

四是切实解决征地拆迁中的突出问题。当前干线工程征迁中的突出问题是同地不同价。我们一方面，协调国土资源部等国务院有关部门加快修改《土地管理法》；另一方面，河南、山东、河北等省（市）都利用南水北调耕地占用税较高的条件，探索了一些保护群众利益、有利于征地拆迁的好办法。在今后征地搬迁中工作中，要按照征地移民投资包干办法，用好、用活不可预见费，充分利用耕地占用税或财政资金，统筹解决土地征迁中的差异性问题。深入研究新时期移民政策，及时研究提出干线工程征迁及库区移民中政策建议。工程建设及施工单位加强与地方的协调，加大对沿线群众的支持，探索内外结合，多层互动的协调机制，及时解决施工过程中的各种环境问题，共同营造良好的工程建设环境。

五是管好用好征地移民资金。2010 年是征地移民资金使用比较集中的一年，投资强度大，使用环节多，要进一步健全征地移民资金管理制度，加大执行力度。公开、透明做好补偿标准、实物核查、资金兑付的各项工作，加大群众和社会监督。及时开展资金使用情况检查和审计，堵塞资金管理漏洞，防止滞留挪用。加强各级征地移民干部的政策及警示教育，实行纪检监察部门全方位覆盖、全过程介入，切实保证征地移民资金安全。

（四）落实责任，综合治理，进一步加强水污染治理及水源地保护

要认真领会和贯彻李克强副总理“治污环保是关系工程成败的关键”，“坚持‘三先三后’原则，把节水、治污和生态环境保护放在更加突出的位置”的要求，加强治污环保能力建设，保证一渠清水顺利北送。

东线治污工作，一是进一步落实地方政府的治污责任。在巩固已有治污成果的基础上，把治污的重点由工程治理为主转化到加强生态建设、实行综合治理上来。深化治污理念，继续加大面源污染的综合治理和中水回用力度。2010 年，国务院南水北调办将会同国务院有关部门对东线治污开展年度治污工作目标责任考核。二是协调苏、鲁两省进一步拓展和深化治污领域，加强工程沿线生态环境保护的规划与建设，完善单元治污实施方案，及时补充调整治污环保工程项目及措施，加快项目的实施，保证治污设施发挥效益。三是加大用于治污的南水北调工程基金征缴力度，多渠道筹措资金，确保治污资金及时到位。四是加强国务院部门间协调，将《东线航运水污染防治设施建设方案》纳入《京杭运河航运综合治理发展建设规划》。

中线水源区保护工作，一是协调中央有关部门和有关地方政府加大《丹江口库区及上游地区水污染防治和水土保持规划》的实施力度，在中期评估的基础上，完善规划实施方案，抓紧启动远期规划中的污水和垃圾处理项目，与全国城镇污水和垃圾处理“十一五”规划保持一致，协调国家发展改革委加快规划修编工作。二是协调国家发展改革委加快《丹江口库区及上游经济社会发展规划》编制，突出水源地生态环境保护功能，使之尽早实施。三是协调财政部逐步加大用于水源区生态建设的中央一般性财政转移支付资金支持力度，完善生态补偿机制，明确

提出规范资金使用的要求。四是中线沿线各省要做好干线保护区划定工作，会同有关部门出台丹江口水库水源保护区划定工作意见和技术细则。五是配合研究在中线水源区设立生态文明建设改革试验区的工作，逐步完善配套政策，确保中线水源水质永续清洁安全。

（五）规范管理，加强监督，进一步提高资金使用效益，保证资金安全

随着工程建设全面提速，工程投资强度明显加大。我们不仅要保证资金供应不断线，满足建设需求，更要强化资金监管，确保资金高效、安全使用。

一是要加强教育，提高认识。管好用好建设资金，关键在人。要加强法纪教育，提高严格执行资金管理政策法规的法律意识，自觉遵守资金管理使用的各项规定。要加强人员培训，不断提高从业人员的业务素质。二是要健全制度，规范管理。要结合审计检查的整改落实，加强政策研究，进一步完善制度，堵塞漏洞。要加强预算执行管理，保证资金平稳合理支付；要逐步开展资金账户监控，减少资金积压，杜绝滞留和挪用；要规范合同管理，完善程序，严格审查，减少漏洞；认真、规范地做好完工项目的财务决算工作。三是要强化监管，形成体系。要强化监督稽察，联合各专门监督机关，建立稽察网络，形成全方位监督稽察体系；要发挥审计作用，年度审计和专项审计并重，突出工程结算、合同变更、管理费开支等关键环节；要结合审计稽察，有效开展专项治理行动，构建教育、预防、惩治相结合的监管体系。四是要奖惩分明，严明纪律。对在资金使用管理中涌现出的先进典型，要积极肯定、予以嘉奖；对好的做法和作风，要在全系统广泛宣传，大力推广。对已发现的资金使用不规范、不合理现象，要限期整改；对贪污腐败等违法乱纪行为，要严厉惩处。

（六）振奋精神，提高素质，进一步加强队伍建设

南水北调工程全面提速的新形势，对干部队伍建设提出了新的、更高的要求。要继续坚持工程建设与队伍建设“两手抓”，锻炼出一支政治坚定、作风正派、业务扎实、乐于奉献的工程建设队伍，以队伍建设的丰硕成果保障南水北调工程的顺利进行。

一是识大体，顾大局。面对工程建设的新形势，南水北调系统各级领导和全体同志要把思想统一统一到中央经济工作会议精神上来，统一到国务院南水北调建委第四次全体会议的决策上来。充分认识肩负的责任和使命，牢固树立为人民服务的宗旨，进一步强化责任意识、忧患意识、大局意识，增强紧迫感，提高主动性，以主人翁的态度投入到南水北调工程建设中，完成党和人民赋予我们的历史重任。

二是重实践，敢创新。要注重调查研究，深入基层，深入工地，问需于民，问计于民，从基层干部群众中汲取营养，获取智慧，增添动力，及时发现和研究解决工程建设中的矛盾和困难。要不断提高自身素质，提高工作的本领，勇于探索新形势下解决问题的新思路、新方法。

三是讲团结，善协调。要开阔胸襟，提升境界，不断提高与人共事、沟通协作的能力。要进一步加强协调的力度、深度和广度，加强感情联系，研究协调方法，破解协调难题，构建内外结合、多层互动的协调机制，形成工作合力。

四是干实事，求实效。要围绕目标，落实责任，注重质量，在全系统营造严肃认真、一丝不苟、精益求精的良好工作氛围。改进工作方式和工作方法，简化办事程序，提高办事效率。

五是淡名利，讲奉献。要自觉地把“服务工程、服务人民”作为人生追求的目标，把“干好本职工作，创建一流工程”作为实

现人生价值的途径。要树立正确的人生观、价值观，不做争名于朝、争利于市之人，不做唯利是图、权力寻租之人，淡泊名利，爱岗奉献，为工程建设竭尽全力。

在此，我要特别强调一下建设廉洁工程的问题。南水北调工程投资规模大，建设战线长，层次多，要求高。在加强工程管理监督的同时，特别要加强廉政教育和廉政建设。廉政工作必须与工程建设同部署、同检查，绝不能出现"工程建起来、干部倒下去"的现象。

南水北调工程开工以来，全系统认真贯彻国务院和国务院南水北调建委的决策部署，着力构建以保证"工程安全、资金安全、干部安全"为目标的廉政工作格局。认真贯彻落实历次中纪委全会和国务院廉政工作会议部署，狠抓廉政建设。相继开展了建筑领域治理商业贿赂专项行动和工程建设领域突出问题专项治理活动；通过加强一系列的制度建设，加强党风廉政责任制的落实，形成了较为完善的保障机制。2008年，我们还专门召开了南水北调系统廉政工作会议，对廉政工作进行了全面部署，提出了明确要求。通过一系列措施的实施，保证了工程建设的廉洁高效。

与此同时，我们也应当清醒地看到，当前在廉政建设中仍然存在着一些不容忽视的问题：有的扩大管理设施规模；有的超标准配置交通工具；有的建设资金使用不规范，工程结算不及时；有的与所属机构、单位存在关联交易；有的干预招标活动，保护主义时有发生；有的违规发放津贴补贴，等等。这些问题虽然有的已经整改，或正在整改，但我们依然要吸取教训，做到警钟长鸣。

南水北调工程廉政建设关系着党和国家"廉洁从政、执政为民"宗旨的贯彻落实，关系着政府及工程的社会形象，关系着工程的质量、安全和投资控制。南水北调系统各级各部门必须高度重视，把廉政建设摆在工程建设的重要位置，进一步采取措施，强化责任，加强教育，完善制度，杜绝隐患，切实把好廉政关，确保"三个安全"。

一是要着重加强廉政教育。要教育南水北调系统全体党员干部牢固树立正确的世界观、人生观、价值观，树立正确的权力观、地位观、利益观，正确运用手中权力，正确处理各种利益关系，筑牢拒腐防变的思想道德防线，增强廉洁自律、廉洁从政的自觉性。要在全系统深入贯彻执行《中国共产党党内监督条例（试行）》、《中国共产党纪律处分条例》等党内法规和国家法律法规，增强法制观念和纪律意识。要采取多种形式，深入开展典型示范教育和警示教育。以廉政教育进机关、进工地、进家庭为媒介，广泛开展群众性的廉政文化教育活动。使廉洁从政的意识入脑、入心，努力成为每一个南水北调人的自觉行动。

二是继续推进廉政制度建设。南水北调系统要积极完善和认真贯彻执行廉政建设责任制的各项规定，进一步完善反腐倡廉目标责任考评机制，严格执行责任追究制度，着力从源头上预防和治理腐败。要认真贯彻落实中共中央《关于印发建立健全惩治和预防腐败体系2008～2012年工作规划》和国务院南水北调办党组《关于建立健全惩治和预防腐败体系2008～2012年工作要点》的要求，细化各项措施。各省（市）南水北调办事机构、征地移民机构及项目法人一定要高度重视廉政建设，在加强廉政教育和警示教育的同时，完善内部管理机制和监督机构，学习江苏的经验，充分发挥地方纪检、监察部门的作用，加强南水北调工程建设和征地移民全过程全方位监管，防患于未然，切实保障南水北调资金安全、干部安全。

三是进一步规范南水北调工程建设及征地移民规章制度。在南水北调工程建设中要认真落实市场准入、招标投标监管和市场主体信用管理的各项规章制度，完善市场监管方式，突出加强招标投标、大宗材料采购、工程结算、资金使用等重点环节的监督管理，阻塞贪腐漏洞。要进一步加强关键环节、重点岗位和关键权力的制约和监督。围绕直接与工程建设和征地移民工作中与“权、钱、人”密切相关的重要岗位，进一步完善权力运作程序，强化监督制约措施。对招标投标、工程结算、财务会计等重要岗位实行定期或不定期交流，加大交流力度。要加强对领导干部违反规定插手工程建设市场交易活动的监督，严禁南水北调系统各级领导干部、身边工作人员、配偶子女和亲属以任何方式干涉招标活动，为个人及本地区、本单位谋取利益，确保南水北调工程成为阳光工程、廉洁工程。

四是坚决打击违纪违法行为。要在全系统继续深入开展治理商业贿赂专项活动和工程建设领域突出问题专项治理工作，严厉打击在招标投标、设备材料采购、合同变更及资金管理使用中的违法违纪行为；进一步加强信访和举报受理工作，严肃查处在工程建设领域官商勾结、权钱交易和严重侵害群众利益的案件；严肃查处虚假招标及违法转包分包的案件；严肃查处因腐败或失职渎职造成的工程质量和重大经济损失问题、工程安全事故和严重损害群众利益的案件。通过查办案件，惩处违法违纪行为，严肃党的纪律，使广大党员干部受到教育。在查处违法违纪行为的同时，认真分析发生问题的原因和薄弱环节，督促有关单位及时完善制度，加强管理，堵塞漏洞，确保安全。

同志们！

送走硕果累累的2009年，我们即将迎来充满希望和挑战的2010年，南水北调工程又将兴起新一轮全面建设的高潮。让我们以此次工作会议为契机，按照党中央、国务院和国务院南水北调建委的战略部署，深入贯彻落实科学发展观，抓住机遇，统筹协调，团结奋斗，真抓实干，全面完成2010年工程建设任务，为国民经济发展和构建和谐社会作出新的贡献！

国务院南水北调办主任张基尧在南水北调中线丹江口库区移民试点和干线工程征迁工作现场经验交流会上的讲话

（2009年5月23日）

同志们：

随着南水北调东、中线一期工程可行性研究总报告的批复和国务院南水北调建委第三次全体会议的召开，在国家积极实施扩内需、促经济、保民生宏观经济政策的形势下，南水北调工程全面提速、加快建设的高潮逐步形成。为进一步推进南水北调工程征地移民工作，为工程建设加速推进创造有利条件和良好环境，今天，我们在这里召开南水北调征地移民工作现场经验交流会，意义十分重大。

这次会议的主要任务是：认真贯彻国务院南水北调建委第三次全体会议和2009年南水北调工程建设工作会议精神，总结交流南水北调工程征地移民工作的经验，进一步认清形势，统一思想，加快推进和努力做好征地移民工作，为南水北调工程优质高效、又好又快建设提供保障，确保移民群众和被征地农民的合法权益，确保工程建设目标的顺利实现。刚才，庚茂省长代表河南省委省政府发表了热情洋溢的致辞，树山同志代表河南省南水北调办和省移民办介绍了库区移民试点和干线征迁工作经验体会，库区和干线沿线有关县市负责同志分别汇报了征地移民工作开展情况，春先同志汇报了项目法人参与工程建设征迁工作有关情况。会议期间，与会代表实地观摩了河南省有关方面积极推进南水北调征地拆迁及移民搬迁工作的做法和成效。通过交流和观摩，大家进一步沟通了情况，统一了认识，理清了思路，明确了方向，为做好南水北调工程征地移民工作奠定了坚实基础。下面，我讲四点意见。

一、充分认识和准确把握当前南水北调工程建设面临的形势和任务

国务院南水北调建委第三次全体会议和2009年南水北调工程建设工作会议召开以来，在党中央、国务院的亲切关怀和国务院南水北调建委的正确领导下，在国务院有关部门、沿线各级地方政府的积极配合支持下，经过各级南水北调办事机构、征地移民机构、环保机构、各项目法人以及全体建设者的共同努力，南水北调工程建设有序进行，顺利发展，取得了显著成绩。一是前期工作不断突破。国务院批复南水北调东、中线一期工程总体可行性研究后，初步设计审批工作转由国务院南水北调办负责。国务院南水北调办积极充实初步设计审批机构，创新审批机制，改进审批方式，缩短审核周期，提高审批效率，使26项设计单元工程通过初步设计审批，审批项目总规模达349亿元，为项目开工奠定了基础。二是新开工项目进一步拓展。东线济南市区段工程，中线天津干线、黄羑段工程、汉江兴隆水利枢纽等工程相继开工，不少标段已形成了一定建设规模，工程正在向深度和广度拓展，东线黄河以南、中线黄河以北全面展开的形势已经形成。三是在建工程进展顺利。中线穿黄工程上下游隧洞已累计掘进4000m，丹江口大坝加高工程进展顺利、多数坝墩已加高到设计高程，南阳膨胀土试验段取得阶段性成果，东线江苏及山东境内在建泵站工程已处于收尾阶段。在建工程年内已完成工程投资64亿元，累计完成工程投资305亿元。工程标段划分更加合理，招标过程更加公开透明，工程质量满足设计要求，安全生产良性运行。四是治污环保工作不断加强。江苏、山东两省认真贯彻东线治污规划，进一步加大工作力度，巩固已取得的成果，沿线水质进一步好转。截污导流工程全面开工，顺利推进。中线丹江口库区及其上游水污染防治和水土保持规划正在深入实施，累计下达投资约30亿元，占规划投资的43%。《丹江口库区及其上游地区经济社会发展规划》正在抓紧制定。五是干部队伍建设进一步加强。全系统以学习实践科学发展观活动为契机，不断加强干部队伍的思想教育，改进工作作风，使干部职工的思想进一步统一，事业心、责任心进一步增强，工作更加充满活力，协调更加注重时效，为工程建设提供可靠的组织保障。

当前，南水北调工程建设正面临良好的发展机遇，必须抓住不放，乘势而上。一是为应对国际金融危机对我国经济的不利影响，中央实施扩大内需、促进经济平稳较快发展的政策，增加基础设施建设投资，为南水北调工程建设注入新的动力。二是国务院南水北调建委第三次全体会议调整明确了南水北调东、中线一期工程建设目标，使工程建设前景更加明朗，为工程在更大范围内全面展开，更加合理地统筹进度、控制投资、实现有序建设奠定了基础。三是东、中线一期工程可行性研究总报告批复后，初步设计审批和概算审核职能相继转由国务院南水北调办负责，减少了工作环节，提高了审批效率，为加快工程建设创造了有利条件；中央编办（中央机构编制委员会办公室）批准国务院南水北调办调整分设环境保护司和征地移民司，进一步加强了南水北调环境保护和征地移民工作。四是中央投资、南水北调工程基金和银行贷款来源相对稳定，工程建设资金充足；而当前原材料价格较低，为有效控制工程投资提供了空间。五是工程沿线各级地方政府高度重视和大力支持工程建设，既把南水北调作为科学发展观的具体实践，识大体、顾大局、求发展、保民生，又把南水北调工程作为促经济渡难关的工程，拉动地方经济，促进农民工就业，为工程建设创造了良好的外部环境和工作氛围。

在看到机遇的同时，我们也应清醒地看

到，在具体工作中仍面临着诸多挑战。一是工程开工及建设难以满足年度计划的要求，初步设计工作质量不高，专项设施协调难度大，概算突破较多。二是随着工程建设规模的不断拓展，工程质量、安全控制面临更大压力，丹江口大坝加高裂缝处理、中线膨胀土施工、东中线穿黄工程施工安全等技术难题有待解决。三是征地移民工作和新开工项目建设面临很大的进度压力。在时间紧、任务重、难度大的情况下，节省征地搬迁时间，减少遗留问题已成为当务之急。丹江口库区移民安置工作已经成为控制工程建设目标能否按期实现的关键因素。四是征地移民工作面临新的要求和现实挑战，围绕征地移民的合理诉求及不合理诉求进一步增加，维护稳定的责任重，征地移民工作投资控制压力大。

总的来看，当前南水北调工程建设机遇与挑战同在，希望与困难并存。我们一定要充分抓住机遇，更要勇敢面对挑战，团结一心，攻坚克难，决不辜负党中央、国务院以及全国人民的信任和期待，努力开创南水北调工程建设新局面。

二、征地移民工作为南水北调工程建设创造了良好环境、提供了可靠保障

征地移民工作是南水北调工程建设的重要组成部分，也是南水北调工作的重点和难点。这项工作面向广大移民群众，涉及千家万户最关心、最直接、最现实的切身利益问题。做好征地移民工作，既是贯彻落实科学发展观的要求，也是加快工程建设的需要，意义十分重大。

首先，做好征地移民工作是以人为本、执政为民的需要。我们党一切工作的出发点和落脚点，都是为谋求最广大人民群众的根本利益。深入贯彻落实科学发展观，根本要求是以人为本。妥善处理好征地移民问题，切实保护移民群众的合法权益，对于巩固党的执政基础，巩固党和人民群众的血肉联系，具有重大意义。第二，做好征地移民工作是工程建设的前提。维护良好外部社会环境是保障工程开工、顺利建设的前提和关键环节，是工程与群众密切联系的结合点。干线征迁群众安稳了，库区移民生产、生活条件改善了，工程建设才能顺利进行。第三，做好征地移民工作是建设社会主义和谐社会的保证。征地移民工作涉及关系十分复杂、牵扯层次较多，既涉及移民群众、企业的切身利益，又涉及有关行业和地方的利益，集各种矛盾于一体，处理不当易引起冲突，导致群体性事件，甚至引发区域社会不稳定，是构建和谐社会的焦点和难点，是社会稳定工作的重点。因此，在南水北调工作中，必须把征地拆迁和移民安置摆上与工程建设同样重要的位置。

南水北调工程开工以来，征地移民工作不断加快实施步伐，促进工程建设的稳步推进。几年来，征地移民工作围绕工程建设中心，着力促进各项政策的落实，妥善解决征迁群众的生产、生活安置，努力营造无障碍施工环境，各方面都取得了很大的成绩。

（一）干线征地搬迁工作积极推进

在国务院南水北调建委的正确领导下，沿线地方各级人民政府和有关方面共同努力、密切配合，以国家征地移民政策为依据，以落实省级政府负责制和建立协调机制为手段，以解决京石段征迁关键节点、加快推进东中线征迁工作为重点，以排查化解矛盾纠纷、维护建设良好环境为保障，不断推进征地移民工作，维护被征地群众合法权益，营造工程建设良好环境，促进了社会稳定，基本满足了工程建设要求。截至2008年12月底，东、中线一期工程开工项目累计完成征地移民投资65.6亿元；永久征地10.4万亩（其中，含耕园地7.71万亩，林地0.6万亩），临时占地7.91万亩（其中，已复耕1.74万亩）；拆迁房屋111万m^2，搬迁24 942人，安置96 460人（其中，农业安置63 957人），搬迁工业企业593个，改移专项设施3345处。在文物保护工作方面，中线京石段相关工作全部完成，河北南段、河南段和丹江口库区以及东线工程已完成考古发掘面积占总工作量的近1/2。

（二）库区移民试点工作稳步开展

丹江口库区移民试点工作自2008年11月启动实施以来，河南、湖北两省按照国务院南水北调建委第三次全体会议确定的建设目标，讲政治，顾大局，把支持南水北调工程作为对国家负责、对人民负责的具体行动，把移民安置工作作为一项重要政治任务，加强组织领导，科学编制规划，出台优惠政策，完善工作机制，广泛宣传发动、精心组织实施，试点工作取得阶段性的成效。河南省克服重重困难，10个试点村12个集中居民点房屋主体工程已基本完成，配套工程正在积极推进之中，整体进度呈加快态势。湖北省精心组织，大坝施工影响区搬迁工作已提前完成。虽然受安置地居民点布局方案调整和连绵阴雨影响，但大部分居民点已经开始建房。两省共同表示，有信心按期完成试点任务。

（三）库区初步设计规划工作顺利进展

2008年10月，国务院南水北调建委第三次全体会议召开和可行性研究总报告批复后，丹江口库区移民初步设计工作的步伐进一步加快。设计单位深入基层调查研究，做深编实规划，减少缺漏和差错；地方各级政府积极配合，加强迁出点与迁入点的对接，全面、及时、准确反映基层村镇和移民意见，协调宅基地划拨、住房及基础设施建设中的矛盾和问题；审查单位调整审查方式，统筹安排，分次审查，汇总整合，一次审批。经过各有关方面的积极努力，目前，库区工业企业、城集镇规划等分项专题报告已经完成审查，专项设施迁建，农村移民规划报告已由项目法人组织预审，整个库区移民初步设计审批工作可望在7月份以前全部完成。

（四）移民政策研究工作取得积极成果

自2008年3月以来，针对征地移民工作中出现的新情况、新问题，办公室组织开展了一系列的政策研究与协调工作，取得了初步成果。一是对丹江口库区淹没线以上外迁移民成片果园林地资源处置问题作了专题调研，在处理原则和标准等方面与国家有关部委达成了共识，目前正会同国家发展改革委、水利部对投资来源等问题作进一步的协调沟通。二是将淹没线以上留置人口生产生活条件改善，纳入国家正在编制的丹江口库区及上游地区经济社会发展规划中统筹解决。当前规划正由国家发展改革委牵头抓紧编报。三是基本完成了干线工程同地同价、被征地农民社会保障等政策问题的调研和协调，在当前部门规章不协调、不配套的情况下取得了相关部门的理解，为相关部门进一步深入调研，制定更完善的移民政策提供了空间，促进了新开工项目的顺利实施。

南水北调征地移民工作之所以取得这些成绩，其主要原因：一是国务院南水北调建委的正确领导，制定和建立了行之有效的征地移民政策和实施管理体制，为征地移民工作的顺利实施提供了组织保障和政策依据；二是河南、湖北及工程沿线各省市政府认真负责，加强领导，政策扶持，靠前指挥，有力地推动了征地移民实施工作；三是各级地方政府和征地移民部门按照科学发展观要求，坚持以人为本理念，深入宣传征地移民政策，认真制定移民搬迁实施方案，转变思路，改进方法，增加政策指引及兑付工作的透明度，各项工作落实到位；四是项目法人及建设施工单位积极配合，主动帮扶，及时解决因施工影响群众生产生活的问题，维护了工程建设良好环境；五是库区移民及搬迁群众对工程建设理解和支持，服从国家建设大局，为工程建设作出诸多牺牲和奉献。在南水北调工程建设中，广大征地移民干部勤勤恳恳，任劳任怨，为维护南水北调工程建设良好环境作出了突出贡献。可以说，工程建设的每一步进展和每一项成果，都是与他们的辛勤工作和无私奉献分不开的。在此，我代表国务院南水北调办，向工作在南水北调工程征地移民战线上的全体同志表示衷心的感谢！

在充分肯定征地移民工作取得成绩的同时，我们也应该清醒地认识到当前工作所存在的困难和问题。一是经济社会快速发展、经济体制改革攻坚阶段，各种利益博弈，矛盾交织，历史欠账及解决这些问题的难度越来越大，不可预见因素较多。二是征地移民政策不能满足经济社会发展要求和移民群众需要，部门规章不协调、不配套，在征地补偿和生产安置等方面执行困难。三是前期工作滞后的局面仍未得到彻底解决，尤其是干线工程涉及的公路、铁路、电力等专项设施迁建规划协调困难，提高标准、扩大规模的情况仍较普遍。四是受政策和农产品价格变化，以及料场选择运费增加，路渠桥梁建设等方面影响，征地移民投资概算增幅大，投资控制面临较大压力。五是征地手续办理程序多，周期长，遗留问题处理不及时，对工程带来直接影响。上述这些问题，有的需要我们在工作中因势利导，严格政策规定，有的则需要我们在下一步的工作中认真研究，着力解决。

三、认真总结征地移民工作经验，切实维护群众利益、保证工程顺利建设

征地移民工作政策性强、社会敏感度高，工作难度较大。在5年多的工程建设实践中，各省市按照国务院南水北调建委的统一部署，加强领导，统筹协调，采取有力措施，不断推动干线征迁和库区移民工作，积累了丰富的工作经验。我们要认真总结、不断丰富这些好的经验，进一步推动征地移民工作，从而切实保证群众利益和工程建设的顺利进行。

这次现场会选在河南召开，原因之一是近年来在河南省委、省政府的坚强领导下，河南省南水北调办、移民办等有关部门密切配合，各级党委政府认真负责，靠前指挥，使河南征地移民工作开展得有声有色，很有成效，其很多经验和做法值得工程沿线其他各省市认真学习和借鉴。可以说，河南省移民试点和征地搬迁工作积极有效推进，是在南水北调征地移民工作基础上的进一步发展，在工程沿线各省市中带了好头、起到了示范作用。

河南省境内南水北调征地移民任务既包括丹江口库区移民，也包括干线工程征迁，工作量大，任务繁重。目前，河南省境内黄河北至漳河段238km干渠两岸征地搬迁工作在初步设计批复6个月内已基本完成，丹江口库区移民试点12个安置点已有11个进入新房建设阶段，5月底可基本完成建房任务。尤其是焦作市城区段的征迁工作在1个多月的时间内全部完成，率先打开了南水北调干渠穿越大中型城市居民区的拆迁工作局面，为下步工作的开展创造了有利条件。总结近年来河南征地移民工作，主要有以下经验：一是领导重视。河南省委、省政府讲政治、敢负责、顾全局、见真招，把南水北调中线工程作为全省的头号工程，把征地移民工作当做特别紧迫、非常敏感重要的政治任务、特殊任务。光春书记、庚茂省长多次召开会议组织动员、安排部署并作出重要批示，主管省长多次深入到库区和干线征迁工作第一线，现场办公，及时协调解决问题，加快征迁进度。二是思想统一。河南省多次召开工程沿线各地市县主要负责同志会议，在工程建设、干线征迁和库区移民工作上，进一步统一各方思想，在全省统一领导下，紧紧依靠各级党委、政府做好工作，充分发挥政治、体制、政策优势，强化领导，统一协调，明确分工，落实责任，集中一切积极力量，整合一切优势资源，把南水北调作为促经济、渡难关的重要工程，努力推动工程建设和征地移民工作。三是措施得力。河南省各有关部门密切配合，吃透政策，摸清情况，找准症结，扎实解决群众关心的实际问题，不折不扣地把各项移民政策落实到位，并及时、主动地解决好群众反映强烈的突出问题和地方政府征地移民工作中的实际问题。结合库区移民试点实施工作，统筹制定惠及库区移民的10多项扶持政策，提出推进库区移民新村建设的指导意见，努力把移民安置点建设成为社会主义新农村的示范点。干线工程沿线市县按照“一天不误、全速推进”的要求，掀起征迁工作的高潮，不断加快征迁进度，为工程开工及时提供建设用地，形成了黄河“南布点、北连线”建设的大好局面。四是奖惩分明。河南省健全和完善移民工作激励机制和责任追究机制，形成了上下贯通、密切配合、务实高效的库区移民工作机制。各级组织部门把征地移民工作与干部政绩考核紧密结合，把年轻干部放在征地移民工作中去锻炼考验。出台征地移民工作奖励办法和督导方案，进一步调动各方面积极性，鼓励库区移民早日搬迁、早日致富。

回顾和总结南水北调工程开工5年多来的建设实践，我们深切地感到，要做好新形势下南水北调征地移民工作，就必须坚持以下八个原则：

第一，必须统一思想，围绕中心，服务大局，把南水北调工程建设纳入地方经济社会发展之中，增强责任感、紧迫感。南水北调工程建设对沿线地方经济社会发展具有重大意义和深远影响，不仅关系到国家经济发展大局，也关系到地方经济社会发展长远利益。工程建设沿线各地情况不同，需求有差异，工作难度不一，有时候要牺牲局部的、眼前的利益，换取全局的、长远的利益。事实证明，只要党委、政府高度重视，把思想统一到中央部署上来，坚持从国家建设大局出发，从促进本地区经济社会长远发展出发，强化服务意识，切实加强领导和协调，主动解决工程建设和移民征迁工作中存在的问题，征地移民工作就能高效、有序地快速推进。

第二，必须发挥“四个优势”，引导征地移民工作从政府行为转变为群众的自觉行动。一是党的领导的优势。30年改革开放实践表明，我们所取得的一切伟大历史成就，关键在于党的领导。党的领导是中国发展进步的根本保证，是我们战胜各种困难的法宝，也是我们特有的优势。在处理错综复杂的征地移民问题中，必须争取并加强党的领导，充分发挥各级党组织和党员领导干部的作用。二是社会主义制度的优势。“集中力量办大事”是我们社会主义制度的优势，要动员各方面的力量支持移民，国家有关部门、地方各级政府在制定政策时要向移民倾斜，把各方面的政策优势汇集起来，形成全社会关心移民的政治氛围和照顾移民的政策环境，把社会主义新农村建设与移民安置结合起来，要让移民群众体验到社会主义制度的温暖。三是党和国家政策的优势。我们党是一个与时俱进、不断学习、不断改革创新的党，党和国家制定的政策也是立足于最广大人民群众的根本利益，在移民群众中有崇高威信和感召力，只要我们原原本本地把政策交给群众，认真宣传解释移民政策，执行政策不走样，处理问题公平、公开、公正，移民工作就能得到移民群众的理解和拥护。四是党的群众工作的优势。群众观点是我们党基本的政治观点，群众路线是我们党根本的工作路线。密切联系群众，善于做群众工作，是我们党的优良传统，也是我们党的政治优势。要通过深入、细致的群众工作，与移民群众心连心，在严格执行移民政策的同时，要宣传党的政策和国家大局意识，主动帮助移民群众排忧解难，主动化解移民群众的思想顾虑，增强广大移民群众建设新家园的信心，增强广大干部做好工作的决心。

第三，必须发挥国务院南水北调建委领导、省级政府负责、县为基础、项目法人参与的管理体制作用，充分调动基层地方政府征地移民工作的积极性。按照国务院南水北调建委颁布的《南水北调工程建设征地补偿和移民安置暂行办法》，国务院南水北调办与北京、天津、河北、河南、湖北、江苏、山东等7省（直辖市）人民政府签订了《南水北调工程征地移民责任书》，明确了省级政府在南水北调工程征地移民中的责任，各省（直辖市）人民政府要加强领导，切实负起责任，将南水北调工程征地移民工作纳入政府日常工作范畴，把征地移民的责任、资金和任务分解、落实到各市县，加大对市县征地移民工作的指导和帮助，加强领导力量，明确扶持政策，强化监督奖惩，关心基层干部的思想和生活，充分调动基层地方政府征地移民工作的积极性，有力地促进了征地移民工作的顺利实施。

第四，必须充分发挥省级政府部门的作用，形成齐心协力关心支持征地移民工作的氛围。征地移民工作涉及面广，政策性强，在土地征用、移民搬迁、社会稳定以及交通、水利、通信、电力设施改建等方面，单靠其中任何一个部门都无法有效地完成这项任务。因此，有效的征地移民工作是由政府组织各相关部门步调一致、互相配合、协调推进的。在沿线各省市党委、政府的正确领导下，各省市国土、发展改革、水利、交通、电力、通信、文物局、林业局、公安等有关部门沟通协调，成立了南水北调工程建设用地、文物保护、林地协调、专项设施迁建、安全保卫等联合工作协调小组，相应建立了协调机制，涉及干线工程建设中专项设施迁建的有关部门、单位要服从、服务于国家建设大局，急工程所急，解工程所难，形成齐心协力关心支持征地移民工作和工程建设的氛围，进一步加强南水北调工程建设中各方面的协调配合，在实际工作中发挥良好的作用。

第五，必须做实、做细、做好征地移民规划，统筹制定征地移民实施方案。做实、做细、做好征地移民规划是征地移民工作顺利实施的关键，必须深入调查研究，充分听取地方政府和移民群众的意见，提高规划设计质量，依照国家政策和现有条件，既要对国家负责，严格执行征地移民政策，有效控制投资，又要对移民群众负责，不缺、不漏、不错，尽可能满足广大移民群众的合理诉求，满足征地移民实施工作的需要。各级地方政府按照国家批准的征地移民规划，认真组织有关单位编制征地移民实施方案，统筹各项惠农支农政策，结合地区经济社会发展和社会主义新农村建设，整合项目和资金，协调做好征地补偿和被征地群众的生活生产安置，为实现“搬得出、稳得住、能发展、可致富”的安置目标提供保证。

第六，必须层层落实征地移民工作责任，制定并认真执行考核标准及奖惩办法。各级地方政府必须把征地移民的责任、资金和任务，层层分解、落实到县、乡、村，主管领导亲自抓，一级抓一级，层层抓落实。加强督促检查，综合运用一切有效的措施，制定并认真执行考核标准及奖惩办法，对各地移民工作进展情况定期检查、定期通报，奖优罚劣，务必使各级党委、政府和各有关部门真正为广大库区移民和征迁群众切实负起责任来。

第七，必须坚持把深入、细致的思想工作与研究解决移民群众的实际问题结合起来，说实话、办实事、求实效，研究新情况，解决新问题。广大移民群众为了工程建设作出了无私奉献，却为更多的人带来了生产生活条件的改善，必须怀着对移民群众的深厚感情去做深入、细致的思想工作，耐心倾听移民的合理诉求，思想上理解，感情上共鸣，困难中帮助，入情、入理、入实，认真研究解决移民群众的实际问题，在政策上要尽量向移民群体倾斜，给予他们更优厚的扶持政策，说实话、办实事、求实效，研究新情况，解决新问题。使广大移民群众感受到社会主义制度的温暖，感受到党和全社会的关怀。

第八，必须实行政策公开、方案公开、资金公开，加强资金管理和监督，努力创造心平气顺的移民环境。国家的移民政策涉及面广，政策性强，牵一发而动全局，必须加强政策的宣传，做到移民群众家喻户晓。在具体工作中，必须实行规划公平、方案公开、资金公开，切实加强资金管理和监督，及时做到政策落实到位、资金补偿到位，使移民群众清清楚楚、明明白白、心情舒畅。

在总结征地移民工作经验的同时，我们也要认真吸取以往征迁工作中的教训：

第一，做好初步设计规划是前提。征地搬迁和移民安置规划是实施的基础和前提，是国家各项移民政策落到实处的具体体现。以往的经验教训表明，没有一个切实可行的征地移民设计规划，没有结合实际的弃土弃碴场布置、跨渠桥梁及专项迁建的设计，没有设计工作与施工现场的紧密结合，很难顺利实施征迁工作，安置好移民。在先期开工建设项目的征地移民工作中，受设计力量薄弱、设计经验不足、设计周期紧张以及征地移民情况复杂等主客观原因影响，设计缺漏项较多，设计变更频繁，很大程度上影响了征地拆迁进度和工程建设计划。

第二，形成浓厚而良好的保征迁、保工程的氛围是基础。实践证明，形成保征迁、保工程的氛围，是加快做好征地移民工作的基础。征地移民工作涉及范围广，情况错综复杂，面临的困难和不可预见的因素较多，有的问题需要加大工作力度，深入分析研究，提出政策建议，有的问题在短期内不一定能弄清楚，甚至有的问题本身就没有明确的答案，需要在实践中摸索经验。如果就问题而解决问题，问题将会越来越多，永无完结，征迁工作也将停滞不前，导致工程建设无法按计划推进，搬迁群众相互攀比，总不满意。

第三，深入宣传国家政策，发挥调动县乡干部的积极性是关键。县乡基层干部在征地移民工作中具体负责社会动员、资源配置、行政执法等各项工作，落实征地移民实施方案，确保按时完成征地移民补偿和安置任务，其地位和作用十分重要。基层干部每安置一户移民，都需要付出巨大的工作精力，做好移民群众的思想教育、政策宣传、经济补偿以及搬迁运输、建房组织、生产建设等大量艰苦、细致的工作，任务极其繁重。必须调动他们工作的积极性，在生活上关心他们，在工作上支持他们，保证有人办事、有钱办事。

第四，及时化解矛盾，不使问题积累、久拖不决是重点。南水北调工程线长面广，情况复杂，征地移民和施工影响等引发的阻工事件时有发生，部分个案问题长期积累，成为困扰征地移民工作难题。如在京石段工程征地拆迁中，新乐市玫瑰园补偿和满城县军事设施影响补偿等问题曾久拖不决，对工程建设和通水目标造成了直接影响。

第五，地方政府与建设施工单位紧密协作，切实保证征迁群众利益是保证。南水北调干线工程线长面广，同时施工也客观上造成沿线群众受到爆破、噪声、粉尘及临时性交通、水利设施阻断的影响。不少地方就是首先给工程附近群众带来影响，群众心不平、气不顺才阻工，要求补偿。在后来的工程建设中，地方政府与建设施工单位紧密协作，通过改进施工方法，减少爆破、粉尘影响，尽量使用当地民工，帮助群众清理道路、运送物资、复垦土地，很大程度上解决了施工影响对群众生产生活的干扰问题，赢得了人民群众的理解和支持。有的群众还主动帮助施工人员疏导交通，协调矛盾，成了工程建设的有力助手。

只有充分认识和认真吸取以往工作中的这些经验和教训，扬长避短，才能不断将我们的工作推向前进。

四、统一思想，提高认识，强化责任，进一步做好库区移民和干线征迁工作

做好新时期新形势下南水北调征地移民工作，是对我们执政能力和协调能力的实践检验，也是对各级征地移民干部工作水平、工作作风、工作状态的考验。要做好这项工作，关键是要把思想和行动统一到国务院南水北调建委的决策要求上来，统一到扩内需、促经济、保民生的政策落实上来，提高认识，强化责任，顾全大局，切实增强做好征地移民工作的自觉性和主动性。加强领导，周密部署，精心组织，确保各项工作落实到位。

（一）进一步提高对南水北调征地移民工作的认识，增强责任感和紧迫感

征地移民工作事关工程建设的成败，事关移民群众的切身利益，事关社会和谐稳定。因此，又好又快地做好丹江口库区移民安置和干线征迁工作，是南水北调工程建设的重中之重。各级各有关部门一定要站在全局的高度，统一思想，提高认识，切实增强工作使命感、紧迫感和责任感，围绕工程建设目标，履职尽责，齐心协力，把中央各项惠农政策和国家对移民的特殊政策不折不扣地落实到实处，想移民之所想，办移民之所盼，尽力对移民予以帮助和支持，加快完成各项征地移民工作任务，使广大移民搬得快、稳得住、早脱贫、能发展。

（二）认真学习、借鉴河南省征地移民及干线征迁工作经验，完善本地区、项目征迁计划和措施

近年来，河南省征地移民工作取得了重大进展，其工作思路、工作方法和创新精神都值得认真学习和借鉴。工程沿线各省市要认真学习、借鉴他们的经验，并与本地区、本项目的工作结合起来，完善库区移民和征迁工作实施计划和措施，加快做好征地移民工作，努力把南水北调工程征地移民工作提高到一个新的水平。要切实把征地移民工作放在突出位置，进一步加强领导，高位推动，靠前指挥，积极协调，努力形成全社会共同做好征地移民工作的良好局面。要勇于开拓创新，积极探索实践，用发展的思路和改革的办法，不等不靠，在积极推进征地移民工作中，不断研究新情况、解决新问题。

（三）积极争取省市政府的领导和支持，加强各级地方政府对征地移民工作的领导，加快已批初步设计项目的征地搬迁步伐

征地移民工作是政府行为，各级南水北调办和征地移民管理部门必须始终坚持在各级地方党委、政府的统一领导下开展工作，认真调查研究，及时向当地党委、政府汇报征地移民工作情况和工作中遇到的问题与困难，主动提出意见和建议，争取省市政府的领导和支持，把征地移民工作任务纳入省市政府的工作日程，把加快征地移民和搬迁转化为省市政府的要求，加强对地方政府的指导帮助，把全力推动征地移民工作变成落实省市政府要求的具体行动。要加强各级地方政府对征地移民工作的领导，早谋划、早准备、早实施、早搬迁，全力加快已批初步设计项目的征地拆迁步伐。

（四）加强南水北调工程及征地移民政策的宣传，尽快形成促征迁保建设的社会氛围

要进一步加大南水北调工程及征地移民政策的宣传力度，通过多种媒体加大宣传工作力度，形成强大的社会氛围。从征地、建房等补偿政策到惠农扶持政策，做到家喻户晓。对于国家确定的各项安置指标和补偿标准，必须坚持原则，不折不扣地宣传好、贯彻好、落实好，决不能犹豫动摇。要做好县、乡、村基层干部的培训工作，使他们做好表率，带动广大群众理解、参与、支持、配合搬迁工作，尽快形成“齐心协力促征迁，争分夺秒保建设”的社会氛围。

（五）加大征地移民初步设计及专项设施迁建协调力度，保质量、按时限完成初步设计编制和审批，合理、有效控制投资规模

目前，库区移民规划及干线工程征地移民初步设计工作虽有所加快，但仍然制约着库区移民搬迁和干线工程计划建设目标，干线工程专项设施迁建规划原则已与有关部门达成共识，予以明确，但具体项目协调进度较慢，影响到整个征地移民设计任务的按时完成。沿线各级地方政府和有关项目法人要

同心协力，加大初步设计编制中征地移民专项设施迁建、弃土弃碴场布置以及跨渠桥梁设计的协调力度，帮助督促相关部门、单位按照工程建设和征迁实施计划，“倒排工期”安排征地移民初步设计工作，保证质量、控制投资、按计划完成初步设计编制和实施方案审批，满足当前征迁实施工作的迫切需要。

库区移民实施方案要以国家审批的可行性研究总报告和初设阶段成果为依据，进一步深化和细化。目前，丹江口库区移民试点工作即将进入大规模移民连续搬迁阶段，库区移民实施方案编制工作已成为库区移民搬迁实施工作的重要制约因素。河南、湖北两省要尽快组织有关设计单位会同库区和安置区地方各级政府根据已编制和审查的初步设计专项规划开展实施方案的编制工作，按照库区移民实施工作总体进度，安排各项设计任务，以超常规的工作思路和工作方法，将初步设计和实施方案两环节压茬进行安排，分区域、分专业、分阶段开展编制工作，完成一个，审批一个，确保实施方案编制工作顺利完成，满足库区移民搬迁安置需要，实现库区移民搬迁安置的工作目标，确保中线工程通水目标的成功实现。

（六）加强丹江口库区移民试点的工作力度，进一步探索新形势下征地移民工作的方式方法，确保试点工作如期完成，取得实效

丹江口库区移民试点工作是党中央、国务院体察民情、关注民生，结合南水北调工程实际作出的一项重要决策。当前，丹江口水库大坝加高工程进展已经过半，坝区移民搬迁安置工作已经完成，库区移民搬迁安置工作已经成为中线工程建设的控制性项目。要加强丹江口库区移民试点的工作力度，努力加快进度，通过试点不断发现新形势下移民工作的新情况和新问题，总结库区移民经验，适时召开库区移民试点总结表彰大会，进一步探索新形势下加快做好征地移民工作的新方式和新方法，为做好下一步移民工作提供借鉴，为早日实现中线工程通水目标创造条件。

（七）认真研究征地移民政策，切实解决征地移民拆迁中的突出问题，切实保证被征地群众的合法权益

随着我国社会经济的快速发展，库区移民和干线被征地农民需求多样化、诉求差异化。各类征地行为的补偿标准、补偿内容、安置方式等不尽一致，有关部门规章还存在着不协调、不配套的问题，现有征地移民政策与移民需求差距较大，与时代发展和移民经济结构的实际情况也有较大差异。各级移民机构和广大征地移民干部要以科学发展观为指导，研究发展过程中的新情况，努力查找制约和影响南水北调工程征地移民工作的突出问题，对移民社保、同地同价、征地税费政策变化及库区移民工作中现行政策未能覆盖到的有关问题，要加强调查研究，加大与相关部门协调落实力度，及时提出政策措施建议，想方设法解决实际问题，促进南水北调工程征地移民工作又好又快开展。

（八）正确处理施工影响和阻工的矛盾，充分利用安保协调机制，创新无障碍施工的良好环境

首先，建设施工单位要充分考虑施工扰民的问题，从技术方案到实施的每个环节上，都要尽可能做到不扰民或少扰民，确保施工顺利进行。另外，工程建设各方要团结一致，积极主动，面对群众，做好工作，要充分利用安保协调机制，建立和落实应对突发事件的处置机制和工作预案，及时排查化解矛盾纠纷，努力化解征地移民工作中出现的重大问题，创新无障碍施工的良好环境，确保丹江口库区和工程沿线社会稳定。要严肃征地移民工作纪律，严格执行国家移民政策，对因思想认识不到位、决策不当、工作不力、玩忽职守等造成严重后果的，要追究有关责任人的责任。

（九）加强征地移民资金的管理和监督，

确保社会稳定和资金、干部安全

移民资金是高压线，南水北调工程征地移民补偿资金数额巨大，如何管好、用好这些资金，不仅关系到移民补偿投资效益，也关系到移民资金安全和干部安全。各级各部门要严格执行《南水北调工程建设征地补偿和移民安置资金管理办法》，按照基本建设程序规定，切实做好征地移民资金的审计、稽察工作，确保征地移民资金都用在征地移民项目上，用到对移民搬迁群众的帮扶上。同时，要加强征地移民管理机构和征地移民干部队伍的建设，加强和改进工作作风，提高防腐拒腐能力，干干净净做事，清清白白做人，上对得起国家，下对得起移民，确保工程安全、资金安全和干部安全。

同志们，南水北调工程征地移民工作充满希望和挑战，我们正站在南水北调工程建设新的起点上，让我们更加紧密地团结在以胡锦涛同志为总书记的党中央周围，认真贯彻落实国务院南水北调建委第三次全体会议精神，以对党、对国家、对移民高度负责的精神，以更加积极的态度、更加饱满的热情、更加扎实的作风、更加有力的措施，抓住机遇，趁势而上，全力以赴地做好南水北调征地移民工作，努力开创南水北调工程征地移民工作新局面，努力夺取库区移民安置和干线工程征迁工作的新胜利！

北京市副市长夏占义在南水北调中线北京市内配套工程开工仪式上的讲话（摘录）

（2009 年 4 月 28 日）

南水北调工程是国务院为北方部分省市供水安全、经济社会发展作出的战略决策，在国务院南水北调办、水利部的精心指导、组织下，北京已经受益，截止到现在，已经成功引水 1.8 亿 m^3，北京的经济社会发展长期以来得到了水利部、国务院南水北调办始终如一的支持、关心、关注。

南水北调配套工程不仅关系着北京的科学发展、持续发展，也关系到北京的供水安全。今天，我们即将开工的南干渠工程、大宁调蓄水库工程，就是保证北京科学发展、用水安全的重要组成部分。在此，我真诚地希望，北京市水务局、市发展改革委、市政管委等市属相关部门通力合作，尊重水利部、国务院南水北调办的总体部署，认真做好组织实施；我真诚地希望，大兴区、丰台区、房山区等沿线区县的相关单位服从大局、密切配合，做好南水北调配套工程的服务工作；我真诚地希望，工程的设计单位、施工单位精益求精，施工安全文明。我也有理由相信，在水利部、国务院南水北调办的具体指挥组织下，北京市有能力把南水北调的配套工程搞好，让水利部、国务院南水北调办领导同志放心，为全市人民交上一份满意的答卷。

天津市副市长熊建平在南水北调中线天津干线河北境内工程开工仪式上的讲话（摘录）

（2009 年 7 月 29 日）

值此南水北调中线天津干线河北境内工程开工之际，我谨代表天津市委、市政府和全市 1100 万人民，对工程的开工建设表示热烈的祝贺！向国务院南水北调办、水利部，河北省委、省政府和全省人民，对天津经济社会发展的关心和支持表示衷心的感谢！向全体工程建设者表示诚挚的问候！

多年来，国务院南水北调办、水利部十分关心天津经济社会的发展，关心天津的水资源问题，对天津南水北调工作给予了大力支持，在工程规划、设计审批、工程建设等方面提供了很多指导和帮助。针对天津水资源短缺的客观实际，率先批复了天津干线天津境内工程初步设计，推动天津干线天津境内工程于2008年11月开工建设。今天，天津干线河北境内工程也正式开工，充分表明，国务院南水北调办坚持以科学发展观为统领，心系滨海新区开发开放和环渤海区域经济社会的发展，心系天津人民的迫切愿望，全力推进南水北调工程建设，体现出强烈的大局意识和求真务实的工作作风。

天津与河北山水相连、人缘相亲，两省市人民相互支持、往来密切、感情深厚。多年来，河北省人民在防汛抗旱、引滦入津、引黄济津等方面给予了天津许多无私的帮助，两省市在扩大交流、增进合作、推动环渤海区域经济振兴方面取得了丰硕成果。南水北调工程的开工建设，又一次把天津和河北紧密联系在一起。我相信，天津、河北两省市将进一步密切关系，发挥各自优势，推动双方合作取得更大成果，携手实现更大发展，为环渤海地区经济社会的又好又快发展作出新的贡献。

水是国民经济和社会发展的重要战略资源，没有可靠的水资源做保障，发展无从谈起。多年来，天津不断加强水资源节约保护和非常规水源开发利用，以有限的水资源支撑了全市经济社会的可持续发展。随着滨海新区开发开放和天津经济社会的快速发展，水资源供需矛盾日益突出。兴建南水北调工程，将从长远上解决天津用水问题，为把天津建设成为国际港口城市、我国北方经济中心和生态城市提供可靠的水资源保障，是继引滦入津工程之后天津的又一条“生命线”，意义十分重大。我们将全力支持天津干线工程建设，为南水北调事业作出应有的贡献。承担天津干线廊坊市段第4、第5标段建设管理任务的天津市水利工程建设管理中心，要牢记责任、不辱使命，紧密依靠地方政府和人民群众，精心组织、精心实施，圆满完成建设管理任务。

目前，天津干线天津境内工程已经进入建设高潮，天津市内配套工程也正在抓紧建设。我们相信，在南水北调工程的支撑下，天津的明天将更加美好！

河北省副省长张和在河北省南水北调工程建设委员会第三次会议上的讲话

（2009年12月19日）

同志们：

刚才，袁福同志传达了国务院南水北调建委第四次全体会议的主要精神，总结了南水北调开工以来的工作，分析了存在的问题，提出了下一步工作打算。保定、邢台代表分别作了典型发言，国务院南水北调建委各成员也分别作了发言。一会儿，全国代省长还要作重要讲话，大家要认真贯彻落实。下面，我先讲几点意见。

一、认清形势，进一步增强责任感和紧迫感

南水北调是国家跨流域调配水资源的战略举措，是重要的民生工程，是我省面临的重大发展机遇，不仅对当前拉动投资保增长有重要的推动作用，尤其对河北省长远发展有着重要的支撑作用。我省是严重的资源型缺水省份，缺水成为制约经济社会可持续发展的最大瓶颈。南水北调将为我省引来30亿m^3的长江水，有效缓解我省水资源短缺状况。2003年开工的京石段工程已经建成，向北京供水4.35亿m^3；邯石段和天津干线工程征迁安置实施方案已经编制完成，为工程开工建设打下了良好基础。我省南水北调工作取得了阶段性成果。这些成果的取得，归功于我省省委、省政府的正确领导、科学决策，归功于各级党委政府的高度重视、精心组织，归功于各有关部门的协调联动、密切配合，归功于广大建设者的辛勤劳动、扎实工作，归功于社会各界的广泛参与、积极支持。

按照国家总体部署，南水北调中线主体工程要在2013年完工，2014年汛后通水。国务院南水北调建委第四次全体会议明确要求，地方政府要积极做好征迁安置工作，配合项目法人加快主体工程建设，搞好配套工程建设，保证与主体工程同步建成生效。从现在到2013年，我省将完成6.5万亩永久征地和8.6万亩临时占地征迁任务，370km的主体工程将要建成。配套工程也要同步推进，需要筹集67.5亿元配套资金，同时还要完成50亿元基金征缴任务。应当说，任务相当繁重，时间非常紧迫。各级各有关部门一定要站在政治和全局的高度，以对党和人民高度负责的精神，进一步增强责任感和紧迫感，一如既往地做好南水北调各项工作。

二、明确任务，加快推进各项工作

第一，全力打好征迁安置攻坚战。工程建设征迁先行，征迁安置直接关系到工程建设顺利实施，关系到群众切身利益，关系到沿线社会和谐稳定。各级政府是征迁安置的责任主体，要按照“四个确保”的要求（确保农民权益、确保资金安全、确保工程建设顺利进行、确保沿线社会稳定），加快工作进度。当前，邯石段和天津干线初步设计已经批复，实施方案也将陆续批复，任务和投资已经明确，工作已进入攻坚阶段。天津干线2009年12月底提交60%工程用地，2010年3月提交全部工程建设用地。邯石段力争2010年3月、确保4月完成补偿兑付工作，提交全部永久征地。各地要按照“公开、公平、公正”的原则，做好资金补偿兑付工作。我省对各市实行投资与任务包干，征迁安置工作中如出现资金缺口，各市可动用耕地占用税来解决。专项设施迁建是征迁工作的重要组成部分，涉及电力、通信、水利、文物等多个部门。各有关部门要认真研究，加强调度，加快进度，严格落实分部门责任制，决不允许因专项设施迁建滞后影响工作进程。国土、林业部门要按照我省批复的实施方案抓紧做好组卷报批工作。

第二，积极营造良好施工环境。为南水北调工程建设创造良好的外部环境，是各级各部门的共同责任。工程沿线村庄密集，施工单位云集，人员众多，工程建设与当地群众的生产生活将不可避免地相互干扰。各地各部门要强化大局意识、服务意识，认真履行应尽职责，及时办理各种审批手续，决不能推诿扯皮。各级公安部门要靠前服务，坚决依法打击各种阻挠、破坏工程建设的违法犯罪行为，营造良好的施工环境。

第三，切实加强受委托项目建设管理。我省承担了南水北调主体工程178km的建设管理任务。百年大计，质量第一。要把工程质量放在首位，严格招投标程序，落实管理、施工、监理责任，加强质量监控，确保不留隐患。安全生产责任重大，要建立健全安全生产组织机构，加强宣传教育，落实安全生产责任制，完善各项规章制度，制定重特大事故应急处理预案，确保安全生产。同时，交通、城建部门承担了邯石段受委托跨渠桥梁的建设管理任务，要按照南水北调工程建设管理有关规定，加强质量、进度和投资控制，确保如期完成建设管理任务。京石段已建成的跨渠桥梁，河北省交通厅和石家庄、保定两市，要按照国家发展改革委、交通运输部等四部委的要求，尽快做好验收和接收工作。

第四，努力完成南水北调基金征缴任务。南水北调基金是工程建设资金的重要组成部分。国家已明确了我省的征缴任务，省政府已经制定了基金征缴办法，下达了各市的征缴任务。从征缴情况来看，任务完成得不够理想。各地和省财政厅、发展改革委、水利厅、物价局等部门要采取有力措施，加快征缴入库。凡没有开征南水北调基金的地方，从2010年1月开始一律开征。各地决不允许挤占、截留、挪用这笔资金，努力完成征缴任务。

第五，加快推进配套工程建设。配套工程是南水北调工程的重要组成部分。如果配套工程不能与主体工程同步推进、同步建成，我们将眼睁睁看着长江水从我省通过而无法使用。配套工程是优化水资源配置，构建我省“两纵六横十库”供水网络体系的重要内容。按照河北省政府批准的配套工程规划，我省将新建、完善廊坊、石津、沙河等5条跨市干渠，修建101条输水管道、113个水厂、3119km配水管网，向112个目标供水，总投资323亿元。其中，水厂以上159亿元，以省为主，省市县共同筹集；水厂及管网164亿元由市县负责筹集。

国务院南水北调建委第四次全体会议进一步明确，地方政府是配套工程筹资建设的责任主体。基于我省各级财政状况，仅由财政筹集配套资金十分困难；基于工程建成后外来水本地水、地上水地下水统一管理、优化配置；基于盘活现有水利工程固定资产，推进水利投融资体制改革；基于与南水北调建管体制接轨和工程建成后良性运营等因素的考虑，河北省政府准备成立水务集团。基本的思路是，整合河北省水利厅和河北省南水北调办等5个事业单位，上划隶属保定、邢台、邯郸管理的4座大型水库，组建水务集团。省市财政注入资本金，以水务集团为平台，向银行贷款，筹集配套工程建设资金。

目前，河北省水利厅、河北省南水北调办已将水务集团组建方案上报河北省政府，河北省政府将于近期研究。按照水务集团组建方案，2010~2014年我省要筹集19亿元资本金，目前渠道已基本落实。7个市也要筹集8亿元资本金。各市要提前谋划，早作安排，确保及时到位。按照任务分工，水厂及以下管网工程项目由市、县政府负责。各市要抓紧研究确定责任主体和工作目标，落实到具体的单位和部门，抓紧落实投资，抓紧开工建设。

三、强化措施，确保如期完成主体和配套工程建设任务

南水北调工程以城市和工业供水为主，是社会公益事业，是基础战略工程。做好南水北调工作是各级各部门义不容辞的光荣职责，要统筹谋划，精心组织，周密安排，共同做好工作。

一要加强领导，落实责任。主要领导同志和分管负责同志要深入实际，调查研究，及时解决相关问题，妥善化解各种矛盾。省、市、县、乡要一级抓一级，层层抓落实。进一步强化协作意识，密切配合，形成工作合力。河北省政府根据领导调整的情况，已经调整了河北省南水北调建委成员。各市也要根据实际情况，及时进行调整。

二要加强管理，严格程序。在征迁安置和工程建设中，要严格规范程序，健全规章制度。加强工程质量管理、资金管理和施工管理，确保工程安全、资金安全、生产安全和干部安全。广泛开展工程建设领域突出问题专项治理，把反腐倡廉贯穿于全过程，任何单位和个人不得违规操作，插手招投标、材料供应等工作，干扰工程建设正常进行。

三要加强调度，督导检查。南水北调工作政策性强，涉及面广，工作难度大。要加强协调调度，强化督导检查，及时解决问题，推进工作开展。完善通报、专报制度，对工作进展情况，及时进行通报。遇有重大事情，要向省政府专题报告。

四要加强宣传，营造氛围。要采取多种形式，宣传南水北调重大意义，宣传征迁安置政策，宣传典型经验，努力营造工程建设良好氛围。做实、做细群众工作，畅通信访渠道，妥善处理各类矛盾，维护沿线社会稳定，确保不发生大规模集体上访和突发性群体性事件。

江苏省副省长黄莉新在江苏省水利工作会议上的讲话（摘录）

（2009 年 12 月 18 日）

全面加快南水北调一期水源工程建设。围绕 2013 年东线工程通水目标，续建泗阳站、刘老涧二站、皂河二站和泗洪站工程；新开工建设淮安二站和皂河一站加固改造、高水河整治、里下河水源调整、中运河影响处理工程；基本完成淮安市和徐州市截污导流主体工程建设。

要继续收足、用好防洪保安资金、水利建设基金、水资源费和南水北调基金，认真落实城市建设维护税的 15% 用于城市防洪建设、土地出让金纯收益的 15% 用于农业土地开发的政策，保证配套资金及时足额到位。

山东省副省长贾万志在南水北调东线一期南四湖—东平湖段输水与航运结合工程开工仪式上的讲话（摘录）

（2009 年 6 月 4 日）

今天，南水北调东线一期南四湖—东平湖段输水与航运结合工程正式开工了，这标志着南水北调东线山东段工程进入了加快建设的新阶段。

南水北调工程是党中央、国务院顺应我国经济社会发展需要作出的重大战略决策，是一项利在当代、功在千秋的宏伟事业，也是迄今为止世界上最大的调水工程。南水北调东线山东段工程自开工建设以来，在国务院南水北调建委和山东省委、省政府的领导下，在国务院南水北调办、水利部、国家发展改革委、交通运输部、环保部等国家有关部门的大力支持下，经过广大工程建设者的不懈努力，取得显著进展和积极成效。

南四湖—东平湖段输水与航运结合工程的开工建设，对于优化山东省水资源配置、改善生态环境和交通条件，促进我省经济社会又好又快发展具有十分重要的意义。山东省委、省政府对该工程建设高度重视，多次进行专题研究并提出明确要求，希望各级、各有关部门和参建单位一定要以对党、对国家、对人民高度负责的精神，各负其责，密切配合，精心设计，精心施工，精心管理，努力把南四湖—东平湖段输水与航运结合工程建设成为质量优良工程、节俭高效工程、廉洁安全工程、科学和谐工程，经得起历史的检验。济宁市、泰安市各级政府要切实加强领导，把保障工程建设施工环境作为义不容辞的责任，及时协调解决影响施工环境的重大问题。要坚持以人为本，正确处理工程建设和保护沿线群众利益的关系，深入、细致地做好土地征用、迁占补偿等方面的工作，切实保障群众合法权益。要加大宣传力度，广泛动员社会各界支持工程建设，营造和谐的建设环境，确保工程建设顺利推进。

河南省省长郭庚茂在河南省南水北调中线工程建设领导小组全体会议上的讲话

（2009 年 12 月 25 日）

同志们：

这次河南省南水北调中线工程建设领导小组全体会议非常重要，主要任务是传达贯彻国务院南水北调建委第四次全体会议精神，总结回顾今年以来南水北调各项工作，并对明年的南水北调工作进行安排部署。刚才树山同志传达了国务院南水北调建委第四次全体会议精神，全面总结了今年工作，对明年工作提出了安排意见，并对几个重要问题提出了建议。焦作、南阳两市和宝丰县作了典型发言，他们的经验和做法很好，请大家学习借鉴。大卫同志也讲了很好的意见，希望大家认真领会，积极贯彻。我们原则同意和采纳河南省南水北调办提出的工作安排意见和几点建议。下面，我简要讲三点意见：

一、肯定成绩，总结经验，进一步坚定做好南水北调工作的信心

2009年是南水北调工程开工建设以来在我省境内投资规模最大、任务最为艰巨的一年，也是取得最大成效的一年。我们不但圆满地完成了国务院南水北调办赋予我省的各项阶段性任务，而且实现了和谐征迁、和谐移民，保持了社会大局稳定，受到了国务院南水北调办和国家有关部门的充分肯定，多次给予表彰和鼓励。具体来讲：

（一）工程建设和征地拆迁成效显著

2009年以来，工程建设进度和质量安全始终处于受控状态，国务院有关检查和督查都对河南省南水北调工程建设进度、各项管理以及取得的效果给予了充分肯定。特别是干线征地拆迁工作，南阳、焦作、平顶山、郑州、新乡、鹤壁、安阳等沿线各地，始终坚持“以人为本、和谐征迁”，创造了不少好的做法和经验，比较突出的是焦作市和南阳市。南水北调干渠穿越焦作中心城区，拆迁难度很大，有些困难问题难以想象，但焦作市历尽千辛万苦，不断克难攻坚，不仅圆满完成了城区地段征迁任务，而且没出现一起意外事件和非正常上访事件，非常难能可贵。南阳市承担库区移民外迁、库区移民安置、干线渠首工程以及水源保护等多重任务，工作量非常大。特别是淅川县，库区移民迁安工作几乎成了县委、县政府的头等任务，但他们工作做得很好，为全省南水北调各项任务提供了前提和基础。他们的经验确实值得各级各部门学习借鉴。

（二）库区移民进展顺利

2009年，河南省在提前完成丹江口库区试点移民搬迁工作后，及时开展了深入、细致的后续帮扶工作和库区大规模移民迁安工作。目前，库区试点移民总体比较稳定，第一批大规模移民新村建设进度基本按照计划节点扎实推进，并且大部分地区已经超前实施，比预期进度要快得多。郑州、平顶山、新乡、许昌、漯河和南阳6个省辖市，切实担负起了丹江口库区移民安置任务，各级党委、政府和有关部门想得很周到，工作做得很到位。试点移民搬迁时营造各种气氛，主要领导经常上门了解生产生活情况，重要节日慰问关怀，遇到实际问题抓紧解决，充分体现了社会主义大家庭的关爱和温暖。

（三）省直部门帮扶移民积极主动

省直有关厅局认真落实河南省委、省政府统一部署，结合实际制定了有关移民迁安具体实施方案和配套帮扶政策。河南省委组织部、宣传部，河南省发展改革委、交通运输厅、财政厅、人力资源和社会保障厅、教育厅、住房和城乡建设厅、国土资源厅、电力公司、农业厅、水利厅、民政厅、卫生厅、公安厅等部门都做得比较好。25个厅局的包县工作组进驻有关县（市、区），自起炉灶，贴近群众，做了大量艰苦、细致的工作，保证了移民迁安工作的顺利进行。全省上下已经形成了积极主动、服务大局、尽职尽责、合力攻坚的浓厚氛围。

（四）组织协调高效务实

河南省南水北调中线工程建设领导小组成立以来，各级各部门分工明确，落实责任，对推进南水北调各项工作的顺利开展起到了重要作用。河南省委、省政府专门成立了河南省南水北调丹江口库区移民安置指挥部。应该说，领导小组和指挥部，特别是河南省水利厅、河南省南水北调办等部门在工作中发挥了很好的作用。河南省南水北调各项工作能够取得突出成绩，是各级党委、政府共同努力的结果，是各有关部门共同奋斗的结果。但也要承认和充分肯定主管部门的重要作用，河南省水利厅、河南省南水北调办作为主管业务部门，在争取国家政策支持、拟订具体措施、协调各方关系等方面做了大量艰苦、细致的工作，没有他们扎实、细致的工作也取得不了这样的效果。

总的来说，河南省南水北调各项工作取得了重大成绩，积累了宝贵经验，奠定了良好基础，万里长征迈出了坚实的第一步，这为我们集中力量打好攻坚战、完成南水北调这一光荣的历史任务创造了比较好的条件。

在肯定成绩的同时，我们也要看到工作中还存在一些问题：整体上工作进展不够平衡，个别地方、个别单位工作还不到位；在政策和具体问题的操作上，还有一些薄弱环节和漏洞。2009 年的南水北调工作取得了阶段性胜利，但是真正的决战还在 2010 年、2011 年两年，任务的主体还在后面，我们要坚定信心，乘胜前进，推动南水北调各项工作迈上新台阶。

二、认清形势，明确任务，全力打好南水北调攻坚战

贯彻落实好国务院南水北调建委第四次全体会议精神，切实做好河南省南水北调工作，必须认清当前面临的形势和任务：一是通水要求紧迫。京津地区缺水严重，对南水北调工程早日通水的要求非常迫切。二是投资强度大。从 2010 年开始，南水北调工程开始进入大规模建设阶段，未开工的主体工程将全部开工，年均投资强度 440 亿元，相当于工程开工 7 年以来的总和。河南省明年黄河以北要继续发展，黄河以南 400 多千米的干线要全线开工、连线建设，2010 年要完成投资超 200 亿元。且国务院南水北调第四次全体会议单独对资金保障作了安排，计划资金能满足的满足，不能满足的贷款搭桥过渡，力度很大。河南省 2010 年一年的投资与过去 5 年完成的投资总相比，还超出 100 多亿元，工程建设和实施管理工作量成倍增加。我们马上要进入大规模建设阶段，进入决战之年，工作压力比较大。三是征迁任务非常艰巨。经过大家 9 个多月的努力，我们完成了丹江口库区试点移民搬迁安置任务，但试点移民才 1 万多人，库区大规模移民还有 15.1 万人，2010 年一年既要完成第一批 6.49 万移民搬迁安置任务，又要压茬启动第二批移民 8.61 万人，移民征迁任务非常繁重。四是工程战线长、涉及面广、相关工作多。南水北调涉及的文物保护、水污染防治、配套工程建设等相关工作都要系统展开，任务很重。

在看到困难和挑战的同时，我们也要看到做好南水北调工作的有利条件：一是实施工程建设和移民搬迁顺乎民心。我对库区移民做过调查，他们的生产生活条件很差，多年来不能发展，急于早日搬迁，早日安家落户，早日过上正常的生产生活。所以，移民搬迁是顺乎民心、民意的。二是建设条件基本具备。从目前情况看，南水北调工程从政策条件到施工技术，从协调配合到资金筹措以及其他各项工作，建设条件已经基本具备。三是克难攻坚积累了宝贵的经验。经过前几年的积极实践和深入探索，工程建设、征地拆迁和库区移民，包括运转体制、政策支持、资金筹措、施工设计、规划计划等方面，都积累了经验，锻炼了队伍，打下了基础。总体来看，虽然我省南水北调任务艰巨，但打好这一仗，打胜这一仗，还是有条件的。只要我们发扬已有成绩，发挥已有经验，夺取全胜是完全有把握的。

做好 2010 年的工作，要突出重点，狠抓关键。一要确保干线工程建设的全速推进。继续做好干线征迁工作，创造畅通无阻的施工环境。按照工程建设计划，加快工程建设进度，实现 2010 年“黄河南连线、黄河北发展”的建设目标，力争多完成工作量，多增加施工投入。二要确保库区移民迁安任务圆满完成。继续抓好试点移民后续帮扶工作，按期完成第一批移民6.49万人的搬迁安置任务，确保试点移民及第一批移民实现“搬得出、稳得住、能发展、可致富”的目标。要确保第二批移民8.61万人规划建设工作全面展开，为2011年全面完成搬迁任务打下基础。三要启动配套工程建设。积极准备，加强前期工作，创造施工条件，继续努力争取国家的支持，确保配套工程与主体工程同步完成、同步达效。四要切实抓好水污染防治工作。国家投入巨额资金建设南水北调工程，是决不允许一渠污水北送的。这是牵涉数以亿计人口的健康安全问题，各级各部门一定要认识到位。我在这里特别强调，各级各部门从现在起就要着手做好水污染防治和生态保护工作，未雨绸缪，防患于未然，打好基础，争取主动；凡是因为工作原因造成水源污染的，省委、省政府将坚决予以处理；要在完善库区水源污染防治和水土保持规划的基础上，抓紧实施远期规划中的污水和垃圾处理项目；要进一步加大力度，争取中央财政转移资金的及时投入，确保中线水源水质永保清洁。同时，要高度关注工程沿线水质保护问题，尤其是穿越城区渠段的水质保护问题，确保一渠清水北送。五要做好基金征缴工作。要按照国务院的部署，精心组织，统筹安排，确保及时足额完成南水北调基金征缴任务，为工程建设提供资金保障。

三、齐心协力，狠抓落实，确保各项目标任务圆满完成

南水北调中线工程是关系全局、功在千秋的重大战略性基础项目，也是拉动我省当前经济增长、事关长远发展的根本大计。各级各部门一定要充分认识南水北调工程建设的重大意义，要站在讲政治、讲大局的高度，站在贯彻落实党中央、国务院重大决策部署的高度，站在应对危机、拉动投资、改善民生、扩大内需的高度，进一步统一思想、提高认识，进一步增强做好南水北调工作的责任感、使命感和紧迫感，倾全省之力支持好、服务好工程建设，确保各项目标任务的圆满完成。

（一）加强领导，精心组织

2010年是南水北调中线工程开工建设以来国家投资最集中、任务最艰巨的一年，也是决战之年。打好这一硬仗，首先要强化领导，精心组织，坚定打好南水北调攻坚战的思想和决心。早晚要干，晚干不如早干；必须要干，打消耗战就不如集中力量打歼灭战。河南省委、省政府对南水北调各项工作高度重视，只要是力所能及的，有什么问题就解决什么问题。我希望各级党委、政府也能竭尽所能为工程建设提供各种支持。

（二）明确责任，合力攻坚

要继续发挥政治优势，集中各方面力量办大事。一要各负其责，提高效率。凡是涉及南水北调工程建设的，省直有关部门要根据业务职责特事特办、急事快办，既做到合法依规，又做到快节奏、高效率，为工程建设创造良好环境和条件。二要多策统筹，合力帮扶，共同完成移民搬迁任务。除国家规定的政策外，要把民生工程、“三农”建设、环境保护等方方面面的资金、力量整合起来，对移民搬迁给予帮助、扶持，争取把移民的问题解决好，把移民的事情办理好。三要强化组织领导，坚持实行分级负责制和包干责任制，包县、包村，包任务、包责任。各包县、包村工作组要发挥职能，扎实工作，一包到底，配合当地党委、政府做好群众工作。河南省南水北调办要及时总结，对先进单位、个人进行表彰奖励，以此激励和推动南水北调各项工作顺利开展。

（三）以人为本，和谐征迁

工程建设事关大局，与群众利益关系密切，能否处理好与群众的利益关系，是工程建设成败的关键。一要牢固确立“以人为本、和谐征迁”的理念。在南水北调工程建设当中，要深入贯彻落实贯彻科学发展观，坚持以人为本，以细致工作带动移民，以利益导向凝聚人心，使移民成为南水北调工程建设的受益者而不是利益受损者。河南省委、省政府下定决心要“四年任务、两年完成”，其中一个最主要的出发点就是顺应广大移民群众的心愿，维护他们的切身利益。二要“不折不扣、不突不破”地落实政策。只要是涉及移民的各项政策，各级各部门都必须严格执行国家和河南省的有关规定，决不允许打任何折扣。同时，也不能随意突破政策标准，特别是在敏感的政策问题上一定要明确标准，避免造成相互攀比。要把各方支持的资金用在完善公益设施、改善基础设施上，有效改善移民生产生活条件。三要坚持阳光操作，公开、公平、公正。对于移民征迁事务，最好的办法就是提倡运用“四议两公开”工作法，维护公平，取信于民。四要厉行监督，防范不测事件发生。移民是个特殊群体，任何营私舞弊行为和工作上的疏忽大意都可能引发重大不稳定因素，甚至诱发群体性事件。因此，有关移民问题，是不可逾越的红线。对在移民问题上沾光取巧、营私舞弊的，必须严惩不贷，决不手软。要争取少出事不出事，出了事要当机立断，果断处理，给人民群众一个交代。搬迁移民要尽可能周密细致，做到热情温馨，缓解他们的心理压力和紧张状态，帮助他们尽快适应新的环境。

（四）严格管理，确保质量

质量和安全始终是南水北调的生命线，越是加快建设进度，越是要把质量和安全作为工程建设的核心任务，切实提高质量意识，强化质量观念，全面落实质量管理责任制，严格质量监督管理。要根据工程建设线长面广、移民征迁项目繁杂的实际情况，进一步完善质量保障体系和安全责任体系，加强工程建设全过程质量检验、检查和工程稽察，特别是落实好一线监理人员和施工人员的责任。要严格实行招标投标制、建设监理制、合同管理制，严格执行基本建设程序；要建立设计、施工、监理、管理单位不良业绩档案和警示制度，严格责任追究，严肃查处失职渎职行为；要坚持科学决策，民主决策，规范管理，切实做到安全生产常抓不懈，不给工程留隐患，不给后代留遗憾，把南水北调工程建成经得起时间和历史检验的精品工程、放心工程。

（五）严肃纪律，建设廉洁工程

工程建设和移民征迁点多面广，资金投入强度大，使用时间集中。各级、各部门必须进一步完善规章制度，严格财经纪律，严格资金监管。监察、审计、财政等部门也要加大监管力度，确保资金安全、干部安全。要不断强化反腐倡廉教育和队伍建设，把工程建设与反腐倡廉密切结合起来，不但要把南水北调工程建成一流的优质工程，而且要建成一流的阳光工程、廉政工程、利民工程和惠民工程。

同志们，新的一年即将到来。我们已经打了一个漂亮仗，我相信只要扎实工作，按照党中央、国务院和河南省委、省政府的统一部署，克难攻坚，扎实工作，共同努力，2010 年一定会打更大的漂亮仗，为实现南水北调中线工程早日通水作出新的、更大的贡献！

湖北省省长李鸿忠在南水北调中线汉江兴隆水利枢纽工程开工典礼上的讲话（摘录）

（2009 年 2 月 26 日）

兴隆水利枢纽工程是汉江中下游治理的关键性工程，是南水北调中线一期工程的重要组成部分。这项工程的开工建设，标志着南水北调中线一期三大主体工程全部开工建设，标志着我省南水北调工作进入繁重艰巨的建设高峰期，也标志着汉江流域开发进入重大机遇期。湖北全省上下，一定顾全大局、服务大局、支持大局，把南水北调工程特别是汉江中下游治理四项工程作为突出的重点，加大工作力度，加快建设步伐，在服务大局中消除调水不利的影响，在综合治理开发中创造人水和谐的新境界。希望南水北调工程领导小组各成员单位、汉江流域各级党委、政府和广大干部群众，精心组织，周密安排，高标准、高质量、高效率地做好各项工作，努力把兴隆水利枢纽工程建成安全工程、优质工程、民生工程和廉洁工程。

当前，我国正处于“扩内需、保增长”的关键时期，加快重大水利设施建设迎来了历史性的机遇。全省各级各有关部门一定要抢抓机遇、乘势而上，加大汉江其他三项治理工程的前期工作力度，加大汉江现代水利试点的实施力度，争取规划确定的各项工程早日上马、早日建成。

重 要 事 件

国务院南水北调工程建设委员会第四次全体会议在北京召开

2009年12月1日，国务院南水北调工程建设委员会第四次全体会议在北京召开。中共中央政治局常委、国务院副总理、国务院南水北调工程建设委员会主任李克强主持会议并讲话，他强调，要坚持节约资源、保护环境的基本国策，加强统筹协调，优质、高效地开展工作，把南水北调工程建成节约利用水资源、保护生态环境的惠民工程。

会上，国务院南水北调办、南水北调建委专家委负责人分别就工程建设情况、工程质量情况作了汇报。北京、天津、河北、江苏、山东、河南、湖北等南水北调沿线省市和国家有关部门负责人作了发言。在认真听取汇报和大家的意见与建议后，李克强说，水资源状况已成为我国经济社会发展的严重制约因素，节约水资源、提高水资源利用效率是当务之急。推进南水北调工程建设，对于合理配置大江大河水资源，缓解北方地区水资源不足现象，推进结构调整、转变经济发展方式以及生产生活方式，都具有重要意义。

李克强指出，2009年是南水北调开工以来投资规模最大的一年，2010年南水北调工程投资量将超过以往7年的总和。面对新形势，要进一步增强工程建设的紧迫感，加强组织领导，加大工作力度，又好又快地推进南水北调工程建设，保证投资项目如期竣工，以尽快发挥经济和社会效益。

李克强强调，质量和安全是南水北调工程的生命线。必须把工程质量作为工程建设的核心任务，全面落实质量管理责任制，严格质量监督检查，做到安全生产常抓不懈，不给工程留隐患，不给后代留遗憾，把南水北调工程建成经得起时间和历史检验的精品工程、放心工程。

李克强指出，做好征地移民工作是南水北调工程的基础。要坚持以人为本，妥善进行移民搬迁安置，改善群众生产生活条件，努力做到“移得出、稳得住、在发展中能致富”，使南水北调工程成为促进社会发展与和谐稳定的利民工程、惠民工程。

李克强最后说，治污环保关系南水北调成败与否。要坚持先节水后调水、先治污后通水、先环保后用水的原则，不断增强干部群众的节水意识和环保意识，把治污工作放在更加突出的位置，加大水源地和沿线地区污染治理与生态环境保护建设力度，确保一渠清水顺利北送。

中共中央政治局委员、国务院副总理、

国务院南水北调工程建设委员会副主任回良玉出席会议并讲话。他强调，要处理好工程进度与质量的关系，始终把质量安全放在首位。要重视调水与治污的协调，进一步加强治污环保工作。要继续做好征地移民工作，为保障工程顺利进展创造条件。各有关方面要切实加强协作配合，有效推进工程建设。

全国政协副主席、科技部部长万钢出席了会议。国务院南水北调建委各成员单位和有关部门负责人、工程沿线省（市）政府负责人、国务院南水北调建委专家出席了会议。

全国人大常委会副委员长韩启德视察调研南水北调中线水源环境保护工作

2009 年 3 月 16 ~22 日，全国人大常委会副委员长、九三学社中央主席韩启德率领由九三学社中央和国务院八部委组成的调研组在河南、湖北、陕西等省视察调研。

韩启德一行深入河南省南阳市、湖北省十堰市、陕西省商洛市等南水北调中线工程水源地 9 个县（区），实地查看水源保护项目进展情况，详细了解水源保护工作中的困难和问题。

韩启德指出，南水北调工程是我国水资源配置的战略性工程，成败关键在于水质，要坚持“先节水后调水、先治污后通水、先环保后用水”原则。当前中线水源地的发展与保护矛盾依然突出，生态环境脆弱对水源水质的影响日益加剧，水源地治理规划滞后、部分污染治理项目进展迟缓，城镇生活、工业生产点源污染和农业面源污染仍很突出。解决南水北调中线水源环境保护问题，最关键还是要深入落实科学发展观，要以体制创新、机制创新和科技创新，推动水源地污染治理和环境保护。

韩启德强调，要进一步明确南水北调中线水源地的战略定位，将水源地的保护纳入国家经济社会发展总体计划，要在体制创新、机制创新和科技创新方面有所突破，探索新的水污染治理模式、水资源管理体制和水源区利益补偿机制，建议在条件成熟时设立“国家南水北调中线水源地生态建设综合改革试验区”。特别是要加快出台、实施《丹江口库区及上游水污染防治和水土保持规划》、《丹江口库区及上游经济社会发展规划》。

视察调研期间，韩启德分别听取了河南、湖北、陕西三省的工作汇报，并指出，三省各级党委、政府应对水源保护高度重视，认真落实中央有关要求，采取各种措施推动汉江、丹江沿江污染防治和水源保护，使南水北调中线水源水质得到改善，为实现“一库清水北送”目标奠定基础。希望水源地各级政府继续以科学发展观为指导，高度重视水源区水源涵养、生态保护和污染治理，统筹做好各项工作，为国家南水北调战略作出更大贡献。

全国人大环资委主任委员汪光焘率队赴丹江口库区和汉江中下游调研

2009 年 6 月 15 ~17 日，全国人大常委、环资委主任委员汪光焘率领全国人大环资委调研组分别到襄樊、十堰就丹江口库区水质保护情况和调水对汉江中下游影响情况进行了调研，实地考察丹江口水库大坝加高工程和水库水质状况。

2009 年 6 月 17 日，调研组在武昌召开了座谈会，就湖北水生态建设问题与湖北省交换了意见。国家发展改革委、财政部、环境保护部、住房城乡建设部、水利部、国家林业局、国务院南水北调办、国务院三峡办等部委的有关领导参加了座谈会，并就进一步支持湖北水生态保护与建设分别作了发言。

湖北省省委书记、省人大主任罗清泉和省长李鸿忠分别会见了调研组一行，并交换了意见。湖北省人大、省人大城环委、省南水北调办及省有关部门的负责同志陪同调研和参加了座谈会。副省长赵斌、省政府副秘书长参加了座谈会。

全国人大环资委副主任委员汪纪戎率队调研南水北调生态补偿机制问题

全国人大常委、环资委副主任委员、农工党中央副主席汪纪戎于2009年5月11～13日率全国人大环资委和农工党中央两个调研组赴湖北省进行调研。全国人大环资委调研组是为了落实吴邦国委员长对关于支持湖北省开展水生态环境建设报告的指示精神，赴湖北省就南水北调中线工程核心水源区和汉江中下游水生态环境治理情况开展专题调研，该调研组由汪纪戎任组长，全国人大常委、环资委委员张兴凯和建设部、水利部、国家林业局、国务院南水北调办及环资委等部门领导参加。农工党调研组是根据2009年农工党中央调研活动总体方案安排，由副主席汪纪戎率队赴湖北、河南、陕西三省就“南水北调中线工程水源区生态补偿机制”问题进行专题调研。经协商，全国人大环资委与农工党中央在湖北段的调研一并由汪纪戎带队进行。

在武汉召开的座谈会上，湖北省副省长赵斌代表省政府作了汇报。湖北省人大常委会副主任任世茂、省政协副主席周宜开和省人大城环委、农工党省委会、发展改革委、财政厅、水利厅、环保局、建设厅、林业厅、南水北调办等单位的领导参加了座谈会。在十堰市召开的座谈会上，调研组听取了省、市级有关部门关于丹江口水库及汉江流域生态环境建设情况汇报，并进行了充分交流。调研组到十堰市神定河污水处理厂、东风汽车整装车间、中地皂素有限公司和丹江口市污水处理厂、丹龙化工有限公司、丹江口水库大坝加高工程现场进行了实地调研。

农工党调研组于2009年5月14～17日在河南、陕西两省调研。在南阳市、商洛市分别召开了座谈会，由农工省委会、省市人大环资委、省政府有关部门参加并进行了交流。调研组到河南淅川县九重镇对南水北调中线渠首工程、商洛市污水处理厂、城市生活垃圾无害化处理工程、丹江源头二龙山水库、商洛市丹江城市水生态工程、商南县任家沟生态文明示范村进行了实地调研。

通过对南水北调中线工程水源区广泛、深入的调研，调研组看到了水源区不同地段的实际情况及存在的问题，听到了来自各方的意见建议，获得了大量信息、资料。

汪纪戎在参加座谈会时强调，这次调研是带着责任来工作、带着感情来调研的。南水北调中线工程对位于湖北、河南、陕西三省境内的丹江口水库库区、上游地区以及下游汉江流域的生态环境具有重要影响，一个工程能够审批通过，肯定是利大于弊的，如何趋利避害是大家关注的问题。南水北调中线工程水源区不少地方经济、社会发展水平还很低，老百姓生活还很困难，如何通过国家有关政策、通过南水北调生态补偿机制来改善民众的生活是我们政府要思考的问题，要让我们西部贫困地区的人民搭上改革开放的快车，让和谐社会人人共享。水源区的老百姓也要认识到，好山好水是我们子子孙孙赖以生存、发展的基本条件，同时也是最好的资源，保护好它既是需要也是责任。南水北调中线工程水源区生态补偿机制是一个大课题，如何补、补给谁、补多少，还需要深入研究，科学论证。

全国人大代表视察组视察南水北调中线河南段工程和丹江口库区移民试点村

2009年6月22～23日，河南省人大常委会副主任李柏拴带领由部分全国、省人大代表组成的视察组一行30余人莅临焦作、郑州，了解南水北调中线穿黄工程、焦作城区段工程、荥阳市丹江口库区移民安置点建设情况及需要解决的问题。河南省南水北调办，河南省发展改革委，焦作市委、市政府负责同志陪同视察。

2009年6月22日，视察组一行来到南水北调中线穿黄工程现场，仔细察看穿黄隧洞盾构施工情况。随后，视察组一行分别到焦作市建筑经济学校图书馆楼顶、山阳区新城街道恩村三街安置小区、解放区王褚街道西王褚村安置小区，详细了解南水北调中线工程焦作城区段征迁安置工程等项目建设进展情况。2009年6月23日，视察组到荥阳市广武镇三官庙、大师姑南水北调丹江口库区移民试点村，了解工程进度，查看工程质量，询问存在问题，提出有关要求。

在6月22日召开的座谈会上，视察组认真听取了河南省南水北调办关于河南省南水北调工程建设情况的全面汇报。

全国人大代表、河南省九届人大常委会主任任克礼说，南水北调中线河南段工程建设形势喜人，令人鼓舞，催人奋进。南水北调是重大工程，投资量大、战线长、要求高、工程复杂、技术难度大；是重要工程，以人为本，为民造福，惠及千家万户；是伟大工程，没有共产党人的英雄胆魄，没有共产党的组织优势，是不可能实现的。工程实施中，要高度重视资金来源与使用，注意节约不浪费，确保资金用到位；高度重视工程质量和安全，不容丝毫麻痹懈怠，来不得半点虚假马虎；高度重视丹江口库区移民安置，确保移民“搬得出、稳得住、能发展、可致富”；高度重视工程综合效益发挥，看大局，看长远，看全面，确保政治、经济、社会、生态等综合效益最大化。下一步，要切实加强工程、人员、资金等方面的管理，确保“工程、水质、队伍、资金”四个安全。

李柏拴说，南水北调中线工程建设体现三个特点：各级政府高度重视，各级南水北调办组织有方、协调有力；工程建设科学施工，进展顺利，质量良好；以人为本，拆迁移民工作和谐推进。

就下一步工作，李柏拴要求，各级政府及有关部门要进一步提高认识，统一思想，充分认识南水北调工程重大现实意义和深远历史意义，切实增强伟大时代从事伟大工程建设的责任感、使命感，为工程建设营造更加良好宽松的环境，提供更加及时、到位的服务；要明确责任，抢抓机遇，狠抓落实，更好更快地推进南水北调中线工程建设，确保2013年主体工程完工、2014年汛后通水目标的实现；要加强项目管理，健全管理制度，实现设计、施工、监理、督查等各个环节的规范化、程序化，确保一流工程质量，以经得起现实和历史的检验；要坚持以人为本，认真落实好徐光春书记在丹江口库区移民安置动员大会上强调的“七个关系”，确保和谐移民，确保社会大局稳定。各级人大及其常委会要切实履行职责，充分听取各方意见，对工程建设进展中存在的困难，要帮助呼吁、促进解决，努力把这项工程建设成一流工程、生态工程、廉洁工程、利民工程、和谐工程。

全国人大常委会原副委员长姜春云调研南水北调中线丹江口库区环境保护及水污染防治工作

2009年9月16日，全国人大常委会原副委员长姜春云一行到湖北省丹江口市就中线丹江口库区经济发展以及库区环境保护、水污染防治进行调研，察看了正在建设中的南水北调中线丹江口大坝加高工程。湖北省相关单位负责同志陪同。

姜春云对丹江口市全力保护库区生态环境所作出的贡献和经济社会发展、服务南水北调中线工程所做的工作给予了充分肯定。他强调，保护一库清水北送必须实行法制化、规范化。实施南水北调工程是国家优化水资源配置、缓解北方地区水资源短缺状况的一项重要工程，也是落实科学发展观、建设资源节约型和环境友好型社会的一次重要实践。

姜春云指出，从长远来看，保护丹江口库区生态环境，就是保护人民群众的利益，就是为子孙后代造福。

姜春云介绍了北京密云水库保护水资源的一些方法。他指出，我国水资源本来就匮乏，丹江口市有如此优质的一库清水难能可贵。丹江口市必须继续采取有力措施护好水资源，才能保证北方人民喝上好水。丹江口市委市政府已经做了大量、很好的前期工作，今后的发展中要切记不能以破坏环境来追求发展。一定要充分认识到污染所带来的危害性，为子孙后代留下一库清水。

姜春云还详细了解了丹江口大坝的主要功能。他说，南水北调是经过深思熟虑的方案，特别是中线工程有着明显的优势。丹江口市水资源一是要保护好，二是不能乱用。其生态意义和可持续发展的意义不可小视。丹江口市今后应该通过综合评价丹江口水库的五大效益教育广大干部群众，让他们为有这样一库清水感到自豪，以便更好地为保护一库清水贡献力量，更好地为南水北调服务。

中纪委副书记、监察部部长马馼考察南水北调中线穿黄工程

2009 年 11 月 6 日，中共中央委员、中央纪律检查委员会副书记、监察部部长马馼，在中央第二十三检查组组长宋明昌、国务院南水北调办副主任李津成、河南省纪委书记叶青纯的陪同下考察了南水北调中线穿黄工程。

马馼一行在黄河北岸竖井平台听取了中线建管局河南直管建管部负责人就中线穿黄工程总体布置及工程建设情况的汇报，观看了穿黄工程最新建设进展的专题片。马馼还进入隧洞实地考察了盾构机掘进现场，向专业技术人员详细了解了盾构机运行和管片拼装情况，并与施工人员亲切握手，对他们的辛勤劳动表示感谢。

马馼充分肯定了穿黄工程建设成就。她说，中线穿黄工程的建设质量和管理水平都是一流的，工程建设者们为国家作出了巨大贡献，成绩喜人，令人鼓舞。希望广大建设者要以对国家、对人民、对历史高度负责的态度，以科学发展观为指导，以科技创新为支撑，以规范、严谨、自律的工作作风，确保工程质量安全，把中线穿黄工程建设成为具有世界先进水平、重大国际影响力的精品工程。

中央学习实践科学发展观活动指导检查组到南水北调中线工程基层建设单位指导检查工作

2009 年 1 月 8 日，以全国政协常委、原司法部部长张福森为组长、青海省人大副主任郭汝琢为副组长的中央学习实践科学发展观活动第二十二指导检查组一行，到南水北调中线干线漕河段和北拒马河暗渠工程指导检查工作。国务院南水北调办党组成员、副主任、学习实践活动领导小组副组长兼办公室主任李津成陪同检查。

张福森一行在漕河渡槽工程现场询问了工程概况、投资、建设运行机制和临时通水

的流量以及冰期输水安全问题等，还深入到岗头节制闸内部，与参与调度的节制闸现场运行人员交谈，了解热油融冰设备工作原理和操作程序。

在北拒马河暗渠工程，张福森一行听取了项目建管部负责人对当前工程建设和运行情况的汇报。张福森指出，水是人类生存和发展的必要条件，作为水资源的重新调配和利用，建设南水北调工程本身就是贯彻落实科学发展观的具体实践，南水北调各参建单位要以这次深入学习实践科学发展观活动为契机，认真学习、深刻领会科学发展观的精神实质、丰富内涵和根本要求，以学习实践活动的成效，推动工程又好又快建设。

中央检查组检查南水北调工程贯彻落实扩大内需促进经济增长政策情况

根据中央统一安排，2009 年 10 ~ 11 月，中央扩大内需促进经济增长政策落实检查工作领导小组第二十三检查组（以下简称“中央第二十三检查组”）对国务院南水北调办及南水北调东、中线一期工程新增中央投资涉及的 19 个项目进行了专项检查。此次检查规格高、历时长，是南水北调自开工以来第一次接受以中纪委、监察部为主的联合专项检查。国务院南水北调办牵头协调、组织沿线省市和项目法人开展了迎接检查的各项工作。

中央第二十三检查组通过现场查看、听取汇报、查阅资料、个别询问等方式，经过近两个月的检查，对国务院南水北调办有关工作和南水北调工程的建设管理给予了充分的肯定和积极的评价，认为国务院南水北调办及沿线各省市把贯彻落实中央扩大内需促进经济增长政策作为重大政治任务摆在南水北调工作突出的位置来抓，特别是 2009 年以来，在加快工程进度、强化建设管理方面开展了大量卓有成效的工作，取得了明显进展，在拉动经济、改善民生、促进经济社会发展等方面发挥了十分重要的作用。同时，中央第二十三检查组也指出了部分工程项目在基建程序、工程进度等方面存在的一些问题。

2009 年 12 月，中央扩大内需促进经济增长政策落实检查工作领导小组下发了《关于南水北调工程贯彻落实中央扩大内需促进经济增长政策中存在问题整改通知书》，国务院南水北调办协调组织有关单位进行了整改。

南水北调中线京石段应急供水工程建成通水表彰大会在北京召开

2009 年 1 月 5 日，南水北调中线京石段应急供水工程建成通水表彰大会在北京召开。会议全面总结了京石段工程建设经验，并对工程建设中涌现出的先进集体和先进个人进行表彰，进一步激发南水北调工程各参建单位和广大建设者的积极性，推进南水北调工程优质高效、又好又快建设。

国务院南水北调办主任张基尧出席表彰大会并作重要讲话。国务院南水北调办副主任李津成宣读《国务院南水北调办关于表彰南水北调中线京石段应急供水工程建成通水先进集体和先进工作（生产）者的决定》，国务院南水北调办副主任张野主持大会。

张基尧在讲话中指出，京石段工程是南水北调中线工程的重要组成部分，是为保证首都供水安全优先安排的单项工程。京石段工程自 2003 年底开工建设以来，在党中央、国务院的亲切关怀和国务院南水北调建委的正确领导下，在国务院有关部门和沿线各级地方政府的大力支持下，参建各单位和衷共济，齐心协力，攻坚克难，决战决胜，经过近 5 年的建设，圆满实现了“2008 年 9 月 28 日建成通水”的通水目标，至今已实现安全运行向北京供水 7700 多万立方米，水质达到国家规定。作为中线工程中先期开工建成、发挥效益的工程，京石段工程的顺利建成通水，标志着南水北调中线工程取得了阶段性胜利。

在京石段工程顺利建成通水中作出突出贡献的北京市南水北调工程建设管理中心西四环项目部等57个集体被授予“南水北调中线京石段应急供水工程建成通水先进集体”荣誉称号、李凤元等52名同志被授予“南水北调中线京石段应急供水工程建成通水先进工作者”荣誉称号、刘建军等177名同志被授予“南水北调中线京石段应急供水工程建成通水先进生产者”荣誉称号。

会上，中线建管局负责同志汇报了中线京石段工程建设及通水情况，受表彰的先进集体和先进生产者代表作了发言。

国务院南水北调办总工程师沈凤生，国务院南水北调办机关各司、直属各单位，中线建管局，北京市、河北省南水北调办负责同志及工程参建单位代表参加会议。

国务院南水北调办安全生产领导小组和重特大事故应急处理领导小组第七次全体会议在北京召开

2009年2月4日，国务院南水北调办安全生产领导小组和重特大事故应急处理领导小组（以下简称领导小组）在北京召开第七次全体会议。国务院南水北调办副主任、领导小组组长张野出席会议并讲话，领导小组全体成员参加了会议。

会议传达、学习了全国安全生产电视电话会议有关精神，听取了领导小组办公室关于2008年南水北调工程建设安全生产工作情况和2009年安全生产工作安排的汇报，分析了南水北调工程建设安全生产面临的形势，就做好南水北调工程2009年安全生产工作进行了安排部署。

会议充分肯定了2008年南水北调工程建设安全生产工作取得的成绩。2008年，在国务院南水北调办党组的正确领导下，南水北调工程参建各方上下同心、齐心协力，辛勤工作，坚持“安全第一，预防为主”的方针，全面贯彻落实国家安全生产法律法规及相关要求，强化安全生产组织机构、规章制度和预案体系建设，明确安全生产责任制，加强安全生产监管，工程安全生产管理进一步加强，实现了年初制定的安全生产目标，全年未发生一起安全生产事故，安全生产整体处于受控状态。

张野在讲话中指出，2009年随着南水北调东、中线一期工程总体可行性研究的批复以及国家一系列扩大内需促进经济发展政策措施的出台，南水北调工程建设将迎来新的建设高潮，在建工程项目将在更大范围内展开，部分先期完工项目也将陆续转入运行管理阶段，大规模的移民安置工作即将开展，南水北调工程安全生产形势将更加严峻，安全生产管理任务将更加艰巨。

对于下一步工作，张野强调，安全生产工作是工程建设管理的重要组成部分，要高度重视，做到警钟长鸣，常抓不懈。要正确认识和清醒把握做好南水北调安全生产工作的重要意义，坚持以人为本、安全发展的原则，全面做好南水北调工程建设安全生产各项工作。要进一步提高各级安全生产管理人员的责任意识，增强责任心，加大重大危险源管理和隐患排查治理的力度，以东中线穿黄工程、丹江口大坝加高工程、京石段防汛等为重点强化监管，严防安全事故发生。安全生产工作要真抓实干，务求实效。要加大安全生产宣传力度，营造“以人为本、关注安全、关注生命”的良好安全生产氛围。要结合实际，开展有针对性的安全生产培训工作，增强参建人员按章操作的自觉性，提高安全技能。要加大监督检查力度，有针对性、有重点地开展检查、抽查活动，严肃查处违法、违章、违规行为，形成威慑力。要进一步完善应急预案，加强预案演练，切实提高应急能力。

国家发展改革委和国务院南水北调办联合开展丹江口库区及上游经济社会发展规划编制调研

为贯彻落实国务院南水北调工程建设委员会第三次全体会议“要抓紧编制丹江口库区及上游经济社会发展规划”精神，尽快完成好规划编制工作，2009年2月22～27日，国家发展改革委、国务院南水北调办联合组成调研组赴丹江口库区及上游三省进行规划编制现场调研。

调研组一行先后现场考察了河南省淅川县小流域治理及工业结构调整项目，湖北省十堰市城区工业园区建设、郧县生态农业建设及柳陂淹没点，陕西省商南县湘河镇生态移民搬迁工程、商南县高级中学、丹凤县葡萄酒厂及商镇卫生院、商洛市循环经济工业园区及生活垃圾处理场等。期间，分别与河南、湖北、陕西三省相关部门及有关市县负责同志进行了座谈，听取了地方对《丹江口库区及上游经济社会发展规划（讨论稿）》的建议，并就下一步规划编制工作进行了部署。

调研组指出，国务院确定编制《丹江口库区及上游经济社会发展规划》，体现了国家对南水北调中线水源区经济社会发展的高度重视及对水源区人民的亲切关怀。该规划将以全面贯彻落实科学发展观为主线，以确保南水北调中线工程调水水质为前提，以促进区域经济社会可持续发展为重点，明确丹江口库区及上游地区的经济社会发展思路、目标、重点任务和政策措施。将重点支持生态农业、符合循环经济要求的新型工业、生态旅游等经济产业项目，基础和职业教育等社会事业发展项目，生态移民和环库隔离带等生态建设项目，库区移民安置区生产生活后期扶持项目，城镇区域内基础设施项目等重点领域项目。库区及上游各级党委、政府对规划编制工作高度重视，积极配合，提出了很好的意见和建议。下一步，国家发展改革委、国务院南水北调办将会同有关部门认真研究各方面的意见，对规划进一步修改完善，力求使规划更具科学性、针对性和可操作性，促进库区及上游经济社会发展，加快生态环境建设，确保水源区水质安全，维护社会稳定。

河南省、湖北省发展改革委、南水北调办及陕西省发展改革委负责同志，南阳市、十堰市、商洛市党政主要负责同志陪同调研。

南水北调中线汉江兴隆水利枢纽工程开工建设

2009年2月26日，南水北调中线兴隆水利枢纽工程开工建设，这标志着南水北调东、中线7省市全部开工，南水北调调水区、受水区工程开始同步建设。

国务院南水北调办主任张基尧发表重要讲话并宣布工程开工。湖北省委书记罗清泉出席开工仪式。湖北省省长李鸿忠出席开工仪式并讲话。国务院南水北调办副主任张野出席开工仪式。湖北省副省长汤涛主持开工仪式。

国务院批准的《南水北调工程总体规划》和《南水北调中线一期工程可行性研究总报告》均安排实施汉江中下游治理工程，即引江济汉、兴隆水利枢纽、部分闸站改造、局部航道整治4项工程。兴隆水利枢纽工程是南水北调中线一期工程汉江中下游4项治理工程之一。该工程位于汉江中下游河段湖北省潜江、天门市境内，上距丹江口水利枢纽378.3km，下距河口273.7km。其开发任务是以灌溉、航运为主，兼顾发电。

兴隆水利枢纽工程为一等工程，设计最小通航流量420m^3/s，最大通航流量10 000 m^3/s，正常蓄水位为36.2m，入库洪峰为

19 400m^3/s 时相应水库水位为 41.75m，本阶段装机容量为 40MW。工程按 1000t 级船队通航规模设置船闸。按照设计要求，汉江丹江口至汉口河段近期按Ⅳ级航道整治，远期按Ⅲ级航道渠化和整治。工程总工期为 54 个月，按照2008 年第三季度价格水平，工程静态总投资304 905万元。

国务院南水北调办召开深入学习实践科学发展观活动总结大会

2009 年 3 月 2 日，国务院南水北调办召开深入学习实践科学发展观活动总结大会。国务院南水北调办党组书记、主任张基尧出席会议并作重要讲话。中央指导检查组组长、全国政协常委张福森出席会议并讲话。会议由南水北调办党组成员、副主任李津成主持。中央指导检查组副组长、青海省人大常委会副主任郭汝琢，南水北调办党组成员、副主任张野，中央指导检查组有关同志出席会议。

张基尧指出，根据中央统一部署，在中央指导检查组的指导帮助下，国务院南水北调办从 2008 年 9 月开始至 2009 年 2 月，在国务院南水北调办机关、直属事业单位和中线建管局全体党员干部中紧紧围绕“提高思想认识、解决突出问题、创新体制机制、促进科学发展”和“党员干部受教育、工程建设上水平、人民群众得实惠”的目标要求，按照“坚持解放思想、突出实践特色、贯彻群众路线、正面教育为主”的原则，组织开展了深入学习实践科学发展观活动，经历了学习调研、分析检查、整改落实等 3 个阶段 11 个环节，实现了预期目标，取得了显著成效。

张基尧在讲话中概括了国务院南水北调办学习实践活动的特点，一是领导高度重视，干部率先垂范；二是思想发动深入，活动气氛浓厚；三是准备工作充分，活动扎实有序；四是学习认真深入，检查深刻透彻；五是调研深入扎实，征求意见广泛；六是活动主题鲜明，实践特色突出；七是统筹兼顾，实现两手抓、两不误、两促进。

张基尧强调，学习实践活动重在学习，特在实践，贵在取得实效。学习实践活动的成效体现在 5 个方面：一是进一步深化了对科学发展观的认识，增强了在工程建设中贯彻落实科学发展观的自觉性和坚定性；二是深入查清、找准了影响南水北调工程又好又快建设以及南水北调党员干部队伍建设中的突出问题及原因，进一步理清了南水北调工程建设实现优质高效、又好又快建设的总体思路；三是进一步健全和完善了优质高效、又好又快推进南水北调工程建设的体制机制；四是进一步加快了南水北调工程建设步伐；五是进一步提高了南水北调党员干部队伍的素质。

张基尧把学习实践活动的体会概括为 8 个方面：一是提高认识，把学习实践活动作为促进南水北调工程建设又好又快发展的重大机遇和强劲动力，是搞好学习实践活动的前提；二是组织落实、人员落实、责任落实是学习实践活动取得实效的基础；三是认真贯彻中央的统一部署和要求，一步一个脚印扎实搞好各阶段各环节工作是学习实践活动取得实效。不走过场的保证；四是领导重视，一把手亲自抓是搞好学习实践活动的关键；五是贯彻群众路线、吸收群众全程参与是学习实践活动取得成效、成为群众满意工程的重要措施；六是突出实践特色，坚持“两手抓、两不误、两促进”是提高学习实践活动质量，保证活动取得实效的有效途径；七是坚持密切结合南水北调工程建设和广大党员干部思想作风实际，是学习实践活动取得实效的基本方法；八是着眼长远，构建长效机制，是继续巩固和扩大学习实践活动成果，进一步推进南水北调事业科学发展的根本保障。

张基尧强调，学习实践科学发展观是长期的任务。一是要建立学习实践科学发展观长效机制，不断增强贯彻落实科学发展观的自觉性和坚定性；二是要再接再厉，乘势而上，继续抓好整改落实工作；三是以巩固和扩大学习实践活动成果为动力，优质高效、又好又快推进工程建设；四是要继续加强领导班子和干部队伍建设，进一步提高贯彻落实科学发展观的能力和水平。

张福森在讲话中指出，学习实践活动开展以来，国务院南水北调办党组认真贯彻落实中央的决策部署和胡锦涛总书记等中央领导同志的重要讲话精神，结合南水北调工作实际，精心组织，周密部署，上下联动，狠抓落实，圆满完成了各项任务，整个活动进展有序，发展健康，成效显著，实现了中央提出的“党员干部受教育，科学发展上水平，人民群众得实惠”总要求。一是坚持把学习活动贯彻始终，切实把思想统一到中央的要求上来。二是办党组和领导干部高度重视，党员群众全程参与。三是紧密联系部门实际，着力突出实践特色。四是立足当前，着眼长远，积极地创新体制机制。

张福森强调，按照中央总体部署，第一批学习实践活动即将结束，但学习实践是一个长期持久的过程，如何进一步贯彻落实党的十七大和十七届三中全会精神，做好新形势下南水北调工程建设各项工作，还有大量工作要做。他希望南水北调办按照已经明确的任务和目标，抓好落实。在解决影响和制约科学发展和群众反映强烈的突出问题上，不断有新的突破；在加强党员干部党员修养，改造主观世界方面，不断有新的成效；在开拓创新推动南水北调工作方面，不断有新的起色。积极探索和建立以科学发展观为指导思想，促进南水北调又快又好建设长效机制的建立，为全面建设小康社会作出更大贡献。

国务院南水北调办机关各司、事业单位党员，中线建管局部门以上党员领导干部参加会议。

湖北省丹江口库区移民试点工作督办会议在武汉召开

2009年3月10日，湖北省政府在武汉召开湖北省南水北调中线工程丹江口库区移民试点工作督办会议。湖北省委常委、副省长汤涛出席会议并讲话。会议通报了南水北调丹江口库区移民试点工作进展情况，有关试点市、县（区）政府和农场主要负责人就移民试点工作分别发言。

汤涛在讲话中指出，要充分认识做好移民试点工作的重大意义，切实增强做好试点工作的紧迫感和责任感。各级党委政府一定要认清当前湖北省试点工作的严峻形势，加强领导，明确责任，强化措施。湖北省政府决定，全省移民试点各阶段的工作时间安排为：2009年3月底前启动移民住房建设，5月底前完成安置点基础设施建设，7月底前完成移民住房建设，8月底前完成土地整理和移民搬迁，确保9月1日安全入住，9月底前完成生产用地划拨和合同到户，移民在安置区开展秋冬播生产。在具体实施搬迁方案时，要实行“五边”措施，即边进行基础设施建设、边划分宅基地、边动工建房、边划分责任田、边开展土地整治。各地要采取措施，倒排工期，按照这次会议确定的目标，科学、合理安排各个阶段工作，制定每个居民点建设工作流程图，赶时间，抢进度，确保按期完成移民试点任务。

汤涛强调，要实现上述目标，一是思想认识要到位。各级党委、政府要带着“热心、爱心、责任心”，做好移民试点工作。二是宣传发动要到位。各地要深入宣传移民各项政策，科学制定宣传实施方案。三是政策落实要到位。要坚持“优越、优先、优厚”的原则，认真落实国家征地补偿和移民安置各项政策，省直各部门的支持投入政策要在2009

年3月底前完成。要优先落实国家和省有关惠农惠民政策，做到政策公开、程序公开、办事结果公开，充分保障移民的知情权、参与权和监督权。四是规划优化要到位。各级政府与有关部门要把现有规划与新农村建设标准、当地经济社会发展规划和移民实际生产生活需要相结合，进一步做好规划的优化完善工作。五是遗留处理要到位。库区县级政府要依照国家、省现有的林权制度改革的有关规定，抓紧研究制定移民线上林木资源的解决办法，妥善处理移民的债权债务问题。六是维稳责任要到位。加强对维稳工作的领导，建立维稳机制，积极预防、及早发现和处理移民搬迁安置过程中的各种不稳定因素，把矛盾化解在萌芽状态。七是要加大监督、检查和落实力度。要落实移民工作党政一把手责任制，分管领导具体负责。建立定期联席会制度，由安置区政府牵头，每月召开1～2次联席会议，及时解决问题。同时，要抓住移民群众建房和土地划分两个重要环节。安置区政府要采取措施控制建材价格，维护正常的市场秩序。湖北省政府已将推进南水北调中线工程丹江口库区移民试点工作作为湖北省政府2009年重大督查事项，省里将组成工作专班赴各安置点开展检查，定期进行督办通报。有关市、县（区）的要将工作进展情况每月及时向湖北省督查组书面报告。

湖北省移民局负责同志在通报中指出，自2008年11月25日南水北调丹江口库区移民试点动员大会后，有关库区安置区市、县（区、农场）和省直相关部门精心组织，统筹安排，库区移民动迁准备工作有序展开，施工影响区搬迁工作已经启动，郧县汉江二桥、丹江口市习均大桥建设正在加快进行；安置区移民居民点基础设施建设正抓紧推进，省直相关部门政策支持工作已经启动，湖北省上下支持配合移民试点的工作格局正在形成。但是，从总体进度上看，试点工作与湖北省委、省政府确立的工作目标还有较大差距。

丹江口库区湖北省有关试点市、县（区、农场）、南水北调中线工程丹江口水库移民工作领导小组成员单位和长江水利委员会及中线水源公司负责人参加会议。

国务院南水北调工程建设委员会专家委员会工作座谈会在北京召开

2009年3月19日，国务院南水北调工程建设委员会专家委员会工作座谈会在北京召开。国务院南水北调办主任张基尧出席座谈会并作重要讲话，副主任宁远出席座谈会并致辞，副主任张野出席座谈会。南水北调建委专家委主任潘家铮院士出席座谈会并发言。座谈会由南水北调建委专家委秘书长汪易森主持。南水北调建委专家委成员和国务院南水北调办总工程师沈凤生，以及机关各司、直属各单位、中线建管局负责同志参加会议。

张基尧首先代表国务院南水北调办向南水北调建委专家委的院士和专家们长期以来关心、支持和帮助南水北调工程建设表示感谢，并介绍了南水北调工程各项工作的进展情况。张基尧在讲话中指出，在当前国家扩内需、保增长的形势下，南水北调正面临难得的建设机遇，要注重做好以下几方面的工作：一是加快前期工作。要加强初步设计的质量管理，在保证工作质量的基础上加快进度，及时审批成熟项目的初步设计，为工程加快建设创造条件。二是调整方式，强化管理。要在管理思路、管理方式、管理方法上加强研究，处理好工程建设、运行和管理之间的关系，注重质量管理，确保工程安全，实现各项工作统筹兼顾。三是完善相关政策。要顺应新的经济社会发展形势，充分考虑沿线群众的利益，加强与有关部门的沟通和协调，及时研究制定或修改有关政策，更好地为工程建设服务。四是进一步强化地方责任。

要加大与地方协调共建力度，兼顾各方面的利益，形成共识，推动南水北调各项工作顺利开展。五是充分发挥南水北调建委专家委的技术支撑作用。希望南水北调建委专家委的院士和专家们在咨询调研、技术评审、质量检查、技术交流等方面进一步给予支持和帮助，共同把南水北调工程建设成造福子孙后代的历史丰碑。

座谈会上，南水北调建委专家委秘书长汇报了2008年工作情况及2009年工作计划，与会院士和专家进行了交流发言。

此前，张野陪同南水北调建委专家委的院士、专家现场考察了正在通水的中线京石段漕河渡槽、北拒马河暗渠、惠南庄泵站等工程。

河南省省委副书记陈全国考察移民新村建设情况并参加南水北调中线丹江口库区移民工作会议

2009年3月24日，河南省委副书记陈全国一行实地察看了原阳县狮子岗移民新村和中牟县姚湾移民新村建设情况，随后参加了河南省南水北调丹江口库区移民工作会议。

河南省南水北调办、省移民办负责同志全面汇报了河南省南水北调工程丹江口库区移民试点工作进展情况及下一步工作打算，中牟县、淅川县介绍了移民工作情况。河南省委、省政府有关部门负责同志，有关省辖市委副书记、政府副市长及移民迁出迁入县（市）主要负责同志参加会议。

陈全国在会议上强调，要深入贯彻落实科学发展观，高标准做好南水北调丹江口库区移民工作。

一是认识要统一。要站在深入贯彻落实科学发展观的高度，站在建设社会主义新农村的高度，站在应对危机、化危为机的高度，站在关注民生、改善民生的高度，站在检验各级领导干部执政能力的高度，进一步统一思想，提高认识，切实增强做好库区移民工作的责任感、紧迫感和自觉性，以坚决完成库区移民安置任务的实际行动检验学习实践科学发展观活动的成效。

二是任务要明确。要用两年时间完成河南省的搬迁安置和建设任务，为南水北调中线工程建设创造新条件，为有效应对危机提供新支撑，为新农村建设作出新示范，为加快中原崛起增添新优势。

三是工作要做细。要发动好群众，耐心、细致地做好移民群众的思想工作；要落实好政策，不折不扣地把各项移民政策落实到位；要排查好问题，积极稳妥地解决好不稳定因素；要调整好班子，更加有效地发挥好基层党组织的战斗堡垒作用；要做好信访工作，及时、主动地解决好群众反映强烈的突出问题；要搞好搬迁安置双方的对接，以创建“迁安移民文明村”活动、创建“移民迎送亲人文明县乡”活动为载体，全力以赴营造携手并肩、团结一心，共同做好搬迁安置工作的和谐局面。

四是责任要落实。在河南省委、省政府的正确领导下，各有关省辖市要高度重视、摆上位置，有移民安置任务的县（市、区）要尽职尽责、精心组织；各有关部门要齐抓共管、发挥优势，建立和落实搬迁安置工作责任制、工作组派驻制度，健全和完善移民工作激励机制和责任追究机制，努力形成上下贯通、密切配合、务实高效的库区移民工作机制。要把切实做好移民工作作为干部考核、重用的参考依据。

五是搬迁安置要和谐。努力实现“六个统一”的目标要求：要统一指挥，建立统一指挥的班子，形成协调一致的合力；要统一标准，实现补贴标准、建设标准、工作标准的统一化、系统化、科学化；要统一规划，在高标准制定全省两年完成移民安置规划的同时，各市、县都要结合各自实际科学制定移民安置规划；要统一建设，坚持统一招标、统一施工，把移民安置工程建设成阳光工程、民心工程和“交钥匙”工程；要统一搬迁，坚持整村规划、整村建设、整村搬迁，努力实现及时搬迁、有序搬迁、和谐搬迁；要统一发展，积极帮助和扶持移民群众选好致富项目，开辟致富门路，尽快致富奔小康，进而为开创科学发展新局面、谱写中原崛起新篇章作出新的、更大的贡献。

加快南水北调工程建设座谈会在北京召开

2009年3月26日，国务院南水北调办在北京组织召开加快南水北调工程建设座谈会。国务院南水北调办主任张基尧出席会议并作重要讲话。国务院南水北调办副主任张野主持会议。国务院南水北调办总工程师沈凤生，机关各司、直属各单位，工程沿线各省（市）南水北调办（建管局）、各项目法人、各项目建设管理单位相关负责同志参加会议。

张基尧在讲话中强调，要充分认识和准确把握加快南水北调工程建设重要性和紧迫性。他指出，加快南水北调工程建设，具有重要意义。一是拉动内需的需要，二是实现整体建设目标的需要，三是降低工程成本、提高效益的需要，四是解决农民工就业的需要，五是社会各方对南水北调关注和期待的需要。

张基尧全面分析了南水北调工作面临的机遇和挑战，在总结南水北调工程建设近期工作情况时指出，在党中央、国务院的亲切关怀和国务院南水北调建委的正确领导下，在国务院有关部门、沿线各级地方政府的积极配合支持下，经过各级南水北调办、移民环保机构、各项目法人、设计单位、建管单位以及全体参建者的共同努力，南水北调工程建设取得了显著进展。在充分肯定各项工作取得成绩的同时，张基尧指出，当前南水北调工程建设中存在初步设计质量差、协调不到位、一次审查通过率低的问题；开工准备不足，招标周期长，征地遗留问题多；开工项目组织薄弱，资源配置不足，不能尽快形成高强度施工；各级南水北调办、项目法人、建管单位在工程建设各个环节通力协作、合并攻坚不够，环节交叉还有较大余地等，需要在下一步的工作中认真研究、着力解决。

座谈会上，国务院南水北调办建设管理司通报了工程建设进展情况，各项目法人汇报了2008年度工程建设进度完成情况和2009年度工程建设进度计划安排，各有关省（直辖市）南水北调办（建管局）汇报了工程建设行政监管协调保障工作情况。与会代表就如何加快南水北调工程进度进行了交流发言。

南水北调工程网络宣传工作会议在北京召开

2009年4月2日，国务院南水北调办在北京组织召开南水北调工程网络宣传工作会议。国务院南水北调办副主任李津成出席会议并讲话。

李津成在讲话中指出，在党中央、国务院和国务院南水北调建委的正确领导下，在国务院有关部门和沿线地方各级政府的团结协作、支持帮助下，南水北调各项工作全面推进，取得重要突破。南水北调宣传工作也取得明显进展，开拓了宣传渠道，建立了宣传网络，包括电视、报纸、网络等载体在内的宣传主阵地已经形成，宣传工作围绕工程建设开拓创新并发挥了重要作用，也积累了工作经验。

李津成指出，做好新形势下南水北调宣传工作具有重要意义。一是介绍工程，阐释意义；二是塑造形象，展示风貌；三是汇报成果，扩大影响；四是接受监督，凝聚合力。

李津成在讲话中强调，要进一步加强南水北调工程网络宣传工作，充分认识网络宣传的科学性、先进性和重要性，进一步发挥网络宣传的优势，为南水北调工程建设服务。做好网络宣传工作要注意把握好“三个结合”：一是把工程建设宣传与新中国成立60周年宣传结合起来；二是把近期宣传工作与网络建设长期建设结合起来；三是把工程建设与精神文明建设和文化建设结合起来。

李津成强调，国务院南水北调办党组研究决定今年举办南水北调工程网络展览，其目的是利用庆祝新中国成立60周年的契机，全方位展示近年来南水北调工程建设成果，展示南水北调作为国家重点工程的良好形象和广大建设者的精神风貌。他对南水北调工程网络展览提出几点要求：一是统一思想，充分认识搞好网络展览的重要意义；二是把办好网络展览作为宣传工作中的一项重点任务，切实加强领导和组织；三是统筹兼顾，全面反映工程建设成果；四是突出工作特色，不断改进创新；五是注意节俭办事业，节俭搞活动，提高网络宣传效益。

国务院南水北调办机关各司，工程沿线各省（市）南水北调办（建管局），各项目法人和湖北、河南省移民办（局）分管宣传工作负责同志、宣传部门负责人和具体工作人员，以及直属各单位综合部门负责人参加会议。

南水北调中线干线河北段工程建设座谈会在石家庄召开

2009年4月23日，南水北调中线干线河北段工程建设座谈会在河北省石家庄市召开，国务院南水北调办主任张基尧、副主任张野出席座谈会并讲话。河北省省长胡春华、副省长张和出席会议。

张基尧在讲话中首先对河北省南水北调工程建设取得的成绩给予充分肯定。他指出，河北省委、省政府高度重视南水北调工程建设，有关部门积极支持配合河北省南水北调办的工作。目前，河北省南水北调工程建设已取得丰硕成果。京石段应急供水工程正在向北京供水，工程运行状态良好。通过京石段工程的建设取得了宝贵的工程建设经验和教训，为南水北调其他工程建设提供了借鉴。

张基尧强调，当前，南水北调工程建设面临着全面提速的大好形势。一是党中央、国务院高度重视南水北调工程。2008年10月，国务院正式批复总体可行性研究，为完善南水北调工程建设程序创造了条件。随后，国务院南水北调建委召开第三次全体会议，明确了南水北调工程建设目标，调整了有关部门职能，进一步理顺了管理关系；提出要全面加快南水北调工程建设，为扩内需、保增长作出贡献。二是沿线省市积极要求加快南水北调工程建设，加大了对南水北调工程的支持力度，形成了较好的南水北调工程建设氛围。三是目前正处于物价水平较低的阶段，加快南水北调工程建设可有效降低工程成本，节约工程投资。

座谈中，张基尧对河北省政府有关部门提出的一些意见和建议作了解答。

胡春华代表河北省委、省政府对国务院南水北调办长期以来给予河北省的大力支持表示感谢，强调河北省委、省政府高度重视南水北调工程建设。南水北调工程对河北省保增长、扩内需具有重大意义，河北省始终将其作为一项事关全局的大事来抓，将积极推动邯石段和天津干渠工程尽早开工，确保完成工程建设任务。

张野介绍了当前南水北调东、中线工程建设和征地移民工作进展情况。张和主持座谈会。河北省政府有关部门、国务院南水北调办有关司局的负责同志参加了座谈会。

南水北调工程建设质量安全工作会议在郑州召开

2009年4月28~29日，南水北调工程建设质量安全工作会议在河南省郑州市召开。国务院南水北调办主任张基尧向会议发来贺信。国务院南水北调办副主任张野出席会议并作重要讲话，河南省副省长刘满仓到会致辞。国家安全生产监督管理总局、住房和城乡建设部有关领导同志出席会议。

张基尧在贺信中代表国务院南水北调办向工程建设管理、安全生产先进单位和先进个人表示祝贺，向战斗在南水北调各个领域的工程建设者表示衷心感谢。张野在讲话中指出，2008 年，南水北调工程参建各方坚持“百年大计、质量第一”、“安全第一，预防为主，综合治理”的方针，全面贯彻落实国家关于质量和安全生产方面的法律法规及工作部署，健全制度，强化责任，落实措施，加强管理，质量和安全生产整体处于受控状态，保障了工程建设的顺利进行。从工程建设总体情况来看，南水北调工程建设质量满足设计要求，安全生产实现了 2008 年零死亡事故的工作目标，安全生产整体处于受控状态。

在充分肯定了工程建设质量安全工作的成绩之后，张野指出了工作中仍然存在的责任制落实、建筑市场主体行为规范、从业队伍整体素质、质量安全监管等方面的问题，并要求有关单位和个人清醒认识，充分重视，深入改进，加强落实。

张野强调，南水北调工程质量安全工作在新形势下面临诸多有利条件，党中央、国务院历来高度重视质量安全工作，要求必须把工程质量和安全生产工作放在第一位，实行严格的工程设计、施工、监理责任制，确保工程建设质量安全万无一失。南水北调工程建设质量和安全生产体系已基本建立，质量安全责任意识逐步深入人心。但是，工程质量安全生产管理工作仍面临诸多挑战，加快工程建设对质量安全风险管理工作提出新的、更高的要求。先期完工项目运行管理风险增加，保障创造无障碍施工建设环境的压力进一步增大，工程质量还将承受更加严峻的考验。

张野在讲话中明确了 2009 年南水北调工程建设质量安全工作的总体思路和工作目标，并强调要重点抓好 8 项工作：一是建立健全质量安全管理体系，完善工作机制，严格落实质量安全责任制；二是规范市场秩序，选好承建队伍，加强信用管理，严格合同履行；三是加强现场管理，规范施工程序，采取有效措施，确保质量安全；四是组织开展好“质量和安全年”专项行动，加强监督检查，制止违规违章行为；五是科学制定施工计划，加强施工组织，共建和谐施工环境，减少质量安全隐患；六是加强技术攻关，充分发挥技术支撑作用；七是加强先期完工项目运行管理，确保运行安全；八是解决实际问题，提高设计工作质量和审查效率。

为做好 2009 年南水北调工程建设质量安全工作，张野提出了 6 方面要求：一要统一思想，提高对加快南水北调工程建设重要意义的认识，增强危机感和紧迫感；二要加强领导，提高质量安全意识；三要正确处理质量安全和工程建设进度的关系；四要加强质量和安全生产管理队伍建设，提高工作能力和水平；五要加大质量和安全生产宣传；六要认真贯彻落实国家及国务院南水北调办关于不同时期质量和安全生产工作的部署，确保工程质量和生产安全。

国家安全生产监督管理总局、住房和城乡建设部有关领导介绍了全国安全生产形势，提出了安全生产工作的有关意见。

会议还对 2008 年度南水北调工程建设质量安全管理先进单位和个人进行表彰。

国务院南水北调办有关司、事业单位负责同志，南水北调沿线各省、直辖市办事机构负责人，各项目法人及参建单位代表参加会议。

南水北调中线北京市内配套工程开工建设

2009 年 4 月 28 日，南水北调中线北京市内配套工程暨南干渠、大宁调蓄水库工程开工启动仪式在北京团城湖明渠举行。国务院南水北调办副主任宁远、水利部副部长刘宁、北京市副市长夏占义出席仪式并讲话。

宁远在讲话中指出，在党中央、国务院的正确领导下，经过各方的共同努力，南水北调工程建设取得了显著进展。其中，南水北调中线京石段应急供水工程已于2008年建成，并应急从河北引水入京，初步发挥工程效益。他指出，北京市是南水北调中线工程的终端，南水北调北京市配套工程是南水北调输配水系统的重要组成部分。北京市委、市政府对南水北调工程高度重视，北京市人民对南水北调工程大力支持，积极推进配套工程早日开工建设，不仅为按期发挥南水北调中线工程效益提供了保障，也为南水北调沿线省市提供了经验，树立了典范，必将促进南水北调工程又好又快建设。

宁远代表国务院南水北调办预祝南水北调中线北京市内配套工程建设顺利，并希望有关方面精心组织，周密安排，加强工程建设管理，规范工程建设行为，确保工程质量、安全、投资和进度控制目标的实现。

南水北调中线北京市内配套工程是南水北调工程建设的重要环节，是连接南水北调中线干线和北京水网的纽带，工程建成后将利用南水北调来水调节北京市的水资源配置，实现水资源的合理、高效利用，全面提升水资源的承载能力，支持首都经济社会实现全面、可持续发展。

此次开工的是南干渠工程和大宁调蓄水库。南干渠工程位于丰台、大兴两区，起点为南水北调中线干线北京段永定河倒虹吸末端，终点为亦庄调节池，全长27km，承担为北京市东部及南部地区的郭公庄水厂、黄村水厂、亦庄水厂、第十水厂和通州水厂等提供水源的任务，日供水量236万t。大宁调蓄水库调蓄库容3753万m^3，工程建成后将在承担原防洪任务的同时，为安全调蓄南水北调来水、建设永定河生态屏障发挥巨大作用。

国务院南水北调办有关司负责同志，中线建管局、北京市南水北调建委成员单位及有关区政府负责同志参加开工仪式。

河南省省长郭庚茂到南水北调中线丹江口库区移民试点宝丰、临颍县安置点考察

2009年5月7日，河南省省长郭庚茂在河南省南水北调办、河南省政府移民办负责同志陪同下，深入丹江口库区试点移民宝丰县、临颍县安置点考察。平顶山市有关领导同志现场陪同。

在宝丰县周庄镇马川移民新村和临颍县王岗镇周湾移民新村建设工地，郭庚茂认真查看了新村建设布局、房屋户型，询问了有关实物补偿、新房建筑面积、房屋造价、安置地条件、质量监管措施和移民感受等情况。

在周湾移民新村建设现场，郭庚茂和围拢在身边的移民代表，建设监理，当地市、县、乡和库区乡（镇）领导、移民干部进行了座谈。郭庚茂指出，南水北调丹江口库区移民工作，不仅涉及库区16万移民群众的切身利益，也涉及安置地群众的利益，做好移民工作是当前河南省的一件大事。从今天的两个移民点来看，总体感觉很不错。首先是各级党委、政府都能够竭尽全力，真正把移民工作摆上重要议事日程。其次是新村建设工作做得比较好，不仅落实了国家政策，各级也给了很多扶持。总的来看，大家时时刻刻能够想着国家大局，心里装着群众，带着深厚的感情，自觉为移民群众作贡献。特别是漯河市提出的“移民为国作贡献，我为移民服好务”这一指导思想，在移民工作中起到了积极作用，已经成为全省移民工作精神的生动写照。

郭庚茂强调，南水北调工程是党中央、

国务院决策实施的重大战略性基础设施项目，是功在当代、利在千秋的千秋伟业工程。河南省是南水北调中线工程的水源地和受水区，是中线工程干渠最长、占地最多、移民最多、用水量最大、投资最大的省份。南水北调中线工程建设对河南省当前和长远发展是重大的机遇，对拉动河南省经济增长具有重要作用。丹江口库区移民安置是南水北调中线工程建设的重要组成部分，也是工程建设的难点，事关工程建设的成败，事关移民群众的切身利益，事关社会和谐稳定。要做好丹江口库区移民工作，必须切实做好以下三点：一要高度重视和关心支持；二要使移民成为受益者；三要科学规划。

考察期间，河南省南水北调办、河南省政府移民办负责同志详细汇报了丹江口库区移民试点工作进展情况和下步打算，现场要求各级移民机构，要坚决按照郭庚茂的指示，狠抓贯彻落实，切切实实做好库区移民安置工作，以实际行动向河南省委、省政府交上一份满意的答卷。

国务院南水北调办主任张基尧调研南水北调中线丹江口库区及上游地区环境保护和征地移民工作

2009年5月19～25日，国务院南水北调办主任张基尧带队赴南水北调中线丹江口库区及上游地区开展环境保护和征地移民工作调研，并与陕西、湖北、河南三省座谈，听取有关工作汇报。

张基尧先后察看了陕西省商洛市污水处理厂、商洛市垃圾处理场、丹凤县徐家沟村水土保持工程、商南县任家沟生态文明示范村、商南县城周天保公益林、商南县湘河镇生态移民搬迁工程，考察了湖北省郧县小流域综合治理、十堰市医疗废物处理中心、丹江口市污水处理厂以及河南省淅川县垃圾处理场、淅川县污水处理厂，走访了河南省焦作城区段征迁现场、宝丰县西黄移民安置点、临颍县周湾移民新村、许昌县部队农场移民安置点和荥阳市广武镇魏营移民试点村等。

张基尧对移民群众搬迁后生产生活条件的改善问题十分关注，尤其关照孤老病残家庭，要求地方有关部门设身处地地为移民群众着想，站在移民群众的角度考虑问题，带着深厚感情，做心贴心的服务，做好移民搬迁工作。要结合地区经济社会发展和社会主义新农村建设，做好征地补偿和被征地群众的生活生产安置，确保实现“搬得出、稳得住、能发展、可致富”的安置目标。同时，要加强和完善生态移民群众的社会保障工作机制。对于从山区整体搬迁下来的移民，张基尧叮嘱有关部门负责同志加强对移民新生产技能的培训，做好移民群众融进新环境的思想引导工作，切实推动移民新村的可持续发展。

在污水处理的现场考察中，张基尧认真察看了污水处理厂的进水泵房、污水处理车间和生物处理池，仔细询问污水处理系统的运转情况。他要求各地要结合实际情况，积极做好已建成污水处理厂的管网配套工程建设，确保污水处理厂发挥效益。当听到库区上游地区为确保水质达到Ⅲ类标准正抓紧开工新项目时，张基尧对地方政府贯彻落实科学发展观、积极服务南水北调工程建设的做法给予肯定，并叮嘱有关部门要进一步精简工作程序，做好资金审批等政策帮扶工作。

在水土保持和小流域综合治理现场，张基尧详细询问工程建设进展、资金渠道和生态效益发挥情况。他对库区及上游地区在治理水土流失方面所做的工作表示肯定，并要求有关部门进一步落实配套资金，做好机耕道路、灌溉渠道、节水项目等配套工程的建设，并努力探索降低治理成本的新思路、新方式，确保水土保持和小流域综合治理工程发挥综合效益，推进库区及上游地区的水源保护和水土保持工作。

在与库区三省座谈时，张基尧首先代表国务院南水北调办对三省省委、省政府多年来关心和支持南水北调工程建设表示感谢。中线丹江口大坝加高工程建设任务完成大半，丹江口库区新老移民搬迁工作正顺利开展。南水北调中线干线京石段工程建设完成并已向北京送水 2.3 亿 m^3。总体来说，南水北调东、中线一期工程关键节点工程已陆续开工，建设形势良好，工程进度、质量均得到有效保证。

张基尧强调，南水北调工程除工程建设外，还涉及水污染治理、水环境保护、征地移民和文物保护等多方面社会层面工作。南水北调的热点是工程建设，难点是移民征迁，重点是污染治理。其中，中线水源地丹江口库区的水质保护是南水北调中线工程建设的重要组成部分。能否使丹江口水库一渠清水永续奔流，保证北方地区用水安全，对南水北调工程建设成败至关重要。国务院确定的“先节水后调水，先治污后通水，先环保后用水”原则，既是南水北调工程总体规划批复的基础，也是南水北调工程建设实施的原则。多年来，在陕西、湖北、河南三省省委、省政府的领导下，在丹江口水库库周及上游地区有关省市、企业和人民群众的支持和帮助下，丹江口水库水污染治理工作取得长足进展。截至目前，丹江口水库水质总体保持在Ⅱ类水质标准。

张基尧指出，保护好南水北调中线水源地丹江口水库的一池清水，任重道远。针对丹江口库区及上游当前水污染治理和水环境保护工作，他要求，一是要加快实施《丹江口库区及上游水污染防治和水土保持规划》；二是要对库区规划项目进行妥善梳理，要合理安排保护性项目和治理性项目，推动污水处理厂、垃圾处理厂及点源污染治理等项目的加快建设；三是要会同国务院有关部门尽快审查完成丹江口库区及上游地区经济社会发展规划，处理好库区生态环境保护和经济建设发展间关系；四是要做好工业布局，合理调整经济结构，促使库区周边企业向生态型、资源节约型发展。要在加强工业点源治理各项工作的同时，积极推进农业面源污染治理工作。

对于当前丹江口库区征地移民工作，张基尧指出，湖北、河南两省高度重视，讲政治、顾大局，把征地移民工作纳入经济社会发展中，统筹安排，提前部署，认真组织，狠抓落实，做了大量工作，目前各项工作进展顺利。

针对下一阶段工作，张基尧要求，各级政府要充分理解广大移民群众背井离乡、希望过上新生活的心情，设身处地地为移民着想，抓紧做好以下 4 个方面的工作：一是认真做好丹江口库区移民试点工作；二是切实做好移民规划；三是认真研究移民工作政策策略；四是要利用社会资源来统筹解决移民问题。

调研途中，张基尧还专程赴丹江口大坝加高工程和中线穿黄工程现场考察，亲切慰问广大工程建设者，并叮嘱他们要切实加强工程质量和安全管理，积极做好防汛、度汛工作。

调研期间，张基尧会见了河南省省委书记徐光春、省长郭庚茂。陕西省委常委、副省长洪峰，湖北省委常委、副省长汤涛，河南省副省长史济春、刘满仓，河南省省长助理何东成分别陪同参加调研。国务院南水北调办综合司、环境与移民司、政策及技术研究中心负责同志陪同调研。

南水北调中线丹江口库区移民试点和干线工程征迁工作现场经验交流会在郑州召开

2009 年 5 月 23 ~ 25 日，南水北调丹江口库区移民试点及干线工程征迁工作现场经验交流会在河南省郑州市召开。国务院南水北调办主任张基尧出席会议并作重要讲话。河南省省长郭庚茂代表河南省委、省政府致辞。国务院南水北调办副主任张野主持会议。河南省副省长刘满仓、省军区副司令员荣森之、省长助理何东成、省政府秘书长安惠元出席会议。

会议总结、交流了南水北调工程征地移民工作的经验，要求进一步统一思想，加快推进和努力做好征地移民工作，为南水北调工程优质高效、又好又快建设提供保障，确保移民群众和被征地农民的合法权益，确保工程建设目标的顺利实现。

张基尧在讲话中指出，经过各级南水北调办事机构、征地移民机构、环保机构、各项目法人以及全体建设者的共同努力，南水北调工程建设有序进行，顺利发展，取得了显著成绩：前期工作不断突破；在建工程进展顺利；新开工项目进一步拓展；治污环保工作不断加强；干部队伍建设进一步加强。

张基尧强调，征地移民工作是南水北调工程建设的重要组成部分，也是南水北调工作的重点和难点。做好征地移民工作，既是贯彻落实科学发展观的要求，也是加快工程建设的需要。南水北调工程开工以来，征地移民工作不断加快实施步伐，促进工程建设的稳步推进。在充分肯定征地移民工作取得成绩的同时，张基尧指出当前工作所存在的困难和问题：在经济社会快速发展、经济体制改革攻坚阶段，不可预见因素较多；部门规章不协调、不配套，在征地补偿和生产安置等方面执行困难；前期工作滞后的局面仍未得到彻底解决；征地手续办理程序多，周期长，需要在下一步的工作中认真研究，着力解决。

河南省省长郭庚茂代表河南省委、省政府向参加会议的代表表示热烈的欢迎。他指出，做好丹江口库区移民安置和干线工程征迁工作，一要加强组织领导。要充分发挥党的领导优势、社会主义制度优势、国家政策优势和党的群众工作优势，动员全社会力量，统筹各方面政策，使工程建设真正成为人民群众改善生产生活条件的途径，使人民群众主动参与到工程建设中来。二要坚持以人为本。各级干部都要带着深厚的感情做好移民征迁工作。要想移民之所想，急移民之所急，解移民之所需，努力使群众在“搬得出、住得好”的基础上，生产生活条件有明显改善，真正从工程的贡献者成为工程的受益者。三要严格监督检查。要牢固树立移民工程无小事意识，做到思想上高度重视，组织上严密安排，工作上检查监督，切实严把工程质量关、施工监理关、竣工验收关，确保移民工程质量和施工安全。四要科学规划设计。要坚持以人为本，切实关注民生，从构建和谐社会的高度出发，科学编制移民安置规划。五要营造良好氛围。要动员全社会支持南水北调工程建设，为工程建设和移民征迁安置工作营造良好的舆论氛围。

河南省南水北调办、河南省政府移民办负责人介绍了库区移民试点和干线征迁工作经验体会。焦作市、新乡市负责同志汇报了中线干线征迁工作情况。淅川县、宝丰县、许昌县、中牟县负责同志汇报了丹江口库区移民试点工作开展情况。中线建管局负责人汇报了项目法人参与工程建设征迁工作的有关情况。

国务院南水北调办机关各司、直属事业单位，南水北调东、中线一期工程沿线省（直辖市）南水北调办和征地移民主管机构、项目法人及部分设计单位主要负责同志，中线干线工程河南段征迁和库区移民试点市、县有关代表近200人参加会议。

会议期间，与会代表实地观摩了中线干线工程河南省焦作市区段马村区、山阳区征迁安置情况，察看了丹江口库区移民试点宝丰县、临颍县、许昌县和荥阳市移民新村建设情况，学习交流了河南省积极推进干线征地拆迁及库区移民搬迁工作的做法和成效。

会议之前，张基尧一行会见了河南省省委书记徐光春。

南水北调中线京石段工程圆满完成应急供水任务

2009年5月26日，南水北调中线京石段应急供水工程圆满完成了国务院确定的应急供水任务，对缓解首都北京的缺水状况、确保北京供水安全起到了重要作用。

南水北调中线京石段工程是为保证北京供水安全优先安排、率先建成的，除近期担负向北京应急供水任务外，还将担负南水北调中线一期工程全线贯通后的输水任务。工程线路长度307.5km，按立交输水布置，在河北省境内以明渠输水为主，在北京境内以暗涵输水为主。

该工程2003年12月30日开工建设。2008年，经过分部工程验收、项目法人验收、临时通水验收程序，于5月具备通水条件。2008年9月18日，河北水库开始放水，28日向北京供水。

此次应急供水属小流量、高水位运行。截至2009年5月26日，京石段工程从河北省岗南水库、黄壁庄水库、王快水库调出水量超过3亿m^3，入总干渠总水量达2.68亿m^3，进入北京实际水量达2.25亿m^3，圆满实现计划确定的调水目标。

南水北调中线京石段工程在建设、管理等方面积累了丰富经验，在冬季安全输水、水源水库切换等运行调度方面进行了有效探索。京石段工程顺利建成并成功通水，对优质高效、又好又快建设南水北调工程有着重要的促进作用。

湖北省南水北调中线丹江口库区移民安置试点工作现场会在宜城召开

2009年5月27日，湖北省南水北调中线工程丹江口库区移民安置试点工作现场会在宜城市召开。会议传达了南水北调丹江口库区移民试点和干线工程征迁工作现场经验交流会精神，通报了湖北省前段移民试点工作进展情况。湖北省委常委、副省长汤涛出席会议并讲话。

汤涛首先传达了李鸿忠省长2009年5月25日在湖北省政府常务会议上的讲话精神。他指出，自2009年3月10日湖北省政府召开移民试点督办会以来，湖北省库区和安置区各级党委、政府及省有关部门高度重视，精心组织，统筹安排，加快了移民试点工作的步伐。各级党委、政府和省直有关部门要进一步强化措施，抓质量，赶进度，保安全，大干3个月，确保如期完成湖北省移民试点搬迁安置任务。

湖北省移民局负责同志在会上通报了移民试点工作情况。会前，与会代表实地参观了屈家岭管理区的叶坡和宜城市境内邓林农场二分厂七中队移民安置点。湖北省丹江口库区有关试点市、县（区、农场），湖北省直有关单位和长江设计公司及中线水源公司负责人参加了会议。

南水北调东线江都市截污导流工程通过联合试运行暨合同项目完成验收

2009年5月31日，南水北调东线江都市截污导流工程顺利通过联合试运行暨合同项目完成验收。

验收委员会在查看工程施工现场，听取

工程建设、设计、监理、施工单位工作报告，查阅工程档案资料，听取检测单位对工程的质量检测报告和质量监督单位对工程质量监督意见后，认为江都市截污导流工程经各参建单位的共同努力，已按批准的设计内容完成，工程施工满足设计和有关规程、规范要求，工程档案资料收集基本齐全，同意该项工程通过联合试运行暨合同项目完成验收。

江都市南水北调截污导流工程主要利用提升泵站和压力管道将江都污水处理厂处理后达标排放的中水输送到长江，以改善南水北调东线源头的水环境，保证南水北调输水干河的水质。工程起点为江都市污水处理厂出水口，终点在长江主江堤外窦桥港处。工程主要建设内容为1座设计规模为4万t/天的提升泵站、铺设22.84km的输水干管、6座穿路顶管和22座穿河倒虹吸，投资总概算为8125万元。工程自2007年12月10日正式开工建设以来，参建各方坚持科学规划、精心组织、严格管理、把好每道工序关，抢抓建设进度，仅用一年多时间就完成工程建设任务。

江苏省发展改革委、财政厅、环保厅、南水北调办有关部门，南水北调江苏质监站、江苏省水利工程质检站，扬州市有关部门、江都市政府及有关部门，工程建设、设计、监理、施工等单位负责同志和有关技术人员参加了会议。

江都市截污导流工程是南水北调东线工程中第一个建成的截污导流单项工程，此次顺利通过验收标志着工程具备运行条件，可以投入运行。

国务院南水北调办主任张基尧赴南水北调东线山东段考察指导工作

为贯彻落实国务院南水北调建委第三次全体会议精神，促进南水北调东线山东段工程建设、征地搬迁和治污环保工作，2009年6月3~6日，国务院南水北调办主任张基尧率队赴南水北调东线山东段工程建设现场考察指导工作。国务院南水北调办副主任张野、山东省副省长贾万志陪同考察。

张基尧一行先后考察了东线穿黄河工程、二级坝泵站工程、滕州市截污导流工程、济南市区段输水工程，查看了滕州市界河入湖口人工湿地。每到一处，张基尧都认真听取工程现场负责人的情况汇报，详细询问工程建设进展情况和存在问题，并就加快工程建设、确保工程质量和安全生产等工作，与各级地方政府、项目法人和现场建管、施工、监理单位深入地交换意见。

在考察东线穿黄工程时，张基尧深入正在实施的黄河南区滩地埋管检查施工质量，深入北区穿黄隧洞查看斜洞段开挖及灌浆情况，仔细听取建管、设计、施工单位关于工程建设情况的汇报。他说，穿黄工程是东线的关键项目，穿黄工程的建设进展直接关系到东线能否如期通水。张基尧对穿黄工程建设下一步工作提出了进一步加快工程建设进度、加强工程技术攻关、确保工程质量、加强安全生产管理和做好工程防汛、度汛工作的要求。

在二级坝泵站工程建设现场，张基尧在听取当地政府和工程建设技术负责人的汇报后，详细询问了工程所在地煤矿采空区塌陷情况，并就应对煤矿采空区塌陷的措施与参建单位负责人进行了深入交流。他强调指出，二级坝泵站是东线进入山东的"咽喉"，也是展示山东段工程建设成果的重要窗口，要加强施工组织，注重工程质量，确保工程如期完工，确保工程建设运行安全。

张基尧先后考察了工程Ⅰ标、Ⅱ标、Ⅵ标段工程建设现场，听取了参建单位汇报，详细了解了工程建设中遇到的问题和困难。他指出，济南市区段输水工程是东线工程穿越省会城市的重要项目，并且与济南市小清河综合治理工程结合实施，建设条件复杂，时间紧迫，任务繁重。济南市区段输水工程建设要与该市经济社会发展、人民群众生活环境改善紧密结合起来，扎实做好征地搬迁工作，进一步加快工程建设进度。张基尧叮嘱现场工程技术负责人，要通过完善施工方案，改进技术工艺，严格控制施工噪声、粉尘等，尽量减少或避免工程建设对沿线市民生活和企业生产经营的影响，并以此争取沿线政府和市民群众的支持，为工程建设营造良好环境。

张基尧在出席东线两湖段工程开工仪式之后，考察了滕州截污导流工程和界河入湖口湿地。在听取了当地政府和工程现场负责人关于工程建设进度及发挥效益情况的汇报后，张基尧充分肯定了滕州市的做法，他指出，滕州市截污导流工程和人工湿地建设统筹考虑东线治污与流域污染综合治理的关系，较好地解决了水污染治理和发展经济之间的矛盾，是贯彻落实科学发展观的具体实践，也是循环经济的有效尝试和探索，对东线水污染治理和中线水源地保护具有重要的借鉴作用。

在现场考察山东段工程建设和治污环保工作后，2009 年 6 月 6 日，张基尧与山东省政府及省直有关部门负责人进行了座谈。对于山东段下一阶段工作，张基尧提出五点要求：一是加强对工程建设、征地搬迁、治污环保等工作的领导，充分发挥党的领导优势、社会主义制度优势、党和国家政策优势、党的群众工作优势，营造全省上下共同支持推进南水北调工程的政治氛围。二是各地各有关部门要本着对党和人民高度负责的精神，把南水北调工程作为自身的需求和份内的工作，认真履行职责，发挥协调机构成员单位作用，主动开展相关工作，积极为工程建设创造条件，千方百计解决工程建设中遇到的问题。山东省南水北调建管局及征地移民机构要心无旁骛地把全部身心投入到工程建设管理中来，想工程之所想，急工程之所急，解工程之所需，切实处理好国家、集体和个人的关系。三是不折不扣地执行国家有关规章制度和规程规范。四是加强工程宣传，营造良好舆论氛围，以时不我待、攻坚克难的精神，认真研究和解决制约工程建设的突出问题，全面协调推进南水北调东线山东段各项工作。五是严格落实治污环保责任，进一步加大治污工作力度，加强治污资金筹集和治污项目的安排，促使东线水质稳定达标，为东线如期通水创造条件。要将治污作为当前山东段工作的重中之重，加强对治污工作的领导，加强治污工作的督促和检查，确保山东段水质早日达到规划要求的标准。

考察期间，张基尧分别会见了山东省省委书记姜异康、省长姜大明。国务院南水北调办有关司局的负责同志参加考察。

南水北调东线南四湖—东平湖段输水与航运结合工程开工建设

2009 年 6 月 4 日，南水北调东线一期南四湖—东平湖段输水与航运结合工程（以下简称两湖段工程）开工建设。国务院南水北调办主任张基尧出席开工仪式并作重要讲话。国务院南水北调办副主任张野出席开工仪式。山东省副省长贾万志致辞。国务院南水北调办环境保护司、建设管理司、机关党委负责同志参加了开工仪式。

张基尧指出，两湖段工程的开工建设，标志着南水北调东线工程进入全面建设的新阶段。关于南水北调东线山东段有关工作，张基尧强调指出，各参建单位和广大工程建设者要强化质量、安全意识，严格落实质量、安全终身责任制，确保工程质量和安全生产。要在工程建设中进一步优化设计，创新工艺，规范市场，强化监管，努力降低建设成本，有效控制工程投资。要切实做好建设征地和移民安置工作，加强领导，明确责任，协同配合，维护人民群众合法权益，为工程建设创造良好的环境，做到和谐征迁、科学建设。要加强资金管理，强化审计和监督，加强制度建设，严格制度落实，确保建设资金使用规范、合理、透明，努力建设廉政工程。

张基尧强调，在做好在建工程建设的同时，希望抓住当前的有利时机，抓紧做好新项目的开工准备工作，尤其要切实做好2009年拟开工项目征地搬迁工作，促使更多项目早日开工建设。要始终坚持“三先三后”的原则，加强治污环保工作，加快水污染治理项目建设，加大工程沿线污染治理督查及执法力度，确保实现东线治污工作目标。要加速推进山东省内配套工程前期工作，适时开工建设配套工程，使配套工程与干线工程同步建设、同步发挥效益，早日造福于沿线人民。

贾万志在致辞中指出，两湖段工程的开工建设对于优化山东省水资源配置、改善生态环境和交通条件，促进山东省经济社会又好又快发展具有十分重要的作用。他要求各级各有关部门和参建单位努力把两湖段工程建成为质量优质工程、节俭高效工程、廉洁安全工程、科学和谐工程，经得起历史的检验。

此次开工建设的两湖段工程，是南水北调东线一期工程的重要组成部分，是连接胶东输水干线、鲁北输水干线的纽带和实现南四湖—东平湖调水与通航的关键工程。工程上接南四湖的上级湖，下至东平湖，输水线路全长108km，途经济宁市的微山县等7个县（区）和泰安市的东平县。工程由相对独立而又联系紧密的南四湖湖内疏浚工程、梁济运河输水航道工程、柳长河输水航道工程、长沟泵站、邓楼泵站、八里湾泵站和灌区影响处理工程7个单元组成，设计输水流量100m^3/s。

南水北调东线工程建成后，可通过该工程往北向德州、聊城等鲁北地区并进而向冀东、天津供水，往东可以通过胶东输水干线调水至烟台、威海，以有效解决当地水资源短缺问题。对南四湖和东平湖之间水资源的联合调度以及对沂沭河洪水的利用、实现洪水资源化都具有重大的现实意义。同时，两湖段工程利用原京杭运河水道调水并结合航运，将全面贯通南四湖—东平湖的航道，实现南四湖—东平湖按照三级航道通航的目标。该工程的开工建设，对促进山东省经济社会可持续发展、如期实现东线通水目标具有重要的保障作用。

湖北省南水北调中线丹江口库区移民实施规划工作会议在武汉召开

2009年6月14日，湖北省政府在武汉市召开全省南水北调中线工程丹江口库区移民实施规划工作会议，全面部署丹江口库区移民实施规划工作。湖北省省长李鸿忠出席会议并作重要讲话。湖北省副省长田承忠出席会议。

李鸿忠指出，这次实施规划工作会既是督办会，也是动员会，各地、各部门要以此次会议为契机，总结前段试点工作的经验，查找工作中存在的问题和薄弱环节，进一步加强组织领导，加大工作力度，加快工作进度。同时，要切实明确当前和下一阶段工作目标和任务，搞好大规模移民搬迁安置工作的前期准备和组织实施。李鸿忠要求，移民搬迁安置工作要狠抓“四个落实”：一是思想认识要落实；二是组织领导要落实；三是各项政策要落实；四是工作力度要落实。

会上，湖北省移民局负责同志对全省下步移民实施规划编制的目标任务、范围原则、组织分工、时间安排等进行了简要说明。湖北省丹江口库区18万移民搬迁安置的规划编制，按照“一次规划，分年编制，连续移民”的原则进行。搬迁安置任务按计划分年度实施，至2012年全面完成。其中，2010年出县外迁安置5万人，同时开展城集镇新址征地和基础设施建设工作，完成75家工业企业1114人的迁建和部分交通、广播电视等基础设施复建任务。

湖北省有关市、县（区、农场）、省直相关部门、长江水利委员会及中线水源公司负责人参加了会议。十堰、武汉、襄樊、荆门、荆州、随州市政府主要负责同志在会上作了表态发言。

南水北调中线丹江口大坝加高工程坝顶全线贯通

2009年6月20日，南水北调中线水源工程——丹江口大坝加高工程已顺利实现坝顶全线贯通，2台500t级坝顶门机具备启闭闸门条件，满足了2009年安全度汛的要求。这标志着丹江口大坝加高工程实现了重大阶段性目标。

丹江口大坝加高工程是在1973年建设的丹江口水利枢纽工程基础上贴坡加高而成的。工程完成后，坝体高程从原来的162m加高至176.6m，表孔坝段溢流堰顶高程由原来的138m加高至152m，升船机规模由150t级提高到300t级，任务调整为防洪、供水为主，结合发电、航运等综合利用。正常蓄水位从157m提高至170m，可相应增加库容116亿m^3，通过优化调度，多年平均可为中线一期工程供水95亿m^3，对缓解华北地区水资源短缺的紧张局面、促进我国北方地区经济社会可持续发展和生态环境的改善具有巨大的作用，并可为南水北调中线二期工程调水奠定基础，加高大坝将进一步提高水库的防洪能力和下游的防洪标准，为减轻汉江及长江干流汉口段和武汉市的防洪压力创造有利条件。工程的建设，还可改善枢纽的发电和汉江干流的通航条件。工程总投资为24.25亿元。

丹江口混凝土坝加高规模较大，难度高，其规模为国内水利水电工程加高续建（改建）工程之最，关键是要妥善解决新老混凝土结合问题，使新老坝体联合受力，目前国内尚无成熟的经验和工程实例。工程参建单位齐心协力，联合攻关，依据大量的计算分析及参考国外有关工程的成功经验，采取了以直接浇筑为主、在坝顶及下游坝坡现浇混凝土方式对坝体进行加高和培厚，适当放缓挡水坝段下游坡，以满足大坝挡水时稳定和应力要求；在竖直接合面采用人工补凿键槽，溢流坝段堰面采用宽槽回填，在接合斜缝面设置梯形键槽，且在结合面上设置锚筋，使整个坝体联合受力。还根据各类坝段特点，相应采取不同的处理措施及手段：拆除下游面部分老混凝土；混凝土表面凿毛，炭化层凿除；设置键槽，布设锚筋；限制坝前水位，低温季节浇筑；分块浇筑，通水冷却，预留宽槽等措施。施工时，还采取严格的温控措施，如对砂石骨料预冷、加冰拌和、通冷风浇筑、通冷水降低混凝土凝固的水化热等，确保新老混凝土充分黏合。该工程已成功解决了老混凝土拆除及控制爆破、炭化层检测及凿除、人工键槽施工、混凝土温度控制等若干重大技术难题。这些成果的取得不仅为工程加快建设创造了条件，而且使大坝加高工程新老混凝土结合技术达到世界一流水平。

丹江口大坝加高不同于新建大坝，由于是在原有大坝的基础上加宽加高，技术复杂，施工难度大，工艺要求高，施工布置受到制约。大坝加高施工期间，枢纽仍处于正常运行，担负防洪、发电等任务，需要协调好工程加高施工和枢纽正常运行调度之间的矛盾。另外，丹江口大坝加高工程贴坡混凝土温度控制要求难度大，由于混凝土温控要求严格以及为了保证安全度汛，贴坡混凝土及溢流坝的加高不能全年施工，只能在低温季节和枯水期进行，对工期要求比较严格。

丹江口大坝加高工程自2005年9月26日

开工建设。经过参建各方的共同努力，截至目前，大坝需加高的54个混凝土坝段已有53个加高至176.6m设计高程。右岸土石坝已加高到新坝顶高程。左岸土石坝填筑高程已达174m以上。金属结构改造项目全面展开，已完成坝顶两台500t门机的制作安装，并在2008年汛期投入运行。电厂改造项目正在实施，老坝体裂缝等缺陷的检查与处理工作也在同步进行。从2005年开工以来，已验收的单元工程合格率100%，优良率93.68%，从未发生质量事故。

按照工程建设计划，丹江口大坝坝顶全线贯通后，将在做好防汛工作的同时，组织施工单位投入最后一个坝段的加高施工和左岸土石坝填筑施工，确保2009年底实现大坝加高工程全面加高到顶。

河南省南水北调中线丹江口库区移民试点新村基础设施和公益设施建设现场会在许昌市召开

2009年6月29日，河南省政府在许昌市召开南水北调丹江口库区移民试点新村基础设施和公益设施建设现场会。河南省副省长刘满仓出席会议并讲话。河南省南水北调办、河南省政府移民办安排部署工作。

刘满仓指出，党中央、国务院和河南省委、省政府对于丹江口库区移民工作高度重视。现在最为紧迫的问题就是移民新村基础建设、公益设施建设配套完善和移民安置方案优化整合问题。许昌县移民安置点进展快、质量好、配套齐全，主要经验是领导重视、措施得力、工作扎实、投入到位。希望其他市、县对照许昌县的经验，认真查找不足，采取对策，制定措施，奋起直追，迎头赶上。

针对当前的形势和任务，刘满仓强调，一是要加快基础设施和公益设施建设进度。要充实力量，整合资金，倒排工期，争分夺秒往前赶，确保2009年7月20日各移民点基本具备入住条件。从2009年7月1日起，移民新村基础设施和公益设施建设进度要实行日报告制度，每天上报一次进度，每5天全省通报一次。二是精心组织好试点移民搬迁工作。要切实制定好搬迁计划、搬迁方案，统一行动、统一组织、统一协调，有序搬迁。要坚持服务到位、负责到底，让移民群众安心、放心，像接送亲人一样把移民迎接过来。三是要及早谋划生产发展。要想方设法把生产用地落实到位，移交到位。要着力改善农业生产条件，提高地力，推进农业机械化，提高劳动生产率。要因地制宜，因人而异，搞好结构调整。要帮助移民搞好技术培训，找好就业门路，提供就业岗位，鼓励移民群众积极创业。四是要切实做好第二批移民安置方案的优化整合。要坚持交通便利、区位优势突出、水土资源条件好的原则，为移民选好安置地。要整合过于分散的安置点，最大限度满足移民村整体搬迁和相对集中的要求。在选点和对接时，要注意搬迁安置双方条件大致相当，确保移民心理平衡。要带着深厚的感情对待移民，切实注重初次对接。特别是南阳市承担着搬迁安置双方的重任，要切实抓好乡村两级班子建设，抓好第二批移民调查摸底，抓好移民新村基础设施和公益设施建设。五是要做到领导到位。移民工作是一项政治性很强的重大任务、特殊任务，也是一项十分紧迫、刻不容缓的硬任务，各级各部门一定要认识到位、力量到位、支持到位、奖惩到位、责任到位，全力以赴打一场移民工作的大胜仗。

河南省南水北调办、河南省政府移民办要求务必抓好8项工作：一要切实做好移民房屋建设收尾工作；二要切实加快移民新村基础设施建设，为移民搬迁和日常生产生活创造条件；三要切实抓好支农惠农资金的整合投入，加大移民公益设施建设力度，真正把移民新村建成社会主义新农村的示范村；四要切实做好移民生产用地划拨与移交工作，确保生产用地承包到户，确保移民种上小麦；五要切实研究制定好搬迁方案，组织好搬迁运输，确保移民搬迁安全、有序、顺利进行；六要切实做好移民安置方案优化整合工作；七要切实做好第二批移民库区外业规划工作；八要切实做好移民总体理论对接和具体对接工作。

会上，代表们现场观摩了许昌县姬家营移民新村基础设施和公益设施建设情况，认真听取了许昌县、宝丰县、临颍县、荥阳市、邓州市政府有关经验介绍。郑州市、新乡市、南阳市有关负责同志在会上作了表态发言。

丹江口库区移民涉及的6个省辖市25个县（市、区）政府分管领导，移民局（办）负责人，监督评估、设计单位代表等100多人参加会议。

南水北调东线洪泽湖—骆马湖段工程开工建设

2009年6月30日，南水北调东线洪泽湖—骆马湖段工程开工建设，标志着南水北调东线江苏段工程建设进入加快实施的新阶段。江苏省委常委、副省长黄莉新出席开工仪式并讲话。

黄莉新在讲话中指出，南水北调东线江苏段工程沿线各级政府、省各有关部门要充分认识加快南水北调工程建设的重要意义，切实增强责任感、紧迫感，抓住国家扩大需求、加强水利基础设施建设的有利机遇，精心组织，科学安排，严格管理，确保按时、优质完成工程建设任务。

此次开工建设的洪泽湖—骆马湖段工程，包括扩建泗阳站、改造皂河一站、新建刘老涧二站、皂河二站、泗洪站、睢宁二站、邳州站等项目，建成后可实现调出洪泽湖350m^3/s、调进骆马湖275m^3/s的输水目标，是实现南水北调东线工程建设目标的关键任务。

国务院南水北调办有关司，江苏省有关部门负责人，宿迁市委、市政府负责人和工程沿线干部群众代表，参加工程建设的勘测设计、施工、监理代表参加了开工仪式。

河南省省长郭庚茂调研南水北调中线丹江口库区移民工作

2009年7月2日，河南省委副书记、省长郭庚茂在河南省淅川县调研南水北调移民工作时指出，各级各部门要把南水北调中线工程库区移民工作放到重要位置，坚定信心，下定决心，加强领导，细化措施，确保完成库区移民“四年任务、两年完成”的目标。

在淅川县召开的南水北调移民工作座谈会上，郭庚茂在听取了南阳市、淅川县工作汇报和乡（镇）、村代表发言后说，2008年11月7日河南省委、省政府南水北调丹江口库区移民安置动员大会召开以来，各级各部门把移民试点作为一项政治任务，做了大量细致的工作，丹江口库区移民试点工作进展顺利，群众反映比较满意，取得了阶段性成果，为展开大规模移民积累了经验，奠定了良好基础。

郭庚茂指出，河南省委、省政府提出的“四年任务、两年完成”目标，是群众的呼声和愿望，是早日让群众安居乐业的迫切要求。各级各部门要充分认识这一目标任务的迫切性和重要性，急群众之所急，想群众之所想，力争早搬迁，让群众早受益。应当看到，国家和河南省在努力为移民搬迁创造条件，积极解决搬迁后的就业、教育、卫生等生产生活问题。同时，当前受国际金融危机的影响，物价呈走低态势，可以花同样的钱办更多的事情，是移民搬迁的良好时机。有关方面一定要坚定信心，下定决心，集中精力，争取用较短时间把移民搬迁这一艰巨任务完成。

郭庚茂强调，要精心研究，细化措施，

加强领导，确保打胜移民搬迁这场硬仗。南水北调库区移民时间之紧、任务之重、难度之大，在国内外水利移民史上所不多见，这是对我们各级党委、政府执政能力和处理复杂问题能力的一次考验。

河南省南水北调中线丹江口库区移民安置对接暨试点移民搬迁工作会议在郑州市召开

2009 年 7 月 6 日，河南省南水北调丹江口库区移民安置对接暨试点移民搬迁工作会议在郑州市召开。河南省南水北调办、河南省政府移民办，丹江口库区移民涉及的 6 个省辖市移民机构主要负责人，25 个县（市、区）政府主管副职、移民机构主要负责人，以及设计单位、监督评估单位的代表等 80 余人参加了会议。

会议指出，按照河南省委、省政府的安排，2009 年 10 月中旬要启动南水北调丹江口库区第二批 6.1 万移民的搬迁安置工作。能否按时启动，关键在于实施规划编制，重点是移民安置对接。同时，还要在 2009 年 8 月 31 日前基本完成试点移民搬迁，任务繁重，时间紧迫。

针对移民安置对接工作，会议要求：一要充分认识移民安置对接的重要意义。移民安置对接实际上就是移民安置的去向确定，涉及移民的切身利益，关系到移民祖祖辈辈居住地的确定，移民关注度高，选择意愿强，确定难度大，最容易反复。实践证明，移民安置去向确定，是移民搬迁安置工作的重中之重、关键的关键。安置去向确定得好，移民工作就主动；反之，移民工作就被动。各地一定要从思想上高度认识，行动上狠抓落实。二要准确把握移民安置对接的方法步骤。移民安置对接实际上是要具体确定移民安置去向。要用文书形式把移民安置区的条件和移民村的条件排序确定下来进行对照，并通过考察，最终确定移民安置去向。三要切实注重移民安置对接的关键因素。进一步做好移民安置方案的优化整合，充分发挥库区乡镇在移民安置对接中的关键作用，坚持原则，公正公平，换位思考，强化沟通，加强协调，充分准备，争取一次成功。

会议对移民试点搬迁工作提出具体要求，要精心组织，确保移民安全搬迁，和谐搬迁。要明确搬迁时间，认真制定计划，明确责任主体，确定搬迁方式，核实搬迁车辆，组织搬迁迎送，做好搬迁服务，制定应急预案。要明确责任分工，试点移民搬迁以迁入地为主，迁出地搞好配合。要妥善处理弱势群体、实物补偿、“两会”存款、财产分割、降温防暑、食品安全、卫生安全等有关问题。要切实加强沟通协调，密切配合，形成合力，并实行联络员制度和 24 小时值班及日报制度。重大问题要随时上报，不得迟报、虚报、瞒报，否则要追究相关人员的责任。要严格实行奖惩，对表现突出的单位和个人按照有关规定给予奖励，对于工作不力或失职、渎职影响移民搬迁或造成重大事故的，要追究领导和当事人的责任。

会议强调，要按照河南省委、省政府的统一部署，全力以赴做好移民试点收尾工作，精心组织试点移民搬迁，切实做好移民安置实施规划和对接工作，确保试点移民于 2009 年 9 月 10 日前完成搬迁，确保第二批移民新址征地和“三通一平”工作于 2009 年 10 月启动，用实际行动和优异成绩，服务好南水北调工程建设，为河南省经济社会发展作出新的、更大的贡献。

河南省省委书记徐光春、省长郭庚茂分别主持会议研究部署南水北调中线丹江口库区移民安置工作

2009 年 7 月 16 ~ 17 日，河南省委书记、

省人大常委会主任徐光春，省委副书记、省长郭庚茂，在两天之内分别主持召开河南省委常委会议和河南省政府常务会议，专题研究部署南水北调丹江口库区移民安置工作，并顺利通过了河南省南水北调办、河南省政府移民办拟订的《南水北调丹江口库区移民安置工作实施方案》。徐光春和郭庚茂强调，全省各级各部门要进一步统一思想，提高认识，下定决心，坚定信心，按照党中央、国务院有关部署，举全省之力，确保丹江口库区移民“四年任务、两年完成”，确保库区移民早日安居乐业，确保南水北调中线工程顺利建设。

在听取了河南省南水北调办、河南省政府移民办关于南水北调丹江口库区移民安置工作进展情况和实施方案的汇报后，徐光春指出，实施南水北调中线工程是党中央、国务院着眼大局作出的战略决策。河南省既是南水北调中线工程的水源地，也是重要的受水区，工程建设和库区移民任务非常繁重。河南省的各项工作是否到位，直接关系着中线工程建设能否顺利进行。因此，各级各部门一定要站在讲政治、讲大局的高度，站在贯彻落实科学发展观和以人为本的高度，把南水北调工程当成发展工程、民生工程和稳定工程，全力做好丹江口库区移民安置工作。要通过移民搬迁安置，确保库区经济得到进一步发展，确保社会和谐稳定，确保移民群众生产生活水平不降低。

徐光春强调，移民工作涉及国家发展大局和移民群众的切身利益。扎实、细致做好丹江口库区移民工作，要统筹兼顾，正确处理好国家和移民个人的利益，既要对国家负责，也要对移民群众负责，要把国家和移民的利益统筹起来。同时，移民工作还涉及搬迁安置双方各级党委、政府和各部门各单位，各个方面都要步调一致，目标一致，共同为丹江口库区移民安置创造条件。

徐光春强调，丹江口库区移民时间紧、任务重，性质敏感，党中央、国务院领导高度关注，移民群众要求迫切。各级各部门，一要公开搬迁安置。各地要在移民安置规划、补偿标准和优惠政策等方面，公开透明，公平公正，并且要坚持政策执行的连续性、一致性和严肃性，防止因政策和标准不一引起群众相互攀比。二要和谐搬迁安置。要按照习近平副主席最近对焦作市和谐拆迁的重要批示精神，认真学习借鉴焦作市城区段的征迁经验，结合当地实际，切实做到和谐搬迁、和谐移民。各级宣传部门和各类媒体，也要广泛宣传，积极引导，为移民迁安营造良好的舆论环境。三要阳光搬迁安置。对事关移民切身利益的各类政策和措施，要在一定范围内，通过农村“4＋2”工作法（“4”指“四会”：支部会提议、“两委”会商议、党员大会审议、村民代表会议或村民会议决议；“2”指“两公开”：决议公开、实施结果公开）和村务公开等适当渠道，向移民群众讲清楚、说明白，既严禁暗箱操作，又要把握好公开政策的范围和对象。

徐光春明确要求，基础组织强弱是移民安置工作进展快慢的关键。搬迁安置双方要切实加强基础组织建设，对软弱涣散的村级班子要及时进行整顿，对承担移民搬迁安置任务的乡镇和街道办事处的班子要配强。要通过整顿村级班子和强化乡镇领导，为移民安置工作提供坚强的组织保障。丹江口库区移民安置工作是当前和今后一个时期全省的一项重要政治任务，河南省委组织部要对基层组织建设进行专项部署，河南省发展改革和财政等各部门要为移民工作提供政策、项目和资金保障，河南省住房和城乡建设等部门要及早介入，确保移民新村规划到位、建设到位，把移民新村建成社会主义新农村。

郭庚茂指出，丹江口库区移民工作是南水北调中线工程的重要组成部分，做好库区移民安置工作事关南水北调工程建设的顺利实施，事关库区移民群众的切身利益，事关社会和谐稳定的大局，意义重大而深远。各级各部门一定要站在全局的高度，把库区移民工作作为一项必须完成的重大政治任务抓紧、抓好。

郭庚茂指出，及早搬迁、安居乐业是库区绝大多数移民的迫切要求和强烈意愿，也是河南省当前急需解决的民生问题，而且目前国家移民搬迁的各项政策条件已经比较完善，加之经过先行试点我们已经积累了一定经验，因此，河南省委、省政府顺应库区广大移民的迫切要求，结合移民工作的实际情况，审时度势、科学决策，提出了库区移民“四年任务、两年完成”的目标要求。郭庚茂强调，用两年时间完成15.1万库区移民的搬迁安置，除了涉及千家万户移民群众的物质利益外，还有许多心理因素和精神因素，任务非常艰巨，工作非常复杂，必须举全省之力，精心部署，稳妥实施，确保打赢移民搬迁安置这场硬仗。

郭庚茂强调，相对来讲，南阳市特别是淅川县在南水北调工程建设和移民搬迁安置工作中，不仅要承担繁重的移民任务，还要承担重要的水质保护任务，当地经济发展不可避免受到一定影响。河南省直有关部门要加大对南阳市和淅川县的扶持力度，使淅川县享受省对县最高扶持标准，尤其是财政部门要对各项经费给予重点保障。

郭庚茂最后强调，移民搬迁安置是一项政策性很强的工作，各级各部门在具体实施中一定要统一政策、统一标准、统一口径，做到落实政策不折不扣、执行政策不突不破，坚持公开公正、民主透明，严格程序、严格监督，确保移民任务圆满完成。

国务院南水北调办主任张基尧调研南水北调中线京石段应急供水工程

2009年7月21日，国务院南水北调办主任张基尧赴南水北调中线京石段应急供水工程河北漕河段调研，慰问管理运行人员，就工程质量安全和运行管理工作提出具体要求。

在漕河段工程现场，张基尧认真询问了交通桥的负荷超载问题，详细了解了面板混凝土受压情况和韩庄大桥建设进度，勉励运行维护人员要保持渠道沿线干净整洁、美观大方，树立南水北调工程良好形象。

张基尧指出，南水北调中线京石段工程建成通水是南水北调工程建设取得的重要阶段性成果，是贯彻落实科学发展观的具体体现，在中线通水前期形成了华北地区水资源配置的新通道，提高了北方地区水资源的调控能力。从2008年9月18日开始临时通水至今，入京水量共计3.19亿m^3，最高日供水量170万m^3，占到北京市整体供水的60%，极大缓解了首都北京的水资源短缺状况，提高了首都北京供水安全保障水平。

张基尧强调，作为南水北调率先开工发挥效益的试验段工程，中线京石段应急供水工程积累了丰富的建设管理经验，为南水北调工程后续工程建设乃至国家同类基础设施建设提供了有益借鉴。当前，各设计、监理和施工单位在质量问题上一定要从每一个环节进行控制，注重日常检查，严把质量关，确保中线京石段成为优质工程。要继续做好运行管理收尾工作，全力以赴做好临时通水后的渠道缺陷处理工作，落实好缺陷处理质量责任制，严格质量考核和责任追究，切实保障工程质量。

针对南水北调中线京石段运行管理下一步工作，张基尧要求，一是切实抓好新员工培训工作，使他们在最短的时间内熟悉业务，及时投身一线岗位。二是尽快制定环境维护和设备保养管理标准，并做好普及推广工作，使南水北调中线京石段工程成为自动化调度控制上的一个典范。三是总结运行管理的经验和教训，特别是针对冰期输水运行，如何保证安全可靠，要整理出一整套行之有效的管理办法，为今后全面运行提供借鉴。

张基尧最后强调，质量和安全是南水北调工程建设的生命，是南水北调工程建设管理的核心任务，要严格落实质量管理和安全生产责任制，千方百计做到未雨绸缪、防患于未然。要努力提高前期工作质量，从招投标工作出发，选择优秀的施工队伍，特别是选好项目经理。要与现场项目经理签订工程质量安全协议，做到奖罚并举。针对部分交通桥超载问题，要及时研究，提出相关要求。要结合项目实际，合理配置和充实建管部人员队伍。要采取多种措施，努力建立和谐的周边环境，确保南水北调工程又好又快建设。

国务院南水北调办建设管理司、监督司和中线建管局负责同志陪同调研。

南水北调中线河南郑州段工程开工建设

2009年7月28日，南水北调中线河南郑州段工程开工建设，标志着中线黄河以南工程建设进入新阶段。国务院南水北调办主任张基尧、河南省省长郭庚茂出席开工仪式并作重要讲话。河南省委书记、省人大常委会主任徐光春宣布工程开工。国务院南水北调办副主任李津成、河南省副省长刘满仓出席开工仪式。

张基尧在讲话中指出，南水北调河南段工程是南水北调中线工程的重要组成部分，在整个中线工程建设中具有重要地位。自2006年南水北调河南段工程开工建设以来，各项工作稳步推进，成效显著。在南水北调河南段工程建设各项工作中，河南省各级党委政府、有关各方始终深入贯彻落实科学发展观，确立并牢牢把握以人为本、统筹兼顾、逐级负责、严格管理等基本原则，走出了一条科学建设、团结建设、和谐建设的新路子，形成了良好的政治氛围、社会氛围和建设氛围。南水北调河南段工作成绩的取得，得益于河南省委、省政府坚强有力的领导，得益于工程沿线各地市、区、县党委和政府的大力支持，得益于全省广大人民群众的全力配合和社会各界的关心帮助。他代表国务院南水北调办向长期以来关心和支持南水北调工程建设的河南省委、省政府，社会各界和各有关方面致以衷心的感谢！

张基尧指出，南水北调中线河南郑州段工程开工建设，标志着河南省南水北调黄河以南干线工程全面建设的大幕已经拉开。

在要求做好河南郑州段工程建设各项工作的同时，张基尧希望河南省南水北调办和有关部门抓紧做好黄河南新开工项目准备工作，编制工程建设网络计划，促进更多项目早日开工，保证工程有序建设。

郭庚茂在讲话中指出，南水北调工程是党中央、国务院决策实施的重大战略性基础设施项目，是关系我国经济社会可持续发展和长治久安的千秋伟业。南水北调中线工程不仅是国家的战略工程，也是河南省的重大基础工程。中线工程的实施对缓解河南省水资源严重短缺局面，促进产业结构调整，改善生态环境，推进社会主义新农村建设，推动旅游产业发展，确保河南省经济社会全面、协调、可持续发展具有十分重要的意义。

郭庚茂指出，南水北调中线河南段工程建设时间紧，任务重，要求高，责任大。确保建设一流工程、提供一流服务、营造一流环境是河南省委、省政府向中央作出的政治保证，向社会各界作出的庄严承诺。

南水北调中线河南郑州段工程起点位于新郑市观音寺镇英李村，终点位于穿黄工程隧洞入口，途经新郑、中牟、管城、二七、中原、高新、荥阳等7个县（市、区），全长128.94km，占中线一期工程总长的1/10。工程起点设计流量305m^3/s，加大流量365m^3/s，终点设计流量265m^3/s，加大流量320m^3/s。沿线共布置各类交叉建筑物179座，其中河渠交叉建筑物18座，左岸排水建筑物40座，渠渠交叉建筑物4座，节制闸8座，退水闸6座，分水口门7座，公路桥91座，铁路交叉建筑物5座，总占地5.5万亩。南水北调中线河南郑州段建成后，总干渠水面宽约55m，水深7m，两岸防护林带宽约4~8m，总占地平均宽约140m。受水区设计供水目标6个，年分配水量5.17亿m^3。工程总投资约135亿元。

南水北调中线河南郑州段工程的开工建设，将对缓解郑州水资源紧缺状况，促进沿线经济社会可持续发展具有重要促进作用：中线一期工程通水后，每年为郑州市增加5亿m^3水，且水质属优Ⅱ级，将有力缓解郑州市城市水资源供需矛盾，提高居民饮水质量；郑州段工程投资每年可拉动郑州市GDP增长0.42个百分点，还可通过工程建设设备和建筑材料等产品的需求，并进一步刺激相关上游产业和关联产品的发展；促进郑州工业化进程和产业结构调整升级，把外部经济效益分享给其他的行业和企业，带动各行业之间使用的道路、交通、通信、信息、原料供给、产品销售的设施和服务部门的建立，间接地推动第三产业的发展；有利于解决非农业生产与农业、城市与乡村的水资源供需矛盾，改善受水区农业生产条件，增强抗御干旱灾害的能力，促进农民增收；有利于促进社会就业，每年将为郑州市增加近1万个就业机会，且随着工程完工后水资源供给增加，能够扩大生产规模的产业及成长起来的新兴产业将吸纳更多的劳动力就业。

国务院南水北调办有关司负责同志参加开工仪式。

河南省南水北调中线丹江口库区大规模移民动员大会在淅川县召开

2009年7月29日，河南省南水北调丹江口库区大规模移民动员大会在南阳市淅川县召开。河南省委副书记、移民安置指挥部政委陈全国出席会议并作重要讲话；国务院南水北调办副主任李津成应邀出席会议并讲话；河南省副省长、移民安置指挥部指挥长刘满仓作全面安排部署。河南省省委常委、郑州市委书记王文超，省政协副主席靳绥东等出席会议。河南省移民安置指挥部办公室成员单位及有关省直部门负责同志，库区和移民安置区6个市及所属25个县、市、区的主要领导、分管领导及移民管理机构负责人共400余人参会。中线水源公司、长江设计公司、黄河设计公司应邀参会。

实施南水北调中线工程，河南省淅川县将动迁16.2万移民，是搬迁任务最重的县。按照河南省委、省政府的安排部署，淅川县试点移民1.06万人搬迁安置工作整体进展顺利。为加快南水北调中线工程建设步伐，河南省委、省政府确定了“四年任务、两年完成”的搬迁安置目标，制定了《河南省南水北调丹江口库区移民安置工作实施方案》，成立了以河南省委副书记陈全国为政委、副省长刘满仓为指挥长的河南省南水北调丹江口库区移民安置指挥部及其办公室，负责移民搬迁安置工作的组织、协调、指导、监督检查和服务。明确了25个省直单位分包25个库区移民搬迁安置县、市、区，派驻移民工作组制度，在国家投资的基础上，省直各部门对移民新村的交通、通信、安全饮水、广播电视、文化书屋等项目的帮扶资金已达6.6亿元，举河南全省之力做好南水北调丹江口库区大规模移民工作。

陈全国要求，各级各部门要以大局的意识、改革的眼光、创新的方法、发展的思路、解决移民安置中的热点、难点问题，使南水北调工程真正成为德政工程、民心工程、绿色工程、富民工程。强调要把做好移民搬迁安置工作作为检验学习实践科学发展观活动成效，检验学习焦裕禄精神活动成效的标准，作为识别、发现和使用干部的重要依据。刘满仓在全面总结移民试点工作的基础上，要求各地要在2009年9月上旬前，完成试点移民生产用地承包到户，确保移民种上冬小麦。同时，提出了今后一个时期要着重抓好大规模移民库区外业、移民安置方案优化整合、移民试点搬迁等6项工作以及相应的工作措施。

李津成指出，河南省委、省政府提出举全省之力搞好丹江口库区移民安置工作，充分体现了河南省委、省政府对丹江口库区移民工作的高度重视和对南水北调工程建设的全力支持，充分体现了河南省各级党委和政府对做好征地移民工作的坚定信心和坚强决心。自2005年中线工程河南段开工建设以来，河南省委、省政府始终把工程建设和征地移民工作作为重大的政治任务，讲政治、顾大局，全力支持南水北调工程建设。河南省各级党委、政府和各有关部门、各级南水北调和征地移民管理机构，按照河南省委、省政府提出的“一天不误，全速推进”的要求，在确保工程质量、安全的前提下，全面加快南水北调各项工作步伐，使征地拆迁、工程建设、库区移民、水质保护和配套工程得到了扎实有效的推进。尤其是通过库区移民试点，积累了经验，锻炼了队伍，完善了政策措施，为下一步大规模移民打下了坚实的基础。河南省创造的全省上下齐动员、各个部门作贡献、移民搬迁安置促进社会主义新农村建设的宝贵经验值得其他省市学习和借鉴。

李津成还到淅川县东湾村和穆山村看望了移民群众，到唐河县察看了移民新村建设情况。国务院南水北调办征地移民司负责同志陪同。

南水北调中线天津干线河北境内工程开工建设

2009年7月29日，南水北调中线天津干线河北境内工程开工建设，标志着中线一期工程天津干线在途经的天津、河北两省（直辖市）全面开工建设。国务院南水北调办主任张基尧出席开工仪式并宣布工程开工。国务院南水北调办副主任张野、河北省副省长张和、天津市副市长熊建平出席开工仪式并讲话。河北省政府副秘书长曹振国、中国水利水电建设集团公司总经理范集湘出席开工仪式。

张野代表国务院南水北调办对工程开工表示祝贺，并向全体工程建设者表示亲切的慰问。张野强调，天津干线工程是南水北调中线工程的重要组成部分。天津干线河北境内工程的开工建设，标志着天津干线工程的全线开工。他希望河北省和天津市两地沿线的各级政府、相关部门、项目法人、建设管理单位，要充分认识所肩负的责任和繁重任务，进一步增强责任感和使命感，充分发挥社会主义的制度优势，协作配合，团结共建，把南水北调工程建设成为拉动内需、促进地方经济发展和区域合作的典范。

河北省副省长张和在讲话中表示，南水北调是重大的政治工程、民心工程、生态工程，也是河北省今后一个时期扩内需、保增长的重大项目。河北省政府各有关部门、保定市、廊坊市及工程沿线市、县政府，一定要提高认识，增强责任感，紧紧围绕推进工程建设，扎扎实实做好工作。要充分发挥征迁安置责任主体作用，按照“确保农民合法权益，确保资金使用安全，确保工程建设顺利进行，确保沿线社会稳定”的总体要求，加强组织领导，做细群众工作，尽快完成征迁安置任务，为工程建设创造条件。要加强宣传引导，及时妥善处理各种矛盾和问题，努力营造良好建设环境，为工程建设顺利实施提供外部保障。

天津市副市长熊建平在讲话中指出，天津与河北山水相连、人缘相亲，两省市人民相互支持、往来密切、感情深厚。南水北调天津干线河北境内工程的开工建设，又一次把天津和河北紧密联系在一起，对于发挥各自优势，推动双方合作取得更大成果，携手实现更大发展，为环渤海地区经济社会的又好又快发展作出新的贡献具有重大意义。他代表天津市表示，将全力支持天津干线工程建设，牢记责任、不辱使命，紧密依靠地方政府和人民群众，精心组织、精心实施，圆满完成建设管理任务。

天津干线工程是南水北调中线一期工程的重要组成部分，起点为南水北调中线总干渠与西黑山进口闸，终点为天津市外环河，全长约155km，担负南水北调中线一期工程贯通后向天津市和河北省保定及廊坊等市（县）的输供水任务。天津干线工程中的天津1段和天津2段主体工程已于2008年11月17日开工建设。

此次开工建设的南水北调中线天津干线河北境内工程，西起河北省保定市徐水县西黑山村，东至廊坊市安次区，途经河北省保定市的徐水、容城、雄县、高碑店，廊坊市的固安、霸州、永清、安次。工程全长131km，为地下箱涵输水结构。起点设计流量为50m^3/s，加大流量60m^3/s；终点设计流量45m^3/s，加大流量55m^3/s。工程总投资约为74.6亿元。

国务院南水北调办总工程师沈凤生、总经济师张力威及有关司负责同志参加开工仪式。

国家六部委联合对南水北调东线京杭运河航运水污染防治工作进行调研

2009年8月上旬，由国务院南水北调办会同交通运输部、环境保护部、住房和城乡建设部、国土资源部和国家安全生产监督管理总局联合组成调研组，赴江苏省扬州、淮安、宿迁、徐州及山东省枣庄、济宁6市开展南水北调东线京杭运河航运水污染防治工作调研。调研组先后乘船考察了东线京杭运河段小码头整治、航运水污染防治及生态航道建设，并分别听取了江苏和山东两省及6市关于航运水污染防治工作情况的汇报，就航运水污染防治设施建设方案编制的可行性、船舶污染物处理收费和监管机制、危险化学品的运输及东线航运水污染防治管理规章制定等问题进行了座谈。

调研组认为，江苏、山东两省编制的《南水北调东线京杭运河航运水污染防治设施建设方案》统筹考虑了港口、船舶水污染防治、航运防污应急及监控体系及生态航道的建设。当前，方案编制工作的重点一是通过对沿岸小码头搬迁、改造、拆除，实现港口规模化、集约化及环保化布局。二是国务院有关部门会同两省有关部门共同研究制定船舶污染物接收、处理具体收费办法和标准，建立健全污染物处理运营管理机制，从而确保水污染防治设施的正常运转。三是两省根据国家危险化学品目录，进一步核查危化品运输的现状，在方案中补充相关内容和措施。通过调查及风险评估，进一步提出东线航运危化品运输管理目录，加强危化品的运输设施建设和监督管理。四是建议省内建立专门的航运污染防治管理联合工作机制，组织开展好航运水污染防治设施建设和管理工作。

调研组强调，两省要结合南水北调东线调水水质、运输功能、大运河的申遗及沿线经济的发展，尽快完成方案的编制工作，并将京杭运河航运水污染防治设施建设纳入《京杭运河综合治理规划》中，从而实现南水北调东线“清水廊道”及京杭运河航运事业的健康发展。

南水北调工程建设领域突出问题专项治理工作动员大会在北京召开

2009年8月14日，国务院南水北调办在北京召开南水北调工程建设领域突出问题专项治理工作动员大会。国务院南水北调办党组书记、主任，南水北调办工程建设领域突出问题专项治理工作领导小组组长张基尧出席会议并作动员讲话。

张基尧在讲话中充分肯定南水北调工程建设、移民征迁、环保治污等工作取得的成绩。同时指出，当前在南水北调工程建设领域开展突出问题专项治理工作具有十分重要的现实意义。开展工程建设领域突出问题专项治理工作，是保障人民生命财产安全的需要，是贯彻落实科学发展观、促进经济社会又好又快发展的需要，是规范工程建筑市场秩序、建立防治腐败体系和深入开展反腐败斗争的需要，是进一步加强工程建设管理，保证南水北调工程又好又快建设的需要。

张基尧在讲话中明确了南水北调工程建设领域突出问题专项治理工作的总体思路、主要任务和阶段目标。

国务院南水北调办机关各司、事业单位，工程沿线各省（直辖市）南水北调办事机构、南水北调工程各项目法人、南水北调各质量监督（项目）站的负责同志，以及委托（代建）项目建设管理单位和部分施工、监理单位代表参加动员大会。

河南省南水北调中线丹江口库区试点移民搬迁启动

2009 年 8 月 16 日，河南省南水北调丹江口库区试点移民搬迁启动仪式在许昌县榆林乡姬家营移民新村隆重举行。首批来自南水北调丹江口库区淅川县滔河乡姬家营的 300 多名移民喜迁新居。

国务院南水北调办副主任张野、河南省委副书记陈全国出席启动仪式并作重要讲话。河南省领导刘满仓、靳绥东，省长助理何东成，国家有关部委和河南省有关市、县领导等出席仪式，并向首批搬迁移民发放了搬迁奖金和新居钥匙。

张野指出，在举国上下满怀豪情迎接新中国成立 60 周年之际，河南省委、省政府隆重召开丹江口库区首批移民搬迁启动大会，这标志着库区移民搬迁安置的大幕正式拉开，在南水北调移民史上具有里程碑式的意义。希望各级政府、各单位在河南省委、省政府的领导下，再接再厉，乘势而上，一鼓作气，为全面完成丹江口库区移民搬迁安置任务，为南水北调工程再立新功。

陈全国在讲话中指出，党中央、国务院对于丹江口库区移民高度重视，国务院南水北调办和国家各有关部委大力支持，河南省各级党委、政府始终站在讲政治、讲大局的高度，举全省之力确保各项移民工作的全速推进。丹江口库区首批移民顺利入住新居，是河南省经济社会发展历程中的一件大事，是南水北调工程建设的一件大事，是中原儿女为庆祝新中国成立 60 周年献上的一份厚礼。

为保证试点移民顺利搬迁，河南省政府专门召开会议进行协调部署，要求各地加强领导，落实责任，统一组织，集中搬迁，实现平安搬迁、和谐搬迁、安全搬迁。河南省南水北调丹江口库区移民安置指挥部、省文明办、省交通厅和公安厅等部门联合开展了移民文明搬迁创建活动，各交通收费站点对移民搬迁车辆免费放行。这次集中搬迁，许昌县和淅川县统一组织了 60 多辆大车，2009 年 8 月 15 日下午，移民群众在当地县乡干部帮助下把全部家当装好，8 月 16 日早上起程出发，下午 3 点半到达位于许昌县榆林乡的新居。

在姬家营移民新村，街道硬化，排水畅通，有线电视和自来水进家入户，学校、村部、医疗室设施齐全。许昌县工作人员引领各移民户到达自己的新居，组织人员将移民的物品搬运到移民家中。为表示安置地党委、政府对移民群众的关爱，许昌县还向每户移民赠送了部分生活用品。

为建设南水北调中线工程，河南省共需征迁丹江口水库库区农村移民16.2万人，且库区淹没影响移民群众全部集中在南阳市淅川县。许昌县榆林乡姬营移民新村是全省12个移民试点之一，共安置淅川县滔河乡姬家营320户1397人，从2009年8月16日开始分3批搬迁完毕。全省其他试点移民搬迁工作也正在紧锣密鼓进行准备，将在2009年8月20日~9月10日之间分批搬迁完毕。

国务院南水北调工程建设委员会专家委员会开展南水北调东、中线工程质量调研工作

2009年8月17~23日，根据2009年工作安排，国务院南水北调工程建设委员会专家委员会（以下简称南水北调建委专家委）开展南水北调东、中线工程质量调研工作。为此，南水北调建委专家委成立了以主任潘家峥院士为组长，副主任高安泽、宁远，秘书长汪易森，工程组组长郑守仁院士为成员的南水北调东、中线工程质量调研领导小组，并于2009年8月3日在北京召开了南水北调工程质量调研预备会，讨论具体调研方案。

2009年8月17~21日，南水北调建委专家委分4组赶赴南水北调东线济南市区段、二级坝泵站和中线安阳段等工地进行质量调研。期间，各调研小组通过听取汇报、查看施工现场、查阅质量记录资料及文件，与相关单位进行了座谈，形成了各小组调研报告，并于2009年8月22日向南水北调东、中线工程质量调研领导小组作了汇报。

南水北调工程征地移民维稳工作座谈会在北京召开

2009年8月19日，国务院南水北调办在北京召开南水北调工程征地移民维稳工作座谈会。会议传达了中央有关维稳工作文件精神，总结交流了各地开展工程征地移民维稳和矛盾纠纷排查工作的经验，就做好南水北调工程维稳工作作出了安排部署。国务院南水北调办党组成员、副主任张野出席会议并讲话。

张野在讲话中充分肯定了南水北调工程征地移民维护社会稳定与矛盾纠纷排查工作取得的成绩，同时强调在看到成绩的同时也要清醒地看到工程维护社会稳定方面还存在一些薄弱环节。比如矛盾纠纷排查化解发展不平衡，部分信访个案问题仍未得到及时妥善化解。2009~2010年是工程项目集中开工建设的时期，要切实做到工程项目开工建设到哪里、库区移民搬迁到哪里、维稳工作提前做到哪里，不能留下空白区。

张野指出，今后一个时期南水北调工程维稳工作的总体要求是：以邓小平理论和“三个代表”重要思想为指导，深入贯彻落实科学发展观，围绕保障工程建设和库区及沿线社会稳定，着力提高认识，落实责任，巩固机制，完善制度；着力从源头上预防查找突出问题，了解社情民意，评估项目建设风险；着力深化矛盾纠纷排查化解，明确时限，明确责任人，限时解决征地搬迁中的遗留问题和施工扰民问题，最大限度地增加和谐因素、减少不和谐因素；着力加大南水北调工程正面宣传，做好维稳应急预案，综合利用维稳资源，及时化解事故苗头，以优异的成绩迎接新中国成立60周年，向党和人民交上一份满意的答卷。

张野对做好今后南水北调工程维稳工作进行了安排部署，提出了明确要求：第一，深入学习实践科学发展观，进一步贯彻落实中央关于处理信访突出问题及群体性事件工作的一系列决策部署；第二，深入排查化解矛盾纠纷，切实把问题及时解决在基层和萌芽状态；第三，落实南水北调工程征地移民政策，切实维护移民群众的合法利益，要进一步加大南水北

调工程征地移民政策的落实力度，维护好移民群众和被征地农民的合法权益；第四，加强信息沟通和工作沟通，畅通信访渠道；第五，建立长效机制，确保工程建设沿线社会稳定，保障工程建设顺利进行。

国务院南水北调办机关有关司，工程沿线各省（直辖市）南水北调办事机构，河南、湖北两省移民机构，南水北调工程各项目法人参加会议。

湖北省南水北调中线丹江口库区首批移民搬迁启动

2009 年 8 月 20 日，湖北省首批移民搬迁在襄樊市惠岗村和荆门市新河村同时启动，这标志着南水北调丹江口库区移民安置涉及的河南、湖北两省搬迁工作已全面开展。

国务院南水北调办副主任张野、湖北省政府副省长田承忠、湖北省政协副主席李佑才出席搬迁仪式并讲话。来自湖北省丹江口市习家店镇封沟村和均县镇关门岩村的首批 75 户 333 名移民正式入驻移民新村，开始在安置区展开新的生活。

张野在讲话中首先向长期以来关心支持南水北调工程建设的湖北省各级党委、政府表示感谢，向各级移民干部和舍小家、顾大家的广大移民群众表示问候。他指出，湖北省是水库移民大省，实践经验丰富，工作起点较高，各项准备充分。丹江口库区移民搬迁工作的启动，在南水北调工程移民史上具有重大意义。他希望各级政府、各单位能够加强移民工作的组织领导，乘势而上，为全面完成移民搬迁安置任务，为南水北调工程建设再立新功。

田承忠指出，首批移民顺利迁驻新居，是湖北省移民搬迁安置工作取得的标志性成果。他鼓励首批外迁的移民群众要增强发展信心，克服当前困难，继续发扬自力更生、艰苦奋斗的优良传统，建好新的家园，尽早融入当地社会，尽快走上发展致富道路。

河南省省委书记徐光春考察南水北调中线丹江口库区移民搬迁安置工作

2009 年 8 月 26 日，河南省委书记、省人大常委会主任徐光春深入河南省唐河县移民新村，与移民群众亲切座谈，实地察看、现场指导库区移民搬迁安置工作。徐光春说，对于为南水北调工程的顺利推进和国家的发展作出积极贡献的广大库区移民，各级党委、政府要有爱心，使移民真切感受到党和政府的温暖；要用心，切实帮助大家解决好生产生活问题；要细心，把工作做到广大移民的心坎里；要有责任心，本着对群众极端负责的态度，把移民安置工作负责到底。同时，要大胆创新，探索尝试做好新时期移民安置工作的办法和措施，让广大移民放心、安心、舒心。河南省副省长刘满仓陪同调研。

就做好移民安置工作，徐光春向在场的各级党委、政府负责人提出了要有爱心、要用心、要细心、要有责任心等四点希望。

徐光春特别指出，用历史的眼光看，移民安置工作有经验也有教训，经验要很好坚持，教训要深刻汲取。同时也要看到，随着形势的发展变化，过去的一些好做法、好经验在新的形势下已经行不通了。要解放思想，创新移民安置工作的办法和措施，积极探索将移民安置工作与推进城镇化结合起来、与产业集聚区发展结合起来的新路子，只要有利于移民生产生活、能够确保移民扎下根来，什么样的办法、措施和路子都可以大胆尝试。

北京市南水北调配套工程征地拆迁动员会在北京召开

2009 年 8 月 26 日，北京市南水北调配套工程征地拆迁动员会在北京召开。国务院南水北调办副主任张野、北京市副市长夏占义出席会议并讲话。

张野代表国务院南水北调办主任张基尧向大会表示祝贺，向负责工程拆迁工作的各级党委和政府及广大拆迁工作者表示衷心的感谢和诚挚的慰问。张野在讲话中指出，南水北调配套工程是南水北调工程建设的重要环节，是南水北调来水合理、高效利用的保证。做好新形势下南水北调配套工程征地拆迁工作，是对我们执政能力和协调能力的实践检验，也是对各级征地拆迁干部工作水平、工作作风、工作状态的考验。

国务院南水北调办建设管理司、征地移民司负责同志参加了会议。

国务院南水北调办主任张基尧赴南水北调中线天津干线工程考察调研

2009年9月1～2日，国务院南水北调办主任张基尧赴南水北调中线天津干线工程考察调研，慰问工程一线建设者，并与天津市政府领导进行座谈。他强调指出，要切实加强工程质量和安全控制，确保优质高效、又好又快推进南水北调工程建设，为天津市经济社会发展提供可靠的水资源保障，以造福于天津人民。

张基尧在天津市副市长李文喜、熊建平的陪同下，现场察看了天津干线工程和市区内配套工程建设情况，详细了解工程进度和施工质量。在工程建设现场，张基尧与一线建设者亲切交谈，详细询问周边的施工环境、资金到位、钢材储备等情况，并现场察看了钢筋绑扎的间距、浇筑段工作缝止水、混凝土表面光滑度等情况。张基尧嘱咐项目负责人，工程质量是百年大计，要加强关键部位的质量控制，责任到人，建立工程质量责任追究制，切实从每一道工序控制施工，确保工程质量。

张基尧在与天津市政府领导座谈时指出，天津作为我国四大直辖市之一，在全国经济发展中占据着重要地位。针对天津这个崛起的国际化大都市水资源短缺问题，在切实搞好节水、加强治污及中水回用、充分利用海水淡化的基础上，通过实施跨流域调水工程是十分必要和迫切的。国务院从20世纪90年代就加大了南水北调工程的论证，在反复比选、科学论证的基础上，对天津供水线路进行了调整优化。

张基尧全面分析了南水北调工程建设目前所面临的形势，对天津市南水北调下一步工作提出了五点要求：一是切实加强工程质量控制，确保又好又快建设南水北调工程；二是努力营造良好的工程建设氛围；三是有效控制投资，要切实加强投资的节约和控制，降低工程建设成本；四是合理规划，统筹安排，努力做好配套工程；五是尽早研究制定工程设施保护和水资源有效利用的办法，加强南水北调水与当地水的有效配置，提高南水北调工程的综合效益。

国务院南水北调办综合司、建设管理司，中线建管局，天津市有关部门负责同志陪同考察。

南水北调工程建设领域突出问题专项治理工作专题会议在北京召开

2009年9月7日，国务院南水北调办主任、国务院南水北调办工程建设领域突出问题专项治理工作领导小组（以下简称领导小组）组长张基尧主持召开南水北调工程建设领域突出问题专项治理工作专题会议，总结前阶段专项治理工作情况，研究部署下阶段工作任务。国务院南水北调办副主任、领导小组副组长张野出席会议。

会议听取了各单位关于前阶段专项治理工作总结和下阶段工作安排情况的汇报。张基尧和张野在讲话中充分肯定了南水北调工程建设领域突出问题专项治理工作取得的阶段性成果。2009年8月14日专项治理工作动员会暨领导小组第一次全体会议召开后，各单位认真学习和贯彻落实动员会精神及《国务院南水北调办开展工程建设领域突出问题专项治理工作方案》要求，迅速成立了专项治理工作组织领导机构，结合实际制定了具体实施方案，有计划地部署、开展自查等第二阶段的相关工作。

张基尧在讲话中分析了当前工程建设面临的形势和任务，特别是随着南水北调工程开工建设规模的不断扩大，工程建设正迎来新的高峰，建设管理工作的跨度进一步加大，各项工作面临新的压力和挑战。他强调指出，各单位要高度重视此次专项治理工作，要以此次专项治理工作为契机，通过扎扎实实开展专项治理工作，达到完善体制机制、强化监督管理、堵塞制度漏洞，有效防范质量安全事故发生，不断提升南水北调工程建设管理水平，确保南水北调工程又好又快建设的目的。他要求各单位要扎实开展好专项治理后续工作，务必使专项治理取得实效，防止走形式、走过场现象发生。

国务院南水北调办投资计划司、建设管理司、征地移民司、监督司及南水北调工程建设监管中心、中线建管局主要负责同志参加会议。

南水北调工程网络展览暨南水北调系统网站群开通仪式在北京举行

2009年9月21日，南水北调工程网络展览暨南水北调系统网站群开通仪式在北京举行。国务院南水北调办主任张基尧出席并作重要讲话。国务院南水北调办副主任、网络展览领导小组组长李津成主持会议。国务院南水北调办副主任张野出席仪式。

此次网络展览由国务院南水北调办主办，沿线各省、市南水北调办、移民机构和项目法人协办。工程网络展览分1个主展区和9个分展区。主展区由国务院南水北调办主办，重点介绍工程规模、布局和效益，反映工程沿线政府和人民群众为工程建设作出的奉献，展现近年来南水北调工程建设成果及发挥效益情况。9个分展区包括沿线7省市展区和两个项目法人展区，省市展区由各省市南水北调办牵头，移民、环保机构参与配合。展览方式均以照片、音视频为主，广泛征集职工和社会人士相关文化艺术作品，共计12 000余件，部分展区还设立有奖知识问答、读者寄语等互动内容，以期满足社会各界对南水北调工程的信息需求，赢得社会各界对南水北调工程的大力支持，为南水北调工程加快建设营造良好环境。

国务院南水北调办总工程师沈凤生、总经济师张力威，机关各司、各事业单位负责同志，南水北调工程网络展览领导小组全体成员和工作人员参加会议。

国务院南水北调办主任张基尧考察南水北调中线河南段工程建设和丹江口库区移民工作

2009年9月25～28日，国务院南水北调办主任张基尧、副主任张野赴南水北调中线河南段实地考察工程建设、干线征迁和丹江口库区移民工作，看望移民群众、工程建设者和移民干部，并与河南省政府领导及有关部门进行了座谈。还分别会见了河南省委书记徐光春、省长郭庚茂、省委副书记陈全国、省政协副主席靳绥东。河南省副省长刘满仓出席座谈会并全程陪同考察。

考察期间，张基尧一行奔赴丹江口库区

移民安置地——河南省原阳县狮子岗移民新村、中牟县姚湾移民新村，了解移民安置和移民群众的生产生活情况。先后察看了焦作段一标、二标工程建设和城区征迁工作进展及安置小区建设情况，汤阴段一标、二标、三标工程，鹤壁段一标、二标、三标工程等工程建设情况，听取了河南省南水北调办、河南省政府移民办的工作汇报，并与河南省政府领导及有关部门负责同志进行了座谈，对下一阶段工作提出明确要求。

国务院南水北调办综合司、投资计划司、建设管理司、征地移民司，中线建管局、中线水源公司主要负责同志陪同考察。

南水北调东线济平干渠向小清河应急调水

2009年9月29日，山东省南水北调建管局和东平湖河务局联合开启东线济平干渠渠首闸门，东平湖水缓缓流入济平干渠，开始向小清河补充水源。

为确保国庆节和十一届全运会期间小清河良好水质和充足水源，通过济平干渠从东平湖向小清河应急调水补源。计划从2009年9月29日~11月18日，按$5m^3/s$的流量，共调水2000万m^3。

济平干渠输水线路全长90km，2002年12月27日开工，2005年12月底主体工程建成并一次通水成功。济平干渠工程成为南水北调第一个开工建设，第一个建成通水，第一个单项通过国家验收，第一个在调水、防洪、排涝、改善生态环境等方面发挥综合效益的单项工程。

湖北省省委书记罗清泉调研南水北调中线移民安置工作

2009年10月20~21日，湖北省委书记、省人大常委会主任罗清泉就南水北调中线工程丹江口水库移民工作深入荆门、襄樊调研。他强调，要从讲政治的高度，切实做好移民安置工作，确保社会和谐稳定。

罗清泉先后来到荆门市屈家岭管理区罗汉寺办事处新河安置点、长滩办事处叶坡安置点，襄樊宜城邓林农场二分场，详细了解移民住房建设、生产生活情况、实际困难，听取他们的意见和建议。他对荆门、襄樊高目标定位、高起点规划、高质量建设、高水平管理、高效率推进的做法给予了充分肯定。在新河安置点，他指示在场各级领导和有关部门负责同志，要把搬迁移民的各种补偿尽快落实到位，妥善解决移民蔬菜地用水问题，把移民新村的沼气搞起来。在叶坡安置点，罗清泉与从丹江口刚刚搬家过来的移民一一握手，表示亲切慰问，对广大移民舍小家顾大家、为南水北调中线工程建设作出的积极贡献表示赞赏。他要求移民新村要优先解决交通问题，关键是要把生产搞上去。在邓林农场二分场，罗清泉强调要进一步搞好移民新村的整体规划，饮水、沼气、绿化、便民服务、活动空间、医疗卫生等配套建设要跟上，要切实做好移民剩余劳动力的转移就业工作，不断壮大移民新村的集体经济。

在襄樊，罗清泉出席了湖北省南水北调中线工程丹江口水库移民工作座谈会。在听取武汉、襄樊、荆州、黄冈、随州、仙桃、潜江、天门等地主要负责同志和湖北省直有关部门负责同志移民工作情况汇报后，罗清泉说，南水北调工程是功在当代、造福子孙、事关全局的战略性工程，一定要进一步提高认识，增强做好移民安置工作的紧迫感和责任感。要充分认识移民工作的复杂性、长期性和存在的突出问题，下定决心，上下一起努力把移民安置工作这一重大的政治任务和民心工程抓紧、抓好、抓出成效，向党中央、国务院和广大移民交一份满意的答卷。

湖北省副省长田承忠参加调研。

国务院南水北调工程建设委员会专家委员会开展南水北调东线治污调研工作

根据2009年工作安排，国务院南水北调工程建设委员会专家委员会于2009年10月22～29日开展了南水北调东线治污调研工作。国务院南水北调办高度重视专家委此次调研活动，国务院南水北调办原副主任李铁军、国务院南水北调办总经济师张力威参加了此次调研。

调研组先后考察了江苏、山东两省有关市县污水处理厂、截污导流工程、生态湿地建设等整治项目，并分别与江苏、山东两省政府及环保、南水北调等有关部门和徐州、枣庄、济宁等相关地市就南水北调水污染防治工作进行了座谈。调研组认为，南水北调东线治污工作取得很大进展，污水处理厂、截污导流工程、生态湿地的建设为确保南水北调东线水质发挥了重要作用，但东线治污工作任重而道远，有关部门和省市还需要下更大决心，毫不放松地抓好水污染防治工作，全面改善水环境质量，确保南水北调东线水质安全。

江苏省副省长徐鸣出席座谈会并讲话。山东省副省长贾万志会见调研组一行。

国家三部委联合开展南水北调中线丹江口库区及上游水质监测建设项目实施方案论证和水源保护区划定调研

2009年10月下旬，国务院南水北调办会同环境保护部、水利部，组织北京工业大学、中国地质大学、中国环境监测总站、中国环科院等有关专家，赴河南、湖北、陕西三省开展丹江口库区及上游水质监测建设项目实施方案论证和水源保护区划定调研。

工作组先后现场考察了三省有关市县和长江水环境监测中心的监测站点，分别听取了河南、湖北、陕西三省环保部门及长江水环境监测中心关于丹江口库区及上游水质监测建设项目实施方案汇报，就方案编制的可行性、断面设置、监测指标、监测方式（人工、自动），以及监测仪器设备投资估算等问题进行了讨论，形成了专家论证意见。期间，调研组就中国环科院编制的《丹江口水库水源保护区划分技术细则》与河南、湖北两省有关部门及专家沟通情况、交换意见。

调研组认为，丹江口库区及上游水质监测方案编制工作总体达到了目标清晰，监测断面及自动监测站点的设置合理，常规监测、自动监测和应急监测的监测指标明确，数据处理和传输系统配置完善，下一步将根据专家论证意见进一步优化完善后，加快实施。湖北、河南两省有关部门和市县政府还就丹江口库区水源保护区的划定方案提出了很好的意见和建议。

财政部、国务院南水北调办对南水北调中线丹江口库区及上游生态补偿工作进行检查和调研

为进一步完善南水北调中线水源区的生态补偿工作，安排好2009年度通过中央财政转移支付的生态补偿，2009年11月3～10日，财政部预算司、国务院南水北调办环境保护司共同组织财政部财政科学研究所、中国农业大学，赴丹江口库区及上游河南、湖北、陕西三省有关市、县，检查生态补偿资金的安排使用情况，研究进一步完善生态补偿工作机制的办法和措施。

调研组先后考察了三省有关市、县的城镇污水处理厂、垃圾填埋场、工业污染点源治理、水土保持、生态移民、生态建设项目，听取了三省及有关市、县关于生态补偿资金

使用情况的介绍，并就生态补偿资金使用管理、测算方法等与三省财政、南水北调、发展改革、环保、城建等部门及有关市、县政府负责同志进行了座谈。

南水北调中线穿黄工程盾构施工技术咨询会在郑州市召开

国务院南水北调建设委员会专家委员会于2009年11月9～12日在郑州市召开了中线穿黄工程盾构施工技术咨询会。国务院南水北调办副主任、南水北调建委专家委副主任宁远，高安泽、孙钧、王振信等15位专家，以及南水北调工程建设监管中心、中线建管局、长江勘测规划设计研究有限责任公司、小浪底咨询公司穿黄监理部、穿黄Ⅱ－A标中隧葛联合体、穿黄Ⅱ－B标十六七联合体等单位的代表参加了此次会议，会议由南水北调建委专家委秘书长汪易森主持。

与会专家和代表查勘了穿黄工程盾构施工现场，听取了穿黄工程Ⅱ－A标承包人关于盾构机到达南岸竖井和二次始发方案的汇报，长江勘测规划设计研究有限责任公司关于到达和二次始发技术要求的汇报，以及河南直管建管部对盾构施工壁后注浆有关情况的汇报。专家组对以上两个主要问题进行了深入的研究探讨。

南水北调东线泗洪站工程开工建设

2009年11月16日，南水北调东线泗洪站工程开工仪式在宿迁市泗洪县朱湖镇境内徐洪河畔施工现场举行，标志着南水北调东线江苏段新开辟的运西线工程进入全面实施阶段。江苏省水利厅厅长、江苏省南水北调办主任吕振霖在仪式上讲话并宣布工程开工。

泗洪站工程是南水北调东线一期工程第四梯级泵站之一，工程包括调水泵站、进水挡洪闸、船闸、徐洪河节制闸、利民河排涝闸以及管理设施等。枢纽总体布置采用泵站分建、船闸与节制闸部分结合方案，泵站布置于徐洪河西侧，船闸布置于东侧，船闸与泵站间布置徐洪河节制闸。工程总投资5.6亿元，设计调水流量120m³/s，建设工期4年。建成后与睢宁站、邳州站一起，通过徐洪河向骆马湖输水。泗洪站枢纽工程是江苏省运西输水线上首座开工建设的泵站工程，工程投资大、技术复杂、建设工期长，对江苏段工程能否在2013年实现全面建成、全线通水目标至关重要。

江苏水源公司董事长、总经理邓东升在仪式上表示，将认真贯彻执行上级的决策部署，切实肩负起项目法人责任，严格执行基本建设程序，牢固树立质量安全意识，始终坚持规范管理和科学管理，努力建设优质工程、优美工程、高效工程、廉洁工程；始终坚持对党和人民高度负责的精神，切实加强党风廉政建设和队伍建设，认真管好、用好建设资金，最大限度地发挥投资效益；始终坚持以人为本，切实保障广大群众和建设者的切身利益，确保将泗洪站工程建设成为党和政府放心工程、人民群众满意工程。

江苏省南水北调办、江苏水源公司、江苏省骆运水利工程管理处、洪泽湖水利工程管理、宿迁市和泗洪县等有关部门负责人及工程沿线干部群众代表、参加工程建设的勘测、设计、施工、监理单位代表出席了开工仪式。

南水北调中线引江济汉通航控制性工程全面开工

2009年11月22日，南水北调中线汉江兴隆水利枢纽下游的引江济汉通航控制性工程开工仪式在高石碑船闸施工现场隆重举行。湖北省副省长田承忠、交通运输部长江航务局党委书记黄强以及相关部门负责同志出席开工仪式。田承忠宣布引江济汉控制工程正式开工。

引江济汉通航工程是南水北调中线工程建设的重大项目，是全国规划的20条水运主通道之一，是湖北省水运发展推进大会召开后启动的第一个省级重点水运工程。该工程主要任务是：利用引江济汉引水干渠，在保证调水情况下，同步建设通航设施，满足航运需求，沟通长江、汉江航运，促进地方经济社会发展。工程进口位于长江中游沙市河段龙洲垸，途经荆门市沙洋县，在潜江市高石碑镇汇入汉江。主要建设内容是：进出口航道工程8.51km，千吨级船闸两座（长江进口处的龙洲垸船闸、江汉出口处的高石碑船闸），回旋水域3处（纪南、后港、邓洲），以及相应的航道配套设施等；与调水工程共建防洪闸（荆江大堤）1座，节制闸（拾桥河）1座，交叉工程中公路桥梁54座，铁路桥梁1座，倒吸虹2处。通航工程在引水干渠渠道宽度的基础上按限制性Ⅲ级航道建设，建设总工期为48个月。

引江济汉通航工程，是湖北省水运重点规划“一港一圈”的重要链接段，在千吨级航道圈中起着引领作用。其作为航运主通道，对促进长江中、上游以及洞庭湖流域与汉江之间的物资交流将发挥积极作用，对江汉平原水运网的建设、产业布局和该地区经济可持续发展具有重要意义。

南水北调东线 骆马湖—南四湖段江苏境内工程水土保持设施通过验收

根据《开发建设项目水土保持设施验收管理办法》，水利部于2009年11月23~24日在徐州市主持召开了南水北调东线第一期工程骆马湖—南四湖段江苏境内工程水土保持设施竣工验收会议。参加会议的有水利部淮河水利委员会、水利部水规总院，国务院南水北调办环境保护司，江苏省水利厅、江苏省南水北调办、南水北调工程江苏质量监督站，徐州市及贾汪区、邳州市、铜山县水利（务）局，以及主体工程项目法人、建设单位、设计单位，水土保持方案编制、监理、监测、施工和评估等单位的代表。

验收组及与会代表查勘了工程现场，观看了影像资料，查阅了技术报告，听取了建设单位关于水土保持工作情况的汇报和评估单位关于技术评估情况的报告，以及方案编制与设计、主体工程设计、监测、监理、施工单位对有关情况的补充说明，经质询和讨论，验收组认为：建设单位依法编报了水土保持方案，采取了水土保持方案确定的各项防治措施，完成了水土流失的防治任务，建成的水土保持设施质量总体合格；工程建设期间，建设单位组织开展了水土保持专项设计，优化了施工工艺，开展了水土保持监理、监测工作，较好地控制和减少了工程建设中的水土流失，水土流失防治指标达到了水土保持方案确定的目标值，其中扰动土地整治率达到99.2%，水土流失总治理度98.8%，土壤流失控制比1.5，拦渣率99%，林草植被恢复率97%，林草覆盖率27%，达到了建设类项目水土流失防治一级标准；运行期间的管理维护责任落实，符合水土保持设施竣工验收的条件，同意该工程水土保持设施通过竣工验收。

骆马湖—南四湖段江苏境内工程水土保持专项验收是继江苏三阳河、潼河、宝应站工程和山东济平干渠工程水土保持专项验收后的第三个单项工程的水土保持专项验收，其顺利通过验收为骆马湖—南四湖段江苏境内单项工程的验收奠定了良好的基础。

南水北调系统宣传工作暨网络展览总结表彰会议在南京市召开

2009年12月9日，南水北调系统宣传工作暨网络展览总结表彰会议在江苏省南京市召开。国务院南水北调办副主任李津成出席会议并作重要讲话。江苏省副省长黄莉新出席会议并致辞。国务院南水北调办总经济师张力威出席会议并宣读表彰决定。

会议的主要任务是：贯彻落实国务院南水北调建委第四次全体会议精神，总结工作，交流经验，分析形势，明确任务，动员系统各部门各单位进一步解放思想，开拓创新，加大南水北调宣传工作力度，为优质高效、又好又快建设南水北调工程作出新的贡献。

李津成在讲话中指出，近年来，南水北调宣传工作紧紧围绕工程建设大局，在宣传报道工程建设、营造良好舆论氛围方面发挥了重要作用。当前，南水北调工程正处于全面加快步伐、掀起建设高潮的关键阶段，宣传工作也面临新的形势。一是深入贯彻落实科学发展观对南水北调宣传工作提出了新要求；二是全面推进、加快建设南水北调工程对宣传工作提出了新要求；三是动员社会各方面力量做好南水北调工作对宣传工作提出了新要求；四是培育南水北调精神、建设优秀建设队伍对宣传工作提出了新的要求。

李津成强调，当前和今后一个时期，南水北调宣传工作的总体思路是：高举中国特色社会主义伟大旗帜，坚持以邓小平理论和“三个代表”重要思想为指导，深入贯彻落实科学发展观，紧紧围绕南水北调工程建设中心，坚持贴近工程、贴近一线、贴近建设者，加强策划，创新思路，整合资源，加大力度，为优质高效、又好又快建设南水北调工程提供思想保证、舆论支持、精神动力和良好氛围。

李津成要求，做好新形势下的南水北调宣传工作，要注意把握好4个原则：一是促进工程，服务大局；二是整合资源，引导舆论；三是积极鼓励，弘扬正气；四是加强联系，开拓创新。

李津成强调，南水北调宣传工作的主要任务：一是深入宣传南水北调工程对于促进科学发展的重要作用；二是深入宣传党中央、国务院关于南水北调的工作方针和部署；三是深入宣传南水北调工程最新进展和建设成果；四是深入宣传南水北调工程团结共建的良好局面；五是深入宣传献身、负责、求实、创新的南水北调精神。

会议对南水北调宣传工作先进集体和先进个人代表、网络展览优秀展区和优秀组织单位进行了表彰。国务院南水北调办综合司负责同志介绍了宣传工作和网络展览工作情况。南水北调工程沿线省（市）办事机构、移民机构和项目法人负责同志进行了交流发言。

国务院南水北调办机关各司、各事业单位综合部门负责同志，南水北调工程沿线省（市）办事机构、移民机构和项目法人负责同志、宣传部门负责人和工作人员参加了会议。

南水北调中线穿黄工程首条隧洞贯通

2009年12月22日，南水北调中线穿黄工程Ⅱ－A“穿越号”盾构机顺利到达黄河南岸工作竖井，标志着穿黄上游线过河段隧洞顺利贯通，中线穿黄工程建设取得了重大阶段性胜利。

南水北调中线干线一期穿黄工程是中线总干渠的关键性工程，其任务是将中线调水从黄河南岸输送到黄河北岸，向黄河以北地区供水，同时在水量丰沛时可向黄河相机补水。该工程是南水北调工程中投资较大、施工难度最高、立交规模最大的控制工期建筑物，同时也是当前国内最宏大的穿越大江大河的工程。工程选定的李村穿越黄河线路是在选比了孤柏嘴线、李村线、李寨线、牛口峪线等不同线路后最终选定的，并在充分论证、对比了隧洞和渡槽两种方案后选定了隧洞方式穿越黄河。其中，两条引水的穿黄隧洞是整个穿黄工程最引人注目的控制性建筑物，每条隧洞总长4250m，单洞直径7m，采用目前世界上较为先进的盾构技术进行挖掘施工，技术含量高，施工工期长，在国内用盾构方式穿越黄河尚属首例。

中线穿黄工程于2005年9月27日开工建设。为做好盾构掘进工作，早在2005年12月，南水北调建设者就在黄河北岸摆开战场，采用“铣接法”先进工艺和“双高压三重管、单管高压旋喷法”土体加固新技术，优化地连墙护壁泥浆配合比，先后攻克了北岸地连墙和高压旋喷土体加固施工难题，建成两条深48.5m的竖井，为盾构机始发掘进奠定坚实的基础。2007年7月8日，穿黄工程隧洞盾构机掘进始发，率先始发的是右引水洞（Ⅱ－B标项目）。

中线穿黄施工中使用的“穿越号”盾构机总体长度80m，刀盘直径9m，总质量达1166t，总功率4600kW。隧洞采用两次衬砌加固工艺，盾构施工过程中，先用混凝土管片预衬砌，再进行环向预应力混凝土衬砌，中间设置弹性防排水垫层防止内水外水的相互渗透，以确保隧洞输水安全。盾构机在穿越黄河长距离掘进施工过程中，成功解决了高水压下盾松机分体式始发、黄河河道上砂下土地层下长距离掘进、高水压、复合地层条件下更换刀具等技术难题。

中线穿黄工程的顺利推进，将为2014年中线工程通水，缓解北方水资源短缺局面，为北方地区经济社会可持续发展提供水资源保障。

国务院南水北调办主任张基尧调研湖北省南水北调工程建设和南水北调中线丹江口库区移民工作

2009年12月25～26日，国务院南水北调办主任张基尧一行深入到湖北枣阳、荆门市4个移民试点安置点，亲切看望和慰问库区移民群众，听取湖北省南水北调工程建设和库区移民工作汇报。国务院南水北调办副主任张野、湖北省副省长田承忠陪同调研。

张基尧在调研中指出，湖北省委、省政府高度重视、全力支持南水北调，形成了全力推进的氛围；各地市、县政府狠抓落实，做了大量的稳定和扶持工作；各级移民干部和移民群众识大体顾大局，工程建设者全力以赴，各项工作顺利推进。目前，湖北省移民安置试点工作取得了阶段性成果，实现了移民搬迁与新农村建设的有机结合；兴隆水利枢纽工程实现大江截流，主体工程建设即将展开；丹江口库区水污染防治规划开始实施，为一库清水提供保障。他代表国务院南水北调办对湖北省委、省政府的大力支持表示感谢，向默默奉献在南水北调工程一线的建设者致以崇高的敬意和节日的问候。

湖北省副省长田承忠表示，南水北调工程对湖北省是一个重大的机遇。湖北省将结合南水北调工作实际，充分尊重移民意愿，高度重视库区和中下游生态环境保护工作，加快推进工程建设，认真把握好每一个环节，千方百计抓好落实，圆满完成党中央、国务院交办的各项工作任务。

国务院南水北调办建设管理司、征地移民司负责同志参加了调研。

南水北调中线汉江兴隆水利枢纽工程顺利实现截流

2009年12月26日，南水北调中线兴隆水利枢纽工程顺利实现大江截流，这标志着兴隆水利枢纽工程建设取得重大进展。国务院南水北调办主任张基尧宣布兴隆水利枢纽工程大江截流合龙开始。湖北省省长李鸿忠宣布截流合龙成功。国务院南水北调办副主任张野出席仪式。湖北省副省长田承忠主持仪式。

国务院批准的《南水北调工程总体规划》和《南水北调中线一期工程可行性研究总报告》安排实施汉江中下游治理工程，即引江济汉、兴隆水利枢纽、部分闸站改造、局部航道整治4项工程。兴隆水利枢纽工程位于汉江中下游河段湖北省潜江、天门市境内，上距丹江口水利枢纽378.3km，下距河口273.7km。其开发任务是以灌溉、航运为主，兼顾发电。

此次围堰大江截流，实行单戗立堵、双向进占，上游戗堤首先合龙。截流戗堤总长619m，石方总量20万m^3，龙口段设计长150m，填筑总量3.8万m^3。

兴隆水利枢纽工程的顺利建设，对于加快南水北调工程建设步伐，推进汉江中下游综合治理开发，促进汉江中下游乃至湖北省经济社会可持续发展都具有十分重要的意义。

南水北调东线宿迁市截污导流工程通过联合试运行验收

2009年12月26日，南水北调东线宿迁市截污导流工程顺利通过联合试运行验收。

验收委员会在察看工程施工现场，听取工程建设、设计、监理、施工单位工作报告，查阅工程档案资料，听取检测单位对工程的质量检测报告和质量监督单位对工程质量监督意见后，认为宿迁市截污导流工程经各参建单位的共同努力，已按批准的设计内容完成，工程施工满足设计和有关规程、规范要求，工程档案资料收集基本齐全，同意该项工程通过联合试运行验收。

宿迁市截污导流工程既是调水工程的组成部分，又是治污工程的重要项目；既是保证输水干线水质的“安全门”工程，又是改善地方水环境和提高百姓生活质量的惠民工程。宿迁市截污导流工程投资11 164万元，设计规模7万t/日，建设内容主要包括运西截污工程和尾水输送工程两部分。运西截污工程的任务是沿运河铺设截污干管，收集老城区12家工业企业处理过的尾水，通过提升泵站将尾水收集至城南污水处理厂；尾水输送工程的任务是将运西提升泵站收集的尾水和城南污水处理厂尾水提升后，通过管道输送至新沂河东排入海。

江苏省财政厅、江苏省环保厅、江苏省南水北调办、江苏水源公司有关处室，江苏省水资源中心、南水北调江苏质监站、江苏省水利工程质检站，宿迁市有关部门，工程建设、设计、监理、施工等单位负责同志和有关技术人员参加了会议。

2010年南水北调工程建设工作会议在郑州市召开

12月28～29日，2010年南水北调工程建设工作会议在河南省郑州市召开，贯彻落实中央经济工作会议和国务院南水北调建委第四次全体会议精神，研究部署2010年南水北调工程建设工作。国务院南水北调办主任张基尧出席会议并作重要讲话。国务院南水北调办副主任李津成、张野出席会议。河南省副省长徐济超到会致辞，河南省副省长刘满仓、河南省省长助理何东成出席会议。中央有关部委的同志应邀出席会议。

张基尧在讲话中全面回顾了2009年南水北调工作，总结了南水北调工程建设取得的成绩和经验，指出了面临的困难和问题，分析了南水北调工程建设的形势和任务。

关于2010年南水北调工作的主要任务，张基尧强调指出，设计审查及投资计划方面，应加快初步设计审查审批，争取2010年上半年完成所有剩余主体工程的初步设计和审批工作，为工程全面提速创造条件。

国务院南水北调办总工程师沈凤生、总经济师张力威，机关各司、直属事业单位负责同志，南水北调东、中线一期工程沿线7

省（市）办事机构，河南、湖北省移民局（办），江苏、山东省治污环保机构，各项目法人单位负责同志参加了会议。

南水北调东线泗阳站工程开工建设

2009年12月30日，南水北调东线泗阳站工程开工建设，这是2009年东线洪泽湖—骆马湖段开工建设的第三座大型泵站工程。

泗阳站工程是南水北调东线江苏段京杭大运河线上的重要调水工程。该工程位于江苏省泗阳县境内，是南水北调东线一期工程第四梯级泵站，设计流量198m^3/s，建设工期28个月，总投资3.1亿元。工程建成后，可实现通过中运河向骆马湖输水175m^3/s，与运西徐洪河线上的邳州站共同实现向骆马湖调水275m^3/s的目标，工程兼顾灌溉，改善航运，不仅对提升向北供水能力具有关键作用，并对提高工程所在地区防洪、排涝能力，促进地方社会经济发展具有积极意义。

江苏省水利厅有关部门、江苏省防汛抗旱办公室、江苏省骆运水利工程管理处负责人，江苏省南水北调办、江苏水源公司有关部门负责人，宿迁市和泗阳县有关部门负责人及工程沿线干部群众代表、参加工程建设的勘测、设计、施工、监理单位代表出席了开工仪式。

南水北调中线沙河渡槽工程、北汝河渠道倒虹吸工程和陶岔渠首枢纽工程开工建设

2009年12月30日，南水北调中线沙河渡槽工程、北汝河渠道倒虹吸工程和陶岔渠首枢纽工程开工建设。国务院南水北调办主任张基尧出席开工仪式并宣布工程开工。河南省省长郭庚茂、国务院南水北调办副主任张野出席并讲话。河南省军区政委颜纪雄、河南省人大副主任铁代生、河南省政协副主席靳绥东出席开工仪式。河南省副省长刘满仓主持开工仪式。

郭庚茂指出，搞好南水北调中线工程河南段建设，既是为全国大局做贡献，也是为中原崛起打基础、增后劲，对于缓解河南省水资源短缺局面，促进产业结构调整、改善生态环境、确保经济社会全面协调可持续发展，具有十分重要的意义。他强调指出，要进一步增强责任感、使命感和紧迫感，全力做好各项工作，确保工程建设在河南境内顺利进行，努力建设一流工程、生态工程、廉洁工程、利民工程、和谐工程，为服务大局、实现中原崛起作出新的、更大的贡献。

张野在讲话中指出，沙河渡槽工程是南水北调中线工程中规模大、技术复杂的控制性工程之一。它的顺利开工，是南水北调河南段工程实现黄河以北发展、黄河以南连线的重要一步。

沙河渡槽工程是南水北调中线一期工程的组成部分，担负向沙河以北地区的输供水任务。工程起点为沙河南至黄河南段起点，位于鲁山县薛寨村北，终点为鲁山坡流槽出口50m处，与鲁山北段设计单元相接。该工程跨沙河、将相河、大郎河3条大河，各类交叉建筑物共12座，按照2009年第一季度价格水平，核定该工程初步设计概算总投资265 706万元。

北汝河渠道倒虹吸工程，位于河南省宝丰县东北大边庄与郏县渣园乡朱庄村之间的北汝河上，担负着向北汝河以北地区的供水任务。中线总干渠穿越北汝河采用倒虹吸型式，口门长度采用950m。工程由进口连接明渠、退水闸、进口渐变段、进口检修闸、管身段、出口节制闸、出口渐变段和出口连接明渠组成。线路总长度为1482m，其中渠道倒虹吸总长1282m、明渠长200m。交叉建筑物设计洪水标准为100年一遇，校核洪水标准

为300年一遇。按照2008年第四季度价格水平，核定该工程初步设计概算总投资60 005万元。

陶岔渠首枢纽工程是南水北调中线工程的组成部分，其开发任务是供水、灌溉，并兼顾发电。工程设计流量为350m^3/s，加大流量为420m^3/s，电站装机容量为50MW。主要建筑物包括引水闸、河床式电站、连接坝段、导墙、输水渠道等。工程采用原闸线下游70m、挡水采用重力坝的下闸线坝线方案，从左至右依次布置左岸挡水坝段、安装场坝段、河床式电站厂房、引水闸和右岸挡水坝段，枢纽上游接引水渠，引水闸后设消力池和连接渠段。主要建筑物洪水标准为1000年一遇，校核洪水标准为10 000年一遇加20%，引水闸过流能力加大流量为420m^3/s。工程抗震设计烈度为Ⅶ度。按照2008年第四季度价格水平，该工程初步设计概算总投资为85 935万元，其中枢纽部分总投资为55 380万元。

南水北调中线黄河以南工程加快建设，将为2014年中线工程通水，缓解北方水资源短缺局面，为北方地区经济社会可持续发展提供水资源保障。

国务院南水北调办机关有关司、中线建管局，河南省南水北调办、移民办等单位负责同志参加了开工仪式。

国务院南水北调办主任张基尧调研南水北调中线丹江口库区河南移民新村建设

2009年12月30日，国务院南水北调办主任张基尧一行深入河南省平顶山市宝丰县、郏县，进行移民新村建设实地调研。国务院南水北调办副主任张野、河南省副省长刘满仓陪同调研。

宝丰县自移民新村建设实施以来，加强领导，认真组织，目前新村建设进展迅速，房屋基础建设全面铺开，大部分正在进行墙体建设。在新村建设现场，张基尧主任一边听取有关部门负责人汇报，一边认真询问移民对接工作是否扎实，如何采取措施确保移民搬迁后人稳心更稳等。他强调，实现移民“搬得出、稳得住”，其中很重要的一条要看移民房屋以及配套设施能否扎扎实实地建好。保证把移民房屋建结实，让移民放心、满意，就要充分征求移民意见，让移民知道建房的过程和细节。

张基尧充分肯定了河南省采取的“政府监督、中介监理、企业自控、移民参与”监管模式，要求在移民房屋建设中，运用好“4+2”工作法，让移民代表参与新村房屋建设，倾听他们的意见和建议，接受他们的监督。

当听到移民新村配套建设有村部、卫生室、超市和文化大院等时，张基尧非常满意。他指出，移民新村是一项系统化工程，也是惠及移民群众的利民工程。在移民新村建设过程中，要统筹考虑、一步到位，不仅移民房屋要好，而且要健全基础设施和公共设施，使移民新村成为配套完善、功能齐全、美观实用、方便快捷的新农村示范村。

在郏县移民新村现场，张基尧语重心长地说，移民群众背井离乡，为国家建设作出了巨大奉献，我们一定要为群众搞好服务。他殷切希望移民干部更加重视移民、关心移民，为移民当前的稳定和长远的发展，多动脑筋，多想办法，多出实招，多干实事，切实把移民工作做实、做好。

张野在调研中也肯定了河南省在移民工作中所取得的成绩，并就移民新村房屋建设的质量和进度提出了具体要求。

国务院南水北调办综合司、建设管理司、征地移民司，河南省南水北调办、移民办及平顶山市委、市政府负责同志参加了调研。

南水北调东线东湖水库和双王城水库工程建设动员大会在济南市召开

2009年12月31日，南水北调东线一期东湖水库和双王城水库工程建设动员大会在济南市举行。国务院南水北调办副主任李津成、山东省副省长贾万志出席动员会并讲话。

李津成指出，加快推进南水北调工程建设，对于优化配置我国水资源，缓解北方地区水资源短缺，促进转变发展方式以及生产生活方式，具有重要意义。在党中央、国务院和国务院南水北调建委的正确领导下，在沿线各省、市、地方党委政府、各有关部门和人民群众的大力支持配合下，参建各方共同努力，南水北调东、中线一期工程建设进展顺利。东线山东境内工程建设取得了显著成效：济平干渠工程在排涝和输水方面发挥了重要效益，并为保障第十一届全国运动会的顺利举行成功实施了生态补水；韩庄运河段工程的台儿庄和万年闸泵站主体工程已经基本建成，穿济南市区段工程、东线穿黄河工程等在建项目正在抓紧施工，梁济运河段工程正式开工建设；省内21个截污导流项目全面实施，水污染治理成效明显；前期工作基本完成，征地拆迁和谐推进，创造了良好的建设条件和建设环境。他说，在中央经济工作会议、国务院南水北调建委第四次全体会议以及2010年度南水北调工作会议胜利召开，南水北调工程全面加快建设步伐之际，山东省组织召开东湖水库和双王城水库工程建设动员大会，标志着这两个水库建设的正式启动。

李津成强调，东湖水库和双王城水库工程是南水北调东线干线一期工程济南至引黄济青段的重要组成部分，是向济南市和胶东地区供水的关键节点工程。工程技术要求高，征地拆迁工作量大，施工面临的困难和挑战多。希望各参建单位和全体建设者进一步增强责任感、紧迫感和使命感，全面落实质量安全责任制，加强施工组织管理，周密部署，精心施工，加快建设进度，努力把工程建设成为经得起时间和历史检验的高效工程、精品工程、廉政工程、惠民工程。

李津成指出，2010年是南水北调工程全线开工、掀起建设高潮的关键一年，工程建设任务十分艰巨。希望山东省南水北调建管局、山东干线公司和有关单位，在山东省委、省政府的坚强领导下，全面落实国务院南水北调建委第四次全体会议和南水北调工作会议的部署，进一步加强组织领导，加大工作力度，确保全面完成2010年山东省内的工程建设任务，保证投资项目如期竣工，优质高效、又好又快地推进山东南水北调各项工作。同时，要进一步加快推进省内配套工程建设，使配套工程与干线工程同步建设、同步发挥效益，造福全省人民。

动员会上，山东省水利厅副厅长、山东省南水北调局局长孙义福代表山东省南水北调工程建设指挥部与济南市、潍坊市政府签订征地移民任务及投资包干协议。国务院南水北调办有关司，山东省政府办公厅、省直有关部门，济南市、潍坊市的负责同志，工程沿线市、县政府及有关部门主要负责同志以及乡镇政府党委、政府主要负责人参加了动员大会。

CHINA SOUTH-TO-NORTH WATER DIVERSION PROJECT CONSTRUCTION YEARBOOK

贰 政策法规·重要文件

POLICIES,LAWS AND REGULATIONS·IMPORTANT FILES

政 策 法 规

财 政 部

国家重大水利工程建设基金征收使用管理暂行办法

（财综［2009］90号）

第一条 为筹集国家重大水利工程建设资金，确保国家重大水利工程建设的顺利实施，促进经济社会可持续发展，根据国家有关规定，制定本办法。

第二条 国家重大水利工程建设基金（以下简称重大水利基金）是国家为支持南水北调工程建设、解决三峡工程后续问题以及加强中西部地区重大水利工程建设而设立的政府性基金。

第三条 重大水利基金利用三峡工程建设基金停征后的电价空间设立。

第四条 重大水利基金按下列原则筹集和分配：

（一）三峡工程建设基金向重大水利基金平稳过渡，保持三峡工程建设基金现行征收政策基本不变；

（二）南水北调和三峡工程直接受益省份筹集的重大水利基金，专项用于南水北调工程建设和三峡工程后续工作；

（三）南水北调和三峡工程非直接受益省份筹集的重大水利基金，留给所在省份用于本地重大水利工程建设。

第五条 重大水利基金在除西藏自治区以外的全国范围内筹集，按照各省、自治区、直辖市扣除国家扶贫开发工作重点县农业排灌用电后的全部销售电量和规定征收标准计征。各省、自治区、直辖市全部销售电量包括省级电网企业销售给电力用户的电量、省级电网企业扣除合理线损后的趸售电量（即实际销售给转供单位的电量）、省级电网企业销售给子公司的电量和对境外销售电量、企业自备电厂自发自用电量、地方独立电网销售电量（不含省级电网企业销售给地方独立电网企业的电量，下同）。跨省（自治区、直辖市）电力交易，计入受电省份销售电量。

各省、自治区、直辖市重大水利基金的具体征收标准见附件。

第六条 重大水利基金从2010年1月1日起开始征收，至2019年12月31日止。

第七条 除企业自备电厂自发自用电量和地方独立电网销售电量外，重大水利基金由省级电网企业在向电力用户收取电费时一并代征。

第八条 北京、天津、河北、河南、山东、江苏、上海、浙江、安徽、江西、湖北、湖南、广东、重庆等14个南水北调和三峡工程直接受益省份（以下简称14个省份）电网企业代征的重大水利基金，由财政部驻当地财政监察专员办事处（以下简称专员办）负责征收，并全额上缴中央国库。

山西、内蒙古、辽宁、吉林、黑龙江、福建、广西、海南、四川、贵州、云南、陕西、甘肃、青海、宁夏、新疆等16个南水北调和三峡工程非直接受益省份（以下简称16个省份）电网企业代征的重大水利基金，由当地省级财政部门负责征收，并全额上缴省级国库。

第九条 对企业自备电厂自发自用电量和地方独立电网销售电量应缴纳的重大水利基金，按照本办法第八条划分省份分别由驻当地专员办和省级财政部门直接征收，并分别缴入中央和省级国库。

第十条 14个省份的重大水利基金由专员办按月征收，实行直接缴库。省级电网企业、拥有自备电厂企业和地方独立电网企业应于每月10日前向驻当地专员办申报上月实际销售电量（自发自用电量）和应缴纳的重大水利基金。专员办应于每月12日前完成对申报的审核，确定重大水利基金征收数额，并向申报企业开具《非税收入一般缴款书》。省级电网企业、拥有自备电厂企业和地方独立电网企业应于每月15日前，按照专员办开具《非税收入一般缴款书》所规定的缴款额，足额上缴资金。

专员办应根据省级电网企业、拥有自备电厂企业和地方独立电网企业全年实际销售电量（自发自用电量），在次年3月底前完成对相关企业全年应缴重大水利基金的汇算清缴工作。专员办开展汇算清缴工作时，应对电力用户欠缴电费、电网企业核销坏财损失的电量情况进行审核，经确认后不计入相关企业全年实际销售电量。

16个省份重大水利基金的具体征管办法由当地省级财政部门制定。

第十一条 拥有自备电厂企业、地方独立电网企业应准确计量自发自用电量和销售电量，不能准确计量的，由专员办和省级财政部门按照其最大发电（售电）能力核定自发自用电量和销售电量，并确定重大水利基金征收数额。

第十二条 重大水利基金收入列政府收支分类科目第103类01款58项“国家重大水利工程建设基金收入”。其中：专员办对14个省份征收的重大水利基金分别计入“国家重大水利工程建设基金收入”项下01目“南水北调工程建设资金”和02目“三峡工程后续工作资金”；16个省份省级财政部门征收的重大水利基金计入“国家重大水利工程建设基金收入”项下03目“省级重大水利工程建设资金”。

第十三条 14个省份省级电网企业代征重大水利基金，由中央财政按代征额的2‰付给代征手续费，代征手续费从重大水利基金支出预算中安排，分别支付给国家电网公司和中国南方电网有限责任公司，具体支付方式按照财政部有关规定执行。代征电网企业不得从代征收入中直接提留代征手续费。

16个省份省级电网企业代征重大水利基金，由省级财政从本级重大水利基金支出预算中付给代征手续费，具体办法由省级财政部门规定。

第十四条 省级电网企业应将代征的重大水利基金与其正常业务收入分账核算。省级电网企业、拥有自备电厂企业和地方独立电网企业应及时足额上缴重大水利基金，不得拖延缴纳，如逾期不缴纳的，专员办和省级财政部门应责令其限期缴纳，并从滞纳之日起按日加收滞纳部分2‰的滞纳金。滞纳金纳入本金一并核算。

第十五条 未经国务院批准，任何地方、部门和单位均不得擅自减免重大水利基金，不得调整基金征收范围和征收标准。

第十六条 对重大水利基金征收增值税而减少的收入，由财政预算安排相应资金予以弥补，并计入“国家重大水利工程建设基金收入”科目核算。

第十七条 重大水利基金按下列规定进行分配和使用。

（一）14个省份缴入中央国库的重大水利基金，纳入中央财政预算管理，由中央财政安排用于南水北调工程建设、三峡工程后续工作和支付三峡工程公益性资产运行维护费用、支付重大水利基金代征手续费。其中：

南水北调工程建设与三峡工程后续工作之间的分配比例另行规定。

（二）16个省份缴入省级国库的重大水利基金，纳入省级财政预算管理，专项用于本地重大水利工程建设。

第十八条 用于南水北调工程建设的重大水利基金，由南水北调工程项目法人根据工程建设进度提出年度投资建议，报国务院南水北调办审查，并由国务院南水北调办报国家发展改革委审核后，纳入国家固定资产投资计划。同时，国务院南水北调办要编制重大水利基金年度支出预算，报财政部审核。财政部根据批准的年度投资计划、基金收支预算和基金实际征收入库情况安排资金。

重大水利基金用于南水北调工程建设，暂作为中央资本金管理。

第十九条 用于三峡工程后续工作的重大水利基金，按照经国务院批准的《三峡工程后续工作规划》要求安排使用，具体使用管理办法另行制定。

第二十条 缴入中央国库的重大水利基金在满足南水北调工程建设和三峡工程后续工作需要后的结余资金，由财政部会同国家发展改革委、水利部提出分配和使用意见，报国务院确定。

第二十一条 缴入省级国库的重大水利基金，由省级发展改革部门纳入固定资产投资计划统筹安排，并由省级财政部门编制年度基金收支预算。省级财政部门根据批准的年度投资计划、基金收支预算和基金实际征收入库情况安排资金。

16个省份要将重大水利基金年度收支情况报财政部、国家发展改革委、水利部备案。

第二十二条 重大水利基金应严格按规定安排使用，实行专款专用，年终结余结转下年度继续使用。

重大水利基金的资金支付按照财政国库管理制度有关规定执行。

第二十三条 重大水利基金支出在政府收支分类科目中列第213类04款70项“国家重大水利工程建设基金支出（南水北调工程建设）”、71项“国家重大水利工程建设基金支出（三峡工程后续工作）”、72项“国家重大水利工程建设基金支出（地方重大水利工程建设）”。

第二十四条 各级财政、发展改革、水利、审计、监察部门应按照职责分工，加强对重大水利基金征收、拨付、使用和管理情况的监督检查，确保基金按规定征缴和使用。

第二十五条 对违反本规定，多征、减征、缓征、停征，或者侵占、截留、挪用重大水利基金的单位及责任人，依照《财政违法行为处罚处分条例》（国务院令第427号）和《违反行政事业性收费和罚没收入收支两条线管理规定行政处分暂行规定》（国务院令第281号）进行处罚或行政处分，涉嫌犯罪的，移送司法机关处理。

第二十六条 16个省份可根据本办法制定本地区重大水利基金具体实施办法，并报财政部、国家发展改革委、水利部备案。

第二十七条 本办法由财政部商有关部门负责解释。

第二十八条 本办法自2010年1月1日起执行，三峡工程建设基金同时停止征收，原涉及三峡工程建设基金征收使用管理的文件一律废止。

附：国家重大水利工程建设基金征收标准（略）

国务院南水北调工程建设委员会办公室

国务院南水北调工程建设委员会办公室新闻宣传工作管理办法

2009年3月3日
（国调办综［2009］18号）

第一条 为加强和规范国务院南水北调工程建设委员会办公室（以下简称南水北调办）新闻宣传工作，深入宣传贯彻党和国家关于南水北调工程建设的方针政策，维护南水北调工程良好形象，为南水北调工程建设营造良好的舆论环境，制定本办法。

第二条 本办法所称南水北调办新闻宣传工作是指以南水北调办名义，通过新闻媒体进行宣传报道的活动。

第三条 南水北调办新闻宣传工作坚持贯彻科学发展观，坚持围绕中心、服务大局，坚持正面宣传为主，与中央保持一致，与国务院南水北调工程建设委员会（以下简称南水北调建委）工作部署保持一致。

第四条 南水北调办新闻宣传工作在办公室统一领导下，由综合司归口管理。

第五条 南水北调办新闻宣传工作管理主要范围和内容：

（一）党和国家领导人出席南水北调工程有关会议和重要活动，视察工程建设现场，以及有关重要批示的宣传报道。

（二）国务院和南水北调建委有关南水北调工程的决策的宣传报道。

（三）南水北调办贯彻落实党和国家的路线、方针、政策情况的宣传报道。

（四）国务院出台的有关南水北调工程建设的重要政策、重大措施和法律规章，南水北调建委、南水北调办出台的重要管理办法、工作部署以及南水北调工程建设重要信息的对外发布。

（五）南水北调办召开的重要会议及南水北调办领导重要讲话、重要活动、重要文章的宣传报道。

（六）南水北调办机关各司主办的会议、活动及相关业务的宣传报道。

（七）社会普遍关注或涉及工程沿线群众利益的有关事项的宣传报道。

（八）对直属各单位、各项目法人和南水北调工程建设新闻宣传工作的指导与协调。

第六条 建立新闻采访协调制度。综合司负责受理和协调组织新闻媒体对南水北调办的采访。

（一）新闻媒体采访办领导或者向办领导约稿，由综合司报请办领导同意后，根据新闻单位的采访要求及采访提纲，由相关司提供素材，综合司组织实施。采访答问内容，需经综合司审核并报被采访领导审定或者由办领导委托相关司审核。

（二）新闻媒体采访机关有关司，由综合司根据新闻单位的采访要求及采访提纲提出意见，商有关司安排采访事宜。采访答问内容，应经被采访司领导审定。

（三）涉及南水北调办出台的重要政策、重要管理办法、重大措施等重要宣传稿件，由相关司拟定，综合司报办领导审批。

（四）新闻媒体申请采访，由综合司协调安排或报办领导指定有关人员接受采访。接受采访的单位或工作人员要积极配合做好记者采访相关工作，维护南水北调办良好形象。如有特殊情况，可告知综合司及时处理。

第七条 实行新闻发言人制度。

（一）南水北调办设立新闻发言人。新闻

发言人由综合司司长担任。机关各司及直属各单位确定一名局级领导负责本单位新闻宣传工作，并指定日常联络人员。

对于南水北调工程突发事件，可根据工作需要，指定熟悉情况的事件处置负责人担任新闻发言人。

（二）新闻发言人的主要职责：

1. 负责新闻发布会（包括记者招待会、新闻通气会，下同）的组织协调工作；

2. 代表南水北调办对外发布新闻、声明和有关重要信息；

3. 负责召集机关各司和直属各单位新闻工作负责人会议；

4. 负责提出新闻宣传工作的思路和办法；

5. 拟定南水北调办年度宣传工作要点、新闻发布会计划等；

6. 组织实施南水北调办重大新闻宣传报道活动。

（三）根据新闻发布内容，确定新闻发布形式。

凡对南水北调工程建设有重大影响的情况和事件，需及时向国内外介绍的，可举办新闻发布会对外发布。根据南水北调工程建设工作的需要，在一定范围内向有关部门和新闻单位通报情况，可召开新闻通气会。凡以回答记者提问为主的事项，可举行记者招待会。其中，新闻通气会不邀请境外新闻机构的记者或驻华使馆人员参加。

第八条 新闻发布会的组织实施。

根据工作需要，不定期举行新闻发布会发布新闻，可请办领导、有关司或直属单位负责人回答记者提问。新闻发布会经办领导批准，综合司负责牵头组织。

（一）新闻发布会的办理

1. 以国务院新闻办公室名义举行的新闻发布会，由办主要领导确定出席人选，综合司承办有关工作，相关司配合。

2. 南水北调办举行的新闻发布会，由申请司提前与综合司联系，由办领导统一协调。综合司负责邀请新闻媒体记者，办领导或相关司介绍有关情况。

（二）新闻发布会的要求

1. 新闻发布要真实、准确、简洁、严密，确保真实性和权威性。

2. 严格遵守国家有关宣传工作的要求，不得违反国家有关保密规定。

3. 综合司负责联系新闻单位，并做好筹备联络、现场安排、报道收集等工作。

（三）新闻发布会的组织

1. 以国务院新闻办公室名义举办新闻发布会，有关组织工作按照国务院新闻办公室的要求开展。

2. 南水北调办举行的新闻发布会，综合司或者有关司拟定新闻发布会主题、发布会材料，由综合司报办领导审批；新闻单位记者由综合司负责通知和邀请；会务工作由综合司牵头，相关司协助。

第九条 实行重要项目关键环节、重要会议或活动报道制度。

（一）重要单项工程开工、完工、通水等关键环节，由项目法人或商项目委托单位提出宣传方案、新闻通稿并报南水北调办综合司。南水北调办综合司给予指导，并协助联系中央媒体进行宣传报道。

对涉及南水北调工程整体形象或具有重大影响的重要项目关键环节，南水北调办综合司策划和组织宣传工作，有关司和项目法人配合。

（二）以南水北调办名义召开的重要会议，综合司根据会议主题和办领导要求，拟订新闻报道方案，经办领导审定后组织实施。相关司负责拟订新闻通稿和提供有关参考材料，承办会议的司协助。

（三）凡办领导参加由各司举办的工作会议或活动，如需要宣传报道，主办司应事先通报综合司，协商有关报道工作。宣传材料由主办司商综合司后，报办领导确定。

（四）各司的一般性工作会议和活动，如

有宣传任务和要求，应由主办司商综合司，一同做好宣传策划并组织报道工作。

（五）办领导和机关各司负责同志参加其他部门（单位）组织的会议或活动时，如有宣传任务的，有关人员应将有关材料提供给综合司，以便掌握情况，做好宣传报道，并做好应对记者提问的相关工作。

（六）上述会议或活动需要南水北调办网站、《中国南水北调》报道的，请提前通知综合司，并提供相关材料或宣传通稿。网站、报纸发布的文字内容由主办司审核。

第十条 建立新闻稿件审核制度。机关各司根据工作实际和宣传工作的需要，向社会或媒体提供的新闻稿件必须经过审核。

审核原则是：中央领导参加的重要活动、讲话及相关内容的新闻稿件以新华社通稿为准；办领导参加并讲话的重要会议和活动的新闻稿件，以及需要对外表态的重要突发事件的新闻稿件，由相关司主要负责同志把关并报请办领导审定；一般会议和活动的新闻稿件由各司负责同志审核。

机关各司以南水北调办名义在新闻媒体上公开发表文章，需经综合司审核后，履行有关报批手续。机关各司人员冠以在南水北调办任职名称，在新闻媒体上公开发表文章或者谈话，需经本部门领导批准。

第十一条 对南水北调工程突发事件的信息发布，要按照《国家突发公共事件新闻发布应急预案》和南水北调工程有关预案，及时、准确、客观发布信息。

第十二条 建立宣传沟通制度。机关各司定期或者不定期将本司需要宣传的工作重点、重要信息向综合司通报。

第十三条 综合司要进一步加强与中央宣传主管部门、新闻媒体的联系，及时向中央宣传主管部门、中央主要新闻单位通报南水北调办有关新闻宣传计划及要点。

第十四条 南水北调办组织或安排新闻记者到工程建设现场或有关省市南水北调办事机构采访以及组织专题新闻采访活动，由综合司负责组织协调，与采访内容相关的司协助。

第十五条 南水北调办新闻报道活动需邀请外国和台湾、香港、澳门媒体记者参加的，要按照国家和南水北调办有关规定，办理相关手续。

第十六条 严格遵守国家保密规定。对违反保密规定造成不良影响的，要追究直接责任人的责任。

第十七条 本办法由南水北调办综合司负责解释。

第十八条 本办法自发布之日起施行。2004 年 8 月 4 日印发的《国务院南水北调工程建设委员会办公室新闻宣传工作管理暂行办法》（国调办综［2004］45 号）同时废止。

南水北调工程建设投资计划管理办法

2009 年 3 月 25 日

（国调办投计［2009］31 号）

第一章　总　　则

第一条 为规范和加强南水北调工程建设投资计划管理，严格基本建设程序，控制工程投资总量，充分发挥投资效益，根据国务院批准的国务院南水北调工程建设委员会办公室（以下简称国务院南水北调办）职责和国务院南水北调工程建设委员会印发的《南水北调工程建设管理的若干意见》、《南水北调工程投资静态控制和动态管理规定》，按照现行国家基本建设管理有关法律、法规和政策，结合工程建设实际情况，制定本办法。

第二条 本办法适用于由南水北调东线江苏水源有限责任公司、南水北调东线山东干线有限责任公司、南水北调中线水源有限责任公司、南水北调中线干线工程建设管理局负责建设管理的南水北调主体工程和湖北省南水北调工程建设管理局负责建设管理的汉江中下游治理工程（上述单位统称项目法人）以及由国务院南水北调办直接委托建设管理的南水北调主体工程。南水北调东线治污工程和截污导流工程、中线丹江口库区及上游水污染防治和水土保持工程除外。

第三条 南水北调工程建设投资实行“静态控制、动态管理”，具体依据《南水北调工程投资静态控制和动态管理规定》及其配套办法实施。

第四条 南水北调工程建设投资计划管理的主要内容：

1. 项目管理预算的组织编报、审查和审批；

2. 价差报告的组织编制、审查、汇总报批和批复；

3. 项目总体建设方案的编报和核备；

4. 年度投资计划的申报、下达、调整和检查监督；

5. 投资计划统计的组织编制、汇总和报送；

6. 设计变更报告的组织编报、审查和审批；

7. 工程部分预备费的使用申请与批复；

8. 项目建设评价。

第二章 建设项目划分

第五条 根据南水北调工程建设特点及投资计划管理工作的需要，南水北调工程划分为单项工程和设计单元工程二个层次。

第六条 单项工程是南水北调工程的组成部分，是指可行性研究报告已单独编制、国家发展和改革委员会（以下简称国家发展改革委）已单独批复的工程以及国家批复的南水北调东、中线一期工程可行性研究总报告中明确的工程。

第七条 设计单元工程是单项工程的组成部分，是指初步设计概算单独编制、单独批复的工程。

第八条 南水北调东、中线一期工程单项工程及设计单元工程的具体划分参照《关于进一步加强南水北调东、中线一期工程初步设计工作的通知》（国调办投计［2006］100号）执行，在初步设计审批工作中可根据实际情况适当调整。

第三章 投资静态控制和动态管理

第九条 项目管理预算原则上以设计单元工程为编制单元，一般在主体建筑工程项目招标完成后90个工作日内由项目法人负责组织一次编制完成，报国务院南水北调办批准。

第十条 对工程建设实施过程中因价格变动发生的年度价差，由项目法人按国务院南水北调办要求编制价差报告，报送国务院南水北调办。国务院南水北调办负责组织对各项目法人报送的价差报告进行审查，综合汇总后形成南水北调工程综合价格指数和年度价差，报国家发展改革委批准。根据批准的综合价格指数和年度价差，国务院南水北调办将价差报告批复至各项目法人。

南水北调工程水库移民价差补偿形式另行规定。

第十一条 项目管理预算、年度价差报告的编制按照《南水北调工程项目管理预算编制办法》、《南水北调工程价差报告编制办法》执行。

第四章 年度投资计划管理

第十二条 南水北调工程建设投资由中央拨款（包括中央预算内资金和中央预算内专项资金）、南水北调工程基金、银行贷款和国家重大水利工程建设基金四部分组成。

第十三条 新开工项目在项目管理预算批复后30个工作日内，由项目法人按设计单元工程分直接管理、代建管理、委托管理制定项目总体建设方案报国务院南水北调办核备。

第十四条 各项目法人根据有关要求组织编制年度投资建议计划，每年六月份向国务院南水北调办上报下一年度投资建议计划，同时抄送有关省、直辖市南水北调办事机构和移民机构。

第十五条 各项目法人编制年度投资建议计划应依据批复初步设计报告确定的建设内容和概算，结合工程建设进度及拟新开工项目前期工作进展情况；同时对上一年度计划执行情况进行全面总结，提出建议和要求。

第十六条 年度投资建议计划包括续建和新开工项目，各项目法人按设计单元工程编制建议计划，按单项工程进行汇总。

第十七条 年度投资建议计划主要内容为：工程建设进展情况、累计完成投资和实物工程量、形象进度；先期下达的各单项工程初步设计工作投资分解到相关设计单元工程的情况及投资完成情况；下年度主要建设内容、实物工程量、工程预期形象进度和年度投资计划；拟新开工项目应说明初步设计、开工准备等前期工作进展情况及预计完成时间等。

各项目法人编报的年度投资建议计划须有详细的文字说明、图、表和电子文档。

第十八条 国务院南水北调办根据工程建设实际和工程前期工作进展情况，对项目法人报送的年度投资建议计划进行审核、综合平衡，以单项工程汇总编制南水北调工程建设年度投资建议计划，及时报送国家发展改革委。

第十九条 国务院南水北调办依据国家发展改革委下达的单项工程投资计划，按设计单元工程下达项目法人，报国家发展改革委备案，同时抄送有关省、直辖市南水北调办事机构和移民机构。

单项工程、设计单元工程同一的项目，其年度投资计划均按单项工程进行管理。

第二十条 安排年度投资计划的项目原则上须具备以下条件：

1. 项目初步设计已批复；

2. 项目法人已报送年度投资计划申请文件；

3. 年度投资使用银行贷款的项目，项目法人基本落实贷款相关事宜。

第二十一条 项目法人要依据国家批复的初步设计概算严格控制工程建设投资，按照批准的工程项目管理预算和年度价差执行，严禁建设计划外项目和越权调整工程建设投资计划。

第二十二条 同一项目法人管理的工程建设项目投资计划需要调整的，由项目法人提出调整意见，报送国务院南水北调办核批。

第二十三条 各项目法人要严格工程建设投资计划管理，建立健全相应的计划管理检查监督制度，加强对投资计划执行情况的监管，不得以任何名义滞留、克扣和挪用工程建设投资，保证工程建设和投资效益。

第二十四条 项目法人对工程建设投资计划实施动态统计管理，做好年度投资计划统计台账和统计分析，并按照南水北调工程统计报表制度要求，按时完成各项统计工作。

第二十五条 各项目法人作为责任主体，要认真组织落实批复的初步设计、项目管理预算和年度价差报告以及编报的总体建设方案和安排的年度投资计划中的各项内容。

国务院南水北调办对照批复的初步设计、项目管理预算和年度价差报告、编报的总体建设方案以及安排落实的年度投资计划，对工程建设年度投资计划实施情况逐年进行检查和监督。

各项目法人发现问题要及时纠正和处理，并将有关情况报国务院南水北调办。

第二十六条 年度投资计划检查监督的主要内容包括：投资计划执行进度与工程量完成情况；是否越权调整投资计划；是否擅自更改工程任务和规模，工程等别及建筑物级别、设计标准，工程布置及建筑物结构、用途等设计内容；设计变更是否履行审批程序；投资是否得到有效控制等。

第二十七条 项目年度投资计划执行情况实行年度报告制度。项目法人每年1月15日前将上一年度的项目年度投资计划执行报告报国务院南水北调办。

报告的主要内容为：年度投资计划的安排和执行情况、资金到位情况、可调剂预留费用使用情况、工程建设进展、形象进度、工程量、建设质量以及工程建设中存在的问题和建议等。

第五章 设计变更及预备费管理

第二十八条 项目法人要加强设计变更管理，不得擅自更改国家已批复的工程建设规模、功能、建设标准、总体布置、主要设备等设计内容，切实控制工程建设投资，认真履行设计变更审批程序。

第二十九条 项目法人要严格履行设计变更审批程序，重大设计变更由项目法人组织编制重大设计变更报告，报国务院南水北调办审批后方可实施。

对于制约工程建设、现场情况急迫的特殊重大设计变更可由项目法人先行组织编制重大设计变更方案报国务院南水北调办确认后，再组织编制重大设计变更报告，履行重大设计变更审批程序。

第三十条 各项目法人按照《南水北调工程投资静态控制和动态管理规定》、《关于加强南水北调工程设计变更管理工作的通知》等有关规定进行设计变更管理，并制定相应的实施细则。

第三十一条 项目法人要加强工程部分预备费的管理和使用，将预备费的使用额度控制在国家批复的初步设计概算计列的工程部分基本预备费与项目管理预算中的可调剂预留费用之和的范围内。

第三十二条 南水北调工程项目管理预算中预备费（包括工程部分基本预备费和可调剂预留费用）的使用范围包括设计变更（含设计漏项）、因国家政策调整增加的投资、解决意外事故而采取的措施所增加的工程项目及费用，项目法人需先使用可调剂预留费用，不足再按程序申请使用基本预备费。

征地移民投资中预备费的使用按照《南水北调工程建设征地补偿和移民安置资金管理办法》（国调办经财［2005］39号）执行。

第三十三条 可调剂预留费用由项目法人负责管理和使用，用于工程建设。

各设计单元工程可调剂预留费用使用情况，项目法人在报送国务院南水北调办的项目年度投资计划执行报告中要重点予以说明。

第三十四条 基本预备费由国务院南水北调办负责管理，主要用于重大设计变更（含设计漏项）和因国家政策调整增加的建设内容及投资，以及可调剂预留费用不足而工程建设确需解决的其他重大问题。

重大设计变更按本办法第二十九条规定办理；因国家政策调整所增投资按国务院南水北调办文件和要求执行。

第三十五条 项目法人需使用基本预备费的，需向国务院南水北调办报送基本预备费使用方案，提出使用申请，经国务院南水北调办批准后方可使用。

项目法人向国务院南水北调办报送的基本预备费使用方案，应包括基本预备费使用的必要性、使用方向、建设内容及相应概算明细、所履行的程序等相关资料等。

第六章 项目建设评价

第三十六条 国务院南水北调办根据工程建设情况，适时组织项目法人对不同层次、不同类型的项目开展建设评价工作。

第三十七条 项目建设评价的主要内容包括：勘测设计评价、投资计划管理评价、投资控制评价、指标评价等。

第三十八条 各项目法人要认真对待项目建设评价成果，从中汲取经验教训，并采取相应对策、措施，进一步完善已建项目，改进在建项目，指导拟建项目。

第七章　附　　则

第三十九条　各项目法人可参照本办法，结合工程建设实际情况制定相应的管理办法或实施细则。

第四十条　本办法由国务院南水北调办负责解释。

第四十一条　本办法自颁布之日起施行。

沿线各省（直辖市）

北京市南水北调配套工程建设管理办法

2009年4月15日
（京调委［2009］1号）

第一章　总　　则

第一条　为实现北京市南水北调配套工程科学、和谐建设，规范工程建设管理，确保工程质量和安全，提高工程投资效益，根据国务院第32次常务会议、国务院南水北调工程建设委员会第三次全体会议、北京市南水北调工程建设委员会第五次全体会议的精神，以及国务院南水北调工程建设委员会《南水北调工程建设管理的若干意见》和有关规定，结合北京市南水北调配套工程的实际，制定本办法。

第二条　本办法所称北京市南水北调配套工程（以下简称市南水北调配套工程）是指纳入《北京市南水北调配套工程总体规划》中的工程。

第三条　凡从事市南水北调配套工程建设活动的单位均应遵守本办法。

第二章　管理体制与职能

第四条　北京市南水北调工程建设委员会（以下简称市南水北调建委会）是市南水北调配套工程建设的决策机构，负责贯彻落实国家有关南水北调工程建设的法律、法规、政策、措施和决定，决定市南水北调配套工程建设的方针、政策、措施和重大问题。

第五条　北京市南水北调工程建设委员会办公室（以下简称市南水北调办）是市南水北调建委会的办事机构，负责贯彻落实市南水北调建委会的决定事项，对市南水北调配套工程的建设进行监督管理。

第六条　北京市南水北调工程拆迁办公室（以下简称市南水北调拆迁办）负责市南水北调配套工程征地拆迁总体计划的编制，协调、指导征地拆迁实施工作，并组织专项设施迁建的实施工作。

第七条　北京市南水北调工程建设管理中心（以下简称市南水北调建管中心）受市南水北调办的委托，作为市南水北调配套工程项目法人，主要承担以政府投资为主的市南水北调配套工程项目法人职责。

第八条　南水北调工程北京质量监督站承担市南水北调配套工程的质量监督、安全生产监督工作。

第三章　建设程序基本要求

第九条　市南水北调配套工程严格执行总体规划、项目建议书、可行性研究报告、初步设计、施工准备、建设实施、生产准备、竣工验收、后评价的建设程序。工程建设过程中涉及的行政许可事项按有关规定办理。

第十条　工程设计按审批权限批准后，不得随意修改变更，确需进行修改变更的，应按管理权限报批。

第四章 项 目 法 人

第十一条 市南水北调配套工程建设实行项目法人责任制。项目法人接受市南水北调办的指导、监督。

第十二条 项目法人必须做到组织机构健全，规章制度完善，人员结构合理，配备满足工程建设需要的技术、经济、财务、合同、安全生产、管理等方面的人员。

第十三条 项目法人是项目工程建设的责任主体。项目法人依据有关法规、规划等，组织编制工程初步设计；对工程质量、安全、进度、资金等进行管理；协调工程建设的外部关系。

第十四条 对政府投资占主体的工程，由市南水北调建管中心担任项目法人；社会投资占主体的水厂及相关工程，原则上由出资方担任项目法人。

第十五条 项目法人可采用直管制、代建制、委托制等模式对工程建设进行管理。

第五章 合 同 管 理

第十六条 市南水北调配套工程建设合同的订立应采用规范性合同文本。市南水北调办依法对合同执行情况实施监督，在重要项目合同签订过程中应派员监督。

第十七条 实行建设市场准入管理制度。

凡从事市南水北调配套工程建设活动的单位，必须具备市场准入条件。

第十八条 对市南水北调配套工程建设涉及的勘测、设计、施工、监理以及重要设备、材料采购等活动应依法实行招标投标。

（一）项目法人按照项目可行性研究批复的招标方式负责组织招标工作，变更招标方式的应报市南水北调办商市发展改革委批准。

（二）招标投标活动必须遵循公开、公平、公正和诚信的原则，依法进行。

（三）从评标专家库中抽取专家组建评标委员会，评标专家名单和评标过程在中标结果确定前必须严格保密。

第十九条 市南水北调办对重大项目的招标投标活动进行监督检查。

第六章 信息与进度管理

第二十条 市南水北调配套工程建设实行信息报告制度。项目法人须配备信息员，定期汇总工程设计、建设信息，分别按照周、月、季、年编制工程建设信息报告，报市南水北调办。

第二十一条 市南水北调配套工程建设进度计划由项目法人依据可行性研究报告及初步设计组织编制，报市南水北调办批准后执行。凡是要对进度目标进行更改的，必须提出书面申请报市南水北调办批准。

第七章 监 理 管 理

第二十二条 项目法人应按照国家有关规定，与监理单位签订书面监理合同，保证监理单位责任和权利的统一，充分发挥监理单位的作用。

第二十三条 监理单位应选派有资格的监理人员组成派驻现场的项目监理机构，对工程建设的质量、安全、进度和投资等进行监督、控制管理，协调有关各方的关系，依法履行职责。

第八章 施 工 管 理

第二十四条 贯彻“绿色施工、文明施工、和谐施工”的原则。在工程建设中，全过程、全方位落实绿色施工、文明施工的各项规定；加强资源节约和生态环境保护；强调以人为本，维护社会和谐稳定，全面提高工程建设管理水平，保障工程顺利建设。

第二十五条 在签订市南水北调配套工程建设项目施工承包合同时，必须对“绿色施工、文明施工、和谐施工”作出明确约定。“绿色施工、文明施工、和谐施工”的项目及有关费用须在工程招标投标时予以明确。

第二十六条 承担市南水北调配套工程建设的施工单位应对施工质量和安全负责，建立健全施工质量保证体系，制定质量保证措施，落实质量责任制；强化安全生产管理，建立健全安全生产责任制、安全生产规章制度和预案。

第二十七条 施工单位要严格遵守有关工程建设项目施工的规定，严禁转包和违法分包。

第二十八条 凡进入工程施工现场的建筑材料和工程设备必须进行质量检验，未经检验或经检验不合格的不得在工程中使用。

第二十九条 市南水北调配套工程建设中采用的新技术、新材料、新工艺，应严格按照国家标准和行业标准执行；没有国家标准和行业标准的，应按照市南水北调办的要求由有资质的检测机构进行试验论证，出具检测报告，并经专家审定后方可使用。

第三十条 承担市南水北调配套工程施工建设的单位应严格执行国家颁布的技术标准和档案资料管理规定，按照有关规定成立机构，配备专职安全生产管理人员、现场检测人员、档案管理人员和相应设备。

第九章 质量管理

第三十一条 市南水北调办对工程质量实施监督。项目法人、勘测、设计、监理、施工等单位依照法律法规及合同要求承担工程质量责任。

第三十二条 南水北调工程北京质量监督站对市南水北调配套工程建设实时进行质量检查、验收和质量监督。市南水北调配套工程实行质量缺陷备案制度，建设中发现的质量缺陷必须及时处理，质量缺陷的处理、报告及备案依照有关规范执行。

工程竣工验收时，项目法人必须向验收委员会汇报并提交历次质量缺陷的备案资料。

第三十三条 市南水北调配套工程实行质量事故报告、调查和处理制度。质量事故报告、调查程序和处理办法依法执行。

第十章 安全生产管理

第三十四条 项目法人是安全生产的责任主体，其主要负责人是安全生产的第一责任人。

总承包单位对施工现场的安全生产负总责。施工单位的主要负责人依法对本单位的安全生产工作全面负责。项目法人、勘测、设计、监理、施工及其他与建设工程安全生产有关的单位必须遵守安全生产法律法规，建立健全安全生产规章制度，落实安全生产责任制，制定切实可行的安全生产方案，完善安全生产各项防范措施。

第三十五条 施工单位发生生产安全事故，应按照国家有关事故报告和调查处理的规定，立即、如实地向项目法人、相关管理部门报告，不得隐瞒不报、谎报或者拖延不报，不得故意破坏事故现场，毁灭有关证据。

第十一章 征地拆迁管理

第三十六条 市南水北调办负责市南水北调配套工程征地拆迁的监督指导工作，协调环境保护、生态建设等相关问题，参与文物保护工作。

市南水北调拆迁办负责做好市南水北调配套工程的组织拆迁工作；工程所在地的区人民政府应当积极配合，做好本辖区内市南水北调配套工程的相关征地拆迁实施工作。

第三十七条 征地拆迁工作应注意协调周边关系，尽量少占用林地绿化，做好征地拆迁影响评估，保障社会和谐稳定。

第三十八条 征地拆迁安置工作实行计划管理，征地拆迁资金实行专款专用、单独建账、独立核算。

第十二章 投资计划与资金管理

第三十九条 项目法人根据批复的项目初步设计报告确定的建设内容和概算，结合工程建设进度编制年度工程建设投资建议计划。

第四十条 市南水北调办根据项目法人报送的工程建设投资建议计划，在综合平衡、统筹安排各项资金的基础上，汇总编制市南水北调配套工程建设年度投资建议计划，按程序报批。

第四十一条 市南水北调办根据批准的年度投资计划，分解到项目法人组织实施。项目法人必须严格按照下达的计划和批复的初步设计组织实施，不得随意调整计划。因各种原因不能按计划执行而需要调整的项目，由项目法人提出调整意见，按程序报批。

第四十二条 市南水北调配套工程建设资金应按照基本建设财务管理的有关规定管理使用，专款专用，不得以任何名义截留、挤占和挪用建设资金。

第四十三条 基本建设项目年度预算下达后应严格执行，严禁擅自调整预算。确需调整的，由项目法人提出调整意见，按程序报批。

第四十四条 项目法人应建立健全内部财务管理制度，并接受政府相关部门的监督检查。

第十三章 监 督 检 查

第四十五条 市南水北调办对工程建设质量、施工安全、进度、资金使用管理及基本建设程序等执行情况进行经常性监督检查，对检查中发现的问题责令有关单位及时整改。

第四十六条 市南水北调配套工程监督检查工作实行组长负责制。监督检查人员必须按照国家有关法律、法规、规章和技术标准等开展工作，不得参与或干预被检查项目的正常建设活动。

第十四章 验 收 管 理

第四十七条 市南水北调配套工程建设严格执行验收制度。未经验收或验收不合格的工程不得进行后续工程施工和交付使用。项目法人应按规定及时组织合同验收，市南水北调办主持工程的阶段验收和竣工验收。

第四十八条 市南水北调配套工程在投入使用或竣工验收前，项目法人对重点隐蔽工程、关键部位、重要设备材料等进行检测检验，并向市南水北调办提供相关检测检验资料。

第四十九条 市南水北调配套工程竣工验收前，应对环境保护设施、水土保持项目、征地拆迁、工程档案管理等内容进行专项验收，并完成竣工决算。

第五十条 工程竣工验收后，项目法人应将建设工程竣工验收资料报市南水北调办备案，并按规定向有关部门移交工程建设项目档案。

第十五章 风 险 管 理

第五十一条 市南水北调配套工程建设有关单位应针对工程建设中可能发生的重大安全生产事故、可能影响社会稳定的群体性事件、可能出现的重大自然灾害等可能造成重大生命财产损失和危及城市运行秩序的因素，建立健全预警预防机制，制定预案，开展风险分析评估，做到早发现、早预防、早处置。

第十六章 附 则

第五十二条 有关本办法的配套实施细则由市南水北调办另行制定。

第五十三条 本办法自颁布之日起施行。

天津市南水北调工程建设委员会工作规则

2009 年 2 月 10 日

（津调委发［2009］2 号）

第一条 天津市南水北调工程建设委员

会（以下简称市南水北调建委会）的主要任务是：贯彻落实国务院南水北调工程建设委员会和市委、市政府确定的南水北调重大方针、政策；研究制定市南水北调配套工程建设的有关方针、政策；审议配套工程建设有关法规、规章。

第二条 市南水北调建委会实行会议集体讨论、民主决策处理重要问题的制度。市南水北调建委会会议包括全体会议和主任办公会议。

第三条 市南水北调建委会全体会议一般每年召开一次。全体会议由主任主持，市南水北调建委会全体成员参加。市南水北调建委会成员因故不能参加会议，要指派本单位有关负责同志代表出席。全体会议列席人员根据需要确定。全体会议议题由天津市南水北调工程建设委员会办公室（以下简称市调水办）商有关部门提出，报市南水北调建委会主任确定。

第四条 市南水北调建委会主任办公会议不定期召开，研究解决南水北调前期工作及工程建设中的重大问题。主任办公会议由主任或委托副主任主持，有关成员参加。

第五条 市调水办要认真做好市南水北调建委会全体会议和主任办公会议的准备工作，会议议题和文件会前要征求有关成员单位的意见；会后要根据会议研究的结论性意见整理形成会议纪要，报市南水北调建委会主任或受委托主持会议的副主任签发，并印发市南水北调建委会成员及有关单位。

第六条 市南水北调建委会会议议定的有关南水北调工程建设事项，由市调水办会同有关部门督促办理，并及时报告有关情况。

第七条 市调水办要加强与国家有关部门、市南水北调建委会成员单位、有关区县政府、市政府有关部门、有关省市南水北调办事机构及建设管理单位、项目法人的联系、协调。

第八条 市南水北调建委会成员单位要认真履行职责，加强联系与沟通，充分发挥各自职能作用，主动解决南水北调前期工作和工程建设中的问题。

第九条 市南水北调建委会成员单位提请市南水北调建委会研究解决的事项，应先送市调水办汇总；提请会议讨论的事项，会前应充分征求有关部门意见。

第十条 市调水办是市南水北调建委会的办事机构，负责市南水北调建委会的日常事务工作，承担市南水北调工程建设的政府行政监督管理职能，以市南水北调建委会名义发布相关决定、命令及规范性文件。

河北省南水北调工程建设委员会办公室网上信息发布管理暂行办法

2009年5月12日
（冀调水综［2009］29号）

总　则

第一条 为加强河北省南水北调工程建设委员会办公室（以下简称省南水北调办）“河北南水北调”网站（以下简称网站）的信息管理，加强政府信息公开工作，维护南水北调工程建设的社会形象和信誉，充分发挥网络在推动南水北调工程建设中的作用，依据《中华人民共和国计算机信息网络国际互联网管理暂行规定》、《中华人民共和国政府信息公开条例》等有关法律、法规，结合我省南水北调工作的实际情况，制定本办法。

第二条 本办法适用范围为网站、政府信息公开以及有关信息流程的管理。

第三条 网站（注册域名为www. hebns-bd. gov. cn）是由省南水北调办主办，面向社会提供河北省南水北调工程建设官方信息，作为主动公开政府信息的重要方式，宣传国家有关南水北调工程建设大政方针和南水北调工程建设工作的部门网站。

第四条 网站的宗旨是“宣传南水北调、公开政府信息”。

第一章 组 织 管 理

第五条 综合处总体负责指导、协调网站的建设、规划、结构设计，负责信息的编辑安排、审核上传、数据统计以及网站的日常更新，密切监督网站的运行状况，确保网站的正常运行。

第六条 各处所属专区栏目设置与调整，由各处向综合处提出有关要求或意见，综合处初审后，报分管主任审批。专区栏目页面风格应与网站主页面风格保持一致。

第七条 网站的管理遵循统一规划、统一格式、分工负责原则。各栏目的内容以及相应的服务工作实行部门责任制。各处要指定专人负责本部门的信息收集、整理工作，各处负责人要对本部门上网内容的真实性、可靠性和安全性进行审查核实，重大问题报分管主任审定。

第八条 省内外各媒体发布的信息以及省有关部门、有关省市网站发布的有关南水北调工程方面的信息、重要的时政与水利建设信息以及国外调水工程方面的信息，由各处和网站系统管理员及时收集，需转载的信息由综合处审查、核实、发布，必要时报分管主任审定。

第九条 综合处将用户账号分配各处，并对各处上网信息的发布实行总审核。根据工作实际情况，经分管主任审批后，逐步放开各处专区栏目的管理权限和功能，并相应转移相关权责，进行日常管理与维护工作。

第十条 综合处指派专人作为系统管理员，对超过一定时限的新闻或者其他时效性较强的信息，定期进行删除或者建立相关数据库进行管理。

第十一条 各处负责人负责本处室所管辖栏目的信息审核工作，其主要职责如下：

1. 组织指导本处室的信息编发、审核相应的服务工作。

2. 负责本处室所发布信息的审核把关，保证对外发布信息的真实性、可靠性和安全性。

3. 负责宣传和监督执行《中华人民共和国保守国家秘密法》和国家保密局《计算机信息系统国际互联网保密管理规定》确保本处室人员不在网上违规操作涉密信息。

4. 及时检查和制止本处室人员对计算机及网络设备操作中的不当和非法行为。

第十二条 各处指定一名网络页面信息员提供信息。其主要职责如下：

1. 承担本处室的信息编发等相应的服务工作。

2. 对发布的信息，经本处负责人审核，报分管主任审签并在网站后台编发信息后，持批件送综合处系统管理员，经核准后，由系统管理员发布。

3. 不定期更换本处室专区栏目的登录密码，确保信息安全。

4. 监控本处室计算机和网络设施的运行情况，处理一般性故障，遇有重大故障时，及时采取应急措施，并与系统管理员联系。

5. 监控本处室所辖栏目的内容，避免遭受攻击，过滤各种有害信息（包括反动、暴力、淫秽及有损国家声誉和形象的各种信息等）。

第十三条 各处负责人和信息员为网站管理会员，分配相应的管理权限，并承担相应责任。各处要根据我省南水北调工程建设进展情况，针对不同时期工作重点做好信息的收集、整理、报送。

第二章 信 息 内 容

第十四条 网站所发布的主要信息内容有：

1. 党中央、国务院，省委、省政府有关南水北调工程建设的方针、政策和重大决策；

2. 国务院南水北调工程建设委员会、国务院南水北调工程建设委员会办公室、省南水北调工程建设委员会、省南水北调工程建设委员会办公室的重大行动、工作部署等方面的信息；

3. 重要领导视察、考察南水北调工程及出席与南水北调工程相关的重要会议或重要活动方面的信息；

4. 南水北调工程建设征迁安置、前期工作、在建项目建设动态、党务政务和资金监管等工作信息；

5. 省有关部门、沿线各市、各级南水北调办、各参建单位以及其他相关部门围绕南水北调工程建设开展的重要工作信息；

6. 省南水北调办机关各处的重要业务工作信息；

7. 新闻媒体有关南水北调工程建设的重要报道；

8. 国内外调水工程方面的信息；

9. 重大时政和水利建设信息；

10. 省南水北调办决定在网站发布的其他信息。

第十五条 网站的管理应遵循国家有关法律、法规，不得制作、发布、传播下列信息内容：

（一）违反宪法确定的基本原则的；

（二）危害国家安全，泄露国家秘密，颠覆国家政权，破坏国家统一的；

（三）损害国家荣誉和利益的；

（四）煽动民族仇恨、民族歧视，破坏民族团结的；

（五）破坏国家宗教政策，宣扬邪教和封建迷信的；

（六）散布谣言，扰乱社会秩序，破坏社会稳定的；

（七）散布淫秽、色情、赌博、暴力、恐怖或者教唆犯罪的；

（八）侮辱或者诽谤他人，侵害他人合法权益的；

（九）含有法律、行政法规禁止的其他内容的；

（十）不利于我省南水北调工程建设管理的。

第十六条 市、县（区）南水北调办、各参建单位均可向网站提供有关新闻、工作动态等宣传稿件或发布重要信息，信息内容为文字或图片等形式。

第三章 信 息 监 管

第十七条 提高安全保密意识，按照“谁发布，谁负责”的原则，建立健全网络信息安全的相应管理制度，加强对上网设备及相关信息的安全检查。对网站系统的安全进行实时监控，网站内容定期进行备份，由系统管理员专人负责，对相应操作系统和应用系统进行相应安全保护。信息发布按照“以公开为原则，不公开为例外”、“涉密不上网，上网不涉密”的要求，坚持“合法、真实、便民、及时”的原则，做到“有效甄别、公开上网、规范运作、准确及时”，尽可能使更多的信息及时发布上网。

第十八条 严格执行国家《保密法》等有关法规的要求，凡涉及国家秘密内容的相关资料及文件、内部办公信息或暂不宜向社会公开的事项不得上互联网，载有秘密（含秘密级以上）信息的计算机不得上互联网，上互联网计算机不得处理、保存涉密内容的信息。

第十九条 各处需对网站发布内容中与本处室有关的信息进行检查。综合处进行日常检查。发现有错误或有问题的信息，及时通知综合处，由综合处通知网站维护人员修改。

第二十条 网站维护单位负责对各处涉及网站信息的人员进行信息安全、信息发布、网站知识等的培训，确保网站操作正确、信息安全。

第二十一条 各处应建立符合自身特点

的信息发布管理制度，明确相关责任人和审批制度。各处负责人应当定期做好监督检查，并对信息员进行必要的指导。

第二十二条 各处在网站发布的信息须按本办法有关程序采编、审核。综合处负责审批原件的存档。

第二十三条 各处应该确保相关联系方式的畅通，以便及时沟通网站管理情况。相关信息员和各处负责人发生变更时，应及时报综合处，并更改密码。

第四章 奖励和处罚

第二十四条 综合处负责定期对网站信息发布的情况进行检查和考核，并将相关情况予以通报。考核结果纳入目标责任制年终考核范围。

第二十五条 对网站建设作出一定贡献，符合以下条件的单位和个人，给予一定的奖励或表彰：

1. 开展政务公开和公众服务成绩突出的；

2. 报送信息及时、准确，主动性强，提供数据量大且保证质量，抓住工程建设难点、焦点、热点问题，能够引起上级或社会广泛关注且有利于推动工程建设的；

3. 面向社会提供网上服务，有较高的知名度，网页内容实时性强，有较强的实用性并产生显著的宣传效果，获得较好社会评价的；

4. 对网站建设与管理工作积极提出建议、意见，并且被采用实施的。

第二十六条 处罚。

1. 凡有以下情况的给予通报批评：

（1）对网站工作重视不够，指定专门人员未尽责任的；

（2）上网内容虚假或有较多错误，信息提供不足使得内容长期不更新的；

（3）不按要求及时报送信息，对工程建设产生不良影响的。

2. 凡有以下情况的除给予通报批评外，还将按照有关规定追究其责任：

（1）违反规定造成失密、泄密，给南水北调工程和国家造成重大损失的。

（2）损害省南水北调办形象或在社会上造成不良影响的。

（3）违反第十五条规定发布信息的。

附 则

第二十七条 本办法由综合处负责解释。

第二十八条 本办法自颁布之日起试行。

河北省南水北调工程文物保护资金管理办法实施细则

2009年6月8日
（冀文物发［2009］84号）

第一条 为加强南水北调工程文物保护资金使用管理，根据《中华人民共和国文物保护法》，《南水北调工程建设征地补偿和移民安置资金管理办法》，国家文物局、国务院南水北调办《南水北调东、中线一期工程文物保护管理办法》，国家文物局、国务院南水北调办《南水北调工程建设文物保护资金管理办法》，国家发展和改革委《印发国家发展改革委关于审批南水北调中线一期工程可行性研究总报告的请示的通知》等有关法律、规定、规章，制定本细则。

第二条 南水北调工程文物保护资金，是指由国家批准拨付的用于南水北调工程文物保护工作的投资资金。

第三条 南水北调工程文物保护资金由河北省文物局统一管理。河北省文物局南水北调工程文物保护办公室，作为专设的业务工作组织机构，负责编制南水北调工程文物保护项目实施方案及经费概算，提出资金拨付计划。省文物局财务部门具体负责南水北调工程文物保护资金的统筹管理和拨付；确保文物保护资金的单独核算，专款专用。

第四条 南水北调工程文物保护资金的使用由三部分构成：

（一）考古发掘责任方考古发掘资金；

（二）文物保护统筹资金；

（三）市、县级文物部门协助考古发掘责任方、监理单位及其建设工程施工过程中文物巡查工作的协作资金。

第五条 考古发掘责任方考古发掘资金，是指按照考古发掘项目法人与河北省文物局签订的《河北省南水北调中线干线建设工程考古发掘项目协议书》，由省文物局直接拨付于考古发掘项目法人单位用于南水北调工程文物勘探和考古发掘工作所需的费用。

第六条 考古发掘责任方考古发掘资金的使用应符合《考古调查、勘探、发掘预算定额管理办法》中所列分项预算构成。按照《河北省南水北调中线干线建设工程考古发掘项目协议书》完成情况由省文物局向考古发掘项目责任单位分阶段拨付。考古发掘全部工作完成后，考古发掘项目责任单位应向省文物局提交项目经费决算表。

第七条 市、县级文物部门协作资金是指相关市、县级文物部门协助考古发掘责任方、监理单位完成考古发掘工作及其工程施工过程中文物巡查费用。包括办公费、印刷费、水电费、取暖费、邮电费、基本设备费、会议费、交通费、差旅费、接待费、不可预见费等。

第八条 市、县级文物部门协作费从南水北调工程本辖区文物保护项目资金中（市级文物部门占项目经费的10%；县级文物部门占项目经费的5%）列支。

第九条 市、县级文物部门协作资金由省文物局直接拨至考古发掘责任方，由考古发掘责任方拨至协作单位。田野工作结束时，协作单位应向考古发掘项目责任方提交协作工作总结报告和协作经费决算表。

第十条 文物保护统筹资金是河北省文物局组织实施南水北调工程文物保护管理工作费用。包括施工过程中新发现文物遗存文物保护费、基本预备费、资料出版费、科研费、监理费、培训费、行政管理费、不可预见费、考古发掘资料整理基地费等项费用。占项目经费的18.8%。主要用途包括：

（一）工程施工中新发现文物遗存文物保护工作；

（二）文物保护项目实施过程中的不可预见性工作；

（三）专题研究、综合性研究及出版，相关的学术研讨、专题调研、考察学习；

（四）重要文物的修复、保护；

（五）出土文物保护设施；

（六）出土文物的宣传展示；

（七）河北省南水北调建设工程文物保护工作办公室日常工作所需经费，包括办公费、印刷费、水电费、取暖费、物业管理费、邮电费、房屋租赁费、办公设备费、会议费、交通费、差旅费、招待费、专家论证费、检查，审计和验收费、招聘人员工资和保险费、资料制作费、交通工具购置费、不可预见费等。

第十一条 河北省南水北调工程文物保护办公室统一安排统筹资金文物保护项目，并组织实施项目检查、验收工作。

第十二条 新发现文物遗存考古发掘项目使用统筹资金实行合同制管理，项目承担单位应根据有关规范编制项目预算；经河北省南水北调工程文物保护办公室核定后签订项目合同，并按合同约定和项目实施进度拨付项目经费；项目结束后，项目承担单位应及时编报项目决算。

第十三条 南水北调工程文物保护资金使用单位应严格执行国家规定的财政、财务制度，建立健全必要管理制度和手续。项目完成后，要及时向有关部门报送资金支出决算和资金使用效果的文字报告，接受有关部门对已完成项目的验收、检查和审计。任何单位或个人不得随意挪用、拆借和侵占文物保护资金。

第十四条 本规定自公布之日起执行。

江苏省南水北调截污导流工程验收管理办法

2009年3月25日
（苏调办［2009］15号）

第一章 总 则

第一条 为加强江苏省南水北调截污导流工程验收管理，规范工程验收行为，明确工程验收职责，提高工程验收质量，根据省南水北调办公室《江苏省南水北调截污导流工程建设管理办法》，参照国务院南水北调工程建设委员会办公室《南水北调工程验收工作导则（NSBD 10—2007）》，结合江苏省南水北调截污导流工程建设特点，制定本办法。

第二条 江苏省截污导流工程验收工作的主要依据是国家有关法律、法规、规章和技术标准，主管部门有关管理规定，经批准的设计文件及相应的设计变更、修改文件，施工合同，监理签发的施工图纸和说明，设备技术说明书等。

第三条 本办法适用于徐州、淮安、宿迁、江都市南水北调截污导流工程各项验收工作。

第二章 验收阶段划分与验收单位

第四条 截污导流工程验收分为施工合同验收、专项验收、设计单元完工验收（包括江都、淮安、宿迁、徐州市截污导流工程4个设计单元）和竣工验收。

第五条 施工合同验收分为分部工程验收、阶段验收、单位工程验收、合同项目完成验收等。施工合同验收由项目法人主持（分部工程验收可由监理单位主持），由设计、监理、施工等单位代表参加。重要的阶段验收和合同项目完成验收，省南水北调办公室、质量监督机构等单位代表参加。

第六条 专项验收包括征地补偿与移民安置、水土保持、环境保护、工程档案、消防设施等验收。专项验收由有关主管部门主持，验收方案由省南水北调办公室、项目法人根据有关规定及专项批复文件商专项验收主持单位确定。

水土保持专项验收执行水利部《开发建设项目水土保持设施验收管理办法》（第16号令）。

环境保护专项验收执行国家环境保护部（原国家环境保护总局）《建设项目竣工环境保护验收办法》（第13号令）。

征地补偿和移民安置专项验收执行省南水北调办公室相关工程建设征地补偿和移民安置验收工作规定。

工程档案专项验收执行国务院南水北调办公室相关工程档案管理规定。

消防设施专项验收执行消防主管部门相关建筑物消防设施管理规定。

第七条 设计单元完工验收由省南水北调办公室主持，由项目法人、项目运行管理单位、质量监督机构及设计、施工、监理等单位代表参加，必要时可邀请上述单位以外的专家参加。

第八条 竣工验收由省发展改革委员会主持，由省南水北调办公室、地方政府、有关行政主管部门、质量监督机构等单位代表以及经济、技术、运行、管理等方面的专家参加。项目法人、项目运行管理单位以及设计、施工、监理等单位作为被验收单位参加会议。竣工验收前需完成竣工财务决算及审计工作。

第三章 验收组织工作

第九条 为便于及时组织工程验收，项目法人应结合工程实际和进展情况，制定设计单元工程验收方案和年度工程验收计划，报省南水北调办公室备案。

第十条 施工合同验收经费包含在合同价款中；专项验收、设计单元完工验收和竣工验收所需经费，由项目法人报省南水北调办公室核备后，从工程预备费中列支。

第十一条 工程具备验收条件时，项目法人应根据验收主体的不同，及时组织验收或提出验收申请。验收主持单位应根据工程进展情况，及时组织验收。未经验收或验收不合格的工程，不得交付使用或进行后续工程施工。

第十二条 工程验收需成立验收委员会，验收工作由验收委员会负责。验收程序参照国务院南水北调工程建设委员会办公室《南水北调工程验收工作导则（NSBD 10—2007）》执行。对验收发现的问题，由验收委员会商定。验收委员会主任委员对争议问题有裁决权，如有二分之一以上成员不同意裁决意见时，应由验收主持单位报请省南水北调办公室或省发展改革委决定。

第十三条 验收中的质量评定，应按有关规定报质量监督机构核备或核定。

第四章 验收资料准备

第十四条 工程验收前，必须按规定做好验收资料的准备工作。工程验收需准备的资料及编写格式参照国务院南水北调工程建设委员会办公室《南水北调工程验收工作导则（NSBD 10—2007）》有关资料编写大纲执行。

第十五条 项目法人是工程验收资料准备的责任单位，工程验收前项目法人应组织有关单位认真编写，并对验收资料的真实性、完整性负责，否则由此诱发的错误验收结论，由资料提供单位承担直接责任。

第十六条 施工、监理工作报告以合同为单位编写；建设管理、设计工作报告按验收范围和具体承担内容编写；运行管理准备工作报告按运行管理单位编写；征地补偿和移民安置工作报告由项目法人负责编写。

第五章 验收结论及责任

第十七条 验收委员会应及时将验收鉴定书报验收主持单位核备，并对验收鉴定书的真实性负责。验收委员会成员在验收工作中违反规定，视情节轻重给予处分，后果严重、构成犯罪的，依法追究刑事责任。

第十八条 验收遗留问题应由责任单位及时提出处理方案和实施计划，并由项目法人报省南水北调办公室核备。

第六章 工程移交

第十九条 工程移交的主要依据是工程批准文件、有关设计修改文件以及工程验收鉴定书，并按照有关规定进行移交。

第二十条 工程移交包括施工单位向项目法人移交，以及项目法人向运行管理单位的移交。

第二十一条 工程移交的内容包括工程实体、固定资产和档案的移交。工程移交后，其运行、观测、维护等管理工作由接受单位负责，项目法人及有关单位协助。

第二十二条 工程移交由项目法人、施工单位、运行管理单位组成的工程移交小组负责，设计及监理单位予以协助。省南水北调办公室负责行政监督。

第二十三条 施工单位在工程通过合同完工验收后可向项目法人移交，项目法人在工程通过设计单元完工验收或合同完工验收后可向运行管理单位移交并办理移交手续。

第七章 附则

第二十四条 本办法由省南水北调办公室负责解释。

第二十五条 本办法自发布之日起实行。

山东省南水北调工程临时用地复垦实施管理办法

2009 年 3 月 18 日
（鲁调水政字［2009］13 号）

第一章 总 则

第一条 为规范南水北调工程临时用地复垦实施管理工作，维护土地所有人的合法权益，创建和谐稳定的施工环境，依据《土地复垦规定（国务院令第 19 号）》、《南水北调工程建设征地补偿和移民安置暂行办法》和《山东省土地复垦管理办法》等相关规定，结合山东南水北调工程的实际，制定本办法。

第二条 本办法中所称临时用地复垦，是指在山东境内南水北调工程建设过程中，因交通运输、施工生活、生产加工、取土、开挖、弃土（泥、渣）等临时用地对土地造成的破坏，通过采取整治措施，使其恢复到可利用状态的活动。本办法中所称复垦实施，是指初步设计批复后采取的复垦措施和开展复垦工作的过程。

第三条 本办法适用于山东境内南水北调东线一期未开工主体工程临时用地复垦，正在实施的主体工程、主体工程中截污导流工程及续建配套工程可参照本办法执行。

第四条 南水北调工程临时用地复垦，应当遵循下列原则：

（一）顾全大局，服从工程整体安排，兼顾国家、集体、个人利益；

（二）合理利用土地，切实保护耕地；

（三）统一规划，统筹安排，综合实施；

（四）源头控制、预防与复垦相结合；

（五）经济效益、社会效益、生态效益相统一；

（六）因地制宜，复垦后优先用于农业，宜粮则粮，宜牧则牧，宜渔则渔，对于临时使用林地的应当恢复为林业用地。

第五条 临时用地复垦实行“政府领导、分级负责、县为基础、行业监督指导、现场建管机构参与”的管理体制。

第二章 复 垦 设 计

第六条 在初步设计报告中应当列有临时用地复垦专题设计报告。

第七条 技施设计（施工图）阶段临时用地复垦设计的编制应当由具备省级以上有关部门核发的乙级以上水土保持、生态环境、营造林工程等规划设计资质或具有从事土地复垦规划设计业绩的单位承担。

第八条 初步设计批复后，技施设计阶段临时用地复垦设计编制内容，包括临时用地复垦方案和复垦设计报告。设计单位应当根据通过评审的临时用地复垦方案编制临时用地复垦设计报告。

第九条 技施设计阶段临时用地复垦按批复的复垦投资概算限额设计，在技施设计阶段编制的复垦设计预算中应当包括建筑工程费、机电设备及安装工程费、金属结构及安装工程费、施工临时工程费、独立费用和预备费，独立费用中应当包括建设单位管理费、评审费、设计费、测量费、地力损失补偿费及其他费用。

临时用地复垦地力损失补偿费是指复垦实施中采取生物化学和农业措施所需要的投资。

第十条 编制临时用地复垦方案和复垦设计时，应当充分征求征地移民设计单位、乡（镇）人民政府、土地所有人、县国土及林业等行政主管部门的意见，复垦设计涉及土地所有人和使用人的利益时，应当征求土地所有人的意见。

第十一条 临时用地复垦设计单位应当根据当地自然环境与社会经济发展情况，按照经济可行、技术科学合理、综合效益最佳和便于操作的要求，结合项目特征和实际情况确定复垦方案，对复垦方案和复垦设计报告的真实性和科学性负责。

第十二条 临时用地复垦方案由省国土行政主管部门组织专家进行评审，临时用地复垦设计报告由市南水北调办事机构组织有关单位及专家进行评审。

第十三条 临时用地复垦方案和复垦设计报告评审通过后，由市南水北调办事机构批复，报省南水北调办事机构备案。

第三章 复 垦 实 施

第十四条 南水北调工程临时用地复垦分两个阶段组织实施。

第一阶段是结合主体工程实施的复垦，主要任务是临时用地表层土（耕作层）的剥离、集中堆放、看管和对弃土（泥、渣）的处理等，复垦费用从主体工程中列支。必要时根据工程实际情况，经现场建设管理机构批准后，可将永久征用耕地表层土剥离用于临时用地复垦。

第二阶段是主体工程完成后实施的复垦，主要任务是临时用地表层土回填、水利及交通等专项设施恢复、地力损失补偿费兑付、办理用地移交等，复垦费用从征地移民临时用地复垦投资中列支。

第十五条 为便于与主体工程协调，第一阶段结合主体工程实施的复垦施工及监理任务，在主体工程招标时应当明确，由承担主体工程施工及监理任务的企业一并完成。

第十六条 实施第一阶段复垦时，参与实施单位应当采用科学合理的工程技术措施，尽可能减少、降低土地破坏的面积和程度，严格落实表层土剥离、集中堆放和弃土处理等措施，切实做到源头控制，预防与复垦相结合，确保不出现新的水土流失。

复垦设计中没有明确表层土剥离和回填厚度的，由现场建设管理机构会同监理单位商县南水北调办事机构等单位确定。

第十七条 承担第一阶段复垦施工的企业要采取各种措施，确保复垦施工质量，除达到经过批准的复垦设计标准外，并应当做到：

（一）尽量减少对临时弃土区、施工道路、施工生活区、生产加工区表层土的破坏；

（二）对临时用地中的开挖区、永久弃土区在施工中必须破坏表层土的，首先将不适应耕作的杂物清除干净，再将表层土剥离和集中堆放，并负责表层土的看管，避免雨水冲刷流失和盗用，必要时采取工程措施；

（三）施工企业修建施工道路、施工生活区、生产加工区、集中拌和站等产生的建筑及生活垃圾，要向县南水北调办事机构缴纳企业用地恢复保证金，待全部垃圾清理并验收通过后，全额返还保证金；

（四）开挖区要按规定进行回填压实并基本整平，回填土应当达到的高程为设计地面高程减去设计或规定的表层土回填厚度，若回填高度不够，要另行调土回填；

（五）临时用地的永久弃土区应当按要求回填、压实和整平，基本符合灌排坡度；

（六）临时使用建设用地的，由施工企业按招标文件及有关规定恢复原状；

（七）尽量避免破坏水利、交通等专项设施。能避免破坏的机井要进行井口妥善压盖，需要加高井管的由主体工程施工企业实施，所需费用由县南水北调办事机构支付，能避免破坏的桥涵、道路要采取妥善措施。

第十八条 承担第二阶段复垦施工的企业，要将开挖区表层土回填到与设计地面高程基本一致，对临时用地中的永久弃土区应当将表层土回填均匀，复垦后除达到经批准的复垦设计标准外，还要符合以下要求：

（一）用于农业用地（含菜地）的，复垦后土地达到地面平整，排灌便利，符合种植要求；

（二）用于林业用地的，复垦后能满足林木生长的要求；

（三）用于水产养殖的，复垦后应当具备

养殖的基本要求；

（四）用于基本建设的，复垦后填充层需经引水沉降或夯实。

第十九条 水利、交通等专项设施恢复，应当本着“原规模、原标准和恢复原功能”的原则进行。对于已经补偿的水利、交通等专项设施，由领取补偿金的单位和个人自行恢复。

第二十条 临时用地永久弃土区的边坡植树、种草等，由水土保持项目完成。

第四章 复垦验收及移交

第二十一条 第一阶段复垦完成后，由施工企业提出验收申请，现场建设管理机构组织验收，验收通过后，交县南水北调办事机构组织实施第二阶段的复垦任务，相关复垦施工档案资料报县南水北调办事机构存档备案。

第二十二条 第二阶段复垦任务完成后，凡具备用地移交条件的地块，县南水北调办事机构应当及时组织进行第二阶段的复垦验收，同时办理用地移交。

凡使用农民集体土地的，由乡人民政府与村委会办理用地移交，同时村委会应当及时召开村民代表大会确定土地使用方案。

凡使用国有土地的，由县南水北调办事机构与国有土地所有人办理用地移交。

第二十三条 在第二阶段复垦验收和用地移交中出现土地面积、权属纠纷，由县南水北调办事机构委托具有土地勘测资质的单位进行测绘，由县国土行政主管部门裁决。

第二十四条 第一阶段及第二阶段复垦验收鉴定书，送市南水北调办事机构及县国土、林业行政主管部门等相关单位存档备案。

第二十五条 完成全部临时用地复垦任务并通过第二阶段复垦验收的，由县人民政府组织国土、林业等行政主管部门及相关单位完成复垦竣工验收工作，复垦竣工验收鉴定书由市南水北调办事机构批准印发，送参加验收的单位及项目法人存档备案。

第五章 资 金 管 理

第二十六条 临时用地复垦资金必须专款专用，任何单位和个人不得截留、挤占和挪用。

第二十七条 临时用地复垦概算投资按设计单元工程以县为单位包干使用，允许内部调节。

第二十八条 临时用地复垦资金使用和管理要接受上级主管部门的审计、稽察和监督。

第二十九条 各级南水北调办事机构应当根据临时用地复垦实施计划、复垦实施进度和协议规定，及时拨付复垦资金。

第三十条 临时用地复垦方案中水土保持项目投资从国家批复的水土保持概算投资中列支。

第三十一条 临时用地复垦方案中对林地复垦的资金使用，由县人民政府负责协调。

国家批复的征地移民概算投资中已计列林地复垦投资的，则从征地移民投资和返还到县级财政的森林植被恢复费中列支。

国家批复的征地移民概算投资中没有计列林地复垦投资的，全部从返还到县级财政的森林植被恢复费中列支。

第三十二条 未按照本办法第十七条、第十八条办理的，所造成增加的临时用地复垦费用由负责施工的企业承担。

第六章 各 方 责 任

第三十三条 省南水北调办事机构负责全省南水北调工程临时用地复垦工作的管理和监督，督促设计单位在初步设计报告编制中同时完成临时用地复垦专题报告，参与协调临时用地复垦方案及复垦设计报告的评审，参与临时用地复垦招标和验收工作。

第三十四条 市南水北调办事机构负责本行政区内南水北调工程临时用地复垦工作的管理和监督，参与临时用地复垦招标工作，协调复垦方案的编制，主持临时用地复垦竣工验收工作。

第三十五条 县人民政府是临时用地复垦的责任主体，县南水北调办事机构负责临时用地复垦的具体组织实施工作。

县人民政府负责在开工前发布禁止在征地范围内取土、盗土、使用表层土及维护施工环境的公告，负责与乡人民政府签订临时用地地力损失补偿协议，负责本行政区内临时用地复垦纠纷协调及信访受理工作。

县南水北调办事机构负责按有关规定委托或招标选择设计、监理、施工、测绘单位，协调设计单位完成复垦方案和复垦设计报告编制，制订复垦实施计划，分解复垦工作任务，负责第二阶段复垦实施管理工作，办理用地移交手续。

县国土行政主管部门负责对临时用地复垦进行监督指导，负责复垦前后临时用地面积、地类和权属的确认，对复垦后土地用途和权属的变化及时办理变更手续，参与复垦竣工验收工作。

县林业行政主管部门负责临时使用林地复垦（恢复）工作的监督指导，落实森林植被恢复费在林地复垦中的使用，参与复垦竣工验收工作。

第三十六条 现场建设管理机构负责第一阶段复垦实施管理，落实临时用地复垦方案中水土保持项目实施及验收工作，负责协调企业与县南水北调办事机构签订缴纳企业用地恢复保证金协议，负责将有关第一阶段复垦工作内容和责任列入主体工程招标文件中。

第三十七条 乡人民政府负责临时用地地力损失补偿资金的管理和兑付，负责与有关村委会办理土地移交，负责本行政区内临时用地复垦纠纷协调及信访受理工作，参与复垦验收工作。

第七章　附　　则

第三十八条 本办法由山东省南水北调工程建设管理局负责解释。

第三十九条 本办法自印发之日起执行。

山东省南水北调工程专项设施恢复建设实施管理暂行办法

2009 年 4 月 1 日

（鲁调水政字［2009］14 号）

第一条 为规范南水北调工程征地补偿和移民安置（以下简称征地移民）中专项设施恢复建设实施管理工作，保障工程建设的顺利实施，依据《大中型水利水电工程建设征地补偿和移民安置条例》、《南水北调工程建设征地补偿和移民安置暂行办法》、《水利水电工程建设征地移民设计规范》（SL 290—2003）等相关规定，结合山东南水北调工程征地移民工作实际，制定本办法。

第二条 本办法中所称专项设施恢复建设，包括工程征地移民中下列内容：

（一）水利、交通、电力、通信、有线电视、供排水、供气、供热、电缆、石油管道、水文站、军事、永久测量标志等专业项目的恢复改建；

（二）工矿企业、城镇和集镇的迁建；

（三）移民安置区的供水、供电、排水、交通、文教、卫生等基础设施配套和库区防护工程建设。

第三条 本办法适用于山东境内南水北调东线一期未开工主体工程征地移民中的专项设施恢复建设，正在实施的主体工程、主体工程中截污导流工程及续建配套工程可参照本办法执行。

本办法中所称专项设施恢复建设管理，是指初步设计批复后，所开展的专项设施恢复建设工作过程及采取的措施。

第四条 南水北调工程专项设施恢复建设实施管理工作实行“政府领导、分级负责、县为基础、投资包干、行业监督指导”的管理体制。

省南水北调办事机构，负责全省南水北调工程专项设施恢复建设实施工作的指导、检查和监督。

市南水北调办事机构，负责本行政区内南水北调工程专项设施恢复建设实施工作的管理、指导、检查和监督，负责跨县（市、区）专项设施恢复建设的组织实施。

县人民政府是南水北调工程专项设施恢复建设实施管理的责任主体，县南水北调办事机构负责组织实施。

水利、交通、电力、通信等市、县级行业主管部门和产权单位负责督促、协调，落实本行业、本部门专项设施恢复建设工作，包括参与实施阶段恢复方案的编制审查、实施指导检查和初步验收等工作。

现场建设管理机构，参与专项设施恢复建设的实施协调及验收工作。

第五条 专项设施恢复建设实施管理应当严格履行基本建设程序，并根据相应行业规程、规范组织实施。

第六条 专项设施恢复建设应当按照批复的初步设计确定的规模、标准和内容进行实施，按设计单元工程以县为单位（跨县的以市为单位）对批复的概算投资包干使用，允许内部调节。

第七条 专项设施恢复建设应当按照“原规模、原标准和恢复原功能”的原则实施，因扩大规模、提高标准（等级）或改变功能需要增加的投资，由有关单位自行解决。

第八条 专项设施恢复建设技施阶段设计工作，由组织实施单位负责按规定招标或委托选择符合资质要求的单位进行限额设计。编制设计预算应当包括建筑工程费、机电设备及安装工程费、金属结构设备及安装工程费、临时工程费、独立费用和预备费，独立费用中应当包括建设单位管理费、评审费、设计费、测量费、勘探费及其他费用。

第九条 专项设施恢复建设技施阶段设计报告由市南水北调办事机构组织评审并批复。

第十条 专项设施恢复建设的设计变更，由市南水北调办事机构组织评审并批复后实施。

第十一条 技施阶段设计报告评审通过后，由组织实施单位负责按规定招标或委托选择施工和监理单位。

第十二条 对于与主体工程交叉的水利、交通等工程，应当优先考虑由承担主体工程施工的企业实施。

第十三条 不需要恢复建设的专项设施，由组织实施单位与专项设施的权属单位或主管部门协商后签订协议，将补偿资金直接拨付给专项设施的权属单位或主管部门。

第十四条 各级南水北调办事机构应当根据专项设施恢复建设实施计划、进度和协议规定，及时拨付专项设施恢复建设资金。

专项设施恢复建设资金应当严格按照基本建设程序管理，按批准的实施方案和预算使用。

第十五条 专项设施恢复建设是工程征地移民的重要组成部分，资金管理应当按照《南水北调工程建设征地补偿和移民安置资金管理办法（试行）》、《南水北调工程征地移民资金会计核算办法》和《山东省南水北调工程建设征地移民资金管理指导意见》等规定执行。

第十六条 本办法由山东省南水北调工程建设管理局负责解释。

第十七条 本办法自印发之日起执行。

山东省南水北调工程征地移民实施管理暂行办法

2009年4月2日
（鲁调水政字［2009］15号）

第一章 总 则

第一条 为规范南水北调工程征地补偿和移民安置（以下简称征地移民）实施管理工作，维护移民的合法权益，保障工程建设的顺利进行，依据《大中型水利水电工程建设征地补偿和移民安置条例》、《南水北调工程建设征地补偿和移民安置暂行办法》等相关规定，结合山东南水北调工程征地移民工作实际，制定本办法。

第二条 本办法中所称征地移民实施，是指初步设计批复后，所进行的征地移民工作过程及采取的措施。

本办法中所称移民，是指南水北调工程建设需要进行生产安置和搬迁安置的人口。

第三条 本办法适用于山东境内南水北调东线一期未开工主体工程的征地移民实施管理工作，正在实施的主体工程、主体工程中截污导流工程及续建配套工程可参照本办法执行。

第四条 南水北调工程征地移民工作应当遵循下列原则：

（一）兼顾国家、集体和个人的利益；

（二）维护移民的合法权益，妥善安置移民；

（三）遵循公开、公平和公正的原则；

（四）坚持以人为本，遵循科学发展观，实行开发性移民；

（五）因地制宜，统筹规划，综合实施。

第五条 南水北调工程征地移民实施管理工作实行“政府领导、分级负责、县为基础、投资包干、项目法人参与、全过程监理监测”的管理体制。

第六条 县（市、区）人民政府是征地移民实施的责任主体，县人民政府法定代表人为第一责任人，依据经批准的征地移民实施方案，对征地移民实施的任务、进度、质量、资金管理、档案管理及县级验收等负总责。

第七条 市、县人民政府负责发布在征地范围内禁止新增项目和取土、维护施工环境等内容的通告。

第八条 各级南水北调办事机构是征地移民实施管理的工作机构。

第九条 初步设计批复后，设计单位应当按设计委托合同及时完成征地移民技施阶段的设计任务，派设计代表常驻工地解决征地移民实施中遇到的设计问题，履行设计单位职责。

第十条 南水北调工程征地移民实施管理工作，包括开展技施阶段实物量组织调查、征地移民实施方案编制、补偿资金兑付、移民安置区基础设施配套建设、城（集）镇及工矿企业迁建、移民生产及搬迁安置、专项设施恢复建设、临时用地复垦、工程建设用地交付、征地界桩交付及征地移民验收等内容。

第十一条 南水北调工程征地移民实行公告（公示）制度，公告内容主要包括征用土地、征地补偿、移民安置、集体补偿资金分配方案等。

征用农民集体所有土地的，应当在被征用土地所在地的村、组内以书面形式公告。

第二章 征 地 补 偿

第十二条 征地移民直接补偿费用、森林植被恢复费、耕地开垦费，按批复的概算投资，由省南水北调办事机构与各市人民政府签订征地移民任务及投资包干协议，按设计单元工程以县为单位包干使用，允许内部调节。

第十三条 实物量调查及勘测定界外业

工作由县人民政府组织，移民监理单位复核，设计单位认可，权属单位配合，省、市南水北调办事机构监督指导。

第十四条 征收耕地补偿费标准按土地补偿费和安置补助费之和为该耕地被征收前三年平均年产值的16倍；征收其他土地补偿、青苗补偿及附着物补偿标准按省、市有关政策执行。

第十五条 征地面积按照批准的设计文件由勘测定界单位确定，地类及行政边界由县人民政府组织国土、林业等行政主管部门按有关规定确定。

第十六条 征地及使用林地手续由县人民政府负责组织上报，业务工作由县国土、林业等行政主管部门及南水北调办事机构负责。省、市南水北调办事机构负责协调本级国土、林业等行政主管部门办理征地及使用林地手续。

第三章 移 民 安 置

第十七条 移民安置人口包括生产安置人口和搬迁安置人口。

生产安置人口是指工程永久征用耕园地或农用地，必须重新进行安排生产的人口，生产安置人口以设计和移民监理单位核定的数量为准。

搬迁安置人口是指初步设计批复后，由设计单位提供的永久征地、临时用地、工程影响范围内必须搬迁和其他原因必须搬迁的人口。

第十八条 移民搬迁安置分为规划安置和自行安置。

对规划安置的，按批准的移民安置选址方案实施。将移民个人财产补偿费存入移民户主账户，专项用于移民按规划要求自建住宅。移民建房用地实行统一规划配置，移民安置区的基础设施配套工程实行统一建设。

对自行安置的，按照，“本人申请、村乡审查、依法公证、张榜公告、货币兑现”的程序办理手续后，将征地安置补助费及个人财产补偿费，存入移民户主账户。

第十九条 经批准的征地移民实施方案必须严格执行，不得擅自调整或修改。确需调整或修改的，应当按有关规定逐级上报审批。调整或修改不突破批复概算投资的，需经市南水北调办事机构审批。调整或修改突破批复概算投资的，需由市人民政府组织有关单位评审后报省南水北调办事机构按有关规定办理。

第二十条 征地移民实施方案经批准，并完成移民安置或补偿经费兑现后，移民不得拖延搬迁或者拒绝搬迁，不得返迁或者要求再次补偿、补助，不得干扰其他移民搬迁和影响工程正常施工。

第二十一条 移民安置工程包括移民安置区基础设施配套建设、城（集）镇和农村迁建、工矿企业迁建等项目，技施阶段实行限额设计，设计报告由市南水北调办事机构审批后实施，因扩大规模、提高标准增加的费用，由地方人民政府或有关单位自行解决。

第二十二条 在移民安置工程实施中，确需调整和变更施工设计的，经设计和监理单位会商后提出意见，按有关规定办理。

第四章 征地移民监理和移民安置监测评估

第二十三条 南水北调工程征地移民工作实行监理和监测评估制度。

第二十四条 征地移民监理和移民安置监测评估单位要依据有关法规、办法及经批准的征地移民实施方案、签订的有关合同等文件，按照公正、独立、自主的原则开展工作。

征地移民监理单位的主要工作是监督征地移民有关政策的落实，控制和监督征地移民实施的进度、质量和投资，进行合同和信息管理，协调有关单位之间的工作关系，指导征地移民档案整理，控制征地界桩埋设质量，参与征地移民验收，配合检查、审计等。在征地移民实施高峰期采用跟踪旁站的方式监理，一般采用巡视检查的方式监理。实物量变化和补偿资金兑付，需经征地移民监理工程师签字后方可开展后续工作。

移民安置监测评估单位的主要工作是对移民搬迁前的生产生活情况进行基底调查，对安置后生产用地落实、生产生活恢复进行监测。运用资料分析、现场调查、抽样调查、跟踪调查等方法收集移民安置生产生活情况的信息，采用统计、分析等方法进行评估。

征地移民监理和移民安置监测评估单位应当按有关规定及协议要求定期提交工作报告。

第二十五条 各级人民政府和南水北调办事机构应当积极配合征地移民监理和移民安置监测评估单位开展工作，如实提供相关资料。

第五章 各级政府及办事机构职责

第二十六条 省南水北调办事机构任务及职责：

（一）负责全省南水北调工程征地移民实施管理工作的指导、检查和监督；

（二）负责将项目法人与省级南水北调办事机构签订的“征地移民任务及投资包干协议”中征地移民的具体任务，分解落实到有关市人民政府，监督、指导征地移民实施方案的执行；

（三）对征地移民包干资金使用情况进行监督、检查，配合国家对征地移民资金的审计、稽察工作；

（四）对按时完成征地移民任务的先进单位和个人进行表彰奖励，对因征地移民工作影响工程建设的单位进行通报批评；

（五）负责按规定招标或委托选择移民监理、监测评估和勘测定界单位，进行技术培训工作；

（六）参与征地移民各阶段验收和征地移民实施招标工作，负责征地移民省级验收；

（七）及时协调处理征地移民工作中出现的重大问题，并将出现的重大问题及时报告省人民政府。

第二十七条 市人民政府（南水北调办事机构）任务及职责：

（一）负责本行政区内征地移民实施管理工作的组织、指导和监督；

（二）负责将省南水北调办事机构与市人民政府签订的“征地移民任务及投资包干协议”中征地移民的具体任务，分解落实到有关县人民政府，与县人民政府签订征地移民任务及投资包干协议，参与技术培训工作；

（三）对县级申报的征地移民实施方案和移民安置选址方案组织评审并批复；

（四）按照有关规定、政策和批准的征地移民实施方案，组织对征地移民实施及资金管理工作进行检查、审计，按时编报征地移民统计报表和资金会计报表；

（五）参与征地移民县级验收工作，负责征地移民市级验收工作；

（六）做好信访工作，协同有关部门及时处理突发事件；

（七）督促县级人民政府办理征地及使用林地手续。

第二十八条 县人民政府（南水北调办事机构）任务及职责：

（一）宣传征地移民法律、法规，做好移民的思想教育工作，及时妥善处理征地移民工作中出现的问题，维护工程施工环境及社会稳定，参与技术培训工作；

（二）负责按规定招标或委托选择设计单位完成本行政区内的征地移民技施阶段的设计任务，组织编制征地移民实施方案和移民安置选址方案；

（三）按照市人民政府与县人民政府签订的“征地移民任务及投资包干协议”要求，分解、落实、完成本行政区内的征地移民实施任务；

（四）按照经批准的征地移民实施方案，严格征地移民资金管理，组织对征地移民资金的使用情况进行检查、审计，按要求及时上报征地移民统计报表和资金会计报表；

（五）按照“公开、公正、接受人民群众监督”的原则，充分听取移民意见，严格依法办事，切实保护移民的合法权益；

（六）按有关规定及时收集、整理、归档征地移民资料，保证档案资料的完整、准确、系统、安全和有效；

（七）负责征地移民县级验收工作。

第六章　资　金　管　理

第二十九条　各级南水北调办事机构应当根据征地移民实施计划、进度和协议规定，及时拨付征地移民资金。

第三十条　征地移民资金管理应当按照《南水北调工程建设征地补偿和移民安置资金管理办法（试行）》、《南水北调工程征地移民资金会计核算办法》和《山东省南水北调工程建设征地移民资金管理指导意见》等规定执行。

第七章　附　　则

第三十一条　任何单位或个人有下列行为之一的，责令其限期改正，并依据有关法律、法规给予行政处罚或者行政处分。构成犯罪的，交由司法机关依法追究刑事责任：

（一）挪用、侵占、贪污征地移民资金的；

（二）擅自变更已经批准的征地移民实施方案，造成严重后果的；

（三）对征地移民工作故意推诿，玩忽职守影响正常移民安置的；

（四）无理拖欠征地移民资金，影响征地移民工作正常进行的；

（五）国家机关工作人员滥用职权，侵犯移民合法权益的；

（六）扰乱社会公共秩序，致使征地移民工作不能正常进行的。

第三十二条　市、县人民政府（南水北调指挥机构）应当制定奖励政策，对南水北调工程征地移民工作中做出突出成绩的单位和个人给予表彰奖励。

第三十三条　临时用地复垦、专项设施恢复建设、征地移民验收及档案管理按有关规定执行。

第三十四条　本办法由山东省南水北调工程建设管理局负责解释。

第三十五条　本办法自印发之日起执行。

山东省南水北调工程基金筹集和使用管理办法

2009年3月27日

（鲁政办发［2009］18号）

第一条　为筹集我省南水北调工程建设资金，规范南水北调工程基金（以下简称调水基金）筹集和使用管理，确保南水北调工程建设顺利实施，根据《国务院办公厅关于印发〈南水北调工程基金筹集和使用管理办法〉的通知》（国办发［2004］86号）要求，结合我省实际，制定本办法。

第二条　本办法适用于我省范围内南水北调工程基金的筹集和使用管理工作。

第三条　调水基金从以下渠道筹集。

1. 从水资源费中每年筹集3亿元。水资源费征收按照《山东省水资源费征收使用管理办法》（省政府第135号令）执行。根据各市政府承诺的引江水量和工业、城镇用水量及近年水资源费征收情况，核定各市每年上缴省调水基金及水资源费的数额（详见附件）。各县（市、区）上缴调水基金数额由所属设区的市核定。

2. 省财政安排的治污专项资金和省征收的排污费在征收期内每年安排3亿元。

3. 省财政在2008～2012年每年安排2亿元专项资金。

第四条 调水基金在全省范围内征收，征收期暂定8年。征收期满后，视实际征收情况、南水北调配套工程资金和偿还部分银行贷款本息的需要，按照国家有关规定和程序确定是否延长征收年限。

第五条 省财政厅设立调水基金专户。水资源费用作调水基金的部分，由水资源费征收单位按上级核定的数额上缴省财政调水基金专户；省财政每年安排的2亿元资金直接划入调水基金专户。省财政厅按照国家规定将用于调水主体工程的调水基金通过调水基金专户上缴中央财政。省财政安排的治污专项资金和省征收的排污费用作调水基金的部分，不划入调水基金专户，直接安排用于南水北调治污规划内的建设项目。

第六条 调水基金属于政府性基金，实行专款专用，年终结余结转下年度安排使用。调水基金用于调水工程和规划内的治污项目等，用于调水主体工程部分，按照国家有关规定编报年度使用计划，按规定用途使用；用于治污工程部分，由省主管部门提出投资建议计划，省发展改革委、财政厅要按照《山东省人民政府办公厅关于印发〈山东省南水北调东线工程治污工作职责分工〉的通知》（鲁政办字［2004］10号）确定的职责分工，加强协作，切实做好建设规划、投资计划、项目立项及资金的拨付和使用管理。

第七条 各级、各有关单位要严格按照本办法规定的征收范围、征收对象和征收标准及时足额征收调水基金，并按月缴入省财政调水基金专户，不得多收、少收、免收、缓收，也不得隐瞒、截留、坐收坐支调水基金。

从水资源费中征收的调水基金，各市、县（市、区）按照上级核定的调水基金数额上缴。对于不能按要求完成调水基金上缴任务的市，延缓或停止该市水利项目审批和项目投资安排。

第八条 各级财政、审计、价格、监察部门要加强对调水基金征收、使用和管理的监督检查。对违反规定的单位和个人，要按照有关法律法规予以查处。

第九条 省财政厅要按季度向省政府报告调水基金征收和上缴中央情况，同时抄送省发展改革委等部门。

第十条 调水基金免税事宜按国家有关政策执行。

第十一条 本办法由省发展改革委、财政厅、水利厅商有关部门负责解释。

第十二条 本办法自2008年1月1日起施行。

山东省南水北调工程征地移民验收管理暂行办法

2009年5月8日

（鲁调水政字［2009］20号）

第一章 总 则

第一条 为规范南水北调工程征地补偿和移民安置（以下简称征地移民）验收管理工作，明确验收责任，保证验收工作质量，根据《水利水电建设工程验收规程》(SL 223—2008)、《南水北调工程验收管理规定》（国调办建管［2006］13号）、《南水北调工程验收工作导则》（NSBD 10—2007）和国务院南水北调工程建设委员会办公室（以下简称国务院南水北调办）有关文件精神，结合山东南水北调工程征地移民工作实际，制定本办法。

第二条 本办法中所称征地移民验收，包含建设用地移交、征地界桩移交、移民安置、专项设施恢复建设、工矿企业迁建、城（集）镇迁建、居民区基础设施配套建设、水库库底清理、临时用地复垦和征地移民档案等专业项目的验收。

第三条 本办法适用于山东境内南水北调东线一期主体工程建设征地移民各阶段各层次验收管理工作，主体工程中截污导流工程及续建配套工程可参照本办法执行。

第四条 征地移民完成阶段性任务或达到阶段性目标后，并具备验收条件时，各级人民政府及南水北调办事机构应当及时组织有关单位及专家进行验收。

设计单元工程征地移民未经验收或者验收不合格的，不得对主体工程组织设计单元工程完工验收。

第五条 征地移民验收的依据：

（一）国家、省有关法律、法规、办法和规范性文件；

（二）经批准的征地移民初步设计文件、设计变更文件、征地移民实施方案、实施计划等；

（三）技施设计阶段专项设施恢复建设设计及审批文件；

（四）临时用地复垦方案和复垦设计报告及审批文件；

（五）各级签订的南水北调工程征地移民任务及投资包干协议；

（六）在征地移民实施中有关招投标文件及协议；

（七）相关行业验收的规范、规定；

（八）其他与征地移民验收有关的文件资料。

第六条 征地移民验收分为县（市、区）级验收、市级验收、省级验收和国家验收四个层次，国家验收按国务院南水北调办有关规定执行，征地移民验收层次划分及有关要求见附录A（略）。

第二章 县 级 验 收

第七条 县级验收的主要内容包括：

（一）建设用地及界桩交付验收；

（二）专项设施恢复建设完工验收；

（三）工矿企业迁建、城（集）镇迁建、移民安置等专业项目完工验收；

（四）水库库底清理完工验收；

（五）临时用地复垦验收；

（六）征地移民县级完工验收。

第八条 县级验收应当具备的条件：

（一）建设用地及界桩交付验收：

1. 征地面积、权属和地类已经县国土、林业行政主管部门确认；

2. 补偿资金已兑付到位；

3. 附着物（包括树木、坟头、房屋等）已基本清除；

4. 现场建设管理机构已组织完成征地界桩复测；

5. 已基本具备施工条件。

（二）专项设施恢复建设完工验收：影响主体工程建设的各专项设施已拆除或恢复。

（三）工矿企业迁建、城（集）镇迁建、移民安置等专业项目完工验收：各专业项目已拆除搬迁，不影响主体工程施工，并达到设计要求。

（四）水库库底清理完工验收：水库库底清理工作按设计要求全部完成。

（五）临时用地复垦验收：临时用地复垦按设计和规定要求达到验收的条件。

（六）征地移民县级完工验收：

1. 县级各阶段各层次验收中存在的遗留问题已处理完毕；

2. 县级征地移民财务决算已完成；

3. 与县级验收有关的档案资料（包括照片、影像）收集齐全，完成征地移民档案整编、归档工作，完成自验。

第九条 县级验收由县人民政府主持，县南水北调办事机构组织，市南水北调办事机构监督。根据验收内容的需要应当有下列单位参加：县人民政府及行政主管部门，省、市、县南水北调办事机构，乡（镇）人民政府，设计、监理、勘测定界、专项设施权属单位，现场建设管理机构，征地移民其他实施单位；验收委员会成员从参加验收单位中产生，验收委员会主任委员由验收主持单位担任，副主任委员数量及人选由验收委员会确定。

第十条 县级验收根据验收内容不同可参照下列程序进行：

（一）宣布验收会议程序，成立验收委员会；

（二）查勘征地移民现场；

（三）听取县南水北调办事机构征地移民实施管理（含概算执行情况或财务决算内容）工作报告；

（四）听取设计单位工作报告；

（五）听取移民监理单位工作报告；

（六）听取勘测定界单位工作报告；

（七）听取相关实施单位工作报告；

（八）验收委员会对工作报告进行提问并查阅征地移民档案资料；

（九）验收委员会讨论并形成验收鉴定书。

第十一条 县级验收原则以设计单元工程和征地移民专业项目为单位分别进行验收，设计单元工程跨多个县的，以县为单位分别验收，验收成果性文件及档案资料应及时归档，以备征地移民县级完工验收。

第十二条 县级验收的主要成果性文件是“征地移民县级验收鉴定书”，其格式见附录B（略），自验收通过之日起30天内由市南水北调办事机构将鉴定书印发送参验单位。

第十三条 征地移民县级验收鉴定书原件份数根据需要确定，验收主持单位存3份，省、市南水北调办事机构各存2份，县南水北调办事机构存5份，其他参加验收单位根据需要存1份。

第三章　临时用地复垦验收

第十四条 临时用地复垦验收是县级验收中的重要专业项目验收，验收内容包括：

（一）第一阶段结合主体工程实施的复垦验收；

（二）第二阶段主体工程完成后实施的复垦验收；

（三）临时用地复垦竣工验收。

第十五条 第一阶段结合主体工程实施的复垦验收，由现场建设管理机构组织，各级南水北调办事机构、乡（镇）人民政府、设计、监理、施工企业等单位参加，验收委员会组成、验收程序等参照县级验收进行。现场建设管理机构应当将验收成果性文件及档案资料及时归档，并于验收通过之日起15日内交县南水北调办事机构，以备临时用地复垦竣工验收。

第十六条 第二阶段主体工程完成后实施的复垦验收，由县南水北调办事机构组织，乡（镇）人民政府、设计、监理、施工企业等单位参加，验收委员会组成、验收程序等参照县级验收进行。凡具备用地移交条件的地块，县南水北调办事机构应及时组织办理移交手续，县南水北调办事机构应当将验收成果性文件及档案资料及时归档，以备临时用地复垦竣工验收。

第十七条 临时用地复垦第一、第二两个阶段验收已经完成，验收遗留问题已处理完毕，由市南水北调办事机构主持，县南水北调办事机构组织，省南水北调办事机构、县人民政府及相关行政主管部门等单位参加，进行临时用地复垦竣工验收。

第十八条 临时用地复垦竣工验收原则以设计单元工程为单位进行组织，多个设计单元工程同时完成临时用地复垦任务可一并组织验收，工作报告及鉴定书应当分别阐述，“临时用地复垦竣工验收鉴定书”格式见附录C（略）。

第四章　市　级　验　收

第十九条 征地移民市级验收的主要内容包括：

（一）市级组织实施的专项设施恢复建设完工验收；

（二）本市境内设计单元或部分设计单元工程征地移民初步验收。

第二十条 市级验收应具备的条件：

（一）市级组织专项设施已完成恢复建设；

（二）县级建设用地及林地使用手续已经上报；

（三）征地移民县级验收已经完成，验收中遗留问题已处理完毕；

（四）参与征地移民实施各单位已编制工作报告；

（五）市级征地移民财务决算已完成；

（六）与设计单元或部分设计单元工程征地移民验收有关的备查档案资料按规定整理完备。

第二十一条 市级验收由市人民政府或指挥机构主持，市南水北调办事机构组织，省南水北调办事机构监督。根据验收内容的需要应当有下列单位参加：县、市人民政府（指挥机构），市级相关行政主管部门，省、市、县南水北调办事机构，设计、监理、现场建设管理机构、工程运行管理单位、征地移民其他实施单位。验收委员会成员从参加验收单位中产生，验收委员会主任委员由验收主持单位担任，副主任委员数量及人选由验收委员会确定。

第二十二条 市级验收根据验收项目不同可参照下列程序进行：

（一）宣布验收会议程序，成立验收委员会；

（二）查勘征地移民现场；

（三）听取市南水北调办事机构征地移民实施管理（含概算执行情况或财务决算内容）工作报告；

（四）听取设计单位工作报告；

（五）听取移民监理单位工作报告；

（六）听取勘测定界单位工作报告；

（七）听取相关实施单位工作报告；

（八）验收委员会对工作报告进行提问并查阅征地移民档案资料；

（九）验收委员会讨论并形成验收鉴定书。

第二十三条 市级验收应当将市级组织实施的专项设施恢复建设项目及设计单元工程分别组织验收，并按设计单元工程分别整理验收档案资料，设计单元工程跨市的，以市为单位分别组织验收。市级验收的主要成果性文件是“征地移民市级验收鉴定书”，其格式见附录D（略），自验收通过之日起15日内由省南水北调办事机构将鉴定书印发送参验单位。

第二十四条 征地移民市级验收鉴定书原件份数根据需要确定，验收主持单位存3份，省、市、县南水北调办事机构及项目法人各存3份，其他参加验收单位根据需要存1份。

第五章 省级验收

第二十五条 省级验收的主要内容包括：单项工程及各设计单元工程征地移民完工验收。

第二十六条 省级验收应具备的条件：

（一）建设用地及林地使用手续已经获得批准；

（二）征地移民市级验收已经完成，验收中遗留问题已处理完毕；

（三）各设计单元工程征地移民财务决算已完成；

（四）参与征地移民实施各单位已编制工作报告；

（五）与各设计单元工程征地移民验收有关的备查档案资料按规定整理完备，并通过省南水北调办事机构组织的自验。

第二十七条 省级验收由省人民政府（指挥机构）主持，省南水北调办事机构组织，国务院南水北调办监督。验收参加单位：

国务院南水北调办，省人民政府（指挥机构）及行政主管部门，市、县人民政府（指挥机构），省、市、县南水北调办事机构，设计、监理、监测评估、勘测定界、文物保护、现场建设管理、工程运行管理、征地移民其他实施单位。验收委员会成员：国务院南水北调办，省人民政府（指挥机构），省国土、林业、文物等行政主管部门，市、县人民政府（指挥机构），省南水北调办事机构等单位代表及有关专家；验收委员会主任委员由验收主持单位担任，副主任委员数量及人选由验收委员会确定。

第二十八条 省级验收可按下列程序进行：

（一）宣布验收会议程序，成立验收委员会；

（二）查勘征地移民现场或观看现场录像；

（三）听取省南水北调办事机构征地移民实施管理工作报告；

（四）听取省南水北调办事机构各设计单元工程征地移民财务决算工作报告；

（五）听取设计单位工作报告；

（六）听取移民监理单位工作报告；

（七）听取勘测定界单位工作报告；

（八）听取文物保护单位工作报告；

（九）听取监测评估单位工作报告；

（十）验收委员会对工作报告进行质询并查阅征地移民档案资料；

（十一）验收委员会讨论并形成验收鉴定书。

第二十九条 省级验收的主要成果性文件是“征地移民省级验收鉴定书”，其格式见附录E（略），自验收通过之日起15日内由省人民政府（指挥机构）将鉴定书印发送参验单位。

第三十条 征地移民省级验收鉴定书原件份数根据需要确定，验收主持单位存3份，国务院南水北调办、项目法人各存3份，市、县南水北调办事机构各2份，省南水北调办事机构存5份，其他参加验收单位根据需要存1份。

第六章 其他事项

第三十一条 征地移民验收讨论的主要内容：

（一）对验收依据、验收具备的条件、验收程序进行评价；

（二）对各参与实施单位工作完成情况、档案资料管理和资金管理进行评价；

（三）对征地移民存在问题的处理意见等。

第三十二条 验收鉴定书应当经三分之二以上验收委员签署同意意见后方可生效，验收通过的结论为“同意通过验收”；验收委员对验收结论持有异议的，应当将其保留意见在验收鉴定书附件中明确记载并签字。

第三十三条 对验收中发现的问题，由验收委员会提出处理意见，主任委员对争议问题有裁决权，二分之一以上成员不同意裁决意见的，应当报请上级主管部门决定。阶段及专业项目验收对未按时完成的项目和遗留问题，应当在验收鉴定书中明确处理方案、时限及责任单位，以备下一阶段验收时检查。

其他阶段及层次验收鉴定书由验收组织单位参照附录B、C、D、E格式编制（略）。

第三十四条 征地移民验收资料分为参与实施单位提供的相关工作报告和备查档案资料。征地移民验收通过后，由验收组织单位负责将各种报告编汇装订存档并按规定进行档案移交。

第三十五条 参加验收单位提供的工作报告不少于10套要加盖单位公章，并提供电子版存档，工作报告应当用多媒体汇报。验收的图纸、资料和成果性文件应按有关验收资料要求制备。除图纸外，验收资料的纸张规格采用国际标准A4型（297mm×210mm）。

第三十六条 各参与实施单位对其提交

的工作报告及备查档案资料的真实性、完整性负责，由于验收资料不真实、不完整等原因导致有关验收结论有误的，由资料提供单位承担直接责任。

第三十七条 验收主持单位对验收鉴定书负责。

第三十八条 验收费用由验收组织单位从征地移民实施管理费中列支，临时用地第一阶段复垦验收参照工程验收执行。

第三十九条 本办法由山东省南水北调工程建设管理局负责解释。

第四十条 本办法自印发之日起执行。

《南水北调工程投资静态控制和动态管理规定》山东省实施办法（暂行）

2009年9月21日

（鲁调水企财字［2009］34号）

第一章 总 则

第一条 为了更好地贯彻执行国务院南水北调工程建设委员会《南水北调工程投资静态控制和动态管理规定》(国调委发［2008］1号)，结合山东省南水北调工程实际，制定本实施办法。

第二条 静态投资是指国家批准的山东省南水北调工程初步设计概算静态投资。

动态投资是指工程建设实施过程中建设期贷款利息以及因价格、国家政策调整（含税费、建设期贷款利率、汇率等）和设计变更等因素变化发生超出原批复静态投资的投资。

第三条 本实施办法适用于南水北调东线山东干线有限责任公司（以下简称山东干线公司）负责组织建设的南水北调主体工程（不含治污工程和截污导流工程）。各设计单元工程中的征地移民投资管理办法另行制定。

第四条 山东干线公司是山东省南水北调工程实行投资静态控制、动态管理的责任主体，对山东省境内南水北调工程建设全过程投资控制负总责，各单项（单元）工程现场建设管理单位对所负责建设工程的投资控制承担相应责任。

第五条 本实施办法及相关配套办法是对山东省南水北调工程进行核查、稽察和审计的依据之一。

第二章 静 态 投 资 控 制

第六条 静态投资控制是指在工程建设过程中，工程现场建设管理单位将工程建设静态投资控制在批复的项目管理预算投资范围内。

经国务院南水北调办批准不再编制项目管理预算报告的设计单元工程，工程静态投资要控制在国家批复的初步设计静态投资范围内。

第七条 各工程现场建设管理单位要以工程招投标和设计优化为基础，通过采取合理编制项目管理预算、控制设计变更、科学组织施工等措施，实现投资控制目标。

第八条 项目管理预算按照“总量控制、合理调整”的原则，结合山东省南水北调工程建设管理体制和工程招标实际情况编制。

按国务院南水北调办《南水北调工程项目管理预算编制办法》及我公司制定的相应实施办法编制项目管理预算。

第九条 山东干线公司直管的各设计单元工程，项目管理预算由工程现场建设管理单位负责组织编制。委托建设的设计单元工程的项目管理预算，由承托的工程现场建设管理单位负责组织编制。联合建设的设计单元工程（如二级坝泵站工程）由联合建设管理机构负责组织编制。

第十条 项目管理预算以设计单元工程为编制单位，当主体建筑工程招标完成时，由责任单位委托具有相应资质的单位在30个工作日内编制完成，并提交山东干线公司计划合同部会同财务部组织审查。

项目管理预算报告编制单位根据审查意见，在5个工作日内修改完善报山东干线公司复核后，由山东干线公司在规定期限内上报国务院南水北调办审批。

第十一条 根据工程建设目标和批准的项目管理预算，工程现场建设管理单位及时组织编制总体建设方案及分年度建设方案。

总体建设方案及分年度建设方案经山东干线公司审查批复后，报国务院南水北调办备案。经山东干线公司批准的总体建设方案和分年度建设方案将作为申请和下达年度投资计划的依据。

第十二条 工程现场建设管理单位要加强项目管理费的管理和使用，不得突破项目管理预算的额度。

第三章 设计变更管理

第十三条 鼓励设计单位在满足工程功能、安全标准、质量要求等前提下，采用新技术、新工艺、新材料，进行设计优化，降低工程建设投资。

第十四条 对工程采取的优化设计，原则上不应超出国务院南水北调办划定的重大设计变更范围。山东干线公司计划合同部会同技术部组织专家对优化设计成果进行审查批复，并按有关规定对参与设计优化的单位给予奖励。

第十五条 依据国务院南水北调办有关规定，工程设计变更划分为重大设计变更和一般设计变更；一般设计变更按投资额变动再分为：超过30万元（含30万元）的为较大设计变更，30万元以下的为较小设计变更。

第十六条 工程重大设计变更是指涉及工程任务和规模，工程等别及建筑物级别、设计标准，工程布置及建筑物结构、用途，工程概算投资超出国家已批复的设计单元工程初步设计概算总投资的设计变更。具体按国调办投计［2006］67号文件规定确定。

第十七条 工程重大设计变更由工程现场建设管理单位提出初审意见报山东干线公司，经山东干线公司计划合同部组织审查确认后，报国务院南水北调办审批；较大设计变更经工程现场建设管理单位审核后报山东干线公司审批；较小设计变更由工程现场建设管理单位审批，报山东干线公司备案。对于委托建设项目按合同约定办理，合同没有明确约定的，按上述规定办理。

第十八条 一般设计变更增加的投资，在该设计单元工程项目管理预算可调剂预留费、基本预备费中解决。委托建设项目，按照合同签订的工程投资，内部自行调剂解决。确属重大设计变更并且使该设计单元工程投资额超出该设计单元工程静态投资概算的，报经国务院南水北调办批准，纳入动态投资管理。

第四章 动态投资管理

第十九条 动态投资管理是指在工程建设期间，工程现场建设管理单位对因建设期贷款利息以及因价格、国家政策调整（含税费、建设期贷款利率、汇率等）和设计变更等因素引起的工程投资变化进行有效管理。

第二十条 工程建设实施过程中发生的动态投资主要通过编制年度价差报告计列。

第二十一条 工程建设实施过程中，工程现场建设管理单位要及时掌握国家及地方政策调整及价格变动情况，根据价差报告编制要求收集相关资料。

第二十二条 山东干线公司直管的各设计单元工程（含穿黄河工程），价差报告由工程现场建设管理单位负责组织编制。委托建设的设计单元工程的价差报告，由承托的工程现场建设管理单位负责组织编制。联合建设的设计单元工程（如二级坝泵站工程）由联合建设管理机构负责委托编制。

建设期贷款利息由山东干线公司财务部负责统计，按实际发生数额据实计列，并纳入年度动态投资管理。

第二十三条 工期不超过30个月的设计单元工程，在主体工程完工后编制价差报告；工期超过30个月的（穿黄河工程），在工期过半和主体工程完工后分两次编制价差报告。

编制价差报告的各责任单位，每年5月底前，将价差报告上报山东干线公司。山东干线公司计划合同部会财务部负责组织有关专家对价差报告进行审查，并于6月底前将价差报告上报国务院南水北调办。

第二十四条 根据国务院南水北调办批复的年度价差报告，山东干线公司计划合同部以设计单元工程为单位，将年度价差进行分解并下达各单位。

第二十五条 经核定的各工程项目价差投资在工程完工时一并纳入投资控制考评；工程现场建设管理单位与承包人的价差结算按合同或者协议约定处理。

第二十六条 建设期贷款利息超出国家批准的建设期贷款利息额度时，超出部分从工程结余投资中解决；对于无工程结余的项目，申请国务院南水北调办纳入动态投资管理。

第二十七条 按批准的建设工期完工的工程，由各工程现场建设管理单位对工程完工至工程竣工验收前发生的待运行管理维护费用进行测算，报山东干线公司审批。委托建设项目和联合建设的设计单元工程，由山东干线公司计划合同部会调度运行部负责待运行管理维护费用的测算，工程现场建设管理单位配合。

第二十八条 在确保工程质量、安全、工期前提下，按照客观公正、奖惩分明的考评原则对工程现场建设管理单位和设计单位的投资控制进行考评。具体奖惩办法另行研究制定。

第五章 附 则

第二十九条 本实施办法由山东干线公司负责解释。

第三十条 本实施办法自发布之日起施行。

山东省南水北调工程征地移民档案管理暂行办法

2009年9月27日
（鲁调水政字［2009］46号）

第一章 总 则

第一条 为规范南水北调工程建设征地补偿和移民安置（以下简称征地移民）的档案管理工作，有效组织征地移民档案的收集、整理、归档和利用，保证征地移民档案完整性、准确性和系统性，满足征地移民工作需要，根据《水利工程建设项目档案管理规定》（水办［2005］480号）、《南水北调东中线第一期工程档案管理规定》（国调办综［2007］7号）《南水北调东中线第一期工程档案分类编号及保管期限对照表》（国调办综［2009］13号）和山东南水北调工程档案管理的有关规定，结合山东南水北调工程征地移民工作实际，制定本办法。

第二条 本办法中所称征地移民档案，是指在征地移民工作中直接形成的有保存价值的文字、图表、声像等各种类别和不同载体文件材料的总称。

第三条 本办法适用于山东境内南水北调东线一期主体工程的征地移民档案管理工作，主体工程中截污导流工程及续建配套工程可参照本办法执行。

第四条 征地移民档案管理是南水北调工程建设的重要基础性工作，是南水北调工程征地移民工作的重要组成部分。征地移民档案是对征地移民工作进行稽察、审计、监督、纠纷处理、管理、验收及工程运行、维护、改扩建的重要依据。

第二章 档 案 管 理

第五条 各级南水北调办事机构和项目法人是征地移民档案管理的责任单位，应当切实加强对征地移民档案管理工作的领导，保证征地移民档案管理工作与征地移民工作同步进行。在征地移民档案管理业务上，各级南水北调办事机构和项目法人应当接受档案行政管理部门的监督、检查、指导。

第六条 各级南水北调办事机构应当明确分管档案管理工作的负责人，设立档案室（橱），落实档案管理专（兼）职人员，负责所承担的征地移民工作全过程所产生的档案资料管理工作。

第七条 参与征地移民工作的各级国土、林业等行政主管部门，设计、监理、监测评估、文物保护、勘测定界、现场建设管理机构、专项设施恢复建设及权属等单位，应当做好相应的征地移民档案管理工作。在征地移民档案管理业务上应当接受档案行政管理部门和南水北调办事机构的监督、检查、指导。

第八条 参与征地移民工作的各单位，应当为档案管理工作提供工作经费，以保证档案管理工作的正常开展。

第九条 县级南水北调办事机构、乡人民政府及村委会应当建立征地移民分户档案，分户档案要齐全完整，应当包括经移民签字认可的征地移民调查表、补偿兑付表、搬迁补偿协议、公告、存折复印件等内容。

第三章 档案收集、整理和立卷

第十条 各级南水北调办事机构负责督促、检查、指导本行政区内征地移民档案的收集、整理和立卷工作，会同专（兼）职人员对档案的归档情况进行定期检查，并审核验收应归档案卷。

第十一条 征地移民档案的收集立卷工作应列入征地移民管理工作程序和工作计划，任何部门、单位和个人不得以任何借口拒绝征地移民档案的归档或者据为己有。按照"谁产生，谁收集，谁整理"的原则，将征地移民工作中形成的档案进行立卷、归档。

征地移民工作过程中产生的分散在各部门或个人手中的文件材料，各级南水北调办事机构和档案管理人员应当及时收集。

第十二条 征地移民档案收集、整理的原则和方法：

（一）收集的各类文件材料，按照时间顺序和分类要求进行归类后，对文件材料逐一进行审查和甄别，依照档案齐全、完整、系统的原则，去除没有保存价值的文件材料，使征地移民档案既全面又无重复。

（二）参与征地移民工作的单位应当根据本单位工作流程、职责范围，文件材料产生种类、时间和方式基础上，按照便于管理，易于归类，没有交叉的原则，保证征地移民档案的详细分类能涵盖本单位征地移民档案的全部内容，并体现档案分类的统一性、排斥性和可扩充性。

（三）征地移民档案整理要尊重文件原始面貌，最大限度保持文件之间的历史联系，以利于档案的保管和利用。征地移民档案要遵循档案的形成规律，坚持档案成套性整理。

（四）征地移民档案整理，要按分类方案进行组卷和编目，征地移民档案编号以"卷"为保管单位，建立档案的全引目录、分类目录和检索体系。

第十三条 单项工程及设计单元工程征地移民档案编号对照表见附录一，档案编号结构形式及对照说明见附录二。

第十四条 根据档案资料的重要性，确定保管期限，征地移民档案资料保管期限表见附录三。

第十五条 征地移民档案分四大属类归档：

（一）征地移民法规、制度、规划及综合管理文件；

（二）征地移民会议文件材料；

（三）实施阶段征地移民文件材料；

（四）文物保护文件材料。

根据征地移民分层次验收的要求，对归档资料分类提出不同的要求，具体内容见附录四。

第十六条 征地移民档案整理、归档和立卷应符合以下要求：

（一）根据归档范围，将本单位或部门产生的各类文件材料收集齐全，归档征地移民文件材料要求提交原件，根据档案归档的套数要求不足部分可以复印。

（二）依据征地移民档案归档分类进行整理，符合国家有关标准与规范的要求。

1. 专业项目档案按照《国家重大建设项目文件归档要求与档案整理规范》（DA/T 28—2002）和《水利工程建设项目档案管理规定》（水办［2005］480号）的要求进行整理、归档和立卷。

2. 会计档案按照财政部、国家档案局颁发的《会计档案管理办法》（财会字［1998］32号）进行整理、归档和立卷。

3. 征地移民工作过程中产生的录音、录像、照片、光盘、磁盘等特殊载体的文件材料均应标注事由、时间、地点、人物、作者等内容，参照《照片档案管理规范》《GB/T 11821—2002）、《电子文件归档与管理规范》（GB/T 18894—2002）等标准、规定进行整理、归档。

（三）如有文件材料的缺失，应根据实际情况，在卷内目录的备注栏或卷内备考表说明栏中注明，卷内文件材料要以正式文件立卷，特殊情况下以复印件代替。

（四）所有归档材料要做到数据真实一致，字迹清楚，图面整洁，签字手续完备；案卷线装（去掉金属物），结实美观，卷内目录、备考表一律打印。

（五）文件材料的载体和书写材料应符合耐久性要求，禁用圆珠笔、纯蓝墨水、红墨水、铅笔书写（包括拟写、修改、补充、注释或签名）及复写以及热敏纸等。

（六）征地移民档案中含有文书档案与工程档案，要分类清楚，组卷合理。为保证征地移民档案的齐全完整，与征地移民档案密切的管理性文件应复制与相关的文件一并组卷。

第十七条 归档文件资料要按档案编号装入档案盒，每一档案盒为一卷，要填写档案盒封面、档案盒脊背、卷内目录和卷内备考表，填写内容应使用全称或规范化简称，案卷题名必须注明单项工程名称、设计单元工程名称、档案文件资料的题目。案卷式样及规格详见附录五。

第四章 档案验收与移交

第十八条 征地移民各层次验收前，由验收组织单位对各参与征地移民工作单位的档案组织自验通过后，再组织征地移民验收。

第十九条 设计单元工程或单项工程征地移民档案应当接受国家组织的验收。

第二十条 征地移民档案原件应当保证各级南水北调办事机构存档份数，参与征地移民工作单位根据需要保存档案复印件。

第二十一条 征地移民档案的移交按以下原则办理：

（一）县级以下征地移民工作产生的档案向县南水北调办事机构移交，征地移民任务较轻的县，经市南水北调办事机构同意，可在收集整理完毕后交由市南水北调办事机构管理；

（二）设计、监理、专项设施恢复建设及权属等单位产生的档案在验收时按要求向甲方（委托方）移交；

（三）监测评估、勘测定界、文物保护单位产生的档案在验收时按要求向省南水北调办事机构移交；

（四）省南水北调办事机构保存的征地移民档案，通过档案验收后，向项目法人移交。

第五章　附　　则

第二十二条　本办法由山东省南水北调工程建设管理局负责解释。

第二十三条　本办法自印发之日起执行。

附录一：征地移民档案编号对照表（略）

附录二：征地移民档案编号结构形式及对照说明（略）

附录三：征地移民档案资料保管期限表（略）

附录四：征地移民档案资料归档分类表（略）

附录五：征地移民案卷式样及规格（略）

河南省南水北调丹江口库区移民搬迁安置奖惩暂行办法

2009 年 1 月 22 日

（豫移［2009］2 号）

第一条　为做好南水北调丹江口库区移民搬迁安置工作，加快移民搬迁安置进度，保证移民安置质量，根据《河南省南水北调丹江口库区移民安置工作督查办法》及有关规定，制定本办法。

第二条　本办法适用于河南省南水北调丹江口库区移民搬迁安置。

第三条　移民搬迁安置奖惩坚持“客观公正、实事求是、有利工作”的原则。

第四条　移民搬迁安置奖惩坚持年终考核与平时考核相结合，定性考核与定量考核相结合。

第五条　移民搬迁安置奖惩的对象是迁出地和迁入地有关省辖市、县（市、区）、乡（镇）政府和移民机构、行政村（安置点）及移民个人。

第六条　移民搬迁安置奖惩分为年度奖惩、阶段性奖惩。

第七条　有关省辖市、县（市、区）政府和移民机构，以及移民个人的奖惩，由省政府移民工作领导小组或省政府移民办负责；有关乡（镇）政府和行政村（安置点）的奖惩，由县级政府或县级移民机构负责。

第八条　移民搬迁安置评价的依据是工作任务完成情况和平时督查情况。根据评价结果确定相应的奖惩。

第九条　移民搬迁安置先进单位的条件：

（一）按时完成移民搬迁安置工作任务；

（二）移民安置质量较好；

（三）未出现质量和安全事故；

（四）根据河南省委、省政府《信访问责暂行规定》的规定，没有因移民信访问题而取消评先资格的；

（五）移民资金管理无违规违纪现象。

第十条　移民搬迁安置有下列现象之一的单位，予以处罚：

（一）移民搬迁安置严重滞后；

（二）移民安置质量较差；

（三）出现重大质量或安全事故；

（四）因移民信访问题造成重大影响的；

（五）移民资金管理出现严重违规违纪现象。

第十一条　移民搬迁安置先进单位和个人以精神奖励为主，物质奖励为辅。处罚采取全省通报批评、责成当地政府追究有关责任人的责任等方式。

第十二条　移民搬迁安置奖励，根据需要设立移民新村建设、移民搬迁、生产安置、政策帮扶等单项奖励。

第十三条　移民个人奖励包括建房奖励和搬迁奖励。以户为单位核定，按人进行奖励。奖励额度由省政府移民办根据我省实际情况合理确定。

（一）按时完成建房搬迁的，给以奖励；

（二）提前 10 天以上（含 10 天）完成建房搬迁的，奖励额度再提高 10%；

（三）超过规定时间的，不予奖励。

第十四条 移民个人建房及搬迁完成的时间和标准由省政府移民办根据年度移民搬迁安置工作任务具体确定。奖励对象由县（市、区）移民机构会同乡（镇）政府核定，经监督评估单位确认后，逐级报省政府移民办审批。

第十五条 有关省辖市可结合本地实际，制定对乡（镇）、行政村（安置点）的考评办法，报省政府移民办批准后执行。

第十六条 本办法由省政府移民办负责解释。

第十七条 本办法从印发之日起实行。

河南省南水北调丹江口库区试点移民搬迁实施方案

2009 年 8 月 11 日
（豫移指［2009］4 号）

按照省委、省政府统一部署，我省南水北调丹江口库区移民试点工作，在各级各有关部门的共同努力下，已经取得了阶段性成效。目前，移民房屋主体工程已经完成，公益设施和基础设施建设正在加紧进行，搬迁入住条件基本具备。按照移民试点工作计划，即将进入搬迁阶段。为切实搞好移民搬迁工作，圆满完成试点移民任务，特制定以下实施方案。

一、指导思想

我省南水北调丹江口库区试点移民搬迁工作，坚持分级负责、县为基础的原则，实行迁入地为主、迁出地配合的工作机制。要以统一组织、统一搬迁为基础，以搞好服务、保障安全为重点，以“不漏、不掉、不伤、不亡一人”为目标，加强组织领导，制订详细计划，精心组织实施，确保试点移民顺利搬迁、平安搬迁、和谐搬迁。

二、基本原则

（一）新村建设验收合格后方可搬迁原则。试点移民基本具备搬迁的条件是完成房屋主体、内外粉刷、地平及门窗安装，供水、供电、有线电视完成入户，排水工程完工，且质量合格。试点移民搬迁条件具备后，由县级移民部门提出申请，经市级移民部门初验合格后上报省移民安置指挥部办公室，省验收合格后方可进行。未经验收批复，不得擅自搬迁。

（二）统一组织、集中搬迁原则。鉴于南水北调移民搬迁人数较多、时间紧迫，为确保移民顺利搬迁，原则上实行统一组织、集中搬迁。实行集中搬迁的移民要出具同意集中搬迁的确认书。对于个别确实不愿集中搬迁的，要尊重他们的意愿，并积极做好协调服务，不得强制。

（三）迁入地为主、迁出地配合原则。试点移民搬迁工作，以迁入地为主、迁出地配合。双方要各司其职，各负其责，分工协作，共同完成。

（四）限定时间内完成搬迁原则。按照移民试点搬迁工作计划，试点移民要在 2009 年 9 月 10 日 24 时前搬迁结束。

三、职责分工

（一）迁出地

1. 配合迁入地政府制定详细的搬迁实施方案，提出移民搬迁用车计划。

2. 做好试点移民的宣传发动和教育引导工作，动员移民积极搬迁。

3. 8 月 10 日前完成移民临时搬迁道路建设，需要水运摆渡的，做好船只的协调组织，确保移民搬迁需要。

4. 配合迁入地做好移民个人和集体财产运输工作。

5. 负责做好拒迁户的搬迁动员工作。

6. 负责试点移民中干部职工家属的集中安置工作。

7. 负责试点移民户籍、学籍、党团关系和其他证件手续的迁出工作。

8. 负责试点移民库区房屋拆除及验收工

作，做好库底清理工作。

9. 做好搬迁期间试点移民村的治安工作，严防盗窃、哄抢、打架斗殴、乱砍滥伐等事件发生。

（二）迁入地

1. 会同迁出地制定移民搬迁实施方案。

2. 负责搬迁车辆的组织和迎接移民工作。

3. 负责移民搬迁途中的交通安全、医疗保障和饮食安全。根据工作需要，派出干警、医护人员和车辆维修人员跟随搬迁车队服务。

4. 负责安排好移民搬迁后临时应急生活。

5. 负责统一办理移民搬迁保险。

6. 负责做好移民户籍、学籍、党团关系和其他证件手续的迁入办理工作。

7. 组织移民村做好移民生产用地的分配到户工作。

8. 负责移民搬迁后新村治安工作。

（三）省直有关部门

省移民安置指挥部办公室：负责试点移民搬迁的统一领导、组织协调，组织制定移民搬迁实施方案，检查督促移民搬迁进度，解决移民搬迁出现的有关问题，验收并下达移民搬迁奖励经费。

省文明办：负责与省移民安置指挥部办公室、省交通运输厅组织服务支持南水北调丹江口库区试点移民文明搬迁创建活动。

省交通运输厅：协调市县交通部门帮助移民组织运输车辆，做好移民搬迁道路的整修维护；协调各收费站点，积极开展服务支持移民文明搬迁创建活动，免除移民搬迁路桥通行费。

省公安厅：负责移民搬迁期间的社会治安，维护好交通秩序，保障搬迁道路畅通。

省卫生厅：做好移民搬迁医疗保障和卫生防疫，保证移民搬迁期间的公共卫生安全。

省林业厅：做好移民搬迁期间林木运输检验和库底清理服务工作。

四、时间安排

2009 年 9 月 10 日 24 时前，移民需搬迁的个人财产必须全部搬入安置地，并自行拆除库区房屋或出具委托地方政府拆除清理的承诺书。2009 年 8 月 31 日 24 时以前完成搬迁视为提前完成，2009 年 9 月 10 日 24 时以前完成搬迁视为按时完成。试点移民分村搬迁时间计划安排见附表。

五、有关事宜

（一）搬迁费支付。由迁入地负责统一组织搬迁的，按承诺确认的费用，从移民个人搬迁运输费中扣除。验收后，余额支付给移民户。移民个人实施搬迁的，搬迁费由移民户自行支付。

（二）保险办理。试点移民搬迁过程中的人身保险，由迁入地县级政府或县级移民部门协调有关保险公司办理。

（三）搬迁车辆路桥费免除。为鼓励移民按时搬迁，8 月 10 日 24 时至 9 月 20 日 24 时，为移民统一搬迁时段。省移民安置指挥部办公室、省文明办、省交通运输厅联合下发《关于开展服务支持南水北调丹江口库区试点移民文明搬迁创建活动的通知》，并负责协调有关收费站点，积极开展服务支持移民文明搬迁创建活动，在移民集中搬迁时段免除搬迁运输车辆路桥通行费。省交通运输厅负责制作 500 张“移民搬迁车”和 50 张“移民搬迁指挥车”通行证。搬迁期间，搬迁运输车辆及搬迁指挥车辆凭通行证，在符合规定的时段、路段，经查验后免费通行。

“移民搬迁车”通行证由省移民安置指挥部办公室统一分配，集中调度，周转使用。“移民搬迁指挥车”通行证发放的范围是：6 个省辖市中南阳市 3 个、其他市每市 2 个；10 个安置县每县 2 个，淅川县移民局 4 个；淅川县 8 个乡（镇）每乡（镇）1 个，省移民安置指挥部办公室统筹使用 5 个。

（四）库底清理。库底清理要严格按照库底清理标准实施，包括建（构）筑物清理、卫生清理。林木清理待水库蓄水前再实施。试点移民的个人房屋等建筑物可由移民自行拆除，也可委托统一拆除。委托统一拆除的，移民户要出具统一拆除委托书。对拒绝拆除的，由县、乡（镇）政府依法组织强制拆除。在拆除有关建筑物和清理林木时，按照谁实施谁负责的原则，确保安全。卫生清理按批准的《南水北调中线一期工程河南省丹江口水库建设征地移民安置试点规划报告》有关规范规定执行。

（五）搬迁验收及奖励。试点移民提前或按时完成搬迁的，经迁入地县级移民部门会同迁安有关乡（镇）政府检查验收认定，逐级上报。省移民安置指挥部验收合格后，下达奖励资金，由迁入地县级移民部门兑付。

六、工作要求

（一）加强领导。各级党委、政府要高度重视试点移民搬迁工作，切实加强对搬迁工作的领导，主要领导挂帅，分管领导靠前指挥。各级都要成立移民搬迁指挥部，宣传、文明、移民、财政、交通、公安、卫生、民政等职能部门要根据各自职责制定实施方案，积极配合，全程参与，支持服务好试点移民搬迁。

（二）精心准备。一是各地要制定详细的搬迁方案。搬迁方案要考虑周全，细化到户、到人、到车、到批、到时，同时要有强有力的保障措施。二是做好宣传发动工作。加强对移民群众的宣传教育工作，重点要宣传移民政策，讲明移民新村的情况和移民搬迁费用的支出原则。三是做好移民文明搬迁创建活动。各协调各收费站点要按照省移民安置指挥部办公室与省文明办、省交通运输厅的部署，提前做好各项准备工作，开展好试点移民文明搬迁创建活动。四是加大移民安置问题处理力度。迁出地政府要及早处理好移民有关补偿补助、“两会”存款以及移民村债权债务和集体财产分割等问题。

（三）强化沟通。一是按照制定的搬迁实施方案，迁安双方要及早互派联络员进驻，尤其是安置地要派人到库区试点村进行调研，了解和掌握搬迁移民需运输的人员和物资情况，制定详细的运输方案，要注意做好鳏寡孤独及特困户的搬迁运输工作，特别要做好高龄老人、身患重病人员、临产孕妇等人员的搬迁。二是试点移民搬迁运输启动后，迁安各地要实行24小时值班和日报告制度，每日下午6点以前逐级上报移民搬迁进度情况和工作中存在的问题。重大问题要随时上报，迟报、漏报要追究相关人员的责任。三是试点移民搬迁期间，迁安各地都要确定一名专职联络员，具体负责联络工作，保障24小时通信畅通。

（四）精心组织。搬迁期间正值高温天气，要注意移民群众降温防暑和饮食安全问题。针对移民“六腊月不搬家”的习俗，要讲究策略，注意方法，灵活安排。在搬迁期间，迁安双方要举行送迎仪式，营造浓厚的氛围，要通过不同形式做好移民慰问和帮扶工作。

（五）严格奖惩。在移民搬迁过程中，要严格按照《河南省南水北调丹江口库区移民安置工作督查办法》和《河南省南水北调丹江口库区移民搬迁安置奖惩暂行办法》的有关规定，强化督导检查和奖惩工作。对表现突出的单位和个人按照有关规定给予奖励，对于因工作不力或失职失责，影响移民搬迁或造成重大事故的要追究领导和当事人的责任。对搬迁中表现积极的移民要按照有关规定给予奖励，并通过电视、报刊等媒体进行宣传报道，努力营造良好的搬迁氛围。对于抗迁拒迁的要做好思想工作，对故意破坏移民搬迁的人员要视其情况进行及时处理。

（六）确保稳定。各级各部门都要认真做好移民信访稳定工作，全面排查试点移民存在的不稳定因素，及时解决移民搬迁存在的问题，努力做到积极主动搬迁、平安和谐搬迁。同时要制定好稳定工作预案，及时稳妥处置好突发事件，维持好移民搬迁秩序，确保社会稳定。

附件：河南省南水北调丹江口库区试点移民搬迁计划表

附件：

河南省南水北调丹江口库区试点移民搬迁计划表

县（市）	批次	每批安排	路段	备注
荥阳市	3	8月21日搬迁第一批100户； 8月24日搬迁第二批180户； 8月28日搬迁第三批92户	淅川—荥阳	
中牟县	2	8月20日前搬迁第一批160户； 8月26日前搬迁第二批86户；	淅川—中牟	
宝丰县	2	8月21~22日搬迁第一批110户； 8月24~25日搬迁第二批128户	淅川—宝丰	
原阳县	4	8月21日搬迁第一批60户； 8月23日搬迁第二批50户； 8月25日搬迁第三批70户； 8月28日搬迁第四批59户	淅川—原阳	
许昌县	3	8月16日前搬迁第一批100户； 8月20日前搬迁第二批100户； 8月25日前搬迁第三批100户 另20户自行零星搬迁	淅川—许昌南	
临颍县	1	8月20~25日一批搬完（144户）	淅川县—京珠高速临颍站	
邓州市	3	8月22日搬迁第一批182户； 8月24日搬迁第二批40户； 8月26日搬迁第三批13户		不走高速
唐河县	3	8月20日搬迁第一批41户； 8月22日搬迁第二批89户； 8月25日搬迁第三批55户	淅川—沪陕高速—唐河东大河屯高速出口	
新野县	4	8月21日搬迁第一批77户； 8月25日搬迁第二批105户； 8月27日搬迁第三批128户； 8月29日搬迁第四批48户	淅川—新野	一部分车走高速
社旗县	3	8月20日搬迁第一批72户； 8月22~24日搬迁第二批70户； 8月25~26日搬迁第三批100户	淅川—社旗	

河南省南水北调丹江口库区移民新村建设招标投标管理办法

2009年10月15日
（豫移指建［2009］5号）

第一章 总 则

第一条 指导思想：为规范我省南水北调丹江口库区移民新村建设招标投标活动，维护广大移民群众的切身利益和合法权益，确保移民新村工程建设质量，防止违法违纪行为的发生，依照《中华人民共和国招标投标法》、《中华人民共和国建筑法》和《河南省南水北调工程丹江口库区移民安置建设项目管理暂行办法》等法律、法规及有关行业规定，结合我省具体实际，制定本办法。

第二条 适用范围：本办法适用于在本省行政区域内的南水北调丹江口库区移民新村建设招标投标活动。

第三条 招标投标活动必须坚持公开、公平、公正与简便、高效、实用相结合的原则。

第四条 评标定标的总体原则：报价合理、方案可行、技术先进、确保工期和工程质量与安全。

第二章 管理与职责

第五条 招标投标活动遵循集体决策，明确职责，分级管理的原则。

各有关省辖市人民政府，县、乡人民政府和移民迁安组织在移民新村建设招标投标活动中的主要职责是：

（一）省辖市人民政府在移民新村建设招标投标活动中负总责，指导、协调、监督和审批县级人民政府招标投标有关事宜。

（二）安置区县级人民政府是第一责任人，负责组织实施移民新村建设的招标投标工作。

（三）迁出区县、乡人民政府负责组织指导移民建立、健全移民迁安组织，积极配合安置区政府做好移民新村建设的招标投标工作。

（四）移民迁安组织要依据国家有关法律、法规和政策，充分发挥在招标投标活动中的作用，紧紧依靠安置区县、乡人民政府做好招标投标工作。

第三章 招标、投标

第六条 移民新村建设项目（包括移民房屋、道路、学校等公共基础设施和公益设施）原则上必须实行公开招标。如遇特殊情况，经上一级人民政府批准后，可选择其他招标方式。专业项目招标投标工作按有关规定办理。

第七条 招标人不具备自行招标条件的，应委托有相应资格的招标代理机构代理招标，任何单位和个人不得以任何方式为其指定代理机构。

第八条 投标人必须具有施工总承包三级以上（含三级）资质证书、安全生产许可证、营业执照等有效证件，方可投标。投标过程中，投标人不得挂靠、借用资质进行投标，一经发现，立即停止其投标资格，已经中标的，取消其中标资格，并记入企业诚信档案，一年内停止其投标活动。

第九条 中标人在中标后应按照国家有关规定签订相关施工合同，并明确房屋质量保修责任。

第十条 移民新村建设项目采用工程量报价清单招标。为了保证工程质量、施工安全及工期，应确定合理价中标，任何单位和个人不得恶意压级压价。

第四章 工作要求

第十一条 任何单位和个人不得违反法

律、行政法规规定，限制或者排斥本地区、本系统以外的法人或者其他组织参加投标，不得以任何方式非法干涉招标投标活动。

第十二条 招标投标活动应在同级纪检监察部门的监督下进行，并主动接受行业主管部门及相关部门的监督管理。

第十三条 评标委员会成员不得索贿、受贿，不得泄露评标秘密，不得出席可能影响评标工作的一切活动。

第十四条 各省直包县工作队对招标投标的程序进行全过程监督。

第十五条 任何单位、组织和个人不得私自肢解和转包工程项目。

第十六条 各省辖市、县（区）人民政府可依据本办法，结合当地实际情况，制定招标投标管理工作细则，并报省南水北调丹江口库区移民安置指挥部办公室备案。

河南省南水北调工程征迁安置工作督察办法

2009 年 5 月 13 日

（豫移［2009］12 号）

第一章 总 则

第一条 为加强对我省境内南水北调工程征迁安置工作的监督，促进征迁安置工作顺利进行，满足工程建设需要，根据有关法律法规和规定，制定本办法。

第二条 我省境内南水北调中线工程总干渠及其配套工程征迁安置工作的督察，适用本办法。

第三条 督察原则：服从大局、服务工程、全面客观、实事求是、维护被征迁群众合法权益。

第四条 督察工作由省政府办公厅或委托省移民办牵头组织相关单位实施。省辖市、县（区）、乡（镇）人民政府及征迁部门，建设单位，各级文物部门，专项设施产权单位，施工单位，设计、监理和监测评估等技术服务单位，村集体经济组织应积极配合督察工作。

第二章 督 察 内 容

第五条 督察依据：批准的初步设计、实施规划、安置方案、设计变更、征迁安置投资和工作进度计划，会议纪要、合同或协议、审计稽查报告等。

第六条 督察内容包括征迁安置进度和效果，施工环境维护，征迁安置实施中技术服务质量。

第七条 征迁安置进度督察内容包括：

（一）农村土地征用进度。主要包括永久征地、临时用地补偿和移交。

（二）征地范围内附属物清理。

（三）居民搬迁及安置。

（四）企事业单位和专项设施补偿迁建协议签订和拆除。

（五）永久征地和临时用地手续办理。

（六）被征地农民的生产安置措施落实。

（七）临时用地复垦。

第八条 征迁安置质量督察内容包括：

（一）征地告知、确认、补偿兑付和安置程序；

（二）资金拨付、兑付、使用；

（三）生产生活安置质量；

（四）被征地农民思想稳定和来信来访情况。

第九条 施工环境维护督察内容包括：

（一）发布通告；

（二）宣传教育措施；

（三）维护建设环境机制和制度建设；

（四）阻工事件的处置的时效性。

第十条 征迁安置技术服务督察内容包括：

（一）设计单位派驻设计代表情况；

（二）设计单位的技术服务情况；

（三）勘测定界、林地可研单位的技术服

务情况；

（四）监理单位的服务情况；

（五）监测评估单位的服务情况；

（六）其他需要督察的内容。

第三章　督　察　方　式

第十一条　督察方式采取定期或不定期的现场督察和专题督察，督察组由省政府组织，或省政府委托省移民办牵头组织相关单位参加。

第十二条　督察工作一般采取书面形式通知被督察单位。特殊情况下，可以直接进驻现场进行督察。

第十三条　督察工作一般按照下列程序进行：

（一）发出督察通知；

（二）听取被督察单位汇报；

（三）现场调查及抽样检查；

（四）综合分析评价，编写督察报告；

（五）向被督察单位反馈情况；

（六）根据督察报告编写督察通报；

（七）印发督察通报；

（八）对督察问题进行跟踪检查落实和督办。

第十四条　督察报告的主要内容包括：

（一）督察工作概况；

（二）被督察单位基本情况；

（三）督察内容及评价；

（四）存在的问题；

（五）处理意见及建议。

专项督察报告的内容根据专项督察工作具体任务和要求确定。

第四章　督察结果的处理

第十五条　被督察单位根据督察报告或督察通报组织整改，在规定时间内将整改结果报督察组，督察组适时对整改情况进行核查。

第十六条　整改后仍有下列情形之一的，追究被督察单位的责任：

（一）工作进度明显滞后，影响工程建设的；

（二）出现严重安全事故的；

（三）违反资金使用管理规定的；

（四）信访稳定工作过错达到河南省委、省政府《信访问责暂行规定》有关条款的。

第十七条　追究被督察单位责任的形式包括：

（一）责令说明情况、限期解决问题；

（二）通报批评；

（三）黄牌警告；

（四）对征迁主管部门提出调整领导班子的建议，对技术服务单位提出调整现场负责人或停止服务合同的建议。

第十八条　触犯法律的，建议司法机关依法追究法律责任。

第十九条　征迁安置工作完成阶段性目标或全面完成，根据督察情况，对有关省辖市征迁安置工作完成情况进行总结、奖惩。对督察中发现的严重影响征迁工作及工程建设的有关技术服务单位予以处罚。具体奖惩办法另行制定。

第五章　督察人员、被督察单位权利和义务

第二十条　督察人员权利：

（一）向征迁安置实施单位、项目法人及参建单位、相关人员调查、了解情况和取证；

（二）要求被督察单位、建设单位及参建单位提供有关文件、资料、合同、数据、账簿、凭证、报表，依法复制、录音、拍照或摄像有关的证词、证据；

（三）进入与督察项目相关的场所或地点，进行查验、取证、质询等工作。

第二十一条　督察人员义务：

（一）依法行使职责，坚持原则，秉公办事，自觉维护国家利益和被征迁单位和个人的合法权益；

（二）深入项目现场，客观公正、实事求

是地反映征迁安置和征迁项目建设的情况和问题，认真完成督察任务；

（三）自觉遵守廉洁自律的有关规定；

（四）保守国家秘密和被督察单位的商业秘密。

第二十二条 督察人员不得干涉被督察单位的任何具体工作。

督察人员在履行职责中，不得接受被督察单位的任何馈赠，不得在被督察单位报销费用，不得参加被督察单位安排、组织或者支付费用的娱乐、旅游、出访等活动，不得在被督察单位为自己、亲友或者他人谋取私利。

督察人员应为举报人保密；保守国家和有关单位的秘密，不得擅自透露督察情况和处理意见。

第二十三条 被督察单位的合法权益应当受到尊重。被督察单位对督察结论有异议的，可以向组织督察的省政府或省政府移民办反映。

第二十四条 被督察单位应当如实向督察人员提供相关文件、合同、报表等资料，报告征迁安置过程中的重大事项，不得拒绝、隐匿、伪报。

第二十五条 督察人员有下列行为之一的，并建议有关部门给予党纪、政纪处分；涉嫌犯罪的，移交司法机关依法追究法律责任：

（一）对被督察项目的重大问题隐匿不报，严重失职的；

（二）与被督察单位串通，编造虚假督察报告的；

（三）干预被督察项目的建设管理活动，致使被督察项目的正常工作受到损害的；

（四）接受被督察单位的馈赠、报酬等费用，参加有可能影响公正履行职责的宴请、娱乐、旅游等违纪活动，或者通过督察工作为自己、亲友及他人谋取私利的。

第二十六条 被督察单位和人员有下列行为之一的，对单位主要负责人员和直接责任人员，由督察组组长建议有关方面给予组织处理或党纪政纪处分：

（一）拒绝、阻碍督察人员依法履行职责的；

（二）拒绝、无故拖延向督察人员提供本办法规定的有关资料和情况的；

（三）隐匿、伪报有关资料的；

（四）可能影响公正督察的其他行为。

第六章 附 则

第二十七条 省辖市南水北调工程征迁主管部门可参照本办法，在本行政区域内开展督察工作。

第二十八条 本办法由省政府移民办负责解释。

第二十九条 本办法自印发之日起施行。

河南省南水北调工程征迁安置工作奖惩办法

2009年5月21日

（豫移［2009］14号）

第一条 为做好南水北调工程征迁安置工作，加快征迁安置进度，保证征迁安置质量，满足工程建设需要，根据《河南省南水北调工程征迁安置工作督察办法》及有关规定，制定本办法。

第二条 本办法适应于河南省南水北调工程总干渠及其配套工程征迁安置。

第三条 征迁安置工作奖惩坚持客观公正、实事求是、和谐征迁、注重实效、保障工程建设需要的原则。

第四条 征迁安置工作奖惩以征迁安置工作整体考核与分项考核相结合，定性考核与定量考核相结合。

第五条 征迁安置工作奖惩的对象是省辖市、县（市、区）政府，各级组织或参与征迁工作的部门，被征迁的企事业单位，有关设计、监理等技术服务单位。

第六条 奖励依据是按进度计划完成征迁安置任务阶段性目标或者整体目标情况。惩罚依据是督察中发现的问题。

第七条 省辖市、县区政府和征迁部门获得奖励的条件：

（一）提前或按时组织完成征迁安置工作目标任务，进度满足工程建设需要；

（二）施工环境维护较好，未出现群体性阻工现象，个别阻工问题能及时处置；

（三）征迁安置工作任务完成质量符合设计要求；

（四）征迁安置工作中未出现质量和安全事故；

（五）在信访考核中，没有因征迁问题达到被取消评先资格及其以上的；

（六）征迁资金管理无违规违纪现象。

专项设施主管单位、企事业单位获得奖励的条件：参照上述（一）、（三）、（四）、（六）条。

征迁安置的设计、监理等技术服务单位获得奖励的条件：服务产品差错率在1%之内；及时为征迁部门提供技术服务。

第八条 征迁安置工作有下列现象之一的单位，予以处罚：

（一）征迁安置进度严重滞后影响工程建设；

（二）征迁安置工作任务完成质量不符合设计要求；

（三）征迁安置工作中出现重大质量或安全事故；

（四）因信访问题达到取消评先资格以上的；

（五）征迁资金管理出现严重违规违纪现象；

（六）技术服务产品差错率超过3%，不能保障现场服务及时到位。

第九条 征迁安置工作先进单位以精神奖励为主，物质奖励为辅。对于技术服务单位，只进行精神奖励。

精神奖励方式为通报表扬、评选征迁工作先进单位。

物质奖励方式为发放奖金。对征迁安置机构奖励总额度控制在其负责的直接费比例的3‰以内，对被拆迁单位的奖励为其补偿费的1%～3%。

对省辖市、县区征迁主管部门的处罚采取在全省范围内通报批评、责成当地政府追究有关责任人的责任等。

对有关技术服务单位的处罚，应在合同中明确技术服务质量问题的经济处罚条款，按照合同规定核减服务费用或扣押质保金。

第十条 个人奖励以户为单位进行。奖励最高额度为个人财产补偿费的2%。

（一）提前完成搬迁和拆除附属物的，按最高额度奖励；

（二）按时完成搬迁的，按最高额度的80%奖励；

（三）超过规定时间的，不予奖励。

第十一条 奖励资金来源为省移民办掌握的预备费以及经省政府同意使用的概算中的耕地占用税。

第十二条 对有关省辖市政府或征迁机构开展的征迁安置工作由省政府移民办组织进行评价；县（市、区）征迁安置工作由市征迁机构进行评价，评价结果报省移民办。评价的依据是征迁安置工作目标完成情况和督查情况。

专项设施主管单位、企事业单位，征迁安置的设计、监理等技术服务单位达到获得奖励条件，根据隶属关系或者合同关系向征迁主管部门申报，逐级提出审核意见报省政府移民办综合评定。

被征迁个人的奖励，由省辖市、县（市、区）征迁机构会同乡（镇）政府核定，逐级报省政府移民办审批。对征迁机构工作人员的奖励，由征迁机构提名报上级征迁机构核定。

第十三条 有关省辖市可依据本办法，结合实际，制定对乡（镇）、村和个人奖惩的具体办法。

第十四条 本办法由省政府移民办负责解释。

第十五条 本办法从公布之日起实施。

河南省南水北调丹江口库区移民安置计划管理办法

2009 年 11 月 16 日
（豫移指办［2009］19 号）

第一章 总 则

第一条 为规范我省南水北调丹江口库区移民安置计划管理工作，控制概算投资，为投资下达、实施管理、检查验收、监督评估提供依据，根据《大中型水利水电工程建设征地补偿和移民安置条例》（国务院第 471 号令）和国务院南水北调工程建设委员会印发的《南水北调工程建设征地补偿和移民安置暂行办法》（国调委发［2005］1 号），以及国家有关法律法规，制定本办法。

第二条 本办法适用于河南省南水北调中线一期工程丹江口库区移民安置计划管理（以下简称移民安置计划管理）。

第三条 移民安置计划管理，实行“静态控制，动态管理，统筹安排，分级负责”的原则。

第四条 省移民管理机构负责全省南水北调丹江口库区移民安置计划管理，省辖市、县（市、区）移民管理机构负责本辖区移民安置计划管理。

第二章 年度计划管理

第五条 年度计划管理包括年度计划的编制、审批、下达、执行和监督检查。

第六条 根据批准的移民安置实施规划、项目法人提出的下年度移民安置计划建议，省移民管理机构会同市、县（市、区）人民政府商项目法人，确定下年度移民安置计划工作任务，组织编制下年度移民计划，按程序于每年 9 月底前报国务院南水北调办审批。

第七条 年度计划项目包括续建项目和新开工项目，主要内容包括：项目名称、地点、建设性质、建设规模、设计工程量；总投资、分项投资、已完成投资、计划投资；已完成实物工程量及形象进度、计划工程量及工程形象进度等。

编制年度计划应同时对上年度计划执行情况进行总结，并随本年度计划一并上报。

年度计划编报时要有必要的文字说明、图表等。文字说明主要包括编制的依据、年度移民任务、投资概算、时间安排及要求、移民安置规划和实施方案及调整原因、上年度移民计划执行情况等内容。

第八条 国务院南水北调办下达的年度计划，由省移民管理机构负责分解，逐级下达到有关市、县（市、区）和项目单位。

县级移民管理机构根据批准的年度计划，组织编制实施方案。

第九条 项目投资实行静态控制，实施单位应严格按照批准的概算和投资计划执行，不得擅自扩大规模、提高标准、增加投资；严禁实施计划外项目和越权调整计划。

第三章 日常投资计划管理

第十条 各级移民管理机构应加强对投资计划管理工作的领导，建立健全计划审核、投资拨付、计划档案、检查监督等计划管理制度。

第十一条 根据下达的投资计划，县级移民管理机构编制分村、分项目投资计划，做好项目投资控制。

第十二条 各级移民管理机构根据移民

安置实施进展情况，及时下达项目投资计划，保证项目按计划组织实施。项目投资计划要以正式文件下达，严禁以拨款单的形式代替投资计划。投资计划应明确具体项目、下达单位、资金性质、资金用途、完成时间及要求等。

第十三条 各级移民管理机构在移民项目实施完成和移民安置完毕后，应及时组织计划对账和结算，办理有关结算手续。移民村应及时组织移民户进行资金结算，按规定分户签订结算书。

第十四条 各级移民管理机构应规范计划文件的起草、会签、签发、归档的管理，移民投资计划文件应经过规划安置、财务管理等内部机构会签，文件下达后应及时拨付资金。

第十五条 各级移民管理机构应对投资计划实行动态统计管理，对批准的实施规划投资概算、计划下达、计划调整、剩余计划投资情况，做好统计汇总和分析。

第十六条 计划管理人员应定期与本级财务核对资金收支情况，与规划管理人员核对规划及调整情况，与上、下级计划管理人员核对投资计划，防止资金多拨、少拨、重拨等现象。

第十七条 各级移民管理机构和相关单位应维护移民计划的严肃性，不得擅自调整。确需调整的，由县级移民管理机构提出调整意见，按照管理权限，报市、省移民管理机构审批或报批。

第四章 计划监督检查

第十八条 计划监督检查的主要内容包括投资计划执行情况、制度建设等。

第十九条 各级移民管理机构要加强对投资计划执行情况的监管，严禁以拨代管、以包代管，不得滞留、克扣、挤占和挪用项目资金，保证项目按计划实施，提高投资效益。

县级移民管理机构对投资计划执行情况应每月进行一次检查，市移民管理机构分季度进行检查，省移民管理机构不定期进行检查。对计划执行存在的问题，责任单位必须限期改正，并将整改情况逐级上报。

第二十条 各级移民管理机构计划人员要积极配合审计、稽察、监察等部门的监督检查，及时提供所需资料。

第二十一条 对各级移民管理机构在计划管理工作中违反规定、滥用职权、徇私舞弊的人员应视情节轻重，依法依纪给予处罚。

第五章 附 则

第二十二条 市、县（市、区）移民管理机构可根据本办法，结合当地实际情况，制定计划管理工作细则，报省移民管理机构备案。

第二十三条 本办法由省移民管理机构负责解释。

第二十四条 本办法自印发之日起施行。2008年11月20日河南省政府移民工作领导小组办公室印发的《河南省南水北调丹江口库区移民安置计划管理暂行办法》（豫移办［2008］75号）同时废止。

河南省南水北调丹江口库区移民安置建设项目管理办法

2009年11月16日
（豫移指办［2009］19号）

第一章 总 则

第一条 为规范我省南水北调工程丹江口库区移民安置建设项目的管理，根据《大中型水利水电工程建设征地补偿和移民安置条例》（国务院第471号令）和国务院南水北调工程建设委员会印发的《南水北调工程建设征地补偿和移民安置暂行办法》（国调委

［2005］1 号），以及国家有关法律法规，制定本办法。

第二条 本办法适用于河南省南水北调中线一期工程丹江口库区移民安置建设项目管理。

建设项目主要包括农村移民居民点基础设施、公益设施、农田基本建设和城集镇迁建、企事业单位迁建、专业项目恢复改建、地质灾害治理、库底清理等。

第三条 移民建设项目实施管理，坚持公开、公平、公正和合法、规范、高效的原则。

第四条 移民建设项目实施，实行项目法人（责任单位）责任制、招投标制、监理制和合同管理。

第五条 省移民管理机构负责全省南水北调工程丹江口库区移民建设项目的管理和监督，省辖市、县（市、区）移民管理机构负责本辖区移民建设项目的管理和监督。

农村移民居民点供水、对外道路由县级移民管理机构或乡（镇）政府，按有关规定通过招投标确定施工单位，由施工单位组织实施；

居民点供电、通信、广播电视和库周影响专项恢复及文物保护，由县级（含县级）以上移民管理机构委托有关专业部门组织实施；

居民点其他基础设施、公益设施和农田基本建设，由迁入地县级移民管理机构或乡（镇）政府会同有关部门，商移民村按有关规定组织实施；

城（集）镇迁建，由所在地县级人民政府包干实施；

乡（镇）外单位迁建，由本单位或其主管部门包干实施；工业企业迁建，由本企业或其主管部门包干实施；

库底清理、地质灾害处理由库区县人民政府组织实施；

文物保护按照批准的文物保护规划，由省移民管理机构委托省文物管理部门包干实施。

第二章 项目实施前期管理

第六条 根据批准的移民安置规划和年度投资计划，县级移民管理机构应制定移民项目实施方案，报请县级政府批准后组织实施。

第七条 移民项目建设实行项目法人（责任单位）责任制。对较大的建设项目，项目建设单位应组建项目法人；不需要组建项目法人的建设项目，应当明确项目主管责任单位和负责人。

第八条 项目建设单位应当对项目实施进行全程管理。实行包干实施的建设项目，由有关专业部门按照国家有关规定组织实施。其他项目由建设单位按照批准的实施规划实施。项目实施前应当做好以下工作：

（一）项目建设单位按照批准的移民建设项目规模、标准和投资，组织技术人员或委托有资质的专业技术部门，进行工程项目施工设计。对单项合同设计费估算在 50 万元以上（含 50 万元）的，必须公开招投标确定设计单位；在 50 万元以下的，可采取邀请招标确定设计单位。建设单位应与确定设计单位签订设计合同，组织完成施工设计。对超规模、超标准的建设项目，必须落实超计划投资并经有审批权限的移民管理机构批准后，方可进行工程项目施工设计。

（二）施工设计完成后，大型专业项目根据审批权限按程序报批。其他项目由建设单位组织审查、批准。

（三）移民建设项目实施实行招投标制。按照国家《招标投标法》有关规定，结合移民建设项目实际，移民建设单项工程投资规模在 200 万元以上（含 200 万元）的，必须进行公开招投标；在 50 万元至 200 万元的，原则上也应公开招标；情况特殊经市级人民政府批准，也可采取其他招标方式确定施工单位。实行包干实施的建设项目，由相关单位按照国家有关规定组织实施。

（四）按照国家有关规定，移民建设单项工程监理费在50万元以上（含50万元）的，必须公开招投标确定监理单位；监理费在50万元以下的，可采取其他招标方式确定监理单位。

项目建设单位应依法与确定的施工和监理单位签订施工合同和监理合同。

（五）根据投资计划及批准的施工设计，项目施工单位应按有关规定，编制施工组织设计、建设进度计划和资金使用计划，经总监理工程师审核批准后，报项目建设单位备案。项目建设进度必须满足移民安置总体工作安排。

（六）项目施工单位应制定工程质量保证体系、安全生产管理和资金使用管理等相关制度。

第九条 项目建设施工单位完成项目实施准备后，应提交项目实施准备情况和项目申请开工报告，经总监理工程师审核同意，项目建设单位批准后，方可开始施工。

第十条 实行招投标的移民建设项目，施工单位在工程所在地建立项目公告牌，自觉接受社会监督。

项目公告内容包括：项目名称、建设位置、建设规模、建设单位、设计单位、施工单位、监理单位、建设工期以及责任人等。

第三章 项 目 实 施

第十一条 工程开工后，项目建设单位、监理单位在施工过程中应建立现场办公会制度，适时召集施工、质检、监理、设计等单位参加的协调会，协调解决施工进度、质量、设计、资金使用等问题。

第十二条 项目施工单位应明确工程项目经理、技术负责人，建立质量责任制；项目施工单位应按照施工设计和施工技术标准进行施工，对出现质量问题或验收不合格的建设工程，负责返修或拆除重建。

第十三条 项目工程监理单位应当依照法律、法规，以及有关施工设计、监理规范和相关合同，对工程质量、进度、投资和安全生产实施监理，并承担监理责任。项目工程监理实行总监理工程师负责制，监理单位应当选派具备相应资质的监理人员进驻施工现场，按照工程项目监理规范要求，对项目建设实施监督，控制工程建设的投资、工期和质量。

未经现场监理人员签字，建筑材料、构配件和设备不得在工程上安装、使用。单元工程建设项目完成后，项目监理单位或监理人员应当签署监理合格意见，否则，项目建设单位不得拨付建设资金，项目施工单位不得进行下一道工序施工。

第十四条 在施工过程中，各有关单位要严格执行项目投资预算和设计。确需变更设计的，按以下规定办理：

（一）不涉及项目建设位置、规模，投资调整在合同预算范围内的，由施工单位提出，监理单位签署意见，建设单位核准后实施，并报上级移民管理机构备案。

（二）涉及项目建设位置、规模，投资调整超出合同预算范围的，经施工单位申请，监理单位签署意见后，由建设单位将变更设计报有审批权限的上级移民管理机构审批。

第十五条 项目设计单位应对项目实施中有关设计进行咨询服务和技术交底；设计需要变更的，负责提供设计变更文件。

第四章 竣 工 验 收

第十六条 项目建设任务完成后，项目施工单位应按照合同规定，对项目建设进行自验。自验完成后，施工单位向建设单位提交竣工验收申请，按有关规定提供项目建设自验报告、完整的技术档案、施工管理资料和项目结算（审计）报告等资料。同时，监理单位向建设单位提交监理规划、监理大纲、监理月报、工程质量、进度、投资控制文件、监理总结等竣工验收所需资料。

第十七条 项目建设单位在收到项目建设竣工验收申请后，应在一个月内组织有关单位按规定对建设项目进行竣工验收。项目验收合格后，项目建设单位方可结清除预留质保金之外的项目建设资金；遗留、返修工程费用在质保金中扣除，工程质量保质期满，按施工合同结清剩余质保金。

第十八条 项目建设单位按照有关规定，负责收集、整理项目实施的有关文件、资料、图片等，建立健全项目档案，竣工验收后，纳入移民档案。

第十九条 移民建设项目竣工验收合格后，由地方有关政府组织相关单位办理移交手续，及时移交项目管理单位管理。

第五章 监督检查

第二十条 各级移民管理机构应当加强工程建设进度、质量、资金使用的监督检查。由有关专业部门负责实施的项目，其上级业务主管部门负责项目实施的监督检查工作，确保项目建设进度、质量和安全。

工程建设招投标的监督管理工作，单项工程投资规模在200万元以下（不含200万元）的，由县级纪检监察部门、移民管理机构负责；200万～500万元的，由市级纪检监察部门、移民管理机构负责；500万元以上的，由省移民管理机构负责。

第二十一条 建设单位的财审、计划部门负责人应参与移民建设项目招标、合同签订、竣工验收等决策的全过程；严格按照基本建设程序和合同、计划核拨资金。

第二十二条 各级移民管理机构或项目建设单位要主动接受审计、监察和财政部门的审计、监察和监督检查，及时提供所需资料。

第二十三条 各级移民管理机构和建设单位，对项目实施中的违规行为应予纠正；对违法违纪的责任人依法依纪查处。

第二十四条 任何单位和个人对项目建设的质量事故、质量缺陷有检举、控告、投诉的权力。

第六章 附则

第二十五条 本办法由省移民管理机构负责解释。

第二十六条 本办法自印发之日起施行。2008年11月20日河南省人民政府移民工作领导小组办公室印发的《河南省南水北调丹江口库区移民安置建设项目管理暂行办法》（豫移办［2008］75号）同时废止。

河南省南水北调丹江口库区移民新村建设工程质量和施工安全管理办法

2009年11月25日
（豫移指办［2009］21号）

第一章 总则

第一条 为切实加强南水北调丹江口库区移民新村建设工程质量和施工安全管理，确保工程质量和施工安全，依据《中华人民共和国建筑法》、国务院《建设工程质量管理条例》和《河南省南水北调工程丹江口库区移民安置建设项目管理暂行办法》，结合我省实际情况，制定本办法。

第二条 本办法适用于本省行政区域内的南水北调丹江口库区移民新村各项建设工程监督管理及施工活动。

第三条 各有关省辖市人民政府对本辖区内的工程质量和施工安全负总责，县、市（区）人民政府是工程质量和施工安全的第一责任人，乡（镇）人民政府和移民村迁安组织对移民新村各项建设工程实施监督管理。

第四条 建立“政府监督、中介监理、企业自控、移民参与”的四位一体的工程质量监督管理模式，明确工程建设参建各方的职责，实行齐抓共管，确保工程质量和施工安全。

第二章　质　量　管　理

第五条　每个安置县建设行政主管部门的建设工程质量监督机构对每个安置点都要派出不少于2人的监督人员，进驻移民新村建设项目现场，开展全过程监督。如县级质量监督机构人员不能满足要求，可从市级质量监督机构抽调。工程竣工后，对新村建设工程质量进行验收。

第六条　各监理单位要有详细的监理大纲指导监理工作，项目总监及监理人员要做到持证上岗，关键部位和隐蔽工程必须旁站监理。特别对地基基础、主体结构、屋面防水、水电安装及使用功能等方面进行重点监理。

第七条　各有关项目施工单位要建立健全质量保证体系，设立企业内部专职质量安全检查员。认真组织开展班组自检和互检，切实消除工程质量通病。必须严把原材料进场关，杜绝劣质建筑材料进入工地，同时做好技术资料的收集和整理工作。

第八条　移民新村建设项目要实行合同管理，在合同中要明确工程的保修责任和主体。

第九条　移民村迁安组织应提前介入，在工程建设中全程参与工程质量监督管理。

第三章　安　全　管　理

第十条　项目施工单位要认真贯彻执行国家和省有关安全生产的方针政策、法律法规及标准规范；要制定安全施工管理制度和各工种安全技术操作规程，按规定配备安全技术管理人员；要制定切实可行的创建“安全文明工地”工作方案和措施，并在施工活动中认真落实。

安全管理资料完整齐全、真实，如实反映施工现场安全生产的实际情况。

第十一条　施工现场要保持整洁，原材料堆放整齐稳固，工地内道路平坦、畅通。施工现场的电气设备必须绝缘良好，按规定要求安装有保护装置。线路安装要整齐牢固，按规定的高度和距离架设，严禁拖地敷设。

第十二条　特种作业人员必须持证上岗，一线作业人员经过全员安全技术教育培训。不得使用不符合标准的起重机械、脚手架和模板等，不得使用自制井字架、自制吊篮、摩擦式卷扬机、木制配电箱，不得使用无生产许可证或质量不合格的钢管、扣件以及国家已明令禁止使用或淘汰的建筑机械设备。

第十三条　安置县、市（区）人民政府、移民村迁安组织和工程参建各方要建立日常安全检查制度，对检查中发现的不安全隐患要逐项登记，制定整改措施，并限期整改。

第四章　责　任　管　理

第十四条　工程质量安全监督管理人员不得索贿、受贿，不得参加可能影响监督管理工作的一切活动，不得要求施工单位或者其他被检查单位购买其指定的设备、器材、防护用品或者其他产品，不得徇私舞弊。

第十五条　工程监理单位不得承担与自己有利害关系单位的监理业务，不得违法违规转让监理业务，不得在资质证书许可范围之外从事工程建设监理。要严格执行验收标准，工序质量验收不合格的，不得进行下道工序。不得随意更换项目主要负责人。

第十六条　项目施工单位不得在资质证书许可范围之外从事建筑施工活动，不得擅自改变图纸和技术标准进行施工，不得在施工中偷工减料，不得随意更换项目主要负责人。

第十七条　安置县、市（区）、乡（镇）人民政府和移民村迁安组织不得将工程发包给不具有施工资质和安全生产条件的施工单位施工，不得盲目压缩施工工期，不得私自肢解工程项目。

第十八条 各省直包县工作组、各级纪检监察部门对移民新村建设工程质量和施工安全管理进行监督检查。

第五章 附 则

第十九条 各省辖市人民政府，县、市（区）人民政府可依据本办法，制定本地管理办法细则，并报省南水北调丹江口库区移民安置指挥部办公室备案。

第二十条 本办法由省南水北调丹江口库区移民安置指挥部办公室负责解释。

第二十一条 本办法自印发之日起施行。

河南省南水北调丹江口库区移民安置实施办法（试行）

2009 年 11 月 16 日

（豫移指［2009］54 号）

第一章 总 则

第一条 为做好我省南水北调中线一期工程丹江口库区移民安置工作，维护移民群众的合法权益，保障工程建设顺利进行，根据《大中型水利水电工程建设征地补偿和移民安置条例》（国务院第 471 号令）、省委省政府关于《河南省南水北调丹江口库区移民安置工作实施方案》（豫文［2009］114 号），以及国家有关法律法规规定，制定本办法。

第二条 本办法适用于河南省南水北调中线一期工程丹江口库区移民安置工作（以下简称丹江口库区移民安置工作）。

第三条 丹江口库区农村移民安置，贯彻开发性移民方针，以大农业安置为主，妥善安置移民，使移民达到或超过原有生活水平，实现“搬得出、稳得住、能发展、可致富”的目标。

第四条 丹江口库区移民安置工作，坚持以人为本，满足移民生存与发展的需求；坚持公开、公平、公正，接受社会监督，维护移民的合法权益；坚持顾全大局，服从国家整体安排，兼顾国家、集体、个人的利益；坚持可持续发展，与资源综合开发利用、生态环境保护相协调，节约利用土地；坚持因地制宜，统筹规划；坚持与社会主义新农村建设相结合，与农村经济社会发展相结合，与促进农村和谐稳定相结合。

第五条 丹江口库区移民安置工作，坚持农村移民安置以迁安两地县乡政府为主，集镇迁建以所在地乡（镇）政府为主，企业迁建以本企业或其主管部门为主，专业项目复建以行业主管部门为主。

第六条 丹江口库区移民安置工作，实行党委统一领导，政府分级负责，县、乡政府为主体，项目法人参与的管理体制。实行移民任务和投资包干。移民迁安工作，纳入市县乡各级政府目标管理，移民任务不能按期完成或出现重大失误的，实行一票否决。

第七条 丹江口库区移民安置工作，严格按照批准的移民安置规划和计划实施。

第二章 组 织 领 导

第八条 全省丹江口库区移民安置工作，在省委、省政府统一领导下，由省南水北调丹江口库区移民安置指挥部负责。指挥部下设办公室，作为指挥部的日常办事机构，负责移民安置工作的组织、协调、指导和监督检查。

有关市、县（市、区）党委、政府负责本辖区丹江口库区移民安置工作的组织和领导。应根据移民安置任务，成立相应的移民管理机构，具体负责本辖区移民安置工作的管理和监督。

县、乡两级政府是农村移民安置工作的责任主体和实施主体。

第九条 迁出地主要职责。

（一）按要求完成移民搬迁安置相关任

务，做好省委、省政府有关丹江口库区移民政策的落实工作；

（二）负责移民搬迁安置宣传动员和思想教育工作；

（三）组织指导移民村建立健全移民迁安组织，加强移民村两委班子建设；

（四）组织完成移民安置总体对接和具体对接工作；

（五）组织做好移民户籍核对和人口复核工作；提出本辖区移民安置方案，确定分户安置去向，配合设计单位做好实施规划编制工作；负责移民实物补偿问题处理工作；

（六）做好移民实物卡及资金卡发放，集体财产分割，户口及党团关系迁移，以及军烈属、五保户、农村低保、新农合、后期扶持等有关手续转出工作；

（七）组织确定移民建房数量、宅基地分配；负责收缴移民建房缺口资金；配合迁入地组织移民村迁安组织选择房屋户型，对移民新村总体布局规划提出意见；

（八）制定移民搬迁总体方案，做好临时道路、停车场整修和水路转运工作；

（九）负责库底清理工作；

（十）负责投亲靠友移民手续办理及其补偿资金兑付工作，制定有关管理办法；

（十一）做好移民户籍和计划生育管理，严格控制库区人口增长和基础设施建设；

（十二）负责移民在淹没线上剩余资源的处置与管理；做好水库水面和消落地管理工作；负责移民债权债务处理工作；

（十三）做好信访稳定工作，预防和妥善处置突发性群体事件，确保库区和谐稳定；

（十四）做好移民资金管理和监督，确保资金安全；

（十五）负责本辖区移民的其他工作。

第十条 迁入地主要职责。

（一）按要求完成移民搬迁安置任务，做好省委、省政府有关丹江口库区移民政策的落实工作。

（二）做好安置区群众和移民的宣传动员和思想教育工作，营造良好的移民安置环境。

（三）配合迁出地做好移民安置对接工作，提出本辖区移民安置具体方案，配合设计单位做好实施规划编制工作。

（四）根据批准的移民安置实施规划，制定移民新村建设实施方案，经县级政府批准后组织实施。

（五）负责移民新村建设的组织、管理、协调、监督工作，做好移民工程招投标工作，确保工程进度、质量和施工安全。

（六）负责移民安置用地的征收与划拨，组织办理有关用地手续，及时组织移民村将生产用地承包到户。

（七）组织落实移民生产安置措施，做好移民培训，扩大移民就业，指导移民发展生产，搞好后期扶持工作。

（八）负责移民补偿补助资金的兑付和结算工作，做好移民政策、安置方案、补偿标准、资金使用管理等公开、公示工作，接受群众和社会监督。

（九）配合迁出地做好移民建房数量确定、宅基地分配和建房资金缺口收缴，组织选择房屋户型，对新村总体布局规划提出意见。

（十）组织制定移民搬迁方案，做好移民搬迁组织和搬迁后续工作。

（十一）负责移民户口及党团组织关系迁移，军烈属、五保户、农村低保、新农合、后期扶持等有关手续转接工作，协调办理有关证照，及时纳入当地管理。

（十二）做好信访稳定工作，预防和妥善处置群体性突发事件，确保移民安置区社会和谐稳定。

（十三）做好被征地群众土地调整和补偿补助费兑付及使用管理工作。

（十四）加强对规划移民安置用地管理，不得在移民安置规划用地范围内突击建房、新栽树木、挖土和新建项目。

（十五）配合移民监督评估单位和移民迁安分包工作组工作。

（十六）负责本辖区移民的其他工作。

第十一条 移民村主要职责。

（一）在迁出地党委、政府指导下，建立移民村（点）迁安组织，参与新村建设管理与监督，配合做好移民资金兑付。

（二）做好移民人口核定、具体安置去向落实、集体财产分割、户口及党、团组织关系迁移，以及军烈属、五保户、农村低保、新农合、后期扶持等有关手续办理工作；

（三）组织移民选择房屋户型、对新村总体布局规划提出意见、确定移民建房数量、分配宅基地和收缴建房缺口资金；参与移民建房招投标和新村建设管理与监督。

（四）参与制定移民搬迁方案，组织移民搬迁工作；

（五）负责移民个人实物卡、资金卡发放；配合有关部门做好补偿补助资金兑付及结算工作，做好村级移民资金使用管理；按照“四议两公开”，做好移民村级事务的决策与管理；

（六）组织接收移民生产用地，土地承包到户，落实移民生产安置措施，引导移民发展生产，做好后期扶持工作；

（七）做好移民政策、安置方案、补偿标准、资金使用管理、村务等公开、公示工作，接受群众和社会监督；

（八）做好移民群众的宣传教育工作，动员群众顾全大局，服从国家整体安排，保证移民工作顺利实施，确保社会稳定；

（九）做好本村移民的其他工作。

第十二条 迁安双方应按照职责分工，完善工作机制，建立协调沟通制度。移民迁安乡（镇）原则上应互派工作组（干部），加强协调沟通，确保移民迁安的顺利进行。具体规定另行制定。

第十三条 丹江口库区移民安置工作，实行省直部门分包责任制，每个迁安县（市、区）派驻一个工作组，一包到底，直至移民搬迁安置完成。包县（市、区）工作组常驻移民迁安县（市、区），延伸到库区乡镇，负责督促检查、协调迁安、对口帮扶。具体规定另行制定。

第十四条 各级党组织要加强基层组织建设，充分发挥党组织的战斗堡垒作用和共产党员的先锋模范作用，加强对村组干部和党员的教育培训，引导广大党员干部服从大局，积极搬迁，带头搬迁。要整顿软弱涣散的村级班子，切实增强基层组织的凝聚力和战斗力。

第三章 实 施 规 划

第十五条 移民安置实施规划应当按照国家有关法律、法规、规范、标准和国家批准的初步设计阶段移民安置规划编制。坚持统一政策、统一标准、不突不破、不折不扣。

移民安置实施规划编制前，应做好移民安置方案优化整合，完成移民安置总体对接和分批次移民具体对接，做好宣传动员等工作。

第十六条 移民安置实施规划由省移民管理机构会同市、县（市、区）政府和项目法人组织编制，由省移民管理机构委托有资质的设计单位完成。

第十七条 设计单位在编制移民安置实施规划前，应当先编制实施规划大纲，经征求有关市、县（市、区）意见，由省移民管理机构组织审查后，报省政府审批。

第十八条 根据审定的实施规划大纲，由县级政府提出移民安置实施方案，设计单位负责分析论证并编制移民安置实施规划。移民安置实施规划由省移民管理机构会同项目法人组织审查，报省政府批准。

第十九条 迁出地县级政府负责对国家批复的实物指标组织公示，会同设计单位进行复核确认。

第二十条 农村移民安置以土地为依托，

以大农业安置为主，其他安置为辅；以出县安置为主，县内安置为辅，尽量保持移民村原有建制。对具备条件的移民，可以投亲靠友安置。

1000人以下的移民村，原则上在一个点安置；1001人至2000人的移民村，有条件的地方应尽量在一个点安置，最多不超过相邻的2个点安置；2000人以上的移民村，有条件的地方也应尽量在一个点安置，最多不超过相邻的3个点安置。

第二十一条 移民人口去向分流，经设计单位论证后，由迁出地县级政府提出意见，逐级报省移民管理机构审定；集体财产分割由迁出地县级政府组织完成。

第二十二条 移民生产安置用地标准依照国家批复的初设规划执行。迁入地县级政府应尽量选择水土条件较好、交通便利、区位较好的地方安置移民。按照集中连片、质量均衡、耕作半径适中的原则，明确移民安置用地的范围、数量、地类。有关集体经济组织或单位应出具同意调整土地的意见。

第二十三条 迁出地和迁入地县级政府应按照“初设对接框架原则不变、迁安条件大体相当、任务容量基本匹配”的原则，切实做好移民安置对接。移民安置对接分为总体对接和具体对接。

总体对接以迁出地县、乡（镇）为主，迁入地县（市、区）配合，共同完成，设计单位提供技术服务。总体对接前，设计单位应对移民村和安置点进行综合评价和排序，经迁出地县、乡（镇）考察并优化调整后，最终确定移民安置总体对接方案，逐级报省移民管理机构审定。

具体对接在总体对接完成后进行，由迁出地县、乡（镇）组织移民村迁安组织，到总体对接确定的相应安置点实地考察，并由移民村迁安组织与迁入地乡（镇）政府签订对接确认书，经省移民管理机构审定后，作为实施规划编制的依据。

对于确需分村集中安置的移民村，迁出地县、乡（镇）应组织将移民村分开，并配齐配强两委班子，分村组建移民迁安组织。

第二十四条 淹没线上淹地不淹房需搬迁移民和后靠移民人数，由设计单位按实施规划大纲分析确定，分户安置去向由迁出地县、乡（镇）政府组织移民村完成。投亲靠友移民，由迁出地县级政府具体确定。

第二十五条 农村移民集中安置居民点的规划，应遵循因地制宜、有利生产、方便生活、保护生态和节约用地的原则，与社会主义新农村建设相结合；有条件的地方，可以结合小城镇进行规划。居民点应做好水文地质和工程地质勘查，布置在安全地带。居民点建设用地人均80m^2，宅基地户均167m^2。集中居民点按人均5m^2规划坑塘，坑塘用地与居民点建设用地可统筹使用。

第二十六条 城（集）镇迁建规划应节约用地，合理布局。按照国家批复的初设迁建规模、标准和核定的投资，依据有关法律、法规和技术规范，由迁出县组织编制。因扩大规模和提高标准增加的费用，由迁出地政府或有关单位自行解决。

第二十七条 乡镇外单位、工业企业迁建和交通、电力、电信、广播电视、水利水电等专业项目恢复改建规划，应按国家批复的初设规模、标准和核定的投资，由迁出县或有关单位组织编制。因扩大规模、提高标准和改变原功能增加的费用，由有关单位自行解决。

第二十八条 对南水北调丹江口水库建设占地范围内的文物，按照保护为主、抢救第一、合理利用、加强管理的原则，由省级文物主管部门依据国家批复的文物保护规划，制定具体实施方案。

第二十九条 经批准的移民安置实施规划，必须严格执行，不得擅自调整；确需调整的按原程序报批。

第四章 补 偿 补 助

第三十条 移民安置补偿补助标准应严格按照批准的实施规划执行。

第三十一条 移民安置用地的土地补偿费和安置补助费、农田水利设施补偿费、生产安置增补费，属于集体所有的应当用于移民划拨土地和发展生产，属于个人的应按权属予以兑付。

青苗补偿费由县级移民管理机构统筹安排使用，按实际占用青苗的权属，兑付到有关集体经济组织、单位、农户。没有占用青苗的不予补偿。生产用地不补偿青苗，迁入地应组织做到错茬划拨。

第三十二条 移民村集体财产补偿费用于相应项目的恢复迁建或公益设施建设。

第三十三条 农村移民的学校、医疗网点调整补助费由迁入地县级政府用于移民新村的学校及医疗网点建设或增容补助。

第三十四条 农村移民个人补偿补助费包括个人房屋及附属物、零星树木、农副业补偿费、建房困难补助费、坟墓迁移费和移民搬迁费，以及其他安置补助费等，由迁入地县级移民管理机构或乡（镇）政府按实施进度兑付。

（一）移民个人房屋及附属物、零星树木、农副业补偿费、建房困难补助费、外迁移民生活安置补助费，应优先用于建房。按建房形象进度，经迁入地县级移民管理机构或乡（镇）政府核定后，分期支付。统一建房的，可按地基完成兑付30%，主体封顶兑付30%，竣工验收合格后兑付30%，移民搬迁入住后兑付除质保金以外的其他资金；自主建房的，可按开工兑付30%，地基完成兑付30%，主体封顶兑付30%，搬迁入住后兑付10%。

（二）移民搬迁应尽量集中统一组织。搬迁费在移民搬迁后兑付。集中统一搬迁的，在扣除相应的搬迁费后，结余部分由迁入地县级移民管理机构或乡（镇）政府组织兑付给移民；个人自主搬迁的，搬迁费兑付给移民个人；移民搬迁保险由迁入地县级移民部门统一办理；临时住房补助用于移民建房期间临时住房补助。

（三）移民个人工业企业补偿费按进度兑付。

（四）其他安置补助费包括房屋装修补助费、渔网渔具补助费、过渡期生活补助费。

房屋装修补助费由移民村分解兑付给移民户，优先用于移民建房。

渔网渔具补助费由移民村按权属兑付给移民户。

过渡期生活补助费由迁入地县级移民管理机构或乡（镇）政府在移民搬迁后，组织按月兑付给移民个人，不得挪作他用。

第三十五条 膨胀土地基处理费、地震处理措施费、村台垫高后超深基础处理费、沼气池及双瓮厕所补助费，根据批准的实施规划，由迁入地县级移民管理机构或乡（镇）政府组织移民村统筹安排，按进度兑付。

第三十六条 移民分村、分户实物卡和资金卡，由承担实施规划编制的设计单位编印，省移民管理机构统一加盖印鉴，由迁出地县级政府逐级发放到移民村、户。

第三十七条 自愿投亲靠友安置的农村移民，由迁安两地县级政府和移民共同签定协议，将土地补偿费、安置补助费等费用交给迁入地县级政府，统筹安排移民的生产和生活，将个人财产补偿和有关补助费及搬迁费等发给移民个人。

第五章 生 活 安 置

第三十八条 移民新村应当按照批准的移民安置实施规划确定的规模和标准建设。迁入地县级政府应严格按照批准的移民安置实施规划和年度计划，做好居民点建设用地的征收、建设项目招投标、“三通一平”、移民房屋建设、基础设施、公益设施及环卫设施建设和绿化等工作。

第三十九条 移民新村建设，以迁入地县级政府为责任主体，县级移民机构或乡（镇）政府具体负责组织实施，迁出地县、乡（镇）做好配合。由乡（镇）政府具体负责组织实施的，县级移民机构应做好管理、指导、协调、监督等工作。

第四十条 移民新村对外连接路、供水、供电、通信、有线电视和场地平整工程，由迁入地县级政府组织有关部门和乡（镇）政府，根据批准的实施规划和项目管理有关规定统一建设；居民点内的街道、排水、学校、村部、卫生室等基础设施和公益设施建设，由迁入地县级移民管理机构或乡（镇）政府商移民村组织实施。

第四十一条 移民村台应结合建房模式和村台高度，本着方便施工、节约投资、确保质量的原则，科学确定填筑方式。

第四十二条 移民新村建设临建工程应与规划的永久性水、电、路工程相结合，不得重复投资。临时用房占地不得影响群众建房和其他永久性工程的施工。临时道路整修碾压，在移民建房前完成，确保建筑材料运输。

第四十三条 宅基地的分配，应按照民主、公正、公开的原则，以迁出地乡镇政府为主，迁入地配合，共同组织移民村完成。新村建设用地和宅基地面积应控制在批准的实施规划范围内。

第四十四条 移民房屋户型选定后，应按委托建房承诺书约定，足额缴纳建房缺口资金。移民新村总体布局规划和房屋户型一经确定，不得擅自变更。

第四十五条 移民个人房屋，经依法委托，应尽量统一集中建设。经移民群众委托，可由移民村迁安组织统一集中建设；经移民迁安组织委托，也可由迁入地县级移民机构或乡（镇）政府统一集中建设。移民房屋建设和监理，应按照省移民安置指挥部办公室印发的有关招投标管理办法，通过招投标确定施工和监理单位，加强质量安全管理，确保移民房屋质量和施工安全。

第四十六条 移民村公益设施建设，应本着量力而行、统筹安排、逐步完善的原则，按照移民建设项目管理办法，由迁入地县级移民机构或乡（镇）政府组织移民村建设。移民学生就学应纳入迁入地教育规划，统一配置；确需建学校的，经县级移民、教育主管部门批准后，委托有资质的设计单位设计，通过招标确定施工单位施工，加强监督监理，确保工程质量。

第四十七条 各级各部门要整合支农惠农和新农村建设等资金，加大对移民新村基础设施和公益设施建设支持力度，努力把移民新村建设成社会主义新农村示范村。

第四十八条 迁入地县级政府应依照国家有关法律法规和省移民部门制定的招投标规定，做好移民建设项目的招投标工作。参与移民建房的施工企业不得挂靠或借用资质，禁止对移民项目进行转包或违法分包。严禁任何单位和个人恶意压价，向移民乱许愿等行为。

第四十九条 迁入地县级政府要加强对移民建房主要建筑材料市场的监管，对借机哄抬物价、强买强卖的行为，依法严肃处理。

迁入地县级以上政府建设、质量监督和移民主管部门、有关乡（镇）政府应当加强对移民新村建设工程质量和安全的监督管理。

第五十条 自愿投亲靠友的农村移民，应由本人向迁出地县级政府提出申请，并提交接收地县级政府出具的接收证明；迁出地县级政府应当确认其具有土地等农业生产资料后，应与接收地县级政府和移民共同签订安置协议。

第五十一条 移民新村建设用地应根据批准的实施规划，由迁入地县级移民管理机构或乡镇政府与有关集体经济组织、单位签订协议，依法办理建设用地手续。

第六章　生　产　安　置

第五十二条　移民生产用地应按批准的实施规划执行。尽量与建设用地一并规划，同时勘界，一次调整，分期划拨。迁入地县级移民主管部门或乡（镇）政府应与有关集体经济组织、单位签订用地协议。移民生产用地应错茬划拨移交，移交前当地群众不得套种影响移交的任何作物。

第五十三条　对于按水田、水浇地划拨的生产用地，应具备基本的灌溉条件（机井灌溉的，水田30亩地一眼井，水浇地、菜地、果园50亩地一眼井；灌区灌溉的，有固定的灌溉设施，灌溉保证率符合规定的标准）。对于没有达到标准的，由迁入地县级政府负责达到。

第五十四条　移民生产用地移交，由迁入地县级政府组织有关单位、乡（镇）政府、移民村及划拨土地涉及的集体经济组织或单位参加，办理土地交接手续。生产用地应在农作物收获后错茬移交。

第五十五条　迁入地县级移民机构或乡（镇）政府应组织有关部门、移民村，及时将生产用地承包到户，并依法办理土地承包手续。

第五十六条　移民生产用地应根据批准的实施规划和年度计划，由迁入地县级移民管理机构或乡（镇）政府与有关集体经济组织或单位签订移民用地协议，并办理用地手续。

第五十七条　移民安置用地应严格控制规模，不得转让，不得用于非移民项目。

第五十八条　迁入地县级政府应统筹安排移民发展生产，按规划做好土地整理和水利设施配套完善，夯实农业基础；引导移民大力发展特色种植、养殖和农产品加工业，使移民尽快从发展生产中得到实惠。

第五十九条　迁入地县、乡政府应多渠道筹措资金，培育和发展支柱产业，积极稳妥地发展二、三产业；加强移民科学文化知识和实用技术培训，提高移民素质，增强移民就业能力，组织移民搞好劳务输出，拓宽移民增收渠道，使移民生活达到或超过原有水平。

第七章　移民搬迁及库底清理

第六十条　移民搬迁应尽量统一组织，在规定时限内完成。移民搬迁以迁入地为主，迁出地配合。迁安两地要根据各自的职责，研究制定科学合理的移民搬迁方案，确保文明搬迁、平安搬迁、和谐搬迁。

第六十一条　迁出地政府应做好移民搬迁宣传动员，配合迁入地制定移民搬迁实施方案，协助迁入地做好移民搬迁、入住及后续工作。

第六十二条　迁入地政府应在移民搬迁前，完成移民新村建设，具备入住条件；会同迁出地制定移民搬迁实施方案；做好移民搬迁组织实施。

第六十三条　迁入地政府应做好移民搬迁后临时生活安置等后续工作。及时办理移民户口及党团组织关系迁移，以及军烈属、五保户、农村低保、新农合、后期扶持等有关手续转接工作，协调办理有关证照，及时纳入当地管理。

第六十四条　移民搬迁后，应在规定的时限内完成库底清理。

库底清理包括建筑物清理、卫生清理和林地清理。建筑物清理、卫生清理范围包括水库淹没区、淹没影响区和淹没线以上搬迁区；林木仅对水库淹没区进行清理。

库底清理工作由迁出地县政府按照库底清理技术规范和实施计划要求，组织库区乡（镇）、环保、卫生防疫、林业、公安等有关部门实施并进行自验。

第八章　实　施　管　理

第六十五条　迁入地县级以上地方政府

负责移民安置规划的组织实施。省、市、县（市、区）政府应逐级签订南水北调丹江口库区移民安置工作责任书。

第六十六条 省属企事业单位、专项设施迁建和文物保护，由省移民管理机构根据批准的移民实施规划，与有关单位或其主管部门签订任务和投资包干协议。

市以下（含市属）城（集）镇、企事业单位、专项设施的迁建，分别由市、县（市、区）移民管理机构与有关单位或其主管部门签订任务和投资包干协议。

第六十七条 乡（集）镇迁建，应当按照批准的实施规划，由县级人民政府包干实施，在规定的时限内完成。乡（镇、办事处）内有关单位迁建由本单位或其主管部门包干实施。

第六十八条 乡（镇）外单位迁建，按批准的实施规划，由本单位或其主管部门包干实施，在规定的时限内完成。

第六十九条 工业企业迁建，按照批准的实施规划，由本企业或其主管部门包干实施，在规定的时限内完成；不再复建的工业企业，按规划给予补偿，在规定时限内拆除。

第七十条 需恢复改建的交通、电力、通信、广播电视、水利工程等专项工程，由其行业主管部门组织包干实施。

省属专项工程和单位迁建，由有关单位或其主管部门组织包干实施。

第七十一条 年度移民计划，由省移民管理机构依据移民实施规划和工程建设进度要求，会同有关市、县（市、区）政府商项目法人，组织编制。经国务院南水北调办批准后，逐级分解下达。

各级移民管理机构和相关单位应维护移民计划的严肃性，不得擅自调整。确需调整的，由县级移民管理机构提出调整意见，经市移民管理机构审核后，按照管理权限，报省移民管理机构审批或报批。

第七十二条 农村移民安置应严格按批复的实施规划和投资计划执行。项目经费之间确需调整投资计划的，由县级移民管理部门提出具体的调整意见，报省辖市移民管理部门批准，同时报省移民管理机构备案。调剂使用的项目经费，应主要用于移民安置问题处理，不得用于移民工作经费，或因提高有关补偿补助及规划标准，可能引起不稳定的项目。具体管理办法另行制定。

第七十三条 农村移民实施规划以外项目经费，实行计划管理、项目管理、包干实施。以市、县包干为主，省统筹安排为辅。按管理权限进行审批，主要用于移民安置问题处理。具体管理办法另行制定。

第七十四条 实行移民安置任务和投资包干。包干投资包括批复实施规划项目经费、实施规划以外项目经费和相应的包干基本预备费。基本预备费的分配，以市、县包干为主，省统筹安排为辅，按照管理权限审批，实行计划管理、项目管理、包干实施。具体管理办法另行制定。

第七十五条 移民实施管理费、规划设计费、技术培训费，监督评估费等其他费用，由省移民管理机构根据各地任务和总体计划，统筹安排，分期拨付使用。具体管理办法另行制定。

第七十六条 移民工程建设项目严格按基本建设程序管理，实行项目法人（责任人）责任制、招投标制、监理制和合同管理，按有关规定做好竣工验收，确保工程质量和施工安全。

市、县（市、区）政府及有关行政主管部门，应加强对移民建设项目全过程的管理和监督。移民项目建设实行政府监督、中介监理、企业自控、移民参与的管理体制。

第七十七条 移民工作达到阶段性目标和移民安置工作完成后，省移民管理机构应按规定组织有关市、县（市、区）和单位进行自验，并做好阶段性验收和竣工验收的准备工作。

第七十八条 各级移民管理机构应建立健全移民信息管理制度，做好移民统计、信息交流工作，确保移民信息的准确、及时。

第七十九条 各级移民管理机构，应加强移民档案管理，确保各类移民档案完整、准确和安全。

各级档案行政部门负责本辖区移民档案工作的组织实施和监督指导。与移民工作相关的机关、团体、企事业单位应做好收集、整理、建档、保管工作，并按照国家有关规定及时向同级综合档案馆移交。

任何单位和个人均不得以任何借口拒绝归档或将移民档案占为己有。

第八十条 任何单位和个人不得在淹没线以下擅自新建、扩建和改建项目。对违反《河南省政府办公厅关于严格控制丹江口水利枢纽大坝加高工程库区淹没线以下区域人口增长和基本建设的通知》规定建设的项目，按照违法建筑予以处理，一律不予补偿。

第八十一条 迁出地县级政府应当加强对淹没区的移民户籍管理，严格控制非淹没区人口迁入。未经迁出地县级政府批准，擅自迁入的人口，不负责搬迁安置。

第八十二条 迁出地县、乡（镇）政府应当加强移民计划生育管理，严格控制库区人口增长。迁出地县级政府应组织公安、计生、民政、财政、移民等部门，按移民人口核定办法和各自职责分工，做好有关证件核对和移民人口核定工作，并对其成果负责。

第八十三条 迁入地县级政府应加强对移民安置规划用地的管理，不得在移民安置用地范围内突击建房、新栽树木、挖土和新建项目，对违反规定的，不予补偿，并责令予以恢复。

第八十四条 按照实施规划和国家有关规定，移民按规划得到安置后，其在淹没线以上未安排利用的剩余土地产权，归迁出地县级政府所有，由迁出地县级政府依法管理；外迁移民在淹没线上的林地，果园处置问题，由迁出地县级政府制定管理办法，经迁出地市级政府批准后实施。

第八十五条 水库消落区的土地属于国家所有。经项目法人委托后，可由迁出地县级政府统一管理。应在保证工程运行安全、环境保护和水源地保护的基础上管理使用。因水库蓄水造成的损失，由当事人自行负担。

第八十六条 各级地方政府应预防和妥善处置突发性群体事件，为移民安置提供良好的环境。

第九章 扶 持 措 施

第八十七条 根据国务院《关于完善大中型水库移民后期扶持政策的意见》（国发［2006］17 号）、国家发展改革委《关于切实做好小水库移民后期扶持政策实施工作的通知》（发改农经［2008］752 号）和省政府《河南省人民政府关于印发河南省完善大中型水库移民后期扶持政策的实施方案的通知》（豫政［2006］57 号）文件规定，丹江口库区农村移民从搬迁完成之日起扶持 20 年，扶持资金发放时间由省移民管理机构分批次确定。再次搬迁的老移民自搬迁完成之日起再扶持 20 年，原已享有的后期扶持政策不再保留。

第八十八条 各级各部门要按照《河南省南水北调丹江口库区移民安置工作实施方案》（豫发［2009］114 号）、《河南省人民政府关于南水北调中线工程丹江口水库移民安置优惠政策的通知》（豫政［2008］56 号）和《河南省人民政府办公厅关于进一步推进南水北调中线工程丹江口库区移民新村建设的意见》（豫政办［2009］11 号）精神，制定帮扶实施方案，落实帮扶计划。做好各种惠农政策衔接落实工作，移民搬迁当年由迁出地政府落实，次年由迁入地政府落实。

第八十九条 各级各部门要保证移民享受有关农村劳动力就业扶持政策，在同等条件下优先促进移民就业。

第十章 资金管理

第九十条 丹江口库区移民资金管理按照《河南省南水北调建设征地补偿和移民安置资金管理办法》，遵循责权统一、计划管理、专款专用、包干使用的原则。

第九十一条 省移民管理机构负责全省南水北调丹江口库区移民资金管理。移民资金实行省、市、县（市、区）三级核算，县（市、区）为基础核算单位，乡（镇）、村为报账单位的管理体制。

第九十二条 各级移民管理机构应严格遵守《会计法》，执行统一的会计制度，建立健全财务内部控制制度。

第九十三条 各级移民管理机构应选择一家国有或国家控股商业银行开设移民资金专用账户，专门用于移民资金的管理。

第九十四条 各级移民管理机构应根据年度移民投资计划和实施进度，及时拨付资金，不得拖延滞留。

第九十五条 移民资金应专款专用，任何单位和个人不得截留、挤占、挪用。

第九十六条 移民项目经费应按规定的支付程序列支，严禁以拨代支。

第九十七条 各级移民管理机构应当加强内部审计和监督检查，确保移民资金安全。

第十一章 监督管理

第九十八条 各级政府应当加强对本辖区移民安置工作的管理。各级移民管理机构应当加强内部管理，定期向本级政府和上级移民管理机构报告工作。

第九十九条 各级移民管理机构和有关迁建单位，有义务接受国家指定的审计、稽察、监察、财政等部门，依法对移民资金使用情况进行审计、监察和检查。

第一百条 各级政府应对移民政策、安置方案、补偿标准等进行广泛宣传；县级政府对移民实物调查、补偿标准、安置方案、资金兑付等情况，以村或居委会为单位及时张榜公示，接受群众监督。

第一百零一条 移民安置工作实行监督评估制度。由省移民管理机构会同项目法人，通过招标确定并共同委托有移民安置监督评估资质的单位，对移民安置进度、质量、资金拨付和使用情况以及移民生活水平的恢复情况进行监督评估。各级移民管理机构应积极配合，按要求提供有关资料。

第一百零二条 对移民工作中出现的问题，以及审计、监察、稽察、验收中发现的问题，责任单位必须及时整改。

第一百零三条 各级政府应当根据国务院《信访条例》的规定，做好移民信访工作，保持社会稳定。

第十二章 奖励与惩罚

第一百零四条 对在移民搬迁安置阶段性工作或总体工作中成绩显著的单位和个人，由各级政府给予表彰奖励。按照相关规定，对提前或按时完成建房搬迁的移民给予奖励。

第一百零五条 按照移民安置规划必须搬迁的单位和移民，应当在迁出地县级政府的统一安排下实施搬迁，不得拒绝搬迁或者借故拖延搬迁；已经搬迁并得到补偿和安置的，不得返迁或者要求再次补偿；也不得干扰、阻碍或破坏其他移民迁建单位或移民的搬迁。

第一百零六条 移民迁建单位或移民无正当理由，拒不按政府规定的期限、地点建房和搬迁，或故意拖延搬迁，经移民部门或有关行政部门教育不改的，依据有关法律规定，由有关部门依法申请人民法院强制执行；违反治安管理规定的，由公安机关依法给予治安处罚。

第一百零七条 移民搬迁安置中有下列情形之一，由县级以上政府相关行政部门对有关责任人员，依法给予警告、罚款、拘留等处罚，或强制带离现场；构成犯罪的，依法追究刑事责任。

（一）煽动、组织群众聚众闹事、冲击国家机关，破坏正常工作秩序的；

（二）以干扰、阻碍或破坏移民搬迁安置工作为目的成立非法组织的；

（三）以暴力、威胁等方法阻碍移民工作人员执行公务的；

（四）侮辱、诽谤、围攻、殴打移民工作人员或非法限制其人身自由的；

（五）干扰、阻碍或破坏移民工程施工、搬迁安置、库底清理或其他移民工作的；

（六）以强迫、威胁、利诱等手段向移民集资，破坏移民搬迁安置工作的；

（七）哄抢或损害公私财物的；

（八）堵塞交通，不听劝阻的；

（九）造谣惑众，在移民中产生不良影响的；

（十）非法获得移民身份，套取国家补偿补助和搬迁安置的；

（十一）利用职务便利，为非法获得移民身份提供方便的。

第一百零八条 拒绝或拖延接管公用设施和专业设施的，由县（市、区）政府责令限期接管；逾期仍不接管的，对主管人员和直接责任人员，依法给予行政处分。造成设施毁损或其他损失的，应当依法赔偿，并追究主管人员和直接责任人员的责任。

第一百零九条 对借用（或挂靠）资质参与移民工程建设的施工企业，按照《建设工程质量管理条例》第六十条予以处罚。

第一百一十条 国家工作人员在移民管理工作中有下列情形之一，视情节轻重，依法依纪给予处罚。

（一）擅自调整移民安置实施规划的；

（二）擅自调整移民投资计划的；

（三）不依法履行职责，严重影响移民搬迁安置或造成移民工程重大质量及安全事故和移民资金重大损失的；

（四）挤占、挪用移民资金的；

（五）其他玩忽职守、滥用职权、徇私舞弊的情形。

因各级行政机关工作人员或者各级行政机关委托的组织或个人在移民管理中故意违法或有重大过失，对移民迁建单位或移民造成损害的，在国家赔偿之后，赔偿义务机关应依法进行追偿。

第十三章　附　　则

第一百一十一条 本办法由省南水北调丹江口库区移民安置指挥部办公室负责解释。

第一百一十二条 本办法自发布之日起施行。

湖北省南水北调中线工程丹江口水库移民新村建设招标投标管理办法

2009 年 11 月 10 日

（鄂移指［2009］3 号）

第一章　总　　则

第一条 为规范我省南水北调中线工程丹江口水库移民新村建设招投标活动，维护移民群众的合法权益，确保移民新村建设的工程质量，根据《中华人民共和国招标投标法》、《中华人民共和国建筑法》及其他有关法律、法规，结合我省实际，制定本办法。

第二条 凡本省行政区域内的南水北调中线工程丹江口水库移民新村建设工程的招投标活动，适用本办法。

本办法所称的南水北调中线工程丹江口水库移民新村建设工程，包括移民房屋、居民点水、电、道路、学校等公共基础设施和公益设施。

第三条 招投标活动应当遵循公开、公平、公正、择优和诚实信用原则。

第二章 管理与职责

第四条 招标投标活动遵循分级负责和属地管理的原则。

省辖市、省直管市、县级人民政府在招投标活动中的主要职责是：

省辖市人民政府负责指导、协调、监督县级人民政府在移民新村建设活动中招标投标有关事宜。

省直管市和安置区县级人民政府具体负责组织移民新村建设的招标投标工作。

第五条 市、县移民主管部门负责本行政区域内的移民新村建设招标投标活动的监督管理。

第三章 招标、投标

第六条 招标分为公开招标和邀请招标。

第七条 移民点安置人数在200人以下的，新村建设工程可以采取邀请招标。移民点安置人数在200人以上的，新村建设工程原则上必须实行公开招标。如遇特殊情况，应由招标人提出不招标申请，说明原因，并经市级人民政府批准后，选择邀请招标方式。

第八条 采用公开招标方式的项目，招标人应按规定的要求在指定的媒介发布招标公告。招标公告不得限制潜在投标人的数量。

采用邀请招标方式的，招标人应当向3个以上有投标资格的法人或其他组织发出投标邀请书。

第九条 招标人不具备自行招标条件的，应当委托有相应资质的招标代理机构代理招标，任何单位和个人不得以任何方式为其指定代理机构。

第十条 投标人必须具备相应建设项目所需的资质（资格），并按照规定的经营范围参与投标。投标过程中，严禁挂靠、借用资质进行招标，一经发现，立即取消其投标资格，已经中标的，取消其中标资格，并记入企业诚信档案，一年内停止其投标活动。

第十一条 投标人应对递交的资格预审文件及投标文件中有关资料的真实性负责。投标人少于3个的，招标人应当重新招标。投标人不得相互串通投标，不得排挤其他投标人的公平竞争，损害招标人或者其他投标人的合法权益。

第四章 工作要求

第十二条 移民新村建设事关广大移民群众的切身利益和合法权益，各有关市、县级人民政府必须高度重视和支持移民新村建设招标投标工作，按照特事特办、急事急办的原则进行工作。

第十三条 招标投标工作应在同级纪检监察部门的监督下进行，并主动接收行业主管部门及相关部门的监督管理。

第十四条 对在招标、投标过程中有徇私舞弊、行贿受贿等违法违纪行为的人员和单位，由其所在单位或主管部门依法查处，构成犯罪的，由司法机关依法追究刑事责任。

招标投标主管部门、管理机构及其工作人员有失职、渎职行为的，由行政监察部门依法查处，构成犯罪的，由司法机关依法追究刑事责任。

第十五条 任何单位、组织和个人不得私自肢解和转包工程项目。

第五章 附 则

第十六条 本办法由省南水北调中线工程丹江口水库移民搬迁安置指挥部办公室负责解释。

第十七条 各市、县级人民政府可依据本办法，结合当地实际情况，制定招标投标工作细则，并报省南水北调中线工程丹江口水库移民搬迁安置指挥部办公室备案。

第十八条 本办法自发布之日起施行。

汉江中下游治理工程征地拆迁资金管理暂行办法

（鄂调水办［2009］4号）

第一章 总 则

第一条 根据《南水北调工程建设征地补偿和移民安置暂行办法》、《南水北调工程建设征地补偿和移民安置资金管理办法（试行）》、《南水北调工程建设征地移民资金会计核算办法》、《南水北调工程竣工（完工）财务决算编制规定》及国家有关法律法规，为规范汉江中下游治理工程征地补偿和移民安置资金（以下简称征地拆迁资金）的使用、管理、核算和监督工作，保障移民合法权益，确保工程建设顺利实施，结合工程实际，制定本办法。

第二条 本办法所指汉江中下游治理工程包括兴隆水利枢纽、引江济汉、部分闸站改造及局部航道整治工程。

第三条 本办法适用于管理和使用汉江中下游治理工程征地拆迁资金的各级主管部门、项目法人及建设管理单位、设计单位、监理单位、非地方项目主管部门或实施管理单位（以下简称各单位）。

第四条 本办法所称征地拆迁资金是指工程建设中依法合理开支的各种征地拆迁直接费用（包括农村征地补偿费或移民安置补助费、企业或事业单位迁建补偿费和专业项目复建补偿费和库底清理费等）、征地拆迁其他费用（包括实施管理费、监理费、勘测设计费、技术培训费等）、征地拆迁预备费、有关税费（包括耕地占用税、耕地开垦费、森林植被恢复费等）。

第五条 征地拆迁资金管理遵循分级负责、投资包干、计划管理、专款专用的原则。各单位要在省南水北调工程建设领导小组统一领导下，各司其职、各负其责，加强对征地拆迁资金的管理。

1. 省南水北调工程建设领导小组办公室（以下简称省南水北调办）是省政府确定的汉江中下游治理工程征地拆迁工作省级主管部门，负责管理和核算汉江中下游治理工程征地拆迁资金。

2. 各市南水北调办是本级政府确定的辖区内汉江中下游治理工程征地拆迁工作市级主管部门，具体负责管理和核算本级征地拆迁资金。市政府应加强对市南水北调办的领导，并对本级征地拆迁资金管理负责。

3. 各县（市、区）南水北调办（局）是本级政府确定的辖区内汉江中下游治理工程征地拆迁工作县（市、区）级主管部门，具体负责管理和核算本级征地拆迁工作。县（市、区）政府应加强对本级南水北调办（局）的领导，并对本级征地拆迁资金管理负责。

4. 省南水北调工程建设管理局（以下简称项目法人）是汉江中下游治理工程的项目法人，负责征地拆迁资金的筹集，参与征地拆迁资金管理与核算。

受项目法人委托，项目建设管理单位和监理单位分别对征地拆迁资金实施过程的监管。

5. 中央、省所属企（事）业单位迁建、专业项目复建属非地方项目（以下简称非地方项目）主管部门或实施管理单位具体负责管理和核算征地拆迁相应项目资金。

第二章 投资包干管理

第六条 征地拆迁资金实行与征地拆迁任务相对应的包干使用制度。征地拆迁资金包干数额按国家核定数额确定。除国家已批准的因政策调整、不可抗力等因素引起的投资增加外，不得突破包干数额。

第七条 征地拆迁投资和任务包干协议（以下简称包干协议）由省南水北调办与有关

市和县（市、区）南水北调办（局）签订。

第八条 非地方项目包干协议由省南水北调办直接与项目主管部门或实施管理单位签订。

第九条 包干协议中必须明确下列内容：

（一）具体任务和内容；

（二）工作进度和要求；

（三）各种补偿资金包干额度和费用组成；

（四）资金拨（支）付方式；

（五）双方的责任、权利和义务。

第十条 各单位要严格按照批准的概算作为项目管理的依据，按规定合理开支项目经费，定期检查执行情况，建立项目管理档案。

第十一条 直接费用由直管市、县（市、区）南水北调办（局）和非地方项目主管部门或实施管理单位包干使用。包干结余资金，由直管市、县（市、区）南水北调办（局）和非地方项目主管部门或实施管理单位继续用于该工程被征地拆迁的生活生产，报省南水北调办审核备查。

第十二条 其他费用按国家有关规定由省南水北调办统筹安排使用。

第十三条 在征地拆迁的过程中，确需动用预备费，由直管市、县（市、区）南水北调办（局）上报，经项目建设管理单位和监理单位签署意见，省南水北调办审核后，交项目法人按规定程序和管理权限审批或者报批。

第十四条 概算中核定的有关税费纳入年度投资计划直接按规定缴纳或下达直管市、县（市、区）南水北调办（局）和非地方项目主管部门或实施管理单位按规定缴纳。

第三章 计 划 管 理

第十五条 年度征地拆迁投资计划依据经批准的征地拆迁安置规划及投资概算（初设阶段）和移民安置实施方案（技施阶段），结合工程建设进度进行编制，并纳入南水北调工程建设年度投资计划。

第十六条 年度征地拆迁投资计划的内容、格式和申报时间等，按省南水北调办有关要求编报。

第十七条 直管市、县（市、区）南水北调办（局）和非地方项目主管部门或实施管理单位应按时编报年度征地拆迁投资建议计划，经项目建设管理单位签署意见后，由省南水北调办审核并编制年度征地拆迁投资建议计划，交项目法人上报。

第十八条 国家下达年度征地拆迁投资计划（包括非地方项目）后，省南水北调办根据包干协议和移民安置实施方案，结合工程建设进度，商项目法人及时分解下达征地拆迁投资计划。

第十九条 直管市、县（市、区）南水北调办（局）和非地方项目主管部门或实施管理单位应根据年度征地拆迁投资计划，结合工程建设进展情况和包干协议，具体组织计划的实施。

第二十条 直管市、县（市、区）南水北调办（局）和非地方项目主管部门或实施管理单位在实施过程中，应维护年度征地拆迁投资计划的严肃性，不得擅自调整；确需调整的，按原程序报批。

第二十一条 直管市南水北调办和非地方项目主管部门或实施管理单位应每月 3 日前向省南水北调办报送上月计划执行的统计报表及有关情况说明，同时抄送项目建设管理单位。县（市、区）南水北调办（局）应每月 3 日前向省南水北调办报送上月计划执行的统计报表及有关情况说明，同时抄送有关市南水北调办和项目建设管理单位。

每年年底，直管市、县（市、区）南水北调办（局）和非地方项目主管部门或实施管理单位必须向省南水北调办报送年度计划执行情况的书面报告。

第四章　财　务　管　理

第二十二条　各单位要严格遵守国家有关会计法规，设立财务管理机构，配备专职的财会人员。会计人员须具备会计从业资格，且保持相对稳定；按照钱、账和银行印鉴分管和会计、出纳分设的原则，建立内部各部门之间和财务岗位之间的互相制约机制，严禁一人保管支付款项所需的全部印鉴；健全财务内控制度，严肃财务纪律，严格资金收支审批程序；加强会计基础工作，提高财务人员素质。

第二十三条　征地拆迁资金的拨付。

（一）项目法人征地拆迁资金的拨付。根据批准下达的年度征地拆迁投资计划和移民安置实施方案以及包干协议，结合工作进度及资金到位情况，项目法人应及时将征地拆迁资金拨付到省南水北调办征地拆迁资金专用账户。

（二）省南水北调办征地拆迁资金的拨付。

依据包干协议，按照批准下达的年度征地拆迁投资计划和移民安置实施方案，结合工作进度及资金到位情况，由直管市、县（市、区）南水北调办（局）提出具体资金使用计划，经监理单位和项目建设管理单位签署意见，省南水北调办办理资金拨付审批手续。经审批后，凭财政部门监制的收据，方可将资金分批足额拨付到直管市、县（市、区）包干协议中指定的专用账户，不得人为滞留资金。

非地方项目资金的拨付，依据包干协议，按照批准下达的年度征地拆迁投资计划和征地拆迁实施方案，结合征地拆迁工作进度及资金到位情况，由非地方项目主管部门或实施管理单位提出具体资金使用计划，经监理单位和项目建设管理单位签署意见，省南水北调办办理资金拨付审批手续。经审批后，凭财政部门监制的收据，方可将资金分批足额拨付到包干协议中指定的专用账户，由非地方项目主管部门或实施管理单位实施项目管理。

（三）直管市、县（市、区）征地拆迁资金的拨付。各种征地拆迁直接费用的兑付或支付按规定的制度和程序，包干使用，严禁以拨代支。

1. 农村移民补助款（属于移民的房屋、青苗和地面附着物等补偿费、搬迁运输费、过渡期生活补助费等部分），优先用于建房，依据直管市或县（市、区）南水北调办（局）联合乡（镇）、村、组与移民户共同签订的兑现协议，经监理单位审核移民户存款账户汇总明细表（包括姓名、身份证号、账号和补偿金额内容）后，由直管市或县（市、区）南水北调办（局）采取一户一卡（账户）或存单的方式，在核准的银行帮助办理个人存款账户，并将个人部分及时足额直接划入到该银行相应账户上，由户主凭卡自由支取。结清时，凭移民签收领款单核销。

2. 农村集体补偿款，由直管市或县（市、区）南水北调办（局）与搬迁或安置乡（镇）、村共同签订包干协议，落实到村级集体经济组织。该补偿款首先用于征用生产用地，凭划地相关手续核销。土地征用经费（包括集中安置点生活生产用地）由直管市或县（市、区）南水北调办（局）协调办理相关手续，经监理单位审核后，凭行政村出具的收款收据，分批直接支付给安置村核准的银行账户；不需要异地（本村以外）征地或者征地后剩余农村集体补偿费由直管市或县（市、区）南水北调办（局）直接与搬迁村办理结清手续后，继续用于恢复和发展生产。

用于农村集中安置点的基础设施等费用，由直管市或县（市、区）南水北调办（局）根据批复的征地拆迁安置规划或移民安置实施方案，并与实施管理单位签订项目合同，实施项目管理。根据年度投资计划、项目合同和工程进度，经监理单位审核后，凭实施管理单位出具的收款收据，分批直接支付到实施单位核准的银行账户。项目完工验收后，按项目进行核算，凭有关计划、合同、验收报告和交付使用手续核销。

3. 地方企（事）业单位迁建、专业项目复建和库底清理等补偿费用，由直管市或县（市、区）南水北调办（局）委托专业项目主管部门或者实施管理单位管理，并与实施管理单位签订项目合同，实施项目管理。根据年度投资计划、合同和工程进度，经监理单位审核后，按批准的投资概算和实施进度，凭实施管理单位出具的收款收据，分批直接支付进度款。项目完工验收后，支付余款并凭收款凭证核销。

4. 非地方项目中涉及农场集体和个人拆迁补偿（补助）费用参照上述有关内容执行。

（四）其他费用，按国家有关规定计取、使用、管理和核算。

用于各级南水北调办的实施管理费，由项目法人统一拨付给省南水北调办实行预算管理。其中30%省级实施管理费由省南水北调办集中控制使用；70%市级、县级（市、区）和非地方项目的主管部门或实施管理单位及以下级实施管理费按征地拆迁投资的比例划分［具体划分比例由省南水北调办与有关市、县（市、区）南水北调办和非地方项目主管部门或者实施管理单位协商确定］，按季度支付。

各级实施管理费应单独建账，从严控制。

第二十四条 加强固定资产管理。

各单位购置的固定资产，属于政府采购目录的商品，按政府采购程序办理；不属于政府采购目录的商品，应采取比价择优的采购方式，并按规定办理领用、保管、使用、交接、收回等手续。

固定资产应设立固定资产明细账核算，低值易耗品建明细辅助账进行管理。

第二十五条 加强货币资金管理。

（一）各单位应在一家国有或国家控股商业银行开设征地拆迁资金专用账户，专门用于征地拆迁资金的管理。专用账户的开设、变更、撤销银行账户应报上级南水北调办备案。

（二）除按规定可以使用现金外，均应通过开户银行办理结算。

（三）各单位使用的征地拆迁资金都必须通过单位财会部门管理和核算，不能设立账外账，严禁私设“小金库”。

第二十六条 各单位应确保征地拆迁资金专款专用，任何部门、单位和个人不得截留、挤占、挪用。

直管市、县（市、区）南水北调办（局）和非地方项目主管部门或实施管理单位应严格执行经批准的征地拆迁规划及移民安置实施方案，不得超标准、超规模使用征地拆迁资金。

第五章 会 计 核 算

第二十七条 征地拆迁资金以直管市、县（市、区）南水北调办（局）为基本会计核算单位。各单位要严格执行财政部颁发的《南水北调工程征地拆迁资金会计核算办法》。

（一）设置专门的会计账簿，独立核算征地拆迁资金。

（二）建立以设计单元工程为基本核算对象，对发生在各设计单元工程或不同工程项目间的同类费用可合并核算，年终按同期完成工作量的大小的比例进行合理分摊。

（三）采用借贷记账法进行会计核算。会计科目表详见附件一（略）。

（四）单位与单位之间或者单位与个人之间发生的资金往来款项，应及时清理结算。

（五）建造、购置、调入固定资产或报废、变卖固定资产，应按照国家有关规定办理。

（六）统筹安排的其他费用应按照规定的科目设立辅助账并进行会计核算。

第二十八条 各单位收到拨入的征地拆

迁资金应记入“拨入移民资金”总账科目。本科目的期末余额反映由上级累计拨入的征地拆迁资金。本科目按设计单元工程设置明细科目核算。

第二十九条 各单位在征地拆迁实施过程中实现的银行存款利息收入等记入“其他收入”总账科目。本科目应按收入种类设置明细账，进行明细核算。

第三十条 各单位向下级拨付的用于征地拆迁资金记入“拨出移民资金”总账科目。本科目应按接收拨款单位和设计单元工程设置明细账。本科目在报表汇总时和下属单位的“拨入移民资金”相抵，不影响报表的汇总。

第三十一条 各单位执行征地拆迁投资概算时发生的各项支出，包括农村移民安置、企事业单位迁建、专业项目复建、库底清理、税费缴纳及其他费用方面的支出记入“移民资金支出”总账科目。

本科目设置相应二级科目如下：

（一）农村移民安置支出二级科目是对征地拆迁投资概算中实施农村移民安置的各项支出进行明细核算。

三级明细核算科目为：征用土地补偿费和安置补助费（永久征地土地补偿费和安置补助费、淹没或占压滩地补助费、临时用地补偿费）、房屋及附属建筑物补偿费（房屋补偿费、附属建筑物补偿费）、农副业补偿费、小型水利水电设施补助费、文教卫项目补助费、基础设施建设补偿费、搬迁运输费、过渡期生活补助费、双瓮厕所及沼气池补助费、受影响的鱼池、其他补偿费（永久征地青苗补偿费用、淹没或占压滩地青苗补助费、临时用地复垦费、坟墓迁移费、零星树木补偿费等）。

（二）企（事）业单位迁建支出二级科目是对征地拆迁投资概算中实施企（事）业单位迁建的各项支出进行明细核算。

三级明细核算科目为：新址征地费、基础设施补偿费、搬迁费、房屋及附属建筑物补偿费、设施补偿费、设备补偿费、停产损失费、其他。

（三）专业项目复建支出二级科目是对征地拆迁投资概算中实施专业项目恢复改建的各项支出进行明细核算。

三级明细核算科目为：交通设施补偿费、输变电设施补偿费、通（电）信设施补偿费、广播电视设施补偿费、水利水电设施补偿费、其他项目补偿费（测量设施补偿费、管道设施补偿费等）。

（四）库底清理支出二级科目是对征地拆迁投资概算中实施库底清理的各项支出进行明细核算。

（五）税费支出二级科目是对征地拆迁投资概算中发生的各项税费支出进行明细核算。

三级明细核算科目为：耕地占用税、耕地开垦费、森林植被恢复费、新菜地开发建设基金等。

（六）其他费用分摊二级科目是核算各单位期末分摊到设计单元工程的其他费用支出。

第三十二条 待摊支出总账科目对征地拆迁投资概算中发生的应分摊计入移民项目的各项支出进行明细核算。本科目应于期末按照合理、系统的方法摊入相关的设计单元项目。本科目期末结转后应无余额。

二级明细核算科目如下：

（一）勘测规划设计科研费二级科目是对征地拆迁投资概算中为初步设计和技施设计阶段征地拆迁设计工作所发生的勘测、规划、设计及科研费用进行明细核算。

（二）实施管理费二级科目是对征地拆迁投资概算中所发生的人员经费、办公、差旅、其他（会议、招待）等经常性管理费用进行明细核算（实施管理费的具体使用范围和开支内容及标准按国家有关规定执行）。

（三）实施机构开办费二级科目是对征地拆迁投资概算中为其启动和运作所发生的配置办公用房、车辆和购置设备及其他开办费用进行明细核算。

（四）技术培训费二级科目对征地拆迁投资概算中为提高农村移民生产技能、文化素质和从事征地拆迁工作人员的管理水平所发生的费用进行明细核算。

（五）监理监测评估费二级科目对征地拆迁投资概算中所发生的监理费和监测评估费进行明细核算。

（六）项目技术经济评估审查费二级科目对征地拆迁投资概算中所发生的项目技术经济评估审查费进行明细核算。

（七）咨询服务费二级科目对征地拆迁投资概算中所发生的咨询和服务费进行明细核算。

（八）其他二级科目对征地拆迁投资概算中所发生验收工作等其他费用进行明细核算。

第三十三条 各单位移民项目完工时，累计征迁安置补偿资金支出应转入已完工移民项目的实际成本，由“移民资金支出”科目转入“已完移民项目”总账科目，“已完移民项目”应按设计单元工程设置明细账。

第三十四条 各单位可以根据核算和管理工作内容设置明细科目，必要时可建立辅助账进行登记核算。

第六章 会 计 报 表

第三十五条 单位负责人和财务负责人对本单位会计工作和资料的真实性、完整性负责，并对财务报告或会计报表承担法律责任。

第三十六条 各单位应按规定向上级南水北调办编报年度会计报表（包括必要辅助会计报表）。

年度会计报表的种类（附件二，略）包括财务报表说明书及资金平衡表、征地拆迁资金支出总表、农村移民安置支出明细表、企（事）业单位迁建支出明细表、专业项目复建支出明细表、待摊支出明细表。全年财务报表说明书主要包括征地拆迁的概况、概算批复及执行情况、移民投资计划情况、资金到位及使用情况、银行存款余额分析、实施进展及投资完成情况分析（本年度及累计），重点要对征地拆迁的实物量指标完成情况作出说明以及存在问题和建议。

直管市、县（市、区）南水北调办（局）和非地方项目主管部门或实施管理单位每月底前3日向省南水北调办报送资金平衡表，每季底前3日向省南水北调办报送征地拆迁资金支出总表，县（市、区）南水北调办（局）在向省南水北调上报月（季）财务报表的同时报市南水北调办。月（季）财务报表说明书主要包括移民投资计划执行情况、资金到位及使用情况、银行存款余额分析、下月（季）用款计划以及存在问题和建议。

第三十七条 在单项、设计单元工程完工后，直管市、县（市、区）南水北调办（局）和非地方项目主管部门或实施管理单位应完成所实施征地拆迁资金财务决算报告，经建设管理单位审查，由省南水北调办审核编制相应征地拆迁资金完工财务决算报告。工程竣工验收前，由项目法人组织编报征地拆迁资金竣工财务决算报告。

第三十八条 征地拆迁资金形成的银行存款利息收入，按计划用于征地拆迁工作，不得挪作他用。

第七章 监 督 管 理

第三十九条 有关单位要建立健全内部审计制度。直管市、县（市、区）南水北调办（局）和非地方项目主管部门或实施管理单位要加强内部审计和检查，对征地拆迁资金使用和管理中存在的重大问题应向本级人民政府、省南水北调办报告。

各级南水北调办应对下级使用征地拆迁资金的单位进行财务监督和指导。

第四十条 省南水北调办按规定对有关市、县（市、区）南水北调办（局）和非地方项目主管部门或实施管理单位征地拆迁资金使用和管理等情况进行监督检查和稽察。

第四十一条 各单位应接受审计、监察和财政部门依法对征地拆迁资金进行审计、监察和监督，并按要求及时提供有关资料。

第四十二条 对征地拆迁补偿、资金兑付等情况，应以村或居委会为单位及时张榜公布，接受群众监督。

第四十三条 对监督检查、稽察、审计和监察中发现的问题，责任单位应及时整改。对违反本办法规定截留、挤占、挪用征地拆迁资金的单位，应依法给予行政处罚；对直接负责的主管领导和责任人，应依据相关法律、法规和规章追究其法律责任，构成犯罪的，应依法追究其刑事责任。

第八章 附 则

第四十四条 直管市、县（市、区）南水北调办（局）和非地方项目主管部门或实施管理单位应按本规定制定辖区内乡（镇）、村、组征地拆迁资金兑付或支付管理细则，并报省南水北调办备案。

第四十五条 汉江中下游治理工程文物保护资金管理和核算由省文物主管部门负责。

第四十六条 本办法由省南水北调办负责解释。

第四十七条 本办法自颁布之日施行。

湖北省南水北调工程建设管理局工程价款结算支付办法

（鄂调水局［2009］41号）

第一章 总 则

第一条 为了规范湖北省南水北调工程建设管理局（下称“省南水北调局”）工程价款结算支付工作，明确各方责任，保证资金安全，根据国家价款结算的有关规定，结合我省的实际，特制定本办法。

第二条 工程价款结算支付是指对工程合同或协议价款进行约定，依据合同或协议约定进行工程预付款、进度款、完工结等算支付的活动。

第三条 价款结算支付管理是以单个合同为基本单元，即一个合同设置一个价款结算单，实行以项目建设管理单位现场审核为基础，省南水北调局有关处分别对已完成工程进度、质量和投资进行复核，财务集中支付的办法。合同以外项目按合同变更处理，结算时单独反映。

第四条 价款结算支付的管理职责。

（一）项目建设管理单位根据省南水北调局的授权，负责对建筑安装工程、工程设备、集中组织供应的工程材料和物质及工程监理等合同中已完成的有效工作量（提供的产品和服务）、单价和价款及结算必需的支撑材料进行现场审核和签证工作，并建立工程价款结算的原始台账，实施现场控制。

（二）省南水北调局工程处负责对建筑安装工程、工程设备、集中组织供应的工程材料和物质及工程监理等合同中已完成的有效工作量（提供的产品和服务）结算必需的支撑材料进行复核和签证，并建立工程价款结算的项目台账，实施进度和质量控制。

（三）省南水北调局规划处负责建筑安装工程、工程设备、集中组织供应的工程材料和物质及工程监理等合同中已完成工程单价和价款及结算必须支撑材料进行复核和签证，并建立工程价款结算的合同台账，实施投资控制。

（四）省南水北调局财务处主要复核各类合同本期和累计结算款项并负责办理工程款项支付、预付款项抵扣、质量保证金扣留和各类保函或保证金的收付等内容，并建立工程价款结算的支付台账，实施财务监督管理。

（五）省南水北调局局长负责审批工程价款结算支付。

实行委托制或代建制建设管理模式的工程，有关价款结算支付按照合同约定进行管理。

第五条 本价款结算办法适合于南水北调中线工程汉江中下游兴隆水利枢纽、引江济汉、部分闸站改造和局部航道整治等工程。

第二章 合同价款的约定与调整

第六条 招标工程的合同价款应依据招标文件、中标人的投标文件，由省南水北调局与承包商（下称“双方”）订立书面合同约定。非招标工程的合同价款依据审定的工程预（概）算书由双方在合同中约定。

合同价款约定后，任何一方不得擅自更改。

第七条 在签定的合同条款中，应包括涉及工程价款结算的约定事项：

（一）工程结算形式。

（二）已完工程量认定方式。

（三）预付款的数额、支付时限及抵扣方式。

（四）进度款的支付方式、数额及时限。

（五）工程施工发生变更时，价款的调整方法、索赔方式、时限要求及金额支付方式。

（六）发生价款纠纷的处理方法。

（七）余款的结算与支付方式、数额及时限。

（八）与支付价款相关的担保事项。

（九）质量保证（保修）金的数额、预扣方式及时限。

（十）安全措施和意外伤害保险费用。

（十一）有关价款结算奖惩办法。

第八条 在工程价款结算时，涉及价款调整的，遵循下列原则：

（一）合同中工程重大项目变更引起的价款调整，需按基本建设程序报批后方可实施。

（二）超出已签合同范围的工程设计变更涉及工程价款调整，按合同管理的审批程序，需签订补充合同，变更合同价款方法和确认的时限由双方协商确定。

确认增（减）的工程变更价款作为追加（减）合同价款与工程进度款同期支付。

第三章 工程价款结算支付

第九条 按照合同规定条款、实际完成的工程量及工程监理意见，经逐级审核同意后，方可进行工程价款结算。

第十条 除合同外，工程价款结算所需的其他相关资料包括：

（一）招投标文件及其过程中形成的来往函件、承诺书、澄清函、谈判记录等。

（二）经审批的工程施工图和概（预）算。

（三）经监理、项目建设管理单位审查（核）签证的工程量完成月报表和工程价款结算表等原始资料。

（四）其他与工程价款结算相关的文件和资料（如项目管理预算、年度资金支出预算、投资计划和设计变更通知等）。

第十一条 预付款结算支付。

（一）凡承包商的主要管理、施工人员和设备没有进入工地，不具备实施条件的项目，不得支付预付款。

（二）已签订合同且承包商提交了经省南水北调局财务处认可的银行履约保函后，方能按照合同的约定进行预付款支付和抵扣。

（三）在申请办理支付预付款手续时，比照工程进度款结算支付的审批程序和要求进行。

（四）支付预付款原则上不高于合同金额的30%，且实际支付预付款额度不超过进场设备、材料的总额。

（五）支付管理按合同号、承包商及标段进行，有关方面应配合核对预付款的支付和抵扣情况，防止多付少扣，严禁以预付款的名义转移资金。

第十二条 进度款结算支付。

（一）进度款的结算一般采取按月进行。

（二）结算支付审批程序。

1. 承包商申报。每月报送工程进度款结

算申请并附本次结算的“工程量完成月报表”和“工程价款结算表”（一式6份）以及相关证明材料。同时，为便于管理，价款结算除提供纸质签证单外，还需附相应电子版。

2. 监理单位审查。按照监理的有关要求和合同约定的内容，负责审查本次结算中已完成工程的形象进度、质量、工程量和单价及价款，核实抵扣预付款、代扣款以及提留质量保证金，并在“工程量完成月报表”、“工程价款结算表”上签署结论性意见和需要说明的事项。

3. 项目建设管理单位审核。对上述审查的结果进行全面审核，并在“工程量完成月报表”、“工程价款结算表”上签署审核意见。

4. 省南水北调局审批。工程处根据监理和项目建设管理单位的复核意见，主要对已完成的工程量结算必需的支撑材料进行复核，并在“工程量完成月报表”和“工程价款结算表”上签署复核意见；规划处根据监理和工程进度管理单位的复核意见，主要对已完工程单价、价款及结算必须支撑材料进行复核，并在“工程量完成月报表”和“工程价款结算表”上签署复核意见；财务处主要复核本次工程结算价款、预付款项抵扣、质量保证金扣留以及累计情况，并在“工程价款结算表”上签署复核意见；最后报局长审批。

5. 承包商提供发票。按本期结算数而不是按实际支付数提供工程所在地的有效税务发票。

6. 办理支付手续。省南水北调局财务处依据上述资料，进一步核对发票或收款凭据、收款单位、银行账号等方面内容，及时办理合同价款财务支付手续，经内部审签后，委托银行将款项直接划拨到承包商。

7. 信息反馈。价款支付手续办理完毕后，应将本期结算资料及时反馈承包商、监理单位、项目建设管理单位、省南水北调局有关处，并留存作为会计凭证或备查。

（三）累计支付进度款，原则上不高于工程价款的90%，并按约定时间同期抵扣预付款项。

第十三条 完工结算支付。

（一）工程完工最后一次价款结算为完工结算（或余款结算）。完工结算的前提条件：

1. 工程完工，质量符合合同规定的要求，且通过省南水北调局验收。

2. 完工结算前须完成相应的清理工作，主要包括：预付款是否扣完；质量保证金是否按合同约定扣足；合同执行过程中遗留问题的处理是否达成一致意见；合同规定的档案资料是否完整等内容。

（二）完工结算除需提供进度款结算所需材料外，还应提供以下资料：经监理、项目建设单位审核并颁发的施工图；经监理现场确认并经省南水北调局或其授权的项目建设管理单位签证的已完成工作量文件；合同工程量计算过程（包括变更项目）、经承包商、监理单位、项目建设单位代表及现场设计代表共同量测签证的工程量签单、土石方开挖所需的原始地形图、地质剖面图等原始计量资料。

（三）完工结算程序比照进度款结算支付的审批程序和要求进行。

（四）完工结算时，应保留5%左右的质量保证（保修）金，待工程交付使用一年质保期到期后再最终结清，质保期内如有返修，发生费用应在质量保证（保修）金内扣除。

在申请最终结清、质量、安全等保证金的退付时，需比照工程进度款结算支付的审批程序和要求进行。

第四章 价款结算支付管理的其他事项

第十四条 按合同约定需进行工程施工保险的项目，由施工单位承保并提交相关保单后，再进行工程价款的支付。

第十五条 工程设备、物质等采购合同、工程勘测、设计、监理、科研、咨询等有关合同结算办法参照工程价款结算的程序和要求进行。

第十六条 省南水北调局及项目建设管理单位要求承包商完成合同以外的零星项目，应按照补充合同或协议的要求，在价款结算时由承包商提出用工数量和单价、机械台班数量和单价、使用材料和金额等资料，按程序审签后据实结算。

第十七条 工程价款一律通过银行结算，进行双方账户之间的划转，不得用现金支付。其他零星项目的支出，按相关规定和程序办理。

第十八条 工程价款直接支付到合同约定的收款单位银行账户上。承包商若需将款项支付到工地现场项目部，需向省南水北调局提交正式的“授权委托书”，收款单位及账号一经确定，原则上不予变更。

承包商拟变更收款单位、开户银行及账号，应出具盖有其法人公章、法定代表人签字的书面申请，并经省南水北调局认可。

第十九条 设计变更价款结算由承包商提供变更明细清单，并附有关设计变更通知书及文字说明，再按进度款结算支付程序和要求进行办理。

第二十条 履约保函必须是无条件保证，由省南水北调局财务部门保管，承包商全面履行合同规定的义务后，经局长批准方能退还。

第二十一条 工程价款结算使用的表格、账单等凭证，由省南水北调局统一制订。

第二十二条 承包商应主动接受并积极配合国家有关部门对其所结算合同价款使用情况进行的延伸审计、监督或稽查。

第五章 附　则

第二十三条 本办法自发布之日起施行，原《湖北省南水北调工程建设管理局工程价款结算支付暂行办法》停止执行。

第二十四条 本办法由省南水北调局负责解释。

湖北省南水北调办征地拆迁实施管理费管理暂行办法

（2009 年 7 月 29 日）
（鄂调水办［2009］42 号）

第一章 总　则

第一条 为规范征地拆迁管理机构实施管理费的使用和管理，根据国家有关规定和《汉江中下游治理工程征地拆迁资金管理暂行办法》，结合工作实际，特制定本办法。

第二条 本办法所指汉江中下游治理工程包括兴隆水利枢纽、引江济汉、部分闸站改造和局部航道整治等工程。

第三条 本办法适用于管理和使用征地拆迁资金的各级南水北调办、非地方项目主管部门或实施管理单位（以下简称各单位）。

第四条 本办法所指实施管理费是征地拆迁投资概算的组成部分，专门用于各单位为完成征地拆迁安置任务而发生的经常性管理支出。该项费用是通过项目法人按年度征地拆迁投资计划分年划拨省南水北调工程领导小组办公室（以下简称南水北调办）负责管理。

第二章 预　算　管　理

第五条 用于各级南水北调办的征地拆迁实施管理费实行预算总量控制。

第六条 省级实施管理费按国家审批总额的 30% 实行总量控制。具体使用时应编制年度预算支出项目及分月用款计划，经办领导审批后，由省南水北调办集中控制使用。

第七条 地方各级南水北调办、非地方项目主管部门或实施管理单位的实施管理费按国家审批总额的 70% 实行总量控制，并纳入投资包干协议管理。在具体使用时，应编制年度预算支出项目及分月用款计划，经单位负责人审批后实施。

各单位需向下级南水北调办事机构分配

实施管理费时，经协商并签订包干使用协议，明确分配比例，但两者之和不能突破各单位与省南水北调办签订的投资包干协议实施管理费总额。

第三章 使 用 管 理

第八条 实施管理费管理和使用原则：一是专款专用，严禁挪用和占用；二是与征地拆迁项目资金分开核算且包干使用；三是各单位不得从征地拆迁项目资金中另提相关管理费，其管理性开支也不得挤占项目经费。

第九条 实施管理费的开支审批程序：各项经济事项发生后，由经办人凭真实、合法的原始单据填制报销凭证，经证明人签字，会计人员复核，相关主管领导审批后方可办理。对购买办公用品等大宗商品的支出还应由验收人在发票上签字并办理领用登记手续。

第十条 实施管理费的使用范围和开支标准。

（一）人员经费。

1. 人员工资及附加费、各种补贴、补助。

2. 各种社会保险。

人员经费应按当地财政部门制定的标准执行，严禁擅自提高开支标准。

（二）办公费。

1. 办公用品（消耗品）。

2. 邮电费。

3. 宣传及图书资料费。

4. 资料刊印整编费。

办公费的开支应本着厉行节约、勤俭办事的原则实行定额定量，合理使用。

（三）差旅费。

差旅费应按当地财政部门制定的开支范围和标准执行。

（四）车辆使用费。

1. 规费（包括保险费、养路费、车船使用税等）。

2. 油费。

3. 修理费。

4. 车辆维护用品费（指日常维修用具及轮胎等）。

5. 租车费。

6. 其他。

车辆使用费应从紧控制，根据实际制定定额标准，实行单车定额管理。

（五）招待费。各级南水北调办应制定招待费相应管理办法，按国家有关规定从严控制招待费的开支。

（六）会议费。会议费的开支应事先编制预算，经审批后按预算标准控制使用。

（七）其他。主要指其他处理征地拆迁事项所发生的相关费用。

以上各项开支属于政府采购的货物或服务项目，应按政府采购程序办理，达到固定资产使用标准的应设立固定资产明细账核算，低值易耗品应建明细辅助账进行管理。

第四章 会 计 核 算

第十一条 实施管理费分别由省南水北调办和各直管市、县（市、区）南水北调办负责核算，直管市、县（市、区）南水北调办为基本核算单位。直管市、县（市、区）南水北调办对下级或其他有关单位使用实施管理费原则上实行报账制，预付给下级或其他单位的实施管理费在未清算前，不得计入实施管理费支出，在下级或其他单位报账后方可列支。实际情况执行报账制确有困难的，应在费用包干协议中要求各收款单位按时报送实施管理费支出明细表，由直管市、县（市、区）南水北调办统一汇总后上报。

第十二条 实施管理费作为待摊支出总账科目的二级明细科目，下设人员经费、办公费、差旅费、车辆使用费、招待费、会议费、其他等三级明细科目。

第十三条 实施管理费的其他核算方法及会计报表的编报按规定执行。

第五章 监 督 检 查

第十四条 各单位要制定实施管理费管

理细则，明确使用标准并上报省南水北调办备案。

第十五条 各级南水北调办应对下一级南水北调机构实施管理费使用情况定期开展检查和指导，发现问题及时处理。

第十六条 各单位实施管理费的使用情况应接受上级有关部门及项目法人的监督和检查。

第六章 附 则

第十七条 本办法由省南水北调办负责解释。

第十八条 本办法自颁布之日起施行。

南水北调项目法人单位

南水北调中线干线工程投资静态控制和动态管理细则

2009 年 5 月 21 日
（中线局计［2009］15 号）

第一章 总 则

第一条 为加强南水北调中线干线工程投资管理，严格控制工程成本，建立工程投资约束激励机制，提高投资效益，根据国务院南水北调工程建设委员会颁布的《南水北调工程投资静态控制和动态管理规定》，结合南水北调中线干线工程实际情况，制定本细则。

第二条 本细则所称静态投资是指国家批准的设计单元工程初步设计概算静态总投资。

动态投资是指在工程建设实施过程中建设期贷款利息以及因价格、国家政策调整（含税费、建设期贷款利率及汇率等）和设计变更等因素变化发生超出原批准静态投资的投资。

第三条 本细则适应于由南水北调中线干线工程建设管理局（以下简称中线建管局）直接管理项目建设管理部、委托制项目建设管理单位、代建制项目管理单位（以下简称项目建管单位）管理的工程项目。

第四条 中线建管局是实施南水北调中线干线工程投资静态控制、动态管理的责任主体，对工程建设全过程投资控制负总责；项目建管单位对所承担工程建设管理项目的投资控制负直接责任。

第五条 本细则及相关配套办法是中线建管局对工程投资进行静态控制和动态管理，以及对项目建管单位的投资控制管理进行检查、考核和监督的依据。

第二章 静 态 投 资 控 制

第六条 静态投资控制是指在工程建设过程中，中线建管局将工程建设投资控制在各设计单元工程静态投资之和，即国务院南水北调工程建设委员会办公室（以下简称国务院南水北调办）批准的各设计单元工程项目管理预算投资之和的范围内，各项目建管单位按管理项目内容的划分，将工程建设投资控制在与其管理内容相对应的项目管理预算投资，即分解后的项目管理预算投资之内。

第七条 中线建管局和项目建管单位以项目管理预算或分解后的项目管理预算为依据，通过工程招标，科学组织施工建设方案，加强工程优化及限额设计，严格工程变更管理等措施，实现投资控制目标。

第八条 项目管理预算按照“总量控制、合理调整”的原则，结合南水北调中线干线工程建设管理体制和工程招标实际情况编制。

项目管理预算编制按国务院南水北调办

《南水北调工程项目管理预算编制办法》执行。

第九条 项目管理预算原则上以设计单元工程为编制单位，在主体建筑工程项目招标完成后由中线建管局委托具有相应资质的单位编制，经中线建管局审核后报国务院南水北调办批准。

第十条 项目建管单位参与并协助项目管理预算的编制，在主体建筑工程项目招标完成并签订合同后7天内，将招标文件、中标单位投标文件、合同副本各一份及相应电子版本一并报中线建管局。

第十一条 经批准后的项目管理预算是中线建管局向国务院南水北调办编报年度投资计划、编报年度投资完成报表、编报年度价差计算报告、进行投资跟踪风险分析的依据，也是国务院南水北调办对中线建管局进行投资控制考评的依据。

第十二条 项目管理预算批复后，中线建管局按项目建管单位管理的内容，对项目管理预算进行分解。分解项目管理预算是中线建管局对项目建管单位进行投资控制考评的依据。

第十三条 鼓励设计单位在项目建设期间按照国家批准的初步设计，在满足工程功能、安全标准、质量要求等前提下，进行设计优化，鼓励采用新技术、新工艺、新材料，降低工程建设投资。

第十四条 在满足国家批准的初步设计阶段确定的工程规模、功能、标准、工期的前提下，实行以初步设计概算静态投资为限额的限额设计。

第十五条 优化及限额设计分别按照“功能标准不降低，采用先进技术、工艺，降低工程投资”和“规模标准不变，投资不超概算”的原则进行。

第十六条 在招标阶段进行优化设计时，勘测设计单位在上报招标设计时须同时报送优化设计方案，由中线建管局组织专家进行审查。施工图阶段的优化设计管理执行《南水北调中线干线工程工程变更和索赔管理办法》。

第十七条 当招标设计出现超限时，由勘察设计单位编制超限报告，并与招标设计同时报送中线建管局审定。

第十八条 工程建成后，中线建管局组织专家对优化设计金额或超限金额进行审定，并根据审定结果依据有关规定对勘察设计单位予以奖惩。

第十九条 工程变更管理应遵循“程序规范、责任明确、论证科学、审批严格”的原则。

第二十条 工程变更包括重大工程变更和一般工程变更，重大工程变更是指满足国务院南水北调办有关规定条件的重大设计变更。

第二十一条 重大工程变更由中线建管局审查后报国务院南水北调办审批；一般工程变更，委托和直管项目由项目建管单位审批，报中线建管局备案，代建项目按代建合同约定进行审批。工程变更的具体管理按《南水北调中线干线工程工程变更和索赔管理办法》执行。《南水北调中线干线工程工程变更和索赔管理办法》另行制定。

第二十二条 工程建设发生设计变更所增加的投资，应在该设计单元工程内解决，不得突破该工程静态投资。确属重大设计变更且所增加投资超出该设计单元工程静态投资部分，经批准纳入动态投资管理。

第二十三条 项目建管单位应加强项目建设管理费的管理和使用，项目建设管理费不得突破批准的分解项目管理预算核定的相应额度。

第三章 动态投资管理

第二十四条 动态投资管理是指在工程建设过程中，中线建管局及项目建管单位通过逐年编报年度价差报告、据实计列建设期贷款利息投资、严格设计变更管理等措施，对动态投资进行有效管理。

第二十五条 动态投资利用国务院南水

北调办批准的南水北调中线干线工程动态投资和工程建设结余投资调剂解决。

各项目建管单位管理工程项目发生的动态投资应在建管单位所管理的该设计单元动态投资和结余投资内解决，不足部分由中线建管局调剂解决，如跨设计单元需经国务院南水北调办批准利用其他设计单元工程节余资金调剂解决。

第二十六条 中线建管局负责组织中线干线工程年度价差报告的编报。

年度价差报告编制按国务院南水北调办《南水北调工程价差报告编制办法》执行。

第二十七条 根据工程完成情况，项目建管单位每年2月底前，将上一年度价差编制报告所需基础资料报中线建管局，并配合做好年度价差报告的编制。

第二十八条 根据国家对中线建管局批准的年度价差，中线建管局按照各项目建管单位的完成情况对年度价差进行分解，作为对项目建管单位的价差认定。

第二十九条 中线建管局核定的各工程项目价差投资在工程完工时一并纳入投资控制考评；项目建管单位与承包商的价差结算按照合同约定处理。

第三十条 按批准的建设工期完工的工程，合理计列待运行期发生的贷款利息及管理维护费用，由中线建管局统一核算，相关投资利用工程结余投资解决。

第三十一条 南水北调中线干线工程的动态投资原则上按国务院南水北调办批准的南水北调中线干线工程的动态投资执行，如确因价格变动、国家政策调整等因素导致动态投资无法满足工程需要，由中线建管局报国务院南水北调办统筹研究解决。

第四章 投资控制考评及奖惩

第三十二条 建立健全投资控制管理的激励和约束机制，在确保工程质量、安全和工期的前提下，依据国务院南水北调办对中线建管局所辖各设计单元工程建设项目进行投资控制考评，中线建管局对项目建管单位和相关单位进行投资控制考评。

第三十三条 投资控制考评是以静态投资加上经批准的年度价差之和，与工程实际完成投资（不含计列的建设期贷款利息等）进行比较，若有剩余称为结余投资，并对结余投资情况进行分析，属优化设计、技术创新、科学组织施工等管理措施形成的结余投资按规定比例用于奖励、弥补工程投资缺口等，由于管理不善等主观因素造成超支的按规定给予处罚，超支情节严重的建议有关部门依据相关规定对责任人和责任单位给予行政处罚。

第三十四条 中线建管局对项目建管单位的投资控制考评的原则是：客观公正、奖惩分明；责权利相统一、奖惩与业绩考评挂钩；中间考评和完工考评结合、整体和局部统筹。

第三十五条 投资控制考评原则上以设计单元工程为考评单元。一个设计单元工程由不同的项目建设管理单位负责管理的，按项目建管单位的不同，将该设计单元工程划分为不同的考评单元。

在重点考评工程投资控制的同时全面考核工程建设质量、安全、进度、文明施工。

第三十六条 投资控制考评分为中间考评和完工考评，中间考评只考评静态投资部分，完工考评包括项目静态投资和动态投资。

工期在三年以上的考评单元，每两年进行一次中间考评，工期在二至三年的考评单元在主体工程形象进度完成50%以上后可进行一次中间考评，工期在二年以内的考评单元不进行中间考评；完工考评期自工程开工至工程完工，即工程建设全过程。

第三十七条 中线建管局在接到项目建管单位考评申请3个月内完成对申报考评单元的考评工作。

第三十八条 中线建管局按照考评单元的考评结果对项目建管单位进行投资控制奖惩。

投资控制考评及奖惩按《南水北调中线干线工程（委托、代建项目）投资控制考评及奖惩管理办法》（暂行）执行。

第五章　附　　则

第三十九条　本细则由中线建管局负责解释。

第四十条　本细则自发布之日起施行。

南水北调中线干线工程建设进度管理办法

2009 年 6 月 15 日

（中线局工［2009］90 号）

第一章　总　　则

第一条　为了加强南水北调中线干线工程（以下简称中线干线工程）建设进度管理，建立和规范进度管理体系，保证工程总体工期目标的实现，根据国家有关法律、法规和国务院南水北调工程建设委员会办公室（以下简称国务院南水北调办）相关规定，结合中线干线工程的实际情况，制定本办法。

第二条　中线干线工程建设进度管理的指导思想是：建立健全进度管理体系，明确各级机构的职责，通过风险分析，制定各级进度计划和防范性对策，按照进度管理程序，严格各级进度计划的制订、检查和更新，确保总体工期目标的实现。

第三条　本办法适用于南水北调中线干线工程建设全过程（包括工程筹建期、工程准备期、主体工程施工期和工程完建期）的进度管理工作。

第二章　进度管理体系及各方职责

第四条　中线干线工程采用集中统一管理、分项目实施的进度管理方式。建立以项目法人（南水北调中线干线工程建设管理局<以下简称中线建管局>）负总责，中线建管局直属的项目建设管理部、委托地方管理的建设管理单位以及实行代建制管理的建设管理单位（以下统一简称项目建设管理单位）管理，监理人控制，设计、承包人保证的进度管理体系。

第五条　中线干线工程建设进度计划按照总体进度计划、实施总进度计划、控制性总进度计划和施工总进度计划四级进度管理。

（一）总体进度计划是由项目法人依据可行性研究报告和初步设计，以设计单元工程为单位编制的里程碑目标进度计划，是中线干线工程建设进度管理的指导性文件，也是招标文件编制工期的依据。

（二）实施总进度计划是由项目建设管理单位根据项目法人编制的总体进度计划，在监理人编制的控制性总进度计划的基础上，以施工标段为单位编制的各设计单元工程的进度计划，应明确各标段里程碑目标和总工期目标。

（三）控制性总进度计划是由监理人依据合同文件，在承包人编制的施工总进度计划的基础上汇总编制而成的进度计划，是监理人实施进度控制的依据。

（四）施工总进度计划是由承包人根据合同文件编制的所承包标段的施工进度计划。

第六条　中线建管局对工程总体进度负最终管理责任。其主要职责是：负责工程总体进度的宏观管理；负责编制工程总体进度计划，确定各设计单元工程的里程碑目标和总工期目标；负责研究解决影响工程进度的重大问题；负责编制下达年度计划。

第七条　项目建设管理单位对工程项目进度管理负直接责任。其主要职责是：负责管辖范围内工程项目进度管理；负责编制实施总进度计划和年度实施计划，确定各标段的里程碑目标和总工期目标；负责全面履行施工合同约定的义务；负责编报进度管理月报（包含在相应的工程建设管理月报中）、年报及其他进度专题报告。

第八条 监理人对承监工程项目进度进行控制。其主要职责是：编制控制性总进度计划；审批施工总进度计划以及分解的年、季、月计划；跟踪监督、检查、记录施工进度计划的实施；对实际进度定期进行对比、检查、分析，对出现的偏差采取应对措施；审查承包人的进度报告，并编报监理报告。

第九条 设计单位对所承担工程的设计进度负责。其主要职责是：根据勘察设计合同和批准的施工进度计划，编报总体和年度设计工作计划；按照签订的供图协议及时提交施工图纸并做好设计技术交底等设计服务，跟踪工程进展情况，及时解决影响施工进度的设计问题。

第十条 承包人对承包工程项目的施工进度承担直接责任。其主要职责是：编制施工总进度计划、编制分解的年、季、月进度计划和单项工程施工措施计划；按照计划投入人员、机械设备等施工资源并合理组织、科学管理、文明施工；对业主负责事项的延误（期）承担提醒、报告和补救义务；逐日检查实际进度并如实记录、报告；对进度偏差提出改进措施并修订进度计划，经批准实施；按时提交各类进度报表、报告。

第三章 进度计划的编制和报批

第十一条 进度计划的编制

（一）进度计划的编制原则

进度计划应依据国家有关政策、法令、规程规范和有关工程建设合同、上级部门发布的有关进度计划的指令等进行编制；

进度计划应建立在设计报告和合同文件的基础上，合理的进行施工组织设计，并做到组织、措施及资源落实；

进度计划应在确保工程质量、安全、环境和合理配置资源的前提下，按照前紧后松的原则进行编制；

进度计划中各施工程序应合理衔接、统筹兼顾、减少干扰，施工安排要保持连续、均衡；

进度计划中采用的有关指标既要先进又要适当留有余地；

进度计划的编制必须服从上一级进度计划的要求。

（二）进度计划的编制要求及内容

进度计划的编制要求及内容详见附1（略）。

第十二条 进度计划的报批程序

（一）总体进度计划

项目法人应按年度编制（或调整）总体进度计划，发送项目建设管理单位和有关设计单位，并报南水北调办备案。

总体进度计划中的筹建期工作计划，由项目法人在初步设计批复后28天内，以设计单元工程为单位编制，发送项目建设管理单位和有关设计单位，作为编制招标文件工期的依据，各施工标段的合同工期应以筹建期工作计划为依据进行分解和优化；筹建期工作计划同时抄送相关省、市南水北调办。

总体进度计划（筹建期工作计划）编制办法另行制订。

（二）实施总进度计划

项目建设管理单位应在工程开工后，及时组织编制所辖范围工程的实施总进度计划，实施总进度计划应在工程开工后56天内报项目法人备案。

（三）控制性总进度计划

监理人应在施工合同签订后的49天内，编制承监工程的控制性总进度计划报送项目建设管理单位。项目建设管理单位应在收到该计划后14天内批复。

（四）施工总进度计划

承包人应在施工合同签订后的28天内，编制承包工程的施工总进度计划报送监理人。监理人应在收到该计划后14天内批复。

上述进度计划均应同时以书面和电子文件两种形式报送。

进度计划管理流程图详见附件2（略）。

第四章　进度计划的实施

第十三条　进度计划的分解与报批

（一）施工总进度计划的分解与报批

承包人应根据批准的施工总进度计划及其格式、内容要求编制年度施工进度计划，并于每年12月10日前向监理人报送；监理人应在收到该计划7天内完成审批，并报送项目建设管理单位备案。

承包人应在前一年12月25日、当年3月25日、6月25日、9月25日前提交季度施工进度计划；监理人应在收到该计划7天内完成审批，并报送项目建设管理单位备案。

承包人应在前一月25日前提交月施工进度计划；监理人应在收到该计划7天内完成审批，并报送项目建设管理单位。

承包人应在单项工程开工前28天内，按照合同要求的内容向监理人提交施工措施计划，监理人应在收到该计划14天内完成审批。

对于当年开工的工程，承包人应按施工合同及监理人的要求编报年、季、月施工进度计划。

（二）控制性总进度计划的分解与报批

监理人应根据批准的控制性总进度计划及其格式、内容要求编制控制性年度计划，并于每年12月20日前向项目建设管理单位报送。

（三）实施总进度计划的分解与报批

项目建设管理单位应根据实施总进度计划及其格式、内容要求编制实施年度计划，并于每年12月30日前向项目法人报送。实施年度计划应包括年度新开工项目进度计划。

（四）总体进度计划的分解与报批

项目法人应根据总体进度计划、项目建设管理单位报送的实施年度计划，结合工程实际情况编制下达年度计划，并报国务院南水北调办备案。

第十四条　进度记录及报告

承包人应按要求的格式，如实记录和报告进度实施情况，并经监理人审核确认。日报应于次日提交并签字确认，周报应在周五12时、月报应于每月25日、季报是该季度最末一个月的25日、年报在12月25日提交。其他专题报告按要求提交。

监理人应按要求的格式填写值班记录、巡视记录、监理日志、监理大事记等，逐日记录工程进展情况，编制年、季、月、周进度报表、报告，并按要求提交进度专题报告。周报应在下周一，月报应于每月最末一天，季报是该季度的最末一天，年报在年度最末一天提交。

项目建设管理单位应按要求的格式如实记录工程建设大事记，并按要求的格式编制月报、年报。月报应在下月5日前，年报应在下一年元月10日前报项目法人，其他报告应按项目法人的要求递交。

季报可与该季度最末一月的月报合报，年报可与12月的月报合报。各类报告的数据统计时间为承包人提交报告日中午12时。

第十五条　进度协调会议

项目法人应根据工程的实际进展情况，不定期召开工程总进度协调会议，检查总体进度计划执行情况，协调解决有关影响总体工程进展的重大事宜。

项目建设管理单位应按月召开工程进度协调会议，检查所辖区域各项工程的进展，协调解决影响工程进展的有关事宜。

监理人应按要求召开第一次工地会议和周、月进度协调例会，检查进度计划执行情况，协调解决施工中发生的工程变更以及与其他承包人的相互干扰和矛盾。

相关单位应为进度协调会议提交书面的进度报告。会议形成的纪要应发送各相关单位执行。

第十六条　进度计划调整和修订

在工程实施过程中，不论何种原因引起的工期延误（期），承包人均应及时作出调整，并将修订的进度计划和拟采取的措施报送监理人审批。

若进度偏差有可能影响合同工期目标的实现时，修订的进度计划经监理人审查后报项目建设管理单位审批；若进度偏差有可能导致设计单元工程的总工期及完工日期超过总体进度计划确定的工期目标时，项目建设管理单位应及时修订实施总进度计划报项目法人审批，并根据审批情况及时调整相关合同的工期目标、处理工期延误（期）引起的合同问题。

第五章　工程进度管理考核与奖惩

第十七条　项目法人（或项目建设管理单位）按照《南水北调中线干线工程投资静态控制和动态管理细则》及配套办法、《南水北调中线干线工程建设管理局直管项目建设管理部目标管理责任制考核暂行办法（修订）》以及合同文件约定对相关单位的工程进度管理工作实施考核与奖惩。

第六章　附　　则

第十八条　本办法由中线建管局负责解释。

第十九条　本办法自颁布之日起执行。

南水北调中线水源工程优化设计奖惩办法

2009 年 7 月 2 日
（中水源计［2009］103 号）

第一条　为加强南水北调中线水源工程（以下简称水源工程）优化设计管理，充分调动设计单位及参建各方控制工程投资的积极性，根据《南水北调工程投资控制奖惩办法》（财建［2006］1113 号）及南水北调工程投资静态控制和动态管理的相关规定，结合水源工程建设的特点，制定本办法。

第二条　本办法适用于水源工程中大坝加高和水源工程管理专项等设计单元项目在工程实施阶段的优化设计工作，征地补偿和移民安置、环境保护和水土保持项目除外。

第三条　水源工程优化设计奖惩实行节余奖励、奖优惩劣的原则。

第四条　公司在签订设计合同时，按设计费总额的5%，作为优化设计投资控制保证金。设计合同完成后，返还扣除本办法第八条各项金额后剩余的优化设计投资控制保证金。

第五条　在实施过程中设计单位应主动进行优化设计工作，施工单位、监理单位也可提出优化设计的意见和建议，设计单位应对此开展优化可行性研究并采纳合理的建议，及时下发修改通知。

第六条　优化设计使对应批复概算项目有投资节余的，根据优化设计项目的复杂程度、投资大小以及对工程建设质量、安全和进度影响的大小等，参照相关规定对参与优化设计的单位给予奖励。

第七条　奖励资金从公司获取的该设计单元工程建设实施阶段投资节余奖励资金中解决。

第八条　因设计质量出现偏差或服务不及时，产生了对工程建设质量、安全和进度的较大影响，或者工程实施中设计单位拒绝开展对相关单位提出合理建议进行研究或经研究可优化的内容拒不下发修改通知的，公司视情况扣减优化设计投资控制保证金，直至优化设计投资控制保证金为零。

第九条　本办法由公司计划部会同工程部解释。

第十条　本办法自印发之日起执行。

南水北调中线水源公司
工程档案管理办法

2009 年 9 月 15 日
（中水源发［2009］155 号）

第一章　总　　则

第一条　为了加强南水北调中线水源工程（以下简称“中线水源工程”）档案管理，根据《中华人民共和国档案法》、《南水北调东中线第一期工程档案管理规定》（国调办综［2007］7 号）和《水利工程建设项目档案管理规定》等有关法规，结合中线水源工程建设管理实际，制定本办法。

第二条　本办法所指档案是指在中线水源工程各建设阶段中形成的、具有保存价值的文字、图纸、图表、声像、电子及实物等不同形式与载体的各种文件材料。

第三条　工程档案管理是中线水源工程建设与管理的重要组成部分。在工程建设中，档案管理应纳入工程建设管理程序、工作计划及合同管理，与工程建设同步管理。

第四条　中线水源工程档案管理坚持“统一领导、分级管理”的原则，建立健全档案管理体系，规范档案管理工作，确保工程档案的完整、准确、系统、安全和有效利用。

第五条　南水北调中线水源有限责任公司（项目法人，以下简称“公司”）及参建单位（设计、施工、监理等）建立工程档案管理工作领导责任制和相关人员岗位责任制，明确工程档案管理机构，配备必要人员及设施、设备，完善工程档案管理的各项规章制度，保证工程档案管理有序进行。

公司各部门与参建单位应按照有关规定，开展档案信息化工作，提高档案管理水平，为工程建设与管理服务。

第二章　机 构 与 职 责

第六条　公司对中线水源工程档案管理工作负总责，成立档案工作领导小组，组长由公司领导担任，成员由公司各部门和参建单位主要负责人组成。领导小组负责组织领导和统一部署中线水源工程档案管理工作，解决档案工作中的重大问题，协调与国务院南水北调办公室及水利部档案主管部门的关系。

领导小组下设办公室（设在公司综合部），综合部负责人兼主任，成员由各部门及各参建单位专（兼）职档案人员组成。负责中线水源工程档案工作的监督、检查、指导、业务培训及管理等工作，承办领导小组交办的各项任务。

第七条　按照“谁主办、谁负责”的原则，公司各部门和各参建单位是工程档案资料形成的责任主体，负责其职责范围内档案资料的收集、整理和归档等档案管理工作，确保档案的完整、准确、系统。职责如下：

（一）综合部：负责上级及有关单位、公司及参建单位办理完毕的来往文函的归档。

公司档案室设在综合部，负责中线水源工程档案资料的接收、保管、借阅工作，确保档案资料的安全和有效利用。

（二）工程部：对工程施工管理过程中形成的档案资料分项目收集、整理和归档；对参建单位归档材料的完整、准确、系统性进行审核；负责工程验收文件资料的审核、归档；负责重要设备随机文件材料检验归档，确保设备资料的完整、准确。

（三）计划部：负责合同（协议）、计划、招投标和统计等方面的档案资料收集、整理及归档；负责在工程（或设备、材料）招投标文件、承发包合同或协议书中对文件材料的归档提出明确要求，为公司按合同和项目管理档案提供依据。

（四）环境与移民部：对征地移民、环境保护及水土保持等方面的档案资料分项目收集、整理及归档；对参建单位归档材料的完整、准确、系统性进行审核。

（五）财务部：负责工程财务档案的收集、整理、归档，按照国家《会计档案管理办法》进行日常管理，待工程决算后移交公司综合部档案室保管。

（六）各参建单位（包括设计、施工、监理等单位），按照档案管理及合同要求，负责所承担项目的档案收集、整理、归档工作，并按规定程序向公司移交。

建设项目实行总承包的，各分包单位负责收集、整理所承担工程施工文件材料，由总承包单位汇总整理并归档后，按规定程序向公司移交。

监理单位除负责对其自身监理档案的管理外，还应负责对所监理的项目档案的完整、准确、系统性进行审核，并履行审核签字手续，编制项目档案专题审核报告。项目档案归档前送公司工程部（或环境与移民部）审核，经审核合格后方可向公司综合部移交。

第八条 长江水利委员会长江档案馆作为中线水源工程档案的委托协议单位，对公司及参建单位的档案工作进行业务指导，并按合同要求，负责档案资料的整理及声像档案资料的采集、整编和归档工作，确保工程档案顺利通过验收。

第九条 各部门（单位）的专业技术人员和管理人员是归档工作的直接责任人，须按要求将工作中形成的应归档文件材料，及时进行收集、整理和归档。如遇工作变动，须交清应归档的文件资料。

第十条 各部门（单位）档案管理人员负责本部门职责范围内的各类档案资料收集、审核、整理、归档。各部门（单位）应设立声像档案联络人并负责本部门声像档案管理的日常工作，对各自产生的照片、胶片、录音、录像等声像材料进行收集、整理、归档，按月提交拍摄计划，协调长江档案馆人员到现场拍摄。

第十一条 工程档案与工程建设实行同步管理，即从工程建设前期就应开展有关材料的收集、整理；签订合同、协议时，应对工程档案的收集、整理、移交提出明确要求和违约责任；检查工程进度与施工质量时，同时检查工程档案的收集、整理情况；在进行工程质量鉴定和工程验收时，同时审查、验收工程档案的内容与质量，并提出档案鉴定意见。

第三章 收集、整理与归档

第十二条 公司各部门、参建单位依据《工程档案归档范围及保管期限表》（附件1）（略）确定的归档范围，做好工程档案资料的收集工作。

第十三条 凡归档的档案资料按《工程档案分类表及分类编号》（附件2》（略）和《南水北调中线水源工程档案立卷及整编操作规程》（附件3）（略）的要求进行整编。

（一）归档文件材料应完整、准确、系统；字迹清楚、图样清晰、图表整洁、竣工图及声像材料须标注的内容清楚、签字（章）手续完备；案卷质量符合《科学技术档案案卷构成的一般要求》（GB/T 11822—2000）和《国家重大建设项目文件归档要求与档案整理规范》（DA/T 28—2002）；图纸折叠符合《技术制图复制图的折叠方法》（GB/T 10609.3—1989）的要求。

（二）竣工图必须真实反映工程建设的实际，做到图物相符。竣工图编制必须做到完整、准确、清晰、系统、修改规范、签字手续完备。项目法人应负责编制项目总平面图和综合管线竣工图。施工单位应以单位工程或专业为单位编制竣工图。竣工图须由编制单位在图标上方空白处按要求逐张加盖"竣工图章"（竣工图章、监理审核章式样见附件

4）（略），有关单位和责任人应严格履行签字手续。每套竣工图应附编制说明、鉴定意见及目录。施工竣工图应按以下要求编制：

1. 按施工图施工没有变动的，须在施工图上加盖并签署竣工图章。

2. 一般性的图纸变更及符合更改或划改要求的，可在原施工图上更改，在说明栏内注明变更依据，加盖并签署竣工图章。

3. 凡涉及结构形式、工艺、平面布置等重大改变，或图面变更超过1/3的，应重新绘制竣工图（可不再加盖竣工图章）。重绘图应按原图编号，并在说明栏内注明变更依据，在图标栏内注明“竣工阶段”和绘制竣工图的时间、单位、责任人。监理单位应在图标上方加盖并签署“监理审核章”。

（三）归档的声像材料（照片、胶片、录音、录像等）均应标注事由、时间、地点、人物、作者等内容。工程建设重要阶段、重大事件、事故，必须要有完整的声像材料归档。

（四）电子文件应与纸质材料同时归档，其内容应保持一致。电子文件的整理、归档，应符合《电子文件归档与管理规范》（GB/T 18894—2002）。

第十四条　移交归档

（一）公司各部门阶段性管理的工程建设档案，原则上每年第一季度按移交程序向公司综合部归档。属于本年度已经完成的项目（或合同），在项目（或合同）完成后及时归档；跨年度的项目（或合同）在项目（或合同）完成后归档。

（二）各参建单位的工程建设档案以合同为单位进行移交。

（三）合同实施管理部门在合同验收前，组织公司相关部门及参建单位按照公司有关档案管理等方面的规定，拟订应提交的资料清单，报分管领导审核，待合同验收后，按清单及时向公司综合部移交档案资料。

（四）归档份数一式四套，其中一套必须为原件（正本），原始记录只归原件，重要的工程文件或重要文件应同时归一套电子文件。

（五）档案移交归档时，交接双方应认真核对目录与实物，由经手人签字、领导审核并加盖单位公章确认。施工单位使用《南水北调中线水源工程完工（竣工）资料归档处理单》（附件5）（略）办理移交手续，公司各部门、设计、监理及其他档案资料使用《南水北调中线水源工程归档审签单》（附件6）（略）办理移交手续，同时《档案案卷移交清单》及相应的《卷内目录》均作为附件。

第十五条　工程档案是衡量工程质量的重要依据，是工程成果的组成部分。凡未按档案管理要求完成归档任务的项目，不得通过验收。凡没有办理工程档案移交验收手续的，公司不得办理合同完工结算及合同剩余价款的支付。

第四章　保 管 与 利 用

第十六条　工程档案保管期限按“工程档案保管期限表”划分，分为永久、长期、短期三种，永久为50年以上，长期为16～50年，短期为15年以下。长期保存的档案实际保管期限不得低于工程项目的实际寿命。

第十七条　公司和参建单位应设置档案库房，配备相应的设备和装具，档案保管条件应符合有关规定。

第十八条　各单位在遵循有关保密规定的前提下，开展档案编研和提供利用工作，为工程建设服务。

第十九条　工程建设期间，档案的服务对象主要为各参建单位，如需外借，应履行相关审批手续。

第五章　验　　收

第二十条　工程档案验收是工程竣工验收的重要内容。凡档案内容与质量达不到要求的工程项目，不得通过档案验收；未通过档案验收或档案验收不合格的项目，不得进行或通过工程项目的竣工验收。

第二十一条 公司负责组织和主持工程项目合同验收或单位工程验收阶段的有关档案验收；设计单元工程完工验收阶段的档案专项验收由国务院南水北调办公室（以下简称国调办）或其委托的省（直辖市）南水北调办事机构负责组织和主持；中线水源工程竣工验收的档案专项验收由国调办会同国家档案局组织。

第二十二条 工程档案专项验收前，公司负责组织工程参建单位对工程档案的收集、整理、保管与归档情况进行自检。确认工程档案的内容与质量已达要求后，向国调办报送档案自检报告和专项审核报告，提出档案专项验收申请，并填报《南水北调东、中线第一期工程档案验收申请表》。

第二十三条 自检报告包括工程概况，工程档案管理情况，文件、声像、电子材料收集、整理、归档与保管情况，竣工图编制与整理情况，档案自检工作的组织情况，对自检或以往阶段验收发现问题的整改情况，目前仍存在的问题，对工程档案完整、准确、系统性的自我评价等内容。

第二十四条 监理单位对施工单位提交的工程档案的整理与内在质量进行审核，并提交专项审核报告。专项审核报告的主要内容包括：监理单位履行审核责任的组织情况，对监理项目施工单位提交的项目档案审核、把关情况，审核档案的范围、数量，审核中发现的主要问题与整改情况，对档案内容与整理质量的综合评价，目前仍存在的问题，审核结果等内容。

第六章　附　　则

第二十五条 本办法适用于参加中线水源工程建设的所有单位。

第二十六条 公司对在档案管理工作中成绩显著或贡献突出的单位和个人，按有关规定予以表彰和奖励；对违反本办法和国家有关法规，不按时归档或由此造成档案损毁、遗失、泄密等事故的单位和个人，按有关规定给予处罚，直至追究法律责任。

第二十七条 本办法由中线水源公司负责解释。

第二十八条 本办法自颁布之日起执行。

重　要　文　件

国家发展和改革委员会

关于进一步加快南水北调工程受水区配套工程建设的通知

（发改办农经［2009］272号）

北京、天津、河北、河南、江苏、山东省（市）人民政府办公厅：

国务院批复了南水北调中、东线一期工程可行性研究总报告，主体工程将进入全面实施阶段。为更好地贯彻落实国务院南水北调工程建设委员会第三次全体会议精神，保证工程顺利建设并如期发挥效益，现就加快南水北调工程受水区配套工程建设的有关问题通知如下：

一、进一步加快前期工作，尽早启动配套工程建设

各级政府要进一步提高对配套工程建设

紧迫性的认识，按照《国务院南水北调工程建设委员会第三次全体会议纪要》确定的东线一期工程2013年通水、中线一期工程2014年汛后通水的目标，倒排工期，抓紧完善前期工作，尽早启动南水北调配套工程建设，确保主体工程通水时，配套工程可消化的水量不低于可研报告中规定的基本用水量。

二、加大资金筹集力度，落实配套工程投资

各地要加大南水北调工程基金的征收力度，为南水北调主体工程和配套工程建设提供资金保障。同时，要充分利用市场机制，吸引企业出资，利用银行贷款，多渠道筹集建设资金，必要时地方财政要给予支持，确保配套工程顺利建设。

三、明确配套工程项目法人，抓紧落实两部制水价

各地要抓紧组建配套工程项目法人，明确责任主体，与主体工程项目法人及时签订供水合同，尽早落实用水户尤其是直接用水大户，并与用水户签订用水协议。根据第三次建委会关于“沿线地方政府要对落实两部制水价负总责”的要求，各地要做好实施两部制水价的前期准备工作，积极稳妥推进水价改革，加强用水管理，确保南水北调工程通水后基本用水费的顺利征缴。

四、科学制定调度方案，优化调配水资源

抓紧研究南水北调水与当地水的联合调配和使用的问题，制定科学合理的工程调度运用方案，优化调配水资源，研究工程运行初期的用水方案，最大限度地发挥工程的综合效益。

五、加强督促检查

每年12月和工作需要时，各地要将配套工程的上述各项工作进展情况报国家发展改革委、水利部和南水北调办。

国家发展和改革委员会办公厅
水利部办公厅
国务院南水北调工程建设委员会办公室综合司
二〇〇九年二月六日

关于下达2009年南水北调工程新增中央预算内投资计划的通知

（发改投资［2009］361号）

国务院南水北调办公室：

经研究，决定安排中央预算内投资45亿元，专项用于南水北调中、东线一期工程建设（具体方案见附件）。请遵照国务院批复的南水北调东中线一期工程可行性研究总报告，控制好总投资规模，严格工程建设内容和标准，尽快按有关规定完成各单项工程初步设计的概算核定和审批工作；要统筹安排各项资金，抓紧落实各项建设任务，加快工程建设，加强实物工作量的考核，按时完成建设任务，并将计划执行情况报我委备核。

附件：2009年南水北调工程新增中央预算内投资计划下达表

国家发展和改革委员会
二〇〇九年二月四日

附件

2009年南水北调工程新增中央预算内投资计划下达表

单位：万元

项目名称	建设性质	建设规模	开工年份	建成年份	投资类别	总投资	已下达投资	计划下达投资	建设内容	备注
南水北调办公室(19项)					合计 中央预算内投资 中央预算内专项资金 中央专项建设基金 银行贷款	11 424 318	2 202 038 909 238 122 200 327 000 843 600	1 430 302 450 000 125 000 855 302		
中线干线工程自动化调度与运行管理决策支持系统	新建	中线1432km干线自动化调度与运行管理决策支持系统建设(除京石应急供水段)	2009	2013	合计 中央预算内投资 银行贷款	202 726		30 000 10 000 20 000	建设通信系统、计算机网络系统、数据库及应用系统等	
东线一期南四湖水资源控制和水质监测工程、骆马湖水资源控制工程	新建	新建南四湖水资源控制工程(大沙河、姚楼河、杨官屯河和潘庄引河闸)、二级坝泵站工程、南四湖水质监测工程、骆马湖水资源控制工程。东线一期工程进南四湖下级湖流量200m³/s，由下级湖向上级湖抽引水125m³/s，出南四湖上级湖流量100m³/s	2005	2009	合计 中央预算内投资 中央预算内专项资金	47 523	36 200 29 000 7200	11 323 11 323	征地拆迁工作和主体工程建设	
东线一期穿黄河工程	新建	线路长7.87km，包括东平湖出湖闸、南干渠、检修闸、滩地埋管、穿黄隧洞、穿引黄渠埋涵、出口闸等，设计流量100m³/s	2007	2010	合计 中央预算内投资 中央专项建设基金 银行贷款	61 321	40 000 20 000 10 000 10 000	10 000 5000 5000	征地拆迁及主体工程建设	
东线一期胶东干线济南至引黄济青段工程	新建	输水线路全长150.43km，设计输水流量50m³/s，加大流量60m³/s	2008	2011	合计 中央预算内投资 中央专项建设基金 银行贷款	602 605	215 900 70 900 25 000 120 000	52 302 35 000 17 302	征地拆迁及主体工程建设	

续表

项目名称	建设性质	建设规模	开工年份	建成年份	投资类别	总投资	已下达投资	计划下达投资	建设内容	备注
东线一期南四湖至东平湖段工程	新建	设计输水流量 $100m^3/s$，线路长度79.2km。扩挖梁济运河、柳长河，新建长沟、邓楼、八里湾三级泵站	2009	2012	合计 中央预算内投资 银行贷款	209 990	2000 2000	55 000 30 000 25 000	渠道、泵站等工程的征地拆迁工作和主体工程建设	
东线一期长江至骆马湖段其他工程	新建	新建、改造泵站10座，及相关河道整治、影响处理	2009	2012	合计 中央预算内投资 银行贷款	535 085	7900 7900	28 000 10 000 18 000	河道整治工程建设以及渠道、泵站等工程的征地拆迁工作和主体工程建设	
中线一期漳河北至古运河南段工程	新建	全长236.45km，起点设计流量 $235m^3/s$、加大流量 $280m^3/s$，终点设计流量 $220m^3/s$、加大流量 $260m^3/s$	2008	2011	合计 中央预算内投资 中央专项建设基金 银行贷款	1 517 377	66 900 26 900 15 000 25 000	160 000 20 000 10 000 130 000	渠道、建筑物工程的征地拆迁和主体工程建设	
中线一期黄河北至漳河南段工程	新建	设计输水流量 $265\sim235m^3/s$，新建输水渠道243.2km	2006	2012	合计 中央预算内投资 中央专项建设基金 银行贷款	1 944 186	847 862 264 862 220 000 363 000	140 000 20 000 20 000 100 000	建设黄河北至羑河段工程、安阳渠段工程的征地拆迁及主体工程建设	
中线一期穿黄工程	新建	线路全长19.3km。设计流量为 $265m^3/s$，加大流量 $320m^3/s$。双线隧洞穿越黄河，单洞内径6.9m，长3.5km	2005	2010	合计 中央预算内投资 中央预算内专项资金 中央专项建设基金 银行贷款	313 706	258 000 85 000 60 000 37 000 76 000	45 000 5000 15 000 25 000	主要建设内容包括盾构设备施工、渠道衬砌等	
中线一期天津干线工程	新建	全长155.4km，起点设计流量 $50m^3/s$，加大流量 $60m^3/s$，终点设计流量 $19.8m^3/s$，加大流量 $24m^3/s$	2008	2013	合计 中央预算内投资 中央专项建设基金 银行贷款	850 042	88 800 38 800 20 000 30 000	350 000 100 000 20 000 230 000	征地拆迁及主体工程建设	
中线一期陶岔渠首枢纽工程	新建	设计流量 $350m^3/s$，加大流量 $420m^3/s$，装机容量50MW	2009	2012	合计 中央预算内投资	45 115	1000 1000	10 000 10 000	征地补偿、临时工程及主体工程建设	

续表

项目名称	建设性质	建设规模	开工年份	建成年份	投资类别	总投资	已下达投资	计划下达投资	建设内容	备注
中线一期丹江口水利枢纽大坝加高工程	新建	正常蓄水位从157m提高至170m，相应库容增加116亿m^3。混凝土坝需加高至176.6m，两岸土石坝顶高程为177.6m，溢流坝段堰顶由高程138m加高至152m，过坝升船机需由150t级扩建为300t级	2005	2010	合计 中央预算内投资 中央预算内专项资金 银行贷款	242 525	196 600 72 000 55 000 69 600	25 000 4000 21 000	主要建设内容包括左、右岸土石坝及混凝土坝的加高施工，金属结构及机电设备制造和安装	
中线一期丹江口库区移民安置工程	新建	全库区规划搬迁人口32.8万人，生产安置人口27.2万人	2008	2010	合计 中央预算内投资 银行贷款	2 458 257	265 847 115 847 150 000	14 706 14 706	丹江口库区移民试点生产安置	
中线一期穿漳河工程	新建	设计流量235m^3/s，加大流量265m^3/s	2009	2012	合计 中央预算内投资 银行贷款	31 963	300 300	15 000 6000 9000	主要建设内容包括征地拆迁、临时工程、倒虹吸、连接渠道等	
中线一期兴隆水利枢纽工程	新建	水库总库容4.85亿m^3，规划灌溉面积327.6万亩，船闸过船能力1000t，电站装机37MW	2009	2012	合计 中央预算内投资	275 917	3200 3200	50 000 50 000	征地拆迁工作及主体工程建设、机电和金属结构设备制造等	
中线一期沙河南至黄河南段工程	新建	输水线路全长234.75km，起点设计流量320m^3/s、加大流量380m^3/s，终点设计流量265m^3/s、加大流量320m^3/s	2009	2012	合计 中央预算内投资 中央专项建设基金 银行贷款	1 785 454	20 000 20 000	340 000 70 000 15 000 255 000	征地拆迁工作和主体工程建设	
南水北调文物保护项目	新建	南水北调一期工程文物保护项目710处	2005	2013	合计 中央预算内投资	98 526	34 529 34 529	8971 8971	丹江口库区2008年文物保护项目	
东、中线一期工程年度价差投资	新建	南水北调东、中线一期主体工程年度价差等	2009	2014	合计 中央预算内投资 中央专项建设基金	65 000		65 000 20 000 45 000	东、中线一期已完工和在建主体工程历年价差	
东、中线一期工程初步设计工作投资	新建	南水北调东、中线一期主体工程初步设计及重大设计变更编制、审查、协调等工作	2005	2010	合计 中央预算内投资	137 000	117 000 117 000	20 000 20 000	东、中线一期工程主体工程初步设计阶段科研勘测试验、勘测设计、初步设计编制等工作；初步设计、技术复核及重大设计变更审查等工作(900万元)	

关于南水北调东中线一期工程基本完工项目综合年度价差管理有关问题的复函

（发改办投资［2009］2387 号）

国务院南水北调办综合司：

你办《关于报送南水北调东中线一期工程基本完工项目综合年度价差报告的函》（国调办投计函［2009］48 号）收悉。经研究，现函复如下：

一、按照《国家发展改革委办公厅对调整南水北调东中线一期工程初步设计概算核定工作职责分工的意见》（发改办投资［2008］2683 号）确定的原则，为进一步提高工作效率、加快工程建设进度，南水北调东中线一期工程综合价格指数和年度价差的管理工作，由你办统一负责，我委不再单独进行审批。

二、请你办以国务院批准的南水北调东中线一期工程可行性研究总报告确定的总投资为控制目标，进一步加强包括价差投资在内的动态投资管理，在保证工程质量和施工进度的基础上切实控制好总投资规模。今后我委将继续配合你办研究解决工程建设过程中的重大问题。

特此函复。

国家发展和改革委员会办公厅

二〇〇九年十一月十五日

财　政　部

关于调整南水北调工程基金分年度上缴额度及有关问题的通知

（财综［2009］21 号）

北京、天津、河北、江苏、山东、河南省（直辖市）人民政府：

根据国务院确定的南水北调工程建设目标，为确保完成南水北调工程基金筹集任务，经国务院批准，决定调整南水北调工程基金分年度上缴额度并加强基金征缴工作。现将有关问题通知如下：

一、调整后的北京市、天津市、河北省、江苏省、山东省、河南省（以下简称6省市）分年度上缴南水北调工程基金额度如下：

单位：亿元

	2008 年	2009 年	2010 年	2011 年	2012 年
北京	3.4	3.4	3.4	3.4	3.4
天津	8.2	8.4	8.4	8.4	8.4

续表

	2008 年	2009 年	2010 年	2011 年	2012 年
河北	10.32	10.6	10.6	10.6	10.6
河南	4.02	4.4	4.4	4.4	4.4
江苏	1.57	1.6	1.6	1.6	1.6
山东	3.92	4.5	4.5	4.5	4.5

二、6 省市应于每年第一个月底前，完成上一年度基金上缴任务。2008 年基金上缴任务应于 2009 年 4 月底前完成。审计署将对 6 省市基金征缴情况进行专项审计，严格监督 6 省市基金上缴任务完成情况。

三、6 省市人民政府主要负责同志对本地区基金筹集工作负总责，地方各级人民政府要层层建立责任制，落实基金筹集任务，完善征缴措施，强化监督管理，确保基金按时足额征缴。

财政部

国家发展和改革委员会

国务院南水北调工程建设委员会办公室

审计署

二〇〇九年三月二十三日

关于南水北调工程临时占用耕地返还耕地占用税问题的复函

（财税函［2009］46号）

国务院南水北调工程建设委员会办公室：

你办《关于南水北调工程建设临时占地耕地占用税返还问题的函》（国调办经财函［2009］24号）收悉。经研究，现函复如下：

同意你办意见，在南水北调工程建设过程中按照规定返还的临时占地耕地占用税款，继续用于南水北调工程建设，按冲减工程建设成本处理。

财政部

二〇〇九年六月三十日

关于追加国务院南水北调工程建设委员会办公室2009年工程概算核定工作经费预算的通知

（财农［2009］406号）

国务院南水北调工程建设委员会办公室：

你办《关于申请追加2009年工程概算核定工作经费预算的函》（国调办经财函［2009］35号）收悉，经研究，现一次性追加你办2009年工程概算核定工作经费预算600万元，列2009年支出功能分类科目2130407前期工作。

请严格按照有关规定管好用好此项资金。

财政部

二〇〇九年十一月二十六日

关于追加2009年南水北调工程基金预算的通知

（财农［2009］465号）

国务院南水北调工程建设委员会办公室：

你办《关于申请追加2009年度南水北调工程基金预算的函》（国调办经财函［2009］61号）收悉，经审核，现追加你办2009年南水北调工程基金预算78 209万元（具体项目见附件）。请列2009年政府收支分类科目“南水北调工程基金支出”，科目编码：2130410。

请抓紧办理有关手续。

附件：2009年南水北调工程基金预算调整表

财政部

二〇〇九年十二月二十二日

附件：

2009年南水北调工程基金预算调整表

单位：万元

序号	项目名称	基金预算调整数	备　注
1	三阳河、潼河、宝应站工程	19 500	江苏境内工程
2	京石段应急供水工程	12 000	中线工程
3	骆马湖—南四湖段江苏境内工程	5200	江苏境内工程
4	山东韩庄运河段工程	6509	山东境内工程
5	东线一期穿黄河工程	10 000	山东境内工程
6	胶东干线济南至引黄济青段工程	25 000	山东境内工程
	合　计	78 209	

环 境 保 护 部

关于南水北调东线第一期工程三阳河、潼河、宝应站工程竣工环境保护验收意见的函

（环验［2009］155号）

南水北调东线江苏水源有限责任公司：

你公司《南水北调东线第一期工程三阳河、潼河、宝应站工程竣工环境保护验收申请报告》（编号2009—155）及相关验收材料收悉。我部于2009年4月14日对该工程进行了竣工环境保护验收现场检查。经研究，现函复如下：

一、工程位于江苏省扬州市高邮和宝应两县（市）的里下河地区，是南水北调东线一期工程首批开工的单项工程，由三阳河、潼河河道工程与宝应站枢纽工程及配套工程组成，按输水能力100m^3/s的规模建设，是具有供水、排涝、航运等综合利用的调水工程。工程总投资9.18亿元，其中环保投资为2525万元，占总投资的2.8%。工程于2002年12月开工建设，2005年10月投入试运行。

二、环境保护部环境工程评估中心提供的《南水北调东线第一期工程三阳河、潼河、宝应站工程竣工环境保护验收调查报告》表明：

（一）工程所在区域内以农业生态系统为主。施工期土方开挖结合堤防填筑，多余弃土放置三阳河东侧、潼河北侧，施工结束后对临时占地、弃土区、排泥场等均采取了工程与植物相结合的防护措施，效果较好。工程提高了高邮北部、宝应南部、兴化西部等地区抵御旱、涝等自然灾害的能力，有利于农业生产条件的改善。

（二）施工期对生产废水进行了沉淀处理，调整了当地居民生活污水排放流向，避免直接进入新建的输水河道。宝应站管理处的生活污水处理设施出水水质符合《污水综合排放标准》（GB 8978—1996）。对跨河的南水北调潼河大桥、三阳河大桥、司徒大桥、潼河三横公路桥设置了桥面径流收集系统。

（三）工程移民采取就近后靠的方式安置，集中安置的移民居住区均设有垃圾集中收集堆放点，由当地环卫部门统一清运，各住户生活污水不直接进入新建的输水河道。按集镇建设要求，对三垛镇区、司徒镇区、临泽镇区进行园林景观设计。工程对河堤边坡进行了固化，破坏了钉螺生境。

（四）工程未设燃煤锅炉。泵站外200m内无声环境敏感点。工程沿线各管理处生活垃圾由当地环卫部门收集集中处理。成立了环境应急工作领导小组，制定了环境风险应急预案。

（五）99%的被调查公众对工程的环境保护工作表示满意和基本满意。

（六）2008年9月对三阳河、潼河段水质进行了监测，除石油类、高锰酸盐指数和挥发酚各有1次监测值分别超标0.8、0.2、0.4倍外，其余各监测值均符合《地表水环境质量标准》（GB 3838—2002）Ⅲ类标准。

三、工程环境保护手续齐全，落实了环评及其批复文件提出的主要环保措施和要求，工程竣工环境保护验收合格。

四、工程投运后应做好以下工作：工程投运后应维护好环境风险防范设施，与相关部门联合开展演练，提高环境风险应急能力；建议地方政府加快完成治污控制单元实施方案确定的治污项目，对不能稳定达标的水质监测断面所在的控制单元进行分析，进一步采取措施；建议有关部门加强水质监控工作，确保供水水质安全。

五、我部委托江苏省环境保护厅和扬州

市环境保护局负责该工程运营期的环境监管。

六、你公司应在20日内将审批的验收申请报告及验收调查表送地方各级环境保护行政主管部门。

环境保护部

二〇〇九年六月五日

水　利　部

关于南水北调中线一期工程左岸排水建筑物洪水影响防护工程有关问题的复函

（水规计函［2009］227号）

国务院南水北调办：

你办《关于商请南水北调中线一期工程左岸排水建筑物洪水影响防护工程有关事宜的函》（国调办投计函［2009］25号）收悉。经研究，现将有关工作开展情况和我部关于下一步工作的安排意见函告如下。

一、有关工作开展情况

在南水北调中线一期工程可研报告编制过程中，河南省和河北省的有关单位按照《防洪法》的规定，分别组织开展了本省工程段的洪水影响评价工作，提出了洪水影响评价报告，并由相关流域机构和省级水行政主管部门进行了审批。由于两省批准的洪水影响评价报告对洪水影响处理工程的防护范围和设计标准等的把握尺度不一，工程投资悬殊很大。为了从总体上控制好中线一期工程可研总报告的投资，根据2005年9月我部办公厅和你办综合司联合印发的《2005年南水北调工程建设第二次协商会议纪要》（办调水［2005］160号）确定的“洪水影响评价涉及的建设项目，其中需与南水北调中线一期工程同期建设及影响南水北调中线一期工程安全的项目，纳入中线一期工程可研投资估算，其余建设项目纳入防洪工程建设，另行报批”的有关意见，我部已将总干渠穿越河流的交叉建筑物工程投资计入主体工程全部纳入了中线一期工程可研总报告，并将京石段应急供水工程滹沱河、沙河（北）、唐河、北易水、漕河、南拒马河、北拒马河防洪影响工程单独计列了防洪影响投资5093万元，一并纳入可研总报告；其他洪水影响处理工程拟纳入防洪工程建设另行报批立项和安排实施。

我部高度重视南水北调中线其他洪水影响处理工程的立项建设问题，在组织有关单位对河北省报送的相关材料进行认真研究的基础上，我部南水北调规划设计管理局先后两次（调水项［2007］30号、调水综［2008］52号文）函请河北省水利厅补充提供相关材料。为了进一步了解和掌握情况，2008年12月，我部调水局还专门组织赴京石段工程现场进行了调研，并就项目前期工作和立项报批有关问题与河北省水利厅进行了充分沟通和认真研究。鉴于南水北调中线一期工程可研总报告已经国务院批复，京石段应急供水工程也已基本建成，我部安排河北省水利厅抓紧编制河北段其他洪水影响工程可研报告，并要求尽快按基本建设程序报批。2008年12月，河北省水利厅以冀水规计［2008］192号文先行将《南水北调中线京石段防洪影响工程（石家庄至北拒马河）可行性研究报告》报送我部。目前，我部水利水电规划设计总院正在抓紧组织进行技术审查。

为了加快推进南水北调中线一期工程河北段其他洪水影响工程立项报批工作，我部水利水电规划设计总院已请河北省水利厅按有关规定抓紧编制京石段（石家庄至北拒马河）防洪影响工程环境影响评价报告书和水土方案报告书，并要求尽早报送审查，完善和落实工程建设条件；同时，尽快编制河北省石家庄以南段其他洪水影响处理工程可研报告，按程序报批。

二、关于下一步工作安排意见

下一步，我部将待水规总院对京石段（石家庄至北拒马河）防洪影响工程可研报告提出审查意见后，及时按照程序报送国家发展改革委，并加强与国家发展改革委的沟通协调，积极推进该工程立项审批工作，争取尽早批复并安排实施。同时，我部将结合京石段防洪影响工程可研报告审查情况，请河北、河南省有关部门组织进一步加强对中线一期工程石家庄以南段其他洪水影响工程的范围、规模、设计标准和处理措施的论证，合理确定工程方案，抓紧编制可研报告，并按程序报批。

水利部

二〇〇九年七月二十日

交通运输部

关于引江济汉通航工程初步设计的批复

（交水发［2009］401号）

湖北省交通运输厅：

你厅《湖北省交通厅关于报请审批湖北省引江济汉通航工程初步设计的请示》（鄂交基［2009］204号）及初步设计文件和补充报告收悉。2009年5月15～17日，我部在湖北省武汉市主持召开了《引江济汉通航工程初步设计》（以下简称《初步设计》）审查会。经审查，修改补充后的设计文件符合国家发展改革委对南水北调中线一期工程可行性研究总报告批复精神和我部颁发的《航道工程初步设计文件编制规定》有关规定，基本达到了初步设计编制深度。现根据审查意见批复如下：

一、工程建设规模和标准

同意结合南水北调引江济汉工程建设，同步实施引江济汉通航工程，其主要任务是利用引江济汉引水干渠，在保证调水情况下，满足航运需求，沟通长江、汉江航运，促进地方经济社会发展。该工程进口位于长江中游沙市河段龙洲垸，途经荆门市沙洋县，在潜江市高石碑镇汇入汉江，全长67.22km。

工程主要建设内容：进出口航道工程8.51km，千吨级船闸两座，回旋水域三处，以及相应的航道配套设施等；与调水工程共建防洪闸一座，节制闸一座，交叉工程中公路桥梁54座，铁路桥梁一座，倒虹吸两处。

同意通航工程在引水干渠渠道宽度的基础上按限制性Ⅲ级航道建设，航道尺度3.2m×45m×480m（水深×航道底宽×弯曲半径），龙洲垸、高石碑船闸闸室有效尺度180m×23m×3.5m（长×宽×门槛水深）。设计代表船型为1000t级货船和1＋2×1000t级船队，船队设计尺度为160m×10.8m×2.0m（长×宽×吃水）。过河交叉建筑物净空尺度按照不低于8.5m×60m（净高×净宽）标准建设。

二、水文及工程地质

（一）同意洪水设计与引水干渠工程设计标准一致。进口段龙洲垸船闸、出口段高石碑船闸和荆江大堤的设计洪水位分别采用43.50m、42.14m和44.10m。

（二）同意进口河段设计最高、最低通航水位分别为41.19m、28.00m；出口河段设计最高、最低通航水位分别为38.40m、27.20m；渠内设计最高、最低通航水位分别为33.39～31.48m和29.40m。

（三）基本同意对工程区工程地质、水文地质勘探资料与分析成果的基本结论。工程区地震动峰值加速度为0.05g，相应地震基本烈度为Ⅵ度。

下一阶段应结合工程施工地质勘察情况，进一步复核渗漏、地基沉降等地质力学参数，优化基础处理方案。

三、航道工程

（一）通航线路

基本同意设计推荐的通航线路布置方案。在长江龙洲垸引水工程进口下游0.6km处开挖通航工程进口，取水口与通航口以分流岛隔开，引航道沿引水干渠右侧与龙洲垸船闸相连。中间段航道线路与引水干渠线路一致。航道在引水干渠62+511左侧分叉，进入新开挖的高石碑船闸的上游连接段，通过高石碑船闸后与引水干渠的出口汇合后至汉江。

（二）保障渠内通航水深运行方式

同意采用局部降低渠底高程+水位控制+补水措施来保证通航。

（三）进出口连接航道

基本同意进口段采用方案二、出口段采用方案一的平面布置型式和纵断面及护岸工程设计。应进一步优化进出口段航道布置，确保航行安全。

（四）回旋水域

同意设置纪南、后港、邓洲3处船舶回旋水域和设计推荐的平面布置方案及结构设计。

（五）配套工程

同意航标按照内河一类航标标准配布。在进出口段应重点布设，确保进出口航行安全。

引江济汉工程引水对长江中游航道会有一定影响，特别是对太平口和三八滩河段影响较大，引水工程相关单位应安排专题研究工作，并根据研究成果采取必要的措施。

四、通航建筑物

（一）工程级别

同意龙洲垸船闸上闸首、高石碑船闸下闸首按1级建筑物设计，龙洲垸船闸下闸首、高石碑船闸上闸首、闸室按2级建筑物设计，其他永久性建筑物按3级建筑物设计。荆江大堤防洪闸、拾桥河节制闸永久性主要建筑物级别为1级、次要建筑物级别为3级。临时性建筑物级别为4级。

（二）龙洲垸船闸

基本同意船闸总平面布置设计方案二。

同意上闸首顶高程按挡洪水建筑物顶高程确定；同意闸室墙、下闸首及上下游引航道导航墙顶高程。两船闸导航段采用曲进直出的布置型式。设计应预留二线船闸位置。船闸输水系统采用局部分散的集中输水型式，闸首、闸室采用坞式结构。工作闸门采用三角门型式。检修闸门采用钢叠梁门型式。灌泄水时间不大于9min。

基本同意上下游引航道导航墙、隔水墙及靠船墩的结构型式。基本同意各主要建筑物的基础处理方案。下一步应根据施工地质勘探情况，复核闸室地基的承载能力，优化基础处理方案。

（三）高石碑船闸

同意船闸总平面布置设计方案一。

同意闸首、闸室墙、下闸首及上下游引航道导航墙顶高程。船闸输水系统采用局部分散的集中输水型式，闸首、闸室采用坞式结构。工作闸门采用三角门型式。检修闸门采用钢叠梁门型式。灌泄水时间不大于8min。

基本同意上下游引航道导航墙、靠船墩的结构型式。基本同意各主要建筑物的结构型式及基础处理方案。下一步应根据施工地质勘探情况，优化基础处理方案。

（四）荆江大堤防洪闸

基本同意防洪闸总平面布置，布置两孔，每孔净宽不小于30m。采用开敞式结构，在闸墩及闸室内布置橡胶护弦防撞设施，上下游导航墙采用钢筋混凝土扶壁式结构。

下一阶段结合通航安全进一步优化平面布置。

（五）拾桥河节制闸

同意拾桥河节制闸的总平面布置，1孔闸净宽60m，闸门采用翻板闸门结构型式，闸室侧边墙采用双箱钢筋混凝土空箱式结构，上下游导航墙采用钢筋混凝土扶壁式结构。

五、交叉工程

（一）公路桥梁工程

1. 建设规模

鉴于引江济汉调水工程已原则同意各跨渠还建公路桥的数量和标准，同意在此基础上按照通航净空和相关技术要求进行桥梁建设。引江济汉干渠上共建设公路桥梁54座，铁路桥1座。其中高速公路桥2座（汉宜高速、襄荆高速），一级公路桥2座（207国道、219省道），二级公路桥7座，三级公路桥6座，四级公路桥13座，机耕桥24座。

2. 技术标准

同意各等级公路桥梁的技术标准和桥梁通航标准。

3. 工程设计方案

原则同意跨渠公路桥梁结构型式和基础型式。跨渠公路桥梁具体技术审查工作请你厅负责，桥梁建设要满足通航技术标准和尺度要求，并确保工程质量和结构安全。

（二）荆沙铁路桥梁工程

基本同意按照国家有关政策规定和南水北调工程建设的有关意见（按恢复其原规模、原标准、原功能的原则），同时满足通航标准要求进行还建设计。请你厅尽快与有关部门沟通协商，完成相关审批事宜。

（三）水系交叉工程

基本同意兴隆河倒虹吸总体布置和结构设计方案。

六、电气、通信及金属结构

（一）电气、通信

1. 基本同意船闸供电采用电网市电为主电源，柴油发电机组作为备用电源。同意在船闸管理区设置变电所。

2. 基本同意船闸控制采用集中控制和现地控制方式，同时应满足两座船闸联合调度运行的要求。

3. 基本同意通航工程采用有线通信和无线通信方式，船闸采用工业电视系统。

（二）金属结构

基本同意本阶段各部分的闸门、阀门及启闭机等金属结构设备的型式、主要参数、布置方案及运行方式。

七、消防设计

基本同意船闸部分的消防总体方案设计，下一步按有关要求完成专项审批工作。

八、征地拆迁

同意征地拆迁补偿标准，按照与引江济汉干渠工程一致的原则进行费用测算。

九、环境保护与水土保持

基本同意环境保护与水土保持措施。

十、工程管理

基本同意工程建设和运行管理方案设计。

十一、节能

同意设计提出的节能技术和措施。

十二、劳动卫生及安全

基本同意工业卫生及劳动保护方案设计。

十三、施工组织

（一）施工导流

同意导流建筑物级别一般采用4级。当围堰保护对象特别重要时，可按《水利水电工程等级划分和洪水标准》有关规定，提高等级。

同意采用航道开挖预留土埂作为施工围堰的方案设计。基本同意基坑排水采用深井或者轻型井点降水。同意龙洲垸进口、高石碑出口连接河段航道围堰设计水位采用枯水期11月至次年3月20年一遇的水位。

（二）主体工程施工方法

基本同意航道项目主体工程的施工组织计划和施工方法，注意与调水工程施工组织计划的衔接。应完善桥梁建设期间道路的保通措施。根据工程地质和水文地质特点，优化施工组织方案，避免基坑开挖时出现涌水涌沙等不利情况。

（三）施工总布置

同意主要工程项目的施工布置方案设计。

（四）建设工期

同意工程施工总进度计划，建设总工期为48个月。

十四、工程概算

同意概算编制的原则和依据。材料价格及投资增长的分析方法与引水工程一致。交汇和共建项目因通航而增加的投资部分纳入本工程投资概算。并作如下调整：

（一）核减工程费用33万元。

（二）核增工程其他费用1012万元。

（三）核减预留费12万元。

（四）核增建设期贷款利息4568万元。

经以上调整，本工程总概算161 925万元（详见附件），本工程总概算不含引水工程54座公路桥梁、1座铁路桥梁还建投资，但包含了在此基础上因满足通航要求而提高桥梁净空尺度增加的投资。

本工程涉及调水、防洪、航运等，且交叉建筑物多，技术复杂，协调工作量大。建设期间建设单位要加强与相关部门的沟通，密切配合，确保工程调水和航运功能的实现。

请你厅积极督促建设单位抓紧组织本工程的实施，加强现场管理，确保工程质量，按期建成，及早发挥投资效益。

附件：引江济汉通航工程概算表（略）

交通运输部

二〇〇九年七月三十一日

国务院南水北调工程建设委员会办公室

关于南水北调中线一期工程总干渠穿漳河交叉建筑物初步设计报告的批复

（国调办投计［2009］6号）

南水北调中线干线工程建设管理局：

你局《关于上报南水北调中线一期工程总干渠穿漳河交叉建筑物初步设计报告的请示》（中线局技［2008］23号）收悉。我办已以《关于南水北调中线一期工程总干渠穿漳河交叉建筑物初步设计报告（技术部分）的批复》（国调办投计［2008］129号）文件批复该项工程初步设计报告技术部分的相关内容。按照《国家发展改革委办公厅对调整南水北调东中线一期工程初步设计概算核定工作职责分工的意见》（发改办投资［2008］2683号）的有关意见，我办委托南水北调工程设计管理中心组织对该项工程初步设计概算进行了评审。经研究，我办同意南水北调工程设计管理中心提出的初步设计报告审查意见（见附件1）和初步设计概算评审意见。现批复如下：

一、穿漳河交叉建筑物工程起点位于河南安阳市施家河村东，终点位于河北邯郸市讲武城，全长1081.81m。该工程是南水北调中线一期工程的组成部分，担负向漳河以北地区的输水任务。

根据《国家发展改革委关于南水北调中线一期工程总干渠穿漳河交叉建筑物可行性研究报告的批复》（发改农经［2008］1067号），穿漳河交叉建筑物工程起点坐标为$X=4\ 012\ 543.63$、$Y=38\ 528\ 329.45$，终点坐标为$X=4\ 013\ 560.00$、$Y=38\ 528\ 700.00$，工程轴线总长为1081.81m（水平投影），相应调减已批黄河北至漳河南安阳段渠道长度60m。请你局做好黄河北至漳河南段安阳段工程和本工程设计内容的衔接工作及设计方案的调整工作。按设计变更有关程序和要求，将黄河北至漳河南段安阳段工程调减渠道长度60m的设计变更报告报办公室审批。

二、同意按南水北调中线一期工程要求确定该工程设计流量为235m³/s，加大流量为265m³/s。

同意该工程起点断面设计水位为92.19m，终点设计水位为91.87m。

三、同意穿漳河交叉建筑物工程为一等工程。其南北岸连接渠道、进出口渐变段、进口检修闸、管身段、出口节制闸、退水闸和排冰闸的闸首控制段及南北岸裹头等主要建筑物为1级建筑物，退水闸泄槽、消力池、海漫、防护堤等次要建筑物及下游护岸工程为3级建筑物。

同意该工程中的主要建筑物设计洪水标准为100年一遇，校核洪水标准为300年一遇；次要建筑物设计洪水标准为30年一遇，校核洪水标准为100年一遇。

同意该工程地震设计烈度为Ⅶ度。

四、基本同意本工程总体布置方案，工程由南向北沿总干渠方向依次布置南岸明渠连接段、进口渐变段、进口检修闸段、管身段、出口节制闸段、出口渐变段、北岸明渠连接段，南岸明渠连接段右侧布置退水闸、排冰闸，进口前布置拦冰索。

五、基本同意该工程施工进度安排，总工期为30个月。

六、根据初步设计概算评审意见，按照2007年第四季度价格水平，核定工程初步设计概算静态总投资36 856万元，建设期贷款利息按1400万元暂列（详见南水北调中线一期工程总干渠穿漳河交叉建筑物初步设计概算核定表）。在工程建设过程中，建设期贷款利息根据南水北调工程投资静态控制和动态管理有关规定执行。

按照《中华人民共和国耕地占用税暂行条例》（中华人民共和国国务院令第511号）和《中华人民共和国耕地占用税暂行条例实施细则》（中华人民共和国财政部、国家税务总局令第49号）的有关规定，请你局抓紧组织编制该工程《临时耕地占用税计算报告》，报办公室审批后组织实施。

七、请你局按照基本建设程序要求，抓紧做好开工前的各项准备工作；根据审查意见进一步优化和完善设计方案。严格按照项目法人责任制、招标投标制、建设监理制、合同管理制及批复的设计文件要求，遵循南水北调工程投资“静态控制、动态管理”有关规定，加强项目管理，组织好项目实施，控制建设规模和标准，确保工程质量，按期完成工程建设任务。

此复。

附件：

1. 南水北调中线一期工程总干渠穿漳河交叉建筑物初步设计报告审查意见（略）

2. 南水北调中线一期工程总干渠穿漳河交叉建筑物初步设计概算核定表（略）

国务院南水北调工程建设委员会办公室

二〇〇九年二月六日

关于南水北调中线工程汉江兴隆水利枢纽初步设计报告的批复

（国调办投计［2009］7号）

湖北省南水北调工程建设管理局：

你局《关于审批〈南水北调中线兴隆水利枢纽工程初步设计报告〉的请示》（鄂调水局［2009］5号）收悉。我办已以《关于南水北调中线兴隆水利枢纽工程初步设计报告（技术部分）的批复》（国调办投计［2008］183号）批复该项工程初步设计的技术部分内容。按照《国家发展改革委办公厅对调整南水北调东中线一期工程初步设计概算核定工作职责分工的意见》（发改办投资［2008］2683号）的有关意见，我办委托南水北调工程设计管理中心组织对该项工程初步设计概算进行了评审。经研究，我办同意南水北调工程设计管理中心提出的初步设计报告审查意见（见附件1）和初步设计概算评审意见。现批复如下：

一、兴隆水利枢纽位于汉江中下游河段湖北省潜江、天门市境内，上距丹江口水利枢纽378.3km，下距河口273.7km，是南水北调中线一期工程汉江中下游四项治理工程之一，作为南水北调中线一期工程的重要组成部分，其开发任务是以灌溉、航运为主，兼顾发电。

二、基本同意本工程的近期设计水平年为2010年，远期设计水平年为2030年；最小通航流量采用420m^3/s，最大通航流量采用10 000m^3/s，正常蓄水位为36.2m，入库洪峰为19 400m^3/s时相应水库水位为41.75m；本阶段装机容量为40kW。

汉江丹江口至汉口河段近期按Ⅳ级航道整治；远期按Ⅲ级航道渠化和整治。基本同意本工程按1000t级船队通航规模设置船闸。

三、基本同意兴隆水利枢纽工程为一等工程。主要建筑物泄水闸、电站厂房、船闸上闸首、鱼道闸首及两岸滩地过流段等为1级建筑物；Ⅲ级船闸的闸室段和下闸首为2级建筑物；船闸导航墙、靠船建筑物、电站副厂房、开关站、鱼道除闸首外的其他部位、坝区防护建筑物等次要建筑物为3级建筑物。工程管理范围内的两岸堤防加固仍维持该段汉江堤防原级别不变，为2级堤防。

基本同意按枢纽最大下泄流量19 400m^3/s（本河段最大安全泄量）时相应的闸上水位，作为确定本工程各主要建筑物的设计（校核）水位。

基本同意该工程地震设计烈度为Ⅵ度。

四、基本同意本工程总体布置方案，即：在原河槽和左岸低漫滩上布置泄水闸，紧邻泄水闸右侧布置电站厂房，船闸布置于厂房右侧的滩地上，鱼道位于电站厂房与船闸之间；船闸与右岸汉江堤防之间、泄水闸与左岸汉江堤防之间为滩地过流段；主体工程与两岸堤防之间采用交通桥连接。

五、基本同意该工程施工进度安排，总工期为54个月。

六、根据初步设计概算评审意见，按照2008年第三季度价格水平，核定工程初步设计概算静态总投资304 905万元（详见南水北调中线工程汉江兴隆水利枢纽初步设计概算核定表）。

按照《中华人民共和国耕地占用税暂行条例》（中华人民共和国国务院令第511号）和《中华人民共和国耕地占用税暂行条例实施细则》（中华人民共和国财政部、国家税务总局令第49号）的有关规定，请你局抓紧组织编制该工程《临时耕地占用税计算报告》，报办公室审批后组织实施。

七、请你局按照基本建设程序要求，抓紧做好开工前的各项准备工作；根据审查意见进一步优化和完善设计方案。严格按照项目法人责任制、招标投标制、建设监理制、合同管理制及批复的设计文件要求，遵循南水北调工程投资“静态控制、动态管理”有关规定，加强项目管理，组织好项目实施，控制建设规模和标准，确保工程质量，按期完成工程建设任务。

此复。

附件：

1. 南水北调中线工程汉江兴隆水利枢纽初步设计报告审查意见（略）

2. 南水北调中线工程汉江兴隆水利枢纽初步设计概算核定表（略）

国务院南水北调工程建设委员会办公室

二〇〇九年二月六日

关于下达南水北调工程2009年第一批投资计划的通知

（国调办投计［2009］14号）

南水北调东线江苏水源有限责任公司、南水北调东线山东干线有限责任公司、南水北调中线水源有限责任公司、南水北调中线干线工程建设管理局、湖北省南水北调工程建设管理局：

根据《国家发展改革委关于下达2009年南水北调工程新增中央预算内投资计划的通知》（发改投资［2009］361号），结合南水北调东、中线一期工程建设的实际情况，现下达南水北调工程2009年第一批投资计划36.86亿元，其中中央预算内投资15.63亿元，中央专项建设基金（南水北调工程基金）3.5亿元、银行贷款规模17.73亿元，用于东线一期胶东干线济南至引黄济青段工程、中线一期穿黄工程等工程建设（具体安排情况见附件），有关要求如下：

一、本次下达的中央预算内投资为2009年新增中央投资。各项目法人要按照国家扩大内需、拉动经济增长的部署和要求，科学合理组织工程建设，尽快落实和开展各项建设任务。

二、各项目法人要合理安排工程建设投资，统筹使用好各项建设资金，促进工程建设，保证工程质量，加快形成实物工作量，充分发挥新增中央投资拉动经济的作用，并按要求切实做好新增中央投资和实物工作量完成情况的统计和报送工作。

三、请南水北调中线干线工程建设管理局根据批复的黄河北至美河北工程初步设计报告，抓紧将概算分解到相应的设计单元工程，同时科学制订黄河北至漳河南段各设计单元工程施工计划，合理安排建设投资，尽快将黄河北至美河北工程概算分解情况和黄河北至漳河南段各设计单元工程已下达投资安排情况报我办备案。

四、本次下达的胶东干线济南至引黄济青段工程投资计划主要用于济南市区段工程建设，胶东干线济南至引黄济青段工程所含的明渠段工程、东湖水库工程、双王城水库工程等3个设计单元工程投资计划待相应的初步设计批复后执行。请南水北调东线山东干线有限责任公司及时将胶东干线济南至引黄济青段工程投资计划分解安排建议方案报我办批复。

五、根据《国家发展改革委办公厅关于丹江口库区移民安置试点规划生产安置增补费的复函》（发改办投资［2009］104号），本次下达的丹江口库区移民安置工程投资计划用于丹江口库区移民试点工程增列的生产安置增补费，待生产安置增补费批复后执行。

六、请各项目法人严格遵循国家基本建设程序，按照参建各方的职责，进一步细化落实项目法人责任制、招标投标制、工程监理制、合同管理制，依据南水北调工程投资“静态控制、动态管理”以及投资计划管理的有关规定和办法，加强项目管理，组织编报项目管理预算和价差报告，新开工项目编报总体建设方案，严格控制投资，并及时报送投资计划执行情况、基建统计和财务报表。

附件：

1. 南水北调工程2009年第一批投资计划汇总表（只发综合部门）（略）

2. 南水北调工程2009年第一批投资计划下达表（分发各下达单位）（略）

国务院南水北调工程建设委员会办公室

二〇〇九年二月十九日

关于南水北调东线一期南四湖—东平湖段输水与航运结合工程引黄灌区灌溉影响处理初步设计报告(技术方案)的批复

（国调办投计［2009］24 号）

南水北调东线山东干线有限责任公司：

你单位《关于报送南水北调东线第一期工程南四湖—东平湖段输水与航运结合工程初步设计报告的请示》（鲁调水企财字［2008］16 号）和《关于南水北调东线第一期工程南四湖—东平湖段输水与航运结合工程初步设计报告有关审批事宜的请示》（鲁调水企财字［2008］30 号）收悉。我办设计管理中心委托水利部水利水电规划设计总院对《南水北调东线第一期南四湖—东平湖段输水与航运结合工程引黄灌区灌溉影响处理初步设计报告》进行了审查，并提交了审查意见（见附件）。经研究，我办基本同意该审查意见。现批复如下：

一、山东省境内的南水北调东线一期南四湖—东平湖段工程利用梁济运河和柳长河输水，将对国那里、陈垓引黄灌区三个片区共40.01 万亩范围内灌排体系造成影响。引黄灌区影响处理工程的主要任务是通过调整取水位置、充分利用和扩大现有工程的输水规模、新修渠道和改建建筑物等工程措施，满足受影响灌区的灌溉要求。

引黄灌区灌溉影响处理工程的主要建设内容为：输水干渠总长 49.247km，其中国那里灌区 41.04km，陈垓灌区 8.207km；国那里灌区新建、改建引水、分水、节制闸 12 座，穿堤涵洞 2 座，渡槽 2 座；陈垓灌区新建引水、分水、节制闸 3 座，新建提水泵站 1 座（从梁济运河工程调整至本工程），穿路涵洞1 座。

二、基本同意国那里影响灌区干鱼头引水闸渠首设计流量为 $23m^3/s$，陈垓影响灌区邓楼引水闸渠首设计流量为 $8m^3/s$。

三、基本同意穿东平湖新湖区围堤涵闸为1 级，陈垓灌区渠首引水闸为 2 级，国那里灌区渠首引水闸为 3 级，渠道、渠系建筑物和鲁庙提灌站按流量分别为 3～5 级，穿公路涵洞应同时满足相关行业标准。地震设计烈度为Ⅶ度。

四、基本同意陈垓灌区和国那里灌区的工程总布置。陈垓灌区渠首引水闸位于梁济运河邓楼节制闸上游右岸，后接利用原有河道进行拓宽改造的引水渠、排水沟至吕楼沟，向南新开挖渠道入林庄干沟，输水干渠全长 8.207km；国那里灌区渠首引水闸位于国那里输沙干渠干鱼头村附近，输水干渠利用扩挖后的总干渠向东，过代码河至唐宋庄处向南，经三分干后拐向东，新辟渠道至王庄，扩挖四分干向南连接馆驿干沟、候庄干沟、时庄干沟、彭庄干沟，直至郭仓干沟，输水干渠全长 41.04km。此外，对 5.55km 四分干进行整治。

五、基本同意引黄灌区灌溉影响处理工程永久占地和临时占地划分的原则和范围。

六、基本同意引黄灌区灌溉影响处理工程的施工总工期为 12 个月。

七、引黄灌区灌溉影响处理初步设计概算投资待国务院南水北调办组织初步设计概算核定后另行批复。

按照《中华人民共和国耕地占用税暂行条例》（中华人民共和国国务院令第 511 号）和《中华人民共和国耕地占用税暂行条例实施细则》（中华人民共和国财政部、国家税务总局令第 49 号）的有关规定，请你单位抓紧组织编制该工程《临时耕地占用税计算报告》，按程序报批。

同时，请依据初步设计审定概算，抓紧将初步设计审定概算投资还原测算为 2004 年第三季度价格水平年投资，并分析说明该工程初步设计审定概算投资与总体可研投资比较的变化情况及原因，提出该工程投资分析报告，以利该工程初步设计概算评审和核定批复工作的开展。

八、请你单位根据审查意见，进一步优化设计方案。按照基本建设程序要求，抓紧做好开工前的各项准备工作，待初步设计概算核定批复后抓紧组织开展工程建设。

此复。

附件：南水北调东线一期南四湖—东平湖段输水与航运结合工程引黄灌区灌溉影响处理初步设计报告审查意见（略）

国务院南水北调工程建设委员会办公室

二〇〇九年三月二十日

关于南水北调东线一期南四湖—东平湖段输水与航运结合工程湖内疏浚工程初步设计报告(技术方案)的批复

（国调办投计[2009]25号）

南水北调东线山东干线有限责任公司：

你单位《关于报送南水北调东线第一期工程南四湖—东平湖段输水与航运结合工程初步设计报告的请示》(鲁调水企财字[2008]16号)和《关于南水北调东线第一期工程南四湖—东平湖段输水与航运结合工程初步设计报告有关审批事宜的请示》(鲁调水企财字[2008]30号)收悉。我办设计管理中心委托水利部水利水电规划设计总院对《南水北调东线第一期南四湖—东平湖段输水与航运结合工程湖内疏浚工程初步设计报告》进行了审查，并提交了审查意见(见附件)。经研究，我办基本同意该审查意见。现批复如下：

一、南四湖湖内疏浚工程是南水北调东线一期南四湖—东平湖段工程的组成部分，该工程是对南四湖上级湖湖内航道进行扩挖疏浚，满足通过南四湖调引长江水向山东半岛和鲁北地区供水的要求。

二、基本同意利用南四湖上级湖现有航道输水，以及沿现有航道疏浚的方案。疏浚范围为湖内4+986~33+973(南阳南)段，疏浚长度为28.987km。湖口约5km范围内的小北湖段涉及南四湖防洪管理问题，本次不进行处理。

三、基本同意对上级湖湖内航道按125~100m^3/s进行疏浚；设计水位按上级湖南阳南为33.3m、湖口为32.8m控制；南四湖上级湖现有航道等级为Ⅲ级，根据航运规划，该段航道标准为运河Ⅱ级。

四、基本同意南四湖疏浚航道底高程为29.3m，疏浚底宽为73m，设计边坡为1:5。

五、基本同意南四湖湖内疏浚工程永久占地和临时占地划分的原则和范围。

六、基本同意南四湖湖内疏浚工程施工总工期为12个月。

七、南四湖湖内疏浚工程初步设计概算投资待国务院南水北调办组织初步设计概算核定后另行批复。

按照《中华人民共和国耕地占用税暂行条例》(中华人民共和国国务院令第511号)和《中华人民共和国耕地占用税暂行条例实施细则》(中华人民共和国财政部、国家税务总局令第49号)的有关规定，请你单位抓紧组织编制该工程《临时耕地占用税计算报告》，按程序报批。

同时，请依据初步设计审定概算，抓紧将初步设计审定概算投资还原测算为2004年第三季度价格水平年投资，并分析说明该工程初步设计审定概算投资与总体可研投资比较的变化情况及原因，提出该工程投资分析报告，以利该工程初步设计概算评审和核定批复工作的开展。

八、请你单位根据审查意见，进一步优化设计方案。按照基本建设程序要求，抓紧做好开工前的各项准备工作，待初步设计概算核定批复后抓紧组织开展工程建设。

此复。

附件：南水北调东线一期南四湖—东平湖

段输水与航运结合工程湖内疏浚工程初步设计报告审查意见(略)

国务院南水北调工程建设委员会办公室
二〇〇九年三月二十日

关于南水北调东线一期南四湖—东平湖段输水与航运结合工程长沟泵站工程初步设计报告(技术方案)的批复

(国调办投计［2009］26号)

南水北调东线山东干线有限责任公司:

你单位《关于报送南水北调东线第一期工程南四湖—东平湖段输水与航运结合工程初步设计报告的请示》(鲁调水企财字［2008］16号)和《关于南水北调东线第一期工程南四湖—东平湖段输水与航运结合工程初步设计报告有关审批事宜的请示》(鲁调水企财字［2008］30号)收悉。我办设计管理中心委托水利部水利水电规划设计总院对《南水北调东线第一期南四湖—东平湖段输水与航运结合工程长沟泵站初步设计报告》进行了审查,并提交了审查意见(见附件)。经研究,我办基本同意该审查意见。现批复如下:

一、长沟泵站工程是南水北调东线一期工程的第11级抽水泵站,主要任务是将南四湖的来水沿梁济运河提水北送,与邓楼、八里湾泵站共同实现从南四湖上级湖向东平湖送水100m³/s的目标,满足山东半岛和鲁北地区城市用水的要求。

该工程主要建设内容为长沟泵站和梁济运河节制闸。

二、基本同意长沟泵站设计流量为100m³/s。站下设计水位为31.51m,站上设计水位35.37m,设计净扬程为3.86m。泵站机组装机4台,泵站总装机容量为8960kW。

三、基本同意长沟泵站主要建筑物泵房、前池、进出水池、进出水闸、节制闸等为1级,次要建筑物为3级。泵站设计洪水标准为100年一遇,校核洪水标准为300年一遇。泵站地震设计烈度为Ⅵ度。

四、基本同意长沟泵站工程总布置。泵房位于梁济运河东堤外,站下引水渠直线段、清污机桥、泵房、站上出水渠直线段轴线与梁济运河子河槽轴线平行。在进出水渠转向与梁济运河大堤相交处设引水闸及出水闸。节制闸建在梁济运河河槽内,闸上交通桥和清污机桥位于同一轴线。泵站管理区位于站区东侧。

五、基本同意长沟泵站工程永久占地和临时占地划分的原则和范围。

六、基本同意长沟泵站工程施工总工期为30个月。

七、长沟泵站工程初步设计概算投资待国务院南水北调办组织初步设计概算核定后另行批复。

按照《中华人民共和国耕地占用税暂行条例》(中华人民共和国国务院令第511号)和《中华人民共和国耕地占用税暂行条例实施细则》(中华人民共和国财政部、国家税务总局令第49号)的有关规定,请你单位抓紧组织编制该工程《临时耕地占用税计算报告》,按程序报批。

同时,请依据初步设计审定概算,抓紧将初步设计审定概算投资还原测算为2004年第三季度价格水平年投资,并分析说明该工程初步设计审定概算投资与总体可研投资比较的变化情况及原因,提出该工程投资分析报告,以利该工程初步设计概算评审和核定批复工作的开展。

八、请你单位根据审查意见,并结合《南水北调东线一期工程建筑与环境总体方案》进一步优化完善重要枢纽建筑物和工程建设环境设计方案。按照基本建设程序要求,抓紧做好开工前的各项准备工作,待初步设计概算核定批复后抓紧组织开展工程建设。

此复。

附件：南水北调东线一期南四湖—东平湖段输水与航运结合工程长沟泵站工程初步设计报告审查意见（略）

国务院南水北调工程建设委员会办公室
二〇〇九年三月二十日

关于南水北调东线一期南四湖—东平湖段输水与航运结合工程邓楼泵站工程初步设计报告（技术方案）的批复

（国调办投计［2009］27号）

南水北调东线山东干线有限责任公司：

你单位《关于报送南水北调东线第一期工程南四湖—东平湖段输水与航运结合工程初步设计报告的请示》（鲁调水企财字［2008］16号）和《关于南水北调东线第一期工程南四湖—东平湖段输水与航运结合工程初步设计报告有关审批事宜的请示》（鲁调水企财字［2008］30号）收悉。我办设计管理中心委托水利部水利水电规划设计总院对《南水北调东线第一期南四湖—东平湖段输水与航运结合工程邓楼泵站初步设计报告》进行了审查，并提交了审查意见（见附件）。经研究，我办基本同意该审查意见。现批复如下：

一、邓楼泵站工程是南水北调东线一期工程的第12级抽水泵站，主要任务是将梁济运河来水抽提入柳长河，与长沟、八里湾泵站共同实现从南四湖上级湖向东平湖送水，满足山东半岛和鲁北地区城市用水的要求。

该工程主要建设内容是邓楼泵站和邓楼节制闸。

二、基本同意邓楼泵站设计流量为100m³/s。邓楼节制闸设计泄洪流量为401m³/s、排涝流量为209m³/s。

基本同意泵站站下设计水位为33.82m；站上设计水位37.39m，设计扬程为3.57m。泵站装机4台，泵站总装机容量为8960kW。

三、基本同意邓楼泵站主要建筑物泵房、前池、进出水池、进出水闸和节制闸为1级建筑物，次要建筑物为3级。泵站设计洪水标准为100年一遇，校核洪水标准为300年一遇；泵站地震设计烈度为Ⅶ度。

四、基本同意邓楼泵站工程总布置。东平湖新湖区外结合弃土新建场区围堤，泵站为堤后式布置，引水渠位于梁济运河滩地，后接联合布置的引水闸和清污机桥，再接泵站前池及进水池，主泵房后接出水池、出水渠，出水渠穿越东平湖湖区南大堤处设出水涵闸，梁济运河上建邓楼节制闸，管理区布置在主厂房东侧。

五、基本同意邓楼泵站工程永久占地和临时占地划分的原则和范围。

六、基本同意邓楼泵站工程施工总工期为30个月。

七、邓楼泵站工程初步设计概算投资待国务院南水北调办组织初步设计概算核定后另行批复。

按照《中华人民共和国耕地占用税暂行条例》（中华人民共和国国务院令第511号）和《中华人民共和国耕地占用税暂行条例实施细则》（中华人民共和国财政部国家税务总局令第49号）的有关规定，请你单位抓紧组织编制该工程《临时耕地占用税计算报告》，按程序报批。

同时，请依据初步设计审定概算，抓紧将初步设计审定概算投资还原测算为2004年第三季度价格水平年投资，并分析说明该工程初步设计审定概算投资与总体可研投资比较的变化情况及原因，提出该工程投资分析报告，以利该工程初步设计概算评审和核定批复工作的开展。

八、请你单位根据审查意见，并结合《南水北调东线一期工程建筑与环境总体方案》进一步优化完善重要枢纽建筑物和工程建设环境设计方案。按照基本建设程序要求，抓紧做好开工前的各项准备工作，待初步设计概算核定批复后抓紧组织开展工程建设。

此复。

附件：南水北调东线一期南四湖—东平湖段输水与航运结合工程邓楼泵站工程初步设计报告审查意见（略）

国务院南水北调工程建设委员会办公室

二〇〇九年三月二十日

关于南水北调中线一期天津干线工程西黑山进口闸—有压箱涵段、保定市1段、保定市2段、廊坊市段工程初步设计报告（技术方案）的批复

（国调办投计［2009］28号）

南水北调中线干线工程建设管理局：

你局《关于上报南水北调中线一期工程天津干线西黑山进口—有压箱涵段、保定市1段、保定市2段、廊坊市段等设计单元初步设计报告的请示》（中线局技［2008］37号）收悉。我办设计管理中心委托水利部水利水电规划设计总院对随文上报的初步设计报告进行了审查，并提交了审查意见（见附件）。经研究，我办基本同意该审查意见。现批复如下：

一、天津干线工程起点为南水北调中线总干渠与西黑山进口闸中心线交点，坐标为 $X=4\ 327\ 378.848$，$Y=115\ 534\ 093.309$（1954年北京坐标系，下同）；天津干线河北段与天津市区段交点位于河北霸州与天津武清分界处，坐标为 $X=4\ 335\ 594.062$，$Y=117\ 488\ 185.130$；终点位于天津市外环河以西约200m处，坐标为 $X=4\ 334\ 370.481$，$Y=117\ 507\ 656.098$，全长155.352km。

其中，天津干线工程西黑山进口闸—有压箱涵段、保定市1段、保定市2段、廊坊市段工程位于天津干线工程河北省界内，是南水北调中线一期工程天津干线的组成部分，担负南水北调中线一期工程向天津市和河北省保定及廊坊等市（县）的输供水任务。

二、天津干线工程西黑山进口闸—有压箱涵段、保定市1段、保定市2段、廊坊市段工程总长131.407km。其中，西黑山进口闸—有压箱涵段15.208km、保定市1段45.680km、保定市2段15.085km、廊坊市段55.434km。基本同意西黑山分水口门—霸州市三号渠东分水口门之间渠段设计流量和加大流量分别为 $50m^3/s$ 和 $60m^3/s$；霸州市三号渠东分水口门—安次区得胜口分水口门之间渠段的设计流量和加大流量分别为 $47m^3/s$ 和 $57m^3/s$；安次区得胜口分水口门—天津市子牙河分水口门之间渠段的设计流量和加大流量分别为 $45m^3/s$ 和 $55m^3/s$。

基本同意天津干线工程起点设计水位采用总干渠京石段西黑山节制闸设计水位65.289m，天津干线工程终点外环河设计水位采用0.0m，正常运用高水位采用2.6m。

三、基本同意天津干线工程西黑山进口闸—有压箱涵段、保定市1段、保定市2段、廊坊市段工程的箱涵、矩形槽及西黑山进口闸、排冰闸、东黑山陡坡泄槽、调节池、保水堰井、分水口、检修闸、通气孔等控制建筑物和各类交叉建筑物为1级建筑物，附属建筑物、防护及河穿箱涵工程的上下游连接工程等次要建筑物为3级建筑物；临时建筑物为4~5级建筑物。

基本同意天津干线工程西黑山进口闸—有压箱涵段、保定市1段、保定市2段、廊坊市段工程河渠交叉断面以上集流面积大于等于 $20km^2$ 的河渠交叉建筑物的设计洪水标准为100年一遇，校核洪水标准为300年一遇；

集流面积小于 $20km^2$ 的河渠交叉建筑物及左岸排水建筑物设计洪水标准为 50 年一遇，校核洪水标准为 200 年一遇；天津市防洪圈以外的干线各段箱涵和建筑物的洪水标准应与其相连的各类河渠交叉建筑物的洪水标准相同。

基本同意天津干线工程西黑山进口闸—有压箱涵段、保定市 1 段、保定市 2 段、廊坊市段工程沿线地震基本烈度为Ⅵ～Ⅶ度。

四、基本同意天津干线工程选定的线路和按全箱涵无压接有压全自流输水方案确定的工程总布置。工程由西黑山进口闸、东黑山陡坡泄槽、无压箱涵、调节池、有压箱涵和保水堰井、连接井、分流井、出口闸等输水、控制建筑物及各类交叉建筑物组成。

天津干线工程西黑山进口闸—有压箱涵段、保定市 1 段、保定市 2 段、廊坊市段工程主要建筑物共 230 座，其中进口闸枢纽 1 座、陡坡泄槽 1 座、调节池 1 座、检修闸 3 座、保水堰 8 座、通气孔 59 座、分水口 9 处、排水涵洞 1 座、倒虹吸 53 座、铁路涵 3 座、公路涵 92 座。

五、基本同意天津干线工程西黑山进口闸—有压箱涵段、保定市 1 段、保定市 2 段、廊坊市段工程永久占地和临时占地划分的原则和范围。

六、基本同意天津干线工程西黑山进口—至有压箱涵段、保定市 1 段、保定市 2 段、廊坊市段工程施工总工期为 36 个月。

七、天津干线工程西黑山进口闸—有压箱涵段、保定市 1 段、保定市 2 段、廊坊市段工程初步设计概算投资待国务院南水北调办组织初步设计概算核定后另行批复。

请依据初步设计审定概算，抓紧将初步设计审定概算投资还原测算为 2004 年第三季度价格水平年投资，并分析说明该工程初步设计审定概算投资与总体可研投资比较的变化情况及原因，提出该工程投资分析报告，以利该工程初步设计概算评审和核定批复工作的开展。

请你局按照有关规定抓紧协调组织移民征地专业项目中电力设施等复建规划方案报批工作。

同时，按照《中华人民共和国耕地占用税暂行条例》（中华人民共和国国务院令第 511 号）和《中华人民共和国耕地占用税暂行条例实施细则》（中华人民共和国财政部、国家税务总局令第 49 号）的有关规定，请你局抓紧组织编制该工程《临时耕地占用税计算报告》，按程序报批。

八、请你局根据审查意见，进一步优化和完善设计方案，并结合办公室《关于南水北调中线工程建筑环境规划报告有关意见的函》（综投计函［2008］179 号）的相关要求，将建筑环境规划报告的有关成果落实到各设计单元工程设计方案中。按照基本建设程序要求，抓紧做好开工前的各项准备工作，待初步设计概算核定批复后抓紧组织开展工程建设。

此复。

附件：南水北调中线一期天津干线工程西黑山进口闸—有压箱涵段、保定市 1 段、保定市 2 段、廊坊市段工程初步设计报告审查意见（略）

国务院南水北调工程建设委员会办公室

二〇〇九年三月二十日

关于下达 2009 年南水北调工程初步设计工作投资计划的通知

（国调办投计［2009］30 号）

各有关单位：

根据《国家发展改革委关于下达 2009 年南水北调工程新增中央预算内投资计划的通知》（发改投资［2009］361 号）和各有关单位上报的 2009 年南水北调工程初步设计工作投资建议计划，结合南水北调东、中线一期工程前期工作进展和建设实际，经研究，现将2009年南水北调工程初步设计工作投资计划下达你单位（具体安排情况见附件），有关工作要求如下：

一、请各有关单位按照《南水北调工程初步设计管理办法》（国调办投计［2006］60号）和《关于印发〈加强初步设计管理　提高初步设计质量工作措施〉的通知》（国调办投计［2008］118号）的有关要求，明确责任，落实分级负责制度，进一步提高初步设计工作质量，保证工作进度，认真组织南水北调工程初步设计的编制和申报工作。

二、严格按照下达的投资计划组织初步设计工作，加强资金管理，专款专用，不得擅自调整。

三、本次安排用于南水北调东、中线一期主体工程初步设计工作的投资，在项目开工建设后计入相应工程建设完成投资。

四、请各有关单位按照工作要求，及时上报初步设计工作投资计划完成情况报告、工作成果及有关报表。

附件：

1. 2009年南水北调工程初步设计工作投资计划汇总表（略）

2. 2009年南水北调工程初步设计工作投资计划下达表（略）

国务院南水北调工程建设委员会办公室

二〇〇九年三月二十四日

关于南水北调东线一期长江—骆马湖段其他工程泗洪站枢纽工程初步设计报告（技术方案）的批复

（国调办投计［2009］35号）

南水北调东线江苏水源有限责任公司：

你单位《关于报请审批南水北调东线第一期工程泗洪站等五个设计单元工程初步设计报告的请示》（苏水源计［2008］34号）收悉。我办设计管理中心委托水利部水利水电规划设计总院对《南水北调东线第一期工程泗洪站枢纽工程初步设计报告》进行了审查，并提交了审查意见（见附件）。经研究，我办基本同意该审查意见。现批复如下：

一、泗洪站枢纽工程是南水北调东线一期工程的第4级抽水泵站，工程的主要任务是由洪泽湖抽水入徐洪河，与濉宁泵站和邳州泵站一起通过徐洪河向骆马湖输水100m^3/s，与中运河线共同满足向骆马湖调水275m^3/s的目标，并结合徐洪河地区的排涝，改善航运。

泗洪站枢纽工程的主要建设内容为：新建泵站、船闸、徐洪河节制闸、排涝调节闸及利民河排涝闸。

二、基本同意泗洪泵站一期工程设计输水流量为120m^3/s。泵站站下进水池处设计水位为11.27m；站上出水池处设计水位为14.5m，设计净扬程为3.23m。泵站机组台数为5台（含1台备机），总装机容量为10 000kW。

三、基本同意泵站主要建筑物泵房、进水池、出水池、防渗范围的翼墙等为1级建筑物，上下游引河等次要建筑物为3级建筑物；节制闸主要建筑物闸室、防渗范围的翼墙、消力池等为1级建筑物，上下游河道连接段等次要建筑物为3级建筑物；船闸下闸首为1级建筑物，船闸上闸首与闸室为3级建筑物，导航、靠船建筑物为4级建筑物；排涝调节闸和利民河排涝闸的闸室、涵洞等主要建筑物为3级，次要建筑物为4级。

基本同意泵站设计洪水标准为100年一遇、校核洪水标准为300年一遇；徐洪河防洪标准为20年一遇、排涝标准为5年一遇；利民河排涝标准为5年一遇。地震设计烈度为Ⅶ度。

四、基本同意泗洪站枢纽工程总布置。工程由泵站、节制闸、船闸、排涝调节闸及利民河排涝闸等建筑物组成。节制闸布置在徐洪河主河床，其左侧滩地布置船闸，右侧从上游至下游布置泵站、利民河排涝闸和排涝调节闸，排涝调节闸、节制闸和船闸下闸首为同一轴线。管理所布置在徐洪河右堤外。

五、基本同意泗洪站枢纽工程永久占地和临时占地划分的原则和范围。

六、基本同意泗洪站枢纽工程施工总工期为48个月。

七、泗洪站枢纽工程初步设计概算投资待国务院南水北调办组织初步设计概算核定后另行批复。

按照《中华人民共和国耕地占用税暂行条例》（中华人民共和国国务院令第511号）和《中华人民共和国耕地占用税暂行条例实施细则》（中华人民共和国财政部、国家税务总局令第49号）的有关规定，请你单位抓紧组织编制该工程《临时耕地占用税计算报告》，按程序报批。

同时，请依据初步设计审定概算，抓紧将初步设计审定概算投资还原测算为2004年第三季度价格水平年投资，并分析说明该工程初步设计审定概算投资与总体可研投资比较的变化情况及原因，提出该工程投资分析报告，以利该工程初步设计概算评审和核定批复工作的开展。

八、请你单位根据审查意见，并结合《南水北调东线一期工程建筑与环境总体方案》进一步优化完善重要枢纽建筑物和工程建设环境设计方案。按照基本建设程序要求，抓紧做好开工前的各项准备工作，待初步设计概算核定批复后抓紧组织开展工程建设。

此复。

附件：南水北调东线一期长江—骆马湖段其他工程泗洪站枢纽工程初步设计报告审查意见（略）

国务院南水北调工程建设委员会办公室

二〇〇九年三月二十七日

关于南水北调东线一期长江—骆马湖段其他工程刘老涧二站工程初步设计报告（技术方案）的批复

（国调办投计［2009］36号）

南水北调东线江苏水源有限责任公司：

你单位《关于报请审批南水北调东线第一期工程泗洪站等五个设计单元工程初步设计报告的请示》（苏水源计［2008］34号）收悉。我办设计管理中心委托水利部水利水电规划设计总院对《南水北调东线第一期工程刘老涧二站工程初步设计报告》进行了审查，并提交了审查意见（见附件）。经研究，我办基本同意该审查意见。现批复如下：

一、刘老涧泵站是南水北调东线一期工程的第5个梯级泵站，该梯级泵站由刘老涧一站和刘老涧二站组成，主要任务是与皂河泵站、泗阳泵站一起，通过中运河线向骆马湖输水175m^3/s，与运西徐洪河线共同满足向骆马湖调水275m^3/s的目标，兼顾沿线供水和灌溉，改善航运。

刘老涧二站工程主要建设内容为：新建刘老涧二站，重建刘老涧节制闸（保留老闸作为交通桥），新建站内交通桥、变电所和清污机桥，扩挖上、下游引河河道。

二、基本同意刘老涧泵站设计流量为230m^3/s，其中已建的刘老涧一站设计流量为150m^3/s，本次新建的刘老涧二站设计流量为80m^3/s。考虑刘老涧梯级一、二泵站共用37.5m^3/s的备用流量，刘老涧二站总装机流量为117.5m^3/s。

泵站站下设计水位为15.85m；站上设计水位为19.55m，设计净扬程为3.7m。泵站机组台数为4台，总装机容量为8000kW。

基本同意刘老涧节制闸按原规模建设，设计泄洪流量为500m³/s。

三、基本同意刘老涧二站泵站主要建筑物泵房、节制闸及相应防渗范围内的翼墙为1级建筑物，上下游引河堤防为2级，其他次要建筑物为3级。泵站设计洪水标准为100年一遇，校核洪水标准为300年一遇。泵站设计烈度为Ⅷ度。

四、基本同意刘老涧二站工程总布置。泵站位于刘老涧老闸闸下250m，采用闸、站结合的布置形式，南侧布置泵站、北侧为节制闸，上下游引河利用原老闸上下游河道局部进行修整，站下游22m处布置清污机桥。节制闸北端布置室外变电所，在刘老涧新闸闸下利用施工交通桥作为站内永久交通桥，管理所位于水闸北侧的隔堤上。

五、基本同意刘老涧二站工程永久占地和临时占地划分的原则和范围。

六、基本同意刘老涧二站工程施工总工期为24个月。

七、刘老涧二站工程初步设计概算投资待国务院南水北调办组织初步设计概算核定后另行批复。

按照《中华人民共和国耕地占用税暂行条例》（中华人民共和国国务院令第511号）和《中华人民共和国耕地占用税暂行条例实施细则》（中华人民共和国财政部、国家税务总局令第49号）的有关规定，请你单位抓紧组织编制该工程《临时耕地占用税计算报告》，按程序报批。

同时，请依据初步设计审定概算，抓紧将初步设计审定概算投资还原测算为2004年第三季度价格水平年投资，并分析说明该工程初步设计审定概算投资与总体可研投资比较的变化情况及原因，提出该工程投资分析报告，以利该工程初步设计概算评审和核定批复工作的开展。

八、请你单位根据审查意见，并结合《南水北调东线一期工程建筑与环境总体方案》进一步优化完善重要枢纽建筑物和工程建设环境设计方案。按照基本建设程序要求，抓紧做好开工前的各项准备工作，待初步设计概算核定批复后抓紧组织开展工程建设。

此复。

附件：南水北调东线一期长江—骆马湖段其他工程刘老涧二站工程初步设计报告审查意见（略）

国务院南水北调工程建设委员会办公室
二〇〇九年三月二十七日

关于南水北调东线一期长江—骆马湖段其他工程皂河一站更新改造工程初步设计报告（技术方案）的批复

（国调办投计［2009］39号）

南水北调东线江苏水源有限责任公司：

你单位《关于报请审批南水北调东线第一期工程泗洪站等五个设计单元工程初步设计报告的请示》（苏水源计［2008］34号）收悉。我办设计管理中心委托水利部水利水电规划设计总院对《南水北调东线第一期工程皂河一站更新改造工程初步设计报告》进行了审查，并提交了审查意见（见附件）。经研究，我办基本同意该审查意见。现批复如下：

一、皂河站是南水北调东线一期工程的第6级抽水泵站，该梯级泵站由皂河一站和皂河二站组成，主要任务是与泗阳泵站、刘老涧泵站一起，通过中运河线向骆马湖输水175m³/s，与运西徐洪河线共同满足向骆马湖调水275m³/s的目标，并结合邳洪河和黄墩湖地区排涝。

皂河一站更新改造工程主要建设内容为：加固泵站，新建清污机桥、公路桥、引水闸和穿邳洪河地涵；泵站机组更新改造；更换、改造拦污栅、启闭机、闸门。

二、基本同意皂河梯级设计流量为175m³/s；黄墩湖地区排涝标准为5年一遇，排涝流量85m³/s；邳洪河5年一遇排涝流量为345m³/s。

基本同意皂河一站按原设计流量200m³/s进行更新改造，泵站站下设计水位为18.22m；站上设计水位为23.0m，设计净扬程为4.78m。皂河一站机组台数为2台，总装机容量为14 000kW。

三、基本同意皂河一站站身、进水池、出水池及防渗范围内的翼墙等主要建筑物为1级建筑物，其他次要建筑物为3级；穿邳洪河地涵、引水闸及清污机桥等均为3级建筑物，其他次要建筑物为4级。泵站设计洪水标准为100年一遇，校核洪水标准为300年一遇。泵站地震设计烈度为Ⅷ度。

四、基本同意皂河一站更新改造工程总布置，包括泵站加固，以及新建清污机桥、穿邳洪河地涵、引水闸和公路桥。泵站加固包括混凝土结构修补、裂缝处理、下游工作桥拆除重建、下游交通桥维修、房屋维修、增加控制室面积、引河浆砌块石护坡拆除重建、站下河道清淤及零星项目维修，以及上游墩头接长，增设拦污栅槽等项目。

五、基本同意皂河一站更新改造工程永久占地和临时占地划分的原则和范围。

六、基本同意皂河一站更新改造工程施工总工期为24个月。

七、皂河一站更新改造工程初步设计概算待我办组织初步设计概算核定后批复。

按照《中华人民共和国耕地占用税暂行条例》（中华人民共和国国务院令第511号）和《中华人民共和国耕地占用税暂行条例实施细则》（中华人民共和国财政部、国家税务总局令第49号）的有关规定，请你单位抓紧组织编制该工程《临时耕地占用税计算报告》，按程序报批。

同时，请依据初步设计审定概算，抓紧将初步设计审定概算投资还原测算为2004年第三季度价格水平年投资，并分析说明该工程初步设计审定概算投资与总体可研投资比较的变化情况及原因，按照有关要求提出该工程投资分析报告，以利该工程初步设计概算评审和核定批复工作的开展。

八、请你单位根据审查意见，并结合《南水北调东线一期工程建筑与环境总体方案》进一步优化完善重要枢纽建筑物和工程建设环境设计方案。按照基本建设程序要求，抓紧做好开工前的各项准备工作，待初步设计概算核定批复后抓紧组织开展工程建设。

此复。

附件：南水北调东线一期长江—骆马湖段其他工程皂河一站更新改造工程初步设计报告审查意见（略）

国务院南水北调工程建设委员会办公室

二〇〇九年四月八日

关于南水北调东线一期长江—骆马湖段其他工程泗阳站改建工程初步设计报告（技术方案）的批复

（国调办投计［2009］40号）

南水北调东线江苏水源有限责任公司：

你单位《关于报请审批南水北调东线第一期工程泗洪站等五个设计单元工程初步设计报告的请示》（苏水源计［2008］34号）收悉。我办设计管理中心委托水利部水利水电规划设计总院对《南水北调东线第一期工程泗阳站改建工程初步设计报告》进行了审查，并提交了审查意见（见附件）。经研究，我办基本同意该审查意见。现批复如下：

一、泗阳泵站是南水北调东线一期工程的第4级泵站，该工程与泗阳二站、刘老涧泵站、皂河泵站一起，通过中运河向骆马湖输水175m³/s，与运西徐洪河线共同满足向骆马湖调水275m³/s的目标，并向沿线供水，兼顾灌溉，改善航运。

泗阳泵站改建工程主要建设内容为：拆除泗阳一站，移址新建泗阳泵站；新建变电所、清污机桥、闸下交通桥，拆建公路桥。

二、基本同意泗阳泵站梯级设计流量为230m³/s，其中已建的泗阳二站设计流量为66m³/s，本次拆除泗阳一站后新建的泗阳泵站设计流量为164m³/s。考虑泗阳梯级中的泗阳泵站、泗阳二站共用34m³/s备用流量，本次改建的泗阳泵站总装机流量按198m³/s确定。

基本同意泵站站下进水池处设计水位为10.25m；站上出水池处设计水位16.55m，设计净扬程为6.3m。泵站机组台数为6台，总装机容量为18 900kW。原泗阳一站安装的水泵机组可在中运河泄洪时逆向发电，发电容量为2400kW，新建泗阳泵站的机组仍保留发电功能。

三、基本同意泗阳泵站主要建筑物泵房及防渗范围内的翼墙为1级建筑物，上下游引河堤防为2级，其他次要建筑物为3级；泵站设计洪水标准为100年一遇，校核洪水标准为300年一遇；泵站地震设计烈度为Ⅶ度。

四、基本同意泗阳泵站改建工程总布置。新建泗阳泵站位于原泗阳一站下游引河上，其下游设置清污机桥，泵站上下游引河利用原泗阳一站引河扩挖、疏浚和回填而成。新建泗阳站管理所位于泵站南侧隔堤上，重建节制闸管理所移至现泗阳二站管理所西侧。拆除原泗阳一站。拆除重建上游引河公路桥。利用已建节制闸下游施工交通桥作为永久交通桥。

五、基本同意泗阳泵站改建工程永久占地和临时占地划分的原则和范围。

六、基本同意泗阳泵站改建工程施工总工期为28个月。

七、泗阳泵站改建工程初步设计概算总投资待国务院南水北调办组织初步设计概算核定后批复。

按照《中华人民共和国耕地占用税暂行条例》（中华人民共和国国务院令第511号）和《中华人民共和国耕地占用税暂行条例实施细则》（中华人民共和国财政部、国家税务总局令第49号）的有关规定，请你单位抓紧组织编制该工程《临时耕地占用税计算报告》，按程序报批。

同时，请依据初步设计审定概算，抓紧将初步设计审定概算投资还原测算为2004年第三季度价格水平年投资，并分析说明该工程初步设计审定概算投资与总体可研投资比较的变化情况及原因，按照有关要求提出该工程投资分析报告，以利该工程初步设计概算评审和核定批复工作的开展。

八、请你单位根据审查意见，并结合《南水北调东线一期工程建筑与环境总体方案》进一步优化完善重要枢纽建筑物和工程建设环境设计方案。按照基本建设程序要求，抓紧做好开工前的各项准备工作，待初步设计概算核定批复后抓紧组织开展工程建设。

此复。

附件：南水北调东线一期长江—骆马湖段其他工程泗阳站改建工程初步设计报告审查意见（略）

国务院南水北调工程建设委员会办公室

二〇〇九年四月八日

关于南水北调东线一期长江—骆马湖段其他工程皂河二站工程初步设计报告（技术方案）的批复

（国调办投计［2009］41号）

南水北调东线江苏水源有限责任公司：

你单位《关于报请审批南水北调东线第一期工程泗洪站等五个设计单元工程初步设计报告的请示》（苏水源计［2008］34号）收悉。我办设计管理中心委托水利部水利水电规划设计总院对《南水北调东线第一期工程皂河二站工程初步设计报告》进行了审查，并提交了审查意见（见附件）。经研究，我办基本同意该审查意见。现批复如下：

一、皂河站是南水北调东线一期工程的第6级抽水泵站，该梯级泵站由皂河一站和皂河二站组成，主要任务是与泗阳泵站、刘老涧泵站一起，通过中运河线向骆马湖输水175m³/s，与运西徐洪河线共同满足向骆马湖调水275m³/s的目标，并结合邳洪河和黄墩湖地区排涝。

皂河二站工程主要建设内容为：新建皂河二站泵房、站下清污机桥、公路桥及邳洪河北闸；在皂河一站变电站基础上改建成一、二站共用变电站；疏浚邳洪河河道。

二、基本同意皂河梯级设计流量为175m³/s。基本同意按皂河一站、二站共同备用75m³/s考虑，皂河二站装机流量为75m³/s（共装机3台，单机流量25m³/s），总装机容量为6000kW。

皂河二站泵站站下设计水位为18.3m；站上设计水位为23.0m，设计净扬程为4.7m。

三、基本同意皂河二站主要建筑物泵站站身、进水池、出水池及防渗范围内的翼墙为1级建筑物；其他次要建筑物及邳洪河北闸为3级建筑物，泵站上、下游引河堤防为2级堤防。泵站设计洪水标准为100年一遇，校核洪水标准为300年一遇。泵站地震设计烈度为Ⅷ度。

四、基本同意皂河二站工程总布置。工程由泵房、站下清污机桥、变电所、下游公路桥、邳洪河北闸组成。皂河二站与皂河一站顺水流向中心距330m，泵房在一条轴线上，站上、下游开挖进出引渠连接邳洪河和骆马湖，站下引渠布置清污机桥，站下引渠与邳洪河东堤相交处修建公路桥，站中心线以北布置邳洪河北闸。

五、基本同意皂河二站工程永久占地和临时占地划分的原则和范围。

六、基本同意皂河二站工程施工总工期为30个月。

七、皂河二站改造工程初步设计概算投资待国务院南水北调办组织初步设计概算核定后另行批复。

按照《中华人民共和国耕地占用税暂行条例》（中华人民共和国国务院令第511号）和《中华人民共和国耕地占用税暂行条例实施细则》（中华人民共和国财政部、国家税务总局令第49号）的有关规定，请你单位抓紧组织编制该工程《临时耕地占用税计算报告》，按程序报批。

同时，请依据初步设计审定概算，抓紧将初步设计审定概算投资还原测算为2004年第三季度价格水平年投资，并分析说明该工程初步设计审定概算投资与总体可研投资比较的变化情况及原因，按照有关要求提出该工程投资分析报告，以利该工程初步设计概算评审和核定批复工作的开展。

八、请你单位根据审查意见，并结合《南水北调东线一期工程建筑与环境总体方案》进一步优化完善重要枢纽建筑物和工程建设环境设计方案。按照基本建设程序要求，抓紧做好开工前的各项准备工作，待初步设计概算核定批复后抓紧组织开展工程建设。

此复。

附件：南水北调东线一期长江—骆马湖段其他工程皂河二站工程初步设计报告审查意见（略）

国务院南水北调工程建设委员会办公室
二〇〇九年四月八日

关于南水北调中线一期工程丹江口库区水土保持、环境保护专项初步设计工作的复函

（国调办投计函［2009］43号）

南水北调中线水源有限责任公司：

你公司《关于开展南水北调中线一期工程丹江口库区水土保持、环境保护专项初步设计工作的请示》（中水源移［2009］108号）收悉，经研究，现将有关意见函复如下：

一、根据国务院批复的《南水北调中线一期工程可行性研究总报告》和国务院南水北调工程建设委员会第三次会议确定的南水北调中线一期工程建设目标，丹江口库区水土保持、环境保护专项属你公司负责组织开展的丹江口库区移民安置工程中的专项工作内容，请你公司抓紧组织该项目初步设计阶段的报告编制、报批工作，以利于工程及早开工建设。

二、根据国家招标投标法和相关部委关于工程建设项目勘察设计招标投标的有关规定，以及我办《南水北调工程初步设计管理办法》（国调办投计［2006］60号）和《关于加强南水北调工程勘测设计招投标工作的通知》（国调办投计［2006］4号）的要求，南水北调工程建设项目法人要通过招投标方式选择南水北调工程初步设计承担单位。

据此，请你公司按照国家有关规定和南水北调工程勘测设计工作的相关要求，组织开展丹江口库区水土保持、环境保护专项工程初步设计阶段相关工作，确保初步设计工作质量，以利于丹江口库区移民安置工程的顺利开展。

特此函复。

国务院南水北调工程建设委员会办公室
二〇〇九年八月五日

关于下达南水北调工程2009年第二批投资计划的通知

（国调办投计［2009］46号）

南水北调东线江苏水源有限责任公司、南水北调东线山东干线有限责任公司、南水北调中线干线工程建设管理局：

根据《国家发展改革委关于下达2009年南水北调工程新增中央预算内投资计划的通知》（发改投资［2009］361号），结合南水北调东、中线一期工程建设的实际情况，现下达南水北调工程2009年第二批投资计划43.3亿元，其中中央预算内投资14亿元，中央专项建设基金（南水北调工程基金）2亿元、银行贷款规模27.3亿元，用于东线一期长江至骆马湖段其他工程、南四湖至东平湖段工程和中线一期天津干线工程等工程建设（具体安排情况见附件），有关要求如下：

一、本次下达的中央预算内投资为2009年新增中央投资。各项目法人要按照国家扩大内需、拉动经济增长的部署和要求，严格按照批复的初步设计，科学合理组织工程建设，抓紧落实各项建设任务，在保证工程质量的前提下，切实加快工程建设，形成实物工作量，充分发挥新增中央投资拉动经济的

作用。

二、各项目法人要依据我办核定的初步设计概算严格控制投资，统筹使用好各项建设资金，抓紧做好征地拆迁和移民安置等开工前的各项准备工作，为工程尽早开工建设创造条件，并按要求切实做好新增中央投资和实物工作量完成情况的统计和报送工作。

三、请中线干线工程建设管理局根据天津干线工程建设的实际情况，合理安排天津干线各设计单元工程建设投资，并尽快将各设计单元工程投资安排情况报我办备案。

四、请各项目法人严格遵循国家基本建设程序，按照参建各方的职责，进一步细化落实项目法人责任制、招标投标制、工程监理制、合同管理制，加强项目管理，严格控制投资，并及时报送投资计划执行情况、基建统计和财务报表。

附件：

1. 南水北调工程2009年第二批投资计划汇总表（只发综合部门）（略）

2. 南水北调工程2009年第二批投资计划下达表（分发各下达单位）（略）

国务院南水北调工程建设委员会办公室

二〇〇九年四月二十日

关于南水北调中线一期陶岔渠首枢纽工程初步设计报告（技术方案）的批复

（国调办投计［2009］91号）

水利部淮河水利委员会治淮工程建设管理局：

水利部长江水利委员会长江勘测规划设计研究有限责任公司《关于报送南水北调中线一期陶岔渠首枢纽工程初步设计报告的报告》（院经计［2008］424号）收悉。我办设计管理中心委托水利部水利水电规划设计总院对《南水北调中线一期陶岔渠首枢纽工程初步设计报告》进行了审查，并提交了审查意见（见附件）。经研究，我办基本同意该审查意见。现批复如下：

一、陶岔渠首枢纽工程是南水北调中线输水总干渠的渠首工程，作为南水北调中线工程的组成部分，其开发任务是供水、灌溉，并兼顾发电。

二、基本同意陶岔渠首枢纽工程的设计流量为350m^3/s，加大流量为420m^3/s。电站装机容量为50kW。

丹江口水库正常蓄水位为170m，设计洪水位为172.2m，校核洪水位为174.35m。陶岔渠首闸特征水位可直接采用丹江口水库特征水位。

三、基本同意陶岔渠首枢纽工程主要建筑物引水闸、河床式电站挡水部分以及两岸连接坝段为1级建筑物，上游引渠段及闸下消能建筑物为总干渠输水渠道组成部分按1级建筑物设计，上、下游导墙为1级建筑物，河床式电站副厂房、开关站等次要建筑物为3级建筑物。

基本同意主要建筑物洪水标准为1000年一遇，校核洪水标准为10 000年一遇加20%；引水闸下游消能防冲设计标准为丹江口水库正常蓄水位，引水闸过加大流量420m^3/s。

基本同意本工程抗震设计烈度为Ⅶ度。

四、基本同意陶岔渠首枢纽工程采用建电站方案及工程总布置方案。即陶岔渠首枢纽工程采用原闸线下游70m、挡水采用重力坝的下闸线坝线方案，工程从左至右依次布置左岸挡水坝段、安装场坝段、河床式电站厂房、引水闸和右岸挡水坝段，枢纽上游接引水渠，引水闸后设消力池和连接渠段。

五、基本同意陶岔渠首枢纽工程永久占地和临时占地划分的原则和范围。

六、鉴于南水北调中线一期工程可行性

研究总报告已批复同意电站与枢纽结合建设，从初步设计报告提出的各方案比选情况看，一次建成方案技术经济更为合理，现阶段暂按一次建成方案组织工程建设实施。基本同意陶岔渠首枢纽工程施工总工期为42个月。

七、陶岔渠首枢纽工程初步设计概算投资待国务院南水北调办组织初步设计概算核定后另行批复。

同时，请依据初步设计审定概算，抓紧将初步设计审定概算投资还原测算至2004年第三季度价格水平年投资，并分析说明该工程初步设计审定概算投资与总体可研投资比较的变化情况及原因，提出该工程投资分析报告，以利该工程初步设计概算评审和核定批复工作的开展。

八、请你单位根据审查意见，并结合《南水北调中线干线工程建筑环境规划》进一步优化完善枢纽建筑物和工程建设环境设计方案。按照基本建设程序要求，抓紧做好开工前的各项准备工作，待初步设计概算核定批复后抓紧组织开展工程建设。

此复。

附件：南水北调中线一期陶岔渠首枢纽工程初步设计报告审查意见（略）

国务院南水北调工程建设委员会办公室
二〇〇九年六月一日

关于南水北调东线一期南四湖—东平湖段输水与航运结合工程八里湾泵站工程初步设计报告（技术方案）的批复

（国调办投计［2009］92号）

南水北调东线山东干线有限责任公司：

你单位《关于报送南水北调东线第一期工程南四湖—东平湖段输水与航运结合工程初步设计报告的请示》（鲁调水企财字［2008］16号）和《关于南水北调东线第一期工程南四湖—东平湖段输水与航运结合工程初步设计报告有关审批事宜的请示》（鲁调水企财字［2008］30号）收悉。我办设计管理中心委托水利部水利水电规划设计总院对《南水北调东线第一期南四湖—东平湖段输水与航运结合工程八里湾泵站初步设计报告》进行了审查，提交了审查意见（见附件）。经研究，我办基本同意该审查意见。现批复如下：

一、八里湾泵站工程是南水北调东线一期工程的第13级抽水泵站，主要任务是将柳长河来水抽提入东平湖，与长沟、邓楼泵站共同实现从南四湖上级湖向东平湖送水，满足山东半岛和鲁北地区城市用水的要求，兼顾东平湖新湖区排涝。

二、基本同意八里湾泵站设计流量为100m^3/s。站下设计水位为36.12m，站上设计水位40.9m，设计净扬程为4.78m。泵站机组装机4台（其中1台备用），泵站总装机容量为11 200kW。

三、基本同意八里湾泵站的泵房、前池、进出水池等主要建筑物为1级，次要建筑物为3级。泵站设计洪水标准为100年一遇，校核洪水标准为300年一遇。泵站主要建筑物地震设计烈度采用Ⅶ度。

四、基本同意八里湾泵站工程总布置采用堤身式布置，站身直接挡洪，泵站由进出水池、前池、清污机桥、进出水渠、堤防、站区平台、公路桥等组成。

五、基本同意八里湾泵站工程永久占地和临时占地划分的原则和范围。

六、基本同意八里湾泵站工程施工总工期为30个月。

七、八里湾泵站工程初步设计概算投资待国务院南水北调办组织初步设计概算核定后另行批复。

按照《中华人民共和国耕地占用税暂行条例》（中华人民共和国国务院令第511号）和《中华人民共和国耕地占用税暂行条例实施细则》（中华人民共和国财政部、国家税务总局令第49号）的有关规定，请你单位抓紧组织编制该工程《临时耕地占用税计算报告》，按程序报批。

同时，请依据初步设计审定概算，抓紧将初步设计审定概算还原测算为2004年第三季度价格水平年概算投资，并分析说明该工程初步设计审定概算投资与总体可研投资比较的变化情况及原因，提出该工程投资分析报告，以利该工程初步设计概算评审和核定批复工作的开展。

八、请你单位根据审查意见，并结合《南水北调东线一期工程建筑与环境总体方案》进一步优化完善重要枢纽建筑物和工程建设环境设计方案。按照基本建设程序要求，抓紧做好开工前的各项准备工作，待初步设计概算核定批复后抓紧组织开展工程建设。

此复。

附件：南水北调东线一期南四湖—东平湖段输水与航运结合工程八里湾泵站工程初步设计报告审查意见（略）

国务院南水北调工程建设委员会办公室

二〇〇九年六月一日

关于南水北调东线一期南四湖—东平湖段输水与航运结合工程长沟泵站工程初步设计报告（概算）的批复

（国调办投计［2009］93号）

南水北调东线山东干线有限责任公司：

你公司《关于审批南水北调东线第一期工程南四湖—东平湖段输水与航运结合工程湖内疏浚、长沟泵站、邓楼泵站与灌溉影响工程初步设计报告（修订稿）的请示》（鲁调水企财字［2009］13号）收悉。我办已以《关于南水北调东线一期南四湖—东平湖段输水与航运结合工程长沟泵站工程初步设计报告（技术方案）的批复》（国调办投计［2009］26号）批复该项工程初步设计的技术方案。按照《国家发展改革委办公厅对调整南水北调东中线一期工程初步设计概算核定工作职责分工的意见》（发改办投资［2008］2683号）的有关意见，我办委托南水北调工程设计管理中心组织对该项工程初步设计概算进行了评审并提出了评审意见。经研究，我办原则同意南水北调工程设计管理中心提出的初步设计概算评审意见。现批复如下：

一、该工程技术方案按照《关于南水北调东线一期南四湖—东平湖段输水与航运结合工程长沟泵站工程初步设计报告（技术方案）的批复》（国调办投计［2009］26号）批复的意见执行。

二、按照2008年第四季度价格水平，核定该工程初步设计概算总投资27 452万元。其中，静态总投资27 050万元；根据国务院批复的南水北调工程筹资方案和工程投资计划安排的实际情况，贷款比例暂按17%、贷款利率按5.31%计列，建设期贷款利息按402万元暂列。

在工程建设过程中，建设期贷款利息根据南水北调工程投资静态控制和动态管理有关规定执行。

该工程初步设计核定概算详见《南水北调东线一期南四湖—东平湖段输水与航运结合工程长沟泵站工程初步设计概算核定表》。

三、该工程临时占地耕地占用税，由我办按审查审批程序另行批复。

四、请你公司根据批复的初步设计，严格按照基本建设程序和南水北调工程投资

"静态控制、动态管理"有关规定，以及项目法人责任制、招标投标制、建设监理制、合同管理制的要求，加强工程建设管理，确保工程质量，按期完成工程建设任务。

特此批复。

附件：南水北调东线一期南四湖—东平湖段输水与航运结合工程长沟泵站工程初步设计概算核定表（略）

国务院南水北调工程建设委员会办公室

二〇〇九年六月二日

关于南水北调东线一期南四湖—东平湖段输水与航运结合工程引黄灌区灌溉影响处理工程初步设计报告（概算）的批复

（国调办投计［2009］105号）

南水北调东线山东干线有限责任公司：

你公司《关于审批南水北调东线第一期工程南四湖—东平湖段输水与航运结合工程湖内疏浚、长沟泵站、邓楼泵站与灌溉影响工程初步设计报告（修订稿）的请示》（鲁调水企财字［2009］13号）收悉。我办已以《关于南水北调东线一期南四湖—东平湖段输水与航运结合工程引黄灌区灌溉影响处理初步设计报告（技术方案）的批复》（国调办投计［2009］24号）批复该项工程初步设计的技术方案。按照《国家发展改革委办公厅对调整南水北调东中线一期工程初步设计概算核定工作职责分工的意见》（发改办投资［2008］2683号）的有关意见，我办委托南水北调工程设计管理中心组织对该项工程初步设计概算进行了评审并提交了概算评审意见。经研究，我办原则同意南水北调工程设计管理中心提交的初步设计概算评审意见。现批复如下：

一、该工程技术方案和建设管理要求，按照《关于南水北调东线一期南四湖—东平湖段输水与航运结合工程引黄灌区灌溉影响处理初步设计报告（技术方案）的批复》（国调办投计［2009］24号）批复的意见执行。

关于生产桥的建设，请你单位根据初步设计技术方案批复意见，下阶段进一步优化设计方案，妥善处理生产桥建设标准和单位平方米造价。

二、按照2008年第四季度价格水平，核定该工程初步设计概算总投资18 659万元。其中，静态总投资18 575万元；根据国务院批复的南水北调工程筹资方案和工程投资计划安排的实际情况，贷款比例暂按17%、贷款利率按5.31%计列，建设期贷款利息按84万元暂列。

在工程建设过程中，建设期贷款利息根据南水北调工程投资静态控制和动态管理有关规定执行。

该工程初步设计核定概算详见《南水北调东线一期南四湖—东平湖段输水与航运结合工程引黄灌区灌溉影响处理工程初步设计概算核定表》。

三、该工程临时占地耕地占用税，由我办按审查审批程序另行批复。

四、请你公司根据批复的初步设计，严格按照基本建设程序和南水北调工程投资"静态控制、动态管理"有关规定，以及项目法人责任制、招标投标制、建设监理制、合同管理制的要求，加强工程建设管理，确保工程质量，按期完成工程建设任务。

特此批复。

附件：南水北调东线一期南四湖—东平湖段输水与航运结合工程引黄灌区灌溉影响处理工程初步设计概算核定表（略）

国务院南水北调工程建设委员会办公室

二〇〇九年六月十六日

关于南水北调东线一期南四湖—东平湖段输水与航运结合工程邓楼泵站工程初步设计报告（概算）的批复

（国调办投计［2009］106号）

南水北调东线山东干线有限责任公司：

你公司《关于审批南水北调东线第一期工程南四湖—东平湖段输水与航运结合工程湖内疏浚、长沟泵站、邓楼泵站与灌溉影响工程初步设计报告(修订稿)的请示》(鲁调水企财字[2009]13号)收悉。我办已以《关于南水北调东线一期南四湖—东平湖段输水与航运结合工程邓楼泵站工程初步设计报告(技术方案)的批复》(国调办投计[2009]27号)批复该项工程初步设计的技术方案。按照《国家发展改革委办公厅对调整南水北调东中线一期工程初步设计概算核定工作职责分工的意见》(发改办投资[2008]2683号)的有关意见，我办委托南水北调工程设计管理中心组织对该项工程初步设计概算进行了评审并提交了概算评审意见。经研究，我办原则同意南水北调工程设计管理中心提交的初步设计概算评审意见。现批复如下：

一、该工程技术方案和建设管理要求，按《关于南水北调东线一期南四湖—东平湖段输水与航运结合工程邓楼泵站工程初步设计报告（技术方案）的批复》（国调办投计［2009］27号）批复的意见执行。

二、按照2008年第四季度价格水平，核定该工程初步设计概算总投资25 575万元。其中，静态总投资25 201万元；根据国务院批复的南水北调工程筹资方案和工程投资计划安排的实际情况，贷款比例暂按17%、贷款利率按5.31%计列，建设期贷款利息按374万元暂列。

在工程建设过程中，建设期贷款利息根据南水北调工程投资静态控制和动态管理有关规定执行。

该工程初步设计核定概算详见《南水北调东线一期南四湖—东平湖段输水与航运结合工程邓楼泵站工程初步设计概算核定表》。

三、该工程临时占地耕地占用税，由我办按审查审批程序另行批复。

四、请你公司根据批复的初步设计，严格按照基本建设程序和南水北调工程投资“静态控制、动态管理”有关规定，以及项目法人责任制、招标投标制、建设监理制、合同管理制的要求，加强工程建设管理，确保工程质量，按期完成工程建设任务。

特此批复。

附件：南水北调东线一期南四湖—东平湖段输水与航运结合工程邓楼泵站工程初步设计概算核定表（略）

国务院南水北调工程建设委员会办公室

二〇〇九年六月十六日

关于南水北调中线一期天津干线工程西黑山进口闸—有压箱涵段工程初步设计报告（概算）的批复

（国调办投计［2009］107号）

南水北调中线干线工程建设管理局：

你局《关于上报南水北调中线一期工程天津干线西黑山进口—有压箱涵段、保定市1段、保定市2段、廊坊市段等设计单元初步设计报告的请示》（中线局技［2008］37号）收悉。我办已以《关于南水北调中线一期天津干线工程西黑山进口闸—有压箱涵段、保定市1段、保定市2段、廊坊市段工程初步设计报告（技术方案）的批复》（国调办投计［2009］28号）批复该项工程初步设计的技术方案。按照《国家发展改革委办公厅对调整南水北调东中线一期工程初步设计概算核定工作职责分工的意见》（发改办投资［2008］2683号）的有关意见，我办委托南水北调工程设计管理中心组织对该项工程初步设计概算进行了评审并提出了评审意见。经研究，我办原则同意南水北调工程设计管理中心提出的南水北调中线一期天津干线工程西黑山进口—有压箱涵段工程初步设计概算评审意见。现批复如下：

一、该工程技术方案按《关于南水北调中线一期天津干线工程西黑山进口闸—有压箱涵段、保定市1段、保定市2段、廊坊市段工程初步设计报告（技术方案）的批复》（国调办投计［2009］28号）的批复意见执行。

二、按照2008年第四季度价格水平，核定该工程初步设计概算总投资74 396万元。其中，静态总投资72 311万元；建设期贷款利息暂按2085万元计列（根据国务院批复的南水北调工程筹资方案和工程投资计划安排的实际情况，贷款比例暂按23%、贷款利率按5.31%计列）。

在工程建设过程中，建设期贷款利息按照南水北调工程投资静态控制和动态管理有关规定执行。

该工程初步设计核定概算详见《南水北调中线一期天津干线工程西黑山进口闸—有压箱涵段工程初步设计概算核定表》。

三、该工程电力设施迁建投资和临时占地耕地占用税，由我办按审查审批程序另行批复。

关于该工程水泥运距调整问题，请你局在下阶段研究组织处理。

四、请你局根据批复的初步设计，严格按照基本建设程序和南水北调工程投资“静态控制、动态管理”有关规定，以及项目法人责任制、招标投标制、建设监理制、合同管理制的要求，加强工程建设管理，确保工程质量，按期完成工程建设任务。

特此批复。

附件：南水北调中线一期天津干线工程西黑山进口闸—有压箱涵段工程初步设计概算核定表（略）

国务院南水北调工程建设委员会办公室
二〇〇九年六月十六日

关于南水北调中线一期天津干线工程廊坊市段工程初步设计报告（概算）的批复

（国调办投计［2009］108号）

南水北调中线干线工程建设管理局：

你局《关于上报南水北调中线一期工程天津干线西黑山进口—有压箱涵段、保定市1段、保定市2段、廊坊市段等设计单元初步设计报告的请示》（中线局技［2008］37号）收悉。我办已以《关于南水北调中线一期天津干线工程西黑山进口闸—有压箱涵段、保定市1段、保定市2段、廊坊市段工程初步设计报告（技术方案）的批复》（国调办投计［2009］28号）批复该项工程初步设计的技术方案。按照《国家发展改革委办公厅对调整南水北调东中线一期工程初步设计概算核定工作职责分工的意见》（发改办投资［2008］2683号）的有关意见，我办委托南水北调工程设计管理中心组织对该项工程初步设计概算进行了评审并提出了评审意见。经研究，我办原则同意南水北调工程设计管理中心提出的南水北调中线一期天津干线工程廊坊市段工程初步设计概算评审意见。现批复如下：

一、该工程技术方案按照《关于南水北调中线一期天津干线工程西黑山进口闸—有压箱涵段、保定市1段、保定市2段、廊坊市段工程初步设计报告（技术方案）的批复》（国调办投计［2009］28号）的批复意见执行。

二、按照2008年第四季度价格水平，核定该工程初步设计概算总投资331 761万元。其中，静态总投资322 972万元；建设期贷款利息暂按8789万元计列（根据国务院批复的南水北调工程筹资方案和工程投资计划安排的实际情况，贷款比例暂按23%、贷款利率按5.31%计列）。

在工程建设过程中，你局要进一步优化设计，加强管理，建设期贷款利息按照南水北调工程投资静态控制和动态管理有关规定执行。

该工程初步设计核定概算详见《南水北调中线一期天津干线工程廊坊市段工程初步设计概算核定表》。

三、该工程电力设施迁建投资和临时占地耕地占用税，由我办按审查审批程序另行批复。

关于该工程水泥运距调整问题，请你局在下阶段研究组织处理。

四、请你局根据批复的初步设计，严格按照基本建设程序和南水北调工程投资“静态控制、动态管理”有关规定，以及项目法人责任制、招标投标制、建设监理制、合同管理制的要求，加强工程建设管理，确保工程质量，按期完成工程建设任务。

特此批复。

附件：南水北调中线一期天津干线工程廊坊市段工程初步设计概算核定表（略）

国务院南水北调工程建设委员会办公室

二〇〇九年六月十六日

关于南水北调中线一期天津干线工程保定市2段工程初步设计报告（概算）的批复

（国调办投计［2009］109号）

南水北调中线干线工程建设管理局：

你局《关于上报南水北调中线一期工程天津干线西黑山进口—有压箱涵段、保定市1段、保定市2段、廊坊市段等设计单元初步设计报告的请示》（中线局技［2008］37号）收悉。我办已以《关于南水北调中线一期天津干线工程西黑山进口闸—有压箱涵段、保定市1段、保定市2段、廊坊市段工程初步设计报告（技术方案）的批复》（国调办投计［2009］28号）批复该项工程初步设计的技术方案。按照《国家发展改革委办公厅对调整南水北调东中线一期工程初步设计概算核定工作职责分工的意见》（发改办投资［2008］2683号）的有关意见，我办委托南水北调工程设计管理中心组织对该项工程初步设计概算进行了评审并提出了评审意见。经研究，我办原则同意南水北调工程设计管理中心提出的南水北调中线一期天津干线工程保定市2段工程初步设计概算评审意见。现批复如下：

一、该工程技术方案按照《关于南水北调中线一期天津干线工程西黑山进口闸—有压箱涵段、保定市1段、保定市2段、廊坊市段工程初步设计报告（技术方案）的批复》（国调办投计［2009］28号）的批复意见执行。

二、按照2008年第四季度价格水平，核定该工程初步设计概算总投资81 331万元。其中，静态总投资80 156万元；建设期贷款利息暂按1175万元计列（根据国务院批复的南水北调工程筹资方案和工程投资计划安排的实际情况，贷款比例暂按23%、贷款利率按5.31%计列）。

在工程建设过程中，建设期贷款利息按照南水北调工程投资静态控制和动态管理有关规定执行。

该工程初步设计核定概算详见《南水北调中线一期天津干线工程保定市2段工程初步设计概算核定表》。

三、该工程电力设施迁建投资和临时占

地耕地占用税，由我办按审查审批程序另行批复。

关于该工程水泥运距调整问题，请你局在下阶段研究组织处理。

四、请你局根据批复的初步设计，严格按照基本建设程序和南水北调工程投资“静态控制、动态管理”有关规定，以及项目法人责任制、招标投标制、建设监理制、合同管理制的要求，加强工程建设管理，确保工程质量，按期完成工程建设任务。

特此批复。

附件：南水北调中线一期天津干线工程保定市2段工程初步设计概算核定表（略）

国务院南水北调工程建设委员会办公室

二〇〇九年六月十六日

关于南水北调中线一期天津干线工程保定市1段工程初步设计报告（概算）的批复

（国调办投计［2009］110号）

南水北调中线干线工程建设管理局：

你局《关于上报南水北调中线一期工程天津干线西黑山进口—有压箱涵段、保定市1段、保定市2段、廊坊市段等设计单元初步设计报告的请示》（中线局技［2008］37号）收悉。我办已以《关于南水北调中线一期天津干线工程西黑山进口闸—有压箱涵段、保定市1段、保定市2段、廊坊市段工程初步设计报告（技术方案）的批复》（国调办投计［2009］28号）批复该项工程初步设计的技术方案。按照《国家发展改革委办公厅对调整南水北调东中线一期工程初步设计概算核定工作职责分工的意见》（发改办投资［2008］2683号）的有关意见，我办委托南水北调工程设计管理中心组织对该项工程初步设计概算进行了评审并提出了评审意见。经研究，我办原则同意南水北调工程设计管理中心提出的南水北调中线一期天津干线工程保定市1段工程初步设计概算评审意见。现批复如下：

一、该工程技术方案按照《关于南水北调中线一期天津干线工程西黑山进口闸—有压箱涵段、保定市1段、保定市2段、廊坊市段工程初步设计报告（技术方案）的批复》（国调办投计［2009］28号）的批复意见执行。

二、按照2008年第四季度价格水平，核定该工程初步设计概算总投资258 375万元。其中，静态总投资252 002万元；建设期贷款利息暂按6373万元计列（根据国务院批复的南水北调工程筹资方案和工程投资计划安排的实际情况，贷款比例暂按23%、贷款利率按5.31%计列）。

在工程建设过程中，你局要进一步优化设计，加强管理，建设期贷款利息按照南水北调工程投资静态控制和动态管理有关规定执行。

该工程初步设计核定概算详见《南水北调中线一期天津干线工程保定市1段工程初步设计概算核定表》。

三、该工程电力设施迁建投资和临时占地耕地占用税，由我办按审查审批程序另行批复。

关于该工程水泥运距调整问题，请你局在下阶段研究组织处理。

四、请你局根据批复的初步设计，严格按照基本建设程序和南水北调工程投资“静态控制、动态管理”有关规定，以及项目法人责任制、招标投标制、建设监理制、合同管理制的要求，加强工程建设管理，确保工程质量，按期完成工程建设任务。

特此批复。

附件：南水北调中线一期天津干线工程

保定市1段工程初步设计概算核定表（略）

国务院南水北调工程建设委员会办公室
二〇〇九年六月十六日

关于南水北调中线一期工程总干渠漳河北—古运河南邢石界—古运河南渠段工程初步设计报告(技术方案)的批复

（国调办投计［2009］111号）

南水北调中线干线工程建设管理局：

按照国务院南水北调办与水利部联合印发的《关于南水北调东、中线一期工程初步设计审批有关工作的通知》(综投计［2008］83号）文件精神，水利部水利水电规划设计总院对你局分别以中线局技［2006］27号和40号文上报水利部的《南水北调中线一期工程总干渠河北省石家庄市区段初步设计报告》、《南水北调中线一期工程总干渠河北省邢石段（高邑至鹿泉市段）初步设计报告》进行了审查，并对你局根据初审意见修改完善后的《南水北调中线一期工程总干渠邢石界—古运河南渠段初步设计报告》进行了复核，向我办提交了审查意见（见附件）。经研究，我办基本同意该审查意见。现批复如下：

一、南水北调中线一期邢石界—古运河南渠段（以下简称“邢石段”）工程起点为邢台与石家庄市交界的梁村，终点为古运河暗渠进口（京石段起点），全长65.793km。本渠段是南水北调中线一期工程的组成部分，担负向邢台以北地区的供水任务，其供水范围为河北省的高邑、赞皇、元氏、赵县、栾城、窦妪工业区、石家庄、鹿泉等县市。

二、基本同意邢石段工程的设计流量和加大流量分别为220m³/s和240m³/s。本渠段起点邢石界设计水位为80.649m，终点古运河暗渠进口断面设计水位为76.408m。

基本同意本渠段设置分水口门6处，泲河、北马（泵）、赵同、万年、上庄、南新城（泵）分水口门设计流量分别为1、0.5、3.0、2.0、5.0、1.5m³/s。

三、基本同意邢石段总干渠渠道、各类交叉建筑物和控制工程等主要建筑物为1级建筑物，河道护岸工程、河穿渠工程的上下游连接段及石家庄市南泄洪渠等次要建筑物为3级建筑物，临时建筑物为4～5级建筑物。

同意总干渠河渠交叉断面以上集流面积大于等于20km²的河渠交叉建筑物设计洪水标准为100年一遇，校核洪水标准为300年一遇；集流面积小于20km²的左岸排水建筑物设计洪水标准为50年一遇，校核洪水标准为200年一遇；总干渠各渠段的防洪标准和与其相连接的各类河渠交叉、左岸排水建筑物的洪水标准相同；石家庄市南泄洪渠洪水标准维持现状按设计洪水标准为10年一遇。

四、基本同意本阶段设计选定的邢石段线路和工程总体布置。本渠段起点位于邢台市与石家庄市交界附近，坐标为X=4 161 189.176，Y=38 544 507.673，终点位于石家庄市西郊田家庄村西古运河枢纽进口，坐标为X=4 219 268.828，Y=38 536 966.390，渠线总长65.793km，其中渠道长60.710km，建筑物长5.083km。各类交叉建筑物98座，其中大型河渠交叉建筑物9座、暗渠1座、左岸排水建筑物19座、渠渠交叉建筑物11座、公路交叉建筑物44座、铁路交叉建筑物2座、分水闸6座、退水闸2座、排冰闸2座、节制闸2座。

五、基本同意邢石段工程永久占地和临时占地划分的原则和范围。

六、基本同意邢石段工程施工总工期为30个月。

七、邢石段工程初步设计概算投资待国务院南水北调办组织初步设计概算核定后另行批复。

请依据初步设计审定概算，抓紧将初步设计审定概算投资还原测算至2004年第三季度价格水平年投资，并分析说明该工程初步设计审定概算投资与总体可研投资比较的变化情况及原因，提出该工程投资分析报告，以利该工程初步设计概算评审和核定批复工作的开展。

八、邢石段工程电力设施复建规划方案根据国务院南水北调办有关规定另行报批。

九、请你局根据审查意见，进一步优化和完善设计方案，并结合国务院南水北调办《关于南水北调中线工程建筑环境规划报告有关意见的函》（综投计函［2008］179号）的相关要求，将建筑环境规划报告的有关成果落实到各设计单元工程设计方案中。按照基本建设程序要求，抓紧做好开工前的各项准备工作，待初步设计概算核定批复后抓紧组织开展工程建设。

此复。

附件：南水北调中线一期工程总干渠漳河北—古运河南邢石界—古运河南渠段工程初步设计报告审查意见（略）

国务院南水北调工程建设委员会办公室

二〇〇九年六月十六日

关于南水北调中线一期工程总干渠沙河南—黄河南段北汝河渠道倒虹吸工程初步设计报告（技术方案）的批复

（国调办投计［2009］112号）

南水北调中线干线工程建设管理局：

你局《关于上报南水北调中线一期工程总干渠沙河南—黄河南沙河渡槽段工程、北汝河渠道倒虹吸段工程初步设计报告的请示》（中线局技［2009］2号）收悉。我办设计管理中心委托水利部水利水电规划设计总院对《南水北调中线一期工程总干渠沙河南—黄河南北汝河渠道倒虹吸段工程初步设计报告》进行了审查，并提交了审查意见（见附件）。经研究，我办基本同意该审查意见。现批复如下：

一、南水北调中线一期工程总干渠沙河南—黄河南段北汝河渠道倒虹吸工程位于河南省宝丰县东北大边庄与郏县渣园乡朱庄村之间的北汝河上，是南水北调中线一期工程的组成部分，担负向北汝河以北地区的供水任务。

二、基本同意本渠段设计流量为315m^3/s，加大流量为375m^3/s。北汝河渠道倒虹吸段工程起点断面设计水位为128.761m，终点设计水位为128.254m，其中建筑物分配水头0.5m。

三、基本同意北汝河渠道倒虹吸交叉建筑物管身段、进口检修闸、出口节制闸、退水闸控制段、进出口裹头及连接渠道等主要建筑物为1级建筑物，退水闸泄槽、消能工、退水渠以及河道护岸工程等次要建筑物为3级建筑物，临时建筑物为4级建筑物。

基本同意北汝河渠道倒虹吸交叉建筑物设计洪水标准为100年一遇，校核洪水标准为300年一遇。

四、基本同意北汝河渠道倒虹吸工程轴线位置选择，总干渠穿越北汝河采用倒虹吸型式，口门宽度采用950m。

基本同意北汝河倒虹吸工程由进口连接明渠、退水闸、进口渐变段、进口检修闸、管身段、出口节制闸、出口渐变段和出口连接明渠组成的工程总体布置。工程起点坐标为$X=3\ 758\ 657.120$，$Y=511\ 885.901$，终点坐标为$X=3\ 760\ 030.493$，$Y=512\ 442.832$，线路总长度为1482m，其中渠道倒虹吸总长1282m、明渠长200m。退水闸位于进口连接段渠道右岸渠堤上，与总干渠轴线交角为50°。

五、基本同意北汝河渠道倒虹吸工程永久占地和临时占地划分的原则和范围。

六、基本同意北汝河渠道倒虹吸工程施工总工期为37个月。

七、北汝河渠道倒虹吸工程初步设计概算投资待国务院南水北调办组织初步设计概算核定后另行批复。

同时，请依据初步设计审定概算，抓紧将初步设计审定概算投资还原测算至2004年第三季度价格水平年投资，并分析说明该工程初步设计审定概算投资与总体可研投资比较的变化情况及原因，提出该工程投资分析报告，以利该工程初步设计概算评审和核定批复工作的开展。

八、请你局根据审查意见，进一步优化和完善设计方案，并结合国务院南水北调办《关于南水北调中线工程建筑环境规划报告有关意见的函》（综投计函［2008］179号）的相关要求，将建筑环境规划报告的有关成果落实到工程设计方案中。按照基本建设程序要求，抓紧做好开工前的各项准备工作，待初步设计概算核定批复后抓紧组织开展工程建设。

此复。

附件：南水北调中线一期工程总干渠沙河南—黄河南段北汝河渠道倒虹吸工程初步设计报告审查意见（略）

国务院南水北调工程建设委员会办公室

二〇〇九年六月十六日

关于南水北调中线一期工程总干渠漳河北—古运河南邯邢段工程初步设计报告（技术方案）的批复

（国调办投计［2009］113号）

南水北调中线干线工程建设管理局：

按照国务院南水北调办与水利部联合印发的《关于南水北调东、中线一期工程初步设计审批有关工作的通知》（综投计［2008］83号）文件精神，水利部水利水电规划设计总院对你局以中线局技［2006］40号上报水利部的《南水北调中线一期工程总干渠河北省邯邢段初步设计报告》进行了审查，并向我办提交了审查意见（见附件）。经研究，我办基本同意该审查意见。现批复如下：

一、南水北调中线一期漳河北—古运河南邯邢段工程起点为漳河北岸河北邯郸市讲武城，终点为邢台与石家庄市交界的梁村，全长为172.751km。本渠段是南水北调中线一期工程的组成部分，担负向漳河以北地区的输供水任务。

二、基本同意漳河北—郭河口门以上渠段设计流量和加大流量分别为235m³/s和265m³/s，郭河口门以下—南大郭口门以上渠段分别为230m³/s和250m³/s，南大郭口门以下—邢石界渠段的设计流量和加大流量分别为220m³/s和240m³/s。本渠段起点漳河北设计水位为91.870m，终点断面设计水位为80.649m。

基本同意本渠段设置分水口门12处，于家店、白村、下庄、郭河、三陵、吴庄、赞善、邓家庄、南大郭、刘家庄、北盘石、黑沙村各分水口门设计流量分别为2、6、5、8、0.5、2、10、2、8、1、0.5、2m³/s。

基本同意在不影响总干渠规模和北京市、天津市供水的条件下，增设民有南干渠临时应急分水口门，利用现有河渠工程向河北东部地区临时应急供水，待配套工程完善后，封堵临时口门，保证中线一期工程受水区正常供水。基本同意民有南干渠设置的临时分水口门设计流量为70m³/s。

三、基本同意邯邢段总干渠渠道、各类交叉建筑物和控制工程等主要建筑物为1级建筑物，河道护岸工程及河穿渠工程上、下游连接段等次要建筑物为3级建筑物，临时建筑物为4~5级建筑物。

基本同意总干渠河渠交叉断面以上集流面积大于等于20km^{2}的河渠交叉建筑物设计洪水标准为100年一遇，校核洪水标准为300年一遇；集流面积小于20km^{2}的左岸排水建筑物设计洪水标准为50年一遇，校核洪水标准为200年一遇；总干渠各渠段的防洪标准和与其相连接的各类河渠交叉、左岸排水建筑物的洪水标准相同。

基本同意本工程段主要建筑物以其所在场地地震基本烈度作为抗震设计烈度。

四、基本同意本阶段设计选定的邯邢段线路和工程总体布置。本工程起点位于冀豫交界处的穿漳河建筑物北端，坐标为 $X=4\ 013\ 560.000$、$Y=114\ 528\ 700.000$（1度带坐标，下同），终点位于邢台市与石家庄市交界的梁村，坐标为 $X=4\ 161\ 189.176$、$Y=114\ 544\ 507.673$。线路总长172.751km，其中渠道长162.107km（土质渠道147.114km，石质渠道14.993km），建筑物长10.644km。各类交叉建筑物256座，其中大型河渠交叉建筑物20座，左岸排水建筑物73座，渠渠交叉建筑物8座，控制建筑物40座，公路交叉建筑物109座，铁路交叉建筑物6座。

五、基本同意邯邢段工程永久占地和临时占地划分的原则和范围。

六、基本同意邯邢段工程施工总工期为36个月。

七、邯邢段工程初步设计概算投资待国务院南水北调办组织初步设计概算核定后另行批复。

请依据初步设计审定概算，抓紧将初步设计审定概算投资还原测算至2004年第三季度价格水平年投资，并分析说明该工程初步设计审定概算投资与总体可研投资比较的变化情况及原因，提出该工程投资分析报告，以利该工程初步设计概算评审和核定批复工作的开展。

八、邯邢段工程电力设施复建规划方案根据国务院南水北调办有关规定另行报批。

九、请你局根据审查意见，进一步优化和完善设计方案，并结合国务院南水北调办《关于南水北调中线工程建筑环境规划报告有关意见的函》（综投计函［2008］179号）的相关要求，将建筑环境规划报告的有关成果落实到各设计单元工程设计方案中。按照基本建设程序要求，抓紧做好开工前的各项准备工作，待初步设计概算核定批复后抓紧组织开展工程建设。

此复。

附件：南水北调中线一期工程总干渠漳河北—古运河南邯邢段工程初步设计报告审查意见（略）

国务院南水北调工程建设委员会办公室
二〇〇九年六月十六日

关于南水北调中线一期工程总干渠沙河南—黄河南郑州2段工程初步设计报告（技术方案）的批复

（国调办投计［2009］114号）

南水北调中线干线工程建设管理局：

你局《关于上报南水北调中线一期工程总干渠沙河南—黄河南郑州2段初步设计报告的请示》（中线局技［2008］52号）收悉。我办设计管理中心委托水利部水利水电规划设计总院对你局随文报送的初步设计报告进行了审查，并提交了审查意见（见附件）。经研究，我办基本同意该审查意见。现批复如下：

一、南水北调中线一期工程总干渠沙河南—黄河南郑州2段工程起点为中牟与郑州市交界处，终点为郑州市贾鲁河南岸。本渠段是南水北调中线一期工程的组成部分，担负向郑州市及以北地区的输供水任务。

二、基本同意郑州2段工程起点—密垌

分水口设计流量为 295m³/s，加大流量为 355m³/s；密垌—终点设计流量为 285m³/s，加大流量为 345m³/s。基本同意本渠段设置刘湾、密垌两座分水口门，设计流量分别为 5m³/s 和 6m³/s。本渠段起点断面设计水位为 121.145m，终点设计水位为 119.775m。

三、基本同意郑州 2 段工程总干渠渠道、各类交叉建筑物和控制工程等主要建筑物为 1 级建筑物，附属建筑物、河道护岸工程等次要建筑物为 3 级建筑物，临时建筑物为 4～5 级建筑物。

基本同意总干渠河渠交叉断面以上集流面积大于 20km² 的河渠交叉建筑物设计洪水标准为 100 年一遇，校核洪水标准为 300 年一遇；集流面积小于 20km² 的左岸排水建筑物设计洪水标准为 50 年一遇，校核洪水标准为 200 年一遇；总干渠和河渠交叉及左岸排水建筑物连接段的洪水标准与相应建筑物的洪水标准相同。

基本同意郑州 2 段工程主要建筑物抗震设计烈度为Ⅶ度。

四、基本同意郑州 2 段工程线路与工程总布置。本渠段起点位于中牟与郑州市交界处，坐标为 $X = 3\ 832\ 416.755$，$Y = 477\ 679.662$，终点位于郑州市西郊贾鲁河南，坐标为 $X = 3\ 845\ 385.377$、$Y = 460\ 876.463$。线路全长 21.961km，其中明渠长 20.515km、建筑物长 1.446km。各类交叉和控制建筑物共 34 座，其中河渠交叉建筑物 4 座、左岸排水建筑物 6 座、分水口门 2 座、节制闸 2 座、退水闸 1 座、公路交叉建筑物 19 座。

五、基本同意郑州 2 段工程永久占地和临时占地划分的原则和范围。

六、基本同意郑州 2 段工程施工总工期为 31 个月。

七、郑州 2 段工程初步设计概算投资待国务院南水北调办组织初步设计概算核定后另行批复。

同时，请依据初步设计审定概算，抓紧将初步设计审定概算投资还原测算至 2004 年第三季度价格水平年投资，并分析说明该工程初步设计审定概算投资与总体可研投资比较的变化情况及原因，提出该工程投资分析报告，以利该工程初步设计概算评审和核定批复工作的开展。

八、该段工程路渠交叉建筑物交通桥、生产桥设计内容以及电力设施复建规划方案根据国务院南水北调办有关规定另行报批。

九、请你局根据审查意见，进一步优化和完善设计方案，并结合国务院南水北调办《关于南水北调中线工程建筑环境规划报告有关意见的函》（综投计函［2008］179 号）的相关要求，将建筑环境规划报告的有关成果落实到各设计单元工程设计方案中。按照基本建设程序要求，抓紧做好开工前的各项准备工作，待初步设计概算核定批复后抓紧组织开展工程建设。

此复。

附件：南水北调中线一期工程总干渠沙河南—黄河南郑州 2 段工程初步设计报告审查意见（略）

国务院南水北调工程建设委员会办公室
二〇〇九年六月十六日

关于下达南水北调工程 2009 年第三批投资计划的通知

（国调办投计［2009］119 号）

南水北调中线干线工程建设管理局、淮河水利委员会治淮工程建设管理局：

根据《国家发展改革委关于下达 2009 年南水北调工程新增中央预算内投资计划的通知》（发改投资［2009］361 号），结合南水北调中线一期工程建设的实际情况，现下达南水北调工程 2009 年第三批投资计划 51 亿元，其中中央预算内投资10亿元，中央专项建设基金（南水北调工程基金）2.5亿元、银行贷款规模38.5亿元，用于中线一期漳河北—古运河南段工程、沙河南至黄河南段工程、陶岔渠首枢纽工程等工程建设（具体安排情况见附件），有关要求如下：

一、本次下达的中央预算内投资为2009年新增中央投资。各有关单位要按照国家扩大内需、拉动经济增长的部署和要求，严格按照批复的初步设计，科学合理组织工程建设，抓紧落实各项建设任务，在保证工程质量的前提下，切实加快工程建设，形成实物工作量，充分发挥新增中央投资拉动经济的作用。

二、各有关单位要依据我办核定的初步设计概算严格控制投资，统筹使用好各项建设资金，抓紧做好征地拆迁和移民安置等开工前的各项准备工作，为工程尽早开工建设创造条件，确保各项工程按照扩大内需中央投资项目管理的考核目标和工作要求开工建设，并按要求切实做好新增中央投资和实物工作量完成情况的统计和报送工作。

三、请南水北调中线干线工程建设管理局根据漳河北—古运河南段工程、沙河南—黄河南段工程初步设计批复和工程建设的实际情况，合理安排所辖各设计单元工程建设投资，并尽快将项目已下达的工程建设投资计划和初步设计工作投资计划按设计单元工程分解情况报我办核备。

四、请各有关单位严格遵循国家基本建设程序，按照参建各方的职责，进一步细化落实项目法人责任制、招标投标制、工程监理制、合同管理制，加强项目管理，严格控制投资，并及时报送投资计划执行情况、基建统计和财务报表。

附件：

1. 南水北调工程2009年第三批投资计划汇总表（只发综合部门）（略）

2. 南水北调工程2009年第三批投资计划下达表（分发各下达单位）（略）

国务院南水北调工程建设委员会办公室
二〇〇九年六月二十三日

关于南水北调东线一期长江—骆马湖段其他工程皂河二站工程初步设计报告（概算）的批复

（国调办投计［2009］129号）

南水北调东线江苏水源有限责任公司：

你公司《关于报请审批南水北调东线第一期工程泗洪站等五个设计单元工程初步设计报告的请示》（苏水源计［2008］34号）收悉。我办已以《关于南水北调东线一期长江—骆马湖段其他工程皂河二站工程初步设计报告（技术方案）的批复》（国调办投计［2009］41号）批复该项工程初步设计的技术方案。按照《国家发展改革委办公厅对调整南水北调东中线一期工程初步设计概算核定工作职责分工的意见》（发改办投资［2008］2683号）的有关意见，我办委托南水北调工程设计管理中心组织对该项工程初步设计概算进行了评审并提出了评审意见。经研究，我办原则同意南水北调工程设计管理中心提出的南水北调东线一期长江—骆马湖段其他工程皂河二站工程初步设计概算评审意见。现批复如下：

一、该工程技术方案按照《关于南水北调东线一期长江—骆马湖段其他工程皂河二站工程初步设计报告（技术方案）的批复》（国调办投计［2009］41号）批复的意见执行。

二、按照2008年第四季度价格水平，核定该工程初步设计概算总投资27 316万元。其中，静态总投资26 474万元；建设期贷款利息暂按842万元计列（根据国务院批复的南水北调工程筹资方案和工程投资计划安排的实际情况，贷款比例暂按33%、贷款利率按5.31%计列）。

在工程建设过程中，你公司要进一步优化设计，加强管理，建设期贷款利息按照南水北调工程投资静态控制和动态管理有关规定执行。

该工程初步设计核定概算详见《南水北调东线一期长江—骆马湖段其他工程皂河二站工程初步设计概算核定表》。

三、该工程临时占地耕地占用税，按照国家有关规定计列980万元。

四、请你公司根据批复的初步设计，严格按照基本建设程序和南水北调工程投资“静态控制、动态管理”有关规定，以及项目法人责任制、招标投标制、建设监理制、合同管理制的要求，加强工程建设管理，确保工程质量，按期完成工程建设任务。

特此批复。

附件：南水北调东线一期长江—骆马湖段其他工程皂河二站工程初步设计概算核定表（略）

国务院南水北调工程建设委员会办公室

二〇〇九年七月十五日

关于南水北调东线一期长江—骆马湖段其他工程泗洪站枢纽工程初步设计报告（概算）的批复

（国调办投计［2009］130号）

南水北调东线江苏水源有限责任公司：

你公司《关于报请审批南水北调东线第一期工程泗洪站等五个设计单元工程初步设计报告的请示》（苏水源计［2008］34号）收悉。我办已以《关于南水北调东线一期长江—骆马湖段其他工程泗洪站枢纽工程初步设计报告（技术方案）的批复》（国调办投计［2009］35号）批复该项工程初步设计的技术方案。按照《国家发展改革委办公厅对调整南水北调东中线一期工程初步设计概算核定工作职责分工的意见》（发改办投资［2008］2683号）的有关意见，我办委托南水北调工程设计管理中心组织对该项工程初步设计概算进行了评审并提出了评审意见。经研究，我办原则同意南水北调工程设计管理中心提出的南水北调东线一期长江—骆马湖段其他工程泗洪站枢纽工程初步设计概算评审意见。现批复如下：

一、该工程技术方案按照《关于南水北调东线一期长江—骆马湖段其他工程泗洪站枢纽工程初步设计报告（技术方案）的批复》（国调办投计［2009］35号）批复的意见执行。

二、按照2008年第四季度价格水平，核定该工程初步设计概算总投资55 893万元。其中，静态总投资53 243万元；建设期贷款利息暂按2650万元计列（根据国务院批复的南水北调工程筹资方案和工程投资计划安排的实际情况，贷款比例暂按33%、贷款利率按5.31%计列）。

在工程建设过程中，你公司要进一步优化设计，加强管理，建设期贷款利息按照南水北调工程投资静态控制和动态管理有关规定执行。

该工程初步设计核定概算详见《南水北调东线一期长江—骆马湖段其他工程泗洪站枢纽工程初步设计概算核定表》。

三、关于交通工程沥青混凝土永久道路建设方案和投资问题，建议项目法人按批复的初步设计技术方案进一步组织优化，在工程建设过程中，按照基本建设有关规定和办法执行。

四、该工程临时占地耕地占用税，按照国家有关规定计列563万元。

五、请你公司根据批复的初步设计，严格按照基本建设程序和南水北调工程投资静态控制和动态管理有关规定，以及项目法人责任制、招标投标制、建设监理制、合同管理制的要求，加强工程建设管理，确保工程质量，按期完成工程建设任务。

特此批复。

附件：南水北调东线一期长江—骆马湖段其他工程泗洪站枢纽工程初步设计概算核定表（略）

国务院南水北调工程建设委员会办公室
二○○九年七月十五日

关于南水北调东线一期长江—骆马湖段其他工程刘老涧二站工程初步设计报告（概算）的批复

（国调办投计［2009］131号）

南水北调东线江苏水源有限责任公司：

你公司《关于报请审批南水北调东线第一期工程泗洪站等五个设计单元工程初步设计报告的请示》（苏水源计［2008］34号）收悉。我办已以《关于南水北调东线一期长江—骆马湖段其他工程刘老涧二站工程初步设计报告（技术方案）的批复》（国调办投计［2009］36号）批复该项工程初步设计的技术方案。按照《国家发展改革委办公厅对调整南水北调东中线一期工程初步设计概算核定工作职责分工的意见》（发改办投资［2008］2683号）的有关意见，我办委托南水北调工程设计管理中心组织对该项工程初步设计概算进行了评审并提出了评审意见。经研究，我办原则同意南水北调工程设计管理中心提出的南水北调东线一期长江—骆马湖段其他工程刘老涧二站工程初步设计概算评审意见。现批复如下：

一、该工程技术方案按照《关于南水北调东线一期长江—骆马湖段其他工程刘老涧二站工程初步设计报告（技术方案）的批复》（国调办投计［2009］36号）批复的意见执行。

二、按照2008年第四季度价格水平，核定该工程初步设计概算总投资20 722万元。其中，静态总投资20 064万元；建设期贷款利息暂按658万元计列（根据国务院批复的南水北调工程筹资方案和工程投资计划安排的实际情况，贷款比例暂按33%、贷款利率按5.31%计列）。

在工程建设过程中，你公司要进一步优化设计，加强管理，建设期贷款利息按照南水北调工程投资静态控制和动态管理有关规定执行。

该工程初步设计核定概算详见《南水北调东线一期长江—骆马湖段其他工程刘老涧二站工程初步设计概算核定表》。

三、该工程临时占地耕地占用税，按照国家有关规定计列623万元。

四、请你公司根据批复的初步设计，严格按照基本建设程序和南水北调工程投资静态控制和动态管理有关规定，以及项目法人责任制、招标投标制、建设监理制、合同管理制的要求，加强工程建设管理，确保工程质量，按期完成工程建设任务。

特此批复。

附件：南水北调东线一期长江—骆马湖段其他工程刘老涧二站工程初步设计概算核定表（略）

国务院南水北调工程建设委员会办公室
二○○九年七月二十二日

关于南水北调东线一期长江—骆马湖段其他工程泗阳站改建工程初步设计报告（概算）的批复

（国调办投计［2009］132号）

南水北调东线江苏水源有限责任公司：

你公司《关于报请审批南水北调东线第

一期工程泗洪站等五个设计单元工程初步设计报告的请示》（苏水源计［2008］34号）收悉。我办已以《关于南水北调东线一期长江—骆马湖段其他工程泗阳站改建工程初步设计报告（技术方案）的批复》（国调办投计［2009］40号）批复该项工程初步设计的技术方案。按照《国家发展改革委办公厅对调整南水北调东中线一期工程初步设计概算核定工作职责分工的意见》（发改办投资［2008］2683号）的有关意见，我办委托南水北调工程设计管理中心组织对该项工程初步设计概算进行了评审并提出了评审意见。经研究，我办原则同意南水北调工程设计管理中心提出的南水北调东线一期长江—骆马湖段其他工程泗阳站改建工程初步设计概算评审意见。现批复如下：

一、该工程技术方案按照《关于南水北调东线一期长江—骆马湖段其他工程泗阳站改建工程初步设计报告（技术方案）的批复》（国调办投计［2009］40号）批复的意见执行。

二、按照2008年第四季度价格水平，核定该工程初步设计概算总投资30 614万元。其中，静态总投资29 751万元；建设期贷款利息暂按863万元计列（根据国务院批复的南水北调工程筹资方案和工程投资计划安排的实际情况，贷款比例暂按33%、贷款利率按5.31%计列）。

在工程建设过程中，你公司要进一步优化设计，加强管理，建设期贷款利息按照南水北调工程投资静态控制和动态管理有关规定执行。

该工程初步设计核定概算详见《南水北调东线一期长江—骆马湖段其他工程泗阳站改建工程初步设计概算核定表》。

三、该工程临时占地耕地占用税，按照国家有关规定计列682万元。

四、请你公司根据批复的初步设计，严格按照基本建设程序和南水北调工程投资静态控制和动态管理有关规定，以及项目法人责任制、招标投标制、建设监理制、合同管理制的要求，加强工程建设管理，确保工程质量，按期完成工程建设任务。

特此批复。

附件：南水北调东线一期长江—骆马湖段其他工程泗阳站改建工程初步设计概算核定表（略）

国务院南水北调工程建设委员会办公室
二〇〇九年七月十五日

关于南水北调中线一期工程总干渠沙河南—黄河南郑州2段工程初步设计报告（概算）的批复

（国调办投计［2009］140号）

南水北调中线干线工程建设管理局：

你局《关于上报南水北调中线一期工程总干渠沙河南—黄河南郑州2段初步设计报告的请示》（中线局技［2008］52号）收悉。我办已以《关于南水北调中线一期工程总干渠沙河南—黄河南郑州2段工程初步设计报告（技术方案）的批复》（国调办投计［2009］114号）批复该项工程初步设计的技术方案。按照《国家发展改革委办公厅对调整南水北调东中线一期工程初步设计概算核定工作职责分工的意见》（发改办投资［2008］2683号）的有关意见，我办委托南水北调工程设计管理中心组织对该项工程初步设计概算进行了评审并提出了评审意见。经研究，我办原则同意南水北调工程设计管理中心提出的南水北调中线一期工程总干渠沙河南—黄河南郑州2段工程初步设计概算评审意见。现批复如下：

一、该工程技术方案按照《关于南水北调中线一期工程总干渠沙河南—黄河南郑州2段工程初步设计报告（技术方案）的批复》（国调办投计［2009］114号）的批复意见执行。

二、按照2008年第四季度价格水平，核定该工程初步设计概算总投资297 882万元。其中，静态总投资292 373万元；根据国务院批复的南水北调工程筹资方案和工程投资计划安排的实际情况，贷款比例暂按23%、贷款利率按5.31%计列，建设期贷款利息按5509万元暂列。

在工程建设过程中，你局要进一步优化设计，加强管理，建设期贷款利息按照南水北调工程投资静态控制和动态管理有关规定执行。

该工程初步设计核定概算详见《南水北调中线一期工程总干渠沙河南—黄河南郑州2段工程初步设计概算核定表》。

三、该工程路渠交叉建筑物交通桥、生产桥建设投资及征地移民专项规划中电力设施复建投资，按审查审批程序另行批复。

四、请你局根据批复的初步设计，严格按照基本建设程序和南水北调工程投资“静态控制、动态管理”有关规定，以及项目法人责任制、招标投标制、建设监理制、合同管理制的要求，加强工程建设管理，确保工程质量，按期完成工程建设任务。

特此批复。

附件：南水北调中线一期工程总干渠沙河南—黄河南郑州2段工程初步设计概算核定表（略）

国务院南水北调工程建设委员会办公室

二〇〇九年七月二十二日

关于南水北调东线一期长江—骆马湖段其他工程皂河一站更新改造工程初步设计报告（概算）的批复

（国调办投计［2009］141号）

南水北调东线江苏水源有限责任公司：

你公司《关于报请审批南水北调东线第一期工程泗洪站等五个设计单元工程初步设计报告的请示》（苏水源计［2008］34号）收悉。我办已以《关于南水北调东线一期长江—骆马湖段其他工程皂河一站更新改造工程初步设计报告（技术方案）的批复》（国调办投计［2009］39号）批复该项工程初步设计的技术方案。按照《国家发展改革委办公厅对调整南水北调东中线一期工程初步设计概算核定工作职责分工的意见》（发改办投资［2008］2683号）的有关意见，我办委托南水北调工程设计管理中心组织对该项工程初步设计概算进行了评审并提出了评审意见。经研究，我办原则同意南水北调工程设计管理中心提出的南水北调东线一期长江—骆马湖段其他工程皂河一站更新改造工程初步设计概算评审意见。现批复如下：

一、该工程技术方案按照《关于南水北调东线一期长江—骆马湖段其他工程皂河一站更新改造工程初步设计报告（技术方案）的批复》（国调办投计［2009］39号）批复的意见执行。

二、按照2008年第四季度价格水平，核定该工程初步设计概算总投资12 219万元。其中，静态总投资11 853万元；建设期贷款利息暂按366万元计列（根据国务院批复的南水北调工程筹资方案和工程投资计划安排的实际情况，贷款比例暂按33%、贷款利率按5.31%计列）。

在工程建设过程中，你公司要进一步优化设计，加强管理，建设期贷款利息按照南水北调工程投资静态控制和动态管理有关规定执行。

该工程初步设计核定概算详见《南水北调东线一期长江—骆马湖段其他工程皂河一站更新改造工程初步设计概算核定表》。

三、该工程移民环境部分静态总投资并入皂河二站工程。

四、请你公司根据批复的初步设计，严格按照基本建设程序和南水北调工程投资静态控制和动态管理有关规定，以及项目法人责任制、招标投标制、建设监理制、合同管理制的要求，加强工程建设管理，确保工程质量，按期完成工程建设任务。

特此批复。

附件：南水北调东线一期长江—骆马湖段其他工程皂河一站更新改造工程初步设计概算核定表（略）

国务院南水北调工程建设委员会办公室

二〇〇九年七月二十四日

关于下达2009年中央预算内投资计划的通知

（国调办投计［2009］143号）

南水北调工程设计管理中心：

根据《国家发展改革委关于下达2009年中央预算内投资计划的通知》（发改投资［2009］1694号）和你单位上报的《关于报送南水北调工程建设与管理基础信息系统建设与应用项目2009年投资建议计划的请示》（设管技［2008］45号），经研究，现将2009年中央预算内投资计划1600万元下达你单位，用于南水北调工程建设与管理基础信息系统建设与应用项目（一期）项目。有关工作要求如下：

一、2009年中央预算内投资计划主要建设内容为南水北调东中线一期工程勘察设计图库、建设信息、统计分析等工程基础信息的数字化建设以及南水北调东中线一期工程地理信息系统基础数据的采集、整编工作等。以此为基础，搭建整个工程沿线范围的三维可视化大场景，建设以重点渠（河）段和重点工程建筑物为主题的三维可视化系统。

二、请你单位按照我办对该项目初步设计批复的建设内容和投资概算，抓紧全面组织项目实施。

三、在项目实施过程中，请加强管理，确保项目建设质量。项目成果应尽早服务于工程建设，发挥效益，为工程建设管理提供动态信息支持，以利南水北调东、中线一期工程的建筑与环境总体设计、前期设计方案、管理设施总体设计等成果实施。

四、请严格按照下达的投资计划组织相关工作，加强资金管理，专款专用，并按相关规定要求及时报送项目执行情况季度报告、年度报告和财务报表等，并做好项目档案管理工作。

国务院南水北调工程建设委员会办公室

二〇〇九年八月三日

关于南水北调东线一期胶东干线济南—引黄济青段工程东湖水库工程初步设计报告（技术方案）的批复

（国调办投计［2009］164号）

南水北调东线山东干线有限责任公司：

你单位《关于报送南水北调东线第一期工程济南—引黄济青段明渠、东湖水库、双王城水库三个设计单元工程初步设计报告的请示》（鲁调水企财字［2008］44号）收悉。我办设计管理中心委托水利部水利水电规划设计总院对《南水北调东线第一期工程济南—引黄济青段东湖水库工程初步设计报告》进行了审查，并提交了审查意见（见附件）。经研究，我办基本同意该审查意见。现批复如下：

一、东湖水库工程是南水北调东线胶东干线工程的重要调蓄水库，位于济南—引黄济青段输水明渠的右侧，主要任务是调蓄南水北调东线分配给济南、章丘、滨州和淄博等城市的用水量。

基本同意东湖水库工程主要建设内容为：水库围坝，干线分水闸，入（出）库闸，入库提水泵站，放水洞。

二、基本同意东湖水库死水位为19.0m，相应死库容678万m^3、水库调节库容为4700万m^3，最高蓄水位为30.0m。

基本同意干线分水闸，入（出）库闸、

入库提水泵站和放水洞等单项工程设计规模。

三、基本同意东湖水库工程围坝、穿小清河倒虹吸、入库泵站、入（出）库涵闸、供水涵闸等主要建筑物为2级，次要建筑物为3级。

四、基本同意东湖水库坝轴线及工程枢纽总布置方案。围坝近似五边形布置，其东、西、北三侧利用现有的四千排水沟、井家排水沟及小清河作为截渗沟，南侧新建截渗沟和排渗泵站，分水闸及穿小清河倒虹吸、入库泵站、入（出）库涵闸布置在围坝东北角处，向济南和章丘供水涵闸布置在南侧围坝上。

基本同意东湖水库蓄水深11m，坝体采用复合土工膜斜墙土坝。

五、基本同意东湖水库工程永久占地和临时占地划分的原则和范围。

六、基本同意东湖水库工程施工总工期为30个月。

七、该工程初步设计概算投资待国务院南水北调办组织初步设计概算核定后另行批复。

请根据办公室《关于进一步加强南水北调工程初步设计组织管理，规范和加快初步设计审查工作的通知》（综投计［2009］52号）文件要求，依据初步设计审定概算，抓紧将初步设计审定概算还原测算为2004年第三季度价格水平年概算投资，并分析说明该工程初步设计审定概算投资与总体可研投资比较的变化情况及原因，提出该工程初步设计投资分析（修订）报告，以利该工程初步设计概算评审和核定批复工作的开展。

八、请你单位根据审查意见，进一步优化和完善设计方案，同时结合国务院南水北调办《关于南水北调东线一期工程建筑与环境总体规划报告的批复》（国调办投计［2007］129号）的相关要求，将建筑与环境总体规划有关成果落实到各设计单元工程设计方案中。并按照基本建设程序要求，抓紧做好开工前的各项准备工作，待初步设计概算核定批复后抓紧组织开展工程建设。

此复。

附件：南水北调东线一期胶东干线济南—引黄济青段工程东湖水库工程初步设计报告审查意见（略）

国务院南水北调工程建设委员会办公室
二〇〇九年八月二十八日

关于南水北调中线一期陶岔渠首枢纽工程初步设计报告（概算）的批复

（国调办投计［2009］165号）

水利部淮河水利委员会治淮工程建设管理局：

水利部长江水利委员会长江勘测规划设计研究有限责任公司《关于报送南水北调中线一期陶岔渠首枢纽工程初步设计报告的报告》（院经计［2008］424号）收悉。我办已以《关于南水北调中线一期陶岔渠首枢纽工程初步设计报告（技术方案）的批复》（国调办投计［2009］91号）批复该项工程初步设计的技术方案。按照《国家发展改革委办公厅对调整南水北调东中线一期工程初步设计概算核定工作职责分工的意见》（发改办投资［2008］2683号）的有关意见，我办委托南水北调工程设计管理中心组织对该项工程初步设计概算进行了评审并提出了评审意见。经研究，我办原则同意南水北调工程设计管理中心提出的南水北调中线一期陶岔渠首枢纽工程初步设计概算评审意见。现批复如下：

一、鉴于国务院批复的南水北调中线一期工程可行性研究总报告已同意枢纽与电站工程结合建设，该工程建设技术方案按照《关于南水北调中线一期陶岔渠首枢纽工程初步设计报告（技术方案）的批复》（国调办投计［2009］91号）的批复意见执行。

二、按照2008年第四季度价格水平，核定该工程枢纽与电站一次建成方案初步设计静态总投资81 808万元，其中，电站建设部分静态总投资为28 650万元。根据国务院批复的南水北调工程筹资方案和工程投资计划安排的实际情况，枢纽部分贷款比例暂按23%计列，贷款利率按5.31%计列，建设期贷款利息按2222万元暂列。电站建设部分投资在工程建设适当时机安排南水北调工程贷款解决，贷款利率按5.31%计列，建设期贷款利息按1905万元暂列。该工程初步设计概算总投资为85 935万元，其中，贷款利息为4127万元。

在工程建设过程中，你局要进一步优化设计，加强管理，建设期贷款利息按照南水北调工程投资静态控制和动态管理有关规定执行。

该工程初步设计核定概算详见《南水北调中线一期陶岔渠首枢纽工程初步设计概算核定表》。

三、该工程临时占地耕地占用税，按照国家有关规定计列741万元。

四、该工程初步设计概算总投资中，不包含电站送出工程的投资。

五、请你局根据批复的初步设计，严格按照基本建设程序和南水北调工程投资“静态控制、动态管理”有关规定，以及项目法人责任制、招标投标制、建设监理制、合同管理制的要求，加强工程建设管理，确保工程质量，按期完成工程建设任务。

特此批复。

附件：南水北调中线一期陶岔渠首枢纽工程初步设计概算核定表（略）

国务院南水北调工程建设委员会办公室
二〇〇九年八月二十八日

关于《南水北调中线京石段应急供水工程厂城交通桥变更渠道倒虹吸设计报告》的批复

（国调办投计［2009］166号）

南水北调中线干线工程建设管理局：

你局《关于报审〈南水北调中线京石段应急供水工程厂城交通桥变更渠道倒虹吸设计报告〉的请示》（中线局技［2008］53号）收悉。我办设计管理中心委托水利部水利水电规划设计总院对《南水北调中线京石段应急供水工程厂城交通桥变更渠道倒虹吸设计报告》进行了审查，并提交了审查意见（见附件）。经研究，我办基本同意该审查意见。现批复如下：

一、南水北调中线总干渠与112国道在河北省易县厂城村南150m处相交，水利部以《关于南水北调中线京石段应急供水工程（石家庄—北拒马河段）初步设计的批复》（水总［2004］605号）批复了该处交叉建筑物采用公路交通桥型式。

初步设计批复后，经地方交通主管部门组织对公路交通桥施工图审查，对引桥、辅道、桥型等提出了多项修改补充要求，修改后的设计方案征地拆迁工程量、工程投资增加较大。

为尽量减少征地拆迁工程量，保持交通顺畅和当地群众出行便利，有利于工程运行管理，基本同意取消交通桥、采用总干渠以渠道倒虹吸方式下穿112国道方案。

二、根据审查意见，基本同意在路渠交叉处建设2孔5.5m×5.5m的渠道倒虹吸方案。

三、基本同意倒虹吸主体建筑物为1级，防护工程等次要建筑物为3级。主要建筑物设计洪水标准为100年一遇，校核洪水标准为300年一遇。倒虹吸抗震设计烈度为Ⅶ度。

四、基本同意倒虹吸由进出口渐变段、进出口检修闸和管身段等建筑物组成的工程布置型式，建筑物总长292m。基本同意倒虹吸各组成建筑物结构型式选择。

五、基本同意主体工程施工方法和主要设备选型。基本同意施工进度安排。

六、基本同意该工程设计概算的编制原则及依据。

七、请你局根据审查意见，进一步优化设计方案，严格控制工程投资，工程因设计变更增加的投资，请你局按照有关规定使用京石段应急供水工程相关设计单元工程基本预备费和工程节余投资统筹解决。请你局认真做好各项施工准备工作，抓紧工程建设，保障京石段应急供水工程建设安全。

特此批复。

附件：南水北调中线京石段应急供水工程厂城交通桥变更渠道倒虹吸设计报告审查意见（略）

国务院南水北调工程建设委员会办公室
二〇〇九年八月二十八日

关于南水北调东线一期胶东干线济南—引黄济青段工程双王城水库工程初步设计报告（技术方案）的批复

（国调办投计［2009］170号）

南水北调东线山东干线有限责任公司：

你单位《关于报送南水北调东线第一期工程济南—引黄济青段明渠、东湖水库、双王城水库三个设计单元工程初步设计报告的请示》（鲁调水企财字［2008］44号）收悉。我办设计管理中心委托水利部水利水电规划设计总院对《南水北调东线第一期工程济南—引黄济青段工程双王城水库初步设计报告》进行了审查，并提交了审查意见（见附件）。经研究，我办基本同意该审查意见。现批复如下：

一、双王城水库是南水北调东线胶东干线工程的重要调蓄水库，位于引黄济青输水渠的左侧，主要任务是调蓄南水北调工程分配给青岛、潍坊两市和寿光县城及水库周边高效农业的水量。

基本同意双王城水库主要建设内容为：水库围坝，干线分水闸、引黄济青输水渠节制闸，引（供）水渠，入库提水泵站，放水涵洞，公路桥1座、生产桥2座，排水道倒虹吸和泵站等。

二、基本同意双王城水库正常蓄水位为12.5m，死水位为3.9m；总库容为6150万m^3，调节库容5320万m^3，死库容830万m^3。

基本同意报告提出的干线分水闸、引黄济青输水渠节制闸、引（供）水渠、入库提水泵站、放水涵洞、排水道倒虹吸和泵站等单项工程设计规模。

三、基本同意双王城水库工程主要建筑物围坝、入库泵站、入库涵闸、输水渠为2级，次要建筑物为3级；引水渠进口闸、引黄济青节制闸建筑物级别同引黄济青输水渠。

基本同意该工程主要建筑物地震设计烈度采用Ⅶ度。

四、基本同意结合水库蓄水深度比选选定的坝轴线和工程总布置方案。围坝大致为梯形，四周布置截渗沟，围坝西南角处布置入库泵站及胶东输水洞，围坝东南角处布置寿光市供水涵闸，围坝北侧布置排渗泵站；在引黄济青输水河桩号69+200附近布置节制闸和进口闸，进口闸后用明渠连接入库泵站进水池；围坝西侧和南侧布置桥梁、排水沟及乡村公路等设施，以恢复受影响的当地交通与排水系统。

基本同意双王城水库蓄水深采用9m，坝体采用复合土工膜斜墙土坝。

五、基本同意双王城水库工程永久占地和临时占地划分的原则和范围。

六、基本同意双王城水库工程施工总工期为24个月。

七、该工程初步设计概算投资待国务院南水北调办组织初步设计概算核定后另行批复。

请依据初步设计审定概算，抓紧将初步设计审定概算还原测算为2004年第三季度价格水平年概算投资，并分析说明该工程初步设计审定概算投资与总体可研投资比较的变化情况及原因，提出该工程投资分析报告，以利该工程初步设计概算评审和核定批复工作的开展。

八、请你单位根据审查意见，进一步优化和完善设计方案，并结合国务院南水北调办《关于南水北调东线一期工程建筑与环境总体规划报告的批复》（国调办投计［2007］129号）的相关要求，将建筑与环境总体规划有关成果落实到各设计单元工程设计方案中。按照基本建设程序要求，抓紧做好开工前的各项准备工作，待初步设计概算核定批复后抓紧组织开展工程建设。

此复。

附件：南水北调东线一期胶东干线济南—引黄济青段工程双王城水库工程初步设计报告审查意见（略）

国务院南水北调工程建设委员会办公室
二〇〇九年九月二日

关于南水北调中线一期工程总干渠沙河南—黄河南段沙河渡槽段工程初步设计报告（技术方案）的批复

（国调办投计［2009］171号）

南水北调中线干线工程建设管理局：

你局《关于上报南水北调中线一期工程总干渠沙河南—黄河南沙河渡槽段工程、北汝河渠道倒虹吸段工程初步设计报告的请示》（中线局技［2009］2号）收悉。我办南水北调工程设计管理中心委托水利部水利水电规划设计总院对《南水北调中线一期工程总干渠沙河南—黄河南沙河渡槽段工程初步设计报告》进行了审查，并提交了审查意见（见附件）。经研究，我办基本同意该审查意见。现批复如下：

一、南水北调中线一期工程总干渠沙河南—黄河南沙河渡槽段工程（以下简称“沙河渡槽段工程”）起点为沙河南至黄河南段起点，位于鲁山县薛寨村北，终点为鲁山坡流槽出口50m处，与鲁山北段设计单元相接。本工程段是南水北调中线一期工程的组成部分，担负向沙河以北地区的输供水任务。

二、基本同意沙河渡槽段工程设计流量为320m^3/s，加大流量为380m^3/s。起点断面设计水位为132.37m，终点设计水位为130.489m。

三、基本同意沙河渡槽段工程总干渠渠道、渡槽、左岸排水和控制工程等主要建筑物为1级建筑物，退水渠、附属建筑物、河道防护工程及河（沟）穿渠工程上、下游连接段等次要建筑物为3级建筑物，临时工程为4～5级建筑物。

基本同意总干渠河渠交叉断面以上集水面积大于等于20km^2的河渠交叉建筑物设计洪水标准为100年一遇，校核洪水标准为300年一遇；集水面积小于20km^2的左岸排水建筑物设计洪水标准为50年一遇，校核洪水标准为200年一遇。总干渠各渠段的防洪标准和与其相连接的各类河渠交叉、左岸排水建筑物的洪水标准相同。

根据审查意见，工程区场地地震基本烈度小于Ⅵ度，基本同意工程段主要建筑物以其所在场地地震基本烈度作为抗震设计烈度，对渡槽应采取必要的抗震措施。

四、基本同意沙河渡槽段工程的线路选择，以及由渠道、跨河渡槽、落地槽、左岸排水建筑物、公路交叉建筑物和控制工程等建筑物组成的工程总体布置。

工程起点位于河南省鲁山县薛寨村北，桩号SH（3）0+000，坐标为$X=3\ 728\ 507.982$，$Y=496\ 005.795$，终点位于鲁山县三街村西鲁山坡溜槽出口，桩号SH（3）11+963.1，坐标为$X=3\ 737\ 155.512$，$Y=499\ 303.474$。渠段总长11.963km，其中明渠长2.888km，建筑物长9.075km。

本工程各类交叉建筑物共12座，其中渡

槽1座，包括沙河梁式渡槽、沙河—大郎河箱基波槽、大郎河梁式渡槽、大郎河—鲁山坡箱基渡槽和鲁山坡落地槽，统称为沙河渡槽；另布置左岸排水建筑物5座，节制闸1座，退水闸1座，公路交叉建筑物4座。

五、基本同意沙河渡槽段工程永久占地和临时占地划分的原则和范围。

六、基本同意沙河渡槽段工程施工总工期为42个月。

七、沙河渡槽段工程公路交叉工程、生产桥、移民征地专业项目恢复改建规划中的输变电工程初步设计报告，根据国务院南水北调办有关规定另行报批。

八、沙河渡槽段工程初步设计概算投资待国务院南水北调办公室组织初步设计概算核定后另行批复。

请根据办公室《关于进一步加强南水北调工程初步设计组织管理，规范和加快初步设计审查工作的通知》（综投计［2009］52号）文件要求，依据初步设计审定概算，抓紧将初步设计审定概算还原测算为2004年第三季度价格水平年概算投资，并分析说明该工程初步设计审定概算投资与总体可研投资比较的变化情况及原因，提出该工程初步设计投资分析（修订）报告，以利该工程初步设计概算评审和核定批复工作的开展。

九、请你单位结合国务院南水北调办《关于南水北调中线工程建筑环境规划报告有关意见的函》（综投计函［2008］179号）的相关要求，将建筑环境规划报告的有关成果落实到工程设计方案中。

同时，根据审查意见和南水北调工程设计管理中心即将组织开展的沙河渡槽段工程中建筑物工程部分的渡槽工程技术复核成果，及《南水北调中线一期工程总干渠初步设计明渠土建工程设计技术规定（试行）》有关要求，在工程招标设计阶段进一步优化完善工程设计方案和建设工期，控制工程建设投资，确保工程建设安全。

十、请你单位按照基本建设程序要求，抓紧做好开工前的各项准备工作，待初步设计概算核定批复后抓紧组织开展工程建设。

此复。

附件：南水北调中线一期工程总干渠沙河南—黄河南段沙河渡槽段工程初步设计报告审查意见（略）

国务院南水北调工程建设委员会办公室
二〇〇九年九月八日

关于东线南四湖水资源控制工程姚楼河闸杨官屯河闸（山东部分）潘庄引河闸征地拆迁补偿投资的批复

（国调办投计［2009］172号）

南水北调东线山东干线有限责任公司：

你公司《关于调增南四湖水资源控制征地移民概算的请示》（鲁调水企征字［2009］2号）收悉。经研究，现将有关问题批复如下：

一、东线南四湖水资源控制工程姚楼河闸、杨官屯河闸、大沙河闸、潘庄引河闸位于苏鲁两省边界，地理位置特殊，征迁涉及问题较多，征地移民工作自2003年开始初步设计调查，历时五年后仍在实施。在你公司和有关单位的共同努力下，征迁工作基本满足了工程开工需要。由于征迁工作周期长、难度大，随着地方经济社会的发展，在实施过程中对实物指标进行复核是必要的。原则同意你们会同地方政府、设计、监理等复核确定的实物指标成果。

二、原则同意各类实物的补偿标准和其他费用的取费标准。根据国务院审批的总体可研报告和有关规定，耕地占用税和耕地开垦费仍按初设审批的标准执行。

据此，同意姚楼河闸（山东部分）、杨官屯河闸（山东部分）和潘庄引河闸的征地拆迁补偿总投资为1052.13万元（含工程协调费50万元），其中姚楼河闸356.79万元，杨官屯河闸323.04万元，潘庄引河闸372.30万元。与审批的初步设计概算相比，增加投资502.71万元（详见各附件）。

三、根据《南水北调东线一期南四湖水资源控制工程协调领导小组第四次会议纪要》，上述增加投资部分，由你们依次从征地拆迁预备费、工程预备费、工程结余等渠道解决。

四、关于大沙河闸涉及山东部分的征地移民概算调整问题，请你们抓紧落实大沙河闸征地移民分解投资后，按程序另行报批。

此复。

附件：

1. 姚楼河闸（山东部分）征地拆迁补偿投资表（略）

2. 杨官屯河闸（山东部分）征地拆迁补偿投资表（略）

3. 潘庄引河闸征地拆迁补偿投资表（略）

国务院南水北调工程建设委员会办公室

二〇〇九年九月四日

关于南水北调中线一期工程总干渠沙河南—黄河南段北汝河渠道倒虹吸工程初步设计报告（概算）的批复

（国调办投计［2009］173号）

南水北调中线干线工程建设管理局：

你单位《关于上报南水北调中线一期工程总干渠沙河南—黄河南沙河渡槽段工程、北汝河渠道倒虹吸工程初步设计报告的请示》（中线局技［2009］2号）收悉。我办已以《关于南水北调中线一期工程总干渠沙河南—黄河南段北汝河渠道倒虹吸工程初步设计报告（技术方案）的批复》（国调办投计［2009］112号）批复该项工程初步设计技术方案。按照《国家发展改革委办公厅对调整南水北调东中线一期工程初步设计概算核定工作职责分工的意见》（发改办投资［2008］2683号）的有关意见，我办委托南水北调工程设计管理中心组织对该项工程初步设计概算进行了评审并提出了评审意见。经研究，我办原则同意南水北调工程设计管理中心提出的该项工程初步设计概算评审意见。现批复如下：

一、该工程技术方案按照国务院南水北调办公室《关于南水北调中线一期工程总干渠沙河南—黄河南段北汝河渠道倒虹吸工程初步设计报告（技术方案）的批复》（国调办投计［2009］112号）批复的意见执行。

二、按照2008年第四季度价格水平，核定该工程初步设计概算总投资60 005万元。其中，静态总投资58 271万元；根据国务院批复的南水北调工程筹资方案和工程投资计划安排的实际情况，贷款比例暂按23%、贷款利率按5.31%计列，建设期贷款利息按1734万元暂列。

在工程建设过程中，建设期贷款利息根据南水北调工程投资“静态控制、动态管理”有关规定执行。

三、关于移民环境投资部分大边庄村和朱庄村搬迁安置费用问题，因两村跨本设计单元工程和宝丰至郏县段设计单元工程，按整村统一安排的原则，本设计单元工程计列两村全部征地补偿与安置费用，宝丰至郏县段设计单元工程不再计列两村的征地拆迁补偿与安置费用。

该工程初步设计核定概算详见《南水北调中线一期工程总干渠沙河南—黄河南段北汝河渠道倒虹吸工程初步设计概算核定表》。

四、请你单位根据该设计单元工程批复的初步设计，严格按照基本建设程序和南水北调工程投资“静态控制、动态管理”有关规定，以及项目法人责任制、招标投标制、建设监理制、合同管理制的要求，加强工程建设管理，确保工程质量，按期完成工程建设任务。

特此批复。

附件：南水北调中线一期工程总干渠沙河南—黄河南段北汝河渠道倒虹吸工程初步设计概算核定表（略）

国务院南水北调工程建设委员会办公室
二〇〇九年九月八日

关于《南水北调中线京石段应急供水工程界河倒虹吸延长工程设计专题报告》的批复

（国调办投计［2009］174号）

南水北调中线干线工程建设管理局：

你局《关于报审〈南水北调中线京石段应急供水工程界河倒虹吸延长工程设计专题报告〉的请示》（中线局技［2008］59号）收悉。我办委托设计管理中心组织对《南水北调中线京石段应急供水工程界河倒虹吸延长工程设计专题报告》进行了审查，并提交了审查意见（见附件）。经研究，我办基本同意该审查意见。现批复如下：

一、界河倒虹吸位于河北省满城县境内尉公村以北约1km处，是南水北调中线京石段应急供水工程总干渠上的一座大型河渠交叉建筑物。原批复的初步设计采用了避开部队坦克训练场跑道并对管身进行防护的设计方案。

在工程实施过程中，部队提出界河倒虹吸出口节制闸和该段部分渠道高出原地面较多，影响部队军事训练，且不能保证工程安全。为保证部队正常训练和南水北调工程安全，根据国务院南水北调办、中线建管局与中国人民解放军66393部队签订的《南水北调中线干线满城段工程影响66393部队军事设施问题协调会会议纪要》和审查意见，基本同意界河倒虹吸延长工程设计方案。

二、基本同意界河倒虹吸延长工程的布置。

三、基本同意界河倒虹吸延长段仍按原初步设计批复的等级和标准设计。

四、基本同意界河倒虹吸延长段管身和闸室的结构型式和布置。对界河倒虹吸进口处的界河退水闸闸室、界河倒虹吸出口节制闸室等控制建筑物处设置防爆墙，对倒虹吸管延长段管顶设混凝土防爆层。

五、基本同意主体工程施工程序、施工方法和主要设备选型。基本同意施工进度安排。

六、该工程因设计变更增加的投资，请你局在批复的京石段应急供水工程相关设计单元工程概算投资中统筹解决。

七、请你局根据审查意见，进一步优化设计方案，严格控制工程投资，认真做好各项施工准备工作，抓紧工程建设，保障京石段应急供水工程建设安全。

特此批复。

附件：南水北调中线京石段应急供水工程界河渠道倒虹吸延长工程设计专题报告审查意见（略）

国务院南水北调工程建设委员会办公室
二〇〇九年九月十日

关于南水北调中线干线工程自动化调度与运行管理决策支持系统初步设计报告的批复

（国调办投计［2009］175号）

南水北调中线干线工程建设管理局：

你局《关于上报〈南水北调中线工程自动化调度与运行管理决策支持系统初步设计

报告〉的请示》（中线局技［2007］14号）收悉。我办南水北调工程设计管理中心委托水利部水利水电规划设计总院对《南水北调中线工程自动化调度与运行管理决策支持系统初步设计报告》进行了审查，并提交了审查意见。按照国务院南水北调办《关于抓紧组织开展南水北调中线干线工程自动化调度与运行管理决策支持系统优化设计等工作的函》（综投计函［2009］32号）文件要求，你局以《关于上报南水北调中线干线工程自动化调度与运行管理决策支持系统优化设计等报告的请示》（中线局信息［2009］3号）将《南水北调中线干线工程自动化调度与运行管理决策支持系统优化设计报告》报送我办。按照《国家发展改革委办公厅对调整南水北调东中线一期工程初步设计概算核定工作职责分工的意见》（发改办投资［2008］2683号）的有关意见，我办委托南水北调工程设计管理中心组织对该项工程初步设计概算进行了评审并提出了评审意见。经研究，我办原则同意南水北调工程设计管理中心提出的南水北调中线干线工程自动化调度与运行管理决策支持系统初步设计报告审查意见（见附件1）和概算评审意见。现批复如下：

一、南水北调中线一期工程总干渠线路长，建筑物数量多，运行条件较复杂，输水自动化调度及控制要求高。为了实现工程科学调度、安全运行、可靠监控和高效管理，按统一设计、分步实施、经济实用的原则，将中线干线工程输水自动化调度与控制、工程安全监测监视、通信网络、综合管理信息等系统进行整合，并在此基础上，建设南水北调中线干线工程全线自动化调度系统是必要的。

二、基本同意南水北调中线干线工程自动化调度与运行管理决策支持系统的基本目标和任务。

三、基本同意系统总体需求分析、总体业务流程分析及各项系统功能需求分析。

四、原则同意系统总体设计方案和自动化监控工程设计方案。

五、基本同意水调业务处理、水质监测、闸站监控和安全监测等应用系统设计。

六、原则同意应用支撑平台的技术方案。

七、基本同意数据存储与管理系统、程控交换机配置和通信传输网络、系统运行实体环境和网络与信息安全的总体设计方案。

八、基本同意初步设计概算采用的主要编制原则及依据。鉴于南水北调中线干线工程自动化调度与运行管理决策支持系统(京石应急段)初步设计已经办公室以《关于南水北调中线干线工程自动化调度与运行管理决策支持系统(京石应急段)初步设计报告的批复》(国调办投计[2008]34号)批复，本次初步设计概算核定不含已批复的京石应急段自动化调度与运行管理决策支持系统初步设计概算投资。

按照2008年第四季度价格水平，核定南水北调中线干线工程自动化调度与运行管理决策支持系统初步设计概算总投资149 832万元。其中，静态总投资147 156万元；根据国务院批复的南水北调工程筹资方案和工程投资计划安排的实际情况，贷款比例暂按23%、贷款利率按5.31%计列，建设期贷款利息按2676万元暂列。建设期贷款利息按照南水北调工程投资静态控制和动态管理有关规定执行。

该工程初步设计核定概算详见《南水北调中线干线工程自动化调度与运行管理决策支持系统初步设计概算核定表》(见附件2)。

九、请你局根据批复的初步设计，紧密结合干线工程建设，严格按照基本建设程序和南水北调工程投资“静态控制、动态管理”有关规定，以及项目法人责任制、招标投标制、建设监理制、合同管理制的要求，在工程建设过程中，按审查意见和行业技术进步情况，进一步完善和优化设计，加强工程建设管理，统筹考虑该工程与南水北调中线干线主体工程的建设实施，严格控制工程建设投资，确保工程质量，按期完成工程建设任务。

特此批复。

附件：

1. 南水北调中线干线工程自动化调度与运行管理决策支持系统初步设计报告审查意见（略）

2. 南水北调中线干线工程自动化调度与运行管理决策支持系统初步设计概算核定表（略）

国务院南水北调工程建设委员会办公室
二〇〇九年九月十一日

关于下达南水北调工程2009年第四批投资计划的通知

（国调办投计［2009］178号）

南水北调东线江苏水源有限责任公司、南水北调东线山东干线有限责任公司、南水北调中线干线工程建设管理局：

根据《国家发展改革委关于下达2009年南水北调工程新增中央预算内投资计划的通知》（发改投资［2009］361号），结合南水北调中线一期工程建设的实际情况，现下达南水北调工程2009年第四批投资计划3.3698亿元，其中中央预算内投资1.3698亿元，银行贷款规模2亿元，具体投资计划见附件，有关要求如下：

一、本次下达的中央预算内投资为2009年新增中央投资。各有关单位要按照国家扩大内需、拉动经济增长的部署和要求，严格按照批复的初步设计，科学合理组织工程建设，抓紧落实各项建设任务，在保证工程质量的前提下，切实加快工程建设，充分发挥新增中央投资拉动经济的作用。

二、请各有关单位依据批复的工程初步设计概算严格控制投资，统筹使用好各项建设资金，并切实做好新增中央投资和实物工作量完成情况的统计和报送工作。严格遵循国家基本建设程序，进一步加强项目管理，并及时报送投资计划执行情况和基建统计、财务报表。

附件：

1. 南水北调工程2009年第四批投资计划汇总表（只发综合部门）（略）

2. 南水北调工程2009年第四批投资计划下达表（分发各下达单位）（略）

国务院南水北调工程建设委员会办公室
二〇〇九年九月二十三日

关于下达2009年南水北调工程初步设计工作投资计划的通知

（国调办投计［2009］182号）

各有关单位：

根据国家发展改革委《国家发展改革委关于下达2009年南水北调工程新增中央预算内投资计划的通知》（发改投资［2009］361号）和南水北调东、中线一期工程前期工作进展情况，经研究，现将2009年南水北调工程初步设计工作投资计划下达你单位（具体投资计划见附件），有关工作要求如下：

一、请各有关单位按照办公室《南水北调工程初步设计管理办法》（国调办投计［2006］60号）和《关于印发〈加强初步设计管理提高初步设计质量工作措施〉的通知》（国调办投计［2008］118号），以及《关于进一步加强南水北调工程初步设计组织管理规范和加快初步设计审查工作的通知》（综投计［2009］52号）的有关要求，认真组织相关项目初步设计编制工作，加强投资计划管理。

二、本次安排用于南水北调东、中线一期主体工程初步设计工作的投资，在项目开工建设后计入相应工程建设完成投资。

三、请南水北调工程设计管理中心及时组织开展南水北调东线一期管理设施专项总体初步设计方案、南水北调东线一期调度运行管理系统工程总体初步设计方案、南水北调中线一期陶岔渠首枢纽电站送出工程初步设计工作，并做好南水北调东、中线一期工程初步设计审查和项目管理预算审查工作。

四、请各有关单位按照有关规定，及时总结上报初步设计工作投资计划完成情况和各项工作成果。

附件：

1. 2009年南水北调工程初步设计工作投资计划汇总表（略）

2. 2009年南水北调工程初步设计工作投资计划下达表（略）

国务院南水北调工程建设委员会办公室

二〇〇九年九月二十八日

关于南水北调中线一期工程总干渠沙河南—黄河南段潮河段工程初步设计报告（技术方案）的批复

（国调办投计［2009］183号）

南水北调中线干线工程建设管理局：

你单位《关于上报南水北调中线一期总干渠沙河南—黄河南渠段潮河段初步设计报告的请示》（中线局技［2008］53号）收悉。我办南水北调工程设计管理中心委托黄河勘测规划设计有限公司对《南水北调中线一期总干渠沙河南—黄河南渠段潮河段初步设计报告》进行了审查，并提交了审查意见（见附件）。经研究，我办基本同意该审查意见。现批复如下：

一、南水北调中线一期工程总干渠沙河南—黄河南段潮河段工程（以下简称“潮河段工程”）起点位于河南省新郑市梨园村，终点位于中牟与郑州交界处，是南水北调中线一期工程总干渠沙河南—黄河南段的组成部分，担负向河南省新郑市、中牟县、郑州新郑国际机场及其以北的豫冀京津受水区的输供水任务。

二、基本同意潮河段工程分为两个流量段，起点至小河刘分水口门渠道设计流量305m^3/s，加大流量365m^3/s，小河刘分水口门至终点渠道设计流量295m^3/s，加大流量355m^3/s。本渠段起点设计水位为123.154m，终点设计水位为121.145m，总设计水头差2.009m。

基本同意本渠段设置李垌、小河刘两座分水口门，设计流量分别为4m^3/s、3m^3/s。

三、基本同意潮河段工程总干渠渠道、各类交叉建筑物和控制工程等主要建筑物为1级建筑物，附属建筑物、河道护岸工程及河穿渠上下游连接段等次要建筑物为3级建筑物，临时工程为4~5级建筑物。

基本同意总干渠河渠交叉断面以上集流面积大于20km^2的河渠交叉建筑物设计洪水标准为100年一遇，校核洪水标准为300年一遇；集流面积小于20km^2的左岸排水建筑物设计洪水标准为50年一遇，校核洪水标准为200年一遇；总干渠和河渠交叉及左岸排水建筑物连接段的洪水标准与相应建筑物的洪水标准相同。

基本同意潮河段工程主要建筑物抗震设计烈度为Ⅶ度。

四、基本同意潮河段工程线路及工程总体布置。本渠段起点位于河南省新郑市梨园村，坐标为$X=3\ 812\ 000.500$、$Y=38\ 471\ 551.413$；终点位于中牟与郑州交界处，坐标为$X=3\ 832\ 416.755$，$Y=38\ 477\ 679.662$。线路全长45.847km，其中建筑物长0.603km，明渠长45.244km。各类交叉建筑物共63座，其中河渠交叉建筑物5座、左岸排水建筑物17座、控制建筑物4座

（节制闸2座，分水口门2座）、跨渠公路桥35座、铁路交叉建筑物2座。

五、基本同意潮河段工程永久占地和临时占地划分的原则和范围。

六、基本同意潮河段工程施工总工期为32个月。

七、潮河段工程工程部分公路交叉工程、移民环境部分生产桥、移民征地专业项目恢复改建规划中的输变电工程相关设计方案，按有关规定另行报批。

八、潮河段工程初步设计概算投资待国务院南水北调办公室组织初步设计概算核定后另行批复。

九、请你单位根据审查意见，进一步优化和完善设计方案，并结合国务院南水北调办《关于南水北调中线工程建筑环境规划报告有关意见的函》（综投计函［2008］179号）的相关要求，将建筑环境规划报告的有关成果落实到工程设计方案中。

按办公室《关于南水北调中线总干渠黄河南至沙河南段工程地下水及边坡技术有关事宜的复函》（综投计函［2009］147号）要求对明渠渠道设计进行优化。并按你单位发布的《南水北调中线一期工程总干渠渠道设计补充技术规定》相关要求，按有关规范复核抗冻胀设计，复核填方渠道外坡渗透稳定计算。

同时，按办公室《关于南水北调中线干线总干渠陶岔至沙河南段工程膨胀土标准及处理措施有关事宜的复函》（综投计函［2009］146号）的有关要求，在本工程渠段膨胀性分类的基础上，对膨胀性渠段采用换填粘性土处理措施时，进一步优化填筑方案。

请你单位按技术方案批复意见及时组织设计单位修改完善《南水北调中线一期工程总干渠沙河南—黄河南渠段潮河段初步设计报告》报办公室，以利办公室组织开展初步设计概算评审及核定批复工作。并按照基本建设程序要求，抓紧做好开工前的各项准备工作，待初步设计概算核定批复后抓紧组织开展工程建设。

此复。

附件：南水北调中线一期工程总干渠沙河南—黄河南段潮河段工程初步设计报告审查意见（略）

国务院南水北调工程建设委员会办公室
二〇〇九年十月十四日

关于南水北调东线一期长江—骆马湖段其他工程淮安二站改造工程初步设计报告（技术方案）的批复

（国调办投计［2009］185号）

南水北调东线江苏水源有限责任公司：

你单位《关于报请预审南水北调东线第一期工程高水河整治等4个设计单元工程初步设计报告的请示》（苏水源计［2008］4号）收悉。我办南水北调工程设计管理中心委托水利部水利水电规划设计研究总院对《南水北调东线第一期工程淮安二站改造工程初步设计报告》进行审查，并提交了审查意见（见附件）。经研究，我办基本同意该审查意见。现批复如下：

一、淮安二站改造工程是淮安枢纽的重要组成部分，也是南水北调东线一期工程的第2级泵站。该泵站与淮安一站、三站、四站一起，共同满足通过里运河向苏北灌溉总渠输水300m^3/s的目标，其主要任务是排涝、供水和灌溉，改善航运。

二、基本同意淮安二站改造工程的主要建设内容为：更换机组及配套辅助设备、电缆、检修闸门及启闭系统、拦污栅，行车更新改造，增设微机监控系统，厂房加固处理，开关室改造，接长控制楼，拆建交通桥，下游引河清淤和上下游护坡整修；沙庄引江闸暂不列入本次淮安二站改造工程。

基本同意淮安二站按原设计流量 120m^3/s 进行更新改造设计，机组台数为 2 台，水泵单机流量为 60m^3/s。总装机容量为 10 000kW。

基本同意淮安二站供水期站下进水池处设计水位为5.23m，站上苏北灌溉总渠设计水位为9.13m；排涝期站下设计水位4.63m，站上设计水位9.52m；泵站设计净扬程为4.89m。

三、基本同意泵站主要建筑物泵房及防渗范围内的翼墙为2级建筑物，次要建筑物为3级建筑物。泵站洪水标准为50年一遇设计，200年一遇校核。淮安二站站址区的地震基本烈度为Ⅵ度。

四、基本同意淮安二站工程布置。基本同意站内交通桥和站下预制便桥拆除重建的设计方案；基本同意泵站混凝土结构修补、裂缝处理、加固、防碳化处理及加固厂房排架柱等工程措施；基本同意上、下游翼墙裂缝的处理措施；基本同意站下引河清淤范围；基本同意上、下游干砌石护坡拆除整修的范围和结构型式；基本同意更换厂房钢门窗、地面处理、屋面防水处理、粉刷墙面等工程措施；基本同意新增控制楼的布置和结构型式。

五、基本同意淮安二站改造工程临时占地划分的原则和范围。

六、基本同意淮安二站改造工程施工总工期为12个月。

七、淮安二站改造工程初步设计概算投资待国务院南水北调办公室组织初步设计概算核定后另行批复。

八、请你单位根据审查意见，进一步优化和完善设计方案，并结合国务院南水北调办《关于南水北调东线一期工程建筑与环境总体规划报告的批复》（国调办投计［2007］129号）的相关要求，将建筑与环境总体规划有关成果落实到各设计单元工程设计方案中。按照基本建设程序要求，抓紧做好开工前的各项准备工作，待初步设计概算核定批复后抓紧组织开展工程建设。

此复。

附件：南水北调东线一期长江—骆马湖段其他工程淮安二站改造工程初步设计报告审查意见（略）

国务院南水北调工程建设委员会办公室

二〇〇九年十月十四日

关于下达2009年南水北调中线一期丹江口库区移民安置工程投资计划的通知

（国调办投计［2009］190号）

南水北调中线水源有限责任公司：

你公司《关于报送南水北调中线工程丹江口库区2009年移民搬迁安置启动资金计划的请示》（中水源计［2009］139号）收悉。根据《国务院常务会议纪要》（204）原则同意的《南水北调工程总体可研阶段比规划阶段增加投资筹资方案》和南水北调工程建设投资贷款规模相关管理规定，现下达2009年南水北调工程建设投资贷款规模21.45亿元，用于南水北调中线一期工程丹江口库区移民安置工程建设，有关要求如下：

一、请你公司根据我办《关于南水北调中线一期工程丹江口水库初步设计阶段建设征地农村移民安置规划设计报告（技术部分）的批复》（国调办征地［2009］181号）和概算核定批复意见，科学合理组织开展库区移民安置工作，及时组织年度投资计划执行。

二、请你公司严格遵循国家基本建设程序，加强项目管理，严格控制投资，并及时报送投资计划执行情况、基建统计和财务报表。

国务院南水北调工程建设委员会办公室

二〇〇九年十月二十日

关于南水北调东线一期长江—骆马湖段其他工程骆马湖以南中运河影响处理工程初步设计报告（技术方案）的批复

（国调办投计［2009］197号）

南水北调东线江苏水源有限责任公司：

你单位《关于报请审查南水北调东线一期工程骆马湖以南中运河影响处理设计单元工程初步设计报告的请示》（苏水源计［2008］12号）收悉。我办南水北调工程设计管理中心委托水利部水利水电规划设计总院对《南水北调东线第一期工程骆马湖以南中运河影响处理工程初步设计报告》进行了审查，并提交了审查意见（见附件）。经研究，我办基本同意该审查意见。现批复如下：

一、骆马湖以南中运河是京杭运河的一部分，也是南水北调东线的主要输水干线，兼有泄洪、排涝和航运等功能。骆马湖以南中运河向北输水230～175m^3/s，与运西徐洪河线一起承担南水北调东线第一期工程入骆马潮流量350m^3/s的任务。

基本同意骆马湖以南中运河影响处理工程的建设内容包括：堤防复堤、防渗处理、河道防护；新建、维修加固和拆除重建穿堤建筑物及沿线灌排影响处理工程；新建和维修堤顶管理道路。

二、基本同意骆马湖以南中运河影响处理工程范围为骆南中运河泗阳—皂河段，全长80.8km。基本同意按南水北调输水期和行洪排涝期分别提出的泗阳闸上、刘老涧闸下（闸上）、宿迁闸下（闸上）、皂河闸下等主要节点的水位。

基本同意该工程按中运河行洪流量为500m^3/s，两岸圩区城区排涝标准为10年一遇、农田排涝标准为5年一遇进行设计。

三、基本同意骆马湖以南中运河输水河道工程级别为2级；右侧堤防为2级堤防，左侧堤防为4级；穿堤建筑物的级别与相应堤防级别相同；灌排影响工程单项建筑物按其规模确定相应级别。

基本同意工程建筑物地震设计烈度采用工程所在地地震基本烈度Ⅶ～Ⅷ度。

四、基本同意骆马湖以南中运河影响处理工程总布置，即包括堤防复堤、防渗处理及堤防护砌、沿线穿堤建筑物拆除重建和加固，以及影响处理工程。

五、基本同意骆马湖以南中运河影响处理工程永久占地和临时占地划分的原则和范围。

六、基本同意骆马湖以南中运河影响处理工程施工总工期为24个月。

七、骆马湖以南中运河影响处理工程初步设计概算投资待国务院南水北调办组织初步设计概算核定后另行批复。

八、请你单位根据审查意见，进一步优化和完善设计方案，同时结合国务院南水北调办《关于南水北调东线一期工程建筑与环境总体规划报告的批复》（国调办投计［2007］129号）的相关要求，将建筑与环境总体规划有关成果落实到各设计单元工程设计方案中。并按照基本建设程序要求，抓紧做好开工前的各项准备工作，待初步设计概算核定批复后抓紧组织开展工程建设。

此复。

附件：南水北调东线一期长江—骆马湖段其他工程骆马湖以南中运河影响处理工程初步设计报告审查意见（略）

国务院南水北调工程建设委员会办公室

二〇〇九年十一月五日

关于南水北调东线一期长江—骆马湖段其他工程高水河整治工程初步设计报告（技术方案）的批复

（国调办投计［2009］198 号）

南水北调东线江苏水源有限责任公司：

你单位《关于报请预审南水北调东线第一期工程高水河整治等4个设计单元工程初步设计报告的请示》（苏水源计［2008］4号）收悉。我办南水北调工程设计管理中心委托水利部水利水电规划设计总院对《南水北调东线第一期工程高水河整治工程初步设计报告》进行了审查，并提交了审查意见（见附件）。经研究，我办基本同意该审查意见。现批复如下：

一、高水河是由江都站向北送水至里运河的河道，与三阳河、潼河一起承担南水北调东线一期工程向北输水 $500m^3/s$ 的任务，并兼有行洪、排涝及航运功能。

基本同意高水河整治工程的主要内容是拓浚河道，加固堤防和沿线穿堤建筑物，排涝影响处理，完善管理道路和设施。

二、基本同意该工程对自江都站上至邵伯轮船码头的15.2km高水河进行治理。南水北调工程调水期，高水河设计输水流量为 $400m^3/s$，相应江都站上水位8.5m，淮安站下水位按6.0m控制；淮河入江水道行洪期，运盐河设计行洪流量为 $878m^3/s$。

三、基本同意高水河东堤及邵仙闸（桩号8+000）以北西堤为1级堤防，其余为2级堤防；沿线穿堤建筑物与所在堤防级别相同，次要建筑物为3级。

基本同意高水河西岸排涝标准为10年一遇，工程建筑物地震设计烈度为Ⅶ度。

四、基本同意高水河整治工程总布置，即疏浚河道，对东、西大堤进行复堤、堤后填塘、狗獾洞处理、截渗和护砌，沿线穿堤建筑物进行拆除重建或加固。

五、基本同意高水河整治工程永久占地和临时占地划分的原则和范围。

六、基本同意高水河整治工程施工总工期为24个月。

七、高水河整治工程初步设计概算投资待国务院南水北调办组织初步设计概算核定后另行批复。

八、请你单位根据审查意见，进一步优化和完善设计方案，同时结合国务院南水北调办《关于南水北调东线一期工程建筑与环境总体规划报告的批复》（国调办投计［2007］129号）的相关要求，将建筑与环境总体规划有关成果落实到各设计单元工程设计方案中。并按照基本建设程序要求，抓紧做好开工前的各项准备工作，待初步设计概算核定批复后抓紧组织开展工程建设。

此复。

附件：南水北调东线一期长江—骆马湖段其他工程高水河整治工程初步设计报告审查意见（略）

国务院南水北调工程建设委员会办公室

二〇〇九年十一月五日

关于南水北调中线一期工程总干渠漳河北—古运河南邢石界—古运河南渠段工程初步设计报告（概算）的批复

（国调办投计［2009］205 号）

南水北调中线干线工程建设管理局：

你单位分别以中线局技［2006］27号文和中线局技［2006］40号文上报水利部的《南水北调中线一期工程总干渠河北省石家庄市区段初步设计报告》、《南水北调中线一期工程总干渠河北省邢石段（高邑至鹿泉市段）初步设计报告》收悉。我办已以《关于南水北调中线一期工程总干渠漳河北—古运河南邢石界—古运河南渠段工程初步设计报告（技术方案）的批复》（国调办投计［2009］111号）批复该项工程初步设计报告技术方案。按照《国家发展改革委办公厅对调整南水北调东中线一期工程初步设计概算核定工作职责分工的意见》（发改办投资［2008］2683号）的有关意见，我办委托南水北调工程设计管理中心组织对该项工程初步设计概算进行了评审并提出了评审意见。经研究，我办原则同意南水北调工程设计管理中心提出的南水北调中线一期工程总干渠漳河北—古运河南邢石界—古运河南渠段工程初步设计概算评审意见。现批复如下：

一、该工程技术方案按照国务院南水北调办公室《关于南水北调中线一期工程总干渠漳河北—古运河南邢石界—古运河南渠段工程初步设计报告（技术方案）的批复》（国调办投计［2009］111号）批复的意见执行。

二、按照2009年第一季度价格水平，核定该工程初步设计概算总投资559 255万元，其中，静态总投资为548 284万元；根据国务院批复的南水北调工程筹资方案和工程投资计划安排的实际情况，贷款比例暂按23%计列，贷款利率按5.31%计列，建设期贷款利息按10 971万元暂列。

在工程建设过程中，请你单位进一步优化设计，加强管理，建设期贷款利息按照南水北调工程投资静态控制和动态管理有关规定执行。

邢石界—古运河南渠段工程及所含设计单元工程初步设计核定概算详见《南水北调中线一期工程总干渠漳河北—古运河南邢石界—古运河南渠段工程初步设计概算核定表》及其附表1～附表3。

三、该工程临时占地耕地占用税，按照国家有关规定计列20 388万元。

四、该工程工程部分永久供电工程投资、冰期输水专题研究费，移民环境部分电力专项设施迁建及压覆矿产影响补偿投资，按审查审批程序另行批复。

五、请你单位根据批复的初步设计，严格按照基本建设程序和南水北调工程投资“静态控制、动态管理”有关规定，以及项目法人责任制、招标投标制、建设监理制、合同管理制的要求，加强工程建设管理，确保工程质量，按期完成工程建设任务。

特此批复。

附件：南水北调中线一期工程总干渠漳河北—古运河南邢石界—古运河南渠段工程初步设计概算核定表（略）

国务院南水北调工程建设委员会办公室
二〇〇九年十一月十二日

关于南水北调中线一期工程总干渠漳河北—古运河南邯邢段工程初步设计报告（概算）的批复

（国调办投计［2009］206号）

南水北调中线干线工程建设管理局：

你单位以中线局技［2006］40号文上报水利部的《南水北调中线一期工程总干渠河北省邯邢段初步设计报告》收悉。我办已以《关于南水北调中线一期工程总干渠漳河北—古运河南邯邢段工程初步设计报告（技术方案）的批复》（国调办投计［2009］113号）批复该项工程初步设计报告技术方案。按照《国家发展改革委办公厅对调整南水北调东中线一期工程初步设计概算核定工作职责分工的意见》（发改办投资［2008］2683号）的有关意见，我办委托南水北调工程设计管理中心组织对该项工程初步设计概算进行了评审并提出了评审意见。经研究，我办原则同意南水北调工程设计管理中心提出的南水北调中线一期工程总干渠漳河北—古运河南邯邢段工程初步设计概算评审意见。现批复如下：

一、该工程技术方案按照国务院南水北调办公室《关于南水北调中线一期工程总干渠漳河北—古运河南邯邢段工程初步设计报告（技术方案）的批复》（国调办投计［2009］113号）批复的意见执行。

二、按照2009年第一季度价格水平，核定该工程初步设计概算总投资1 554 804万元，其中，静态总投资为1 511 152万元；根据国务院批复的南水北调工程筹资方案和工程投资计划安排的实际情况，贷款比例暂按23%计列，贷款利率按5.31%计列，建设期贷款利息按43 652万元暂列。

在工程建设过程中，请你单位进一步优化设计，加强管理，建设期贷款利息按照南水北调工程投资静态控制和动态管理有关规定执行。

邯邢段工程及所含设计单元工程初步设计核定概算详见附件《南水北调中线一期工程总干渠漳河北—古运河南邯邢段工程初步设计概算核定表》及其附表1～附表9。

三、该工程临时占地耕地占用税，按照国家有关规定计列58 545万元。

四、该工程工程部分永久供电工程投资、冰期输水专题研究费，移民环境部分电力专项设施迁建及压覆矿产影响补偿投资，按审查审批程序另行批复。

五、请你单位根据批复的初步设计，严格按照基本建设程序和南水北调工程投资“静态控制、动态管理”有关规定，以及项目法人责任制、招标投标制、建设监理制、合同管理制的要求，加强工程建设管理，确保工程质量，按期完成工程建设任务。

特此批复。

附件：南水北调中线一期工程总干渠漳河北—古运河南邯邢段工程初步设计概算核定表（略）

国务院南水北调工程建设委员会办公室
二〇〇九年十一月十二日

关于《南水北调工程建设与管理基础信息建设与应用（一期）优化设计报告》的批复

（国调办投计［2009］207号）

南水北调工程设计管理中心：

你中心《关于报送〈南水北调工程建设与管理基础信息建设与应用优化设计报告〉的请示》（设管技［2009］84号，以下简称《建管基础信息优化报告》）收悉。我办组织有关单位对《建管基础信息优化报告》进行了评审，并提出了评审意见。经研究，我办原则同意该评审意见，并批复如下：

一、根据办公室《关于〈南水北调工程建设与管理基础信息建设与应用初步设计报告（一期）〉的批复》（国调办投计［2008］145号）的批复意见，你中心结合南水北调东、中线一期工程沿线地表景观变化不同的特点，根据南水北调工程建设过程中的施工、征地、环境、水土保持以及可资利用的基础资料等实际情况，按统筹兼顾、急用先建、科学合理、分步实施的原则，对原初步设计报告的航测范围、典型渠（河）段及重点建筑物的选择等进行优化设计是可行的和必要的。原则同意《建管基础信息优化报告》提出的建设目标和任务。

二、原则同意《建管基础信息优化报告》对该项目的需求分析以及确定的项目建设系统总体设计、各分项设计及集成方案；原则同意《建管基础信息优化报告》提出的优化设计内容。

三、原则同意《建管基础信息优化报告》提出的实施组织方案和进度安排，请严格按照国家招投标有关规定开展招投标工作。

四、按照2009年上半年价格水平，核定该项目投资为2800万元（详见附件1），资金来源为国家预算内基本建设投资。

五、鉴于项目建设内容复杂，涉及范围广，请你中心根据评审意见要求，在项目实施阶段，结合项目进展实际情况，本着经济、适用的原则，进一步优化实施方案和实施计划。并请你中心严格按照基本建设程序和《南水北调工程建设重大专题和南水北调办能力建设项目管理办法》的有关规定，抓紧组织项目建设；严格控制建设投资和规模，加强资金管理，专款专用；保障项目建设质量，尽早发挥投资效益。

特此批复。

附件：

1. 南水北调工程建设与管理基础信息建设与应用（一期）优化设计概算核定表（略）

2. 关于南水北调工程建设与管理基础信息建设与应用（一期）优化设计报告评审意见的报告（水总设［2009］970号）（略）

国务院南水北调工程建设委员会办公室

二〇〇九年十一月十三日

关于《南水北调东线第一期工程南四湖水资源控制工程杨官屯河闸变更设计报告（修订稿）》的批复

（国调办投计［2009］210号）

淮河水利委员会治淮工程建设管理局、南水北调东线江苏水源有限责任公司、南水北调东线山东干线有限责任公司：

淮河水利委员会治淮工程建设管理局《关于报送南四湖水资源控制工程杨官屯河闸设计变更的报告》（建设［2009］245号）收悉。根据我办《关于印发〈南水北调东线第一期南四湖水资源控制工程建设协调会议纪要〉的通知》（综建管［2009］54号）文件精神，我办委托南水北调工程设计管理中心组织水利部水利水电规划设计总院对随文上报的《南水北调东线第一期工程南四湖水资源控制工程杨官屯河闸变更设计报告（修订稿）》进行了审查，并提交了审查意见（见附件）。经研究，我办基本同意该审查意见。现批复如下：

一、为推动工程建设，促进地方经济发展，在河闸位置、河闸总宽度、底板高程、上下游原河床断面维持原初步设计方案不变的条件下，基本同意船闸宽度由10m变更为12m，泄水闸宽度由10m相应变更为8m，闸室长度由80m变更为160m。船闸按Ⅶ级航道标准设计。

基本同意根据调整后的布置方案所采用的结构措施及尺寸。

基本同意施工导流采用分期导流方案，采用钢板桩围堰的结构型式及施工建筑物布置方案。

二、请淮河水利委员会治淮工程建设管理局商江苏、山东两省项目法人，以2009年第三季度作为编制设计概算的价格水平年，按照原批复初步设计概算的编制原则、依据，修改完善变更设计概算报告，报我办核定后，另行批复。同时，请按照相关要求，做好因设计变更引起的投资变化分析报告一并报我办。

三、请按照《南水北调东线第一期南四湖水资源控制工程建设协调会议纪要》的精神和要求，根据批复意见和审查意见，进一步优化完善设计方案，认真做好各项施工准备工作，切实加大工作力度，促进工程建设顺利进行。

特此批复。

附件：南水北调东线第一期工程南四湖

水资源控制工程杨官屯河闸变更设计报告（修订稿）审查意见（略）

国务院南水北调工程建设委员会办公室
二〇〇九年十一月十六日

关于《南水北调东线第一期工程南四湖水资源控制工程大沙河闸变更设计报告（修订稿）》的批复

（国调办投计［2009］211号）

淮河水利委员会治淮工程建设管理局、南水北调东线江苏水源有限责任公司、南水北调东线山东干线有限责任公司：

淮河水利委员会治淮工程建设管理局《关于报送南四湖水资源控制工程大沙河闸设计变更的报告》（建设［2009］244号）收悉。根据我办《关于印发〈南水北调东线第一期南四湖水资源控制工程建设协调会议纪要〉的通知》（综建管［2009］54号）文件精神，我办委托南水北调工程设计管理中心组织水利部水利水电规划设计总院对随文上报的《南水北调东线第一期工程南四湖水资源控制工程大沙河闸变更设计报告（修订稿）》进行了审查，并提交了审查意见（见附件）。经研究，我办基本同意该审查意见。现批复如下：

一、为推动工程建设，促进地方经济发展，在河闸位置、河闸总宽度、底板高程、上下游原河床断面维持原初步设计方案不变的条件下，基本同意船闸宽度由10m变更为12m，闸室长度从100m变更为160m。船闸按Ⅵ级航道标准设计。

基本同意调整后的船闸结构布置及尺寸。基本同意上、下游引航道布置及结构型式。

基本同意本次变更设计的施工组织设计方案。

二、请淮河水利委员会治淮工程建设管理局商江苏、山东两省项目法人，以2009年第三季度作为编制设计概算的价格水平年，按照原批复初步设计概算的编制原则、依据，修改完善变更设计概算报告，报我办核定后，另行批复。同时，请按照相关要求，做好因设计变更引起的投资变化分析报告一并报我办。

三、请按照《南水北调东线第一期南四湖水资源控制工程建设协调会议纪要》的精神和要求，根据批复意见和审查意见，进一步优化完善设计方案，认真做好各项施工准备工作，切实加大工作力度，促进工程建设顺利进行。

特此批复。

附件：南水北调东线第一期工程南四湖水资源控制工程大沙河闸变更设计报告（修订稿）审查意见（略）

国务院南水北调工程建设委员会办公室
二〇〇九年十一月十六日

关于南水北调中线一期天津干线西黑山进口闸—有压箱涵段、保定市1段、保定市2段和廊坊市段工程临时占地耕地占用税的批复

（国调办投计［2009］222号）

南水北调中线干线工程建设管理局：

你局《关于报送〈南水北调中线一期天津干线工程西黑山进口闸—有压箱涵段、保定市1段、保定市2段、廊坊市段临时耕地占用税计算报告〉的报告》（中线局移［2009］9号）收悉。经研究，意见如下：

一、根据我办初步设计审查有关规定，受我办委托，南水北调工程设计管理中心对你局报送的《南水北调中线一期天津干线工程西黑山进口闸—有压箱涵段、保定市1段、保定市2段、廊坊市段临时耕地占用税计算报告》进

行了复核，核定南水北调中线一期天津干线工程西黑山进口闸—有压箱涵段、保定市 1 段、保定市 2 段、廊坊市段工程临时占地耕地占用税总额为 37 332 万元，其中西黑山进口闸—有压箱涵段 4481 万元、保定市 1 段 14 073 万元、保定市 2 段 4429 万元、廊坊市段 14 349 万元（详见附件）。我办原则同意。

二、请你们严格按照有关规定，优化工程设计，加强施工管理，严格控制临时用地，及时做好临时占地耕地占用税的回收工作。

此复。

附件：关于报送南水北调中线一期工程天津干线西黑山进口闸—有压箱涵段、保定市 1 段、保定市 2 段和廊坊市段工程临时占地耕地占用税概算评审意见的报告（设管技［2009］96 号）（略）

国务院南水北调工程建设委员会办公室

二〇〇九年十一月二十五日

关于南水北调东线一期三阳河潼河河道工程、宝应站工程等 10 项设计单元工程价差报告的批复

（国调办投计［2009］226 号）

南水北调东线江苏水源有限责任公司：

你公司《关于报请审批南水北调东线第一期工程江苏境内基本完工项目价差报告的请示》（苏水源计［2009］12 号）收悉。受我办委托，水利部水利水电规划设计总院对你公司报送的南水北调东线一期三阳河潼河河道工程、宝应站工程等 10 项设计单元工程的价差报告进行了审查，并提交了审查意见。按照《国家发展改革委办公厅关于南水北调东中线一期工程基本完工项目综合年度价差管理有关问题的复函》（发改办投资［2009］2387 号）的有关意见，经研究，我办基本同意该审查意见。现批复如下：

一、基本同意南水北调东线一期三阳河潼河河道工程、宝应站工程等 10 项设计单元工程价差报告的编制依据和方法。

二、基本同意各设计单元工程价差报告的调差范围和内容。

三、基本同意各设计单元工程价差报告选用的价格基期和价差计算方式。

四、核定南水北调东线一期三阳河潼河河道工程、宝应站工程等 10 项设计单元工程价差投资为 5263 万元（详见附件《南水北调东线一期三阳河潼河河道工程、宝应站工程等 10 项设计单元工程价差投资核定表》）。核定的价差投资计入批复的相应设计单元工程初步设计概算总投资。

五、请你公司根据审查意见，严格按照基本建设程序和南水北调工程投资“静态控制、动态管理”有关规定，切实控制工程建设投资，加强动态投资专项管理，确保动态投资合理有效使用，保证工程建设任务顺利完成。

特此批复。

附件：

1. 南水北调东线一期三阳河潼河河道工程、宝应站工程等 10 项设计单元工程价差报告审查意见（略）
2. 南水北调东线一期三阳河潼河河道工程、宝应站工程等 10 项设计单元工程价差投资核定表（略）

国务院南水北调工程建设委员会办公室

二〇〇九年十一月二十七日

关于南水北调东线一期济平干渠工程、台儿庄泵站工程、万年闸泵站工程价差报告的批复

（国调办投计［2009］227 号）

南水北调东线山东干线有限责任公司：

你公司《关于报送山东省南水北调第一

批编制项目价差报告的报告》（鲁调水企合字［2009］3号）收悉。受我办委托，水利部水利水电规划设计总院对你公司报送的南水北调东线一期济平干渠工程、台儿庄泵站工程、万年闸泵站工程的价差报告进行了审查，并提交了审查意见。按照《国家发展改革委办公厅关于南水北调东中线一期工程基本完工项目综合年度价差管理有关问题的复函》（发改办投资［2009］2387号）的有关意见，经研究，我办基本同意该审查意见。现批复如下：

一、基本同意南水北调东线一期济平干渠工程、台儿庄泵站工程、万年闸泵站工程价差报告的编制依据和方法。

二、基本同意各设计单元工程价差报告的调差范围和内容。

三、基本同意各设计单元工程价差报告选用的价格基期和价差计算方式。

四、核定南水北调东线一期济平干渠工程、台儿庄泵站工程、万年闸泵站工程价差投资为3788万元（详见附件《南水北调东线一期济平干渠工程、台儿庄泵站工程、万年闸泵站工程价差投资核定表》）。核定的价差投资计入批复的相应设计单元工程初步设计概算总投资。

五、请你公司根据审查意见，严格按照基本建设程序和南水北调工程投资“静态控制、动态管理”有关规定，切实控制工程建设投资，加强动态投资专项管理，确保动态投资合理有效使用，保证工程建设任务顺利完成。

特此批复。

附件：

1. 南水北调东线一期济平干渠工程、台儿庄泵站工程、万年闸泵站工程价差报告审查意见（略）

2. 南水北调东线一期济平干渠工程、台儿庄泵站工程、万年闸泵站工程价差投资核定表（略）

国务院南水北调工程建设委员会办公室
二○○九年十一月二十七日

关于南水北调中线一期丹江口大坝加高工程价差报告的批复

（国调办投计［2009］228号）

南水北调中线水源有限责任公司：

你公司《关于报送丹江口大坝加高工程2005～2008年度价差报告的请示》（中水源计［2009］18号）收悉。受我办委托，水利部水利水电规划设计总院对你公司报送的南水北调中线一期丹江口大坝加高工程的价差报告进行了审查，并提交了审查意见。按照《国家发展改革委办公厅关于南水北调东中线一期工程基本完工项目综合年度价差管理有关问题的复函》（发改办投资［2009］2387号）的有关意见，经研究，我办基本同意该审查意见。现批复如下：

一、基本同意南水北调中线一期丹江口大坝加高工程价差报告的编制依据和方法。

二、基本同意该工程价差报告的调差范围和内容。

三、基本同意该工程价差报告选用的价格基期和价差计算方式。

四、核定南水北调中线一期丹江口大坝加高工程2005～2008年度价差投资为2606万元（详见附件《南水北调中线一期丹江口大坝加高工程价差投资核定表》）。核定的价差投资计入批复的该设计单元工程初步设计概算总投资。

五、请你公司根据审查意见，严格按照基本建设程序和南水北调工程投资“静态控制、动态管理”有关规定，切实控制工程建设投资，加强动态投资专项管理，确保动态投资合理有效使用，保证工程建设任务顺利完成。

特此批复。

附件：

1. 南水北调中线一期丹江口水利枢纽大坝加高工程价差报告审查意见（略）

2. 南水北调中线一期丹江口大坝加高工程价差投资核定表（略）

国务院南水北调工程建设委员会办公室

二〇〇九年十一月二十七日

关于南水北调中线一期永定河倒虹吸工程、滹沱河倒虹吸工程、穿黄工程等17项设计单元工程价差报告的批复

（国调办投计［2009］229号）

南水北调中线干线工程建设管理局：

你局《关于报送南水北调中线干线工程材料价差报告的请示》（中线局计［2009］2号）收悉。受我办委托，水利部水利水电规划设计总院对你局报送的南水北调中线一期永定河倒虹吸工程、滹沱河倒虹吸工程、穿黄工程等17项设计单元工程的价差报告进行了审查，并提交了审查意见。按照《国家发展改革委办公厅关于南水北调东中线一期工程基本完工项目综合年度价差管理有关问题的复函》（发改办投资［2009］2387号）的有关意见，经研究，我办基本同意该审查意见。现批复如下：

一、基本同意南水北调中线一期永定河倒虹吸工程、滹沱河倒虹吸工程、穿黄工程等17项设计单元工程价差报告的编制依据和方法。

二、基本同意各设计单元工程价差报告的调差范围和内容。

三、基本同意各设计单元工程价差报告选用的价格基期和价差计算方式。

四、核定南水北调中线一期永定河倒虹吸工程、滹沱河倒虹吸工程、穿黄工程等17项设计单元工程2004～2008年度价差投资为60 971万元（详见附件《南水北调中线一期永定河倒虹吸工程、滹沱河倒虹吸工程、穿黄工程等17项设计单元工程价差投资核定表》）。核定的价差投资计入批复的相应设计单元工程初步设计概算总投资。

关于南水北调中线一期京石段应急供水工程（石家庄—北拒马河段）弃土弃渣场位置变更引起的价差投资，根据《关于南水北调中线京石段应急供水工程（石家庄—北拒马河段）弃土弃渣占地设计变更的批复》（国调办投计［2007］116号）的有关要求，由你局本着合理、科学、从严、从紧的原则，按有关程序予以解决。

五、请你局根据审查意见，严格按照基本建设程序和南水北调工程投资“静态控制、动态管理”有关规定，切实控制工程建设投资，加强动态投资专项管理，确保动态投资合理有效使用，保证工程建设任务顺利完成。

特此批复。

附件：

1. 南水北调中线一期京石段工程（河北滹沱河倒虹吸、北京永定河倒虹吸、漕河渡槽等14个设计单元工程）价差报告审查意见（略）

2. 南水北调中线一期穿黄工程、安阳段工程、潞王坟膨胀土试验段工程价差报告审查意见（略）

3. 南水北调中线一期永定河倒虹吸工程、滹沱河倒虹吸工程、穿黄工程等17项设计单元工程价差投资核定表（略）

国务院南水北调工程建设委员会办公室

二〇〇九年十一月二十七日

关于南水北调东线一期胶东干线济南—引黄济青段工程东湖水库工程初步设计报告（概算）的批复

（国调办投计［2009］230号）

南水北调东线山东干线有限责任公司：

你单位《关于报送南水北调东线第一期工程济南—引黄济青段明渠、东湖水库、双王城水库三个设计单元工程初步设计报告的请示》（鲁调水企财字［2008］44号）收悉。我办已以《关于南水北调东线一期胶东干线济南—引黄济青段工程东湖水库工程初步设计报告（技术方案）的批复》（国调办投计［2009］164号）批复该项工程初步设计技术方案。按照《国家发展改革委办公厅对调整南水北调东中线一期工程初步设计概算核定工作职责分工的意见》（发改办投资［2008］2683号）的有关意见，我办委托南水北调工程设计管理中心组织对该项工程初步设计概算进行了评审并提出了评审意见。经研究，我办原则同意南水北调工程设计管理中心提出的该项工程初步设计概算评审意见。现批复如下：

一、该工程技术方案按照国务院南水北调办公室《关于南水北调东线一期胶东干线济南—引黄济青段工程东湖水库工程初步设计报告（技术方案）的批复》（国调办投计［2009］164号）批复的意见执行。

二、按照2008年第四季度价格水平，核定该工程初步设计概算总投资96 403万元。其中，静态总投资94 992万元；根据国务院批复的南水北调工程筹资方案和工程投资计划安排的实际情况，贷款比例暂按17%、贷款利率按5.31%计列，建设期贷款利息按1411万元暂列。

在工程建设过程中，建设期贷款利息根据南水北调工程投资“静态控制、动态管理”有关规定执行。

三、该工程临时占地耕地占用税，按照国家有关规定计列177万元。

四、该工程初步设计核定概算详见《南水北调东线一期胶东干线济南—引黄济青段工程东湖水库工程初步设计概算核定表》。

五、请你单位根据该设计单元工程批复的初步设计，严格按照基本建设程序和南水北调工程投资“静态控制、动态管理”有关规定，以及项目法人责任制、招标投标制、建设监理制、合同管理制的要求，加强工程建设管理，确保工程质量，按期完成工程建设任务。

特此批复。

附件：南水北调东线一期胶东干线济南—引黄济青段工程东湖水库工程初步设计概算核定表（略）

国务院南水北调工程建设委员会办公室

二〇〇九年十一月二十七日

关于下达南水北调工程2009年第五批投资计划的通知

（国调办投计［2009］235号）

南水北调东线江苏水源有限责任公司、南水北调东线山东干线有限责任公司、南水北调中线干线工程建设管理局、南水北调中线水源有限责任公司：

根据《国家发展改革委关于下达2009年南水北调工程新增中央预算内投资计划的通知》（发改投资［2009］361号），结合南水北调东、中线一期工程建设的实际情况，现下达南水北调工程2009年第五批投资计划6.5亿元，其中中央预算内投资计划2亿元，中央专项建设基金（南水北调工程基金）4.5

亿元，用于东线一期三阳河潼河宝应站、中线一期丹江口大坝加高等设计单元工程价差投资（具体安排情况见附件），有关要求如下：

一、本次下达的中央预算内投资为2009年新增中央投资。请各项目法人按照国家扩大内需、拉动经济增长的部署和要求，科学合理组织工程建设，抓紧落实各项建设任务，充分发挥新增中央投资拉动经济的作用，并按要求做好新增中央投资和实物工作量完成情况的统计和报送工作。

二、请各项目法人单位严格遵循国家基本建设程序，按照南水北调工程建设投资静态控制和动态管理的有关规定和要求，依据我办批复的各设计单元工程价差投资报告，加强项目管理，严格控制投资，并及时报送投资计划执行情况、基建统计和财务报表。

附件：

1. 南水北调工程2009年第五批投资计划汇总表（只发综合部门）（略）

2. 南水北调工程2009年第五批投资计划下达表（分发各下达单位）（略）

国务院南水北调工程建设委员会办公室
二〇〇九年十二月三日

关于南水北调中线一期工程总干渠沙河南—黄河南段沙河渡槽段工程初步设计报告（概算）的批复

（国调办投计［2009］238号）

南水北调中线干线工程建设管理局：

你单位《关于上报南水北调中线一期工程总干渠沙河南—黄河南沙河渡槽段工程、北汝河渠道倒虹吸段工程初步设计报告的请示》（中线局技［2009］2号）收悉。我办以《关于南水北调中线一期工程总干渠沙河南—黄河南段沙河渡槽段工程初步设计报告（技术方案）的批复》（国调办投计［2009］171号）批复该项工程初步设计报告技术方案。按照《国家发展改革委办公厅对调整南水北调东中线一期工程初步设计概算核定工作职责分工的意见》（发改办投资［2008］2683号）的有关意见，我办委托南水北调工程设计管理中心组织对该项工程初步设计概算进行了评审并提出了评审意见。经研究，我办原则同意南水北调工程设计管理中心提出的南水北调中线一期工程总干渠沙河南—黄河南段沙河渡槽段工程初步设计概算评审意见。现批复如下：

一、该工程技术方案按照国务院南水北调办公室《关于南水北调中线一期工程总干渠沙河南—黄河南段沙河渡槽段工程初步设计报告（技术方案）的批复》（国调办投计［2009］171号）批复的意见执行。

二、按照2009年第一季度价格水平，核定该工程初步设计概算总投资265 706万元，其中，静态总投资为258 482万元；根据国务院批复的南水北调东、中线一期工程建设筹资方案和工程投资计划安排的实际情况，该工程贷款投资规模暂按23%计列，贷款利率按5.31%计列，建设期贷款利息7224万元。

在工程建设过程中，请你单位进一步优化设计，加强管理，建设期贷款利息按照南水北调工程投资"静态控制、动态管理"有关规定执行。

该工程初步设计核定概算详见《南水北调中线一期工程总干渠沙河南—黄河南段沙河渡槽段工程初步设计概算核定表》。

三、该工程临时占地耕地占用税，按照国家有关规定计列4050万元。

四、该工程工程部分中公路交叉工程投资，移民环境部分中生产桥以及专业项目恢复改建规划中的输变电工程投资，按审查审批程序另行批复。

五、对该工程我办已组织开展了技术复核，并以《关于印发南水北调中线一期工程总干渠沙河南—黄河南段沙河渡槽工程技术复核评审意见的函》（综投计函［2009］361号）将有关意见印发你单位，请你单位在今后工作中认真执行。

六、请你单位根据批复的初步设计，严格按照基本建设程序和南水北调工程投资“静态控制、动态管理”有关规定，以及项目法人责任制、招标投标制、建设监理制、合同管理制的要求，加强工程建设管理，确保工程质量，按期完成工程建设任务。

特此批复。

附件：南水北调中线一期工程总干渠沙河南—黄河南段沙河渡槽段工程初步设计概算核定表（略）

国务院南水北调工程建设委员会办公室
二〇〇九年十二月十一日

关于南水北调东线一期胶东干线济南—引黄济青段工程双王城水库工程初步设计报告（概算）的批复

（国调办投计［2009］248号）

南水北调东线山东干线有限责任公司：

你单位《关于报送南水北调东线第一期工程济南—引黄济青段明渠、东湖水库、双王城水库三个设计单元工程初步设计报告的请示》（鲁调水企财字［2008］44号）收悉。我办已以《关于南水北调东线一期胶东干线济南—引黄济青段工程双王城水库工程初步设计报告（技术方案）的批复》（国调办投计［2009］170号）批复该项工程初步设计技术方案。按照《国家发展改革委办公厅对调整南水北调东中线一期工程初步设计概算核定工作职责分工的意见》（发改办投资［2008］2683号）的有关意见，我办委托南水北调工程设计管理中心组织对该项工程初步设计概算进行了评审并提出了评审意见。经研究，我办原则同意南水北调工程设计管理中心提出的该项工程初步设计概算评审意见。现批复如下：

一、该工程技术方案按照国务院南水北调办公室《关于南水北调东线一期胶东干线济南—引黄济青段工程双王城水库工程初步设计报告（技术方案）的批复》（国调办投计［2009］170号）批复的意见执行。

二、按照2008年第四季度价格水平，核定该工程初步设计概算总投资80 525万元。其中，静态总投资79 346万元；根据国务院批复的南水北调工程筹资方案和工程投资计划安排的实际情况，贷款比例暂按17%、贷款利率按5.31%计列，建设期贷款利息按1179万元暂列。

在工程建设过程中，建设期贷款利息根据南水北调工程投资“静态控制、动态管理”有关规定执行。

三、该工程临时占地耕地占用税，按照《中华人民共和国耕地占用税暂行条例》（国务院令第511号）以及财政部、国家税务总局关于《中华人民共和国耕地占用税暂行条例实施细则》（财政部、国家税务总局第49号令）的相关规定，计列99万元。

四、该工程初步设计核定概算详见《南水北调东线一期胶东干线济南—引黄济青段工程双王城水库工程初步设计概算核定表》。

五、根据初步设计审查单位对该工程建设施工总工期的复核意见，同意将该工程施工总工期调整为30个月。

六、请你单位根据该设计单元工程批复的初步设计，严格按照基本建设程序和南水北调工程投资“静态控制、动态管理”有关规定，以及项目法人责任制、招标投标制、建设监理制、合同管理制的要求，加强工程建设管理，确保工程质量，按期完成工程建设任务。

特此批复。

附件：南水北调东线一期胶东干线济南—引黄济青段工程双王城水库工程初步设计概算核定表（略）

国务院南水北调工程建设委员会办公室

二〇〇九年十二月二十八日

关于南水北调东线一期南四湖—东平湖段输水与航运结合工程八里湾泵站工程初步设计报告（概算）的批复

（国调办投计［2009］249号）

南水北调东线山东干线有限责任公司：

你单位《关于报送南水北调东线第一期工程南四湖—东平湖段输水与航运结合工程初步设计报告的请示》（鲁调水企财字［2008］16号）和《关于南水北调东线第一期工程南四湖—东平湖段输水与航运结合工程初步设计报告有关审批事宜的请示》（鲁调水企财字［2008］30号）收悉。我办以《关于南水北调东线一期南四湖—东平湖段输水与航运结合工程八里湾泵站工程初步设计报告（技术方案）的批复》（国调办投计［2009］92号）批复该项工程初步设计报告技术方案。按照《国家发展改革委办公厅对调整南水北调东中线一期工程初步设计概算核定工作职责分工的意见》（发改办投资［2008］2683号）的有关意见，我办委托南水北调工程设计管理中心组织对该项工程初步设计概算进行了评审并提出了评审意见。经研究，我办原则同意南水北调工程设计管理中心提出的南水北调东线一期南四湖—东平湖段输水与航运结合工程八里湾泵站工程初步设计概算评审意见。现批复如下：

一、该工程技术方案按照国务院南水北调办公室《关于南水北调东线一期南四湖—东平湖段输水与航运结合工程八里湾泵站工程初步设计报告（技术方案）的批复》（国调办投计［2009］92号）批复的意见执行。

二、按照2008年第四季度价格水平，核定该工程初步设计概算总投资26 577万元，其中，静态总投资为26 225万元；根据国务院批复的南水北调东、中线一期工程建设筹资方案和工程投资计划安排的实际情况，该工程贷款投资规模暂按17%计列，贷款利率按5.31%计列，建设期贷款利息352万元。

在工程建设过程中，请你单位进一步优化设计，加强管理，建设期贷款利息按照南水北调工程投资"静态控制、动态管理"有关规定执行。

三、该工程临时占地耕地占用税，按照《中华人民共和国耕地占用税暂行条例》（国务院令第511号）以及财政部、国家税务总局关于《中华人民共和国耕地占用税暂行条例实施细则》（财政部、国家税务总局第49号令）的相关规定，计列416万元。

四、该工程初步设计核定概算详见《南水北调东线一期南四湖—东平湖段输水与航运结合工程八里湾泵站工程初步设计概算核定表》。

五、请你单位根据批复的初步设计，严格按照基本建设程序和南水北调工程投资"静态控制、动态管理"有关规定，以及项目法人责任制、招标投标制、建设监理制、合同管理制的要求，加强工程建设管理，确保工程质量，按期完成工程建设任务。

特此批复。

附件：南水北调东线一期南四湖—东平湖段输水与航运结合工程八里湾泵站工程初步设计概算核定表（略）

国务院南水北调工程建设委员会办公室

二〇〇九年十二月二十八日

关于南水北调中线一期引江济汉工程初步设计报告（技术方案）的批复

（国调办投计［2009］250号）

湖北省南水北调工程建设管理局：

你单位《关于审批〈南水北调中线一期引江济汉工程初步设计报告〉的请示》（鄂调水局［2009］16号）收悉。我办南水北调工程设计管理中心委托水利部水利水电规划设计总院对《南水北调中线一期引江济汉工程初步设计报告》进行了审查，并提交了审查意见（见附件）。经研究，我办基本同意该审查意见。现批复如下：

一、引江济汉工程是从长江荆江河段引水至汉江兴隆河段的大型输水工程，是南水北调中线一期汉江中下游治理工程之一。引水线路起点位于引水干渠进口中心线与荆州市龙洲垸长江左岸交汇处，坐标为 $X=3\ 353\ 710.321\ 0$，$Y=37\ 605\ 220.518\ 4$；终点位于潜江市高石碑镇北引水干渠穿汉江干堤入汉江处，坐标为 $X=3\ 384\ 935.042\ 8$，$Y=37\ 660\ 570.124\ 0$。工程的任务是：向汉江兴隆以下河段补充因南水北调中线一期工程调水而减少的水量，改善该河段的生态、灌溉、供水、航运用水条件，本工程的供水范围为汉江兴隆断面以下的干流河段和东荆河供水区。

二、同意引江济汉工程设计引水流量为 $350m^3/s$，最大引水流量为 $500m^3/s$；东荆河补水设计流量为 $100m^3/s$，加大流量为 $110m^3/s$。

基本同意本阶段拟定的近期进水口泵站设计流量为 $200m^3/s$，远期进水口泵站设计流量为 $250m^3/s$；引水干渠上设置拾桥河、港南渠、庙湖、后港等4处分水闸和5处从干渠抽水的灌溉台渠小泵站及相应设计流量。

基本同意汉江高石碑出口断面、进水口外江、龙洲垸进口、泵站进水池、泵站出水池及龙洲垸进口及泵站出水池相应设计水位。

基本同意引水干渠左岸排水建筑物规模。

基本同意本阶段渠道沿线大小河流及灌排工程体系恢复调整的原则及方案，以及工程调度运用原则。

三、同意引江济汉工程等别为一等，基本同意引江济汉工程主要建筑物为1级建筑物，次要建筑物为3级建筑物。

同意主要建筑物地震设计烈度为Ⅵ度。

四、基本同意引江济汉工程选定线路，即渠首位于荆州市李埠镇龙洲垸长江左岸江边，线路沿北东向穿荆江大堤，在荆州城西伍家台穿318国道、红光五组、宜黄高速公路后，近东西向穿过庙湖、荆沙铁路、襄荆高速、海子湖后，折向东北向穿拾桥河，经蛟尾镇北，穿长湖，经毛李镇北，穿殷家河、西荆河后，在潜江市高石碑镇北穿过汉江干堤入汉江，线路全长67.23km。

基本同意引江济汉引水干渠采用明渠自流结合泵站抽水的输水型式，基本同意引江济汉工程总布置，工程由引水干渠、进出口控制工程、河渠交叉、跨渠倒虹吸、路渠交叉等建筑物及东荆河节制工程组成。共布置各类建筑物83座，其中水闸14座（包括新建冯家口闸和通顺河节制闸，加固刘岭闸、田关闸），泵站1座，船闸2座，倒虹吸30座，公路桥32座，铁路桥1座，橡胶坝3座。

基本同意审查意见中关于进口段建筑物、引水渠道、拾桥河枢纽、西荆河枢纽、高石碑枢纽、跨渠倒虹吸、桥梁、东荆河节制工程及安全监测的审查意见相关内容。

下阶段进一步优化引江济汉工程进口段建筑物设计方案，严格控制工程建设投资。

同意龙州垸泵站选定立式轴流泵。近期装机6台（含1台备用），并预留1台机位。

五、依据初步设计审查意见，下阶段对该工程膨胀土处理措施参照南水北调中线干线主体工程膨胀土处理试验成果，进一步优化设计方案，控制工程建设投资。

六、基本同意引江济汉工程永久占地和临时占地划分的原则和范围。

七、根据国家批复的《南水北调中线一期工程可行性研究总报告》的有关意见，以及《中华人民共和国耕地占用税暂行条例》（国务院令第511号）和《中华人民共和国耕地占用税暂行条例实施细则》（财政部、国家税务总局第49号令）的相关规定，该工程永久占地耕地占用税按《中华人民共和国耕地占用税暂行条例实施细则》确定的适用税额计列；临时占地耕地占用税按航道占用耕地标准计列。并请你单位及时将湖北省人民政府相关承诺意见报办，以利我办及时组织该工程初步设计概算评审和核定批复工作。

八、基本同意引江济汉工程施工总工期为48个月。

九、引江济汉工程初步设计概算待国务院南水北调办公室组织初步设计概算核定后另行批复。

请你单位根据审查意见，进一步优化和完善设计方案，并按照基本建设程序要求，抓紧做好开工前的各项准备工作，待初步设计概算核定批复后抓紧组织开展工程建设。

此复。

附件：南水北调中线一期引江济汉工程初步设计报告审查意见（略）

国务院南水北调工程建设委员会办公室

二〇〇九年十二月二十八日

关于下达南水北调工程2009年第一批国债专项资金基建支出预算的通知

（国调办经财［2009］23号）

南水北调中线干线工程建设管理局、南水北调中线水源有限责任公司、南水北调东线山东干线有限责任公司、湖北省南水北调工程建设管理局：

根据《财政部关于下达2009年扩大内需国债投资预算（拨款）的通知》（财农［2009］28号）和我办《关于下达南水北调工程2009年第一批投资计划的通知》（国调办投计［2009］14号），现下达2009年国债专项资金基建支出预算（具体项目支出预算详见附件），列2009年支出经济分类科目“309基本建设支出”。

你单位办理请款手续时，应按照我办《关于规范项目法人申请拨付南水北调工程财政性资金有关事项的通知》（国调办经财［2008］120号）要求，根据工程建设需要提出本次请款的使用计划。

资金拨付到位后，你单位要严格按规定管好用好资金，在保证工程建设质量的前提下，加快工程项目建设进度，减少财政资金积压，确保财政资金高效使用。

附件：南水北调工程2009年第一批国债专项资金基建支出预算表（略）

国务院南水北调工程建设委员会办公室

二〇〇九年三月十六日

关于南水北调工程建设临时占地有关事项的通知

（国调办经财函［2009］38号）

各项目法人：

按照国务院第204次常务会议纪要精神，南水北调工程涉及的耕地占用税已列入工程概算。南水北调工程各项目法人是工程建设管理的责任主体，要认真贯彻执行国务院公布的《中华人民共和国耕地占用税暂行条例》（国务院令第511号，以下简称《条例》）、财政部和国家税务总局颁布实施的《中华人民共和国耕地占用税暂行条例实施细则》及《土地复垦规定》（国务院令第19号）等有关规定。关于临时占地耕地占用税，《条例》明确先征后返。为节约和保护耕地，降低工程建设成本，经商财政部、国家发展改革委同意，现将南水北调工程建设临时占地有关事项通知如下：

一、在初步设计阶段，项目法人要对设计单位明确提出从减少临时占地面积、缩短临时占地时间等方面优化工程建设临时占地方案的要求，并将其作为优化设计考核的一项指标。尽可能减少临时占地面积和时间。

二、在施工合同文件中，要明确项目法人（或建管单位）与施工单位有关临时占地的责、权、利关系。施工单位要严格控制临时占地时间，并按有关技术标准要求使用临时占地。项目法人要对施工单位没有及时退还临时占地和损坏耕地等情况，做出具体处罚规定。

三、在征地补偿投资包干协议中，要明确项目法人与省级征地移民主管部门在临时占地征用、复垦和移交方面的责任、权利和义务。项目法人按照协议要求及时支付临时占地补偿费、土地复垦费用，负责复垦单位要按时组织复垦，按照复垦规定的标准，积极做好土地整理、复垦和移交工作。

四、项目法人在批准临时占地的期限内，持国土资源管理部门退还临时占地的确认文件，向地方税务机关申请全额退还已经缴纳的耕地占用税，地方税务机关予以确认后应当依法退还。所退税款经批准后用于工程建设，按冲减工程建设成本处理，不得挪用。

五、项目法人为耕地占用税的纳税人，是工程建设临时占地耕地占用税缴纳和返还的责任主体，临时占地耕地占用税的返还率，将作为项目法人管理工程建设水平的一项考核指标，并将与工程投资结余奖惩挂钩。

国务院南水北调工程建设委员会办公室

二○○九年七月二十四日

关于下达南水北调工程2009年初步设计工作国债专项基建支出预算的通知

（国调办经财［2009］38号）

南水北调中线干线工程建设管理局、南水北调中线水源有限责任公司、南水北调东线山东干线有限责任公司、南水北调江苏水源有限责任公司、湖北省南水北调工程建设管理局：

根据《财政部关于下达2009年扩大内需国债投资预算（拨款）的通知》（财农［2009］28号）和我办《关于下达2009年南水北调工程初步设计工作投资计划的通知》（国调办投计［2009］30号），现下达南水北调工程2009年初步设计工作国债专项基建支出预算（具体项目支出预算详见附件），列2009年支出经济分类科目“309基本建设支出”。

你单位办理请款手续时，应按照我办《关于规范项目法人申请拨付南水北调工程财政性资金有关事项的通知》（国调办经财［2008］120号）要求，根据工程建设需要提出本次请款的使用计划。

资金拨付到位后，你单位要严格按规定管好用好资金，在保证工程建设质量的前提下，加快工程项目建设进度，减少财政资金积压，确保财政资金高效使用。

附件：南水北调工程2009年初步设计工作国债专项基建支出预算表（略）

国务院南水北调工程建设委员会办公室

二○○九年四月三日

关于下达南水北调工程2009年第二批基建支出预算的通知

（国调办经财［2009］78号）

南水北调中线干线工程建设管理局、南水北调东线山东干线有限责任公司、南水北调东线江苏水源有限责任公司、南水北调中线水源有限责任公司：

根据《财政部关于下达2009年扩大内需国债投资预算（拨款）的通知》（财农［2009］28号）、《财政部关于批复国务院南水北调工程建设委员会办公室2009年部门预算的通知》（财预［2009］172号）和我办《关于下达南水北调工程2009年第一批投资计划的通知》（国调办投计［2009］14号）、《关于下达南水北调工程2009年第二批投资计划的通知》（国调办投计［2009］46号），现下达2009年第二批基建支出预算（具体项目支出预算详见附件），列2009年支出经济分类科目“309基本建设支出”。

你单位办理请款手续时，应按照我办《关于规范项目法人申请拨付南水北调工程财政性资金有关事项的通知》（国调办经财［2008］120号）要求，根据工程建设需要提出本次请款的使用计划。

资金拨付到位后，你单位要严格按规定管好用好资金，在保证工程建设质量的前提下，加快工程项目建设进度，减少财政资金积压，确保财政资金高效使用。

附件：南水北调工程2009年第二批基建支出预算表（略）

国务院南水北调工程建设委员会办公室

二○○九年五月十八日

关于下达南水北调工程2009年第三批国债专项资金基建支出预算的通知

（国调办经财［2009］96号）

水利部淮河水利委员会治淮工程建设管理局：

根据《财政部关于下达2009年扩大内需国债投资预算（拨款）的通知》（财农［2009］28号），现下达2009年国债专项资金基建支出预算（具体项目支出预算详见附件），列2009年支出经济分类科目“309基本建设支出”。

你单位办理请款手续时，应按照我办《关于规范项目法人申请拨付南水北调工程财政性资金有关事项的通知》（国调办经财［2008］120号）要求，根据工程建设需要提出本次请款的使用计划。

资金拨付到位后，你单位要严格按规定管好用好资金，在保证工程建设质量的前提下，加快工程项目建设进度，减少财政资金积压，确保财政资金高效使用。

附件：南水北调工程2009年第三批国债专项资金基建支出预算表（略）

国务院南水北调工程建设委员会办公室

二○○九年六月二日

关于下达2009年南水北调基金支出预算的通知

（国调办经财［2009］128号）

南水北调中线干线工程建设管理局：

根据《财政部关于批复国务院南水北调工程建设委员会办公室2009年部门预算的通知》（财预［2009］172号），现下达2009年南水北调基金支出预算（具体项目支出预算详见附件），列2009年支出经济分类科目

"309 基本建设支出"。

你单位办理请款手续时，参考各省（直辖市）南水北调基金上缴国库的情况，并按照我办《关于规范项目法人申请拨付南水北调工程财政性资金有关事项的通知》（国调办经财［2008］120 号）要求，根据工程建设需要提出本次请款的使用计划。

资金拨付到位后，你单位要严格按规定管好用好资金，在保证工程建设质量的前提下，加快工程项目建设进度，减少财政资金积压，确保财政资金高效使用。

附件：2009 年南水北调基金支出预算表(略)

国务院南水北调工程建设委员会办公室

二〇〇九年七月十三日

关于下达南水北调工程 2009 年中央预算内资金及初步设计工作国债专项资金基建支出预算的通知

（国调办经财［2009］189 号）

南水北调东线江苏水源有限责任公司、南水北调东线山东干线有限责任公司、南水北调工程设计管理中心：

根据财政部《关于批复国务院南水北调工程建设委员会办公室 2009 年部门预算的通知》（财预［2009］172 号）、《财政部关于下达 2009 年扩大内需国债投资预算（拨款）的通知》（财农［2009］28 号）以及我办《关于下达南水北调工程 2009 年第四批投资计划的通知》（国调办投计［2009］178 号）、《关于下达 2009 年南水北调工程初步设计工作投资计划的通知》（国调办投计［2009］182 号），现下达 2009 年中央预算内资金基建支出预算和初步设计工作国债专项资金基建支出预算（具体项目支出预算详见附件），支出经济分类科目：309 基本建设支出。

你单位办理请款手续时，应按照我办《关于规范项目法人申请拨付南水北调工程财政性资金有关事项的通知》（国调办经财［2008］120 号）要求，根据工程建设需要提出本次请款的使用计划。

资金拨付到位后，你单位要严格按规定管好用好资金，在保证工程建设质量的前提下，加快工程项目建设进度，减少财政资金积压，确保财政资金高效使用。

附件：南水北调工程 2009 年中央预算内资金及初步设计工作国债专项资金基建支出预算表（略）

国务院南水北调工程建设委员会办公室

二〇〇九年十月十九日

关于下达南水北调工程 2009 年国债专项资金基建支出预算的通知

（国调办经财［2009］212 号）

南水北调中线干线工程建设管理局：

根据《财政部关于下达 2009 年扩大内需国债专项资金基建支出预算（拨款）的通知》（财农［2009］378 号）和我办《关于下达南水北调工程 2009 年第二批投资计划的通知》（国调办投计［2009］46 号）、《关于下达南水北调工程 2009 年第三批投资计划的通知》（国调办投计［2009］119 号），现下达南水北调工程国债专项资金基建支出预算（具体项目支出预算详见附件）。

你单位办理请款手续时，应详细说明上一批预算资金使用情况及目前资金结余情况，根据工程建设需要提出本次请款的使用计划。

资金拨付到位后，你单位要严格按规定管好用好资金，在保证工程建设质量的前提下，加快工程项目建设进度，减少财政资金积压，确保财政资金高效使用。

附件：南水北调工程2009年国债专项资金基建支出预算表（略）

国务院南水北调工程建设委员会办公室

二〇〇九年十一月十八日

关于下达2009年基本建设贷款中央财政贴息预算的通知

（国调办经财［2009］236号）

南水北调中线水源有限责任公司：

根据《财政部关于下达2009年基本建设贷款中央财政贴息预算（拨款）的通知》（财建［2009］846号），现下达你公司2009年基本建设贷款中央财政贴息预算指标（具体金额详见附件），支出功能分类科目：2159902，采掘电力信息等事务—建设项目贷款贴息；支出经济分类科目：309，基本建设支出。请按规定用途安排使用，并接受财政部驻你省财政监察专员办事处的监督。

你公司在收到财政贴息资金后，应按照财政部财建［2007］416号文件规定进行账务处理，并加强资金使用管理，接受财政部组织财政投资评审等机构的专项检查。

附件：2009年基本建设项目贷款中央财政贴息资金核定表（略）

国务院南水北调工程建设委员会办公室

二〇〇九年十二月十一日

关于下达南水北调工程2009年国债专项资金和南水北调工程基金基建支出预算的通知

（国调办经财［2009］237号）

南水北调东线江苏水源有限责任公司、南水北调东线山东干线有限责任公司、南水北调中线干线工程建设管理局、南水北调中线水源有限责任公司：

根据《财政部关于下达2009年扩大内需国债投资预算（拨款）的通知》（财农［2009］28号）和我办《关于下达南水北调工程2009年第五批投资计划的通知》（国调办投计［2009］235号），现下达2009年国债专项资金和南水北调工程基金基建支出预算（具体项目支出预算详见附件），列2009年支出经济分类科目“309基本建设支出”。

你单位办理请款手续时，应按照我办《关于规范项目法人申请拨付南水北调工程财政性资金有关事项的通知》（国调办经财［2008］120号）要求，根据工程建设需要提出本次请款的使用计划。

资金拨付到位后，你单位要严格按照国家扩大内需、拉动经济增长的部署和要求，科学合理组织工程建设，充分发挥新增中央投资拉动经济的作用；要严格遵循国家基本建设程序，按照南水北调工程建设投资静态控制和动态管理的有关规定和要求，依据我办批复的各设计单元工程价差投资报告，加强项目管理，严格控制投资，减少财政资金积压，确保财政资金高效使用。

附件：南水北调工程2009年国债专项资金和南水北调工程基金基建支出预算表（略）

国务院南水北调工程建设委员会办公室

二〇〇九年十二月十一日

关于下达2009年南水北调工程基金支出预算的通知

（国调办经财［2009］244号）

南水北调中线干线工程建设管理局、南水北

调东线江苏水源有限责任公司、南水北调东线山东干线有限责任公司：

根据《财政部关于追加2009年南水北调工程基金预算的通知》（财农［2009］465号），现下达2009年南水北调工程基金支出预算（具体项目支出预算详见附件），列2009年支出经济分类科目“309基本建设支出”。

你单位办理请款手续时，应严格按照我办《关于规范项目法人申请拨付南水北调工程财政性资金有关事项的通知》（国调办经财［2008］120号）要求，根据工程建设需要提出本次请款的使用计划。

资金拨付到位后，你单位要严格按规定管好用好资金，在保证工程建设质量的前提下，加快工程项目建设进度，减少财政资金积压，确保财政资金高效使用。

附件：2009年南水北调工程基金支出预算表（略）

国务院南水北调工程建设委员会办公室

二〇〇九年十二月二十四日

关于调整南水北调中线京石段应急供水工程河北段防护林带分标方案的批复

（国调办建管［2009］4号）

南水北调中线干线工程建设管理局：

你局《关于调整南水北调中线京石段应急供水工程河北段防护林带分标方案的请示》（中线局招［2009］1号）收悉。经研究，原则同意你局对河北段防护林带工程分标方案进行调整的意见，核准的分标调整方案见附件。请你局协调有关单位按照国家有关法律法规和南水北调工程建设关于招标投标的规定开展招标工作，精心组织，严格管理，确保招标质量。

此复。

附件：南水北调中线京石段应急供水工程河北段防护林带招标核准分标调整方案

国务院南水北调工程建设委员会办公室

二〇〇九年一月十三日

附件：

南水北调中线京石段应急供水工程河北段防护林带招标核准分标调整方案

序号	标段名称	备注
1	石家庄标段	(0+000)～(57+425.89)
2	保定1段	(57+425.89)～(143+648.587)
3	保定2段	(143+648.587)～(227+375.35)

注 在实施过程中，可以根据工程实际情况对桩号进行微调。

关于同意南水北调东线一期南四湖水资源控制工程潘庄引河闸开工的批复

（国调办建管［2009］5号）

淮委治淮工程建设管理局：

你局《关于南水北调东线南四湖水资源控制工程潘庄引河闸工程申请开工的报告》（建设［2008］253号）收悉。经核查，南水北调东线一期南四湖水资源控制工程潘庄引河闸工程的初步设计报告已经批复，投资计划已经下达，招投标工作已经完成，征迁工作已基本完成，现场准备工作就绪，基本具备开工条件，同意该工程开工建设。

此复。

国务院南水北调工程建设委员会办公室

二〇〇九年一月二十二日

关于南水北调中线一期工程总干渠石门河倒虹吸工程开工请示的批复

（国调办建管［2009］8号）

南水北调中线干线工程建设管理局：

你局《关于南水北调中线一期工程总干渠石门河倒虹吸工程开工的请示》（中线局工［2009］12号）收悉。根据《国务院办公厅关于加强和规范新开工项目管理的通知》（国办发［2007］64号），经核查，该工程的初步设计报告已经批复，投资计划已经下达，建设资金已经落实，征迁工作已经完成，现场准备工作就绪，基本具备开工条件，同意该工程开工建设。

国务院南水北调工程建设委员会办公室

二〇〇九年二月六日

关于南水北调中线工程汉江兴隆水利枢纽开工请示的批复

（国调办建管［2009］11号）

湖北省南水北调工程建设管理局：

你局《关于批准南水北调中线工程汉江兴隆水利枢纽开工的请示》（鄂调水局［2009］7号）收悉。根据《国务院办公厅关于加强和规范新开工项目管理的通知》（国办发［2007］64号），经核查，该工程的初步设计报告已经批复，建设资金已经落实，征迁工作已经完成，现场准备工作就绪，基本具备开工条件，同意该工程开工建设。

此复。

国务院南水北调工程建设委员会办公室

二〇〇九年二月十三日

关于南水北调中线干线河南境内工程黄河以南段项目管理划分方案的批复

（国调办建管［2009］16号）

南水北调中线干线工程建设管理局：

你局《关于上报南水北调中线干线河南省境内黄河以南段工程项目管理划分方案的请示》（中线局技［2009］6号）收悉，经研究，批复如下：

一、原则同意你局提出的南水北调中线干线河南省境内黄河以南段工程项目管理划分方案（以下简称项目划分方案）。其中，各段项目中的具体建设规模及内容以正式批复的初步设计为准。具体实施时各段划分的起止桩号可按批准的初步设计进行调整。详细划分方案见附件。

二、请你局和河南省有关方面按照《南水北调工程建设管理的若干意见》、《南水北调工程代建项目管理办法（试行）》和《南水北调工程委托项目管理办法（试行）》等有关规定，抓紧明确各自所负责范围工程项目的具体建设管理模式，尤其要积极推行代建制。

三、请你局根据批复的项目划分方案，尽快商河南省有关方面研究并适时签订项目委托管理合同。

四、请你局和河南省有关方面尽快落实单项工程的项目管理单位，并抓紧做好开工前的各项准备工作，争取尽早开工建设。

附件：南水北调中线干线河南境内工程黄河以南段项目管理划分方案

国务院南水北调工程建设委员会办公室

二〇〇九年三月三日

附件：

南水北调中线干线河南境内工程黄河以南段项目管理划分方案

管理单位	行政区域	分段	桩号范围	建筑物长度（km）		
				小计	渠道	建筑物
中线建管局	南阳市	邓州段	（0+000）~（53+775）	52.9	52.0	0.9
		湍河渡槽	（36+412）~（37+276）	0.9		0.9
		镇平县1段	（53+775）~（69+582）	15.8	15.4	0.4
		镇平县2段	（69+582）~（82+834）	13.3	13.0	0.3
	平顶山市	叶县1段	（185+872）~（209+698）	23.8	23.8	
		叶县2段	（209+698）~（232+462）	21.6	20.9	0.7
		澧河渡槽	（209+696）~（210+856）	1.2		1.2
		鲁山县1段	（232+462）~（239+423）	7.0	6.6	0.4
		沙河渡槽工程	（SH0+000）~（SH10+403.5）	10.4	2.8	7.6
		鲁山县2段	（SH10+403.5）~（SH20+005）	9.6	8.1	1.5
		北汝河倒虹吸	（SH39+886）~（SH41+586）	1.7		1.7
	郑州市	双洎河渡槽	（SH131+491）~（SH132+271）	0.8		0.8
		荥阳段	（SH210+013）~（SH234+748）	24.7	23.9	0.8
河南省	南阳市	镇平县3段和南阳市1段	（82+834）~（103+134）	20.3	19.5	0.8
		南阳市2段	（103+134）~（125+089）	21.1	20.9	0.2
		白河倒虹吸	（115+570）~（116+420）	0.9		0.9
		方城县段	（125+089）~（185+872）	60.8	58.8	2.0
	平顶山市	宝丰段	（SH20+005）~（SH40+868.3）	20.9	18.1	2.8
		郏县段	（SH40+868.3）~（SH61+360.7）	20.5	19.8	0.7
	许昌市	禹州段	（SH61+360.7）~（SH87+532.1）	26.2	26.2	
		颍河倒虹吸	（SH87+532）~（SH87+961）	0.4		0.4
		禹长段	（SH87+961.1）~（SH115+487.6）	27.5	26.7	0.8
	郑州市	新郑段	（SH115+487.6）~（SH152+373.8）	36.1	34.5	1.6
		中牟段	（SH152+373.8）~（SH177+077.2）	24.7	24.3	0.4
		郑州段	（SH177+077.2）~（SH210+013）	32.9	31.0	1.9
合计				475.9	446.2	29.7

注　表中各段项目的具体建设规模及内容以正式批复的初步设计为准，具体实施时各段划分的起止桩号可按批准的初步设计进行调整。

关于同意南水北调中线一期工程总干渠辉县段工程开工的函

（国调办建管函［2009］20号）

南水北调中线干线工程建设管理局：

你局《关于南水北调中线一期工程总干渠辉县段工程开工的请示》（中线局工［2009］39号）收悉。鉴于南水北调中线一期工程总干渠辉县段初步设计报告已经批复，投资计划已经落实，招投标工作基本完成，有关占地征用工作已经完成，现场各项准备工作就绪，基本具备开工条件，同意该工程开工建设。

国务院南水北调工程建设委员会办公室

二〇〇九年四月二日

关于同意南水北调中线一期工程总干渠新乡卫辉段工程开工的函

（国调办建管函［2009］21号）

南水北调中线干线工程建设管理局：

你局《关于南水北调中线一期工程总干渠新乡卫辉段工程开工的请示》（中线局工［2009］40号）收悉。鉴于南水北调中线一期工程总干渠新乡卫辉段初步设计报告已经批复，投资计划已经落实，招投标工作基本完成，有关占地征用工作已经完成，现场各项准备工作就绪，基本具备开工条件，同意该工程开工建设。

国务院南水北调工程建设委员会办公室
二○○九年四月二日

关于南水北调东线第一期工程南四湖—东平湖输水与航运结合工程（第一批）分标方案的批复

（国调办建管［2009］21号）

山东省南水北调工程建设管理局：

你局《关于核准南水北调东线第一期工程南四湖—东平湖输水与航运结合工程（第一批）分标方案的请示》（鲁调水建字［2009］1号）收悉。经研究，批复如下：

一、原则同意你局的标段划分意见，长沟泵站枢纽工程和邓楼泵站枢纽工程节制闸及出水渠和出水闸建筑工程、金结及机电设备安装工程标，分别合并到主体建筑工程、金结及机电设备和辅机系统安装工程标中（核准的分标方案见附件）。

二、请你局严格按照国家关于招标投标的法律法规和南水北调工程建设管理有关规定，精心组织，严格管理，确保招标质量，并抓紧做好工程开工的各项准备工作。

此复。

附件：南水北调东线第一期工程南四湖—东平湖输水与航运结合工程（第一批）招标核准分标方案

国务院南水北调工程建设委员会办公室
二○○九年三月五日

附件：

南水北调东线第一期工程南四湖—东平湖输水与航运结合工程（第一批）招标核准分标方案

标段	标 段 名 称	备注
一	湖内疏浚工程	
（一）	监理	
1	湖内疏浚工程建设监理标［（0+000）~（36+000）］	
（二）	施工	
1	湖内疏浚工程标［（0+000）~（18+000）］	
2	湖内疏浚工程标［（18+000）~（36+000）］	
3	湖内疏浚水土保持工程标	
二	长沟泵站枢纽工程	
（一）	监理	
1	长沟泵站枢纽工程建设监理标	
（二）	施工及设备采购	
1	长沟泵站枢纽工程主体建筑工程、金结及机电设备和辅机系统安装工程标	
2	长沟泵站枢纽工程管理设施工程标	
3	长沟泵站枢纽工程水土保持工程标	
4	长沟泵站枢纽工程主水泵、电机及附属设备采购标	
5	长沟泵站枢纽工程金属结构设备采购标	
6	长沟泵站枢纽工程计算机监控系统设计、制作、安装标	
7	长沟泵站枢纽工程机电设备采购标	
8	长沟泵站枢纽工程供变电工程标	
三	邓楼泵站枢纽工程	
（一）	监理	
1	邓楼泵站枢纽工程建设监理标	

续表

标段	标 段 名 称	备注
(二)	施工及设备采购	
1	邓楼泵站枢纽工程主体建筑工程、金结及机电设备和辅机系统安装工程标	
2	邓楼泵站枢纽工程管理设施工程标	
3	邓楼泵站枢纽工程水土保持工程标	
4	邓楼泵站枢纽工程主水泵、电机及附属设备采购标	
5	邓楼泵站枢纽工程金属结构设备采购标	
6	邓楼泵站枢纽工程计算机监控系统设计、制作、安装标	
7	邓楼泵站枢纽工程机电设备采购标	
8	邓楼泵站枢纽工程供变电工程标	
四	八里湾泵站枢纽工程	
(一)	监理	
1	八里湾泵站枢纽工程建设监理标	
(二)	施工及设备采购	
1	八里湾泵站枢纽工程主体建筑工程、金结及机电设备和辅机系统安装工程标	
2	八里湾泵站枢纽工程管理设施工程标	
3	八里湾泵站枢纽工程水土保持工程标	
4	八里湾泵站枢纽工程主水泵、电机及附属设备采购标	
5	八里湾泵站枢纽工程金属结构设备采购标	
6	八里湾泵站枢纽工程计算机监控系统设计、制作、安装标	
7	八里湾泵站枢纽工程机电设备采购标	
8	八里湾泵站枢纽工程供变电工程标	
五	引黄灌区灌溉影响处理工程	
(一)	监理	
1	引黄灌区灌溉影响处理工程建设监理标	
(二)	施工	
1	引黄灌区灌溉影响处理工程国那里灌区主体建筑工程、金结及机电设备采购和安装工程标	
2	引黄灌区灌溉影响处理工程陈垓灌区主体建筑工程、金结及机电设备采购和安装工程标	
3	引黄灌区灌溉影响处理工程水土保持工程标	

注 标段桩号可在实施过程中根据具体情况进行微调。

关于南水北调东线一期刘老涧二站工程开工请示的批复

(国调办建管函［2009］26号)

南水北调东线江苏水源有限责任公司:

你公司《关于南水北调东线一期刘老涧二站工程开工建设的请示》(苏水源工［2009］43号)收悉。经核查,南水北调东线一期刘老涧二站工程的初步设计报告已经批复,工程建设管理机构已成立,投资计划已经下达,施工单位、监理单位的招标工作基本完成,征迁工作基本完成,现场各项准备工作基本就绪,具备开工条件,同意南水北调东线一期刘老涧二站工程开工建设。

此复。

国务院南水北调工程建设委员会办公室

二〇〇九年五月十二日

关于同意南水北调中线一期工程总干渠黄河北—羑河北鹤壁段工程开工的批复

(国调办建管函［2009］27号)

南水北调中线干线工程建设管理局:

你局《关于南水北调中线一期工程总干渠黄河北—羑河北段鹤壁段工程开工的请示》(中线局工［2009］60号)收悉。鉴于南水北调中线一期工程总干渠黄河北—羑河北鹤壁段初步设计报告已批复,投资计划已经落实,招投标工作已完成,有关开工用地征用工作已完成,后期用地征迁计划已落实,现场各项准备工作就绪,基本具备开工条件,同意该工程开工建设。

国务院南水北调工程建设委员会办公室

二〇〇九年五月二十日

关于同意南水北调中线一期工程总干渠黄河北—羑河北汤阴段工程开工的批复

（国调办建管函［2009］28号）

南水北调中线干线工程建设管理局：

你局《关于南水北调中线一期工程总干渠黄河北—羑河北段汤阴段工程开工的请示》（中线局工［2009］63号）收悉。鉴于南水北调中线一期工程总干渠黄河北—羑河北汤阴段初步设计报告已批复，投资计划已经落实，招投标工作已完成，有关施工用地已落实，现场各项准备工作基本就绪，基本具备开工条件，同意该工程开工建设。

国务院南水北调工程建设委员会办公室

二〇〇九年五月二十日

关于同意南水北调中线一期工程总干渠黄河北—羑河北沁河倒虹吸工程开工的批复

（国调办建管函［2009］29号）

南水北调中线干线工程建设管理局：

你局《关于南水北调中线一期工程总干渠黄河北—羑河北段沁河倒虹吸工程开工的请示》（中线局工［2009］61号）收悉。鉴于南水北调中线一期工程总干渠黄河北—羑河北沁河倒虹吸工程初步设计报告已批复，投资计划已经落实，招投标工作已完成，有关征地工作已完成，现场各项准备工作就绪，基本具备开工条件，同意该工程开工建设。

国务院南水北调工程建设委员会办公室

二〇〇九年五月二十一日

关于同意南水北调中线一期工程总干渠黄河北—羑河北温博段工程开工的批复

（国调办建管函［2009］30号）

南水北调中线干线工程建设管理局：

你局《关于南水北调中线一期工程总干渠黄河北—羑河北段温博段工程开工的请示》（中线局工［2009］59号）收悉。鉴于南水北调中线一期工程总干渠黄河北—羑河北温博段初步设计报告已批复，投资计划已经落实，招投标工作已完成，有关征地工作已完成，现场各项准备工作基本就绪，基本具备开工条件，同意该工程开工建设。

国务院南水北调工程建设委员会办公室

二〇〇九年五月二十一日

关于同意南水北调中线一期工程总干渠黄河北—羑河北焦作1段工程开工的批复

（国调办建管函［2009］31号）

南水北调中线干线工程建设管理局：

你局《关于南水北调中线一期工程总干渠黄河北—羑河北段焦作1段工程开工的请示》（中线局工［2009］58号）收悉。鉴于南水北调中线一期工程总干渠黄河北—羑河北焦作1段初步设计报告已报复，投资计划已经落实，招投标工作已完成，有关征地工作已完成，现场各项准备工作基本就绪，基本具备开工条件，同意该工程开工建设。

国务院南水北调工程建设委员会办公室

二〇〇九年五月二十一日

关于同意南水北调东线一期南四湖—东平湖段输水与航运结合工程长沟泵站工程开工的批复

（国调办建管函［2009］32号）

南水北调东线山东干线有限责任公司：

你单位《关于南水北调东线一期南四湖—东平湖段输水与航运结合工程长沟泵站工程开工的请示》（鲁调水企工字［2009］10号）收悉。根据国家关于加强和规范新开工项目管理的有关规定，经核查，该工程的建设管理机构已经组建，工程初步设计报告已经批复，投资计划已经下达，建设资金已经落实，招标工作已经完成，监理、施工合同已经签订，征迁工作已经完成，现场准备工作就绪，基本具备开工条件，同意该工程开工建设。

国务院南水北调工程建设委员会办公室

二〇〇九年六月二日

关于南水北调东线一期工程刘老涧二站泗阳站工程招标分标方案的批复

（国调办建管［2009］32号）

南水北调东线江苏水源有限责任公司：

你公司《关于南水北调东线一期工程刘老涧二站泗阳站工程招标分标方案的请示》（苏水源工［2009］15号）收悉。经研究，批复如下：

一、原则同意你公司的标段划分意见。

二、实施时，请将刘老涧二站的管理所施工标、厂房控制楼装饰工程标合并到土建施工及设备安装标，将泗阳站的管理所施工标、厂房控制楼装饰工程标合并到土建施工及设备安装标，并将刘老涧二站和泗阳站的部分同类货物采购标（钢材采购标、清污机系统设备采购标、电气设备采购标、变压器采购及安装标、电缆采购标、微机监控及视频监控系统设备采购及安装标）分别合并（核准的分标方案见附件）。

三、请你公司严格按照国家关于招标投标的法律法规和南水北调工程建设管理有关规定，精心组织，严格管理，确保招标质量，并抓紧做好工程开工的各项准备工作。

此复。

附件：南水北调东线一期工程刘老涧二站泗阳站工程招标核准分标方案

国务院南水北调工程建设委员会办公室

二〇〇九年三月二十五日

附件：

南水北调东线一期工程刘老涧二站泗阳站工程招标核准分标方案

标段	标段名称	备注
一	监理	
1	刘老涧二站工程建设监理标	
2	泗阳站工程建设监理标	
二	施工	
1	刘老涧二站工程土建施工及设备安装标	含管理所施工、厂房控制楼装饰工程标
2	刘老涧二站交通桥工程标	
3	泗阳站土建施工及设备安装标	含管理所施工、厂房控制楼装饰工程标
4	泗阳站交通桥施工标	
三	设备采购	
1	刘老涧二站水泵及其附属设备采购标	
2	刘老涧二站电机及其附属设备采购标	
3	刘老涧二站、泗阳站钢材采购标	
4	刘老涧二站、泗阳站清污机系统设备采购标	
5	刘老涧二站、泗阳站电气设备采购标	

续表

标段	标段名称	备注
6	刘老涧二站、泗阳站变压器采购及安装标	
7	刘老涧二站、泗阳站电缆采购标	
8	刘老涧二站、泗阳站微机监控及视频监控系统设备采购及安装标	
9	泗阳站水泵及附属设备采购及安装标	
10	泗阳站电机及附属设备采购及安装标	
11	泗阳站液压启闭设备采购及安装标	
12	泗阳站 110kV 组合开关（GIS）采购标	

关于同意南水北调东线一期南四湖水资源控制工程大沙河闸开工的批复

（国调办建管［2009］33 号）

淮委治淮工程建设管理局：

你局《关于南水北调东线一期南四湖水资源控制工程大沙河闸工程开工的请示》（建设［2009］56 号）收悉。经核查，南水北调东线一期南四湖水资源控制工程大沙河闸工程的初步设计报告已经批复，投资计划已经下达，招投标工作已经完成，现场准备工作就绪，基本具备开工条件。同意该工程开工建设。

此复。

国务院南水北调工程建设委员会办公室

二〇〇九年三月二十六日

关于南水北调中线一期工程天津干线廊坊市段工程开工请示的批复

（国调办建管函［2009］39 号）

南水北调中线干线工程建设管理局：

你局《关于南水北调中线一期工程天津干线廊坊市段工程开工的请示》（中线局工［2009］101 号）收悉。鉴于南水北调中线一期工程天津干线廊坊市段工程的初步设计报告已经批复，建设管理机构已成立，投资计划已经下达，招投标工作已经完成，前期征迁工作基本完成，现场准备工作基本就绪，具备开工条件，同意南水北调中线一期工程天津干线廊坊市段工程开工建设。

国务院南水北调工程建设委员会办公室

二〇〇九年七月二十七日

关于南水北调中线一期工程总干渠沙河南—黄河南郑州 2 段工程开工请示的批复

（国调办建管函［2009］40 号）

南水北调中线干线工程建设管理局：

你局《关于南水北调中线一期工程总干渠沙河南—黄河南郑州 2 段工程开工的请示》（中线局工［2009］104 号）收悉。鉴于南水北调中线一期工程总干渠沙河南—黄河南郑州 2 段工程的初步设计报告已经批复，建设管理机构已成立，投资计划已经下达，招投标工作基本完成，前期征迁工作基本完成，现场准备工作基本就绪，具备开工条件，同意南水北调中线一期工程总干渠沙河南—黄河南郑州 2 段工程开工建设。

国务院南水北调工程建设委员会办公室

二〇〇九年七月二十七日

关于南水北调东线一期工程泗洪站工程招标分标方案的批复

（国调办建管［2009］48 号）

南水北调东线江苏水源有限责任公司：

你公司《关于南水北调东线一期工程泗洪站工程招标分标方案的请示》（苏水源工［2009］32号）收悉。经研究，批复如下：

一、原则同意你公司的标段划分意见。

二、实施时，请将泗洪站的管理所房屋工程标、装饰工程标合并到泗洪站泵站调节闸排涝闸土建及设备安装工程标（核准的分标方案见附件）。

三、请你公司严格按照国家关于招标投标的法律法规和南水北调工程建设管理有关规定，精心组织，严格管理，确保招标质量，并抓紧做好工程开工的各项准备工作。

此复。

附件：南水北调东线一期工程泗洪站工程招标核准分标方案

国务院南水北调工程建设委员会办公室

二〇〇九年四月二十一日

附件：

南水北调东线一期工程泗洪站工程招标核准分标方案

标段	标段名称	备注
一	监理	
1	泗洪站工程建设监理标	
二	施工	
1	泗洪站船闸、节制闸及泵站引河工程土建及安装标	
2	泗洪站泵站、调节闸、排涝闸土建及设备安装工程标	含管理所房屋工程、装饰工程
三	设备采购	
1	泗洪站工程钢材采购标	
2	泗洪站工程液压启闭设备采购安装标	
3	泗洪站电气设备采购标	
4	泗洪站贯流泵机组（含电机）设备采购标	
5	泗洪站110kV组合开关采购标	
6	泗洪站主变压器采购标	
7	泗洪站电缆采购标	
8	泗洪站清污设备采购标	
9	泗洪站微机监控及视频监视及局域网系统采购及安装标	

关于调整南水北调中线干线工程天津干线项目管理划分方案请示的批复

（国调办建管［2009］53号）

南水北调中线干线工程建设管理局：

你局《关于调整南水北调中线干线工程天津干线项目管理划分方案的请示》（中线局技［2009］11号）收悉，经研究，批复如下：

一、原则同意你局提出的调整南水北调中线干线工程天津干线项目管理划分的方案，即将天津干线河北省廊坊市境内段工程改由你局直接管理。

二、请你局抓紧做好项目开工前的各项准备工作，争取尽早开工建设。

国务院南水北调工程建设委员会办公室

二〇〇九年四月二十七日

关于南水北调中线一期天津干线工程西黑山进口闸—有压箱涵段、保定市2段、廊坊市段工程分标方案的批复

（国调办建管［2009］57号）

南水北调中线干线工程建设管理局：

你局《关于上报南水北调中线一期天津干线工程西黑山进口闸—有压箱涵段、保定市2段、廊坊市段工程（中线建管局直管和代建项目）分标方案的请示》（中线局招［2009］46号）收悉。经研究，原则同意你局的标段划分意见，核准的分标方案见附件。

请你局严格按照国家关于招标投标的法律法规和南水北调工程建设管理有关规定，协调有关方面，精心组织，严格管理，确保招标质量，并抓紧做好工程开工的各项准备工作。

此复。

附件：南水北调中线一期天津干线工程西黑山进口闸—有压箱涵段、保定市2段、廊坊市段工程招标核准分标方案

国务院南水北调工程建设委员会办公室

二〇〇九年五月十二日

附件：

南水北调中线一期天津干线工程西黑山进口闸—有压箱涵段、保定市2段、廊坊市段工程招标核准分标方案

标段	标段名称	备注
一	监理	
1	TJ1-J1标	
2	TJ3-J1标	
3	TJ4-J1标	
4	TJ4-J2标	
二	施工	
1	TJ1-1[(0+000)~(15+200)]	
2	TJ3-1[(60+842)~(75+927)]	
3	TJ4-1[(75+927)~(88+232.720)]	
4	TJ4-2[(88+232.720)~(99+897)]	
5	TJ4-3[(99+897)~(111+600)]	
6	TJ4-4[(111+600)~(122+212)]	
7	TJ4-5[(122+212)~(131+360)]	
三	安全监测	
1	天津干线工程西黑山进口闸—有压箱涵段、保定市1段、保定市2段、廊坊市段安全监测标	
四	电气设备采购	
1	天津干线工程西黑山进口闸—有压箱涵段、保定市1段、保定市2段、廊坊市段电气设备采购标	
五	金属结构制造	
1	天津干线工程西黑山进口闸—有压箱涵段、保定市1段、保定市2段、廊坊市段金属结构制造标	

注　标段桩号可在实施过程中根据具体情况进行微调。

关于南水北调中线一期工程天津干线保定市2段工程开工请示的批复

（国调办建管函［2009］69号）

南水北调中线干线工程建设管理局：

你局《关于南水北调中线一期工程天津干线保定市2段工程开工的请示》（中线局工［2009］102号）收悉。鉴于南水北调中线一期工程天津干线保定市2段工程的初步设计报告已经批复，建设管理机构已成立，投资计划已经下达，招投标工作已经完成，前期征迁工作基本完成，现场准备工作基本就绪，具备开工条件，同意南水北调中线一期工程天津干线保定市2段工程开工建设。

国务院南水北调工程建设委员会办公室

二〇〇九年十二月四日

关于南水北调中线一期工程天津干线西黑山进口闸—有压箱涵段工程开工请示的批复

（国调办建管函［2009］70号）

南水北调中线干线工程建设管理局：

你局《关于南水北调中线一期工程天津干线西黑山进口闸—有压箱涵段工程开工的请示》（中线局工［2009］103号）收悉。鉴于南水北调中线一期工程天津干线西黑山进口闸—有压箱涵段工程的初步设计报告已经批复，建设管理机构已成立，投资计划已经下达，招投标工作已经完成，前期征迁工作基本完成，现场准备工作基本就绪，具备开工条件，同意南水北调中线一期工程天津干线西黑山进口闸—有压箱涵段工程开工建设。

国务院南水北调工程建设委员会办公室

二〇〇九年十二月四日

关于南水北调中线一期天津干线工程保定1段分标方案的批复

（国调办建管［2009］75号）

南水北调中线干线工程建设管理局，河北省南水北调工程建设委员会办公室：

南水北调中线干线工程建设管理局《关于报送南水北调中线一期天津干线工程西黑山进口闸—有压箱涵段、保定市1段、保定市2段、廊坊市段工程分标方案的请示》（中线局招［2009］34号）和《河北省南水北调工程建设委员会办公室关于天津干渠河北受委托项目分标情况的报告》（冀调水建［2009］12号）收悉。经研究，原则同意保定市1段工程划分为2个监理标段和5个土建标段，核准的分标方案见附件。请你单位严格按照国家关于招标投标的法律法规和南水北调工程建设管理有关规定，协调有关方面，精心组织，严格管理，确保招标质量，并抓紧做好工程开工的各项准备工作。

此复。

附件：南水北调中线一期天津干线工程保定市1段招标核准分标方案

国务院南水北调工程建设委员会办公室

二〇〇九年五月十五日

附件：

南水北调中线一期天津干线工程保定市1段招标核准分标方案

标段	标段名称
一	监理
1	TJ2-J1标
2	TJ2-J2标
二	施工
1	TJ2-1［（15+200）~（25+083）］
2	TJ2-2［（25+083）~（32+820）］
3	TJ2-3［（32+820）~（42+400）］
4	TJ2-4［（42+400）~（51+838）］
5	TJ2-5［（51+838）~（60+842）］

注 标段桩号可在实施过程中根据具体情况进行微调。

关于南水北调中线一期工程总干渠穿漳河交叉建筑物工程开工请示的批复

（国调办建管［2009］89号）

南水北调中线干线工程建设管理局：

你局《关于南水北调中线一期工程总干渠穿漳河交叉建筑物工程开工的请示》（中线局工［2009］71号）收悉。根据《国务院办公厅关于加强和规范新开工项目管理的通知》（国办发［2007］64号），经核查，该工程的建设管理机构已经组建，工程初步设计报告已经批复，投资计划已经下达，建设资金已经落实，招标工作已经完成，监理、施工合同已经签订，征迁工作已经完成，现场准备工作就绪，基本具备开工条件，同意该工程开工建设。

国务院南水北调工程建设委员会办公室

二〇〇九年五月三十一日

关于南水北调中线一期陶岔渠首枢纽工程招标分标方案的批复

（国调办建管［2009］101号）

淮河水利委员会治淮工程建设管理局：

你局《关于南水北调中线一期陶岔渠首枢

纽工程招标分标方案的请示》(建设［2009］122号）收悉。经研究，原则同意你局的标段划分意见，请在实施中将渠道工程施工标和主要建筑物施工、水利机械辅助设备采购与安装及电气设备、金属结构安装工程标合并，核准的分标方案见附件。请你局严格按照国家关于招标投标的法律法规和南水北调工程建设管理有关规定，精心组织，严格管理，确保招标质量，并抓紧做好工程开工的各项准备工作。

此复。

附件：南水北调中线一期陶岔渠首枢纽工程招标核准分标方案

国务院南水北调工程建设委员会办公室

二〇〇九年六月十日

附件：

南水北调中线一期陶岔渠首枢纽工程招标核准分标方案

标段	标 段 名 称
一	监理
1	南水北调中线一期陶岔渠首枢纽工程监理标
二	施工
1	南水北调中线一期陶岔渠首枢纽工程管理设施工程标
2	南水北调中线一期陶岔渠首枢纽工程下游交通桥工程标
3	南水北调中线一期陶岔渠首枢纽工程主要建筑物（含渠道）施工、水利机械辅助设备采购与安装及电气设备、金属结构安装工程标
三	南水北调中线一期陶岔渠首枢纽工程启闭设备设计制造标
四	南水北调中线一期陶岔渠首枢纽工程电气设备采购标
五	南水北调中线一期陶岔渠首枢纽工程金属结构制造标
六	南水北调中线一期陶岔渠首枢纽工程自动化系统标
七	南水北调中线一期陶岔渠首枢纽工程水土保持标
八	主要建筑材料采购
1	南水北调中线一期陶岔渠首枢纽工程水泥采购标
2	南水北调中线一期陶岔渠首枢纽工程钢筋采购标
九	南水北调中线一期陶岔渠首枢纽工程输电线路标

关于南水北调中线一期工程总干渠（委托河南建管局管理项目）郑州2段分标方案的批复

（国调办建管［2009］116号）

南水北调中线干线工程建设管理局：

你局《关于南水北调中线一期工程总干渠（委托河南建管局管理项目）郑州2段分标方案的请示》（中线局招［2009］67号）收悉。经研究，原则同意你局的标段划分意见，核准的分标方案见附件。请你局严格按照国家关于招标投标的法律法规和南水北调工程建设管理有关规定，协调有关方面，精心组织，严格管理，确保招标质量，并抓紧做好工程开工的各项准备工作。

此复。

附件：南水北调中线一期工程总干渠（委托河南建管局管理项目）郑州2段招标核准分标方案

国务院南水北调工程建设委员会办公室

二〇〇九年六月二十三日

附件：

南水北调中线一期工程总干渠（委托河南建管局管理项目）郑州2段招标核准分标方案

标段	标 段 名 称
一	监理
1	南水北调中线一期工程总干渠（委托河南建管局管理项目）郑州2段工程施工监理

续表

标段	标段名称
二	施工
1	南水北调中线一期工程总干渠（委托河南建管局管理项目）“郑2-1”标段，桩号［SH（3）179+227.8］~［SH（3）185+220.3］
2	南水北调中线一期工程总干渠（委托河南建管局管理项目）“郑2-2”标段，桩号［SH（3）185+220.3］~［SH（3）190+688.1］
3	南水北调中线一期工程总干渠（委托河南建管局管理项目）“郑2-3”标段，桩号［SH（3）190+688.1］~［SH（3）197+408.1］
4	南水北调中线一期工程总干渠（委托河南建管局管理项目）“郑2-4”标段，桩号［SH（3）197+408.1］~［SH（3）201+188.4］

注 标段桩号可在实施过程中根据具体情况进行微调。

关于南水北调中线京石段应急供水工程自动化调度与运行管理决策支持系统招标分标方案（第二批）的批复

（国调办建管［2009］125号）

南水北调中线干线工程建设管理局：

你局《关于上报南水北调中线京石段应急供水工程自动化调度与运行管理决策支持系统分标方案（第二批）的请示》（中线局招［2009］70号）收悉。经研究，原则同意你局关于南水北调中线京石段应急供水工程自动化调度与运行管理决策支持系统分标（第二批）的意见，核准的分标方案见附件。请你局严格按照国家关于招标投标的法律法规和南水北调工程建设管理有关规定，统筹考虑，精心组织，严格管理，提高效率，确保招标质量。

此复。

附件：南水北调中线京石段应急供水工程自动化调度与运行管理决策支持系统（第二批）招标核准分标方案

国务院南水北调工程建设委员会办公室

二〇〇九年七月八日

附件：

南水北调中线京石段应急供水工程自动化调度与运行管理决策支持系统（第二批）招标核准分标方案

标段	标段名称	备注
1	南水北调中线京石段应急供水工程应用系统集成标	将已随第一批上报的应用系统集成标与支撑平台软件开发合并
2	南水北调中线京石段应急供水工程通信光缆自动监测设备采购标	将已随第一批上报但未招标的通信光缆自动监测设备标增加仪器仪表等内容
3	南水北调中线干线工程通信网管与电源监控软件开发标	
4	南水北调中线京石段应急供水工程引接段光缆及硅芯管施工标	
5	南水北调中线京石段应急供水工程系统运行实体环境集成标	

关于南水北调中线一期总干渠沙河南—黄河南段北汝河渠道倒虹吸工程分标方案的批复

（国调办建管［2009］135号）

南水北调中线干线工程建设管理局：

你局《关于报送南水北调中线一期工程总干渠沙河南—黄河南段北汝河渠道倒虹吸工程分标方案的请示》（中线局招［2009］77号）收悉。经研究，同意你局的标段划分意见。请你局严格按照国家关于招标投标的法律法规和南水北调工程建设管理有关规定，精心组织，严格管理，确保招标质量，并抓紧做好工程开工的各项准备工作。

此复。

附件：南水北调中线一期总干渠沙河南—黄河南段北汝河渠道倒虹吸工程招标核准分标方案

国务院南水北调工程建设委员会办公室

二〇〇九年七月十六日

附件：

南水北调中线一期总干渠沙河南—黄河南段北汝河渠道倒虹吸工程招标核准分标方案

标段	标段名称
一	监理
1	南水北调中线一期北汝河渠道倒虹吸工程监理标
二	施工
1	南水北调中线一期北汝河渠道倒虹吸工程施工标

关于南水北调中线一期总干渠漳河北—古运河南中线建管局直管工程分标方案的批复

（国调办建管［2009］137号）

南水北调中线干线工程建设管理局：

你局《关于报送南水北调中线一期工程总干渠漳河北—古运河南中线建管局直管工程分标方案的请示》（中线局招［2009］75号）收悉。经研究，批复如下：

一、原则同意你局的标段划分意见。

二、请在实施中，将磁县段工程土建标由2个标段调整为3个标段，将高邑县至元氏县段工程土建标由2个标段调整为3个标段。核准的分标方案见附件。

三、请你局严格按照国家关于招标投标的法律法规和南水北调工程建设管理有关规定，精心组织，严格管理，确保招标质量，并抓紧做好工程开工的各项准备工作。

此复。

附件：南水北调中线一期总干渠漳河北—古运河南中线建管局直管工程招标核准分标方案

国务院南水北调工程建设委员会办公室

二〇〇九年七月十六日

附件：

南水北调中线一期总干渠漳河北—古运河南中线建管局直管工程招标核准分标方案

标段	标段名称
一	监理
1	HBZJL3-1［(0+000)～(40+056)］
2	HBZJL3-2［(93+621)～(113+914)］
3	HBZJL3-3［(172+000)～(212+180)］
二	施工
1	HBZTJ9-1［(0+000)～(15+190)］
2	HBZTJ9-2［(15+190)～(29+056)］
3	HBZTJ9-3［(29+056)～(40+056)］
4	HBZTJ9-4［(93+621)～(95+936)］
5	HBZTJ9-5［(95+936)～(98+016)］
6	HBZTJ9-6［(98+016)～(113+914)］
7	HBZTJ9-7［(172+000)～(186+900)］
8	HBZTJ9-8［(186+900)～(196+997.1)］
9	HBZTJ9-9［(196+997.1)～(212+180)］
三	安全监测标
四	电气设备采购标
五	金属结构制作标

续表

标段	标 段 名 称
六	液压启闭机制造标
七	35kV 供电线路
八	电源引接

关于南水北调中线一期工程总干渠漳河北—古运河南(委托河北建设管理项目)标段划分方案的批复

(国调办建管[2009]138 号)

南水北调中线干线工程建设管理局:

你局《关于南水北调中线一期工程总干渠漳河北—古运河南(委托河北建设管理项目)标段划分方案的请示》(中线局招[2009]80号)收悉。经研究,批复如下:

一、原则同意你局的标段划分意见。

二、考虑到洺河渡槽是一个完整的初步设计单元工程,请在实施时将上报土建施工标段“洺河渡槽及渠道工程”中的洺河渡槽调整为1个土建施工标段“洺河渡槽”(标段编号SG4),渠道工程调整到“永年县渠道工程”标段(标段编号 SG3),并对有关监理标段监理范围作相应调整。核准的分标方案见附件。

三、请你局协调有关各方,严格按照国家关于招标投标的法律法规和南水北调工程建设管理有关规定,精心组织,严格管理,确保招标质量,并抓紧做好工程开工的各项准备工作。

此复。

附件:南水北调中线一期工程总干渠漳河北—古运河南(委托河北建设管理项目)招标核准分标方案

国务院南水北调工程建设委员会办公室

二〇〇九年七月二十日

附件:

南水北调中线一期工程总干渠漳河北—古运河南(委托河北建设管理项目)招标核准分标方案

标段	标 段 名 称
一	施工
1	SG1[邯郸市区,(40+056)~(50+252)]
2	SG2[邯郸县,(50+252)~(61+168)]
3	SG3[永年县渠道工程,(61+168)~(76+607),(77+537)~(79+360)]
4	SG4[洺河渡槽,(76+607)~(77+537)]
5	SG5[沙河市渠道工程,(79+360)~(86+744)]
6	SG6[沙河市渠道工程,(86+744)~(93+621)]
7	SG7[邢台县,(113+914)~(121+985)]
8	SG8[内邱县小马河倒虹吸及渠道工程,(121+985)~(133+870)]
9	SG9[内邱县李阳河倒虹吸及渠道工程,(133+870)~(145+580)]
10	SG10[临城县泜河渡槽及渠道工程,(145+580)~(153+574)]
11	SG11[临城县渠道工程,(153+574)~(165+681)]
12	SG12[临城县午河渡槽及渠道工程,(165+681)~(172+751)]
13	SG13[鹿泉市,(212+180)~(225+180)]
14	SG14[石家庄市区,(225+180)~京石段起点]
15	SG15[铁路穿越工程5处,(49+386)~(49+700),(83+224)~(83+635),(128+608)~(128+808),(138+303)~(138+657),(230+292)~(231+580)]
二	监理
1	JL1(邯郸市区至邯郸县段)
2	JL2(永年县段)
3	JL3(洺河渡槽)
4	JL4(沙河市段)
5	JL5(邢台县段)
6	JL6(内邱县段)

续表

标段	标 段 名 称
7	JL7(临城县南段)
8	JL8(临城县北段)
9	JL9(鹿泉市段)
10	JL10(石家庄市区段)
11	JL11(铁路穿越)
12	JL12(金属结构制造与采购)
13	JL13(机电设备制造与采购)
14	JL14(材料采购)
15	JL15(水土保持绿化工程)
16	JL16(永久供电工程)
三	金属结构设备制造与采购
1	JZ1(闸门制造与埋件)
2	JZ1(液压启闭机)
3	JZ1(螺杆式、卷扬式启闭机、启闭机制造)
4	JZ1(电动葫芦、单梁式起重机采购)
四	机电设备、观测设备制造与采购
1	JD1(柴油发电机)
2	JD2(各种类型泵)
3	JD3(高低压开关柜)
4	JD4(箱式变电站)
5	JD5(直流电源)
6	JD6(观测电缆和动力电缆)
7	JD7(内部观测设备采购)
8	JD8(火灾报警系统采购安装)
9	JD9(流量计采购安装)
10	JD10(机电设备安装)
五	材料采购
1	CG1(聚乙烯闭孔泡沫塑料板)
2	CG2(双组分聚硫密封胶)
3	CG3(聚苯乙烯泡沫保温板,邯郸市地域和沙河市全部用量)
4	CG4(聚苯乙烯泡沫保温板,邢台市地域全部用量)
5	CG5(聚苯乙烯泡沫保温板,石家庄市地域全部用量)
6	CG6(复合土工膜,邯郸市地域和沙河市全部用量)
7	CG7(复合土工膜,邢台市地域全部用量)

续表

标段	标 段 名 称
8	CG8(复合土工膜,石家庄市地域全部用量)
9	CG9(橡胶止水)
10	CG10(隔离网栏,邯郸市地域和沙河市全部用量)
11	CG11(隔离网栏,邢台市石家庄市地域全部用量)
六	其他
1	GC1(内部观测设备安装观测)
2	GC2(外部观测工程)
3	LH1(水土保持绿化工程)
4	DL1(永久供电工程)

关于南水北调东线第一期工程济南—引黄济青段东湖水库和双王城水库工程招标分标方案的批复

(国调办建管[2009]179号)

山东省南水北调工程建设管理局:

你局《关于核准南水北调东线第一期工程济南—引黄济青段东湖水库和双王城水库工程分标方案的请示》(鲁调水建字[2009]31号)收悉。经研究,原则同意你局关于东湖水库和双王城水库工程招标分标方案的意见,核准的分标方案见附件。请你局加强监督管理,协调有关单位按照国家有关法律法规和南水北调工程建设关于招标投标的规定,精心组织,严格管理,确保招标质量,并抓紧做好工程开工的各项准备工作。

此复。

附件:南水北调东线第一期工程济南—引黄济青段东湖水库和双王城水库工程招标核准分标方案

国务院南水北调工程建设委员会办公室

二〇〇九年九月二十四日

附件：

南水北调东线第一期工程济南—引黄济青段东湖水库和双王城水库工程招标核准分标方案

标段序号	标 段 名 称
一	东湖水库工程
1	建设监理
2	围坝建筑安装工程1
3	围坝建筑安装工程2
4	水泵及电机设备采购标
5	金属结构采购标
6	机电设备采购标
7	管理设施工程
8	水土保持工程
9	电力线路工程标
二	双王城水库工程
1	建设监理
2	围坝建筑安装工程1
3	围坝建筑安装工程2
4	围坝建筑安装工程3
5	水泵及电机设备采购标
6	金属结构采购标
7	机电设备采购标
8	管理设施工程
9	水土保持工程
10	电力线路工程标

关于南水北调中线一期陶岔渠首枢纽工程开工请示的批复

（国调办建管［2009］187号）

淮委治淮工程建设管理局：

你局《关于南水北调中线一期陶岔渠首枢纽工程开工的请示》（建设［2009］229号）收悉。根据《国务院办公厅关于加强和规范新开工项目管理的通知》（国办发［2007］64号），经核查，该工程的初步设计报告已经批复，建设资金已经落实，征迁工作已基本完成，现场准备工作就绪，基本具备开工条件，同意该工程开工建设。

此复。

国务院南水北调工程建设委员会办公室

二〇〇九年十月十五日

关于南水北调中线一期工程总干渠沙河南—黄河南段沙河渡槽段工程分标方案的批复

（国调办建管［2009］192号）

南水北调中线干线工程建设管理局：

你局《关于报送南水北调中线一期工程总干渠沙河南—黄河南段沙河渡槽段工程分标方案的请示》（中线局招［2009］120号）收悉。经研究，原则同意你局的标段划分意见。请你局严格按照国家关于招标投标的法律法规和南水北调工程建设管理有关规定，精心组织，严格管理，确保招标质量，并抓紧做好工程开工的各项准备工作。

此复。

附件：南水北调中线一期工程总干渠沙河南—黄河南段沙河渡槽段工程分标方案

国务院南水北调工程建设委员会办公室

二〇〇九年十月二十日

附件：

南水北调中线一期工程总干渠沙河南—黄河南段沙河渡槽段工程分标方案

标段	标 段 名 称
一	监理
1	沙河渡槽段工程监理标，［SH(3)0+000］～［SH(3)11+963.1］

续表

标段	标 段 名 称
二	施工
1	沙河-1 标段,施工[SH(3)0+000]~[SH(3)4+513.1],[SH(3)8+073.1]~[SH(3)8+563.1]
2	沙河-2 标段,施工[SH(3)4+513.1]~[SH(3)8+073.1]
3	沙河-3 标段,施工[SH(3)8+563.1]~[SH(3)11+963.1]

注 标段桩号可在实施过程中根据具体情况进行微调。

关于南水北调东线一期泗洪站枢纽工程开工请示的批复

（国调办建管［2009］194 号）

南水北调东线江苏水源有限责任公司：

你公司《关于南水北调东线一期泗洪站枢纽工程开工建设的请示》(苏水源工[2009]105号)收悉。根据《国务院办公厅关于加强和规范新开工项目管理的通知》(国办发[2007]64号)，经核查，该工程的初步设计报告已经批复，建设资金已经落实，征迁工作已基本完成，现场准备工作就绪，基本具备开工条件，同意该工程开工建设。

此复。

国务院南水北调工程建设委员会办公室

二○○九年十月二十一日

关于南水北调东线一期皂河一站更新改造工程和皂河二站工程招标分标方案的批复

（国调办建管［2009］202 号）

南水北调东线江苏水源有限责任公司：

你公司《关于南水北调东线一期工程皂河一站更新改造、皂河二站工程招标分标方案的请示》(苏水源工[2009]108 号)收悉。经研究，原则同意你公司的标段划分意见。请你公司严格按照国家关于招标投标的法律法规和南水北调工程建设管理有关规定，精心组织，严格管理，确保招标质量，并抓紧做好工程开工的各项准备工作，尽早开工建设。

此复。

附件：南水北调东线一期皂河一站更新改造工程和皂河二站工程分标核准方案

国务院南水北调工程建设委员会办公室

二○○九年十一月六日

附件：

南水北调东线一期皂河一站更新改造工程和皂河二站工程分标核准方案

标段	标 段 名 称
一	监理
1	皂河一、二站工程建设监理
二	施工
1	皂河一站泵站改造土建施工及设备安装
2	皂河二站及一站配套建筑物土建施工及设备安装
3	皂河站变电所土建施工及施工场地填筑
三	货物
1	皂河一站水泵及其附属设备改造
2	皂河二站水泵及其附属设备采购
3	皂河一站电机及其附属设备改造
4	皂河二站电机及其附属设备采购
5	皂河一、二站钢筋采购
6	皂河一、二站液压启闭机采购
7	皂河一、二站电气设备采购
8	皂河一、二站电缆采购
9	皂河一、二站清污机系统设备采购
10	皂河一、二站微机监控及视频监控系统设备采购及安装
11	皂河一、二站变电所110kV 组合开关设备采购
12	皂河一、二站变压器采购

关于调整南水北调工程建设与管理基础信息建设与应用招标分标方案的批复

（国调办建管［2009］208号）

南水北调工程设计管理中心：

你中心《关于调整南水北调工程建设与管理基础信息建设与应用招标分标方案的请示》（设管技［2009］94号）收悉。经研究，原则同意你中心提出的分标方案调整意见，核准分标方案见附件。请你中心严格按照国家有关法律法规和《南水北调工程建设重大专题和南水北调办能力建设项目管理办法》的有关规定，开展招标相关工作。

此复。

附件：南水北调工程建设与管理基础信息建设与应用招标核准分标调整方案

国务院南水北调工程建设委员会办公室

二〇〇九年十一月十三日

附件：

南水北调工程建设与管理基础信息建设与应用招标核准分标调整方案

标段	标段名称
1	南水北调工程建设与管理基础信息建设与应用

关于南水北调中线一期工程总干渠潮河段工程招标分标方案的批复

（国调办建管［2009］213号）

南水北调中线干线工程建设管理局：

你局《关于南水北调中线一期工程总干渠潮河段工程分标方案的请示》（中线局招［2009］128号）收悉。经研究，原则同意你局的标段划分意见，核准的分标方案见附件。请你局协调有关单位严格按照国家关于招标投标的法律法规和南水北调工程建设管理有关规定，精心组织，严格管理，确保招标质量，并抓紧做好工程开工准备工作。

此复。

附件：南水北调中线一期工程总干渠潮河段工程招标核准分标方案

国务院南水北调工程建设委员会办公室

二〇〇九年十一月十八日

附件：

南水北调中线一期工程总干渠潮河段工程招标核准分标方案

标段	标段名称	备注
一	监理	
1	潮河段工程建设监理	
二	施工	
1	潮河-1	(133+380.8)~(141+800)
2	潮河-2	(141+800)~(146+200)
3	潮河-3	(146+200)~(152+200)
4	潮河-4	(152+200)~(158+200)
5	潮河-5	(158+200)~(164+500)
6	潮河-6	(164+500)~(172+500)
7	潮河-7	(172+500)~(179+227.8)
三	货物	
1	潮郑电器-1	柴油发电机
2	潮郑电器-2	变压器、盘柜等
3	潮郑金结-1	液压启闭机
4	潮郑金结-2	卷扬机、闸门等
四	服务	
1	潮郑安监	

注 标段有关桩号可根据实际情况适当调整。

关于南水北调中线一期工程天津干线保定市1段工程开工的批复

（国调办建管［2009］221号）

南水北调中线干线工程建设管理局：

你局《关于南水北调中线一期工程天津干线保定市1段工程开工的请示》（中线局工［2009］148号）收悉。根据《国务院办公厅关于加强和规范新开工项目管理的通知》（国办发［2007］64号），经核查，该工程的初步设计报告已经批复，投资计划已经下达，建设资金已经落实，征迁工作已基本完成，现场准备工作就绪，基本具备开工条件，同意该工程开工建设。

此复。

国务院南水北调工程建设委员会办公室

二〇〇九年十一月二十五日

关于南水北调中线一期工程总干渠沙河南—黄河南段沙河渡槽段工程安全监测分标方案的批复

（国调办建管函［2009］225号）

南水北调中线干线工程建设管理局：

你局《关于报送南水北调中线一期工程总干渠沙河南—黄河南段沙河渡槽段工程安全监测分标方案的请示》（中线局招［2009］131号）收悉。经研究，原则同意你局的标段划分意见，核准的分标方案见附件。请你局严格按照国家关于招标投标的法律法规和南水北调工程建设管理有关规定，精心组织，严格管理，确保招标质量。

此复。

附件：南水北调中线一期工程总干渠沙河南—黄河南段沙河渡槽段工程安全监测核准分标方案

国务院南水北调工程建设委员会办公室

二〇〇九年十一月二十六日

附件：

南水北调中线一期工程总干渠沙河南—黄河南段沙河渡槽段工程安全监测核准分标方案

标段	标段名称	备注
1	沙河渡槽段工程安全监测	

关于进一步加强南水北调工程质量管理和质量监督工作的意见

（国调办建管［2009］241号）

各省（直辖市）南水北调办事机构，南水北调工程建设监管中心，南水北调工程各项目法人，南水北调工程各省（直辖市）质量监督站：

为进一步加强南水北调工程质量管理和质量监督工作，保证工程质量，现提出如下意见：

一、建立质量巡视员制度

国务院南水北调办聘请政策水平高、业务能力强的质量巡视员，全过程负责单个或多个标段的质量巡视工作。质量巡视员以个人巡视或组成质量专项巡视组的方式定期和不定期开展巡视工作，客观、公正、及时地评价被巡视项目的质量管理和工程实体质量情况，及时发现问题，提出整改意见，督促落实整改措施，对不断改进质量管理工作提出合理化建议。

二、加强质量管理能力建设

项目法人（含委托、代建项目管理单位，下同）和项目建设管理机构要进一步加强质量管理，健全质量管理体系和管理网络，完善工作机制，建立并落实工程质量领导责任制和责任追究制，落实项目法人、现场管理机构，以及施工、监理、设计等单位负责人的质量管理责任。

项目法人和项目建设管理机构领导班子中要明确专门的领导，负责质量管理工作并承担相应责任。项目法人和项目建设管理机构要设立或明确质量管理机构，配备专职质量管理人员。

项目法人要进一步加强对委托项目的质量管理，建立委托项目质量联络员制度。委托项目管理单位要按照项目法人的统一要求，加强对委托项目的质量管理和考核。

项目法人和项目建设管理机构要加强对监理和施工单位的合同管理，在合同中明确要求监理单位和施工单位设立总质检师，设立质量管理机构，配备专职质量管理人员。在项目法人与中标单位签署监理或施工合同的基础上，由项目建设管理机构与工程监理部及工程施工项目部签署补充合同，明确质量管理责任权限及要求。监理单位要加强重要环节、关键部位旁站监理。施工单位要对重要工序和关键部位实施签证制度，严格执行质量三检制，设立班组初检、施工队复检、质检部门终检的三级专职质量检查工程师和质检员，对施工过程的质量实施检查控制。

三、改善质量监督条件

适当加大质量监督经费投入，不断改善质量监督人员的工作和生活条件，保障交通工具使用和质量检测经费支出。质量监督人员的办公、生活用房由项目法人负责安排。

质量监督人员配备，原则上以建安工程投资3亿~6亿元配一名监督质量人员的标准实施，但可根据工作需要适当调整配备比例。按照这个标准，监管中心、各省（直辖市）质量监督站尽快配齐质量监督人员。

四、加强施工图审核

项目法人针对当前的设计工作成果现状，研究建立有效的施工图审核机制。通过竞争性选择或委托等方式引进有能力、有经验的设计、咨询单位或专家组织对施工图进行审核，提高施工图设计质量。要在监理合同中明确要求监理单位配备一定数量具有设计审查能力的人员，把好施工图审签关，促进施工图设计质量的提高。

五、完善质量奖惩制度

项目法人应尽快研究建立和完善质量奖惩和质量事故追究制度，合理确定并用好监理和施工合同中计列的浮动报酬，加大质量违约及质量事故的处罚，加强工作激励和约束，推动质量管理工作再上新台阶。

六、加强质量信息报送

项目法人和项目建设管理机构要明确专门质量信息报送员，定期汇总上报质量管理工作情况，及时反映过程中存在的问题，提出工作建议。

质量监督机构要落实信息报送制度，严格执行《南水北调工程质量监督信息管理办法》，保障信息渠道通畅，及时、全面、准确上报质量监督信息。

七、完善质量管理和质量监督制度

尽快完善和出台质量管理和质量监督有关制度，加强对项目法人和项目建设管理机构质量工作的监督管理和考核，进一步规范和加强政府质量监督工作。

八、组织开展质量工作重点检查

按照南水北调工程建设领域突出问题专项治理工作安排以及工程建设的需要，适时组织开展质量工作专项检查。专项检查以审计、稽察、检查中发现的突出问题为重点，指导和督促项目法人进行整改。

九、加强对质量管理和质量监督工作的领导

南水北调办事机构等政府部门，项目法人和项目建设管理机构等建设管理单位领导，要加强对质量管理和质量监督工作的领导和支持。在检查工程建设工作时，要邀请质量监督部门参加，听取质量工作情况的汇报。项目法人和项目建设管理机构领导要加强对质量监督机构所提整改意见落实情况的督促、检查。对不重视、不过问质量管理工作及对质量问题负有管理责任的领导，南水北调办将按有关规定作出处理。

国务院南水北调工程建设委员会办公室

二〇〇九年十二月十四日

关于做好南水北调工程建设工程款和农民工工资支付工作的通知

（国调办建管［2009］243号）

南水北调工程各项目法人：

为防止在南水北调工程建设中发生拖欠工程款和农民工工资的问题，切实维护南水北调工程各参建单位和农民工的合法权益，促进社会和谐稳定，现就做好南水北调工程建设工程款和农民工工资支付有关工作通知如下：

一、各项目法人和有关项目建设管理单位要高度重视工程款和农民工工资支付工作，明确工作目标和责任，加强监督管理，采取切实有效措施防止拖欠工程款和农民工工资。

二、加强工程建设的合同管理，及时结算和支付各项目管理、施工、监理、设备制造、材料供应等参建单位的各类合同款，妥善处理变更发生的费用。

三、加强对参建施工企业的监管，严禁转包和违法分包，加强分包管理，严格执行劳动合同制度，督促有关施工企业严格按照有关法规和劳动用工制度，按时足额支付农民工工资。

四、各项目法人要在所负责工程项目范围内组织开展一次工程款和农民工工资及时支付的清查工作，对存在的问题及时进行整改和纠正。

国务院南水北调工程建设委员会办公室

二〇〇九年十二月二十三日

关于南水北调中线一期工程总干渠黄河北—羑河北段水土保持工程监理、工程监测、环境保护工程监理、工程监测分标方案的批复

（国调办环移［2009］12号）

南水北调中线干线工程建设管理局：

你局《关于南水北调中线一期工程总干渠黄河北—羑河北段水土保持工程监理、工程监测、环境保护工程监理、工程监测分标方案的请示》（中线局招［2009］9号）收悉。经研究，原则同意将黄河北—羑河北段水土保持工程监理、监测和环境保护工程监理、监测各划分为1个标段的分标方案。请你局协调有关单位，严格按照国家有关法律法规和南水北调工程招标投标有关规定，精心组织，严格管理，确保招标质量。

此复。

附件：南水北调中级一期工程总干渠黄河北—羑河北段水土保持工程监理、工程监测、环境保护工程监理、工程监测分标方案

国务院南水北调工程建设委员会办公室

二〇〇九年二月十八日

附件：

南水北调中线一期工程总干渠黄河北—羑河北段水土保持工程监理、工程监测、环境保护工程监理、工程监测分标方案

标段	名　称
1	黄河北—羑河北段水土保持工程监理
2	黄河北—羑河北段水土保持工程监测
3	黄河北—羑河北段环境保护工程监理
4	黄河北—羑河北段环境保护工程监测

关于动用南水北调中线一期工程安阳段征地移民预备费的批复

（国调办环移［2009］34号）

南水北调中线干线工程建设管理局：

你局《关于南水北调中线一期工程安阳段征地移民预备费的请示》（中线局移［2009］1号）收悉。

经研究，原则同意从国家掌握的预备费中动用350万元，解决征地移民有关问题。请你局按照《南水北调工程建设征地补偿和移民安置资金管理办法》（国调办经财［2005］39号）规定办理。

此复。

国务院南水北调工程建设委员会办公室

二〇〇九年三月二十六日

关于南水北调江苏境内工程环境保护专项验收有关事项的批复

（国调办环移［2009］80号）

南水北调东线江苏水源有限责任公司：

你公司《关于南水北调江苏境内工程环境保护专项验收有关事项的请示》（苏水源工［2009］28号）收悉。经商环境保护部，答复如下：

一、原则同意你公司所提按单项工程环境影响报告书（表）进行环保竣工验收。

二、单项工程中设计单元环保专项验收程序为：由你公司向我办上报设计单元工程环保专项验收申报报告（附环保专项竣工验收报告），由我办或我办委托江苏省南水北调办组织有关单位和专家、并邀请有关市（县）环保部门参加，组成验收组进行验收。验收组听取你公司的环保竣工验收报告、查看现场、审阅档案资料，经讨论后形成验收组验收意见。

三、请你们严格按照环境保护专项验收有关规定，及时组织有关参建单位认真开展各阶段环保专项验收准备。

此复。

国务院南水北调工程建设委员会办公室

二〇〇九年五月十八日

关于南水北调中线一期工程天津干线西黑山进口闸—有压箱涵段、保定市1段、保定市2段、廊坊市段工程水土保持工程监测分标方案的批复

（国调办环保［2009］169号）

南水北调中线干线工程建设管理局：

你局《关于南水北调中线一期工程天津干线西黑山进口闸—有压箱涵段、保定市1段、保定市2段、廊坊市段工程水土保持工程监测分标方案的请示》（中线局招［2009］103号）收悉。经研究，原则同意将天津干线西黑山进口闸—有压箱涵段、保定市1段、保定市2段、廊坊市段工程水土保持工程监测划分为1个标段的分标方案。请你局协调有关单位，严格按照国家有关法律法规和南水北调工程招标投标有关规定，精心组织，严格管理，确保招标质量。

此复。

附件：南水北调中线一期工程天津干线西黑山进口闸—有压箱涵段、保定市1段、保定市2段、廊坊市段工程水土保持工程监测分标方案

国务院南水北调工程建设委员会办公室

二〇〇九年九月二日

附件：

南水北调中线一期工程天津干线西黑山进口闸—有压箱涵段、保定市1段、保定市2段、廊坊市段工程水土保持工程监测分标方案

一、项目概况

南水北调中线一期天津干线西黑山进口闸—有压箱涵段、保定市1段、保定市2段、廊坊市段工程总长131.407km。其中，西黑山进口闸至有压箱涵段15.208km、保定市1段45.680km、保定市2段15.085km、廊坊市段55.434km。

西黑山进口闸—有压箱涵段、保定市1段、保定市2段、廊坊市段工程水土流失防治责任范围为2420.65hm^2，其中项目建设区面积为2241.97hm^2，直接影响区面积为178.68hm^2。经核定水土保持总投资为3415.78万元，其中水土保持工程监测费192万元。

二、标段划分原则及理由

为了水土保持工程监测工作的顺利进行和监测资料的收集，根据批复的水土保持工程监测投资，考虑水土保持工程监测工作相对独立的特点，本着便于验收、便于组织、便于管理的原则，拟对水土保持工程监测单独成标。

三、分标情况

南水北调中线一期天津干线西黑山进口闸—有压箱涵段、保定市1段、保定市2段、廊坊市段工程水土保持工程监测拟划分为一个标段，核定水土保持工程总投资为3415.78万元，其中水土保持工程监测费192万元。

关于南水北调中线一期工程总干渠陶岔渠首—黄河南段、穿漳河交叉建筑物工程与漳河北—古运河南段水土保持工程监理、水土保持工程监测、环境保护工程监理、环境保护工程监测分标方案的批复

（国调办环保［2009］201号）

南水北调中线干线工程建设管理局：

你局《关于南水北调中线一期工程总干渠陶岔渠首—沙河南段水土保持工程监理、工程监测与环境保护工程监理、工程监测分标方案的请示》（中线局招［2009］111号）、《关于南水北调中线一期工程总干渠沙河南—黄河南段水土保持工程监理、工程监测与环境保护工程监理、工程监测分标方案的请示》（中线局招［2009］112号）和《关于南水北调中线一期工程总干渠穿漳河交叉建筑物工程与漳河北—古运河南段水土保持工程监理、工程监测与环境保护工程监理、工程监测分标方案的请示》（中线局招［2009］113号）收悉。经研究，原则同意你局提出的分标方案，核准的分标方案见附件。请你局严格按照国家有关法律法规和南水北调工程招标投标有关规定，精心组织，严格管理，确保招标质量。

此复。

附件：

1. 陶岔渠首—黄河南段水土保持工程监理、水土保持工程监测、环境保护工程监理、环境保护工程监测招标核准分标方案

2. 穿漳河交叉建筑物工程与漳河北—古运河南段水土保持工程监理、水土保持工程

监测、环境保护工程监理、环境保护工程监测招标核准分标方案

国务院南水北调工程建设委员会办公室

二〇〇九年十一月六日

附件1：

陶岔渠首—黄河南段水土保持工程监理、水土保持工程监测、环境保护工程监理、环境保护工程监测招标核准分标方案

序号	名　　称	备注
一	水土保持工程	
(一)	监理	
1	陶岔渠首—沙河南段水土保持工程监理标	
2	沙河南—黄河南段水土保持工程监理标	
(二)	监测	
3	陶岔渠首—沙河南段淅川县段、湍河渡槽段、镇平县段、南阳市区段共4个设计单元水土保持工程监测标	
4	陶岔渠首—沙河南段白河倒虹吸、方城段、叶县段、澧河渡槽、鲁山1段、鲁山2段共6个设计单元水土保持工程监测标	
5	沙河南段—黄河南段中沙河渡槽、鲁山北段、宝丰至郏县共3个设计单元水土保持工程监测标	
6	沙河南段—黄河南段北汝河倒虹吸、禹州和长葛段、新郑南段、双洎河渡槽共4个设计单元水土保持工程监测标	
7	沙河南段—黄河南段中潮河段、郑州2段、郑州1段、荥阳段共4个设计单元水土保持工程监测标	
二	环境保护工程	
(一)	监理	
8	陶岔渠首—沙河南段淅川县段、湍河渡槽段、镇平县段、南阳市区段共4个设计单元环境保护工程监理标	
9	陶岔渠首—沙河南段白河倒虹吸、方城段、叶县段、澧河渡槽、鲁山1段、鲁山2段共6个设计单元环境保护工程监理标	
10	沙河南段—黄河南段中沙河渡槽、鲁山北段、宝丰至郏县共3个设计单元环境保护工程监理标	
11	沙河南段—黄河南段北汝河倒虹吸、禹州和长葛段、新郑南段、双洎河渡槽共4个设计单元环境保护工程监理标	
12	沙河南段—黄河南段中潮河段、郑州2段、郑州1段、荥阳段共4个设计单元环境保护工程监理标	
(二)	监测	
13	陶岔渠首—沙河南段环境保护工程监测标	
14	沙河南—黄河南段环境保护工程监测标	

附件2：

穿漳河交叉建筑物工程与漳河北—古运河南段水土保持工程监理、水土保持工程监测、环境保护工程监理、环境保护工程监测招标核准分标方案

序号	名　　称	备注
一	水土保持工程	
(一)	监理	
1	穿漳河交叉建筑物工程与漳河北—古运河南段水土保持工程监理标	
(二)	监测	
2	穿漳河交叉建筑物工程与漳河北—古运河南段石家庄段水土保持工程监测标	
3	穿漳河交叉建筑物工程与漳河北—古运河南段邯郸（含穿漳）段水土保持工程监测标	
4	穿漳河交叉建筑物工程与漳河北—古运河南段邢台段水土保持工程监测标	
二	环境保护工程	
(一)	监理	
5	穿漳河交叉建筑物工程与漳河北—古运河南段石家庄段环境保护工程监理标	
6	穿漳河交叉建筑物工程与漳河北—古运河南段邯郸（含穿漳）段环境保护工程监理标	
7	穿漳河交叉建筑物工程与漳河北—古运河南段邢台段环境保护工程监理标	
(二)	监测	
8	穿漳河交叉建筑物工程与漳河北—古运河南段环境保护工程监测标	

关于南水北调东线一期工程济南—引黄济青段工程征地移民监理监测招标分标方案的批复

(国调办征地［2009］99号)

山东省南水北调工程建设管理局：

你局《关于核准南水北调东线第一期工程济南—引黄济青段工程征地移民监理监测评估招标分标方案的请示》（鲁调水政字［2009］23号）收悉。经研究，现批复如下：

一、原则同意你局提出的济南—引黄济青段工程征地移民监理监测招标分标方案，核准的分标方案见附件。

二、请你局严格按照我办和国家有关招投标管理的有关规定，做好该工程征地移民监理监测招标的各项工作，确保招标工作质量。

此复。

附件：东线济南—引黄济青段工程征地移民监理监测招标分标方案

国务院南水北调工程建设委员会办公室

二〇〇九年六月九日

附件：

东线济南—引黄济青段工程征地移民监理监测招标分标方案

标段划分	项目名称	涉及市、县（区）	线路长度（km）
监理Ⅰ标	济南市明渠段工程征地移民监理	济南市历城区	22
		济南市章丘市	18
		小计	40
监理Ⅱ标	滨州市明渠段工程征地移民监理	滨州市邹平县	23
		滨州市博兴县	16
		小计	39

续表

标段划分	项目名称	涉及市、县（区）	线路长度（km）
监理Ⅲ标	淄博、东营市明渠段工程征地移民监理	淄博市高青县	41
		淄博市桓台县	3
		东营市广饶县	
		小计	44
监理Ⅳ标	东湖水库工程征地移民监理	济南市历城区	
		济南市章丘市	
		小计	
监理Ⅴ标	双王城水库工程征地移民监理	潍坊市寿光市	
监测Ⅵ标	明渠段工程、东湖水库工程、双王城水库工程征地移民监测评估		123

关于东线南四湖水资源控制工程姚楼河闸杨官屯河闸大沙河闸（江苏部分）征地拆迁补偿投资的批复

(国调办征地［2009］115号)

江苏省南水北调办公室：

你办《关于调增南四湖水资源控制工程姚楼河闸杨官屯河闸大沙河闸征地拆迁概算的请示》（苏调办［2009］11号）收悉。经研究，批复如下：

一、东线南四湖水资源控制工程姚楼河闸、杨官屯河闸、大沙河闸位于苏鲁两省边界，因征迁涉及问题较多，初设审批后征地拆迁和工程建设一直未启动。2008年征地拆迁工作开始后，在你办和有关单位的共同努力下，征迁工作基本满足了工程开工需要。随着地方经济社会的发展，由于征迁工作周期长、难度大，在实施过程中对实物指标进行复核是必要的。原则同意你办同地方政府、设计、监理等复核确定的实物指标成果。

二、原则同意各类实物的补偿标准和其

他费用的取费标准。根据国务院审批的总体可研报告和有关规定，耕地占用税和耕地开垦费仍按初设审批的标准执行。

据此，同意姚楼河闸、杨官屯河闸、大沙河闸三项工程涉及你省的征地拆迁补偿总投资为1298.72万元（含工程协调费60万元），其中姚楼河闸85.01万元，杨官屯河闸413.28万元，大沙河闸800.43万元。与审批的初步设计概算相比，增加投资707.26万元（详见各附件）。

三、根据《南水北调东线一期南四湖水资源控制工程协调领导小组第四次会议纪要》，上述增加投资部分，由你们依次从征地拆迁预备费、工程预备费、招标结余等渠道解决。

此复。

附件：

1. 姚楼河闸征地拆迁补偿投资表（略）
2. 杨官屯河闸征地拆迁补偿投资表（略）
3. 大沙河闸征地拆迁补偿投资表（略）

国务院南水北调工程建设委员会办公室

二〇〇九年六月十八日

关于南水北调中线一期天津干线西黑山进口闸—有压箱涵段、保定市1段、保定市2段、廊坊市段工程征地拆迁监理、监测评估、水土保持和环境保护工程监理、监测分标方案的批复

（国调办征地［2009］117号）

南水北调中线干线工程建设管理局：

你局《关于南水北调中线一期天津干线西黑山进口闸—有压箱涵段、保定市1段、保定市2段、廊坊市段工程征地拆迁监理、监测评估、水土保持和环境保护工程监理、监测分标方案的请示》（中线局招［2009］48号）收悉。经研究，原则同意你局提出的分标方案，即征地拆迁监理标2个（天津干线河北段保定市段征地拆迁监理标、天津干线河北段廊坊市段征地拆迁监理标）、征地拆迁监测评估标1个（天津干线河北段征地拆迁监测评估标）、水土保持工程监理标1个（天津干线河北段水土保持工程监理标）、环境保护工程监理标1个（天津干线河北段环境保护工程监理标）、环境保护工程监测标1个（天津干线河北段环境保护工程监测标），共6个标段。

请你局按我办和国家有关招投标管理规定抓紧开展相关工作，确保招标工作质量。

此复。

国务院南水北调工程建设委员会办公室

二〇〇九年六月二十三日

关于动用征地移民预备费解决中线一期总干渠河南省段地质灾害评估、压覆矿产评估等费用的批复

（国调办征地［2009］123号）

南水北调中线干线工程建设管理局：

你局《关于动用预备费解决南水北调中线一期总干渠河南省段地质灾害危险性评估、压覆矿产评估报告等费用的请示》（中线局移［2009］11号）收悉。

经研究，原则同意从国家掌握的预备费中动用470万元，用于解决中线一期总干渠河南省段地质灾害评估、压覆矿产评估报告的有关费用。请你局按照《南水北调工程建设征地补偿和移民安置资金管理办法》（国调办经财［2005］39号）规定办理。

此复。

国务院南水北调工程建设委员会办公室

二〇〇九年六月二十六日

关于南水北调中线一期工程总干渠陶岔—沙河南、沙河南—黄河南段工程征地补偿和移民安置监理、监测评估招标分标方案的批复

（国调办征地［2009］168 号）

南水北调中线干线工程建设管理局：

你局报来的《关于南水北调中线一期工程总干渠陶岔—沙河南、沙河南—黄河南段工程征地补偿和移民安置监理、监测评估招标分标方案的请示》（中线局招［2009］105 号）收悉。经研究，原则同意你局提出的分标方案，即将该项目划分为九个监理标和二个监测评估标。具体分标情况如下：

1. 监理 1 标：南阳市淅川县和邓州市。

2. 监理 2 标：南阳市镇平县、卧龙区和高新区。

3. 监理 3 标：南阳市宛城区、内乡县和方城县。

4. 监理 4 标：平顶山市叶县和鲁山县。

5. 监理 5 标：平顶山市宝丰县和郏县。

6. 监理 6 标：许昌市禹州市和长葛市。

7. 监理 7 标：郑州市新郑市。

8. 监理 8 标：郑州市中牟县、管城区和二七区。

9. 监理 9 标：郑州市中原区、开发区和荥阳市。

10. 监测评估 1 标：陶岔—沙河南段。

11. 监测评估 2 标：沙河南—黄河南段。

请你局按我办和国家有关招投标管理规定抓紧开展相关工作，确保招标工作质量。

国务院南水北调工程建设委员会办公室

二〇〇九年九月一日

关于南水北调中线一期工程丹江口水库初步设计阶段建设征地农村移民安置规划设计报告（技术部分）的批复

（国调办征地［2009］181 号）

南水北调中线水源有限责任公司：

你公司报送《关于报送〈南水北调中线一期工程丹江口水库初步设计阶段建设征地农村移民安置规划设计报告〉（报批稿）的报告》（中水源移［2009］118 号）收悉，我办设计管理中心委托水利部水利水电规划设计总院组织专家对报告进行了审查，并提交了审查意见（见附件）。

南水北调工程总体规划中把丹江口水库作为中线工程水源地，加高大坝，增加库容，水库正常蓄水位由 157m 提高到 170m，相应淹没耕园地 25.6 万亩，需搬迁安置移民约 33 万人。按照国务院南水北调工程建设委员会第三次全体会议（以下简称第三次建委会）确定的中线一期工程 2013 年完成主体工程，2014 年汛后通水的要求，库区移民需在 2013 年全部完成搬迁安置，时间紧，任务重。河南、湖北两省在已实施试点移民工作的基础上，为了尽快全面展开移民工作，确保中线工程建设目标的如期实现，提出了加快库区移民搬迁安置工作的意见和措施。为此，经研究，我办原则同意并先行批复库区农村移民安置规划技术方案。批复意见如下：

一、基本同意水库淹没农村实物指标，生产安置人口计算方法，移民安置原则、依据、途径和方案。

丹江口库区农村移民安置规划涉及河南、湖北 2 省，除试点外，库区涉及 6 县市 40 乡（镇）417 行政村。安置区（含库区安置区）涉及 16 区（市）58 县 242 乡（镇），

新建1352个移民居民点，其中外迁安置区957个（河南474个，湖北483个）。规划农村生产安置人口260 631人，其中河南139 261人，湖北121 370人。规划搬迁人口294 150人，其中河南150 683人，湖北143 467人。出县外迁人口207 830人，其中河南127 334人，湖北80 496人。

库区移民采取出县外迁为主的安置去向、以种植业为主的安置方式，主要靠调剂和分配耕园地解决移民的生产问题。农村移民规划设计水平年为2013年，人口自然增长率按照9‰控制。

结合移民试点实施情况，本阶段对安置区主要水利设施、生产道路和土地整治进行了规划，对居民点对外交通、电力、排水以及居民点内部基础设施进行了规划设计，规划设计方案是可行的。

根据《中国地震动参数区划图》（GB 18306—2001）确定的移民安置区居民点建设地震基本烈度，同意对移民建房采取必要的防震措施。

二、原则同意农村部分补偿概算的组成和计算方法，有关标准和最终概算结果，以我办审核批复的初步设计概算为准，包干使用。

三、河南、湖北两省移民机构在下一阶段要认真组织编制移民安置实施方案，广泛听取移民和移民安置区居民的意见，抓紧启动下一步移民工作；进一步优化产业结构，夯实农业基础，提高土地收益；通过加大对移民就业技能培训，扩大劳务输出，广开就业渠道，提高移民收入。积极制订帮扶移民的实施计划，使移民尽快达到或超过搬迁前的生活水平。

附件：水利部水利水电规划设计总院《关于提交南水北调中线一期工程丹江口水库初步设计阶段建设征地农村移民安置规划设计报告审查意见的函》（水总环移［2009］767号）（略）

国务院南水北调工程建设委员会办公室

二〇〇九年九月二十五日

关于南水北调东线一期工程鲁北段工程征地移民监理监测评估招标分标方案的批复

（国调办征地［2009］184号）

山东省南水北调工程建设管理局：

你局《关于核准南水北调东线第一期工程鲁北段工程征地移民监理监测评估招标分标方案的请示》（鲁调水政字［2009］45号）收悉。经研究，现批复如下：

一、原则同意你局提出的鲁北段工程征地移民监理监测评估招标分标方案，核准的分标方案见附件。

二、请你局严格按照我办和国家有关招投标管理的有关规定，做好该工程征地移民监理监测评估招标的各项工作，确保招标工作质量。

此复。

附件：东线鲁北段工程征地移民监理监测评估招标分标方案

国务院南水北调工程建设委员会办公室

二〇〇九年十月十二日

附件：

东线鲁北段工程征地移民监理监测评估招标分标方案

标段划分	项目名称	涉及县（区、市）	线路长度（km）
监理标段Ⅰ	小运河输水工程征地移民监理Ⅰ	东阿县、阳谷县	35
监理标段Ⅱ	小运河输水工程征地移民监理Ⅱ	东昌府区	20
监理标段Ⅲ	小运河输水工程征地移民监理Ⅲ	茌平县、临清市	43

续表

标段划分	项目名称	涉及县（区、市）	线路长度（km）
监理标段Ⅳ	七一、六五河输水工程征地移民监理	武城县、临清市、夏津县	77
监理标段Ⅴ	大屯水库征地移民监理	武城县	
监理标段Ⅵ	灌区影响处理工程征地移民监理	武城县、临清市、夏津县	
监测标段Ⅶ	小运河输水工程、七一、六五河输水工程、大屯水库工程、灌区影响处理工程征地移民监测评估	东阿县、阳谷县、东昌府区、茌平县、临清县、武城县、夏津县	

关于南水北调东、中线一期工程初步设计阶段文物保护方案的批复

（国调办征地［2009］188号）

南水北调中线干线工程建设管理局、南水北调中线水源有限责任公司、南水北调东线江苏水源有限责任公司、南水北调东线山东干线有限责任公司、湖北省南水北调工程建设管理局：

你局（公司）会同相关文物部门联合上报的南水北调东、中线一期工程文物保护方案和投资概算收悉，根据《南水北调工程建设征地补偿和移民安置暂行办法》和南水北调文物保护工作协调小组会议精神，2009年8月24～25日、25～28日，国务院南水北调办会同国家文物局在河北组织召开了南水北调东、中线一期工程初步设计阶段文物保护方案和概算评审审查会，两个会议分别成立了专家组，对各项目法人与省（市）文物部门联合上报的文物保护方案和概算进行审查，形成了审查意见。经商国家文物局，现批复如下：

一、根据由国家发展改革委、水利部、国务院南水北调办、国家文物局组成的南水北调工程文物保护协调小组会议精神，南水北调办已经审查批复了部分南水北调工程文物保护项目，并下达了投资。为了进一步加快实施文物保护工作，对总体可研范围内的剩余文物保护项目开展初步设计工作，一并进行审查是必要的。

二、原则同意各省（市）上报的文物保护方案。

同意丹江口水库河南省淅川县险峰遗址、大石头山墓群、红叶岭墓群、杨河西岗墓群等4个项目；湖北丹江口市名家院遗址、北张家营遗址、尚家河遗址，郧县吴家河遗址、杨溪铺遗址、老幸福院墓群、三门店子遗址7个项目的名称和内容。

根据北京市已实施情况，同意计列新发现的南正遗址项目，同时取消没有发掘内容的北京段洪寺遗址、前后朱各庄村墓群、乌古轮家族墓地3个项目和相应发掘面积。

同意将湖北省遇真宫泰山庙及遇仙桥两个项目与遇真宫项目的保护方案一并研究。

三、基本同意文物保护初步设计报告中项目经费概算编制的依据、原则及标准。考古勘探费普探2.1元/m^2，重探20元/m^2计列，其他费用中资料出版费、监理费、技术培训费分别按地下文物与地面文物保护费的1.2%、1.2%、0.5%计列，不可预见费按地下文物保护费的3%计列，另外，按地下文物保护费的3%增列基本预备费；考古发掘资料整理基地建设费按每个单位建筑面积800m^2、单价按照800元/m^2计列。

丹江口库区遇真宫、遇真宫泰山庙和遇仙桥等3个项目保护经费暂按5644.41万元计列，待保护方案确定后，以核定的投资为准。

按照核定的概算，各省（市）南水北调文物保护经费（包括已批复项目的间接费）分别为北京342.25万元，河北4 919.05万元，河南干线段17 196.28万元、河南省库区8270.55万元，湖北省库区14 254.90万元、汉江中下游3633.01万元，江苏782.30万元，山东3542.91万元，详见附件1。

四、根据《南水北调工程建设征地补偿和

移民安置暂行办法》，由项目法人根据协议将经费支付给相关省市征地移民主管部门，省市征地移民主管部门与文物部门签订工作协议，由省市文物主管部门按照协议组织实施。

五、文物保护投资是南水北调工程征地补偿和移民安置投资的组成部分，各有关部门和单位要严格按照《南水北调东、中线一期工程文物保护管理办法》和《南水北调工程建设文物保护资金管理办法》的规定执行，包干使用。严格遵照有关程序，确保文物资金专款专用，加强管理、检查和监督。

六、省市文物主管部门是实施文物保护项目的责任主体，项目法人和省市征地移民主管部门要积极配合省市文物主管部门，严格按照批复的文物保护项目和建设内容抓紧实施，确保按质按量完工，为南水北调工程建设创造条件。及时向有关部门报送统计和财务报表，准确反映项目实施进度。项目完成后按有关规定进行验收。

附件：

1. 文物保护概算核定表（略）

2. 南水北调东、中线一期工程文物保护初步设计方案专家组审查意见（略）

3. 南水北调东、中线一期工程文物保护项目初步设计概算评审专家意见（略）

国务院南水北调工程建设委员会办公室

二〇〇九年十月十三日

关于南水北调中线一期工程丹江口水库初步设计阶段建设征地农村移民安置规划设计报告（直接费概算）的批复

（国调办征地［2009］215号）

南水北调中线水源有限责任公司：

你公司《关于报送〈南水北调中线一期工程丹江口水库初步设计阶段建设征地农村移民安置规划设计报告〉的报告》（中水源移［2009］118号）收悉，南水北调工程设计管理中心委托水利部水利水电规划设计总院组织专家对报告进行了审查，2009年9月25日，我办以《关于南水北调中线一期工程丹江口水库初步设计阶段建设征地农村移民安置规划设计报告（技术部分）的批复》（国调办征地［2009］181号）批复了该项目初步设计技术方案。设计管理中心根据批复的技术方案开展了概算评审工作，2009年11月3日，设计管理中心向我办提交了《关于报送南水北调中线一期工程丹江口水库初步设计阶段建设征地农村移民安置规划设计报告概算评审意见的报告》（设管技［2009］86号），经研究，原则同意概算评审报告，现批复如下：

一、该项目技术方案按照《关于南水北调中线一期工程丹江口水库初步设计阶段建设征地农村移民安置规划设计报告（技术部分）的批复》（国调办征地［2009］181号）的意见执行。

二、除移民试点外，按照2008年度平均价格水平，核定丹江口库区移民安置规划农村部分直接费概算2 172 399.24万元。其他设计费、管理费、预备费和有关税费等间接费在审查库区移民总报告时一并核定。

核定征用土地补偿费和安置补助费683 676.35万元，受淹小型水电设施补助费和农田水利设施配套补助费17 371.41万元，移民生产安置增补费243 009.97万元，房屋及附属建筑物补偿费366 573.89万元，房屋装修补助费6997.83万元，农村移民建房困难补助费103 393.76万元，农副业补偿费为1053.85万元，学校、医疗网点调整补助费17 158.21万元，居民点基础设施补偿费533 366.90万元，移民搬迁费40 955.84万元，零星林木补偿费11 413.16万元，坟墓迁移费7121.30万元，临时搬迁道路及设施补助费

2941.50万元，移民过渡期生活补助费31 275.72万元，移民新村双瓮厕所、沼气池补助费14 044.60万元，渔业生产资料补助费5608.06万元，淅川县滔河乡张庄村移民提前搬迁补助费2088.53万元，出乡（镇）安置移民安置区专业项目增容费10 722.20万元，外迁移民安置补助费24 939.60万元，淹没线上失去功能的单位补助费5021.57万元，移民房屋抗震处理措施费4069.56万元，农村居民点村台垫高后增加房屋基础处理费6941.88万元，居民点膨胀土地基处理费26 565.80万元，财产户补偿费（不包含房屋及附属建筑物补偿费）167.91万元，外迁安置区公益性墓地征地费672.79万元，淅川县淹没影响区烈士墓迁建补助费112.00万元，农村小型商业补助费61.78万元，郧县回民清真寺建设补助费10.00万元，移民生产用地附着物补偿费2724.78万元，移民新村村委会及文化活动室补助费2338.49万元。详见附件1、附件2和附件3。

三、同意将库区配套设施恢复费9405.93万元调整至专业项目补偿费中另行评审。

四、请你公司按照国家有关规定和基本建设程序要求，积极筹措移民资金，加强资金管理。配合河南、湖北两省移民机构在下一阶段认真组织编制移民安置实施方案，抓紧启动下一步移民工作，按期保质保量完成任务。

五、河南、湖北两省移民机构要严格按照有关规定，加强对移民资金的管理和使用，任何部门、单位和个人不得截留、挤占、挪用征地移民资金。

特此批复。

附件：

1. 南水北调中线一期工程丹江口水库初步设计阶段建设征地农村移民安置规划设计报告直接费概算核定总表（略）

2. 河南省丹江口水库初步设计阶段建设征地农村移民安置规划设计报告直接费概算核定表（略）

3. 湖北省丹江口水库初步设计阶段建设征地农村移民安置规划设计报告直接费概算核定表（略）

国务院南水北调工程建设委员会办公室

二〇〇九年十一月十九日

关于动用征地移民预备费解决中线一期总干渠穿漳工程（河南部分）和焦作2段地质灾害评估、压覆矿产评估等费用的批复

（国调办征地［2009］220号）

南水北调中线干线工程建设管理局：

你局《关于解决南水北调中线一期总干渠穿漳工程（河南部分）和焦作2段地质灾害危险性评估、压覆矿产评估报告等费用的请示》（中线局移［2009］20号）收悉。

经研究，原则同意从国家掌握的预备费中动用122.4万元，用于解决中线一期总干渠穿漳工程（河南部分）和焦作2段改线段地质灾害评估、压覆矿产评估报告的有关费用。

请你局按照《南水北调工程建设征地补偿和移民安置资金管理办法》（国调办经财［2005］39号）规定办理。

此复。

国务院南水北调工程建设委员会办公室

二〇〇九年十一月二十五日

关于做好2009年南水北调工程安全度汛工作的通知

（国调办安［2009］2号）

各项目法人：

2009年是新中国成立60周年，也是南水

北调东、中线一期工程进入建设高潮的关键年，面临着工程建设与运行管理的双重任务，做好今年的防汛工作，对于顺利实现工程建设目标，保证南水北调工程又好又快建设和工程安全，具有十分重要的意义。根据预测，今年天气形势复杂多变，气象年景总体偏差，防汛形势较为严峻。汛期即将来临，为确保南水北调各在建工程和完工项目安全度汛，保障南水北调工程建设顺利进行，现就有关工作要求通知如下：

一、各参建单位要认真贯彻落实今年南水北调工程建设质量安全工作会议精神，充分认识南水北调工程安全度汛的重要性，正确处理好工程建设进度与安全度汛的关系，坚决克服麻痹思想和侥幸心理，结合工程建设实际，认真研究、周密部署好今年的防汛工作。要建立完善各级防汛组织机构，明确各参建单位主要负责人度汛责任，落实好工程安全度汛的各项措施，做到未雨绸缪，万无一失。

二、各参建单位要按照防大汛、抗大洪、抢大险的要求，早准备、早部署、早落实，超前工作。要针对安全度汛要求和工程施工实际情况，及时制定或调整各在建项目度汛方案。各项目度汛方案应由监理单位审核、项目法人（或委托项目管理单位）审批后报有关防汛指挥部门。5 月 25 日前各项目法人应将其审批的在建项目度汛方案汇总报我办建设管理司。

三、各参建单位应严格按度汛方案科学调度、合理安排施工资源，确保工程进度满足度汛进度形象要求。要完善和落实防汛应急抢险预案，做好防汛抢险的物资、设备和人员的准备，开展必要的防汛抢险演练，提高应急预案的可操作性。同时要加强汛期施工现场的安全生产工作，完善基坑、基槽和地下作业的排水、护坡和支护，做好雨季防雷击、抗风的准备。

四、各参建单位要主动加强与地方防汛指挥机构的沟通联系，有关省市南水北调办事机构应协助各项目法人（项目管理机构）建立与省、市防汛指挥机构的工作协调机制，及时互通工情、水情、汛情，做好协调配合工作。要进一步完善防汛值班制度，做好防汛值班工作，及时掌握水情预测预报，确保信息畅通。

五、要重视和加强完工项目的安全管理工作。配合有关部门，发挥完工项目在防洪排涝方面的作用。加强完工项目的巡视检查和维护管理，保障度汛安全。

六、各单位要加强防汛安全的监督检查，对检查出的安全隐患，要限期整改。国务院南水北调办将在各项目法人检查的基础上于 5 月下旬起组织安全度汛检查。

国务院南水北调办安全生产领导小组

二〇〇九年五月八日

关于修订《南水北调工程建设征地补偿和移民安置资金管理办法（试行）》的通知

（综经财函［2009］205 号）

河南、湖北省移民机构、南水北调中线水源有限责任公司：

为促进南水北调工程丹江口水库移民任务实施，便于相关省市征地移民机构及时解决移民搬迁安置中的问题，经研究，对《南水北调工程建设征地补偿和移民安置资金管理办法（试行）》（国调办经财［2005］39 号）第十二条第二款修订如下：

“第十二条　预备费按照征地移民任务……

中线水源工程 60% 的预备费随年度征地移民投资计划匹配下达，需动用预备费，由省级主管部门审批，并经项目法人报国务院南水北调办备案；其余 40% 预备费的动用，省级主管部门应提出书面申请，由项目法人审核后报国务院南水北调办审批。

……”

预备费随年度投资计划下达比例调整后，两省移民机构要进一步加强预备费使用的管理，明确所掌握预备费的使用范围和审批程序，并报国务院南水北调办备案，确保预备费合理规范使用。

特此通知。

国务院南水北调工程建设委员会办公室综合司

二〇〇九年七月十三日

关于进一步加强南水北调东线治污工作的通知

（综环移函［2009］71号）

江苏省、山东省人民政府办公厅：

李克强副总理近日在南水北调办等部门呈报的《关于南水北调东线阶段性治污工作目标责任考核情况的报告》（国调办环移［2009］15号）上作出批示：“南水北调东线工程的关键在治污，重在强化责任，南水北调办要会同有关部门和地方进一步加大治污规划实施力度，抓好落实”。为落实国务院领导同志批示精神，进一步加强南水北调东线工程治污工作，确保东线一期工程通水前输水干线全线稳定达到地表水Ⅲ类标准，现将有关工作通知如下：

一、进一步提高认识，加强领导，落实责任

近年来，江苏、山东两省以科学发展观为指导，按照“先节水后调水，先治污后通水，先环保后用水”的原则，在保持南水北调东线沿线经济高速增长的情况下，积极采取有效措施，加大水污染防治力度，主要污染物指标已明显下降，水质得到大幅度改善。但目前尚有60项规划治污项目未能按计划完成，5项人工湿地水质净化工程未开工建设；黄河以南35个考核断面中，尚有40%的断面水质未达到规划要求，主要调蓄湖泊南四湖的水质与规划目标仍有较大差距，沿线已达标断面水质还不够稳定。随着经济发展，东线治污形势依然十分严峻。江苏、山东两省各级政府作为南水北调东线治污工作的责任主体，要进一步充分认识东线治污工作的重要性和紧迫性，加强组织领导，层层落实治污责任，确保东线一期工程通水前实现各治污控制单元内污染物总量排放和水质双达标。

二、切实采取有效措施，加快治污项目建设进度

江苏、山东两省要在强化监督管理、巩固已有治污成果的基础上，综合运用法律、经济、科技和必要的行政等手段，进一步加大治污工作力度，对于未动工项目要尽早开工，已开工项目要加快建设，已建成项目要保证正常运行，充分发挥工程效益。一是要积极采取有效措施，继续严禁新上高耗能、高污染项目，通过产业结构调整和升级，不断降低结构性污染比重，坚决杜绝污染反弹现象发生。二是要科学推进污水处理厂升级改造，加大配套管网建设力度，实施雨污分流，提高污水处理率。三是加强输水沿线城镇生活垃圾的收集和处置，实现“减量化、无害化和资源化”，避免垃圾及衍生物直接进入输水干线。四是加快截污导流和流域综合整治项目的建设步伐，确保今明两年建成并发挥效益。五是强化京杭运河段航运水污染综合治理，进一步推进京杭运河船舶标准化进程，加快规模化、环保型港口及水上设施建设，尽快形成污染物船内封闭、收集上岸、无害化处理的机制。要按照国务院南水北调办、发展改革委、交通运输部、环境保护部和住房城乡建设部印发的《关于加强东线京杭运河段航运水污染综合治理工作的通知》（综环移函［2008］277号）的要求，尽快提出有关航运水污染防治设施建设方案，及早纳入《京杭运河综合治理发展建设规划》。

三、加大用于治污的南水北调工程基金征缴力度，确保治污项目建设资金及时到位

用于治污的南水北调工程基金（以下简称“治污基金”）是治污项目顺利实施的重要保证。治污基金不再上缴中央后，江苏、山东两省人民政府要高度重视治污基金筹集工作，按照国家有关规定，加强征收和使用管理，加大征缴力度，确保征缴到位，保证基金足额用于治污工程建设。两省有关部门要加大对治污基金征缴使用工作的监督检查力度，国务院有关部门将适时对两省治污基金征收使用工作开展督察。

特此通知。

国务院南水北调工程建设委员会办公室综合司
国家发展和改革委员会办公厅
监察部办公厅
环境保护部办公厅
住房和城乡建设部办公厅
水利部办公厅
二〇〇九年三月二十四日

关于进一步做好丹江口库区移民搬迁安置后的生产生活后续工作和有关稳定工作的通知

（综征地［2009］60号）

河南省政府移民办公室、湖北省移民局：

南水北调工程丹江口库区移民试点工作取得了阶段性成果。为了切实做好移民搬迁后的生产生活后续工作，尽快组织移民恢复发展生产，多途径增加移民收入，实现移民“搬得出、稳得住、能发展”的目标，现将有关工作通知如下：

一、充分认识移民搬迁后续工作重要性

库区移民为南水北调工程建设背井离乡，远迁异地重新开展生产生活，在心理上和生活习惯方面均有一个适应过程。为避免出现“重搬迁、轻安置”的现象，各级移民机构要高度重视移民搬迁后续工作，从思想上、认识上真正做到视移民为亲人，一如既往地关心、关怀移民的生产和生活，充分认识移民稳定工作的艰巨性、复杂性，把解决移民搬迁后的生产、生活工作作为一项长期的任务，切实抓紧做好。

二、做好移民搬迁后的生产生活安排

1. 抓紧解决移民搬迁后的生活问题

对试点移民搬迁后的房屋修缮、基础设施完善、就医上学、各种证件办理、特殊困难移民群众照顾等生活问题进行一次全面排查，尽快予以解决，让移民群众满意。对于移民群众的合理诉求尽快答复和解决，对于不合理的诉求，做好政策解释和安抚工作。

2. 尽快完成移民生产用地分配和生产技能培训

已进深秋，冬种即临。各级地方政府和移民机构应加大移民人口核定和性质认定工作力度，尽快组织移民新村完成生产用地划拨，做好生产发展规划，及时开展移民种植技术培训和技能培训，将移民的主要精力从搬迁转移到发展生产上来，引导移民创业和再就业，使移民尽快从发展生产中稳定安心，从劳动中得到实惠，多途径增加收入。

3. 抓紧移民补偿资金的兑付

各级移民机构要抓紧进行与移民本身有关的各种费用结算，及时兑付移民补偿资金和搬迁奖金，用于生活安排和秋季种植生产的需要。抓紧开展有关移民后期扶持资金的上报工作，让移民心中有底。

三、进一步做好移民搬迁后的社会稳定工作

按照属地管理、分级负责的信访工作原则，在库区和移民安置区的市、县、乡、村范围内组织开展库区移民矛盾纠纷排查化解活动，积极预防和处置群体性事件。

1. 加强基层组织机构建设，做好移民新村社会稳定工作地方政府应积极帮助移民新村尽快完善村党支部和村委会组织机构，配备强有力的基层领导干部，加强村集体领导，统一思想认识，做好移民群众的政策宣传和思想教育工作，严格防止非正常进京上访事件发生，做到“小事不出村、大事不出乡（镇）、矛盾不上交”，确保移民试点工作顺利完成。

2. 做好敏感问题的处理工作，积极消化不稳定因素

在移民搬迁人口核定、房屋补偿、生产用地划拨等敏感问题处理工作中，对可能引发重大矛盾纠纷和恶性群体性事件的因素要早研究、早预防、制定预案，对可能出现问题的对象要及时进行政策解释和安抚，主动消化不稳定因素，靠前思考、靠前预防、靠前处置，保证迁出地及安置区社会稳定。

3. 加强政策宣传、正确引导移民劳动致富

各级移民机构和地方政府，应加大移民政策的宣传力度，让移民群众真正了解有关政策、明白国家和各级政府给予移民群众的关怀，深入细致地做好移民群众的思想工作，克服等靠要的思想。在政府帮扶下，自力更生、劳动致富。

4. 维护移民的合法诉求，畅通各级信访渠道

地方各级移民机构应充分听取移民群众意见，随时了解、掌握移民思想动态，及时排查化解矛盾纠纷，维护移民的合法诉求。按照国家有关规定及时报送突发性事件信息，特别关注可能引发大规模集体上访和群体性事件的苗头和信息。

在移民信访工作中要严肃信访工作纪律，严格执行国家移民政策，对因思想认识不到位、决策不当、工作不力、玩忽职守等造成严重后果的，要追究有关人员的责任。

特此通知。

国务院南水北调工程建设委员会办公室综合司

二〇〇九年十月十三日

关于开展南水北调工程丹江口水库移民工作领域专项治理工作的通知

（综征地［2009］62号）

河南省人民政府移民办公室、湖北省移民局：

为贯彻落实中共中央办公厅、国务院办公厅《关于开展工程建设领域突出问题专项治理工作的意见》（中办发［2009］27号）和《国务院南水北调办开展工程建设领域突出问题专项治理工作方案》（国调办建管［2009］151号）通知精神，进一步做好南水北调工程丹江口水库移民工作领域专项治理工作，规范水库移民工作行为，维护移民群众合法权益，杜绝腐败现象。现将有关工作要求通知如下：

一、加强领导，落实责任

各级政府移民主管部门和项目法人要加强领导，统一思想，充分认识开展库区移民工作专项治理的重要性。

一是加强组织领导。各移民主管部门和项目法人要成立以主要负责同志为领导的专项治理工作领导机构，切实加强对该项工作的组织领导，明确责任分工，保证移民工作高效、安全、廉洁运行，维护移民群众合法权益、促进科学发展和保持社会和谐稳定。

二是明确任务，落实责任。征地移民工作涉及移民群众切身利益，关系到工程建设能否顺利进行，各有关部门和单位要进一步明确任务，落实责任，一级抓一级，层层抓落实。任务要分解，措施要到位，责任要到人，奖惩要分明。做到事事有人做，人人有事做。

二、认真排查，完善措施

各级移民主管部门、项目法人要按照有关规定要求，结合征地移民工作实际，制定开展丹江口库区移民工作领域专项治理工作

实施方案，确定治理重点，明确目标任务、工作进度、方式方法和时间要求。要深入排查问题、认真进行整改，分阶段、有步骤地落实好专项治理工作，确保治理工作达到预期目的。

要重点排查在招标投标工作中重资质、轻业绩、过程要求和结果体现不一致、合同签订粗糙、建设责任不具体的问题；征地拆迁工作中补偿不到位、遗留问题处理时间长、建设干扰排解慢以及侵害群众利益的问题；违规使用征地移民资金的问题；移民监理工作中责任意识薄弱、监管不到位的问题；移民房屋建设质量、安全及合同管理工作中责任分解不明确、体系制度不健全、执行制度不严格、质量安全事故处理力度不够的问题。针对发现的问题和隐患，深刻分析产生问题的原因，查找存在的漏洞和薄弱环节，提出改进的措施和办法，明确治理工作的目标和责任要求，增强治理工作的科学性、预见性和实效性。

三、完善制度，建立健全责任体系

要切实把国务院南水北调工程建设委员会确定的“建委会领导、省级政府负责、县为基础、项目法人参与”工程建设征地移民管理体制落到实处，强化“省级政府负责、县为基础”的责任主体。各级移民主管部门要建立健全南水北调工程征地移民工作的制度，规范管理程序，加强移民资金管理，保证资金安全和干部安全。

针对水库移民工作的特殊性，要进一步规范行政行为和市场行为，完善制度建设。对于房屋、基础设施和专项改建等建设要按照国家有关基本建设程序制定和完善招投标、监督管理等工作制度，充分发挥各监管机构的作用，严格禁止转包和违法分包的行为。

严格贯彻落实国家关于工程质量和安全生产方面的法律法规和强制性技术标准，进一步落实质量和安全生产责任制与责任追究制，建立质量和安全生产目标管理制度，建立健全目标考核机制，强化施工管理机构负责人、施工项目经理、监理工程师以及设计代表的质量责任，完善并有效运行质量保证体系，确保移民工程建设质量和安全生产。

项目法人是筹措征地移民资金的责任主体，要积极主动配合征地主管部门工作，充分发挥在征地移民资金安全方面的监管作用。

四、加强监督管理，落实监管职责，增强监管效果

各级移民主管部门和项目法人要加强移民实施过程监管，严格落实项目审批管理程序，加强施工、监理监测单位资质（资格）审查，突出业绩审核，严把市场准入关。

加强招标投标监管。严格执行国家关于招标投标的法律法规和南水北调工程建设招标投标有关规定，认真处理举报投诉，确保招标投标活动公开、公平、公正。

加强质量和安全生产监管。政府质量监督机构要进一步强化移民工程的质量监管，特别对涉及移民个人利益的房屋建设，要加强对实体质量的检查和检测，保证检查成果的及时、全面、可靠。严肃查处不严格执行国家关于质量管理和安全生产的法律法规和工程建设强制性标准，质量安全责任和措施不落实，导致质量安全事故的工程参建单位及个人。

加强合同监管。严格移民工程的合同订立和履约，禁止挂靠、转包和违法分包。规范设计变更，加强变更索赔管理。强化资金管理，严格资金支付程序，加大工程建设资金流动过程管理，严防滞留、挪用及违规使用移民建设资金。

加强过程监管。充分发挥监理机构的专业监督作用，加强工程建设质量、安全、进度、投资、文明施工等的过程监管。

特此通知。

国务院南水北调工程建设委员会办公室综合司

二〇〇九年十月十九日

沿线各省（直辖市）

天津市南水北调工程建设委员会关于印发天津市南水北调工程建设委员会成员单位职责的通知

（津调委发［2009］1号）

市南水北调工程建设委员会各成员单位：

《天津市南水北调工程建设委员会成员单位职责》已经2008年12月29日召开的市南水北调工程建设委员会第一次全体会议审议通过，现予印发，自印发之日起执行。

附件：天津市南水北调工程建设委员会成员单位职责

天津市南水北调工程建设委员会

二〇〇九年二月十日

附件：

天津市南水北调工程建设委员会成员单位职责

一、市政府法制办

（一）审查、修改报送市政府审批的有关南水北调工程建设规章制度、管理办法。

（二）指导市南水北调系统法制工作和规章制度建设。

二、市发展和改革委员会

（一）组织落实南水北调工程建设资金，研究拟订配套工程筹资方案。

（二）配合有关成员单位提出天津市南水北调工程基金筹集和使用管理实施办法。

（三）会同有关成员单位负责南水北调配套工程总体规划工作；组织审查南水北调配套工程可行性研究报告并负责审批；核定南水北调配套工程初步设计概算。

（四）负责南水北调配套工程年度投资计划的下达，并监督计划执行、招标投标情况和进行项目外部稽察工作。

三、市水利局

（一）会同有关成员单位提出水量分配方案并监督实施。

（二）负责南水北调工程水土保持方案和防洪影响评价审批。

（三）负责南水北调工程受水区节约用水、控制地下水开采、控制地面沉降工作。

（四）参与规划的制定和设计的审查。

（五）组织、指导南水北调工程水政监察和水政执法工作。

（六）组织灌排等水利设施占用补偿及恢复重建工作。

（七）审批水土保持方案并监督实施。

（八）配合有关成员单位做好南水北调工程基金测算及征收工作。

（九）会同有关成员单位审查南水北调工程穿越河渠方案，办理相关手续。

（十）负责南水北调配套工程中输配水工程的运行管理工作。

四、市经委

负责提供我市工业经济发展规划。

五、市建委

（一）组织、协调南水北调配套工程水厂及供水管网工程前期工作，并负责行业管理；参与编制南水北调配套工程总体规划。

（二）负责组织、协调南水北调配套工程水厂及供水管网工程建设，并负责特许经营管理工作。

（三）负责协调南水北调工程建设中供水、排水、燃气、供热等管线切改和道路、桥梁穿越工作。

六、市农委

负责提供我市农村区县经济发展规划、资料等工作。

七、市科委

负责南水北调工程科技成果的审批、奖励等工作。

八、市财政局

（一）协调、落实南水北调配套工程建设资金筹措工作，监督南水北调配套工程建设资金的管理和使用。

（二）会同有关成员单位负责南水北调工程基金的征收、管理和上缴。

（三）参与审核市南水北调配套工程的概算，审核决（结）算；根据批准的年度投资计划安排资金，按有关规定办理拨款。

（四）落实、安排南水北调前期工作经费。

九、市劳动和社会保障局

协调、处理南水北调工程涉及的劳动和社会保障工作。

十、市规划局

（一）负责提供我市城市发展总体规划。

（二）会同有关成员单位负责主体工程（天津市内段）和配套工程的路由选线、路径确定工作，会同区县政府对工程路径进行控制。

（三）负责组织办理主体工程（天津市内段）和配套工程的规划审批和许可手续。

十一、市国土房管局

（一）会同有关成员单位负责对南水北调主体工程（天津市内段）和配套工程建设用地、安置用地的管理，负责办理农用地转用、土地征收、临时用地、建设用地供地手续，保证建设项目用地。

（二）协调国土资源部，申请南水北调工程用地计划指标。

（三）指导各区县土地部门做好征地报批材料的组卷工作，协调征地工作中出现的问题。

（四）会同有关成员单位进行土地估价工作，指导各区县政府及相关单位按政府指导价格签订征地拆迁包干协议。

（五）配合有关区县和有关成员单位处置征地补偿和移民安置群体性事件并做好预案。

十二、市公安局

（一）负责南水北调工程建设治安工作，维护工程建设环境。

（二）配合有关区县和有关成员单位做好群体性事件处置工作。

十三、市文物局

会同有关成员单位负责南水北调工程沿线文物保护工作。

十四、市卫生局

组织开展南水北调水质与我市居民身体健康之间的关系与对策研究，负责因水源转换而造成的卫生防疫工作。

十五、市环保局

（一）负责南水北调配套工程环境影响评价的协调、审批工作。

（二）负责南水北调工程环境保护的监督管理。

（三）会同有关成员单位负责南水北调水源保护工作。

十六、市信访办

（一）组织协调办理南水北调工程安全保卫和建设环境方面的信访事项，做好相关信息的搜集和研判。

（二）指导、督促有关区县和有关部门做好涉及南水北调工程征地拆迁和工程建设的矛盾纠纷排查化解工作。

十七、市物价局

（一）会同有关成员单位编制水价调整方案，研究制定我市水价政策并组织实施。

（二）组织制订天津市南水北调工程基金筹集和使用管理实施办法，配合有关成员单位做好南水北调工程基金征收工作。

十八、北京铁路局天津办事处

（一）会同有关成员单位协调解决南水北调工程穿越铁路有关工作。

（二）负责协调南水北调工程施工材料铁路运输工作。

十九、市铁路集团

会同有关成员单位负责协调解决南水北调工程穿越地方铁路有关工作。

二十、市市政公路局

会同有关成员单位负责协调解决南水北调工程穿越公路有关工作。

二十一、市林业局

（一）负责南水北调工程使用林地可行性报告书的审查工作。

（二）负责南水北调工程林地征用、占用审核工作，解决工程所需林木采伐指标，协调区县林业主管部门办理林地征占手续和林木采伐许可手续。

（三）负责南水北调工程沿线植被恢复、绿化美化的监督管理。

二十二、市电力公司

（一）负责南水北调工程的电力保障工作。

（二）负责审查南水北调工程与电力线路交叉设计、切改设计的审查，组织电力设施切改工作，确保工程顺利实施。

二十三、有关区县政府

（一）配合项目法人编制征地拆迁和移民安置规划。

（二）会同项目法人编制征地拆迁和移民安置实施方案，经市政府批准后组织实施。

（三）负责辖区内征地拆迁、移民安置工作；负责处置群体性事件。

（四）会同有关成员单位协调解决工程建设与当地生产生活的矛盾。

（五）配合有关成员单位做好南水北调工程基金及配套工程资金筹措工作。

（六）做好辖区内工程建设治安工作，维护工程建设环境。

天津市南水北调工程建设委员会关于印发天津市南水北调工程建设征地拆迁变更程序的通知

（津调水移［2009］1号）

各有关单位：

为进一步规范我市南水北调工程征地拆迁工作，及时解决征地拆迁实施过程中遇到的设计漏项或设计方案变更等问题，我办制定了《天津市南水北调工程建设征地拆迁变更程序》，现印发给你们，请认真执行。

附件：天津市南水北调工程建设征地拆迁变更程序

天津市南水北调工程建设委员会

二○○九年一月十二日

附件：

天津市南水北调工程建设征地拆迁变更程序

为规范我市南水北调工程征地拆迁工作，及时解决南水北调工程在征地拆迁实施过程中遇到的设计漏项或设计变化等问题，依据《天津市南水北调配套工程征地拆迁管理办法》等有关规定，制定本程序。

一、申请设计变更的依据

（一）国家或我市已批复的南水北调工程初步设计和市政府批准的“南水北调工程建设征地拆迁安置实施方案”；

（二）天津市南水北调工程建设委员会办公室（以下简称市调水办）与各区（县）政府签订的《南水北调工程征地拆迁投资包干协议书》；

（三）天津市南水北调工程征地拆迁管理中心（以下简称市征迁中心）与专项设施主管部门签订的专项设施迁建（切改）投资包干协议书；

二、适用范围

（一）设计漏项。工程初步设计或实施方案设计阶段对占地实物指标或地下专项设施没有查明情况，在征地拆迁实施过程中，发现实物量增加，不需变更设计方案，仅变更实物量。

（二）设计变化。区（县）政府南水北调工程征迁工作机构、项目法人（建管单位）或专项设施主管部门在征地拆迁实施过程中提出优化设计或方案调整，发生设计变化，需要对征迁（切改）方案进行设计变更。

三、设计变更程序

（一）设计变更申请

1. 因设计漏项引发的设计变更，各区（县）政府南水北调征迁工作机构或专项设施主管部门，在征地拆迁实施过程中，应对发生变化的实物指标或专项设施进行详细登录，并由设计、监理确认后，向市征迁中心提出设计变更申请。

2. 因设计变化而引发的设计变更，区（县）政府南水北调工程征迁工作机构、项目法人（建管单位）或专项设施主管部门，会同设计单位编制设计变更文件，经监理单位确认后，向市征迁中心提出设计变更申请。

3. 设计变更申请中应简要阐明设计变更的原因、位置（平面图）、实物量和补偿投资变化情况等；因优化设计或方案调整而发生设计变更，还要提供变更依据。

（二）设计变更审批

1. 市征迁中心在接到实物量变更申请后，要组织征迁监理对变更实物量进行核准，提出意见，报市调水办审批。

2. 市征迁中心在接到设计变化变更申请后，组织征迁监理单位对设计变更实物量进行复核，提出意见，报市调水办审批。

（三）资金拨付

市征迁中心根据市调水办批复意见，按程序及时将变更后的资金拨付给申请单位。

（四）资料归档

设计变更申请单位和相关部门，要将设计变更有关文件、图件和相关资料及时归档。

天津市人民政府关于南水北调中线一期天津市内配套工程天津干线分流井—西河泵站输水工程北辰区段征迁安置实施方案的批复

（津政函［2009］67号）

市南水北调工程建设委员会办公室、市发展改革委、市财政局、市国土房管局、市林业局：

你们《关于审批南水北调中线一期天津市内配套工程天津干线分流井—西河泵站输水工程北辰区段征迁安置实施方案的请示》（津调水办报［2009］9号）收悉。经研究，现批复如下：

一、同意南水北调中线一期天津市内配套工程天津干线分流井—西河泵站输水工程北辰区段征地拆迁补偿总投资为12 952.2万元，其中10 795.7万元（包括农村房屋、土地、树木、青苗及各类地上物、村组副业补偿、土地复垦费、勘测设计费和实施管理费等）由北辰区人民政府包干使用，不足部分由北辰区人民政府自行解决；其余2156.5万元由市南水北调办公室按照相关规定统一管理和向有关单位拨付使用。

二、原则同意《南水北调中线一期天津市内配套工程天津干线分流井—西河泵站输水工程北辰区段征迁安置实施方案》。征地拆迁工作政策性强，涉及人民群众切身利益，北辰区人民政府要把征迁工作做深、做细、做好，及时兑付补偿资金，特别是要认真做好被征地拆迁群众的思想工作，确保社会和谐稳定；要加强资金监管，保证专款专用，严禁挤占和挪用；要严格按照市人民政府批准的征迁工作计划实施，确保按期完成征迁工作任务，保证工程建设用地。

三、有关部门要按照各自的职责，做好协调服务工作，加强监督检查，保证征迁资金及时到位、合理使用，推动征迁工作按计划实施，确保工程顺利建设。

天津市人民政府

二〇〇九年五月十一日

天津市发展和改革委员会关于天津市南水北调中线滨海新区供水一期工程可行性研究报告的批复

（津发改农经［2009］796号）

市南水北调办：

你办“关于请予审批天津市南水北调中线滨海新区供水工程可行性研究报告的函”（津调水规［2008］28号）和“关于报批南水北调中线滨海新区供水一期工程可行性研究报告（报批稿）的函”（津调水规［2009］16号）收悉。依据我委《天津市南水北调中线滨海新区供水工程可行性研究报告评审会议纪要》和天津市政府投资项目评审中心评估报告，原则同意你办组织修编的《天津市南水北调中线滨海新区供水一期工程可行性研究报告》。具体批复如下：

一、工程必要性

南水北调中线滨海新区供水一期工程，即天津干线末端曹庄泵站—津滨水厂段输水工程，符合《天津市南水北调中线市内配套工程规划》。工程建成后，可实现津滨水厂引江原水供应，发挥水厂效益，满足水厂辐射供水区对水资源的需求，保障受水区供水安全。因此，尽快实施该工程建设是必要的。

二、工程规模及主要建设内容

滨海新区供水工程最大设计流量为28m³/s。一期工程输水规模为12.7m³/s。主要建设项目包括：

（一）管线工程。输水管线全长36.6km（预留向静海县、大港区的分水口门），其中，曹庄泵站至海河穿越终点管线长约34.9km，采用2孔直径2.8m PCCP管，海河穿越采用2孔直径2.6m钢管；津滨水厂分水口至水厂进水口管线长约1.7km，采用2孔直径2.2m PCCP管。

（二）泵站工程。建设曹庄泵站，完成曹庄泵站土建工程，包括泵站调节池、泵站主副厂房、综合楼、维修车间、库房、锅炉房等；泵站机电设备按照工程总体布置一期设计流量12.7m³/s供水规模配置。

主体工程施工期为23个月。

三、工程估算投资

按2008年第四季度末价格水平，核定工程估算动态总投资229 705.68万元，其中，工程静态投资218 031.93万元，建设期利息11 673.75万元。所需工程投资按市政府批复的《南水北调中线一期工程我市投资筹措方案》解决。

四、在初步设计阶段，要根据可行性研究阶段天津市政府投资项目评审中心的评审意见，优化工程设计

一是高度重视征地补偿工作，进一步核实工程占地数量，节约用地；二是妥善处理临时占用外环线绿地问题，尽量少占，把损失降到最低。工程建设要严格执行项目法人责任制、招标投标制、合同管理制、建设监理制和竣工验收等制度。

请据此落实工程建设资金，并尽快招标选定设计单位，编制工程初步设计。工程概算经我委核定后，由你办审批，报我委备案。同时，要抓紧完善南水北调中线滨海新区供水其他输水段工程前期工作，以利工程全面开工建设。

天津市发展和改革委员会

二〇〇九年八月二十四日

天津市发展和改革委员会关于天津市南水北调市内配套工程尔王庄水库—津滨水厂供水管线工程实施方案的批复

（津发改农经［2009］1043号）

市南水北调办：

你办“关于请予审批天津市南水北调市内配套工程尔王庄水库—津滨水厂供水管线工程实施方案的函”（津调水规［2009］22号）收悉。根据《关于研究津滨水厂建设有关工作的会议纪要》（津政纪［2009］26号）和我委《关于津滨水厂水源供应问题的意见》（津发改农经［2009］268号）、《关于加快尔王庄水库—津滨水厂供水工程建设的意见》（津发改农经［2009］668号），经委托天津市政府项目评审中心评审，原则同意你办修编的《天津市南水北调市内配套工程尔王庄水库—津滨水厂供水管线工程实施方案》。具体批复如下：

一、工程任务、规模和管线布置

该工程主要任务是在天津市南水北调实现通水前，由尔王庄水库向津滨水厂输送引滦原水，南水北调通水后，本工程管线再恢复为向塘沽、大港输送引滦原水。

供水管线全长42.95km，分为两段，终端输水设计能力为25万m^3/天。其中，第一段由引滦入聚酯工程输水泵站围墙外预留接管点处（桩号K0+000）至聚酯—津滨支线进水口（K32+600），供水规模20万m^3/天；第二段由聚酯—津滨支线进水口（K32+600）—津滨水厂西侧围墙外3m处（桩号K42+944.4），在进水口接受聚酯管线提供的5万m^3/天流量后，该段供水规模为25万m^3/天。

二、工程等别及抗震标准

基本同意该工程为Ⅰ等工程，主要建筑物级别为1级，次要建筑物级别为3级；公路、铁路交叉建筑物的设计标准应满足相关行业的设计标准和规定。

桩号（K20+000）～（29+500）段，抗震设防烈度为Ⅷ度；其余段抗震设防烈度为Ⅶ度。

三、工程主要建设内容

基本同意铺设DN1400管线约32.6km（第一段），其中预应力混凝土管24.07km，钢管8.53km；铺设DN1800管线约10.35km（第二段），其中预应力钢筒混凝土管6.66km，钢管3.69km。

基本同意该工程穿越大型河道、铁路、高速公路、主要公路、一般公路以及河流、沟池等穿越设计。

四、工程概算

经审核，核定工程总投资为49 885.66万元。其中，静态总投资49 372.44万元，建设期贷款利息513.22万元（具体见附表）（略）。所需工程投资，按津政纪［2009］26号和津发改农经［2009］268号文件精神，由你办协调水源公司和自来水集团按规模分摊原则筹措解决。

请据此抓紧落实工程建设资金，并严格按照国家关于基本建设项目的相关规定加强项目管理。待项目资金来源具体落实并纳入年度投资计划后开工建设。

天津市发展和改革委员会

二〇〇九年十一月二十六日

天津市发展和改革委员会关于天津市南水北调市内配套工程尔王庄水库—津滨水厂供水加压泵站工程实施方案的批复

（津发改农经［2009］1044号）

市南水北调办：

你办“关于请予审批天津市南水北调市

内配套工程尔王庄水库—津滨水厂供水加压泵站工程实施方案的函”（津调水规［2009］23号）收悉。根据《关于研究津滨水厂建设有关工作的会议纪要》（津政纪［2009］26号）和我委《关于津滨水厂水源供应问题的意见》（津发改农经［2009］268号）、《关于加快尔王庄水库—津滨水厂供水工程建设的意见》（津发改农经［2009］668号），经委托天津市政府项目评审中心评审，原则同意你办修编的《天津市南水北调市内配套工程尔王庄水库—津滨水厂供水加压泵站工程实施方案》。具体批复如下：

一、工程任务、规模和泵站布置

尔王庄水库—津滨水厂供水工程包括加压泵站和输水管线两项内容（输水管线工程实施方案我委已以津发改农经2009［1043］号文件批复）。加压泵站工程主要任务是在天津市南水北调实现通水前，由尔王庄水库向津滨水厂输送引滦原水，南水北调通水后，本工程泵站再恢复为向塘沽、大港输送引滦原水。

加压泵站设计流量25万m^3/天，通过改造现有引滦入聚酯输水泵站（以下简称聚酯泵站）后实现。

二、工程主要建设内容

改造工程主要包括：一是增容改造小宋庄35kV变电站，更换2台主变压器，对35kV开关柜、6kV开关柜和控制保护装置进行相应改造；二是聚酯泵站新安装6台水泵机组、辅机设备及相应的电气设备，改造原聚酯泵站电气设备；三是对小宋庄35kV变电站、聚酯泵站及管理设施进行装修、设备基础改造、场区环境整治和新建管理用房等；四是对金属结构、暖通及给排水设施等进行大修或更换。

三、工程概算

经审核，核定工程总投资为1849.88万元。其中，静态总投资1830.85万元，建设期贷款利息19.03万元（具体见附表）（略）。所需工程投资，按津政纪［2009］26号和津发改农经［2009］268号文件精神，由你办协调水源公司和自来水集团按规模分摊原则筹措解决。

请据此抓紧落实工程建设资金，并严格按照国家关于基本建设项目的相关规定加强项目管理。待项目资金来源具体落实并纳入年度投资计划后开工建设。

天津市发展和改革委员会
二〇〇九年十二月十一日

江苏省发展和改革委员会关于南水北调东线第一期工程淮安市截污导流工程调整初步设计报告的批复

（苏发改农经发［2009］1346号）

省南水北调办公室：

你办《关于报请审批〈南水北调东线第一期工程淮安市截污导流工程调整初步设计报告〉的函》（苏调办函［2009］30号）收悉。经研究，现批复如下：

一、淮安市截污导流工程已由我委以苏发改农经发［2007］1072号文批复实施，其主要任务是沿大运河、里运河铺设截污干管，收集原排入输水干线的废污水至污水处理厂，通过清除里运河污染底泥，实施清安河整治，将污水处理厂尾水经清安河排入淮河入海水道南偏泓，以改善大运河及里运河淮安城区段的水质和水环境。

由于前期工作历时较长，期间淮安市截污干管及部分市政工程建设计划发生变化，原批复范围内除柯山路、北京南路、天津路共2.35km干管（第一批干管）及运南泵站未实施外，其余21.6km干管和4座提升泵站已由地方政府提前实施。为全面实现截污导流工程目标，保证南水北调调水水质，同意将结余经费继续用于大、里运河截污干管铺设以及清安河上段整治。

二、工程规模及内容。基本同意调整后

工程规模及主要建设内容工程。即沿大运河、里运河共铺设截污干管 20.12km，其中保留原批复干管 2.35km，新增干管 17.77km，核减已提前实施的干管 21.6km；沿线建设污水提升泵站 2 座，设计流量为 0.579m^3/s，其中保留原初设 1 座，新增泵站 1 座。里运河清淤工程同原初设内容，以尽量清除里运河淤泥为控制标准，清淤河段长 24.3km。清安河疏浚工程按尾水输送结合区域三年一遇排涝标准疏浚河段长 22.04km，其中上游 4.1km 为新增项目，其余 17.94km 为原初设内容。

三、调整工程布置。基本同意干管调整工程分别位于淮海东路、通莆路、延安路、翔宇大道等 9 条路段，将清浦区、清河区、高教园区及开发区目前排入大、里运河的污水截流，分别送入四季青及第二污水处理厂进行集中处理。清安河上段整治除局部为减少拆迁河道改道外，基本沿原有河道中心线布置。

四、基本同意淮安市截污导流工程截污干管工程等级Ⅲ～Ⅴ类，里运河输水河道清淤工程级别为 2 级，清安河疏浚工程为 4 级。工程区域地震设计烈度Ⅵ～Ⅶ度。

五、同意工程施工组织设计，调整后工程施工总工期为 27 个月。

六、原则同意里运河拆迁段增列迎水坡土地平整及必要的水土保持措施，城市景观绿（亮）化、建筑小品等由地方政府另行实施。

七、工程永久占地 454 亩，临时占地 770 亩，拆迁各类房屋 10.7 万 m^2。征地拆迁及移民安置工程投资同原初设批复数，下阶段需根据实施情况相应调整《工程建设征地补偿和移民安置实施方案》。

八、核定工程静态总投资 33 240 万元，除中央补助投资外，其余投资由南水北调治污基金、银行贷款、地方配套解决。

九、请你办加强工程建设监督管理，尽快组织项目法人编制调整工程招标设计，并由你办审批。项目法人要进一步完善、优化设计及施工方案，严格按照招标投标制、建设监理制及合同管理制的要求，尽快开工建设，确保工程质量，按期完成工程建设任务。

附件：

1. 淮安市截污导流工程调整初步设计概算审核对比表（略）

2. 南水北调东线一期工程淮安市截污导流调整工程初步设计审查会专家意见（略）

江苏省发展和改革委员会

二〇〇九年九月十六日

河南省人民政府办公厅关于进一步推进南水北调中线工程丹江口库区移民新村建设的意见

（豫政办［2009］11 号）

郑州、平顶山、新乡、许昌、漯河、南阳市人民政府，省人民政府有关部门：

我省丹江口库区移民搬迁安置是南水北调中线工程建设的重要组成部分，事关整个工程建设的成败。根据国家批复的丹江口库区移民安置试点规划，为贯彻落实省委、省政府 2008 年 11 月召开的南水北调中线工程丹江口库区移民安置动员大会精神，促进移民安置区生产发展，高标准、高起点地把移民新村建设成为社会主义新农村示范村，经省政府同意，现就进一步推进我省南水北调中线工程丹江口库区移民新村（以下简称移民新村）建设提出如下实施意见：

一、指导思想

以党的十七届三中全会精神为指导，全面贯彻落实科学发展观，坚持工业反哺农业、城市支持农村和“多予、少取、放活”的原则，按照“生产发展、生活宽裕、乡风文明、村容整洁、管理民主”的要求，围绕增加移民收入、加快移民村发展，多措并举，强力推进，使移民新村成为“主导产业明确、移民生活宽裕、基础设施和公共服务设施完备、村容村貌整洁、文体教卫场所齐全、民主管理规范、村风民俗文明”的社会主义新农村示范村。

二、基本原则

坚持移民新村建设与社会主义新农村示范村建设和地区经济社会发展相结合，坚持维护移民当前利益与长远利益相结合，坚持国家帮扶与移民自力更生相结合，坚持以大农业安置为主、以外迁安置为主，坚持以人为本、切实解决民生问题，坚持科学规划、民主决策、引导扶持、量力而行、注重实效。

三、基本目标

按照“搬得出、稳得住、可发展、能致富”的总体要求，通过采取相应措施，实现“八个一”的目标：

（一）每个移民有一个符合基本居住条件的住房。按照国家对丹江口库区移民采取的特殊政策，保证移民每人拥有24m^2砖混结构住房，切实解决移民居住问题。

（二）每户移民有一个良好的人居环境。按照制定的规划，搞好供排水、供电、道路、电信、广播电视、文化、卫生、体育、环卫等设施的配套建设，搞好移民新村绿化和美化，使移民有一个生产方便、生活便利、环境优美、设施齐全的人居环境。

（三）每个移民新村都是一个生态文明村。引导移民群众树立生态文明观念，提高环境保护意识，积极主动地建设资源节约型和环境友好型社会主义新农村。采取国家补偿、省里补贴和移民个人投入的办法，原则上每户移民新建一座“两位一体”的沼气池。要积极探索利用移民建办的养殖小区建设大、中型沼气池的新路子。

（四）每个移民有一份基本的口粮田。按照国家批复的移民安置规划，确保移民人均拥有水田、水浇地1.05亩（或旱地1.4亩），解决移民口粮问题。安置区政府要根据有关规定，通过调整土地、搞好土地整理等措施，为移民提供一份基本口粮田。对按水田和水浇地划拨的口粮田，要搞好农田水利设施配套；对按旱地划拨的，有条件的地方可发展成水浇地。

（五）每个移民新村有一个生产发展“三步走”的规划。第一步是确保移民土地调整到位，完成土地整理、水利设施配套等任务，保证移民发展农业生产的基本需要；第二步是引导移民发展特色种植、养殖、林果和农产品加工，调整优化农业结构，使移民尽快从生产发展中得到实惠；第三步是积极稳妥地发展第二、第三产业，扩大移民就业门路，提高移民收入水平。

（六）每户移民家庭转移一个劳动力。劳动保障、扶贫、农业、移民等部门要大力开展移民实用技术培训和技能培训，通过多种举措，力争平均每户移民家庭向其他产业转移1名劳动力，逐步提高其自我发展能力。

（七）每个符合条件的移民享受一份国家后期扶持资金。按照国家现行的水库移民后期扶持政策，确保农村农业人口的移民从完成搬迁之日起纳入后期扶持范围，每人每年直补600元，连续扶持20年。

（八）每个符合条件的移民逐步办理一份养老保险。按照国家和省里的部署，逐步建立健全适合移民特点和需求的社会养老保险制度，为符合条件的移民逐步办理养老保险，最终纳入我省新型农村社会养老保险范围，切实解决移民老有所养的问题。

四、实施步骤

按照国家关于移民搬迁安置进度的要求，我省移民新村建设要分步实施，力争建成当地社会主义新农村建设的示范村。

移民搬迁当年：基本完成村外交通、电力、通信、广播电视等基本设施建设和村内基础设施、公共服务设施及教育场所建设，生产用地调整到位、承包到户，水利设施配套完善。

移民搬迁第二年：完善村内基础设施、公共服务设施及教育、卫生、文化、体育等场所设施，完成村庄周围、道路两侧和村内绿化建设，制定民主管理制度和村规民约，编制主导产业规划，开展移民培训，实施劳动力转移工程。移民搬迁第三年：实施主导产业规划，继续实施劳动力转移工程，使移民生活达到或超过搬迁前水平，力争建成当地社会主义新农村建设的示范村。

五、工作措施

（一）加强领导，落实责任。各级、各部门要把移民新村建设摆上重要议事日程，把移民新村纳入新农村示范村建设规划，切实加强领导，明确职责，建立责任制。各有关市、县要将移民新村作为新农村建设的重点，进一步明确工作目标，制定考核办法，加强监督检查，及时协调解决重大问题，强力推进移民新村建设。

（二）强化职能，加大扶持。各有关部门要按照“分工负责、各司其职、注重实效、搞好服务”的原则，充分发挥职能作用，进一步制定扶持政策和措施。省扶贫办要把实施贫困村整村推进、劳动力转移培训项目向移民贫困村倾斜；省卫生厅要将移民新村村级卫生室建设纳入专项资金补助计划；省林业厅要对移民新村绿化进行指导，并按政策给予补助；省农开办要对移民新村申报的项目予以支持。免收移民用电的电力建设和户户通电工程的施工费。免收移民电视网络的入户费。各级、各有关部门要使移民享受到就业再就业的各种优惠政策，在同等条件下要优先安排移民就业，全力做好移民就业再就业工作。

（三）严格管理，强化监督。各级、各部门要按照建设社会主义新农村的要求和移民搬迁实施计划，制定切实可行的移民新村建设实施方案，分解下达具体任务，实行目标管理，定期考核，严格奖惩。要加强移民新村建设的施工管理，确保工程建设的进度、质量和安全。要加强移民新村建设的资金管理，切实提高资金使用效益，确保资金安全。

（四）加强宣传，发动群众。各地要加强宣传工作，强化舆论引导，多渠道多形式宣传移民新村建设的重大意义、政策原则、实施措施和具体要求。要突出宣传移民新村建设的典型，切实提高广大干部群众投身移民新村建设的积极性和主动性，扎实有效推进我省移民新村建设，确保南水北调中线工程建设顺利进行。

河南省人民政府办公厅

二〇〇九年二月十二日

河南省南水北调中线工程建设领导小组办公室、河南省国土资源厅、河南省林业厅、河南省政府移民工作领导小组办公室关于进一步做好我省境内南水北调工程建设用地工作的通知

（豫调办［2009］13号）

各有关省辖市南水北调办、国土资源局、林业局、移民办：

国土资源部、国务院南水北调办《关于南水北调工程建设用地有关问题的通知》（国土资发［2005］110号）和省国土资源厅、南水北调办和移民办《关于切实做好南水北调工程（河南段）建设用地的通知》（豫国土资发［2005］98号）印发后，我省各级调水、国土、移民等部门互相配合，较好地保证了南水北调工程建设用地。随着国家扩大内需、增大投资力度政策的实施，国务院决定加快南水北调工程建设进度，确定了主体工程2013年建成2014年通水的目标，省政府也确定配套工程与主体工程同步建成通水。南水北调工程建设用地面积大，征地拆迁工作难

度高，需要进一步提高工作效率，保障南水北调工程建设顺利进行。经研究，现就有关事项通知如下：

一、关于有关部门的工作职责和协调机制

省南水北调工程用地协调小组已经成立（见豫国土资发［2005］98号文），根据工作需要，将省林业厅纳入协调小组（调整后的人员名单附后），负责协调我省南水北调工程建设用地中的相关问题。各市县区要逐级成立由国土、调水、移民、林业部门参加的南水北调工程建设用地协调工作组，加强工作联系和沟通。各级用地协调工作组建立情况要在4月30日前报省国土资源厅、南水北调办、移民办和林业厅。省辖市国土、调水（移民）、林业部门负责协调和指导所属县区的南水北调工程建设用地工作。在征地拆迁和安置工作中，各级调水（移民）部门要认真执行土地管理法规，及时申报工程建设和安置用地的基础资料；各级国土、林业部门要积极服务于南水北调工程建设，及时办理南水北调工程涉及的各类建设用地报批手续。

根据省政府《贯彻国务院关于深化改革严格土地管理的决定意见》（豫政［2004］80号）和《大中型水利水电工程建设征地补偿和移民安置条例》（国务院第471号令）确定的“政府领导、分级负责、县为基础”的工作机制，南水北调单体工程初步设计批准后，由当地国土资源部门组织开展征地告知、听证等工作，调水（移民）部门配合。补偿安置方案的确认和兑付由县级调水（移民）部门负责组织实施。根据国土资发［2005］110号文件要求，县级国土资源部门负责拟订“一书四方案”等用地报批材料。有关补偿、安置方案的基础数据由县级调水（移民）部门负责提供。

二、关于南水北调工程征地补偿程序

根据国务院第471号令“工程占地和淹没区实物调查由项目主管部门或者项目法人会同地方人民政府实施”，“调查结果经调查者和被调查者签字确认并公示后，由有关地方人民政府签署意见”和国土资源部《关于印发〈关于完善征地补偿安置制度的指导意见〉的通知》（国土资发［2004］238号）文件，结合我省实际，我省南水北调工程新开工项目永久征地工作的前期程序是：

1. 告知征地情况。单体工程初步设计审批后，县级调水（移民）部门将国家批复的有关设计资料提交县级国土部门，由县级国土部门将拟征地的范围、面积、初步设计批准的补偿标准、安置途径等，以书面形式告知被征地农村集体经济组织。要求听证的要组织听证，县级调水（移民）部门配合。

2. 确认补偿安置方案。以国家批复工程初步设计的占压实物指标调查成果和安置规划为依据，县级调水（移民）部门将补偿和安置方案进行公示，根据公示情况校核实物指标进行再榜公示无异议后，向村集体经济组织、农户和地上附着物产权人发放补偿兑付卡（明白卡）供其确认。

3. 组织实施补偿兑付和安置。补偿安置方案确认后，县级调水（移民）部门组织补偿兑付和安置工作。有争议的地类和权属，由市县南水北调工程建设用地协调工作组负责解决。

三、关于征地管理费支付渠道

征地管理费是列入国家行政事业性收费目录的收费项目，主要用于国土部门组织编制征地报件图件、征地协调、组卷报批等工作。根据省政府协调意见，按照南水北调工程永久征地和临时用地的土地补偿费、安置补助费、地上附着物和青苗补偿费的1%安排给国土部门使用。分配给各级国土部门的比例是省级15%，市级15%，县（市、区）70%，由省移民办统一安排，同级调水（移民）部门支付给同级国土部门。

四、关于加快征地组卷工作进度

根据国土资发［2005］110号文件精神，以先行用地开工的单体工程，须在3个月内将建设用地正式材料报国土资源部。鉴于部分单体工程占地范围特别大，沿线各级国土资源部门应把南水北调工程建设用地的组卷工作当成最紧迫的任务切实抓紧抓好，各级调水（移民）部门要切实做好配合，及时支付征地管理费。

根据国土资源部《关于进一步简化报国务院批准的建设用地审批工程程序有关问题的通知》（国土资厅发［2001］43 号）中“因地质地形复杂确实无法在报批建设用地完成前完成勘测定界工作的，可暂不附勘测定界成果”等规定，部分单体工程为加快组卷可执行此规定。勘测定界成果须满足征地组卷报批需要。

根据国土资源部《关于改进报国务院批准单独选址建设项目用地审查报批工作的通知》（国土资发［2009］8 号），南水北调单体工程涉及我省多个市县的，原则上以省为单位一次性报批用地；先行完成用地组件报批工作的，可以省辖市为单位分段呈报国务院批准用地。

五、关于临时用地报批、复垦和退还

临时用地的报批、复垦按照省国土资源厅、南水北调办和移民办《关于切实做好南水北调工程（河南段）建设用地的通知》（豫国土资发［2005］98 号）文件执行。南水北调工程临时用地补偿费的 1% 纳入征地管理费支付国土部门后，县级国土部门不再收取临时用地手续费。

南水北调工程土地复垦费由县级调水（移民）部门用于组织复垦，各级国土部门不再收取复垦押金。临时用地复垦后，县级调水（移民）部门初步验收后申请县级国土部门验收，验收合格后交付原权属人。

附件：河南省南水北调工程建设用地协调小组名单

河南省南水北调中线工程建设领导小组办公室

河南省国土资源厅

河南省林业厅

河南省人民政府移民工作领导小组办公室

二〇〇九年四月八日

附件：

河南省南水北调工程建设用地协调小组名单

组　长：王树山　省南水北调办、省移民办主任

张和儒　省国土资源厅副厅长

刘正才　省南水北调办副主任

王德启　省林业厅副厅长

副组长：范治晖　省移民办主任助理

郝云昌　省国土资源厅用地审批处处长

王家永　省南水北调办环境与移民处处长

成　员：王学会　省林业厅林政处处长

高　锋　省国土资源厅用地审批处副处长

刘长胜　省征地储备中心主任

张西辰　省移民办规划计划处副处长

刘亚琪　省南水北调办环境与移民处副处长

办公室主任：郝云昌（兼）

办公室成员：高锋、张西辰、刘亚琪、梁大庆、乔小雨

河南省人民政府移民工作领导小组关于对南水北调中线一期工程总干渠沙河南—黄河南郑州 2 段征迁安置实施规划报告的批复

（豫移［2009］43 号）

河南省人民政府移民工作领导小组办公室：

你办《关于报送南水北调中线一期工程总干渠沙河南—黄河南郑州2段征迁安置实施规划报告的请示》（预移办［2009］106号，以下简称《实施规划》）收悉。经审核，该《实施规划》符合国家有关政策和规范规定，可以作为该项工程建设征迁安置实施的依据，同意按此《实施规划》组织实施。

望你办接通知后，会同郑州市及有关县（区）人民政府，按照《实施规划》，精心组织，狠抓落实，管好用好征迁安置资金，妥善安置征迁群众的生产生活，保证郑州2段工程建设的顺利进行。

河南省人民政府移民工作领导小组

二〇〇九年十二月十四日

河南省政府移民办公室关于印发《河南省南水北调丹江口库区移民试点基本预备费分配及使用意见》的通知

（豫移办［2009］82号）

各有关省辖市移民局（办）：

我省南水北调丹江口库区移民安置试点工作已经接近收尾，为加强移民试点基本预备费的使用管理，使其发挥更好的作用，根据《国务院南水北调办关于修订南水北调工程建设征地补偿和移民安置资金办法（试行）的通知》（综经财函［2009］205号）和国家批复的南水北调丹江口库区移民安置试点规划，结合我省实际情况，制订了《河南省南水北调丹江口库区移民试点基本预备费分配及使用意见》，现印发你们，请遵照执行。

附件：河南省南水北调丹江口库区移民试点基本预备费分配及使用意见（略）

河南省人民政府移民办公室

二〇〇九年八月十四日

中共河南省委、河南省人民政府关于印发《河南省南水北调丹江口库区移民安置工作实施方案》的通知

（豫文［2009］114号）

各有关省辖市、县（市、区）党委和人民政府，省直机关有关单位：

《河南省南水北调丹江口库区移民安置工作实施方案》已经省委、省政府同意，现印发给你们，请结合本地部门实际，认真贯彻执行。

附件：河南省南水北调丹江口库区移民安置工作实施方案（略）

中共河南省委

河南省人民政府

二〇〇九年七月二十四日

中共河南省委、河南省人民政府关于成立河南省南水北调丹江口库区移民安置指挥部的通知

（豫文［2009］115号）

各省辖市党委和人民政府，省委各部委，省直机关各单位，省管各企业和高等院校，各人民团体：

为贯彻落实党中央、国务院关于进一步加快南水北调工程建设步伐的有关精神，切实做好我省南水北调丹江口库区移民安置工作，确保南水北调中线工程按期通水，省委、省政府决定成立河南省南水北调丹江口库区移民安置指挥部。现将指挥部成员名单通知如下：

政　　委：陈全国　省委副书记
副 政 委：铁代生　省人大常委会副主任
　　　　　靳绥东　省政协副主席
指 挥 长：刘满仓　省政府副省长
副指挥长：何东成　省长助理
　　　　　王流章　省纪委副书记、省监察厅厅长
　　　　　宗　义　省委组织部副部长
　　　　　权红军　省委宣传部副部长
　　　　　卢永礼　省委政法委副书记
　　　　　余学友　省委农村工作办公室常务副主任
　　　　　杨　云　省民政厅厅长
　　　　　王仕尧　省水利厅厅长
　　　　　王树山　省南水北调办主任，省政府移民办主任
　　　　　黄兴维　南阳市委书记
成　　员：杜时国　河南日报报业集团副总编辑
　　　　　张远达　省发展和改革委员会副主任
　　　　　肖新生　省教育厅副厅长
　　　　　马世民　省科学技术厅副厅长
　　　　　杨新芳　省工业和信息化厅副厅长
　　　　　孙世海　省公安厅副厅长，省委维稳办主任
　　　　　杨　骁　省司法厅副厅长
　　　　　赵庆业　省财政厅副厅长
　　　　　韩志奎　省人力资源和社会保障厅副厅长
　　　　　张和儒　省国土资源厅副厅长
　　　　　马新春　省环境保护厅副厅长
　　　　　石迎军　省住房和城乡建设厅副厅长
　　　　　赵国强　省交通运输厅副厅长
　　　　　郭鹏亮　省农业厅副厅长
　　　　　刘有富　省林业厅副厅长
　　　　　苗永清　省商务厅副厅长
　　　　　崔为工　省文化厅副厅长
　　　　　周学山　省卫生厅副厅长
　　　　　刘绍杰　省人口和计划生育委员会副主任
　　　　　万明云　省审计厅副厅长
　　　　　阮少华　省国有资产监督管理委员会副主任
　　　　　楚新民　省地方税务局副局长
　　　　　杨文生　省工商行政管理局副局长
　　　　　姜慧忠　省质量技术监督管理局副局长
　　　　　王仁海　省广播电影电视局副局长
　　　　　王　鹏　省体育局副局长
　　　　　张凤有　省旅游局副局长
　　　　　杨天义　省粮食局副局长
　　　　　司九龙　省政府法制办公室副主任
　　　　　冯建平　省扶贫开发领导小组办公室副主任
　　　　　王小平　省南水北调办副主任
　　　　　陈爱兰　省文物管理局局长
　　　　　张五萍　省通信管理局副巡视员
　　　　　凌绍雄　省电力公司副总经理
　　　　　赵建才　郑州市政府市长
　　　　　马　懿　郑州市委常务副书记
　　　　　王跃华　郑州市政府副市长
　　　　　李恩东　平顶山市政府市长
　　　　　冯　昕　平顶山市委副书记
　　　　　王富兴　平顶山市政府副市长
　　　　　李庆贵　新乡市政府市长
　　　　　刘建华　新乡市委副书记
　　　　　王晓然　新乡市政府副市长
　　　　　李　亚　许昌市政府市长
　　　　　石克生　许昌市委副书记
　　　　　熊广田　许昌市政府副市长
　　　　　祁金立　漯河市政府市长
　　　　　张社魁　漯河市委副书记
　　　　　库凤霞　漯河市政府副市长
　　　　　穆为民　南阳市政府市长
　　　　　贾崇兰　南阳市委副书记
　　　　　崔　军　南阳市政府副市长

指挥部下设办公室，具体负责移民迁安工作的组织、协调指导、监督、检查和服务工作。王树山同志兼任办公室主任。

中共河南省委
河南省人民政府
二○○九年七月二十七日

南水北调项目法人单位

中线建管局关于印发《南水北调中线干线工程建设安全事故综合应急预案》的通知

（中线局工［2009］5号）

各建管单位：

根据国务院南水北调办《关于印发〈南水北调工程东中线一期工程建设安全事故应急预案编制导则〉的通知》（国调办建管［2008］141号）的要求，我局对2006年编制下发的《南水北调中线干线工程建设安全事故应急预案》进行了修订，现将修订后的《南水北调中线干线工程建设安全事故综合应急预案》印发给你们，请认真贯彻实施。原《南水北调中线干线工程建设安全事故应急预案》同时废止。

附件：南水北调中线干线工程建设安全事故综合应急预案（略）

南水北调中线干线工程建设管理局
二○○九年一月十二日

叁 综合管理

GENERAL MANAGEMENT

综　述

南水北调工程总体进展

概　述

2009年是南水北调工程全面推进、加快建设的一年。在党中央、国务院的亲切关怀和国务院南水北调工程建设委员会（以下简称国务院南水北调建委）的正确领导下，南水北调系统深入贯彻落实科学发展观，落实国务院南水北调建委的各项部署，精诚团结，密切协作，攻坚克难，扎实工作，较好完成了国务院南水北调工程建设委员会第三次全体会议部署的各项工作任务。2009年，南水北调工程建设取得如下进展。

（1）设计审批工作。国务院南水北调工程建设委员会第三次全体会议以来，国务院南水北调工程建设委员会办公室（以下简称国务院南水北调办）共审查批复南水北调东、中线一期工程设计单元工程初步设计报告50项，批复投资规模约956亿元，相当于此前6年的总和。

（2）工程建设情况。2009年，南水北调中线京石段工程历时半年圆满完成向北京临时应急供水3.3亿m^3的任务，有效缓解了首都水资源供需紧张的矛盾。南水北调新开工项目24个，投资规模342亿元，相当于前6年总和。截至2009年底，南水北调工程开工项目总规模超过700亿元，累计完成投资353亿元，占在建工程总规模的51%。

（3）征地移民工作。2009年，南水北调东、中线一期干线工程累计完成征地26.02万亩，累计搬迁5.16万人，生产安置11.18万人，搬迁工业企业675个，改移专项设施3728处。丹江口库区移民试点工作顺利推进。截至2009年底，河南省已全面完成1.1万试点移民搬迁工作，湖北省已组织搬迁7170人。在移民试点工作中，国务院南水北调办党组始终坚持以“搬得出、稳得住、能发展、移民群众满意”为原则，把深入细致的思想工作与解决实际问题结合起来，把移民新村建设与新农村建设结合起来，整合资源，加强扶持，为下一步实施大规模移民积累了经验。

（4）治污环保工作。截至2009年底，南水北调东线控制单元治污方案确定的426项治污项目，已建和在建工程项目达99.8%；东线沿线主要污染物排放总量及主要污染物浓度均较规划前削减了80%以上，在黄河以南36个控制断面中，已有60%的断面达到水质目标要求，南四湖、东平湖水质有了明显改善；初步建立了丹江口库区及上游生态补偿机制，库区及上游三省2009年生态补偿转移规模达14.6亿元，率先在全国开始实行生态补偿政策。

（5）文物保护工作。2009年10月，国务院南水北调办批复了南水北调东、中线一期工程初步设计阶段文物保护方案，核定投资5.3亿元，将文物保护资金纳入年度投资计划。截至2009年底，南水北调中线京石段文物保护工作已全部完成，中线河北南段、河南段、丹江口库区及东线山东段、江苏段文物保护工作进展顺利，累计已完成考古发掘面积近94万m^2，约占总工作量的一半。

（朱　涛　徐　刚）

前 期 工 作

根据国务院南水北调工程建设委员会第三次全体会议确定的通水目标，2009年，国务院南水北调办研究编制了《南水北调东、中线一期工程建设总体目标控制方案》和工程建设网络计划，确定关键线路和节点工程，并优先进行初步设计审核审批。采取联合会审的方式，加强对设计单位的巡视检查以及设计工作中的专项协调，督促各项目法人及设计单位努力加快设计进度，不断提高设计质量，把问题解决在设计过程中，提高审查效率。着力加强对防渗、防冻、防浮托等重大技术问题的研究，并将研究成果用于工程设计，修改完善设计标准和工程规范，按照"整体控制、分部批复、延续管理、紧密衔接"的工作原则，先行批复设计单元工程技术方案，再进行概算审定批复工作。各省市南水北调办事机构、环保、移民部门和项目法人积极发挥作用，加大协调力度，提前介入工作，及时发现和提出问题，为优化设计和降低成本创造了条件。各项目法人积极落实初步设计工作计划，启动设计招标，推动技术复核，开展有关重大专题的研究，着力推进工作进展。2009年，国务院南水北调办共组织批复南水北调东、中线一期12个单项工程的41个设计单元工程初步设计（其中：东线15个，中线26个），批复设计单元工程初步设计投资规模785亿元（其中：东线46亿元，中线739亿元）。截至2009年底，南水北调工程自开工以来累计批复设计单元工程99项，占主体工程需批复总数的64%，累计批复投资1364亿元，占主体工程投资的60%。

（朱 涛 徐 刚）

工程建设管理和工程进展

2009年，国务院南水北调办严格执行市场准入制度和施工单位信用档案制度，强化源头控制和动态管理，实现优胜劣汰，促进南水北调工程建设市场的良性发展。强化对招标投标活动的监督管理，扩大标段划分，规范招标评标程序，坚持有利于竞争、有利于施工、有利于管理的原则，保证招标投标结果的公平和公正。进一步健全质量管理体系，严格质量管理，强化质量监督，开展不同层次的质量检查，确保工程质量。明确安全生产责任和目标，制定措施和预案，加强重大危险源管理和隐患排查治理，严防安全事故发生。同时，工程建设中还加强了进度管理、投资管理和科技管理，为工程建设的顺利推进提供了支撑和保障。

2009年，南水北调东线济南市区段、南四湖—东平湖段、刘老涧二站等工程，中线黄河北—漳河南段、天津干线段、黄河以南段部分项目和湖北兴隆枢纽等工程相继开工建设。南水北调东中线穿黄工程、河南境内工程以及丹江口大坝加高工程等在建工程进展顺利。2009年12月22日，穿黄工程上游线过河隧洞全线贯通。截至2009年底，南水北调东、中线一期工程开工项目总规模700亿元，累计完成投资353亿元，占在建工程总规模的51%。2009年5月26日，南水北调中线京石段工程圆满完成向北京临时应急供水任务，累计向北京供水3.3亿m^3。南水北调东线山东境内济平干渠工程及江苏境内三阳河、潼河、宝应站工程也在防汛排涝中发挥重要作用。

2009年，南水北调工程质量管理逐步建立起项目法人（建设单位）负责、监理单位控制、施工单位保证和政府监督相结合的质量管理体制。采用集中统一管理、分项实施的质量监督管理机制，制定并完善了10余项质量管理规定。加强工程质量监管与监督，充分发挥政府监管体系在项目稽察和质量专项检查中的作用，构建国务院南水北调办、各省（市）质量监督站和质量监督项目站三级质量监管网络。实行外部稽察与专家巡查相结合的监管方法，积极配合国家发展和改革委员会（以下简称国家发展改革委）、财政部、审计署等部门加强外部监督，督促指导项目法人针对发现的问题落实整改措施，充分发挥国务院南水北调工程建设委员会专家委员会（以下简称南水北调建委专家委）在工程质量检查和技术咨询等方面的作用。

（朱　涛　徐　刚）

征　地　移　民

2009年，在南水北调工程沿线地方各级政府组织领导和有关方面的密切配合下，南水北调干线征地拆迁工作进展平稳。截至2009年底，南水北调东、中线一期干线工程累计完成征地26.02万亩（其中永久征地15.08万亩），累计搬迁5.16万人，生产安置11.18万人，搬迁工业企业675个，改移专项设施3728处。

丹江口库区移民是南水北调工程征地移民工作的重中之重，2009年，河南、湖北两省省委、省政府把库区移民工作纳入重要议事日程，广泛宣传动员，营造良好氛围，坚持以“搬得出、稳得住、能发展、移民群众满意”为原则，把移民新村建设与新农村建设结合起来，制定多项惠农政策，加强对移民资金的监督管理，切实保证移民资金及时下达、规范兑付。截至2009年底，库区2.3万人试点移民工作中，河南省已全面完成1.1万试点移民搬迁工作，湖北省已组织搬迁7170人，迁出地及安置地周边社会稳定，移民群众喜迁新居，对生活、生产安置满意。另外，在干线工程征迁工作中，河南省焦作市结合城市拆迁开展学习实践科学发展观活动的做法，得到了中央学习实践科学发展观领导小组的充分肯定。

（朱　涛　徐　刚）

技术研究和创新

截至2009年底，国务院南水北调办实施“十一五”国家科技支撑计划重大项目和南水北调工程建设重大关键技术研究及应用项目研究，共取得了新产品、新材料、新工艺、新装置、计算机软件等科技成果52项，其中获国家及省部级奖7项；申请国家专利77项，已获得国内专利授权34项；完成南水北调专用技术标准13项。这些研究成果中，复杂地质条件下穿黄隧洞工程关键技术研究、超大口径PCCP管道结构安全与质量控制研究、大流量预应力渡槽设计和施工技术研究、低扬程水泵选型关键技术及应用研究等科技成果已经部分应用于南水北调工程设计和施工中，解决了一系列南水北调工程重要建筑物的结构、材料、施工技术与工艺、质量控制、关键设备等难题，实现了关键技术的突破。

（朱　涛　徐　刚）

资金审计和监督稽察

2009年，国家审计署对南水北调东、中线各参建单位和工程项目，特别对为拉动内需新增中央预算内用于南水北调工程项目资金的管理使用情况进行了延伸审计，对南水北调工程建设作出积极评价，同时也指出在工程建设、资金使用和管理、工程质量管理和监督、建立健全工程建设管理制度方面存在的一些问题，并提出了意见和建议。2009年10～11月，中央检查组对南水北调工程贯彻落实中央扩大内需促进经济增长政策情况进行了专项检查。检查组对南水北调工作充分肯定，认为南水北调系统在加快工程建设进度、强化管理方面做了大量工作，在拉动经济、改善民生、促进经济社会发展等方面发挥了十分重要的作用。同时检查组也指出部分工程在基建程序、工程进度、资金管理和建设用地方面存在的一些问题，提出了意见和建议。

2009年，国务院南水北调办继续加大监督稽察力度，充分发挥各类专家的作用，提高稽察工作的权威性和指导性。及时受理社会举报，严肃查处违规、违纪事件。把预防职务犯罪和治理商业贿赂专项工作结合起来，把工作的重点放在招标投标、合同结算、设备采购和工程转包分包等环节，从源头入手，从完善制度入手，从领导层面和关键环节入手，着力构建教育、预防、惩治相结合的惩治和预防腐败体系，确保“工程安全、资金安全、干部安全”。

（朱　涛　徐　刚）

南水北调工程档案管理

2009 年 11 月 23 ~ 28 日，国务院南水北调办组织国家档案局等单位专家组成验收专家组，对南水北调东线一期工程解台站、刘山站、淮安四站以及淮安四站输水河道工程等4 个设计单元工程进行了工程档案专项验收。

验收组专家分别听取了解台站等 4 个设计单元工程项目法人、设计单位、施工单位、监理单位对工程档案管理情况的汇报，查看了工程建设现场，检查了工程档案管理情况，并对工程档案整编质量及归档情况进行了抽查。上述 4 个设计单元工程在建设、施工、监理过程中分别形成解台站工程档案 585 卷、刘山站工程档案 605 卷、淮安四站工程档案 371 卷、淮安四站输水河道工程档案 551 卷。专家组一致认为，南水北调东线一期解台站等 4 个设计单元工程档案组织及管理工作达到了《国家重大建设项目文件归档要求与档案整理规范》、《南水北调东中线第一期工程档案管理规定》、《南水北调工程验收管理规定》等有关规定要求，同意通过工程档案专项验收。

（姜　水　梁钟元）

南水北调工程前期工作

南水北调工程项目技术审查

2009 年，南水北调工程建设进入加快推进的新阶段。水利部水利水电规划设计总院（以下简称水利部水规总院）在总结完善已有审查工作的基础上，认真分析形势，明确任务，落实责任，在技术队伍组织、审查方案制定、审查意见办理、审查项目跟踪和情况周报、廉政建设等方面提出具体工作要求，确保2009 年南水北调工程初步设计审查任务顺利完成。

水利部水规总院在南水北调工程项目技术审查工作中，按照“百年大计、质量第一”的要求，严把审查质量关，继续强化领导负责制，多方引进人才，充实审查技术骨干力量，为又好又快地完成南水北调工程项目审查工作提供人才保证。组建由各专业资深专家和有关部门、有关单位的知名专家组成的南水北调中线、东线工程两个固定的审查专家组，保证审查工作的审查质量和时间要求。注重南水北调工程与其他工程之间的关系；同时，注意南水北调各设计单元工程之间的协调和衔接。对涉及重大决策、影响较重大的问题，加强与国务院南水北调办、南水北调工程设计管理中心、各建设管理单位、勘察设计单位以及地方政府的沟通和联系，基本做到了既控制投资又保证了群众利益，使各项技术审查工作得以顺利开展。

2009 年，南水北调中线天津干线工程、陶岔渠首枢纽工程、汉江兴隆水利枢纽工程、引江济汉工程已全部完成审查，沙河南—黄河南段工程中的郑州 2 段工程、沙河渡槽工程、北汝河渠倒虹吸工程、禹州和长葛段工程已经完成审查，陶岔渠首至沙河南段工程中的湍河渡槽工程、白河倒虹吸工程、澧河渡槽工程已完成了审查；南水北调东线胶东干线济南—引黄济青段工程、鲁北段工程已全部完成审查，长江—骆马湖段其他工程中金宝航道工程、里下河水源调整工程、洪泽湖影响（安徽境内）处理工程已完成审查，南四湖—东平湖段输水与航运结合梁济运河、柳长河工程也已完成审查。

截至2009年底，水利部水规总院共向南水北调工程设计管理中心提交正式审查意见36项。其中初步设计报告27项，变更设计报告2项，专题7项。

（一）初步设计报告审查

（1）《南水北调东线第一期工程皂河二站工程初步设计报告》。

（2）《南水北调东线第一期工程刘老涧二站工程初步设计报告》。

（3）《南水北调东线第一期工程皂河一站更新改造工程初步设计报告》。

（4）《南水北调东线第一期工程泗阳站改建工程初步设计报告》。

（5）《南水北调东线第一期工程泗洪站枢纽工程初步设计报告》。

（6）《南水北调东线第一期南四湖—东平湖段输水与航运结合工程长沟泵站初步设计报告》。

（7）《南水北调东线第一期南四湖—东平湖段输水与航运结合工程邓楼泵站初步设计报告》。

（8）《南水北调东线第一期南四湖—东平湖段输水与航运结合工程引黄灌区灌溉影响处理工程初步设计报告》。

（9）《南水北调东线第一期南四湖—东平湖段输水与航运结合工程南四湖湖内疏浚工程初步设计报告》。

（10）《南水北调东线第一期工程八里湾泵站工程初步设计报告》。

（11）《南水北调东线南四湖—东平湖段输水与航运结合梁济运河、柳长河段工程初步设计报告》。

（12）《南水北调东线第一期工程济南—引黄济青段双王城水库工程初步设计报告》。

（13）《南水北调东线第一期工程济南—引黄济青段东湖水库工程初步设计报告》。

（14）《南水北调东线第一期工程淮安二站工程初步设计报告》。

（15）《南水北调东线第一期工程高水河整治工程初步设计报告》。

（16）《南水北调东线第一期工程骆马湖以南中运河影响处理工程初步设计报告》。

（17）《南水北调东线第一期工程金湖站工程初步设计报告》。

（18）《南水北调中线一期工程天津干线西黑山进口闸—有压箱涵段、保定市1段、保定市2段、廊坊市段初步设计报告》。

（19）《南水北调中线一期工程陶岔渠首枢纽工程初步设计报告》。

（20）《南水北调中线一期工程总干渠沙河南—黄河南北汝河渠道倒虹吸段工程初步设计报告》。

（21）《南水北调中线一期工程总干渠沙河南—黄河南段郑州2段工程初步设计报告》。

（22）《南水北调中线一期工程总干渠河北省邯邢段初步设计报告》。

（23）《南水北调中线一期工程总干渠邢石界—古运河南渠段初步设计报告》。

（24）《南水北调中线一期工程总干渠沙河南—黄河南沙河渡槽段工程初步设计报告》。

（25）《南水北调中线京石段应急供水工程厂城交通桥变更渠道倒虹吸设计报告》。

（26）《南水北调中线一期引江济汉工程初步设计报告》。

（27）《南水北调中线一期穿黄工程生产桥初步设计报告》。

（二）变更设计审查

（1）《南水北调东线第一期工程南四湖水

资源控制工程杨官屯河闸变更设计报告（修订稿）》。

（2）《南水北调东线第一期工程南四湖水资源控制工程大沙河闸变更设计报告（修订稿）》。

（三）专题审查

（1）《南水北调中线一期工程总干渠禹州矿区段线路比选报告》。

（2）《南水北调中线一期京石段应急供水工程（北京段）永久供电工程初步设计报告》。

（3）《南水北调中线京石段应急供水工程界河渠道倒虹吸延长工程设计专题报告》。

（4）《南水北调工程建设与管理基础信息建设与应用（一期）优化设计报告》。

（5）《南水北调中线一期工程丹江口水库初步设计阶段建设征地农村移民安置规划设计报告》。

（6）《南水北调中线一期工程丹江口水库建设征地初步设计阶段专业项目恢复改建规划设计报告》。

（7）《南水北调东、中线一期工程第一批项目年度价差报告》。

（张　永　高　音）

南水北调东线一期工程重点项目审查

（一）《南水北调东线第一期工程皂河二站工程初步设计报告》审查

皂河站是南水北调东线第一期工程的第6级抽水泵站，该梯级泵站由皂河一站和皂河二站组成，主要任务是与泗阳泵站、刘老涧泵站一起，通过中运河线向骆马湖输水175m³/s，与运西徐洪河线共同满足向骆马湖调水275m³/s的目标，并结合邳洪河地区排涝。主要建设内容为：新建皂河二站泵房、站下清污机桥、交通桥及邳洪河北闸；在皂河一站变电站基础上改建成一、二站共用变电站；疏浚邳洪河河道。根据南水北调东线规划，皂河梯级设计流量为175m³/s。现有的皂河一站装机流量为200m³/s（2台，单机流量100 m³/s），按皂河一站、二站共同备用75m³/s考虑，皂河二站装机流量采用75m³/s，泵站设计净扬程4.7m，安装3台机组，总装机容量为6000kW。泵站按100年一遇洪水设计，站上骆马湖水位为25.0m，300年一遇洪水校核，洪水位26.0m。

受南水北调工程设计管理中心的委托，水利部水规总院于2008年4月22～29日在江苏省南京市对南水北调东线江苏水源有限责任公司（以下简称江苏水源公司）报送的《南水北调东线第一期工程皂河二站工程初步设计报告》进行审查。会后，设计单位根据会议讨论意见对报告进行了修改完善，于2008年12月提出修改报告。水利部水规总院对修改后的初步设计报告进行了审核，并于2009年3月10日以水总规［2009］48号文将审查意见提交南水北调工程设计管理中心。

南水北调东线第一期工程皂河二站初步设计工程静态总投资27 043万元。

（二）《南水北调东线第一期工程刘老涧二站工程初步设计报告》审查

刘老涧泵站是南水北调东线第一期工程的第5个梯级泵站，该梯级泵站由刘老涧一站和刘老涧二站组成，主要任务是与皂河泵站、泗阳泵站一起，通过中运河线向骆马湖输水175m³/s，与运西徐洪河线共同满足向骆马湖调水275m³/s的目标，兼顾沿线供水和灌溉，改善航运。工程主要建设内容是新建刘老涧二站，重建刘老涧节制闸（保留老闸作为交通桥），新建站内交通桥、变电所和清污机桥，扩挖上、下游引河河道。刘老涧泵站设计流量为230m³/s，其中已建的刘老涧一站设计流量为150m³/s，本次新建的刘老涧二站设计流量为80m³/s。考虑刘老涧梯级一、二泵站共用37.5m³/s的备用流量，刘老涧二站总装机流量为 117.5m³/s，设计净扬程 3.7m，安装 4 台机组（含 1 台备机），总装机容量为 8000kW。刘老涧节制闸按原规模建设，设计泄洪流量为 500m³/s。

受南水北调工程设计管理中心委托，水利部水规总院于 2008 年 2 月 22～24 日在北京市对江苏省水利勘测设计研究有限公司编制、江苏水源公司报送的《南水北调东线第一期工程刘老涧二站工程初步设计报告》进行审查。会后，设计单位根据会议讨论意见对报告进行了修改完善，并于 2008 年 12 月提出修改后的报告。水利部水规总院对修改后的报告进行了审核，并于 2009 年 1 月 15 日以水总规［2009］56 号文将审查意见提交南水北调工程设计管理中心。

南水北调东线第一期工程刘老涧二站初步设计工程静态总投资 20 381 万元。

（三）《南水北调东线第一期工程皂河一站更新改造工程初步设计报告》审查

皂河站是南水北调东线第一期工程的第 6 级抽水泵站，该梯级泵站由皂河一站和皂河二站组成，主要任务是与泗阳泵站、刘老涧泵站一起，通过中运河线向骆马湖输水 175m³/s，与运西徐洪河线共同满足向骆马湖调水 275m³/s 的目标，并结合邳洪河和黄墩湖地区排涝。皂河一站改造工程主要建设内容为：加固泵站，新建清污机桥、公路桥、引水闸和穿邳洪河地涵；泵站机组更新改造；更换、改造拦污栅、启闭机、闸门。根据南水北调东线规划，皂河梯级设计流量为 175m³/s，皂河一站按原设计流量 200m³/s 进行更新改造；黄墩湖地区、邳洪河排涝标准为 5 年一遇，邳洪河地涵按 100m³/s 建设；按宿迁至皂河间航运水位要求，泵站站下引水渠口设计水位由原设计的 17.7m 调整为 18.5m。皂河一站设计净扬程为 4.78m，机组台数仍为 2 台，总装机容量为 14 000kW。

受南水北调工程设计管理中心的委托，2008 年 4 月 22～29 日，水利部水规总院在南京市对江苏水源公司报送的《南水北调东线第一期工程皂河一站更新改造工程初步设计报告》进行审查。会后，设计单位根据会议讨论意见对报告进行了修改完善，于 2008 年 12 月提出修改后的报告。水利部水规总院对修改后的初步设计报告进行了审核，并于 2009 年 3 月 10 日以水总规［2009］58 号文将审查意见提交南水北调工程设计管理中心。

南水北调东线第一期工程皂河一站更新改造工程初步设计工程静态总投资 12 335 万元。

（四）《南水北调东线第一期工程泗阳站改建工程初步设计报告》审查

泗阳站是南水北调东线的第 4 级泵站，由泗阳一站、泗阳二站组成，该梯级泵站与刘老涧泵站、皂河泵站一起，通过中运河向骆马湖输水 175m³/s，与运西徐洪河线共同满足向骆马湖调水 275m³/s 的目标，并向沿线供水，兼顾灌溉，改善航运。建设内容是拆除现有的泗阳一站，移址新建泗阳泵站；新建变电所、清污机桥、闸下交通桥，拆建公路桥。泗阳梯级设计流量为 230m³/s，其中已建的泗阳二站设计流量为 66m³/s，本次拆除后新建的泗阳泵站设计流量为 164m³/s。考虑泗阳梯级中的泗阳泵站、泗阳二站共用 34m³/s 备用流量，本次改建的泗阳泵站总装机流量按 198m³/s 确定，泵站设计净扬程为 6.3m，机组台数为 6 台（含 1 台备机），总装机容量 18 900kW。泗阳泵站按 100 年一遇洪水设计，300 年一遇洪水校核。

受南水北调工程设计管理中心的委托，水利部水规总院于 2008 年 2 月 20～22 日在北京市对上海勘测设计研究院编制、江苏水源公司报送的《南水北调东线第一期工程泗阳站改建工程初步设计报告》进行审查。会后，设计单位根据会议讨论意见对报告进行了修改完善，并于 2008 年 12 月提出修改后的初步设计报告。水利部水规总院对修改报告进行了审核，并于2009年3月10日以水总规［2009］78号文将审查意见提交南水北调工程设计管理中心。

南水北调东线第一期泗阳站改建工程初步设计工程静态总投资30 355万元。

（五）《南水北调东线第一期工程泗洪站枢纽工程初步设计报告》审查

泗洪泵站枢纽是南水北调东线第一期工程的第4级抽水泵站，工程的主要任务是由洪泽湖抽水入徐洪河，与濉宁泵站和邳州泵站一起通过徐洪河向骆马湖输水100m^3/s，与中运河线共同满足向骆马湖调水275m^3/s的目标，并结合徐洪河地区的排涝，改善航运。工程主要建设内容为：新建泵站、船闸、徐洪河节制闸、排涝调节闸及利民河排涝闸。泗洪泵站一期工程设计输水流量为120m^3/s，设计净扬程3.23m，安装5台机组（含1台备机），总装机容量为10 000kW。泗洪泵站按100年一遇洪水设计，300年一遇洪水校核；徐洪河节制闸按5年一遇排涝标准设计、设计流量1120m^3/s，按20年一遇防洪标准校核、校核流量1851m^3/s；利民河排涝闸按5年一遇排涝标准，设计排涝流量为72m^3/s；排涝调节闸设计流量为120m^3/s；泗洪船闸按Ⅴ级船闸、通航300t船舶标准建设。

受南水北调工程设计管理中心的委托，水利部水规总院于2008年4月22～29日在江苏省南京市对江苏水源公司报送的《南水北调东线第一期工程泗洪站枢纽工程初步设计报告》进行审查。会后，设计单位根据会议讨论意见对报告进行了修改完善，于2008年12月提出修改后的报告。水利部水规总院对修改报告进行了审核，并于2009年2月7日以水总规［2009］83号文将审查意见提交南水北调工程设计管理中心。

南水北调东线第一期工程泗洪站枢纽初步设计工程静态总投资54 412万元。

（六）《南水北调东线第一期工程南四湖—东平湖段输水与航运结合工程长沟泵站初步设计报告》审查

长沟泵站是南水北调东线第一期工程的第11级抽水泵站，该工程的任务是将南四湖的来水沿梁济运河提水北送，与邓楼、八里湾泵站共同实现从南四湖上级湖向东平湖送水100 m^3/s的目标，满足山东半岛和鲁北地区城市用水的要求。工程主要建设内容为：长沟泵站，梁济运河节制闸。长沟泵站的设计流量为100m^3/s，设计扬程3.86m，装机容量8960kW，4台机组。泵站按100年一遇洪水设计，300年一遇洪水校核。

受南水北调工程设计管理中心的委托，水利部水规总院2008年11月29日～12月3日在北京市对《南水北调东线第一期南四湖—东平湖段输水与航运结合工程长沟泵站初步设计报告》进行了审查。会后，设计单位根据会议讨论意见对报告进行了修改完善。2008年12月24日，水利部水规总院对修改报告进行复审，并于2009年3月10日以水总规［2009］150号文将审查意见提交了南水北调工程设计管理中心。

南水北调东线第一期工程南四湖—东平湖段输水与航运结合工程长沟泵站初步设计工程静态总投资29 610万元。

（七）《南水北调东线第一期工程南四湖—东平湖段输水与航运结合工程邓楼泵站初步设计报告》审查

邓楼泵站是南水北调东线第一期工程的第12级抽水泵站，该工程的任务是将梁济运河来水抽提入柳长河，与长沟、八里湾泵站共同实现从南四湖上级湖向东平湖送水100m^3/s的目标，满足山东半岛和鲁北地区城市用水要求。工程主要建设内容为邓楼泵站和邓楼节制闸。邓楼泵站的设计流量为100m^3/s，设计扬程3.57m，装机容量8960kW，装机4台。泵站按100年一遇洪水设计，300年一遇洪水校核。

受南水北调工程设计管理中心的委托，水利部水规总院于2008年11月29日~12月3日在北京市对《南水北调东线第一期南四湖—东平湖段输水与航运结合工程邓楼泵站初步设计报告》进行了审查。会后，设计单位根据会议讨论意见对报告进行了修改完善。水利部水规总院对修改后的报告进行了审核，并于2009年3月5日以水总规［2009］151号文将审查意见提交南水北调工程设计管理中心。

南水北调东线第一期工程南四湖—东平湖段输水结合航运工程邓楼泵站初步设计工程静态总投资27 122万元。

（八）《南水北调东线第一期工程南四湖—东平湖段输水与航运结合工程引黄灌区灌溉影响处理工程初步设计报告》审查

山东省境内的南水北调东线两湖段工程利用梁济运河和柳长河输水，将对国那里、陈垓引黄灌区三个片区共40.1万亩范围内灌排体系造成影响；其中，国那里灌区的两片区影响面积分别为12.98万亩和13.33万亩，陈垓灌区影响面积为13.7万亩。对受影响的灌区主要采用调整水源点、新建渠首工程和灌溉渠系等工程进行处理，国那里影响灌区渠首设在干鱼头引水闸，渠首设计流量为$23m^3/s$；陈垓影响灌区渠首设在邓楼引水闸，渠首设计流量为$8m^3/s$。灌区影响处理工程主要建设内容为：修建输水干渠，总长49.247km，其中新建渠道17.54km，利用和扩挖现有渠道37.707km；建筑物处理，国那里灌区新建、改建引水、分水、节制闸12座，穿堤涵洞2座，渡槽2座；陈垓灌区新建引水、分水、节制闸3座，新建提水泵站1座，穿路涵洞1座；报告提出的需新建、改建的桥梁共87座，审查认为灌区布置桥梁过多，要求下阶段根据灌区具体情况进一步优化桥梁布置，适当合并相邻桥梁。受南水北调工程设计管理中心的委托，水利部水规总院于2008年11月29日~12月3日在北京市对《南水北调东线第一期南四湖—东平湖段输水与航运结合工程引黄灌区灌溉影响处理工程初步设计报告》进行审查。会后，设计单位对报告进行了修改完善，水利部水规总院对修改后的报告进行了审核，并于2009年3月5日以水总规［2009］153号文将审查意见提交南水北调工程设计管理中心。

南水北调东线第一期工程南四湖—东平湖段输水结合航运工程引黄灌区影响处理工程初步设计工程静态总投资21 793万元。

（九）《南水北调东线第一期工程南四湖—东平湖段输水与航运结合工程南四湖湖内疏浚工程初步设计报告》审查

湖内疏浚工程是南水北调东线南四湖—东平湖段工程的组成部分，该工程是对南四湖上级湖湖内航道进行扩挖疏浚，满足通过南四湖调引长江水向山东半岛和鲁北地区供水的要求。上级湖湖内航道按$125\sim100m^3/s$进行疏浚，当湖内水位为死水位32.8m时，可输水$80\sim70m^3/s$，基本满足南水北调供水要求。南四湖上级湖现有航道等级为Ⅲ级，根据航运规划，该段航道标准为运河Ⅱ级。疏浚范围为湖内（4+986）~（33+973）（南阳南）段，疏浚长度为28.987km。湖口约5km范围内的小北湖段涉及南四湖防洪管理问题，本次工程不进行处理。疏浚航道底高程为29.3m，疏浚底宽为73m，设计边坡为1:5。受南水北调工程设计管理中心的委托，水利部水规总院于2008年12月3~4日在北京市对《南水北调东线第一期工程南四湖—东平湖段输水与航运结合工程南四湖湖内疏浚工程初步设计报告》进行审查。会后，设计单位根据会议讨论意见对报告进行了修改完善。2008年12月23日，水利部水规总院对修改后的报告进行复审，设计单位再次修改了报告。经审核，水利部水规总院于2009年3月5日以水总规［2009］157号文将审查意见提交南水北调工程设计管理中心。

南水北调东线第一期工程南四湖—东平湖段输水结合航运工程南四湖湖内疏浚工程

初步设计工程静态总投资12 284万元。

（十）《南水北调东线第一期工程八里湾泵站工程初步设计报告》审查

八里湾泵站是南水北调东线第一期工程的第13级抽水泵站，该工程的任务是将柳长河来水抽提入东平湖，与长沟、邓楼泵站共同实现从南四湖上级湖向东平湖送水$100m^3/s$的目标，满足山东半岛和鲁北地区城市用水要求，兼顾东平湖新湖区排涝。八里湾泵站的设计流量为$100m^3/s$，设计扬程4.78m，装机容量11 200kW，装机4台（其中1台备用）。泵站由厂房、进出水池、前池、清污机桥、进出水渠、堤防、站区平台、公路桥等组成。泵站按100年一遇洪水设计，300年一遇洪水校核。

受南水北调工程设计管理中心的委托，水利部水规总院于2008年11月29日～12月3日在北京市对《南水北调东线第一期工程八里湾泵站工程初步设计报告》进行了审查。会后，设计单位根据会议讨论意见对报告进行了修改完善。2008年12月25日，水利部水规总院对修改后的报告进行了复审，设计单位再次修改了报告。经审核，水利部水规总院于2009年5月6日以水总规［2009］308号文将审查意见提交南水北调工程设计管理中心。

南水北调东线第一期工程八里湾泵站初步设计工程静态总投资26 715万元。

（十一）《南水北调东线第一期工程济南—引黄济青段双王城水库工程初步设计报告》审查

双王城水库工程是南水北调东线胶东干线工程的重要调蓄水库，位于引黄济青输水渠的左侧，主要任务是调蓄南水北调工程分配给青岛、潍坊两市的6357万m^3水量。

水库正常蓄水位为12.5m，死水位为3.9m；总库容为6150万m^3，调节库容5320万m^3，死库容830万m^3。双王城水库死库容较大，具有严重干旱年和特殊情况下动用部分死库容应急供水的可能。水库工程主要建设内容为：水库围坝，干线分水闸、引黄济青输水渠节制闸，引（供）水渠，入库提水泵站，放水涵洞，公路桥1座、生产桥2座，排水道倒虹吸和泵站等。受南水北调工程设计管理中心的委托，水利部水规总院于2009年2月17～23日对南水北调东线山东干线有限责任公司（以下简称山东干线公司）委托山东省水利勘测设计院编制的《南水北调东线第一期工程济南—引黄济青段双王城水库工程初步设计报告》进行了审查。会后，设计单位根据会议讨论意见对报告进行了修改和完善。水利部水规总院对修改后的报告进行了审核，并于2009年7月24日以水总规［2009］650号文将审查意见提交南水北调工程设计管理中心。

南水北调东线第一期工程济南—引黄济青段双王城水库工程初步设计工程静态总投资为78 899万元，其中工程部分投资49 730万元，工程占地及移民安置投资27 402万元，水土保持投资206万元，环境保护投资175万元，供电线路工程投资1386万元。

（十二）《南水北调东线第一期工程济南—引黄济青段东湖水库工程初步设计报告》审查

东湖水库是南水北调东线胶东干线工程的重要调蓄水库，位于济南—引黄济青段输水明渠的右侧，主要任务是调蓄南水北调东线分配给济南、章丘、滨州和淄博等城市的用水量。水库死水位为19.0m，相应死库容678万m^3；调节库容为4700万m^3，最高蓄水位为30.0m。东湖水库死库容较大，严重干旱年和特殊情况下具有动用部分死库容应急供水的可能。东湖水库工程主要建设内容为：水库围坝，干线分水闸、入（出）库闸，入库提水泵站，放水洞。

受南水北调工程设计管理中心的委托，水利部水规总院于2009年2月17～23日对山东干线公司委托山东省水利勘测设计院编制的《南水北调东线第一期工程济南—引黄济青段东湖水库工程初步设计报告》进行了审查。会后，设计单位根据会议讨论意见对报告进行了修改和完善。水利部水规总院对修改后的报告进行了审核，并于2009年7月15日以水总规［2009］656号文将审查意见提交南水北调工程设计管理中心。

南水北调东线第一期工程济南—引黄济青段东湖水库工程初步设计工程静态总投资为92 670万元，其中工程部分投资为39 872万元；工程占地及移民安置投资51 113万元，水土保持投资237万元，环境保护投资162万元，供电线路工程投资1286万元。

（十三）《南水北调东线第一期工程淮安二站改造工程初步设计报告》审查

淮安二站工程是淮安枢纽的重要组成部分，也是南水北调东线第一期工程的第2级泵站。该泵站与淮安一站、三站、四站一起，共同满足通过里运河向苏北灌溉总渠输水300m^3/s的目标，其主要任务是排涝、供水和灌溉，改善航运。淮安二站按原设计流量120m^3/s进行更新改造，主要内容是更换机组及配套辅助设备、电缆、检修闸门及启闭系统、拦污栅，行车更新改造，增设微机监控系统，厂房加固处理，开关室改造，接长控制楼，拆建交通桥，下游引河清淤和上下游护坡整修。泵站设计净扬程为4.89m，装机2台，配套电动机功率为10 000kW，泵站按50年一遇洪水设计，200年一遇洪水位校核。

受南水北调工程设计管理中心委托，水利部水规总院于2008年2月25～26日对江苏省水利勘测设计研究有限公司编制、江苏水源公司报送的《南水北调东线第一期工程淮安二站改造工程初步设计报告》进行了审查。2009年2月24～27日，水利部水规总院对修改后的报告进行了复审。此后，设计单位进一步修改报告，水利部水规总院审核后，于2009年9月2日以水总规［2009］789号文将审查意见提交南水北调工程设计管理中心。

南水北调东线第一期工程淮安二站改造工程初步设计报告工程静态总投资为5152万元，其中工程部分投资4979万元，工程占地及移民安置投资70万元，水土保持投资24万元，环境保护投资79万元。

（十四）《南水北调东线第一期工程高水河整治工程初步设计报告》审查

高水河是由江都站向北送水至里运河的河道，与三阳河、潼河一起承担南水北调东线一期工程向北输水500m^3/s的任务，并兼有行洪、排涝及航运功能。南水北调工程调水期，高水河设计输水流量为400 m^3/s，相应江都站上水位8.5m，淮安站下水位按6.0m控制；淮河入江水道行洪期，运盐河设计行洪流量为878 m^3/s。高水河治理范围为自江都站上至邵伯轮船码头的15.2km河道，主要建设内容是拓浚河道3.3km，加固堤防6km，护坡整修24.33km，处理15km堤防的狗獾洞，对沿岸12座涵洞进行处理，修建12km堤顶管理道路，修建排涝影响处理工程。

受南水北调工程设计管理中心委托，水利部水规总院于2008年2月26～29日在北京市召开会议，对江苏水源公司委托江苏省水利勘测设计研究有限公司编制《南水北调东线第一期工程高水河整治工程初步设计报告》进行了审查。会后，设计单位根据预审意见对报告进行了修改，2009年2月24～27日，水利部水规总院对修改后的初步设计报告进行了复审，于2009年9月14日以水总规［2009］828号文将审查意见提交南水北调工程设计管理中心。

南水北调东线第一期工程高水河整治工程初步设计工程静态总投资14 635万元。

（十五）《南水北调东线第一期工程骆马湖以南中运河影响处理工程初步设计报告》审查

骆马湖以南中运河（以下简称骆南中运河）是京杭运河的一部分，也是南水北调东线的主要输水干线，兼有泄洪、排涝和航运等功能。骆南中运河向北输水230～175m^3/s，与运西徐洪河线一起承担南水北调东线第一期工程入骆马湖流量275m^3/s的任务。骆南中运河影响处理工程范围为骆南中运河泗阳—皂河段，全长80.8km，主要建设内容为：堤防复堤1.2km，防渗处理14.962km，河道防护9.8km；新建、加固改造和拆除重建15处穿堤涵闸、17座灌排泵站；新建和维修堤顶管理道路69.2km，支河桥梁2座。影响处理工程按中运河行洪流量为500m^3/s，两岸圩区城区排涝标准为10年一遇、农田排涝标准为5年一遇进行设计。

受南水北调工程设计管理中心的委托，水利部水规总院于2009年2月24～27日在北京市对江苏省水利勘测设计研究有限公司编制、江苏水源公司报送的《南水北调东线第一期工程骆马湖以南中运河影响处理工程初步设计报告》进行审查。会后，设计单位根据会议初审意见对报告进行了修改完善，于2009年7月提出修改后的报告。水利部水规总院对修改后的报告进行了复审，此后，设计单位又进一步落实了工程迁占影响电力设施的有关事宜。经审核后，水利部水规总院于2009年10月14日以水总规［2009］873号文将审查意见提交南水北调工程设计管理中心。

南水北调东线第一期工程骆马湖以南中运河影响处理工程初步设计工程静态总投资为11 118万元。

（十六）《南水北调东线第一期工程金湖站工程初步设计报告》审查

金湖泵站是南水北调东线第一期工程的第2级抽水泵站，工程主要任务是与洪泽泵站一起向洪泽湖抽水150m^3/s，多年平均输水量约22亿m^3，与里运河的淮安泵站、淮阴泵站共同满足南水北调东线一期工程入洪泽湖流量450m^3/s的目标，保证向苏北地区和山东省供水要求，并结合宝应湖地区的排涝。金湖站工程的主要建设内容为：新建金湖泵站、上下游引河、站下清污机桥、站上公路桥；结合淮河入江水道整治工程，拆除重建三河东、西偏泓闸和套闸，对三河漫水公路进行维修加固。金湖泵站设计流量为150m^3/s，调水期设计扬程为2.45m，排涝期设计扬程为4.7m，总装机容量为11 000kW，装机5台（含1台备用）。金湖泵站按100年一遇洪水设计，300年一遇洪水校核。

受南水北调工程设计管理中心的委托，水利部水规总院于2008年4月22～29日在江苏省南京市对江苏水源公司报送的《南水北调东线第一期工程金湖站工程初步设计报告》进行了审查。会后，设计单位根据预审意见对报告进行了修改，并于2008年底提出修改后的初步设计报告。水利部水规总院于2009年6月10～12日在北京市对修改后的报告进行了复审。设计单位进一步修改了报告，水利部水规总院于2009年12月10日以水总规［2009］1036号文将审查意见提交南水北调工程设计管理中心。

南水北调东线第一期工程金湖泵站工程初步设计工程静态总投资37 037万元（含金湖殡仪馆搬迁费用1061万元），其中工程占地补偿投资为3784万元。

（游　超）

南水北调中线一期工程重点项目审查

（一）《南水北调中线一期工程陶岔渠首枢纽工程初步设计报告》审查

陶岔渠首枢纽工程是南水北调中线一期工程的重要组成部分，工程任务为供水、灌溉和兼顾发电。其首要任务是满足南水北调中线一期工程（设计水平年2010年）多年平均年引水量95亿m^3的要求和输水总干渠节制闸的调度运行要求，同时还应兼顾后期的引水需要。枢纽设计引水流量350m^3/s，加大引水流量420 m^3/s。电站装机容量50MW，年发电量2.378亿kW·h。

受南水北调工程设计管理中心委托，水利部水规总院组织专家于2009年1月11～14日在北京市召开会议，对《南水北调中线一期工程陶岔渠首枢纽工程初步设计报告》进行了审查。会后，设计单位长江设计院根据国务院南水北调办的有关要求和初审意见对初步设计报告进行了修改和补充。2009年4月13日，水利部水规总院在北京市召开会议，对修改后的初步设计报告进行了复审。经审查，基本同意修改后的初步设计报告，并于2009年5月22日将审查意见以水总设［2009］449号文提交南水北调工程设计管理中心。

陶岔渠首枢纽作为丹江口水利枢纽的副坝和南水北调中线工程总干渠的渠首工程，其工程等别为I等工程。主要建筑物引水闸、河床式电站挡水建筑物部分、两岸连接坝段等挡水建筑物以及上游引渠、下游总干渠桩号（0+300.00）以前干渠为1级建筑物，次要建筑物副厂房、开关站等为3级建筑物。工程挡水建筑物设计与校核洪水位与丹江口大坝相同，设计洪水标准为1000年一遇，校核洪水标准为10 000年一遇洪水加20%。根据总干渠运用条件，确定闸下消能设计标准按丹江口水库正常蓄水位170m，引水闸引加大流量420 m^3/s 确定。工程区地震基本烈度为Ⅵ度。工程抗震设防类别为甲类水工建筑物，即在基本烈度的基础上提高1度作为设计烈度，按Ⅶ度设计。枢纽工程布置方案为：闸室布置在右岸，厂房布置在渠道中间。闸坝顶高程176.6m，轴线长265m，共分15个坝段。

陶岔渠首枢纽工程施工总工期40个月，其中施工准备期6个月，主体工程施工期34个月。按2008年第四季度价格水平，核定南水北调中线一期陶岔渠首枢纽工程初步设计静态总投资为：电站一次建成方案86 717万元，预留机窝方案一期工程70 927万元，二期工程18 240万元，无电站方案57 409万元。

（二）《南水北调中线一期工程总干渠沙河南—黄河南北汝河渠道倒虹吸段工程初步设计报告》审查

沙河南—黄河南北汝河渠道倒虹吸段工程位于河南省宝丰县东北大边庄与郏县渣园乡朱庄村之间的北汝河上，是南水北调中线一期工程的组成部分，担负向北汝河渠道倒虹吸以北地区的输供水任务。工程由进出口明渠段和跨北汝河的渠道倒虹吸工程组成，全长1482m。该渠段是南水北调中线一期工程的组成部分，担负向北汝河以北地区的输供水任务。

受南水北调工程设计管理中心委托，水利部水规总院于2009年2月11～16日在郑州市召开会议，对河南省水利勘测设计研究有限公司编制完成、南水北调中线干线工程建设管理局（以下简称中线建管局）以中线局技［2009］2号文上报国务院南水北调办的《南水北调中线一期工程总干渠沙河南—黄河南北汝河渠道倒虹吸段工程初步设计报告》进行了审查。会后，设计单位根据会议初审意见对报告进行了修改和补充，水利部水规总院对修改后的报告进行了复核。经审查，原则同意初步设计报告，并于2009年5月23日以水总设［2009］452号文将审查意见提交南水北调工程设计管理中心。

按2008年第四季度价格水平，核定南水北调中线一期工程总干渠沙河南—黄河南北汝河渠道倒虹吸段初步设计静态总投资为60 173万元，总投资为60 173万元。

（三）《南水北调中线一期工程总干渠沙河南—黄河南郑州2段工程初步设计报告》审查

沙河南—黄河南郑州2段工程起点由中牟和郑州市交界处开始，向西至毕河村（潮河绕岗线终点）后折向西北，经郑州市南郊魏河、十八里河至西郊金水河，继续向西北至贾鲁河南结束。渠段总长为21.961km，其中建筑物长1.446km，明渠长20.515km。渠线沿途与11条大小河流、19条等级公路交叉，该设计段内共有各类建筑物35座。其中河渠交叉建筑物4座，左岸排水建筑物7座，控制建筑物5座（节制闸2座、退水闸1座，分水口门2座），跨渠公路桥19座。渠段起点设计水位124.145m，终点设计水位119.775m，总设计水头差1.37m，其中渠道占用水头 0.81m，建筑物占用水头 0.56m。该段起点断面设计流量 $295m^3/s$、加大流量 $355m^3/s$，终点断面设计流量 $285m^3/s$、加大流量 $345m^3/s$；渠道纵比降为 1∶26 000～1∶23 000。本渠段 2 座分水口门设计总流量 $11m^3/s$，其中刘湾口门 $5m^3/s$，密垌口门 $6m^3/s$。

受南水北调工程设计管理中心的委托，水利部水规总院于 2008 年 12 月 28～31 日对《南水北调中线一期工程总干渠沙河南—黄河南段工程初步设计报告》进行初审，并分别于 2009 年 1 月 6～9 日、2009 年 3 月 16 日对《南水北调中线一期工程总干渠沙河南—黄河南郑州 2 段工程初步设计报告》进行了审查和复审，基本同意该报告，并以水总设［2009］534 号文将审查意见提交南水北调工程设计管理中心。

沙河南—黄河南郑州 2 段施工总工期为 31 个月。按 2008 年四季度价格水平，核定南水北调中线一期工程总干渠沙河南—黄河南郑州 2 段工程初步设计静态总投资为 312 469 万元（不含另行报批的路渠交叉工程、移民征地专业项目恢复改建规划中的输变电工程）。

（四）《南水北调中线一期工程总干渠河北省邯邢段初步设计报告》复核审查

南水北调中线一期工程总干渠河北省邯邢段工程是南水北调中线一期工程的组成部分。起点为漳河北岸穿漳河交叉建筑物出口，终点为邢台与石家庄市交界的梁村。线路全长 172.751km，其中渠道长 162.107km，建筑物长 10.644km。各类交叉建筑物 256 座，其中大型河渠交叉建筑物 20 座，左岸排水建筑物 73 座，渠渠交叉建筑物 8 座，控制建筑物 40 座，公路交叉建筑物 109 座，铁路交叉建筑物 6 座。

该工程初步设计由河北省水利水电第二勘测设计研究院编制完成。中线建管局以中线局技［2006］40 号文将该工程初步设计报告报送水利部。根据水利部安排，水利部水规总院于 2007 年 1 月和 2007 年 12 月分别召开会议对初步设计报告进行了审查和复审。设计单位根据审查意见对初步设计报告进行了补充和修改。2009 年 4 月，水利部水规总院在北京市召开会议，对初步设计报告进行了复核。2009 年 6 月，水利部水规总院以水总设［2009］540 号文将审查意见报送了国务院南水北调办。按 2009 年一季度价格水平，核定该工程静态总投资为 1 606 025 万元。

（五）《南水北调中线一期工程总干渠邢石段初步设计报告》复核审查

南水北调中线一期工程总干渠河北省邢石段起点位于邢台与石家庄市交界的梁村，终点位于古运河暗渠进口，担负向邢台以北地区的输供水任务。线路总长 65.793km，其中渠道长 60.710km，建筑物长 5.083km。各类交叉建筑物共 98 座，其中大型河渠交叉建筑物 9 座、暗渠 1 座、左岸排水建筑物 19 座、渠渠交叉建筑物 11 座、公路交叉建筑物 44 座、铁路交叉建筑物 2 座、分水闸 6 座、退水闸 2 座、排冰闸 2 座、节制闸 2 座。

该工程初步设计阶段由石家庄市区段和高邑至鹿泉市段两个工程段组成，初步设计报告由河北省水利水电勘测设计研究院编制完成。中线建管局以中线局技［2006］40 号文将初步设计报告上报水利部。根据水利部安排，水利部水规总院分别于 2006 年 8 月和 2007 年 3 月在天津市、北京市召开会议，对石家庄市区段初步设计报告和高邑—鹿泉市段初步设计报告进行了审查。审查会后，设计单位根据初审意见对报告进行了补充和修改，并将石家庄市区段和高邑—鹿泉市段合并为邢石段。2007 年 12 月，水利部水规总院在北京市召开会议，对邢石段初步设计报告进行了复审。根据复审意见，设计单位又针对桥梁、移民征地和华柴段方案进行了补充工作，并对邢石段初步设计报告再次进行了修改。2009 年 4 月，水利部水规总院在北京市召开会议，对邢石段初步设计报告进行了复核。2009 年 6 月，水利部水规总院以水总设［2009］541 号文将邢石段初步设计报告审查意见提交了国务院南水北调办。按 2009 年一季度价格水平，核定工程静态总投资为 573 356 万元。

（六）《南水北调中线一期工程总干渠沙河南—黄河南沙河渡槽段工程初步设计报告》审查

南水北调中线一期工程总干渠沙河南—黄河南沙河渡槽段工程起点位于河南省鲁山县薛寨村北，终点为鲁山坡流槽出口50m处。线路全长11.963km，其中明渠长2.888km，建筑物长9.075km。各类交叉建筑物共12座，其中渡槽1座，统称沙河渡槽，包括沙河梁式渡槽、沙河—大郎河箱基渡槽、大郎河梁式渡槽、大郎河—鲁山坡箱基渡槽和鲁山坡落地槽；另布置左岸排水建筑物5座，节制闸1座，退水闸1座，公路交叉建筑物4座。该段初步设计报告由河南省水利勘测设计研究有限公司编制完成。中线建管局以中线局技［2009］2号文将该工程初步设计报告上报国务院南水北调办。

受南水北调工程设计管理中心委托，水利部水规总院于2009年2月在郑州市召开会议，对南水北调中线一期工程总干渠沙河南—黄河南沙河渡槽段工程初步设计报告进行了审查，并于2009年5月在北京市对初步设计报告进行了复审。2009年7月，水利部水规总院以水总设［2009］666号文将审查意见提交了南水北调工程设计管理中心。按2008年四季度价格水平，核定工程静态总投资为266 755万元。

（七）《南水北调中线一期引江济汉工程初步设计报告》审查

引江济汉工程是从长江荆江河段引水至汉江兴隆河段的大型输水工程。工程开发任务是向汉江兴隆以下河段补充因南水北调中线一期工程调水而减少的水量，改善该河段的生态、灌溉、供水、航运用水条件。工程供水范围为汉江兴隆断面以下的干流河段和东荆河供水区。设计引水流量为350m^3/s，最大引水流量为500m^3/s。工程由引水干渠、进出口控制工程、河渠交叉、跨渠倒虹吸、路渠交叉等建筑物及东荆河节制工程组成，工程等别为Ⅰ等，主要建筑物为1级建筑物。引水线路起点位于荆州市李埠镇龙洲垸长江左岸江边，终点位于潜江市高石碑镇北汉江右岸。全线各类建筑物共83座，其中水闸14座，泵站1座，船闸2座，倒虹吸30座，公路桥32座，铁路桥1座，橡胶坝3座。

该工程初步设计由湖北省水利水电勘测设计院、长江勘测规划设计研究有限责任公司、中水淮河规划设计研究有限公司和湖北省交通规划设计院共同编制，并由湖北省水利水电勘测设计院负责汇总完成。湖北省南水北调工程建设管理局以鄂调水局［2009］16号文将引江济汉工程初步设计报告上报国务院南水北调办。

受南水北调工程设计管理中心委托，水利部水规总院于2009年7月在北京市召开会议，对初步设计报告进行了审查。2009年9月，水利部水规总院在武汉市召开会议，对初步设计报告进行了复审。2009年11月，水利部水规总院以水总设［2009］986号文将审查意见提交了南水北调工程设计管理中心。按2009年二季度价格水平，核定工程静态总投资为678 577万元（不含另行报批的自动化调度系统投资）。

（游　超　朱　峰　吴建疆）

配套工程前期工作

2009年，水利部积极促进有关省（市）人民政府和地方有关部门加快推进南水北调配套工程建设。国家发展改革委办公厅、水利部办公厅、国务院南水北调办综合司于2月6日联合印发了《关于进一步加快南水北调工程受水区配套工程建设的通知》（发改办农经［2009］272号），对工程沿线各省（市）进一步加快配套工程建设提出了明确要求。水利部南水北调规划设计管理局开展了对工程受水区北京、天津、河北、河南、山东等5省（市）配套工程的调研工作，对配套工程建设有关情况和存在问题进行了深入调研，为国家发展改革委、水利部和国务院南水北调办联合组织召开南水北调受水区配套工程建设座谈会做好准备工作。水利部南水北调规划设计管理局组织受水区5省（市）南水北调有关主管部门召开座谈会，就配套工程建设有关问题进行座谈，对配套工程管理体制、配套工程投资及其资金筹措方案、两部制水价的落实、受水区水价承受能力及水价调整方案、外调水和当地水的统一管理等问题进行深入讨论，并起草了《加快南水北调工程受水区配套工程建设指导意见》（初稿）。

（杨占军）

南水北调环境保护

概　述

党中央、国务院高度重视南水北调工程的环境保护工作，按照国务院领导部署及国务院南水北调建委要求，环境保护部会同有关部门进一步加大了南水北调工程水源地及沿线水污染防治工作力度，在相关省市地方政府的紧密配合下，2009年南水北调治污工作取得了积极进展。

（环境保护部）

水 质 现 状

（一）东线水质状况

2009年总体为轻度污染。10个监测断面中，Ⅰ~Ⅲ类、Ⅳ类和劣Ⅴ类水质的断面比例分别为40.0%、50.0%和10.0%。与上年相比，水质无明显变化。主要污染指标为石油类、高锰酸盐指数和五日生化需氧量。

（二）中线水质状况

2009年监测结果表明，在总氮不参加评价的情况下，丹江口水库总体为Ⅱ类水质，属于中营养状态，水质较去年无明显变化，主要污染指标是总氮。

（环境保护部）

东线治污和水污染防治项目进展

截至2009年底，东线一期工程治污控制单元实施方案确定的426项治污项目中，已经完成388项，完成率91.1%；在建38项，占8.9%。通过采取各项综合措施，东线治污效果逐步显现。黄河以南36个考核断面中（有实际监测数据仅35个考核断面），有23个断面水质达到规划治理目标，达标率为66%。

中线规划近期水污染防治项目97项，建成24项，在建17项，已建在建率42.3%；未动工56项，占57.7%。

（环境保护部）

水环境保护工作

（一）水污染防治规划

南水北调工程沿线各省（市）认真落实南水北调沿线“十一五”水污染防治规划，对《南水北调东线工程治污规划》和《丹江口库区及上游水污染防治和水土保持规划》进行任务细化和分解，加大水污染防治的投入力度，大力推进水污染防治项目的实施。

（二）整治违法排污企业保障群众健康环保专项行动

2009年4月以来，环境保护部会同国务院7个部门，围绕保增长、保民生、保稳定的总要求，切实解决当前影响可持续发展的突出环境问题，将南水北调东中线源头作为重点，继续在全国组织开展整治违法排污企业保障群众健康环保专项行动。

（三）环境保护验收工作

2009年6月，环境保护部对南水北调东线第一期工程三阳河、潼河、宝应站工程进行了竣工环保验收。

（四）中线水源区生态补偿试点工作

环境保护部会同财政部、国务院南水北调办商量加快南水北调中线水源区生态补偿试点工作。从2008年起，在均衡性转移支付项下通过提高转移支付系数和环保等支出标准的办法，加大对包括南水北调中线工程水源地在内的重点生态保护区一般性转移支付力度，增加相关地区转移支付60.52亿元。自2008年开始，在中央对地方一般性转移支付中，考虑了丹江口库区及上游水源地水土保持等特殊因素，通过提高转移支付系数，加大对丹江口库区及上游地区所在市县的补助力度，两年下达中央转移支付资金32.34亿元，使上述地区居民能够享受水平大致均等的基本公共服务，缓解了水源地财政压力，发挥了一定的生态补偿作用。

（五）南水北调中线工程水源国家重点生态功能保护区建设

环境保护部开展了18个国家重点生态功能保护区建设试点，其中，南水北调中线工程水源区已列为国家重点生态功能保护区建设试点。近年来，环境保护部组织开展了《南水北调中线工程水源国家重点生态功能保护区建设规划》编制工作，积极提供技术培训，并给予一定经费补助。此外，环境保护部联合国家发展改革委、水利部制定了《全国重点湖库生态安全评估与综合治理方案》，并组织对丹江口水库进行了生态安全总体评估，研究制定相应的生态安全保障综合方案，为丹江口水库综合治理提供技术支撑。

（六）南水北调工程的环境监测及应急处理能力建设

环境保护部积极会商水利部、国务院南水北调办，尽快建立南水北调水源地环境监测网络，对河南、湖北和陕西三省的环境监测项目实施方案进行了初步评审，并提出了完善方案的建议。

（七）环保科技

结合“水体污染控制与治理科技重大专项”（以下简称水专项）的实施，在东中线开展了水质安全保障、污染源控制和生态修复工作，已组织完成了相关内容实施方案的综合论证工作，将与地方政府签订实施合同，尽快实施。水专项在“十一五”期间设置了3个有关南四湖的课题，分别为“输水水质保障综合支撑技术与示范”、“重点污染源控制及废水减排技术与工程示范”和“退化湿地生态修复及水质改善技术与工程示范”，中央财政预计投入1.3亿元。此外，也将中线工程纳入研究范围，设置了“南水北调总干渠水质安全保障技术与工程示范”课题，中央财政预计投入2060万元，已于2009年启动。

（环境保护部）

南水北调文物保护

概　述

（一）总体进度

截至2009年底，南水北调东、中线一期工程文物保护工作进展顺利，中线干渠京石段文物保护工作全部完成，河北石家庄以南段、河南段和丹江口库区以及东线山东段、江苏段文物保护工作进展顺利，累计已完成考古发掘面积近94万m^2，占总工作量的1/2。

（二）项目审查和批准

2009年8月24～25日、25～28日，国务

院南水北调办与国家文物局在河北省联合组织召开南水北调东、中线工程文物保护初步设计阶段文物保护方案和概算评审审查会，分别对南水北调工程文物保护项目初步设计方案和经费概算进行了评审。2009年10月13日，国务院南水北调办批复了南水北调东、中线初步设计阶段文物保护方案，核定投资5.3亿元，文物保护资金纳入年度投资计划，标志着南水北调工程文物保护工作进入一个新的阶段。

（三）制度建设

2009年，河南省文物局下发了《河南省南水北调中线工程文物保护工作暂行管理办法》、《河南省南水北调中线工程文物保护项目完工财务验收办法》，进一步完善了项目管理程序，提高了资金使用效益。

（国家文物局）

检 查 监 督

2009年4月18～20日，国家文物局组织中国社会科学院考古研究所、陕西省考古研究院、河北省文物局、湖北省文物局、河南省文物局等有关单位的专家和人员，对河南省南水北调考古发掘工地进行检查。检查组先后检查了郑州市文物考古研究院发掘的荥阳娘娘寨遗址和河南省文物考古研究所发掘的新郑胡庄墓地等2处考古发掘现场，从资料记录和出土文物安全检查的情况来看：①河南省文物局和文物点所在市、县相关部门积极组织协调，及时解决实际工作中存在的困难，为考古发掘工作的顺利进行提供了保障；②考古发掘工地的发掘工作较为规范，管理有序，工地整洁，各项资料记录基本齐全，田野发掘质量和资料记录整理质量符合《田野考古工作规程》的要求；③考古发掘工地积极开展多学科合作研究的有益尝试，取得良好成效；④考古监理工作在总结以往经验和教训的基础上得到进一步提高。

2009年底，国家文物局童明康副局长率检查组检查了湖北省文物考古研究所发掘的湖北省沙洋严仓墓地。从资料记录和出土文物安全检查的情况来看：①湖北省文物局和文物点所在市、县相关部门积极组织协调，及时解决实际工作中存在的困难，为考古发掘工作的顺利进行提供了保障；②考古发掘工地的发掘工作较为规范，管理有序，工地整洁，各项资料记录基本齐全，田野发掘质量和资料记录整理质量符合《田野考古工作规程》的要求；③考古发掘工地积极开展多学科合作研究的有益尝试，在出土竹简和车马坑保护等方面取得良好成效。

（国家文物局）

重 大 考 古 成 果

山东高青陈庄西周城址、河北磁县北齐皇族高孝绪墓等2项入围“2009年全国十大考古新发现”初评名单。山东寿光双王城盐业遗址、河南新郑胡庄墓地、河南淅川沟湾遗址、河南荥阳娘娘寨遗址、湖北郧县辽瓦店子遗址等5项荣获“2007～2008年度国家文物局田野考古奖”。

北京市文物部门2009年4月出版了《盛世调吉水　古都遗博珍》图录，湖北省文物部门2009年9月出版了《汉丹集萃——南水北调工程湖北库区出土文物图集》，河南省文物部门2009年6月出版了《南水北调中线工程文物保护项目考古发掘出土文物集萃（一）》，这些重要考古资料的及时刊布，对宣传我国文化遗产保护工作的最新成果，普及相关考古和文化遗产保护知识，树立南水北调工程的良好形象，促进社会主义文化大发展大繁荣起到了重要作用。

（国家文物局）

专 题 会 议

2009年11月17～19日，由国家文物局、中国考古学会主办，河南省文物局、河南省文物考古学会承办的南水北调中线工程考古发现与研究研讨会在郑州市召开。国务院南水北调办、国家文物局的领导，中线建管局、中线水源公司等单位主要负责同志，以及有关考古科研单位和高等院校的专家、学者共80余人参加会议。会议部署了下一阶段南水北调文物保护工作，并进行了学术交流。会议指出，随着南水北调工程建设新高潮的到来，文物保护工作更加繁重，挑战更加严峻。会议要求，南水北调文物保护各有关单位，要全面贯彻“保护为主，抢救第一，合理利用，加强管理”的方针，进一步统一思想，提高认识，团结协作，分工负责，按照既有利于工程建设又有利于文物保护的工作原则，合理衔接文物保护工作和工程建设进度，实现双赢；要继续完善文物发掘招投标、监理、验收等措施，加强项目管理，保证工作质量；要严格财经纪律，确保资金安全。

（国家文物局）

南水北调工程运行管理

《南水北调供用水管理条例》立法前期工作

《南水北调供用水管理条例》是保证南水北调工程建成后良性运行和充分发挥工程效益的重要立法。2009年，水利部将《南水北调供用水管理条例》的起草修改工作列为水利立法的一项重点任务。水利部在征求相关流域机构和有关省市水行政主管部门意见的基础上，水利部南水北调规划设计管理局（以下简称水利部调水局）对《南水北调供用水管理条例》进行修改完善，提出了《南水北调供用水管理条例》草案，并于9月份向部长专题办公会作了汇报。根据部长专题办公会有关精神，水利部调水局、水利部发展研究中心和水利部有关司局成立了《南水北调供用水管理条例》修改工作组，结合水利部有关司局对《南水北调供用水管理条例》草案提出的意见，修改完善后提交南水北调供用水管理条例起草工作领导小组讨论修改。在此基础上，完成了《南水北调供用水管理条例》征求意见稿，于12月21日印送国务院有关部门和南水北调东、中线一期工程沿线7个省（直辖市）人民政府征求意见。

（杨占军）

南水北调工程运行管理研究工作

2009年，根据水利部批复的“南水北调东、中线一期工程运行管理前期工作任务书”及有关专项研究安排，水利部调水局组织相关研究部门和技术单位分别开展了“南水北调东、中线一期工程受水区多种水源合理配置的价格政策研究”、“南水北调中线一期工程运行管理体制框架研究”、“南水北调中线一期工程水量调度方案研究”、“南水北调中线一期工程水资源调度决策支持系统需求分析”、“南水北调水资源调度系统研究”、“南水北调工程水资源配置与调度研究”、“南水北调东、中线受水区城市挤占农业与生态用水的返还方案研究”、“南水北调东线一期工程水质风险与应急调度策略研究”、“跨流域调水工程建设生态补偿机制研究”、“南水北调工程受水区地下含水层补给的技术经济可行性研究”、“南水北调东中线受水区地下水管理制度体系研究”、“重大跨流域调水工程实施评估及对策研究”等12项专题研究工作，已取得了部分阶段性成果。水利部调水局提出了“南水北调运行管理前期研究工作意见”，为系统开展南水北调前期研究工作提供了指导框架。

（杨占军）

南水北调东、中线受水区地下水压采方案修编工作

2009年3月6日，水利部办公厅印发了《关于开展南水北调东中线受水区城市挤占农业与生态用水的返还方案研究工作的通知》（办调水函［2009］151号），水利部调水局与水利部水规总院配合水利部水资源司，针对南水北调东、中线一期工程建设目标的调整，开展了南水北调东、中线受水区地下水压采方案的修编工作，对压采方案进行了修改完善，增强方案的指导性、针对性和可操作性。

南水北调东、中线一期工程通水后，受水区水资源条件将得到很大改善，通过开展地下水压采工作，逐步修复和保护受水区的生态与环境，不仅有利于发挥南水北调工程的社会效益和生态环境效益，而且有利于涵养地下水源，发挥地下水的正常供水和备用水源功能，提高抗旱能力。

（杨占军）

北京应急调水组织协调工作

为了保障奥运会和首都的供水安全，国家决定实施从河北向北京应急调水工程，根据国务院批复的《北京2008年奥运会应急调水实施方案》，应急调水自2008年9月18日开始实施，至2009年7月24日结束，历时312天，共从河北省岗南、黄壁庄、王快3座水库放水4.35亿m^3，调入北京水量3.34亿m^3，有效保障了北京2008年奥运会后首都的供水安全，改善了生态环境，取得了显著的社会和生态效益。2009年调水结束后，水利部组织对此次调水实践进行全面总结，向国务院报送了应急调水实施情况报告。通过这次调水实践，为指导南水北调工程运行管理前期研究提供了有益的借鉴，为南水北调干线工程全面建成后的运行管理积累了经验。

针对南水北调中线工程推迟通水和当前首都水资源供需的总体形势，北京市2009年9月提出2010年继续实施从河北应急调水。水利部调水局会同水利部规划计划司、水资源司、国家防汛抗旱总指挥部办公室和海河水利委员会等有关部门和单位，先后组织召开了2次专题会议进行研究，海河水利委员会编制了《北京市水资源情势及河北3库向北京应急调水分析专题报告》和2010年实施应急调水工作方案，为编制应急调水实施方案和实施调水工作做好准备。

（杨占军）

投资计划管理

概　述

截至2009年底，水利部和国务院南水北调办共批复初步设计（含技术方案）99个（东线38个，中线61个），批复总投资1364亿元（东线130亿元，中线1234亿元），占南水北调东、中线一期工程可行性研究静态总投资1625亿元的83.9%，占南水北调办负责组织建设的南水北调东、中线一期主体工程可行性研究总投资2289亿元的59.6%。

截至2009年底，国家累计安排南水北调

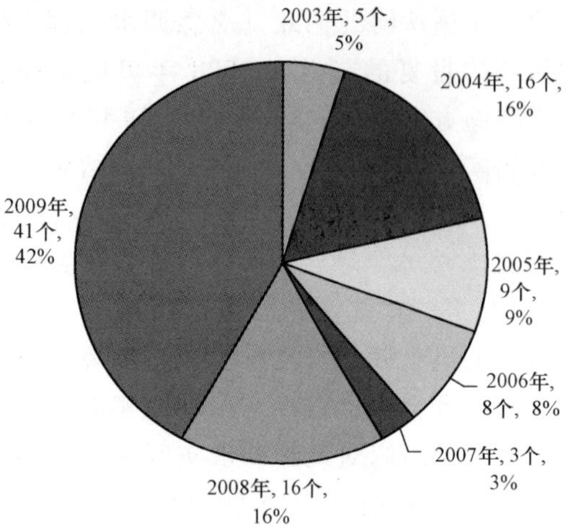

注：图中百分数为占总批复数比例。

图1　南水北调工程初步设计年度批复情况图

主体工程（含截污导流工程）建设项目投资计划643.3亿元，占主体工程总体可行性研究总投资的28%。其中安排工程建设投资计划625.2亿元，初步设计工作投资13.7亿元，文物保护工作投资4.4亿元。

截至2009年底，南水北调工程累计完成投资389.4亿元，其中：2003年完成投资7.7亿元，2004年完成投资12.6亿元，2005年完成投资18.3亿元，2006年完成投资80.5亿元，2007年完成投资71.3亿元，2008年完成投资51.1亿元，2009年完成投资147.9亿元。

（马永征）

投资计划管理

（一）指导思想和原则

按照国家进一步扩大内需、促进经济平稳较快增长的工作部署和建设社会主义和谐社会的各项要求，积极落实国务院常务会议有关会议纪要精神，拓展工程建设范围，加快工程建设进度，又好又快地推进南水北调工程建设。在南水北调东、中线一期工程实现阶段性目标的基础上，加快续建工程、省界工程和控制性工程建设，加大投入力度，加快工程进度，抓紧新开工建设一批具备前期工作基础的工程，力争形成中线黄河以北全部开工、黄河以南控制工期的关键节点工程开工，东线黄河以南重点工程全面开工的建设格局。

（二）投资总体情况

截至2009年底，国家累计安排南水北调主体工程（不含截污导流工程）建设项目投资计划621.2亿元，按投资来源分：中央预算内投资167.7亿元，中央预算内专项资金106.5亿元，南水北调基金87.0亿元，银行贷款260.0亿元。

其中：工程建设安排投资603.2亿元（中央预算内投资150.2亿元，中央预算内专项资金106.0亿元，南水北调基金87.0亿元，银行贷款260.0亿元）。东线工程建设安排投资90.3亿元（中央预算内投资22.0亿元，中央预算内专项资金20.0亿元，南水北调基金17.5亿元，银行贷款30.8亿元）；中线工程建设安排投资512.9亿元（中央预算内投资128.2亿元，中央预算内专项资金86.0亿元，南水北调基金69.5亿元，银行贷款229.2亿元）。

初步设计工作安排投资13.7亿元（全部为中央预算内投资）。

文物保护工作安排投资4.4亿元（中央预算内投资3.9亿元，中央预算内专项资金0.5亿元）。

（三）年度投资计划安排

2009年，国家安排南水北调主体工程建设项目投资计划164.5亿元，按投资来源分：中央预算内投资45.0亿元，南水北调基金12.5亿元，银行贷款107.0亿元。

其中：工程建设安排投资161.6亿元（中央预算内投资42.1亿元，南水北调基金12.5亿元，银行贷款107.0亿元）。东线工程建设安排投资16.6亿元（中央预算内投资10.0亿元，银行贷款6.6亿元）；中线工程建设安排投资145.0亿元（中央预算内投资32.1亿元，南水北调基金12.5亿元，银行贷款100.4亿元）。

初步设计工作安排投资2亿元（全部为中央预算内投资）。

文物保护工作安排投资0.9亿元（全部为中央预算内投资）。

南水北调工程总体可行性研究投资和总体安排情况见图2。

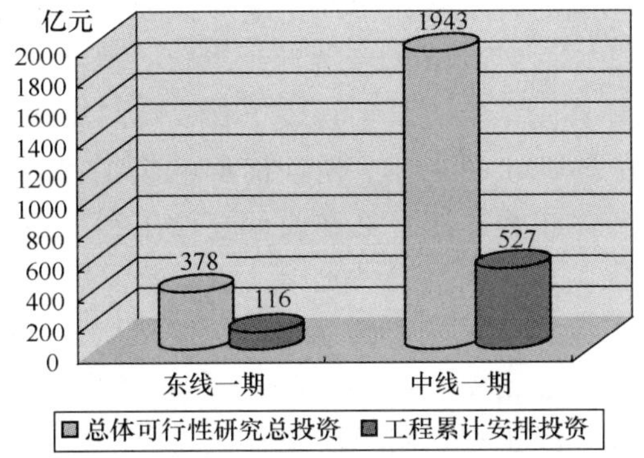

图2　南水北调主体工程总体可行性研究总投资及累计安排投资情况图

主要用于17项单项（专项）工程建设，其中东线单项工程5项，分别为南四湖水资源控制和水质监测及骆马湖水资源控制工程、穿黄河工程、胶东干线济南—引黄济青段工程、南四湖—东平湖段工程、长江—骆马湖段其他工程；中线单项工程11项，分别为漳河北—古运河南段工程、天津干线工程、穿漳河工程、黄河北—漳河南段工程、穿黄工程、沙河南—黄河南段工程、陶岔渠首枢纽工程、中线干线工程自动化调度与运行管理决策支持系统、丹江口水利枢纽大坝加高工程、丹江口库区移民安置工程、兴隆水利枢纽工程；专项工程1项，为东、中线一期工程年度价差投资。

（马永征）

工程投资完成情况

（一）工程累计投资完成情况

截至2009年底，南水北调工程累计完成投资389.4亿元（不含初步设计和文物保护），其中：2003年完成投资7.7亿元，2004年完成投资12.6亿元，2005年完成投资18.3亿元，2006年完成投资80.5亿元，2007年完成投资71.3亿元，2008年完成投资51.1亿元，2009年完成投资147.9亿元。累计完成土石方40 097万 m^3，累计完成混凝土浇筑890万 m^3。

（二）2009年工程投资完成情况

2009年，完成投资147.9亿元（不含初步设计和文物保护）。2009年工程建设完成投资中，东线一期工程完成投资13.1亿元，中线一期工程完成投资134.8亿元。

（马永征）

初步设计投资计划安排

（一）指导思想和原则

按照《南水北调工程初步设计管理办法》和《加强初步设计管理　提高初步设计质量工作措施》的要求，根据国务院南水北调工程建设委员会第三次全体会议纪要（国阅［2009］136号）确定的南水北调东、中线一期工程建设目标，优先安排控制性工程初步设计工作投资。

（二）总体情况

截至2009年底，累计安排南水北调东、中线一期工程初步设计工作投资和审查经费计划13.7亿元，全部为中央预算内投资。其中2005年安排投资2亿元，2006年安排投资2.7亿元，2007年安排投资3亿元，2008年4亿元，2009年2亿元。

（三）年度投资计划安排

2009年安排南水北调东、中线一期工程初步设计工作投资和审查工作经费计划2亿元，其中东线江苏水源公司安排投资950万元，东线山东干线公司安排投资3150万元，中线水源公司安排投资5000万元，中线建管局安排投资6900万元，湖北省南水北调工程建设管理局安排投资2400万元，南水北调工程设计管理中心安排投资1600万元。

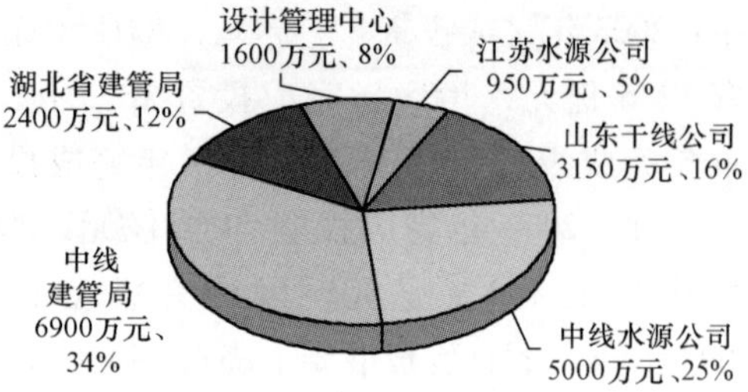

注：图中百分数为占2009年总投资的比例。

图3　2009年初步设计工作投资安排情况图

（马永征）

重大专题和基础设施建设

2003～2009年国务院南水北调办组织开展了与南水北调工程建设管理相关的重大专题和基础设施、能力建设项目12项，国家发展改革委累计安排投资16 358万元（中央预算内投资），其中，2003年2000万元、2004年3000万元、2005年4500万元、2006年2990万元、2007年1068万元、2008年1200万元、2009年1600万元。截至2009年底，累计完成投资13 963万元。

（马永征）

初步设计批复

2009年，国务院南水北调办共组织批复南水北调东、中线一期12个单项工程的41个设计单元工程初步设计（其中：东线15个，中线26个），批复设计单元工程初步设计投资规模785亿元（其中：东线46亿元，中线739亿元），具体如下：

南水北调东线一期胶东干线济南—引黄济青段工程东湖水库、双王城水库工程；南四湖—东平湖段工程邓楼泵站、长沟泵站、八里湾泵站、南四湖湖内疏浚工程、南四湖灌区影响处理工程；长江—骆马湖段其他工程泗阳站、刘老涧二站、皂河一站、皂河二站、泗洪站、淮安二站、高水河整治工程、中运河影响处理工程；中线一期穿漳河工程；漳河北—古运河南工程磁县段工程、邯郸市—邯郸县段工程、永年县段工程、洺河渡槽工程、沙河市段工程、南沙河倒虹吸工程、邢台市段工程、邢台县和内邱县段工程、临城县段工程、高邑县—元氏县段工程、鹿泉市段工程、石家庄市区段工程；沙河南—黄河南段工程北汝河倒虹吸工程、沙河渡槽工程、郑州2段工程、潮河段工程；天津干线工程西黑山进口—有压箱涵段工程、保定市1段工程、保定市2段工程、廊坊市段工程；中线干线决策支持系统；陶岔渠首枢纽工程；丹江口库区移民安置工程（农村部分）；汉江兴隆水利枢纽工程；引江济汉工程等。

另外，组织开展了南水北调中线一期工程总干渠沙河南—黄河南—沙河渡槽段工程技术复核，并印发复核意见。

（马永征）

重大设计变更批复

2009年，国务院南水北调办严格执行设计变更管理有关办法，确保重大设计变更管理的规范有序，对项目法人报送的重大设计变更，及时组织审查批复，保证工程建设的顺利进行。2009年共研究批复了14项设计变更事宜，详见表1。

表1　2009年设计变更批复情况统计表

序号	设计变更项目	批复文件	批复文号	批复时间
一	重大设计变更			
1	京石段应急供水工程厂城交通桥变更渠道倒虹吸设计	关于《南水北调中线京石段应急供水工程厂城交通桥变更渠道倒虹吸设计报告》的批复	国调办投计［2009］166号	2009年8月28日

续表

序号	设计变更项目	批复文件	批复文号	批复时间
2	京石段应急供水工程界河倒虹吸延长设计	关于《南水北调中线京石段应急供水工程界河倒虹吸延长工程设计专题报告》的批复	国调办投计［2009］174 号	2009 年 9 月 10 日
3	南四湖水资源控制工程杨官屯河闸设计变更	关于《南水北调东线第一期工程南四湖水资源控制工程杨官屯河闸变更设计报告（修订版）》的批复	国调办投计［2009］210 号	2009 年 11 月 16 日
4	南四湖水资源控制工程大沙河闸设计变更	关于《南水北调东线第一期工程南四湖水资源控制工程大沙河闸变更设计报告（修订版）》的批复	国调办投计［2009］211 号	2009 年 11 月 16 日
二	一般设计变更			
5	潘庄引河闸工程回填土土源设计方案	关于潘庄引河闸工程回填土土源问题的函	综投计函［2009］136 号	2009 年 5 月 21 日
6	天津市 1、2 段工程初步设计概算价格水平年调整	关于南水北调中线一期工程天津干线天津市 1、2 段工程初步设计概算价格水平年调整事宜的函	综投计函［2009］168 号	2009 年 6 月 15 日
7	丹江口大坝加高工程砂砾石料源设计变更	关于南水北调中线一期丹江口大坝加高工程砂砾石料源设计变更有关事宜的函	综投计函［2009］179 号	2009 年 6 月 23 日
8	中线总干渠黄羑段与国家电网公司输电工程交叉事宜	关于南水北调中线总干渠黄羑段与国家电网公司输电工程交叉有关事宜的复函	综投计函［2009］200 号	2009 年 7 月 9 日
9	京石段应急供水工程惠南庄—大宁段 PCCP 管道工程深挖槽段未恢复原地面处理方案	关于南水北调中线京石段应急供水工程（北京段）惠南庄—大宁段 PCCP 管道工程深挖槽段未恢复原地面处理方案有关事宜的函	综投计函［2009］220 号	2009 年 7 月 24 日
10	京石段应急供水工程总干渠工程缺陷处理设计方案	关于南水北调中线京石段应急供水工程总干渠工程缺陷处理设计方案有关意见的函	综投计函［2009］243 号	2009 年 8 月 24 日
11	国电荥阳电厂中水供水管理穿越南水北调总干渠工程设计方案	关于国电荥阳电厂中水供水管理穿越南水北调总干渠工程专题设计报告审批有关事宜的函	综投计函［2009］244 号	2009 年 8 月 25 日
12	G107 郑州段改建工程跨越南水北调中线总干渠桥梁初步设计技术方案	关于 G107 郑州段改建工程跨越南水北调中线总干渠桥梁初步设计技术方案审批有关事宜的函	综投计函［2009］245 号	2009 年 8 月 27 日
13	兴隆水利枢纽工程施工期航道维护及通航安全管理费事宜	关于兴隆水利枢纽工程施工期航道维护及通航安全管理费有关事宜的函	综投计函［2009］273 号	2009 年 9 月 18 日
14	京石段应急供水工程（石家庄—北拒马河段）管理机构调整及占地变更	关于南水北调中线京石段应急供水工程（石家庄—北拒马河段）管理机构调整及占地变更有关事宜的函	综投计函［2009］312 号	2009 年 10 月 23 日

（马永征）

初步设计报告审查

2009年，共完成初步设计审查39项，具体项目如下：

（1）《南水北调中线一期工程总干渠沙河南—黄河南段、郑州2段工程初步设计报告》。

（2）《南水北调中线一期陶岔渠首枢纽工程初步设计报告》。

（3）《南水北调中线一期工程总干渠沙河南—黄河南渠段潮河段初步设计报告》。

（4）《南水北调中线一期工程天津干线西黑山进口闸至有压箱涵段工程初步设计报告》。

（5）《南水北调中线一期工程天津干线保定市1段工程初步设计报告》。

（6）《南水北调中线一期工程天津干线保定市2段工程初步设计报告》。

（7）《南水北调中线一期工程天津干线廊坊市段工程初步设计报告》。

（8）《南水北调中线一期工程总干渠沙河南—黄河南北汝河渠道倒虹吸段工程初步设计报告》。

（9）《南水北调中线一期工程总干渠沙河南—黄河南沙河渡槽段工程初步设计报告》。

（10）《南水北调中线一期穿黄工程南岸明渠段跨渠生产桥初步设计报告》。

（11）《南水北调中线一期穿黄工程北岸明渠段跨渠生产桥初步设计报告》。

（12）《南水北调中线一期引江济汉主体工程初步设计报告》。

（13）《南水北调中线一期总干渠陶岔渠首至沙河南干渠工程白河倒虹吸初步设计报告》。

（14）《南水北调中线一期总干渠陶岔渠首至沙河南段工程湍河渡槽初步设计报告》。

（15）《南水北调中线一期总干渠陶岔渠首至沙河南段工程澧河渡槽初步设计报告》。

（16）《南水北调中线一期工程总干渠沙河南—黄河南禹州和长葛段工程初步设计报告》。

（17）《南水北调东线第一期工程济南—引黄济青明渠段输水工程初步设计报告》。

（18）《南水北调东线第一期工程济南—引黄济青段东湖水库工程初步设计报告》。

（19）《南水北调东线第一期工程济南—引黄济青段双王城水库工程初步设计报告》。

（20）《南水北调东线第一期工程淮安二站改造工程初步设计报告》。

（21）《南水北调东线第一期工程中运河影响处理工程初步设计报告》。

（22）《南水北调东线第一期工程高水河整治工程初步设计报告》。

（23）《南水北调东线第一期工程八里湾泵站工程初步设计报告》。

（24）《南水北调东线第一期工程南四湖—东平湖段输水与航运结合工程长沟泵站初步设计报告》。

（25）《南水北调东线第一期工程南四湖—东平湖段输水与航运结合工程南四湖湖内疏浚工程初步设计报告》。

（26）《南水北调东线第一期工程南四湖—东平湖段输水与航运结合工程引黄灌区灌溉影响处理工程初步设计报告》。

（27）《南水北调东线第一期工程南四湖—东平湖输水与航运结合工程邓楼泵站工程初步设计报告》。

（28）《南水北调东线第一期南四湖—东平湖段输水与航运结合工程梁济运河段初步设计报告》。

（29）《南水北调东线第一期南四湖—东平湖段输水与航运结合工程柳长河段初步设计报告》。

（30）《南水北调东线第一期工程金湖站枢纽工程初步设计报告》。

（31）《南水北调东线第一期工程鲁北段大屯水库工程初步设计报告》。

（32）《南水北调东线第一期工程鲁北段小运河段输水工程初步设计报告》。

（33）《南水北调东线第一期工程鲁北段七一六五河段输水工程初步设计报告》。

（34）《南水北调东线第一期工程鲁北段临清灌区影响处理工程初步设计报告》。

（35）《南水北调东线第一期工程鲁北段夏津灌区影响处理工程初步设计报告》。

（36）《南水北调东线第一期工程鲁北段武城灌区影响处理工程初步设计报告》。

（37）《南水北调东线第一期工程金宝航道工程初步设计报告》。

（38）《南水北调东线一期工程洪泽湖抬高蓄水位影响处理工程（安徽省境内）初步设计报告》。

（39）《南水北调东线第一期工程里下河水源调整工程初步设计报告》。

（阎红梅　杨元月　朱东恺）

初步设计概算评审项目

2009年，共完成初步设计概算评审39项，具体项目如下：

（1）《南水北调中线一期工程总干渠穿漳河交叉建筑物初步设计报告》。

（2）《南水北调中线工程汉江兴隆水利枢纽初步设计报告》。

（3）《南水北调中线一期工程陶岔渠首枢纽工程初步设计报告》。

（4）《南水北调中线一期工程天津干线西黑山进口闸—有压箱涵段初步设计报告》。

（5）《南水北调中线一期工程天津干线保定市1段初步设计报告》。

（6）《南水北调中线一期工程天津干线保定市2段初步设计报告》。

（7）《南水北调中线一期工程天津干线廊坊市段初步设计报告》。

（8）《南水北调中线干线工程自动化调度与运行管理决策支持系统初步设计报告》。

（9）《南水北调中线一期京石段应急供水工程（北京段）永久供电工程初步设计报告》。

（10）《南水北调中线一期工程总干渠沙河南—黄河南郑州2段工程初步设计报告》。

（11）《南水北调中线一期工程总干渠沙河南—黄河南北汝河渠道倒虹吸工程初步设计报告》。

（12）~（23）《南水北调中线一期工程总干渠漳河北—古运河南段工程初步设计报告》中磁县段工程、邯郸市—邯郸县段工程、永年县段工程、洺河渡槽工程、沙河市段工程、南沙河倒虹吸工程、邢台市段工程、邢台县—内邱县段工程、临城县段工程和高邑县—元氏县段工程、鹿泉段工程、石家庄市区段工程等12个设计单元工程。

（24）《南水北调中线一期工程总干渠沙河南—黄河南沙河渡槽段工程初步设计报告》。

（25）《南水北调东线第一期工程南四湖—东平湖段输水与航运结合工程长沟泵站初步设计报告》。

（26）《南水北调东线第一期工程南四湖—东平湖段输水与航运结合工程湖内疏浚工程初步设计报告》。

（27）《南水北调东线第一期工程南四湖—东平湖段输水与航运结合工程邓楼泵站初步设计报告》。

（28）《南水北调东线第一期工程南四湖—东平湖段输水与航运结合工程引黄灌区灌溉影响处理初步设计报告》。

（29）《南水北调东线第一期工程南四湖—东平湖段八里湾泵站工程初步设计报告》。

（30）《南水北调东线第一期工程泗洪站枢纽工程初步设计报告》。

（31）《南水北调东线第一期工程刘老涧二站工程初步设计报告》。

（32）《南水北调东线第一期工程泗阳站改建工程初步设计报告》。

（33）《南水北调东线第一期工程皂河一站更新改造工程初步设计报告》。

（34）《南水北调东线第一期工程皂河二站工程初步设计报告》。

（35）《南水北调东线第一期工程高水河

整治工程初步设计报告》。

(36)《南水北调东线第一期工程淮安二站改造工程初步设计报告》。

(37)《南水北调东线第一期工程骆马湖以南中运河影响处理工程初步设计报告》。

(38)《南水北调东线第一期工程济南—引黄济青段东湖水库工程初步设计报告》。

(39)《南水北调东线第一期工程济南—引黄济青段双王城水库工程初步设计报告》。

(阎红梅　杨元月　朱东恺)

专题项目审查

2009年，共完成专题项目审查4项，具体项目如下：

(1)《南水北调中线一期工程总干渠禹州矿区段线路比选报告》。

(2)《南水北调中线一期工程总干渠渠道设计补充技术规定》。

(3)《南水北调东线第一期南四湖—东平湖段输水与航运结合工程梁济运河段、柳长河段初步设计报告桥梁工程专题报告》。

(4)《南水北调中线京石段应急供水工程总干渠工程缺陷处理设计报告》。

(阎红梅　杨元月　朱东恺)

重大设计变更审查和技术复核项目

2009年，共完成重大设计变更审查5项，具体项目如下：

(1)《南水北调中线京石段应急供水工程界河渠道倒虹吸延长工程设计专题报告》。

(2)《南水北调中线京石段应急供水工程厂城交通桥变更渠道倒虹吸设计报告》。

(3)《南水北调东线第一期工程南四湖水资源控制工程杨官屯河闸变更设计报告（修订稿)》。

(4)《南水北调东线第一期工程南四湖水资源控制工程大沙河闸变更设计报告（修订稿)》。

(5)《南水北调东线第一期工程蔺家坝泵站工程机电设备设计变更报告》。

2009年，共完成技术复核1项，即《南水北调中线一期沙河南—黄河南沙河渡槽段工程初步设计》。

(阎红梅　杨元月　朱东恺)

丹江口库区移民初步设计审查和概算评审项目

(一) 丹江口库区移民初步设计审查项目

2009年，共完成丹江口库区移民初步设计审查5项，具体项目如下：

(1)《南水北调中线一期工程丹江口水库初步设计阶段建设征地工业企业淹没处理及补偿投资核算报告》。

(2)《南水北调中线一期工程丹江口水库建设征地初步设计阶段城集镇移民迁建规划设计报告》。

(3)《南水北调中线一期工程丹江口水库专业项目恢复改建规划设计报告》。

(4)《南水北调中线一期工程丹江口水库建设征地初步设计阶段农村移民安置规划设计报告》。

(5)《南水北调中线一期工程丹江口水库移民补偿投资单价分析报告》。

(二) 丹江口库区概算评审项目

南水北调工程设计管理中心委托中国国际工程咨询公司于9月21～25日开展了农村移民专题报告概算评审，并于11月以《关于报送南水北调中线一期工程丹江口水库初步设计阶段建设征地农村移民安置规划设计报告概算评审意见的报告》(设管技［2009］86号）上报了农村移民专题报告概算评审意见。国务院南水北调办11月19日下发《关于南水北调中线一期工程丹江口水库初步设计阶段建设征地农村移民安置规划设计报告（直接费概算）的批复》，为丹江口库区移民大规模搬迁创造了条件。

根据各专题技术审查进度，南水北调工程设计管理中心协调中国国际工程咨询公司于12月10~14日召开了专业项目恢复改建专题报告的现场概算评审会议。

（阎红梅　杨元月　朱东恺）

制　度　建　设

2009年，国务院南水北调办根据南水北调工程投资计划管理的实际情况，修改完善并印发了《南水北调工程建设投资计划管理办法》；组织提出了《南水北调东、中线一期工程项目划分修订方案》、《2010年初设东、中线一期工程初步设计审查审批工作方案》；印发实施了《关于进一步加强南水北调工程初步设计组织管理，规范和加快初步设计审查工作的通知》（综投计［2009］52号），从初步设计上报、审查及概算评审三个阶段加强初步设计组织管理，规范初步设计概算投资分析工作，以利办公室组织开展初步设计批复，严格把握南水北调工程建设内容和标准，做好投资控制相关工作。

（马永征）

资金筹措与使用管理

概　　述

2009年，南水北调工程建设资金筹集工作取得重大进展，《国家重大水利工程建设基金征收使用管理暂行办法》经国务院批准印发实施，南水北调工程融资方式取得重大突破；资金管理不断完善，规章制度进一步健全，资金监管更加扎实，财务审计逐步纳入常态化管理；经济政策研究有序地推进，阶段性成果已在南水北调工程建设中发挥作用；财务人员业务培训力度在不断加大，队伍素质进一步增强，预算管理成效显著。

（史晓立）

资　金　筹　措

（一）可行性研究新增投资筹资细化方案和《国家重大水利工程建设基金征收使用管理暂行办法》

根据国务院第204次常务会议要求，财政部会同有关部门开展细化南水北调工程可行性研究新增筹资方案工作，组成了由财政部、国家发展改革委、水利部、国务院南水北调办、国务院三峡办、电监会、国家电网公司、中国南方电网公司等单位参加的重大水利工程建设基金（以下简称重大水利基金）工作小组，对重大水利基金征收情况进行了测算，研究起草了《重大水利工程建设基金征收使用管理办法》（征求意见稿）。2009年6月11日，财政部以《关于征求对〈重大水利工程建设基金征收使用管理办法〉（征求意见稿）意见的函》（财办综［2009］39号）征求有关部门的意见。8月2日，财政部、国家发展改革委、水利部联合以《关于征求对〈重大水利工程建设基金征收使用管理办法〉（征求意见稿）意见的函》（财办综［2009］56号）征求全国各省市的意见。12月，根据有关方面意见对该办法进行修改完善后，财政部会同有关部门向国务院报送了《关于细化南水北调东、中线一期工程增加投资筹资方案的请示》（财综［2009］81号），并附《重大水利工程建设基金征收使用管理办法》（送审稿）。12月31日，经国务院同意，财政部、国家发展改革委、水利部联合印发了《国家重大水利工程建设基金征收使用管理暂行办法》（财综［2009］90号）。同时，由于重大水利基金征收期限与南水北调工程分年度投资需求不同步，经国务院同意，当重大水利基金不能满足南水北调工程投资需要时，先利用银行贷款等过渡性融资解决，再用以后年度征收的重大水利基金偿还贷款本息，国务院南水北调办作为融资主体负责过渡性资金融资和偿还贷款本息等统贷统还工作。

（二）南水北调工程基金政策落实情况

根据国务院南水北调工程建设委员会第三次全体会议要求和调整后的南水北调工程建设目标，财政部会同有关部门研究提出了南水北调工程基金分年度任务调整建议，在充分征求有关省市意见的基础上，并报经国务院同意，财政部、国家发展改革委、国务院南水北调办、审计署于3月23日联合印发了《关于调整南水北调工程基金分年度上缴额度及有关问题的通知》（财综［2009］21号）。同时，国务院有关部门进一步加大了南水北调工程基金督缴力度，中央扩大内需政策落实检查组也对南水北调工程基金征缴情况进行了检查，有力地促进了有关省市的南水北调工程基金征缴工作。

截至2009年底，六省市累计上缴中央国库的南水北调工程基金为73.22亿元，占应筹集基金总额的33.3%，其中：北京40.7亿元、天津8.865亿元、河北4.991亿元、河南5.425亿元、江苏5.57亿元、山东7.67亿元。江苏、山东两省分别直接投入南水北调主体工程建设资金3.91亿元（其中江苏0.03亿元、山东3.88亿元，可抵其基金上缴额度），六省市累计完成基金任务77.13亿元，占应筹集基金总额度的35.0%。

截至2009年底，财政部累计拨付项目法人的南水北调工程基金为68.45亿元，其中：江苏水源公司5.57亿元、山东干线公司6.75亿元、中线建管局56.13亿元。

（三）银团贷款情况

银团贷款继续在南水北调工程建设中发挥重要作用，保障了工程建设资金需求。截至2009年底，南水北调东、中线一期工程项目法人累计提取银团贷款173.11亿元，其中：江苏水源公司10亿元、山东干线公司9.61亿元、中线水源公司41亿元、中线建管局112.5亿元。

2009年3月17日，南水北调银团2009年工作会议在北京召开，国务院有关部门、南水北调工程有关项目法人及银团各成员行等单位参加了会议，会议就银团贷款合同执行过程中的提款期、提款计划、贷款宽限期、还款期、计息方式、质押登记和新增投资融资等问题进行了讨论。

（四）南水北调工程贷款继续得到中央财政贴息支持

2009年11月24日，财政部印发了《关于下达2009年基本建设贷款中央财政贴息预算（拨款）的通知》（财建［2009］846号），对南水北调工程贴息2011万元，其中：东线江都站枢纽改造工程60万元、淮阴三站枢纽工程111万元、济南市区段输水工程439万元，中线丹江口水利枢纽大坝加高工程544万元、穿黄工程223万元、惠南庄泵站工程481万元、古运河枢纽工程153万元。

2009年，南水北调工程获得的中央财政贴息总额比以往三年的中央财政贴息总额1407万元还多出604万元，中央财政贴息对南水北调工程的支持力度进一步加大。

（邓文峰）

资 金 使 用 管 理

（一）资金到位及使用情况

2009年，财政部拨付南水北调工程建设资金601 535万元，其中：中央预算内基建支出预算资金48 052万元、国债专项资金401 948万元、南水北调工程基金151 535万元。国务院南水北调办根据预算和年度计划分解到各项目法人、建设管理单位和直属事业单位，其中：江苏水源公司43 943万元，山东干线公司136 740万元，中线水源公司35 283万元，中线建管局321 569万元，湖北省南水北调工程建设管理局52 400万元，淮河水利委员会治淮建设管理局10 000万元，直属事业单位初步设计前期工作经费1600万元。截至2009年底，财政部累计拨付南水北调工程建设资金3 426 985万元，其中：中央预算内资金1 275 452万元、国债专项资金1 466 998万元、南水北调工程基金684 535亿元。地方配套资金（南水北调工程基金办法颁布前的地方配套资金）39 100万元，各项目法人累计从银行贷款1 731 100万元用于工程建设。

截至2009年底，南水北调工程建设累计完成基建支出4 603 686万元，其中东线一期工程江苏境内累计完成基建支出270 525万元，东线一期工程山东境内累计完成基建支出427 916万元，中线水源一期工程累计完成基建支出660 667万元，中线干线一期工程累计完成基建支出3 175 139万元，汉江中下游治理工程累计完成基建支出59 617万元，中线一期陶岔渠首枢纽工程4427万元，直属事业单位累计完成初设前期工作基建支出5395万元。

（二）决算和预算工作

根据财政部编制2008年度部门决算报表和财政性资金投资基本建设项目决算报表的要求，国务院南水北调办对2008年度预算执行情况进行了系统分析，提出了完善预算管理和资金管理的建议，在此基础上汇总编制了2008年部门决算报表和财政性资金投资基本建设项目决算报表并于2009年3月报送财政部。

按照国务院机关事务管理局《关于编报2008年中央行政事业单位国有资产年度决算报告的通知》（国管资［2009］223号）的要求，国务院南水北调办组织办机关和直属事业单位对2008年12月31日前所占用的国有资产进行了全面清查，在此基础上填报了2008年度国有资产年度决算报表。

根据财政部下达的2009年部门预算和基本建设资金预算，国务院南水北调办按照预算法的规定，将2009年预算分解下达到各预算执行单位，并要求各单位严格按照预算批复的范围和标准控制支出。

2009年8月，根据财政部的统一要求，国务院南水北调办组织完成2009年部门预算（一上）编制和上报工作。12月，国务院南水北调办按照财政部深化预算改革的要求，对财政部下达的2010年部门预算（一下）控制数进行细化，将基本支出预算细化到基层预算单位，项目支出预算细化到具体执行单位，在此基础上汇总编制了2010年中央部门预算（二上）并报财政部。

（三）预算执行进度

2009年，国务院南水北调办党组高度重视加快预算执行进度工作，提出全面加快工程建设，要在保证质量、安全，控制投资的前提下，着力加快进度，减少财政性资金积压，确保财政性资金使用效率。通过采取一系列措施，预算执行进度明显加快。

（1）坚持预算执行进度通报机制，按月召开预算执行情况通报会。向国务院南水北调办机关各司、各直属事业单位、项目法人通报项目预算执行情况，研究预算执行中存在的问题，并提出加快预算执行进度的具体措施。

（2）召开加快预算执行进度专题会。为加快2009年预算执行进度，国务院南水北调办于2009年7月31日在北京召开南水北调系统加快预算执行进度专题会，国务院南水北调办党组成员、副主任宁远出席会议并讲话。国务院南水北调办机关各司、直属事业单位、各项目法人、各省（直辖市）征地移民管理机构负责人和财务负责人参加了会议。宁远要求各单位高度重视预算执行问题，充分认识加快预算执行进度的重要性，要从依法行政、贯彻中央“保增长、扩内需”和国务院南水北调建委加快南水北调工程建设要求的高度来认识加快预算执行进度的重要意义；要采取切实有效措施确保预算执行进度达到“序时要求”，全年执行总进度要超过上年水平。

(3) 建立了预算执行进度约谈制度。国务院南水北调办经济与财务司负责人亲自约谈重点项目执行单位负责人和项目负责人，分析预算执行缓慢的具体原因，提出加快项目实施进度的具体措施。

(4) 协调督促投资计划部门尽快下达基建项目投资计划，加快预算执行进度。

(5) 要求各项目法人和各省（直辖市）征地移民机构各有关单位要高度重视年度计划和预算执行工作，充分认识加快计划和预算执行进度的重要意义。要把加快计划和预算执行，作为加快推进南水北调工作、扩大内需推动经济、促进加强南水北调工程投资和资金日常管理的重要措施。各单位要把贯彻落实中央精神作为当前工作的重中之重，把中央精神和国务院南水北调办党组的决策部署真正落到实处，切实加强和规范计划和预算执行管理，避免出现重大违法违纪问题，确保资金安全和资金使用效益。

(6) 切实加强预算法及相关规章制度学习，要求每个职工特别是项目负责人，加强财经法律法规及相关制度的学习，掌握预算管理业务的基本知识，进一步增强严格执行预算的观念和法律意识，进一步提高严格执行预算的主动性和紧迫性。

(7) 在加快预算执行的同时，要严格执行财务制度，规范花钱、节约花钱，绝不能为加快执行预算乱花钱，造成浪费。加强预算执行监督，严格执行预算管理制度，严格费用开支标准，杜绝违规违纪行为。2009 年度财政性资金（含南水北调工程基金）结余比上年下降28.78%，有效减少了财政拨款资金积压，确保了财政拨款资金高效使用。

（四）财会人员业务培训

2009 年 8 月，国务院南水北调办以《南水北调工程建设资金管理办法》和《南水北调工程竣工（完工）财务决算编制规定》为内容，举办了资金管理培训班，加强财务人员对南水北调系统资金管理规定的了解，培训财务人员对规定的运用能力，南水北调系统的工程沿线各省（直辖市）南水北调办事机构和征地移民管理机构、各项目法人、各直属事业单位的财务部门负责人和相关人员参加了培训。

2009 年 12 月，国务院南水北调办举办了南水北调系统 2009 年度会计决算培训班，向各省市南水北调办事机构和移民机构、各项目法人、各直属事业单位的财务人员系统讲解了 2009 年度决算报表编制要求和软件操作方法。

（五）调查研究工作

2009 年 3 月，财政部国库司与国务院南水北调办经济与财务司联合赴南水北调中线工程开展工程建设资金支付管理情况调研，与中线各项目法人、建设管理单位进行座谈，分析研究南水北调工程建设财政性资金国库集中支付情况，提出了进一步完善工程建设资金支付管理的意见。

2009 年 4 月，为进一步规范南水北调工程建设资金管理，提高资金使用效率，有效控制投资，落实深入学习实践科学发展观活动整改措施，国务院南水北调办赴南水北调东线开展资金管理专题调研，走访工地，与项目法人及建设管理单位进行座谈，总结近年来资金管理的经验教训，分析当前资金管理中存在的突出问题，提出改进资金管理的具体措施和建议。

（六）国有资产管理工作

为规范和加强行政事业单位国有资产管

理，维护国有资产的安全和完整，合理配置国有资产，提高国有资产使用效益，保障行政单位履行职能，国务院南水北调办制定印发了《国务院南水北调办机关国有资产管理暂行办法》和《国务院南水北调办事业单位国有资产管理暂行办法》，健全国有资产管理体系。

（史晓立）

资金监管

2009年初，国务院南水北调办委托中介机构对南水北调东线江苏水源有限责任公司、南水北调东线山东干线有限责任公司、南水北调中线水源有限责任公司、南水北调中线干线工程建管局、湖北省南水北调工程建设管理局2008年度工程建设资金使用和管理情况，以及河北省、河南省、江苏省、山东省、湖北省等五省境内2008年度征地移民资金使用情况进行审计。各被审计单位根据审计整改意见书的要求，于11月底前进行了整改，并向国务院南水北调办报告了整改情况。

2009年5月，财政部委托江西省财政厅投资评审中心对南水北调东线一期胶东干线济南—引黄济青段工程进行了预算评审。

2009年5月，根据《中共中央办公厅、国务院办公厅印发〈关于深入开展“小金库”治理工作的意见〉的通知》（中办发［2009］18号）和中共中央纪委、监察部、财政部、审计署《关于印发〈关于在党政机关和事业单位开展“小金库”专项治理工作的实施办法〉的通知》（中纪发［2009］7号）部署，国务院南水北调办开展了“小金库”治理工作，进行了“小金库”治理自查自纠、重点检查和自查自纠回头看等工作，向中央治理“小金库”工作领导小组办公室报送了“小金库”专项治理工作情况。

2009年6月，财政部委托浙江省财政项目预算审控中心对南水北调中线一期黄河北—漳河南段工程进行了跟踪预算评审。

2009年8月，国务院南水北调办根据《南水北调工程竣（完）工财务决算编制规定》，委托中介机构对江苏水源公司负责建设的三阳河、潼河、宝应站工程开展了完工财务决算审计。

2009年4~9月，审计署受中组部委托对国务院南水北调办主任张基尧进行任期经济责任审计。在审计期间，审计署对南水北调工程建设的管理情况进行了专项审计调查，调查涉及南水北调东、中线工程5个项目法人单位，以及工程沿线七省市南水北调办事机构和征地移民机构等参建单位。

2009年11月，按照审计署统一要求，国务院南水北调办组织办机关和直属事业单位开展了2009年预算执行情况自查工作。2009年12月国务院南水北调办对各单位自查情况汇总后，形成自查报告报审计署。

（史晓立）

南水北调工程经济政策研究

为促进南水北调工程建设顺利开展和保障工程建成后的良性运行，国务院有关部门对南水北调工程库区移民投资价差、临时耕地占用税返还政策等经济政策进行了研究，已形成政策开始实施；修订了征地移民资金管理办法，并对南水北调工程过渡性资金融资、工程水价与受水区当地水源水价衔接等问题开展了深入研究。

（一）南水北调工程水库移民价差政策

南水北调工程水库移民主要是丹江口水库移民，库区移民实施期限相对较长，移民补偿投资将受搬迁期内投资品价格的影响。为合理解决移民补偿问题，维护移民合法权益，促进丹江口水库征地移民工作的顺利实施，国务院南水北调办在调研的基础上，研究确定对南水北调工程水库移民补偿投资实施价差补偿。鉴于丹江口水库移民搬迁目标已经确定，价格因素对补偿投资的影响基本能预测，为保证水库移民顺利实施和有效控制投资，经研究决定，按国家批复的可行性研究总报告中明确的价格指数2.5%核定物价因素影响增加的投资，并直接计入丹江口库区移民搬迁安置概算，由地方包干使用，而不逐年核定年度价差。

（二）临时占地耕地占用税返还政策

南水北调东、中线一期工程临时占地达50多万亩，可行性研究总报告中计列临时占地耕地占用税79亿元。按照《中华人民共和国耕地占用税暂行条例》（国务院令第511号）及《中华人民共和国耕地占用税暂行条例实施细则》（财政部、国家税务总局令第49号）的规定，临时占地耕地占用税先征后返。为切实保护好耕地，促进项目法人对临时用地及时退耕复垦及办理耕地占用税返还手续，同时为降低工程建设成本，国务院南水北调办研究提出临时占地耕地占用税返还后用于工程建设并按冲减工程建设成本处理的建议，并报请财政部审定。财政部于2009年6月30日以《关于南水北调工程临时占用耕地返还耕地占用税问题的复函》（财税函［2009］46号）函复国务院南水北调办，同意将按规定返还的临时占地耕地占用税，继续用于南水北调工程建设，按冲减工程建设成本处理。为落实上述政策要求，国务院南水北调办于7月24日印发了《关于南水北调工程建设临时占地有关事项的通知》（国调办经财函［2009］38号），要求项目法人加强设计、施工和复垦阶段对临时占地的使用管理，做好临时占地耕地占用税的返还工作。

（三）南水北调工程移民资金管理办法

根据丹江口水库移民试点资金使用情况，为促进丹江口水库移民任务的实施，国务院南水北调办于2009年7月13日印发了《关于修订〈南水北调工程建设征地补偿和移民安置资金管理办法（试行）〉的通知》（综经财函［2009］205号），将河南、湖北两省移民机构掌控使用的中线水源工程征地移民投资预备费比例由30%调整到60%。

（四）南水北调工程过渡性资金融资问题研究

重大水利基金是南水北调工程建设资金的重要组成部分，共分10年筹集，与南水北调工程建设期及分年度投资需求不一致，由此产生的工程建设资金缺口需通过银行贷款等市场融资过渡解决。就该问题，国务院有关部门组织开展了南水北调工程过渡性资金融资问题研究，于2009年8月形成了研究报告。该研究报告分析了南水北调工程所需过渡性资金的特点，比较分析了多种融资方式的利弊，介绍了国内外大型基础设施建设融资经验，研究提出了过渡性资金融资的指导思想和基本原则、融资方案、操作程序和政策建议等。该研究成果为下一步开展南水北调工程过渡性资金融资提供了重要参考。

（五）南水北调工程供水价格与受水区当地水源价格衔接问题研究

南水北调工程建成通水后，将与受水区当地水源联合调度，满足当地用水需求。由于南水北调工程供水与当地水源供水成本不同，价格也存在差异。为保障工程建成后充分发挥效益，国务院有关部门组织开展了南水北调工程供水价格与受水区当地水源价格衔接问题研究，于2009年12月形成了课题研究报告。该研究报告在受水区现状水价及变动趋势研究成果基础上，对受水区现状水源构成和价格情况进行了深入研究，对受水区现状水源价格与南水北调工程供水价格进行了对比分析，借鉴国内外已建成调水工程水价衔接经验，研究提出了两者合理衔接的思路、方式，测算了受水区水源价格合理衔接标准，并提出了水价衔接的措施和政策建议。

（邓文峰）

建设与管理

概　述

2009年是南水北调工程进入建设高潮的关键一年，工程建设取得新突破：南水北调工程建设全面提速，南水北调东线梁济运河段、刘老涧二站等工程，南水北调中线黄河北—漳河段工程和天津干线段工程全线、黄河以南沙河渡槽段工程、郑州2段工程和汉江中下游兴隆枢纽工程相继开工建设，南水北调东、中线连线开工建设的目标基本实现。南水北调中线京石段应急供水工程顺利完成向北京应急调水4.35亿m^3的任务，南水北调东线三阳河、潼河、宝应站工程和济平干渠工程继续发挥汛期排涝效益。南水北调中线丹江口大坝加高工程汛前实现坝顶贯通目标，穿黄工程上游线过河段隧洞顺利贯通。南水北调工程建设管理体制和制度建设进一步健全完善，多项管理制度正式印发实施；一批专用施工技术标准正式发布，建设管理的规范化水平持续提高；工程质量和安全生产管理全面加强，质量和安全生产状况总体良好，根据南水北调建委专家委检查情况，工程质量总体满足设计要求；国家"十一五"科技支撑计划项目"南水北调工程若干关键技术研究与应用"顺利实施，取得了一批新的科研成果，部分已应用于工程建设中；招标投标管理、市场监管力度进一步加大，南水北调建筑市场整体规范有序。

（罗　刚　张　晶）

工程建设项目进展

2009年，南水北调新开工设计单元工程24项，分别是南水北调中线石门河倒虹吸工程、穿漳工程、新乡和卫辉段工程、辉县段工程、沁河渠道倒虹吸工程、鹤壁段工程、温博段工程、焦作1段工程、汤阴段工程、廊坊市境内段工程、郑州2段工程、陶岔渠首工程、保定市境内1段工程、西黑山进口闸—有压箱涵段工程、保定市境内2段工程、沙河渡槽工程、北汝河倒虹吸工程、兴隆水利枢纽，南水北调东线潘庄引河闸工程、大沙河闸工程、长沟泵站工程、刘老涧二站工程、泗阳站工程、泗洪站工程。中线京石段应急供水工程于2008年9月至2009年8月累计从河北调水4.35亿m^3，入北京水量3.34亿m^3，超额完成调水任务；东线山东、江苏境内已开工项目主体工程大部分已基本完成；中线丹江口大坝加高工程于汛前实现坝顶贯通目标，中线穿黄工程上游线过河段隧洞顺利贯通，兴隆枢纽工程顺利实现汉江截流；河南黄河以北段工程已全部开工建设，黄河以南郑州2段、膨胀土（南阳）试验段工程进展顺利，南水北调在建工程整体稳步推进。截至2009年底，工程项目累计完成土石方40 097万m^3，占在建设计单元项目总土石方量的62%；累计完成混凝土浇筑890.2万m^3，占在建设计单元项目混凝土总量的50%。

（宋晓蕾）

工程项目管理和建设管理

2009年，国务院南水北调办继续完善和实施项目法人直接管理、委托制和代建制相结合的建设管理模式，进一步加大市场监管、招标投标监管力度，使南水北调工程建设市场逐步走上规范化管理的轨道。加强南水北调在建工程质量监督管理，组织召开了南水北调工程质量管理和监督工作专题研讨会，开展质量管理和质量监督工作调研。加强进度管理，组织召开了加快南水北调工程建设进度座谈会，指导各项目法人研究制订科学合理的工程建设年度计划，开展确保质量安全下加快工程进度措施研究。组织开展了多次现场考察和加快工程建设现场调研活动，及时指导项目法人研究解决影响工程建设进度的实际问题。组织开展了南水北调东、中线一期工程管理方案的研究。严格按照工程建设程序审批项目开工。协调解决南水北调工程跨渠桥梁建设、验收与运行管理问题。加强文明施工管理，开展文明工地创建工作。

（罗　刚）

工程技术管理

2009年，国务院南水北调办和各参建单位采取一系列措施加强工程技术管理，保证工程建设质量、安全和进度。

国务院南水北调办高度重视科研工作，开展了南水北调工程科研项目开展情况调查，研究分析南水北调工程科研工作现状，提出了下一步开展好南水北调工程科技管理工作的意见和建议。继续做好“十一五”国家科技支撑计划项目实施工作，加强课题执行情况检查，部署课题验收准备，指导和参与各课题承担单位组织开展了重大课题研究成果的初步验收工作，向科技部汇总报送了项目进展及财务执行情况报告。根据工程建设需要，国务院南水北调办在梳理已颁布技术标准的基础上，编制并印发了《南水北调工程平原水库技术规程》、《南水北调中线一期天津干线箱涵工程施工质量评定验收标准（试行）》，组织编制了《兴隆水利枢纽工程质量评定及验收规程》，组织开展了南水北调工程专用技术标准修订和汇编工作。国务院南水北调办高度重视科技创新成果应用，组织开展了东线水泵装置水力特性、模型开发及试验研究、中线穿黄隧洞工程抗震安全技术研究等一批新的技术成果的审查，组织开展了渠道、泵站和工程建设管理技术交流及南水北调工程建设技术论文征集交流活动。

（张　晶）

质　量　管　理

2009年，在国务院南水北调建委领导下，国务院南水北调办高度重视工程质量管理工作，督促项目法人等有关单位落实质量管理各项规章制度，完善“政府监督、项目法人负责、监理控制、设计和施工保证”的质量管理体系，工程质量管理得到全面加强，南水北调工程质量整体处于受控状态。

国务院南水北调办开展质量管理和质量监督工作调研，组织召开了南水北调工程质量管理和监督工作专题研讨会，分析工作中存在的问题和不足，总结经验教训，研究提出了建立质量巡视员制度、加强质量管理能力建设、改善质量监督条件、完善质量监督管理制度等一系列进一步加强南水北调工程质量管理和质量监督的意见、建议和措施。进一步完善质量管理体系，落实质量管理责任，组织编制了《南水北调工程建设质量目标考核管理办法》、《南水北调工程质量监督导则》。组织开展了工程质量管理先进集体和先进个人评选工作，并在质量安全工作会上进行了表彰。配合南水北调建委专家委组织开展了东、中线工程质量调研，督促项目法人对发现问题及时进行整改。组织设立了南水北调中线陶岔渠首工程质量监督项目站和苏鲁省界工程、黄河北—漳河段工程、天津干线工程质量监督巡查组，完善质量监督组织体系。召开质量监督工作座谈会暨质量监督管理培训，提高质量监督机构和现场质量管理人员素质。加强质量监督信息管理，及时汇总并向领导报送重要工程质量信息。

截至2009年底，南水北调东、中线一期工程南水北调东、中线一期工程共评定单元工程176 789个，全部合格，优良率87.7%；其中中线一期工程共评定单元工程148 871个，全部合格，优良率89.8%；东线一期工程共评定单元工程21 918个，全部合格，优良率79.2%。南水北调建委专家委对在建工程质量调研后认为，南水北调工程质量保证体系基本建立，质量管理规章制度正在逐步完善，已建成项目的工程质量总体能满足设计要求。

（张　晶）

安 全 生 产

2009年，国务院南水北调办坚持“安全第一，预防为主，综合治理”的安全生产方针，全面贯彻落实国家安全生产法律法规及相关要求，加强督促检查和日常监管，落实安全生产措施，南水北调工程安全生产管理进一步加强。

组织召开了南水北调办安全生产领导小组第7次会议和南水北调工程建设质量安全工作会议，全面部署2009年安全生产工作。组织开展了安全生产目标考核和安全生产先进评选表彰工作。认真贯彻《国务院办公厅关于进一步推进安全生产三项行动的通知》精神，在南水北调工程建设中深入开展“安全生产年”活动。组织开展了《中华人民共和国突发事件应对法》贯彻实施检查活动。组织开展了《南水北调工程建设重特大安全事故应急预案》修订和《南水北调工程安全生产监督管理办法》编制工作。督促参建单位做好2009年防汛工作，组织开展东、中线防汛检查。及时部署和督促各有关单位做好节假日和极端天气条件下的安全生产工作。经参建各方的共同努力，全年除丹江口大坝加高工程发生1起1人违章作业高空坠落死亡事件外，南水北调工程安全生产形势总体良好。

（罗　刚）

招标投标与专项治理

国务院南水北调办组织建立了施工单位信用档案，在国务院南水北调办网站公布施工单位信用等级，督促招标人应用于施工项目招标评标，初步建立了施工现场和建设市场两场联动机制。组织编制了《关于进一步加强南水北调工程监理单位信用管理的意见》，进一步完善市场主体信用管理。汇总分析东线工程招标情况，提出强化监督管理、打破地方保护的建议和措施，并督促落实。加大行政监督力度，完善招标投标管理备案制度，规范评标结果公示。汇总分析招标信息，开展招标成果评价。认真做好项目分标、招标公告和中标信息的发布等日常程序性管理工作。加强专家库管理和维护，更新升级管理软件，研究提出充实和调整专家库的意见和建议。及时研究处理招标过程中的有关问题和突发事件，保障招标工作的顺利进行。

国务院南水北调办研究制定了《国务院南水北调办开展工程建设领域突出问题专项治理工作方案》，成立了国务院南水北调办工程建设领域突出问题专项治理工作领导小组及其办公室，组织召开了南水北调工程建设领域突出问题专项治理工作动员大会。建立与中央治理工程建设领域突出问题工作领导小组办公室的联系，及时报告南水北调工程突出问题治理情况和相关信息。加强对各项目法人专项治理工作的督促指导，布置自查与重点检查工作。及时汇总各单位专项治理工作开展情况并向领导小组汇报。做好领导小组办公室日常管理工作。

（张　晶）

科 技 工 作

2009年，国家“十一五”科技支撑计划项目“南水北调工程若干关键技术研究与应用”和“南水北调工程建设重大关键技术研究及应用”项目顺利实施，取得了一批新的科研成果，部分已应用于工程建设中，优化了设计，解决了难题，实现了关键技术的突破。

国务院南水北调办继续做好“十一五”国家科技支撑计划项目实施工作，加强课题执行情况检查，部署课题验收准备，指导和参与各课题承担单位组织开展了重大课题研究成果的初步验收工作，向科技部汇总报送了项目进展及财务执行情况报告。截至2009年9月底，取得新产品、新材料、新工艺、新装置、计算机软件52项，如PCCP新型承插口构造、PCCP阴极保护测试探头、杠杆式拉伸徐变仪、水泥基材料早期热膨胀系数试验装置、膨胀岩膨胀等级快速判别仪器、膨胀岩渠坡快速防护材料等；申请国内专利73项，如用催化溶剂法从黄姜提取皂素的生产工艺（200910084842.9）、一种黄姜皂甙浆的高压酸水解制备皂素工艺（200910084844.8）等；获得国内专利授权34项，如重力坝加高后新老混凝土结合面防裂方法（ZL03105288.6）、渠道成型机自动平衡控制装置（ZL200720019254.3）、一种从黄姜中提取薯蓣皂素的方法（CN100494217C）等。

南水北调工程建设重大关键技术研究及应用项目9大课题29个子课题中已完成26个，其中大部分已通过国务院南水北调办组织的专家评审，部分成果已经应用于南水北调工程设计和施工中，优化了设计，解决了一系列南水北调工程重要建筑物的结构、材料、施工技术与工艺、质量控制、关键设备等难题，实现了关键技术的突破。

（张　晶）

规 章 制 度 建 设

2009年，国务院南水北调办和各参建单位进一步加强制度建设，在严格执行已有规章制度的基础上，组织制定了多个工程建设管理方面的规章制度，并以多种形式进行贯彻落实。

国务院南水北调办根据工程建设管理需要，制定并印发了《国务院南水北调办开展工程建设领域突出问题专项治理工作方案》，《关于进一步规范南水北调工程招标评标结果公示工作的通知》，《关于进一步加强南水北调工程质量管理和质量监督工作的意见》，规范市场主体行为。国务院南水北调办还组织编制了《南水北调工程建设质量目标考核管理办法》、《南水北调工程质量监督导则》，进一步完善质量管理体系，落实质量管理责任；组织编制了《关于进一步加强南水北调工程监理单位信用管理的意见》，进一步完善市场主体信用管理。组织开展了《确保质量安全下加快工程进度措施研究》、《南水北调工程运行管理维护措施研究》、《南水北调工程建设重特大安全事故应急预案》修订和《南水北调工程安全生产监督管理办法》编制。

根据工程建设需要，国务院南水北调办在梳理已颁布技术标准的基础上，编制并印发了《南水北调工程平原水库技术规程》、《南水北调中线一期天津干线箱涵工程施工质量评定验收标准（试行）》，组织编制了《兴隆水利枢纽工程质量评定及验收规程》，并组织开展了南水北调工程专用技术标准修订和汇编工作。

（张　晶　罗　刚）

生 态 环 境

概 述

2009年，南水北调工程东线治污及中线水源保护工作稳步推进，取得了一定成效：

（1）南水北调东线江苏、山东两省控制单元治污实施方案确定的治污项目全部开工，九成项目已经建成并投运。规划工业点源治理项目基本完成，城镇污水处理项目的主体工程已全部完成，中水再生利用得到加强。截污导流项目加快建设，部分项目已经建成。流域综合整治全面推进，示范工程效益初显。沿线水质持续得到改善，主要控制单元断面污染物浓度及总量已呈明显下降趋势。

（2）南水北调中线水源保护工作以丹江口库区及上游水污染防治和水土保持规划、经济社会发展规划为基础，以建立健全生态补偿机制为手段，以水源保护区和总干渠两侧保护区的研究和划定为保障，进一步推动中线水源水质保护目标的实现。

（任 静 李道峰）

东线水污染防治工作进展

（一）国务院六部委印发进一步加强南水北调东线治污工作的通知

按照国务院副总理李克强在国务院南水北调办、国家发展改革委、监察部、环境保护部、住房和城乡建设部和水利部等六部门呈报的《关于南水北调东线阶段性治污工作目标责任考核情况的报告》（国调办环移［2009］15号）上的批示，国务院南水北调办、国家发展改革委、监察部、环境保护部、住房和城乡建设部和水利部于2009年3月24日联合印发了《关于进一步加强南水北调东线治污工作的通知》（综环移函［2009］71号），要求南水北调东线工程沿线江苏、山东两省要进一步加强治污工作的组织领导、落实治污责任，确保通水前实现沿线水质和排污总量双达标；切实采取有效措施，加快治污项目建设进度，进一步降低结构性污染比重，提高城镇生活污水处理率，加强垃圾收集处置，推进截污导流和流域综合整治项目建设，强化航运水污染治理；加强用于治污的南水北调工程基金的征缴力度，确保治污项目建设资金的及时到位。

（二）南水北调东线京杭运河段航运水污染防治工作

按照国务院南水北调办、国家发展改革委、交通运输部、环境保护部、住房和城乡建设部联合印发的《关于加强南水北调东线京杭运河段航运水污染综合治理工作的通知》要求，江苏、山东两省组织编制了《南水北调东线京杭运河段航运水污染防治设施建设方案》（以下简称方案）。2009年7月，国务院南水北调办联合环保、交通、城建等部门，对江苏、山东两省的编制工作进行现场督促和指导。12月23～24日，国家发展改革委、国务院南水北调办会同交通运输部、环境保护部、住房和城乡建设部、国土资源部、国家安全生产监督管理总局等部门，组织专家对上述两省上报的方案进行了审查。审查认为，方案提出的航运污染防治目标和确定的防治措施基本可行，可作为今后开展南水北调东线京航运河段航运水污染防治工作的依据。国务院有关部门将研究将方案纳入《京杭运河航运综合治理发展建设规划》。

（三）南水北调东线一期工程环保水保专项验收

2009年4月14日，南水北调东线一期工程三阳河、潼河、宝应站工程通过环境保护部组织的环境保护专项验收；9月5日，南水北调东线一期工程东平湖—济南段输水工程通过水利部组织的水土保持设施专项验收；11月24日，南水北调东线一期工程骆马湖—南四湖段江苏境内工程通过水利部组织的水土保持设施专项验收。

（四）截污导流工程水土保持专项验收

2009年12月21日，水利部印发《关于委托南水北调江都、淮安、宿迁市截污导流工程水土保持验收的复函》（水保监便字［2009］第191号），明确江苏省水利厅组织对江苏省内截污导流工程的水土保持专项设施进行验收。

（五）山东省出台加强水系生态建设意见

2009年12月29日，山东省委、省政府转发了山东省发展和改革委员会等九部门《关于加强全省水系生态建设的意见》，要求加强南水北调干线及环南四湖和东平湖等沿湖生态保护，实施水系湿地保护与修复工程、水系农业面源污染控制工程、水系环境综合治理工程、水系造林绿化工程、水系水土保持工程、水系破损山体治理工程等“六大工程”。要通过5～10年的水系生态建设，在山东省水系范围内基本实现绿化、美化，生态环境明显改善，环境承载能力显著提高，逐步构建起完善的水系生态保护体系，有效保障水系生态安全、农业稳定发展和农民持续增收的目标。

（任　静）

东线治污项目进展

截至2009年底，南水北调东线治污控制单元实施方案确定的426项治污项目中，已经完成388项，完成率91%；在建38项，占9%。其中，214项工业点源治理项目完成213项、在建1项，155项城市污水及再生利用项目完成152项、在建3项，31项流域综合整治项目建成10项、在建21项，26项截污导流项目建成13项、在建13项。

江苏省102项治污项目中，已经完成98项，在建4项，完成率为96%。其中，65项工业点源治理项目全部完成；26项城市污水处理及再生利用项目全部完成；6项流域综合整治项目完成4项，在建2项；5项截污导流项目完成3项，在建2项。

山东省324项治污项目中，已经完成290项，在建34项，完成率为90%。其中，149项工业点源治理项目完成148项，在建1项；129项城市污水处理及再生利用项目完成126项，3项中水再生利用项目在建；25项流域综合整治项目（含垃圾处理项目）完成6项，在建19项；21项截污导流项目中10项主体工程已基本完工，11项在建。

（任　静）

东线截污导流工程建设进展

2009年，南水北调东线截污导流工程建设进一步加快，江苏、山东两省控制单元治污实施方案确定的26项截污导流项目已完成13项，在建13项。江苏省5项截污导流项目中，泰州市截污导流项目已利用银行贷款先行建成投运，宿迁市和扬州市截污导流项目分别于2月和5月通过联合试运行暨合同项目完工验收，其他2项截污导流工程正在抓紧建设。山东省21项截污导流项目中，金乡县、曲阜市、嘉祥县、宁阳县洸河、临沂市邳苍分洪道、滕州市城郭河、滕州市北沙河、夏津县、鱼台县、临清市汇通河截污导流工程等10个项目主体工程已基本完工，其他11项在建。

（任　静）

东线水质状况

根据江苏、山东两省提供的数据，以高锰酸盐指数（COD_{Mn}）和氨氮两个考核指标进行评价，2009年黄河以南段有实际监测数据的35个考核断面中，有23个断面水质达到规划治理目标，达标率为66%（Ⅱ～Ⅲ类19个，Ⅳ类4个）；水质未达标断面有12个，占34%（Ⅳ类8个，Ⅴ类1个，劣Ⅴ类3个）。与2008年相比，水质达标断面增加3个，达标率提高了6个百分点。

江苏省14个控制断面中有12个达到Ⅲ类水质要求，达标率为85.7%。不达标的2个断面水质为Ⅳ类，与2008年基本持平。

山东省黄河以南段21个考核断面中有11个达标，达标率为52.4%。其中，2个断面水质为Ⅱ类，5个断面水质为Ⅲ类，4个断面水质为Ⅳ类；不达标的10个断面中，6个断面水质为Ⅳ类，1个断面水质为Ⅴ类，3个断面水质为劣Ⅴ类水。与2008年相比，山东省水质达标率提高14个百分点。

（任　静）

中线水源保护工作进展

（一）《丹江口库区及上游水污染防治和水土保持规划》实施

（1）水污染防治和水土保持项目年度实施计划。2009年度落实下达中央投资7.33亿元，其中水污染防治1.33亿元，水土保持6亿元。累计下达中央投资39.01亿元，其中水污染防治项目15.81亿元，水土保持项目23.2亿元。近期水污染防治项目建成24项，在建17项，占规划的42.3%；水土保持项目已建在建小流域治理393条，占规划的42.3%。

（2）部际联席会议。丹江口库区及上游水污染防治和水土保持部际联席会议办公室委托中国国际工程咨询公司对规划实施进行了中期评估。在完成评估基础上，按照国务院领导批示，部际联席会议办公室协调落实工作经费，召开工作会议启动规划修编。

（3）中线水源区水质监测能力建设方案制订。国务院南水北调办环境保护司组织环境保护部和水利部相关司局及水源区三省召开了水质监测能力建设项目实施方案座谈会，组织专家对方案进行整合，形成《丹江口库区及上游水环境监测能力建设项目实施方案》（初稿），对实施方案组织专家论证，形成实施方案上报稿。

（二）《丹江口库区及上游经济社会发展规划》

2009年，国家发展改革委地区司会同国务院南水北调办环境保护司赴丹江口库区及上游三省进行调研，完成了《丹江口库区及上游经济社会发展规划》初稿和项目筛选工作。

（三）水源区生态补偿

为切实发挥对水源区的生态补偿作用，调动地方政府保护水源的积极性，国务院南水北调办环境保护司与财政部预算司组织财政部财政研究所、中国农业大学等单位，对水源区三省2008年度生态补偿资金使用情况进行检查和调研，总结经验、查找问题，并根据调研情况优化测算方法。财政部印发了《国家重点生态功能区转移支付（试点）办法》，使2009年生态补偿方案支付范围进一步体现了向库区移民县倾斜的原则，督促地方政府将资金重点用于水源保护。

（四）水源区生态环境保护调研

2009年，九三学社中央、农工民主党中央、全国人大环境与资源保护委员会等在国务院南水北调办、国家发展改革委等部门配合下，开展南水北调中线水源区保护工作调研。胡锦涛总书记、温家宝总理对九三学社中央呈报的调研报告作出了明确批示。民主党派中央及全国人大环境与资源保护委员会调研活动进一步促进了中线水源保护工作。

国务院南水北调办领导高度重视中线水源保护工作，主任张基尧专门到中线水源区三省调研，副主任李津成专赴汉江中下游调研，并对官厅水库水污染防治及北京市湿地建设进行专题调研。

（五）南水北调中线水源保护区划定

2009年，国务院南水北调办在委托中国环境科学研究院编制《丹江口水库水源保护区划分技术细则》（草稿）基础上，会同环境保护部、水利部有关司局组织专家到水源区三省调研保护区划定工作，在形成共识基础上进一步完善细则，为实施水源保护区划定打好基础。

积极协调环境保护部和有关评审专家，将湖北省赛武当自然保护区升级为国家级自然保护区。协调督促南水北调中线干线沿线四省（直辖市）编制总干渠两侧保护区划定方案，截至2009年底各省市的方案已经编制完成，其中天津市已经审批执行。

（李道峰）

中线水源区水污染防治项目进展

截至2009年底，规划近期水污染防治97个项目中，建成24项，在建17项，已建在建率42.3%；未动工56项，占57.7%。其中53个工业点源治理项目建成10项，在建8项，已建在建率为34%；19个污水处理项目建成11项，在建4项，已建在建率78.9%；8个垃圾处理项目建成3个，在建4个，已建在建率87.5%；5个垃圾清理项目在建1项，在建率为20%。

项目分省情况为：河南省水污染防治项目37项，建成11项，在建5项，未动工21项，已建在建率43.2%，其中西峡县、淅川县污水和垃圾处理项目、河南宛西制药公司、西峡县龙城集团等清洁生产项目已建成投运。湖北省水污染防治项目34项，建成9项，在建7项，已建在建率47.1%，其中竹山县、竹溪县、郧县等污水处理厂，十堰市医疗废物处理中心已建成投运。陕西省水污染防治项目21项，建成4项，在建5项，已建在建率42.3%，已建在建全部为污水处理厂和工业点源治理项目。

（李道峰）

中线水源区水土保持项目

截至2009年底，累计下达规划近期83个项目区水土流失治理任务，下达投资23.2亿元（中央补助11.6亿元），占《丹江口库区及上游经济社会发展规划》水土保持近期项目的66.3%。其中陕西省治理水土流失面积6491km²，投资16.6亿元（中央补助8.3亿元）；湖北省治理水土流失面积1196km²，投资3.2亿元（中央补助1.6亿元）；河南省治理水土流失面积1210km²，投资3.45亿元（中央补助1.73亿元）。长江水利委员会组织开展的水土保持监测、湿地恢复与保护、小流域治理示范、中心苗圃建设等项目的可行性研究报告和初步设计也分别编制完成，通过了水利部审查，其中水土保持监测初步设计已经水利部批复开始实施。

（李道峰）

中线水源区水质情况

丹江口库区及上游河南、湖北和陕西三省对辖区内24个水质监测断面进行监测（河南5个，湖北6个，陕西13个），以高锰酸盐指数（COD_{Mn}）和氨氮两个考核指标进行评价，结果显示：2009年全年，丹江口水库水质优良，所有断面均为Ⅱ类，全部达到功能区目标。汉、丹江上游陕西省15个监测断面中，除丹江干流商州区张村断面为Ⅲ类外，其他断面水质全部为Ⅰ～Ⅱ类。南水北调中线工程取水口陶岔断面水质为Ⅱ类；汉江出陕西省境白河断面以及陕西、湖北交界的郧西羊尾断面水质均为Ⅱ类；河南老灌河西峡党子岭和淅川张营断面入库水质为Ⅲ类。

长江水利委员会水文局对丹江口库区6个断面进行了水质监测，采用COD_{Mn}、氨氮等18项监测指标进行单因子评价，结果显示：四季度丹江口水库水质为Ⅱ类，库区水质保持优良。南水北调中线工程陶岔取水口断面水质为Ⅱ类，汉江陕西省出省入库白河控制断面水质为Ⅱ类（采用18项指标单因子评价，与三省评价略有不同）。

（李道峰）

南水北调东线血吸虫病监测

为确保南水北调东线一期工程建设及运行，国务院南水北调办高度重视东线工程血吸虫病传播问题。2009年，国务院南水北调工程建设委员会办公室政策及技术研究中心在前期研究成果基础上，组织江苏省血吸虫病防治研究所继续开展了南水北调东线一期工程血吸虫病监测体系的研究。

研究小组经过近一年的现场调查和实验研究，完成了东线工程各监测点（段）钉螺扩散的风险评估，确定了东线工程钉螺监测点（段）的布局，明确了东线工程血吸虫病监测管理体系及各部门职责。研究结果表明：东线工程各级泵站及附设的拦污栅、清污机、水泵、消力池等水工建筑均具有一定的防螺作用，加之东线工程布局特点、水源组成、调度方式均不利于血吸虫中间宿主（钉螺）北移扩散，而水泥硬化护坡、拦螺网等水利血防措施的应用都可有效阻止钉螺扩散。

近年监测结果表明：2006～2009年东线相关区域监测调查钉螺22 923.87万m^2，查出钉螺面积分别为846.45万m^2、1107.82万m^2、535.64万m^2、519.56万m^2，查出感染性钉螺面积分别为34.88万m^2、10.4万m^2、3万m^2和0万m^2。钉螺主要分布在水源区的夹江、芒稻河；感染性钉螺则全部在水源区。输水河道和受水区钉螺均分布在原有螺区，其钉螺面积仅占东线总有螺面积的0.5%左右，未出现扩散倾向。

2009年12月15日，江苏省血吸虫病防治研究所承担的《南水北调东线工程血吸虫病监测体系研究》课题通过了由国务院南水北调工程建设委员会办公室政策及技术研究中心组织的专家审查。鉴于东线工程血吸虫病传播受多种因素影响，与会专家一致认为开展南水北调东线工程血吸虫病监测体系研究十分必要，并认为现行监测体系总体方案是可行的。

（黄轶昕）

征　地　移　民

概　述

2009年是南水北调工程建设全面加快的一年，也是工程建设征地移民工作稳步推进，取得阶段性成果的一年。按照南水北调工程建设的总体部署，国务院南水北调办坚持以人为本、和谐搬迁理念，通过大力协调和督促沿线各省市征迁主管部门与项目法人单位，使征地移民工作有序、稳步向前推进，以满足工程建设用地需要和库区移民“搬得出、稳得住、在发展中能致富”为目标，依据国家有关征地移民政策，落实省级政府负责制，建立征地移民工作协调机制，全面推进东、中线干线征迁工作和丹江口库区移民试点工作，全面排查化解矛盾纠纷，畅通信访渠道，积极解决征地拆迁和移民安置工作中群众合法诉求，维护了良好建设环境和移民搬迁和谐氛围。

在国务院南水北调建委的正确领导下，沿线地方各级人民政府和有关方面共同努力、密切配合，不断推进征地移民工作，维护被征地群众合法权益，促进工程建设良好环境和社会稳定，满足了工程建设要求。

（曹纪文　盛　晴）

工作进度

2009年，南水北调东、中线一期干线工程完成永久征地58 190亩，临时占地40 307亩，搬迁人口31 728人，拆迁房屋145.97万m^2，生产安置20 102人，拆迁工业企业95处、专项设施999处，完成征迁安置投资42.3亿元。截至2009年底，东、中线一期工程开工项目累计完成征地移民投资106.3亿元；永久征地16.2万亩（其中含耕园地10.87万亩，林地0.74万亩），临时占地11.8万亩（其中已复耕3.6万亩）；拆迁房屋256.7万m^2，搬迁人口56 670人，生产安置116 562人（其中农业安置79 694人），搬迁工业企业688个，改移专项设施4268处。

2008年11月，丹江口库区2.3万人的移民试点工作开始启动。河南、湖北两省高度重视，强化组织，广泛宣传，坚持以人为本，整合社会资源，加强扶持，为移民试点实施工作创造了良好条件。截至2009年底，河南省12个移民新居民点建设工作全部完成，试点移民10 627人全部完成搬迁，在校学生及学龄儿童已全部在新址入学。湖北省完成了枣阳3个安置点、屈家岭管理区5个安置点和邓林农场2个安置点部分移民的搬迁安置，完成移民搬迁7170人（其中外迁移民5100人，后靠安置2070人），其他安置点的房屋和基础设施建设正在进行。丹江口库区移民初步设计审批工作也取得了重大进展，农村移民安置、城集镇迁建、工矿企业迁建、专业项目恢复改建等专项审查和概算评审基本完成。按照“整体控制、分部批复、延续管理、紧密衔接”的工作原则，已先行批复了农村移民安置初步设计技术方案和直接费概算，为两省开展实施方案编制和全面启动大规模农村移民奠定了基础。

（曹纪文　盛　晴）

政策研究和制度建设

2009年，国务院南水北调办积极协调有关部委，切实加强政策研究和政策协调，为工程建设征地移民营造良好的政策空间。

1. 征地补偿标准研究工作

根据国务院南水北调工程建设委员会第三次全体会议要求，就南水北调干线工程与其他重要基础设施建设征地补偿标准差异问题，会同国家发展改革委、财政部、国土资源部、水利部、国务院法制办公室开展调查研究工作，完成关于南水北调干线工程与其他重要基础设施建设征地补偿标准差异事项的意见报送工作。在充分征求国家发展改革委、财政部、国土资源部、水利部、国务院法制办公室意见基础上，形成如下共识：根据修订后的《土地管理法》精神统筹解决南水北调干线工程同地同价问题，现阶段南水北调干线工程建设征地补偿和移民安置仍按照《大中型水利水电工程建设征地补偿和移民安置条例》执行。7月底将意见呈送国务院后，李克强、回良玉副总理圈阅同意。

2. 丹江口库区外迁移民淹没线上资源处置政策研究

对丹江口库区外迁移民淹没线以上成片果园林地的处置问题在征求国家发展改革委、财政部、水利部、国家林业局、国务院法制办公室意见基础上，形成了上报国务院的

《南水北调中线一期丹江口大坝加高工程库区外迁移民淹没线以上成片果园林地留置人口处置问题的报告》（国调办征地［2009］142号），并得到了有关领导批阅。

3. 耕地占用税政策研究与协调，明确耕地占用税标准

针对沿线各省普遍反映的耕地占用税取用标准问题，国务院南水北调办在充分征求国家发展改革委、财政部意见基础上，提出工作意见建议，明确了耕地占用税具体取用标准按照各县市适用税额标准。针对丹江口水库移民安置补偿投资中有关耕地占用税用于解决库区移民特殊问题，2009年7月28日，国务院南水北调办就三峡工程库区移民补偿投资中有关耕地占用税的征收、返还、使用等情况进行了调研，并形成《关于三峡工程耕地占用税和外迁补助费用有关情况的调研报告》，为领导决策提供参考。

4. 干线工程压覆矿产补偿问题研究

就梳理压覆矿产资源影响问题，与南水北调中线干线建设管理局、山东省南水北调工程建设管理局充分沟通，向水利部水规总院及有关评审专家了解总体可行性研究阶段和初步设计审查过程中此问题的处理情况，进一步与国家发展改革委、水利部、国土资源部有关部门沟通，按照国务院批复的总体可行性研究报告确定的处理原则，对此问题进行了明确。

5. 参与国土资源部组织的水利水电工程用地调研工作

应国土资源部邀请，国务院南水北调办参与了部分水利水电工程用地状况及存在的问题的调研。其中赴河南调研组专门就南水北调工程用地情况进行了重点调研，调研发现南水北调工程较其他水利水电工程用地规范。其后，还参加国土资源部组织的有关座谈研究工作，在了解政策变化情况的同时，积极反映国务院南水北调办的相关意见。

6. 参加全国水库移民后期扶持政策部际联席会议第十次全体成员会议

2009年，国务院南水北调办参加了全国水库移民后期扶持政策部际联席会议第十次全体成员会议，对有关水库后期扶持政策进行了研究，形成了《关于对〈国家发展改革委办公厅关于征求对全国水库移民后期扶持政策部际联席会议第十次全体成员会议纪要（征求意见稿）意见的函〉的复函》（综征地函［2009］311号）。

7. “河南淅川县丹江口水库移民存在不稳定隐患”情况调研

按照国务院领导在中央维稳办《维稳工作简报》第八期关于“河南淅川县丹江口水库移民存在不稳定隐患”的批示精神，国务院南水北调办会同国家发展改革委、水利部深入河南、湖北两省进行了实地调研，基本摸清了实际情况。为深入把握问题实质，研究分析解决问题的措施和途径，集思广益，国务院南水北调办副主任张野主持召开了“河南淅川县丹江口水库移民存在不稳定隐患”调研工作座谈会。起草了《关于〈国内动态清样〉和〈维稳工作简报〉反映南水北调中线丹江口库区移民存在有关问题调研情况的报告》上报国务院，并得到了有关领导批阅。

8. 丹江口库区移民试点工作进展情况和库区文物保护工作

为深入了解丹江口库区移民试点工作进展情况和库区文物保护工作，2009年7月14～17日，国务院南水北调办副主任张野率队赴湖北省调研南水北调库区移民试点和文物保护工作。张野在听取有关部门汇报后，充分肯定了湖北省各级移民机构和文物部门认真负责，努力工作，全力协调相关部门，推动了移民和文物保护工作进展，并针对有关问题提出了具体解决措施和要求。

9. 南水北调工程丹江口水库移民工作领域专项治理工作

为贯彻落实中共中央办公厅、国务院办

公厅《关于开展工程建设领域突出问题专项治理工作的意见》(中办发［2009］27号）和《国务院南水北调办开展工程建设领域突出问题专项治理工作方案》（国调办建管［2009］151号）通知精神，进一步做好南水北调工程丹江口水库移民工作领域专项治理工作，规范水库移民工作行为，维护移民群众合法权益，杜绝腐败现象。国务院南水北调办下发了《关于开展南水北调中线丹江口库区征地移民工程领域专项治理工作的通知》（综征地［2009］62号)。

（曹纪文　盛　晴）

实施管理和协调

2009年，国务院南水北调办紧紧围绕保障工程建设，以促进南水北调干线工程征地拆迁、全力推进库区移民试点工作为重点，切实加强工程建设征地移民实施过程的管理和问题的协调。

（1）2009年5月23～25日，国务院南水北调办在河南郑州召开了“南水北调丹江口库区移民试点及干线工程征迁工作现场经验交流会”。会议总结交流了南水北调工程征地移民工作的经验，为南水北调工程优质高效、又好又快建设提供保障，确保移民群众和被征地农民的合法权益，确保工程建设目标的顺利实现。

（2）国务院南水北调办征地移民司以南水北调中线河南黄羑段、郑州2段、天津干线河北段、总干渠河北南段、东线苏鲁边界等工程为重点，多次赴现场进行调研、召开座谈会，指导、协调有关省（市）和项目法人，促进征地拆迁工作，保障工程建设顺利实施。

（3）根据国务院领导在《境内有论坛刊帖反映南水北调工程移民房屋存在严重质量问题》上的批示精神，国务院南水北调办会同住房和城乡建设部组织有关专家深入河南省有关移民新村对房屋质量进行调查，并提出调查报告，在征求住房和城乡建设部意见基础上，将《关于对“境内有论坛刊帖反映南水北调工程移民房屋存在严重质量问题”情况的调查报告》（国调办征地［2009］145号）报送国务院。

（4）2009年9月9～11日，国务院南水北调办开展了丹江口库区移民试点搬迁安置后的生产生活情况调研和信访稳定工作情况调研，并形成专题调研报告，下发了《关于进一步做好丹江口库区移民试点搬迁后的生产生活后续工作和有关稳定工作的通知》（综征地［2009］60号），要求各级移民机构要高度重视移民搬迁后续工作，充分认识移民稳定工作的艰巨性、复杂性，把解决移民搬迁后的生产、生活工作作为一项长期的任务，切实抓紧做好。

（5）由于南水北调中线丹江口大坝加高工程库区移民搬迁规模大、周期长，情况复杂，经国务院批准，河南、湖北两省于2008年底开展了丹江口库区移民试点工作。2009年，为了便于国务院领导及时了解库区移民试点工作进展情况，国务院南水北调办向国务院上报了《关于南水北调丹江口库区移民试点工作进展情况的报告》(国调办征地［2009］177号)。

（6）2009年7月29日，河南省委、省政府在淅川县召开河南省南水北调丹江口库区大规模移民安置动员大会。国务院南水北调办副主任李津成出席会议，并作重要讲话。

（7）2009年8月16日和20日，国务院南水北调办副主任张野分别出席河南省和湖北省丹江口库区试点移民搬迁启动仪式，并作重要讲话。

（8）2009年12月21～27日，国务院南水北调办主任张基尧一行深入到湖北枣阳、荆门市四个移民试点安置点进行调研，看望和慰问库区移民群众，听取湖北省南水北调工程建设和库区移民工作汇报。

（9）按照国务院南水北调办统一部署，国务院南水北调办征地移民司先后组织举办了南水北调征地移民档案管理、统计工作、政策法规和实施管理培训班。工程沿线各省（直辖市）和重点地市的征迁主管部门以及项目法人单位积极派员参加了培训，共计180多人次。

（曹纪文　盛　晴）

前期工作

1. 参加初步设计审查工作

2009年，按照初步设计审查安排，国务院南水北调办征地移民司先后参加东线山东鲁北段、两湖段梁济运河工程和柳长河工程，江苏金宝航道、里下河水资源补偿工程，中线陶岔—沙河南段湍河渡槽澧河渡槽白河倒虹吸、引江济汉等工程初步设计审查工作。参加了中线河北邯邢短、邢石段、河南郑州2段、沙河渡槽段，东线山东东湖、双王城水库、八里湾泵站工程概算评审工作，对中线郑州2段概算评审过程中反映的出村安置、居民点迁建、耕地占用税标准、枣园补偿标准等问题进行了协调。统一了东、中线有关政策和标准，督促提高了设计质量。参加2009年度所有初步设计批复项目概算核定工作。

2. 组织完成南水北调东、中线一期工程初步设计阶段文物保护方案的审查工作

根据《南水北调工程建设征地补偿和移民安置暂行办法》和南水北调文物保护工作协调小组会议精神，对于项目法人会同相关文物部门联合上报的南水北调东、中线一期工程文物保护方案和投资概算，国务院南水北调办会同国家文物局在河北组织专家对南水北调东、中线一期工程初步设计阶段文物保护方案进行了审查，对概算进行了评审，并形成审查和评审意见，经会签国家文物局后印发。

3. 批复丹江口水库初步设计阶段建设征地农村移民安置规划设计报告技术部分和直接费概算

为满足河南、湖北两省丹江口库区大规模移民实施规划的编制工作需要，2009年9月，国务院南水北调办批复了《关于南水北调中线一期工程丹江口水库初步设计阶段建设征地农村移民安置规划设计报告（技术部分）的批复》（国调办征地［2009］181号）。11月，批复了《关于南水北调中线一期工程丹江口水库初步设计阶段建设征地农村移民安置规划设计报告（直接费概算）的批复》（国调办征地［2009］215号），为两省大规模开展库区移民安置工作奠定了基础。

4. 完成初步设计阶段文物保护方案审批

国务院南水北调办会同国家文物局以《关于南水北调东、中线一期工程初步设计阶段文物保护方案的批复》（国调办征地［2009］188号）对东、中线一期工程初步设计阶段文物保护方案进行了批复，为下一步文物保护工作的开展奠定了前期工作基础。协调确定了遇真宫保护方案的审批。经国务院南水北调办和国家文物局同意，湖北省文物局于2009年11月21日在北京召开了南水北调工程丹江口库区武当山遇真宫防护方案风险评估论证会，并形成专家论证意见，为遇真宫保护方案的选择确定了方向，促进了保护方案的批复和实施工作进度。

（曹纪文　盛　晴）

建设用地工作

2009年，国务院南水北调办根据国家发展改革委《关于编制2010年国民经济和社会发展计划（草案）的通知》要求，按照工程项目需要和七省市上报土地利用计划，对照总体可行性研究和南水北调工程2010年投资计划草案，编制完成了2010年南水北调工程

建设用地计划，纳入全国建设用地计划。

截至2009年底，已获得国务院正式批准征地手续的工程有东线山东济平干渠工程、韩庄运河工程，中线京石应急供水工程河北段、北京段工程、穿黄工程、安阳段工程、丹江口大坝加高工程坝区。用地组卷已经完成并报国土部的工程有中线潞王坟试验段工程和南阳试验段工程。

积极督促新开项目用地手续办理，确保开工项目临时用地手续合法。主要有郑州2段、沙河渡槽、北汝河倒虹吸、陶岔渠首、天津干线，东线江苏段、山东段项目等。

（曹纪文　盛　晴）

信访稳定工作

2009年，国务院南水北调办针对库区移民情况复杂、社会关注度高、敏感问题较多以及干线征迁任务重、政策性强的特点，先后印发了《关于维护丹江口库区社会稳定促进移民安置工作的通知》（综环移［2009］27号）、《关于进一步做好丹江口库区移民试点搬迁后的生产生活后续工作和有关稳定工作的通知》（综征地［2009］60号）和《关于开展南水北调中线丹江口库区征地移民工程领域专项治理工作的通知》（综征地［2009］62号）等文件，为库区和安置区社会与群众的稳定起到了积极的作用。

另外，为保障库区移民稳定和干线顺利建设为重点，加强库区和干线征地移民维稳工作，于8月中旬在北京组织召开了南水北调工程建设征地移民维护社会稳定座谈会，对南水北调工程确保社会稳定、迎接新中国成立60周年大庆工作进行了全面部署和动员，营造和谐、稳定的社会环境。妥善做好移民信访工作，积极开展征地移民矛盾纠纷排查化解工作。在处理来信来访过程中，注意把握政策界限，认真对待，不敷衍了事，加强与各省移民主管部门信息沟通，保持口径与步调的一致。

（曹纪文　盛　晴）

监　督　稽　察

概　述

2009年，国务院南水北调办紧密围绕南水北调中心工作，积极组织开展工程建设稽察、举报受理和办理以及配合中央扩大内需促进经济增长政策落实专项检查等项工作，先后开展项目稽察（复查）13组次，派出稽察专家160余人次，下发稽察整改意见通知13份。2009年稽察工作中专项稽察比重增加较大，对部分地方的征地拆迁和移民安置工作进行了全面稽察，首次组织开展了东线部分项目的截污导流工程稽察。此外，针对工程建设的发展，积极研究和筹备“稽察专家组长分段负责制”和“设计专项稽察”等工作。

根据工程建设进展情况，国务院南水北调办与有关省（市）南水北调办、项目法人及参建单位开展了稽察工作交流，对规范新开工项目建设管理行为起到了积极促进的作用。根据工作需要，国务院南水北调办组织召开了一年一度的南水北调工程建设稽察专家培训班、稽察工作座谈会和稽察工作年度总结会，总结稽察工作经验，进一步加强稽察队伍建设，促进稽察工作整体水平的提高。

2009年，国务院南水北调办共受理办理各类工程建设举报22件。其中，由国务院南水北调办直接组织调查的11件，委托地方南水北调办调查的11件。举报反映的问题涉及征地补偿、移民安置、工程建设、招标投标、环境污染、诈骗等方面。凡署名举报的，均向举报人反馈了调查处理结果。

（皮　钧　刘远书）

专　项　检　查

根据中央统一安排，2009年10～11月，中央扩大内需促进经济增长政策落实检查工作领导小组第二十三检查组对国务院南水北调办及南水北调东、中线一期工程新增中央投资涉及的19个项目进行了专项检查。此次检查规格高、历时长，是南水北调自开工以来第一次接受以中纪委、监察部为主的联合专项检查。国务院南水北调办牵头协调、组织了迎接检查的各项工作。

经过近2个月的检查，中央第二十三检查组对国务院南水北调办有关工作和南水北调工程的建设管理给予了充分的肯定和积极的评价，也提出了基金缴纳不到位、部分工程进度滞后、建管程序不完善等问题。

2009年12月，中央扩大内需促进经济增长政策落实领导小组下发了《关于南水北调工程贯彻落实中央扩大内需促进经济增长政策中存在问题整改通知书》，国务院南水北调办协调组织有关单位进行了整改。

（刘远书　赖斯芸）

项　目　稽　察

根据年度稽察计划和工程建设进展情况，国务院南水北调办2009年共组织工程建设项目稽察（复查）13项，其中项目稽察11组次、稽察复查2组次，下达稽察整改意见通知13份。

（一）经常性稽察

2009年组织了经常性项目稽察11组次，其中在建工程项目5个组次，分别为东线济南市区段、东线穿黄河工程，中线膨胀土南阳试验段工程、天津市1段、天津市2段工程；专项稽察6组次。针对工程建设情况适时组织专项稽察，可以做到专业力量比较集中，工作目标相对单一，工作深度可加深。实践证明，适时组织专项稽察效果较好。专项稽察情况如下：

（1）资金和合同管理专项稽察。2009年4月，国务院南水北调办对南水北调中线京石段北京、河北境内的工程项目开展了资金和合同管理专项稽察。稽察时，施工高峰期已经结束，合同遗留问题、资金管理问题比较集中，这时候组织专项稽察，有利于帮助建设管理单位进行阶段性专项总结，找出问题，规范和改进下阶段工作。

（2）征地移民稽察。2009年7月，国务院南水北调办首次对南水北调中线京石段河北、北京的征地补偿和移民安置工作进行了专项稽察，前后历时近3个月。稽察前开展调研，制定工作方案；先组织被稽察单位进行自查，再组织专家组进行稽察；稽察后慎重对待各类问题，反复核实，交换意见分口头、书面两步进行。征地移民稽察经过认真准备，审慎对待，基本查清了存在的问题，对问题的定性和处理确保符合政策法规的要求。

（3）截污导流工程联合稽察。2009年8月，国家发展改革委与国务院南水北调办首次组织了对东线截污导流工程的专项稽察。截污导流工程与南水北调主体工程不同，投资计划通过地方发改委渠道下达，南水北调建管单位参与组织项目建设；截污导流工程项目法人一般由县（市）地方政府部门组建，建管水平较主体工程有一定差距。为使稽察工作能够更好地起到促进建管水平提高的作用，在稽察前专门组织江苏、山东截污导流工程有关参建单位进行了工作交流，向建设管理单位介绍了项目稽察的主要工作内容、程序和要求。稽察表明，除个别问题外，截污导流工程的参建单位基本能够适应南水北调建设的总体要求。

上述项目稽察，全部按规定完成了项目稽察报告，印发了工程项目稽察整改意见通知。大多数项目已经反馈了整改意见的落实情况报告，整改意见落实情况总体较好。

（二）稽察复查

2009年，国务院南水北调办分别对中线膨胀岩潞王坟试验段工程、东线二级坝泵站工程进行了稽察复查。所有项目复查均对原稽察发现的问题整改落实情况逐一进行了检查，同时对稽察后的工程建设情况进行进一步稽察。上述项目复查表明，稽察整改落实情况较好，国务院南水北调办向工程有关建设管理单位转发了稽察报告。

（皮　钧　魏　伟）

稽察相关工作

（一）稽察工作交流

2009年，国务院南水北调办监督司与南水北调工程建设监管中心组织了5次稽察工作交流，分别对天津新开工项目、河南新乡段、山东及江苏截污导流工程的建管、监理、设计、施工单位有关人员进行培训和稽察工作交流，宣讲了稽察工作内容、程序、要求、工程建设中经常出现的问题以及项目稽察的一些案例，在帮助提高建管水平的同时也起到了事前预防的作用。

（二）稽察专家培训和表彰

2009年2月，国务院南水北调办组织了稽察专家培训，有70余位稽察专家和工作人员参加了业务培训。培训会传达了2009年度南水北调工程建设工作会议和廉政工作会议精神，对国务院南水北调办新印发的规章制度进行了宣讲，有针对性地进行了稽察业务培训和工作交流。会上，研究补充、调整了部分专业的稽察专家，对2008年度优秀专家进行了表彰。

（三）稽察工作座谈会

2009年7月，国务院南水北调办组织召开南水北调工程建设稽察工作座谈会，会议对2009年上半年稽察工作进行了总结；根据南水北调工程建设的实际情况，适当调整稽察工作内容及下半年项目稽察计划；对“如何进一步提高稽察工作质量、改进稽察工作方法”，“如何为工程验收做好项目的稽察和检查监督工作”进行了专题研讨；会议组织与会专家代表学习了《南水北调工程投资静态控制动态管理规定》等新颁发的规章，一些稽察专家和领导对如何更好地开展稽察工作提出了改进工作的意见和建议。

（四）2009年度稽察工作总结会

2009年底，国务院南水北调办组织召开了2009年南水北调工程建设稽察工作总结会，会议总结了2009年的稽察工作，评选了2009年度优秀稽察专家，重点审议了《2009年南水北调工程项目建设稽察主要问题汇总分析报告》，对工程建设项目的前期和设计工作、建设管理、计划、财务、工程质量、安全生产等方面存在的问题进行了归纳和分析，对工程建设管理提出了意见和建议。

（五）监督稽察专题研究和项目预算执行

财政专题项目加强了监督稽察的基础工作，提高了工作的规范化、科学化水平。2009年，国务院南水北调办监督司完成了《监督稽察法规汇编》的校核和排版印刷，开展了“稽察指标体系研究”和“举报信息管理软件开发”2个项目。项目的研发工作都已基本完成，预算执行情况良好。

（六）“稽察专家组长负责制”和“设计稽察”实施工作研究

为进一步发挥监督稽察工作对工程建设特别是工程质量管理的促进作用，国务院南水北调办监督司会同南水北调工程建设监管中心根据国务院南水北调办党组的要求，结合学习实践科学发展观的调研成果，对几年来监督稽察工作进行了认真的回顾和总结，就实施“稽察专家组长负责制”和“设计稽察”工作等问题进行了多次研讨，并召开了稽察专家和有关单位座谈会，提出了有关实施办法的草稿和初步工作措施。

（魏　伟　熊雁晖）

举报受理和办理

2009年，国务院南水北调办共接听举报电话300余次，受理工程建设各类举报22件，其中信函举报（包括有关单位转来信件）12件，电子邮件举报6件，群众来访3件，电话、传真举报1件。举报反映的内容涉及征地补偿及移民安置、工程建设市场与建设环境、招标投标和工程诈骗等方面的问题。

国务院南水北调办组织办理了11件，转由其他单位办理11件。在地方南水北调办和项目法人的积极配合下，举报均得到了依法、及时、妥善的处理，预防、化解了矛盾纠纷和群体性事件的发生，维护了南水北调工程建设环境和形象，营造了南水北调工程沿线地区和谐稳定的社会环境。

（赖斯芸　庆　瑜）

稽察队伍建设

2009年稽察专家在库93名，比2008年增加了13.4%。为满足南水北调工程建设和项目稽察工作的需要，2009年底，国务院南水北调办继2004年以来再次向水利水电行业广泛甄选经验丰富、能胜任稽察任务的专家，以充实稽察专家库。稽察专家增聘工作得到了有关单位和个人的支持和高度重视，先后收到专家简历表共计400多份，为稽察队伍建设奠定了良好的基础。

国务院南水北调办采用集中培训、实践锻炼、业务交流等多种方式持续加强稽察队伍建设，不断提高稽察工作水平。2009年共派出稽察专家160余人次。在稽察工作中，上述专家均能够尽职尽责、圆满完成稽察任务，未发生违反规定的情况。

（赖斯芸　庆　瑜）

质量监督

2009年，南水北调工程建设监管中心在中线一期总干渠黄河北—美河北段工程和穿漳河交叉建筑物工程新设立了2个质量监督巡回抽查组，派驻了质量监督员，完善了办公条件，加强了质量监督工作。

2009年，南水北调工程建设监管中心各现场质量监督机构共开展质量监督检查600多次，发出书面检查意见和整改通知30多份；此外，南水北调工程建设监管中心还组织专项质量监督巡查11次，印发巡查报告11份；共提出质量问题和整改要求460多项。所提问题均得到了整改。

（侯鹏飞）

专家委员会工作

概　述

国务院南水北调工程建设委员会专家委员会（以下简称南水北调建委专家委）遵循国务院南水北调建委的工作部署，根据国务院南水北调办2009年工作的任务和要求，围绕工程建设中的重大关键技术、施工工艺、工程质量监督等问题开展技术咨询、质量检查及关键技术专题研究等活动，对工程建设起到了积极的推动作用。

（汪易森　胡　玮　冯晓波）

重大关键技术咨询

（一）南水北调中线总干渠南阳膨胀土试验段现场试验研究技术咨询

南水北调建委专家委于2009年2月25～27日在河南省南阳市召开了中线总干渠南阳膨胀土段试验研究技术咨询会。会议根据已有试验研究成果对试验段膨胀土填筑含水量、压实度、碾压机械、碾压参数的选择，掺水泥改性效果的评价方法，试验段已出现滑坡的处理和预防等提出咨询意见。

（二）南水北调中线一期工程沙河渡槽设计施工技术咨询

沙河梁式渡槽是南水北调中线一期关键性工程之一，南水北调建委专家委结合京石段漕河渡槽建设的经验，于2009年3月23～25日在北京召开了中线总干渠沙河渡槽设计施工技术咨询会，就沙河梁式渡槽跨度选取、梁式渡槽的施工方法选择、渡槽设计中的温度应力计算、桩基工程的选型和单桩承载力安全系数问题等提出了咨询建议。

（三）南水北调中线干线京石段左岸排水工程汛期运行风险技术咨询

鉴于左岸排水建筑物对上下游防洪影响工程尚未实施，汛期运用时将直接影响当地人民生产生活安全，南水北调建委专家委于2009年4月7～10日在北京召开了南水北调中线干线京石段左岸排水工程汛期运行风险分析座谈会。专家建议：

（1）为防止汛期左岸排水行洪引发村庄和农田的重大损失，有关方面应高度重视左岸排水建筑物洪水影响防护工程建设。

（2）有关单位尽快开展南水北调中线干线一期工程风险管理研究工作，以便工程建设和运行中有效地进行风险管理。

（3）按小流域集中排水和坡面汇水区域划分以及洪水影响大小，将洪水影响范围绘制成图，提供有关部门决策参考。

（4）对左岸排水建筑物布置和上游并沟情况进行复查，并根据近年来总干渠两侧地形、地貌变化情况及时调整左岸排水建筑物洪水影响防护工程设计。

（四）丹江口大坝加高工程左岸土石坝心墙加固及河床坝段帷幕补强方案技术咨询

南水北调建委专家委于2009年4月14～16日在北京市召开了丹江口大坝加高工程左岸土石坝心墙加固及河床坝段高水头帷幕补强灌浆试验方案咨询会。会议对左岸土石坝局部心墙加固方案、初期工程河床坝段防渗帷幕效果检测和帷幕耐久性研究成果以及高水头下帷幕补强灌浆试验研究方案等方面的技术问题提出了详细咨询意见。

（五）南水北调中线干线河滩卵石地基处理方案技术咨询

由于南水北调中线总干渠黄河北—羑河北段河滩渠基分布有大量的卵石层，透水性较强。渠外遭遇较大洪水或地下水位较高时，洪水形成的上浮力将对砌板形成顶托破坏。为此南水北调建委专家委2009年6月15～17日在北京市召开了南水北调中线干线河滩卵石地基处理方案技术咨询会，与会专家和代表对总干渠河滩砂卵石地基渠道的地质条件、处理范围、设计工况、稳定计算、措施比选和处理方案进行技术咨询并提出了详细的咨询意见。

（六）南水北调中线汉江兴隆水利枢纽工程技术咨询

南水北调建委专家委于2009年7月20～24日在武汉召开了南水北调中线汉江兴隆水利枢纽工程技术咨询会。与会专家对汉江兴隆水利枢纽工程建设中地基承载力修正计算公式选择、复合地基的置换率和复合地基承载力计算、基础与桩间设置褥垫层、电站厂房允许最大沉陷量和沉陷差、水泥搅拌桩施工质量控制、高漫滩代替基坑进行现场载荷实验、桥墩深基坑支护等问题进行了技术咨询并提出了详细的建议和意见。

（七）南水北调东线二级坝泵站工程技术咨询

为评价煤矿采动沉降对二级坝泵站安全的影响，南水北调建委专家委于2009年8月31日～9月2日召开了南水北调东线二级坝泵站工程技术咨询会。与会专家对二级坝泵站主厂房基础允许最大变形标准、二级坝泵站厂区平台保安煤柱的压煤估算、3号煤层采动区变形对泵站安全稳定运行的影响、二级坝引水渠因采空区影响已发现的沉陷等问题提出咨询意见和建议。

（八）南水北调中线一期工程沙河渡槽设计施工技术咨询

沙河梁式渡槽及箱基渡槽为薄壁三向预应力钢筋混凝土超静定结构，温度变化对超静定结构应力影响较大。为解决南水北调中线一期工程沙河渡槽设计施工中遇到的问题，南水北调建委专家委于2009年9月14～16日在北京市召开了南水北调中线一期工程沙河渡槽设计施工技术咨询会。与会专家对渡槽结构计算时温度边界条件、箱基渡槽上部槽壁结构计算、渡槽保温材料等问题进行了深入细致的分析、讨论，提出了详细的咨询建议。

（九）南水北调中线穿黄工程盾构机到达和始发阶段施工方案技术咨询

根据国内外已有同类工程的经验教训，盾构机到达和始发阶段一旦出现事故，有可能产生严重后果，为此南水北调建委专家委于2009年11月9～12日在郑州召开了穿黄工程ⅡA标到达南岸竖井和二次始发盾构施工技术咨询会。与会专家提出针对ⅡA标制定的施工方案，应完善施工方案并制定发生意外情况的应急处理预案，要在认真重视风险、做好充分准备的情况下进行盾构机到达及二次始发的工程施工。专家对穿黄工程盾构机到达和始发阶段的施工方案和穿黄盾构施工壁后注浆两个问题进行了深入细致的研讨，提出了详细的咨询建议。

（十）南水北调东线河道疏浚淤泥泥水快速分离固结技术咨询

南水北调建委专家委于2009年11月17～20日在南京召开了南水北调东线河道疏浚淤泥泥水快速分离固结技术咨询会。与会专家了解了江苏水源公司正在进行的疏浚淤泥泥水快速分离固结技术的室内试验研究阶段成果，对今后进一步研究的内容和现场示范性工程的关键问题、细部设计以及现场试验结果的评价指标等提出咨询意见。

（十一）南水北调东线泵及泵站工程关键技术咨询

2009年12月22～23日，南水北调建委专家委在南京主持召开了南水北调东线泵及泵站工程关键技术咨询会。会议期间专家对江苏水源公司承担的泵及泵站关键技术研究中水泵水力模型开发与应用、泵装置水力设计优化、叶片调节机构关键技术、泵站结构与振动特性分析、泵站自动化技术要求和泵站混凝土设计与施工等6个方面的研究课题的中间成果进行了分析研讨，并提出了今后研究方向和应注意的问题。

（汪易森　胡　玮　冯晓波）

技术交流

（一）南水北调工程总干渠冬季冰期输水中外技术交流

南水北调中线工程输水线路长，输水跨越时空大，水流由暖温带流向半寒冷地区。在冬季运行时，黄河以北渠道中的水流由于受寒冷气温的影响，将有不同程度的冰凌产生，各渠段的冰情发生后也因气温、水流调节控制等因素影响，其发展与变化的情况各异，从而影响沿线有关地区的渠道输水和供水运行的控制。

为更好地了解冬季输水期渠道中冰情发生和演变过程，分析并预测冰情的发展趋势，为提出冰期安全输水可行性方案和调水方式及防凌工程措施，南水北调建委专家委于2009年9月20～22日在北京召开南水北调中线工程冰期输水技术研讨会。本次中外技术交流邀请了国际知名的冰工程专家——美国Clarkson大学土木与环境系主席沈鸿道教授来华进行学术交流。沈教授就国际冰工程研究进展情况做了专题介绍。与会专家进行了深入研讨，提出了许多建设性的意见。

（二）南水北调工程混凝土结构抗震设计技术讲座

汶川大地震后，中国水利水电工程界对工程抗震设计方面有新的认识，为此南水北调建委专家委于2009年12月在北京邀请陈厚群院士做了抗震设计专题讲座。会上与会专家和代表听取了各设计单位关于南水北调工程项目抗震设计情况的汇报，潘家铮院士作重要讲话并提出要求。与会专家和代表对南水北调工程抗震设计问题进行了深入的研究探讨，对各设计单位今后的南水北调工程抗震设计进行了指导。

（汪易森　胡　玮　冯晓波）

南水北调中线京石段供水工程临时通水运行情况调研

为总结工程设计、施工经验，南水北调建委专家委于2009年4月20～24日在北京召开了南水北调中线京石段工程临时通水运行情况调研会，与会专家和代表听取了南水北调中线干线工程建设管理局及有关设计单位的情况介绍，分三个小组调研了京石段总干渠现场，并在现场调研基础上召开了专题讨论会，提出了调研报告。

（汪易森　胡　玮　冯晓波）

工程质量检查

（一）南水北调中、东线一期工程工程质量调研

为落实中央领导有关批示精神、深入了解南水北调工程质量管理情况，南水北调建委专家委于2009年8月组织19位专家对南水北调东、中线一期部分在建项目进行了质量调研。

2009年8月3日，南水北调建委专家委主任潘家铮院士主持召开了调研专家召集人预备会议，讨论决定本次调研工程项目和分组，提出了调研工作的总体要求。专家调研组分为中线和东线两个组，中线专家小组由专家委工程技术质量组组长郑守仁院士带队，东线专家小组由专家委工程技术质量组副组长汪易森专家带队。会议要求参加质量调研的专家要全面细致调查了解情况，找出问题、分析原因，提出切实能帮助改进工作的建议。

参加质量调研的全体专家8月17日起分为四个小组前往中线干线京石段涞水县境内施工第四标渠道工地、安阳段工地、东线第十级抽水梯级二级坝泵站工地和东线一期济南市区段工地，对东、中线工程的渠道、建筑物、交通桥的设计、监理、施工情况进行调研评估。在认真察看施工现场、查阅设计文件、监理文件、施工质量管理文件、原材料质量检测资料、单元及分部工程验收资料的基础上，就检查中发现的问题与建设、设计、监理和施工单位进行了座谈。8月22日上午在北京召开调研情况通报大会，由四位专家召集人将工程检查中发现问题向全体与会人员做了集中通报。随后由南水北调建委专家委提交了质量调研报告。

（二）南水北调东线一期工程水污染防治工作调研

为了解南水北调东线一期工程水污染防治工作进展情况，南水北调建委专家委于

2009年10月22～29日组织专家对南水北调东线江苏、山东两省水污染防治工作进行了调研。调研工作得到了国务院南水北调办、水利部淮河水利委员会水资源保护局、黄河水利委员会东平湖管理局和江苏、山东两省政府环保、水利、南水北调办（建管局）等有关部门的积极配合和支持。

专家组先后听取了江苏、山东两省以及徐州、枣庄、济宁等重点地级市的水污染防治工作情况汇报，查阅了水利部淮河水利委员会水资源保护局提供的水质监测成果报告，考察了江苏省徐州市丰县污水处理厂、丰县安德利果蔬汁有限公司、徐州市截污导流工程、南四湖支流复新河和输水干线中运河水质以及船舶污染防治情况；山东省枣庄薛城截污导流工程、滕州兖矿鲁南化肥厂净化水厂、兖矿国泰化工有限公司、滕州第一污水处理厂及中水回用工程、城郭河截污导流工程、微山湖界河红荷湿地建设工程、济宁市洸府河截污导流工程、兖矿三号井煤矿废水深度处理工程、太阳纸业有限公司及氧化塘工程、梁山县联谊淀粉厂（薯类加工）治理、泰安市东平县东平湖湿地建设项目，察看了中运河及南四湖支流复新河、薛城小沙河、城郭河、洸府河、老运河和南四湖、东平湖等水质状况。

专家认为东线一期工程水污染防治工作取得了明显成效，水污染防治工程项目大部分完成，治污控制单元及重点监测断面水质有较大改善，污染物入河总量削减明显，采取综合措施，保障了已建工程比较及时、有效地投入运行，发挥了应有功能和效益。

在调研中，专家组强调南水北调东线一期工程水污染防治规划制定的目标有望实现，但治污任务依然艰巨。加大产业结构调整力度，提高中水回用率，实现清洁生产，依然是水污染防治之本，也是解决经济发展与保护环境之间矛盾的根本之策。有关部门应抓紧研究科学、合理、可行的考核评价指标和方法。同时，专家组对人工湿地建设项目进展缓慢和河湖船舶污染治理等问题也提出了评价和建议。

（汪易森　胡　玮　冯晓波）

专题研究和技术评审

（一）南水北调中线干线工程京石段过水建筑物典型断面糙率原型测试专题研究

糙率是水利工程过流表面的粗糙程度和边壁形状不规则性的综合表征，是表达水流经过不同边界条件所受阻力的综合系数；过水建筑物（渠道、管道、隧洞等）的过水能力均与糙率有关，正确、合理地选择糙率（n）值关系到过水建筑物的经济和安全。南水北调中线干线工程京石段工程渠线长、交叉建筑物多，为了解应急供水期间典型渠段的实际糙率情况，南水北调建委专家委委托中水北方勘测设计研究有限责任公司于2009年对南水北调中线京石段应急供水工程典型通水渠段和有代表性的过水建筑物断面进行了糙率和局部水头损失的原型测试工作，提交了《南水北调中线干线工程京石段过水建筑物典型断面原型测试技术报告》，并于2009年7月13～15日在北京通过了南水北调中线京石段应急供水工程渠道糙率原型测试成果评审。评审会上与会专家和代表听取了京石段应急供水工程渠道糙率原型测试情况的汇报，并进行了认真讨论，会后项目承担单位根据评审会评审意见和建议做了补充和完善。

本次观测试验进行了唐河渠道倒虹吸、唐河段渠道（直线段、弯道段）、吴庄隧洞、漕河渡槽、吴庄隧洞到漕河渡槽间的土渠段、漕河渡槽与岗头隧洞之间矩形石渠等7个典型工程部位进行过流建筑物水力要素测量。通过原型测试初步了解了典型建筑物过水能力，验证了典型建筑相关设计指标，为工程经济安全运行及工程评价提供基础数据。

（二）南水北调中线一期总干渠京石段应急工程河北省渠段工程量分析专题研究

为了指导中线工程全线开工后对总干渠工程量变化的预计和控制，对已通水和基本完工的应急工程国家批准的初步设计工程量、招标文件的合同工程量及实际施工完成工程量进行统计分析研究，找出工程量变化的主要原因和控制对策是十分必要的。

为此，南水北调建委专家委成立了项目组，于2008年底编写了工作大纲，经专家委员会审查同意后，2009年3月正式开展工作，2009年9月完成项目报告初稿。2009年9月29日，南水北调建委专家委在北京召开了项目专家审查会，对报告内容提出了修改意见。项目根据基本资料，工程量统计分析基本方法，河北省渠段（含渠道和各类建筑物）总体工程量统计分析，河北省渠道工程量统计分析，河北省大型交叉建筑物工程量统计分析，河北省左岸排水、渠渠交叉、分水口门、公路桥、铁路桥涵等建筑物工程量统计分析，河北省渠段工程量统计分析的结论和建议等方面，对南水北调中线一期总干渠京石段应急工程河北省渠段工程量进行了详细分析研究，实现了专题研究的目的。

（三）南水北调中线一期穿黄工程隧洞衬砌1:1仿真试验研究阶段成果技术评审

南水北调建委专家委于2009年5月23～25日在河南省郑州市召开了南水北调中线一期穿黄工程隧洞衬砌1:1仿真试验研究阶段成果评审会，针对《南水北调中线一期穿黄工程穿黄隧洞衬砌1:1仿真试验无黏结地面试验研究报告》进行技术评审。与会专家和代表察看了1:1仿真地面试验及穿黄工程施工现场，听取了汇报。此次评审主要针对无黏结钢绞线性能、无黏结钢绞线专用锚具组装件性能、无黏结预应力张拉试验参数及效果、预应力效果比较等问题进行了分析和讨论，肯定了试验的成果，指出了存在的问题，并对下一步地下仿真模型试验工作提出了建议。

（汪易森　胡　玮　冯晓波）

关键技术研究与应用

重大专题及关键技术研究

2009年，国务院南水北调办继续做好“十一五”国家科技支撑计划项目实施工作，加强课题执行情况检查，部署课题验收准备，指导和参与各课题承担单位组织开展了重大课题研究成果的初步验收工作，向科技部汇总报送了项目进展及财务执行情况报告。截至2009年9月底，取得新产品、新材料、新工艺、新装置、计算机软件如PCCP新型承插口构造、PCCP阴极保护测试探头、杠杆式拉伸徐变仪、水泥基材料早期热膨胀系数试验装置、膨胀岩膨胀等级快速判别仪器、膨胀岩渠坡快速防护材料等52项；申请国内专利如用催化溶剂法从黄姜提取皂素的生产工艺（200910084842.9）、一种黄姜皂甙浆的高压酸水解制备皂素工艺（200910084844.8）等73项；获得国内专利授权如重力坝加高后新老混凝土结合面防裂方法（ZL03105288.6）、渠道成型机自动平衡控制装置（ZL200720019254.3）、一种从黄姜中提取薯蓣皂素的方法（CN100494217C）等34项。

（张　晶）

重大关键技术研究及应用

国务院南水北调办于2004年3月将“南水北调工程建设重大关键技术研究及应用”

列入重大专题，2004 年 8 月 3 日，国家发展改革委对“南水北调工程建设重大关键技术研究及应用”项目予以批复，本项目正式列入中央预算内投资计划，项目正式立项，批准项目中央预算内投资规模为 2500 万元。批准项目包括 11 大项目 27 个子课题，见表 1。

表 1　“南水北调工程建设重大关键技术研究及应用”项目完成情况一览表

序号	项　　目	完成情况	完成年度
一	南水北调工程项目管理技术研究及应用		
（一）	南水北调工程专用技术评价标准研究及应用		
1	《南水北调工程验收管理规定》编制	已经发布实施	2006 年度
2	《南水北调质量监督导则》编制	已经完成研究	2009 年度
3	《南水北调工程施工质量检查验收规定》编制	已经完成研究	2009 年度
4	《渠道混凝土衬砌机械化施工技术规程》编制	已经发布实施	2006 年度
5	《南水北调工程建设验收安全评价规则》编制	已经发布实施	2007 年度
6	《南水北调工程建设验收遗留问题处理规则》	已经发布实施	2007 年度
7	《南水北调工程建设验收程序及规范性文件导则》编制	已经发布实施	2007 年度
（二）	南水北调工程管理技术研究及应用		
1	南水北调工程建设引进先进管理方式——合作管理（Partnering）应用研究	已经完成研究	2006 年度
（三）	南水北调工程文物保护管理工作研究		
1	南水北调工程文物保护管理工作研究	已经完成研究	2007 年度
2	南水北调东线一期工程大运河历史文化环境保护与建设研究	已经完成研究	2007 年度
二	南水北调中线工程长距离调水水力调配与运行控制技术研究	已经完成研究	2008 年度
三	南水北调东线一期工程低扬程大流量水泵机组技术研究与应用		
1	《南水北调泵站工程水泵采购、监造、安装、验收指导意见》的编制	已经发布实施	2005 年度
2	“南水北调东线一期工程低扬程大流量水泵机组技术研究及应用”	已经完成研究	2007 年度
3	南水北调东线一期工程低扬程大流量水泵装置水力特性、模型开发及试验研究	已经完成研究	2009 年度
四	南水北调工程高性能混凝土抗裂技术研究及应用		
1	“南水北调工程高性能混凝土抗裂技术研究及应用”	已经完成研究	2008 年度
2	南水北调工程超高韧性绿色 ECC 新型材料研究及应用	已经完成研究	2008 年度
五	大型渡槽结构优化设计及动力分析		
1	大型渡槽结构优化设计及动力分析	已经完成研究	2008 年度
2	大型渡槽结构施工和运营期动态跟踪、温度荷载及动力分析	已经完成研究	2008 年度
3	大型渡槽结构结构优化、动力特性及响应性分析、温度荷载及冰荷载作用影响研究	已经完成研究	2008 年度
六	土袋技术在膨胀土地基处理中的应用研究	已经完成研究	2008 年度
七	穿黄隧洞工程抗震安全及施工关键技术研究		
（一）	南水北调中线一期穿黄隧洞工程抗震安全技术研究	已经完成研究	2009 年度

续表

序号	项　　目	完成情况	完成年度
(二)	南水北调中线一期穿黄隧洞工程盾构法施工关键技术研究	正在实施中	
(三)	穿黄工程盾构隧洞衬砌施工关键技术研究与应用	正在实施中	
八	丹江口大坝加高工程关键技术研究	已经完成研究	2006 年度
九	南水北调中线一期工程渠道地质参数研究	已经完成研究	2007 年度
十	南水北调中线一期工程渠道边坡设计研究	已经完成研究	2007 年度
十一	南水北调中线一期工程渠岸超高研究	已经完成研究	2007 年度

南水北调工程建设重大关键技术研究及应用项目研究工作自 2004 年开始，分年度实施。在前四年开展相关工作的基础上，2009 年继续开展各课题项目研究的实施。截至 2009 年底，25 个课题已经研究完成，2 个课题仍在实施或完善相关研究工作。

（岳松涛）

南水北调中线京石段工程冰期输水技术措施

2008 年 12 月～2009 年 2 月，南水北调中线京石段工程临时通水经历了第一个冰期输水阶段，实现了冰期安全输水的目标，积累了一定的渠道冰期输水经验。

（一）工程措施

（1）京石段工程的节制闸除放水河渡槽进口、岗头隧洞进口及北拒马河暗渠渠首外，其余均设置于建筑物的出口。与建筑物进口处的环境相比较，出口处水流属紊流，不易结冰，且闸门处于闸室的封闭状态中，与室外形成两个不同的温度环境。

（2）京石段工程所有的节制闸、检修闸、退水闸的防冰冻设施（如闸门槽加热设备）在冰期前完成调试，具备正常运行条件，确保冰期输水时，各闸门开启灵活，避免冰冻影响闸门操作的灵敏度。

（3）为防止浮冰阻塞水流通道，在渠道沿线倒虹吸、涵洞、渡槽、临时埋管等建筑物进口的适当位置设置了拦冰索；渠道沿线安排储备了一定数量的破冰、排冰机械设备，以备应急之需。为消除北拒马暗渠闸前拦污栅的冻结隐患，在拦污栅上游约 40m 处设置拦冰索，拦蓄结冰初期的上游浮冰、流冰；在拦污栅前约 10m 处，加设增氧机，通过扰动水面，产生水花和波纹，阻止拦污栅附近结冰，保证清污机可随时清理水中杂物。

（二）调度措施

（1）进入冰期运行前，将沿程水位由较低的目标水位抬升至冰期目标水位，以增加过水断面面积。冰期输水运行中，保持此目标水位基本不变，按照闸前常水位控制原则进行调度。

（2）冰期输水尽可能控制在小流量条件下运行，将冰期入北京的目标流量保持在为 $9m^3/s$ 左右，在进入冰期运行前调整到位。

（3）渠道水流流速控制在 0.30m/s 以下，渠道水深控制在 2.0m 以上，渠道内水流的弗汝德数控制在 0.06 以下，建筑物进口收缩断面处水流弗汝德数控制在 0.08 以下。

（4）及时调控闸门维持冰期输水期间渠道水位的稳定，严格控制渠道水位每天涨幅不得大于 10cm，每天降幅不得大于 5cm。

（三）管理措施

运行管理机构建立冰期输水运行管理责任体系，加强现地调度值班力量，强化各自责任意识。编制冰期输水应急预案，明确在不同的建筑物出现冰塞、冰盖破裂等情况时的应对措施。制定冰期输水运行的冰情日报制度，明确不同气温条件下重点监视部位、频率和要求，并特别注意流冰输水及冰盖形成期间的冰情、水情变化。配备抢险队伍、人工捞冰设施和破冰机械设备，严防冰塞发生。同时，加强渠道及建筑物的管理和维护，加强渠道巡视，保证监测设备、控制设备、通信设备的正常运行。

（陈晓楠　韩黎明）

补偿收缩混凝土在超长大体积混凝土结构中的应用

南水北调中线京石段应急供水工程惠南庄泵站为一等大（1）型工程，主要建筑物级别1级。泵站前池及主、副厂房因抗浮稳定和结构布置需要，部分永久变形缝间距接近或超过规范限值。为了实现结构自防水和超长混凝土结构无缝连续施工，主体结构全部采用补偿收缩混凝土，并设置了膨胀加强带。

由于现有规范及实际应用的局限，在超长大体积混凝土结构中使用补偿收缩混凝土的设计经验和施工工艺略显不足。为此，由水利部水利建设与管理总站组织，中线建管局惠南庄泵站项目建设管理部和有关设计、监理、施工单位参与，武汉大学对补偿收缩混凝土在超长大体积混凝土结构中的应用开展了专题研究。

通过混凝土常规和特殊性能试验，结合三维瞬态有限元仿真计算方法，对混凝土结构温控进行设计计算、优化计算、反馈计算和反演分析，通过动态仿真计算发现施工过程中各种可能的不利影响因素。

进行温度场仿真和反馈计算及分析，预测已浇筑完成的混凝土的冬季应力状况，并对后续混凝土浇筑施工提出温控建议。

提出有效防止与控制裂缝的技术，运用于后续工程施工。

（汪　强）

国际交流与合作

概　述

2009年，国务院南水北调办在国际交流与合作工作中，认真贯彻落实中央关于外事工作的新要求，严格外事纪律，加强外事管理。紧密结合工程建设实际，深化国际交流合作，外事工作取得积极成效。各项出国业务考察培训工作有序开展，并接待了瑞典大使馆对国务院南水北调办的访问。

（胡周汉　陈维江　何韵华）

外事工作管理

2009年，国务院南水北调办认真贯彻国家关于严格出国（境）团组的有关要求，加强外事管理，严格外事工作程序。为贯彻落实国家关于外事管理工作新精神，国务院南水北调办于2009年11月举办了南水北调系统外事工作培训班，对系统外事工作人员开展业务培训，增强其外事工作意识，提高外事工作水平。此外，进一步规范出国审批、外事接待等工作程序，加强护照管理和外事教育工作。

（胡周汉　陈维江　何韵华）

重要外事活动

2009年8月18日，国务院南水北调办总工程师沈凤生会见了瑞典驻华大使馆科技参赞吴安德先生（Mr. Ulf Andreasson）一行。沈凤生对吴安德先生一行的来访表示欢迎，随后双方就南水北调工程建设等方面进行了交流。

（胡周汉　陈维江　何韵华）

项目培训与考察

经国家外国专家局批准，国务院南水北调办2009年组织了赴英国南水北调工程保护管理办法立法调研培训班、赴美国调水工程管理培训班、赴俄罗斯调水工程建设与管理培训班、赴俄罗斯水利工程征地移民管理培训班和赴澳大利亚水利工程风险管理培训班等培训项目。组织司局级及以下人员对意大利和瑞士工程档案现代化管理、日本和韩国水利工程项目监管、俄罗斯和哈萨克斯坦调水工程运营管理、西班牙和德国调水工程项目管理网络控制、澳大利亚和新西兰调水运行及水资源管理进行考察。通过出国培训和考察，加强了国际交流和合作，学习了国外工程技术和管理等方面的有益经验。

（胡周汉　陈维江　何韵华）

新　闻　宣　传

概　　述

2009年是南水北调工程全面推进、加快建设的一年。在党中央、国务院的亲切关怀和国务院南水北调建委的正确领导下，南水北调系统认真贯彻国务院南水北调工程建设委员会第三次全体会议精神，积极贯彻中央关于扩内需、促增长、调结构、保民生的宏观经济政策，推动工程建设全面展开，各项工作取得了显著进展。2009年也是南水北调宣传工程扎实推进并取得明显成效的一年。中央和地方新闻媒体围绕党中央、国务院和国务院南水北调建委有关南水北调工程的战略部署和方针政策，围绕南水北调工程加快建设、东线治污、中线水源地保护、征地移民、文物保护、建设环境构建以及工程建设者精神风貌等方面进行了大量卓有成效的宣传报道，在社会上产生了良好的反响，为南水北调工程传播准确信息、引导社会舆论、营造良好氛围和保障社会稳定发挥了重要作用。

2009年，南水北调工程宣传信息工作紧密围绕工程建设中心工作，服务工程建设一线，积极进取，开拓创新，较好地完成了各项工作任务。

（杜丙照　杨　栋　薛雅琳）

宣　传　工　作

（一）宣传报道

（1）结合重大宣传部署，围绕工程建设成果的宣传，展示南水北调工程形象。围绕新中国成立60周年成果展示，协调有关部门编纂新闻通稿和报道素材，邀请国务院南水北调办主任张基尧接受中央媒体记者的集体采访，组织新华社、《人民日报》、中央电视台等中央主要新闻媒体和人民网、中国网、中国经济网等国家重点新闻网站对南水北调工程建设成果进行集中报道，为工程建设营造良好氛围。

（2）围绕工程开工建设、重要节点工程完工报道，展示南水北调工程新进展。与南水北调工程沿线各省南水北调办、项目法人、移民机构及治污机构宣传部门紧密配合，先后组织中央和地方媒体积极开展宣传报道，先后报道了京石段工程通水表彰大会、河南段黄河北连线誓师动员大会、加快工程建设座谈会、工程建设质量安全工作会等重要会议，以及东线截污导流工程、兴隆水利枢纽、南四湖—东平湖、洪泽湖—骆马湖段、郑州段、天津干线河北境内工程等重要项目开工情况，达到了传播工程建设声音、营造工程建设氛围的目的。

（3）举办庆祝新中国成立60周年南水北调工程网络展览。研究编制了《南水北调工程网络展览实施方案》，组织召开南水北调系统网络宣传工作会议，组织征集网络展览相关作品，扎实开展作品征集、内容审查、展区设计等以及系统网站群建设相关工作，并于9月21日如期举办工程网络展览暨网站群开通仪式，正式对外发布。新华社、光明网、中国经济网、中国政府网等作出报道，《中国南水北调》报进行重点报道。

（4）组织策划重点宣传活动。协调《人民日报》、新华社、中央电视台等9家中央新闻单位记者赴工程现场开展重点报道活动，集中反映工程建设、征地搬迁、治污环保等工作取得的最新成果，展现工程对沿线各地水资源短缺问题的缓解作用及对沿线经济社会可持续发展的促进作用。组织新华社、《人民日报》、《科技日报》等媒体和《中国南水北调》报进行东线山东治污、中线河南征地移民和穿黄工程科技创新成果的重点通讯报道。及时转发习近平对河南焦作征迁工作经验的批示，并组织中央新闻媒体、国务院南水北调办网站和《中国南水北调》报进行重点报道。联系中央电视台“当代工人”栏目，对中线丹江口大坝加高工程进行重点报道（分上、下两集，时长60分钟），已播出。协调制作南水北调工程宣传画册、宣传光盘。

（二）宣传管理

1. 继续巩固工程宣传在国家宣传大格局中的地位

继续加强与宣传主管部门的沟通联系，积极争取将南水北调工程纳入中宣部的重点宣传范围，紧跟中央宣传工作部署，做好工程建设宏观宣传报道工作。加强同中共中央宣传部的联络，将南水北调工程纳入庆祝新中国成立60周年总体方案。

2. 加强对全系统各单位宣传工作的指导和协调

国务院南水北调办于2009年初印发《宣传信息工作要点》，对2009年宣传信息工作作出部署。为加强南水北调新闻宣传工作，结合学习实践科学发展观活动的要求，组织修订并印发《国务院南水北调工程建设委员会办公室新闻宣传工作管理办法》。通过召开宣传工作暨网络展览总结表彰会，交流座谈宣传工作开展情况，统一思想，凝聚力量，表彰先进，鼓舞士气，为下一步工作开展铺平道路。积极与中共中央宣传部新闻局取得联系，并在《内部通讯》2009年第11期以“南水北调新闻宣传中需要注意的问题”为题编发宣传口径，指导各级新闻单位做好宣传报道工作。

3. 加强宣传主阵地建设

协调中线建管局做好《中国南水北调》报创办工作，研究版面风格、栏目设置等工作，做好重要稿件的内容审查工作，并于2009年1月1日正式出版发行。归口指导《中国南水北调》报围绕工程建设中心工作进行宣传报道，协调开展通讯员业务培训。完成中国南水北调网站的改版工作，进一步强化其在宣传和信息发布方面的作用。

4. 与中央、地方主要新闻媒体形成了紧密和顺畅的联系

通过“走出去”、“请进来”等不同方式，经常互通信息、了解各媒体选题重点、及时提供资料，密切与记者的关系，建立起经常性的沟通渠道，保证工程建设权威信息的及时传播。结合工程建设不同阶段和不同重点，积极主动地组织选题，提供给媒体记者参考，充分发挥双方的合力，共同营造工程建设宣

传与合作媒体双赢的局面。

5. 做好涉外媒体管理工作

根据国家有关外国、台湾和港澳记者采访管理工作的有关政策，拟订并印发《关于外国、台湾、香港和澳门记者采访南水北调工程有关工作的通知》，对有关工作提出明确要求。根据东、中线可行性研究总报告批复和工程建设情况，研究编制并印发《南水北调工程近期宣传口径》，为宣传工作提供了重要依据。

6. 积极探索应急宣传管理新手段

针对社会媒体对建设目标调整的关注，及时出台新闻宣传口径，通过新华社等主渠道进行发布，传递权威声音，引导社会舆论。针对《中国新闻周刊》报道不实问题，主动上门沟通，讲情政策，阐明立场，减免报道的不良影响。

（杜丙照　杨　栋　薛雅琳）

人文精神宣传

2009 年，国务院南水北调办进一步加强人文精神宣传工作，依托《中国南水北调》报和沿线相关新闻媒体，报道在工程建设过程中涌现的感人事例，展现了建设者崇高的精神品格。加强对沿线风土人情、人文风貌的报道，展现了南水北调博大的文化承载力，促进社会公众全面了解工程及建设者。

（杜丙照　杨　栋　薛雅琳）

信息工作

（一）信息渠道

2009 年，国务院南水北调办继续建立健全上通中央、下联各省办、各项目法人的政务信息网络渠道，并在工作中积极发挥作用，为决策提供信息。一是继续加强与中共中央办公厅、国务院办公厅等上级信息主管部门联络沟通，畅通渠道。二是畅通与中央政府网站的信息渠道，通过专题信息、动态信息等形式，传递工程建设和政务信息。三是畅通与各省南水北调办、各项目法人的信息渠道，确保政务信息工作反映灵敏、运行高效。在内部信息的传递上，形成以专报、简报，工程建设动态日报、周报为主的信息传递方式；在公共信息的传递上，形成了以网站为主的传递方式。

（二）信息质量和时效

2009 年，国务院南水北调办充分发挥各类平台的作用，信息报送的质量进一步提高，时效性进一步增强。2009 年共收到各单位报送的专报 119 期、简报 788 期。信息报送紧紧围绕社会关注的问题，工程建设中动态问题的反映，解决问题的思路和建议，反映各单位的工程部署和重要进展等不同的方面，信息的针对性、信息质量和时效性都有大幅提高。

（三）信息作用发挥

2009 年，国务院南水北调办继续加大信息采编、网站发布、《南水北调简报》编印力度，充分发挥信息在了解情况、参考决策、服务公众等方面的作用。

（1）通过深入挖掘信息素材，增强上报针对性，提高信息采用率。全年向中共中央办公厅、国务院办公厅报送《信息专报》15 期，印发《南水北调简报》16 期，反映南水北调有关工作进展情况，供中央领导了解和掌握。

（2）领导关心的热点问题得到及时反映。如穿黄工程进展、东线治污情况、中线水源地生态补偿等，积极约请或组织信息。国务院南水北调办领导对此多次作出重要批示，有力指导了各项工作。

（3）社会公众信息需求得到进一步满足。工程建设投资完成、建设进展、东线水质和水源地水质公告保持每月发布一次，相关政策法规、管理制度及时发布，建设动态得到及时反映。办网站制作专题 21 个，发布信息 3000 余条（仅主页）。

（4）归口做好国务院南水北调办政府信息公开工作，在办网站开设信息公开专栏，及时发布政府信息，全年共受理19起公开申请。按照要求公布2008年政府信息公开工作报告，认真查找工作中存在的问题，落实有关改进措施。及时报送政府信息公开工作自查情况，并针对发现问题提出整改措施。

（5）做好社会舆情的跟踪反馈工作。及时收集整理国内外媒体报道情况，全年制发《近日媒体关注》56期。

（杜丙照　杨　栋　薛雅琳）

政　策　法　规

（一）法规审查工作

2009年，国务院南水北调办结合南水北调工程建设业务工作，就有关法规办法提出意见建议。加强与国务院法制办公室的沟通联系，做好《南水北调工程设施保护条例》制订的有关准备工作。对《南水北调工程建设领域专项治理方案》提出修改意见和建议。

（二）普法工作

（1）紧紧围绕南水北调工程建设中心工作，在已建立的普法工作格局下，加大普法工作力度，促进工程建设顺利进行。

（2）根据2009年度工程建设和普法工作需要，研究拟定《南水北调工程建设2009年普法工作要点》，安排部署普法工作。

（3）做好日常法制宣传工作。研究部署2009年“12·4”法制宣传日有关工作，营造浓厚的法制氛围。

（4）积极动员系统内各单位组织参与第七届全国法制宣传书画作品征集活动，做好法制宣传教育活动。

（5）发文部署并组织参加司法部、国务院新闻办、全国普法办共同举办的2009年全国百家网站法律知识竞赛有关工作，荣获“优秀组织奖”。

（杜丙照　杨　栋　薛雅琳）

北京市新闻宣传

（一）新闻宣传

1. 宣传工作机制

2009年，北京市南水北调办制定并下发了《北京市南水北调工程建设委员会办公室新闻宣传工作管理办法》、《北京市南水北调工程建设委员会办公室通讯员工作制度》、《关于建立北京市南水北调工程建设委员会办公室声像资料库的通知》，进一步规范了宣传工作，明确了宣传工作流程。

2. 重大项目宣传

如抓住配套工程开工仪式、建立基层党组织、征文及演讲比赛、安全度汛等工作亮点，将相关新闻报道发送到电视、广播、报纸、通讯社和网站等多种媒体，争取社会公众的理解和支持，激发广大干部职工的工作热情和凝聚力，营造良好的社会氛围。

3. 日常宣传工作

2009年共编发《简报》35期；在《中国水利报》、《中国南水北调》报、《北京水务报》刊发稿件50篇；编辑《南水北调北京专刊》3期。2009年，北京市南水北调办机关及下属单位3个部门被国务院南水北调办授予“南水北调系统宣传工作先进集体”荣誉称号，5名同志荣获“南水北调系统宣传工作先进个人”称号。总结干线宣传工作，掀起配套工程建设宣传工作高潮，鼓励广大信息联络员、通讯员多写稿、写好稿，开展了北京市南水北调办宣传工作先进个人评选活动，共20人获得荣誉称号。

（二）信息工作

根据国务院南水北调办的统一部署，2009年组织建设了北京市南水北调网。6月初，完成网站的栏目总体规划。7月初，完成版面的初步设计，并在广泛征求意见的基础上，对网站规划及版面设计进行了调整。网站已统一调试上线，信息量逐渐加大，运转正常。

以网站为平台，建立了“南水北调工程建设展览北京分展区”。全面介绍工程规划概况，反映工程建设、管理各方面工作进展，全面形象地介绍南水北调北京段工程及其建设成果，为展示工程建设者艰苦奋斗、团结协作的精神风貌开辟了新的渠道。2009 年 12 月，在新中国成立 60 周年南水北调工程网络展览中荣获“优秀组织奖”。

（三）历史资料整理

1. 启动《南水北调志》编纂工作

北京市南水北调办于 2009 年下半年启动《南水北调志》编纂工作，并成立了南水北调志编纂办公室，开始着手《南水北调志》大纲的调研、整理、汇总工作。

2. 出版《南水北调北京工程前期工作纪实》

2009 年，北京市南水北调办协助顾问组编著《前期工作纪实》一书，于 2009 年 9 月由中国水利水电出版社正式出版。该书对北京市南水北调工程建设的必要性、调水量的论证以及北京段总干渠路由和若干重大技术问题的过程等方面做了如实记载，为后人留存了参考资料。

（李闽峰）

天津市新闻宣传

天津市南水北调办组织各参建单位，着眼于南水北调工程建设和天津经济社会发展的大局，围绕工程建设这一中心，把握大局、突出重点、精心策划、周密安排，多角度地开展新闻宣传和信息工作，为南水北调工程建设营造良好的舆论氛围，为各级领导科学决策提供良好的信息服务。

（一）日常宣传工作

2009 年，天津市南水北调办印发了《关于进一步加强我市南水北调工程建设信息宣传工作的通知》，明确了 2009 年新闻宣传和信息工作的重点和要求。根据工程参建单位变化情况，及时调整新闻宣传和信息工作网络，进一步完善了“天津市南水北调办领导，综合处组织，办机关各处、各参建单位共同参与、密切协作”的宣传信息组织体系和工作机制。针对天津干线工程和天津市内配套工程的特点，分别组织了新闻宣传工作专题培训，各参建单位参加培训人员超过 100 人次，宣传信息工作人员的业务素质得到提高，组织能力和写作能力有效提升。

（二）重点宣传工作

天津市南水北调办把“天津南水北调”网站建设和“庆祝中华人民共和国成立 60 周年南水北调工程建设网络展览”天津分展区布展工作作为 2009 年宣传信息工作的重中之重，专门成立了由天津市南水北调办领导任组长的领导小组以及机关各部门、有关单位主要负责同志为成员的工作小组，适时召开工作会议，检查、推动工作的开展；专门制定了网站建设方案和网络展览实施方案，明确工作任务、工作标准和工作时限，加强督促检查和统筹协调，保证了整体工作按计划推进。工作小组成员之间保持密切联系，加强沟通衔接，及时通报工作进展情况，妥善解决遇到的具体问题，保证了网站建设和网展布展工作的顺利开展，同时也带动了宣传信息整体工作的向前推进。

（三）宣传管理

2009 年，天津市南水北调办围绕 2009 年的中心工作和各阶段的重点工作，分阶段搞好宣传信息工作的统一部署，做到年初有要点、季度有安排、月份有计划。同时，针对工程建设重大进展、重要会议和领导同志的重要活动，提前策划、周密组织，及时进行专题报道和跟踪报道，并及时做好信息反馈。2009 年组织完成了天津市内配套工程中心城区供水工程开工建设、全面实施等重要专题和国务院南水北调办、天津市领导检查工程建设等重大活动的新闻宣传，取得了良好效果。2009 年，天津市南水北调办综合处、天津市水利工程建设管理中心、天津市南水北调工程征地拆迁管理中心被国务院南水北调办授予“南水北调宣传工作先进集体”称号，南水北调工程建设网络展览天津分展区被国务院南水北调办授予优秀组织奖。

（贾　翔）

河北省新闻宣传

2009年，河北省南水北调系统紧紧围绕征迁安置、安全通水需要，发挥舆论宣传作用，广泛开展群众性的法制宣传教育，为保障征迁安置顺利进行、确保沿线社会稳定、实现京石段顺利通水做了大量宣传工作。

（一）征迁安置宣传

河北省各级南水北调办先后组织了天津干线和邯郸—石家庄段（以下简称邯石段）征迁安置宣传。各县（市区）在沿线乡村主要街道书写永久宣传标语2100余条，发放明白纸等宣传资料17 000多份，以出动宣传车、设立黑板报、在县级电视台开设专门节目、连续播放公益广告等形式进行广泛宣传，营造南水北调工程建设的浓重氛围，有力地推动了征迁安置工作的顺利开展。在征迁安置实物指标核查工作中，一线核查人员既做实物指标清点的核查员，又做相关政策的宣传员。在核查的同时开展和群众面对面的政策解释工作。与新闻媒体协作，在省市级报刊、电台、电视台开设南水北调专栏18期、专版3期和专题节目12期，刊发文章110篇，详细介绍南水北调工程的意义、建设管理体制及相关政策，及时报道征迁安置工作动态。广泛利用新闻媒体宣传南水北调的重大意义和有关政策，取得广大群众和社会各界的理解，保障了工程建设顺利进行，维护了沿线社会稳定。充分利用南水北调简报、专报及时通报征迁进度和各地工作经验，为各级领导指导协调决策征迁工作提供了准确依据，2009年共编发简报65期。

（二）通水宣传报道

按照国务院南水北调办的统一安排，组织河北省内媒体对京石段工程通水进行了宣传报道。先后两次召开专题会议，传达国务院南水北调办下发的通水宣传口径和宣传提纲，加大宣传力度，确保通水安全。针对沿线群众亲水意愿强烈的实际，各市县在加强监管措施的同时，通过广播、电视、流动宣传车、发放明白纸等形式对群众进行安全宣传教育，使“工程安全、水质安全、人民生命财产安全”意识深入人心。统一印制了4000册应急供水安全宣传册和5700幅宣传画，在工程沿线散发张贴。在沿线村庄开展了危险人群排查，向其监管、监护人进行当面的宣传警示教育。在沿线渠道、建筑物和护栏网刷写醒目的安全警示标语，悬挂安全警示标牌。共在渠道边坡刷写安全警示标牌3700处（块），在隔离网和桥梁渠路交叉部位设置警示标牌8320个。

（三）人文精神宣传

展示工程建设成就和南水北调人文精神。按照国务院南水北调办网络宣传会议要求，从征迁工作、文物保护、工程建设、文明工地建设、建筑物风貌、京石段通水及管理、沿线文化等7个方面在河北南水北调网站展览各类作品2600多件。网站运行安全稳定、访问量已达1万多人次。为真实记载京石段建设工程过程，编辑制作了3000册《碧水情深》通水纪念画册，留存了宝贵的历史资料。在广泛征集的基础上，编印了《河北省南水北调京石段工程新闻选集》。

（郭晨英）

江苏省新闻宣传

2009年，江苏省南水北调办通过中央电视台、新华社、《光明日报》、中国政府网、中国南水北调网和《新华日报》、江苏卫视、江苏水利网、江苏南水北调网等媒体，积极宣传国家和江苏省南水北调工程相关政策和建设进展情况，为南水北调工程顺利推进营造了良好的舆论氛围。

（一）宣传工作

2009年，江苏省南水北调办抓住工程开工和验收、庆祝新中国成立60周年等重要时机，精心策划，统筹安排，积极宣传工程进展情况和阶段性成效。围绕贯彻落实建委会第三次、第四次全体会议精神和中央拉动内需、促进经济增长政策，会同江苏电视台策划了题为《我省南水北调工程建设全面提速》的新闻报道；在《中国江苏》政府门户网站上，开展了以“加快南水北调工程建设，早日建成生态惠民工程”为主题的在线访谈活动；策划编印了《江苏南水北调》宣传邮册；抓住洪泽湖—骆马湖段工程开工契机，在中央和江苏省主流媒体上及时报道工程开工情况；庆祝新中国成立60周年前夕，认真做好南水北调网络展览筹展工作，被国务院南水北调办评为优秀展区奖；在《中国水利报》、《中国南水北调》报上分别发表长篇通讯《创精品工程，送优质水源》和《伏波长龙送清水，江淮大地添新姿》。办好江苏南水北调网站，加强网站运行管理，及时发布工程信息，调整优化网站主页，网站访问量超过150万人次，成为江苏南水北调工程重要的宣传阵地和信息平台。2009年，在相关报刊和网站发表各类稿件300余篇。

（二）信息工作

2009年，江苏省南水北调办围绕江苏南水北调工程建设认真做好工程简报、专报信息、政务信息的编发和报送工作，2009年累计印发简报16期、上报国务院南水北调办专报信息19期、江苏省政府政务信息28期。

（杨金海 袁连冲）

山东省新闻宣传

2009年，山东省南水北调工程建设管理局（以下简称山东省南水北调建管局）共在省级以上报刊、网站发表新闻稿件350余篇，在省级以上电视台、广播电台播出新闻50余次，编发工程动态102期，编辑每周要情50期，上报国务院南水北调办、山东省政府信息220余条，制作宣传专题片3部、宣传画册11 000余册，网站更新信息3000余条，并成功举办了南水北调山东展区网络展览。

（一）宣传报道工作

（1）以南水北调工程建设重大事项、重要部署为切入点，加大宣传声势和力度，使社会公众进一步了解南水北调对缓解北方尤其是山东缺水状况，发展经济、改善生态环境的重要作用，宣传南水北调对促进经济社会可持续发展的重大意义，宣传南水北调取得的重大进展，进一步争取社会各界对工程建设的支持。抓住南四湖—东平湖段输水与航运结合工程开工，落实中央扩大内需、促进增长重大战略部署情况等，策划组织中央和山东省各大家媒体利用报纸、广播、电视、网络等进行集中宣传报道，对山东省南水北调建管局局长孙义福进行专访，收到了很好效果。

（2）对社会关注度高的调水治污工作进行专题报道。南水北调东线调水成功的关键是治污，为消除人们对南水北调能否成功治污的疑虑，组织多家中央新闻媒体工程沿线采访政府、环保部门和相关企业，深入报道了山东省委、省政府加强水污染防治的决定和一系列重大行动，组织力量对南水北调区域范围内截污导流工程建设和改善环境取得的显著效果进行专题报道。2009年以来在《中国环境报》、《大众日报》、《中国水利报》、《科技日报》和《中国南水北调》报等媒体发表有关文章20多篇，在《中国南水北调》报、《中国水利报》发表了专题系列报道。通过有组织、有计划客观公正的宣传报道，有效地澄清了人们对治污工作的模糊认识，增强了人们对打造南水北调清水走廊的信心。

（3）对工程建设取得的重要进展和成果进行重点宣传。对工程建设阶段性进展、管理创新、科技创新取得的重要成果进行及时报道。结合“世界水日”和“中国水周”在泉城广场和济平干渠沿线广泛宣传南水北调工程建设成就和济平干渠投入运行后在防洪、排涝、改善周边生态环境中发挥的重要作用，发放宣传材料5万多份，制作了济平干渠工程专题片。第十一届全运会举办期间，对通过济平干渠从东平湖调水至小清河美化泉城环境及济平干渠综合效益发挥情况进行重点宣传，提高了南水北调工程的社会知名度和影响力，促进了人人支持南水北调工程建设、爱护南水北调工程良好氛围的形成。

（4）生动反映广大建设者献身南水北调的精神风采。坚持宣传工作面向基层、面向一线、面向建设者，对在工程建设中涌现出的先进模范、先进事迹进行大力宣传。对南水北调职工参加开展的奥运会、全运会火炬传递，庆祝新中国成立60周年工地联欢会、篮球赛等活动作了及时报道，并制作了光盘，印发宣传专刊，大大调动了广大建设者的工作积极性、主动性和创造性，进一步增强了职工队伍的凝聚力。

（二）信息工作

坚持中层以上干部周总结和周计划报送制度，办好《每周要情》内部信息平台，提高《工程动态》信息承载量和编发质量，全面、及时、真实、细致地反映山东省南水北调各项重要工作及进展情况，为领导掌握情况提供可靠依据，为单位、部门间交流创造良好条件，同时培养大家总结、思考的习惯，对促进南水北调各项工作发挥了积极作用。2009年编发《工程动态》102期，编发《每周要情》50期，整理上报《中层干部周总结和周计划》50批次。

（三）南水北调网络展览

按照国务院南水北调办的统一部署，制定了庆祝新中国成立60周年网络展览实施方案，成立了网络展览工作领导小组，由分管宣传工作的副局长任组长，领导小组下设办公室，具体负责展区的设计制作工作，并抽调精干人员实行集中办公，确保了网络展览设计制作工作的有效有序开展。2009年7月，对网站进行改版，对网站页面进行了优化设计，升级了设备，改进了管理措施，增大了上网信息量，网络点击率显著上升。9月，网络展览山东展区联网推出，社会反响热烈，网站点击率成倍上升，成为宣传南水北调的重要载体和渠道。

为办好网络展览山东展区，山东省南水北调建管局下发通知，动员鼓励广大职工和社会公众踊跃投稿，广泛征集作品；组织中国摄影家协会、山东摄影家协会会员到南水北调沿线进行专题摄影采风，提供了高质量的影像作品；多次组织由有关专家、领导，相关单位部门人员参加的座谈会，听取意见，挖掘素材，进一步丰富网络展资料；两次召开网络展览设计研讨会，对展区设计情况进行讨论，对设计方案进行优化改进。

网络展览山东展区具有以下特点：

（1）主题鲜明，重点展示了山东省南水北调建管局在国务院南水北调办和山东省委、省政府领导下，抓住机遇，克服困难，在确保工程质量和安全的前提下，加快工程建设进度，取得了重要的阶段性成果，已完工项目发挥了显著的综合效益。

（2）内容丰富。山东分展区共分伟大构想、果断决策、梦想成真、前期突破、提速建设、和谐征迁、科技创新、管理有效、清水走廊、文物保护、领导关怀、廉政工程、文化建设、沿线风光、作品征集等15个展厅，充分反映了山东省南水北调工程建设各个方面取得的成就。

（3）特点突出。济南市区段工程与小清河综合治理工程结合实施，两湖段工程与航运结合实施，截污导流工程与当地防洪、除涝、灌溉、生态、交通、城市建设等综合效益发挥结合实施，这些山东亮点和齐鲁文化在网络展览中有突出展示。

（4）公众参与度高。图片、文字、音像、视频有机结合，形式生动，公众喜闻乐见，并可通过网络进行交流互动，南水北调的影响进一步扩大。山东省展区获国务院南水北调办颁发的“优秀组织奖”。

（杨建伟）

河南省新闻宣传

2009年，河南省南水北调宣传信息工作围绕中心，服务大局，坚持信息宣传为群众服务、为领导决策服务、为工程建设服务，坚持贴近群众、贴近实际、贴近生活，进一步拓展内容领域，创新方法手段，完善体制机制，努力打造全方位、多层次、宽领域的宣传格局。主流媒体刊发有关河南省南水北调方面的各种体裁的新闻作品近500件，发布网站信息1000多条，编发简报和信息专报200多期。

（一）重点宣传工作

2009年，河南省南水北调工程郑州段、沙河渡槽和渠首工程正式开工，征地拆迁顺利推进，在建工程快速推进，试点移民圆满完成。宣传信息工作紧紧围绕大事要事深入开展，充分利用媒体资源营造社会舆论氛围。每次重大活动都组织中央驻豫和省内主要媒体进行集中宣传，《人民日报》、新华社、《经济日报》、《科技日报》、中央电视台等中央媒体和《河南日报》、河南电视台、河南人民广播电台、《大河报》、都市频道等对郑州段开工、沙河渡槽开工、试点移民搬迁、焦作城区段拆迁等进行了突出报道。同时，河南省内主要媒体对河南省南水北调办、河南省政府移民办主任王树山进行多次专访；《河南日报》先后三次以专版形式集中宣传南水北调工程建设的重大意义和工程建设取得的成就，发表河南省南水北调办主任王树山署名文章，刊登“关山万重遮不住，清波满川向京津”特别报道等；河南人民广播电台《政府在线》栏目先后两次邀请王树山就工程建设和移民征迁问题为广大听众解疑释惑。

结合庆祝新中国成立60周年，河南省南水北调办积极与省委宣传部协调，把河南省南水北调工程建设成就宣传纳入国庆宣传计划。2009年4月和11月，河南省南水北调办和省委宣传部联合两次组织省内10多家主要媒体，着重围绕工程前期设计、控制性项目开工建设、在建项目阶段性进展、移民试点进展、生态环境保护等工作，深入工程一线采访，捕捉新鲜实例，掌握丰富材料。通过记者的眼睛，见证工程建设和移民征迁的成就，讴歌建设者风采等，大力宣传工程建设取得的新进展、新成就。

大力宣传河南省南水北调工程建设中的管理创新和科技创新。宣传工程建设管理中实施的项目法人责任制、招标投标制、施工监理制、合同管理制度等管理制度，宣传河南省南水北调工程新的建管模式实践成效，宣传在建项目注意科学控制生产成本，节约工程投资，提高管理效益，确保工程建设质量的成功做法。同时，宣传工程建设中的科技创新，特别是工程建设中新技术、新产品的研发应用和自主创新。

（二）人文精神宣传

大力弘扬社会主义核心价值观，积极提倡献身、负责、求实、创新的南水北调精神。着力宣传河南省南水北调工程建设中涌现出来的先进人物和群体的感人事迹，宣传工程建设者攻坚克难、艰苦奋斗、无私奉献的精神风貌，努力打造南水北调精神丰碑。

（三）庆祝中华人民共和国成立60周年网络展览

为扎实推进南水北调工程网络展览河南分展区建设，按照国务院南水北调办关于网络展览工作的总体部署和安排，河南省南水北调办对网展工作高度重视，成立专门的工作机构，结合河南省南水北调工作实际，科学制订了《河南省南水北调工程网络展览实施方案》，明确了目标任务、责任分工、完成时限、展览内容等。共展出各类作品3000余件，生动展现了河南省南水北调工程建设、移民征迁、水源环境、文物保护、建设者风采等各方面的良好形象。

（田自红）

湖北省新闻宣传

（一）重点新闻报道

2009年2月26日，兴隆水利枢纽开工，湖北省南水北调局精心策划、周密组织，联合中央、省、市各级媒体开展了全方位的宣传报道。《人民日报》、《光明日报》、中央电视台、中国人民广播电台刊登、播出了兴隆水利枢纽开工建设的消息；《湖北日报》刊发了兴隆枢纽工程建设专版，《楚天都市报》开展了为期一周的“南水北调汉江行”连续报道，湖北省电视台、天门市电视台也在黄金时段进行了同步报道；湖北省南水北调局还编印了兴隆水利枢纽工程开工典礼画册、兴隆水利枢纽工程开工典礼新闻纪实。通过系列宣传报道，扩大了湖北南水北调工程的影响，展示了湖北南水北调人的良好风貌，也为湖北南水北调工程建设营造了良好舆论氛围。

2009年12月26日，兴隆水利枢纽工程大江截流合龙仪式举行，湖北省南水北调局精心策划、周密组织，联合中央、省、市各级媒体开展了全方位的宣传报道。《人民日报》、《光明日报》、中央电视台、中国人民广播电台等媒体刊登、播出了兴隆水利枢纽截流的消息，中央电视台、湖北卫视对大江截流合龙仪式进行了现场直播。

（二）网络展览

为庆祝新中国成立60周年，湖北省南水北调局积极参与国务院南水北调办主办的南水北调工程建设成就网络展览。湖北省南水北调局深刻认识到搞好本次网络展览的意义，将参展作为一项政治任务来抓。积极发挥牵头单位的作用，协调移民、环保、工程设计、施工等部门参与展览。精心组织展区设计，广泛收集、整理参展资料，全方位、多层次地展示湖北南水北调工程建设各方面的工作成就。

（三）政务网站服务

为加强宣传工作、推进政务公开，湖北省南水北调局加强政务公开载体建设，增强政务网站服务功能，2009年9月完成了湖北南水北调网站的升级改版工作。在原网站基础上对栏目设置进行了板块调整、充实了栏目内容。为加强群众参与公共管理、监督政府工作，特别增添了局长信箱、在线沟通、意见征集、网上投诉等栏目。网站以其信息量大、更新速度快，成为内部交流学习的园地，对外展示建设成就和工作业绩的窗口，接受社会监督的平台，联系上、下级和群众的纽带。

（龚富华）

南水北调中线干线工程建设管理局新闻宣传

2009年，南水北调中线干线工程建设管理局（以下简称中线建管局）以承办《中国南水北调》报为重点，积极开展各项宣传信息工作，较好地发挥了宣传信息工作为工程建设提供思想保证和舆论支持作用，荣获了“南水北调系统宣传工作先进集体”和“庆祝中华人民共和国成立60周年南水北调工程网络展览优秀展区奖”两项国务院南水北调办荣誉。

（一）《中国南水北调》报

2009年1月1日《中国南水北调》报正式创刊。在国务院南水北调办有关部门和中线建管局领导的大力支持下，报纸各项工作得以顺利开展，截至2009年底已出版35期，发行30余万份，为南水北调工程建设起到了积极的舆论导向作用。《中国南水北调》报多次获得国务院南水北调办领导的表扬。2009年7月3日，国务院南水北调办主任张基尧在《关于中国南水北调报上半年工作总结及下一步工作打算的报告》上批示："《中国南水北调》报创刊以来，紧紧围绕南水北调中心工作，把握正确舆论导向，积极宣传南水北调有关政策及建设成果取得可喜的成绩，望在今后的工作中，进一步总结经验，加强通讯员队伍建设，提高办报水平及报纸覆盖面，把《中国南水北调》报办成集政策性、社会性、文艺性、宣传性于一体的一流纸质媒体。"

（二）宣传管理工作

2009年，中线建管局制定印发了《南水北调中线干线建设管理局新闻宣传工作管理办法》、《关于外国、台湾、香港和澳门记者采访南水北调中线干线工程有关工作的通知》、《中国南水北调编辑部有关管理制度》，并召开了南水北调中线干线工程宣传信息工作座谈会，加强管理工作，进一步推动宣传工作的程序化、制度化、规范化，进一步完善应急宣传机制，响应迅速、渠道畅通、发布主动、声音权威、引导正确的应急宣传机制正在形成。

中线建管局重视《信息专报》、《工作简报》的编发工作，2009年编发《信息专报》7期，编发《工作简报》16期。加强大事记及年鉴的编辑整理工作，完成2008年大事记的整理及中线工程和中线建管局年鉴组稿编辑工作，这两项工作合计撰写、编辑10余万字。加强网站信息的审查和筛查，保证了网站的正确导向，并协助有关部门查处了一起假冒南水北调中线工程的网站。

（三）重点宣传工作

2009年，中线建管局为配合工程建设，营造中线干线工程建设高潮的社会氛围，加强宣传的整体策划工作，积极主动联络中央主流媒体，多次邀请相关媒体的领导、记者前往施工一线进行考察调研，加深媒体对南水北调工程的认识。2009年共接待中央电视台、《人民日报》等国内媒体10余次，并特别策划了中央电视台采访穿黄工程的专题片播出；接待BBC等海外媒体5次，进一步提升南水北调中线工程的社会影响力。

为深入贯彻落实科学发展观，全面展现南水北调工程建设成就，激励参建单位和工程建设者的建设热情，扩大南水北调工程在社会上的积极影响，中线建管局承担了南水北调工程网络展览中的中线干线工程分展区工作。经过评选，中线干线工程分展区展览工作被国务院南水北调办评为"优秀展区奖"。

（王志文）

南水北调中线水源有限责任公司新闻宣传

（一）新闻工作

2009年，南水北调中线水源有限责任公司（以下简称中线水源公司）的宣传信息工作以丹江口大坝加高工程、库区征地移民工程的建设管理为中心，通过完善规章制度，充实通讯员队伍，加强与报刊、杂志、网站等媒体的沟通等手段，充分发挥宣传信息工作鼓舞干劲、凝聚共识的作用，扩大了丹江口大坝加高工程的社会影响。

2009年，中线水源公司对原宣传报道员队伍进行了调整和充实，建立了覆盖公司各部门、参建单位的宣传报道员网络，为宣传工作的开展奠定了组织基础。根据实际情况，对原有的宣传信息管理办法和宣传信息奖励办法进行了修订。中线水源公司还对门户网站进行了改版，充实了网页内容，提高更新速度，充分发挥了网站的窗口作用。

为了庆祝中华人民共和国成立60周年，更好地宣传中线水源工程建设管理取得的成就，中线水源公司积极组织参加国务院南水北调办开展的南水北调工程建设网络展览活动，编制了网络展览实施方案，收集了大量的图片和文字资料，并按照国务院南水北调办的要求进行了展示。

中线水源公司还与各大主流媒体加强沟通与联系，适时组织宣传报道活动。2009年5月19日，由《人民日报》、新华社、中央电视台、中央人民广播电台、《中国日报》、《光明日报》、《科技日报》、中国新闻社、《中国水利报》、《中国南水北调》报等11家中央媒体组成的采风团对南水北调中线水源工程进行了采风，集中报道了工程建设取得的成绩。2009年6月20日，大坝实现坝顶全线贯通时，新华社、《经济日报》、《中国水利报》、《湖北日报》进行了报道。2009年8月17日，中央电视台《当代工人》栏目以丹江口大坝加高为主题拍摄了《水之梦》，展示了工程建设者良好的精神风貌。

2009年，中线水源公司共编报《信息专报》29期、《工作简报》12期，在省部级以上报纸、杂志、电视台和网站发表新闻稿件170多篇（条）。公司获国务院南水北调办新中国成立60周年网络展览"优秀组织奖"。中线水源公司综合部被国务院南水北调办授予"宣传工作先进单位"、中线水源公司3名同志被国务院南水北调办授予"新闻宣传先进个人"称号。

（二）普法工作

根据中线水源公司"五五"普法工作及开展"法律进工程"活动实施方案，中线水源公司制定了"五五"普法和"法律进工程"活动2009年工作计划。中线水源公司采取集中学习与自学相结合的形式，深入学习了工程建设相关的法律法规，重点学习《中华人民共和国突发事件应对法》、《招投标法》等和工程管理相关的法规。开展各种形式的法制宣传教育活动，3月22日第十七届"世界水日"、3月22～28日第二十二届"中国水周"期间，中线水源公司以"落实科学发展观，节约保护水资源"为主题，开展了形式多样的宣传活动，号召大家节约用水、珍惜水、保护水。7月3日，中线水源公司邀请丹江口市检察院工作人员作了题为《职务犯罪的现状及对策》的专题报告，为大家上了一堂形象生动的法制宣传教育课。为配合"安全生产年"活动的开展，制作了以宣传贯彻《安全生产法》为主题的普法教育宣传板报。同时为规范各项管理工作，依法处理工程建设过程中可能发生的法律纠纷和诉讼，中线水源公司还聘请了常年法律顾问。

（班静东）

南水北调东线江苏水源有限责任公司新闻宣传

2009年，南水北调东线江苏水源有限责任公司（以下简称江苏水源公司）抓住新老项目承上启下特点，积极开展有规模、有深度的信息宣传工作，努力营造良好的工程建设氛围。

（1）继续办好江苏南水北调网站。认真做好上网稿件审核把关工作，进一步丰富网站信息内容。截至2009年底，江苏南水北调网站访问量已经超过143万人次，2009年累计编发动态信息约155条，并被国务院南水北调网站、江苏水利网站和江苏省国资委网站等媒体转载。

（2）围绕洪泽湖—骆马湖段工程开工及第一次领导小组会议筹备，制作完成江苏省南水北调工程《东方脉魂》电视专题片、工程建设专题宣传展板、纪念邮册和工程宣传画册，图文并茂地宣传了江苏省南水北调阶段性建设成果。

（3）加强对外宣传报道，利用《中国南水北调》报平台，组织江苏水源公司和现场机构信息宣传工作人员积极投稿。2009年，《中国南水北调》报刊发了江苏省建设管理、质量安全、科技创新、先进人物事迹等专题报道10余篇。

（4）按照国务院南水北调办统一部署完成江苏段工程网络宣传展览制作参加全国南水北调系统公开展览，经公开投票，被国务院南水北调办评为优秀展区一等奖。

（余　真）

肆 东线工程

THE EASTERN ROUTE PROJECT OF THE SNWDP

综 述

江 苏 段

概 述

2009年，南水北调东线江苏境内工程处于承前启后、加快建设的新阶段。江苏省南水北调工程建设领导小组办公室（以下简称江苏省南水北调办）和南水北调东线江苏水源有限责任公司（以下简称江苏水源公司）紧紧围绕建设“优质工程、节俭工程、廉洁工程”目标，认真贯彻国务院南水北调工程建设委员会（以下简称国务院南水北调建委）第三、第四次全体会议精神和中央扩大内需、促进经济增长的重大决策，全面落实江苏省政府和国务院南水北调工程建设委员会办公室（以下简称国务院南水北调办）的部署要求，加大前期工作力度，抓紧项目开工建设，强化工程建设管理，全面加快工程建设，实现了阶段性工程建设目标。2009年，南水北调东线江苏段工程（包括调水工程和截污导流工程）完成投资10.11亿元，圆满完成年度投资计划，工程形象进度达到序时要求；截至2009年底，累计完成工程投资40亿元，占已批项目总投资概算的77%。

调水工程建设方面，2009年以前批复的19个单元工程基本建成，其中三阳河潼河宝应站、刘山站、解台站、蔺家坝泵站、淮安四站及输水河道、骆马湖水资源控制工程全面完成，淮阴三站工程通过试运行验收，江都站改造工程进入扫尾阶段，苏鲁边界的南四湖水资源控制工程姚楼河闸基本完成，大沙河闸、杨官屯河闸抓紧实施。2009年下半年批复的洪泽湖—骆马湖段泗阳站、泗洪站、刘老涧二站、皂河站等工程已全部开工，正抓紧建设。建设过程中，江苏水源公司积极探索实践南水北调新体制和新机制，着力加强管理创新和技术创新，完建工程运行良好，新建工程投资可控、质量优良、管理有效，没有出现质量和安全生产事故。

治污工程建设方面，根据《东线工程治污规划》和《江苏段控制单元治污实施方案》，江苏省南水北调治污项目共有102项。截至2009年底，所有项目已全部开工实施，完成98项，项目完成率达到96%。其中，65项工业点源治理和26家污水处理厂建设全部完成；江都市截污导流工程已投入正常运行；宿迁市截污导流工程基本建成，通过试运行验收；淮安和徐州市截污导流工程按计划推进，工程投资和形象进度实现年度目标。6项综合治理项目已经完成4项，还有2项正在建设。据江苏省环保部门的监测数据，列入国家考核的14个水质控制断面中，已有12个断面水质基本达到地表水Ⅲ类标准。

（杨金海　余　真　袁连冲）

前 期 工 作

2009年，江苏省南水北调办和江苏水源公司认真抓好各项前期工作实施，重点做好一批新开工项目初步设计的报审工作，并开展了一批拟开工项目的初步设计编制工作，基本完成了《江苏省南水北调配套工程规划》编制工作。

（一）调水工程

2009年，江苏省组织编制、报审了16

个设计单元工程的初步设计及工程管理设施总体设计。国务院南水北调办共计批复了泗洪站等5个设计单元工程的初步设计，以及高水河整治等3个设计单元工程的初步设计技术方案；金湖站等6个设计单元工程的初步设计通过水利水电规划设计总院（以下简称水利部水规总院）组织的预审、复审；江苏水源公司完成洪泽站、邳州站等设计单元工程初步设计初审工作，并上报国务院南水北调办；江苏省工程管理设施总体设计编制完成，国务院南水北调办原则同意总体设计方案，并委托淮河水利委员会规划设计研究院（以下简称淮委设计院）开展东线山东、江苏总体方案编制工作。通信网络初步设计已经完成。在做好初步设计组织工作的同时，根据2009年开工计划，开展并批复了泗洪站、泗阳站、刘老涧二站及皂河一、二站等工程部分招标设计。根据新开工工程施工进度急、任务重的特点，提早介入施工图设计组织工作，保证施工审查的顺利完成，为工程实施做好技术保障。

（二）截污导流工程

2009年，江苏省南水北调办配合江苏省发展改革委完成南水北调徐州市截污导流工程初步设计、淮安市截污导流工程调整初步设计审查批复，同时组织做好对各市截污导流工程年度开工项目招标文件的审查，为截污导流工程建设推进提供了保障。

（三）配套工程

2009年，江苏省南水北调办下大力气推进南水北调东线一期江苏境内受水区配套工程规划工作，在各有关单位的配合下，基本完成配套工程规划的总报告编制工作，并在水资源配置、灌区续建配套、水质保护、供水区运管体制试点研究等若干专题的研究中取得重要成果。配套工程规划已列入江苏省水利“十二五”规划中。

（薛刘宇　刘丽君　阎　玮）

投资计划管理

南水北调东线江苏境内工程自2002年12月开工，截至2009年底，在建工程总投资约41亿元，累计下达建设投资计划30.4亿元（含前期工作9950万元，截污导流前期工作600万元，文物保护2580万元），其中：中央预算内专项资金计划10.8亿元，中央预算内资金计划4.3亿元，南水北调基金计划7.8亿元，贷款计划7.5亿元。

截至2009年底，调水工程累计完成投资29.2亿元，占下达投资计划的95.9%，累计完成土方4206万m^3，石方26万m^3，混凝土37万m^3，金属结构4046t，机电设备75台套。

2009年，调水工程完成投资4.48亿元，完成土方182万m^3，石方0.2万m^3，混凝土0.6万m^3，金属结构104t，机电设备24台套，基本完成年度建设目标，工程建设进展总体顺利，新建的一批南水北调工程已具备送水出省的条件。截污导流工程完成投资5.63亿元。

（一）在建工程形象进度

2009年批复的长江—骆马湖其他单项工程中的5个设计单元工程中都已开工建设。其中刘老涧二站工程征迁工作、站内交通桥工程基本完成，主体工程正在施工；泗阳站工程征迁安置工作已基本完成，施工单位进场；泗洪站工程征迁安置工作、临时设施基本完成，正在进行船闸施工；皂河站电力接入系统工程220kV宿迁变电所至110kV皂河变电所同塔双回110kV线路工程已建设完成，施工单位准备进场。

（二）扫尾工程形象进度

首批批复的3个单项、9个设计单元工程除江都站改造正在扫尾外，其余工程已基本完成。其中：三阳河潼河宝应站工程已于2005年全面建成；刘山站、解台站、蔺家坝站和淮安四站及输水河道已经全面建成，并相继通过试运行验收，已经具备了运行条件；淮阴三站基本完成并通过试运行验收；江都站改造工程已完成东西闸间河道疏浚、西闸除险加固、三站改造及变电所改造工程，正在进行四站第二批机组改造及工程装饰施工。

（三）省界工程形象进度

南四湖水资源控制和水质监测、骆马湖水资源控制工程中4个设计单元工程正在按计划实施，其中骆马湖水资源控制工程已基本建成，姚楼河闸工程已完成水下阶段验收，管理所房屋开始施工；杨官屯河闸工程已完成部分临建设施的建设及10kV配电线路架设；大沙河闸工程征地拆迁已全部完成，工程建设正在有序推进。

（洪剑陵）

建设管理

（一）现场机构设置

江苏水源公司作为南水北调东线江苏境内工程的项目法人，全面负责工程建设管理和运营管理工作。根据工程建设特点，建立派驻现场建管机构，承担江苏水源公司委托的建管职责。2009年江苏省南水北调工程新成立了江苏省南水北调泗洪站工程建设处，具体负责泗洪站枢纽工程的建设管理工作；成立了江苏省南水北调刘老涧二站工程建设处，具体负责刘老涧二站工程的建设管理工作；结合江苏省骆运水利工程管理处骨干力量，组建江苏省南水北调泗阳站工程建设处；考虑到皂河站工程建设特点以及工程建设的需要，以江苏省水利科技咨询公司为主组建皂河站建设处，统一负责皂河一、二站工程现场建设管理工作，同时下设以江苏省骆运水利工程管理处为主组建的皂河一站工程部，具体负责皂河一站主体工程现场建设管理工作。

（二）工程招投标

2009年，江苏省新开工工程项目多、时间紧。在国务院南水北调办的大力支持和江苏南水北调办的行政监督下，江苏水源公司各部门团结协作，加强组织、规范有序地完成了刘老涧二站、泗阳站、泗洪站、皂河一站、皂河二站、淮阴三站、江都站改造等7个设计单元工程共16个标段（共17个合同）的公开招标投标工作，累计中标金额4.45亿元。其中，刘老涧二站工程完成了建设监理、站内交通桥施工、土建施工及设备安装、钢筋采购、水泵、电机及其附属设备采购等6个合同的招标工作；泗阳站工程完成了建设监理、钢筋采购、土建施工及设备安装等3个合同的招标投标工作；泗洪站工程完成了建设监理、钢筋采购、船闸、节制闸及泵站引河工程土建施工及设备采购安装等3个合同的招标投标工作；皂河一、二站工程完成了建设监理、钢筋采购、变电所土建及场地填筑施工等3个合同的招标投标工作；淮阴三站工程完成了泵站厂房控制楼及变电所装饰工程施工合同的招标投标工作；江都站改造工程完成了江都三站、江都四站装饰工程施工合同的招标投标工作。

（三）工程招投标监督

江苏省南水北调办和江苏省纪委、省监察厅派驻南水北调东线江苏段工程纪检监察工作组（以下简称派驻纪检组），分别履行招投标工作的行政监督和纪检监察职责。在招投标监督管理工作中，坚持“公平、公正、公开、廉洁”的原则，依法行政，严格过程控制。在总结以往经验的同时，采取了一些新的方式方法，保证招标投标工作质量，提高工作效率。

2009年，共完成淮阴三站工程、江都站改造工程、刘老涧二站工程、泗阳站工程、泗洪站工程、皂河站工程等16个调水工程标段（17个合同），以及淮安、徐州两市截污导流工程33个标段的招投标监督管理工作，及时处理了相关投诉和举报事件，有力保证了南水北调东线江苏境内工程建设平稳、有序地开展。

在招投标过程的监督管理中，江苏省南水北调办与纪检监察部门紧密配合，加强监管力度，采取各种措施促进招标投标工作水平的不断提高。一是进一步发挥江苏水利评标中心作用，规范评标有形市场的管理；二是在继续推行无标底招标的同时，尝试在主体施工标段中实行提前公布指导价制度，在材料及设备采购类标段中实行限价招标；三是研究制定了江苏南水北调招标投标备案制度。这些措施和方法的应用，在保障招标投标及评标过程的“公平、公正、公开”的同时，提高了招标投标工作的效率，更好地实现了监督管理目标，维护了南水北调工程招标投标市场的良好竞争环境。

（四）合同管理

本着科学发展、风险共担、实事求是、过程控制原则，江苏水源公司在2009年新开工项目土建及安装标的招标文件中，合理设置招标文件合同条款，把质量、安全、价差调整、文明工地创建、验收、水利工程工程量清单计价规范等国家新颁布的规范规程、及时准确地落实到工程建设管理实践中。新开工的泵站工程土建及安装施工标招标文件中，专门设立施工质量目标措施费、安全生产及文明工地目标措施费，两项费用总金额根据工程标的额大小约占分类分项工程量清单总报价的1.6%～2%，真正把质量控制、安全管理、文明工地建设等建设管理工作要求落实到合同管理范畴，提高工程建设质量、安全、文明施工、合同管理水平。

（五）安全管理

按照国务院安全生产委员会、国务院南水北调办统一部署，2009年分别开展了安全生产年、安全生产专项整治活动、安全生产隐患排查治理专项行动，取得了明显成效。根据江苏省境内在建工程建设特点要求各在建工程现场建设管理单位组织各参建单位根据工程自身特点编制在建工程安全生产年活动方案、安全生产专项整治工作实施方案细则和安全隐患排查工作方案实施细则，分阶段做好工程安全生产工作，并及时将阶段性工作情况及时汇总上报。由于对安全生产工作的高度重视，2009年江苏省境内在建工程安全生产、防汛工作由于抓的紧、抓的实，没有发生一起安全生产事故和防汛事故。

（六）工程质量监督

根据国家南水北调工程质量监督管理办法，2009年，南水北调工程江苏质量监督站加强了对淮阴三站、蔺家坝站和江都站改造3个在建设计单元工程的监督巡查，参与了泵站机组试运行验收；积极推动了三阳河潼河宝应站、刘山站、解台站、淮安四站、淮安四站及输水河道、骆马湖水资源控制等7个设计单元的质量总评和验收工作；完成了刘老涧二站、泗阳站、泗洪站等3个年度新开工设计单元工程巡回抽查组的组建工作，并办理质量监督申报手续；继续做好淮安、宿迁、徐州等市截污导流工程的质量监督工作，定期开展质量监督巡查，参加合同工程的完工验收和联合试运行验收。全年累计组织开展45次调水工程质量监督巡查和22次截污导流工程的质量监督巡查，有力地促进了工程质量管理水平的提高，确保南水北调调水工程和截污导流工程质量状况继续平稳态势。

（施　伟　薛刘宇　刘丽君）

科　学　技　术

2009年，江苏水源公司紧紧围绕前期工作和工程建设积极组织科研项目，坚持“产、学、研”紧密结合，加强南水北调科技创新，为南水北调工程建设和管理提供了有力的技术支撑。

（一）重点科研项目的组织协调

对开展的“十一五”科技支撑项目“大

型贯流泵关键技术与泵站联合调度优化”及“工程建设与调度管理决策支持技术研究课题分专题——工程建设与运营初期的管理实践研究”以及“疏浚底泥资源循环利用技术”等重点科研项目，不定期组织承担单位进展情况进行会商，研究、协调课题中存在的问题，完善工作机制。对于“大型贯流泵关键技术与泵站联合调度优化”项目，江苏水源公司组织各分专题承担单位进行项目成果整理，并进行研究成果汇总，基本形成了研究成果报告；对于“淤泥资源循环处理技术生产性现场试验”，多次组织试验单位进行技术方案研究讨论，进一步完善试验方案，细化实施方案，落实实施单位，组织开展了现场试验，力争应用于新开工河道工程。江苏水源公司承担的“工程建设与调度管理决策支持技术研究课题分专题——工程建设与运营初期的管理实践研究”项目经过几次讨论，报告内容已基本完成。同时，为提升江苏省技术创新能力和水平，江苏水源公司邀请国务院南水北调工程建设委员会专家委员会（以下简称南水北调建委专家委）专门组织开展了“疏浚淤泥泥水快速分离固结技术”及“南水北调泵及泵站关键技术”专家咨询会。

（二）科技项目成果验收

为使科研成果尽早应用于工程建设中，积极加强与各课题承担单位的沟通、协调，及时研究课题中存在的问题，督促课题承担单位完善相关研究成果。2009年，先后完成了“南水北调工程先期完成项目运行维护管理研究”、“淮安四站输水河道工程项目管理预算、淮安四站工程价差报告编制及编制办法研究”、“泗阳泵站流道及泵装置模型试验研究”、“南水北调东线一期工程刘老涧二站水泵装置模型试验研究”、“南水北调东线（江苏段）项目管理及其信息系统研究开发”、“南水北调东线一期工程低扬程大流量水泵装置水力特性、模型开发及试验研究、“南水北调东线泗阳泵站进、出流道优化水力设计研究”等7项科研项目结题验收工作，给成果推广应用创造条件。同时完成了“灯泡贯流泵装置研究开发”及“大型水泵液压调节关键技术研究与应用”科技成果鉴定工作，为科技成果的推广应用创造了条件。

（三）科技成果推广应用

2009年，江苏水源公司在加强产学研机制建立的同时，对已开展的项目进行梳理，分层次组织做好科研项目的成果管理工作，为成果推广应用创造条件。开展的“灯泡贯流泵装置研究开发”研究成果已应用于江苏省通榆河北延送水工程灌河北站、善后河南站工程（8台直径2000mm的贯流泵）及江苏省走马塘张家港枢纽工程（3台直径2580mm的贯流泵），并在南水北调工程金湖站和泗洪站初步设计选型中应用；大型水泵液压调节关键技术研究与应用”成果已推广应用30多台套，节省费用1800多万元；建筑与环境规划和工程管理功能区规划成果在刘老涧二站、泗阳站等设计单元工程建设中普遍应用；项目管理及设计变更专题研究成果在设计工作管理和投资控制中得到应用等。

（四）科研项目的申报

结合江苏水源公司科研工作进展情况，向国务院南水北调办和江苏省有关部门组织申报了近20项科技创新项目。其中“南水北调工程初步设计质量控制措施研究”、“南水北调东线一期淮阴三站工程建设投资评价”2个项目，已获得立项支持；向江苏省财政厅、水利厅申报了“大型泵站结构设计分析方法与标准研究”、“江苏南水北调工程受水区水价测算及补偿机制研究”等14个项目为2009年江苏省水利科技重点项目，其中4项获立项支持。

（孙亦春）

征 地 移 民

2009年，江苏南水北调拆迁工作进展顺

利。三阳河潼河宝应站工程征地移民工作已全部完成；刘山站、解台站、蔺家坝站、骆马湖水资源控制工程建设征地移民工作基本完成，并已通过阶段性验收；淮阴三站、淮安四站及输水河道工程征地移民工作进入扫尾阶段；苏鲁边界的南四湖水资源控制工程姚楼河闸、杨官屯河闸、大沙河闸工程征地移民实施基本顺利；新开工刘老涧二站、泗阳站、泗洪站工程拆迁工作已经完成，保证了新工程顺利开工实施，移民安置工作有序进行，现场建设环境和谐。江都、宿迁市截污导流工程征地拆迁工作完成；淮安、徐州市截污导流工程征地拆迁工作有序进行。截至2009年底，已开工工程累计完成永久征地2.49万亩，临时占地1.14万亩，拆迁农户3600多户，搬迁人口1.3万人，拆迁农村各类房屋40.2万m^2，生产安置人口1万人，累计完成征地拆迁和移民安置投资13.8亿元。

（一）工程用地手续办理工作

江苏省政府非常重视，多次协调耕地补偿标准和占补平衡，江苏省南水北调办把工程用地手续办理作为年度重点工作来抓。

1. 调水工程方面

（1）为保证刘老涧二站、泗洪站、泗阳站工程开工合法用地，积极协调办理先行用地手续。结合实际情况对征用地红线进一步优化，尽量减少使用农村集体土地，临时用地也尽量协调使用原水利或者船闸管理单位的国有管理用地，减少征用地矛盾。积极协调宿迁市及工程涉及的泗洪县和泗阳县国土部门，做好先行用地手续的报批材料组织，并商情江苏省国土资源厅及时将泗洪站、泗阳站、皂河二站工程先行用地手续报送国土资源部。

（2）推进在建工程正式用地手续办理。2009年2～8月，江苏省南水北调办与江苏省财政厅、国土资源厅、水利厅多次会商工程建设征地标准问题，同时会同江苏水源公司、江苏省国土资源厅有关部门分别到徐州、宿迁、淮安、扬州等市核实工程征用地范围，做好征地手续报批各项准备工作。在江苏省政府就南水北调江苏段工程建设征地补偿标准等重大问题作出决定后，江苏省南水北调办会同省国土资源厅随即在扬州召开全省南水北调工程征地工作会议，部署南水北调江苏境内工程用地手续办理工作。9月与江苏省南水北调办、江苏省国土资源厅、江苏省土地勘测规划院、征地事务所就征地服务、勘测定界以及规划调整等具体工作达成一致意见，由江苏省土地勘测规划院、征地事务所统一归口办理江苏境内南水北调工程相关手续，并签署南水北调工程征地服务、勘测定界、规划调整委托服务合同。在建工程土地手续办理正式启动，开始用地报批材料组织。截至2009年底，三阳河潼河宝应站工程用地报批材料已经报江苏省国土资源厅审查；徐州市境内刘山站、解台站、蔺家坝站、骆马湖水资源控制工程勘测定界完成、规划调整基本完成，用地报批材料正在组织；宿迁市境内刘老涧二站、泗洪站、泗阳站、皂河二站勘测定界完成，规划调整、用地报批材料基本完成；淮阴三站、淮安四站及输水河道工程勘测定界正在进行。

2. 截污导流工程方面

协助、指导徐州、淮安、宿迁、江都市截污导流工程建设处做好用地手续办理相关工作。在用地材料组织之前，指导各地方做好相关准备工作，报送过程中，积极协调江苏省国土相关部门审查。配合徐州市截污导流建设处，在一个多月时间内完成工程压矿和地质灾害评估等用地手续办理基础工作。截至2009年底，宿迁市截污导流工程建设用地手续已经批准，淮安、江都市截污导流工程建设用地手续已经上报江苏省国土资源厅。

（二）开工项目征地拆迁工作

征迁工作的重点是保证工程建设用地，在工程开工前及早做好征地拆迁工作，既可保证工程建设用地，又可保证群众合法权益。

为保证新工程按时开工，提前主动研究实施方法，拟订实施计划，将征地拆迁相关工作提前办理。

1. 明确征迁实施管理体制

江苏省南水北调办及时与地方政府磋商刘老涧二站、泗洪站、泗阳站等宿迁市境内工程实施管理体制，明确由省与县直接签订征地拆迁投资和任务包干协议，县为基础实施，市负责协调，县以下实行报账的体制。

2. 落实征迁监督评估单位

因工程概算批复时间迟，开工时间紧，要保证开工用地，征迁需提前实施，而实物量联合调查复核又需要监测评估单位。在政策允许条件下，采取委托方式确定监理监测评估单位。2009 年新开工的刘老涧二站、泗阳站、泗洪站、皂河二站工程移民监理、监测评估单位都已确定，并签订委托协议。

3. 现场办公促进实施

为加快泗阳站工程征迁进度，江苏省南水北调办及时到泗阳现场办公，及时解决泗阳站管理所职工住宅楼拆迁和泵站红线范围内大面积突击建房拆迁问题，使职工住宅楼拆迁平稳完成。

4. 征迁实物量调查复核

2009 年 2 月，江苏省南水北调办组织刘老涧二站工程征地移民红线踏勘和实物量复核。5 月，根据泗阳站征地拆迁红线图组织移民监理、建设、设计、勘测等部门现场测放征地红线，对泗阳站拆迁范围内实物量进行复核。6 月，组织进行泗洪站工程征地红线现场测放，对拆迁范围内实物量进行复核，开挖工程范围界沟。11 月，完成皂河二站工程征迁实物量复核。

5. 培训征迁工作人员

为保证征迁工作规范实施，提高工作人员的政策水平和工作水平，江苏省南水北调办编辑印刷了《南水北调征地拆迁文件制度汇编》，将征迁方面的法律法规、南水北调征地移民政策和江苏省南水北调征地移民文件编印成册，征迁工作人员人手一份，并分别对刘老涧二站、泗洪站和泗阳站工程拆迁工作人员、财务管理人员进行培训和现场指导。

6. 签订包干协议

通过复核实物量，测算补偿概算并协商一致后，江苏省南水北调办分别与江苏省骆运水利工程管理处、泗洪县政府、泗阳县政府、宿豫区政府签订了刘老涧二站、泗阳站、泗洪站、皂河二站工程征地拆迁任务和资金包干协议，明确拆迁安置任务、完成时间和补偿资金。

7. 补偿资金及时拨付

为不耽误拆迁时间，及时提出用款计划，筹措资金，按时下拨，保证征地拆迁的补偿兑付到位。

（三）南四湖水资源控制工程征迁工作

为了推动南四湖水资源控制工程建设，协调处理边界水事矛盾，国务院南水北调办等国家有关部门给予了高度重视和关心支持。江苏省委、省政府高度重视，省委常委、副省长黄莉新主持召开协调会，提出解决问题原则意见，江苏省南水北调办领导同志多次到现场调查了解情况，提出解决问题的办法。经国务院南水北调办批准，南四湖水资源控制工程中杨官屯河闸、大沙河闸的初步设计做了适当变更，两个闸的通航宽度均由原来的 10m 调整为 12m，闸室长度分别从 80m、100m 调整为 160m，提高了两个闸的通航能力。截至 2009 年底，姚楼河闸工程进展顺利，大沙河闸工程施工正常，杨官屯河闸工程征迁工作已经启动。

（四）在建工程征迁扫尾工作

刘山站、解台站、蔺家坝站、骆马湖水资源控制、淮阴三站、淮安四站及输水河道工程征地拆迁和移民安置工作基本结束，但一直未能进行专项验收。2009 年，各征迁责任单位加强了实施方案变更的完善手续，积极处理遗留问题，做好征迁扫尾工作。

江苏省南水北调办会同江苏水源公司对

淮阴三站、淮安四站拆迁实物量进行现场核实，协调提出淮阴三站越闸人员安置方案；会同徐州市南水北调办组织铜山县有关部门对蔺家坝泵站工程剩余临时占地进行移交和接收；现场处理了白马湖农场征地拆迁、档案整理等遗留问题以及与楚州区边界矛盾；根据规定处理楚州区南闸镇白马湖湖区渔民上访，并结合地方规划妥善安置渔民生产生活问题。淮安、扬州市南水北调办已完成对征迁安置遗留问题追加经费报批手续，江苏省南水北调办及时进行了批复，对淮四输水河道扬州征地移民档案进行验收。

（五）截污导流工程拆迁安置工作

截污导流工程的项目法人由各地方政府负责组建，征迁工作具体组织实施由地方负责。为依法规范实施，保证公开、公平、公正，江苏省南水北调办加强了指导和督促工作。徐州工程初步设计批复后，及时指导项目法人，按照大纲要求编制《移民安置实施方案》，进行实物量复核、公示，建立“一户一卡”，并在具体实施中跟踪督促检查。指导江都、宿迁市项目法人做好征迁扫尾和移民完工验收准备工作，督促淮安市项目法人按照工程实际变化做好城区拆迁安置工作。

（六）初步设计阶段征迁前期工作

2009 年，江苏省南水北调办加强了对调水工程初步设计阶段移民安置规划的审核把关。

1. 确定统一的补偿标准

江苏省南水北调办要求项目设计单位要加强各地方社会经济情况调查，准确测算年产值和其他地面附着物重置补偿价格，并按照国家颁布的新规范计列相关补偿费用，保证被征迁群众的权益，减少征迁实施难度。

2. 提早介入征迁前期工作

江苏省南水北调办参加了由水利部水规总院组织的对骆南中运河、高水河、淮安二站工程的初步设计审查及概算审查；配合江苏水源公司对刘老涧、泗阳、泗洪、皂河一站、皂河二站工程等 5 个泵站进行概算审查；配合江苏水源公司、江苏省水利勘测设计研究院有限公司对里下河水源调整工程卤汀河、大三王河进行现场查勘和调查，参加了国务院南水北调办组织的初步设计初审；配合江苏水源公司对泗洪站工程总体布置及征迁方案进行讨论；配合江苏水源公司组织对即将开工工程的概算批复交底会和金湖泵站金湖殡仪馆迁建审查会；配合江苏水源公司对金宝航道工程进行初步设计初审，组织专家对金宝航道工程电力影响专项设计进行审查，参加金宝航道等工程初步设计复审。

（七）征地移民资金管理

2009 年，在建工程征迁安置工作基本完成，为进一步规范移民资金管理，全面摸清征迁安置资金的使用情况，配合国务院南水北调办组织的对江苏南水北调 2008 年工程征地移民资金专项审计工作，并督促有关市、县做好国务院南水北调办对江苏南水北调 2008 年工程征地移民资金专项审计的解释及整改工作。委托江苏益诚会计事务所对淮安市楚州区南水北调工程征地拆迁和移民安置经费进行审计，并督促及时整改。

（王志林　徐忠阳）

工程审计与稽察

（一）工程审计

1. 配合国务院南水北调办开展审计复查及专项审计

2009 年 2 月初，国务院南水北调办委托北京中建华会计师事务所对江苏水源公司落实 2007 年度专项审计整改情况进行复查，同时对 2008 年度工程建设资金开展专项审计。江苏水源公司对此非常重视，精心准备、积极配合，较好地完成了审计配合工作。一是开展自查，对江苏水源公司 2008 年度财务管理情况、合同管理情况进行全面自查，同时要求各建设处也开展自查，以迎接审计；二是根据各部门职责制定审计配合方案，报公司领导批准后，按照配合方案配合审计；三是积极做好审计配合工作，审计过程中主动提供资料，介绍情况，并对审计单位提出的审计证明材料进行认真复核，并积极与审计人员进行交流、沟通；四是按期完成整改工作，对审计中发现的问题要求有关单位及时整改到位，并按照国务院南水北调办的要求及时报送整改报告。从审计结果来看，江苏水源公司能够严格执行国家有关财经法规和公司的规章制度，资金使用规范，确保了工程建设资金安全规范。

2. 配合审计署开展延伸审计

审计署农林水审计局在国务院南水北调办进行经济责任审计，并于6月份至江苏水源公司进行延伸审计，对此，对有关凭证、账簿、报表、合同等资料进行整理，并对有关经济业务进行了自查，对2007年度审计署审计决定和审计报告的整改情况进行了梳理以备复查。在延伸审计期间，除配合做好现场审计工作外，还根据要求，对审计署审计决定整改时遗留的淮阴三站挡洪闸资金问题、宝应夏集镇蒋庄等村使用征地移民资金还债等问题整改情况进行了汇报，对三阳河潼河宝应站工程地方配套资金问题进行了说明，按照审计署要求对工程开工以来历年投资完成情况、管理费开支情况进行汇总，并具体分析了管理费超支原因。

3. 配合中央扩大内需促进经济增长政策落实检查组检查

2009年10月，中央扩大内需促进经济增长政策落实第二十三检查组来江苏省开展检查，重点配合检查组做好资金和财务管理方面情况的检查，对纳入扩大内需的中央资金使用管理情况进行了梳理，对刘老涧二站、泗洪站工程建设处的资金使用情况进行了自查。圆满配合完成检查，江苏水源公司的财务管理工作得到了检查组的高度评价，认为公司资金拨付使用程序规范有序，非常严谨，资金调度及使用中符合财政部的要求，做到了科学化、精细化。

（二）工程稽察

2009年，江苏省南水北调办参与、配合国务院南水北调办对南水北调东线江苏境内截污导流工程的稽察工作，针对稽察中发现的问题，督促淮安、徐州等市截污导流工程项目法人及现场参建各方认真整改到位，吸取经验，总结得失，促进了建设管理水平的提高。

（宁震宇　薛刘宇　刘丽君）

工 程 基 金

江苏省政府及有关部门十分重视南水北调工程基金征收工作，积极采取多种措施落实基金工作。一是及时下达2009年度各市南水北调基金征收任务，并督促各市将征收任务进一步分解至县（市、区）；二是采取基金征缴与水利项目、地方项目、涉水项目的行政审批、水利投资计划安排及年度目标考核挂钩等措施；三是组织开展水资源管理专项整治和用水大户审计工作，对重点市县的基金征缴加强督察，切实加大征缴力度。截至2009年底，江苏省全省已累计征收南水北调工程基金6.12亿元，按计划上缴国家财政的5.57亿元南水北调工程基金已及时足额上缴，同时江苏省财政调度2亿元，用于治污工程建设。

（杨金海　张树麟）

环 境 保 护

治污环保是南水北调东线工程成败的关键，关系到工程效益的发挥。江苏是东线工程的源头，保证清洁水源出省是江苏的重大职责。江苏省委、省政府紧紧围绕“先节水后调水，先治污后通水，先环保后用水”的总体原则，坚持把做好南水北调治污工作作为贯彻科学发展观、加强环境保护、加快生态省建设的重要举措。

（1）强化环保指标考核，严格实施《江苏省市县党政主要领导干部环保实绩考核实施细则》，要求工程沿线各级政府牢固树立环保优先意识，真正把治污环保的各项工作落到实处。对境内14个水质监测断面加强观测，对尚未达标的2个断面，在认真调查评估的基础上，着手提出进一步治理方案，确保2013年达到水质目标。

（2）调整优化沿线地区产业结构，提高企业准入门槛，严格项目审查审批，严禁在调水沿线周边地区再上高耗水、高污染项目，限期整顿关闭污染严重的企业，加强污水处理厂升级改造，建立更加严格的目标考核和问责制度。

（3）对治污方案实施情况进行全面检查评估，按照南水北调治污单元控制方案，由环保部门牵头组织全面检查评估，对存在问题，提出进一步治理的方案和措施。

南水北调东线江苏段水质已得到明显改善。2009年，江苏段14个控制断面水质按高锰酸盐指数等6项指标评价，有12个达到地表水Ⅲ类标准，达标率85.7%。

（杨金海　张树麟）

治污工程进展及水质

（一）工程进展

2009年，《南水北调东线工程江苏段控制单元治污实施方案》确定的102项治污项目，已全部开工建设，完成98项，完成率96.1%；在建4项，在建率3.9%。其中，65项工业点源治理项目和26项污水处理厂已全部完成；6项综合整治项目已全部开工建设，其中，苏北运河船舶污染综合整治、江都垃圾场搬迁、高邮黑液塘、徐州大吴氧化塘改建污水处理厂项目已经完成；徐州桃园氧化塘改建污水处理厂和江都源头生态保护项目正在实施，预计2010年底可以基本全部完成；5项截污导流工程全部开工建设，其中江都、泰州、宿迁市截污导流工程已经建成，淮安、徐州市截污导流工程正在建设，预计2010年底可以基本全部完成。

（二）水质情况

根据环保部门监测数据，南水北调东线江苏段水质在不断改善。列入考核目标的14个断面有12个断面水质达到地表水Ⅲ类标准，达标率85.7%；未达标的2个断面，正在组织综合评估。

（杨金海　张树麟）

山　东　段

概　　述

2009年，山东省南水北调系统紧紧围绕国务院南水北调建委确定的东线一期工程2013年建成通水的目标，认真贯彻中央、省委关于扩内需、促增长、惠民生、保稳定的重大决策部署，突出加快前期工作、多开工单元工程项目、加快在建工程建设进度、加强工程质量管理、加强廉政建设、加强征地迁占等工作，着力攻克影响全局工作的重点、难点、热点问题，积极营造支持和推进南水北调工程建设的氛围，全力加快山东境内工程建设，山东段工程全面推进、提速建设的局面已初步形成。截至2009年底，山东境内干线一期11个单项工程、53个设计单元工程中，已开工建设7个单项、41个设计单元工程，共完成投资564 300万元。其中2008年第四季度中央实施扩内需的重大决策以来完成投资324 000万元，多于前7年完成的总和。

（一）干线主体工程前期报批工作

山东省南水北调工程建设管理局（以下简称山东省南水北调建管局）把加快全部未审批工程前期工作，提供高标准、高质量的前期成果，作为促进工程建设全面提速的"龙头"。一是超前谋划，压茬推进，把设计文件报送、审查过程协调、审后设计文件修改完善、及时反馈等节点性工作作为重点，努力把整体时间压缩到最短。二是及时协调，努力做到急事急办、特事特办。特别是在桥梁、电力设施、穿跨铁路、港口码头等专项设施的前期工作上，加大前期协调力度，分别与山东省交通运输厅（港航局）、铁路局、电力集团等单位建立了联席会议机制，形成了密切配合、共同推进的合力。截至2009年底，山东境内干线一期11个单项工程、53个设计单元中，已有7个单项、41个设计单元工程开工建设，有8个设计单元工程已上报待批，剩余的南四湖下级湖抬高蓄水位影响处理工程、东平湖输蓄水影响处理工程、调度运行管理系统和管理设施专项4个设计单元工程正在开展初步设计工作。

（二）在建项目进展

济平干渠工程目前已完成竣工验收前的各项准备工作，并向国务院南水北调办呈报了竣工验收申请，等待验收。韩庄运河段工程已完成投资56 100万元，占下达计划的75%，其中万年闸泵站、台儿庄泵站主体工程已经完工，并进行试运行；三支沟、魏家沟2项水资源控制工程主体工程已经完工。南四湖水资源控制及水质监测工程已完成投资27 100万元，占下达计划的76%，其中二级坝泵站主体工程已完工；姚楼河、杨官屯河、大沙河、潘庄引河4个节制闸工程按照水利部、国务院南水北调办意见，委托淮河水利委员会建设，正在实施，其中潘庄引河闸基本完成。穿黄河工程已完成投资25 500万元，占下达计划的51%。济南至引黄济青段工程的济南市区段工程已完成投资151 200万元，占下达计划的72%；双王城、东湖水库工程于2009年12月31日召开建设动员会。21项中水截蓄导用工程共完成投资76 700万元，占下达计划的52%，其中曲阜、嘉祥、金乡、宁阳、临沂、夏津、临清、鱼台、滕州城郭河、北沙河等10个项目已完成主体工程施工。南四湖至东平湖段工程完成投资20 500万元，占下达计划的37%，征地迁占、招标投标、施工图设计、泵站模型试验等关键节点性工作正按计划有序压茬进行。

（三）工程建设管理工作

严格执行国家及国务院南水北调办有关规定，严格履行项目法人、建设监理、招标投标和合同管理"四项制度"。强化设计、监理、施工、材料供应等单位责任，加强过程控制，严把验收环节，确保工程质量。各在建工程质量处于受控状态，已完单元工程合格率100%，优良率达91%，分部工程优良率达86%。全面贯彻落实国家和山东省工程建设安全生产管理规范，坚持"安全第一、预防为主、综合治理"，进一步完善安全生产事故应急预案，对灾害天气早部署、早动员、早预防，保持了安全生产无事故的良好态势。切实加强工程保险工作，对穿黄河工程、鲁北段工程、济南市区段工程、两湖段工程及韩庄泵站、二级坝泵站等工程进行了投保。穿黄河工程已理赔约35万元，济南市区段工程已理赔202万元，较好地保障了工程的顺利实施，有效地抵御了不可预见的工程建设风险。

（四）征地迁占工作

始终坚持维护工程建设大局和维护工程沿线人民群众合法利益的原则，扎实深入做好征地迁占工作，营造无障碍施工环境。截至2009年底，共完成永久征地2.4万亩，拆迁房屋19万m^2，搬迁人口3824人，生产安置人口11 783人，迁移电力、通信、管道、水文等各类专项设施500余处，完成征地移民投资188 000万元。南四湖水资源控制与水质检测工程中的姚楼河、杨官屯河、大沙河、潘庄引河4个节制闸工程征地已经完成并交付使用；两湖段工程的长沟、邓楼泵站征迁工作基本完成；东湖水库和双王城水库征迁工作全面启动，进展顺利；济南市区段工程与小清河综合治理工程相结合的征迁模式被国务院南水北调办张基尧主任称赞为城市征迁模式的创新。各在建工程的征迁工作基本满足了工程建设需要，同时保持了项目区的社会稳定。

（五）完建工程运行管理

对已完工和即将完工的工程，提前安排调研，及时提出管理对策。一是加强完建工程的日常运行管理，制定完善各种规章制度，确保发挥工程效益。与公安部门联合，建立治安室，强化安保措施，有效扼制了工程范围内乱种、乱放、拉土、放牧等违规违法现象的发生蔓延。二是根据国家水利工程管理体制改革有关要求，对已建成的济平干渠工程的运行管理探索管养分离的路子，为今后工程的运行积累经验。三是根据济平干渠管理遇到的问题，安排力量详细调研并编制上报了《南水北调东线一期山东境内干线工程管理方案》，为工程建成后的管理奠定基础。四是对即将完工的台儿庄泵站委托山东省胶东调水局负责工程建成后的运行管理工作，探索委托管理的路子。同时与山东水利职业学院、技术学院联合培训泵站运行值班人员，为今后泵站运行管理进行人才储备。

（武　健）

前　期　工　作

2008年11月南水北调东线一期工程可行性研究总报告获得批复以来，南水北调东线山东段工程前期工作进一步加快推进，并取得了突破性进展，先后组织完成了济南—引黄济青段、“两湖段”、鲁北段等工程初步设计报告的编制、初审、审查和上报批复等工作。南水北调山东段续建配套工程规划修订、可研编制也同步进行。截至2009年底，山东南水北调工程32个设计单元工程中（不包括截污导流工程），19个设计单元工程初步设计及概算已获批复，1个设计单元工程初步设计技术方案已获批复。其中：2009年内批复了7个设计单元工程初步设计。剩余的各设计单元工程初步设计已通过国务院南水北调办组织的预审和复审。

（一）济南—引黄济青段工程

该段工程包括济南市区段、明渠段、东湖水库和双王城水库4个设计单元工程。济南市区段工程已于2008年11月与济南市小清河综合治理工程结合实施。东湖水库、双王城水库2个设计单元工程初步设计报告分别于2009年11月和12月获得国务院南水北调办批复。明渠段工程2009年2月、4月分别通过了水利部水规总院组织的专家预审、复审。

（二）南四湖—东平湖段工程

南四湖至东平湖段工程包括长沟、邓楼、八里湾3座泵站，灌区影响处理工程、梁济运河工程、柳长河工程和南四湖湖内疏浚工程7个设计单元工程。长沟、邓楼、八里湾3座泵站及灌区影响处理等4个设计单元工程初步设计报告和南四湖湖内疏浚1个设计单元工程初步设计技术方案已经获得国家批复；梁济运河、柳长河2个设计单元工程初步设计报告和桥梁专题报告也分别于2009年5月、12月通过水利部水规总院会同交通运输部规划研究院组织的专家预审和复审。

（三）鲁北段工程

鲁北段工程作为山东境内输水干线末端的一个单项工程，包括大屯水库工程、七一六五河工程、小运河工程和灌区影响处理工程4个设计单元工程。4个设计单元工程初步设计报告已分别于2009年8月、11月通过了水利部水规总院组织的专家预审、复审。其中大屯水库防渗方案问题设计单位也进行了多次研究、论证，大屯水库、灌区影响处理工程已具备批复条件。

（四）其他各单项工程

根据国务院南水北调办2009年9月初步设计工作会议精神，结合山东省实际，按照计划安排，东平湖输蓄水影响处理工程初步设计已委托中水北方勘测设计研究有限责任公司进行；南四湖下级湖抬高蓄水位影响处理工程拟委托淮河水利委员会设计院进行；调度运行管理系统工程初步设计拟于近期招标，有关工作将相机开展；修改完善后的工程管理专项报告已于2009年6月11日上报国务院南水北调办。目前设计单位正按照2009年10月国务院南水北调办提出的修改意见进行修改完善。

（徐国涛）

投资计划管理

截至2009年底，国家累计批复南水北调工程项目总投资990 906万元，累计下达投资计划780 337万元（不包括水利部下达的前期工作经费，下同），累计到位资金548 880万元，累计完成投资558 673万元。

（一）计划下达情况

截至2009年底，共下达投资计划780 337万元，其中：中央预算内投资254 471万元，中央预算内专项资金92 000万元，南水北调工程基金127 309万元，贷款306 557万元。

（二）资金到位情况

截至2009年底，共到位资金548 880万元，其中：中央预算内投资219 471万元，中央预算内专项资金127 000万元，南水北调工程基金106 309万元，贷款96 100万元。

（三）投资完成情况

截至2009年底，累计完成投资558 673万元。具体情况如下：

（1）济平干渠工程。共下达投资计划133 815万元，其中：中央预算内投资3200万元，中央预算内专项资金（国债）55 800万元、地方配套38 800万元、贷款36 015万元。到位资金133 815万元，其中，中央预算内投资3200万元，中央预算内专项资金（国债）55 800万元、地方配套38 800万元、贷款36 015万元。工程累计完成投资125 465万元。

（2）万年闸泵站工程。共下达投资计划25 371万元，其中：中央预算内投资205万元，中央预算内专项资金（国债）12 000万元，贷款7166万元，南水北调工程基金6000万元。实际到位资金18 205万元，其中：中央预算内投资205万元，中央预算内专项资金（国债）12 000万元，南水北调工程基金6000万元。万年闸泵站工程累计完成投资20 781万元。本年完成投资1751万元。

（3）韩庄泵站工程。共下达投资计划22 762万元，其中：中央预算内投资1000万元，中央预算内专项资金（国债）8000万元，贷款7762万元，南水北调工程基金6000万元。实际到位资金15 000万元，其中，中央预算内投资1000万元，中央预算内专项资金（国债）8000万元，南水北调工程基金6000万元。韩庄泵站工程累计完成投资12 407万元。本年完成投资7390万元。

（4）台儿庄泵站工程。共下达投资计划24 947万元，其中：中央预算内投资1883万元，中央预算内专项资金（国债）8900万元，贷款5064万元，南水北调工程基金9100万元。实际到位资金19 400万元，其中：中央预算内投资1883万元，中央预算内专项资金（国债）8900万元，贷款2000万元，南水北调工程基金9100万元。工程累计完成投资22 116万元。本年完成投资2280万元。

（5）韩庄运河段水资源控制工程。共下达投资计划2009万元，其中：央预算内投资500万元，中央预算内专项资金（国债）100

万元，南水北调工程基金1409万元。实际到位资金2009万元，其中：中央预算内投资500万元，中央预算内专项资金（国债）100万元，南水北调工程基金1409万元。工程累计完成投资792万元。本年完成投资792万元。

（6）二级坝泵站工程。共下达投资计划25 217万元，中央预算内投资18 017万元，中央预算内专项资金（国债）7200万元。实际到位资金25 217万元，其中，中央预算内投资18 017万元，中央预算内专项资金（国债）7200万元。工程累计完成投资22 049万元。本年完成投资11 865万元。

（7）姚楼河闸工程。共下达投资计划2232万元（山东江苏各占投资计划的一半，实际下达山东的投资计划为1116万元），全部为中央预算内投资。实际到位资金1116万元，全部为中央预算内投资。工程累计完成投资2083万元。本年完成投资2083万元。

（8）杨官屯河闸工程。共下达投资计划3014万元（山东江苏各占投资计划的一半，实际下达山东的投资计划为1507万元），全部为中央预算内投资。实际到位资金1507万元，全部为中央预算内投资。工程累计完成投资536万元。本年完成投资536万元。

（9）大沙河闸工程。共下达投资计划9103万元（山东江苏各占投资计划的一半，实际下达山东的投资计划为4551万元），全部为中央预算内投资。实际到位资金4551万元，全部为中央预算内投资。工程累计完成投资1769万元。本年完成投资1769万元。

（10）潘庄引河工程。共下达投资计划1360万元，全部为中央预算内投资。实际到位资金1360万元，全部为中央预算内投资。工程累计完成投资1346万元。本年完成投资1346万元。

（11）东线穿黄河工程。共下达投资计划50 000万元，其中：中央预算内投资25 000万元，贷款15 000万元，南水北调工程基金10 000万元。实际到位资金35 085万元，其中：中央预算内投资25 000万元，贷款85万元，南水北调工程基金10 000万元。工程累计完成投资25 476万元。本年完成投资12 028万元。

（12）济南市区段输水工程。共下达投资计划21 000万元，其中：中央预算内投资65 000万元，贷款120 000万元，南水北调工程基金25 000万元。实际到位资金115 000万元，其中：中央预算内投资65 000万元，贷款25 000万元，南水北调工程基金25 000万元。工程累计完成投资151 169万元。本年完成投资53 664万元。

（13）东湖水库工程。共下达投资计划52 302万元（以“济南至引黄济青段”单项工程名义下达，与济南市区段工程和双王城水库工程共用），其中：中央预算内投资35 000万元，贷款17 302万元。实际到位资金35 000万元，全部为中央预算内投资。工程累计完成投资35 513万元。本年完成投资35 513万元。

（14）双王城水库工程。共下达投资计划52 302万元（以“济南至引黄济青段”单项工程名义下达，与济南市区段工程和东湖水库工程共用），其中：中央预算内投资35 000万元，贷款17 302万元。实际到位资金35 000万元，全部为中央预算内投资。工程累计完成投资21 217万元。本年完成投资21 217万元。

（15）引黄灌区灌溉影响处理工程。共下达投资计划17 000万元，其中：中央预算内投资9000万元，贷款8000万元。实际到位资金9000万元，全部为中央预算内投资。工程累计完成投资8752万元。本年完成投资8752万元。

（16）长沟泵站工程。共下达投资计划15 000万元，其中：中央预算内投资8000万元，贷款7000万元。实际到位资金8000万元，全部为中央预算内投资。工程累计完成投资6564万元。本年完成投资6564万元。

（17）邓楼泵站工程。共下达投资计划15 000万元，其中：中央预算内投资8000万元，贷款7000万元。实际到位资金8000万元，全部为中央预算内投资。工程累计完成投资5138万元。本年完成投资5138万元。

（18）截污导流工程。共下达投资计划147 548万元，其中：中央预算内投资43 300万元，贷款73 248万元，南水北调工程基金31 000万元。实际到位资金76 300万元，其中，中央预算内投资43 300万元，贷款33 000万元。工程累计完成投资76 668万元。本年完成投资49 869万元。

（19）山东段文物专项工程。共下达投资计划3233万元，全部为中央预算内投资。实际到位资金3233万元，全部为中央预算内投资。工程累计完成投资3233万元。本年完成投资3233万元。

（20）初步设计专项。国务院南水北调办共下达山东省初步设计工作投资计划17 750万元，全部为中央预算内投资。实际到位资金17 750万元，全部为中央预算内投资，累计完成15 600万元。本年完成投资2700万元。

（四）形象进度

（1）万年闸泵站工程。于2004年11月18日开工建设，是山东境内第一座开工建设的泵站。截至2009年底，共完成土方165.99万m^3、石方2.49万m^3、混凝土浇筑49 700m^3、金属结构制作安装1228.14t。实际永久征地789.4亩，搬迁41人，生产安置495人，拆迁房1628m^2。

（2）韩庄泵站工程。于2007年4月3日开工。截至2009年底，韩庄泵站工程共完成土方100.7万m^3、石方4.39万m^3、混凝土26 306m^3。实际永久征地555.3亩，搬迁17人，生产安置364人，拆迁房655m^2。

（3）台儿庄泵站工程。于2005年12月18日正式开工。截至2009年底，台儿庄泵站工程共完成土方111.5万m^3、石方1052m^3、混凝土53 700m^3、金属结构804t。实际永久征地381.8亩，搬迁安置129人，生产安置1035人，拆迁房屋6124m^2。

（4）韩庄运河段水资源控制工程。于2008年3月开工建设。截至2009年底，韩庄运河段水资源控制工程共完成土方4.28万m^3，混凝土2120m^3。总计完成投资792万元。实际永久征地15.17亩。

（5）二级坝泵站工程。于2007年3月30日开工建设。截至2009年底，二级坝泵站工程共完成土方152.71万m^3、石方1060m^2、混凝土37 155m^3、金属结构720t。实际永久征地901.8亩，生产安置489人，拆迁房屋280m^2。

（6）姚楼河闸工程。于2008年9月开工建设。截至2009年底，姚楼河闸工程共完成土方17万m^3、石方1700m^2、混凝土6600m^3、金属结构64t。山东境内实际永久征地223.2亩，搬迁4人，拆迁房屋135m^2。

（7）杨官屯河闸工程。于2009年3月开工建设。杨官屯河闸由于船闸设计变更的原因，没有形成较具规模的工程建设进度。山东境内实际永久征地197.8亩。

（8）大沙河闸工程。于2009年3月开工建设。大沙河闸工程由于船闸变更设计问题，2009年10月才正式复工。截至2009年底，大沙河闸工程共完成土方11.8万m^3、混凝土1900m^3。山东境内实际永久征地370.02亩，拆迁房屋74.2m^2。

（9）潘庄引河闸工程。于2008年12月16日开工建设。截至2009年底，潘庄引河闸工程共完成土方6.26万m^3、石方400m^3、混凝土3800m^3。实际永久征地90.84亩，拆迁房屋74.2m^2。

（10）东线穿黄河工程。于2008年3月1日正式开工建设。截至2009年底，东线穿黄河工程共完成土方468.70万m^3、石方2.04万m^3、混凝土126 800m^3。实际永久征地573亩，生产安置406人，拆迁房屋18 238m^2。

（11）济南市区段工程。于2008年11月12日举行开工仪式。截至2009年底，济南市区段工程共完成土方293.22万m^3、混凝土357 700m^3。实际永久征地286亩，生产安置2505人，拆迁房屋122 263m^2。

（12）东湖水库工程、双王城水库工程。于2009年12月31日举行了建设动员大会。目前，主要完成了移民迁占资金和设计费。

（13）南四湖—东平湖段长沟泵站工程、邓楼泵站工程、引黄灌区灌溉影响处理工程。于2009年6月4日举行了开工仪式。目前，主要完成了工程预付款、移民迁占资金和设计费。

（14）截污导流工程。于2008年底前实现了所有项目全部开工建设的目标。截至2009年底，共计完成土方1328万m^3、混凝土229 004m^3。

（徐国涛）

建 设 管 理

（一）现场机构设置

（1）济平干渠工程。工程建成后，于2007年3月2日成立济平干渠工程管理局，负责现场管理和运行。

（2）南四湖—东平湖段输水与航运结合工程。山东省南水北调工程建设指挥部成立了南四湖—东平湖段工程建设指挥部，主要负责工程建设协调工作。山东干线公司成立了山东省南水北调南四湖—东平湖段工程建设管理局，作为现场建设管理机构，统一负责工程的建设管理工作。引黄灌区灌溉影响处理工程由南水北调山东干线有限责任公司（以下简称山东干线公司）委托梁山县引黄灌区灌溉影响处理工程建设管理处负责工程现场建设管理工作。八里湾泵站工程由山东干线公司委托黄河东平湖管理局负责工程建设，黄河东平湖管理局组建了南水北调东线八里湾泵站工程建设管理局具体负责现场工程建设管理工作。

（3）鲁北段工程。山东干线公司组建了山东省南水北调鲁北段工程建设管理局作为现场建管机构具体负责工程建设管理工作。

（二）工程招标投标

根据工程施工特点、内容、工程量、投资、行政区划等和国务院南水北调办关于标段划分的指导原则，按照有利于质量、进度、投资控制的原则，合理划分标段，并报国务院南水北调办审批。认真编制招标文件，并加强招标文件审查工作，所有招标文件都实行了会审制度。不断完善评标办法，实行了无标底招标，在国务院南水北调办指定的媒体发布招标公告。开标过程实行公证制度，评标由山东省监察厅驻水利厅监察专员办公室和山东省南水北调建管局派员全过程监督。

2009年共完成招投标47个，其中：济平干渠管理房工程标2个；韩庄泵站金属结构、液压启闭机、管理房、电气设备工程标4个；二级坝泵站变压器、高压开关、计算机监控3个；截污导流工程监理、施工标13个；济南市区段工程监理标2个、施工标2个；济南—引黄济青段工程移民监理标6个；南四湖—东平湖段移民监理标5个，长沟泵站、邓楼泵站监理标2个，长沟泵站施工标1个，邓楼泵站施工标1个，长沟泵站、邓楼泵站、八里湾泵站水泵机组标3个，灌区影响工程监理、金属结构及机电设备采购和安装工程3个。全年共签订监理招标合同额3893.74万元，施工招标合同额64 384.69万元，设备采购招标合同额10 612.05万元，共签订招标合同额78 890.48万元。

（三）合同管理

把合同管理贯穿于工程建设的全过程，严格合同管理，认真履行合同规定的义务和责任。

（1）合同文件的编制、审查、签订、归档，工程变更的程序、审查、批准和实施，计量支付的程序、工程量和单价的审查和批准严格按照山东干线公司制定的《合同文件管理规定》、《工程变更审查规定》、《承包合同计量支付管理规定》文件执行。2009年共审核在建工程计量支付资料100份，审核确认工程变更项目单价72个。

（2）2009年制定了完工结算编制办法和《南水北调工程项目管理预算编制办法（暂行)》、《南水北调工程价差报告编制办法(暂行)》的实施意见。完成了济平干渠工程、台儿庄泵站工程、万年闸泵站工程价差报告的编制，并获国务院南水北调办批复。委托山东省水利勘测设计院完成了韩庄泵站、长沟泵站工程、济南市区段工程项目管理预算和价差报告编制。

（3）因4月19日和5月9日两次大暴雨给正在建设的济洛路—洪家园桥输水暗涵工程各个标段造成不同程度的损失，向中国平安保险公司两次理赔额共计人民币176.5万元。

（四）质量管理

2009年山东段已完工程质量情况良好，累计已评定的5108个单元工程质量全部合格，其中达到优良等级的有4644个，单元工程质量优良率91%；累计已评定的70个分部工程质量全部合格，其中达到优良等级的有59个，分部工程质量优良率84%；累计已评定的2个单位工程质量全部合格，其中达到优良等级的有2个，单位工程质量优良率100%。2009年有9个单位、14人被国务院南水北调办评为质量管理先进单位和先进个人，济平干渠工程荣获山东省2009年建筑工程质量泰山杯奖。

（1）建立了项目法人负责、监理单位控制、设计单位和施工企业保证与政府监督相结合的质量保证体系。现场管理机构、监理、施工等单位都成立了质量领导小组，设立了质量管理部门，施工单位配备了专职质检人员。建立和完善了质量管理、质量检查和质量缺陷备案等制度，明确了职责和质量目标，建立了责任制。成立了山东省南水北调工程监督管理中心，负责南水北调工程质量监督检查工作。监管中心制订了《监督检查和稽察年度工作计划和方案》、《山东省南水北调工程建设稽察专家聘用管理办法》等规章制度。

（2）加强原材料、中间产品质量控制，严把材料验收关。施工、监理单位均委托具有相应水利工程试验资质的试验单位负责工程原材料的试验工作。每批进场的原材料、中间产品要求提供质量证明书、合格证，经施工单位复检、监理单位抽检合格后，方可用于工程。不合格材料及时运出现场，对主要材料和试块实行了见证取样制度。

（3）召开专题会议，研究解决工程施工技术和质量问题。为加强冬季施工质量控制，组织召开了山东省南水北调工程冬季施工管理工作会议，邀请专家对冬季混凝土施工保温防冻技术进行了讲解。针对工程施工中的技术难点和易出现的质量问题，邀请专家召开专题会议进行咨询和研究，穿黄河工程召开了滩地埋管施工降水和施工工艺、混凝土温控和防裂措施咨询会，济南市区段工程召开了基础搅拌桩施工咨询会等。

（4）强化现场质量控制。各现场建管单位和建管机构结合工程实际情况，建立了工程质量检查、巡查制度，重点加强对监理、施工单位的质量控制与保证体系的监督检查和现场质量控制，采取定期检查，日常巡查、夜查和突击检查等方式对工程质量进行监督控制，对检查中发现的问题要求相关单位进行整改。对建筑物的基础、重要隐蔽工程及工程的关键部位均采取建设、监理、设计、施工单位联合验收，有效地保证了工程质量。

各单项工程都派驻质量监督员常驻现场，监督员采取巡回检查，调阅参建单位质量管理、质量检验记录，对原材料、中间产品和工程实体质量采取随机抽样检测等形式进行现场监督。对发现的问题以口头通知或签发

《质量监督检查结果通知书》的形式要求责任单位进行整改，并对整改情况跟踪检查。

（五）安全管理

（1）层层落实安生生产责任制。山东省南水北调建管局和山东干线公司及各市南水北调办事机构，山东干线公司和各现场建管机构签订了《山东省南水北调工程2009年度安全生产责任书》。各在建工程都成立了安全生产、安全度汛领导机构，明确了责任人和安全生产管理人员，制定了安全生产规章制度，层层签订了安全生产责任书，落实了责任制。

（2）扎实开展汛期安全生产工作。严格汛期值班纪律，完善汛期值班制度，实行领导带班、全员值班的汛期值班制度。编制了《山东省南水北调在建工程2009年度度汛方案》、《山东省南水北调工程建设管理局防汛指挥调度指挥方案》。汛前、汛期开展了防汛工作大检查活动。密切关注天气变化，遇恶劣天气及时发出预警。

（3）开展多种形式的安全生产专项行动。集中开展了安全生产隐患排查治理工作。扎实开展打非治违抓责任活动推进安全生产三项行动工作。各现场建管机构、施工项目部结合工程建设特点，开展了安全生产知识竞赛和穿黄杯劳动竞赛等多种形式的安全生产培训及宣传活动。积极开展建设领域突出问题专项治理工作。

（4）建立健全应急预案体系。成立了山东省南水北调工程建设安全事故应急预案编制工作组。编制了《山东省南水北调工程建设安全事故综合应急预案》。各现场建管机构也按照有关要求制定了事故应急预案，并督促各参建单位根据工程特点、施工环境、季节变化和周边社会资源等因素，持续改进和完善了防汛、防塌方、防高空坠落、防火等专项应急预案和现场处置方案，落实了负责人员、储备了必要的应急物资，为事故应急处理提供了基本条件。

（5）强化安全生产目标管理。2009年12月份组织各现场建管机构对所辖工程施工、监理、设计单位开展了2009年安全生产目标考核工作。同时组织考核小组对各现场建管机构进行了考核。山东南水北调工程自开工以来，安全生产总体处于良好受控状态，连续7年未发生安全责任事故，做到了安全建设、和谐建设，为工程建设创造了良好的环境，保证了工程建设的顺利进行和各项建设目标的实现。

（六）文明工地建设

成立了文明工地创建组织机构，制定了文明工地创建措施方案和管理规定。开展了不同层次的文明工地大检查活动。充分发挥团员青年的突击队作用，大力开展争创青年文明号活动。现场建管机构组织职工开展联欢会、乒乓球比赛、篮球友好邀请赛等文体活动。2009年山东省水业发展研究院和济南市区段工程第五项目部、二级坝泵站项目部被国务院南水北调办命名为“2009年度青年文明号”。

（李玉波）

科 学 技 术

（一）正在开展的科技项目

（1）国家科技支撑计划课题“大型渠道设计与施工新技术研究”下设“高水头深挖渠段的边坡稳定及安全技术研究”、“边坡优化技术研究”、“大型渠道清污技术研究”等9项子课题，各项子课题科研报告的已编写完成，于2009年12月30日通过专题自验收鉴定工作。

（2）“十一五”国家科技支撑计划课题“南水北调工程东、中线一期工程沿线区域生态影响评估技术研究”建立了湿地COD扩散模型和水质—生态模型，平阴中水湿地试验基地建设基本完成，成果对解决城镇污水处理后的中水截蓄导用起到重要的示范作用。

（3）“南水北调东线长沟泵站和邓楼泵站水力设计与装置模型试验研究”科技成果通过山东省科技厅鉴定。成果针对长沟、邓楼泵站中的流道水力设计与装置模型试验中的关键技术，采用CFD技术对流道进行研究，并经装置模型试验验证，提高了水泵装置效率和水泵安装高程，节省工程投资和运行费用，成果总体达到国际先进水平。成果在南水北调东线泵站水泵选型、流道优化研究和装置模型试验中解决了有关的关键技术问题，经济社会效益显著，具有重大推广应用价值。

（4）山东省自主创新重大科技专项“南水北调（山东段）工程关键技术研究”课题，编写了《高效节能河湖清淤技术与设备研究》项目实施方案，在平原水库建设技术研究等方面取得了较大进展。

（5）水利部“948”计划技术创新与转化项目“大型渠道衬砌技术”和“大型渠道混凝土机械化衬砌成型设备成果推广转化”形成了技术开发产业模式。两项课题于2009年12月8日顺利通过水利部“948”项目管理办公室验收。

（二）工程优化与重大技术研究

（1）南水北调东线济南市区段地基处理研究。组织、实施了济南市区段输水暗涵工程土工格栅碎石垫层地基处理方案和土工袋地基处理方案的综合试验研究工作，完成了《济南—引黄济青济南市区段输水工程输水暗涵地基优化研究报告》，试验研究成果已通过技术阶段验收。该成果具有工期短、施工方便、投资省的特点。

（2）二级坝泵站采煤影响研究。通过二级坝泵站压覆煤炭资源情况调查、布置煤炭塌陷沉降观测网、政策法规调研、泵站压矿调查和场地采动灾害效应评价与分析，综合研究了采煤塌陷对二级坝泵站安全运行的影响，已取得结论成果。2009年8月31日，南水北调建委专家委召开了“南水北调东线二级坝泵站采煤影响工程安全技术咨询会”。会议认为：目前站区尚未受到采矿的不利影响；站下引水渠和站上导流渠区域的采煤不影响工程正常功能；研究成果可以作为制定二级坝泵站枢纽安全运行措施的主要技术参考。

（三）技术成果扩大与应用

（1）水利部“948”计划——大型渠道混凝土机械化成型设备推广转化。项目主要目标是实现大型渠道混凝土机械化衬砌设备的产业化，解决我国大型渠道建设亟须机械化的难题。在完成国家“十一五”科技支撑及水利部“948”项目的同时，山东省南水北调系统积极进行成果转化与推广工作，积极开拓国内外衬砌设备营销市场，努力开发新产品，现已具备建成30台衬砌设备能力。产品在国内南水北调中线、东线工程建设，平原水库建设以及国外巴基斯坦、委内瑞拉等国家的工程建设中得到应用及好评。2009年杨海波等2人赴委内瑞拉，进行设备调试和技术指导，服务和设备都得到了中工国际工程股份有限公司委内瑞拉瓜里科灌区项目部的高度评价。

（2）穿黄河工程混凝土配合比优化与应用。针对大型渠道高性能混凝土的技术要求，结合山东南水北调工程实际，经过现场试拌和试生产，采用多种技术手段进行了配合比优化，开展了物理、力学、变形、耐久性、抗裂性等性能研究。研究的成果在东线穿黄河工程中得以成功应用，混凝土的各项技术指标均符合设计要求。研究成果指导优化了穿黄河工程15万m^3混凝土的配合比方案，为工程节约水泥约7500t，改善了混凝土质量，降低工程造价约2205万元。通过本项目研究，还验证了人工机制砂在大型渠道工程中应用的可行性，仅在穿黄河工程中就减少天然河砂采挖量约9万t，缓解了天然河道的巨大环境压力和严重的生态破坏，具有显著的环境生态效益。

（3）南水北调东线暗涵工程混凝土防裂措施试验研究。要确保混凝土结构的耐久性必须控制混凝土的裂缝，南水北调东线济南市区暗涵输水工程通过混凝土防裂措施试验研究推出了综合防裂措施法。从原材料抓起，选择有利于防裂的原材料，配制高性能防裂混凝土，合理安排施工，重视施工质量，狠抓浇筑混凝土的温度控制，加强了混凝土表面的保温保湿养护，有效地避免了混凝土的早期裂缝。

(4) 水利部“948”项目——“混凝土养护材料在水利工程中的示范应用”的技术和工作报告已完成。

（四）技术规程的修编实施

(1) 受国务院南水北调办委托编制的《南水北调平原水库技术规程》自2009年6月1日起发布执行。该标准对南水北调工程平原水库的设计与施工以及施工质量、施工进度和工程造价将产生良好的指导和规范作用。

(2) 完成《渠道混凝土衬砌机械化施工质量评定验收标准》（试行）修订，修订稿上报国务院南水北调办待批。

（五）获得授权专利

“渠道成型机自动平衡装置”、“衬砌断面厚度自动检测方法及实现该方法的渠道成型机”分别被授予国家发明专利。

（六）获得奖励的科技成果

(1)“山东省南水北调工程管理体制与运行机制研究”、“南水北调工程现场建管模式理论与应用研究”、“南水北调穿黄河南干渠衬砌高性能混凝土技术研究”、“高侧渗条件下大型渠道边坡渗透变形控制技术研究”获2009年度山东省水利科学进步一等奖。

(2)“南水北调工程现场建管模式理论与应用研究”获2009年度山东省优秀成果软科学一等奖。成果针对南水北调工程现场建设管理工作需求，对南水北调工程现场建管模式与应用进行了系统研究，提出了完整的南水北调工程建设项目现场管理模式。成果已应用于山东南水北调济南—引黄济青段工程和山东南水北调韩庄运河段工程现场建设管理工作，经济效益和社会效益显著。

（七）科技交流

选派8人次，分别赴荷兰参加河道疏浚清淤技术培训，赴巴西参加大型跨流域调水技术培训，赴俄罗斯参加调水工程建设与管理技术交流会及水利工程征地移民管理培训，赴澳大利亚参加水利工程安全风险管理培训。

（八）出版专著与重要论文

(1)《南水北调工程征地移民政策与技术应用》著作出版。《南水北调工程征地移民政策与技术应用》在总结山东省南水北调工程征地移民工作实践经验的基础上，对征地移民关键环节实施规范和技术要求进行深入研究，是一本政策与技术应用相结合的专著。

(2)《大型渠道设计及施工新技术研究综述》、《长沟泵站泵装置流道优化及选型研究》等论文入选“南水北调工程建设技术论文征集活动”，《南水北调征地移民验收管理制度创新》等论文在《中国水利》等核心期刊发表。

（陈　鹏）

征　地　移　民

（一）前期工作

2009年3月16日，山东省南水北调工程建设指挥部组织召开了鲁北段工程初步设计阶段征地移民调查工作会议。

（二）组织实施

1. 济平干渠工程

2009年，完成了济平干渠工程征地移民补偿扫尾工作。2009年6月24日，山东省南水北调工程建设指挥部主持召开了济平干渠工程征地移民初步验收工作会议。会议组织成立了济平干渠征地移民初步验收委员会，验收委员会听取了设计、监理、勘测定界等单位的汇报，查阅了征地移民档案资料，咨询和讨论了有关问题，验收委员会一致认为：

济平干渠工程征地移民工作已按批准的设计内容全部完成，并取得了国土资源部批复的正式用地手续；征地移民实施严格执行国家、省有关征地移民法律、法规，未出现因征地移民问题引发的群体性事件；工程沿线群众满意，为工程建设顺利实施创造了条件；开拓性地解决了济南市区失地农民问题；现场界桩完好、边界清晰；档案资料真实完备，符合归档要求，并通过了国家档案主管部门组织的验收，征地移民初步验收程序规范严密，验收依据充分，同意通过初步验收。

2. 韩庄运河段工程

2009年完成了韩庄运河段工程永久征地边界桩埋设工作，并完成了万年闸泵站、韩庄泵站、水资源控制工程界桩的交接验收工作；协调万年闸泵站进水渠、出水渠顺利开工；解决了台儿庄泵站出水渠增加占地问题。

3. 南四湖水资源控制工程

2009年协调解决了潘庄引河闸缺失4万m^2回填土问题，落实了土源。与地方南水北调办事机构加强配合，完善施工环境保障体制，排除化解了各种施工干扰问题。督促建管单位尽快开工杨官屯河闸和大沙河闸工程。

4. 穿黄河工程

2009年完成了穿黄河工程220国道两侧集镇搬迁工作，共搬迁26户115人，拆迁房屋8361m^2。完成了位山老村搬迁扫尾工作，解决了穿黄河工程多年历史遗留问题。协调东平县解山段全线开工，实现了穿黄河隧洞工程南北两岸同时施工。完成了电力、通信、有线电视、位山引黄闸测流测沙设施等专项的迁移工作。完成了水利、交通等专项设施恢复工程第二阶段的施工招标工作，确定了施工企业。拨付征地移民资金690.05万元，累计拨款已达7283.91万元。

5. 济南—引黄济青段工程

（1）济南市区段工程。根据征迁安置进度，及时拨付了两批征地移民补偿资金30 000万元，目前已累计拨款69 000万元。完成了已开工段工程涉及的电、水、气等多条管线的迁移，拆迁了油漆厂、玻璃厂等十余家企业。协调处理因设计漏项造成的槐荫区提水泵站、灌溉渠道和10kV铁路高压线的复建问题，完成了10kV铁路线的迁建，提水泵站和灌溉渠道方案正在设计中。协调济南市有关部门完成了市区段三个阶段的征地移民监测评估工作，拨付监测评估费220万元。

（2）东湖水库和双王城水库。协调济南、潍坊两市及有关县（市、区）召开了征地移民工作座谈会，座谈研究征地补偿、征迁计划等相关问题，并对征地移民相关工作进行了安排。协调设计单位提供了征地移民初步设计修订报告、永久及临时征地坐标及红线图，与两水库涉及的市、县、乡镇及设计、监理、监测评估、勘测定界等相关单位进行了衔接。研究拟定了东湖、双王城水库工程征地移民投资包干协议、征地移民实施计划、补偿资金拨付等文件。预拨了两水库征地移民资金，共计52 000万元，为征地移民工作的实施创造了条件。

6. 南四湖—东平湖段输水与航运结合工程（以下简称两湖段工程）

（1）预拨了长沟泵站的征地移民补偿资金，完成了两湖段开工典礼用地的征用补偿、附着物清除等工作，提前交付了开工用地。

（2）2009年9月11日，两湖段工程建设指挥部召开第一次全体成员会议，山东省南水北调建管局与济宁、泰安两市人民政府签订了征地移民任务与投资包干协议。

（3）截至2009年底，基本完成了长沟泵站、邓楼泵站、引黄灌区影响处理等3个设计单元工程的建设用地征用及地面附着物清除工作，共完成永久征地2512亩，拨付征地移民资金11 100万元。

（三）征地手续办理

（1）2009年4月24日，国土资源部以国土资函［2009］541号文正式批复了韩庄运河段工程建设用地手续。

（2）2009年7月27日，枣庄市人民政府以枣政土字［2009］107号文正式批复了南四湖水资源控制工程潘庄引河闸建设用地手续。

（四）征地移民资金使用与管理

2009年，韩庄运河段万年闸泵站、韩庄泵站、台儿庄泵站分别完成征地移民投资25.2万元、108.8万元、15.9万元；南四湖水资源控制工程潘庄引河闸、大沙河闸分别完成102.9万元、24万元；穿黄河工程完成4566.7万元；济南市区段工程完成32 500万元；两湖段长沟泵站、邓楼泵站分别完成1600万元、707.51万元。

（五）制度建设

2009年，山东省南水北调建管局、山东省国土资源厅、山东省林业局联合制定印发《山东省南水北调工程临时用地复垦实施管理办法》，山东省南水北调工程建设管理局制定印发《山东省南水北调工程专项设施恢复建设实施管理暂行办法》、《山东省南水北调工程征地移民实施管理暂行办法》、《山东省南水北调工程征地移民验收管理暂行办法》和《山东省南水北调工程征地移民档案管理暂行办法》。

（六）征地移民业务培训

山东省南水北调建管局于2009年3月10～12日在济宁市举办了南四湖—东平湖段工程征地移民业务培训班，于11月30日～12月2日在潍坊市寿光市举办了双王城水库征地移民业务培训班。

（七）征地移民招投标

2009年，完成了济南—引黄济青段工程、鲁北段工程勘测定界招标工作；完成了两湖段工程、济南—引黄济青段工程征地移民监理与监测评估招标工作；完成了鲁北段工程7个监理监测评估标段的标书编制与合同起草工作。

（八）征地移民评比表彰和奖励

从2008年底开始，山东省南水北调工程建设指挥部开始着手组织全省南水北调工程征地移民评比先进活动，评比先进活动分为部署发动、总结推荐、检查评比和表彰四个阶段。2009年，完成了全部四个阶段的工作：①召开会议对评先活动进行了专门部署，各市、县根据会议要求对本辖区内征地移民工作中存在的问题进行了认真整改；②组织各市和省直有关部门完成了先进单位和先进个人的推荐工作；③对各市县推荐的先进单位和个人及各单项工程征地移民工作进展情况进行了检查和评比，最终确定了40家征地移民先进单位和144名先进个人；④在2010年1月13日召开的山东省南水北调指挥部成员扩大会议上，对评选出的征地移民先进单位和先进个人进行了表彰奖励。

（黄国军）

文 物 保 护

（一）资金拨付及经费预算

根据国家下达的文物保护投资计划，2009年拨付第二批控制性文物保护经费783.6万元。2009年5月12日，山东省南水北调建管局与山东省文化厅南水北调文物保护办公室召开了南水北调东线工程山东段文物保护第二批控制性项目进展情况座谈会。会议听取了南水北调文物保护工作的进展情况及下一步工作计划；研究讨论了2009年文物保护项目工作方案及经费预算相关事宜。

（二）编制审查《南水北调东线一期工程山东省文物保护工作初步设计报告》

按照国务院南水北调办《关于尽快编报南水北调工程文物保护初步设计报告的通知》，山东省南水北调建管局委托山东省文化厅南水北调文物保护工作办公室和山东省文物考古研究所联合编制了《南水北调东线一期工程山东省文物保护工作初步设计报告》。报告分为八个部分：已实施项目文物保护工作概况；待实施项目文物保护工作初步设计报告的基本内容；待实施项目文物保护规划的依据和原则；待实施项目经费预算依据与编列标准；待实施项目经费概算；待实施项目工作安排与工作要求；待实施项目初步设计方案；需共同协商解决的几个问题。

2009年7月13日，山东省南水北调建管局邀请文物、水利部门的有关专家，对山东省文化厅南水北调文物保护工作办公室与山东省文物考古研究所联合编制的《南水北调东线一期工程山东省文物保护工作初步设计报告》进行了初审。根据专家审查意见，编制单位对报告进行了进一步修订。

2009年8月24~28日，国务院南水北调办会同国家文物局在河北组织召开了南水北调东、中线一期工程初步设计阶段文物保护方案和概算评审审查会，对山东省文化厅南水北调文物保护工作办公室与山东省南水北调建管局联合上报的工作方案及概算进行了评审，基本肯定了山东省的工作方案与概算。

根据国务院南水北调办《关于南水北调东、中线一期工程初步设计阶段文物保护方案的批复》（国调办征地［2009］188号），以及山东省南水北调建管局要求，山东省文化厅南水北调文物保护工作办公室对方案及预算按照河北会议精神进行了修改，并提交《南水北调东线一期工程山东省文物保护工作初步设计报告》正式稿。

（三）组织实施第二批控制性文物保护项目

2009年第二批控制性文物保护项目的工作主要围绕寿光双王城盐业遗迹及高青陈庄周代城址这两个文物点进行。2009年，完成发掘面积8000m^2。

（1）寿光双王城SS8遗址。发掘面积约3000m^2，发现商周及宋元时期的盐业作坊遗址。其中：商周盐业作坊的发掘补充了以往的发掘成果，对商周盐业的工艺流程有了进一步的认识。宋元遗存位于商周遗址的北部，发现了卤水井、卤水沟、盐灶等重要遗迹及陶缸、陶盆等与制盐有关的陶器，为研究宋元时期的制盐业提供了宝贵的资料。2009年3月底，国家文物局组织有关专家在北京举办2008年度全国十大考古新发现评选活动。山东省南水北调工程文物保护项目——“山东寿光双王城盐业遗址群”的调查与发掘被列为2008年度全国十大考古新发现。2009年4月，邀请中国考古学会理事长、国家文物局专家组成员、国务院南水北调办文物保护专家组组长张忠培先生到山东检查南水北调工程第二批控制性文物保护工作。在对双王城盐业遗址做了全面考察后，张忠培先生充分肯定了该遗址作为2008年度全国十大考古发现之一对中国乃至世界盐业史研究的重要作用，提出要进一步加强遗址的保护工作。2009年5月4日，山东省文物局邀请2008年度全国十大考古新发现获得单位在济南市举行了全国十大考古发现新闻发布会。

（2）高青县陈庄遗址。继2008年后继续进行发掘，2009年完成发掘面积5000m^2。通过发掘，发现西周时期的城址、与祭祀有关的夯土台基、车马坑以及贵族墓葬等重要遗迹，出土带有铭文的青铜器、玉器、刻辞卜甲等重要文物，取得重要成果。高青县陈庄遗址的发掘，引起学术界的广泛关注。一些专家、学者纷纷到发掘现场参观、考察。2009年10月，原中国考古学会副理事长徐苹芳先生、中国考古学会副理事长王巍先生到现场进行了考察，在充分肯定陈庄工地的重要发现的同时，明确提出工程改线绕避西周城址的问题。2009年11月，国家文物局考古专家组组长黄景略先生，中国考古学会理事长、南水北调工程文物保护专家组组长张忠培先生等专程到山东考察陈庄遗址的发掘与保护情况。他们认为，陈庄遗址的发现，对研究山东乃至全国西周时期的历史、研究齐国早期历史具有重要的意义。同时，他们认为，作为能够解决中国古代历史瓶颈问题的遗址，应该申报第七批国家级重点文物保护单位，文物部门与工程部门应共同提出改线绕避的问题。该项目的发掘被中国社会科学院考古研究所评为2009年度全国六大考古发现之一，目前正在参评国家文物局组织的全国十大考古新发现的评选。

（3）2009年8月，山东省文化厅南水北调文物保护工作办公室邀请文物及水利部门的专家，对南水北调东线一期工程山东段济平干渠工程的文物保护项目进行了验收。与会专家听取了项目承担单位山东省文物考古研究所关于济平干渠工程文物保护工作情况的汇报，审阅了《南水北调东线工程山东省济平干渠段文物保护工程工作报告》，查看了济平干渠工程出土的文物资料，对济平干渠工程的文物保护工作给予了充分的肯定，济平干渠工程文物保护工作通过验收。

（4）2009年3~6月，山东省文化厅南水北调文物保护工作办公室与山东省文物考古研究所联合在高青陈庄—唐口遗址成功举办了第二期南水北调田野考古培训班。

（5）以寿光双王城盐业遗址发掘为基础，向山东省社会科学规划管理办公室申报了“山东渤海沿岸盐业遗址调查与研究”课题，山东省社会科学规划管理办公室已将该课题正式立项为社科类重点课题。

（黄国军）

工程审计与稽察

（一）工程审计

按照国务院南水北调办《关于开展2008年度南水北调工程建设资金专项审计的通知》（综经财函［2008］88号）的要求，江苏兴光会计师事务所于2009年2月15日~3月31日对山东境内2008年度工程建设资金及征地移民资金进行了专项审计。

2009年4月、5月，财政部委托江西财政评审中心两次组织对胶东干线济南—引黄济青济南市区段工程项目的进展情况、资金使用、项目管理以及2008年度新增资金安排等情况进行评审。

2009年3月11~19日，国务院南水北调办组织稽察组对南水北调东线济南市区段工程建设管理、资金使用管理、计划管理等情况进行了稽察。2009年8月，国家发展改革委、国务院南水北调办联合稽察组对山东省南水北调截污导流工程进行稽察。2009年10月，国务院南水北调办对穿黄河工程、二级坝工程进行了稽察。

2009年3月20日开始，山东省南水北调建管局组织实施了截污导流工程专项审计。外勤审计于4月5日结束。外勤审计结束后，对17个项目法人下达了正式审计整改意见，各项目法人进行了积极整改。此次内部审计全面规范了山东省截污导流工程建设、资金管理和会计核算，为顺利迎接国家发展改革委、国务院南水北调办联合稽察奠定了较好的基础。

2009年6月，国家审计署对国务院南水北调办进行经济责任审计，并对山东省南水北调主体工程、截污导流工程、征地移民资金进行了延伸审计。

2009年10月，中央扩大内需促进经济增长政策落实检查领导小组办公室对山东省南水北调工程有关项目进行全面检查。

2009年11月，国家审计署驻济南特派办公室就南水北调山东段工程进行审前调查。

（二）工程稽察

2009年国务院南水北调办、国家发展改革委对南水北调东线一期山东段工程进行了三次稽察、两次检查和一次质量调研活动。1月7~9日，国务院南水北调办组织对穿黄河工程、济南市区段工程、二级坝泵站工程、姚楼河闸和杨官屯河闸开展了质量和安全生产检查。3月11~19日，国务院南水北调办组织专家组对济南市区段工程开展了稽察。8月17~21日，国务院南水北调建委专家委对二级坝泵站和济南市区段工程开展了质量调研。8月17~31日，国家发展改革委与国务院南水北调办派出联合稽察组对截污导流工程开展了稽察。9月4~8日，国务院南水北调办组成专家组对济南市区段工程开展了质量专项检查。10月13~30日，国务院南水北调办组成专家组对穿黄河工程开展了稽察，对二级坝泵站工程进行了稽察复查。山东省南水北调建管局和山东干线公司针对专家组历次稽察、检查提出的问题和整改意见，责成、督促有关单位立即进行整改，确保整改意见得到落实，并形成整改落实情况报告及时上报国务院南水北调办。

（徐国涛　李玉波）

环 境 保 护

为确保完成国家确定的东线一期工程2013年建成通水、2012年底稳定达到三类水质的目标，山东调水沿线各市均把南水北调治污与“十一五”期间的污染减排任务结合起来，层层落实到各县和重点排污企业，并逐级签订了治污目标责任书。同时严格考核奖惩机制，调动了各市治污工作的积极性，形成了党委领导、政府负责、人大政协监督、部门齐抓共管、全社会共同参与的环保工作大格局。

（一）完善经济政策

山东省政府先后印发了《关于提高污水处理费征收标准促进城市污水处理市场化的通知》、《山东省城市污水处理费征收使用管理办法》，对提高污水处理费标准和征收、使用、管理等进行了调整和规范。调水沿线黄河以南段所有设区城市都已将污水处理费征收标准提高到1元/t，为市场化运作奠定了基础。截至2009年底，山东省南水北调沿线黄河以南段各市已经建成且正常运行1年以上的污水处理厂有58座，排放标准全部按照一级标准执行，总处理能力达到237.7万t/d，平均负荷运转率达到86%。2009年12月，山东省住房城乡建设厅、发展改革委、财政厅、监察厅、环保厅联合印发了《山东省城市污水处理厂升级改造建设计划》，将对调水沿线11座污水处理厂启动升级改造。

（二）“治用保”并举综合治理流域污染

山东省坚持走“治、用、保”并举的流域综合治理的路子，推动流域污染治理取得了实质性进展。

（1）治，即污染治理：通过结构调整、清洁生产、末端治理、环境基础设施建设、面源污染治理、清淤疏浚、环境管理、环境安全防控等在内的全过程污染防治，使流域内一切排污单位按照山东省发布的地方标准稳定达标排放。2005年以来，山东南水北调沿线先后关闭了29家5万t以下不能稳定达标的草浆造纸、酒精和淀粉企业（生产线）；对178家企业进行了技术改造升级；对165家涉水企业实施了废水治理“再提高”工程；对污水处理厂实施升级改造，调水沿线所有污水处理厂全部执行一级排放标准。对调水沿线不能按期达标的企业，环保部门均依法实施了限产或停产治理。

（2）用，即以循环经济理念为指导，在污染治理的基础上，利用流域内季节性河道和闲置洼地，因地制宜地建设中水截、蓄、导、用设施，合理规划中水回用工程，减少废水排放量。截至2009年底，调水沿线有126家废水排放企业建设了中水回用设施；各市共计划建设截、蓄、导、用工程29处，橡胶坝38座，对处理达标的中水进行回用，实现了行政辖区内部再生水资源循环利用。

（3）保，即在保障防洪安全的前提下，综合采用河流入湖口人工湿地水质净化、河道走廊湿地修复、湖滨及湖区湿地修复等生态修复和保护措施，对流域的生态恢复过程进行强化。2003年起，山东省先后建设了人工湿地中试基地和新薛河入湖口人工湿地水质净化示范工程，结果表明湿地净化系统对COD、氮、磷等的去除率可达60%以上。在此基础上，相继开展了24个试点工程建设，积极开展退耕还湿。从已建成的占地5000亩的新薛河人工湿地水质净化示范工程运行情况看，湿地工程对水体氮、磷的去除率达到60%以上，出水能够达到三类水质要求。目前，示范区内植物种类已达54种，鸟类达到200多种，每年以湿地作为中转迁徙地的候鸟达100多万只。截至2009年底，湿地水生植物种植及修复面积已达6万多亩。2009年11月，在微山县新薛河湿地内发现50多只国家二级保护珍禽白枕鹤在此栖息。为进一步推进规模化退耕还湿，山东省出台了《关于在南水北调黄河以南段及省辖淮河流域和小清河流域开展生态补偿试点工作的意见》，对参与退耕还湿的农民给予生态补偿。同时组织相关企业签订了湿地产品的购销保护价合同，并在微山县建设了湿地产品转运站，转运站对湿地产品做进一步加工、压缩、打包后，集中运往相关企业。

（三）治污技术研发

山东省以地方流域标准为目标，针对造纸等重污染行业，加大治污技术研发力度，强化环保科技支撑，有效突破了制浆工艺和废水深度处理回用技术等行业环保瓶颈。山东省自主研发的重大科技专项“造纸废水深度处理与回用技术研究”取得重要突破，目前已在山东、湖北、江西、天津、吉林等5个省市推广应用。山东华泰集团自主和联合开发的“制浆和碱回收过程优化控制系统的研究与应用”、“草浆生物预漂白和酶法改性技术”等多项技术获国家科技进步二等奖。山东泉林纸业集团环保和循环经济类的专利已达53项，被国务院领导命名为“泉林模式”。2009年，环境保护部在山东举办了全国造纸行业水污染物排放标准宣贯暨治污经验交流会，肯定推广了山东地方标准和造纸污染防治经验。

（四）环境监管

（1）环境准入关。按照“先算、后审、再批”的程序，有效地控制新增污染项目。2009年，面对严峻的经济形势，山东省、市两级环保部门依照国家和山东省产业政策，严格市场准入，强化环评源头控制，防止“两高”行业低水平重复建设，大力推进产业结构调整。2009年，山东省环保厅共拒批、缓批低水平重复建设、“两高一资”等项目约31个，涉及投资额104亿元。

（2）实施区域限批制度。对未按时完成污染物削减指标、污染物超标排放、河流断面水质长期超标的市或县（市、区），予以区域限批。

（3）日常监管和环境执法。认真落实重点企业监管等“四个办法”，2009年省级环保部门共抽查监测重点企业1095家·次、城镇污水处理厂564座·次、主要河流断面2300点·次。山东省、市两级环保部门共检查调水沿线各市12 070家·次综合达标率达到98.7%。2009年，山东省政府组织开展了2次“整治违法排污企业保障群众健康环保专项行动”，累计检查工业污染源251个、城市污水处理厂102座、河流断面41个，保持了严厉打击环境违法行为的高压态势。

（4）环境监管能力建设。按照“三级五个方面”的目标，建成了省、市、县三级环境监控中心，实现全省联网。山东全省共安装自动监测设备1622台，对重点监管企业、城镇污水处理厂和主要河流断面、设区城市建成区空气质量，以及主要饮用水水源地的水质实行自动监测。其中，调水沿线工业企业已安装运行水质在线设施296台·套，河流断面水质自动监测设施55台·套，污水处理厂在线监测设施188台·套。

（李　锦）

治污工程进展及水质

（一）治污工程进展

2009年，山东南水北调沿线治污工作取得积极进展。截至2009年底，《南水北调东线工程山东段控制单元治污方案》确定的324

个治污项目中，已建成的有290个，正在建设的有34个，项目建成率为89.5%。其中城市污水处理厂主体工程有49座，已全部建成；回用水、除磷脱氮等附属工程有80项，已完成77项，正在建设的有3项；工业治理项目有149个，已建成148个，1个在建；21个中水截蓄导项目，有10个主体工程已建成，11个正在建设；16个综合治理项目（人工湿地水质净化工程），有1个建成，15个正在建设；8个垃圾处理项目，已建成5个，3个正在建设；1个船舶污染治理"打捆项目"正在建设。

（二）水质情况

2009年，南水北调东线黄河以南段22个国家考核断面，除赵王河杨庄闸断流外，有2个断面达到Ⅱ类水质标准，4个断面水质为Ⅲ类，有11个断面达到Ⅳ类水质标准，有1个断面水质为Ⅴ类水质标准，有3个断面劣于Ⅴ类水质标准，劣Ⅴ类水比例为13.6%，与2008年同期相比下降了4.5%。高锰酸盐指数平均浓度为6.8mg/L，氨氮平均浓度为1.1mg/L，与2008年相比分别下降了1.9%和16.2%。与国家南水北调治污规划基准年2000年相比，2009年山东省南水北调沿线在GDP年均两位数增长的背景下，22个控制断面高锰酸盐指数和氨氮平均浓度分别下降了83.5%和91.8%。与2005年相比，2009年22个国家考核断面高锰酸盐指数平均浓度下降了30.0%，氨氮平均浓度下降了71.6%。南四湖流域所有入湖河流均已重现鱼类，曾经绝迹多年的小银鱼、鳜鱼、毛刀鱼、麻坡鱼等对水质要求比较严格的鱼类，如今又在南四湖重现。

（李　锦）

在　建　工　程

三阳河、潼河、宝应站工程

工　程　概　述

三阳河、潼河、宝应站工程于2005年底基本建成，并投入试运行，其中宝应站工程于2005年10月9日顺利通过试运行验收。

宝应站工程作为南水北调首批开工和首先建成项目，江苏水源公司作为工程项目法人，对宝应站的运行管理采用招标选择管理单位的模式，江苏省江都水利工程管理处（以下简称江都管理处）中标管理宝应站，并成立宝应站工程管理项目部（以下简称宝应站管理项目部）具体负责宝应站的日常管理、维护、运行等事宜。

江都管理处在宝应站的管理中，严格按照合同，高度重视宝应站工作，认真对泵站进行了细致、全面的管理养护，得到了江苏水源公司的认可，连续4年考核被评为优秀。

2009年已经进入宝应站委托管理第二个合同期的第二年，宝应站由于客观情况所限，主机组正式运行时间短，设备磨合还需要进一步加强。宝应站管理项目部不等、不靠，积极开展设备试运转与模拟试运转工作，强化设备试运转的力度。在非主汛期，每月将所有辅助设备投入正式运转，将主机组在上位机进行模拟运转，检查设备运行工况；在主汛期，坚持每周（模拟）试运转全部设备。通过设备的真正运行检验设备的实际工况。

在梅雨季节，项目部加强了设备的防潮与干燥力度，水泵层各开关柜内电加热器全部投运除湿、去潮，同时加强对电动机的绝缘检查，对于接触器、继电器等受空气湿度影响敏感的设备进行单独处理养护。细致的养护保养工作保证了泵站设备一直处在良好状态。

宝应站工程采用进口设备、新设备较多，如主泵叶角调节系统有1套是日本日立公司原装进口设备，水利部“948”项目——“宝应站电机绝缘在线监测项目”与“VHD微菌生物污水处理回用装置应用项目”已通过验收并交付使用。这些高新科技产品的运用，确实对宝应站工程安全、稳定地发挥效益起到促进作用。宝应站项目部在日常管理中将其用好用足，并多次邀请厂家技术人员、外籍专家利用设备使用情况调查、售后服务、设备专项维护、试运行、科研调研等契机，在现场对项目部管理人员进行实时培训，交流使用情况，进行技术分析，探索优化管理方式方法。

（朱建军）

工程运行管理

2009年是宝应站采用招标管理第二个管理合同期的第二年，江苏水源公司与江都管理处认真总结以往管理的经验与不足，对于宝应站下一步的管理明确了思路。由于江都管理处对宝应站两个合同期的成功管理，江苏水源公司决定宝应站第三期管理合同（2009年9月～2011年9月）继续由江都管理处负责。

江都管理处高度重视宝应站管理工作，成立江苏省江都水利工程管理处宝应站工程管理项目部来专门负责宝应站的运行管理工作。

2009年，江都管理处明确了以泵站精细化管理为指导，以省一级达标管理为目标的管理思路。在管理中把宝应站当成自家事情，充分发挥“主人翁”意识，主动工作，将宝应站的管理当做每个人追求的事业，努力在宝应站管理中创造出“管理金牌”和“免检金牌”。

2009年，无论是建设完善工程、岁修工程，还是日常养护、工程抢修，项目部一直严格质量管理，前期多方考察设备产品的性价比和施工队伍的资质、业绩、信誉，期间狠抓施工过程的跟踪检查与旁站验收，结束时规范相关验收手续要求。先后实施完成了上游空腔渗水处理、天津天娇油压装置检修、清污机检修、视频系统局部更新、日立叶角调节控制系统PLC模块电源雷击损坏更换、10kV范镇线跌落熔丝雷击短路抢修、拦河设施钢丝索更新等一系列项目。

2009年，江都管理处在总结归纳4年的运行管理经验的基础上，继续优化宝应站运行管理方案，着重加强宝应站反事故预案、防洪预案的可操作性，针对运行中可能出现的各种工况与突发情况，建立有效、合理、针对性强的处理方案，并勤加演练，确保事故处理及时、准确、高效。确保汛期随时具备投运条件。并且将检查与维修紧密结合，使检、修尽可能同步协调实施，第一时间消除设备隐患，有效提高和保持设备完好率，提高泵站安全运行的可靠性。对于一时不具备条件解决的问题，根据项目大小、轻重缓急，认真编制详细的维修方案、备品件计划，及时上报江苏水源公司，逐步实施落实。

2009年，宝应站管理项目部提出了“人无我有、人有我精”的口号，特别是针对代管泵站的陆续开展，要长期保持泵站管理在一个较高的水平，管理创新是非常关键的必由之路。

宝应站作为南水北调东线工程中首座建成的泵站，引用了很多先进的技术与设备。为了消化吸收运用好这些新技术、新设备，对管理人员多层次多渠道开展培训。制定培训计划和考核办法，组织运行管理人员学习各类预案规程、工程图纸，并结合日常巡查、维护保养与设备模拟开、停机等，从理论和实践两方面不断提高职工的业务水平。邀请建设施工单位、设备供货厂商的技术人员，对项目部进行理论培训和现场指导，详细了解设备的工作原理、操作程序、注意事项和保养方法等。邀请淮四泵站、刘山泵站等兄弟单位的同志来宝应站交流学习，共同解决在管理中出现的技术难题。在组织职工认真学习业务与管理技术的基础上，宝应站项目部要求每名职工熟悉泵站设备、技术特点、操作要点、管理要求等，并积极发挥一人多岗、一专多能的特点，创造性地提出：在做好泵站“管理员”的基础上，做好泵站的“保洁员”、“宣传员”、“接待员”、“维修员”等。

（朱建军）

长江—骆马湖段工程

概　　述

工 程 概 况

南水北调东线一期长江—骆马湖段工程的主要建设任务是扩建完善长江—洪泽湖的里运河输水线路，建设内容包括江都站改造工程、淮安四站工程、淮安四站输水河道工程、淮阴三站工程。该工程与其他工程联合运行，可实现南水北调东线一期工程第一梯级抽江水 500m^3/s，第二、第三梯级通过里运河输水入洪泽湖300m^3/s的目标，并可改善白马湖和新河地区的排涝条件。

（周灿华　邵　林　万　泉）

江都站改造工程

工 程 概 况

江都水利枢纽工程位于江苏省扬州市以东 14km 的江都市境内、淮河入江水道的尾闾与新通扬运河的交汇处。工程于 1961 年开始兴建，1977 年全部建成。工程由 4 座大型电力抽水泵站、12 座节制闸及其他配套设施组成，具有灌溉、泄洪、排涝、通航、发电、改善生态环境等综合功能。

工程于 2005 年 12 月 22 日开工，计划总工期 36 个月。概算总投资 25 300 万元。2009 年度计划投资 3080 万元，其中：江都三站更新改造工程 500 万元，江都四站更新改造工程 2600 万元，变电所更新改造工程 280 万元。

（曹瑚　周灿华　万　泉）

建 设 管 理

江都站改造工程建设处于 2005 年 9 月 6 日挂牌成立，作为建设管理现场机构，全面负责工程建设现场管理工作。同时，为推动各项工作全面、有效地开展，江都站改造工程建设处还分别成立了精神文明建设领导小组、质量管理领导小组、安全生产领导小组、科技创新领导小组和工程建设重特大安全事故应急处理领导小组等，为工程建设的顺利推进提供了组织保证。2009 年，完满完成了年度建设任务，未发生任何质量事故，确保了汛期改造工程投入运行。2009 年，江都站改造工程建设处被国务院南水北调办授予“南水北调系统宣传工作先进集体”称号，被江苏省总工会授予“江苏省工人先锋号”荣誉称号。

2009年，共有3个单位工程在建，江都三站更新改造工程进行水泵、电动机的制造安装，3台机组更新及配套进出水流道加固改造、控制楼主体工程扫尾施工和自动化设备安装；江都四站更新改造工程进行水泵、电动机的制造安装，4台机组更新及配套进出水流道加固改造、控制楼主体工程扫尾施工和自动化设备安装；江都站变电所更新改造工程于2009年2月完成新老变电所切换，顺利投入运行。

江都三站更新改造泵站机组于2009年11月10日通过试运行验收，该验收涉及江都三站单位工程中的主机泵设备安装、辅助设备安装、电气设备安装、起重设备安装、检修门及拦污栅制作安装、微机监控及视频系统及清污机工程共7个分部工程、122个单元工程，其中清污机分部工程已于2008年11月18日通过验收。

江都站变电所电气设备于2009年11月10日通过试运行验收，该验收涉及电气设备、110kV线路、35kV线路、微机控制系统与视频系统等4个分部工程、77个单元工程，4个分部工程质量全部优良。12月11日，江都改造工程变电所更新改造工程顺利通过江苏水源公司主持的单位工程验收。

（曹　瑚　周灿华　万　泉）

工　程　进　展

截至2009年底，累计完成投资20 776万元，占概算的81.99%。2009年，江都站共完成石方70m^3、混凝土1232m^3、金属结构制造37t、安装主机泵6台套。完成投资3350万元，占年度计划3080万元的109%。工程完成情况如下：

（1）江都东西闸之间河道疏浚工程于2005年12月22日开工，该工程合同工程量已全部完成，并分别于2008年6月和2008年8月通过了江苏水源公司组织的单位工程完工验收和档案专项验收。

（2）江都西闸除险加固工程于2006年2月28日开工，合同工程已全部完成，并分别于2008年12月29日和2009年4月21日通过了江苏水源公司组织的单位工程完工验收和档案专项验收。

（3）江都三站更新改造工程于2006年11月6日开工，主体工程已全部完成，正在进行装饰工程施工。

（4）江都四站更新改造工程于2008年9月开工，已完成了首批4台主机泵和全站电气设备的更新，正在进行最后3台主机泵的安装。

（5）江都站变电所更新改造工程于2007年4月8日正式开工建设，2009年10月10日合同内项目全部完成，并于2009年12月11日通过了江苏水源公司组织的单位工程完工验收。

（曹　瑚　周灿华　万　泉）

工　程　质　量　评　定

江都站改造工程共分1个单项工程，7个单位工程（含水土保持）。其中江都东西闸之间河道疏浚单位工程分7个分部工程，260个单元工程，已全部完成，经监理处复评219个单元工程为优良，41个合格（5个按非水利标准评定），按水利标准评定的单元工程优良率85.9%，单位工程被评定为优良等级。

江都西闸除险加固单位工程共分12个分部工程，279个单元工程，已全部完成，经监理处复评218个单元工程为优良，61个合格（其中39个按非水利标准评定），按水利标准评定的单元工程优良率90.8%，单位工程被评定为优良等级。

江都变电所改造工程共划分为变电所房屋工程和变电所电气工程2个单位工程。房屋工程按有关标准评定，经监理处复评全部合格。电气工程共5个分部工程，84个单元工程。除按有关标准评定的电气工程中的2分部（26个单元）评为合格外，按水利标准划分的3个分部工程中的58个单元工程质量等级优良，单元工程优良率100%。

江都三站改造工程分13个分部工程，291个单元工程。目前，已完成单元工程289个，经监理处复评，226个单元工程为优良，63个合格（其中30个按非水利标准评定），按水利标准评定的单元工程优良率87.3%。

江都四站更新改造工程分9个分部工程，173个单元工程。目前已完成单元工程83个，经监理处复评，55个单元工程为优良，28个合格（其中23个按非水利标准评定），按水利标准评定的单元工程优良率91.7%。

综上所述，江都站改造工程已划分单位工程6个（不含水土保持），单元工程1135个。目前已完成4个单位工程、1039个单元工程，经监理处复评，所有单位工程和单元工程合格，其中，按水利标准评定的单位工程3个，全部达到优良等级；单元工程872个，优良个数776个，优良率89%，已完工程达到了水利工程优良等级。实现了“杜绝重大质量事故，积极争创优质工程”的年度质量目标。

（曹　瑚　周灿华　万　泉）

施工科技

2009年，完成了“大型水泵导轴承比较选用研究”科技项目，并在江都三、四站改造工程中应用。“江都三站进水流道改造施工技术研究”，获2009年江苏省水利科技优秀成果二等奖；完成了江都站改造“十五”国家重大技术装备研制项目——“立式轴流泵及装置研制专题”，为全国泵站建设和改造提供了示范和借鉴作用。此外，还邀请河海大学、扬州大学进行江都三站改造后的水泵原型装置性能测试，检验工程改造成果，为泵站优化调度运行提供重要数据。同时，正在着力进行工程监控自动化、信息化建设，努力提高现代化管理水平。

（曹　瑚　周灿华　万　泉）

淮阴三站工程

工程概况

江苏省南水北调淮阴三站工程位于淮安市清浦区和平镇境内，与现有淮阴一站并列布置，与淮阴一、二站和拟建的洪泽站共同组成南水北调东线第三梯级。工程建成后，具有向北调水、提高灌溉保证率、改善水环境、提高航运保证率等功能。

淮阴三站工程包括泵站工程、泵站引河工程、挡洪闸工程、变电所工程、管理所工程等。淮阴三站工程先期实施淮阴三站引河及高良涧越闸拆建（挡洪闸）工程，作为淮阴三站泵站工程实施时的施工导流；然后实施变电所工程和管理所工程；在新建变电所完成接入开始运行后，实施淮阴三站泵站工程。淮阴三站工程于2005年10月28日正式开工。

（王亦勤）

工程投资及进展

2009年计划完成投资776万元，实际完成投资727万元，占年度计划投资比例93.7%，主要实施淮阴三站泵站土建施工及设备安装工程。

2009年6月通过招标确定淮阴三站泵站厂房控制楼及变电所装饰工程中标单位为南

京深圳装饰安装工程有限公司。截至2009年底，完成招投标概算额总数为18 451万元，中标金额累计为14 188.934万元。

2009年主要实施的项目是泵站土建施工及设备安装工程，其中：6月26日完成水下工程阶段验收，12月13日完成试运行验收。

（王亦勤）

工程质量评定

淮阴三站泵站土建施工及设备安装分为泵站工程和清污机桥工程2个单位工程。泵站工程共分为上游引河段、上游连接段、站身段（土建）、下游连接段、下游引河段、桥梁工程、地基基础及防渗工程、主机泵设备安装、辅助设备安装、闸门制作安装、启闭机安装、起重机安装、电气设备安装、附属设施及其他等15个分部工程、326个单元工程，施工单位对已完成的171个单元工程施工质量进行了评定，并经监理处确认，171个单元工程全部合格，其中161个单元工程优良，优良率94.2%；清污机桥工程共分为下部结构、上部结构、连接段（上、下游）、清污设备安装、拦污栅安装、临时码头等6个分部工程、88个单元工程，施工单位对已完成的51个单元工程施工质量进行了评定，并经监理处确认优良率100%。

（王亦勤）

淮安四站工程

工程概况

淮安四站工程位于江苏省淮安市楚州区三堡乡境内京杭大运河里运河与灌溉总渠交汇处，和已建成的淮安一、二、三站共同组成南水北调东线一期工程的第二个梯级。泵站选用四台叶轮直径为2.9m的全调节立式轴流泵机组，单机流量33.4m^3/s，配套电动机功率2500kW，设计规模为100m^3/s，总装机容量为10 000kW。工程建设内容包括泵站工程、站下清污机桥、新河东闸、站下新河1050m河段疏浚、自动控制和视频监视系统、环境保护、水土保持工程等。工程总投资15 669万元，工程于2005年10月开工，计划工期30个月。

（朱红伟）

工程进展

2009年淮安四站通过消防工程验收、自动化专项验收、合同项目档案专项验收、设计单元工程档案验收、水土保持设施阶段验收，通过了工程安全评估。

截至2009年底，泵站主体工程及机电设备安装工作已全部完成，项目部配合业主完成各项验收工作。

（朱红伟）

工程质量评定

监理对淮安四站工程的分部工程、单元工程、分项工程的质量进行了复评，对单位工程的质量进行了复核，淮安四站共6个单位工程，57个分部工程，809个单元工程。

（1）清污机桥工程，包括7个分部工程，119个单元工程。复评7个分部工程，全部优良；复评119个单元工程，109个优良，优良率91.6%；该单位工程质量复评优良。

（2）泵站工程，包括13个分部工程，406个单元工程，其中自动化控制分部工程包含21个单元工程。自动化分部复评合格，21个自动化控制单元工程复评合格。其余12个分部工程，复评 11 个优良，1 个合格，优良率 91.7%；复评 385 个单元工程，347 个优良，优良率 90.1%；该单位工程质量复评优良。

（3）变电所改造工程，包括 2 个分部工程，35 个单元工程。复评 2 个分部工程，全部合格；复评 35 个单元工程，全部合格；该单位工程复评合格。

（4）淮安四站房建工程，包括 30 个分部工程，159 个分项工程。复评 30 个分部工程，全部合格；复评 159 个分项工程，全部合格；该单位工程质量复评合格。

（5）管理区绿化工程，包括 3 个分部工程，71 个单元工程。复评 3 个分部工程，全部合格；复评 71 个单元工程，全部合格；该单位工程质量复评合格。

（6）水土保持工程，包括 2 个分部工程，19 个单元工程。复评 2 个分部工程，全部合格；复评 19 个单元工程，全部合格；该单位工程质量复评合格。

（朱红伟）

淮安四站输水河道工程

工程概况

江苏省南水北调淮安四站输水河道工程位于洪泽湖下游白马湖地区，涉及淮安市楚州区、扬州市宝应县及江苏省白马湖农场，是南水北调东线工程的重要组成部分，设计抽水规模 100m^3/s，站下新河输水线连接里运河和白马湖，全长 29.8km，由运西河（7.5km）、穿湖段（2.3km）及新河（20km）三段组成。截至 2009 年底，淮安市淮安四站输水河道主体工程已全部完成并通过合同工程验收。

（范海平　韦卫星　单文彬）

工程进展

淮安市淮安四站输水河道工程新河段河道工程、新河段洼地处理及口门封闭工程、穿湖段及运西河段工程 3 个合同项目于 2008 年 11 月 28 日通过江苏水源公司组织的合同项目完成验收，12 月 24 日通过档案专项验收。2009 年，淮安四站输水河道水土保持及环境治理工程（第 2 施工段工程）全部完成，并于 2009 年 6 月初通过合同工程完成验收。

淮安四站输水河道工程于 2009 年 11 月、12 月分别通过档案专项验收和水土保持工程专项验收。

（范海平　韦卫星　单文彬）

长江—骆马湖段其他工程

概　述

工程概况

东线一期江苏省境内工程措施主要是利用、改造现有江水北调工程，并按规划要求开辟新的输水线路。根据《关于进一步加强南水北调东、中线一期工程初步设计工作的通知》（国调办投计［2006］100 号），江苏境内及省界工程初步设计阶段项目划分为三阳河潼河宝应站工程、骆马湖—南四湖段江苏境内工程、长江—骆马湖段2003年度工程、长江—骆马湖段其他工程、江苏省截污导流工程、东线江苏段专项工程，以及南四湖水资源控制、水质监测工程和骆马湖水资源控制工程、南四湖下级湖抬高蓄水位影响处理工程8个单项共计40个设计单元工程。

2003～2005年，国家先行批复了三阳河潼河宝应站工程、骆马湖—南四湖段江苏境内工程、长江—骆马湖段2003年度工程等单项工程，以满足利用原江水北调京杭运河输水线先期送水出省要求，2009年陆续批复刘老涧二站等长江—骆马湖段其他工程初步设计。

长江—骆马湖段其他工程主要建设内容：扩建、改造运河一线调水工程，完善金宝航道、徐洪河一线调水工程，新建8座泵站，改造2座泵站。此外，实施里下河水源调整、洪泽湖抬高蓄水位影响处理等项目。

（1）长江—洪泽湖段。除已完成的三阳河潼河宝应站工程、长江—骆马湖段2003年度工程外，建设金湖站（150m^3/s）、洪泽站（150m^3/s）；实施里下河水源调整项目等。

（2）洪泽湖—骆马湖段。利用中运河和徐洪河两条输水线路，其中中运河输水175～230m^3/s，由皂河站抽水入骆马湖；徐洪河输水100～120m^3/s，由邳州站抽水接房亭河向东入中运河。该段工程利用现有泗阳二站，刘老涧一站、皂河一站和沙集一站，需改造皂河一站，拆（扩）建泗阳一站（160m^3/s），新建刘老涧二站（80m^3/s）、皂河二站（75m^3/s）、泗洪站（120m^3/s）、睢宁二站（60m^3/s）、邳州站（100m^3/s），实施骆马湖以南中运河影响处理工程、徐洪河影响处理工程。

（江苏水源公司）

泗阳站工程

工程概况

泗阳站是南水北调东线多级提水系统的第四梯级，位于江苏省泗阳县城东南约3km处的中运河输水线上，《南水北调东线工程规划》确定设计总调水流量为230m^3/s。泗阳站现有泵站两座，其中建成于1983年的泗阳一站总装机流量100m^3/s，建成于1996年的泗阳二站总装机流量66m^3/s。根据《泗阳站改建工程可行性研究报告》，拆除泗阳一站，新建泗阳站。泗阳站的主要任务是，新建泗阳站和原泗阳二站共同运用，调水出洪泽湖230m^3/s，通过中运河输水线，与刘老涧站、皂河站联合运用，实现一期工程输水175m^3/s入骆马湖的规划目标；同时，为泗阳站与刘老涧站之间的乡镇生活、工农业生产和航运补充水源。

泗阳站工程分主体工程和导流工程两部分。主体工程包括：在原泗阳一站下游340m处新建泵站，拆除原泗阳一站上游公路桥在原位新建公路桥，拆除原泗阳一站，扩挖上下游引河，新建泗阳闸下游交通桥（临时结合永久）。导流工程为，在泗阳一站下游引河至泗阳节制闸下游引河间开挖导流河，维持泗阳站工程大坝断流施工期间泗阳一站的正常运用，泗阳站建成通水后导流河予以回填。

泗阳泵站为一等工程，泵站及防渗范围内的翼墙等主要建筑物为1级建筑物，次要建筑物为3级建筑物。泵站设计洪水标准为100年一遇，校核洪水标准为300年一遇。建筑物地震设计烈度为Ⅶ度。泵站上游跨引河公路桥（徐淮公路桥）和泗阳闸下交通桥设计荷载标准为汽车-Ⅱ级。

新建泗阳站设计调水流量164m^3/s，设计扬程6.30m，泵站安装叶轮直径3.08m的立式全调节轴流泵6台套（含1台备机），单机

流量 $33m^3/s$，总装机流量 $198m^3/s$；配 3000kW/10kV 同步电动机，总装机容量 18 000kW。泵站为堤身式块基型结构，肘形进水流道，虹吸式出水流道，真空破坏阀断流。

主要工程量：土方挖填 80 万 m^3，混凝土及钢筋混凝土 4 万 m^3，砌石及垫层 3.5 万 m^3，钢筋 2400t，钢结构 225t。

该工程批复概算 30 614 万元。计划建设总工期 36 个月。工程于 2009 年 12 月 20 日开工。

（戴敬秋）

工 程 投 资

南水北调泗阳站工程初步设计先后于 2009 年 4 月和 7 月由国务院南水北调办分别以技术方案和概算批复。工程总投资30 614万元，静态投资 29 751 万元。其中建筑工程 8012 万元，机电设备及安装工程 7187 万元，金属结构设备及安装工程 1395 万元，施工临时工程 1412 万元，独立费用 4148 万元，移民环境部分 6336 万元，输电线路工程 1261 万元。建设资金来自国家投资、建设基金和银行贷款，其中：中央投资 30%，江苏省征收南水北调基金 25%，项目法人银行贷款 45%。

2009 年泗阳站工程累计完成投资 6900 万元。其中：征地拆迁 5000 万元，勘测设计 240 万元，预付款 1460 万元（输变电线路、土建及设备安装、钢材），建设单位管理费 200 万元。

（戴敬秋）

招 标 投 标

国务院南水北调办于 2009 年 3 月份以国调办建管［2009］32 号文下发了《关于南水北调东线一期工程刘老涧二站泗阳站工程招标分标方案的批复》。

泗阳站工程分为工程建设监理标、钢筋采购标、土建施工及设备安装标、交通桥施工标（与土建施工及设备安装标合招）、水泵及其附属设备采购标、电动机及其附属设备采购标、清污机系统设备采购标（与刘老涧二站合招）、电气设备采购标（与刘老涧二站合招）、变压器采购及安装标（与刘老涧二站合招）、电缆采购标（与刘老涧二站合招）、微机监控系统及视频监控系统设备采购及安装标（与刘老涧二站合招）、110kV 组合开关（GIS）采购标、液压启闭设备采购及安装标（因出水流道改为虹吸而取消）等标段。

泗阳站工程勘测设计由江苏水源公司于 2006 年 2 月通过设计招标选定上海勘测设计研究院、上海海洋地质勘察设计有限公司承担。

2009 年 6 月完成监理招标，江苏河海工程建设监理有限公司承担监理。2009 年 8 月完成钢材采购招标，江苏省水利物资总站为钢材供应商。2009 年 12 月中旬完成主体工程土建施工及设备安装招标，中国水利水电第十一工程局有限公司中标。

泗阳站输电线路项目按批准概算切块委托泗阳县供电公司实施。

2009 年，共签订工程合同 4 份，其中：监理合同价 383.302 万元；钢材采购合同价 1014.37 万元；主体工程土建施工及设备安装合同价 10 110.25 万元；输电线路合同价 1217.66 万元。

（戴敬秋）

建 设 管 理

江苏省南水北调泗阳站工程建设处（以下简称泗阳站建设处）是项目法人派驻现场的建设管理机构，成立于 2009 年 2 月。泗阳站建设处在成立之初就提出了“科学管理、规范有序、和谐发展、与时俱进”的建设管理理念，确立了“优质、高效、和谐、廉洁、安全、文明建设好南水北调泗阳站工程”的建设目标。

泗阳站建设处于2009年8月成立了安全生产领导小组、质量管理领导小组、精神文明建设领导小组等组织机构。工程正式开工以后，泗阳站建设处又于12月份组织成立了由参建各方组成的泗阳站工程安全生产领导小组、质量管理领导小组、精神文明建设领导小组。为规范建管行为，泗阳站建设处根据国务院南水北调办、江苏水源公司有关规定，结合实际，制定了各类管理办法、制度、实施细则以及部门和岗位工作职责等近30项规章制度。

（戴敬秋）

工 程 进 展

泗阳站工程被列为中央拉动内需项目，必须于2009年内开工。由于初步设计批复较迟，泵站进出水流道方案比选周期较长，主体土建施工及设备安装工程于2009年11月公开招标。2009年12月14日江苏水源公司与中国水利水电第十一工程局有限公司签订土建施工及设备安装合同。2009年12月29日国务院南水北调办批准泗阳站工程开工。2009年12月30日，江苏省南水北调办、江苏水源公司在泗阳站工地现场举行工程开工仪式，同日正式开挖导流工程和填筑上下游围堰。

（戴敬秋）

工 程 施 工

泗阳站工程所在地水陆交通发达，陆路有徐淮公路横穿，水路有京杭运河纵贯，交通运输十分方便。但由于工程区位于泗阳县城边缘，且紧邻船闸，交通繁忙，路窄坡陡，安全形势不容乐观。下游河道开挖施工区域距村庄仅10余米，施工期扰民在所难免。新建泗阳泵站位于现状泗阳一站下游河道内，施工场地区布置在节制闸下游引河和泵站引河之间，导流河开挖后、泵站上下游围堰完成前场地区将成为孤岛。局部交通不便对前期施工影响不可避免。工程区水文地质条件复杂，承压水头高；工程地质条件较差，建筑物基础全部采用桩基加固。

工程区征地拆迁工作已按计划完成，导流河开挖结合填筑围堰加紧施工，临时生产生活设施正在建设。泗阳站工程已具备2010年全面实施的条件。

（戴敬秋）

工 程 监 理

泗阳站工程由江苏河海工程建设监理有限公司监理。监理单位按照合同和监理规范的要求，组建了江苏河海工程建设监理有限公司泗阳站工程监理部，按照工程专业需要配备各专业监理人员，实行总监负责制。按照监理合同和监理规范要求，开展监理工作。监理部配备了总监、副总监，以及工程所需的相关专业（土建、测量、金属结构、水机、造价、安全等）监理工程师和监理员。总监为国家注册监理工程师、高级工程师，专业监理工程师和监理员均持证上岗。监理部在进场后及时编写《南水北调东线第一期工程泗阳站工程监理规划》，并根据工程总进度计划编写各单位分部工程监理实施细则，以指导监理工作正常、有序开展。为了做好各项工作，监理部制定了技术方案审查、隐蔽工程验收、工序报验、设计图纸交底、监理旁站等工作制度。

（戴敬秋）

质 量 管 理

泗阳站工程质量监督机构为南水北调江

苏质量监督站，质量检测单位为江苏省水利工程质量检测中心。质量管理是工程建设管理的核心，泗阳站工程参建各方强化质量意识，建立健全质量保证体系，建立形成了施工单位自检、监理单位控制、建设单位抽查、行业职能部门监督检查的质量管理机制。

泗阳站建设处组织成立了由建设处、监理、设计、土建承包人相关人员组成的泗阳站工程质量管理领导小组。泗阳站建设处建立了质量工作例会制度，通过工程建设联席会、工程例会等掌握工程质量动态，对工程质量情况及时分析研究，作出部署。为了落实质量责任终身负责制，泗阳站建设处建立了工程质量责任人档案，分别对建设单位、设计单位、监理单位、施工单位和材料供应单位的法人代表、主要责任人的档案信息进行登记，增强了当事人的质量责任意识。泗阳站建设处收集了江苏水源公司现行有效的质量管理文件，明确了质量管理部门和质量管理责任人，建立了质量检查和质量活动的台账。工程建设中，将要求施工单位严格执行“三级质检制度”，尽快建立健全符合要求的相应等级的工地实验室；监理单位配备各专业监理工程师持证上岗，对重要隐蔽工程和关键工序实行旁站监理，并做好各项记录。泗阳站建设处分管现场的同志坚持每天巡查，参与工序质量检验，发现问题及时整改。着力过程控制，确保质量形成过程处于受控状态。

（戴敬秋）

安 全 生 产

安全事关工程建设大局，事关职工生命财产，是贯穿于工程建设全过程的头等大事，安全责任重于泰山。泗阳站建设处、监理部、项目部在安全生产问题上，自觉做到警钟长鸣、慎之又慎，切实抓好安全生产工作。泗阳站建设处组织成立了由参建各方组成的泗阳站工程安全生产领导小组。制定了安全生产领导小组工作规则，层层明确安全生产责任制。泗阳站建设处工程科为安全生产责任部门，有明确的安全生产责任人，建立了安全生产台账。施工项目部设有安全生产管理部门，配备了专职安全员；施工现场配置了安全设施和安全警示标志。泗阳站建设处或监理定期、不定期组织安全生产检查，确保安全生产处于受控状态。

（戴敬秋）

刘老涧二站工程

工 程 概 况

刘老涧二站位于江苏省宿迁市东南约18km的大运河上，是刘老涧泵站枢纽的重要组成部分，与刘老涧一站、睢宁一站、睢宁二站等工程共同组成的南水北调东线第一期工程第五个梯级。工程主要建设内容包括新建泵站、节制闸（设计流量500m³/s，共3孔，总净宽30m）、清污机桥、站内交通桥（共6跨，单跨跨径20.0m，总长120.0m，荷载标准为公路-Ⅱ级）、管理设施及施工期导流等。工程采用闸站结合的形式，站址位于刘老涧老闸闸下250m。

泵站设计净扬程3.7m，设计流量80m³/s，采用堤身式块基型结构，肘形进水流道，整体虹吸式出水流道，真空破坏阀断流。选用4台3000ZLQ29.4－3.7立式轴流泵，配2000kW立式同步电动机4台，单机流量29.4m³/s，总装机流量117.5m³/s（含一、二站共用备机1台），总装机容量8000kW。

节制闸为刘老涧老闸的赔建工程，位于

泵站北侧，工程规模同刘老涧老闸，设计流量500m³/s，共3孔，每孔净宽10.0m。为钢筋混凝土胸墙式结构，闸门为平板钢结构直升门，配QPQ2×250kN卷扬式启闭机3台套。

清污机桥位于泵站下游22.0m处，共8孔，2块底板，单孔净宽3.2m，选用HQ3.2×10回转式清污机，配套长度约为75m的皮带输送机。

站内交通桥位于刘老涧新闸下游250m，南接闸站交通桥，该桥共6跨，单跨跨径20.0m，总长120.0m，荷载标准为公路-Ⅱ级。

刘老涧二站工程总投资2.07亿元，计划总工期28个月（不包括验收期6个月）。工程于2009年5月开工建设站内交通桥。

（赵才全）

工 程 投 资

刘老涧二站工程初步设计先后于2009年3月和7月由国务院南水北调办分别以《关于南水北调东线一期长江—骆马湖段其他工程刘老涧二站工程初步设计报告（技术方案）的批复》（国调办投计［2009］36号）和《关于南水北调东线一期长江—骆马湖段其他工程刘老涧二站工程初步设计报告（概算）的批复》（国调办投计［2009］131号）批复。工程总投资2.072 2亿元，静态投资2.006 4亿元，其中：工程部分总投资为15 598万元，水土保持投资201万元，环境保护投资93万元，移民安置投资为2804万元，输电线路为1368万元。2009年计划完成投资7080万元。

2009年，实际完成投资7103万元。其中，建设工程445万元，设备及工器具购置520万元，其他费用6138万元（输电线路、移民安置、建设管理费等）。

（赵才全）

招 标 投 标

刘老涧二站工程招标工作由江苏水源公司组织，委托招标代理机构负责，通过国内公开招标择优选择承包商。按国务院南水北调办招标程序组织招标活动。江苏省南水北调办、江苏省纪委省监察厅派驻南水北调纪检组对招投标活动进行全过程跟踪、监督指导。

依据国务院南水北调办对工程分标方案的批复，刘老涧二站工程共划分为11个标段，见表1，其中监理标1个、施工标2个、设备采购标8个。2009年完成1个监理标、2个施工标及3个设备采购标共6个标的招标工作。

表1　　刘老涧二站工程施工分标情况统计表

序号	合同名称	合同编号	招标代理单位	开标时间	中标单位	合同签订时间（年．月．日）
1	工程建设监理	NSBD－LLJEZ/JL－01－Z02－2009	江苏鸿源招标代理有限公司	2009.4.25	江苏省苏水工程建设监理有限公司	2009.5.8
2	交通桥工程	NSBD－LLJEZ－TJ－01－Z03－2009	江苏鸿源招标代理有限公司	2009.4.25	江苏淮阴水利建设有限公司	2009.5.8
3	钢材采购	NSBD－LLJEZ－SB－01－Z04－2009	江苏鸿源招标代理有限公司	2009.7.29	江苏省水利物质总站	2009.8.31
4	泵站及节制闸工程土建施工及设备安装	NSBD－LLJEZ/TJ－02－Z05－2009	江苏鸿源招标代理有限公司	2009.9.3	江苏淮阴水利建设有限公司	2009.10.13

续表

序号	合同名称	合同编号	招标代理单位	开标时间	中标单位	合同签订时间（年.月.日）
5	主水泵及其附属设备采购	NSBD－LLJEZ/SB－02－Z05－2009	江苏鸿源招标代理有限公司	2009.9.24	日立泵制造（无锡）有限公司	2009.9.24
6	主电机及其附属设备采购	NSBD－LLJEZ/SB－03－Z06－2009	江苏鸿源招标代理有限公司	2009.9.24	上海电气集团上海电机厂有限公司	2009.9.24
7	电气设备采购		江苏鸿源招标代理有限公司	未招标		
8	变压器采购及安装		江苏鸿源招标代理有限公司	未招标		
9	电缆采购		江苏鸿源招标代理有限公司	未招标		
10	清污系统设备采购		江苏鸿源招标代理有限公司	未招标		
11	微机监控及视频监控系统设备采购及安装		江苏鸿源招标代理有限公司	未招标		

（赵才全）

建 设 管 理

2009年2月江苏省南水北调刘老涧二站工程建设处（以下简称刘老涧二站建设处）组建成立，采用直管模式，作为项目法人派驻现场的机构具体负责刘老涧二站的现场管理工作。

为规范建管行为，刘老涧二站建设处成立了由建设处主任任领导小组组长的安全生产、质量管理、精神文明建设、廉政工作、防汛工作等领导小组，依据国务院南水北调办、江苏水源公司有关规定，结合实际制定了各类管理办法、规章制度、实施细则以及部门和岗位工作职责，并在管理过程中严格执行。

（赵才全）

工 程 进 展

刘老涧二站征迁安置工作由江苏省南水北调办牵头负责，2009年2月开始启动，12月拆迁工作全部完成。刘老涧二站站内交通桥工程于5月底先期开工建设，11月完成了全部合同内容。闸站主体工程土建施工及设备安装合同于10月13日签订，随后施工单位进场进行临时工程建设，11月24日上下游围堰合龙，主体工程开始施工，12月20日泵站底板基坑验槽，31日泵站底板开仓浇筑。主机泵设备采购合同于10月23日签署，刘老涧二站建设处于11月5日召开了第一次设计联络会，12月17日，刘老涧二站水泵的装置模型试验通过验收，开始了施工图设计和制作准备。

（赵才全）

工 程 施 工

刘老涧二站工程场外交通由水、陆两路运输进入现场，水路交通方面，对外主要通过中运河与外围水运航道连接。公路交通方面，场区内有洋大（张兴）公路站址附近穿过，公路等级为三级，对外交通主要通过张兴公路与外围公路网连接；施工区域内有10kV架空线路通过，承包人进场后向当地供电部门申请办理了临时用电手续。

刘老涧二站站内交通桥工程、主体土建施工及设备安装工程施工单位均为江苏淮阴水利建设有限公司（水利水电施工总承包一级资质）。施工单位组织机构健全，质量、安全保证措施到位，按照南水北调工程建管程序、技术标准以及设计文件、施工合同等要求开展各项工作，以创建文明工地为抓手，规范施工行为，提升管理水平，保证了工程质量和安全。

（赵才全）

工程监理

刘老涧二站工程实行监理制，由江苏省苏水工程建设监理有限公司（甲级资质）负责实施。监理单位按照合同和监理规范的要求，组建了刘老涧二站工程监理处，按照工程的专业需要配备了经验丰富的专业技术监理人员，实行总监负责制，并根据工程进展，及时调整监理的相关人员，满足工程现场管理需要。配备了总监以及工程所需的相关专业（土建、测量、金属结构、水机、造价、安全等）监理工程师和监理员，按照监理合同和监理规范要求，开展监理工作。监理部在进场后及时编写《南水北调东线第一期工程刘老涧二站工程监理规划》，并根据工程进度和所涉及的工种编写监理实施细则，以指导监理工作正常、有序开展。为了做好各项工作，监理部建立了相应的工作制度，有图纸会审及技术交底制度、施工组织设计审核审批制度、重要隐蔽工程及分部（项）工程质量验收制度、关键工序质量控制制度、设计变更处理制度、工程索赔签署制度等。

（赵才全）

质量管理

自工程开工以来，刘老涧二站建设处始终把“确立精品意识、建设优质工程、争创部优省优”作为工程建设和质量管理的目标。工程建设管理过程中，强化质量意识，狠抓关键环节，把工程质量管理贯穿于工程建设全过程，严格控制原材料、中间产品的质量，并落实到各个工作环节和节点工程。成立了以建设处主任为组长的工程质量管理领导小组，监理处、项目部相应成立了组织机构。建立形成了建设单位负责、监理单位控制、设计和施工及供货方保证、政府监督相结合的质量管理体系。

在工程实施过程中，刘老涧二站建设处现场人员每天巡视在工地。建设处主任带队每月进行质量检查活动不少于2次。主体工程实施前，刘老涧二站建设处组织参建单位到刘山、解台等已建泵站学习先进的质量管理措施，同时抓住每一个施工组织、施工方案和施工工序的控制，组织了一系列的专题技术方案讨论会，如预应力张拉工艺、膨胀土路基施工工艺、围堰施工方案专家评审会、施工期导流工程实施方案审查会、进水流道施工方案研讨会等，确保质量形成过程处于受控状态。

自工程开工以来，南水北调江苏质量监督站对工程进行了多次质量监督活动，中纪委检查组、国务院南水北调办、江苏省南水北调办、江苏水源公司等上级部门的领导和专家也多次来工地检查质量情况。对检查提出的质量监督意见，刘老涧二站建设处始终高度重视、认真分析，采取切实可行的整改措施，确保整改意见落到实处。

2009年，主要完成了站内交通桥单位工程分部验收、外观质量评定、单位工程验收准备和泵站基坑验槽等工作。截至2009年底，站内交通桥的5个分部工程、181个分项工程，经监理复评全部合格（按照《公路工程质量检验评定标准》），分部工程通过验收，质量等级合格，单位工程质量监理单位初评合格。

（赵才全）

安 全 管 理

安全生产是贯穿于工程建设全过程的头等大事，刘老涧二站建设处以及各参建单位在安全生产问题上，自觉做到警钟长鸣、慎之又慎，始终贯彻“安全第一，预防为主，综合治理”方针，切实抓好安全生产工作。

2009 年，建立健全安全管理组织机构；建立健全安全生产制度，规范安全生产管理；加强现场管理，提高参建人员安全意识；在抓施工技术方案审查的同时，不放过安全措施的审查；制定事故预防应急预案，防范和应对突发事件。

由于参建各方高度重视，措施得力，工地 2009 年未发生任何安全生产事故。

（赵才全）

施 工 科 技

在工程建设中，刘老涧二站建设处突出抓好技术创新工作，依托科研院所和自身资源，从新技术、新工艺入手进行攻关，整体提升工程科技含量。

（1）膨胀土研究。刘老涧二站场地普遍分布有中 ~ 弱膨胀土，主体工程闸站及上下游翼墙墙后需要回填土方量大，但由于工程区属于膨胀土地区，为改善膨胀土填料特性，使其在改良基础上确保回填质量，工程前期，刘老涧二站建设处与相关科研院校进行试验研究，并获得了能够对膨胀土进行改良利用的完整成果，为下一步的膨胀土改良回填施工工艺提供了科学指导依据。

（2）水泵装置模型。根据前期工作，刘老涧二站拟采用 4 台全调节立式轴流泵，为优化装置型式，刘老涧二站建设处与相关院校对泵站装置模型进行试验研究，为水泵叶轮和装置的合理选定提供了科学依据。

（赵才全）

泗 洪 站 工 程

工 程 概 况

泗洪站工程是南水北调东线一期工程的第 4 梯级泵站，位于江苏省泗洪县朱湖镇东南的徐洪河上，距三岔河大桥下游 4km、洪泽湖顾勒河口上游约 16km 处。其主要任务是从洪泽湖抽水入徐洪河，经濉宁泵站和邳州泵站向骆马湖输水 100m^3/s，与中运河线共同满足向骆马湖调水 275m^3/s 的目标。

工程于 2009 年 11 月 16 日正式开工建设，主要建设内容为泵站、泗洪船闸、徐洪河节制闸、排涝调节闸、利民河排涝闸，是集调水、排涝、挡洪、航运交通多种功能为一体的重要水利枢纽。

泵站设计流量为 120m^3/s，安装后置灯泡贯流泵 5 台套（含备机 1 台），单机流量 30m^3/s，配套电动机功率为 2000kW，总装机容量 10 000 kW。

泗洪船闸为 V 级船闸，建设规模为 180m × 16m × 3.5m，船闸上、下闸首均采用块基型整体钢筋混凝土结构，闸室采用坞式整体结构。

徐洪河节制闸设计流量 1120m^3/s，采用开敞式平底板结构，共 10 孔，每孔净宽 10m，闸室总长为 116.58m。

排涝调节闸设计流量 120m^3/s，为开敞式平底板结构，共 5 孔，每孔净宽 9.00m，中间设中隔墩，闸孔总净宽 42.00m。

利民河排涝闸设计排涝流量为 72m³/s，为开敞式平底板结构，共 3 孔，每孔净宽 6.00m，中间设中隔墩，闸孔总净宽 18.00m，闸室后接穿堤涵洞与泵站下游引河相连。

工程批复总投资 55 893 万元，施工总工期 48 个月。

（王永刚　史文锦　徐　刚　董兆俊）

工　程　投　资

2009 年 3 月 27 日，国务院南水北调办以《关于南水北调东线一期长江—骆马湖段其他工程泗洪站工程初步设计报告（技术方案）的批复》（国调办投计［2009］35 号）批复泗洪站枢纽工程初步设计技术方案。2009 年 7 月 15 日，国务院南水北调办以《关于南水北调东线一期长江—骆马湖段其他工程泗洪站工程初步设计报告（概算）的批复》（国调办投计［2009］130 号）批复泗洪站枢纽工程概算总投资 55 893 万元，其中建筑工程 17 845万元，机电设备 6826 万元，金属结构设备及安装工程 3626 万元，施工临时工程 2215 万元，独立费用 7886 万元，基本预备费 2303 万元，移民环境 5206 万元，输变电线路 1241 万元，设备费补差 6095 万元，建设期贷款利息 2650 万元。

根据初步设计批复工期，江苏省南水北调泗洪站工程建设处（以下简称泗洪站建设处）编制了泗洪站工程总体实施方案和年度建设计划。2009 年，计划完成投资 8350 万元，工程实际完成投资 8500 万元（其中征迁 3200 万元），完成工程总投资的 16％。

（王永刚　史文锦　徐　刚　董兆俊）

建　设　管　理

工程建设单位见表 1。

表 1　工程建设单位

工程参建单位	单位名称	备　注
项目法人	南水北调东线江苏水源有限责任公司	
现场管理机构	江苏省南水北调泗洪站工程建设处	代表项目法人负责工程现场建设管理
勘测设计单位	淮安市水利勘测设计研究院有限公司（水利行业甲级）	负责整个工程勘测、设计
监理单位	江苏省苏水工程建设监理有限公司（甲级）	除征迁及电力接入系统外工程监理
施工单位	江苏省水利建设工程有限公司（一级）	船闸、节制闸及泵站引河工程土建及设备采购安装标施工
材料供应商	江苏省水利物质总站	整个工程钢筋采购
质量监督机构	南水北调工程江苏质量监督站	

（一）施工进度控制管理

泗洪站建设处定期召开办公例会，进行月工作总结与计划，参加监理组织召开的工地例会，把握关键工作，及时协调矛盾，按计划保证了工程节点工期；及时报送工程建设月报、进度统计报表和质量信息月报等报表，时刻掌握工程建设实际进度情况。

（二）质量管理

泗洪站建设处建立健全了质量管理组织网络，制定质量管理规章制度，落实质量管理责任制，还严把原材料进场关。及时组织召开施工方案审查会，落实各项技术措施，进行质量例行检查活动，并积极配合开展质量监督活动。

（三）安全管理

建设单位建立健全了安全管理组织网络，严格落实责任制，安全管理规章制度完善；设置建设处安全员，组织安全专项检查，月安全例行检查活动每月两次；积极配合各项安全检查工作，认真落实检查意见并有完备整改记录；定期召开安全生产会议，及时排查安全生产隐患，有完备的安全生产记录和台账；防汛组织健全和制度完善，认真制定安全度汛预案，落实各项措施；工地现场划分责任管理区，安全生产警示标志布置、安全防护设施配置齐全。

（四）文明工地建设

文明工地创建，是促进工程顺利实施、树立工程良好形象的重要措施。建设单位对文明工地创建活动高度重视，主要采取如下创建措施：

（1）建立健全组织网络，层层落实创建任务。各参建单位加强领导，主要领导亲自抓，负总责；根据《南水北调工程文明工地建设管理规定》，制定合理、可行的创建规划，使创建活动制度化、系统化；严抓计划落实，定期或不定期进行自检，发现问题及时纠正，确保创建活动规范化。

（2）制定学习制度，创造良好的学习环境。订阅报刊杂志，积极组织政治理论与业务学习活动，提高参建人员综合素质，把泗洪站工程建成学习型工地；积极举办健康有益的文体活动，促进各参建单位交流与合作、丰富工地文化生活，极大地增强了各参建者的战斗力与凝聚力。

（3）加强施工区环境管理。现场材料堆放、施工机械停放有序、整齐；施工现场做到工完场清；施工现场安全设施及警示提示齐全；办公室、宿舍、食堂等场所整洁、卫生；减少施工引起的粉尘、废水、废气、噪声等对周围环境的危害和污染；与周边群众相处融洽，为工程施工创造良好的外部环境。

（王永刚　史文锦　徐　刚　董兆俊）

工 程 进 展

泗洪站工程单项建筑物多，工程投资大，建设周期长，是东线一期工程运西线上控制性工程。受施工导流影响，整个枢纽工程实施需要分两个阶段进行。第一阶段一期2009年11月~2010年9月，施工泵站引河、船闸，利用徐洪河全年导流。二期2010年10月~2011年5月，施工船闸、徐洪河节制闸，利用泵站引河进行非汛期导流。第二阶段2011年6月~2013年6月，施工泵站、排涝调节闸、利民河排涝闸、管理用房等工程，利用徐洪河节制闸全年导流。

2009年，计划完成包括徐洪河左堤进场道路、项目部、临时用电等全部临时设施。完成船闸徐洪河侧1.7km临时围堰，完成船闸基坑顺河向两侧多头小直径深搅桩防渗墙并完成基坑土方开挖。新建徐洪河右堤开始填筑。导流河12月开始开挖施工。

截至2009年12月底，项目部、监理部办公及生活临时设施全部完成并进驻。800kVA施工临时用电投入使用。徐洪河左堤4.5km临时进场道路全部完成。船闸工程徐洪河侧临时围堰完成。混凝土拌和系统正进行安装调试。

新建徐洪河左堤填筑已完成总量的60%，为2009年工程安全度汛提供了有力防洪保障。船闸基坑多头小直径深搅桩防渗墙已全部完成。船闸基坑土方开挖已完成80%，其中下闸首基坑已完成具备验槽条件，船闸底板模板、钢筋已开始加工，混凝土配合比已完成，混凝土浇筑方案近期组织审查，各项准备工作为春节前完成下闸首底板浇筑创造了条件。

导流河工程土方施工机械已全部到位并开始实施，已完成大部分清基清塘等工作，占河道土方开挖总量的10%。

工程电力接入系统委托建设合同已签署完成，电力部门正积极做好设计、采购等各项工作。

（王永刚　史文锦　徐　刚　董兆俊）

骆马湖—南四湖段江苏境内工程

概　述

工　程　概　况

骆马湖—南四湖段江苏境内工程是连接骆马湖与南四湖省际间的调水工程，采用不牢河和韩庄运河双线输水，通过不牢河和顺堤河输水，实现从骆马湖（中运河）抽引 $125m^3/s$ 供不牢河沿线用水并调水入南四湖下级湖 $75m^3/s$ 的规划目标。工程主要建设内容是改扩建刘山泵站、解台泵站和新建蔺家坝泵站。刘山泵站、解台泵站和蔺家坝泵站为一等工程，主体工程为 1 级建筑物，次要建筑物为 3 级。泵站设计洪水标准为 100 年一遇，校核洪水标准为 300 年一遇。工程永久占地 1676 亩，临时占地 327 亩，生产安置人口 711 人，工程总投资为 60 736 万元（其中刘山站24 106万元，解台站 18 785 万元，蔺家坝站 17 845 万元）。工程建设总工期 30 个月。

解台站工程于 2004 年 10 月开工建设，并已于 2008 年全部完成建设任务，2009 年度主要是开展施工合同的结算上报，以及推进工程阶段验收和专项验收等工作。刘山站工程于 2005 年 3 月开工建设。蔺家坝泵站于 2006 年 1 月开始开工建设，2009 年度已投入运营。

（唐　伟）

刘山站工程

工　程　概　况

刘山站工程是南水北调东线工程的第七级抽水泵站，位于邳州市宿羊山镇境内京杭运河不牢河段上。主体工程包括新建泵站、节制闸，老节制闸拆除，新建跨不牢河公路桥工程；导流工程包括开挖导流河、新建导流闸和拆除重建跨导流河公路桥等工程。其中泵站安装 5 台 2900ZLQ32-6 型立式轴流泵，节制闸为 5 孔 ×10m，设计流量为 $828m^3/s$；跨不牢河公路桥总宽 12m，10 跨，每跨 20m，设计荷载标准为公路-Ⅱ级。

主要工程量为：土方 196 万 m^3（其中土方开挖 120 万 m^3，土方填筑 76 万 m^3），砌石及垫层 3.7 万 m^3，混凝土及钢筋混凝土 4.7 万 m^3，钢结构 660t。工程概算总投资24 106 万元，计划总工期 30 个月。

（唐　伟）

工　程　进　展

2009 年 1 月 12 日，刘山站工程的泵站、节制闸、清污机桥和管理所绿化顺利通过单位工程验收。1 月 13 日自动化控制、视频监视与局域网系统设备采购和安装工程顺利通过合同验收。4 月 10 日，管理所房屋通过单位工程验收。6 月 18 ~ 22 日，刘山站工程顺利通过水利部水利水电规划设计总院组织的安全评估。7 月 23 日，主厂房装饰工程顺利通过单位工程验收。9 月 28 日通过了江苏水源公司组织的合同阶段档案专项验收。11 月 24 日，水土保持设施顺利通过了水利部淮河水利委员会主持的竣工验收。11 月 28 日通过了国务院南水北调办组织的设计单元工程档案专项验收。

截至2009年底，刘山站工程共完成土方196万m^3，混凝土4.69万m^3，砌石3.65万m^3，钢结构制作安装660t（含预埋件）。累计完成工程投资24 454万元（其中建安工程投资9833万元，机电设备4870万元，其他费用9403万元，价差348万元），完成全部概算投资。

（唐　伟）

工程质量评定

2009年，工程建设涉及厂房装饰和管理所房屋共2个单位工程，目前工程施工已完成，相应的质量评定全部完成，并已通过单位工程验收。其中2个单位工程、12个分部工程、108个分项工程质量按《建筑工程施工质量验收统一标准》（非水利标准）评定全部完成，经过施工单位自评，建设、监理单位复评，分部、分项工程的合格率为100%。截至2009年底，刘山站工程所涉及的10个单位工程、67个分部工程、700（1146）个单元（分项）工程已全部完成评定。

在参建各方的共同努力下，刘山站工程质量始终处于受控状态，未发生质量事故。

（唐　伟）

工程科技

科学技术是第一生产力，注重科技创新、建设优质精品工程是建设者们不断追求的目标和神圣责任。江苏省南水北调刘山解台站工程建设处（以下简称刘山解台建设处）依托科研院所，开展横向联合，组织科技攻关，切实提高了工程质量和工程科技含量。

（一）泵站装置模型研究

南水北调泵站工程开机小时多、运行时间长，泵站效率对安全、高效运行关系重大。为优化装置型式，刘山解台建设处和江苏省水利勘测设计研究院合作，在充分论证的基础上，精心比选水泵叶轮模型，并委托相关院校对泵站装置模型进行试验研究，为水泵叶轮和装置的合理选定提供了科学依据。

（二）进出水流道优化水力设计

进出水流道是泵站装置的重要组成部分，为了在不突破投资、不改变总体设计方案的前提下获得最佳的泵站装置水力性能，刘山解台建设处通过设计部门委托扬州大学水建学院对进水流道进行了优化水力设计。根据进出水流道水力优化的要求，通过建立数学模型，应用流体动力学方法，分别对肘形进水流道和平直管内的流态进行三维紊流数值模拟，揭示了进出水流道内的基本流动形态。在此基础上对进水流道进行了优化水力设计，提出了进水流道各部位设计参数。

（三）进水流道异型模板制作工艺改进

刘山站采用肘形进水流道，其形状尺寸经优化水力设计确定，断面变化大，精度要求高，其施工准确程度直接影响到泵站建成后的运行效率。因此，异型模板的制作是一个关键。过去通常在现场采用砌砖粉刷砂浆成型，或者直接在内场拼装模型现场安装。但由于木材易收缩、板头间缝隙大，模板的外表流线和光洁度难以达到要求。施工单位反复研究异型模板制作方案，最终确定采用龙骨拼装、外模逐步成型技术和外部喷塑工艺，顺利完成了进水流道异型模板制作，实际浇筑出的进水流道线型流畅、表面光滑，各断面尺寸完全满足设计要求。

（四）大体积混凝土控制裂缝攻关

泵站进出水流道等大体积混凝土施工期发生裂缝是常见病。刘山解台建设处组织参建各方多次讨论施工方案，从原材料（水泥、黄砂、石子）、外加剂、掺合料（粉煤灰）的选择到混凝土配合比设计，从冷却水管的布置到混凝土入仓温度和混凝土内、外部温差的控制，从混凝土的浇筑振捣到覆盖、保温、保湿养护措施一一精心策划，严格把关，精心施工。由于方案合理、措施有力，刘山站进出水流道混凝土外光内实、质量优良。

（唐　伟）

蔺家坝站工程

工程概况

蔺家坝泵站是南水北调东线一期工程的第九级泵站，工程位于江苏省徐州市铜山县境内，站上为京杭运河湖西航道，站下通过顺堤河接不牢河。泵站设计流量 $75m^3/s$，其主要任务是抽调前一级解台泵站来水向南四湖下级湖送水，满足南水北调工程调水要求，同时可以结合郑集河以北、下级湖沿湖西大堤以外的洼地排涝。

（蔺家坝泵站工程管理项目部）

工程运行管理情况

（一）管理机构

蔺家坝泵站管理机构为江苏省南水北调蔺家坝泵站工程管理项目部，江苏省由骆运水利工程管理处按照江苏水源公司对蔺家坝泵站委托管理的要求抽调精干人员组建。2009 年 3 月 16 日，江苏省骆运水利工程管理处根据《南水北调东线蔺家坝泵站工程管理合同》（合同编号 NSBD－LJBBZGL－01），以《关于成立江苏省南水北调蔺家坝泵站工程管理项目部的通知》（骆运发［2009］8 号）成立江苏省南水北调蔺家坝泵站工程管理项目部（以下简称蔺家坝项目部）。按照江苏水源公司的要求，蔺家坝项目部非运行期配备管理人员 14 名（含短期合同工 4 名），其中高级工程师 1 名，工程师 3 名，助理工程师 1 名，技师 3 名，高级工 2 名。蔺家坝项目部下设财务部、工程部、综合部三个职能管理部门，财务部负责财务管理、物资管理工作，工程部负责闸站运检管理工作，综合部负责后勤等政务管理工作。根据泵站运行需要，蔺家坝项目部在运行期人员将不少于 30 人（含短期合同工 6 名）。

（二）工程移交

2009 年 3 月 30 日，由江苏水源公司组织，蔺家坝泵站工程第一批运行管理项目移交蔺家坝项目部管理，移交的工程内容有：防洪闸、副厂房、管理区变电所及其内部所有设备。

2009 年 8 月 12 日，由淮委蔺家坝泵站工程建设管理处组织，蔺家坝泵站工程第二批运行管理项目移交蔺家坝项目部管理，移交的工程内容有：泵站进水渠、清污机桥、进水池、主泵房、出水池、出水渠建筑工程及附属工程、尚未移交的所有金属结构和机电设备、自动化系统、管理设施（办公楼、宿舍楼、门卫室）和管理区室外工程。

（三）加强安全生产工作，确保安全无事故

安全生产工作是工程建设顺利进行的有力保障，蔺家坝项目部始终坚持“安全第一，预防为主”的指导方针，将安全生产工作放在第一位。

蔺家坝项目部成立了以项目经理为组长的安全生产领导小组，设立安全管理部门，明确安全生产“无死亡、无重伤、无火灾、无重大设备事故、无重大交通责任事故”的管理目标，配备了专职安全员。

加强对项目部成员安全生产、文明管理的教育。对管理人员和作业人员进行安全生产培训。特种作业人员要求必须按国家有关规定经过专门的安全作业培训，并取得特种作业操作资格证书后，方能担任该项工作。

（四）制定规章制度

按照委托管理文件的要求和受托管理文件的承诺，针对蔺家坝泵站工程管理的实际需要，建立了项目负责人、技术负责人、自动化工程师、电气工程师、运检班长等岗位责任制，制定了运行期、非运行期工作制度、汛期工作制度、运行值班制度、设备巡回检查制度等一系列工作制度，组织项目部的人员认真学习，让每位职工了解自己的职责。

（五）严格执行调度指令

蔺家坝站工程的控制运用按照江苏水源公司的调度指令进行，不接受其他任何单位和个人的指令。蔺家坝项目部规定必须对委托人的指令进行详细记录、复核；执行完毕后，向委托人报告。遇有人身、设备事故，当班人员可以立即停机，按事故紧急处理制度执行，视情况作相应处理并立即向委托人汇报。

蔺家坝项目部加强设备检查、维护力度，保证泵站设备始终保持完好状态，随时准备接受调度指令，保证在接到运行调度指令后24小时内投入运行。2009年全年蔺家坝项目部未接到南水北调东线江苏水源有限责任公司调度指令开机运行。

（六）设备保养

做好设备的检查和维修保养工作，是设备安全运行的基础。蔺家坝项目部定期对主机泵、励磁设备、启闭机、闸门、供水系统、供气系统等主辅机设备和计算机监控系统进行检查、维护，及时更换常规易损件，确保设备处于完好状态。

对检查中发现的设备存在问题，能够处理的，及时组织进行处理；不能够处理的，及时向建管处反映，由建管处联系相关设备厂家和安装单位及时进行处理。

通过维护保养，保持室内设备无灰尘、无渗油、无锈迹现象，室外设备无积尘、无油污、无漏水、无锈蚀、无破损现象。

（蔺家坝泵站工程管理项目部）

韩庄运河段工程

概　述

工　程　概　况

南水北调韩庄运河段工程位于山东省的南部，是南水北调东线第一期工程的重要组成部分，是实现南水北调向北输水和省际供水目标的关键性工程。韩庄运河段工程包括台儿庄、万年闸和韩庄3座泵站，其主要任务是抽引骆马湖来水输送到南四湖下级湖。韩庄运河是京杭大运河的一部分，上起南四湖下级湖出口韩庄闸，流经济宁市微山县、枣庄市峄城区、台儿庄区，至苏鲁省界陶沟河口与中运河相接，全长42.7km，南水北调东线一期工程在该段利用韩庄运河现有河道输水。

台儿庄泵站是南水北调东线工程在山东境内的第一级泵站，也是南水北调东线输水工程的第七级泵站。

万年闸泵站是南水北调东线工程在山东境内的第二级泵站，也是南水北调东线输水工程的第八级泵站。

韩庄泵站是南水北调东线工程在山东境内的第三级泵站，也是南水北调东线输水工程的第九级泵站。

台儿庄、万年闸、韩庄3座泵站均为一等大（1）型工程，主要建筑物为1级，设计工期均为30个月。

（齐宪荣）

台儿庄泵站工程

工程概况

台儿庄泵站工程共设泵站工程、清污机闸工程、交通桥工程、排涝涵洞工程、管理设施工程、输变电工程6个单位工程。台儿庄泵站为一等工程，主要建筑物为1级，次要建筑物为3级，临时建筑物为4级。工程设计流量125m^3/s，设计水位站上25.09m（1985国家高程基准，下同），站下20.56m，设计扬程4.53m，平均扬程3.73m。主泵房内安装2950ZL31－5型立式轴流泵5台，其中备机1台，叶轮直径2950mm，配额定功率2400kW的同步电动机5台，总装机容量12 000kW。泵站多年平均运行小时数4652h。

台儿庄泵站工程2009年实施完成的工程建设项目有：部分进水渠及全部出水渠边坡护砌工程、管理设施工程；站区水土保持工程；110kV输电线路工程；水泵、电动机等机电设备安装及调试，并通过试运行验收；闸门、启闭机等金属结构设备及安装调试，并通过试运行验收；消防专项工程的报验及验收工作。

（王南江）

工程投资

台儿庄泵站工程2009年计划安排投资6026万元；实际完成投资2230万元，其中：建筑工程支付595万元，安装工程支付140万元，设备购置380万元，其他费用1115万元。截至2009年底，累计完成投资22 116万元。

淮委治淮工程建设管理局严格按照招标投标法和国家有关规定进行工程施工、监理标等标段的招标工作，分别与各中标单位签署了合同。合同签署后，根据工程进度和合同规定定期或不定期了解合同履行情况，对出现的问题及时督促解决，对合同款的支付，严格按照合同规定和合同执行情况进行，控制合同款的结算支付，严格控制工程投资，工程投资处于受控状态。

（王南江）

工程进展

截至2009年底，建筑工程主体建筑工程已完成，仅剩堤顶道路工程尚未实施（因韩庄运河扩挖尾工需使用此段堤防）；水泵、电动机等机电设备及安装工程已完成，并通过试运行验收；闸门、启闭机等金属结构设备及安装工程已完成，并通过试运行验收；消防、水土保持、环境保护、档案等专项验收项目正在组织实施。

台儿庄泵站工程2009年完成工程量，土方挖填7.8万m^3，混凝土0.102万m^3，主机泵安装调试5台套。2009年完成总投资2230万元。

截至2009年底，累计完成土方挖填111.5万m^3，砌石1052m^3，混凝土5.37万m^3，金属结构制安804t，主机泵安装调试5台套。累计完成工程投资22 116万元。

（王南江）

工程施工

参与2009年台儿庄泵站工程的施工单位有中国水利水电第十一工程局、山东水利工程总公司、常州常恒园林花木科技有限公司、深圳市东深电子股份有限公司、枣庄市力源电力送变电工程有限公司，他们分别承担台儿庄泵站工程泵站主体土建工程、泵站管理设施工程、站区水土保持工程、计算机和自动化监测工程、110kV 输电线路工程。

2009 年 5 月 26 日完成部分进水渠及全部出水渠护坡施工，6 月底完成 110kV 输电线路工程，11 月初完成站区水土保持工程，11 月底完成泵站管理设施主体工程、泵站计算机及自动化监控系统。

2009 年 1 月 16 日完成交通桥单位工程验收；6 月 30 日完成 110kV 输电线路送电验收；7 月 10 日完成排涝涵洞单位工程验收；11 月 24 日完成泵站机组试运行验收。

（王南江）

质量管理

质量监督单位为南水北调工程山东质量监督站及下设的南水北调韩庄运河段工程质量监督项目站。

台儿庄泵站工程质量管理体制包括质量监督体系、质量检查体系、质量控制体系、质量保证体系四大体系。其中质量监督体系包括上级业务主管部门、质量监督部门、稽察部门、审计监察部门及社会监督举报等；质量检查体系由建设单位淮委治淮工程建设管理局及驻现场机构负责；质量控制体系由监理单位杭州亚太建设监理咨询有限公司负责；质量保证体系由设计单位中水淮河规划设计研究有限公司和各施工单位共同负责。

截至 2009 年底，已完成清污机闸工程、交通桥工程、排涝涵洞工程 3 个单位工程验收，单位工程全部优良；分部工程评定 33 个，分部工程优良 26 个；完成单元评定 1442 个，342 个检验批，其中优良单元 1261 个，优良率 87%。

（王南江）

安全生产

安全生产工作主要由安全生产监督体系、安全生产保证体系两大体系组成。工程开工伊始，建设单位成立了台儿庄泵站工程安全生产领导小组，负责台儿庄泵站工程安全生产监督检查指导工作；制定了安全生产管理办法、突发事件应急预案、重大危险源管理办法、反恐预案；在工程建设过程中，建设单位根据工程实际情况定期不定期地组织各单位负责人进行安全生产检查，并在每年的 6 月组织各单位开展“安全生产月”活动；施工单位切实加强农民工的培训。台儿庄泵站工程 2009 年未发生一例安全生产事故。

（王南江）

万年闸泵站工程

工程概况

万年闸泵站位于韩庄运河中段，泵站西距韩庄泵站 16km，东距台儿庄泵站 14km，位于韩庄运河北三支沟入口以下万年闸村北、杨闸官村南。

万年闸泵站设计输水规模 125m^3/s，设计扬程 5.49m，水泵机型为 5 台立式轴流泵，单机设计流量 31.5m^3/s，总装机容量14 000kW。枢纽工程为大一等（1）型工程，主要由主厂房、副厂房、变电站、引水闸、出口防洪闸、引水渠、出水渠、交通桥、生产桥等组成。土建工程的主要设计工程量为：土石方开挖 122.20 万 m^3，土方回填 51.16 万 m^3，浆砌石 2.7 万 m^3，混凝土 5.56 万 m^3。概算批复投资 25 166万元。

（任庆旺）

招标投标

2009年签订5个建设项目合同共计715万元。其中：场外输电线路工程监理合同6万元；10kV场外输电线路工程施工委托合同140万元；110kV场外输电线路工程施工委托合同505万元；消防工程施工委托合同35万元；电气设备检测合同30万元。

（任庆旺）

建设管理

万年闸泵站工程的项目法人单位是山东干线公司，其上级主管部门是山东省南水北调建管局。山东省南水北调韩庄运河段工程建设管理局作为山东干线公司派驻现场机构，具体负责万年闸泵站工程的现场建设管理工作。

中水淮河工程有限责任公司（原水利部淮委规划设计研究院）负责山东省南水北调韩庄运河段工程万年闸泵站枢纽工程土建与安装的监理。山东省水利工程建设监理公司负责万年闸泵站的水泵、电动机、金属结构、机电设备等厂内监造监理。山东龙信达咨询监理有限公司负责万年闸泵站的征地、迁占及移民监理。山东联诚工程建设监理有限公司负责万年闸泵站110kV和10kV场外供电线路施工监理。

万年闸泵站各施工单位均成立了项目经理部，配备了专职质检员和安全员，建立健全了质量保证体系和安全生产保证体系，制定了各项质量和安全生产管理制度，对工程质量检验严格实行三级检查制度，制定了环境保护和文明施工实施细则、实施办法和奖罚制度。

万年闸泵站工程质量管理工作包括质量监督体系、质量检查体系、质量控制体系和质量保证体系等四大体系。

截至2009年底，万年闸泵站49个分部工程，已完成分部工程评定45个，合格率100%，其中优良26个，优良率83.9%（电力工程、建筑工程分部共14个，未计入优良率）；1207个单元工程，已完成单元工程评定1207个，合格率100%，其中优良989个，优良率90.9 %。

万年闸泵站2009年度未发生一起人身重伤以上事故，未发生一起重大机械设备安全事故，未发生一起重大责任事故，工程安全度汛。

（任庆旺）

工程进展

2009年，万年闸泵站工程机泵、电气、自动化监控等设备联合模拟调试，10、110kV输变电工程，引水渠道进水口段的土方开挖及衬砌，出水渠的土方开挖，厂区建筑办公楼装修工程、供排水工程以及室内外照明等工程均已按计划完成；2009年计划完成的水土保持工程项目、消防工程以及引水渠草皮护坡工程尚未完成，主要原因是进水口码头拆迁时间拖期，造成水土保持及草皮护坡无法按计划时间施工，另外消防部门审批设计图纸时间较长也影响了消防工程的按期开工。2009年，实际进度与年初制定的年度计划对比，总体已按计划完成。

（1）引水渠段：引水渠、交通桥、生产桥、206国道桥、进水闸、跌水工程等全部完工，所有分部工程通过验收。

（2）主副厂房段：泵站主体土建工程基本完成。主副厂房内装修基本完成。设备、电气安装工程中水泵及电动机已全部安装完五台套，进、出口闸门及启闭机、液压启闭机、清污机安装完成，多声道超声波流量计、变电站110kV变压器、高压开关设备全部安装完成。完成了10kV厂内电气设备及启闭机电气设备安装。所有分部工程均通过验收。

（3）出水渠段：出水渠、出口防洪闸、老枣徐公路桥、排涝闸、10kV供电线路等工程均完成，所有分部工程通过验收。

（4）厂区办公楼及道路工程：办公楼、传达室、车库、厂区道路、广场建筑等合同项目基本完成，其中两个分部工程已通过验收，剩余两个分部工程待验。10kV 场外供电线路和 110kV 场外供电线路均已正常送电，所有分部工程已通过验收。

2009 年，完成土石方开挖 22.90 万 m^3、土石方回填 1.75 万 m^3、混凝土浇筑 0.45 万 m^3，完成投资 1949 万元。截至 2009 年底，共完成投资20 781万元。

（任庆旺）

韩庄泵站工程

工程概况

韩庄泵站是南水北调东线第一期工程的第九级抽水梯级泵站，也是山东省境内的第三级泵站。位于山东省枣庄市峄城区古邵镇八里沟村西，该泵站枢纽距南四湖下级湖约 3km，站下进水渠接韩庄运河，站上出水渠接老运河入南四湖的下级湖。韩庄泵站工程主要由主站身、副厂房、前池、出水池、引水闸、引水渠、出水渠、交通桥、排涝渠及排涝涵洞等工程组成。

韩庄泵站工程是南水北调工程的关键性建筑物，且为新建，为一等大（1）型工程。主要建筑物泵站、引水闸、进水池、出水池为 1 级；其他易于修复的次要建筑物如引水渠、出水渠、导流墙、护岸等为 3 级，临时性建筑物如导流物、施工围堰等为 4 级。设计洪水标准为设计 100 年一遇，校核 300 年一遇。安装有 5 台后置灯泡式贯流泵，4 用 1 备，单机设计输水流量 31.25m^3/s，输水流量 125m^3/s，总装机容量9000kW。

（黄九常）

工程投资

水利部以水总［2004］353 号文批复了韩庄泵站的初步设计，投资 22 250 万元；国务院南水北调办以投计［2005］22 号文增调韩庄运河段工程征地补偿投资 2051 万元，其中韩庄泵站工程征地补偿投资 512 万元，韩庄泵站工程国家共下达投资计划 22 762 万元。其中：中央预算内投资 1000 万元，中央预算内专项资金 8000 万元，贷款 7762 万元，南水北调工程基金 6000 万元。实际到位资金15 000万元，其中：中央预算内投资 1000 万元，中央预算内专项资金 8000 万元，南水北调工程基金 6000 万元。

截至 2009 年底，投资概算 22 762 万元全部下达。2009 年计划完成投资额 10 174 万元，实际完成投资 7389.86 万元。截至 2009 年底，累计完成投资 12 407 万元。

（黄九常）

招标投标

2009 年，韩庄泵站工程招投标及合同签订情况见表 1。

表 1　韩庄泵站工程招投标情况

序号	合同编号	合同名称	招标代理机构	招标文件发售时期（年.月.日）	开标日期（年.月.日）	定标日期（年.月.日）	中标单位	合同签订时间（年.月.日）
1	NSBD/HZYH—CG200804	泵站金属结构采购标20	山东水务招标有限公司	2008.12.31 ~ 2009.1.7	2009.1.19	2009.1.20	山东水总机械工程有限公司	2009.3.2

续表

序号	合同编号	合同名称	招标代理机构	招标文件发售时期（年.月.日）	开标日期（年.月.日）	定标日期（年.月.日）	中标单位	合同签订时间（年.月.日）
2	NSBD/HZYH—CG200805	泵站液压启闭机标21	山东水务招标有限公司	2008.12.31～2009.1.7	2009.1.19	2009.1.20	江苏武进液压启闭机有限公司	2009.3.2
3	NSBD/HZYH—CG200901	电气设备采购	山东水务招标有限公司	2009.9	2009.9		许继电气股份有限公司	2009.10
4	NSBD/HZYH—SG200806	泵站管理区标22	山东水务招标有限公司	2008.12.31～2009.1.7	2009.1.19	2009.2.10	滕州市建筑安装工程集团公司	2009.3.2

建设管理

韩庄泵站工程为山东干线公司直管项目，山东省南水北调韩庄运河段工程建设管理局作为山东干线公司派驻现场机构，负责工程建设期管理工作。

出水渠工程和枢纽工程标施工单位是山东省水利工程局。

管理房施工单位是滕州市建筑安装工程集团公司。

土建安装监理单位是山东科源工程建设监理中心，负责韩庄泵站枢纽工程土建和安装工程的质量控制、进度控制、投资控制、合同管理、信息管理和协调工作及施工安全监督。

设计单位是山东省水利勘测设计院。

设备制造监理单位是山东省水利工程建设监理公司，负责韩庄泵站工程的水泵、电动机、金属结构、机电设备等厂内监造，采取巡检、监检、抽查和全检等监造方式，对设备制造的质量控制、进度控制、投资控制、合同管理、信息管理和协调工作等进行监造协调。在设备制造过程中还要检查安全生产措施、劳动防护和环境保护设施并提出建议，参加重大安全事故调查并提出处理意见。

迁占移民监理单位是山东龙信达咨询监理公司，负责韩庄泵站工程的征地、迁占及移民的监理工作，根据国家批准的移民工作文件、法律、法规和各项合同、协议、责任书等，对工程建设征地、迁占及移民工作进度、质量、投资、实物完成量、生态环境保护、移民生活生产水平恢复和提高等方面进行计量确认、沟通协调、监督检查、检测评估，提出咨询建议等全方位、全过程监理；通过配合地方政府、土管、林业、农业等部门，对本合同土地征用补偿、移民搬迁安置等工作的各阶段、各单项、各区域是否按计划实施，是否达到预期目标，移民合法权益是否得到保障等进行宏观和微观相结合的管理、监督和控制。

水泵机组供货商是荷兰耐荷泵业公司、长沙水泵厂联合体。

金属结构供货商是山东水总机械工程有限公司。

启闭机供货商是江苏武进液压启闭机有限公司。

电气设备供货商是许继电气股份有限公司。

质量监督单位是南水北调韩庄运河段工程质量监督项目站。

韩庄运河段建管局和施工监理单位是韩庄泵站工程安全生产管理监督责任主体。各施工单位是韩庄泵站各施工标段安全生产保证责任主体。2009 年韩庄泵站工程未发生安全责任事故。

2009年出水渠及交通工程共完成218个单元工程质量评定，合格218个单元，优良198个单元，合格率100%，优良90.8%；完成排水沟与排涝涵洞2个分部工程，未进行验收。泵站枢纽工程完成313个单元工程质量评定，合格313个单元，优良286个单元，合格率100%，优良率91.3%。完成排涝沟1个分部工程，未进行验收。管理区工程共完成办公楼工程、传达室车库配电室工程、围墙工程3个分部工程，73项分项工程，58个单元工程，各分项、单元工程质量评定均合格，符合建筑工程规范与设计要求。

（黄九常）

工 程 进 展

截至2009年底，土石方工程开挖外运基本完成（剩余土石方作建筑物回填）；出水渠交通桥施工基本完成（栏杆安装安排在2010年春节前完成）；出水渠262m混凝土衬砌工程已全部完成，浆砌石衬砌正在做施工准备；引水闸工程土建部分已基本完成，土方回填完成后及组织上部结构的施工；排涝涵洞工程（引水渠排涝涵洞）下部结构已施工完成；进水池的底板与两侧的挡墙工程全部施工完成；主机段流道层全部完成，并完成右联电缆层，中联与左联的钢筋模板安装基本完成；出水池工程右侧混凝土挡墙、底板全部施工完成，左侧挡墙基础施工完成；引水渠衬砌工程消坡清理已完成；管理区办公楼及辅助用房建筑安装工程基本完成。

出水渠及交通工程完成的工程量：场地平整完成4.2万m^3；土方开挖完成29.19万m^3；土方填筑完成15.52万m^3，土方弃置外运13.67万m^3，浆砌石3320.1m^3，混凝土1423.85m^3，钢筋制作安装86.1t。

韩庄泵站枢纽工程完成的工程量：泵站枢纽工程完成清表9500m^3，土方开挖75.2万m^3，场区土方填筑13万m^3，弃置外运62.2万m^3，引水闸、进水池完成混凝土8936m^3；钢筋制作安装835t；主机段、出水池、排涝涵洞工程完成混凝土11 160m^3，钢筋制作安装1200t。

韩庄泵站枢纽管理区工程完成的工程量：办公楼、传达室、配电室、车库的建筑安装与装修工程均已完成，完成的建筑面积共约1600m^2；完成围墙砌筑约1000m，完成交通桥2座，场内交通道路2650m^2。

水泵机组进口设备于2009年6月上旬通过出场验收，10月1日到达青岛港，10月26日到达长沙水泵厂并进行了开箱验收，12月份在湘电集团进行水泵机组的组装。由长沙水泵厂制造的水泵外壳全部制造完成，进出水连接管、泵轴与支架均已制造完成。2台电动机装配完成，变频器1台套制造完成。闸门、门机和液压启闭机制造完成约50%。

（黄九常）

南四湖水资源控制、水质监测工程和骆马湖水资源控制工程

概 述

工 程 概 况

南四湖水资源控制、水质监测工程和骆马湖水资源控制工程是南水北调东线一期工程的重要组成部分，工程包括二级坝泵站工程、姚楼河闸工程、杨官屯河闸工程、大沙河闸工程、潘庄引河闸工程、南四湖水质监

测工程、骆马湖水资源控制工程等7个设计单元工程。南四湖水资源控制工程主要解决上级湖江苏用水、下级湖山东用水的控制问题；南四湖水质监测工程主要对南水北调输入南四湖的水量，支流入湖、出湖水量，南四湖北送的水量，江苏及山东两省引水量等实施水量监测；骆马湖水资源控制工程的主要任务是控制非正常引水，正常情况下保证工程调水和航道通航，在非调水期则对骆马湖水资源进行有效控制。

骆马湖水资源控制工程于2006年12月开工建设，至2009年6月顺利通过单位工程暨合同项目验收。

（江苏水源公司）

二级坝泵站工程

工程概况

二级坝泵站工程是南水北调东线一期工程的第十级抽水梯级泵站，位于南四湖中部，山东省微山县欢城镇境内。二级坝泵站一期工程为一等大（1）型工程，主要建筑物包括有泵站、前池、进水池、出水池、进水闸及闸前引水渠渐变段、出水渠为1级，次要建筑物为3级，临时性建筑物为4级，二级坝公路桥设计标准为汽-20挂-100级，路面宽度为$(9+2\times1.5)$m。设计输水流量为125m^3/s，设计净扬程3.21m，装机5台后置式灯泡贯流泵（4用1备），单机流量31.5m^3/s，单机功率1850kW，多年平均设计装机年利用小时数4364h。工程2007年3月开工建设，总工期30个月，概算为25 217万元。

（朱渝生　周兰玉）

建设管理

二级坝泵站建设管理局作为二级坝泵站工程现场管理机构具体负责组织工程实施。项目法人是山东干线公司。

设计单位是山东省水利勘测设计院。

监理单位是杭州亚太建设监理咨询有限公司，承担主体工程（主水泵、电机及其附属设备监造除外）、管理设施工程、施工临时工程、水土保持、环保工程、供变电工程、设备安装和其他工程的监理工作。

水泵制造监理单位是水利部水工金属结构质量检验测试中心。

质量监督单位是南水北调工程山东质量监督站。

物资采购单位是安徽省水利物资供应总站。

引水渠工程施工单位是山东水利工程总公司。

公路桥及引水渠交通桥工程施工单位是山东水利工程总公司。

水泵机组供应单位是株式会社荏原制作所、荏原博泵泵业有限公司。

主副厂房土建施工及设备安装施工单位是山东省黄河工程集团公司。

金属结构制作单位是山东水总机械工程有限公司。

液压启闭机制作单位是江苏武进液压启闭机有限公司。

计算机监控系统生产单位是合肥三立自动化工程有限公司。

机电设备生产单位是许继电气股份有限公司。

变压器生产单位是福州天宇电气股份有限公司。

（胡学玉　赵　敏）

工程进展

二级坝泵站工程2009年度进度控制目

标为：

（1）6月底完成主副厂房及进水闸的底板混凝土浇筑。

（2）8月底前二级坝公路桥具备通车条件。

（3）9月底前完成主厂房流道层混凝土浇筑和进水闸闸墩及工作桥。

（4）12月底前完成主副厂房设备层混凝土浇筑及闸门、起重机、清污机安装。

对照年度计划和目标责任书，除管理区建筑物因设计方案未确定没有按时开工和闸门、起重机、清污机未按时开始安装外，其他项目都按计划和目标责任书要求按时或提前完成，目标任务完成率达90%。截至2009年底，累计完成土方开挖152.71万m^3，混凝土浇筑3.71万m^3，金属结构制安720t，累计完成投资22 049万元。2009年，主要完成土方开挖16.7万m^3，土方填筑15.9万m^3，混凝土浇筑3.2万m^3，灯泡贯流泵机组制作完成2台套，完成投资11 864.69万元。主体工程形象进度如下：

（1）引水渠工程于2007年3月30日开工，2009年5月11日完成引水渠工程单位工程验收。

（2）引水渠交通桥于2008年5月12日开工，2008年7月9日按设计要求完成全部施工任务，2009年5月11日完成引水渠交通桥工程单位工程验收。二级坝公路桥于2008年10月30日开工，2009年8月5日主体工程完工，2010年1月18日完成分部工程验收。

（3）主副厂房土建及设备安装工程于2008年10月26日正式开工。其中进水闸于2009年4月15日完成底板混凝土浇筑，现已完成闸顶海鸥造型混凝土浇筑及6扇闸门安装；主厂房于2009年4月14日完成主厂房底板混凝土浇筑，6月12日完成泵站主厂房流道层混凝土浇筑，8月26日完成电缆层混凝土浇筑，10月17日完成设备层混凝土浇筑，11月26日完成主厂房屋面（封顶）混凝土浇筑；进水闸与主厂房连接段左右侧翼墙共16段，现已完成翼墙15段，剩余1段翼墙为暂留施工通道；副厂房于2009年11月16日完成副厂房灌注桩施工；出水渠二级坝以南段的出水渠衬砌已完成80%。

（4）水泵机组及附属设备采购：国外生产部件分四批运至上海电机厂；变频器2009年10月9日通过出厂初步验收；励磁系统于2009年12月2日通过出厂初步验收；电动机制作基本完成；机组LCU控制柜制作基本完成。

（5）金属结构、液压启闭机采购完成了相应的设计联络会，制作进度满足计划要求。

（6）机电设备、变压器、计算机监控系统采购于2009年9月中旬签署了采购合同，已全面开始制作。

（胡建峰）

工程质量评定

参与二级坝泵站工程建设的施工单位共有山东黄河工程集团有限公司、山东水利工程总公司两家。

截至2009年底，进水闸工程累计评定单元工程个数106个，其中优良99个，优良率93.4%；主副厂房土建及安装工程累计评定单元工程个数283个，其中优良260个，优良率91.9%；出水渠累计评定单元工程个数25个，其中优良24个，优良率96%。

二级坝泵站引水渠及引水渠交通桥工程于2009年5月11日完成引水渠工程单位工程验收。引水渠工程单元质量评定情况：共834个单元工程，全部合格，其中优良单元工程为779个，优良率为93.4%；引水渠交通桥工程单元质量评定情况为：共103个单元工程，全部合格，其中优良单元工程为97个，优良率为94.2%。

二级坝公路桥于2010年1月18日完成分部工程验收。二级坝公路桥单位工程5个分部工程共25个分项工程，累计完成分项工程共23个（另2个分项工程因变更取消），合格23个，其中10个重要分项工程全部合格；5个分部工程全部合格，其中2个主要分部工程全部合格。

（孔庆磊）

大沙河闸工程

工程概况

大沙河闸位于大沙河的入湖口处，闸轴线距湖西大堤约130m，闸两侧通过大沙河河堤与湖西大堤连接。大沙河闸工程布置一座14孔节制闸和一座Ⅵ级航道船闸。节制闸闸室单孔净宽10m，采用钢筋混凝土开敞式结构，整体筏式底板，7跨两孔一联，底板厚1.8m，底板顶面高程30.8m（85国家高程基准，下同），中墩厚1.5m，缝墩厚1.0m。闸室顺水流向长18.0m，垂直水流向宽164.5m，包括船闸上闸首总宽184.5m。岸墙采用钢筋混凝土空箱结构，其湖内侧设桥头堡；闸室顶部布置有公路桥、工作桥和人行便桥，工作桥上设启闭机房。

大沙河闸为一等工程，主要建筑物为1级建筑物，次要建筑物为3级，临时建筑物为4级。主要建筑物包括节制闸闸室、船闸上闸首以及防渗范围内的上、下游翼墙和船闸闸室；次要建筑物包括船闸下闸首以及防渗范围外的上、下游翼墙和船闸闸室。

大沙河闸挡洪标准（同湖西大堤）按防御1957年洪水标准设计，挡洪水位37.0m；设计泄洪标准为20年一遇，出口水位（与南四湖同频率遭遇）为36.3m，流量1360.0m^3/s，校核标准为50年一遇，出口水位为36.8m，流量1560.0m^3/s；排涝标准按10年一遇设计，出水口水位34.0m，设计流量901.0m^3/s；引水标准以满足闸上灌区农作物设计保证率条件下灌溉区日最大引水要求，相应引水流量为12.0m^3/s。

大沙河闸工程占地共633.97亩（含船闸设计变更新增永久占地32.51亩），其中永久占地556.3亩、临时占地77.76亩。土方开挖44.74万m^3，土方填筑19.07万m^3，堆砌石0.78万m^3，混凝土及钢筋混凝土3.75万m^3，金属结构制作安装701.0t。总工期为24个月，工程初步设计概算总投资为9103万元。

2008年10月，国务院南水北调办以国调办投计［2008］172号文批复大沙河闸工程变更设计，在维持原航道标准不变、设计水位不变、节制闸规模不变的条件下，船闸上下闸首和闸室净宽由10m变更为12m。

2009年11月，国务院南水北调办以国调办投计［2009］211号文再次批复大沙河闸工程变更设计，船闸闸室由100m变更为160m。

（赵　斌）

工程投资

大沙河工程总投资9103万元，其中建筑工程4123万元，机电设备及安装478万元，金属结构设备及安装847万元，施工临时工程638万元，独立费用1462万元，基本预备费453万元，工程占地补偿费597万元，环境保护工程69万元，水土保持工程125万元，建设期贷款利息311万元。

2009年，计划完成投资2500万元，实际完成投资1470万元（不含征迁），其中建筑工程673万元，其他797万元（勘测设计费、监理费及建管费等）。

（赵　斌）

招 标 投 标

2008 年 7 月 17 日，国务院南水北调办以《关于南水北调东线第一期工程南四湖水资源控制工程大沙河闸工程招标分标方案的批复》（综建管［2008］49 号）批复了大沙河闸工程分标方案，见表 1。招标投标情况见表 2。

表 1　大沙河闸工程招标分标方案

标段序号	标 段 名 称
1	建设监理
2	土建及金属结构建设监理、机电设备安装工程
3	输电线路工程
4	闸门制造
5	启闭机设备采购
6	计算机监控系统
7	水土保持工程

表 2　大沙河闸工程招标投标情况汇总

序号	合同编号	合同名称	招标代理单位	招标文件发售时期（年．月．日）	开标日期（年．月．日）	定标日期（年．月．日）	中标单位	合同签订日期（年．月．日）
1	NSBD－NSH－DSH－04	南水北调东线第一期工程南四湖水资源控制工程大沙河闸工程监理承包合同	安徽安兆工程技术服务咨询中心	2008. 8. 12～2008. 8. 18	2008. 9. 8	2008. 9. 8	盐城市河海工程建设监理中心	2008. 10. 18
2	NSBD－NSH－DSH－05	南水北调东线第一期工程南四湖水资源控制工程大沙河闸建筑工程、机电设备及金属结构安装工程施工承包合同	中水淮河规划设计研究有限公司	2008. 8. 12～2008. 8. 18	2008. 9. 12	2008. 9. 13	中国水利水电第十一工程局有限公司	2008. 10. 20
3	NSBD－NSH－DSH－08	南水北调东线第一期工程南四湖水资源控制工程大沙河闸工程启闭机设计制造合同	中水淮河规划设计研究有限公司	2009. 11. 23～2009. 11. 28	2009. 12. 13	2009. 12. 13	中国水利水电第十三工程局有限公司	2010. 1. 16
4	NSBD－NSH－DSH－09	南水北调东线第一期工程南四湖水资源控制工程大沙河闸工程闸门制造合同	中水淮河规划设计研究有限公司	2009. 11. 23～2009. 11. 28	2009. 12. 13	2009. 12. 13	山东水总机械工程有限公司	2010. 1. 26

（赵　斌）

建 设 管 理

大沙河闸工程项目法人为山东干线公司、江苏水源公司，淮委治淮工程建设管理局受两省项目法人委托负责工程建设管理工作。

大沙河闸工程设计单位为中水淮河规划设计研究有限公司，监理单位为盐城市河海工程建设监理中心，施工单位是中国水利水电第十一工程局有限公司，质量监督单位为南水北调工程建设监管中心巡查组，委托水利部基本建设工程质量检测中心进行工程质量第三方检测。

大沙河闸制定了质量管理制度，完善了管理组织体系，健全了质量保证、检查、监督体系建设，实行周例会、月报表及年度方案制度，开工初编制总进度计划及总施工组织设计方案，随工程建设进展分解到年、月、周，随时了解工程进展情况并根据总目标计划进行调整。

大沙河闸招标文件中明确了安全生产无事故和创建设文明工地的目标要求，开工初期编制了安全生产及文明工地实施方案，并分解到年度目标、月计划与周例会中，实行以周保月、以月保年、以年保总目标的措施。

截至2009年底，完成按非水利标准评定分项工程4个，检验批126个，合格率100%。

2009年，工程共进行安全考核3次，进行节前安全大检查、安全专项检查、环境职业健康检查安全综合大检查等14次，下发安全监督整改通知书21份，隐患整改53项。

该工程对参建单位安全生产工作实行年度考核制度，2009年度安全生产目标考核自评结果Ⅰ级。

（赵　斌）

工　程　进　展

大沙河闸工程于2009年3月开工建设，原计划综合楼工程7月底完成主体建筑，9月底完成综合楼装饰。9月下旬开始船闸及节制闸基坑土方开挖和河床一期开挖，并填筑一期围堰，10月底截流，11月初完成基坑排水，11月底完成左岸基础处理。11月开始进行一期基坑内主体建筑物的混凝土浇筑施工。计划完成工程量：土方开挖完成21万m^3，土石方填筑完成3万m^3，混凝土浇筑完成0.5万m^3。计划完成投资2500万元。但受征地移民拆迁和船闸变更设计影响，工程施工时断时续，曾被迫停工3个月。在国务院南水北调办协调下，工程于2009年10月9日复工建设。

截至2009年底，临建房屋完成，一期围堰填筑完成，主体工程综合楼二层框架柱以下完成，左岸基础处理完成，船闸工程下闸首底板及墩墙、闸室6号底板及墩墙、8号底板、5号底板、下闸首挡土墙底板混凝土浇筑完成，正在进行闸室8号墩墙施工。完成主要工程量为：土方开挖10.7万m^3、土方回填1.1万m^3、混凝土1852m^3。

（赵　斌）

潘庄引河闸工程

工　程　概　况

潘庄引河闸是南水北调东线第一期工程南四湖水资源控制工程的重要组成部分，位于南四湖湖东大堤与潘庄引河交汇处附近。其主要任务为：正常情况下参与引水、排涝、泄洪、挡洪，南水北调工程调水期，潘庄引河河口实施测流计量，对南四湖水资源实施有效控制与管理。

潘庄引河闸为二等工程，主要建筑物为2级，次要建筑物为3级，临时建筑物为4级。潘庄引河闸工程的主要建筑物包括闸室、翼墙、桥头堡及管护设施。

潘庄引河闸工程采用50年一遇洪水、20年一遇泄洪、10年一遇排涝设计，泄洪流量为130.0m^3/s，排涝流量为51.6m^3/s，设计挡洪水位36.30m。建筑物地震设计烈度为Ⅶ度。

工程总投资1360万元，其中静态总投

资1318万元，建设期贷款利息42万元。主要工程量包括土方6.12万m^3，混凝土及钢筋混凝土0.42万m^3，砌石395m^3，金属结构39.5t。工程与2009年1月22日开工建设。

（耿雪飞　李学格）

招标投标

潘庄引河闸工程2009年未进行工程招标投标工作，所有招标工作均于2008年底完成，招标情况详见表1。

表1　南水北调东线潘庄引河闸工程招标投标情况一览表

序号	招标项目名称	招标形式	公布公告时间（年．月．日）	开标时间（年．月．日）	中标单位
1	施工监理	公开招标	2008.8.5	2008.9.8	中水淮河安徽恒信工程咨询有限公司
2	主体施工	公开招标	2008.8.5	2008.9.8	山东水利工程总公司
3	闸门制造及启闭机设计制造	委托	2008.11.10		安徽水利开发股份有限公司

（耿雪飞　李学格）

建设管理

该工程项目法人为山东干线公司。2004年12月7日，国务院南水北调办建管司在蚌埠市组织召开了南水北调苏鲁省界有关工程项目建设管理协调会，并形成了《南水北调东线第一期工程苏鲁省界有关工程项目建设管理协调会议纪要》，明确潘庄引河闸工程由淮委治淮工程建设管理局承担建设管理工作。

2008年5月27日，山东干线公司与淮委治淮工程建设管理局签订了《南水北调东线一期工程潘庄引河闸工程委托建设管理协议》，明确双方责权。

淮委治淮工程建设管理局南水北调东线工程建管局作为淮委治淮工程建设管理局派驻工地现场机构，行使建设单位管理职能，开展具体的建设管理工作。淮委治淮工程建设管理局南水北调东线工程建管局（以下简称建管局）内部设置综合部、计划合同部、财务部、淮委台儿庄泵站工程建管处、淮委骆马湖水资源控制工程建管处、淮委蔺家坝泵站工程建管处等。淮委台儿庄泵站工程建管处具体负责潘庄引河闸工程建设管理工作。

建管局严格贯彻执行国家各项规定，全面推行“四项制度”，规范建设管理，积极协调参建单位关系，狠抓工程质量、安全和文明施工，强力推进工程进度，各项工程建设任务和目标得到很好地落实，充分发挥了工程建设的核心作用。

参与2009年潘庄引河闸工程的施工单位有山东水利工程总公司、安徽水利开发股份有限公司，他们分别承担潘庄引河闸工程土建工程、金属结构工程。

南水北调东线第一期工程潘庄引河闸工程监理单位为安徽恒信工程咨询有限公司，负责潘庄引河闸工程所有项目的监理工作。

监理单位根据合同规定对承包商实施全过程监理，组建现场监理执行机构，监理部代表监理单位全面负责本工程监理工作，履行监理合同规定的建设监理任务。

安全生产工作由建立的安全生产监督体系和安全生产保证体系两大体系组成，其中安全生产监督体系包括上级业务主管部门、安全监督部门、稽察部门、审计监察部门及社会监督举报等；质量生产保证体系由现场建设、监理、设计、施工各单位共同认真履行各自的安全职责来确保工程实现安全生产。在工程开工伊始，建设单位组织成立了潘庄引河闸工程安全生产领导小组，负责潘庄引河闸工程安全生产监督检查指导工作；制定了安全生产管理办法、突发事件应急预案、重大危险源管理办法；在工程建设过程中，建设单位根据工程实际情况定期不定期地组织各单位负责人进行安全生产检查，并在2009年6月组织各单位开展“安全生产月”活动，在施工过程中加强农民工的培训，通过各项举措潘庄引河闸工程未发生一例安全生产事故。

潘庄引河闸工程共划分1个单位工程，8个分部工程，截至2009年底，已完成8个分部工程验收，8个分部工程全部合格，其中7个分部工程质量优良，优良率为87.5%，且闸室段（土建）主要分部工程质量优良。

（耿雪飞　李学格）

工　程　进　展

2009年4月底，完成闸门及启闭机制作；5月25日完成水下工程土建施工，并完成闸门及启闭机安装调试；6月10日通过水下工程验收；11月23日完成上部结构及管理设施工程施工。现场施工期高峰人员有115人，各种施工机械74台套。2009年基本完成批准的工程初步设计建设内容。

截至2009年底，累计完成土方挖填6.49万m^3，砌石419m^3，混凝土3783m^3；金属结构制安33.86t。2009年，累计完成工程投资1070万元（不含移民征迁费），占总投资的90.9%。

（耿雪飞　李学格）

南四湖—东平湖段工程

概　述

工　程　概　况

南水北调东线一期工程南四湖—东平湖段工程（以下简称两湖段工程）是南水北调东线工程和京杭运河建设工程的重要组成部分，是连接胶东输水干线、鲁北输水干线并进而向天津和河北送水的纽带。该工程的基本任务是将南四湖上级湖的江水逐级提水北送至东平湖，再经东平湖调蓄后，输水至山东半岛和鲁北地区及天津和河北的冀东地区，解决这些地区的水资源紧缺问题，同时实现济宁港至东平湖按照三级航道通航的目标。

两湖段工程由相对独立而又联系紧密的长沟泵站工程、邓楼泵站工程、八里湾泵站工程、梁济运河段工程、柳长河段工程、南四湖湖内疏浚工程、灌区影响处理工程等7个设计单元工程组成。一期工程设计输水流量100m^3/s，输水线路全长约108km，工程总投资约360 000万元，设计总工期3年。主要工程量包括：土方开挖3014.97万m^3，土方填筑457.75万m^3，混凝土及钢筋混凝土56.85万m^3，砌石109.93万m^3，水泥土深层搅拌桩地基处理6.97万m^3，灌注桩2.23万m，金属结构制作安装3100t，钢筋制安15 510t；工程永久占地14 903.76亩，临时占地21 949.59亩。

（曲建军）

工程建设完成情况

两湖段工程于2009年6月4日在长沟泵站现场举行了开工仪式。截至2009年底，完成了长沟和邓楼泵站的监理、施工、水泵电机设备采购及八里湾泵站的水泵电机设备采购合计 7 个标段的招标工作；长沟和邓楼泵站的征地移民工作基本完成，灌区影响工程征地移民工作正在进行中；长沟泵站于 2009 年 12 月 5 日正式开始泵站主体及进出水池基坑开挖，完成土方开挖 8 万 m^3；邓楼泵站施工准备工作已全部完成。两湖段工程累计完成投资 20 500 万元。

（曲建军）

长沟泵站工程

工程概况

长沟泵站是南水北调东线工程的第十一级抽水梯级泵站，位于山东省济宁市长沟镇。泵站选用肘形进水流道、直管出水流道，一期设计输水流量 $100m^3/s$，设计净扬程 3.86m，多年平均调水量 13.83 亿 m^3，设计选用 4 台液压全调节式 3100ZLQ－4 立式轴流泵，配套电机型号 TL2240－48，装机 4 台，其中备用 1 台，泵站总装机容量 8960kW。

长沟泵站工程包括主厂房、副厂房、引水渠、出水渠、引水闸、出水闸、梁济运河节制闸、变电站、办公及生活福利设施等。

长沟泵站规模为一等大（1）型工程。泵站主副厂房、变电站、引水（涵）闸、引水渠、出水渠、出水（涵）闸、节制闸、拦污设施等主要建筑物为 1 级，其他次要建筑物级别为 3 级，施工围堰等临时建筑物级别为 4 级。

工程主要主体工程量为，土石方开挖 75.07 万 m^3，土石方填筑 71.04 万 m^3，砌石 2.13 万 m^3，混凝土及钢筋混凝土 7.48 万 m^3，灌注桩 0.21 万 m，钢筋制作安装 0.4 万 t。

工程永久占地 388.5 亩，核定初步设计概算总投资27 452万元，工程总工期 30 个月。

（马新喜）

工程投资

根据《关于下达南水北调工程 2009 年第二批投资计划的通知》（国调办投计［2009］46 号），长沟泵站工程投资分为中央预算内投资和银行贷款。

在投资计划管理方面，两湖段建管机构主要从严格合同管理抓起，有效控制工程投资。

（1）以合同管理为核心，认真履行合同，促使合同管理规范化、制度化。

（2）重视合同文件的拟订工作。合同编制人员拟订初稿后，召集有关人员进行审查，确保合同条款和法律的一致性，表述的准确性，通用和专用合同条款的对应性，内容的完备性、合同形式和本工程的适应性，并全面反映责权利的统一和公平、公正的原则，风险分摊尽量合理。

（3）严格执行合同，正确处理好计量、支付。工程开工前制定计量、付款的统一格式，施工中严格按照合同文件的约定，做到适时、适度、合法付款。

（4）严格控制工程变更。工程施工过程中对变更的提出、审查、批准和实施严格按照合同约定的程序和要求进行，对工程单价的变更严格按照合同规定的方法执行，更好地控制工程变更和造价。

（马新喜）

招标投标

长沟泵站工程分为长沟泵站枢纽工程建设监理标、施工标、管理设施标、水土保持工程标、水泵电机采购标、金结设备采购标、计算机系统采购安装标、机电设备采购标、供变电工程标等 9 个标段，其中对总体目标实现有较大影响的有水泵电机采购标、施工标、供变电工程标。目前已完招标项目见表1。

（马新喜）

表1　　长沟泵站工程招标投标情况汇总

序号	合同编号	合同名称	招标代理单位	招标文件发布时间（年.月.日）	开标日期（年.月.日）	定标日期（年.月.日）	中标单位	合同签订日期（年.月.日）
1	NSBD/LHD－CHGJL	长沟泵站枢纽工程监理合同	山东水务招标有限公司	2009.4.3	2009.5.6	2009.5.23	山东省淮海工程建设监理有限公司	2009.5.27
2	NSBD/LHD/CHG－001	长沟泵站枢纽工程施工合同（标段1）	山东水务招标有限公司	2009.4.3	2009.5.6	2009.5.23	山东水利工程总公司	2009.5.27
3	NSBD/LHD－CHG002	长沟泵站水泵、电机及附属设备采购合同（标段2）	山东水务招标有限公司	2009.5.13	2009.6.25	2009.7.11	江苏中天水力设备有限公司	2009.9.8

（马新喜）

建　设　管　理

（一）组织机构

政府层面成立了山东省南水北调南四湖—东平湖段工程建设指挥部。指挥部在现场设办公室，具体负责征地移民和施工环境保障工作。整个工程移民迁占工作由山东省南水北调建管局委托地方政府组织实施。

法人层面以山东干线公司为南水北调东线第一期工程两湖段工程的项目法人，成立山东省南水北调南四湖—东平湖段工程建设管理局作为山东干线公司派出机构，具体负责南四湖—东平湖段工程的建设管理工作。两湖段建管局内设综合部、工程技术部、迁占协调部、质量安全部，下设南四湖湖内疏浚项目部、梁济运河项目部、柳长河项目部、长沟泵站项目部、邓楼泵站项目部、八里湾泵站项目部、灌区影响项目部。

（二）进度控制

在工程进度控制中，项目部针对工地实际情况制定了详细的网络进度计划，并在实际控制中将该计划按工程进展情况划分为不同的阶段，每个阶段又进一步分解为按季、月、旬等不同层次的小阶段进度计划进行实际控制，同时针对进度控制中的难点、重点问题，依靠严格科学的管理，及早预判、及时克服。

（三）质量管理

工程开工前，项目部建立了质量保证体系和质量管理制度，实行施工质量责任制，检查控制施工全过程，层层把关，把影响质量的隐患消灭在萌芽状态，形成自上而下的工程质量管理体系。每项工程开工前均进行技术交底和图纸会审，把各项技术要求和施工要点落实到班组和个人。工程施工过程中要求工程技术人员全程监控，实行班组长初检、兼职质检员复检、专职质检员终检的三级检查制度。对特殊部位施工、隐蔽工程处理等，专职质检员必须旁站。只要有机械作业，就有现场管理人员旁站，及时发现和纠正施工中存在的问题。在原材料方面，要求所有进场的材料必须提供材料合格证和检验报告，且对主要材料质检人员要按照规范要求进行抽检送样，合格后报请监理工程师批准，方可投入使用。

（四）安全生产

项目部成立安全生产领导小组，下设安全保卫科，设立专职安全员，实行安全岗位责任制，逐级签订安全生产合同，明确分工，责任到人。要求工地设立安全专项资金，结合施工情况配备齐全劳保用品和安全防护设施。要求项目部制定各项安全生产规章制度和操作规程，落实三级安全教育制度；制定施工现场重大事故应急预案，以保证在重大施工事故发生时，有组织有秩序的进行救援。在本工程施工过程中，通过建立有效的安全生产管理体系和制定安全生产保证措施，确保了安全生产工作的顺利开展。

（五）文明工地建设

文明工地创建活动坚持“以人为本，注重实效”的原则，在工程建设的全过程、全方位提倡文明施工，营造和谐建设环境。

（胡　冰）

工　程　进　展

国务院南水北调办于2009年3月5日批复两湖段工程第一批分标方案（国调办建管［2009］21号），于2009年3月20日批复两湖段长沟泵站工程初步设计报告（技术方案）（国调办投计［2009］26号），于2009年6月2日批复两湖段长沟泵站工程初步设计报告（概算）（国调办投计［2009］93号），于2009年6月2日批复同意两湖段长沟泵站工程开工（国调办建管函［2009］32号）。

山东干线公司于2009年5月27日完成长沟泵站工程监理、施工标的招标工作，9月8日完成长沟泵站水泵、电机及附属设备采购招标工作。截至2009年底，长沟主体工程及进出水池基坑土方开挖完成8万m^3，水泵、电动机及附属设备正在进行制造前期准备工作。

（胡　冰）

工　程　施　工

施工单位于2009年9月正式进驻施工现场。项目经理部成立了长沟泵站工程项目监理部、经理部，建立健全了施工管理具体方案，明确了施工验收程序，制定了安全防范措施及施工环境保障措施等。于2009年12月5日开始土方开挖。

（胡　冰）

工　程　监　理

南水北调长沟泵站枢纽工程的施工监理工作由山东省淮海工程建设监理有限公司承担。监理公司建立了监理工作制度，主要包括：技术文件审核、审批制度；原材料、构配件和工程设备检验制度；工程质量检验制度；工程计量付款签证制度；建立会议制度，包括第一次工地会议、监理例会和监理专题会议；施工现场紧急情况报告制度；工作报告制度；工程验收制度。

（一）质量监理

采用现场察看、查阅施工记录以及抽检等方式严格控制施工质量，及时对承包人可能影响工程施工质量的施工工法以及各种违章作业行为发出调整、制止、整顿直至暂停施工的指示；严格旁站监理，特别注意隐蔽工程和关键工序的质量控制；单元工程未经监理机构检验或检验不合格，承包人不得开始下一单元工程的施工；对施工过程中出现的质量问题及其处理措施或遗留问题进行详细记录和拍照，保存好照片或音像片等相关资料；承包人应首先自检，未经承包人自检或自检不合格、自检资料不完善的单元工程，监理机构有权拒绝检验；按照有关技术标准和施工合同约定的要求对承包人报验的单元工程进行检验，检验合格后方可予以确认；采用跟踪检测、平行检测方法复核承包人的检测结果；工程完工后需覆盖的隐蔽工程、工程的隐蔽部位，应在监理机构验收合格后方可覆盖；监督承包人真实、规范、及时的填写质量评定表，对承包人所做的单元工程的质量等级自评结果进行复核。

（二）进度监理

按照动态控制原理的要求，将总工期按项目的特点进行分解，确定各子项的进度计划，开工及完工时间，形成施工进度控制的目标体系；根据工程的特点，施工工期、质量要求，监理工程师确定出关键控制进度的要素；审定承包人申报的工程进度计划，总进度计划必须符合总工期的要求，合理、有序，年、月进度计划必须符合监理工程师规定的格式和深度，还应随施工进度计划提供施工方案及综合说明；审核承包人的月、年施工进度报表，比较进度计划与进度报表的差异。

（三）造价监理

截至2009年底，监理部共签发了2次工程预付款付款证书，共计1506.65万元，工程投资均在可控范围。

（四）安全监理

审查安全施工保证体系等；经常性的安全文明检查和参与有组织的定期与不定期的安全文明检查，发现问题，督促限期整改；下达《监理通知单》，除口头督促整改外，必要时签发《监理通知单》明令整改，整改后审签《整改复查报审表》；把安全及文明施工列入工地例会内容，对存在问题责成解决，并在下次会议上反馈整改结果；在因安全原因出现必须停工处理（某一部位或整个工程）的情况时，与发包人协调后，发出停工指令，直至停工因素消除后，经核查认可，方可复工；长沟泵站工程包括土方工程及建筑物工程，工程主要不安全因素有施工机械伤人、基坑边坡塌方、施工用电安全、汛期工程安全、消防等，针对不安全因素制定相应的预控措施。

（胡　冰）

穿黄河工程

工程概况

穿黄河工程是南水北调东线一期工程的重要组成部分，也是南水北调东线的关键性、控制性工程。该工程位于山东省东平和东阿两县境内，黄河下游中段。工程从东平湖引水，在东平湖玉斑堤建出湖闸，开挖南干渠至黄河南大堤，南大堤处建埋管进口检修闸，以埋管的方式穿过黄河滩地至黄河南岸的解山村，经隧洞穿过黄河主槽及黄河北大堤，在东阿县位山村以埋涵的形式向西北穿过位山引黄渠渠底，与黄河以北输水干渠相接。工程主体全长7.87km，主要由出湖闸、南干渠、埋管进口检修闸、滩地埋管、穿黄隧洞、出口闸及穿引黄渠埋涵等建筑物组成，另外为达到引水要求，需要对东平湖湖内进行疏浚，疏浚长度约9.42km。工程主要任务是打通南水北调东线穿黄河隧洞，并连接东平湖和鲁北输水干渠，实现调引长江水至鲁北地区，同时具备向河北省东部、天津市应急供水的条件。

南水北调东线规划拟分三期实施。一期过黄河流量 $50m^3/s$，二期过黄河流量 $100m^3/s$，三期过黄河流量 $200m^3/s$。一、二期工程设计水平年为 2010 年，三期工程设计水平年为 2030 年，考虑穿黄河工程较复杂，东线穿黄河工程一期建设按照一、二期结合实施，过黄河流量达到 $100m^3/s$。穿黄河工程等别为一等，主要建筑物为 1 级建筑物，设计地震烈度为Ⅶ度。批复工程总投资61 321万元，其中静态总投资为58 305万元，建设期贷款利息 3016 万元，建设工期为 3 年。

（方云益）

工 程 投 资

2009 年，计划完成投资 22 827 万元。其中建筑工程 13 952 万元，机电设备安装工程 321 万元，金属结构设备安装工程 394 万元，施工临时工程 1346 万元，独立费用 1893 万元，基本预备费 1008 万元，工程移民征地补偿 2471 万元，环境保护 206 万元，黄河大堤观测 30 万元，建设期贷款利息 1206 万元。

2009 年，实际完成投资 12 028 万元。截至 2009 年底，累计完成投资 25 476 万元。

（史福全　马秀清　方云益）

建 设 管 理

（1）政府层面

为加强对工程建设的领导，加大协调力度，保障穿黄河工程建设的顺利实施，经省政府批准，2007 年 11 月 27 日山东省南水北调工程建设指挥部以鲁调水指字［2007］14 号文成立了山东省南水北调穿黄河工程建设指挥部。指挥部在现场设办公室，具体负责征地移民和施工环境保障工作。

（2）法人层面

山东干线公司为南水北调东线第一期工程穿黄河工程的项目法人，根据国家发展改革委和水利部批复的可行性研究报告及初步设计报告中有关建设管理的要求，穿黄河工程采用了“部分工程法人自行建设与部分工程项目法人委托海河水利委员会建管单位建设”的联合建管模式。2007 年 10 月，海河水利委员会组建了“南水北调东线第一期工程穿黄河工程北区建设管理局”，承担黄河以南 1.6km 滩地埋管、隧洞主体工程及黄河以北穿引黄渠工程、出口闸、北岸交通工程等工程的建设管理任务；同年 11 月，山东干线公司组建了“南水北调东线第一期工程穿黄河工程南区建设管理局”，承担黄河以南其余工程（湖内清淤、出湖闸、南干渠、埋管进口检修闸、2343m 滩地埋管）的建设管理任务。两建管机构作为工程建设现场管理单位，代行项目法人部分职能，具体负责工程建设现场管理工作。

设计单位是中水北方勘测设计研究有限责任公司。

征地移民监理单位是山东省水利工程建设监理公司。

南区工程施工监理单位是山东省水利工程建设监理公司。

北区工程施工监理单位是辽宁宏禹水利工程建设监理有限公司。

质量监督单位是南水北调质量监督站山东站。

（方云益　徐峰局　史福全　马秀清）

工 程 进 展

截至 2009 年底，南干渠渠道实际完成 1700m，完成总量的 70%；出湖闸全部完工，3 个闸门安装完成；闸前疏挖段预制板铺砌完成 750m，检修闸闸室、拦污栅混凝土已浇筑完成，滩地埋管完成整体浇筑 3010m；穿黄隧洞工程完成平洞开挖 216m；穿引黄渠埋涵已完成土石方开挖 7.8 万 m^3，消力池段下部混凝土浇筑 0.06 万 m^3，扭曲段浆砌石$60m^3$。

2009年，实际完成的主要工程量包括土石方开挖272.59万m^3、土石方回填146.38万m^3、混凝土浇筑13.262万m^3。截至2009年底，累计完成土方468.70万m^3、石方2.04万m^3、混凝土12.68万m^3。

（方云益　徐峰局　史福全　马秀清）

施　工　科　技

2009年，穿黄河工程南区建管局结合穿黄河工程建设实际，主要完成2个子课题的结题工作。

（一）山东南水北调工程现场建管模式研究

（1）提出了适合南水北调工程特点的现场建管模式。

（2）提出了现场建管机构的设置原则、机构组成、人员配备要求，科学界定了现场建管机构工作职责和各管理岗位职责。

（3）研究提出了现场建管工作制度和工作流程。

（4）提出了工程建设现场管理与运行管理的无缝对接的理念和具体做法。

该课题于2009年6月通过专家鉴定，先后在韩庄运河局、两湖建管局、济青建管局等现场机构进行了成功应用，并获得2008年山东水利科技进步一等奖和山东省软科学一等奖。

（二）大口径现浇混凝土埋涵设计与施工技术研究

（1）对批复后的滩地埋管初步设计进行了结构细化优化。工程初步设计批复后，项目法人及时组织技术专家咨询，并会同设计单位开展滩地埋管设计优化工作，从结构设计和施工组织两个方面优化细化，共节省施工临时占地1700余亩，节省工程可比投资1000万元，获得了良好的经济效益和社会效益。

（2）开展了机制砂生产工艺及技术指标控制研究。机制砂在山东省水利工程属于初次使用，南区局分析了国内机制砂生产历史和市场前景，对机制砂和天然砂性能进行了比较，总结了机制砂的生产工艺过程，提出了机制砂技术控制指标。同时解决了对拌制混凝土黏聚性差，存在泌水现象等问题。在生产和试验过程中，对机制砂混凝土拌和时间、机制砂中石粉含量、外加剂品种及掺量方面进行了参数调整，提高了混凝土和易性能，进一步提高混凝土的表观质量。

（3）开展了混凝土配合比研究。为确保混凝土施工质量，混凝土拌制采用单独标段招标，集中拌制商混供应的方式，采用人工机制砂作为混凝土细骨料，项目法人会同混凝土拌制中标企业委托山东省水利工程试验中心进行了配合比的设计和优化，在满足混凝土强度、抗渗、抗冻等耐久性和拌和物工作性能的条件下，合理利用水泥的富裕强度，选择合适的机制砂，进一步减少水泥用量，以达到降低胶凝材料的水化热，控制温度裂缝，保证质量，降低工程成本的目的。同时在此基础上提出满足设计要求的各项技术指标的混凝土配合比，经现场生产使用证明，上述配合比具有很好的和易性，施工操作性好，能够满足滩地埋管混凝土强度、抗渗、抗冻及耐久性指标。

（4）滩地埋管工程位于黄河南岸滩地，地下水位较高，且补给性好，土质大都为黄河淤积粉细沙土，基坑平均开挖深度14m，施工需考虑基坑排水措施及边坡土层渗透变形稳定问题。埋管为内圆外城门洞型式，内径较大，混凝土施工立模及入仓较为困难，施工降排水和施工模板工艺尤其重，项目法人通过滩地基坑降排水与开挖边坡稳定、埋管混凝土施工工艺等关键技术问题咨询研讨，并结合工程实际研究并实施了一整套集黄河滩地深挖方施工、强降排水、混凝土制造与运输、模板制造等先进施工工艺。其三轨同步混凝土布料机、针梁式反拱模板、全自动液压自动内模机械化施工程度高，提高了混凝土机械化和施工效率，保证了工程施工质量，节省了工程成本。

(5) 东线穿黄河工程输水暗涵工程，此大直径内圆外城门洞结构型式施工尚为国内首次，工程建设过程中，通过关键施工技术方案研究、施工配合比设计与优化、施工阶段工序质量控制措施、温度控制防裂措施，目前未出现结构裂缝，质量通病得到了有效控制，各项指标满足设计及规范要求，并编制了翔实的施工技术要求，可以指导类似输水工程施工。

(傅题善　张铭锋)

山东济平干渠工程

工程概况

济平干渠工程是向胶东输水的首段工程。工程先期引调东平湖水向济南市区及沿途县、区补充城镇生活和工业用水，改善沿线的生态环境，下一步向胶东地区输送长江水。其输水线路自东平湖渠首引水闸引水后，途经泰安市的东平县、济南市的平阴县、长清区和槐荫区至济南市西郊的小清河睦里庄跌水，输水线路全长90.055km。输水渠采用梯形明渠全断面防渗衬砌型式，设计流量为$50m^3/s$，加大流量$60m^3/s$。全线共布置交叉建筑物212座，其中水闸33座，倒虹39座（其中穿河倒虹9座，穿输水渠倒虹30座），渡槽7座，桥梁130座（其中跨输水渠公路桥17座，跨输水渠交通桥90座，输水渠跨河交通桥5座，跨输水渠人行桥18座），排涝泵站2座，跌水1座。该工程是国家确定的南水北调首批开工项目之一，总投资130 591万元。2002年12月27日举行了工程开工典礼仪式，2005年12月底主体工程建成并一次试通水成功，这是全国南水北调第一个建成并发挥效益的单项工程。

(吕洪勇)

工程运行管理

2009年，按照国务院南水北调办《南水北调工程建设期完工项目运行管理与维修养护办法》等文件精神，山东干线公司委托山东润鲁水利工程养护有限公司负责对济平干渠工程进行维修养护管理，初步实现了“管养分离”的目标。济平干渠严格管理，明确各相关部门职能。先后制定了《管理站长岗位职责》、《管护员岗位职责》、《济平干渠工程管理维护考核办法》、《财务管理制度》等一系列规章制度。日常管理中严格执行行业规范、会议确定的工作事项，另外采取集中学习、现场观摩、技术指导等多种形式，加强对管理站长、管护员的业务培训和素质教育。

（一）管理范围、管理设施

济平干渠工程管理范围为东平湖渠首引水闸—睦里庄跌水闸。管理设施包括各管理站、各闸室管理房的办公、管理、检修、仓储设施等以及各管理站的职工宿舍、管理办公物品、检修工具、运行观测仪器工具、通信、网络、电视等。另外为加强工程养护管理，采购了部分割草机、打药设备、喷灌机、农用三轮车、货车、小型挖掘机等设备用于渠道工程维护、林木管理工作。

（二）调度运用

济平干渠的调度运行权限属于山东干线公司，作为山东干线公司的派出机构，济平干渠管理局严格按照干线公司的指令对济平干渠工程进行相应的调度使用。

（三）工程法制管理

通过在济平干渠工程沿线主要区县，依托当地公安部门组建了上下游两个治安办公室，通过治安办公室依法管理，创造了良好的水事环境。为加强干渠工程的治安保卫工作，及时制止并处理危害工程的违法、违规行为，努力创造和谐的管理环境，治安办公室加强日常巡逻、纠纷排查、矛盾化解，加大对危害工程安全事件的打击力度。一年来，共遏制、制止严重危害工程安全的治安事件30余起。目前工程范围内放牧、游泳、洗衣、钓鱼、乱堆乱放等现象得到有效遏制。组建治安办公室的经验得到了上级领导的肯定和认可，并将在山东南水北调工程运行管理中得到进一步完善、推广。

（四）工程运行

2009年9月，为确保国庆节和全运会期间小清河有充足的水量和良好的水质，按照山东省政府和山东省南水北调建管局的统一部署，经过科学调度，利用济平干渠为小清河输水50余天，供水近3000万m^3，改善了小清河水质，确保了济南市小清河的生态和景观用水，美化了全运会期间济南市总体环境。调水期间，工作人员昼夜值班，发现问题及时处理，确保了工程的正常运行，先后有大众日报、济南日报、山东电视台、齐鲁电视台、中国水利网、中国南水北调网等多家媒体进行了宣传报道。

（五）工程养护维修

通过组建专业队伍，结合工程竣工验收要求，对工程进行全面养护维修。

（1）对启闭机房、桥梁、道路、限宽墩等建筑物、设施、设备，进行了全面排查、检修、维护；对所有建筑物管理房进行了粉刷，对原丢失的桥栏杆、限宽墩进行了补修；对渠道的土方及边界沟进行整理，修建工程排水设施100余处，及时更换破损防护网；对闸门、启闭机等机电设备进行保养；另外，还在渠道和重要建筑物附近设立安全警示牌、标语、夜视反光标志，对工程安全运行起到了良好的效果。

（2）加强林木管理及美国白蛾防治工作。2009年我们共补植苗木7万余株，基本完成原节点及空闲地绿化补植工作，并对树木进行了浇水、施肥、修剪、涂白、防虫等工作。

（3）提前准备，确保工程安全度汛。汛前对所有的穿涵倒虹及界内的排洪沟涵进行全面检查，清理疏通，对排泄洪闸门进行更换检修，针对汛期可能出现的问题制定防汛预案，成立防汛队伍、制定防汛制度、购买备齐防汛物资；防汛期间，依据预案明确职责，加强值班和昼夜巡查，及时排除安全隐患，确保主体工程安全度汛。

（吕洪勇）

工程验收

2009年，济平工程管理局根据验收要求，对多项工程进行了合同验收及结算验收；同时积极督促协调设计、施工、监理等单位做好水土保持验收的各项准备工作。9月通过水利部委托黄河水利委员会主持的水土保持验收，达到了国家开发建设项目水土保持一级标准。至此济平干渠工程水土保持、工程档案、征地移民、环境评价4个单项验收已全部完成。其次，验收材料准备工作基本完成。针对济平干渠各单项、竣工验收要求，对设计、工程建设、工程监理、工程档案、工程决算等资料进行了全面整理，聘请专家对工程档案资料整理和移交进行把关。目前各项准备工作基本完成，工程计划在2010年完成竣工验收工作。另外，2009年济平干渠工程获得山东省建筑工程质量泰山杯奖，受到了山东省政府的表彰。

（吕洪勇）

胶东济南—引黄济青段工程

概 述

工 程 概 况

济南—引黄济青段工程是南水北调东线一期工程的重要组成部分，其输水线路全长150.249km，涉及济南、滨州、淄博和潍坊四个市，共划分为济南市区段工程、东湖水库工程、双王城水库工程和明渠段工程4个设计单元工程。

济南—引黄济青段工程2009年共实施济南市区段两批招标工程，即2008年11月已开工建设的济洛路—洪家园桥段输水暗涵工程（长11.729km）和2009年开工建设的京福高速—二环西路段暗涵工程（长4.92km）。由于地处济南市主城区，全线与小清河综合治理工程交叉施工。

截至2009年底，济南市区段工程济洛路—洪家园桥段暗涵工程全部暗涵共计807节，已完成554节；京福高速—二环西路段暗涵工程，全部暗涵共计333节，已完成168节。

2009年度南水北调济南市区段工程完成投资53 663.61万元。东湖水库完成拆迁移民投资33 412.677万元，双王城水库完成拆迁移民投资19 116.784万元；两水库工程共完成其他费用4200万元。截至2009年底，济南—引黄济青段工程共完成投资207 898.271万元。

（周韶峰　毕德义　赵玉莹　牛　政）

建 设 管 理

2008年9月12日，山东干线公司以鲁调水企综字［2008］7号文组建了山东省南水北调济南至引黄济青段工程建设管理局（以下简称为济南—引黄济青局），作为现场建设管理机构，具体负责南水北调济南—引黄济青段工程建设管理工作。并成立了济南市区段工程建设指挥部，负责济南市区段工程的实施和协调工作。2008年12月12日，山东省南水北调济南市区段工程建设指挥部以鲁调水济指字［2008］3号文成立了南水北调和小清河综合治理工程联合协调办公室，主要负责济南市区段工程和小清河综合治理工程施工环境保障、施工交叉协调等工作，承办征迁协调等工作。

东湖水库工程由山东干线公司直接建设管理，下设现场建管机构——山东省南水北调济南—引黄济青段工程建设管理局东湖水库工程建设管理处。

双王城水库工程由山东干线公司直接建设管理，下设现场建管机构——山东省南水北调济南—引黄济青段工程建设管理局双王城水库工程建设管理处。

穿越京沪铁路和黄台支线铁路的两段输水暗涵，委托铁路部门负责建设。

济南市区段工程征地移民迁占工作委托济南市政府负责实施。

（周韶峰　毕德义　牛　政）

济南市区段工程

工 程 概 况

济南市区段工程西起济平干渠末端睦里庄跌水，东至济南市小清河洪家园桥下，横穿济南市区，全长27.921km。工程等别为Ⅰ等，输水暗涵建筑物级别为Ⅰ级。该工程上游起始段利用小清河输水，其下紧贴小清河并沿小清河左岸新辟输水暗涵，国家批复明确与济南市小清河综合治理工程结合实施，创建了南水北调“城市段工程”建设管理的新模式。主要工程内容：自睦里庄跌水至京福高速公路段利用小清河河道输水长4.645km，内容包括河道清淤、整修及混凝土衬砌；自京福高速出小清河涵闸至小清河洪家园桥段，在小清河左岸新辟输水暗涵，长23.276km，采用3孔现浇钢筋混凝土箱涵；沿线布置交叉建筑物8座，其中：新建睦里庄节制闸、京福高速下游小清河节制闸和出小清河涵闸3座，新建生产桥2座，穿铁路桥涵3座。初步设计主要工程量：土方开挖478.33万m^3、土方回填280.37万m^3，浆砌石及抛石6.83万m^3，混凝土及钢筋混凝土94.92万m^3，水泥搅拌桩基础处理17.87万m^3，钢筋7.3万t。

（周韶峰　张　慧　赵玉莹）

工 程 投 资

截至2009年底，国务院南水北调办共下达济南市区段工程3批投资计划。2008年下达济南市区段工程投资计划两批，分别是50 000万元和160 000万元。2009年2月9日，国务院南水北调办《关于下达南水北调工程2009年第一批投资计划的通知》（国调办投计［2009］14号），下达济南—引黄济青段工程投资计划52 302万元。其中中央预算内投资35 000万元、银行贷款17 302万元。

2009年，济南市区段工程计划完成投资54 543.83万元，实际完成53 663.61万元，占计划的98.3%。其中，建筑工程及临时工程48 468.61万元（施工合同额），征迁移民4000万元，环境保护70万元，穿铁路工程1125万元。

截至2009年底，济南市区段工程累计完成投资151 168.81万元。其中，建筑工程及临时工程56 368.61万元（施工合同额），征迁移民84 570万元，环境保护105.2万元，独立费用9000万元（勘测设计、建管费、监理费等），穿铁路工程1125万元。

（周韶峰　张　慧　赵玉莹）

招 标 投 标

截至2009年底，济南市区段工程已开展3批工程招标工作。

南水北调济南市区段第一批招标工程（济洛路—洪家园桥段工程）已于2008年10月8日发出中标通知书，10月24日签订合同，完成了招标工作。

国家出台拉动内需政策后，为促进经济增长，经与济南市沟通，2009年初开工建设南水北调济南市区段第二批招标工程（京福高速—二环西路段工程）。该段工程长4.92km，划分为两个施工标段、一个监理标段。2008年12月19日发布了招标公告，2009年1月14日开标评标，2月10日签订合同。该段工程合同工期为2009年3月1日～12月31日。中标情况见表1。

表1　　京福高速—二环西路段工程中标信息一览表

标段	中标单位	桩　号	长度（km）	中标价（万元）
监理三标	山东省科源工程建设监理中心	利用小清河段(0+000)～(4+645)输水暗涵(0+000)～(4+829)	9.474	316.22
施工八标	青州市水利建筑总公司	利用小清河段(4+557)～(4+645)输水暗涵(0+000)～(2+692)	2.78	10 362.83
施工九标	中铁十四局集团有限公司	输水暗涵(2+692)～(4+829)	2.137	10 249.68
合计				20 928.73

南水北调济南市区段第三批招标工程（二环西路—济洛路段工程）。该段工程长6.7km，划分为1个监理标段、3个施工标段，2009年12月11日发布了招标公告，2010年1月6日开评标。

（张　慧　李子军　瞿秋凤）

工　程　进　展

2009年度，南水北调济南市区段工程完成土方开挖186.38万m^3，水泥搅拌桩28.49万m，砂石垫层2.56万m^3，钢筋制安2.58万t，混凝土浇筑33.74万m^3，土方回填52.42万m^3。

截至2009年底，济南市区段工程累计完成土方开挖240.9万m^3，水泥土搅拌桩38.37万m，砂石垫层3.07万m^3，钢筋制作安装2.85万t，混凝土浇筑35.77万m^3，土方回填52.42万m^3。累计完成施工合同金额56 368.61万元。

济洛路—洪家园桥段暗涵工程可施工长度9.93 km，已完成暗涵土方开挖8.72km，占该段长度的74.4%，完成暗涵浇筑7.85km，占该段长度的67%，全部暗涵共计807节，已完成554节；京福高速—二环西路段暗涵工程，可施工长度3.78km，已完成暗涵土方开挖3.4km，占该段长度的69%，完成暗涵浇筑2.52km，占该段长度的51.4%，全部暗涵共计333节，已完成168节。

济南市区段工程批复总工期为2.5年，根据实际情况，2009年11月对济南市区段工程总体建设方案进行了调整，确保工程总工期目标。

（毕德义　赵玉莹）

建　设　管　理

济南市区段工程建设指挥部负责济南市区段工程的实施和协调工作。

工程建设过程中，工程建设管理单位始终把“质量第一、安全第一”作为建设管理工作的目标和中心，严格执行基本建设程序，成立了质量管理领导小组，设立了质量安全部，明确了质量管理职责和目标，落实了质量管理责任。截至2009年底共验收评定单元工程932个，全部合格，合格率100%，其中优良数888个，优良率95.3%；评定分部工程18个，优良数18个，优良率100%。

（张　峰　王自民　刘海涌　李　冬）

治 污 工 程

城市污水及垃圾处理工程

江苏省污水处理厂

根据《南水北调东线工程江苏段控制单元治污实施方案》，江苏省调水沿线地区计划新建26座污水处理厂，形成污水处理能力81.75万t/d。截至2009年底，26座污水处理厂已全部建成，其中有17座采取了BOT方式建设运营，共融集社会资金8.7亿元。

为推进城市污水处理厂建设，江苏省根据“污染者付费、治污者收益”的原则，提高了污水处理费征收标准，建立环境资源有偿使用机制。沿线各市（县）的污水处理费已全部调整至0.8元/t以上，有效调动了社会资本投资的积极性，为污水处理设施实现投资主体多元化、运营主体企业化、运行管理市场化创造了条件。为加强城市污水处理费的征收、使用和管理，江苏省还出台了《江苏省城市污水处理费管理办法》，明确城市污水处理费的征收和使用要接受当地财政、物价、审计等有关部门的监督和检查，确保专项经费专款使用。为加强对自备水源用户污水处理费征收工作，江苏省政府出台了《关于加强自备水源用户城市污水处理费征收工作的意见》，江苏省财政厅、物价局等六部门制定了《江苏省自备水源用户污水处理费征收管理办法》，明确了对自备水源用户污水处理费征收的具体办法，力求有效解决为规避缴纳污水处理费，自备水源用户群体在不断加大的实际情况。江苏省财政厅、建设厅还出台了《江苏省淮河流域城镇污水处理工程管网项目建设奖励办法》，以“以奖代补”形式支持淮河流域暨南水北调污水处理厂管网建设。

（杨金海　张树麟）

截 污 导 流 工 程

江苏省截污导流工程

工 程 概 述

截污导流工程是《南水北调东线工程治污规划》确定的清水廊道工程，主要由江都、淮安、宿迁和徐州市截污导流工程组成。另外，泰州市截污导流工程未纳入治污规划，由泰州市政府组织实施。截污导流工程的主要内容是将污水处理厂和少数工业企业经处理达标排放的尾水拦截，通过埋设管道、疏浚老河道增加过流能力、开挖部分河道打通通道等方式导走，不再进入南水北调东线输水干线，保证输水干线三阳河段、大运河及里运河淮安城区段、中运河宿迁城区段、大运河徐州段形成清水廊道，实现南水北调东线江苏段干线输水水质稳定达到Ⅲ类水目标。江都、淮安、宿迁和徐州市截污导流工程总投资 12.5 亿元，其中，江都市截污导流工程 0.81 亿元，淮安市截污导流工程 3.32 亿元，宿迁市截污导流工程 1.12 亿元，徐州市截污导流工程 7.25 亿元。按照江苏省南水北调工程建设总体安排，江都、宿迁市截污导流工程 2009 年底已全面建成。淮安、徐州市截污导流工程正在抓紧建设，预计 2010 年底可基本建成。

（杨金海 张树麟）

江都市截污导流工程

江都市截污导流工程主要是在江都市城区污水收集处理的基础上，新建尾水提升泵站和尾水输送管道，将进入三阳河、新通扬运河的江都市清源污水处理厂尾水输送至长江双港段主江堤外。工程建设内容为铺设尾水输送干管 22.92km，管线共穿越大小河道 21 条、等级公路 6 条；新建提升泵站 1 座。工程设计尾水排放规模为 4 万 t/d，概算投资 8125 万元，工期 12 个月，2007 年 12 月 10 日开工建设。截至 2009 年底，工程已全面建成并投入运行。

（杨金海 张树麟）

淮安市截污导流工程

淮安市截污导流工程主要是将清浦、清河、开发区现状直接排入大运河、里运河的污水截流，送至污水处理厂集中处理后，尾水通过清安河排入淮河入海水道南泓。淮河入海水道将建尾水导流入海湿地处理工程，对尾水进一步生态处理后东排入海，有效改善南水北调输水干线大运河及里运河淮安城区段水质及水环境。工程主要建设内容为铺设沿大运河、里运河截污干管长 20.12km，配套建设污水提升泵站 2 座，移址重建清安河穿运洞，清除里运河污染底泥 24.3km，里运河城区段护岸防护赔建 9.19km，实施清安河河道疏浚 22.04km。工程设计尾水排放规模为 9.7 万 t/d，概算投资33 240万元，工期 27 个月，2007 年 11 月开工建设。截至 2009 年底，里运河清淤及护岸工程、清安河整治及护岸工程和穿运洞移建工程已基本完成，干管铺设和清安河上段整治工程正在抓紧实施。累计完成投资45 566万元（含地方配套）。

（杨金海 张树麟）

宿迁市截污导流工程

宿迁市截污导流工程主要包括运西截污工程和尾水输送工程两部分。运西截污工程主要是封堵现有老城区 12 家工业企业向中运河的排污口，并沿运河铺设截污干管，将处理过的工业尾水收集至提升泵站；尾水输送工程主要是将尾水提升后通过管道输送至新沂河，经湿地处理后东排入海，有效改善南水北调输水干线中运河宿迁城区段水质及水环境。工程主要建设内容为铺设运西工业废水收集干管 6.3km，铺设尾水输送干管 23.2km；新建 0.25m^3/s、0.85m^3/s 提升泵站各 1 座。工程设计尾水排放规模 7 万 t/d，概算投资 11 164 万元，工期 18 个月，2007 年 12 月开工建设。截至 2009 年底，工程已基本建成，并通过联合试运行验收工作，正在抓紧准备专项验收工作。累计完成投资 11 112万元。

（杨金海 张树麟）

徐州市截污导流工程

徐州市截污导流工程主要是利用现有的河渠和新开渠道等，建立运河沿线区域尾水“蓄存、导流、回用”体系，将京杭运河不牢河段、中运河邳州段、房亭河等对南水北调东线工程有影响的区域尾水统筹考虑，对尾水进行收集、回用、导流，剩余尾水从大马庄涵洞处入新沂河北偏泓入海。工程建设内容为新开尾水渠道（涵管）25.7km，利用现状河道144.58km（其中疏浚85.83km）；建设干渠建筑物42座，其中控制涵闸24座，输水涵洞14座，混凝土渠道3座，提升泵站1座；新（改）建跨河桥梁94座，按照恢复原功能原则实施小型配套建筑物116座。工程设计尾水入新沂河排放规模为41.09万t/d，概算投资72 493万元，工期30个月，2008年10月25日开工建设。截至2009年底，工程征地拆迁工作已基本结束；重要节点工程张楼中运河地涵一期和苗圩地涵一期工程已经通过水下验收，二期工程正在实施；沿线河道整治和配套建筑物工程全线展开。累计完成投资40 051万元。

（杨金海　张树麟）

山东省截污导流工程

工　程　概　述

山东省共21项南水北调截污导流工程。2008年底前，21项工程全部开工。2009年工程建设全面展开并进入高峰期，截污导流工程建设管理体制逐步理顺。

（一）建设管理体制

为确保实现建设目标，根据国家要求和山东省实际，本着调动省和地方积极性的原则，按照国家发展改革委、水利部、国务院南水北调办联合下发的《关于调整南水北调东线一期截污导流工程审批方式的通知》（发改农经［2007］2288号）文件精神，山东省南水北调建管局商请项目所在市县政府组建截污导流工程项目法人。由项目法人负责从工程招投标开始的工程建设和建成后的运行管理工作，投资包干使用，运行费用由地方承担并作出承诺，服从全省保障调水水质的统一调度，确保发挥截污导流工程的作用。山东省南水北调建管局负责组织前期设计、审批工作，负责按国家要求筹措建设资金，并对工程建设进行监督管理。这些措施充分调动了市县两级的积极性，形成了同为一个目标的强大合力。

项目法人的组建原则是：涉及一个县（区）的项目，由县（区）组建；跨县（区）的项目，由所在市组建，每个项目不重复组建项目法人。共组建了临沂市、枣庄市、济宁市、菏泽市、聊城市、宁阳县、滕州市、台儿庄区、曲阜市、微山县、梁山县、鱼台县、金乡县、嘉祥县、临清市、武城县、夏津县等17个项目法人。山东省南水北调建管局分别与17个项目法人签订了《山东省南水北调截污导流工程委托建设管理协议》，明确了各方职责，为加快工程建设奠定了基础。

（二）工程进展

截至2009年底，累计完成土方量1328万m^3，混凝土及钢筋混凝土23万m^3，累计完成投资7.65亿元。其中拉动内需中央预算内资金3.25亿元已于3月底按期完成建设任务。曲阜市、嘉祥县、金乡县、宁阳县洸河、临沂市邳苍分洪道、滕州市城郭河、滕州市北沙河、夏津县、鱼台县、临清市汇通河截污导流工程等10个项目主体工程已经基本完成。

（三）建设管理

2009年，山东省南水北调建管局围绕完成拉动内需建设任务，确保质量和安全，并根据《山东省南水北调截污导流工程委托建设管理协议》，全面展开建设管理工作。

（1）根据各项目法人资金拨付申请及工程建设进度，及时审核拨付资金。

（2）要求各项目法人加强组织领导，加大工作力度，细化方案，落实责任，抓住春天和秋天工程施工的黄金时机，以天为单位，倒排工期，抓好各项措施的落实，督促施工企业加快施工进度。

(3) 加强项目的督导检查。为确保中央新增投资项目建设进度、质量和资金使用效益，按时完成项目建设任务。专门成立督导组，由分管局长带队，深入工程建设现场，扎实开展督导检查，并帮助解决工程建设中存在的问题。四是加强质量监督与巡查，确保工程质量。

2009年，质量监督项目站先后办理项目划分15件，进行工程质量巡检20余次，定点抽查上百次。根据施工进度，山东省南水北调建管局对21项截污导流工程进行工程质量巡检，对隐蔽工程、关键部位施工进行重点检查，对现场发现的问题，及时提出整改意见，下发质量通报，对完工的主体工程及时进行检查验收。五是重点加强截污导流工程安全生产管理，全面落实有关安全生产管理的规定和要求。督促项目法人制定了安全生产预案、安全度汛方案，健全了工作制度，明确了各方责任，着力加强过程控制，截污导流工程安全生产继续保持了良好态势。

(四) 资金管理

山东省南水北调建管局多措并举，强化工程建设资金管理。一是为保证工程建设顺利进行，根据各工程建设年度建设方案和总体建设方案，2009年贷款2.5亿元。及时对各项目法人拨款请示进行审核，共核准下拨了工程款21笔，合计2.9亿元，保证了工程建设顺利进行。二是开展内部专项审计。为规范和促进山东省截污导流工程建设管理各项工作，确保工程“三个安全”，同时对各工程拉动内需投资完成情况进行督促检查，从2009年3月中旬开始，山东省南水北调建管局聘请省内外4家会计师事务所分组对截污导流工程进行专项审计，加强财务监督管理，规范工程资金使用，及时了解和纠正工程建设中出现的问题，进一步促进截污导流工程建设顺利进行。三是为规范各项目法人资金管理使用，山东省南水北调建管局制定了《截污导流工程资金管理办法》，并印发实施。

(五) 审计稽察

2009年6月，国家审计署对截污导流工程新增中央投资进行了重点延伸审计。山东省南水北调建管局对审计中发现的问题高度重视，督促有关单位迅速整改，并就发现的问题向全部截污导流工程项目法人进行通报，要求各项目法人引以为戒，加强工程建设的管理和监督。

2009年8月17～31日，国家发展改革委与国务院南水北调办派出联合稽察组，对山东省南水北调截污导流工程的设计和前期工作、项目法人责任制、监理管理、招标投标、合同管理、工程计划、资金使用、工程质量与安全生产等方面进行了全面稽察。山东省南水北调建管局把这次稽察作为改正不足、提高建设管理水平的重要契机。针对稽察组提出的问题，高度重视，进行研究分析，组织项目法人总结教训，认真整改。要求各项目法人切实履行职责，充分吸取教训，举一反三，不断提高工程建设管理水平，努力实现山东省截污导流工程建设行为规范、程序合法、监管到位、廉洁高效、制度健全的建设管理目标。

(武　健)

临沂市邳苍分洪道截污导流工程

临沂市邳苍分洪道截污导流工程建设的主要目的是利用新建和维修的拦河闸坝工程，通过节节拦蓄回用，使中水就地消化，保证邳苍分洪道在南水北调输水期间中水不排入中运河，为南水北调东线工程输水期供水达到地表水Ⅲ类水质标准提供保障。工程初步设计概算总投资12 368.5万元，总工期为1.5年。2009年度计划投资3784万元。工程于2008年10月开工，至2009年6月底完成主体工程，年底工程尾工也基本完成，准备竣工验收。2009 年度完成的主要工程量：土石方 258 万 m^3，砌石工程 5.2 万 m^3，混凝土及钢筋混凝土工程46 265m^3，金属结构412t，机电设备 97 台套。2009 年度验收单元工程 795 个，其中合格 795 个，优良 736 个，优良率 92%；验收分部工程 70 个，合格 70 个，优良 59 个，优良率 84%。

（杨　霞）

宁阳县洸河截污导流工程

宁阳县洸河截污导流工程位于南四湖主要入湖河流洸府河上游，涉及洸河、宁阳沟两条河流。工程主要建设内容为：在洸河新建后许桥、泗店橡胶坝，在宁阳沟新建纸坊、古城橡胶坝，扩挖 4 座橡胶坝回水段河槽 15.17km，改建生产桥 6 座。新建泗店、古城 2 座提水泵站，铺设泗店至东疏输水管道 6.7km，古城至乡饮输水管道 9.5km，向东疏、乡饮 2 个灌区供水。2009 年计划完成投资 2700 万元，扩挖 4 座橡胶坝回水段河槽 11.6km，改建生产桥 6 座，新建泗店、古城 2 座提水泵站，铺设古城至乡饮输水管道 9.5km。截至 2009 年底，2009 年计划投资已全部完成，后许桥、泗店、纸坊、古城等 4 座橡胶坝已建设完成，洸河、宁阳沟两条河道整治工程已完毕；泗店、古城 2 座提水泵站已基本建设完成，古城至乡饮输水管道 9.5km 已铺设完毕，6 座生产桥的改建已经完成。

（范加旺）

枣庄市薛城小沙河控制单元截污导流工程

薛城小沙河控制单元截污导流工程薛城小沙河、薛城大沙河和新薛河 3 条河道，控制面积 1244km^2，总拦蓄量为 352.5 万 m^3。工程主要内容有：①薛城小沙河：新建朱桥橡胶坝 1 座，扩挖薛城小沙河回水段和小沙河故道回水段，开挖堤外截渗沟长 2000m；②薛城大沙河：新建挪庄橡胶坝 1 座，建华众纸厂中水导流管；③新薛河：新建南岭小水库 1 座库容为 5.6 万 m^3，小渭河新建渊子涯橡胶坝 1 座，小渭河河道回水段局部扩挖；④新建枣庄新城污水处理厂至龙潭水库和凤鸣湖中水导流管道工程。2009 年计划完成投资 2838 万元，计划完成土石方 5.9 万 m^3，混凝土及钢筋混凝土 0.66 万 m^3。2009 年实际完成投资 2848.94 万元，完成土石方 5.92 万 m^3，混凝土及钢筋混凝土 0.69 万 m^3，完成年度计划投资的 100.4%。截至 2009 年底，标段 1 中的朱桥橡胶坝工程河道内主体工程已基本完工；泵房（管理房）土建主体工程已完工，管道和闸阀已安装完毕；驼峰堰和坝址周围的安全防护设施已完成。标段 2 中的挪庄橡胶坝工程河道内土建工程和坝袋安装已经全部完成；泵房（管理房）土建主体工程已完工，管道和闸阀已安装完毕。标段 3 的主体工程渊子涯橡胶坝工程混凝土垫层、消力池、坝底板、上游铺盖、消力池、左岸翼墙浇筑已完成浇筑；上游浆砌石、下游海漫、抛石和混凝土搅拌桩已完成；右岸翼墙底部已浇筑完成。

（卢俊福）

枣庄市峄城大沙河截污导流工程

峄城大沙河截污导流工程，控制面积 625.5km^2，总拦蓄量 938.1 万 m^3。工程主要内容有：①新建大泛口、裴桥 2 座拦河闸；②在峄城大沙河分洪道处新建良庄橡胶坝 1 座；③对已建红旗闸和贾庄闸进行维修改造；④铺设 3000m 管道将台儿庄区中水排放改道入峄城大沙河。工程静态总投资 4465.88 万元。主要工程量包括：土石方 25.14 万 m^3，砌石 0.38 万 m^3，混凝土及钢筋混凝土 2.31 万 m^3。2009 年计划完成投资 2456 万元，计划完成土石方 12 万 m^3，混凝土及钢筋混凝土 1.9 万 m^3。2009 年实际完成投资 2461.03 万元，完成土石方 12.62 万 m^3，混凝土及钢筋混凝土 1.93 万 m^3，完成年度计划投资的 100.2%。截至 2009 年 12 月底，4 标段中的裴桥节制闸工程，闸墩已全部完成；上游联结段铺盖已全部完成；铺盖右岸墙、斜坡段右岸翼墙、找平层已全部完成；闸底板、消力池及海漫已全部完成。5 标段新建大泛口节制闸，大泛口机架桥以下部分已完成；机架桥板已预制完成；桥头堡工程基础开挖已完成；良庄橡胶坝底板、消力池、铺盖已完成；砌石已完成40%，翼墙浇已完成3 块。6 标段金属结构制造，裴桥闸的 6 孔闸门已完成制作；大泛口闸 4 孔检修闸门已完成，4 孔工作闸门正在加工中。

（卢俊福）

菏泽市东鱼河截污导流工程

菏泽市东鱼河截污导流工程建设内容包括：在东鱼河北支的张衙门村、侯楼村、王双楼村和团结的鹿楼村、后王楼村共新建 5 座拦河闸，利用开发区济菏高速公路取土坑新建雷泽湖水库并挖东鱼河北支，拦蓄城镇污水处理厂和工业企业达标排放的中水、当地径流及黄河水，通过东鱼河北支、团结河、胜利河和东鱼河沿岸的原有和新建提水泵站为东鱼河流域的灌区供水。2009 年计划完成投资 7514.76 万元。截至 2009 年底，菏泽市东鱼河截污导流工程已完成投资 8926.41 万元。其中：完成土方 209.06 万 m^3，占总工程量的 102.47%；石方 1.56 万 m^3，占总工程量的 92.87%；混凝土 2.425 万 m^3，占总工程量的 81.1%。雷泽湖水库、李楼泵站、贵子韩泵站主体工程基本完成；出库闸工程全部完成；输水渠全部完成；中水输水管道铺设全部完成；张衙门闸基本完成；东鱼河北支河道拓宽工程全部完成；后王楼拦河闸、前朱庄和宋李庄灌溉提水站主体工程已完成；鹿楼拦河闸主体完成，鹿楼泵站、欧楼泵站主体工程基本完成；邵家庄泵站基础开挖线测放完毕；王双楼闸水下部分基本完成，准备进行闸墩浇筑；侯楼闸、侯楼灌溉提水站、雷楼灌溉提水站主体工程基本完成。

（朱万峰）

滕州市北沙河截污导流工程

滕州市北沙河截污导流工程 2008 年 5 月经山东省发展改革委批复建设。主要建设任务是：在北沙河上，新建邢庄、刘楼、赵坡、西王晁橡胶坝4 座，提水泵站4 座，并对橡胶坝上游部分河道进行扩容开挖。工程总投资 0.543 亿元。结合本次截污导流工程，滕州市又配套部分资金，按 20 年一遇防洪标准，对北沙河西王晁至休城桥段 11.4km 河道，实施筑堤加固工程，工程工期 1 年。2009 年度，计划总投资 3067.19 万元，其中：建筑工程部分计划完成投资 1324.45 万元，机电设备及安装工程计划完成投资 435.04 万元，金属结构设备及安装工程计划完成投资 24 万元，临时工程计划完成投资 259.11 万元，独立费用计划完成投资 218.51 万元，征地补偿和移民安置工程计划完成投资 806.08 万元。截至 2009 年底，累计完成投资 2944.5 万元，占总投资 96%，完成土方 121.69 万 m^3，完成石方 1.16 万 m^3，完成混凝土浇筑量 13 299m^3，完成机电设备 301 台套，完成金属结构 30.5t。设计实体工程已完工。

（王开林）

滕州市城郭河截污导流工程

滕州市城郭河截污导流工程 2008 年 5 月

经山东省发展改革委批复建设，主要建设任务是：在城郭河上，新建东滕城、杨岗、吕坡、曹庄、于仓、北满庄橡胶坝6座，提水泵站6座，湿地引水口门2处，改建洪村、荆河、城南、南池橡胶坝4座，并对橡胶坝上游部分河道进行扩容开挖，工程总投资1.132亿元。结合本次截污导流工程，滕州市又配套部分资金，按20年一遇防洪标准，对城河北满庄至级西路和杨岗至白龙湾桥段共11.1km河道实施筑堤加固工程，工程工期1年。2009年度，计划总投资7255.31万元，其中建筑工程2790.39万元，机电设备及安装工程950万元，金属结构设备及安装工程25.09万元，临时工程604.59万元，独立费用1237.73万元，征地补偿和移民安置工程1647.51万元。截至2009年12月底，累计完成投资6892.5万元，占总投资95%，完成土方326.36万 m^3，完成石方2.26万 m^3，完成混凝土浇筑量25 022m^3，完成机电设备400台套，完成金属结构20.5t。设计实体工程已完工。

（王开林）

金乡县截污导流工程

金乡县截污导流工程位于金乡县城周围，为了不影响调水水质，将城北污水处理厂排出的中水拦蓄在大沙河、金济河、金马河，用于城市回用、发展农业灌溉和补充地下水源。该工程设计新建拦河闸、坝2座（大沙河王杰闸、金济河郭楼橡胶坝），分水涵洞3座（连庄、马集、五级），改建排灌泵站2处（石店、周桥），维修加固排灌高庄泵站1处，新建孔楼交通桥1座，共有小型建筑物9座。批准概算总投资为2738.35万元，建设工期为11个月。该项目共划分为6个单位工程、48分部工程、489单元工程。2009年计划完成工程投资1172.11万元。其中：建筑工程437.98万元，机电设备及安装工程210.86万元，金属结构设备及安装工程81.55万元，临时工程49.24万元，材料价差47.15万元，水质监测与保护费80万元。实际完成的工程量为：完成土方8.99万 m^3，砌石0.332万 m^3，混凝土0.328万 m^3，钢筋175t，机电设备购安26台套，金属结构购安42.6t。截至2009年5月底，各项工程全部完工。

（李洪涛）

曲阜市截污导流工程

曲阜市截污导流工程是南水北调输水干线在输水期间防止泗河支流沂河沿线工业、城市生活达标排放的中水影响调水干线水质的控制性工程。工程位于曲阜市境内沂河下游，该工程分别在沂河郭家庄[设计桩号(4+720)]、杨庄[设计桩号(7+200)]新建橡胶坝1座，共计2座；在橡胶坝上游分别新建提水泵站1座，共计2座。工程总投资为2714.21万元，工期1.5年。2009年度计划完成投资634万元，计划完成工程量：混凝土3500m^3，土方4.0万 m^3，石方0.69万 m^3。工程于2008年6月30日开工，截至2009年5月13日，曲阜市截污导流工程2个标段所有22个分部工程全部通过验收。目前工程开始进入单位工程验收阶段。

（王庆文）

嘉祥县截污导流工程

嘉祥县南水北调截污导流工程位于嘉祥县中部，涉及嘉祥镇、卧龙山镇、万张乡、马村镇、马集乡5个乡镇。嘉祥县截污导流工程利用前进河、洪山河拦蓄达标排放的中水及地表径流，并用于灌溉回用，满足治污规划和治污控制单元规定的控制指标要求。拦蓄总库容202.4万 m^3，灌溉面积2.5万亩。工程批准概算投资2629.53万元，工程部分投资2106.48万元，移民水保环境投资443.05

万元，工程水质监测与保护投资80万元。截至2009年底已完成土方76万m^3，砌石$3000m^3$，混凝土和钢筋混凝土$5105m^3$，主体工程基本完工。

（高西义）

枣庄市小季河截污导流工程

小季河截污导流工程的建设任务是：为保证小季河Ⅲ类水质目标，在干线调水期间拦截水量360.51万m^3，其中拦截中水206.4万m^3，天然径流154.11万m^3；拦截调蓄总库容105.43万m^3，改善灌溉面积2.0万亩。2009年小季河截污导流工程计划完成投资1530.6万元，其中工程投资949.5万元，移民迁占投资581.1万元。截至2009年12月底，实际完成小季河截污导流工程投资1530.6万元。小季河河道土方开挖全部完成；台兰渠河道土方开挖完成进度的50%；建筑物工程完成新建桥梁6座，季庄西节制闸完成水下部分、埋件安装；完成赵村防洪闸维修土建及金属结构工程；中水回用泵站完成清基、基础浇筑工作。

（卢俊福）

微山县截污导流工程

微山县截污导流工程位于微山县昭阳、夏镇、付村、欢城境内。工程主要任务是将污水处理厂处理后达标排放的中水进行截、蓄、导、用，防止工业、城镇生活污废水（中水）直接排放，确保调水水质达到地表水Ⅲ类水质标准。工程总投资6505万元，工期22个月。2009年度计划完成投资3262.44万元，其中建筑工程1784.78万元，机电设备及安装工程128.16万元，施工临时工程110.5万元，独立费用870万元，移民补偿费360万元，水土保持工程9万元。计划完成新建渡口橡胶坝、南门口桥和渡口桥、杨闸桥的维修，三河口枢纽下部闸墩以下部分，三孔桥节制闸闸墩以下部分，完成机架桥、桥板预制，开挖老运河城区外12km。截至2009年底，实际完成投资为3262.44万元。各主要建筑工程完成情况是：老运河开挖完成年度计划的18%；三河口枢纽工程完成年度计划的128%；渡口橡胶坝完成年度计划的98%，仅剩机电安装项目；三孔桥节制闸完成年度计划的27%；桥梁工程完成年度计划的141%；临时工程完成年度计划的163%；移民迁占完成年度计划的87%；机电设备安装、金属结构设备、供电等都按年度计划完成。完成的主要实物量为：土方10.12万m^3，石方$1500m^3$，混凝土$9930m^3$，钢筋制作安装869t，灌柱桩钻孔浇筑1119m，金属结构制作72t，机电设备安装6台套。

（吴长伟）

济宁市截污导流工程

济宁市截污导流工程是对济宁市和高新区污水处理厂共计$19m^3/d$达标排放中水进行联合调度。在南水北调调水期间（每年10月至翌年5月），首先最大限度地利用老运河、洸府河湿地接纳中水，其余中水通过加压泵站，输水管道和蓼沟河、小新河、幸福河等河道，利用济宁3号进煤矿塌陷区进行调蓄和农田灌溉。工程建成后，每年调水期间可通过2万亩农田回用和蓄水区拦蓄中水1144万m^3。工程建设内容：蓄水区开挖、新建节制闸4座、入（蓄）区涵洞1座、穿铁涵洞1座、明渠2.3km、交通生产桥6座、输水管道5.9km、新建改建各类泵站4座。工程实物量：土方开挖167.65万m^3，土方回填21.17万m^3，砌石$6587m^3$，混凝土$12\,924m^3$，钢筋制安1090t。工程总工期30个月。2009年度计划完成投资2800万元。截至2009年底，实际完成2820万元，超额完成年度投资计划任务。输水线路建设已经全面展开。其中，蓼沟河节制闸、小新河节制闸、幸福河支沟节制闸，3、4、5号生产桥已基本建设完成；泵站、穿老运河—火矩路—洸府河倒虹吸开始施工；明渠开挖和北湖中路输水管线钢管焊接埋设正在进行中。蓄水区开挖工程正开始前期迁占工作。截至2009年底，累计完成土方5万m^3，混凝土6300m^3，钢筋制作安装450t。

（陈德峰）

武城县截污导流工程

武城县截污导流工程位于山东省德州市的武城县和平原县境内。工程主要任务是：在该控制单元全部实施完成治污工程的前提下，为实现七一、六五河的水质控制目标和总量控制目标，通过新建拦蓄和导流工程，干线输水期间拦截武城县境内、导送平原县境内的下泄中水835.6万m^3，通过中水灌溉回用，减少COD入河量835.6t，减少NH_3-N入河量73.0t，实现污染物零入河的目标。2009年度计划完成所有武城县截污导流工程的所有施工任务；计划完成主要工程量为：土方开挖29.19万m^3，土方回填2.34万m^3，砌石9002m^3，混凝土5737m^3。钢筋制作安装468t，灌注桩264m。截至2009年底，基本完成武城县截污导流工程县境内的施工任务，包括标段1六六河清淤工程；新建、重建2座拦河闸、6座节制闸、2座交通桥、维修加固工程等。标段2由于平原县、德城区境内行政划分因素，区域内乡镇之间、县区之间排污、导污矛盾十分尖锐及其他原因，正在优化设计方案，准备开工。机电设备和金属结构的购置安装工程任务标段1已完成。

（薛玉冰）

夏津县截污导流工程

夏津县截污导流工程位于山东省德州市境内，工程目的是将县污水处理厂处理后的中水经三支渠输送到城北改碱沟及青年河，利用河道上的节制闸对中水进行层层拦蓄，在农田灌溉季节实现中水灌溉回用，从而保证干线水质。工程主要内容包括清挖三支渠6.23km，重建青年河、城北改碱沟上的新盛店、白龙王庙等桥梁16座，重建青年河郑庄、孔庄2座扬水站，重建李楼、范楼、北马庄节制闸，维修齐庄节制闸，重建三支渠涵管12座。夏津县截污导流工程总调蓄能力171.8万m^3，该工程工程等级为Ⅳ等，节制闸为4级建筑物，临时建筑物为5级，桥梁为“乡乡通”生产桥。工程总投资为2505.86万元。工程于2008年12月23日举行开工仪式，2009年3月20日正式开工。截至2009年底，共计完成投资1601.20万元，其中建筑工程投资1183.02万元，安装工程26.86万元，设备226.31万元，迁占移民65.14万元，建设管理费65.49万元，其他投资34.39万元。24个分部工程已全部完成，包括清挖三支渠6.23km，重建青年河与改碱沟上的桥梁16座，重建节制闸3座，维修节制闸1座，重建三支沟涵管12座，共完成土方119 499m^3，混凝土及钢筋混凝土5651m^3，砖石砌体6546m^3，购置安装2.5m×3m铸铁闸门2扇，3m×3.5m铸铁闸门4扇，3m×4m铸铁闸门2扇，1m×1m铸铁闸门1扇，2m×2m钢闸门4扇，2m×2.7m钢闸门2扇，螺杆式启闭机9台，电动葫芦6台，7002LB1.8-4.14水泵2台，6002LB-100D水泵2台，YL315L2-10电机2台，YC355S-8电机2台，SC9-250-10±5%/0.4变压器1台，SC9-200-10±5%/0.4变压器1台。

（唐庆亮）

鱼台县截污导流工程

鱼台县截污导流工程是南水北调输水干线在输水期间防止沿线工业、城镇生活达标排放的中水影响调水水质的控制性工程。工程主要建设内容为：新建唐马拦河闸［东鱼河干流桩号(11+100)］、维修郭楼林庄两处涵洞、铺设玻璃钢输水管道等建筑物。工程总投资4214万元。总工程量为：挖填土方14.75万m^3，砌石4366m^3，混凝土和钢筋混凝土1.07万m^3，金属结构安装390.5t，玻璃钢管道7.15km，机房920m^2。工程计划于2009年底前实施完毕。截至2009年底，实际完成工程投资2750万元（其中金属结构购置安装580万元），实际完成工程量为：完成唐马拦河水工部分、机房桥头堡主体工程、金属结构安装工程及中水管线的铺设，共计完成土方开挖回填11万m^3，铺设砂垫层0.55万m^3，混凝土及钢筋混凝土工程9800m^3，抛石及浆砌石工程4900m^3，钢筋制作安装620t，金属结构安装260t，机房建设300m^2。中水管道工程完成土方开挖5.78万m^3，玻璃钢管道铺设6.3km，钢管道安装400m（其中穿省级公路顶管施工240m）。已完成投资占总投资的93.17%。

（刘建华）

临清市汇通河截污导流工程

临清市汇通河截污导流工程位于临清市城区。其主要任务是将污水处理厂处理后的中水改排，不再排入临清六分干，以保证南水北调输水干线水质，中水排放规模6万t/d。另外，市区原排入六分干的城市非汛期雨涝水不再排入六分干，进行改排。主要工程量为：土方开挖33.57万m^3；土方填筑21.19万m^3，浆砌石0.21万m^3；混凝土及钢筋混凝土0.48万m^3；ϕ2000mm钢筋混凝土管道购置铺设8008m；ϕ1500mm钢筋混凝土管道购置、铺设156m。工程总投资为3155.99万元。计划工期1年。截至2009年底，实际完成投资2025.2万元，占总投资的64.2%。实际完成土方开挖32.72万m^3，土方填筑14万m^3，浆砌石0.29万m^3，混凝土及钢筋混凝土4565万m^3，恢复城区道路2.1万m^2。

（赵　鹏）

聊城市金堤河截污导流工程

聊城市金堤河截污导流工程位于山东省聊城市南部，途经阳谷、东阿、东昌府三县（区）。工程基本任务是：为避免由河南省下排入金堤河、小运河的污废水污染南水北调输水干线—小运河，将上游下泄的污废水进行改排。工程主要建设内容分为连通渠道工程及建筑工程，连通渠道工程包括小运河至郎营沟3.7km新开渠道工程和郎营沟22.3km设计指标调整工程；建筑物工程有新建马湾节制闸工程、新建马湾排水闸工程、油坊穿涵改建工程和其他沿河道小型建筑物新建、改建工程等。工程总投资4839.6万元。工程于2008年12月24日开工，2009年计划完成投资4829.6万元。截至2009年底，实际完成投资4007万元，共新改建桥梁35座，渡槽10座，排涵与涵闸20座，完成马湾节制闸和排水闸工程。

（逯义军）

梁山县截污导流工程

梁山县南水北调截污导流工程位于济宁市梁山县中部，总库容330.6万m^3，灌溉面积4.5万亩。主要工程量为：开挖河道28.472km［设计桩号(58+328)～(86+800)］，新建污水处理厂管道500m，新建1座灌溉提水站，更换1座水闸电气及金属结构设备，拆除重建3座生产桥等。工程批准概算投资5336万元，建设工期为2年。2009年计划完成投资4176.05万元。截至2009年底，实际完成投资3514万元，实际完成的工程量为：任庄交通桥、郑那里交通桥、东张博交通桥已完工，龟山河提水泵站土建工程完工，龟山河泵站、龟山河闸金属结构安装业已完成，机电设备安装正在进行。河道开挖工程已全线开工。

（周长明）

流域综合治理

江苏省流域综合治理

根据《南水北调东线工程江苏段控制单元治污实施方案》，确定流域综合治理项目6项。苏北运河船舶污染综合整治、江都垃圾场搬迁、高邮黑液塘、徐州大吴氧化塘改建污水处理厂项目已经完成；徐州桃园氧化塘改建污水处理厂和江都源头生态保护项目正在实施，预计2010年底可以基本全部完成。为提高流域综合治理水平，江苏省采取有效措施，不断深化流域综合治理。一是将调水源头江都取水口划为饮用水源保护区，国家环保总局批准为源头生态功能区，扬州市编制了专门的保护规划，并编制了可行性研究和初步设计，目前部分工程已启动实施。二是加强生态建设。调水沿线地区积极开展全国生态示范区创建工作，实施生态农业示范县建设，大力发展生态农业，加强无公害农产品、绿色食品和有机食品基地建设，狠抓农业面源污染防治。目前，江苏省南水北调沿线地区通过生态农业示范县建设，已建成无公害农产品、绿色食品和有机食品基地1500多万亩，化肥使用量比2000年减少了15%以上。三是积极推进船舶石油污染综合整治。为做好大运河船舶污染防治工作，江苏省投资2800余万元在沿线已建成21座船舶垃圾收集站和43座油废水回收站，治理大运河船舶污染的硬件已建成，为确保这些治污设施切实发挥作用，江苏省交通厅、建设厅、环保厅联合发出了《关于在苏北运河统一开展船舶垃圾、油废水送交和接收工作的通告》。四是启动实施入海口滩涂湿地生态处理系统。为减少对海洋的污染，江苏省拟在淮河入海水道、新沂河入海水道的入海口滩涂上建设生态工程，使尾水经过生态处理后排海，以减少对海洋的污染，正在开展前期工作。

（杨金海　张树麟）

工业点源治理

江苏省工业点源治理

根据《南水北调东线工程江苏段控制单元治污实施方案》，确定工业点源治理项目65项，截至2009年底已全部完成。为加强工业污染治理，江苏省主要采取了以下措施。

（一）严把新建企业审批关

工艺上不能达到一级排放标准或超环境容量的项目不予审批。江苏省政府办公厅出台《关于加强苏北地区新建化工项目管理的意见》，明确在苏北地区禁止新建单个项目一次性固定资产投资额5000万元（不含土地费用）以下的各类化工项目。在《省政府关于印发江苏省节能减排工作实施意见的通知》中，还进一步提出“三不两限”的约束性措施。“三不”是指：凡清洁生产水平偏低、排污总量核定不清或平衡途径不落实的项目一律不批；所在区域现状水质超过功能要求的新增水污染物项目一律不批；建设项目环保竣工验收中，主要污染物总量超标的一律不予通过验收。“两限”是指：对不能按计划完成污染减排任务的地区，暂停审批增加区域污染物排放总量的项目；对重点治污工程建设严重滞后或建成后不运行的地区，暂停审批新的有污染项目。

（二）关闭重污染企业

按照江苏省政府《关于加快推进新型工业化的意见》和《江苏省工业结构调整指导目录》，南水北调沿线的13家石灰法制浆工艺已全部淘汰，关闭了36家年产3.4万t以下化学制浆、1万t以下酒精、淀粉企业的生产线和2万t以下黄板纸、1万t以下废纸造纸企业，查禁了130多家“十五小”、“新五小”企业，大幅度地削减污染物的排放。

（三）深入开展化工生产企业专项整治

根据江苏省政府下发的化工生产企业专项整治方案，开展全省化工生产企业专项整治工作，已关闭304家企业。同时要求重点做好化工企业的入园进区和改造提升，进一步消除安全和污染事故隐患，提高整个化工行业的生产技术水平和市场竞争能力。

（四）提高行业污染物排放标准

江苏省出台了严于国标的《江苏省纺织染整行业水污染物排放标准》，《江苏省化学工业主要水污染物排放标准》，南水北调东线江苏段沿线各地已按照新的地方环境标准，通过更新改造设备、提升工艺水平，完善治污设施，达标排放水平得到提高。

（五）严格重点污染源总量监测制度

对280多家日排废水100t、日排COD30kg或日排氨氮20kg的重点污染源全部安装在线监控装置。继续开展重点污染源总量监测季报制度，对污染物排放负荷较高的企业严格监控，同时对存在超标排污现象的企业实行强制性清洁生产审核，并向社会公布名单，全面提高工业点源治理水平。

（杨金海　张树麟）

新开工项目

长江—骆马湖段其他工程　泗阳站工程

工程概况

泗阳泵站枢纽位于江苏省泗阳县县城东南约3km处的中运河输水线上，是南水北调东线多级提水系统的第四梯级。工程主要任务是与皂河、刘老涧泵站一起，通过中运河线向骆马湖输水175m^3/s，与运西徐洪线共同满足向骆马湖调水275m^3/s的目标，并向沿线供水，兼顾灌溉，改善航运。现有泗阳泵站两座，泗阳一站总装机流量100m^3/s，泗阳二站总装机流量66m^3/s。为确保南水北调的安全运行，拆除泗阳一站，新建调水规模164m^3/s的泗阳泵站。

工程主要内容为新建泗阳泵站。新建泗阳泵站工程包括新建设计流量164m^3/s（装机流量为198m^3/s）泵站，拆除原泗阳一站，拆除原公路桥一座，在原位置新建公路桥一座，新建泗阳闸下交通桥一座（兼作施工期交通桥），在原泗阳闸站管理区内新建泗阳泵站管理所管理区，在泗阳二站管理所西侧赔建节制闸管理所。

主要工程量包括土方开挖 57.03 万 m^3，土方回填 24.02 万 m^3，钢筋混凝土灌注桩（CFG 桩）0.13 万 m^3，钻孔灌注桩 0.26 万 m^3，混凝土 3.11 万 m^3，砂及碎石垫层 2.12 万 m^3，砌石 2.19 万 m^3，抛石 2.76 万 m^3，钢结构 496.9t。

工程静态总投资30 354.92万元。

工程任务和规模

泗阳泵站是南水北调东线第四级梯级泵站之一，工程的主要任务是在江淮区间泵站扩建、配套的基础上，扩大出洪泽湖能力至 $230m^3/s$，利用中运河串联洪泽湖和骆马湖，形成洪骆区间的通水通道，最终实现一期工程输水 $175m^3/s$ 入骆马湖的规划目标，同时为泗阳闸—刘老涧闸间乡镇生活、工农业和航运补充水源。

根据规划要求，东线第一期工程泗阳泵站枢纽设计调水流量 $230m^3/s$，目前泗阳一站装机 20 台套，单机流量 $5m^3/s$，总流量 $100m^3/s$；泗阳二站装机 2 台套，单机流量 $33m^3/s$，总流量 $66m^3/s$。由于泗阳一站存在水泵空蚀与磨损严重、电机绝缘严重老化、电气设备大多数为淘汰产品、备品备件不全等问题，为确保南水北调的安全运行，拆除泗阳一站，新建设计流量为 $164m^3/s$（装机流量为 $198m^3/s$）的泗阳泵站。

100 年一遇挡洪水位取为站下游 17.0m，站上游 17.5m；300 年一遇水位取为站下游 17.4m，站上游 18.0m。闸下游设计水位 10.50m，闸上游设计水位 16.50m；闸下游最高水位 13.50m，闸上游最高水位 17.00m；闸下游最低水位 10.50m，闸上游最低水位 16.00m；闸下游平均水位 11.00m，闸上游平均水位 16.25m。为保证航运畅通，泗阳节制闸上、下游最低通航水位分别为 16.00m 和 10.50m。

泗阳泵站工程为一等大（1）型工程。泵站站身、上下游翼墙等主要建筑物为 1 级水工建筑物，堤防工程为 2 级建筑物（与中运河堤防等级相同），泵站路堤墙、清污机桥等次要建筑物为 3 级建筑物，临时工程建筑物为 4 级建筑物。

泵站建筑物防洪标准按 100 年一遇设计，300 年一遇校核。临时建筑物洪水标准按 10 年一遇设计。公路桥汽车荷载标准为公路-Ⅱ级。泗阳闸下交通桥（临时结合永久）汽车荷载标准为公路-Ⅱ级。

工程总体布置

新建的泗阳站布置在距离泗阳一站下游引河约 377m 处，采用一列式布置。

主泵房位于河道上，主泵房北侧布置北副厂房，南岸布置安装间和南副厂房。南岸安装间、南副厂房总长 32.60m，主泵房长 57.22m，北副厂房总长 35.05m，上述总和长 125.09m。

下游清污机桥桥墩上游边缘距泵站进口前缘 15m，清污机桥安装回旋式清污机 12 台套，配皮带输送机。

泵站上、下游引河全部利用原泗阳一站引河扩挖、疏浚和回填而成。

上游引河总长 1225.06m，下游引河总长为 1315.08m。

站区道路结合进站交通布置。进站交通共有三个通道，分别是二站现有外接徐淮公路的堤顶道路；一站现有管理区外接徐淮公路的道路和一站北岸的现有对外道路。同时将道路与拟建的泗阳闸下交通桥（结合永久使用）衔接。

为便于集中管理，新建泗阳泵站管理所办公楼、生活区仍布置在现有泗阳闸站管理所位置，原节制闸管理所移至现泗阳二站管理所西侧（赔建）。

主要建筑物

（一）泵房

泗阳泵站采用立式轴流泵，泵组装机6台，单机流量33m^3/s，其中一台备机。水泵配套电动机为3150kW同步电动机，水泵叶轮直径3.08m，叶轮中心安装高程6.75m。

泵房为堤身式块基型，采用钟型流道进水蜗壳流道出水，出水流道设一道带拍门的工作门配合水泵启动和一道快速闸门配合断流，闸门采用液压启闭机启闭，进水流道口设置检修闸门配电动葫芦，为满足发电功能的需要，泵站出水流道出口设拦污栅。

泵房垂直水流向总长57.22m，顺水流向总宽33.94m。主泵房宽度为14.9m，出水平台设7m交通道，高程19.50m，便于汽车式起重机操作。主泵房下游进水平台宽5.0m，高程18.5m。

泵房共分为五层，自下而上分别为进水流道层、水泵层、出水流道层、联轴层和电机层，各层的高程分别为2.55m、5.80m、9.20～10.30m、14.80m和19.70m。泵房底板底高程为1.30m。厂房地面以上净高13.70m，设32/5t桥式起重机，桥式起重机轨顶高程30.55m。

由于天然地基不能满足承载力和沉降要求，站身的地基采用钢筋混凝土灌注桩（CFG桩）处理。

（二）安装间、副厂房

安装间和南副厂房布置在主泵房南端，北副厂房布置在主泵房北端。

安装间与主泵房同宽为14.90m，长度15m，地面高程19.70m。南副厂紧邻安装间布置，宽为16.70m，长17.60m，共2层。北副厂房主变室宽为20.35m，其他与主泵房同宽，长35.05m，共5层，地上4层，地下1层。

由于天然地基不能满足承载力和沉降要求，安装间、副厂房的基础采用钢筋混凝土灌注桩。

（三）进水池

进水池垂直水流向长55.22m，顺水流向长15m，在最低调水水位10.25m时，池容积为6370m^3。

（四）清污机桥

为满足汽车式起重机要求，桥面宽取8.5m。清污机桥桥面顶高程17.50m，底板顺水流向宽12m，垂直水流向长56.42m，共12孔。拦污栅采用倾斜布置，与底板水平面夹角75°，配回转式清污机12台套，并配置皮带输送机。两侧采用简支板梁桥与堤道路相接，北侧路面宽8.5m，南侧宽4.5m。

（五）出水池

出水池垂直水流方向宽度从55.22m渐变至69m，长25m，采用钢筋混凝土底板。两岸采用“八”字形翼墙接圆弧形翼墙护岸。

（六）引河

上游引河分为三段：①段：新建站—原泗阳一站，长243.99m，设计河底宽69m，底高程10.30m，堤顶高程19.50m，边坡1∶3，高程17.50m处设宽度5m马道，马道及以下采用浆砌块石护面，马道以上采用草皮护坡。②段：原泗阳一站—公路桥上游，长189.80m，设计河底宽80m，底高程12.0m，堤顶高程19.50m，边坡1∶3，高程17.5m处设宽度5m马道，护坡同前。③段：公路桥上游—上游引河末端，长791.27m，该段河道宽窄不等，现状大部分断面满足过流能力，仅对局部作疏浚处理，设计河底宽70～135m，底高程12.0m，高程17.5m处设宽度5m马道，边坡1∶4.5，堤顶高程控制在19.5m左右，马道以下采用土坡，马道以上采用草皮护坡，端部裹头采用抛石防护。

下游引河从桩号（0－109.70）～（1－424.78），总长1315.08m，其中桩号（0－109.70）～(0－260.33)段，长149.33m，设计

河底宽56m，底高程6.0m，堤顶高程19.50m，边坡1∶3，高程14.0m处设宽度2m马道。马道及以下采用浆块石护面，马道以上采用草皮护坡。桩号(0－260.33)～(0－681.94)之间长度421.61m，属河叉段，南岸隔堤头和北岸弧线凹岸从桩号(0－260.33)～(0－350.88.33)范围高程14.0m以下采用抛石护坡，水上采用土坡。桩号(0－681.94)～(1－424.78)段，长742.84m，为新建泗阳泵站、泗阳节制闸和泗阳二站的共用引河，设计河底宽65m，底高程6.0m，堤顶高程15.0m，边坡1∶3，高程11.0m处设宽度2m马道。

（七）公路桥

公路桥上部结构为梁板式，共7跨，每跨均为20m，总跨度140m，桥面宽(9＋2×1.55)m，桥面顶高程25.15m。公路桥下部桥墩结构为双柱结构，基础采用钻孔灌注桩，灌注桩直径为1000mm，桩尖高程为－10.0m。

桥台为钢筋混凝土U形结构，桥台承台下布置两排钻孔灌注桩，直径为1000mm，桩尖高程－5.0m。

（八）泗阳闸下交通桥（临时结合永久使用）

交通桥上部结构为梁板式，共10跨，每跨均为20m，总跨度200m，桥面宽4.5m，桥面顶高程19.50m。下部桥墩结构为双柱桩柱结构，基础采用钻孔灌注桩，灌注桩直径为1000mm，桩尖高程为－10m。桥台为埋置式轻型桥台，桥台下布置一排钻孔灌注桩，直径为1000mm，桩尖高程－5m。

水力机械

泗阳泵站主水泵选用立式轴流泵，经分析比较和数模计算，采用钟形进水流道，蜗壳出水流道。由于水泵转速较低、容量较大，配电压等级为10kV的3150kW同步电动机。根据泵组台数比较分析，选择6台水泵（1台备用）的装机规模。水泵叶轮直径3.08m，单泵设计流量33m^3/s。水泵叶轮中心安装高程6.75m，可以满足汽蚀要求。

泵站要求流量调节，经分析采用叶片液压全调节方式，6台水泵配置3套油压装置。在流道出口设有带小拍门的工作闸门和快速闸门，配合水泵启动和断流。

为防止污物堵塞泵组的冷却器，技术供水系统采取密闭内循环冷却方式。泵站设有检修排水和渗漏排水系统，设有油系统，可以满足设备检修和正常运行时的排水需要，设备用油需要。为检测水泵的抽水能力，6台水泵设置2套5声道的超声波测流装置。在主泵房设有一台跨度12.5m的32/5t电动桥式起重机，满足设备安装检修时的起吊要求。

机　电

泗阳站采用两回电源供电，一回110kV电源作为主供电源，一回35kV线路作为备用电源，两回电源均接入新建的泗阳泵站变电所内，泗阳二站的电源从新建的泗阳泵站变电所35kV母线引接。110kV主供电源来自110kV众兴变电所，线路长度约3km；35kV备用电源来自110kV城南变电所，线路长度约8.7km，两回电源线路均为专线。

泵站主变压器采用一台31 500kVA有载调压三圈油浸式变压器。110kV侧采用线路—变压器组的接线方案，35kV与10kV侧采用单母线不分段接线方式。110kV配电方式采用GIS，35kV与10kV设备采用户内成套开关柜。站用变压器采用一台容量为800kVA干式变压器，接于主变压器10kV侧母线上。所用变压器采用一台容量为800kVA干式变压器，接于主变压器35kV侧母线上。站用电与所用电0.4kV母线设联络断路器。

泵站综合自动化系统主要内容包括计算机监控系统、视频监视系统、工程安全自动监测系统、管理自动化系统。计算机监控系统包括机组监控、辅机监控、公用设备监控、微机励磁、微机保护测控、直流系统、故障录波、火灾报警系统以及远动通信等。为使以上各个系统形成一个有机整体，需要建立泗阳枢纽中心综合自动化系统，它的实施就是要构建一个计算机信息库和总服务平台，使运行人员可在服务器上通过统一的系统界面，实现对网络上的各终端的信息管理，同时完成与上一级调度分中心、泵站办公自动化系统以及与泗阳二站的通信。

计算机监控系统采用开放式分层分布式快速以太网结构，分为远控级、站控级和现地控制级。控制优先权顺序为现地、站控、远方。现地控制单元LCU与站控级的通信采用冗余光纤环网，传输速率100Mbps，介质采用多模光纤，网络协议采用国际工业标准TCP/IP协议。现地控制单元采用现场总线与各保护监测装置以及辅机系统PLC实现通信。计算机监控系统经以太网交换机与安全自动监测系统、视频监视系统和办公自动化系统等连接。

金属结构

泵站出水流道出水口设一道工作闸门和一道快速闸门。工作闸门与机组联动，机组启动同时开启工作闸门，工作闸门的门叶上带有拍门，面积6m^2；快速闸门在工作闸门外侧，停机时，快速闸门关闭断流，而工作闸门不关闭，避免拍门关闭时产生的巨大撞击力和振动影响运行安全。

闸门均为潜孔平面定轮钢闸门，门叶为焊接钢结构，材料为Q235－A，面板厚10mm。闸门采用2×100kN液压启闭机操作，液压缸为倒挂式，缸体固定在门叶上，活塞杆固定在20.00m高程平台上。闸门启闭速度为2m/min。快速闸门外侧设置一道拦污栅，用于发电工况下防止污物进入机组。拦污栅共12套，孔口尺寸3.8m×4.5m，底槛高程10.30m。拦污栅直立布置，栅体为焊接钢结构，设计位差1.0m。

泵站进水流道进口处设检修闸门，共12孔，配四扇检修闸门，闸门为平面滑动钢闸门。门叶为焊接钢结构，材料为Q235－A，面板厚10mm。闸门采用100kN电动葫芦通过自动抓梁操作。

泵站进水口前约15m布置清污机桥。清污机孔口净宽47.6m，共12孔，设回转式格栅清污机，清污机与水平面成75°角布置，设计水位差1.0m，设计过栅流速1.0m/s，设计清污能力15t/h。清污机栅条，齿耙采用不锈钢制造，结构件采用碳钢。清污机桥可通行汽车，清污机检修时，采用汽车吊将清污机吊出孔口检修。12台清污机配一台水平运输皮带输送机用于运送污物，水平运输皮带输送机带宽800mm，运输长度56.5m，带速1.0m/s。水平运输皮带机末端连接一台倾斜输送皮带机，用于将污物运上卡车，倾斜运输皮带机带宽800mm，运输高度3m，带速1.0m/s。

水文气象

工程地处沂沭泗流域下游，黄淮平原，属于暖温带半湿润季风气候，四季分明，多年平均气温13～15℃，年平均风速3.3m/s，9月～次年3月多为东北风和北风，4～8月多为东南风。多年年平均总降水量936.19mm，主要集中在6～9月，多年平均水面蒸发量为1386～1537mm。冬春季降雪日数约9天，最大冻土深度24.3cm。

泗阳站工程位于京杭运河骆马湖以南中运河上，在泗阳县境内，距泗阳县城约3km。骆马湖以南中运河是京杭运河的一部分，也是南水北调的主要输水干线。该段位于江苏省淮安市和宿迁市境内，南起杨庄闸，北至皂河闸，全长111.2km。河道沿线有泗阳、刘老涧、皂河三个梯级泵站。

经综合分析，在南水北调东线一期工程设计中，中运河设计洪水为100年、300年一遇时行洪流量为1000m^3/s。

综合分析施工期水位，站上按泗阳闸上1983～2007年最高日平均水位经验频率分析，闸上10年一遇水位为16.93m，施工期上游围堰设计水位取为16.93m；站下围堰设计水位主要受中运河泄流和分淮入沂泄洪影响，按中运河10年一遇泄流612m^3/s，中运河入淮沭河口13.5m水位计算，泗阳闸下水位为14.59m，闸下围堰设计水位取14.59m。

工 程 地 质

该工程场地位于华北准地台东南部，属华北地层区，地貌分区属徐淮黄泛平原区，地貌类型位于决口扇平原与河漫滩及河谷平原的交汇处，地势较为平坦，地面高程一般为19.0m左右。该场地地震动峰值加速度为0.10g，相应的地震基本烈度为Ⅶ度，根据剪切波速测试，场地类别为Ⅱ类。泵站基础地基持力层下卧层砂土根据标贯判别为不液化土层。

泵站站身底板坐落在粉质黏土土层上，该层地基允许承载力为190kPa，不满足泵站地基应力要求，应采取工程处理措施。该层土为膨胀土，膨胀潜势为弱—中，泵站运行期间不会产生地基土膨胀破坏，但泵站施工期间不宜长期暴露失水或干湿交替。泵站基础地基持力层下卧层砂土为承压含水层，承压水头高于泵站基础底面约10m，坑底土可能被击穿，泵站基坑开挖和基础施工时应采取防渗和降水措施。

工 程 特 性 表

序 号	名 称	单 位	数 量	备 注
一	设计流量及年运行小时			
1	设计流量	m^3/s	164	泗阳泵站枢纽总设计流量230m^3/s
2	年运行小时	h	5000	
二	调水特征水位			废黄河高程系（下同）
1	站下			泵站站前水位
(1)	设计水位	m	10.50	10.25
(2)	最高水位	m	13.50	13.25
(3)	最低水位	m	10.50	10.25
2	站上			泵站站前水位
(1)	设计水位	m	16.50	16.55
(2)	最高水位	m	17.00	17.05
(3)	最低水位	m	16.00	16.05
三	防洪水位			
1	站下			
(1)	100年一遇洪水位	m	17.00	
(2)	300年一遇洪水位	m	17.40	
2	站上			
(1)	100年一遇洪水位	m	17.50	
(2)	300年一遇洪水位	m	18.00	
四	航运渠化水位			
1	站下最低通航水位	m	10.50	
2	站上最低通航水位	m	16.00	

续表

序号	名称	单位	数量	备注
五	泵站特征扬程			
1	设计扬程	m	6.30	净扬程
2	最高扬程	m	6.80	净扬程
3	最小扬程	m	2.80	净扬程
4	平均扬程	m	5.55	净扬程
六	工程占地			
1	工程永久占地	亩	483.51	不包括后方管理区
2	工程临时占地	亩	408.9	
3	房屋拆迁面积	m^2	21 994.9	
4	受影响的企事业单位	个	24	
七	主要建筑物及设备			
1	主泵房			
(1)	地基特性			持力层粉质黏土，CFG桩地基处理
(2)	地震基本烈度/设计烈度	度	Ⅶ/Ⅶ	
(3)	结构型式			堤身式块基型
(4)	主泵房尺寸	m×m	57.22×33.94	
(5)	流道形式			钟形进水，蜗壳出水
(6)	断流方式			快速闸门
(7)	泵站防洪高程	m	19.50	
(8)	电机层高程	m	19.70	
(9)	叶轮中心高程	m	6.75	
(10)	底板底面高程	m	1.30	
(11)	桥机轨面高程	m	30.20	
(12)	交通桥净宽	m	9	
(13)	交通桥荷载标准			公路-Ⅱ级
(14)	进口检修门（3.8m×3.558m）	扇	4	配100kN电动葫芦启闭
(15)	出口工作门（3.8m×3.9m）	扇	12	配QPKY-D2×100kN-4.1m液压启闭机
(16)	出口快速门（3.8m×3.9m）	扇	12	配QPKY-D2×100kN-4.1m液压启闭机
(17)	安装间			
1）	结构型式			框架结构
2）	地基特性			筏板承台灌注桩
3）	平面尺寸及高度	m×m×m	15.0×14.9×19.7	
(18)	北副厂房			
1）	结构型式			框架结构
2）	地基特性			筏板承台灌注桩
3）	平面尺寸、层数	m×m×m	19.65×14.9×12.2 15.4×20.35×19.64	
(19)	南副厂房			

续表

序　号	名　　称	单　位	数　量	备　　注
1)	结构型式			框架结构
2)	地基特性			灌柱桩独立基础
3)	平面尺寸、层数	m×m×m	16.70×17.60×10.2,2	
2	清污机桥			
(1)	孔数	孔	12	
(2)	底板底高程	m	4.0	
(3)	工作桥宽度	m	8.5	
(4)	清污机	扇	12	回转式格栅清污机
3	上、下游引河			
(1)	上游			
1)	长度	m	1225.06	
2)	堤顶高程	m	19.50	
3)	河底高程	m	10.3～12.0	
4)	马道高程	m	17.5	
5)	马道宽	m	5	
6)	边坡		1:3	
(2)	下游			
1)	长度	m	1315.08	
2)	堤顶高程	m	19.50	
3)	河底高程	m	6.0	
4)	马道高程	m	14.0	
5)	马道宽	m	2	
6)	边坡		1:3	
4	公路桥			
(1)	上部结构			预应力钢筋混凝土空心板
(2)	基础型式			钢筋混凝土灌注桩
(3)	汽车荷载等级			公路-Ⅱ级
(4)	桥面净宽	m	9+2×1.55	
(5)	桥面高程	m	25.0～25.15	
(6)	跨数组合			7跨×20m
5	泗阳闸下交通桥（临时结合永久）			
(1)	上部结构			预应力钢筋混凝土空心板
(2)	基础型式			钢筋混凝土灌注桩
(3)	汽车荷载等级			公路-Ⅱ级
(4)	桥面净宽	m	4.5	
(5)	桥面高程	m	19.5	
(6)	跨数组合			10跨×20m
6	主要机电设备			
(1)	主水泵			
1)	水泵数量	台	6	其中1台备机
2)	型式			立式轴流泵
3)	叶轮直径	m	3.08	
4)	设计流量	m^3/s	33	
5)	设计扬程	m	6.30	

续表

序号	名称	单位	数量	备注
6)	转速	r/min	136.4	
7)	叶片调节方式			液压调节
(2)	主电机			
1)	电动机数量	台	6	其中1台备机
2)	型号		TL3150-44/3450	
3)	单机容量	kW	3150	
4)	额定转速	r/min	136.4	
5)	额定电压	kV	10	
6)	功率因数		0.9	超前
7)	励磁变容量	kVA	100	微机励磁
(3)	主变压器			
1)	台数	台	1	
2)	型号		SSZ10-31500/110	
3)	额定容量	kVA	31 500	
4)	额定电压（高压/中压/低压）	kV	110/35/10	
(4)	站用变压器			
1)	台数	台	1	
2)	型号		SCB10-800/10	
3)	额定容量	kVA	800	
4)	额定电压（高压/低压）	kV	10/0.4	
(5)	所用变压器			
1)	台数	台	1	
2)	型号		SCB10-800/10	
3)	额定容量	kVA	800	
4)	额定电压（高压/低压）	kV	35/0.4	
(6)	泵站内起重设备			
1)	数量	台	1	
2)	型式			电动桥式起重机
3)	轨距	m	12.5	
4)	起重量（主钩/副钩）	t	32/5	
(7)	电源			
1)	回路数	回	2	
2)	主供电源电压等级	kV	110	
3)	备供电源电压等级	kV	35	
4)	主供电源输电距离	km	3	
5)	备供电源输电距离	km	8.7	
八	施工			主体工程

续表

序号	名称	单位	数量	备注
1	主要工程数量			
(1)	土方开挖	万 m^3	57.03	
(2)	土方填筑	万 m^3	24.02	含废渣
(3)	混凝土及钢筋混凝土	万 m^3	3.38	
(4)	砌石	万 m^3	2.19	
(5)	抛石	万 m^3	2.76	
(6)	钢结构	t	496.9	
2	主要建筑材料			
(1)	水泥	t	14 939	
(2)	黄砂	m^3	41 186	
(3)	碎石	m^3	37 934	
(4)	块石	m^3	55 317	
(5)	钢材	t	2433	含钢筋
(6)	木材	m^3	29	
(7)	汽、柴油	t	1360	
3	所需劳动力			
(1)	总工日	万工日	234.66	
(2)	平均劳动人数/高峰人数	人	577/824	
4	施工临时房屋	m^2	6350	
5	施工供电	kVA	500	
6	施工占地	亩	408.9	
7	总工期	月	28	
九	工程静态总投资	万元	30 354.92	
1	工程部分投资	万元	21 209.82	
2	水土保持投资	万元	314.31	
3	环境保护投资	万元	152.00	
4	工程占地及移民安置	万元	5620.00	
5	输电线路投资	万元	1362.00	

长江—骆马湖段其他工程　刘老涧二站工程

工　程　概　况

刘老涧二站位于江苏省宿迁市东南约18km的大运河上，是刘老涧站的重要组成部分，该站与刘老涧一站、睢宁一站、睢宁二站等工程共同组成南水北调东线第一期工程第五个梯级。工程任务是与刘老涧一站一起将泗阳站来水抽送至皂河站下游，为皂河站送水提供水源，并为刘老涧站至皂河站间中运河沿线城镇生活、工农业生产及航运补充水源。

根据水利部淮委规划设计研究院编制的《南水北调东线第一期工程总体设计方案报告》，确定中运河输水规模为 $230m^3/s$，鉴于目前刘老涧一站装机总流量为 $150m^3/s$，故刘老涧梯级需新增设计流量 $80m^3/s$ 及梯级备机 20%，新建刘老涧二站，以满足一期工程的调水规模。

刘老涧二站工程由泵站、节制闸、站下游清污机桥和站内交通桥等几部分组成。

刘老涧二站站址位于刘老涧老闸下游 250m。选用4台3000ZLQ29.4－3.7立式轴流泵，配2000kW立式同步电动机4台，单机流量为 $29.4m^3/s$，总装机流量为 $117.5m^3/s$，总装机容量8000kW。

节制闸为刘老涧老闸的赔建工程，工程规模同刘老涧老闸，设计流量 $500m^3/s$，共3孔，单孔净宽10.0m。

清污机桥位于泵站下游22.0m处，共8孔，单孔净宽3.2m，选用HQ3.2×10.1回转式清污机，配套长度约为75m的皮带输送机。

站内交通桥位于刘老涧新闸下游250m，南接闸站交通桥，桥长6m×20m，桥面净宽4.5m，上部结构为预应力钢筋混凝土大孔板，钻孔灌注桩基础，荷载标准为公路－Ⅱ级。

主要工程量包括土方开挖55.77万 m^3，土方填筑20.28万 m^3，砂石垫层 $9373m^3$，抛石 $37\ 561m^3$，浆砌块石 $10\ 956m^3$，混凝土30 500万 m^3，永久占地143.36亩，临时占地211.11亩，拆迁房屋 $8110.29m^2$。

刘老涧二站工程估算静态投资20 381.02万元。

刘老涧泵站工程为一等大（1）型。泵站、节制闸、上下游防渗段翼墙及闸下消力池等主要建筑物为1级建筑物；堤防工程为2级建筑物（与中运河堤防等级同），泵站路堤墙、清污机桥等次要工程为3级建筑物，临时工程为4级建筑物。

刘老涧二站工程防洪标准按100年一遇进行设计，300年一遇进行校核。100年一遇洪水时，刘老涧下游水位为18.89m，刘老涧闸上游水位为19.22m。300年一遇洪水时，刘老涧闸下游水位为18.97m，刘老涧闸上游水位为19.28m。根据刘老涧梯级防洪封闭圈要求，上游防洪设计水位19.5m、校核水位20.0m，下游防洪设计水位18.65m、校核19.0m。站内交通桥荷载标准为公路－Ⅱ级。

工程总布置

刘老涧二站位于刘老涧老闸下游250.0m（对应于泵站底板横向中心线），采用闸、站结合的布置形式，南侧为泵站，北侧为节制闸。泵站底板顺水流方向长为34.5m，节制闸底板顺水流方向长为30.0m，闸室靠泵站上游布置；闸、站引河中心线与老闸底板纵轴线一致。

检修间布置于泵站南侧，变电所采用室外布置形式，靠节制闸边墩外侧布置，控制楼设于节制闸上，与闸室布置一并考虑。泵站下游22.0m处设清污机桥，共8孔，选用HQ3.2×10.1回转式清污机。

刘老涧二站与一站间相隔着刘老涧新闸下游引河，为了便于一、二站的联合管理，故在刘老涧新闸下游引河对应于二站交通桥的位置新建一座站内交通桥。

刘老涧二站生产、生活区拟布置于刘老涧新、老闸间的隔堤上，隔堤北侧（刘老涧新闸侧）堤脚外为已废弃的原刘老涧简易泵站出水池，为满足生产、生活区布置需要，拟利用二站引河开挖弃土填筑至堤顶高程22.0m。站内交通，可由管理区内的交通干道和站内交通桥形成交通环路，并与外部公路网路连通。

主要建筑物

（一）泵房

刘老涧二站选用泵型为3000ZLQ29.4－3.7立式轴流泵，设计净扬程3.7m，采用站身直接挡水的堤身式块基型结构，肘形进水流道，整体虹吸式出水流道，真空破坏阀断流。4台立式轴流泵机组安装在一块底板上，机组中心距8.2m。进、出水侧中墩厚均为1.2m，边墩厚均为1.2m。站身顺水流方向长34.5m，垂直水流向长度为33.7m。水泵叶轮中心安装高程按叶轮淹没深度为3.45m计算，考虑进口拦污栅水头损失，并适当留有余地，取站下最低水位为15.85m，确定叶轮中心装置高程为12.4m。

泵房内部自下而上为进水流道层、水泵层、出水流道层、联轴层和电机层。

进水流道采用肘形流道，底板面自高程8.7m下降至6.93m，呈倾斜状；流道进口断面顶高程14.30m，断面尺寸7.0m×5.60m，按单机流量29.4m^3/s计算，进口流速为0.75m/s。上游侧空箱内设有泵房排水系统及宽1.5m的人行通道。

水泵层高程11.45m，下游侧布置1.0m宽的检修通道，上游侧布置4.0m宽的叶轮运输通道。叶轮检修时，拆开水泵叶轮外壳，移出叶轮，通过叶轮运输通道转运到吊物孔位置，再通过厂房上部的电动行车吊运至检修间。

出水流道采用虹吸式出流，真空破坏阀断流，流道纵轴线及断面尺寸由数模计算成果确定。虹吸出水流道分为上升段和出口驼峰下降段。上游最高水位20.00m，虹吸管驼峰底部高程20.10m，驼峰底比上游最高水位高0.10m，驼峰断面高度2.64m。驼峰顶部为真空破坏阀室，内部布置真空破坏阀断流设备，地坪高程23.30m。流道出口断面7.0m×4.0m，按单机流量29.4m^3/s计算，出口流速为1.05m/s。

联轴层高程19.40m，站下游侧为检查通道，中间布置电机梁柱基础和水泵上盖板和密封等，站上游侧布置巡视通道和电缆通道。

电机层平面高程23.30m，机组中心线偏站上游侧，电机向站下游侧强制排风。电机层主厂房长39.5m（含吊物间长度），净宽10.4m，总宽12.4m，为框架填充墙结构。厂房屋盖采用预应力“工”字形组合结构，下椽高程为36.8m，吊车梁顶高程33.4m，设置320kN/50kN桥式起重机。

站身上游侧设有站上交通桥，桥面高程22.0m（与两岸堤顶等高），桥面净宽4.50m。站身下游侧设有检修门槽（可兼固定拦污栅门槽），配2套检修闸门和2×100kN门式起重机1台。站身南侧布置吊物间和检修间，吊物间与站身连为整体，层面高程22.4m，内部布置吊物孔，吊物孔平面尺寸4.0m×4.0m。检修间采用独立的桩基承台基础，检修间同主厂房同宽，长10.05m。。

（二）节制闸

节制闸位于泵站北侧，闸室长30.0m，宽34.8m，闸孔净宽10.0m，共3孔1块底板，单孔净宽10.0m，其中，边孔按内部船只的应急通道考虑，以保证行洪期刘老涧船闸停航情况下防汛检查和水上监测船只的应急通行。闸室底板为钢筋混凝土筏式结构，顺水流向长30.0m，垂直水流向长35.1m，面高程10.0m，厚1.8m。闸墩厚：中墩为1.2m，临站侧边墩为0.9m，临岸侧边墩为0.9～1.8m。墩顶高程为22.4m。闸墩自上而下设有交通桥、工作桥排架、闸站控制楼和下游交通便道。上游交通桥净宽4.5m，对应于站上交通桥，荷载标准为公路－Ⅱ级。工作桥排架宽4.0m，顶高程30.8m，排架厚度：门槽上游（含门槽颈部）为0.5m，门槽下游取与闸墩同厚，以增强排架的侧向刚度；工作桥采用钢筋混凝土π形结构，宽4.5m，梁高1.2m；

启闭机房宽4.5m，净高2.8m。闸站控制楼长34.2m，控制楼宽根据电气及控制设备布置要求确定为16.5m，共2层，一楼设有35kV高压开关室、10kV高压开关室、400V低压开关室、消防室和电工试验室等；二楼设有中央控制室、继电保护室、会议室等。控制楼地面为现浇钢筋混凝土板式（边孔）和箱型结构，箱室净高2.7m，结合布置电缆及辅机设备。闸室胸墙：边孔采用钢结构活动胸墙，其余2孔采用钢筋混凝土胸墙，厚0.5m，底高程16.5m。闸室底板、闸墩与闸上交通桥、节制孔胸墙及控制楼地面结构可共同构成闸室箱形体系，有利于增强闸室侧向刚度，提高闸室侧向抗震能力。节制闸工作门均采用实腹式平面钢闸门，选用QPQ2×250kN-14m卷扬式启闭机。闸室上游设长16.0m钢筋混凝土防渗护坦；下游设26.5m钢筋混凝土消力池，消力池末端8.0m范围设ϕ5@100cm冒水孔，下设反滤层。

（三）清污机桥

清污机桥布置在泵站下游22.0m处，共8孔2块底板，单孔净宽3.2m，底板顺水流向宽10.0m，面高程10.0m，墩顶高程19.5m（同下游翼墙墙顶高程），选用HQ3.2×10回转式清污机，配套长度约为75m的皮带输送机。

泵站进水流道进口底板面高程8.7m，清污机桥底板面高程为10.0m，其间为钢筋混凝土透水护坦；南、北两侧以隔水墙及钢筋混凝土扶壁挡土墙连接。

（四）站内交通桥

共6跨，单跨跨径20.0m，总长120.0m，桥面净宽4.5m，两侧设2m×0.5m防撞护栏，总宽5.5m，桥面高程22.0m，桥面横坡$i=1.5\%$，荷载标准为公路－Ⅱ级。上部结构采用预应力钢筋混凝土大空板，钻孔灌注桩基础，双柱排架式桥墩和双柱排架式轻型桥台。桥墩灌注桩桩径为100cm，桩底高程－10.0m，单桩设计承载力为2174.0kN，单桩容许承载力为2560.4kN；桥台灌注桩桩径为100cm，桩底高程－5.0m，单桩设计承载力为1461.0kN，单桩实际承载力为2117.0kN。

（五）变电所

刘老涧二站将新建1座35kV专用户内变电所，变电所35kV专用线路从宿豫县110kV大兴变电所35kV母线引接，线路直线长度14.05km，35kV线路输送容量按25 000kVA设计。泵站备用电源从刘老涧一站取用，电缆线路长度约1km，输电容量按12 500kVA设计，对刘老涧二站形成双回35kV电源供电，泵站年运行时间按5000h以上计算，泵站负荷等级为二级。

泵站35kV变电所主接线采用单母线接线方式。

节制闸采用低压400V供电，电源从泵站低压母线引接。

刘老涧二站采用集中控制方式，主要采用计算机控制、在高低压柜上实现现场控制（高低压柜设于控制楼）。35kV变电所的电量测量，信号、操作闭锁等的采集、传输全部由综合保护器完成，并传输至监控系统。

刘老涧二站设控制楼（在节制闸上），一层布置35kV高压开关室、10kV高压开关室、400V低压开关室、站变所变室、励磁变压器室、消防控制室、电工试验室；二层设继电保护室、中央控制室。控制楼底层设通长电缆沟（1000mm×600mm），直接与泵房电缆沟连接。二层电缆通过竖向桥架与下层电缆沟连接。泵站油、气、水辅机现场控制设备全部布置在泵站联轴节层、水泵层。闸门动力箱、清污机动力箱等设备布置于现场。主变压器布置于室外（节制闸边墩外侧），主变进出线全部采用阻燃电缆与35、10kV高压柜连接。变压器下设卵石集油坑。集油坑外侧设封闭式废油池。35kV终端杆布置于控制楼西北侧（双回铁塔），便于与35kV主供电源线路和一站联络线相连。

节制闸桥头堡设电源动力箱 1 台、现场控制箱 3 台，设备分散布置。PLC 柜 1 台，电源从泵站低压柜引接。闸门的控制可在现场控制，也可在中央控制室控制。

水 文 气 象

刘老涧站位于宿迁市仰化乡境内的中运河上，气候四季分明，冬季自 11 月中旬至次年 3 月下旬，旬平均气温在 10℃以下，1 月天气最冷，平均气温为 -0.7℃，极端最低气温为 -21.9℃；夏季最热月是 7 月，月平均气温 27.3℃，极端最高气温 39.9℃；年平均气温 14.1℃，日平均气温小于等于 5℃的日数为 96 天。最热天月平均相对湿度 84%。年平均总降水量 922mm。夏季 5 ~ 9 月平均降水量为 500mm，最大日降水量 199mm，最大三日雨量 260mm，全年雷暴雨日数 35 天。全年积雪日数 12 天，最大积雪深度 24cm，冰雹总次数 16 次（953 ~ 1973 年）。多年平均初霜期为 10 月 31 日，平均终霜期为 4 月 1 日，全年平均有霜期 152 天，平均无霜期 213 天，冻土深度为 23.3cm。每年 9 月 ~ 次年 3 月盛行东北风和北风，4 ~ 8 月盛行东南风，年平均风速 3.3m/s，30 年一遇最大风速 23.7m/s，全年大风（大于等于 8 级）日数 12 天。

刘老涧站工程是集调水、防洪、排涝、通航于一体的综合性控制工程。根据规划和实测资料，上游最高洪水位为 20.0m，最低通航水位为 18.00m；下游最高洪水位为 19.00m，最低通航水位为 16.00m；设计排涝流量为 $900m^3/s$，其中刘老涧老闸为 $500m^3/s$，刘老涧新闸为 $400m^3/s$；实测最大日平均最大流量为 $1100m^3/s$，相应闸上水位为 19.10m，闸下水位为 18.65m。

工 程 地 质

刘老涧第二抽水站场地地震动峰值加速度为 0.20g，相应的地震基本烈度为Ⅷ度，地震动反应谱特征周期 0.40s，场地土类别为中硬场地土，建筑场地类别为Ⅱ类。

泵站基础底板底面高程为 5.7 ~ 8.2m 之间、节制闸基础底板底面高程均为 7.5m，大部分为硬塑黏土，中压缩性，力学强度较高，可作为泵站基础的天然地基持力层。其下地层力学强度较高，为泵站机节制闸基础良好的下卧层。

闸站翼墙基础底板底高程在 7.5 ~ 14.0m 之间，下游导流墙基础底板底高程 8.0m，分别位于三层黏性土上。以上诸层土硬塑，中压缩性，力学强度较高，均可作为翼墙基础的天然地基持力层。但局部河底的地层浮淤须清除，其下的地层力学强度较高，为翼墙基础良好的下卧层。

下游清污机桥基础底板底高程 8.8m，分别位于黏土层上，该层土硬塑，中压缩性，力学强度较高，可作为清污机桥基础的天然地基持力层。其下的地层力学强度较高，为清污机桥基础良好的下卧层。

闸站各部位基础底板底高程均在 5.7m 以上，开挖深度较深，开挖深度范围内的局部土层浮淤须消除。基坑开挖时，须采取有效的保护措施，如用湿草袋覆于其上，防止土体失水收缩，同时做好基坑排水措施，防止其崩解沉陷。

墙后回填土取自刘老涧抽水站东侧的取土区含砂礓的粉质黏土，又具有膨胀性，不适宜选作墙后填土，如确需这些具膨胀性土料作填土，宜采用外掺料改良措施，并应注意这些土料在开挖、搬运、堆填时易失水，垡块坚硬难以压碎，如碾压不实会形成架空现象，而有降水等浸入时，会使填土湿化崩解而引起强度降低，加之上覆土压力会引起地面下沉。基坑及翼墙回填时，须控制每层厚度，加强破垡和碾压，防止垡块架空，给工程的使用带来隐患。施工时应使破垡充分，分层碾压到位，并在表面做一些排水措施，同时清除土中的砂礓及表层土中的杂质。

工 程 特 性 表

序号	项目名称	单位	指标
1	调水特征水位		
1.1	站下		
	设计水位	m	15.85
	最高水位	m	16.85
	最低水位	m	15.85
	平均水位	m	15.85
1.2	站上		
	设计水位	m	19.55
	最高水位	m	19.55
	最低水位	m	18.65
	平均水位	m	19.25
2	泵站扬程		
2.1	调水扬程		
	设计净扬程	m	3.7
	最高净扬程	m	3.7
	最小净扬程	m	1.8
	平均净扬程	m	3.4
2.2	排涝扬程		
	设计扬程	m	
	最高扬程	m	
	最小扬程	m	
	平均扬程	m	
3	泵站设计流量		
3.1	调水流量	m^3/s	80
3.2	排涝流量	m^3/s	
4	泵房		
4.1	主泵房		
	结构型式		堤身式
	地基特性及处理方案		灰黄色黏土，天然地基
	主泵房尺寸（长×宽×高）	m×m×m	33.4×34.5×32.0
	进、出水流道型式		肘形进水流道，虹吸式出水流道
	断流方式		真空破坏阀断流
4.2	安装间		
	结构型式		框架结构
	地基特性及处理方案		回填土、钻孔灌注桩承台基础
	平面尺寸及高度	m×m×m	10.05×12.4×14.4
4.3	控制室		
	结构型式		框架结构
	地基特性及处理方案		结合节制闸布置
	建筑面积	m^2	1497
5	机组特性		
5.1	水泵		
	水泵数量	台	4
	型式		3000ZLQ29.4-3.7
	叶轮直径	m	3.0
	单机流量	m^3/s	29.4
	转速	r/min	136.4
	叶轮中心高程	m	11.5
5.2	电动机		
	电动机数量	台	4
	型号		TL-2000-44
	单机容量	kW	2000
	电机转速	r/min	136.4
6	泵站装机容量		
	装机台数	台	4
	单机容量	kW	2000
	总装机容量	kW	8000

续表

序号	项目名称	单位	指标
7	输电线路	m	
7.1	运行期用电		
	电压	kV	35
	回路数	回	1
	输电距离（架空线）	km	14.05
7.2	主变压器		
	型号		S10-12 500 35/10kV
	容量	kVA	12 500
	台数	台	1
7.3	施工用电及备用电		
	电压	kV	35
	回路数	回	1
	输电距离	km	1
8	主要配套建筑物		
8.1	节制闸		
	设计流量	m^3/s	500
	闸孔数	孔	3
	单宽净宽	m	10.0
	底板面高程	m	10.0
	底坎面高程	m	10.0
	闸顶高程	m	22.0
	排架顶高程	m	29.8
	闸门型式		平面钢闸门
	启闭机		QPQ2×250kN-14m 卷扬启闭机
8.2	清污机桥		
	结构型式		回转式清污机

续表

序号	项目名称	单位	指标
	孔数	孔	8
	单宽净宽	m	3.2
	底板面高程	m	10.0
	桥顶高程	m	19.5
	拦污栅倾角		75°
8.3	站内交通桥		
	上部结构型式		预应力钢筋混凝土大空板
	荷载等级		公路-Ⅱ级
	桥跨数	跨	6
	单跨跨径	m	20.0
	桥面净宽	m	4.5
	桥面高程	m	22.0
9	主要工程量		
	土方开挖	万 m^3	55.77
	土方填筑	万 m^3	24.58
	混凝土及钢筋混凝土	万 m^3	3.05
	砌石	万 m^3	3.75
10	主要建筑材料		
	木材	m^3	225
	水泥	t	13 956
	钢材	t	2415
11	工程占地		
	永久占地	亩	143.36
	临时占地	亩	211.11
	拆迁房屋面积	m^2	7412
12	工程投资		
	工程估算总投资	万元	20 381.03

注 采用废黄河高程系。

长江—骆马湖段其他工程　泗洪站工程

工 程 概 况

泗洪站工程是南水北调东线工程的第四梯级泵站，其主要任务是将第三梯级抽入洪泽湖江水通过运西线徐洪河继续北送至第五梯级濉宁站，再由房亭河入骆马湖；同时结合地方排涝和通航，泗洪站工程位于江苏省泗洪县朱湖乡东南的徐洪河上，距三岔河大桥下游4km，洪泽湖顾勒河口上游约16km处。泗洪站工程包括泵站、排涝调节闸、徐洪河节制闸、利民河排涝闸、泗洪船闸等建筑物。

工程静态总投资 54 411.75 万元，其中泵站枢纽 42 019.39 万元，移民安置费用 4516 万元，水土保持费用 307 万元，环境保护投资 175 万元，输变电线路 1315 万元，国际采购设备费补差 6079.36 万元。

主体工程量：土方开挖 310.49 万 m^3；土方填筑 271.65 万 m^3；砌石 126 681m^3；混凝土及钢筋混凝土 135 058m^3。

工程计划工期 44 个月。

泗洪站设计流量为 120m^3/s；其配套建筑物排涝调节闸设计流量 120m^3/s；徐洪河节制闸规模按 5 年一遇排涝设计，设计流量 1120m^3/s，20 年一遇防洪校核，流量为 1851m^3/s；利民河排涝闸排涝标准为 5 年一遇，设计排涝流量为 72m^3/s；泗洪船闸为 V 级船闸，建设规模为 160m×16m×3.5m。

本泵站等别为一等工程，泵站主要建筑物泵房、进水池、出水池、防渗范围的翼墙等为 1 级建筑物，上下游引河等次要建筑物为 3 级建筑物。节制闸主要建筑物闸室、防渗范围的翼墙、消力池等为 1 级建筑物，上下游河道连接段等次要建筑物为 3 级建筑物。船闸下闸首为 1 级建筑物，船闸上闸首与闸室为 3 级建筑物，导航、靠船建筑物为 4 级建筑物。排涝调度闸和利民河排涝闸的闸室、涵洞等主要建筑物为 3 级，次要建筑物为 4 级。场外道路接线按三级道路标准设计，场内道路按四级道路标准设计。1 级水工建筑物防洪标准，为 100 年一遇设计，300 年一遇校核。临时工程按 10 年一遇洪水位设计。徐洪河排涝标准为 5 年一遇、防洪标准为 20 年一遇；利民河排涝标准为 5 年一遇。

工程总布置

泗洪站工程包括泵站、排涝调节闸、徐洪河节制闸、利民河排涝闸、泗洪船闸等建筑物。泵站建在徐洪河右侧，通过利民河排涝闸结合利民河流域排涝；泗洪船闸布置在徐洪河左侧，与徐洪河节制闸结合，泵站与节制闸之间用隔堤隔开；泵站排涝调节闸、徐洪河节制闸、船闸下闸首为同一轴线。

船闸与节制闸部分结合（船闸闸室与节制闸上游引河间设隔堤），泵站分建布置，泵站站身挡洪。

泵站引河中心线与节制闸中心线距离 220m；泵站与排涝调节闸两者横轴线相距 350m，排涝调节闸兼作清污机桥；利民河排涝引河通过利民河排涝闸接入泵站下游引河，距离排涝调节闸轴线 100m；船闸布置在徐洪河节制闸左侧，船闸闸室与节制闸之间用隔堤分开，船闸上、下游引航道与节制闸之间仍用混凝土导流墙分开；船闸下闸首与节制闸并列布置，船闸中心线与节制闸中心线相距 102m；船闸上游导流墙长度为 150m，下游导流墙长度为 200m；为节省占地，将枢纽管理设施布置在徐洪河大堤外侧。对外交通可由徐洪河的右堤通过站上交通桥或下游排涝调节闸上交通桥进入站区，也可由徐洪河的左堤通过船闸下闸首交通桥进入站区。

主要建筑物

（一）泵站

泗洪泵站采用堤身式块基型结构，安装 3200GWQ 后置灯泡贯流泵配 2000kW 同步电机 5 台套（含备机 1 台）；水泵叶轮直径 3.20m，安装高程 6.30m，单机设计流量 30.0m^3/s；总装机容量 10 000kW；水泵与电机采用齿轮箱连接方式。

泵房内 5 台机组呈一列式布置，按 2 台套、3 台套分别设在两块底板上，两块底板平面尺寸（长×宽）分别为 33.5m×29.10m 和

33.5m×22.60m。根据机泵安装要求，机组中心距 8.50m，中墩厚为 1.00m、缝墩厚 1.10m、边墩厚 1.30m，在缝墩内设置钢板顶块。

进水流道层底高程 4.5m，进口上缘高程 9.50m；出水流道底高程 3.80m，出口上缘高程 8.80m；水泵层顶高程 9.50m。拟定进、出水流道的长度为 7.85m 和 12.50m。泵站采用平直管出水流道，设 5 扇快速闸门断流，在快速闸门上设拍门，另设 5 扇事故闸门，兼作防洪、检修闸门用。快速闸门和事故闸门置于出水流道末端，均配 QPKY－2×250kN 快速闸门液压启闭机控制，共 10 台套。工作门和事故门及液压启闭机的检修考虑采用 30t 汽车式起重机起吊。泵站进水流道入口处设置直立式安全格栅和检修闸门，检修闸门 2 扇，采用 $SGCD_1$－2×100－18D 型电动葫芦、配合机械式自动抓梁起吊，共 1 台套，安全格栅 5 扇。

在出水侧设净宽 5m，荷载标准为公路-Ⅱ级站内交通桥一座，桥面高程为 19.5m。

根据机组安装要求，泵房内需设起重量为 320/50kN 的电动桥式行车一台，跨径为 14.5m（非标准跨径）。检修间与主厂房同宽，长度取 13m。

泵站下游引河长 1000m（其中引水渠口至排涝调节闸段为 650m），河坡 1∶3，渠底高程 7.00m，设计底宽 50m；上游引河为长度 500m，设计为平底河道，河坡 1∶3，河底高程 8.00m，设计底宽 40m。泵站引河护坡拟采用现浇混凝土护砌，节制闸和船闸河道护坡采用浆砌石护砌。

（二）排涝调节闸

排涝调节闸闸室为开敞式平底板结构，共 7 孔，每孔净宽 6.00m，闸孔总净宽 42.00m。采用 7 扇平面直升门，安装 7 台 HQ－A型回转式清污机，共用 1 台套 MG25t 门式起重机起吊。闸室底板顶高程 7.00m，底高程 5.90m，分为三块，中间三孔一联，两侧二边孔各为一联，底板顺水流方向长 21.00m。闸墩顶高程为 17.50m，闸室上游侧（洪泽湖侧）设公路桥，桥面总宽 7.50m，公路桥下游设倾角为 75°的格栅清污机（10.50m 以下为固定式拦污栅）。闸门采用 25t 门式起重机起吊，取消工作桥和启闭机房。

排涝调节闸上、下游设 70cm 厚混凝土护坦。上下游翼墙平面上呈“八”字形，为直墙接圆弧翼墙与引河河坡连接，下游侧第一级翼墙为扶壁式钢筋混凝土翼墙，第二、三级翼墙为浆砌石重力式挡土墙，墙顶高程及填土面高程均为 15.00m。上游侧第一级翼墙为单箱空箱扶壁式钢筋混凝土翼墙，第二、三级翼墙为浆砌石重力式挡土墙，墙顶高程为 17.50m，填土面高程为 17.00m，墙顶做 1.00m 高挡浪板。

（三）徐洪河节制闸

节制闸闸室采用开敞式平底板结构，共 10 孔，每孔净宽 10m，闸室总长为 116.58m（含沉降缝）。采用 10 扇平面直升钢闸门，配备 10 台套 QPQ2×250kN 卷扬式启闭机。节制闸设有钢制浮箱式叠梁检修门，叠梁检修门门顶高程为 15.5m，每节叠梁检修门高 1m，共 8 节，设 2 套，配 5t 电动葫芦起吊。闸室结构为二孔一联，每联长 23.3m，闸底板顺水流方向长 20.0m，闸底板顶面高程 7.50m，底高程为 5.80m。工作桥上设启闭机房，启闭机房二侧均设控制楼，闸室下游侧（洪泽湖侧）设公路桥，桥面高程 21.51m，净宽 7.00m，总宽 7.5m。岸墙为双空箱加扶壁式钢筋混凝土结构，底板顶面高程为 7.5m，墙顶高程（控制楼地面高程）为 17.5m。

节制闸上游设钢筋混凝土护坦长 20.0m；闸下设钢筋混凝土消力池，长 25.00m、池深 1.0m；浆砌石海漫长 160.58m，末端设抛石防冲槽宽 12m，深 2m。上游浆砌块石护底与护坡长均为 80m；下游浆砌块石护坡长为 100m。上、下游护坡顶高程 20.5m。

下游第一节翼墙为空箱扶壁式钢筋混凝

土结构，第二级翼墙为钢筋混凝土扶壁式，墙顶高程均为17.5m；下游船闸侧翼墙为节制闸与船闸下闸首进口处共用的导流墙，采用二节“回”字形外空箱结构，导流墙顶高程为17.5m。

上游第一级翼墙为空箱钢筋混凝土扶壁式，泵站侧二、三级翼墙，为浆砌石重力式挡土墙结构，船闸侧第二级翼墙浆砌石重力式挡土墙，墙顶高程均为17.5m。

（四）泗洪船闸

泗洪船闸设计采用单线、单级布置，设计最大船舶吨级为300t，闸室尺寸为180m×16m×3.5m（长×宽×门槛水深）。船闸上、下闸首均采用块基型整体钢筋混凝土结构，闸室采用坞式整体结构。上闸首尺寸为31m×25m（长×宽），采用短廊道集中输水系统，格栅式消能室消能；闸首顶高程为17.5m，门槛顶高程8.0m，底板底高程1.2m。输水廊道尺寸为3m×3m，廊道底高程为4.2m。下闸首尺寸为31m×25m（长×宽），采用短廊道集中输水系统，对冲消能，闸首顶高程为17.5m，门槛顶高程7.5m，底板底高程4.2m。闸室采用整体坞式结构，闸室墙顶高程为17.5m，底板顶面高程7.5m，底板底面高程5.4m。

上闸首设一层启闭机房；下闸首设四层控制楼，一层为启闭机房，二层为配电室，三层为控制室，四层为瞭望室。在下闸首下游侧设交通桥一座，桥面高程为21.51m，桥面总宽7.50m。

泗洪船闸闸室净宽16.0m，上下闸首门高均为9.9m，工作闸门采用4扇“人”字形钢闸门，配4台套QRWY-300/300-3.6液压启闭机；廊道阀门孔口宽、高均为3.0m，共4孔，采用4扇潜孔式平面钢闸门门，配4台套QPPYⅡ-150/3.2液压启闭机。船闸设有钢制浮箱式叠梁检修门，叠梁检修门门顶高程为15.6m，每节叠梁检修门高0.9m，共9节，设2套，与泵站共用30t汽车式起重机。

上下游引航道采用不对称布置，为直线进闸，曲线出闸布置。引航道全长405m，导航段长度50m，调顺段长度55m，停泊段长度300m。直线段引航道底宽34m，上游引航道底高程为8.0m，下游引航道底高程为7.5m；上、下游靠船墩为浆砌石重力式墙，临岸侧导航墙为混凝土扶壁结构，靠节制闸侧导流墙为混凝土空箱结构，上下游导航墙墙顶高程为17.50m。

（五）利民河排涝闸

排涝闸闸室为开敞式平底板结构，共3孔，每孔净宽6.00m，闸孔总净宽18.00m。采用平面直升门，配备3台套QPQ2×160kN卷扬式启闭机；上游侧设置3台HQ-A回转式清污机。排涝闸设有钢制浮箱式叠梁检修门，叠梁检修门门顶高程为15.0m，每节叠梁检修门高1m，共6节，设3套，配3t电动葫芦起吊。闸室底板顶面高程8.50m，三孔一联，底板不分缝，闸室底板顺水流方向长15.60m。闸室上游侧（利民河侧）设倾角为75°的格栅式清污机，上设清污机桥结合交通。

排涝闸闸室后接穿堤涵洞与泵站下游引河相连，涵洞为钢筋混凝土箱形结构，共3孔，中孔净宽6.50m，边孔净宽均为6.25m，总宽21.60m。涵洞底板顶高程8.50m，顶板底高程13.00m。涵洞分为两节，每节长均为20.00m。

上游第一、二节翼墙均为浆砌石重力式挡土墙，墙顶高程及填土面高程均为14.00m。下游第一、二级翼墙均为浆砌石重力式挡土墙，墙顶高程及填土面高程均顺泵站下游引河河坡而下。

（六）变电所

泗洪站枢纽工程供电由泗洪戚庄220kV变电所出一回110kV专用线路至站址处，供电距离为12.8km。10kV电源由朱湖35kV变电所的10kV母线接入，供电距离为12.6km。110kV侧采用线路-单变压器组的接线方式设计，配电设备采用 GIS 组合开关；10kV 侧采用单母线分段接线方式。变电所配置 S10－16 000/110/10.5kV主变压器和 SCB10－800/10/0.4kV 所变压器各 1 台，10kV 高压开关柜为 KYN28－12 型，共 17 台；低压开关柜为 MNS 型，共 9 台；100Ah 直流电源屏 1 套；120kW 柴油发电机组 1 台。

泵站配套安装 5 台 TL2000 同步电动机，单机功率 2000kW，电压等级为 10kV，采用微机励磁装置，励磁变压器为干式整流变压器。选配 SCB10－800/10/0.4kV 站变 1 台，10kV 高压开关柜为 KYN28－12 型，共 9 台；低压开关柜为 MNS 型，共 8 台；100Ah 直流电源屏 1 套。

排涝调节闸、节制闸、利民河排涝闸和管理所的供电电源由变电所引接，采用 10kV 和 0.4kV 两路电缆供电；因船闸运行频繁，其一回 10kV 供电电源由变电所电缆引接，备用一回 0.4kV 电源为柴油发电机组供电。

枢纽设置视频监视系统与管理自动化系统，系统采用星形拓扑结构。

泵站与供电部门通信采用同杆架设光纤，泵站与南水北调管理调度通信系统宿迁分中心联网。

水文与工程地质

徐洪河串连洪泽湖、骆马湖，是淮沂互调互济的通道之一。泗洪站工程区以上分为徐洪河、废黄河和黄墩湖三个区域，分属淮河、废黄河和沂沭泗三大水系。徐洪河是沿安河旧道开挖而成，工程于 1976 年开始实施，于 1993 年全面完成，具有排涝、灌溉、通航、调水等综合功能。徐洪河下游出口为洪泽湖，与徐洪河邻近主要河流有利民河、濉河、潼河、西沙河、安东河。泗洪站特征水位，见表 1。

表 1　　泗洪站特征水位表

位　　置	特征水位（m）	备　注
1. 站下引水渠口水位		
调水设计水位	11.50	设计流量 120 m^3/s
调水最低水位	11.50	
调水最高水位	13.50	
调水平均水位	12.70	
设计最低通航水位	11.50	
设计最高通航水位	15.50	
2. 站上出水渠口水位		
调水设计水位	14.50	设计流量 120m^3/s
调水最低水位	12.75	
调水最高水位	15.50	
调水平均水位	14.10	
设计最低通航水位	11.50	
设计最高通航水位	15.50	
3. 徐洪河闸上水位		
5 年一遇排涝设计水位	15.41	过节制闸落差 0.11m
20 年一遇排涝设计水位	16.98	过节制闸落差 0.20m
100 年一遇防洪设计水位	18.10	过节制闸落差 0.30m
300 年一遇防洪校核水位	18.70	过节制闸落差 0.30m
施工期水位	15.20	设计流量 863m^3/s
施工期冬春水位	13.94	设计流量 275m^3/s
4. 利民河排涝水位		
设计排涝水位	12.50	5 年一遇流量 72m^3/s

工程区在大地构造上位于华北地台南缘与扬子准地台苏北坳陷结合部。工程场地的地震动峰值加速度为 0.15g，地震动反应谱特

征周期为0.35s。相应地震烈度为Ⅶ度。

工程区土层至上而下根据建筑物位置的不同，可分为8~11层，土层依次为填土或耕土、粉质黏土、重粉质或轻粉质壤土、重粉质砂壤土或轻粉质壤土、粉质黏土、粉质壤土或粉质黏土、轻粉质砂壤土或粉土、硬塑黏土、中砂或粗砂、黏土等。承载力从120kPa到300kPa，场区范围内未见软弱土层。泵站、船闸上闸首底板坐落在黄色硬塑黏土上，允许承载力为300kPa；节制闸、船闸下闸首底板坐落在粉质黏土上，允许承载力为200kPa；排涝调节闸底板坐落在粉质黏土、黏土、局部位于砂壤土上，利民河排涝闸基础坐落在粉质壤土上，局部位于砂壤土上，强度满足要求，为防止渗透变形破坏和不均匀沉降，宜将粉质黏土和粉质壤土一并清除，采用换填法处理。

工程特性表

序号	名称	单位	指标	备注
一	河道工程			
(一)	泵站引水渠			
1	设计水位	m	11.00	
2	设计流量	m^3/s	120	
3	河道流速	m/s	0.48~0.52	
4	设计标准			
	河道长度	m	1000	
	河底高程	m	7.00	
	河底宽度	m	50	
	河道边坡		1:3	
	青坎高程	m	14.00/15.00	
	青坎宽度	m	6.00	
	堤顶高程	m	20.5	
	堤顶宽度	m	10.00	中隔堤顶宽42~60m
(二)	泵站出水渠			
1	设计水位	m	14.50	
2	设计流量	m^3/s	120	
3	河道流速	m/s	0.31	
4	设计标准			
	河道长度	km	500	
	河底高程	m	8.00	
	河底宽度	m	40	
	河道边坡		1:3	
	青坎高程	m	16.00	
	青坎宽度	m	8	

续表

序号	名称	单位	指标	备注
	堤顶顶高程	m	20.5	
	堤顶顶宽	m	10.00	中隔堤顶宽56m
二	泵站工程			
（一）	调水特征水位			
1	下游引水渠口			下游引水渠入口处徐洪河水位
	设计水位	m	11.50	
	最低水位	m	11.50	
	最高水位	m	13.50	
	平均水位	m	12.70	
2	上游出水渠口			上游出水渠口处徐洪河水位
	设计水位	m	14.50	
	最低水位	m	12.75	
	最高水位	m	15.50	
	平均水位	m	14.10	
（二）	挡洪水位			
1	下游引水渠口			下游引水渠入口处徐洪河水位
	最高水位	m	18.40	徐洪河300年一遇水位
	设计水位	m	17.80	徐洪河100年一遇水位
2	上游出水渠口			上游出水渠口处水位
	最高水位	m	18.70	徐洪河300年一遇水位
	设计水位	m	18.10	徐洪河100年一遇水位
（三）	排涝水位			
1	徐洪河（节制闸上）			
	设计水位	m	15.41	徐洪河5年一遇水位
	最高水位	m	16.98	徐洪河20年一遇水位
2	利民河			
	设计水位	m	12.50	利民河5年一遇水位
（四）	泵站总扬程			
1	泵站调水总扬程			
	设计扬程	m	3.23	站上游14.50m，站下游11.27m
	最大扬程	m	4.23	站上游15.50m，站下游11.27m
	平均扬程	m	1.60	站上游14.10m，站下游12.50m
	泵站设计流量	m^3/s	120	
2	泵站排涝扬程			
	设计扬程	m	3.14	站上游15.41m，站下游12.27m
	排涝设计流量	m^3/s	72	

续表

序　号	名　　称	单　位	指　标	备　　注
（五）	检修间及控制楼			
	检修间型式		埋深式	
	平面尺寸（长×宽）	m×m	13.0×16.4	
	控制楼平面尺寸	m×m	16.40×33.8	建筑面积 1109 m^2
	流道形式		平直管	
	断流方式		快速闸门	
	叶片调节方式		全调节	
（六）	机组特性			
1	水泵		灯泡贯流式	
	型号		3200GWQ	后置
	叶轮直径	mm	3200	
	单机流量	m^3/s	30	
	转速	r/min	120	
	叶轮中心高程	m	6.30	
2	电动机		同步电动机	位于灯泡体内
	型号		TL2000	
	单机容量	kW	2000	
	电机层高程	m	6.30	
3	齿轮箱			位于灯泡体内
	传动比		6.25	
（七）	泵站装机容量			
	装机总容量	kW	10 000	
（八）	输电线路			
	电压	kV	110	
	回路数	回	1	
	输电距离	km	12.8	
	辅助备用电源及施工电源			
	电压	kV	10	
	输电距离	km	12.6	
（九）	主要配套建筑物			
1	下游排涝调节闸			
	型式		开敞平底板整体结构	
	设计流量	m^3/s	120	
	闸孔数×单孔净宽	m	7×6.0	
	闸底板尺寸	m×m×m	21.0×51.64×1.1	
	闸底板高程	m	7.00	
	闸上公路桥桥面总宽	m	7.50	

续表

序 号	名 称	单 位	指 标	备 注
	闸上公路桥桥面高程	m	20.50	
	配套清污机台数	台	7	
	荷载标准		公路-Ⅱ级	
2	徐洪河节制闸			
	型式		开敞平底板整体结构	
	设计流量	m^3/s	1120	
	闸孔数×单孔净宽	m	10×10.0	
	闸底板尺寸	m×m×m	20×116.58×1.7	
	闸底板高程	m	7.50	
	闸上公路桥面总宽	m	7.50	
	闸上公路桥面高程	m	21.50	
3	船闸			
	上、下闸首结构		整体块基式结构	
	闸室结构		U形坞式结构	
	闸首净宽	m	16.00	
	上闸首门槛	m	8.0	
	下闸首门槛	m	7.5	
	闸室长度×闸室宽度	m×m	180×16	
	闸室底板高程	m	7.5	
	下闸首公路桥面总宽	m	7.5	
	下首闸公路桥面高程	m	21.5	
4	利民河排涝闸			
	型式		开敞平底板整体结构	接排涝涵洞
	设计流量	m^3/s	72	
	闸孔数×单孔净宽	m	3×6.0	
	闸底板尺寸	m×m×m	15.6×22.6×1.1	
	闸底板高程	m	8.50	
	闸上公路桥桥面总宽	m	6.00	
	闸上公路桥桥面高程	m	16.0	
	配套清污机台数	台	3	
	排涝涵洞尺寸（宽×高×长）	m×m×m	6.25（6.5）×4.5×40	钢筋混凝土箱涵
（十）	主要工程量			
	开挖土方	万m^3	310.49	
	填筑土方	万m^3	271.65	
	砌石及垫层	万m^3	12.67	
	混凝土和钢筋混凝土	万m^3	13.51	

续表

序号	名称	单位	指标	备注
（十一）	主要建筑材料			
	木材	m^3	850	
	水泥	t	55 525	
	钢筋	t	9677	
	黄砂	m^3	125 475	
	碎石	m^3	142 093	
	块石	m^3	79 701	
（十二）	经济指标			
	总投资	万元	54 411.75	
	其中泵站投资	万元	42 019.39	
	国际采购设备费	万元	6079.36	
	移民安置补偿费投资	万元	4516	
	水土保持静态总投资	万元	307	
	环境保护	万元	175	
	输变电线路	万元	1315	
	单位流量投资	万元	453.43	
	单位千瓦投资	万元	5.44	
三	工程占地			
（一）	永久占地	亩	1053.85	
（二）	临时占地	亩	458.59	
（三）	房屋赔偿	m^2	2820.26	
（四）	电力线（110kV）	km	12.8	
（五）	电力线（10kV）	km	12.6	
四	施工工期		40	
五	工程静态总投资	万元	54 411.75	

南四湖水资源控制、水质监测工程和骆马湖水资源控制工程 大沙河闸工程

工程概况

南水北调东线工程实施后，南四湖承担北调水源的调蓄和输送，为避免省际水利矛盾和纠纷，保证南水北调东线工程的正常运行，结合东线工程的管理模式，因此在大沙河入湖口处建设大沙河闸，对南四湖周边用水加以控制，实现计划用水、计量供水。

大沙河属南四湖上级湖湖西支流，其河口控制闸位于河流入湖口湖西大堤，为一等工程，主要建筑物为 1 级，有挡洪、泄洪、

排涝、引水、通航功能。根据江苏省航运规划，大沙河为Ⅵ级航道。大沙河闸工程包括一座节制闸和一座船闸，其中节制闸为14孔，单孔净宽10m，船闸按Ⅵ级设计，上、下闸首距离160.0m，船闸闸室净宽12.0m。

为保证水闸泄水畅通，减少对上、下游河床的冲刷和堤防的影响，水闸的轴线与河道中心线正交，水闸中心线与河道中心线基本一致，闸轴线距湖西大堤约130m。节制闸与船闸结合布置，船闸布置在左岸，两闸中心线相距85.31m，两侧通过土堤与湖西大堤连接。节制闸由闸室、防渗排水设施、消能防冲设施及两岸连接建筑物组成，湖外侧分流岛以外维持原河道断面，湖内侧以1:30反坡与现状地形坡接。船闸由上闸首、闸室、下闸首和上、下游引航道、导航墙等组成。上闸首紧靠节制闸左侧布置，与节制闸同一轴线，位于现状河道滩地上。闸室布置在湖外侧，尺寸为160m×12m×2.0m（长×宽×吃水），下闸首紧接闸室布置。为保证排涝期间船闸安全运行，节制闸与船闸之间设导航墙，长22.60m。湖内侧引航道长300m，转弯半径220.0m，与湖西航道顺接，湖外侧引航道长270.5m，转弯半径270m，与大沙河河道主槽顺接，在引航道与主河槽之间设导航墙，长81.5m。

主要建筑物

（一）节制闸

节制闸共14孔，每孔净宽10m。闸室采用钢筋混凝土开敞式结构，整体筏式底板，闸墩分缝，两孔一联，底板厚1.8m，底板顶面高程30.80m，中墩厚1.5m，缝墩厚1.0m。闸室顺水流向长18.0m，垂直水流向宽164.5m，包括船闸闸室总宽182.5m。配工作闸门14扇和检修闸门2扇以及相应的启闭设备，节制闸门型为平面钢闸门。

闸室湖外侧墩顶为公路桥，采用预应力混凝土空心板结构，根据船闸上闸首通航高度，并考虑通航平顺衔接，确定桥面高程41.10m。公路桥按公路Ⅱ级设计。公路桥桥面总宽9.5m，桥面净宽7.0m。

闸室湖内侧墩顶为检修桥，为钢筋混凝土π形梁板结构，桥面高程39.80m，宽1.8m。墩顶中间设钢筋混凝土排架柱和启闭机房，启闭机房置于工作桥上，房内布置14台QP-2×250kN和2台QP-2×160kN固定卷扬式启闭机及相应电气设备，总面积1123m^2。

闸室两侧桥头堡均为四层钢筋混凝土框架结构，基础座落在闸两侧岸墙上，桥头堡垂直水流向宽10m，顺水流向长7.8m。左岸桥头堡布置电气设备和控制室，右岸桥头堡为办公室和值班室。

（二）船闸上闸首

船闸上闸首采用钢筋混凝土开敞式结构，一孔一联，闸孔净宽12.0m，闸墩宽4.0m，顺水流方向长18.0m，内设1.6m×1.0m（宽×高）输水廊道。底板顶面高程30.8m，底板厚2m，墩顶高程39.80m。工作桥桥面顶高程48.30m。上闸首设工作闸门一道，船闸上闸首工作闸门具有通航和挡洪双重要求，闸门启闭频繁，正常通航条件下水位较低，为节省运行费用、运行管理方便，闸门设计为双扉工作闸门，正常通航条件下只需开启一节闸门。闸门的操作方式为动水闭启。闸门都配有相应的启闭设备。

上闸首湖外侧墩顶设公路桥，结构同节制闸湖外侧公路桥，考虑最高通航水位34.3m，桥下通航净高不小于6.0m，桥面顶高程取为41.10m。

（三）船闸下闸首

船闸下闸首采用钢筋混凝土开敞整体式结构，闸孔净宽12.0m，闸墩宽1.0m，顺水流方向长9m。底板顶面高程30.8m，底板厚1.5m，墩顶高程35.8m。工作桥桥面顶高程46.0m。下闸首设工作闸门和检修门各一道，并配有相应的启闭设备。

（四）船闸闸室

船闸闸室采用钢筋混凝土U形结构，闸室净宽12.0m，顺水流方向总长160.0m，共分8段，闸室底板厚1.3m，闸墙顶高程35.80m，底板顶面高程30.80m。两侧闸墙顶悬挑1.6m的人行道，并设置安全栏杆。

闸室两侧闸墙均设置系船钩，系船钩间距10.0m。闸墙顶设置固定式系船柱，间距为20.0m。

船闸最高通航水位34.30m，船闸最低通航水位32.80m，最低通航水位时，闸室水深2.0m，满足船队过闸吃水深度1.5m的要求。

（五）输水系统

该船闸最大通航水头差为1.5m，因此，输水系统采用无消能室的短廊道集中输水系统，布置在上闸首两侧闸墩底部，利用两侧水流对冲进行消能。廊道最长输水时间为8.5min，闸室灌（泄）水时，水面最大升（降）速度为2.9mm/s。

（六）引航道

湖内侧引航道长度为300.0m，其中直线段长150m，后接150m长转弯段，转弯段与原航道顺接。湖外侧引航道长度为270.5m，其中直线段长148.5m，后接120m长转弯段，转弯段与原河道顺接。引航道底宽22.0m，底高程30.80m，最小水深2.0m，满足船队吃水深度的要求。引航道靠近河岸侧设置靠船墩，湖内、外侧各布置5个，间距为20.0m。

（七）供电电源

供电电源电压等级为10kV，由微山县供电公司35kV二级坝供电所架设一回10kV专用线路至该闸作为主电源，该10kV线路长约14km。

南四湖水资源控制、水质监测工程和骆马湖水资源控制工程　潘庄引河闸工程

工　程　概　况

潘庄引河闸是南水北调工程东线第一期工程南四湖水资源控制工程之一，它位于南四湖湖东大堤与潘庄引河的交汇处附近，闸轴线距湖东大堤约1000m。工程的主要任务是引水、排涝、泄洪、挡洪，南水北调工程调水期，潘庄引河河口实施测流计量，对南四湖水资源实施有效控制与管理。工程静态总投资1318.00万元。

潘庄引河闸主要建筑物为2级，次要建筑物为3级，临时建筑物为4级。挡洪标准同湖东大堤，按防御50年一遇洪水标准设计，挡洪水位36.3m；20年一遇设计泄洪流量$130m^3/s$；10年一遇设计排涝流量$51.6m^3/s$；设计引水流量$17.1m^3/s$。建筑物地震设计烈度为Ⅶ度。

主　要　建　筑　物

潘庄引河闸闸中心线与潘庄引河河道中心线一致，闸两侧通过潘庄引河河堤与湖东大堤连接，控制闸为1孔，净宽10.0m，闸室采用钢筋混凝土框架式结构，底板厚1.8m，底板顶面高程29.30m，闸室顺水流向长15.0m，垂直水流向宽12.4m，墩顶高程38.8m。公路桥位于闸室湖外侧，顶高程为38.9m，为C30现浇混凝土结构，顶部设C40混凝土铺装层，与闸墩整体固接。闸室桥头堡为三层钢筋混凝土框架结构，采用独立基础。

湖内侧扶壁式翼墙后填土高程36.3m，翼墙采用折线型布置方式，消力池部位翼墙为直线段，底板宽度分两段为8.0m和7.5m，

以10.0°扩散角延伸至消力池外缘，再以22.1m的直线段与两岸连接，翼墙总长为40.0m。湖外侧扶壁式翼墙后填土高程36.0m，翼墙采用折线型布置方式，消力池部位翼墙为直线段，底板宽度为8.0m，以10.0°扩散角延伸至消力池外缘，再以22.6m的直线段与两岸连接，翼墙总长为35.2m。

潘庄引河闸湖内、外侧均布置钢筋混凝土消力池，湖内侧消力池长19.8m，池深1.0m，底板厚0.9m，顶高程28.30m，湖外侧消力池长13.6m，池深0.8m，底板厚0.7m，顶高程28.50m，消力池后部设反滤及冒水孔。湖内侧海漫总长30.0m，分两段，与消力池末段相接段为15.0m的现浇混凝土海漫，厚0.4m，后段为15.0m长浆砌石海漫，厚0.4m，海漫顶面高程由29.3m渐变至29.0m。湖外侧海漫总长20.0m，分两段，与消力池末段相接段为8.0m的现浇混凝土海漫，厚0.3m，后段为12.0m长浆砌石海漫，厚0.4m，海漫顶面高程由29.3m渐变至29.0m。湖内、外侧海漫末端均设防冲齿墙，湖内侧防冲齿墙宽0.5m，深1.5m。湖外侧防冲齿墙宽0.5m，深1.0m。

闸室两侧通过土堤与两岸湖东大堤连接，湖内、外侧边坡均为1∶3。湖内、外侧34.50m高程以上均采用草皮护坡，34.50m高程以下均采用120mm厚现浇混凝土护坡。

工作闸门采用平面钢闸门，尺寸为10.0m×7.5m（宽×高），配QP－2×250kN固定卷扬启闭机。

工程特性表

名称			单位	指标	备注
工程等级	主要建筑物		级	2	
	次要建筑物		级	3	
水位	设计挡洪湖内水位		m	36.3	
	设计泄洪湖内水位		m	35.8	
	设计排涝湖内水位		m	32.8	
	引水水位		m	33.8～31.3	湖内侧
流量	设计排涝流量		m^3/s	51.6	10年一遇
	设计泄洪流量		m^3/s	130.0	20年一遇
	引水流量		m^3/s	17.1	
主要建筑物	闸室型式			钢筋混凝土框架式	
	地基特性			全风化片麻岩	
	底板高程		m	29.3	
	闸孔尺寸		孔数－m×m	1－10×9.6	
	设计泄洪单宽流量		$m^3/(s·m)$	13.0	
	消能方式			底流式	
闸门及启闭机	工作闸门	型式		平面钢闸门	
		尺寸（宽×高）	m×m	10×7.5	
		启闭机型式		QP－2×250kN	

续表

名称		单位	指标	备注
投资	工程部分投资	万元	1110.00	
	环境保护工程投资	万元	34.00	
	水土保持工程投资	万元	33.00	
	移民占地工程投资	万元	141.00	
	静态总投资	万元	1318.00	

南四湖—东平湖段工程　长沟泵站工程

工程概况

长沟泵站是南水北调东线工程的第十一级抽水梯级泵站，位于山东省济宁市长沟镇新陈庄村北、梁济运河东岸。一期工程设计输水流量 $100m^3/s$，设计选用4台液压全调节式3100ZLQ－4型立式轴流泵，其中备用1台，泵站总装机容量8960kW。

长沟泵站工程包括主厂房、副厂房、引水渠、出水渠、引水闸、出水闸、梁济运河节制闸、变电站、办公及生活福利设施等，泵站枢纽总占地面积388.5亩。

主体工程量为开挖土方76.27万 m^3（自然方），回填土方53.43万 m^3（实方），混凝土浇筑6.88万 m^3。工程静态总投资30 521.67万元，总工期2.5年。

南四湖—东平湖段输水与航运结合工程的基本任务是将调入南四湖上级湖的江水逐级提水北送至东平湖，再经东平湖水库调蓄后，输水至山东半岛和鲁北地区以及天津和河北的冀东地区，解决这些地区的水资源紧缺问题，实现济宁港—东平湖按照三级航道通航的目标。

长沟泵站一期工程设计输水流量 $100m^3/s$，多年平均调水量14.27亿 m^3。长沟泵站特征指标见表1。

表1　泵站特性指标表　m

		站下梁济运河水位	进水池水位
调水特征水位	最高水位	33.00	32.60
	设计水位	32.00	31.51
	平均水位	32.14	31.71
	最低水位	32.00	31.51
		站上梁济运河水位	出水池水位
	最高水位	35.30	35.37
	设计水位	35.30	35.37
	最低水位	32.80	33.16
泵站净扬程	最高扬程	3.86	
	设计扬程	3.86	
	平均扬程	35.37－31.71＝3.66	
	最低扬程	0.56	

长沟泵站为一等大（1）型工程。泵站主副厂房、变电站、引水（涵）闸、引水渠、出水渠、出水（涵）闸、节制闸、拦污设施等主要建筑物为1级，其他次要建筑物级别为3级，施工围堰等临时建筑物级别为4级。

梁济运河节制闸闸上交通桥、清污桥设计荷载标准为公路－Ⅱ级。

泵站设计防洪标准为100年一遇，校核防洪标准为300年一遇。泵站站上100年一遇设计洪水位为40.10m，300年一遇校核洪水位为40.60m。泵站站下100年一遇设计洪水位为39.94m，300年一遇校核洪水位为40.44m。

长沟泵站枢纽工程场地地震动峰值加速度为0.05g，地震动反应谱特征周期为0.65s，相应于地震基本烈度Ⅵ度，泵站抗震按其所在地标准设防。

主要建筑物

根据站区总体布置要求，一期工程主厂房轴线位于梁济运河东堤外，距梁济运河河槽轴线330m处。

泵站工程由主厂房、副厂房、变电站、引水闸、出水闸、梁济运河节制闸、引水渠、出水渠等建筑物组成。长沟泵站主厂房轴线位于梁济运河东堤外，距梁济运河输水河槽轴线330m处。泵站主厂房中心坐标为X=3 931 236.39，Y=39 446 561.37。清污桥中心至主厂房中心82.15m。站下直线段引水渠及站上直线段出水渠轴线均与梁济运河子河槽轴线平行，两者相距330m，引水渠及出水渠均采用半径150m的圆弧转向梁济运河，转角40°，在与梁济运河大堤相交处，分别设引水闸及出水闸。梁济运河节制闸位于梁济运河河槽内，中心坐标为：X=3 930 961.81，Y=39 446 360.73。清污桥、梁济运河节制闸上的交通桥位于同一轴线，且与河道方向成正交。变电站位于主厂房西侧。泵站管理及生活设施布置在站区东侧。

（一）主厂房

泵站主厂房采用肘形进水、直管出水流道结构。

主厂房共安装4台水泵，水泵为肘形进水流道、直管出水流道液压全调节立式轴流泵。水泵型号为3100ZLQ－4，叶轮直径3.1m，单机流量33.5m^3/s，水泵转速125r/min，配套电机型号TL2240－48，功率2240kW，额定电压10kV。装机4台，其中备用1台，泵站总装机容量8960kW。水泵安装高程为24.13m。机组间距9.0m，沿厂房轴线“一”字形排列。主厂房宽15.40m，主厂房左侧一层为副厂房保护室，二层为中控室，右侧为安装间。主厂房顺水流方向长31.35m。为满足泵站机组安装和检修吊运要求，泵站主厂房设有320/50kN电动双梁桥式起重机1台，起重机跨度13.0m。

水流经进水流道、水泵、出水流道，完成从进水池至出水池之间的提升过程。进水流道内设导流隔墩、检修门槽（检修门与拦污栅共用）。出水流道后接出水机房。

主厂房自下而上分为4个工作层。进水流道层底板顶高程18.61m，位于水泵叶轮下面，设有进水流道、排水廊道；出水流道层底板顶高程为28.03m，设工作廊道、出水流道。连轴层高程32.99m，电机层高程36.46m，厂房内部设有电动桥式起重机1台。

进水流道为肘形流道，流道曲线应平顺，各断面面积沿程变化应均匀合理，流道内不应产生涡带等。进水流道长13.20m，进水流道闸门槽段内设隔墩，每孔宽为3.55m，渐变段末端变为直径3.2m圆形流道。

出水流道为直管式，出水流道长18.15m，出水流道出口设出水机房。

主厂房东侧为安装间，地面高程为39.50m，由安装检修间及楼梯间组成，安装检修间面积可供机组安装与检修之用，楼梯间可供连接交通，安装层之下为储油室；储油室之下为供、排水室；最底层为集水井室，井内设有吸水泵，以便及时排除厂房内积水。

（二）副厂房

副厂房布置在主厂房的西侧，建筑面积为1656m^2，为钢筋混凝土框架结构。副厂房共为3层（局部5层），一层地面高程为39.50m，层高4.50m，设有110kV变电所、10kV配电室、0.4kV配电室、通讯室、保护室、电工实验室、门厅及值班室。二层楼面高程44.00m，层高4.50m，设有中控室以及办公室和小会议室等。第三层楼面高程48.50m，层高3.60m，设有大会议室及办公室，楼梯间局部5层。保护室内设有保护测控屏、计量屏、220V直流屏、逆变电源屏、PLC屏等。中央控制室内设有监控工作站、彩色监视电视、大屏幕背投式投影仪。通信室内设有电话交换机、UPS电源装置、配线架等。高低压配电室均设有电缆沟并与主厂房相连。按照《建筑设计防火规范》的要求，副厂房设两部楼梯。

副厂房平面布置为内廊式，经由门厅设走道与主厂房相通，中央控制室紧靠主厂房，其间设大面积全玻璃窗，以方便运行管理。

（三）前池、进水池

前池布置应满足水流顺畅、流速均匀、池内不得产生涡流的要求，该工程采用正向进水方式。

泵站场区地面高程39.00m，池底高程28.55～20.48m，高差较大，因此泵站前池采用复式断面，即在满足泵站进水池最高水位32.60m，加安全超高的前提下，在高程34.70m设一宽21.10m平台，以减小墙后土压力。平台以上按1∶2.5边坡连接至场区地面，高程为39.00m。

泵站前池第一段在平面上呈矩形布置，底宽34.70m，长7.00m，底高程28.55m；第二段在平面上呈矩形布置，底宽34.70m，底高程由28.55m以1∶4.96的坡度渐降至进水池底板高程20.48m，长41.20m。两侧挡墙底板为台阶式扶壁及空箱扶壁挡墙。

进水池宽度34.70m，底高程28.55m，水平长17.00m。进水池两侧为空箱扶壁挡墙，顶高程34.70m。

为适应不均匀沉降及温度变形，前池底板设变形缝，缝宽2.0cm，缝下铺宽为3.0m的土工布，缝内填沥青杉板。

泵站前池进口设置自动清污设备，它由拦污栅及自动清污机组成。进口拦污栅共布置5孔，底板高程28.55m。每孔净宽6.22m，中墩厚0.90m，边墩厚1.5m，底板厚1.0m，整体式结构。固定拦污栅栅体与水平方向夹角成75°。清污桥桥面净宽7.0m，清污桥桥面高程39.00m，工作桥两端设交通桥与场区连接。

清污桥上游连接段采用钢筋混凝土扶臂挡土墙与引水渠连接，墙顶高程34.70m，墙底高程28.55m，底板厚0.5m，圆弧半径15.375m。渐变段底板为M10浆砌石厚0.5m，清污桥下游紧接泵站前池。扶臂挡土墙稳定计算成果与前池挡土墙相同。

（四）出水池

泵站出水池长10.00m，宽34.70m，在平面上呈矩形布置，池底高程28.03m。出水池后以反坡渐升至高程31.00m，长23.76m，底宽由34.70m渐变为23.40m，与出水渠连接。

出水池底高程28.26m，场区地面高程39.00m，空箱式挡土墙净高10.74m，总高为11.74m，底板厚1.00m，宽6.7m。空箱顺水流方向每4.25m设一横隔板，板厚0.5m。为适应不均匀沉降及温度变形，出水池底板及边墙均设分缝，内设橡胶止水及沥青杉板。

（五）引水闸

引水闸主要由上游连接段、闸室段、下游连接段组成。

（1）上游连接段。上游连接段采用圆弧翼墙连接，圆弧半径19.50m。连接段段长19.5m，渠底宽度为31.60m，底板高程为28.70m，边墙采用钢筋混凝土空箱挡土墙结构。空箱挡土墙墙底高程为27.70m，墙顶高程为36.5m，与梁济运河滩地高程相同，底板厚1.0m，前趾长1.0m，底宽7.0m。连接段底板为钢筋混凝土结构，厚0.5m。

（2）闸室段。引水闸共4孔，每孔净宽7.0m×5.3m，中墩厚1.2m，涵闸闸室长14.0m，底板高程28.70m，4孔一联整体结构，闸室段墩顶高程为38.00m，闸室上游侧设净宽1.5m的工作桥，高程为38.00m。涵洞洞身长50.00m，每节长10.00m，共5节，节与节之间均设伸缩缝，缝宽0.02m。涵洞截面尺寸边洞为7.2m×5.3m，中洞为7.4m×5.3m，机房和桥头堡为框架结构，机架桥顶高程45.00m。涵洞洞身段底板高程28.70m，顶板底高程34.00m，洞顶筑堤至高程42.00m，顶宽10.0m，与引水闸两侧梁济运河大堤连接，两侧边坡均为1∶3。采用平面钢闸门，由固定式卷扬机启闭。工作闸门为7×5.3－11.74m潜孔式平面定轮钢闸门，门体材料为Q235,门叶采用双主梁等高联结,悬臂滚轮支承，后封水，侧水封为P型，底水封为板型。启闭最高水头为4.27m。选用2×160 kN双吊点卷扬式启闭机，启闭机设有手摇机构，其上安装手、电动互锁开关。检修闸门为一套7m×1.2m×4m叠梁式平面滑动钢闸门，一套共4节。门叶采用双主梁结构，等高连接。检修门设置一台2×50kN起吊设备，起吊设备包括移动式启闭机和自动挂钩梁。机房和桥头堡为框架结构，基础为桩基。闸后堤顶公路宽10.0m，上、下游侧分别设直挡土墙，避免大堤放坡埋没闸室和涵洞出口。

（3）下游连接段。引水闸下游圆弧形翼墙为钢筋混凝土结构，为减小挡土墙地基应力，采用复式断面，尽量降低挡土墙高度，墙顶高程为36.50m，与引水渠两侧戗台高程相同。墙底高程为27.70m，底板厚1.0m，前趾长1.0m，底宽7.0m。闸下游设长18.0m钢筋混凝土消力池，池深1.0m，在消力池底板设排水孔降压。

（六）出水闸

出水闸主要由上游连接段、闸室段、下游连接段组成。

1. 上游连接段

上游连接段采用圆弧翼墙连接，圆弧半径16.65m。连接段段长14.15m，渠底宽度为23.40m，底板高程为30.84m，边墙采用钢筋混凝土空箱挡土墙结构。为减小挡土墙地基应力，采用复式断面，尽量降低挡土墙高度，墙顶高程为36.50m，与引水渠两侧戗台高程相同，墙底高程为30.84m，底板厚1.0m，前趾长1.0m，底宽7.0m。连接段底板为钢筋混凝土结构，厚0.5m。

2. 闸室段

该闸共3孔，每孔净宽7.0m×5.3m，中墩厚1.2m，涵闸闸室长14.0m，底板高程30.84m，3孔一联整体结构，闸室段墩顶高程为38.00m，闸室上游侧设净宽1.5m的工作桥，高程为38.00m。涵洞洞身每节长10.00m，共6节，涵洞截面尺寸为7.2m×5.3m，机房和桥头堡为框架结构，机架桥顶高程45.00m。涵洞洞身段底板高程30.84m，顶板底高程36.14m，洞顶筑堤至高程42.00m，顶宽10.0m，与出水闸两侧梁济运河大堤连接，两侧边坡均为1∶3。闸门采用平面钢闸门，由固定式卷扬机启闭。工作闸门为7×5.3－9.76m潜孔式平面定轮钢闸门，门体材料为Q235，门叶采用双主梁等高连接，悬臂滚轮支承，后封水，侧水封为P型，底水封为板型。启闭最高水头为4.46m。选用2×160kN双吊点卷扬式启闭机，启闭机设有手摇机构，其上安装手、电动互锁开关。检修闸门为一套7m×1.2m×4m叠梁式平面滑动钢闸门，一套共4节。门叶采用双主梁结构，等高连接。检修门设置一台2×50kN起吊设备，起吊设备包括移动式启闭机和自动挂钩梁。闸室下游侧设净宽1.5m的工作桥，桥面高程均为38.00m。机架桥墩及机房和桥头堡为框架式结构，机房和桥头堡为框架结构，基础为桩基。闸后堤顶公路宽10.0m，上、下游侧分别设直挡土墙，避免大堤放坡埋没闸室和涵洞出口。

3. 下游连接段

出水闸下游圆弧形翼墙为钢筋混凝土结构，圆弧半径14.15m。墙顶高程为36.50m，与梁济运河滩地高程相同，墙底高程为29.84m，底板厚1.0m，前趾长

1.0m，底宽7.0m。闸下游设长18.0m钢筋混凝土消力池，池深1.0m，在消力池底板设排水孔降压。

（七）梁济运河节制闸

节制闸主要由上游连接段、闸室段、下游连接段组成（行洪流向）。

1. 上游连接段

闸上游设长3.4m抛石防冲槽，后接14.00m长干砌石护底，底高程30.80m，底宽由41.6m渐变为89.80m，两岸护坡为M10浆砌石护坡；后接6.5m长M10浆砌石护底，厚0.5m，长12.0m钢筋混凝土铺盖，厚0.7m，钢筋混凝土铺盖底高程由30.80m渐变为29.80m，两岸钢筋混凝土空箱式圆弧翼墙，半径17.50m，墙顶高程为36.8m，与梁济运河滩地高程相同，底板厚0.7m，前趾长1.5m，底宽6.40m。

2. 闸室段

节制闸按深孔闸布置，两端采用净宽7.0m公路桥与两岸大堤连接，荷载标准均为汽车Ⅱ级。梁济运河节制闸布置8孔，整体式结构，两侧为三孔一联，中间为二孔一联。每孔净宽10.0m，闸底板高程29.80m，中墩厚1.4m，缝墩厚2.0m，闸室长18.0m，闸室下游侧设净宽7.0m交通桥，桥面高程为42.00m。闸室上游侧设净宽2.0m的工作桥，桥面高程为37.45m。机架桥墩及机房和桥头堡为框架式结构，机架桥顶高程48.00m。主闸门为平面钢闸门，固定式卷扬启闭机。工作闸门为10×6.0－5.5m露顶式平面定轮钢闸门，门体材料为Q235，门叶采用双主梁等高联结，悬臂滚轮支承，侧水封为L型，底水封为板型，止水座板为不锈钢。选用2×250kN双吊点卷扬式启闭机。具有对闸门启闭高度的现场显示及远传数字显示和自动控制功能，并能预定闸门开度上、下限和开度值。工作门上下游均设检修闸门，为10m×1.2m叠梁式平面滑动钢闸门，上游检修水位35.3m，下游检修水位32.98m。检修闸门高度均采用1.2m，上游5节，下游3节。检修门上下游各设置一台2×50kN起吊设备，起吊设备包括移动式启闭机和自动挂钩梁。闸北侧（上游）设2.0m的工作桥，闸南侧（下游）在洪水位以上设净宽7.0m的交通桥，桥面高程均为42.00m，闸墩上游段设工作门槽和上游检修门槽，下游段设下游检修门槽，闸墩上设排架、机架桥及机房，机架桥顶高程为48.00m。机房两端设排架支承桥头堡，由交通桥通过楼梯进入桥头堡。

3. 下游连接段

闸下游设长18.0m钢筋混凝土消力池，池深1.7m，两岸钢筋混凝土空箱式翼墙；长19.75m的M10浆砌石护坦，两岸钢筋混凝土空箱式圆弧翼墙，半径18.75m，墙顶高程为36.8m，与梁济运河滩地高程相同，底高程为28.70m，底板厚0.7m，前趾长1.50m，底宽7.00m。下游翼墙在高程32.0m以下设排水孔。

（八）引水渠

引水渠分为2段。第一段底宽31.6m，长151.17m，底高程28.70m，滩地高程36.50m，边坡1:2.5。边坡及渠底均采用M10浆砌石护砌，厚0.3m，浆砌石下设一层0.1m厚碎石垫层和300g/m^{2}土工布。

第二段底宽31.6～34.7m，长519.15m，底坡0.000 29，起点底高程28.70m，终点底高程28.55m，引水渠两侧戗台顺水流方向高程为36.50～34.70m，边坡1∶2.5，戗台宽5.725～6.50m，戗台外侧采用边坡1:2.5与场区地面连接，场区地面高程为39.00m。戗台以下边坡采用预制混凝土板护砌，厚0.08m，下设0.04m厚保温板、一层300g/m^{2}土工布和0.1m厚中粗砂垫层。渠底采用预制混凝土板护砌，厚0.08m，下设一层300g/m^{2}土工布和0.1m厚中粗砂垫层。戗台以上边坡采用预制镂空混凝土板和草皮护砌。

（九）出水渠

第一段底宽23.4m，长390.13m，底坡

$i=0.00041$，起点底高程31.00m，终点底高程30.84m，引水渠两侧戗台顺水流方向高程为36.50m，边坡1∶2.5，戗台宽2.5～3.00m，戗台外侧采用边坡1∶2.5与场区地面连接，场区地面高程为39.00m。戗台以下边坡采用预制混凝土板护砌，厚0.08m，下设0.04m厚保温板、一层300g/m^{2}土工布和0.1m厚中粗砂垫层。渠底采用预制混凝土板护砌，厚0.08m，下设一层300g/m^{2}土工布和0.1m厚中粗砂垫层。戗台以上边坡采用预制镂空混凝土板和草皮护砌。

第二段底宽23.4m，底高程30.80m，滩地高程36.50m，边坡1∶2.5。边坡及渠底均采用M10浆砌石护砌，厚0.3m，浆砌石下设一层0.1m厚碎石垫层和300g/m^{2}土工布。

南水北调东线工程输水期为非汛期，出水渠水位变动区的护坡结构形式能够满足抗冻胀的要求。

工 程 地 质

（一）地形地貌

工程场区所属地貌单元为鲁西南黄泛冲积平原与冲积湖积平原交互带。梁济运河为人工开挖河道，节制闸闸址所处梁济运河段：河道宽约350m，河底、两岸滩地、左右岸堤顶高程分别为30.21～31.07m、36.42～37.40m、41.53～42.27m（1985国家高程基准，下同）；其余建筑物所在场区地势平坦，地面高程为36.02～36.78m。

（二）地层岩性

在勘察深度内场，工程场区地层均为第四系松散堆积层，以全新统冲积堆积的淤泥、裂隙黏土、壤土，冲积湖积堆积的黏土和上更新统冲积洪积堆积的壤土、黏土、中细砂及中粗砂为主，其中中细砂呈透镜体状分布。

（三）水文地质条件

场区地下水类型主要水为第四系孔隙、裂隙潜水及承压水。本区分布的地层中，裂隙黏土中裂隙发育，壤土、黏土也不同程度的发育裂隙、孔隙。壤土分布连续，层厚达7.40～11.70m，透水性较差，可视为相对不透水层，中粗砂，砂质均匀，为场区主要含水层，根据二级坝二闸的观测资料推断，该层承压水可能主要接受东部山区地下水径流补给，向下游径流为主要排泄途径，具中等～强透水性。2003年5月勘察期间，水位高程31.31～32.08m；2004年2月勘察期间，水位高程34.17～34.46m，地下水年变幅一般3～5m。地下水以大气降水和河水为主要补给来源，以向下游径流、蒸发和人工取水为主要排泄途径。

据水质分析成果，地下水化学类型为重碳酸氯化物钙镁型水、重碳酸氯化物钙型水、重碳酸钙镁型水，其矿化度912.7～1082.8mg/L，全硬度503.5～557.1mg/L，pH值7.77～8.02，属极硬、弱碱性淡水～微咸水，不含侵蚀性CO_2，对混凝土无腐蚀性。

（四）地质构造及地震

长沟泵站位于鲁西中台隆—济宁—成武凹断束—嘉祥凸起的东部，嘉祥断裂西侧，该断裂属秦岭纬向构造体系伴生的低序次张性正断层，走向不稳定，呈锯齿状分布，摆动范围由NW344°～NE16°，倾向东，倾角约80°。根据地震历史资料分析，主要活动时间为燕山期，喜山期仍有活动。根据有记载以来的地震历史资料，距场区30km范围内未曾发生过5级以上的地震，90km范围内曾发生过5～7级地震8次。综合分析，场区没有活动断裂，地震活动频次低、震级小，处于相对稳定区。

场区动峰值加速度为0.05g（相应地震基本烈度Ⅵ度）。场地类别为Ⅲ类，场区地震动反应谱特征周期为0.65s。

工程特性表

项目		单位	指标	备注
一、调水特征水位				
1. 站下			前池	引水渠入口
设计水位		m	31.51	31.97
平均水位		m	31.71	32.11
最高水位		m	32.60	32.98
最低水位		m	31.51	31.97
2. 站上			出水池	出水渠出口
设计水位		m	35.37	35.31
平均水位		m	35.37	35.31
最高水位		m	35.37	35.31
最低水位		m	33.16	32.83
二、防洪水位				
站上	100年一遇	m	40.10	
	300年一遇	m	40.60	
站下	100年一遇	m	39.94	
	300年一遇	m	40.44	
三、泵站扬程				
设计扬程		m	3.86	
平均扬程		m	3.66	
最高扬程		m	3.86	
最低扬程		m	0.56	
四、泵站设计流量				
调水设计流量		m^3/s	100	
五、泵房				
1. 主厂房				
结构型式			引水式	
地基特性及处理方案			中粗砂，CFG桩	
主厂房尺寸（长×宽×高）		m×m×m	42.83×31.35×47.36	
进水流道型式			肘形	
出水流道型式			直管	
断流方式			油压快速门	
2. 安装间				
结构型式			整体式	

续表

项　　目	单　　位	指　　标	备　　注
地基特性		CFG 桩	
副厂房（含变电所）			
结构型式		框架式	
地基特性及处理方案		回填土，阀板基础	
面积、层数	m^2	1820	三层（局部五层）
六、机组特性			
1. 水泵			
水泵数量	台	4	3 用 1 备
型式		立式轴流泵	
叶轮直径	m	3. 10	
单机流量	m^3/s	33. 5	
转速	r/min	125	
叶轮中心高程	m	24. 13	
2. 电动机			
电动机数量	台	4	
型号		TL2240 - 48	
单机容量	kW	2240	
电机转速	r/min	125	
七、泵站装机容量			
装机台数	台	4	
单机容量	kW	2240	
总装机容量	kW	8960	
八、输电线路			
1. 运行期用电			
电压	kV	110	
回路数	回	1	
2. 主变压器			
型式	户外式		
容量	kVA	10 000	
台数	台	2	
九、主要配套建筑物			
1. 引水闸			
型式		胸墙式	
设计流量	m^3/s	100	
过流断面（孔 - 宽 × 高）	孔数 - m × m	4 - 7. 0 × 5. 3	
底板顶高程	m	28. 70	
2. 出水闸			

续表

项　目	单　位	指　标	备　注
型式		胸墙式	
设计流量	m^3/s	100	
过流断面（孔－宽×高）	孔数－m×m	3－7.0×5.3	
底板顶高程	m	30.84	
3. 梁济运河节制闸			
型式		开敞式	
设计流量	m^3/s	674	
过流断面（孔－宽）	孔数－m	8－10.0	
底板顶高程	m	29.80	
4. 清污桥			
型式		开敞式	
设计流量	m^3/s	100	
过流断面（孔－宽）	孔数－m	5－6.22	
底板顶高程	m	28.55	
十、主要工程量			
开挖土石方	万 m^3	76.23	
填筑土方	万 m^3	51.11	
混凝土及钢筋混凝土	万 m^3	6.88	
砌石	万 m^3	1.87	
钢材	t	4038	
十一、工程占地			
枢纽工程永久占地	亩	388.5	
管理机构永久占地	亩	15	
临时占地	亩	110.70	

伍 中线工程

THE MIDDLE ROUTE PROJECT OF THE SNWDP

综　述

干　线　工　程

前　期　工　作

南水北调中线干线工程全长1432km，分为古运河南—北京段工程、古运河南—漳河北段工程、穿漳河工程、漳河南—黄河北段工程、穿黄工程、黄河南—沙河南段工程、沙河南—陶岔段工程、渠首陶岔闸工程、天津干线工程及专题专项研究等10个单项工程，上述工程划分调整为77个初步设计单元工程。其中27个设计单元采用公开招标方式选择了初步设计及技施阶段勘测设计承担单位。

2009年，国务院南水北调办分别以文《关于南水北调中线一期工程总干渠漳河北—古运河南邢石界—古运河南渠段工程初步设计报告（技术方案）的批复》（国调办投计［2009］111号）、《关于南水北调中线一期工程总干渠漳河北—古运河南邢石界—古运河南渠段工程初步设计报告（概算）的批复》（国调办投计［2009］205号）、《关于南水北调中线一期工程总干渠漳河北—古运河南邯邢段工程初步设计报告（技术方案）的批复》（国调办投计［2009］113号）和《关于南水北调中线一期工程总干渠漳河北—古运河南邯邢段工程初步设计报告（概算）的批复》（国调办投计［2009］206号），《关于南水北调中线一期工程总干渠穿漳河交叉建筑物初步设计报告的批复》（国调办投计［2009］6号），《关于南水北调中线一期工程总干渠沙河南—黄河南段北汝河渠道倒虹吸工程初步设计报告（技术方案）的批复》（国调办投计［2009］113号）、《关于南水北调中线一期工程总干渠沙河南—黄河南段北汝河渠道倒虹吸工程初步设计报告（概算）的批复》（国调办投计［2009］173号）、《关于南水北调中线一期工程总干渠沙河南—黄河南郑州2段工程初步设计报告（技术方案）的批复》（国调办投计［2009］114号）和《关于南水北调中线一期工程总干渠沙河南—黄河南郑州2段工程初步设计报告（概算）的批复》（国调办投计［2009］140号），《关于南水北调中线一期工程总干渠沙河南—黄河南段沙河渡槽段工程初步设计报告（技术方案）的批复》（国调办投计［2009］171号）和《关于南水北调中线一期工程总干渠沙河南—黄河南段沙河渡槽段工程初步设计报告（概算）的批复》（国调办投计［2009］238号），《关于南水北调中线一期工程总干渠沙河南—黄河南段潮河段工程初步设计报告（技术方案）的批复》（国调办投计［2009］183号），《关于南水北调中线一期陶岔渠首枢纽工程初步设计报告（技术方案）的批复》（国调办投计［2009］91号）和《关于南水北调中线一期陶岔渠首枢纽工程初步设计报告（概算）的批复》（国调办投计［2009］165号），《关于南水北调中线一期工程天津干线工程西黑山进口闸—有压箱涵段、保定市1段、保定市2段、廊坊市段工程初步设计报告（技术方案）的批复》（国调办投计［2009］28号）、《关于南水北调中线一期工程天津干线工程西黑山进口闸—有压箱涵段工程初步设计报告

（概算）的批复》（国调办投计［2009］107号）、《关于南水北调中线一期工程天津干线工程保定市1段工程初步设计报告（概算）的批复》（国调办投计［2009］110号）、《关于南水北调中线一期工程天津干线工程保定市2段工程初步设计报告（概算）的批复》（国调办投计［2009］109号）和《关于南水北调中线一期工程天津干线工程廊坊市段工程初步设计报告（概算）的批复》（国调办投计［2009］108号），《关于南水北调中线干线工程自动化调度与运行管理决策支持系统初步设计报告的批复》(国调办投计［2009］175号)，分别批复了漳河北—古运河南段工程，穿漳河交叉建筑物工程，北汝河渠道倒虹吸工程郑州2段工程，沙河渡槽工程，潮河段工程（技术方案），陶岔渠首枢纽工程，天津干线工程西黑山进口闸—有压箱涵段、保定市境内1段、保定市境内2段、廊坊市境内段工程，中线干线工程自动化调度与运行管理决策支持系统等初步设计报告。

截至2009年底，已批复的初步设计单元58个。尚未批复的初步设计单元也已全部上报。

（苏　霞）

投资计划管理

2009年，国家共下达南水北调中线干线工程投资计划114.02亿元，其中工程建设投资113.33亿元，初步设计工作投资0.69亿元；实际完成投资111.17亿元，其中工程建设完成110.59亿元，初步设计完成0.58亿元。

截至2009年底，国家已批复55个设计单元工程的初步设计概算报告，总投资合计812.75亿元（含价差）。按时间划分，2003年批复概算投资8.38亿元，2004年批复概算投资170.15亿元，2005年批复概算投资31.37亿元，2006年批复概算投资25.59亿元，2007年批复概算投资8.29亿元，2008年批复概算投资195.71亿元，2009年批复概算投资381.85亿元（含价差）。按项目划分，批复京石段应急供水工程概算199.80亿元，漳河北—古运河南工程概算211.41亿元，穿漳河工程概算3.83亿元，黄河北—漳河南工程概算194.95亿元，穿黄工程概算31.94亿元，天津干线工程概算89.36亿元，沙河南—黄河南工程概算62.36亿元，陶岔渠首—沙河南段工程概算1.85亿元，中线干线专项工程概算17.25亿元。

截至2009年底，国家累计下达中线干线工程投资计划444.91亿元。其中，工程建设投资436.00亿元，文物保护投资1.86亿元，初步设计投资6.81亿元，专项投资0.24亿元。按资金结构分，中央预算内投资110.87亿元，中央预算内专项资金（国债）80.85亿元，南水北调基金69.50亿元，银行贷款183.69亿元。按时间划分，2003年下达2.30亿元，2004年下达35.69亿元，2005年下达48.55亿元，2006年下达71.49亿元，2007年下达72.10亿元，2008年下达100.75亿元，2009年下达114.02亿元。

截至2009年底，中线干线工程累计完成投资291.57亿元，其中，累计完成工程建设投资284.68亿元，文物保护1.86亿元，初步设计4.68亿元，专项投资0.35亿元。

（李文斌）

招标投标

2009年，南水北调中线干线工程共计招标106个标段，其中在建工程招标86个，新开工项目招标17个，其他项目招标3个。

（一）在建工程

南水北调中线京石段应急供水工程河北段防护林工程施工标于2009年1月23日发布招标公告。其中，石家庄段的中标人为河南黄河园林绿化工程有限公司，保定1段的中标人为北京天房绿茵园林绿化工程有限公司，保定2段的中标人为北京金五环风景园林工程有限责任公司。

南水北调中线干线京石段应急供水工程闸站监控系统集成标（重新招标）于2009年2月18日发布了资格预审公告，中标人为北京林克森自动化系统工程有限公司。

南水北调中线干线京石段应急供水工程安全监测自动化系统集成标于2009年8月3日发布了资格预审公告，中标人为中国水利水电科学研究院。

南水北调中线一期穿黄工程机电设备采购标（重新招标）于2009年6月22日发布资格预审公告。其中中标人，机电1标为南京蓝深制泵集团股份有限公司，机电2标为中大空调集团有限公司，机电3标为西安核仪器厂（国营二六二厂）湖北销售服务公司，机电4标为许继集团有限公司。

南水北调中线一期工程总干渠黄河北—羑河北段汤阴段代建项目建设管理标于2009年1月9日发布了资格预审公告，中标人为山西省万家寨引黄工程总公司。

南水北调中线一期工程总干渠黄河北—羑河北段（中线建管局直管和代建项目）建设监理标于2009年1月14日发布了招标公告。其中建设监理Ⅰ标的中标人为河南华北水电工程监理有限公司，建设监理Ⅱ标的中标人为黄河工程咨询监理有限责任公司，建设监理Ⅲ标的中标人为湖南水利水电工程监理承包总公司，建设监理Ⅳ标的中标人为中国水利水电建设咨询北京公司。

南水北调中线一期工程总干渠黄河北—羑河北工程（委托建管项目）于2009年2月1日发布了招标公告。其中，建设监理第二标段的中标人为河南立信工程咨询监理有限公司，建设监理第四标段的中标人为河南科光工程建设监理有限公司，辉县段第五施工标段的中标人为中国水利水电第五工程局有限公司，辉县段第六施工标段的中标人为中国水利水电第十三工程局有限公司，辉县段第七施工标段的中标人为河南水利建筑工程有限公司，新乡和卫辉段第一施工标段的中标人为河南省水利第一工程局，新乡和卫辉段第三施工标段的中标人为中国水电建设集团十五工程局有限公司。

南水北调中线一期工程总干渠黄河北—羑河北段（中线建管局直管项目）沁河渠道倒虹吸项目土建及设备安装（重新招标）于2009年2月3日发布了招标公告，中标人为黄河建工集团有限公司。

南水北调中线一期工程总干渠黄河北—羑河北段（中线建管局直管项目）温博段、焦作1段施工标于2009年2月27日发布了招标公告。其中，温博段第一施工标的中标人为中铁十六局集团有限公司，温博段第二施工标的中标人为葛洲坝集团基础工程有限公司，温博段第三施工标的中标人为中国水利水电第十五工程局有限公司，焦作1段第一施工标的中标人为中国水利水电第五工程局有限公司，焦作1段第二施工标的中标人为中国水利水电第十一工程局有限公司，焦作1段第三施工标的中标人为中国水利水电第七工程局有限公司。

南水北调中线一期工程总干渠黄河北—羑河北（委托建管项目）安全监测标于2009年3月4日发布招标公告。其中，第一标段的中标人为南京南瑞集团公司，第二标段的中标人为黄河勘测规划设计有限公司。

南水北调中线一期工程总干渠黄河北—羑河北（委托建管项目）工程施工辉县段第一、二、三、四标段及新乡和卫辉段第二标段于2009年3月4日发布招标公告。其中，辉县段第一施工标的中标人为中国安能建设总公司，辉县段第二施工标的中标人为中国水电基础局有限公司，辉县段第三施工标的中标人为河南省水利第二工程局，辉县段第四施工标的中标人为中国水利电力对外公司，新乡和卫辉段第二施工标的中标人为中国水利水电第四工程局有限公司。

南水北调中线一期工程总干渠黄河北—美河北段（中线建管局直管和代建项目）汤阴段、鹤壁段施工标于2009年3月11日发布招标公告。其中，汤阴段施工一标的中标人为中国水利水电第十工程局有限公司，汤阴段施工二标的中标人为河北省水利工程局，汤阴段施工三标的中标人为北京市京水建设工程有限责任公司，鹤壁段施工一标的中标人为中国水利水电第二工程局有限公司，鹤壁段施工二标的中标人为中国人民武装警察部队水电第二总队，鹤壁段施工三标的中标人为中国水利水电第十二工程局有限公司。

南水北调中线一期工程总干渠黄河北—美河北（委托建管项目）闸门及卷扬式启闭机制造、液压启闭机制造标于2009年4月15日发布了招标公告。其中，闸门及卷扬式启闭机制造第一标段的中标人为山东水总机械工程有限公司，闸门及卷扬式启闭机制造第二标段的中标人为郑州水工机械有限公司，液压启闭机制造标段的中标人为江苏武进液压启闭机有限公司。

南水北调中线一期工程总干渠黄河北—漳河南段（委托建管项目）电气设备采购标于2009年4月15日发布招标公告。其中，电气设备采购第一标段的中标人为东莞市康达机电工程有限公司，电气设备采购第二标段的中标人为许继电气股份有限公司。

南水北调中线一期工程总干渠黄河北—美河北段（中线建管局直管和代建项目）及穿漳建筑物工程安全监测标于2009年4月30日发布了招标公告，中标人为黄河勘测规划设计有限公司。

南水北调中线一期工程总干渠黄河北—美河北段水土保持和环境保护工程监理及监测标于2009年5月20日发布了招标公告。其中，水土保持监理标的中标人为河南大河工程建设管理有限公司，水土保持监测标的中标人为北京华夏山川环境科技有限公司，环境保护监理标的中标人为北京海策工程咨询有限公司。

南水北调中线一期工程总干渠黄河北—美河北段环境保护工程监测标于2009年8月19日发布了招标公告，中标人为黄河流域水环境监测中心。

南水北调中线一期工程总干渠黄河北—美河北（中线建管局直管和代建项目）闸门、卷扬式启闭机、液压启闭机（含穿漳建筑物）采购标于2009年10月13日发布了资格预审公告。其中，闸门及卷扬式启闭机制造标的中标人为郑州水工机械有限公司，液压启闭机制造标的中标人为常州液压成套设备厂有限公司。

南水北调中线一期工程天津干线天津市境内1段和2段工程安全监测标于2009年3月13日发布招标公告，中标人为中水北方勘测设计研究有限责任公司。

南水北调中线一期工程天津干线天津市境内1段和2段水机设备和电气设备采购标于2009年4月30日发布了资格预审公告，中标人为许继电气股份有限公司。

南水北调中线一期工程天津干线天津市境内1段工程施工（第三批）工程于2009年5月27日发布了招标公告。其中，天津市境内1段施工二标的中标人为天津市水利工程有限公司，天津市境内1段施工七标的中标人为中铁六局集团有限公司和天津振津工程集团有限公司联合体。

南水北调中线一期工程天津干线廊坊市境内段代建项目建设管理招标于2009年6月2日发布了资格预审公告，中标人为天津市水利工程建设管理中心。

南水北调中线一期工程天津干线工程西黑山进口闸—有压箱涵段、保定市境内2段、廊坊市境内段工程建设监理标于2009年6月2日发布了招标公告。其中，西黑山进口闸—有压箱涵段监理标的中标人为天津市金帆工程建设监理有限公司，保定市境内2段监理标的中标人为北京燕波工程管理有限公司，廊坊市境内段监理一标的中标人为武汉长科工程建设监理有限责任公司，廊坊市境内段监理二标的中标人为中国水利水电建设工程咨询西北公司。

南水北调中线一期工程天津干线工程西黑山进口闸—有压箱涵段、保定市境内2段、廊坊市境内段工程施工标于2009年6月8日发布了招标公告。其中，西黑山进口闸有压箱涵段施工标的中标人为中国水利水电第十三工程局有限公司，保定市境内2段的中标人为葛洲坝集团第一工程有限公司，廊坊市境内段TJ4－1施工标的中标人为中国水利水电第十四工程局有限公司，廊坊市境内段TJ4－2施工标的中标人为中国水利水电第十一工程局有限公司，廊坊市境内段TJ4－3施工标的中标人为中国水利水电第五工程局有限公司，廊坊境内市段TJ4－4施工标的中标人为中国水利水电第四工程局有限公司，廊坊市境内段TJ4－5施工标的中标人为天津市水利工程有限公司。

南水北调中线一期工程天津干线保定市境内1段工程建设监理标于2009年6月12日发布了招标公告。其中，监理第一标段的中标人为佛山市顺水工程建设监理有限公司，监理第二标段的中标人为河北天和监理有限公司。

南水北调中线一期工程天津干线保定市境内1段工程施工标于2009年6月22日发布了招标公告，保定市境内1段TJ2－1施工标的中标人为中铁十七局集团有限公司，保定市境内1段TJ2－2施工标的中标人为中国水利水电第十二工程局有限公司，保定市境内1段TJ2－3施工标的中标人为中国水利水电第六工程局有限公司，保定市境内1段TJ2－4施工标的中标人为中国水利水电第十六工程局有限公司，保定市境内1段TJ2－5施工标的中标人为河北省水利工程局。

南水北调中线天津干线保定市境内1段工程材料采购标于2009年8月12日发布了招标公告。其中，橡胶止水带采购一标、二标的中标人为衡水黄河工程橡塑有限公司，保定市境内1段双组分聚硫胶采购标的中标人为河南永丽化工有限公司。

南水北调中线一期工程天津干线河北段征地拆迁监理及监测、水土保持和环境保护工程监理及监测于2009年8月19日发布了招标公告。其中，保定段征地拆迁监理标的中标人为河北天和监理有限公司，廊坊段征地拆迁监理标的中标人为河北省水利水电工程监理咨询中心，河北段征地拆迁监测评估标的中标人为天津金帆工程建设监理有限公司，水土保持工程监理标的中标人为西安黄河工程监理有限公司，环境保护工程监理标的中标人为河南立信工程咨询监理有限公司，环境保护工程监测标的中标人为黄河流域水环境监测中心。

南水北调中线一期工程天津干线工程西黑山进口闸—有压箱涵段、保定市境内1段、保定市境内2段、廊坊市境内段工程安全监测标于2009年8月20日发布了招标公告，中标人为中水北方勘测设计研究有限责任公司。

（二）新开工项目

南水北调中线一期工程总干渠穿漳河交叉建筑物工程建设监理和施工标于2009年2月27日发布了招标公告。其中，建设监理标的中标人为长江工程监理咨询有限公司（湖北），施工标的中标人为江南水利水电工程公司。

南水北调中线一期穿漳河交叉建筑物工程闸门及卷扬式启闭机设备采购标于2009年8月19日发布了资格预审公告，中标人为黄河水利委员会黄河机械厂。

南水北调中线一期工程总干渠沙河南—黄河南（委托建管项目）郑州2段工程于2009年6月24日发布了招标公告。其中，建设监理标的中标人为黄河勘测规划设计有限公司，第一施工标段的中标人为中国水利水电第十一工程局有限公司，第二施工标段的中标人为葛洲坝集团基础工程有限公司，第三施工标段的中标人为河南省水利第二工程局，第四施工标段的中标人为河南省水利第一工程局。

南水北调中线一期工程总干渠沙河南—黄河南段工程（中线建管局直管项目）沙河渡槽工程、北汝河倒虹吸工程于2009年11月18日发布了招标公告。其中，沙河渡槽工程监理标的中标人为长江勘测规划设计研究有限责任公司，沙河渡槽工程第一施工标的中标人为中国水利水电第四工程局有限公司，沙河渡槽工程第二施工标的中标人为中国葛洲坝集团股份有限公司，沙河渡槽工程第三施工标的中标人为中国水利水电第九工程局有限公司。北汝河倒虹吸工程监理标的中标人为河南立信工程咨询监理有限公司，北汝河倒虹吸工程施工标的中标人为中国水利水电第七工程局有限公司。

南水北调中线一期总干渠漳河北—古运河南（中线建管局直管）工程建设监理标于2009年11月20日发布了招标公告。其中，建设监理一、二标的中标人为中水北方勘测设计研究有限责任公司，建设监理三标的中标人为中国水利水电建设工程咨询公司北京公司。

（三）其他项目

南水北调中线干线工程保险Ⅱ标、Ⅲ标于2009年6月12日发布了招标公告。其中，保险Ⅱ标的中标人为中国平安财产保险股份有限公司，保险Ⅲ标的中标人为中国人民财产保险股份有限公司。中线建管局厨房设备采购标的中标人为北京市警盾京西厨房设备有限公司。

（高　宇）

建 设 管 理

南水北调中线干线工程采用直管、代建和委托三种建设管理模式，项目法人为南水北调中线干线工程建设管理局（以下简称中线建管局）。2009年，代表项目法人对工程建设实施直接管理的直管项目建设管理单位有惠南庄泵站项目建设管理部、河北直管项目建设管理部、河南直管项目建设管理部和天津直管项目建设管理部等4家；依据代建合同代表项目法人实施工程建设管理的代建项目建设管理单位有北拒马河暗渠项目建设管理部、代建Ⅰ标项目建设管理部、代建Ⅱ标项目建设管理部、鹤壁段代建项目建设管理部、汤阴段代建项目建设管理部、天津干渠廊坊段代建项目建设管理部等6家；依据委托合同代表项目法人实施工程建设管理的委托项目建设管理单位有北京市南水北调工程建设管理中心、北京市水利工程建设管理中心、河北省南水北调工程建设管理局、保定市水利工程建设管理中心、河南省南水北调工程建设管理局、天津市水利工程建设管理中心等6家。

截至2009年底，南水北调中线干线工程已招标37个土建设计单元共计182个土建施工标段（含3个PCCP制造标）。其中，项目法人直管项目35个，代建项目12个，委托项目135个（北京段35个，总干渠河北段57个，河南段31个，天津干渠段12个）。

（汪　强）

工 程 进 展

2009年是中线干线工程建设全面提速、投资规模急剧增大、建设战线由局部向全线推进的一年。17个设计单元工程总计46个土建施工标段开工，新开工项目投资规模达250亿元，接近2008年底之前6年开工项目投资的总和。2009年完成土石方开挖7700万m^3，土石方填筑1300万m^3，混凝土浇筑84万m^3；完成投资111.17亿元，占国务院南水北调办下达投资（114.02亿元）的98%，其中河南段全部完成了年度投资目标。

截至2009年底，黄河以北段工程中除漳河北—石家庄段外，京石段应急供水工程、天津干渠工程、穿漳河工程、黄河北—漳河南段工程已开工建设。其中，京石段应急供水工程已基本建成并圆满完成了临时通水任务；天津干渠（天津境内）工程进入施工高峰，天津干渠（河北境内）工程已完成招投标工作；穿漳河工程、黄河北—漳河南段工程施工全面展开，先期开工建设的安阳段工程各类建筑物结构施工基本完成，渠道衬砌施工全面展开，膨胀岩（潞王坟）试验段试验区工程已通过单位工程验收，正在进行延期试验观测；穿黄工程过河隧洞上游线于2009年12月22日顺利穿越黄河，双线过河隧洞盾构掘进累计完成93.4%；沙河南—黄河南段工程中的沙河渡槽、北汝河倒虹吸、郑州2段和陶岔渠首—沙河南段工程中的膨胀土（南阳）试验段已开工建设，膨胀土（南阳）试验段一期土建施工已完工，正在进行渠道运行工况模拟试验和剩余工程施工；自动化调度系统总调中心实体环境建设基本完成，河北分公司、惠南庄管理处、河北段39个现地机房实体环境建设全面展开，京石段传输、交换、电源、网络、存储等系统正在有序建设。

截至2009年12月25日，中线干线工程累计完成土石方开挖2.203亿m^3，土石方填筑6776.9万m^3，混凝土浇筑591.97万m^3；土建施工合同累计完成投资137.808亿元。

（汪 强）

金属结构和机电安装

截至2009年底，南水北调中线干线工程金属结构和机电设备安装工程中，已经开工的41个设计单元合同工程量金属结构12 898t、机电设备3026台（套），累计完成金属结构7492t、机电设备396台（套）。

（一）京石段应急供水工程

京石段应急供水工程金属结构和机电设备安装工程中，已经开工的17个设计单元合同工程量金属结构8960t、机电设备1854台（套）。截至2009年底，累计完成合同工程量金属结构7074t、机电设备396台（套）。其中：惠南庄泵站工程，计划完成工程量金属结构3183t、机电设备22台（套），已经完成工程量金属结构2631t、机电设备8台（套）；漕河渡槽工程，计划完成工程量金属结构272t、机电设备182台（套），已经完成工程量金属结构267t、机电设备44台（套）；滹沱河倒虹吸工程，计划完成工程量金属结构243t、机电设备44台（套），已经完成工程量金属结构248t、机电设备4台（套）；唐河倒虹吸工程，计划完成工程量金属结构199t、机电设备45台（套），已经完成工程量金属结构200t、机电设备17台（套）；釜山隧洞工程，全部完成计划工程量金属结构55t。计划完成工程量机电设备2台（套）；古运河枢纽工程，计划完成工程量金属结构243t，已经完成工程量金属结构188t，完成机电设备17台（套）；河北段其他工程，计划完成工程量金属结构4435t、机电设备1559台（套），已经完成工程量金属结构3228t、机电设备305台（套）。

（二）穿黄工程

穿黄工程金属结构和机电设备安装工程中，已经开工的设计单元合同工程量金属结构797t，截至2009年底，累计完成合同工程量金属结构96.5t。

（三）黄河北—漳河南工程

黄河北—漳河南工程金属结构和机电设备安装工程共计11个设计单元，已经全部开工。截至2009年底，安阳段工程累计完成合同工程量金属结构418t。焦作2段、鹤壁段工程尚未进行。

（四）天津干线工程

天津干线工程金属结构和机电设备安装工程中，已经开工的设计单元合同工程量金属结构1266t、机电设备360台（套）。

（隋立山）

征 地 移 民

2009 年，在南水北调中线干线工程征地移民工作中，中线建管局作为项目法人积极参与、大力协助地方各级人民政府做好中线干线工程建设征地补偿和移民安置工作，保证和推进了工程建设。认真组织设计单位开展征迁初步设计，并在审查中及时发现问题、提出合理建议。组织办理了南阳膨胀土试验段永久用地组卷报批手续；办理了郑州 2 段工程的先行用地手续；办理了天津干线河北段、北汝河倒虹吸和沙河渡槽工程的临时用地手续，保证了工程按时合法开工。按照工程建设需要，提出征迁工作计划，根据征迁工作实施进度积极筹措征迁资金，并及时拨付到征迁主管部门。认真研究并积极协调征迁工作中的问题，通过动用征迁预备费及设计变更等方式予以解决。采取各种手段切实改善施工环境，及时对施工干扰造成的损失进行评估、补偿。

2009 年，基本完成了京石段工程后续征迁工作，退还了临时用地；开展了黄河北—羑河北段工程征迁实施工作，分阶段部署实施了营地征用、农村永久用地征收、城市房屋拆迁、弃渣等临时用地征用、专项设施拆迁；移交了穿漳河工程部分用地，对弃土场、取土场等临时用地变更问题进行了研究解决；提前启动了北汝河倒虹吸和沙河渡槽工程的征迁工作，先后完成了先期用地的勘测定界、地类划分确认、施工营地选址等工作，完成了临时用地的征用，保证了工程顺利开工建设；开展了郑州 2 段工程征迁工作，完成 4 个控制性建筑物先行用地移交及 8 个生活营地、弃渣场道路临时用地移交；开展了天津干线河北段征迁实施工作，完成营地等临时占地移交，保证了工程建设需要。

2009 年，中线干线工程完成永久占地 48 306 亩，临时占地 33 006 亩，搬迁人口 30 072 人，拆迁房屋 1 395 323m^2，生产安置人口 17 877 人，拆迁企事业单位 68 个，拆迁专项设施 971 处。

截至 2009 年底，中线干线工程累计完成永久占地 112 670 亩，临时占地 100 250 亩，搬迁人口 39 057 人，拆迁房屋 1 963 601m^2，生产安置人口 92 463 人，拆迁企事业单位 547 个，拆迁专项设施 3226 处，文物保护发掘面积 279 360m^2。

（常志兵）

科 学 技 术

南水北调中线干线工程中的科研工作以解决南水北调中线干线工程中的关键技术问题，促进南水北调中线干线工程的设计、施工和工程管理等各项任务的开展，保障工程建设质量为主要工作目标。

南水北调中线建管局参与了 6 项“十一五”国家科技支撑计划重大项目课题项目。为全面掌握课题研究工作进展，2009 年，南水北调中线建管局分别组织了对 6 个课题的工作检查，并向国务院南水北调办上报了 6 个课题的执行情况报告。针对重大科研项目参加单位多、协调工作量大的特点，为做好膨胀土试验工作，分别成立了总干渠膨胀土潞王坟段、南阳段试验工作领导小组和工作小组，进一步加强协调。在此基础上，积极探索组织管理模式，为科技试验工作顺利进行提供了强有力的保障。为提高科研成果水平，对已取得的中间成果，及时组织中间成果评审。组织召开了“大流量预应力渡槽和施工技术研究”课题工作总结及成果专家咨询会，膨胀岩（土）试验段研究成果应用研讨会，“中线工程输水能力与冰害防治技术研究”和“超大口径 PCCP 管道结构安全与质量控制研究”成果咨询会等。配合国务院南水北调工程建设委员会专家委员会组织召开了南水北调中线一期穿黄工程隧洞衬砌1:1仿真试验研究阶段成果评审会。并根据膨胀岩（土）试验段研究成果指导了膨胀土渠段工程设计的调整。

2009 年南水北调中线干线工程建设管理广泛征集科研项目，完成了“南水北调中线总干渠衬砌分缝及嵌缝材料选择研究”、“高地下水位渠段渠道结构优化设计研究”、“南水北调中线突发典型水污染事故特征和应对措施研究”、“新型直剪试验法在南水北调中线渠道工程中应用研究”、“南水北调中线穿黄工程盾构掘进关键技术研究”、“侧下方煤田采空区变形对南水北调中线总干渠影响监测研究”、“南水北调中线一期工程禹州采空区段岩土体变形监测及结构稳定性研究”及“南水北调中线一期工程焦作矿区段地表变形监测研究”等 8 个科技项目立项。目前已开始组织实施。对已具备结题条件的科研项目，南水北调中线建管局积极验收。2009 年，“南水北调中线京石段应急供水工程漕河渡槽槽身动态仿真及结构性态研究”和“南水北调中线工程漕河渡槽高性能泵送混凝土裂缝机理和施工防裂方法研究”2 个项目法人级科技项目的成果已组织验收。

就中线干线工程的建设和运行技术中的问题，南水北调中线建管局组织技术交流和研讨，进行广泛的交流，以提高中线工程设计、施工和运行管理技术和水平。2009 年组织了南水北调中线总干渠黄河南—沙河南段工程地下水及边坡技术讨论会、南水北调中线总干渠陶岔—沙河南段工程膨胀土标准及处理措施技术研讨会、中线总干渠沙河渡槽设计施工技术咨询会、中线干线河滩渠道砂砾石地基处理设计技术咨询会、南水北调中线穿黄工程盾构施工技术咨询会、PCCP 管道安全检测技术交流会等 6 次技术讨论和技术交流会。积极推动科研成果应用，中间研究成果及时应用，指导工程设计，节省了大量投资。

（苏　霞）

审 计 稽 察

2009 年，中线建管局先后配合或参与政府行政主管部门审计稽察 13 次，其中配合审计署延伸审计 1 次、参与配合国务院南水北调办专项稽察 4 次、参与国务院南水北调办工程稽察 8 次。根据工程建设的需要，中线建管局及时调整了配合政府行政主管部门审计稽察的工作思路，通过参与国务院南水北调办对委托代建项目组织的专项审计稽察，实现了将项目法人监督检查延伸到委托代建项目建管单位的层面。

（一）国务院南水北调办 2008 年工程建设资金专项审计

2009 年 3 月，国务院南水北调办分别委托河南诚和联合会计师事务所、北京中永信会计师事务所、大信会计师事务所和中天正旭会计师事务所对中线建管局及直管项目、北京市南水北调工程建设管理中心、河北省南水北调工程建设管理局和河南省南水北调工程建设管理局 2008 年度工程建设资金的使用和管理情况进行了专项审计，并于 2009 年 5 月向中线建管局分别下发了国调办经财［2009］61、76、85、86 号文，提出了北京市南水北调工程建设管理中心、中线建管局、河北省南水北调工程建设管理局和河南省南水北调工程建设管理局专项审计发现问题的整改意见。中线建管局及时组织有关部门和单位进行了整改，并于 2009 年 9 月分别以中线局审［2009］9、10、11、13 号文向国务院南水北调办报送了河北省南水北调工程建设管理局、北京市南水北调工程建设管理中心、河南省南水北调中线工程建设管理局和中线建管局落实整改意见情况。

（二）国务院南水北调办 2009 年度项目稽察

2009 年，国务院南水北调办分别对京石段应急供水工程北京市、河北省管理项目组织进行了合同管理、资金管理专项稽察，对京石段应急供水工程北京市、河北省征地补偿和移民安置组织进行了建设稽察，对膨胀土（潞王坟）试验段、膨胀土（南阳）试验段组织进行了建设稽察或复查，对天津市境内1段、2段工程组织进行建设稽察，并分别向中线建管局下发了国调办监督［2009］102、124、224、231、234号文提出相应稽察整改意见。中线建管局及时组织有关部门和单位整改，分别于9、10、12月以中线局审［2009］14、15、16号文向国务院南水北调办报送了京石段应急供水工程北京市和河北省管理项目合同管理、资金管理专项稽察、天津市境内2段工程稽察整改落实情况。

（杨君伟）

工程档案管理

2009年档案工作重点抓实机关档案管理，理清工程项目档案验收工作思路，加强档案馆硬件设施建设，为档案接收创造条件。

（一）工程建设管理性文件资料的归档管理及利用工作

2009年，结合中线工程建设和中线建管局工作实际，细化了档案馆内部工作流程，完善档案借阅程序，确保进馆档案质量和安全，满足各部门档案利用的需要。为更好服务于工程建设及今后的运行管理，档案馆编写了《南水北调中线建管局机关参考资料、库存资料移交、接收与使用规程》，并按照规程收集机关部门及个人手中保管的资料，指导资料移交工作。建立健全了机关档案管理体系，中线建管局机关已实现文件资料按部门、分年度统一归档、集中保管。同时，加强对直管建管部的机关档案管理工作的指导，对档案管理人员进行了初步培训，并结合实际组织项目部之间的经验交流活动。为提高档案工作人员对工程项目档案的认识，组织直管项目部档案管理人员参加了重大项目档案管理培训班。

（二）档案专项验收前的准备工作

一是编制印发了《京石段应急供水工程档案编号对照表》（中线局综［2009］22号），共编制档案编号270个，涉及京石应急供水工程的17个设计单元所有的建管、监理、施工、安全监测单位，使京石段工程档案都有了统一的标识，为京石段工程验收、档案专项验收、档案进馆提早作准备。二是将工程档案管理渗透到工程建设的各个节点。随着工程建设的推进，将工程资料收集归档工作的检查渗透到工程建设的各个节点，做到工程档案管理与工程建设紧密结合，同步实施。

在分部工程验收阶段，由监理单位主持工程资料检查，重点检查工程资料的真实性、完整性。资料不合格，不能通过分部工程验收。在单位工程验收阶段，由建管单位主持工程资料检查，重点检查单元工程、分部工程质量评定与验收及相关档案资料（包括施工图纸和竣工图纸）。资料不合格，不能通过单位工程验收。在合同完工验收前，由建管单位组织档案预验收，验收资料已经按照中线建管局相关规定整理完毕并满足验收要求的，方可通过预验收，档案整理应达到《京石段应急供水工程档案预验收评分标准》，档案预验收不合格，不能申请合同完工验收。规定了档案汇总、档案专项验收申请、验收后档案移交的要求。

（三）数字文档系统

南水北调中线数字文档管理系统自投入运行以来，在工程档案资料归档工作中发挥了积极作用。2009年，在京石段工程验收工作开始前，为了使各单位能做好验收前的档案资料整编工作，并为将来更好地开展中线后续的文件档案管理工作做好技术铺垫，档案馆召集京石段工程参建单位代表与系统开发工程师共同研究解决方案。通过对系统功能的再次演示，各单位代表与系统工程师现场同步操作，进一步熟悉了系统操作，掌握了顺利完成档案信息数据导入、自动生成封面和目录等功能的使用方法。同时，京石段各单位结合自身应用情况分别提出了对系统使用的意见，并结合一线档案管理需要，提出了系统功能扩充的建议。数字文档系统的维护、功能完善以及功能扩充等工作有了新的提高，实现了收集案卷目录信息、统一案卷形式的目标。

（四）档案库房建设

通过充分论证，确定了档案馆建设方案，经过一年的实施，档案实体智能化管理系统已初具规模，智能化密集架、温湿度管理系统已安装到位，将为中线档案现代化管理提供基本支撑。

（胡兴华）

建设管理机制

通过以中线干线京石段应急工程和穿黄工程建设为代表的实践探索，建立并逐步完善了一系列行之有效的建设管理机制。

（一）协调决策机制

根据南水北调工程建设跨地区、跨行业、跨部门的特点，建立了国务院南水北调工程建设委员会成员单位、省市南水北调工程领导机构及办事机构、项目法人等三个层面的协调机制，不断提高各方面、各层面协同作战的能力和效率，加强横向联系与纵向沟通，逐步实现了无缝衔接，并多次召开建设管理、设计、征地移民、建设环境等方面的协调会议，通过研究协商形成决策，促进相关建设问题的快速有效解决。

（二）激励约束机制

对委托制和代建制的建管单位实行合同管理考核，对直管的建管单位实行目标管理责任制考核，将合同考核和责任考核结果作为奖惩的重要依据，促进建设管理单位提高项目管理水平。每年组织中线干线工程优秀建设单位、优秀建设者评比活动，表彰先进集体和先进个人，充分调动参建单位的积极性。结合工程建设实际，适时开展劳动竞赛，掀起争先创优的建设高潮。认真贯彻落实工程投资静动管理制度，实施有关经济责任制和投资节余奖励办法，加强工程投资控制。

（三）动态管理和控制机制

建立健全项目法人负总责，项目建管单位管理，监理单位监督，设计、施工单位保证的四级控制体系，责任层层分解逐一落实，并充分利用国内外高水平的管理资源，突出控制重点，制订相应保证措施，提高工程的稳定性和可靠性。完善以日保周、以周保月、以月保季、以季保年的实时监控和动态调整体系，形成环环相扣、衔接有序、梯次推进的建设局面。坚持“飞检”等巡视检查制度，对工程进度、质量、安全进行严格的过程控制，及时发现并解决问题。

（四）信息沟通协调机制

及时召开工程分片月生产例会和建设进度专题会，研究解决影响工程建设的关键因素和施工中反映的问题。建管、设计、监理和施工单位现场定期召开生产协调会，加强施工信息沟通，分析节点工期完成情况，并定期进行进度风险分析。建立工程简报制度，及时反映在建工程每日、每周、每月的进度、形象、实物工程量完成情况和施工环境等问题，及时向领导提供工程建设信息，便于领导掌握情况，科学决策。

（邓小聪）

管理经验

（一）坚持科学发展观在工程建设中的统领地位

南水北调工程是贯彻落实科学发展观的具体体现。坚持以科学发展观统领工程建设，切实把“第一要义是发展，核心是以人为本，基本要求是全面协调可持续，根本方法是统筹兼顾”的理念及要求，用于指导中线干线工程建设的实践。正是由于不断加深对南水北调工程社会特性和管理体制机制创新重大意义的认识和理解，正确认识和处理不同利益主体的复杂关系，正确分析和对待困难和问题，把握工程建设与工程运行发挥社会效益的关系，抓住主要矛盾，加强管理协调，始终做到进度、质量、安全和投资控制并行不悖，工程建设与社会效益相得益彰，促进又好又快发展。

（二）坚持以开拓创新的精神研究和解决问题

中线干线工程是一项史无前例的特大型水利工程，管理战线长、管理半径大、管理任务重、管理复杂程度高。针对工程建设过程中产生的各种新情况、新问题，遵循工程建设规律，以开拓创新的精神，不断解放思想，与时俱进，大胆探索，勇于实践。正是由于适应工程建设全面提速的需要，克服习惯思维，转变原有管理理念，建立健全符合科学发展观要求、统一高效的管理机制。按照“做精局机关，做强建管部”的理念，调整完善机构设置，明确中线建管局机关与建管部的职责划分，提升各建管机构现场管理能力，实现工程建设管理重心的下移，进一步优化完善管理机制，达到提高工作效率和工程建设管理水平的目的。

（三）坚持把质量安全管理置于各项工作的首位

质量和安全是工程建设的生命，是中线干线工程建设管理的核心任务。一切工作归根结底都落实到质量和安全上，质量和安全具有最终的一票否决权。正是由于认真总结以往工程建设的经验教训，积极调整工作思路，努力创新管理手段，着重从“人、机、料、法、环、检”等方面实施全面质量安全管理，组织分层次、有针对性的质量安全培训，开展经验交流和重要施工技术研究，重视质量缺陷处理工作，加强质量检测、测量和“飞行检查”工作，全面实施目标责任制管理，强化过程监督，使全线质量安全管理水平迈上新台阶。

（四）坚持把制度建设作为搞好工程建设管理的根本保证

制度是管理经验的科学总结，将实践反复检验过的、行之有效的、处理常规性问题的做法固定下来，形成一套规章制度，规范人们的行为，从而有效地提高管理工作效率。正是由于始终把制度建设作为管理之本，修订完善有关安全生产、进度等方面的管理办法；组织汇编中线干线工程建设主要建设管理制度和技术标准，为各参建单位开展工作提供更好的指导；组织完成中线干线工程投资“静态控制、动态管理”制度体系建设，为加强投资管理、控制工程造价提供依据；组织清理前期工作、招投标管理、合同管理、变更索赔、稽察审计、作风建设等各个方面的规章制度，使中线建管局各项工作和工程建设走上制度化、规范化、科学化的轨道。

（五）坚持把队伍建设作为工程又好又快建设的组织基础和人才保障

一项好的事业来自于一支好的队伍，人是事业成功与否的决定性因素。人强，事业强；人兴，事业兴。“建设一流队伍、打造一流工程”是中线建管局矢志不渝追求的目标。正是由于着力加强领导班子建设和干部队伍自身建设，做到工程建设与队伍建设相结合，物质文明与精神文明两手抓，工程建设得以健康、持续、协调发展。正是由于根据形势的变化对队伍建设不断提出新要求，通过思想教育、专业培训、实践锻炼，进一步增强广大建设者的责任感、使命感、紧迫感和荣誉感，不断提高工程组织管理能力和协调处理复杂问题的本领，以队伍建设的成果促进工程建设。

（六）坚持把团结协作、和谐共建作为无障碍建设环境的重要前提

南水北调工程具有艰巨性、特殊性、复

杂性和长期性特点，工程建设管理需要得到各个方面的理解、支持与帮助，需要调动各方面的积极性，动员各方面力量和谐共建，努力营造无障碍施工环境。正是由于牢固树立大局观念，努力加强与各级地方政府及有关部门的沟通和联系，配合做好沿线群众工作，争取社会各界的支持，建立多种协调机制与合作共事关系，形成推进工作的合力，为中线干线工程创造良好的建设环境。正是由于地方政府在移民征迁工作上全力以赴，积极作为，工程项目才能按时开工，工程建设才能顺利进行；正是由于地方政府在安全保卫工作上给予实际有效的支持，通水运行才有了可靠的安全保障，达到应有的良好效果。

（邓小聪）

水 源 工 程

概 述

南水北调中线水源工程包括丹江口大坝加高工程、陶岔渠首枢纽工程及库区征地移民工作。其中丹江口大坝加高工程于2005年9月26日正式开工施工，2009年6月20日，大坝加高工程已顺利实现坝顶全线贯通，年底大坝基本到顶，金属结构机电改造项目全面铺开；陶岔渠首枢纽工程也于2009年12月28日正式开工建设；库区征地移民工程的初设规划报告报审完成，2.3万人库区移民试点工作基本结束，库区大规模移民搬迁开始启动。

（黄朝君　李志强　胡雨新　袁云桥）

丹江口大坝加高工程

2009年，按照国务院南水北调办、水利部的总体部署，在长江水利委员会和南水北调中线水源有限责任公司（以下简称中线水源公司）董事会的正确领导下，在汉江集团公司的全力配合和支持下，中线水源公司在2009年大坝加高工程主要进行了溢流坝段闸墩加高、左岸土石坝填筑、闸门及埋件、升船机土建及设备制造、电厂机组改造、老坝体裂缝缺陷检查与处理等工作。

（一）工程进度

2009年，经过参建单位的共同努力，在做好老坝体混凝土裂缝等缺陷的检查与处理的同时，实现了2009年安全度汛的目标。

在2009年6月20日之前，大坝坝顶全线贯通，2台500t门式起重机具备对闸门启闭的条件；混凝土坝非溢流坝段除18号坝段外全部加高至176.6m高程，溢流坝段闸墩全部加高至176.6m高程，18号坝段176.6m高程搭设临时度汛栈桥，溢流坝段堰面暂不加高；右岸土石坝填筑至坝顶高程176.6m，左岸土石坝填筑至坝顶高程170m。

截至2009年底，混凝土坝非溢流坝段全部加高至176.6m高程，溢流坝段闸墩全部加高至176.6m高程，溢流坝段堰面暂不加高；左、右岸土石坝均填筑至坝顶高程176.6m。老坝体裂缝等缺陷的检查工作基本完成，老坝体缺陷处理工作继续进行。

2009年，完成堰顶工作门修复1套，堵水叠梁门埋件、检修门埋件安装各18孔；电厂快速门、液压启闭机及埋件安装2台（套），检修门埋件安装2孔，检修门检修1扇；深孔事故检修门埋件安装3孔，固卷启闭机安装11台，金属结构设备安装共完成工程量1280t。升船机设备制造已完成约80%。4号发电机组改造工作从2009年4月全面展开，水轮机、发电机、主变压器、调速、励磁、供水等设备均已到场，进入安装调试阶段。2009年共完成土石方填筑17.91万m^3，混凝土浇筑4.44万m^3，混凝土拆除1500m^3，混凝土结合面凿毛5400m^2，钢筋2556.61t，金属结构安装1280t，裂缝检查1752.59m^2，裂缝处理3157.41m。

截至2009年底，累计完成土石坝填筑382.14万m^3，混凝土浇筑97.35万m^3，混凝土拆除3.41万m^3，混凝土结合面凿毛11.74万m^2，钢筋8559.28t，金属结构安装4530t，裂缝检查21 712.47m^2，裂缝处理19 312.91m。

（二）投资计划

根据2009年初中线水源公司董事会确定的建设目标，2009年丹江口大坝加高工程共安排投资计划20 100万元。2009年，丹江口大坝加高工程实际完成投资27 606万元。截至2009年底，工程累计完成投资169 587万元，占批复的初步设计概算总投资的70%。

（三）招标投标

2009年，主要完成了丹江口大坝加高电厂改造6个设备采购项目、大坝加高电梯设备采购及安装、初期大坝上游面水下裂缝检查与处理、钢格栅盖板采购、开关柜采购、6kV干式变压器采购、电缆电线和电缆桥架采购等共12个标段的招标工作，中标金额共1760万元。

（四）合同管理

丹江口大坝加高工程2009年共签订合同28个，合同金额0.30亿元。同时及时办理各类合同结算，保证工程建设资金需求，全年共办理结算132期次，结算金额2.56亿元。

（五）工程质量

2009年，大坝加高工程共完成单元工程2157个，全部合格，优良2021个，优良率93.7%。

2009年，对已完成分部工程包括右岸土石坝防渗心墙、左岸25~33号坝段新老混凝土结合面处理等10个分部工程进行了验收，并全部报质量监督站进行了核备，核定质量等级为优良；对2~右4号坝段锯缝施工和水文80kW测船制造采购两个合同项目进行了合同完工验收，全部合格。

（六）施工安全

大坝加高施工始终坚持“安全第一，预防为主，综合治理”的方针和“以人为本”的安全管理理念，形成了“政府监管，项目法人统抓，监理监控，参建方各负其责”的安全生产管理体系，施工过程中强化安全管理，狠抓措施落实，使2009年安全工作一直处于受控状态。中线水源公司组织修订完善了《丹江口大坝加高工程建设安全生产管理办法》和《丹江口大坝加高工程安全事故应急救援预案》并下发实施，各参建单位按照要求对安全管理制度和专项预案进行了修订；按照水利部和国务院南水北调办的有关要求，针对2009年“安全生产年”活动，各单位都制定详细的计划和安排，并做好落实和总结工作；坚持做好安全生产日巡查、周联合大检查和月考评，共检查发现安全隐患447件，违章421起，均全部进行了整改，较好地保证了施工安全。

2009年，大坝加高工程未发生“较大”及以上安全事故，无责任事故，工程度汛安全，完成了年度安全生产目标。

（李全宏　黄朝君　李志强　胡雨新　康子军）

陶岔渠首枢纽工程

陶岔渠首枢纽工程既是丹江口水利枢纽工程的副坝，也是南水北调向中线供水的控制口，是南水北调中线水源工程的重要组成部分，工程任务为供水、灌溉和兼顾发电。

（一）前期工作

2008年12月，长江勘测规划设计研究有限责任公司（以下简称长江设计公司）在以往前期工作的基础上，编制完成了《南水北调中线一期陶岔渠首枢纽工程初步设计报告》（以下简称《初设报告》），并以院经计［2008］424号文将《初设报告》报送国务院南水北调办。

受国务院南水北调办委托，水利部水利水电规划设计总院组织专家于2009年1月11～14日在北京组织召开会议，对《初设报告》进行了技术审查。会后，长江设计公司根据国务院南水北调办的有关要求和初审意见对《初设报告》进行了修改和补充。2009年4月13日，水利部水利水电规划设计总院在北京召开会议，对修改后的《初设报告》进行了复审。

2009年6月1日，国务院南水北调办批复了《南水北调中线一期陶岔渠首枢纽工程初步设计报告（技术方案）》（国调办投计［2009］91号），陶岔渠首枢纽工程设计为新址重建加电站方案。建筑物主要有引渠、重力坝、引水闸、消力池、电站厂房和管理用房等。新渠首闸位于老渠首闸下游约80m处，渠首闸坝顶高程176.6m，轴线长265m，引水闸底部高程140m，分3孔，设计流量350m^3/s，加大流量可达420m^3/s。新渠首闸建成后，老渠首闸将拆除。电站为河床径流式，装机容量5万kW，安装2台2.5万kW机组。工程计划施工总工期为42个月。

2009年8月28日，国务院南水北调办以《关于南水北调中线一期陶岔渠首枢纽工程初步设计报告（概算）的批复》（国调办投计［2009］165号）下达了陶岔渠首枢纽工程的概算，按照2008年第四季度价格水平，核定该工程枢纽与电站一次建成方案初步设计静态总投资81 808万元，其中电站部分静态总投资28 650万元。工程初步设计概算总投资85 935万元，其中贷款利息4127万元。

（二）开工建设

2009年12月28日，陶岔渠首枢纽工程开工动员大会在河南省淅川县九重镇陶岔村渠首工程施工现场举行。

陶岔渠首枢纽工程由国务院南水北调办、水利部联合委托淮河水利委员会治淮工程建设管理局承建，渠首枢纽主体工程施工单位为中国水利水电第十一工程局。

库区征地移民工程

（一）前期工作

根据国务院南水北调办批准的《南水北调中线一期工作初步设计阶段丹江口水库建设征地移民安置规划设计（修订）工作大纲》，中线水源公司对长江设计公司修订完成的丹江口库区征地移民初步设计报告中的《工业企业迁建规划报告》、《城集镇迁建规划报告》、《单价分析报告》、《专业项目复改建规划设计报告》、《农村规划报告》等组织了初步审查，并及时将修订后的报告上报国务院南水北调办。国务院南水北调办也已完成水库征地移民初设报告的审查和概算审核工作。

（二）移民安置工作

按照国务院南水北调办下达的动迁令，河南、湖北两省分别于2008年11月7日和25日启动了丹江口库区移民试点工作。经过一年的工作，河南省已于2009年8月底完成移民试点2537户10 627人的规划任务，湖北省到2009年底已完成试点移民搬迁7170人。从2009年6月开始，库区大规模移民搬迁工作开始启动。

2009年丹江口库区移民安置工程共完成投资33.13亿元；共签订合同6个，合同金额32.69亿元。

（三）投资计划编排和资金筹措

根据河南、湖北两省的工作计划，中线水源公司按时编报库区征地移民年度投资计划，同时根据国务院南水北调办下达的移民投资计划，积极筹措资金。依照中线水源公司与两省签订的征地移民“包干”协议和移民实施进度及资金需求计划，及时拨付移民资金，有力地促进了库区移民工作的顺利开展。同时中线水源公司人员经常深入现场，及时了解库区移民迁安实施进展情况，积极配合两省解决库区移民实施过程中出现的问题，按时编报征地移民统计报表，编发移民工作简报、专报，为上级部门了解信息、决策提供依据。

2009 年筹措库区移民资金 34.36 亿元（银行贷款 31.5 亿元）。截至 2009 年底，库区移民安置累计到位资金 52 亿元（银行贷款 36.5 亿元），累计使用资金 50.7 亿元。

（张乐群）

在 建 工 程

京石段应急供水工程

概 述

工 程 概 况

南水北调中线一期总干渠河北石家庄至北京团城湖简称京石段，长 307.461km，其中石家庄至北拒马河渠段长 227.04km，采用全明渠自流输水型式，北京段长 80.43km，采用管涵加压输水型式。

京石段应急供水工程干渠自南向北设计流量为 220～30m³/s，加大流量为 240～35m³/s。沿线共设置分水口门 22 处，其中河北段 15 处，北京段 7 处。河北段进口设计水位 76.41m，加大水位 76.83m，与北京交界处设计水位 60.30m，加大水位 60.40m，北京末端水位 48.57m。

京石段应急供水工程为一等工程，总干渠渠道、管涵、隧洞、加压泵站、各类交叉建筑物及控制工程均为 1 级建筑物；附属建筑物为 3 级建筑物；临时建筑物为 4 级或 5 级建筑物。京石段总干渠工程主要建筑物包括 11 类，其中，明渠渠道 202.16km，PCCP 管道 55.474km，低压暗涵 17.88km，隧洞 9 座，河渠交叉建筑物 25 座，左岸排水建筑物 103 座，渠渠交叉建筑物 33 座，控制工程 50 座，铁路交叉建筑物 14 座，公路交叉建筑物 131 座，加压泵站 1 座。

京石段应急供水工程于 2003 年率先开工建设，2009 年已基本具备通水条件，并利用河北省岗南、黄壁庄、王快、西大洋四座水库，向北京应急供水。

（汪 强）

工 程 投 资

京石段应急供水工程调整为 19 个设计单元工程，截至 2009 年底，国家已批复 18 个设计单元工程，批复京石段应急供水工程概算投资合计为 199.80 亿元，累计下达投资 199.80 亿元，占批复概算的 100%。

截至 2009 年底，京石段应急供水工程累计完成投资总额 165.17 亿元，占批复总投资的 83%，见表 1。各年度分别完成投资为，2004 年 3.88 亿元，2005 年 6.98 亿元，2006 年 57.66 亿元，2007 年 53.01 亿元，2008 年 23.80 亿元，2009 年 19.84 亿元。

表1　京石段应急供水工程各设计单元工程投资完成情况表　万元

序号	项目	工程总投资	下达投资计划	完成投资		
				2009年完成投资	累计完成投资	
					投资	占工程总投资比例
	京石段应急供水工程	1 998 025	1 998 025	198 411	1 651 731	83%
1	永定河倒虹吸工程	30 439	30 439	54	29 340	96%
2	西四环暗涵工程	110 328	110 328	6167	99 634	90%
3	北京市穿五棵松地铁站工程	5460	5460	714	5038	92%
4	北京段铁路交叉工程	17 717	17 717	36	16 375	92%
5	北拒马河暗渠工程	14 463	14 463	21	8996	62%
6	惠南庄泵站工程	78 486	78 486	6827	46 861	60%
7	北京市境内其他工程	416 832	416 832	60 772	353 185	85%
8	滹沱河倒虹吸工程	55 859	55 859	2385	47 372	85%
9	漕河渡槽段工程	88 331	88 331	458	71 051	80%
10	釜山隧洞工程	20 484	20 484	950	15 767	77%
11	唐河倒虹吸工程	22 516	22 516	2905	21 389	95%
12	古运河枢纽工程	18 717	18 717	2196	15 529	83%
13	河北境内其他工程	1 002 121	1 002 121	92 436	862 524	86%
14	河北段生产桥建设	36 675	36 675	2884	24 354	66%
15	临时通水工程	9062	9062	609	10 309	114%
16	北京段工程管理专项	4749	4749			0%
17	河北段工程管理专项	8729	8729	3999	3999	46%
18	中线干线自动化调度与运行管理决策支持系统工程（京石应急段）	57 057	57 057	14 998	20 008	35%

（李文斌）

工　程　进　展

京石段应急供水工程于2003年12月30日开工建设。截至2009年底，国家已批复的18个设计单元，除北京段永久供电工程外，其余17个设计单元全部开工建设，其中14个设计单元已基本完工。

工程于2008年5月通过临时通水验收，2008年9月28日通水。2008年9月～2009年5月顺利完成应急调水方案确定的3亿m^3临时调水任务后，2009年5～8月再向北京市追加供水1.35亿m^3，标志着南水北调中线干线工程已初步发挥运行效益。

2009年，京石段应急供水工程完成了少量尾工和缺陷处理工作及合同项目验收。

2009年8月，临时通水结束后，京石段工程开始全面启动尾工和缺陷处理工作。尾工方面主要是少数桥梁、运行维护道路、35kV永久供电线路及绿化工程等。其中，厂城桥、韩庄桥、界河倒虹吸等制约再次通水的关键项目进展顺利。缺陷处理方面，处理方案已下达，各参建单位正在组织实施。2009年，实际完成土石方开挖7700万m^3，土石方填筑1300万m^3，混凝土浇筑

84 万 m^3。

截至 2009 年 12 月 25 日，京石段工程累计完成土石方开挖 12 364.1 万 m^3，占合同总量的99.3%；土方回填5189.8 万 m^3，占合同总量的94.3%；混凝土浇筑469.88 万 m^3，占合同总量的 95.3%。施工合同累计完成投资98.048 亿元，占施工合同总额 105.151 亿元的 93.2%。

（汪　强）

质　量　管　理

2009 年，认真总结京石段应急供水工程建设经验，创新手段，积极深入现场，着重从“人、机、料、法、环、检”等方面加强质量安全管理，强化监督检查，将质量安全管理工作进一步做细。一是进一步明确主要监理、施工人员资质要求，全面落实质量安全目标责任制，健全责任体系，开展分层次、有针对性的培训。二是指导新开工项目施工单位引进优良设备，普遍使用渠道衬砌机、架桥机等关键施工设备，保证工程质量。三是突出抓好混凝土配合比，加大原材料质量控制力度，加大对原材料抽检频次或开展专项检查。四是通过对京石段工程各类质量缺陷进行统计分析和对全部 98 座穿堤建筑物逐一排查，系统研究以往工程建设过程中的质量安全问题，指导施工单位改进施工方法；组织开展重要施工技术研究，编制《渠道混凝土衬砌施工操作指南》，实现关键项目规范化施工；组织参建单位详细统计渠道衬砌冻胀损坏情况，提请国务院南水北调工程建设委员会专家委员会咨询，在此基础上督促设计单位编制《京石段工程缺陷处理方案》，并在临时通水结束后加紧组织实施。五是强化安全生产管理，大力加强文明工地建设，通过开展安全生产“三项行动”和建设领域突出问题专项治理等活动，建立良好的生产环境和秩序。六是充分发挥质量检测中心和测量中心作用，并全面启动“飞检”工作，统一管理监理平行检测；督导建管单位进一步改进和完善考核评比体系；组织完成直管代建项目年度安全生产目标考核工作。

截至 2009 年底，京石段应急供水工程质量安全情况总体良好，未发生较大以上质量安全事故。累计进行单元工程质量评定109 620个，优良 98 912 个，优良率 90.2%；累计进行分部工程质量评定 2322 个，优良 1988 个，优良率85.6%；累计进行单位工程质量评定 122 个，优良 122 个，优良率 100%。

（汪　强）

工　程　验　收

京石段应急供水工程总计 116 个土建及设备安装施工合同，划分为 327 个单位工程，2719 个分部工程。截至 2009 年底，已完成分部工程验收 2322 个，完成率 85.4%；完成单位工程验收 122 个，完成率 40.0%；完成合同项目验收 2 个，完成率 1.9%。

2009 年，京石段应急供水工程主要任务是临时通水和通水结束后进行尾工、缺陷处理，工程验收方面的主要工作是进一步规范验收管理体系并制订有关验收工作计划。

一是组织有关专家对 S36 标、惠南庄泵站、代建三标、PCCP 管道、西四环暗涵等在建工程的验收工作进行深入检查；二是组织开展施工合同验收培训；三是组织编制并宣贯《验收管理办法》和《施工合同验收实施细则》；四是组织编制《京石段工程验收工作方案》，启动安全评估工作；五是积极协调推动京石段桥梁工程移交、竣工验收工作。

2009 年，在京石段应急供水工程北京段主体工程完工的基础上，北京市南水北调办和中线建管局建立定期沟通协调机制，北京段干线工程合同验收、合同变更及价款结算、自动化调度、用地移交、运行管理设施建设等工作正按计划有序推进。

京石段应急供水北京段单位工程验收共计49项，已完成40项；合同项目验收28项，2010年4月底前合同项目验收全部完成。

（汪 强 李闽峰）

工 程 运 行

为缓解首都北京水资源短缺危机，京石段应急供水工程自河北省的岗南、黄壁庄和王快水库引水，通过自流输水方式向北京市临时供水。2009年，京石段应急供水工程在完成国务院批复的3亿m^3调水任务的基础上，根据北京市的请求，经水利部协调，追加向北京供水1.35亿m^3，累计调水4.35亿m^3，水质Ⅱ类。

2009年，京石段应急供水工程临时通水经历了冰期运行、水库水源切换、退水等阶段。渠道冰期运行阶段大致分为流冰期输水、冰盖下输水、融冰期输水阶段。自2008年12月初渠道进入冰期运行以来，至2009年2月21日，渠道融冰基本完毕，冰期输水阶段结束。2009年3月5日黄壁庄水库关闸，3月9日开启沙河干渠连接段引水闸，由王快水库向中线总干渠供水，实现水库水源切换。至2009年5月26日，河北省黄壁庄、王快水库放水量超过3亿m^3，入北京市水量达2.25亿m^3，完成了国务院批复的《北京2008年奥运会应急调水实施方案》确定的调水任务。之后开始向北京市追加供水，至2009年7月23日，河北省岗南水库、黄壁庄水库、王快水库累计出库总水量4.35亿m^3，完成向北京市追加供水1.35亿m^3出库任务，渠道进入退水阶段。2009年8月19日，渠道退水完成，同时退水阶段进行的金属结构设备调试工作完毕，标志着历时11个月的京石段通水运行工作正式结束。

京石段应急供水工程的输水控制方式采用闸前常水位方式运行，冰期目标水位高于正常输水期的目标水位，渠道沿线自南向北参与调度运行的节制闸有磁河节制闸、沙河北节制闸、唐河节制闸、放水节制闸、蒲阳河节制闸、岗头节制闸、北易水节制闸、坟庄河节制闸、北拒马河节制闸、永定河控制闸、团城湖末端闸等11座。运行过程中通过调节闸门开度控制闸前水位及供水流量。切换水源后，磁河节制闸、沙河北节制闸退出运行；渠道沿线各节制闸前、后设置水尺或自动水位计，实时记录各节制闸前、后水位；石津干渠入总干渠连接段、沙河干渠入总干渠连接段、滹沱河节制闸、北拒马河节闸、惠南庄泵站处设置流量计，实时监测断面流量及累计输水量；田庄、中管头、七里庄、北拒马暗渠、大宁、团城湖设立6处水质固定监测站，惠南庄泵站处设置水质自动监测站，定期监测渠道水质。

京石段临时通水按三级机构组织运行调度。其中南水北调中线建管局成立“中线建管局京石段工程临时通水指挥部”，为一级运行管理机构；河北省南水北调建管局、北京市南水北调建管中心、中线建管局河北直管建管部、中线建管局惠南庄建管部为二级运行管理机构；各现地闸站为三级运行管理机构。在通水运行前，组织编制和印发了《南水北调京石段工程临时通水管理制度汇编》、《南水北调京石段工程临时通水机电设备运行规程》、《南水北调工程安全监测观测技术规程》、《南水北调京石段工程临时通水水工建筑物观测仪器设备操作及维护规程》、《南水北调京石段工程临时通水突发事件应急预案汇编》等管理制度，以及《京石段应急供水工程2008年临时通水运行实施方案》、《南水北调京石段工程冰期输水运行技术要求》等技术性指导文件。

（陈晓楠 韩黎明）

惠南庄泵站工程

工 程 概 况

惠南庄泵站位于北京市房山区大石窝镇惠南庄村东，与河北省涿州市相邻，距北京市区约60km，是南水北调中线工程总干渠上唯一的一座大型加压泵站。

惠南庄泵站设计装机流量60m^3/s，选用8台卧式离心泵机组，总装机容量58.4MW，6台工作2台备用，单机流量10m^3/s，采用机组并联及变频调速相结合的运行方式。

泵站为一等大（1）型工程，主要建筑物级别1级。泵站内主要建筑物有进口闸、前池、进水池、主厂房、副厂房、柴油发电机房、绝缘油库、机修车间、建设管理楼、管理控制楼、测流站等。

惠南庄泵站总投资7.75亿元，2005年7月1日开工建设。

惠南庄建管部作为中线建管局的派出机构，负责惠南庄泵站项目的建设管理任务，为直接管理模式。

（冯正祥　杨晓丹）

工 程 投 资

惠南庄泵站工程批复概算总投资77 531万元。截至2009年底，累计完成投资50 199.9万元，其中，土建及金属结构安装标累计完成投资22 302.71万元；压力钢管制造采购标累计完成投资2342.55万元；机电设备安装标累计完成投资3016.27万元；剩余合同累计完成投资22 538.38万元。

截至2009年底，惠南庄泵站累计完成土方开挖78.5万m^3，占合同总量的109%；土方填筑62.38万m^3，占合同总量的101%；混凝土浇筑16.28万m^3，占合同总量的110%；钢筋制作安装1.26万t，占合同总量的99.2%。

（陆　严　蒋建伟）

工 程 进 展

2009年，参建各方圆满完成年度建设目标及临时通水运行工作。

主体工程。2009年主要进行主副厂房内外装修施工、场区内道路及泵站附属工程的装修施工工作。截至2009年底，惠南庄泵站土建工程除场区绿化工程外，其余工程项目已全部完成。

金属结构及机电安装工程。泵站主厂房设备在2008年临时通水运行过程中投运。截至2009年底，泵站主厂房内水泵机组及辅助设备安装基本完成；技术供水系统、渗漏排水系统、前池抽排水系统、柴油发电机组、加氯设备及绝缘油与透平油设备等安装完成；110kV主变压器、站用变压器、输入变压器、变频设备、GIS室设备、400V配电柜、10kV开关柜等安装完成；主副厂房70%电缆及场区电缆敷设完成；室外照明系统安装完成80%。剩余施工项目主要有部分控制电缆及通信、视频、网络等弱电相关系统。

惠南庄泵站前池及主、副厂房因抗浮稳定和结构布置需要，部分永久变形缝间距接近或超过规范限值，主体结构全部采用补偿收缩混凝土，并设置了膨胀加强带，实现了结构自防水和超长混凝土结构无缝连续施工。

（边秋璞　刘　攀　刘大功　汪　强）

工 程 验 收

截至2009年底，惠南庄泵站工程累计评定单元工程1861个，合格率100%，其中优良1653个，优良率88.9%。惠南庄泵站工程共划分61个分部工程，验收分部工程33个，其中30个评为优良等级，优良率为90.9%，3个评为合格等级。对已具备验收条件的前池段内外墙进行了外观质量评定，外观质量得分率90%以上。

2008年3月24日，惠南庄泵站通过中线建管局验收工作组组织的临时通水项目法人验收。2008年4月27～28日，南水北调中线京石段应急供水工程临时通水验收专家组对惠南庄泵站工程（与小流量输水相关项目的施工）进行了临时通水技术性初步验收。验收结论为：工程建设项目已按批准的设计内容和合同要求基本完成，建设规模和各项技术指标符合设计要求；施工程序符合设计要求和有关规定；工程质量满足规程、规范和设计要求。

（李铁强　吕玉峰）

运行管理

2009年临时通水运行期间，惠南庄建管部作为二级运行管理单位，管理惠南庄泵站、北拒马河暗渠、河北Ⅰ～Ⅳ标段等6个标段工程的运行管理工作，工程全线长度28.5km。主要建筑物有河渠交叉建筑物5座，隧洞1座，左岸排水建筑物12座，渠渠交叉建筑物11座，公路交叉建筑物26座，节制闸2座，退水闸2座，分水口3座，泵站1座。其中坟庄河倒虹吸出口节制闸、北拒马河渠首节制闸、惠南庄泵站为参与调度节制闸站。

通水期间，惠南庄建管部严格规范运行管理工作，组建了临时通水管理机构，制订了岗位职责和管理细则，编写运行操作手册，开展了岗前技术培训和考核，制订事故应急预案，组织应急演练，提高事故防范能力，定期和不定期检查三级单位运行工作。截至2009年8月19日，惠南庄泵站累计供水33 372万m^3（2008～2009年），其中2009全年运行231天，输水25 989万m^3。运行期间，设备设施工作正常，设备完好率100%，未发生安全生产事故。

（刘　纲）

釜山隧洞工程

工程概况

釜山隧洞工程是南水北调中线干线京石段应急供水工程的重要组成部分，工程位于河北省徐水县北河庄村东南0.5km，工程等别为一等，主要建筑物级别为1级。设计流量100m^3/s，加大流量120m^3/s。基本地震烈度Ⅶ度。釜山隧洞工程全长2664m，由进口段、洞身段、出口段三部分组成。釜山隧洞工程为1个设计单元，分为2个单位工程，29个分部工程。2009年釜山隧洞工程顺利完成临时通水任务。

（王淑华）

建设管理

受中线建管局委托，河北建管局负责该工程建设管理。该工程承建单位中铁十二局集团有限公司及中国葛洲坝集团公司均为具有水利水电施工总承包一级资质的大型施工企业，保证了总体建设目标的实现。2008年釜山隧洞工程已全部完工，2009年主要是临时通水的巡视管理工作和验收资料整理及变更结算、个别尾工缺陷处理工作。

各参建单位把安全工作始终放在首位。年内安全生产的重点主要是通水期间的安全运行。各参建单位继续坚持“安全第一，预防为主”的方针，把安全生产当作头等大事来抓，确保了工程安全以及通水期间的安全运行。

（王淑华）

工程验收

釜山隧洞工程29个分部工程已于2008年3月8日前全部验收完成。2008年3月15～18日进行了临时通水项目法人验收，2008年3月25日～4月1日进行了临时通水技术性初步验收，2008年5月16～20日通过国调办组织的临时通水验收，2009年12月3～4日进行了2个单位工程验收。

截至2009年底，已评定1958个单元工程质量，其中1958个合格，1833个优良，合格率100%，优良率达到93%；验收29个分部工程，其中4个合格，25个优良，优良率达到86%；验收2个单位工程，全部优良。

（王淑华）

唐河倒虹吸工程

工程概况

唐河倒虹吸工程是南水北调中线干线京石段应急供水工程的重要组成部分，工程分为1个设计单元，3个单位工程，28个分部工程。2009年，唐河倒虹吸工程顺利完成临时通水任务。

唐河倒虹吸工程位于河北省定州市，工程等别为一等，主体建筑物等级为1级。倒虹吸设计流量为135m^3/s，加大流量为160m^3/s。工程防洪标准按100年一遇设计，300年一遇校核。地震设计烈度为Ⅵ度。

唐河倒虹吸工程由进出口连接渠、倒虹吸、节制闸和退水闸四部分组成，总长1542.4m。

（王淑华）

建设管理

唐河倒虹吸工程建设管理单位为河北省南水北调工程建设管理局，现场管理单位为第二工程建设部。工程两个土建承包均为具有水利水电施工总承包一级资质的大型施工企业，2008年唐河倒虹吸工程已全部完工，并完成工程验收，2009年主要是保证临时通水工作的安全，保证了总体建设目标的实现。

2009年，建管单位把安全输水工作作为重要任务，保证了安全输水，并进行了档案资料和验收资料的整理编制。

各参建单位把安全工作始终放在首位。2009年安全生产的重点主要是通水期间的安全运行，各参建单位继续坚持“安全第一，预防为主”的方针，把工程安全和输水安全当作头等大事来抓，确保了通水期间的安全运行。

（王淑华）

漕河渡槽段工程

工程概况

漕河渡槽段工程是南水北调中线干线京石段应急供水工程的重要组成部分，工程位于河北省保定市满城县境内，距保定市区约30km。由吴庄隧洞、漕河渡槽、岗头隧洞、吴庄隧洞与部分土渠、石渠及排水涵洞和退水闸等建筑物组成，线路全长9319.7m。设计流量125m³/s，加大流量150m³/s。澧河项目工程核定概算88 361万元，2005年6月10日正式开工建设。

吴庄隧洞、土渠段、澧河渡槽、退水闸、石渠、岗头隧洞等项目土建、金属结构、机电安装及调试任务全部完成；临时通水期间，各建筑物及机电设备运行正常。

（彭守军）

建设管理

澧河渡槽段工程建设管理体制为项目法人直接管理模式，由中线建管局现场派出机构澧河项目建设管理部对工程建设进行直接管理。各参建单位建立了工程进度管理体系，明确了各级机构的职责。建立健全质量管理体系并保持有效运行，使工程建设处于受控状态。澧河建管部成立了以建管部部长为安全第一责任人的安全管理委员会，建立健全了澧河建管部的安全管理机构，设置专职安全管理人员。严格执行国家安全生产法律法规，全年未发生安全事故，临时通水运行正常。

澧河渡槽段项目四个标段施工单位，分别为中铁十三局集团有限公司（Ⅰ标）、中国水利水电第四工程局（Ⅱ标）、中国葛洲坝集团股份有限公司（Ⅲ标）和中国水利水电第一工程局（Ⅳ标）。2009年，各施工单位围绕工程建设目标，努力构建和谐建设环境；合理安排人员、设备、材料等资源投入，有效地保障工程进度；完善质量保证体系，把握“人、机、料、法、环”五个要素，做好质量保证与控制工作以及验收工作；完善安全保证体系，切实落实安全生产责任制，加强文明施工和环境保护力度，做到生产安全，施工文明。

（彭守军）

工程投资

2009年，澧河渡槽段工程Ⅰ～Ⅳ标全年完成投资为361万元；截至2009年底，累计完成投资56 833万元，占合同总额的103%。按照合同的规定，及时处理了187余项一般变更，按时对重大变更、索赔与反索赔的事件进行了审核、上报，充分发挥监理在投资控制方面的作用。

（彭守军）

工程进展

2009年1～7月，澧河渡槽段Ⅰ～Ⅳ标完工，投入运行，按计划完成临时通水任务；8～12月，完成了停水后的渠道清理、工程缺陷处理和各标段材料调差、完工工程量审核及所有单位工程验收任务。

（彭守军）

工程监理

澧河渡槽段项目监理单位中水北方勘测设计研究有限责任公司组建现场机构中水北方公司澧河项目监理部。2009年，主要任务是督促施工单位按计划完成工程缺陷处理和单位工程验收工作。按相关文件要求，督促施工单位配合业主按计划完成材料调差、完工工程量审核工作。开展安全生产大检查活动，及时处理安全隐患，保证工程临时通水正常运行。

（彭守军）

工程验收

截至2009年底，澧河渡槽项目4个标段按合同要求全部完成，建筑位置、规模和各项参数指标符合设计要求，施工程序符合设计要求和有关规程、规范的规定，施工过程原始记录资料真实齐全，土建原材料、中间产品和工程实体均经过检查检验，建筑物外观质量良好。

漕河渡槽工程项目划分为8个单位工程、73个分部工程（其中主要分部工程30个）、4350个单元工程。截至2009年底，已完成单元工程质量评定4348个，其中优良3797个，优良率87.3%；完成分部工程质量评定72个，其中优良58个，优良率80.6%。

截至2009年底，漕河建管部组织施工、监理、设计单位、质量监督站完成了漕河渡槽8个单位工程的验收工作，其中，7个单位工程质量评定优良，单位工程优良率87.5%。

（彭守军）

古运河枢纽工程

工程概况

古运河枢纽工程是南水北调中线干线京石段应急供水工程的重要组成部分，工程分为1个设计单元，3个单位工程，25个分部工程。2009年已完成了剩余尾工的施工。

古运河枢纽工程位于石家庄市西北郊区，工程等别为一等，主体建筑物等级为1级。设计流量170m³/s，加大流量200m³/s，工程设计防洪标准为100年一遇，校核标准为300年一遇。地震基本烈度为Ⅶ度。

古运河枢纽工程由进口渠道工程、古运河暗渠和田庄分水闸三部分组成。

（王淑华）

工程投资

古运河枢纽工程概算总投资18 499万元。其中建筑工程12 007万元，机电设备及安装工程632万元，金属结构及安装工程339万元，临时工程592万元，独立费用1342万元，基本预备费895万元，贷款利息468万元，其他费用2225万元。

截至2009年底，累计完成投资12 457万元，其中建筑工程完成投资10 883万元（合同额），机电设备及安装工程187万元，金属结构及安装工程218万元，临时工程1758万元，独立费用1169万元。完成合同投资的120%。

（王淑华）

工程进展

古运河枢纽工程2005年6月20日开工。截至2009年底，工程全部完成。累计完成土方开挖86万m³，为设计工程量的115%；土方回填39万m³，为设计工程量的100%；混凝土浇筑7.3万m³，为设计工程量的95%；钢筋制作安装4945t，为设计工程量的99.9%。金属结构188t，为设计工程量的77%。

（王淑华）

工程验收

截至2009年底，古运河枢纽工程评定单元工程1292个，合格1292个，优良1200个，优良率93%；已评定23个分部工程，全部合格，优良20个，优良率87%。正在准备3个单位工程验收。

（王淑华）

河北段其他工程

工 程 概 况

河北段其他工程是南水北调中线干线京石段应急供水工程的重要组成部分，工程为1个设计单元，委托河北建设管理的工程共划分为11个监理标段，46个施工标段，包括14座大型建筑物标段、29个渠道标段和3个生产桥标段。2008年9月～2009年7月河北段其他工程顺利进行了临时通水任务和剩余尾工及通水后缺陷处理。

工程于2006年7月正式开工，主体工程2007年12月31日完成，2008年4月具备临时通水条件。

（王淑华）

工 程 投 资

河北段其他工程概算总投资（不含征地拆迁费用和连接段费用）476 223万元。

截至2009年底，累计完成主体工程投资390 109万元，其中建筑工程完成投资332 838万元（合同额），机电设备及安装工程完成11 820万元，金属结构及设备安装1240万元，临时工程14 970万元，独立费用29 241万元。已完成合同投资的121%。

（王淑华）

建 设 管 理

河北段其他工程作为委托河北建设管理的一部分，主要由河北省南水北调建设管理局负责建设管理，现场管理单位为河北建管局派驻现场的三个建设部和一个代建部，设计单位为河北省水利水电勘测设计研究院，质量监督单位为南水北调河北质量监督站派驻现场的三个巡查组。

为适应工程建设需要，河北省南水北调建设管理局2009年通过公开招聘方式招聘7名正式职工，正式人员增至74人，高级以上职称42名，工程师15名，大专以上学历69名，基本满足工程建设管理需要。在充实调整人员的同时，立足做好京石段尾工建设，建立健全各项规章制度，为工程建设管理提供了保障。

（王淑华）

工 程 进 展

河北段其他工程2009年主要进行剩余尾工［未完的8座交通桥（不含厂城桥）和5座生产桥、运行维护道路沥青路面、输电线路及少量排水沟与绿化等零星工程］建设和通水后工程恢复及出现的冻胀、冻融缺陷处理。S2标由于受岗黄—石家庄输水管道改建等影响工期推后。

截至2009年底，累计土方开挖完成6436万m^3，为设计工程量的116%；土方回填2233万m^3，为设计工程量的99%；石方开挖1129万m^3，为设计工程量的128%；石方洞挖3.4万m^3，为设计工程量的75%；混凝土浇筑196万m^3，为设计工程量的94%；钢筋制作安装71 146t，为设计工程量的95%。

（王淑华）

安 全 生 产

2009年，结合临时通水和尾工建设的实际，不断加强安全管理工作，抓质量保安全、抓安全促质量，扎实有效地开展工作。2008年9月18日～2009年7月28日临时通水期间，参加各方积极采取措施保证输水安全和工程安全及周边群众的安全。

（王淑华）

工程验收

2009年，京石段应急供水工程验收工作进入重要阶段。工程验收工作是质量管理的重要和最后一个环节，坚持严格的质量验收程序，严把工程验收质量关，保证验收工作和工程质量。为规范工程验收程序和资料编制整理工作，举办了分部工程、单位工程验收示范研讨会，验收工作中严字当头，把好现场检查和资料检查每一道关，使工程验收工作扎实推进。

截至2009年底，河北段其他工程中，委托河北省建设的项目已验收52 593个单元工程，合格率100%，优良46 575个，优良率89%；已评定907个分部工程，其中907个合格，816个优良，优良率90%；单位工程验收13个，全部优良。

（王淑华）

河北段Ⅴ~Ⅷ标工程

南水北调中线京石段应急供水工程河北段Ⅴ~Ⅷ标（石家庄至北拒马河段）工程，位于河北省保定市顺平县、满城县和徐水县境内，工程分为17个单位工程，分别处于漕河渡槽上下游，渠段总长24.95km。除渠道工程外有3座大型建筑物［雾山（一）隧洞、雾山（二）隧洞、界河倒虹吸］、1座节制闸、3座分水口门、1座渠渠交叉建筑物、15座左岸排水建筑物和13座公路交叉建筑物。工程等别为一等，主体建筑物级别为1级。设计流量为125m^3/s。合同总金额为59 599.99万元。工程于2006年8月1日正式开工。

河北段Ⅴ~Ⅷ标工程为项目法人直接管理，由中线建管局派出的现场机构河北直管建管部（原漕河直管建管部）对工程建设进行直接管理。项目施工单位分别为中国水利水电第十三工程局（Ⅴ标）、中国水利水电第八工程局（Ⅵ标）、中国水利水电第十五工程局（Ⅶ标）、中铁十三局集团有限公司（Ⅷ标）。项目监理单位为江河水利水电咨询中心。

2009年1~7月，河北段Ⅴ~Ⅷ标工程安全进行临时通水。8~12月，完成了停水后的渠道清理和缺陷处理，完成了渠道边坡防护、截流沟砌筑及临时占地退还工作。共完成7个单位工程验收工作。

截至2009年底，Ⅶ标完成韩庄桥0、1、2、3号桩基及墩柱施工，郑家佐分水口变电站、分水闸金属结构安装工程及东于河生产桥主体工程施工。Ⅷ标完成界河倒虹吸延长段原结构物的拆除，延长段基础开挖及管身6节底板、2节管身、渐变段基础及3段侧墙、闸室边中墩混凝土施工。除韩庄桥、界河倒虹吸延长段外，完成了所有单位工程施工任务，临时通水期间，各建筑物及机电设备运行正常。2009年完成土石方明挖16.3万m^3，土石方回填1.6万m^3，混凝土浇筑2.1万m^3，钢筋制作安装完成2028t。

2009年完成投资5849.23万元，截至2009年底，累计完成投资72 182万元，占合同总额的106%。

截至2009年底，工程建设项目按合同要求基本完成，建筑位置、规模和各项参数指标符合设计要求，施工程序符合设计要求和有关规程、规范的规定，施工过程原始记录资料真实齐全，土建原材料、中间产品和工程实体均经过检查检验，建筑物外观质量良好。

河北段Ⅴ~Ⅷ标工程项目划分为18个单位工程、175个分部工程。截至2009年底，已完成单元工程质量评定3503个，其中优良3013个，优良率86%；完成分部工程质量评定148个，其中优良126个，优良率85.1%；河北建管部组织施工、监理、设计单位、质量监督站完成了8个单位工程的验收工作，合格8个，合格率100%，其中优良7个，优良率87.5%。

（彭守军）

穿漳河工程

工程概况

南水北调中线一期总干渠穿漳河交叉建筑物工程（以下简称穿漳河工程），位于河南省安阳市安丰乡施家河村与河北省邯郸市讲武城之间。南距安阳市17km，北距邯郸市36km。

工程建筑物采用渠道倒虹吸型式，由南向北分别由南岸连接渠道（包括退水闸、排冰闸）、进口渐变段、进口检修闸段、倒虹吸管身段、出口节制闸段、出口渐变段、北岸连接渠道等组成，在南岸连接渠道右侧设有退水、排冰闸。穿漳河工程轴线总长1081.81m，其中倒虹吸管身段轴线长619.18m。下游护岸位于工程轴线下游约1.26km，护岸工程顺流向长度500m。漳河南岸总干渠设计流量$235m^3/s$，加大流量$265m^3/s$。

主要工程量为，土方开挖77.68万m^3，土方填筑70.73万m^3，砌石4.01万m^3，混凝土浇筑9.87万m^3，钢筋制作安装9646t，振冲碎石桩17.04万m。

（李合生）

工程投资

穿漳河工程总投资36 856万元，工程部分静态投资33 571万元。其中建筑工程17 364万元，机电设备及安装工程886万元，金属结构设备及安装工程1790万元，临时工程7769万元，独立费用3862万元，基本预备费1900万元。征地移民工程投资2947万元，水土保持投资185万元，环境保护投资153万元。

2009年穿漳河倒虹吸工程计划完成投资2822万元。截至2009年底，累计完成投资3086.21万元，完成合同额的12.10%，完成工程计划量的109.36%。

（李合生）

招标投标

2009年，穿漳河工程主要进行了一个土建标、一个监理标、一个闸门及卷扬式启闭机设备采购标的招标工作，合同总金额25 327.62万元。

（1）穿漳河工程土建及设备安装施工标。中标人为江南水利水电工程公司。包括建筑工程、机电设备安装、金属结构设备安装、通信管道采购及敷设、临时工程及施工期的环境保护工程、水土保持工程等。

（2）穿漳河工程监理标。中标人为长江工程监理咨询有限公司（湖北），包括穿漳河工程土建施工监理、机电设备采购及安装监理、金属结构设备采购及安装监理、设备采购监造、临时工程及施工现场部分的水土保持监理等内容。

（3）穿漳河工程闸门及卷扬式启闭机设备采购标。中标人为黄河水利委员会黄河机械厂，包括倒虹吸进出口检修闸门及埋件制作安装。

（李合生）

建设管理

穿漳河工程为直管项目，由中线建管局

河南直管建管部负责建设管理。现场协调和管理由建管部工程管理二处负责。

工程管理二处内部采用线型组织机构形式，实行逐级负责的岗位责任制，以处长为领导层，下设综合组、工程组两个职能部门，明确岗位分工、责任到人，主要履行对穿漳河工程的设计、监理、施工等各参建单位在施工准备、建设实施、竣工验收、移交和缺陷责任期的管理职能，办公地点设在河南安阳。

穿漳河工程主体工程于2009年7月1日开工，以工程建设管理为中心，不断健全质量、安全、进度及文明施工、环保、水保等管理体系，健全安全生产管理委员会、质量管理委员会、文明工地创建领导小组，设立专职管理工程师岗位，建立管理规章制度，加大管理力度，依靠建设监理对工程进行制度化、规范化管理，保证工程建设顺利进行。

（李合生）

工 程 进 展

截至2009年底，穿漳河工程已完成南岸连接渠、进口渐变段、进口检修闸、退水排冰闸和一期管身段基坑水上部分的土方开挖15.8万m^3。完成上述地基处理加固振冲碎石桩3.31万m，占总计划9.29万m的35.6%。完成部分混凝土浇筑1100m^3，完成钢筋制作安装75.95t。年度完成投资2833.44万元，占合同额12.1%。完成倒虹吸基坑帷幕灌浆40 000m，占一期总工程量的100%。

（孙晓辉　李合生）

质 量 管 理

河南直管建管部工程管理二处负责穿漳河工程的质量和相关验收等管理工作，监督施工单位严格执行“三检制”和监理工程师“联检制”。工程管理二处设立专职质量工程师负责质量管理工作。

截至2009年底，穿漳河工程累计完成11个单元工程，其中已完成3个单元工程的质量评定，全部为优良，单元工程合格率为100%，单元工程优良率为100%，工程施工质量处于受控状态。

（李合生）

工 程 监 理

穿漳河工程的监理单位为长江工程监理咨询有限公司（湖北），现场成立穿漳工程监理部，下设金属结构及机电设备安装组、土建建筑物组、岩土地质及水土、环保组、综合技术组4个部门。

穿漳河工程建设监理范围包括穿漳河交叉建筑物工程土建施工监理、机电设备采购及安装监理、金属结构设备采购及安装监理、设备采购监造、通信管道的采购与敷设、临时工程及施工现场部分水土保持监理及安全监测工程监理等，保证实现质量控制、进度控制、安全控制、造价控制等各项目标。

（李合生）

安 全 生 产

贯彻执行“安全第一，预防为主，综合治理”的方针，成立了安全生产委员会并配备专职人员，制定并下发了一系列安全生产规章制度、管理办法，签订安全生产责任书。穿漳河工程各参建单位建立健全了安全生产管理体系、制定了安全管理制度，明确了各部门、人员的安全职责。对各参建单位的安全生产进行日常检查和定期检查。组织重大安全技术方案、特殊工序、特殊时期的安全施工方案的审查。进行工程防洪度汛安全管理，检查各参建单位防洪度汛安全措施。

2009年，河南直管建管部对穿漳河工程组织季度安全生产大检查3次，会同监理单位共同组织月度安全检查考核8次，组织有关防汛、“三项行动”、安全隐患排查、冬季施工安全、混凝土冬季施工安全和重大节假日专项检查8次。穿漳河工程各参建单位制定了安全事故应急预案及防汛抢险应急预案并举行了演练，进一步完了应急预案。编写了《穿漳河工程2009年度防洪度汛方案》，工程管理二处成立了穿漳河工程防汛小组。施工单位汛前编制了本标段的防洪度汛方案和措施，准备防汛物资，接受了两次防汛大检查。组织专兼职安全员培训，入场员工岗前培训，进行三级安全教育考试，向职工配发安全手册，组织机动车驾驶员安全教育培训，做到施工前有安全技术交底、施工期间有检查、施工后有讲评，把安全生产的各项要求落到实处。自工程开工到2009年底，未发生任何安全事故，连续安全生产245天。穿漳河工程安全生产处于受控状态。

（李合生）

黄河北—漳河南段工程

概　述

工 程 概 况

黄河北—漳河南段工程起点为穿黄工程出口S点，终点为安阳县施家河村东豫、冀两省交界的穿漳河工程交叉建筑物进口。线路全长237.074km。本区段设计流量为265～235m^3/s，加大流量为320～265m^3/s。为一等工程，主要建筑物为1级。

该工程渠道总长220.471km，渠段工程由全挖、全填、半挖半填土质渠道，岩质及土岩结合渠道组成。建筑物总长16.603km。各类交叉建筑物339座，其中河渠交叉建筑物37座、左岸排水建筑物73座、渠渠交叉建筑物23座、控制建筑物34座、公路交叉建筑物154座、铁路交叉建筑物18座。

根据国家发展改革委有关工程概算批复文件，黄河北—美河北段工程（包括温博段、沁河渠道倒虹吸、焦作1段、焦作2段、辉县段、石门河渠道倒虹吸、新乡和卫辉段、鹤壁段、汤阴段工程）静态总投资为1 621 861万元，总投资为1 711 213万元；膨胀岩（潞王坟）试验段工程静态总投资为25 946万元，总投资为26 758万元；安阳段工程静态总投资为192 042万元，总投资为206 215万元。

黄河北—漳河南段工程包括温博段、沁河渠道倒虹吸、焦作1段、焦作2段、辉县段、石门河倒虹吸、新乡和卫辉段、鹤壁段、汤阴段、膨胀岩（潞王坟）试验段、安阳段等11个设计单元工程。其中温博段、沁河渠道倒虹吸、焦作1段工程为直管项目，鹤壁段、汤阴段工程为代建项目，其他工程为委托建管项目。

中线建管局河南直管建管部为适应河南境内工程大开工形势，调整机构，新设立了工程管理一处、工程管理二处、工程管理三处、工程管理四处。温博段、沁河渠道倒虹吸和焦作1段工程的现场协调和管理由河南直管建管部工程管理一处具体负责。

2009年，河南直管建管部继续按照“规范管理、技施创新、和谐共建、过程受控、质量一流”的指导思想，树立“营造和谐文明建设环境、创建世纪一流精品工程”的管理目标。以工程建设管理为中心，不断健全质量、安全、进度及文明施工、环保、水保等管理体系。调整了安全生产管理委员会、质量管理委员会、文明工地创建领导小组，设立质量、进度、安全、文明施工、信息、监理工作管理专职管理工程师岗位，制定和修订了一系列管理规章制度，充分依靠建设监理对工程进行制度化、规范化管理，不断提高工程管理水平，全方位全过程加大管理力度，保证工程建设顺利进行。

遵循“百年大计，质量第一”的方针，落实了建管部负责，监理单位控制，设计、施工等参建方保证，政府监督相结合的质量保证体系，严格控制并确保其有效运行。根据中线建管局对2009年直管项目的管理要求，结合河南直管项目施工特点，全面修订了质量管理体系文件，监督河南直管项目的质量管理活动。

坚持把“安全第一，预防为主”作为安全生产的指导思想，成立了安全生产委员会、防汛指挥部、安全生产事故应急领导小组；进一步明确职责，设置了专职安全工程师岗位，理顺安全生产监督管理体制，强化安全生产责任制，从根本上保证工程建设的安全目标。对工程施工过程的安全生产管理情况进行定期和不定期监督检查，各参建单位之间形成了比、学、赶、超的良好氛围，促进了工程建设的顺利进行。2009年河南直管项目举行了各类安全事故应急预案演练，针对点多战线长、防汛任务艰巨的特点，编制和修订了各段工程的防汛应急预案。通过防汛检查、防汛抢险应急演练、汛期值班制度等手段，充分做好工程安全度汛的准备。

严格执行中线建管局制定的进度管理办法，进一步完善进度管理体系。建管部和各监理单位设有专职的进度管理工程师岗位，各单位明确分管进度管理工作的责任人，逐层落实，做好各监理和施工单位进度计划的审查工作和施工计划落实的监督工作，实行每日跟踪制度和季度检查考核制度。进行季度检查考核，并通报考核结果，从而有力促进了进度基础管理工作。2009年，全面完成河南段直管项目年度进度计划。

积极开展文明工地创建活动，高标准、高起点做好文明施工管理工作。修订了文明施工管理规定，对渣料场、弃渣、污水、垃圾、交通扬尘等方面作了明确规定，并要求监理单位严格检查落实。定期组织文明施工检查考核，形成了文明施工竞争机制。要求新开工项目全面开展“文明工地”的创建活动，统一规划各标段营地建设，统一各标围墙型式，标语制作、“五牌一图”、场地绿化、道路警示标识。

坚持“以人为本，和谐共建”的指导思想，及时与地方政府沟通协调，争取理解和支持；要求施工单位在施工过程中采取措施减少扰民，及时化解冲突，较好地解决了施工过程中的“扰民”和“民扰”问题，基本保证了工程的顺利进行。

（李明新）

温博段工程

工程概况

温博段工程起点位于河南省温县北张羌村穿黄工程的末端S点，终点为博爱县聂村东北过大沙河交叉建筑物出口。本渠段全长26.616km，其中明渠段长25.329km。沿线共布置各类交叉建筑物32座，其中河渠交叉建筑物6座，左岸排水建筑物4座，渠渠交叉建筑物2座，控制建筑物3座（节制闸1座，分水口门2座），跨渠公路桥17座。该段设计流量265m^3/s，加大流量20m^3/s。

主要工程量包括：土方开挖951.36万m^3，土方填筑435.41万m^3，混凝土42.45万m^3，钢筋制作安装19 332.60t，以及机电设备安装和金属结构设备安装等。工程静态总投资为

142 296 万元，总投资 150 136 万元。

（李明新）

工 程 投 资

温博段工程总投资 150 136 万元。工程部分静态投资 98 301 万元，其中建筑工程 68 969万元，机电设备及安装工程 1839 万元，金属结构设备及安装工程 2295 万元，临时工程 6086 万元，独立费用 7731 万元，主材价差 5815 万元，基本预备费 5566 万元。征地移民工程投资 42 855 万元，水土保持投资 356 万元，环境保护投资 434 万元。其他部分中，管理工程投资 350 万元，建设期融资利息 7839 万元，不计价差预备费。

2009 年温博段工程计划完成投资 6465 万元。截至 2009 年底，实际完成 9268.61 万元，完成合同额的 12.07%，完成工程计划量的 143.37%。

（岳广贤）

招 标 投 标

2009 年，温博段工程采用公开招标方式，共进行 3 个土建标、1 个监理标、1 个安全监测标（含直管和代建项目及穿漳河建筑物工程）、2 个金属结构标（含直管和代建项目及穿漳河建筑物工程）的招标工作，合同总金额 89 145.24 万元。

（1）黄河北—羑河北段温博段第一施工标。中标人为中铁十六局集团有限公司。合同范围[桩号(Ⅳ0+000)~(Ⅳ9+160)]内建筑工程、机电设备及安装、金属结构设备安装、通信管道采购及敷设、临时工程、水土保持工程及施工期环境保护工程等。包括 8929m 的明渠、护城河河倒虹、济河渠倒虹、2 座左岸排水倒虹、1 座渠渠交叉、1 座分水闸、1 座节制闸、7 座公路桥梁和 3 座生产桥等。

（2）黄河北—羑河北段温博段第二施工标。中标人为中国葛洲坝集团基础工程有限公司。合同范围[桩号(Ⅳ10+540)~(Ⅳ22+000)]内建筑工程、机电设备及安装、金属结构设备安装、通信管道采购及敷设、临时工程、水土保持工程及施工期环境保护工程等。包括 11 218m 的明渠、蒋沟河渠倒虹、勒马河河倒虹、1 座渠渠交叉、1 座左岸排水倒虹、7 座公路桥梁和 4 座生产桥等。

（3）黄河北—羑河北段温博段第三施工标。中标人为中国水电建设集团十五工程局有限公司。合同范围[桩号(Ⅳ22+000)~(Ⅳ28+500)]内建筑工程、机电设备及安装、金属结构设备安装、通信管道采购及敷设、临时工程、水土保持工程及施工期环境保护工程等。包括 5686m 的明渠、幸福河渠倒虹、大沙河渠倒虹、1 座左岸排水倒虹、1 座分水闸、3 座公路桥梁、2 座生产桥及温博管理处土建等。

（4）黄河北—羑河北段建设监理Ⅰ标。中标人为黄河勘测规划设计有限公司，本标段监理标范围为温博段[桩号(Ⅳ0+000)~(Ⅳ9+160),(Ⅳ10+540)~(Ⅳ28+500)]、沁河渠道倒虹吸[桩号(Ⅳ9+160)~(Ⅳ10+540)]两个施工段内建筑工程、机电设备采购及安装、金属结构设备制造及安装、通信管道采购及敷设、安全监测、临时工程、施工现场的水土保持工程等项目施工全过程建设监理工作。

（5）黄河北—羑河北段及穿漳河建筑物工程安全监测标。中标人为河南华北水电工程监理有限公司，本标范围为黄河北—羑河北段直管和代建项目及穿漳河建筑物工程，包括渠道典型监测断面 41 个，河渠交叉建筑物 20 座，渠渠交叉建筑物 10 座，左岸排水 27 座，控制建筑物 14 座等的原形监测仪器设备及材料的采购、运输、保管和验收；监测仪器和设备的率定、安装埋设、调试和维护；电缆敷设；配合土建承包人施工期间及合同项目完成验收前的观测、数据采集、资料整编和分析；监测设施和观测资料的移交及人员培训；为发包人永久观测人员接收监测工作提供必要条件等。

（6）黄河北—羑河北闸门及卷扬式启闭机制造标段。中标人为郑州水工机械有限公司，本标范围为黄河北—羑河北段直管和代建项目，包括完成各标段闸门及埋件、启闭机等产品的设计、制造、防腐、整体预组装、试验、验收、包装、运输、交验等；指导所有合同设备的安装、试验、试运行；完成与合同设备有关的设计联络等。

（7）黄河北—漳河北液压启闭机制造标段。中标人为常州液压成套设备厂有限公司，本标范围为黄河北—羑河北段直管和代建项目及穿漳河建筑物工程内各标段启闭机等产品的设计、制造、防腐、整体预组装、试验、验收、包装、运输、交验等；指导所有合同设备的安装、试验、试运行；完成与合同设备有关的设计联络等。

（岳广贤）

建 设 管 理

温博段工程由中线建管局河南直管建管部工程管理一处负责现场协调和管理工作。

温博段工程3个施工标段于2009年5月15日~6月1日陆续开工。2009年，河南直管建管部工程管理一处通过了中央国家机关和国务院南水北调办“青年文明号”考核。

（郝继锋）

工 程 进 展

截至2009年底，温博段工程各标段都基本实现了计划目标，部分项目超前完成。完成土方开挖240万m^3，完成土方填筑41万m^3，完成混凝土浇筑0.9万m^3。

（1）温博一标。渠道开挖完成1500m，渠堤填筑完成1000m，完成强夯基础处理3000m，土挤密桩基础处理600m。完成苏王村公路桥、陈卜庄西公路桥和徐堡东公路桥3座桥梁桩基施工。护城河倒虹吸完成水平管身段混凝土施工，北冷涝河倒虹吸完成基坑开挖和底板混凝土垫层浇筑，济河倒虹吸完成降水井施工，正进行基坑开挖。

（2）温博二标。渠道开挖完成2500m，渠堤填筑完成2000m，重夯基础处理完成4500m。完成司家寨北、车家作南、桃园路、韩庄西南、白马沟北公路桥共5座桥梁的桩基施工。王保涝河倒虹吸完成管身段混凝土浇筑，蒋沟河倒虹吸和勒马河倒虹吸完成基坑开挖。

（3）温博三标。渠道开挖完成1000m，渠堤填筑完成500m，完成4000m长渠道的强夯、重夯、挤密桩等基础处理。完成齐村南公路桥桩基施工。幸福河倒虹吸完成单联10块底板和1节侧墙、顶板混凝土浇筑。

（付 军 郝继锋）

工 程 监 理

温博段工程建设监理单位为河南华北水电工程监理有限公司。建立健全质量控制体系，编写质量控制文件，审查技术措施和施工方案。

现场监理部组成进度控制体系，通过编制进度报告，施工进度控制计划实施细则，跟踪分析适时调整进度计划，检查落实发包人承诺的条件，协调排除进度干扰，发现进度偏差及时向承包人提出，向业主通报，与各方一起研究修订或调整进度计划。

监理通过组织措施、经济措施、技术措施、合同措施对工程造价实施有效控制；严格计量程序，严格工程变更程序，合理控制变更，按程序及时处理索赔，有效控制工程造价。

现场监理部组成安全控制体系，编制安全控制监理细则、安全控制制度、程序、办法等安全控制体系文件，保证工程安全生产。

（梁单禹）

质量管理

温博段工程建立健全了河南直管建管部负责，监理单位控制，设计、施工及其他参建方保证，政府监督相结合的质量保证体系。

2009年，温博段工程质量情况基本稳定，处于受控状态，未发生任何质量事故，达到工程质量目标，工程质量优良，共完成114个单元工程，其中109个单元工程优良，优良率95.6%。

（梁单禹）

安全生产

2009年，温博段工程季度安全生产大检查4次，月度安全检查考核8次，开展防汛、冬季施工、重大节假日专项检查11次。开展了安全事故应急预案演练与重大危险源管理，演练内容包括交通事故演练、消防灭火演练，检验应急预案的可操作性，进行安全教育和培训。编写了2009年度度汛方案，落实了各防汛指挥机构及人员组成，各施工单位汛前都编制了防洪度汛方案和措施，准备了防汛物资，组织了两次防汛大检查。通过组织专兼职安全员培训，入场员工岗前培训，进行三级安全教育考试，做到施工前有交底、施工期间有检查、施工后有讲评，把安全生产的各项要求落到实处。项目部每周进行安全生产、质量、文明施工检查，每月由监理单位组织，每季度由建管单位组织，按标段评比排序，下发通报进行奖惩。2009年温博段工程安全生产、文明施工始终保持较好水平，自开工以来，无一起重大伤亡事故及设备安全事故，负伤率为0，圆满实现各项安全生产目标。

（付　军）

沁河渠道倒虹吸工程

工程概况

沁河渠道倒虹吸工程位于河南省温县徐堡镇北、博温公路沁河大桥下游约300m处，是南水北调总干渠与沁河的交叉建筑物，工程由进出口渠道段和穿沁河渠道倒虹吸管身组成，该段设计流量265m^3/s，加大流量320m^3/s。

渠倒虹轴线与沁河基本呈正交，建筑物总长1197m，其中进口渐变段长60m，进口闸室段长15m，倒虹管身段水平投影长1015m，出口闸室段长22m，出口渐变段长85m。设计管身横断面为一联3孔箱形，孔径为6.9m×6.9m（宽×高）的C30钢筋混凝土结构。

主要工程量包括，土方开挖253.3万m^3，土方填筑215.8万m^3，混凝土浇筑11.66万m^3，钢筋制作安装6392.16t，机电设备安装、金属结构设备安装等。工程静态总投资为32 669万元，总投资34 469万元。

（李明新）

工程投资

沁河渠道倒虹吸工程总投资34 469万元。其中：工程部分静态投资29 124万元，包括建筑工程19 382万元、机电设备及安装工程316万元、金属结构设备及安装工程544万元、临时工程2908万元、独立费用2268万元、土材价差2057万元、基本预备费1649万元；征地移民工程投资3304万元，水土保持投资43万元，环境保护投资120万元；管理工程投资78万元；建设期融资利息1800万元。

2009年，沁河倒虹吸工程计划完成投资2351万元，实际完成投资2027.24万元，完成合同额的8.88%，完成计划工程量的86.23%。

（岳广贤）

招标投标

2009年，沁河渠道倒虹吸工程进行了土建标的招标工作（其监理标、安全监测标与其他工程共为一个标），合同总金额22 580.05万元。主要包括合同范围内建筑工程、机电设备及安装、金属结构设备安装、通信管道采购及敷设、临时工程、水土保持工程及施工期环境保护工程等。

沁河渠道倒虹吸项目土建及设备安装工程，由黄河建工集团有限公司施工。

（岳广贤）

工程进展

沁河渠道倒虹吸工程的建设管理单位是河南直管建管部，现场协调和管理由工程管理一处负责。

该工程由黄河建工集团有限公司南水北调沁河倒虹吸工程项目经理部施工。

2009年，沁河渠道倒虹吸工程完成土方开挖96万m^3，混凝土浇筑0.1万m^3。已完成营地和生产区建设，以及沿渠道路和施工区围护施工；完成一期基坑开挖，8节底板混凝土垫层浇筑施工；二期防渗墙完成1万m^2。

（付　军　郝继锋）

工程监理

沁河渠道倒虹吸工程建设监理单位为河南华北水电工程监理有限公司，在现场负责沁河渠道倒虹吸内建筑工程、机电及金属结构制造安装、通信管道、安全监测、临时工程、施工现场水土保持工程等项目施工全过程建设监理工作。

与温博段工程为同一公司组建的同一现场监理部，其质量、进度、安全、工程造价控制等各项监理工作，与温博段工程相同。

（梁单禹）

质量管理

2009年，沁河渠道倒虹吸工程质量情况基本稳定，处于受控状态，未发生任何质量事故，验收评定单元工程4个，全部合格，4个单元工程全被评定为优良，单元工程优良率100%。

（梁单禹）

安全生产

2009年，建管部组织季度安全生产大检查4次，会同监理单位共同组织月度安全检查考核8次，开展防汛、混凝土冬季施工、重大节假日专项检查11次。开展了安全事故应急预案演练与重大危险源管理，检验应急预案的可操作性，进行安全教育和培训。编写了2009年度度汛方案，落实了各防汛指挥机构和人员组成。2009年6月18日，在沁河南岸举行防汛抢险应急演练，检验了防汛指挥系统和抢险队员应战能力。

2009年，该工程未发生安全事故，负伤率为0，安全生产、文明施工始终保持在较好水平。

（付　军）

焦作1段工程

工程概况

焦作1段工程起点位于河南省博爱县聂村东北大沙河渠道倒虹吸出口，终点为焦作市苏蔺西李河渠道倒虹吸出口。渠段总长13.513km，其中明渠长11.598km，建筑物长1.915km，沿线共布置各类交叉建筑物18座，其中河渠交叉建筑物5座，节制闸、退水闸、分水口门各1座，跨渠公路桥9座，铁路桥1座。设计流量$265m^3/s$、加大流量$320m^3/s$。

主要工程量包括，土方开挖429.51万m^3，土方填筑463.89万m^3，混凝土浇筑41.45万m^3，钢筋制作安装28 965t，机电设备安装、金属结构设备安装等。工程静态总投资为196 626万元，总投资207 459万元。

（李明新）

工程投资

焦作1段工程总投资207 459万元。①工程部分，静态投资111 095万元，其中建筑工程80 773万元，机电设备及安装工程2984万元，金属结构设备及安装工程3003万元，临时工程4075万元，独立费用7744万元，主材价差6853万元，基本预备费5664万元。征地移民工程投资80 106万元，水土保持投资4535万元，环境保护投资394万元。②其他部分中，管理工程投资496万元。建设期融资利息10 833万元，不计价差预备费。

2009年，焦作1段工程计划完成投资2262万元，实际完成投资3756.06万元，完成合同额的5.13%，完成工程计划量的166.05%。

（李明新）

招标投标

2009年，焦作1段工程共进行三个土建标、一个监理标的招标工作，合同总金额72 366.91万元。

（1）黄河北—羑河北段焦作1段第一施工标，包括范围[桩号(Ⅳ28+500)~(Ⅳ33+700)]内建筑工程、机电设备及安装、金属结构设备安装、通信管道采购及敷设、临时工程、水土保持工程及施工期环境保护工程等。包括4864m明渠、白马门河渠道倒虹吸、1座分水闸、4座公路桥梁及1座生产桥等。

（2）黄河北—羑河北段焦作1段第二施工标，包括范围[桩号(Ⅳ33+700)~(Ⅳ38+000)]内建筑工程、机电设备及安装、金属结构设备安装、通信管道采购及敷设、临时工程、水土保持工程及施工期环境保护工程等。包括3526m的明渠、普济河渠道倒虹吸、闫河渠道倒虹吸、1座退水闸、1座节制闸、4座公路桥梁等。

（3）黄河北—羑河北段焦作1段第三施工标，包括范围[桩号(Ⅳ38+000)~(Ⅳ41+400)]内建筑工程、机电设备及安装、金属结构设备安装、通信管道采购及敷设、临时工程、水土保持工程及施工期环境保护工程等。包括2535m的明渠、翁涧河渠道倒虹吸、李河渠道倒虹吸、1座公路桥梁及1座生产桥等。

（4）黄河北—羑河北段焦作1段建设监理标，本标段监理范围为焦作1段[桩号(Ⅳ28+500)~(Ⅳ41+400)]施工段内建筑工程（含施工准备阶段）、机电设备采购及安装、金属结构设备制造及安装、通信管道采购及敷设、安全监测、临时工程、施工现场的水土保持工程等项目施工全过程建设监理工作。

焦作1段工程安全监测与黄河北—羑河

北段及穿漳河建筑物工程共为1个标。

（岳广贤）

建 设 管 理

焦作1段工程3个标段于2009年7月10日开工，建设管理单位是河南直管建管部，工程的现场协调和管理由工程管理一处负责。

建立了建管部负责，监理单位控制，设计、施工方保证，政府监督相结合的质量保证体系，健全质量管理委员会，制定了质量管理办法，设立了质量管理专职工程师岗位。建立了安全管理体系和安全生产管理委员会，设立防汛与安全生产办公室，制定了有关安全生产管理制度和安全事故应急预案及防洪度汛应急预案，落实责任制。

焦作1段工程第一施工标由中国水利水电第五工程局有限公司南水北调中线焦作Ⅰ段Ⅰ标项目经理部施工，第二施工标由中国水利水电第十一工程局有限公司南水北调中线焦作Ⅰ段Ⅱ标项目经理部施工，第三施工标由中国水利水电第七工程局有限公司南水北调中线焦作Ⅰ段Ⅲ标项目经理部施工。

（郝继锋）

工 程 进 展

2009年，焦作1段工程完成土方开挖66万m^3，混凝土浇筑0.32万m^3，3个标均已完成营地和主要生产区建设。焦作1段一标渠道开挖完成600m，渠堤填筑完成200m，开始南敬村南公路桥桩基施工，白马门河倒虹吸开始基坑开挖。焦作1段二标渠道开挖完成400m。焦1三标渠道开挖完成200m，开始渠道基础重夯试验施工；李河倒虹吸完成基坑开挖，完成6块底板和3节侧墙的混凝土浇筑。

（付 军 郝继锋）

工 程 监 理

焦作1段工程建设监理单位为黄河工程咨询监理有限责任公司。担任焦作1段建筑工程、机电金属结构工程、安全监测、现场水土保持工程等项目施工全过程建设监理工作。建立健全质量控制体系，编写质量控制文件，审查技术措施和施工方案，巡视及旁站监理，检查验收，检测试验，测量，例行会议，应用指令文件和支付控制手段，进行质量监理工作。规范工作程序，坚持图纸审查、设计交底、原材料等进场报验、开工申报、签发开工许可、混凝土拌和开盘检查批准、工序完工验收、隐蔽工程覆盖前检查验收、工程中间验收、设计变更处理、质量事故处理等制度，确保工程质量始终处于受控状态。

现场监理部组成进度控制体系，编制进度报告、施工进度控制计划实施细则，跟踪分析适时调整进度计划，检查落实发包人承诺的条件，协调排除进度干扰，发现进度偏差，各方一起研究修订或调整。

监理通过组织措施、经济措施、技术措施、合同措施对工程造价实施有效控制。严格计量程序，严格工程变更程序，合理控制变更，按程序及时处理索赔，有效控制工程造价。

现场监理部组成安全控制体系，编制安全控制监理细则、安全控制制度、程序、办法等安全控制体系文件，明确各岗位安全控制职责，严格履行职责和合同规定，制定文明工地创建计划和实施规划。每月组织工程安全、文明施工大检查，进行考核评比，保证了安全生产。开工至今，工地未发生重大以上安全事故，无死亡。

河南直管建管部依据有关建设监理法规、规定、办法及建设监理合同，对监理工作进行规范化管理，加强监督、检查、考核，确保监理合同的实施和工程建设的顺利进行。

（梁单禹）

质 量 管 理

焦作1段工程建立健全了河南直管建管部负责，监理单位控制，设计、施工及其他参建方保证，政府监督相结合的质量保证体系，建立健全质量管理检查机构，修订了工程质量管理办法和各项质量考核细则，完善了质量管理体系文件，明确各方各级人员质量职责，实施全面质量管理。

2009年，焦作1段工程质量处于受控状态，未发生任何质量事故，共完成7个单元工程，全部优良，优良率100%，达到工程质量目标，工程质量处于受控状态，工程质量优良。

（梁单禹）

安 全 生 产

建立健全安全生产管理组织机构，落实安全生产责任制，签订安全生产责任书，狠抓安全生产规章制度建设，制定并下发了一系列安全管理办法，各参建单位也制定了安全管理办法。

2009年，河南直管建管部组织定期季度安全生产大检查4次，会同监理单位共同组织月度安全检查考核8次，开展专项检查11次。开展了安全事故应急预案演练与重大危险源管理，编写了2009年度《焦作Ⅰ段工程度汛方案》，落实了各防汛指挥部人员组成，各参建单位完善了防汛指挥机构，各施工单位汛前都编制了本标段的防洪度汛方案和措施，准备了防汛物资，组织了两次防汛大检查。

2009年，未发生安全事故，实现了年度安全管理目标。

（付　军）

焦作2段工程

工 程 概 况

焦作2段工程是南水北调中线一期工程总干渠第Ⅳ渠段（黄河北—美河北）的第四设计单元，途经焦作市的山阳区、马村区和修武县，设计桩号为（Ⅳ41+400）~（Ⅳ66+960），全长25.56km，其中渠道长度23.794km，水工建筑物长度1.766km。渠段内共有各类建筑物46座，其中，河渠交叉3座，左岸排水3座，分水闸2座，节制闸1座，退水闸1座，交通桥18座，生产桥8座，铁路桥10座。

主体工程主要工程量共计4189.9万m^3，其中，土方开挖2454.3万m^3，石方开挖1333.5万m^3，土方填筑292.8万m^3，混凝土56.3万m^3，砌石及垫层53万m^3，钢筋制作安装3.2万t。

焦作2段工程总干渠多为全挖方段，仅有少量半挖半填和全填方段，最大挖深约40m，最大填高约13m。该段设计流量为265m^3/s、260m^3/s，加大流量为320m^3/s、310m^3/s。渠道过水断面呈梯形状，设计底宽为9.5m、26.5m，设计水深7m，堤顶宽5m。设计纵坡为1/29 000、1/23 000。

焦作2段工程静态投资为35.02亿元，其中工程投资为24.34亿元，征地移民投资为10.42亿元，水保环保投资为0.26亿元。总用地16 510.92亩，其中永久用地6090.09亩，临时用地10 420.83亩；占压房屋68.3万m^2，企业16家，单位38家，副业及小型工商户293家，专项线路318条，搬迁安置人口15 178人。

焦作2段工程划分为5个土建施工标、1个监理标、1个安全监测标、2个金属结构制造标、2个电气设备采购标共11个标段，其中金属结构制造、电气设备采购标包括黄河北—羑河北段建筑物金属结构设备采购，在进场前由焦作段建管处负责管理。

焦作2段工程总合同额14.04亿元，其中5个土建施工标合同投资额13.73亿元。合同总工期36个月，为2009年1月1日～2011年12月31日。

焦作建管处于2008年完成筹建及监理、土建施工标的招标工作，2009年1月1日，土建施工单位进场，工程进入实施阶段。各标段进场后，及时开展施工房屋、施工用水、用电、交通等临时设施建设，施工测量控制网点移交、建立、复核以及原始地面测量工作。2009年3月，总监理工程师签发开工令，各施工标段陆续开始渠道土石方开挖与防洪堤填筑，河渠交叉建筑物、桥梁、排水渡槽等建筑物的施工项目建设。

（王　鹏　刘作臣　赵志鹏　倪晓峰）

工　程　投　资

焦作2段工程投资结构主要为中央预算内投资（含国债）资金，工程静态投资为35.02亿元。其中工程投资为24.34亿元，征地移民投资为10.42亿元，水保环保投资0.26亿元。焦作2段所管的工程分解概算为16.79亿元（不含独立费用及铁路桥工程费用）。

2009年进度目标，计划完成土石方开挖1255万m^3，土石方填筑63万m^3，混凝土浇筑3.08万m^3，钢筋制作安装1982t，计划完成建安工程投资3.0亿元。

2009年，实际完成土石方开挖1275万m^3，占合同量的33.6%；土石方填筑73万m^3，占合同量的21.1%；混凝土浇筑2.15万m^3，占合同量的3.8%；钢筋制作安装1872t，占合同量的5.9%。焦作2段累计完成投资33 072万元，其中建安投资27 538万元，占合同额的19.9%，独立费用5534万元。

2009年，焦作2段工程各标段共完成建安工程投资27 538万元；工程进度款结算22 375.9万元，监理费用509.5万元，工程预付款支付18 076.8万元，工程质保金扣除1118.8万元，完成净支付39 843.4万元。

（王　鹏　刘作臣　赵志鹏　倪晓峰）

建　设　管　理

焦作2段工程的项目法人是中线建管局。河南省南水北调中线工程建设管理局焦作段建设管理处（简称焦作建管处）作为河南省南水北调中线工程建设管理局的派出机构，具体负责南水北调中线一期工程总干渠焦作2段工程的现场建设管理工作。

焦作2段2009年1月1日开工，2011年12月31日完工，总工期36个月。施工分为三个阶段：2009年1～3月为施工准备期，2009年3月～2011年11月为主体工程施工期，2011年12月为工程竣工期。

2009年，焦作2段工程度各项管理目标除建安工程投资因征地拆迁及阻工等原因未能实现目标要求外，其他各项目标均实现预期要求。

（王　鹏　刘作臣　赵志鹏　倪晓峰）

工　程　进　展

（一）年度建设目标

2009年进度目标，焦作2段计划完成施工营地、临时房屋、临时施工道路、施工加工厂及施工用风水电建设；完成50%的渠道土石方开挖、填筑工程；完成河渠交叉建筑物、控制性建筑物50%的土石方开挖、填筑及40%的混凝土预制工程；完成公路桥土石方挖填、基础处理及40%的混凝土工程；完成生产桥土石方挖填、基础处理及80%的混凝土工程。

（二）工程形象进度

焦作2段工程总干渠沿线土石方开挖全面展开，强夯、重夯等地基处理、防洪堤填筑等施工有序进行。3座河渠交叉建筑物正在施工（山门河暗渠正进行出口裹头段地连墙施工，已完成地连墙12个槽段，聩城寨倒虹吸正在进行18～24节管身混凝土浇筑，纸坊河倒虹吸工程进口闸室段完成闸墩混凝土浇筑、管身段完成1～7节混凝土浇筑、出口闸室段完成基础处理CFG桩施工）；18座公路桥已开工4座（建设路公路桥已完成17根灌注桩、碳素厂公路桥完成5根灌注桩、煤矿学校公路桥已完成8根灌注桩、云台大道公路桥完成5根灌注桩）；8座生产桥已开工1座（安阳城生产桥完成桥台桩基混凝土）；3座左岸排水渡槽开工1座（位村排水渡槽已完成8根灌注桩）；明渠总长23.79km累计开展开挖（含半幅开挖）长度16.045km（一标段开挖长度3.77km、二标段开挖0.475km、三标段开挖4.75km、四标段开挖4.1km、五标段开挖2.95km），开挖高程在124～97m范围内，其中明渠1km长度开挖到保护层高程。

2009年，实际完成土石方开挖1275万m^3，土石方填筑73万m^3，混凝土浇筑2.15万m^3，钢筋制作安装1753t。累计完成投资33 072万元。其中：完成建安工程投资27 538万元，占年度计划的92%，占合同额的19.9%；完成独立费用5534万元。与2009年度计划相比稍有滞后。土石方开挖完成年度计划的102%，土石方填筑完成年度计划的86%，混凝土浇筑完成年度计划的70%，建安工程投资完成年度计划的92%。

（王　鹏　刘作臣　赵志鹏　倪晓峰）

工　程　施　工

根据河南省南水北调中线工程“黄河北连线，黄河南布点”的总体建设目标，要求各参建单位成立现场办事机构，积极服务于工程施工现场。河南水利勘测设计研究有限公司成立设代处，河南水利勘测有限公司成立地代处，黄河勘测规划设计有限公司工程监理公司成立焦作2段项目监理部，各施工单位都相继成立施工项目部。成立了有建管、监理、设代、地代、施工、实验室等单位参加的工程质量领导小组、安全生产领导小组、文明工地创建领导小组、防汛度汛领导小组，实行委托第三方实验室抽检制度，明确各自职责，规范各项工作程序。

焦作2段工程施工特点：①焦作2段工程地质条件复杂，部分地段地层结构变化大，地下水位深浅不一，容易形成坍塌或滑坡；②渠道沿线地面高程为85～175m，呈不均匀分布，高填方段最高处达13m，深挖方段最深处达40m；③河渠交叉、公路交叉、铁路交叉工程较多，与山门河交叉段为暗挖施工，是黄羑段除穿黄工程外唯一的洞挖工程，施工难度大；④部分渠段穿过市区，人、车过流量大；⑤地质条件复杂，地层分布不均匀，火工产品使用量大，爆破作业多，中铝分公司氧化铝管道线路长，易燃物品使用广等。

焦作建管处分别于2009年9月和10月协助河南省建管局，组织设计、监理、5个金属结构机电设备制造标段在江苏武进、郑州召开第一、第二次设计联络会，为黄河北—羑河北段金属结构、机电设备制造质量提供技术保障。焦作段建管处分别于2009年6月和9月组织监理、施工单位，对进度计划进行了两次调整，要求施工单位根据征地拆迁工作进展情况适时调整施工安排，加大人力、机械等资源投入力度，确保完成年度投资任务。特别是2009年9月，中线建管局局长石春先调研会议和河南省政府“加压促进”会议后，焦作段建管处召开专题会议对制约工程建设的因素进行排查，要求各参建单位进一步明确责任，倒排工期，落实措施，确保2009年年度目标任务的完成。

截至2009年2月，焦作段工程完成5个土建标段办理质量监督手续报批工作。2009年，焦作2段工程仅对单元工程进行评定，全年度焦作2段累计评定单元工程71个，质量全部合格，其中70个优良，单元工程优良率98.6%。

焦作2段工程穿越焦作市山阳区、马村区城区，征地拆迁任务中，搬迁人口多，牵涉厂矿企业多，沿线施工距离居民区近，施工噪声、施工道路对沿渠居民生活影响较为严重。为此焦作建管处专门明确一位副处长主抓征地拆迁及施工环境协调工作。进一步完善征地拆迁沟通机制，针对目前影响工程建设的制约因素，督促地方政府及征地拆迁部门采取得力措施尽快落实解决。针对沿线居民出现的因征地拆迁赔偿、爆破施工影响、施工粉尘影响问题、重夯、强夯震动影响带来的阻工，及时联系焦作市调水办及相关职能部门妥善解决群众阻工问题，推动焦作2段工程施工。协调公安部门采取适当方式建立环境保障机制，合理、高效、快捷处理施工现场发生的扰民、民扰事件，为工程建设创造良好的施工环境。

（王　鹏　刘作臣　赵志鹏　倪晓峰）

工　程　监　理

焦作2段工程监理中标单位为黄河勘测规划设计有限公司，项目监理招标范围为焦作2段[桩号(Ⅳ41+400)~(Ⅳ66+960)]内土建工程施工（不含铁路桥）、机电设备安装工程、金属结构设备安装工程、安全监测、临时工程、水土保持工程及施工期环境保护工程以及河南管理段（焦作2段、辉县段、石门河倒虹吸、新乡和卫辉段）全部闸门和启闭机的设备制造等项目的建设监理工作。

（苏子义）

质　量　管　理

焦作2段工程开工后，建管处就建立以质量监督项目站监督、项目建管处负责、监理单位控制、施工设计单位保证、第三方试验室检测的全方位多层次的质量管理体系。2009年，焦作2段评定单元工程71个，质量全部合格，其中70个优良，单元工程优良率98.6%。全年未发生质量事故，工程质量处于受控状态。

（赵志鹏）

安　全　生　产

建管处建立健全项目建管处负责、监理单位控制、设计和施工单位保证的全方位、多层次的安全生产管理体系，该体系贯穿于工程建设的全过程。

建立健全安全生产管理机构，建管处成立安全生产、文明工地创建领导小组；明确目标、落实安全生产责任制，与各标段签订《安全生产目标责任书》，确保安全生产目标的实现；制定完善的规章制度，以制度规范安全生产工作；加强资质、资格审查，为焦作2段安全生产工作提供了切实可靠的人力资源保障；定期召开安全生产工作会议，统一思想、提高认识；切实开展好安全生产月活动，营造良好安全生产氛围；结合工程进度和实际需要，组织开展形式多样的教育培训活动，例如，4月11日到安阳段现场观摩学习工程建设安全生产经验，6月15日举行安全生产知识测试，6月18日邀请中线局李舜才部长为各参建单位人员进行新开工项目安全培训，7月12日组织安全生产知识竞赛活动，7月14日组织人员到穿黄项目部学习现场安全管理及文明施工内容，8月16日组织人员观看中央电视台新闻调查栏目——“上海楼倒事件”，进一步提高广大工程建设人员的质量安全意识；切实开展好“班前五分钟”安全教育活动和技术交底；开展安全生产检查，及时消除事故隐患；编制安全生产应急预案，提高应急处理水平；加强爆破施工控制，规范火工材料管理；关口前移，措施到位，强化现场监管；加强领导、优化方案，实现了焦作2段工程安全度汛。

（赵志鹏）

辉县段工程

工程概况

南水北调中线工程总干渠新乡段起自纸坊河渠道倒虹出口，至沧河渠道倒虹出口止，全长77.64km。新乡段工程含有4个设计单元，分别为辉县段、石门河段、潞王坟试验段、新乡和卫辉段工程。

辉县段工程是南水北调中线一期工程总干渠Ⅳ渠段（黄河北—美河北）的组成部分，位于Ⅳ渠段的中部，地域上属于河南省的辉县市。黄河北—美河北段工程总共分有9个设计单元，辉县段工程是其第五设计单元。该设计单元自修武县与辉县市交界的纸坊河左岸起（总干渠设计桩号为Ⅳ66+960），与焦作2段的终点相接；终点位于辉县市与新乡凤泉区交界的孟坟河左岸（设计桩号为Ⅳ115+900），与新乡和卫辉段起点相连接，全长47.39km[不包括石门河渠道倒虹吸工程(Ⅳ91+730)~(Ⅳ93+280)施工标段1.55km]，其中渠道长度43.40km，建筑物长度3.99km。本渠段共有各类建筑物77座，其中，河渠交叉7座，渠渠交叉2座，左岸排水18座，分水闸2座，交通桥30座，节制闸3座，退水闸3座，生产桥12座。

辉县段渠道以全挖方断面为主，约占总长度63%，其中挖深超过15m的深挖方段约长1.5km，最大挖深约32m，半挖半填段约占该段渠道总长的37%。本段设计流量为260m^3/s，加大流量为310m^3/s。设计水位为102.961~98.939m。渠道过水断面呈梯形，设计底宽为25.0~14.5m，堤顶宽5m。渠道边坡系数为2.25~0.4，设计纵坡为1/20 000~1/28 000。工程规划永久占地9412亩，临时占地13 676亩。合同工程量包括土石方开挖3918万m^3、土石方填筑1715万m^3、混凝土100.1万m^3、砌石30.1万m^3、钢筋制作安装5.19万t、机电设备安装、金属结构设备安装、临时工程、水土保持工程及施工期环境保护工程等。初步设计概算投资为398 196万元。计划工期为2009年4月1日~2011年12月31日，总工期33个月。

（刘元永）

工程投资

辉县段工程投资结构主要是中央预算内拨款（含国债）。2009年完成建安工程投资36 642万元，占合同量的17%，占中线建管局投资计划的107.8%。完成土石方开挖1837.7万m^3，占合同量的46.9%；土方填筑5.5万m^3，占合同量的0.3%；混凝土2.19万m^3，占合同量的2.2%；钢筋制作安装1839t，占合同量的3.5%。

（刘元永）

招标投标

辉县段工程2009年度招标投标情况见表1。

表 1　　辉县段工程 2009 年度招标投标情况

序号	合同编号	合同名称	招标代理单位	招标文件发售时期	开标日期	中标单位	合同签订日期
1	HNJ-2009/HX/SG-001	辉县段第一施工标段工程施工合同	河南省河川工程监理有限公司	2009 年 3 月 4～8 日	2009 年 4 月 7 日	中国安能建设总公司	2009 年 4 月 16 日
2	HNJ-2009/HX/SG-002	辉县段第二施工标段工程施工合同	河南省河川工程监理有限公司	2009 年 3 月 4～8 日	2009 年 4 月 7 日	中国水电基础局有限公司	2009 年 4 月 16 日
3	HNJ-2009/HX/SG-003	辉县段第三施工标段工程施工合同	河南省河川工程监理有限公司	2009 年 3 月 4～8 日	2009 年 4 月 7 日	河南省水利第二工程局	2009 年 4 月 16 日
4	HNJ-2009/HX/SG-004	辉县段第四施工标段工程施工合同	河南省河川工程监理有限公司	2009 年 3 月 4～8 日	2009 年 4 月 7 日	中国水利电力对外公司	2009 年 4 月 16 日
5	HNJ-2009/HX/SG-005	辉县段第五施工标段工程施工合同	河南省河川工程监理有限公司	2009 年 2 月 9～13 日	2009 年 3 月 9 日	中国水利水电第五工程局有限公司	2009 年 3 月 18 日
6	HNJ-2009/HX/SG-006	辉县段第六施工标段工程施工合同	河南省河川工程监理有限公司	2009 年 2 月 9～13 日	2009 年 3 月 9 日	中国水利水电第十三工程局有限公司	2009 年 3 月 18 日
7	HNJ-2009/HX/SG-007	辉县段第七施工标段工程施工合同	河南省河川工程监理有限公司	2009 年 2 月 9～13 日	2009 年 3 月 9 日	河南水利建筑工程有限公司	2009 年 3 月 18 日

（刘元永）

工　程　进　展

截至 2009 年底，辉县段工程总干渠沿线土石方开挖全面展开，强夯、重夯和基坑降水等地基处理施工有序进行，7 座河渠交叉建筑物已全部开工建设，正在进行基坑降水、土石方开挖、钢筋与模板制作安装、混凝土浇筑施工；18 座左岸排水建筑物已开工建设 10 座，正在进行基坑降水、土石方开挖、钢筋与模板制作安装、混凝土浇筑施工；30 座公路桥已有 4 座正在进行绕行道路施工、钢筋笼绑扎和灌注桩钻孔施工。

（杨长明）

工　程　监　理

河南立信工程咨询监理有限公司和河南科光工程建设监理有限公司为辉县段工程监理单位。

根据施工合同的要求，河南立信工程咨询监理有限公司主要负责辉县前段［辉县一标、辉县二标、辉县三标、辉县四标；桩号（Ⅳ66＋960）～（Ⅳ91＋730）］施工段内的土建工程施工、机电设备安装工程、金属结构设备安装、安全监测、临时工程、水土保持工程及施工期环境保护工程等项目施工全过程的（含施工保修期）建设监理工作。承担从准备工作至现场施工全部结束时的全程质量控制、进度控制、投资控制、安全管理、合同管理、环保监督、信息管理、现场协调，以及对包括缺陷责任期在内的全部工作承担合同规定的责任。

（赵　娟　马彦亮）

工程质量评定及验收

辉县一标：2009 年未进行分部工程及单位工程验收，进行单元工程验收 6 次，全部是峪河暗渠单元工程验收，6 次评定结果全是优良，优良率100%。

辉县二标：2009年未进行单元工程、分部工程及单位工程验收。

辉县三标：2009年未进行分部工程及单位工程验收，进行单元工程验收16次，其中水头沟倒虹吸单元工程验收14次，2次合格，12次优良，优良率85.71%；午峪河倒虹吸单元工程验收2次，2次优良，优良率100%。

辉县四标：2009年未进行分部工程及单位工程验收，进行单元工程验收16次，全部是王村河倒虹吸单元工程验收，其中1次合格，15次优良，优良率93.75%。

河南科光工程建设监理有限公司承担辉县后段（包括辉县五标、辉县六标、辉县七标）的土建工程施工、机电设备安装工程、金属结构设备安装、安全监测、临时工程、水土保持工程及施工期环境保护工程等项目的建设监理工作。

（马彦亮）

安 全 生 产

按照关于开展安全生产三项行动工作的通知要求，辉县段工程各参建单位开展了“安全生产宣传教育行动”、“安全生产执法行动”和“安全生产治理行动”等活动。

按照河南省南水北调建管局的统一部署和辉县段建管处年度工作安排，组织开展了安全度汛及检查工作，加强“元旦”、“春节”、“五一”、“十一”等传统节假日等重要时期及每月一次的安全生产例行检查等工作，重点对深基坑开挖、高处作业、吊装设备、施工用电及易燃、易爆物品等重要部位、重要环节为重点进行全面排查并结合冬季施工特点加强冬季施工安全生产管理和各项安全措施的落实，保证冬季施工的安全顺利进行。

（汪 军）

石门河倒虹吸工程

工 程 概 况

南水北调中线工程总干渠新乡段起自纸坊河渠道倒虹出口，至沧河渠道倒虹出口止，全长77.64km。新乡段工程含有4个设计单元，分别为辉县段、石门河段、潞王坟试验段、新乡和卫辉段工程。

南水北调中线一期工程总干渠黄河北—羑河北（委托建管项目）石门河渠道倒虹吸施工标段（合同编号HNJ－2008/SM/SG－001），位于河南省辉县市赵固乡大砂窝村西北约1.5km，合同总金额为人民币167 537 577元，合同工期3年（2009年1月1日～2011年12月31日）。该标段两端渠道总长374m，其中进口渠道段长99.4m，出口渠道段长274.6m；倒虹管身段水平投影长1015m，进口渐变段、闸室段长68m，出口闸室、渐变段长93m，共计1550m；该标段还包括大沙窝西北公路桥。

渠道倒虹吸工程与石门河呈正交，倒虹吸工程属于1级建筑物，型式为箱式，三孔一联，单孔管宽6.9m，管高6.9m。大沙窝西北公路桥位于出口渠道段，桥位处桩号为Ⅳ93＋189.6，荷载等级为公路-Ⅱ级，桥梁按单幅桥布置。桥面净宽8.0m，总宽9.0m，上部为不等跨箱梁，中跨采用跨径35m预应力箱梁，边跨采用跨径20m预应力箱梁，全长75m，分3跨，为中桥。下部结构型式为桩柱式基础。此处路渠夹角63°，桥梁斜度按27°进行设计。桥面高于原路面，因此，桥头接线左、右岸分别采用2.20%、3.00%纵坡与原路面连接，边坡采用混凝土框格植草防护方式。

（刘元永）

工 程 投 资

石门河倒虹吸工程投资结构主要是中央预算内拨款（含国债）。因水文地质条件变化，基坑降水施工难度大，2009 年完成建安工程投资 1883 万元（不包括降水产值），占合同量的 11.2%，占投资计划的 37.7%。完成土石方开挖 66.4 万 m^3，占合同量的 53%；混凝土浇筑 0.065 万 m^3，占合同量的 0.5%；钢筋制作安装 192t，占合同量的 2%。

（乔云飞）

建 设 管 理

石门河倒虹吸工程由河南省南水北调中线工程新乡段建设管理处负责工程的现场管理工作。

受地质条件影响，施工降水难度大，致使管身段基础处理及混凝土浇筑施工难度增大。针对问题，项目部根据抽水试验和抽水统计数据，优化了降水井的布设，制定了快速、合理、有效的降水方案，最大限度为后期施工赢取时间；经过后期的施工情况观察，采取的方案取得良好的效果，也为施工赢取了宝贵的时间。

河南科光工程建设监理有限公司承担石门河倒虹吸标的土建工程施工、机电设备安装工程、金属结构设备安装、安全监测、临时工程、水土保持工程及施工期环境保护工程等项目的建设监理工作。

新乡段工程项目部质量安全科先后组织现场管理人员和施工人员进行了土方开挖、钢筋闪光对焊及直螺纹套筒连接、混凝土浇筑和模板工程等技术交底共 17 次，累计约合 426 人次。未出现较大的质量缺陷，工程实体质量情况较好，无质量事故。

（杨长明）

工 程 进 展

2009 年，完成新乡段工程项目部营地建设；完成施工道路建设；完成施工及生活用电线路安装；完成混凝土拌和站的建设；完成钢筋加工厂的建设；各类标示标牌已安装到位，管身段排水渠的修建，高低压线路的架设；完成 320m 管身段高程 88.9m 以上、260m 管身段高程 86.4m 以上及 156.4m 管身段换填夹层土石方开挖；完成 93m 出口闸室、渐变段高程 93.7m 以上部分土石方开挖；完成 156.4m 级配碎石换填施工；完成强夯区的全部强夯施工；完成龙门式起重机、布料机及钢模台车进场安装及调试。完成降水井 105 眼，占总计划工程量（300 眼）的 35%；完成强夯面积 31 636.16m^2，占强夯工程量的 100%；完成土石方开挖 66.36 万 m^3，占合同量的 53.2%；完成钢筋制作 192t，占合同量的 1.9%；完成混凝土浇筑 651.15m^3，累计完成产值约 3043.16 万元（含降水费用约 1160.4 万元），其中完成分类分项工程项目产值 1202.05 万元，完成措施项目产值 680.71 万元，完成产值额约占合同比例的 18.2%。

（乔云飞　马彦亮）

安 全 生 产

新乡段工程项目部成立安全生产领导小组，安全生产办公室设在质量安全科。项目部质量安全科先后组织电工、钢筋工、模板工、混凝土工、重机操作手和驾驶员等进行了安全教育培训 23 次，累计培训约 648 人次，有效提高了施工人员的安全意识，确保施工安全无事故。项目部质量安全科编制《危险源、风险及重大风险清单》，并根据危险源制定相关管控措施。按照新乡市建管处及监理部要求，统一编制《危险源、特殊工种人员和机械设备汇总表》；制订了《防汛措施及应急预案》、《施工安全事故应急预案》、《安全生产专项应急预案》等突发事件应急预案，并组织人员进行了防洪度汛实战演练及消防灭火伤员救护演练；开展了“三个不发生”百日安全活动，组织学习安全生产法律法规，大力开展反违章和安全隐患排查治理，认真排查整改各类事故隐患，严格落实安全措施和应急预案。通过项目部对安全工作的常抓不懈，以及日常的安全学习教育活动，进一步增强了全体施工人员的安全意识，确保施工生产安全。

（乔云飞）

新乡和卫辉段工程

工 程 概 况

新乡和卫辉段工程是南水北调中线一期工程总干渠Ⅳ渠段（黄河北—羑河北段）工程的组成部分，位于Ⅳ渠段的中部。黄河北—羑河北段工程总共分有9个设计单元，新乡和卫辉段工程是第七设计单元。地域上属于河南省新乡市的新乡市凤泉区和卫辉市。该设计单元工程起点位于新乡市凤泉区前郭柳村西南孟坟河渠倒虹吸出口（桩号Ⅳ115+900），终点位于沧河倒虹吸出口（桩号Ⅳ144+600），与鹤壁段工程起点相接。新乡和卫辉段工程被已开工的潞王坟膨胀岩试验段工程分隔成两段，潞王坟试验段长1.5km，起点设计桩号为Ⅳ120+498.3，终点设计桩号为Ⅳ121+998.3。新乡和卫辉段工程全长27.20km，其中渠道长25.416km，建筑物长1.784km。本渠段共有各类交叉建筑物48座，其中河渠交叉4座，左岸排水9座，渠渠交叉2座，公路交叉20座，生产桥9座，控制建筑物4座（节制闸和退水闸各1座，分水口门2座）。

新乡和卫辉段工程渠段中渠道全挖方段长6.607km，全填方段长0.168km，半挖半填段长18.641km，分别占渠段总长的26.0%、0.7%、73.3%。渠道最大挖深21～34m，最大填高9m左右。总干渠设计流量250m^3/s，加大流量310m^3/s。新乡和卫辉段工程渠段起点设计水位98.935m，终点设计水位97.061m，总水头差1.874m，扣除其中潞王坟试验段占用0.075m水头后，新乡和卫辉段设计水头为1.799m。渠道过水断面呈梯形，设计底宽为20～9.5～19m，堤顶宽5m，渠道边坡系数2～3.5，设计纵坡为1/28 000～1/23 000～1/28 000。工程规划永久占地5228亩，临时占地4703亩。合同工程量包括土石方开挖1306万m^3、土石方填筑590万m^3、混凝土46.8万m^3、砌石16万m^3、钢筋制作安装2.25万t、机电设备安装、金属结构设备安装、临时工程、水土保持工程及施工期环境保护工程等。初步设计概算投资为165 691万元。计划工期为2009年4月1日～2011年12月31日，总工期33个月。

（刘元永）

工 程 投 资

新乡和卫辉段工程投资结构主要是中央预算内拨款（含国债）。2009年完成建安工程投资14 251万元，占合同量的15.5%，占中线建管局投资计划的118.8%。完成土石方开挖673.4万m^3，占合同量的51.5%；土方填筑23.7万m^3，占合同量的4%；混凝土1.63万m^3，占合同量的3.5%；钢筋制作安装1715t，占合同量的7.6%.。

（刘元永）

招 标 投 标

新乡和卫辉段工程2009年度招标投标情况见表1。

表 1　　新乡和卫辉段工程 2009 年度招标投标情况

序号	合同编号	合同名称	招标代理单位	招标文件发售时期	开标日期	中标单位	合同签订日期
1	HNJ-2009/XW/SG-001	新乡和卫辉段第一施工标段工程施工合同	河南省河川工程监理有限公司	2009 年 2 月 9～13 日	2009 年 3 月 9 日	河南省水利第一工程局	2009 年 3 月 18 日
2	HNJ-2009/XW/SG-002	新乡和卫辉段第二施工标段工程施工合同	河南省河川工程监理有限公司	2009 年 3 月 4～8 日	2009 年 4 月 7 日	中国水利水电第四工程局有限公司	2009 年 4 月 16 日
3	HNJ-2009/XW/SG-003	新乡和卫辉段第三施工标段工程施工合同	河南省河川工程监理有限公司	2009 年 2 月 9～13 日	2009 年 3 月 9 日	中国水电建设集团十五工程局有限公司	2009 年 3 月 18 日

（刘元永）

建 设 管 理

河南省南水北调中线工程新乡段建设管理处负责新乡和卫辉段工程的现场管理工作。

河南科光工程建设监理有限公司承担新乡和卫辉段（包括新卫－1、新卫－2、新卫－3 三个施工标）的土建工程施工、机电设备安装工程、金属结构设备安装、安全监测、临时工程、水土保持工程及施工期环境保护工程等项目的建设监理工作。

按照关于开展安全生产三项行动工作的通知要求，新乡和辉县段各参建单位开展了“安全生产宣传教育行动”、“安全生产执法行动”和“安全生产治理行动”等活动。

（杨长明　马彦亮　汪　军）

工 程 进 展

2009 年，新乡和卫辉段工程总干渠沿线土石方开挖及土方填筑已全面展开，强夯、重夯等地基处理施工有序进行，4 座河渠交叉建筑物已全部开工建设，正在进行钢筋与模板制作安装、混凝土浇筑施工；2 座渠渠交叉建筑物已开工建设 1 座，完成管身段底板垫层混凝土浇筑；9 座左岸排水建筑物已开工建设 1 座，正在进行管身段 3 号、4 号、5 号、6 号管节底板。

（杨长明）

鹤 壁 段 工 程

工 程 概 况

鹤壁段工程为南水北调中线一期工程总干渠Ⅳ渠段（黄河北—美河北段）工程的组成部分，起点（144＋600）自沧河渠倒虹吸出口导流堤末端，终点（175＋432.8）在汤阴县行政区划边界处，全长约 30.8km。鹤壁段渠道起始断面设计流量 250m^3/s、加大流量 300m^3/s，终止断面设计流量 245m^3/s、加大流量 280m^3/s。总干渠以明渠为主，明渠与河流全部采用立交，包括大型河渠交叉建筑物 4 座、左岸排水建筑物 14 座、渠渠交叉建筑物 4 座、控制性建筑物 5 座、公路交叉建筑物 21

座、生产桥11座及铁路交叉建筑物1座。

鹤壁段项目建安工程总投资约为12亿元，于2009年5月15日开工，共分为三个施工标段：

第一施工标段，设计桩号为（Ⅳ144+600）~（Ⅳ155+600），渠段长11km，均为明渠。标段内共有各种建筑物23座：左岸排水倒虹吸9座，渠渠交叉2座、分水口门1座、公路桥8座，另有生产桥3座。

第二施工标段，设计桩号为（Ⅳ155+600）~（Ⅳ169+660），渠段长14.06km，其中明渠长13.077km。共有各种建筑物24座，即河渠交叉渠倒虹3座、左岸排水倒虹吸3座、渠渠交叉2座、分水口门1座、公路桥9座，另有生产桥6座。

第三施工标段，设计桩号为（Ⅳ169+660）~（Ⅳ175+432.8），渠段长5.832 8km，其中明渠长5.353 8km。标段内共有各种建筑物13座，即河渠交叉渠倒虹1座、左岸排水倒虹吸2座、分水口门1座、公路桥4座、节制闸1座、退水闸1座、铁路桥1座、生产桥2座。

鹤壁段工程为代建管理项目。代建管理单位是湖南澧水流域水利水电开发有限责任公司。

（许志宏　李合生）

工　程　投　资

鹤壁段工程静态总投资202 232.59万元。其中，建筑工程98 987.91万元，机电设备及安装工程2165.54万元，金属结构设备及安装工程2256.27万元，临时工程5990.95万元，独立费用10 603.32万元，主材价差8852.36万元，预备费7671.75万元，移民及环境部分投资65 254万元。

2009年，鹤壁段工程全年共完成投资11 536万元，占合同额113 626.962万元的10.03%，占年度计划13 408万元的86.04%。

鹤壁段代建项目管理部为中线建管局的代建项目管理机构。工程价款结算经鹤壁段代建项目管理部和中线建管局相关职能部门审核后由局财务部门直接支付施工承包单位。严格执行国家及中线建管局有关资金管理规定，对各参建单位结算账户做到有效监督，账户变更严格按规定程序进行申请和备案。建管、施工单位和开户银行共同签订了资金监管服务协议，对工程建设资金实行监管。

（曾德林）

招　标　投　标

鹤壁段工程合理划分标段，采用公开招标方式，2009年已招标项目有土建3个标段、监理1个标段，另有黄河北—羑河北段及穿漳河建筑物工程安全监测标1个标。

（1）黄河北—羑河北段鹤壁段工程第一施工标段，桩号为（Ⅳ144+600）~（Ⅳ155+600）。中标单位是中国水利水电第二工程局有限公司，包括合同范围内建筑工程、机电设备及安装、金属结构设备安装、通信管道采购及敷设、临时工程、水土保持工程及施工期环境保护工程等。主要包括11km明渠和标段内23座建筑物施工等。

（2）黄河北—羑河北段鹤壁段工程第二施工标段，桩号为（Ⅳ155+600）~（Ⅳ169+660）。中标单位是中国人民武装警察部队水电第二总队，包括合同范围内建筑工程、机电设备及安装、金属结构设备安装、通信管道采购及敷设、临时工程、水土保持工程及施工期环境保护工程等。主要包括13.077km明渠，标段内24座建筑物施工等。

（3）黄河北—羑河北段鹤壁段工程第三施工标段，桩号为（Ⅳ169+660）~（Ⅳ175+432.8）。中标单位是中国水利水电第十二工程局有限公司，包括合同范围内建筑工程、机电设备及安装、金属结构设备安装、通信管道采购及敷设、临时工程、水土保持工程及施工期环境保护工程等。主要包括

5.353 8km明渠，标段内13座建筑物施工等。

（4）黄河北—羑河北段工程建设监理Ⅲ标，桩号为（Ⅳ144+600）～（Ⅳ175+432.8）。中标单位是湖南水利水电工程监理承包总公司，包括合同范围施工段内建筑工程（含施工准备阶段）、机电设备采购及安装、金属结构设备制造及安装、通信管道采购及敷设、安全监测、临时工程、水土保持工程、永久供电工程等项目施工全过程建设监理工作。

（5）黄河北—羑河北段及穿漳河建筑物工程安全监测标。中标单位是黄河勘测规划设计有限公司，本标招标范围为黄河北—羑河北段直管和代建项目及穿漳河建筑物工程，包括渠道典型监测断面、河渠交叉建筑物、渠渠交叉建筑物、左岸排水、控制建筑物等的原形监测仪器设备及材料的采购、运输、保管和验收；监测仪器和设备的率定、安装埋设、调试和维护，电缆敷设；施工期及验收前的观测、数据采集、资料分析以及移交等。

（文　丹）

建设管理

鹤壁段工程为代建管理项目。代建管理单位湖南澧水流域水利水电开发有限责任公司组成鹤壁段代建项目管理部（以下简称鹤壁段代建部），直接承担现场建设管理工作。鹤壁段代建部于2009年1月20日组建成立，该部以工程建设管理为中心，建立了质量、安全、进度及文明施工、环保、水保等管理体系，成立安全生产管理委员会、质量管理委员会、文明工地创建领导小组，设立专职管理工程师岗位，制定了一系列管理规章制度。

（陈正榜　杨　健）

工程进展

2009年，鹤壁段工程主要进行了临建项目和渠道清表、湿陷性土基础处理、土石方开挖、局部土石方填筑及部分建筑物开挖、填筑、混凝土浇筑等项目的施工。共完成土石方开挖536.33万m^3，土石方回填45万m^3，混凝土浇筑0.48万m^3，钢筋制作安装102.44t，强夯35.4万m^2，重夯3.66万m^2，土挤密桩12.9万m。

各标段工程进展如下：

施工Ⅰ标：完成营地及配套设施建设等临时工程。完成了全线清表，强（重）夯17万m^2，土挤密桩4万m，土石方开挖140万m^3，黄庄大坑的回填碾压。完成了小庄沟和刘庄沟倒虹吸开挖和基础处理工作，进行底部混凝土浇筑。

施工Ⅱ标：完成了4个施工营地及配套设施等临时工程。完成了全线清表，强（重）夯22万m^2，土挤密桩基9万m，渠道土石方开挖150万m^3。基本完成三座河渠交叉倒虹吸、两座左排倒虹吸的开挖工作，完成垫层混凝土浇筑84m^3，新乡屯公路桥正进行灌注桩施工。

施工Ⅲ标：完成了淇河主营地及配套设施等临时工程和全线清表，打开两个渠道开挖断面，渠道土石方开挖90万m^3，淇河渠倒虹吸完成一期工程土石方开挖，累计完成22万m^3。

（胡兰桂　何学春　袁国金）

工程监理

鹤壁段工程由湖南水利水电工程监理承包总公司组建鹤壁段工程监理部，派驻施工现场执行监理工作。监理部设总监理工程师1人，副总监理工程师3人，下设五部一办及专家咨询组。

监理职责范围为鹤壁段内建筑工程、机电设备采购及安装、金属结构设备制造及安装、通信管道采购及敷设、安全监测、临时工程、水土保持工程、永久供电工程等项目施工全过程建设监理工作。按照工程建设监理工作程序，进行工程质量、进度、投资控制、合同管理、信息管理和协调及安全生产监督管理。

建设监理通过组织措施、经济措施、技术措施、合同措施对工程造价实施有效控制；严格计量程序，建立工程量和支付价款台账，严格工程变更程序，合理控制变更，按索赔程序及时处理索赔，有效控制工程造价。

鹤壁段工程建立监理协调机制，明确协调程序，负责组织协调解决工程建设各方、各标段之间的关系。代建部对监理机构和监理人员的监理工作进行规范化管理，每季度检查考核监理工作。

（徐运良）

质量管理

鹤壁段代建部建立健全质量保证体系，完善质量管理机构，制定质量管理办法，明确代建部各级人员质量职责，实施全面质量管理。鹤壁段代建项目工程实行代建部负责，监理单位控制，设计、施工及其他参建方保证，政府监督相结合的质量保证体系。代建部经理为第一质量责任人负总责，将质量管理职能层层分解，落实到了相关处室和个人。

代建部印发了鹤壁段工程质量管理相关的检查、考核管理办法等制度，同时督促监理单位制定了工程质量监理规划和单项监理实施细则。各承包人制定了相关的质量管理规章制度和工序质量控制办法，并明确了岗位质量责任。根据工程的特点，代建部监督施工单位严格执行“三检制”和监理的“联检制”。代建部牵头成立了重要隐蔽单元工程及关键部位联合检查验收小组，共同检查核定其质量等级并填写签证表，报质量监督机构核备。

截至2009年底，鹤壁段工程质量情况基本稳定，未发生任何质量事故，暂未进行单元工程验收。

（许志宏　陈红星）

安全生产

成立了由代建部、监理、设计、施工单位组成的鹤壁段工程安全生产管理委员会和工程防汛领导小组。狠抓安全生产规章制度建设，制定并下发安全管理办法，各参建单位也制定了相应安全管理办法。

2009年度，代建部组织召开安全生产专题会6次，组织月度安全检查和专项安全检查共10次。成立了安全生产施工应急领导小组，印发了安全事故和防汛抢险应急预案，规范应急管理和应急响应程序，提高事故应急快速反应能力。2009年11月，3个标段分别举行了消防安全事故应急预案演练，检验可操作性，进行安全教育和培训。成立了由代建部和参建单位组成的鹤壁段工程防汛领导小组，各参建单位也成立了防汛指挥机构，编制了各标段的防洪度汛方案和措施，代建部编制了2009年度防洪度汛方案和防汛抢险应急预案。

（何学春　石秀忠）

汤阴段工程

工程概况

汤阴段工程起点位于安阳市汤阴县和鹤壁市的行政区划边界，终点位于安阳市汤阴县羑河渠倒虹出口渐变段末端后10m。本渠段总长21.317km，其中明渠长19.997km，建筑物长1.320km。沿线共布置各类交叉建筑物39座，其中河渠交叉建筑物3座，左岸排水建筑物9座，渠渠交叉建筑物4座，控制建筑物3座，跨渠公路桥11座，生产桥8座，铁路桥1座。本段设计流量245m^3/s、加大流量280m^3/s。

工程静态投资99 349万元，其中建筑工程83 114万元，金属结构设备及安装工程1706万元，临时工程4170万元，独立费用8585万元，主材价差7696万元，基本预备费6242万元。

工程于2009年5月22日开工，项目建设管理模式为代建制，代建管理单位为山西省万家寨引黄工程总公司。

工程共划分为3个施工标。

施工Ⅰ标，设计桩号为（Ⅳ175 +432.8）~（Ⅳ185 +000），长9.567 2km，共有各种建筑物15座，合同总价26 253万元。施工单位为中国水利水电第十工程局有限公司。

施工Ⅱ标，设计桩号为（Ⅳ185 +000）~（Ⅳ191 +000），长6km，共有各种建筑物9座，合同总价20 622万元。施工单位为河北省水利工程局。

施工Ⅲ标，设计桩号为（Ⅳ191 +000）~（Ⅳ196 +749），长5.749km，共有各种建筑物15座，合同总价27 481万元。施工单位为北京市京水建设工程有限责任公司。

（王　宇　温　邑）

招　标　投　标

汤阴段工程共分3个施工标，施工合同总额74 358万元。

2009年，汤阴段工程施工标计划投资13 961.05万元，实际完成投资10 355.36万元。汤阴代建部从组织、经济、技术、合同等多方面，精心组织编制了汤阴段工程投资控制管理整体规划及管理办法。从计划、计划分解、效果分析、动态管理以及严格计量、支付、变更、索赔等，监管承包人的资金使用，汤阴段工程投资得到有效控制。

汤阴段施工标招标由中线建管局组织，代建单位参加，按照"公平、公正、公开、诚实、信用、科学、择优"原则，选择承包人。

汤阴段施工Ⅰ标中标单位为中国水利水电第十工程局有限公司，汤阴段施工Ⅱ标中标单位为河北省水利工程局，汤阴段施工Ⅲ标中标单位为北京市京水建设工程有限责任公司。

（温　邑　姚汉武）

建　设　管　理

汤阴段工程代建部采用直线职能形式的组织机构，建设管理机构设四个部门，现场建设管理机构设项目经理1人，项目副经理1人，技术负责人1人。汤阴代建部配合地方政府开展施工用地征用工作，完成临时用地、永久用地、弃渣场移交，9月具备开工条件。代建部督促监理和施工单位报批施工进度计划，监理规划和细则，施工组织设计、施工技术方案和供图计划，编制了汤阴段整体施工进度计划和2009年年度施工计划。积极参与中线建管局2009年9月中旬开展的大干100天活动，建立了工程进度日报和现场巡检制度，督促并考核3个施工单位的进场人员和设备，多次召开会议讨论解决工程建设中的问题，加强与地方征迁部门的配合，圆满完成了大干100天任务。

代建部建立了质量管理体系，成立了质量管理小组和质量管理委员会，编制了质量管理办法。2009年9月，重点检查施工单位质量体系、机构和质量管理制度的建立。10月，土方开挖全面展开，将强夯和重夯的各项参数及技术要求、取样方式作为质量控制重点，要求监理现场旁站。12月，混凝土浇筑施工后，重点抓原材料质量控制和冬季保温措施。

2009年没有发生一例安全事故，在中线建管局2009年安全生产目标考核中，汤阴代建部和3个施工单位均被评定为Ⅰ级。

（王　宇　姚汉武）

工 程 进 展

2009年，汤阴段工程实际完成投资10 355.36万元，占年度计划的74%。截至2009年底，累计完成土方开挖169.22万m^3，石方开挖320.56万m^3，土石方回填3.20万m^3，混凝土浇筑2472m^3，钢筋制作安装420t。

汤阴段施工Ⅰ标：强夯第一遍夯击完成，重夯试验段夯击全部完成，重夯主体施工第一遍基本完成，第二遍开始施工；挤密砂桩试验完成，挤密砂桩主体施工累计完成353根，挤密土桩试验完成，挤密土桩主体施工累计完成422根；有的渠段和倒虹吸开挖基本成型，有的正在开挖。

汤阴段施工Ⅱ标：强夯、重夯第一遍夯全部完成，第二遍夯正在进行；土挤密桩累计完成10 565m，占合同量的29.8%；部分渠段开挖至设计断面；淤泥河涵洞式渡槽涵渡段基本完成土石方开挖，部分洞身段、进出口段、连接段开始混凝土浇筑；云村沟左岸排水倒虹吸完成管身段进出口段土方开挖；三里屯南沟倒虹吸完成土石方开挖，管身段开浇垫层。

汤阴段施工Ⅲ标：地基处理开始强夯第一遍及第二遍施工，有1900m在开挖，部分边坡已削；羑河倒虹吸土方开挖及18节管身基础面清理，部分管身垫层浇筑施工，底板钢筋绑扎；董庄沟排水倒虹吸4～6节管身垫层混凝土浇筑及钢筋绑扎；汤河渡槽填筑围堰及导流明渠开挖。

（王 宇 温 邑）

工 程 监 理

监理单位是中国水利水电建设工程咨询北京公司，该公司负责汤阴段[桩号(175+432.8)～(196+749)]施工段内建筑工程、机电设备采购及安装、金属结构设备制造及安装、通信管道采购及敷设、安全监测、临时工程、水土保持工程、永久供电工程等项目施工全过程，按照施工组织设计（方案）审批、开工审批、进度审批、验收与质量控制、测量、材料管理与试验、计量与支付及工程变更与索赔工作规范程序，开展建设监理工作。采用质量、进度、投资控制，合同、信息管理，施工协调的手段及措施进行工程管理。

（王 宇 姚汉武）

质 量 管 理

各参建单位均建立了完善的质量管理和质量保证体系，成立了质量管理机构，制定了质量管理制度，设立了专职质量管理人员。监理和施工单位都设立了总质检师，对工程质量负技术责任。汤阴段成立了各参建单位组成的质量管理委员会，定期召开会议，针对工程建设的质量问题提出改进和处理措施。

施工单位均配备了现场实验室，中线建管局在现场设置了业主实验室，监理实验在业主实验室完成，或委托安阳、郑州有相应资质的实验单位完成。现场已进行了钢筋、水泥、外加剂检测，重夯、强夯湿陷性、混凝土拌和物和试块的取样检测，止水和闭孔泡沫板的检测。

汤阴段质量监督单位为南水北调工程建设监管中心，该中心质量监督巡回抽查组常驻现场，进行监督并抽样检测。2009年9月，检查各参建单位质量体系建设及单位和人员资质，12月，该中心重点进行原材料、现场质量评定和冬季施工措施的检查。

汤阴段共划分8个单位工程、181个分部工程，其中主要分部工程75个。2009年共完成单元工程质量评定68个，全部合格，优良58个，单元工程优良率85%。其中地基开挖评定26个，优良21个，混凝土评定36个，优良31个，碎石垫层2个，优良2个，水泥土换填4个，优良4个。

（王 宇 温 邑）

安 全 生 产

代建部与监理和施工单位分别签订了安全生产责任书，实行安全生产责任制，明确了各参建单位的安全责任。汤阴段各参建单位由项目经理或总监担任负责人，建立了完善的安全管理监督体系和保证体系，包括安全生产管理制度、安全生产管理机构、安全管理人员职责、安全管理措施及相应奖惩规定。

坚持“安全第一，预防为主”的工作方针，代建部于2009年9月开展了“学习月”活动，安全问题作为学习重点，进行安全知识培训并考试。检查监理和施工单位的安全培训，特别要求对上岗职工进行岗前安全培训，不走过场。

代建部编制了施工现场安全应急预案，各施工单位编制了专项应急预案，并经监理审批。预案对机构设置、预报预警、应急响应、后期处理、应急保障及宣传、培训、演练等作了切实安排。施工单位组织了一次消防应急预案的演练。施工单位均编制了危险源辨识与预控措施，并经监理审批。从14个方面对危险源进行分类，对于重大危险源专项指出，在现场施工中作为安全检查的重点。

2009年，组织2次安全大检查。8月，主要检查永久征地围挡、交叉路口安全标识，现场人员安全装备，现场施工指挥、夜间施工照明等；10月，主要检查开挖区和重夯区的标识围拦、现场交通安全、岗前安全培训、现场专职安全员的职责执行情况；12月，接受中线建管局组织的安全生产大检查和安全生产目标考核，汤阴代建部和3个施工单位均被评定为Ⅰ级。

（王 宇 温 邑）

潞王坟试验段工程

工 程 概 况

南水北调中线工程总干渠新乡段工程起自纸坊河渠道倒虹出口，至沧河渠道倒虹出口止，全长77.64km。新乡段工程含有4个设计单元工程，分别为辉县段、石门河段、潞王坟试验段、新乡和卫辉段工程。

南水北调中线一期工程总干渠膨胀岩（土）试验段工程（潞王坟段）位于河南省新乡市凤泉区潞王坟乡，是南水北调中线工程总干渠第Ⅳ渠段（黄河北—漳河南段）的组成部分，全长1.5km。其中，用于试验的渠段长568m，共分为8个试验区，其余渠段为非试验区。

渠段内布置路渠交叉建筑物1座，为两泉路公路桥，桥梁荷载等级为公路-Ⅱ级，桥长150m。渠道设计流量250m^3/s，加大流量300m^3/s。渠道过水断面呈梯形，渠道底宽9.5m×12m，设计水深7m。试验段属深挖方明渠段，最小挖深15m，最大挖深40m。

初步设计概算静态总投资为2.68亿元，其中工程部分投资1.53亿元，移民及环境部分9772万元，试验研究经费部分882万元。计划工期为2007年6月15日～2009年12月15日，总工期30个月。

潞王坟试验段工程除作为南水北调永久工程的一部分外，还将承担南水北调工程膨胀岩（土）试验研究的任务，目的是为南水北调中线总干渠膨胀岩（土）渠坡处理提供安全可靠、经济合理和有利于环保的措施，为工程设计的优化提供依据，指导总干渠膨胀岩（土）渠段的大面积施工。

河南省南水北调中线工程新乡段建设管理处作为河南省南水北调中线工程建设管理局的派出机构，主要负责新乡段工程的现场管理工作。

（刘元永）

工 程 投 资

潞王坟试验段工程投资结构主要是中央预算内拨款（含国债）。

由于受到观测时间延期（中线局技函［2006］16）影响，2009年完成建安工程投资1348万元，占合同量的11.7%，占中线建管局投资计划的32.2%。完成土石方开挖47.2万m^3，占合同量的12.1%；土石方填筑10.1万m^3，占合同量的22.1%；混凝土903m^3，占合同量的3.9%。

（刘元永）

工 程 进 展

潞王坟试验段工程总长1.5km，其中试验区长568m（共分8个试验区，每个试验区长度约60m），永久渠段（非试验区）长932m。

（一）试验区进度

截至2009年底，试验区已全部完成试验区的土石方开挖、试验处理措施项目及试验区试验断面渠道混凝土衬砌的施工。试验区在2009年的主要工作为配合试验单位（长江科学研究院）做试验观测，按照下发的技术要求主要进行以下项目的配合工作：

（1）不同水位条件的工况模拟试验（试验区循环抽排水）。

（2）膨胀岩渠坡破坏机理试验研究（人工模拟降雨试验）。

（3）现场观测（测斜、渗压等现场观测）。

（二）永久渠段进度

渠道（SY0+680）～（SY1+500）桩号内的土石方开挖完成45.6万m^3，累计完成开挖356.6万m^3；（SY0+760）～（SY1+080）桩号内左右岸渠堤填筑完成10.3万m^3，（SY0+690）～（SY0+980）桩号内左右岸膨胀岩换填处理完成3.7万m^3，渠堤和膨胀岩换填处理完成填筑14.0万m^3，累计完成填筑23.0万m^3；（SY0+680）～（SY1+200）桩号内的左右岸一级马道以上混凝土框格渠坡防护以及排水沟混凝土浇筑施工完成混凝土950m^3，累计完成混凝土0.35万m^3；灰坝和（SY0+760）～（SY1+080）桩号内的左岸截流沟砌石防护工程施工完成砌石1230m^3，累计完成砌石1610m^3。

（王明旭）

工 程 监 理

河南科光工程建设监理有限公司负责潞王坟试验段的土建工程施工、机电设备安装工程、金属结构设备安装、安全监测、临时工程、水土保持工程及施工期环境保护工程等项目的建设监理工作。

2009年，在进度控制方面主要进行以下工作：

（1）监理机构及时审批施工单位的总进度计划和年进度计划，编制控制性进度计划，根据控制性进度计划审批施工单位的季进度计划和月进度计划。

（2）对工程进度适时跟踪。督促施工单位资源及时到位，进度滞后时要求施工单位及时调整。督促施工单位编制调整进度计划，并编制控制性调整进度计划。根据工程世纪情况及时调整工程项目，保证施工任务的完成。

（3）要求各施工单位实行进度计划责任制。项目总工程师必须对技术方案的制定、必要的施工前试验检测等技术准备工作全面负责，不得因技术准备工作不足影响工程进度。

(4) 坚持安全、质量第一原则，处理好进度、安全、质量、投资之间的关系。关键的施工项目的资源配置必须具备24h作业的条件。

(5) 督促施工单位做好停电、设备故障、滑坡、基坑渗水、洪水、不利气候等影响工程进度的突发性事件的应急预案。

(6) 积极协调标段之间的施工关系，减少施工干扰。召开进度专题会议，查找解决影响施工进度的因素，促进施工向前推进。

(7) 编制《进度专项报告》分析工程进度情况和进度制约因素，提出建议，为领导决策提供参考。

（马彦亮）

质 量 管 理

(1) 质检机构。组建由项目经理为责任人的质量管理机构，配备总质检师和专业的质量检测人员，目前共有专职质检人员6名，全部持证上岗，专职的质量管理人员满足施工现场的需要。

(2) 质量管理及保证体系。推行全面质量管理，建立以质量意识、技术素质为基础，组织机构、规章制度、物资设备、经济等为保证，技术措施、检查、检测试验为控制的质量保证体系。制订和完善岗位质量规范、质量责任及考核办法，落实质量责任制。加强质量检验工作，认真执行“三检”制，实行“质量一票否决权”，切实做好工程质量的全过程控制。建立灵敏的质量信息反馈系统，企业内反馈来自对所用材料的检测、质量检查、施工工艺、技术更新和合理化建议等方面；企业外反馈来自对上级主管部门以及国内外同行业的情况、先进技术、施工经验等。

(3) 质量管理制度。建立检、试验计划，对原材料、中间产品及构配件确定了取（抽）样方法、数量、部位，检验的批次、项目等，已报监理机构批复。对重要工序和关键部位施工实行动态跟踪控制，对重点控制的质量特性、工程关键部位、质量薄弱环节加强管理，责任落实到人，实施签证制度，保证活动的可追溯性。始终贯彻和落实三检制度，在班组初检、施工复检，填表签名后，质检人员再进行终检，确定符合质量标准和设计要求后，向监理机构报验。质检人员均持有质检员证书。

(4) 质量检查验收及质量评定。施工工序的初检记录齐全、真实，并有初检人签名。单元工程质量评定表待监理、业主批准备案后使用，在评定表后面附检验记录，在单元工程完工后及时评定，在评定表后面附检验记录，填写符合规定要求，有监理工程师的审核签字。

（程赣生）

安 全 管 理

(1) 建立完善的组织机构。项目部建立健全安全管理监督体系和安全生产管理组织机构。成立以项目经理为组长的安全生产领导小组、应急预案领导小组、消防领导小组、现场治安领导小组、安全生产隐患排查治理领导小组、文明施工领导小组；配备4名专职安全员，组织落实日常安全生产管理工作；成立以工会主席为组长的安全生产监督领导小组，各工会小组长兼任监督员，各施工区和施工班组设有兼职安全员，监督落实各项安全措施到位，为施工现场营造安全施工环境。与当地公安部门联建警务室，安全协防队员统一着装，佩戴袖标，并配备警棒、警用灯等警用器材。

(2) 层层落实安全生产责任制。项目部

各职能部门明确安全责任，层层签订安全生产目标管理责任书。实行安全生产目标管理奖励和罚金制度，年终考核对完成责任目标者退还保证金，并给予对等奖励；完不成责任目标者没收保证金。

（3）建立安全生产规章制度。制定一系列安全生产规章制度和岗位职责，如工地安全检查制度、安全会议制度、消防管理制度、职工安全教育制度、治安保卫制度、施工现场安全管理制度，制订项目部应急预案，重大危险源实行动态管理，制订各种岗位职责，并制订各种安全生产应急预案，使安全生产管理工作进一步规范化。

（4）加强职工安全生产教育。坚持“安全生产，预防为主”的方针，不断地对职工进行安全生产知识教育。一是对职工进行上岗前的安全培训工作；二是给职工发放安全知识手册、安全操作基本知识读本，对员工和各工区机械操作手进行安全知识考试，邀请专家讲授施工现场安全管理基础知识，使员工的安全知识大大提高；三是根据不同的工种和工作性质，对挖掘机、装载机、压路机、翻斗车操作手、石方爆破员、电工等进行技术交底，和参建人员签订安全生产协议书；四是举行防洪度汛实战演练活动，使员工提高应急防变能力和整体观念，提高了项目部对事故的应急快速反应能力，加强了对重大安全事故的应急处理能力；五是加强对驾驶员的交通法规教育；六是对员工进行职业健康检查。

（5）安全检查制度。项目部狠抓安全生产规章制度建设，层层落实安全生产责任制，加强安全生产监督检查和安全生产过程管理，坚持对各个施工区进行每天巡查制度，夜晚不定期的对各施工区的驻地、机械停放点、油库等地进行巡查。坚持每星期一小查，每个月一大查制度，并经常对项目部的安全工作进行自查和不定期的检查。推行安全生产奖惩办法，制定具体奖惩标准，该奖的一定兑现，该罚的也不放过。

（6）切实落实安全保证措施。项目部专项组织安全生产隐患排查工作，重点进行专项检查及整治：①油库管理方面，完善油库管理制度，制度张挂上墙，并配备 3 名专职管理员，在库区设置隔离网，安装避雷针，备有灭火器 4 具，备防沙池一个。②高边坡开挖方面，在重要交通要道、施工重点部位、高边坡危险区域等地，先后布置宣传牌和警示牌 60 多块，巨幅宣传牌 3 块，宣传条幅 10 多条，设置警示标志 38 处，设立“专项安全生产管理”宣传挂图。高边坡陆续设置警戒线长达 3000 多米。进场道路，施工道路绕行道路栽红白相间的警示桩 300 多根。变压器周围设置护栏网。充水试验区周围安装了护栏网，加强了安全防范。③施工用电和生活用电方面，对营区生活用电、各施工队、油库、等区域用电进行检查，对私拉乱扯电线、使用电炉及乱接电器的不规范使用，进行查处和现场教育，对新建变压器（站）、拌和站和施工中的临时用电进行检查，变压器周围加设安全网，规范临时用电一机、一闸、一保护。

（马彦亮　程赣生）

施　工　科　技

新乡潞王坟膨胀岩渠段试验研究目的是为南水北调中线总干渠膨胀岩渠坡处理提供安全可靠、经济合理和有利于环保的措施，为工程设计的优化提供依据，指导总干渠膨胀岩渠段的大面积施工。

（一）项目研究的主要任务

研究膨胀岩渠坡破坏机理，建立更为合理和符合实际的边坡稳定分析方法；验证不同处理措施的加固效果，提出不同处理措施的适用范围、施工控制指标及质量检测方法。

（二）主要研究内容

（1）现场观测。传感器观测包括含水率、吸力、孔隙水压力、土压力、水平变形、垂直变形位移、地下水位及裂隙。气象观测包括降雨量、入渗量、蒸发量、温度、湿度、风速、风向等。

（2）膨胀岩渠坡破坏机理试验研究。采用人工降雨手段模拟大气降雨，于2009年2月21～23日在1－2区右岸一级马道以下坡面完成人工降雨试验。

（3）不同处理措施的验证试验研究。①采用人工降雨手段模拟大气降雨，分别于2009年3月9～18日和2009年3月31日～4月9日，在5区右岸一级至二级马道坡面和6区左岸一级马道以下坡面完成人工降雨试验；②采用局部埋设花管等方法模拟衬砌开裂，模拟一级马道以上渠坡处理措施开裂、防护失效，分别于2009年6月24日～7月8日、2009年7月15～21日和2009年7月27日～8月16日，完成2区左岸一级马道与二级马道之间坡面、4区左岸一级马道与二级马道之间坡面和5区右岸一级马道与二级马道之间坡面的局部破坏试验。

（4）处理后渠坡岩土体参数测试。2009年11月19～30日，2～5区5.0m水位线附近，钻孔取样测试含水率，验证四种不同处理措施加固效果。

（5）膨胀岩大气影响深度研究。2009年12月1日～16日，1－1区右岸一级马道以下坡面，黏土岩和泥灰岩层各取3.0m方块样，进行土工强度试验，获取不同岩性的大气影响深度；2009年11月1日～12月3日，1－1区和1－2区坡面取方块样，进行土工强度试验，获取不同岩性的强度特性。

（6）不同水位条件的工况模拟。2009年2月15～21日，7～8区水位从7.0m降至5.0m；2009年4月5～14日，2～5区水位从7.0m降至5.0m，11月29日～12月22日，水位从5.0m降至0.0m，在不同蓄水水位条件下，观测不同加固处理措施，膨胀岩渠坡的含水率、吸力、孔隙水压力、土压力、水平变形、地下水位变化规律。

（三）试验成果

（1）获得长期运行工况条件及不同水位条件下，膨胀岩渠坡含水率、吸力、孔隙水压力、土压力、水平变形、地下水位等的变化规律。

（2）初步掌握了膨胀岩渠坡破坏机理。

（3）初步掌握了不同处理措施加固膨胀岩渠坡的效果。

（4）获取了膨胀岩大气影响深度。

（谭锋屹）

安阳段工程

工程概况

南水北调中线一期工程总干渠安阳段处于Ⅳ渠段的最北部，南起羑河渠道倒虹吸出口，北接Ⅴ渠段（穿漳河工程）的起点，全长40.262km，其中渠道长39.299km。

沿渠共布置各类交叉建筑物76座，总干渠设计流量245～235m^3/s，设计水深7.0m，渠道纵比降1/28 000，输水横断面采用梯形明渠，渠道边坡为1:2～1:3，渠底宽12.0～18.5m。主体建筑物主要工程量合计2619万m^3，其中土石方开挖1793万m^3，土石方填筑729万m^3，混凝土及钢筋混凝土50万m^3，钢筋制作安装2万t，钢绞线533t，砌石31万m^3，砂石垫层18万m^3。规划永久占地8164亩，临时占地6028亩，需拆迁房屋面积64 684m^2，安置人口1240人。批复总投资为206 215万元，静态投资为192 042万元，其中工程部分投资143 596万元，移民环境部分48 446万元（以上为安阳段初设概算投资，暂未扣除穿漳河建筑物进口南移60m的工程投资）。安阳段工程于2006年9月28日开工，工期40个月。

（杜军民）

工程投资

安阳段工程投资结构主要是中央预算内投资6亿元，中央专项建设基金6亿元，银行贷款8亿元。

2009年，安阳段工程计划完成投资额22 041.68万元，实际完成投资21 336万元，其中建安工程投资19 526万元，征地移民投资1810万元，建安工程投资占投资计划的88.59%。全年共初审工程变更79项，变更增加投资金额3132余万元。其中300万元以上工程变更1项，即安阳段工程第七标段的北士旺西北公路桥工程变更；300万~30万元工程变更8项；30万元以下工程变更70项。累计完成投资114 260万元，其中建安工程投资83 011万元，征地移民投资31 249万元，建安工程投资占合同投资额的83.13%。

2009年是安阳段工程开工建设的第四年，第一批进场施工的第三、第四、第五、第六标段，工程建设已进入尾声，第二批进场施工的第一、第二、第七、第八、第九标段进入施工关键期。安阳段建管处在确立的静态控制与动态管理的投资控制管理框架下，进一步加大工程变更审核力度，全年共审核完成变更投资3132余万元，及时有力的补充了工程建设资金，为正常的工程建设提供了可靠保证。2009年，除因征地、专项设施迁建滞后影响工程建设进度外，基本实现投资计划管理目标。

（杜军民）

招标投标

安阳段工程共划分为建设监理标、土建施工标、安全监测标、金属结构标、机电采购标等5类计18个标段。其中2个建设监理标、10个土建施工标、1个安全检测标、1个金属结构标、1个机电采购标已于2006年、2007年全部完成。2009年6月16日，由河南省南水北调中线工程建设管理局以黄河北—漳河南段电气设备采购标段招标统一形式，完成了安阳段剩余金属结构和电器设备采购的招标工作。其中，由山东水总机械工程有限公司承建（合同编号：HNJ－2009/HY/CG－003）的合同中含安阳段工程160万元；由东莞市康达机电工程有限公司承建（合同编号：IINJ－2009/HY/CG－006）的合同中含安阳段工程22.8万元；许继电气股份有限公司承建（合同编号：HNJ－2009/HY/CG－007）的合同中含安阳段工程353.95万元。

（杜军民）

建设管理

安阳段工程由安阳段工程建设管理处（简称安阳段建管处）负责现场工程建设管理工作。

（一）建设管理目标

投资控制目标：确保本工程静态投资控制在与项目建设管理单位管理的内容对应的项目管理预算（即分解后的项目管理预算）之内。进度控制目标：确保工程建设在2009年12月31日之前基本完工。工程质量目标：单元工程全部合格，优良率达到85%以上，单位工程外观质量得分率85%以上，无重大质量事故。安全生产目标：杜绝群死群伤的重特大事故发生，避免较大事故发生，减少一般事故发生，力争实现事故死亡率“零”的目标。文明施工及环保水保目标：达到南水北调工程“文明工地”标准，达到环保水保设计目标。

（二）获奖情况

2009年，安阳段建管处和第五标段项目部，荣获国务院南水北调办颁发的“质量管理先进集体”称号；安阳段建管处荣获国务院南水北调办颁发的南水北调系统宣传工作“先进集体”称号，第二标段质量管理部和第六标段工程技术部，通过2009年国务院南水北调办“青年文明号”复核验证；安阳段第六标段项目部被评选为“河南省南水北调工程建设先进施工单位”和“河南省南水北调工程建设质量安全管理先进单位”称号；安阳段建管处被河南省南水北调办评选为2009年度“先进集体”。

（杜军民）

工 程 进 展

2009年，安阳段工程共完成土石方开挖296.67万m^3，土石方回填216.62万m^3，混凝土浇筑9.59万m^3，钢筋制作安装2132t。截至2009年底，累计完成土石方开挖1665.56万m^3，占合同工程的94.05%；土石方回填667.11万m^3，占合同工程的82.2%；混凝土浇筑35.53万m^3，占合同工程的66.59%；钢筋制作安装16 625t，占合同工程的99.95%。

截至2009年底，完成洪河渠道倒虹吸、张北河暗渠和安阳河渠道倒虹吸3座河渠交叉建筑物主体工程、管身段回填施工及金属结构的安装工作。完成16座左岸排水倒虹吸中的15座工程建设任务，刘家屯沟排水倒虹吸因群众干扰和征地问题未解决，尚未开工建设。完成9座渠渠交叉建筑物中的8座，其中五六、五八建设渠连接渡槽因图纸未提供，尚未开工建设。完成25座公路桥中的21座桥梁吊装工作（其中第2标段的下毛仪涧公路桥，第3标段的杜家庵公路桥、第4标段的华祥路公路桥、老爷庙公路桥、王潘流公路桥，第5标段的文明大道公路桥，第7标段的北士旺西北公路桥具备临时通车条件），3座公路桥（第1标段的丁家村北公路桥、第8标段的西稻田西公路桥、第9标段的北崔庄北公路桥）正在进行桩基或上部结构施工，另外1座北流寺西北公路桥因征地和专项迁建的影响，下部工程尚未开工。安阳河退水闸、南流寺分水口门，小营分水口门完成施工。安李支线铁路桥施工单位已进场，但因征迁、辅线调整、主体工程上部结构形式变化等原因，主体工程尚未开工，正在进行征地拆迁及部分铁路辅道施工。

渠道土石方施工已进入尾声，渠道衬砌施工正在有序推进，各标段累计完成渠道边坡混凝土衬砌25 534m（单侧合计），渠道底板混凝土衬砌9336m。

（杜军民）

工 程 施 工

2009年，安阳段建管处组织了安李支线铁路桥监理中国华西工程设计建设有限公司及施工单位郑州中原铁道工程有限公司进场施工，组织第三标段、第四标段、第五标段、第六标段基本完成渠道混凝土衬砌施工，加快剩余其他工程的施工进度。进一步组织第一标段、第二标段、第七标段、第八标段、第九标段全面加快渠道混凝土衬砌作业，组织安全检测标、金属结构标等标段配合土建标的安装生产计划，确保安阳段工程的有序推进。

2009年，安阳段工程共完成一般隐蔽工程验收929次，重要隐蔽工程验收681次；共完成单元工程验收评定1670个，全部合格，其中优良1549个，优良率92.70%。桥梁分项工程验收评定950个，全部合格，分部工程验收评定8个，工程优良。

2009年，共组织安全检查34次，下发整改通知15份；组织召开安全例会12次；编写安全检查简报6期；举办质量安全管理培训班1期；编印《突发事件应对法知识问答手册》，并组织各类应急预案演练15次，参加人数389人。安阳段全年未发生一起安全事故，实现事故死亡率“零”的目标，安全生产处于受控状态。

（杜军民）

工　程　监　理

工程监理单位是河南科光工程建设监理有限公司。南水北调安阳段工程项目监理部严格履行合同，积极贯彻落实公司ISO 9001:2000质量管理体系，认真做好“四控制”、“两管理”、“一协调”工作。严格程序，规范监理。监理工作扎实有序、稳步推进。截至2009年底，监理部完成单元工程的质量评定5391个，全部合格，优良4982个，单元工程优良率92.4%；分项工程评定1707个，全部合格。安阳段没有发生质量和较大以上安全事故，工程质量和安全生产全面处于受控状态。2009年安阳段总体进度滞后，主要受征地拆迁、资金短缺等外部因素引起。

2009年4月，河南省建设管理局对安阳段工程建设主辅材料进行专项稽察。稽察组认为安阳段监理工作是比较规范的，控制是有力的。2009年8月，国务院南水北调办对安阳段工程进行全面稽察。稽察组对安阳段监理在工程质量和进度方面所作努力提出表扬。

（何向东　李卫东）

质　量　管　理

安阳段建管处结合工程特点，组织编写印发了《施工简明手册》，组织各种形式的质量管理培训班5次，培训人数620人次。并要求各单位对每位参建职工进行质量安全教育，牢固树立“百年大计，质量第一”的意识，同时强调建设南水北调工程的重要意义，使每位参建人员从思想上认识创建一流工程、精品工程、样板工程的重要性。

在施工单位自检，监理单位见证抽检、平行检测的基础上，安阳段建管处对原材料、成品、半成品、工程实体进行全方位的抽样检测，保证了原材料质量，有效地扼制了不合格品的出现，减少了质量缺陷的发生，确保了工程质量。

2009年，安阳段建管处在第三方试验室对各种材料（工序）抽检1574次的基础上，又重点抽检1071次：其中土料湿陷性指标9组；渠堤填筑干密度385组；水泥106组；细骨料155组；粗骨料202组；钢筋177组；粉煤灰73组；土工膜36组；保温板23组；聚硫密封胶14组。在检测过程中，对发现的不合格品及时进行了返工、现场处理或清理出施工现场。

截至2009年底，安阳段工程未发生一起质量事故，实现了河南省建管局确定的质量管理目标，质量管理工作得到领导和专家的认可。累计评定分部工程9个，质量优良；分项工程1707个，全部合格；单元工程5391个，全部合格，其中优良单元工程4982个，单元工程优良率92.4%。

（杨德峰）

安　全　生　产

安阳段建管处根据现状，提倡“三勤”管理，要求各级安全管理人员做到勤走现场、勤敲警钟、勤学知识。2009年度着重加强了监理单位的现场监督管理责任，修订了《监理安全实施细则》，进一步明确了现场监理的安全职责，强化了建设单位在工程建设项目安全生产管理工作中统一领导的地位，健全了安全生产管理体系。

2009年，建管处开展“安全生产月”、“劳动竞赛”、“安全生产三项行动”、“隐患排查治理”等一系列加强安全管理工作的专项活动，加大检查力度，定期和不定期地对各标段进行安全检查、隐患排查，发现安全隐患及时进行整改，把一个个安全隐患消灭在萌芽状态，杜绝安全事故的发生。根据统计全年共组织安全检查56次，下发安全隐患整改通知51份，开具罚款通知书8份；编制并实施《南水北调安阳段工程2009年度安全生产隐患排查治理工作方案》、《南水北调安阳段工程安全生产三项行动实施方案》、《河南省南水北调中线工程安阳段工程建设领域突出问题专项治理工作方案》；按时召开安全生产例会，解决突出问题，全年共组织召开安全例会12次，下发安全检查简报6期；更新安全事故应急预案和防汛预案，并督促各参建单位更新配套，健全应急预案体系；组织各类应急预案演练15次，提高参建单位的事故应急处置能力，保证了安全生产。

2009年，安阳段工程建设进展顺利，全年未发生一起安全生产责任事故。

（马树军）

文 明 施 工

2009年，建管处除采用考核、评比的形式外，还在各参建单位间组织了乒乓球赛、篮球赛、拔河比赛等活动，在活跃工地文体生活的同时，达到了增进交流，相互学习，取长补短的目的。全年共组织文明工地考核4次，开展了元旦职工文体活动、“劳动竞赛”、“技术比武”、“网络展览”等一系列活跃职工文化生活的活动，还在“五一”劳动节发布安全生产倡议书，组织“关爱生命、安全生产”集体签名活动。组织各参建单位通讯员，对工程进展、人文风貌、技术创新、重要工程建设场面等施工中涌现的一系列事件进行发掘，统一审稿后投往媒体，大力宣传工程建设。2009年11月，安阳段建管处获国务院南水北调办颁发的南水北调系统宣传工作“先进集体”荣誉称号。

（杜军民）

施 工 技 术

一、引水渠道薄壁混凝土机械衬砌施工工法

安阳段建管处与第四标段中铁二十局集团有限公司项目部技术人员共同攻关编制完成的《引水渠道薄壁混凝土机械衬砌施工工法》，于2009年11月6日，在陕西省建设工程质量安全监督总站网站上，作为陕西省2009年度53项省级工法之一，予以公布，有效期6年。

安阳段广大技术人员在渠道混凝土机械化衬砌施工中，继承、吸收先期施工的济平干渠、京石段应急供水工程的经验，通过不断技术革新，努力攻关，反复实践，成功编制完成《引水渠道薄壁混凝土机械衬砌施工工法》。

（1）工艺原理。根据山东蒙阴建安工程处机械厂生产的滑模式渠道衬砌机自身的结构原理，靠自动行车系统在轨道上的行走，完成衬砌机的移位；利用衬砌机设置的皮带传送系统和布料车进行混凝土的均匀摊铺；利用衬砌机底部配备的高频式震动器完成混凝土的振捣密实；利用衬砌机底部设置的刮平器完成混凝土的整平工作；专门制作的挂在行走桁架上的真空提浆机进行机械提浆摸平；用专制的滚杠精平后，人工收面压光成型的施工工艺。

（2）工法特点。①操作简便，施工速度快，平均每天可衬砌施工渠道混凝土30～50m；②可连续作业，渠道衬砌机是利用轨道行走，混凝土的施工可以不间断连续作业；③工程质量易于保证，设置好衬砌机的施工参数后，自动完成渠道混凝土的布料、摊铺、振捣、整平、厚度、密实等内容，施工混凝土的指标都能满足设计要求；④减少了人工、

周转材料的投入，节约施工成本，提高经济效益。

（3）适用范围。适用于坡长在5～35m，坡度不陡于1:1，衬砌混凝土厚度在5～20cm的各类渠道、护坡等防护结构混凝土的衬砌施工。施工温度在－5～30℃之间比较利于施工。

（4）经济效益。①采用渠道衬砌机进行混凝土衬砌，平均每天可施工30～50m，如采用人工进行衬砌，平均每天可施工20～30m，渠道衬砌机施工速度是人工的一倍以上，大大提高了施工速度，节约了间接成本；②采用衬砌机进行渠道混凝土的衬砌，可以减少混凝土的浪费，提高混凝土的密实度、平整度，提高了衬砌混凝土的施工质量，由此产生的经济效益较为可观。

（5）推广价值。安阳段各施工单位在渠道混凝土机械化衬砌施工中，应用该成果，不但效率高，而且施工完成的衬砌混凝土均匀、密实、表面光洁，提高了工程质量。

二、渠道混凝土机械化衬砌施工技术革新

安阳段总干渠渠道混凝土衬砌施工中，随着工程推进和经验积累，广大技术人员和管理者，通过不断革新，成功实现大型机械化土方边坡削坡作业，减少了人工用量；改进真空提浆机操作方式，由手扶移动式调整为桁架下挂式，消除了人工脚踏衬砌混凝土表面的不利因素；通过更换常规切割机刀片为特殊材料切割机刀片模式，尝试无水切割混凝土纵横缝的方式，解决了常规切割机工作时废水对渠道底部土方的侵蚀；新型混凝土养护剂的尝试引进，达到替代节水保湿养护膜的目的，克服了安阳地区春季、秋季多风季节节水保湿养护膜易被风吹开，造成养护不到位的局部缺陷。2009年，安阳段广大管理者和技术人员，通过上述大型机械化渠道混凝土衬砌技术的不断创新，进一步提高了工作效率和工程质量。

（一）大型机械渠道削坡机的创新

安阳段渠道混凝土衬砌施工中，最初采用挖掘机粗削边坡土方，剩余5～8cm，由人工用铁锨等小型机械精削，过程中出现以下特点：①速度慢，每20个人左右1天完成20～30cm，一台渠道边坡衬砌机需要40人提前进行；②粗砂用量大，统计结果显示，粗砂用量平均达到（6cm厚）设计用量（5cm）120%；③渠道边坡纵横坡比不易控制，由于用人工较多，坡面面积大，拉线和简易坡比计控制中不易准确控制纵横坡比，为免超高，往往容易造成超挖现象。以安阳段建管处第六标段和机械生产厂家为主研制完成的大型机械渠道削坡机，克服上述不利因素，并申报取得国家专利技术。

（1）机械原理。利用安装在轨道上的动力装置，实现行走；利用两端支腿上的液压装置，调节坡比；利用主桁架（矩形）上的皮带输送机，完成土方运输；依靠下挂小车装置上的螺旋掘进器，完成边坡土方切削；依靠下挂小车装置上的联动小铲和集料器，完成边坡土方向皮带机上输送。

（2）机械特点。此削坡机操作简单、工效高、能耗低、维修方便等；施工完成的工程具有平整度好、坡比整体效果高、节约粗砂垫层用材等特点。

（3）适用范围。适用于坡长在5～35m，坡度不陡于1:1，切削土体厚度在5～10cm的土质类坡面。施工温度在－5～30℃范围内比较利于施工。

（4）经济效益。①采用渠道削坡机削坡，平均每天可施工60～80m，是人工的2倍以上，大大提高了施工速度；②采用渠道削坡机削坡，可以精确控制坡面纵横坡比，减少超挖量，既提高了坡面的平整度，又严格控制了纵横坡比，由此产生的经济效益较为可观。

（5）推广价值。通过2009年在安阳段第六标段的试点应用，优势明显，目前已推广至第一、第二、第九标段，整体提高了渠道粗沙垫层的施工质量，具有较高的推广价值。

（二）桁架下挂式真空提浆机的创新

济平干渠和京石段应急供水工程施工时，渠道边坡衬砌混凝土磨面工序，主要采用手扶式真空提浆机和人工方式。安阳段工程进行该项工程施工时，也曾尝试此种方式，但发现存在效率不高特点。经过不断尝试和改进，采用桁架梁下挂 2～3 台真空提浆机形式，同时配合人工精收面工序补充，提高了工作效率，工程质量进一步优化。

（1）机械原理。利用安装在轨道上的动力装置，实现行走；利用两端支腿上的液压装置，调节坡比；利用主桁架梁（三角形）下挂的真空提浆机，完成机械提浆抹面；利用人工配合方式，进行精修抹面，消除纯机械抹面出现的细微波纹。

（2）机械特点。此桁架下挂式真空提浆机具有消除人工在衬砌面上的踏踩痕迹，易于控制渠道坡面纵横坡比，用力均匀，施工速度快等特点。

（3）适用范围。适用于坡长在 5～35m，坡度不陡于1:1；可连续作业，桁架下挂式真空提浆机利用轨道行走，渠道混凝土衬砌面可以不间断连续作业；工程质量易于保证，设置好桁架下挂式真空提浆机的施工参数后，自动完成渠道混凝土的提浆、抹面、收光、纵横坡比等内容，施工混凝土的指标都能满足设计要求；施工温度在 -5～30℃之间比较利于施工。

（4）经济效益。①采用桁架下挂式真空提浆机，利用下挂的 2～3 台平均每天可施工 60～80m，是人工的 2 倍以上，大大提高了施工速度；②采用渠道削坡机削坡，可以精确控制坡面纵横坡比，减少超挖量，既提高了坡面的平整度，又严格控制了纵横坡比，由此产生的经济效益较为可观。

（5）推广价值。通过 2008 年在安阳段第五、第四、第三、第六标段的试点应用，2009 年第一至第九标段全线推广，成效显著，具有较高的推广价值。

（三）特殊材料切割机刀片模式切割混凝土纵横缝的引进

2009 年，安阳段在渠道衬砌混凝土纵横缝切割过程中，发现切割废水均沿坡面汇集至渠底，而此位置又是坡面底沿齿槽结构位置，一方面因浸水延缓渠道底板衬砌施工时间，另一方面为清除积水增加不少工程投资。安阳段建管处与第一标段管理人员和技术人员，通过调查研究，尝试引进一款特殊材料切割机刀片，进行无水切割方式，取得成功，克服了常规切割方式废水影响。目前，该施工方法仍在试点状态，没有大面积推广。

（四）新型混凝土养护剂的尝试使用

安阳段工程位于温带季风气候区，夏秋两季受太平洋副热带高压控制，多东南风、炎热多雨；冬春两季受西伯利亚和蒙古高压控制，盛行西北风、干燥少雨。从 2006 年开工至 2009 年，近 4 年的观察，每年的 3～5 月和 9～10 月，均有大风天气出现。2008 年安阳段工程在成功引进节水保湿养护膜养护方式后，已全面推广，但遇到这种大风天气时，养护膜易于被大风吹开，造成第二次覆盖投入。为化解该矛盾，安阳段建管处与第一标段管理人员和技术人员，通过引进新型混凝土养护剂，从 7 月开始进行小范围试点养护，截至 2009 年底，养护试验段的坡面混凝土强度、抗冻等指标均达到设计要求，外观观察，没有发现细微裂缝。

三、超长距离线型快速降水法解难题

安阳段工程第五标段在渠道土方开挖过程中，发现有一段超过 1km 的渠段，存在地下承压水，工程施工一度受阻。安阳段建管处和第五标段管理者和工程技术人员，通过集体攻关，采用超长距离线型快速降水法，一举解决了这一难题。

（1）地下承压水特点。通过明渠开挖和井点观察，该段地下承压水具有超常距离、保水性黄土状土土质、夏季高于设计渠道底板2～4m、冬季高于设计渠道底板50～100cm、并随着临近农田灌溉明显上升等特点。

（2）超长距离线型快速降水法模型。沿渠道设计中心线设置管井，每20m一眼，井深6～8m，利用每眼井抽水形成的下渗漏斗，达到降低地下承压水的目的。

（3）降水效果。从200m试验段降水试验段开始，连续抽水20天后，明渠开挖观察段存在的出水泉眼点，由出水量下降到消失，土体含水量逐渐降低，由明水状态转为面干状，达到降水目的。随后，依次按100m段长，增加管井数量，加大抽排量。渠道边坡混凝土衬砌降下一段，连续施工一段，并最终全部完成。

（4）地下承压水段设计修改。基于设计工况条件发生改变，设计单位对此地下承压水段设计结构进行了调整。渠道底板以上2m坡面结构由5cm粗砂垫层＋聚乙烯保温板＋复合土工膜＋10cm混凝土调整为20cm中细砂垫层＋20cm粗砂垫层＋土工布＋30cm M7.5浆砌石＋聚乙烯保温板＋复合土工膜＋10cm混凝土；其余部分改为10cm粗砂垫层＋聚乙烯保温板＋复合土工膜＋10cm混凝土；两侧坡脚各一排、渠底一排的自排水逆止阀间距由15m调整为8m。

（5）地下承压水段工后验证。2009年第五标段在施工完该渠段后，正值冬季，在结束抽水运营15天左右，由逆止阀渗出的水量达到60cm，一次附近农田冬灌过程中，水位迅速上升，一度达到90cm。灌溉结束，水位逐渐下降，整体渠道结构质量良好。

（杜军民）

穿 黄 工 程

工 程 概 况

南水北调中线干线一期穿黄工程位于河南省郑州市黄河京广铁路桥上游约30km处，于孤柏山湾横穿黄河。工程南岸起自荥阳市王村化肥厂南的A点，终点为北岸温县南张羌乡马庄东的S点，总长19.30km。设计流量为265m³/s，加大流量为320m³/s。

穿黄工程为一等工程，由南岸明渠、南岸退水建筑物、进口建筑物、穿黄隧洞段、出口建筑物、北岸明渠、北岸新蟒河渠道倒虹吸、老蟒河河道倒虹吸、北岸防护堤、南北岸跨渠建筑物和南岸孤柏嘴控导工程等组成。该工程于2005年9月开工建设，总投资为31.37亿元。

（李明新）

工 程 投 资

2009年，穿黄工程计划完成投资19 000万元（工程部分），实际完成投资25 129.18万元，完成合同额的11.79%，完成计划工程量的132.26%。截至2009年底，穿黄工程累计完成144 838.99万元，完成合同额的67.93%。

（岳广贤）

招 标 投 标

穿黄工程已招标项目中，土建标分5个标段、安全监测1个标段、监理1个标段、金属结构采购3个标段、机电设备采购3个标段、供配电设备1个标段，盾构机采购和设计各2个标段。

2009年，穿黄工程主要进行了机电设备

招标工作。

（1）南水北调中线一期穿黄工程机电1标段（水泵及其闭门、控制）设备采购，包括穿黄隧洞检修排水系统、闸门防冰系统、南岸连接明渠地下渗水排水系统、新蟒河倒虹吸检修排水系统中的潜水泵及其配套的阀门、管路、控制设备。

（2）南水北调中线一期穿黄工程机电2标段（暖通及生活给排水）设备采购，包括轴流风机，离心风机，除湿机，空调挂机和柜机，风机控制设备，污水处理设备，潜水泵，玻璃钢屋顶水箱，净水器，过滤器，控制柜等。

（3）南水北调中线一期穿黄工程机电3标段（消防及火灾自动报警）设备采购，包括穿黄隧洞建筑物消防灭火器具及火灾自动报警设备。

（4）南水北调中线一期穿黄工程机电4标段（供配电）设备采购，包括11台0.4kV开关柜，2台35kV干式变压器设备，6台35kV环网柜，0.4kV柴油发电机及动力电箱、配电箱、照明箱等。

2009年，穿黄工程进行的4个机电设备采购招标的合同总金额891.00万元。

（岳广贤）

建 设 管 理

中线建管局河南直管建管部负责中线河南境内直管项目的建设管理和代建项目的协调。

2009年，穿黄工程继续按照“规范管理、技施创新、和谐共建、过程受控、质量一流”的指导思想，树立“营造和谐文明建设环境、创建世纪一流精品工程”的管理目标。以工程建设管理为中心，不断健全质量、安全、进度及文明施工、环保、水保等管理体系。调整了安全生产管理委员会、质量管理委员会、文明工地创建领导小组，设立专职管理工程师岗位，制定和修订了一系列管理规章制度，充分依靠建设监理对工程进行制度化、规范化管理，不断提高工程管理水平，加大管理力度，保证工程建设顺利进行。

穿黄工程始终遵循“百年大计，质量第一”的方针，落实了建管部负责，监理单位控制，设计、施工等参建方保证，政府监督相结合的质量保证体系，严格控制并确保有效运行。建管部全面修订了质量管理体系文件，成立了“河南直管项目工程质量管理委员会”。

穿黄工程坚持“安全第一，预防为主”，成立了安委会、防汛指挥部、安全生产事故应急领导小组；进一步明确职责，理顺安全生产监督管理体制，强化安全生产责任制。对工程安全生产管理进行定期和不定期监督检查和考核。2009年河南直管项目开展“安全生产月”活动，举行了各类安全事故应急预案演练。建管部编制和修订了各段工程的防汛应急预案并进行演练。

进一步完善进度管理体系。建管部和各监理单位设有专职的进度管理工程师岗位，各单位明确分管进度管理工作的责任人，逐层落实，同时做好各监理和施工单位进度计划的审查工作和施工计划落实的监督工作，实行每日跟踪制度和季度检查考核制度。季度检查考核对相关单位的进度体系运行、计划制定、计划落实等方面进行检查、评分，并通报考核结果。2009年，经参建各方共同努力，克服多重困难，全面完成穿黄工程年度进度计划。

积极开展文明工地创建活动，高标准、高起点做好文明施工管理工作。修订了文明施工管理规定，要求监理严格检查落实渣料场、弃渣、污水、垃圾、交通扬尘等方面的明确规定，定期组织文明施工检查考核，全面开展文明工地创建活动，统一规划各标段营地建设、围墙型式、刷写标语、场地绿化，统一“五牌一图”和道路警示标识。

坚持“以人为本、和谐共建”的指导思想，及时与地方政府沟通协调，注意方式方法，争取理解和支持，要求施工单位在施工过程中采取措施减少扰民，化解冲突、解决矛盾，较好地解决了“扰民”和“民扰”问题，基本保证了工程顺利进行。

（郝继锋）

工 程 进 展

2009年，穿黄工程总体进展顺利，施工质量优良，其标志性进展为：上游线隧洞盾构掘进于2009年12月22日穿越黄河段隧洞。

Ⅰ标段由中国水利水电第十一工程局有限公司施工。

Ⅱ-A标段由中铁隧道集团有限公司与中国葛洲坝水利水电工程集团有限公司组建的联合体项目经理部施工。

Ⅱ-B标段由中铁十六局集团有限公司与中国水利水电第七工程局有限公司组建的联合体项目经理部施工。

Ⅲ标段由中国水利水电第四工程局有限公司施工。

Ⅳ标段由河南黄河工程有限公司施工。

Ⅴ标由中国水电顾问集团西北勘测设计研究院施工。

2009年，穿黄工程计划完成投资19 000万元（工程部分），实际完成年度投资25 129.18万元，完成计划工程量的132.26%，完成土方开挖97万m^3，累计完成1424.9万m^3；完成土方填筑54万m^3，累计完成411.5万m^3；完成混凝土浇筑4.11万m^3，累计完成22.47万m^3。

（1）南岸连接明渠工程。除下渠道路占压区外，渠道土方开挖及边坡防护（含植草）已全部完工，渠道衬砌完成试验段60m。

（2）穿黄隧洞盾构掘进工程。上游线隧洞盾构施工于2009年12月22日顺利到达南岸竖井，2009年完成盾构掘进1846.4m（计1154环），累计完成盾构掘进3450m（合计2156环）。下游线隧洞盾构施工，2009年完成盾构掘进1705m（计1066环），累计完成盾构掘进3065m（合计1916环）。穿黄隧洞进口建筑物开挖支护基本完毕，渐变段衬砌结束。2009年完成高程150m以上坡面防护及高程140~150m坡面植草。除下基坑道路占压区外，坡面防护全部完成。退水建筑物：退水洞进口端2009年施工120m，出口端2009年施工50m，退水洞2009年共完成170m。交叉建筑物主体工程完工。

（3）北岸渠道工程。完成除旅游路桥和南北张羌倒虹吸之外的渠道填筑，完成（9+850）~（10+050）段左侧渠道混凝土衬砌试验段200m，完成渠道（17+950）~（18+520）段强夯和土挤密桩基础处理，完成全部浆砌石护坡施工，并完成坡面植草计122 281m^2。

（4）新蟒河渠道倒虹吸工程。完成(11+400）~（11+647.25）段左右侧浆砌石防护，完成进出口门库轨道，进口启闭机及轨道、出口闸室轨道、进出口闸门、出口启闭机安装。完成老蟒河至青风岭区间排涝闸基坑开挖及回填，完成排涝闸箱涵及涵闸混凝土浇筑、闸门安装。完成部分跨渠桥建筑物连接道路土方填筑和坡面植草。

（5）孤柏嘴控导工程。完成四期透水桩坝施工，李村取水口预留部分150m除外，共计完成3180m。

（6）1:1仿真试验。完成无黏结预应力环钢绞线张拉，壁后注浆，管片修补，钢支撑临时加固，接缝及裂缝灌浆，地下有黏结预应力环钢绞线张拉，拱顶和孔道回填灌浆，密封门安装。

（李明新 郝继锋）

质 量 管 理

河南直管项目建设管理部遵循中线建管

局质量管理文件和合同文件，质量保证体系以及完善工程质量管理制度，明确各方各级人员质量职责，实施全面质量管理。

穿黄工程建设监理单位为小浪底工程咨询有限公司，在现场设立建设监理部负责监理事务管理。从事穿黄工程全部施工标段建设监理工作。

2009年，穿黄工程质量情况基本稳定，未发生任何质量事故，优良率数控指标均保持较高水平，共完成1825个单元工程，其中1678个单元工程优良，优良率91.9%，达到工程质量目标，工程质量处于受控状态，工程质量优良。工程开工累计验收评定单元工程6285个，全部合格，其中5947个单元工程被评定为优良，单元工程合格率100%，优良率达94.6%。

（梁单禹　郝继锋）

安　全　生　产

2009年，穿黄工程开展季度安全生产大检查4次，月度安全检查考核8次，针对不同时期，组织进行防汛、“三项行动”、冬季施工、重大节假日等专项检查11次。2009年，编写修订安全生产应急预案与防汛抢险应急预案，规范应急管理和应急响应程序，提高事故应急快速反应能力，举行了安全事故应急预案演练，2009年6月17日，在退水洞进口段举行防汛抢险应急演练，并组织了两次防汛大检查。加强专兼职安全员培训，入场员工岗前培训，进行三级安全教育考试，配发安全手册，组织机动车驾驶员安全教育，做到施工前有交底、施工期间有检查、施工后有讲评，把安全生产各项要求落到实处。

2009年，穿黄工程未发生安全事故，实现了年度安全管理目标，年度重伤率为0，负伤率为0。自开工至2009年年底，未发生安全生产事故，连续安全生产1557天。

（付　军）

施　工　科　技

（一）穿黄工程盾构机到达密封防水技术

为保证盾构机进入竖井安全，在南岸竖井北侧洞口采用气囊密封新技术，密封气囊由紧急密封气囊和辅助密封气囊组成。盾构机到达竖井洞口时，由于洞口到达钢板钢丝刷漂移方向与水土压力方向一致，就通过辅助密封气囊挤压钢板钢丝刷达到防水效果。盾构机检修或对南侧洞口地下连续墙破门操作期间，若北侧洞口与盾壳之间间隙有渗漏，需要加强防水时，启动紧急密封气囊防水。通过采取洞门水平注浆加固、洞门附近降水和密封气囊防水等综合措施，穿黄隧洞上游线盾构机于2009年12月22日顺利到达南岸竖井。

（二）渠道衬砌机械化施工

穿黄工程南、北岸渠道基本完成开挖和填筑施工，渠道过水断面坡比为1∶2.25，为提高施工效率、保证工程质量，施工单位通过比选和试验，选定了水泥土摊铺机和混凝土衬砌机进行渠道衬砌的机械化施工，2009年完成了渠道衬砌260m试验段的施工。

（三）预应力混凝土孔道真空灌浆技术

穿黄工程隧洞衬砌1∶1仿真试验在地下模型中采用波纹管孔道真空灌浆新技术，具有以下优点：通过对管道进行抽真空，使灌入的浆体在负压环境下流动，在没有任何阻力情况下到达所有空隙。当浆体在负压环境下流动时，搅拌时混在浆体中的气泡将破裂而被抽出予以消除，从而增加浆体的密实度。对于长束、曲线束、竖束，真空灌浆的优越性更加明显，能大大提高预应力构件的安全度和耐久性。

（李明新）

沙河南—黄河南段工程

概　　述

工　程　概　况

沙河南—黄河南段工程分为11项设计单元工程，已开工的设计单元工程包括沙河渡槽工程、北汝河渠道倒虹吸工程和郑州2段工程。

沙河渡槽工程和北汝河倒虹吸工程为直接管理项目。该工程由河南直管建管部工程管理三处具体负责现场协调和管理，办公地点在河南省平顶山鲁山县境内。沙河渡槽工程和北汝河渠道倒虹吸工程于2009年12月30日在平顶山举行开工仪式，2009年度未进行主体工程施工。

郑州2段工程由南水北调中线工程郑州段建设管理处具体负责现场协调和管理，工程于2009年7月28日开工建设。

（郝继锋）

沙河渡槽工程

工　程　概　况

该工程是中线总干渠沙河南—黄河南的组成部分，位于河南省鲁山县城东约5km处，总干渠桩号[SH(3)0+000]~[SH(3)11+938.1]，全长11.938km，其中明渠长2.888 1km，建筑物长9.05km。设计流量320m^3/s，加大流量380m^3/s。主要工程量，土方开挖255.10万m^3，石方开挖39.64万m^3，土石方回填256.63万m^3，混凝土及钢筋混凝土123.27万m^3，砌石7.55万m^3，钢筋制作安装9.93万t，预应力钢绞线3090t。

沙河渡槽工程为直接管理项目。由河南直管建管部工程管理三处具体负责现场协调和管理，办公地点在河南省平顶山鲁山县境内。工程于2009年12月30日在平顶山举行开工仪式，2009年度未进行主体工程施工。

（郝继锋）

工　程　投　资

沙河渡槽工程静态总投资258 482万元。工程部分静态总投资225 762万元，其中，建筑工程157 283万元，机电设备及安装工程653万元，金属结构设备及安装工程994万元，临时工程10 555万元，独立费用43 737万元，基本预备费12 540万元。移民和环境静态总投资为32 295万元，其中，征地移民工程总投资31 392万元，水土保持总投资387万元，环境保护总投资516万元。供电线路投资425万元，未计入公路桥工程投资。建设期贷款利息7224万元，工程总投资265 706万元。2009年沙河渡槽工程于12月准备进场工作，未结算工程量。

（岳广贤）

招 标 投 标

2009年，沙河渡槽工程已完成3个土建标、一个监理标的招标工作，合同总金额172 882.65万元。

（1）沙河渡槽工程第一施工标，桩号为[SH(3)0+000]~[SH(3)4+504.1]、[SH(3)8+038.1]~[SH(3)8+538.1]，中标人为中国水利水电第四工程局有限公司。合同范围内建筑工程（含施工准备阶段）、机电设备及安装、金属结构设备安装、通信管道采购及敷设、水土保持工程及施工期环境保护工程等。该标段全长约5.004km，主要包括渠道工程，2个梁式渡槽、1个退水闸、1座节制闸、1个左岸排水倒虹等。

（2）沙河渡槽工程第二施工标，桩号为[SH(3)4+504.1]~[SH(3)8+038.1]，中标人为中国葛洲坝集团股份有限公司。合同范围内建筑工程（含施工准备阶段）、机电设备及安装、金属结构设备安装、通信管道采购及敷设、水土保持工程及施工期环境保护工程等。该标段全长约3.534km，主要包括1个箱基渡槽等。

（3）沙河渡槽工程第三施工标，桩号为[SH(3)8+538.1]~[SH(3)11+938.1]，中标人为中国水利水电第九工程局有限公司。合同范围内建筑工程（含施工准备阶段）、机电设备及安装、金属结构设备安装、通信管道采购及敷设、水土保持工程及施工期环境保护工程等。该标段全长约3.4km，包括1个箱基渡槽、1个落地槽、4个左岸排水倒虹吸等。

（4）沙河渡槽工程建设监理标，桩号为[SH(3)0+000]~[SH(3)11+938.1]，中标人为长江勘测规划设计研究有限责任公司。包括该标段监理招标范围为沙河渡槽建筑工程、机电及金属结构制作安装、通信管道采购及敷设、安全监测、临时工程、施工现场的水土保持工程等项目施工全过程建设监理工作。

（岳广贤）

建 设 管 理

沙河渡槽工程是直接管理项目，河南直管建管部于2009年11月在施工现场成立河南直管建管部工程管理三处，具体负责沙河渡槽工程的建设过程中的质量、进度、安全、投资管理及文明工地建设；配合地方政府进行征地拆迁，协调地方关系。

工管三处作为现场管理机构，在河南直管建管部的领导下，遵循南水北调中线干线建设管理局和河南直管建管部各项管理文件和合同文件，建立健全管理体系，制定适合本工程的管理办法，明确本各级人员职责，为开展各项管理工作作准备。2009年度未进行主体工程施工，尚未开展实际管理工作。

（郝继锋）

工 程 监 理

沙河渡槽工程的监理单位是长江勘测规划设计研究有限责任公司。监理单位进场总监理工程师一名，副总监理工程师两名，综合处处长、办公室主任、地质工程师、测量工程师及合同商务工程师各一名。

沙河渡槽工程监理范围包括沙河梁式渡槽、沙河—大郎河箱基渡槽、大朗河梁式渡槽、大朗河—鲁山坡箱基渡槽、鲁山坡落地槽、节制闸、退水闸、杏树沟排水涵洞、青龙沟左岸排水涵洞、白虎涧沟左岸排水涵洞、宋家沟左岸排水涵洞、永久金属结构的制作和安装、机电设备的交货验收和安装、安全监测工程等。2009年，因工程未施工，监理工作尚未展开。

（郝继锋）

北汝河渠道倒虹吸工程

工 程 概 况

北汝河渠道倒虹吸工程位于河南省宝丰县东北大边庄与郏县渣园乡朱庄村之间北汝河上，距宝丰县县城约15km。起点总干渠桩号为SH（3）39+869.3，终点总干渠桩号为SH（3）41+351.3，总长1482m。设计流量315m^3/s，加大流量375m^3/s。主要工程量包括土方开挖64.71万m^3，石方开挖76.98万m^3，土石方回填121.99万m^3，混凝土及钢筋混凝土21.24万m^3，砌石2.41万m^3，钢筋制作安装1.89万t。

北汝河倒虹吸工程为直接管理项目。由河南直管建管部工程管理三处具体负责现场协调和管理，办公地点在河南省平顶山鲁山县境内。工程于2009年12月30日在平顶山举行开工仪式，2009年未进行主体工程施工。

（郝继锋）

工 程 投 资

北汝河渠道倒虹吸工程静态总投资58 271万元。工程部分静态总投资40 580万元，其中，建筑工程25 556万元，机电设备及安装工程806万元，金属结构设备及安装工程748万元，临时工程3346万元，独立费用7827万元，基本预备费2297万元。移民和环境部分静态总投资为17 691万元，其中，征地移民工程静态总投资17 402万元，水土保持静态总投资128万元，环境保护静态总投资161万元。建设期贷款利息1734万元，总投资60 005万元。

2009年12月，北汝河渠道倒虹吸工程进场工作，未结算工程量。

（岳广贤）

招 标 投 标

2009年，北汝河渠道倒虹吸工程共进行一个土建标、一个监理标的招标工作，合同总金额27 611.97万元。

北汝河渠道倒虹吸工程土建及设备安装标，中标单位是中国水利水电第七工程局有限公司。合同范围内建筑工程、机电设备及安装、金属结构设备安装、通信管道采购及敷设、水土保持工程及施工期环境保护工程等。

北汝河渠道倒虹吸工程建设监理标，桩号为[SH(3)39+869.3]~[SH(3)41+351.3]，中标单位是河南立信工程咨询监理有限公司。本标段监理范围为北汝河渠道倒虹吸建筑工程（含施工准备阶段）、机电设备采购及安装、金属结构设备制造及安装、通信管道采购及敷设、安全监测、临时工程、施工现场的水土保持工程等项目施工全过程建设监理工作。

（岳广贤）

建 设 监 理

北汝河渠道倒虹吸工程是直接管理项目，2009年11月，河南直管建管部在施工现场成立河南直管建管部工程管理三处，具体负责北汝河渠道倒虹吸工程的建设过程中的质量、进度、安全、投资管理及文明工地建设；配合地方政府进行征地拆迁，协调地方关系。2009年度未进行主体工程施工，未开展工程管理实际工作。

北汝河渠道倒虹吸工程土建及设备安装标的监理单位是河南立信工程咨询监理有限公司。监理范围包括1282m的北汝河渠道倒虹吸、200m长的明渠、退水闸、部分机电设备采购及全部设备安装、金属结构设备安装、通信管道采购及铺设、水土保持工程及施工环境保护工程、安全监测工程等。2009 年度未进行主体工程施工，未开展具体监理工作。

（郝继锋）

郑州 2 段工程

工 程 概 况

南水北调中线总干渠郑州 2 段是沙河南—黄河南第九设计单元工程，起点位于郑州市中牟县与管城区交界处潮河倒虹吸进口，终点位于郑州市西南金水河与贾鲁河之间郑湾村附近。全长 21.961km，渠道全挖方段长 18.5km，半挖半填段长 2.015km，最大挖深约 33m，最大填高约 1.2m。其间共截断 11 条大小河流，与 19 条等级公路交叉。共有各类建筑物 34 座，其中河渠交叉建筑物 4 座，左岸排水建筑物 6 座，控制建筑物 5 座（节制闸 2 座、退水闸 1 座，分水口门 2 座），交通桥 19 座。本段起点设计流量 295m^3/s、加大流量 355m^3/s，终点设计流量 285m^3/s、加大流量 345m^3/s，渠道纵比降 1/26 000 和 1/23 000，总水位差 1.37m，渠道设计水深为 7.0m。

郑州 2 段工程土石方开挖 3147 万 m^3，土石方填筑 378 万 m^3，混凝土及钢筋混凝土浇筑 46.9 万 m^3，砌石及垫层 35.50 万 m^3，钢筋制作安装 1.97 万 t。总用地 13 371.42 亩，其中永久用地 6317.38 亩，临时用地 7054.04 亩。占压房屋总面积 353 843.71m^2，搬迁人口 1397 人、企业 33 家、单位 1 家、副业及工商企业 182 家，专项线路 203 条（不含电力专项）。郑州 2 段工程施工合同额 105 302 万元，共划分为 4 个土建施工标和 1 个监理标，合同工期为 2009 年 8 月 1 日 ~2012 年 2 月 29 日，总工期 31 个月。

（苗大地）

工 程 投 资

初步设计概算静态总投资为 292 373 万元，其中，工程投资 141 426 万元，征地拆迁投资 138 415 万元，水土保持和环境保护投资 4552 万元，35kV 供电线路 684 万元，河南省分公司投资 7296 万元。

2009 年，计划完成投资 10 800.00 万元，实际完成投资 2608.79 万元，占合同总额的 2.81%。

（王　振）

招 标 投 标

2009 年，共进行了一次招标投标工作，完成了四个标段及建设监理的招标投标任务，具体情况见表 1。

表 1　郑州 2 段工程 2009 年招标投标情况

序号	合同编号	合同名称	招标代理单位	招标文件发售日期	开标日期	中标单位	合同签订日期
1	HNJ-2009/Z2/SG-001	南水北调中线一期工程总干渠沙河南—黄河南（委托建管项目）郑州 2 段第一施工标段	河南省河川工程监理有限公司	2009 年 6 月 29 日 ~7 月 3 日	2009 年 7 月 19 日	中国水利水电第十一工程局有限公司	2009 年 8 月 3 日

续表

序号	合同编号	合同名称	招标代理单位	招标文件发售日期	开标日期	中标单位	合同签订日期
2	HNJ-2009/Z2/SG-002	南水北调中线一期工程总干渠沙河南—黄河南（委托建管项目）郑州2段第二施工标段	河南省河川工程监理有限公司	2009年6月29日~7月3日	2009年7月19日	葛洲坝集团基础工程有限公司	2009年8月3日
3	HNJ-2009/Z2/SG-003	南水北调中线一期工程总干渠沙河南—黄河南（委托建管项目）郑州2段第三施工标段	河南省河川工程监理有限公司	2009年6月29日~7月3日	2009年7月19日	河南省水利第二工程局	2009年8月3日
4	HNJ-2009/Z2/SG-004	南水北调中线一期工程总干渠沙河南—黄河南（委托建管项目）郑州2段第四施工标段	河南省河川工程监理有限公司	2009年6月29日~7月3日	2009年7月19日	河南省水利第一工程局	2009年8月3日
5	HNJ-2009/Z2/JL-001	南水北调中线一期工程总干渠沙河南—黄河南（委托建管项目）郑州2段建设监理	河南省河川工程监理有限公司	2009年6月29日~7月3日	2009年7月19日	黄河勘测规划设计有限公司	2009年8月3日

（王 振）

建 设 管 理

2009年6月，河南省南水北调工程建设管理局以《关于成立南水北调中线工程郑州段建设管理处的通知》（豫调建［2009］15号），成立南水北调中线工程郑州段建设管理处（以下简称郑州段建管处），为河南省南水北调工程建设管理局的派出机构，具体负责南水北调中线一期工程总干渠郑州段的现场建设管理工作。郑州段建管处内设工程技术科、质量安全科和综合科。

郑州段建管处成立由处长任组长，参建各方主要负责人组成的质量管理领导小组，全面负责质量管理工作；制定《工程质量管理制度》、《工程质量检查制度》、《现场验收管理制度》等规章制度；与各参建单位分别签订质量责任书，按照各自的责任层层落实；严格按照“事前，事中，事后”进行质量控制。

郑州段建管处成立以建管处处长为组长的安全生产领导小组；制定《安全生产管理工作制度》、《安全生产责任制度》、《安全检查、隐患排查整改制度》、《重大危险源登记管理制度》等一系列规章制度；建管处与各参建单位签订安全生产目标管理责任书，落实安全生产责任制。

郑州段建管处成立以建管处处长为组长

的文明工地创建活动领导小组。领导小组下设办公室，负责文明工地创建的日常工作，办公室设在质安科；制定了《文明工地创建管理工作制度》等一系列规章制度、文明标识标牌规划和创建工作计划。

（王　振）

工　程　进　展

2009年，郑州2段工程计划完成八个施工营地生活区和生产区全部临时工程建设，完成部分进场道路和沿渠施工道路的修建，开工建设潮河、魏河、十八里河、金水河渠道倒虹4座控制性河渠交叉建筑物，完成四座河渠交叉建筑物的施工导流、基础处理与基础土方开挖，对特殊土渠段进行强、重夯和挤密土桩施工，完成部分渠段的土方开挖、导截流沟与防护提施工。计划完成土方开挖220.27万m^3，土方回填12.7万m^3，混凝土0.26万m^3，建筑垃圾清运60万m^3，渠道强、重夯12.87万m^2，基础处理土挤密桩5.03万m，CFG桩（水泥粉煤灰碎石桩）1万m。

2009年，郑州2段工程主要工程量土方开挖完成92.2万m^3。

（1）郑州2-1标段2009年完成投资1043万元。①魏河倒虹吸基坑开挖，进口渐变段、管身1-8号段已开挖到118m高程，导流明渠围堰填筑累计完成土方4735m^3，施工降排水管铺设完成372m；②潮河倒虹吸基坑开挖，管身6-8号段已开挖到118.6m高程；③新毕河营地完成50%。累计完成土方开挖18.7万m^3。

（2）郑州2-2标段2009年完成投资780万元。①十八里河倒虹吸一期围堰填筑完成，倒虹吸施工降排水、1号营地变压器及水泥罐安设等工作正在进行；②十八里河倒虹吸出口段土方开挖完成42万m^3。

（3）郑州2-3标段2009年完成投资760.2万元。①金水河营区钢筋场、木工加工区、砂石堆料场的建设完成，混凝土拌和站、地磅已调试校验完毕；②完成金水河渠道倒虹吸施工区围栏设置工作，文明施工隔离网混凝土柱预制完成1300根；③金水河渠道倒虹吸施工导流通道土方开挖4.8万m^3，一期导流围堰填筑完成土方量0.45万m^3；④金水河倒虹吸土方开挖完成16.8万m^3。

（4）郑州2-4标段2009年完成投资376.80万元。完成施工营地生活区彩板房2450m^2和临建主体工程，完成部分安全防护工程。

（王　振）

工　程　监　理

黄河勘测规划设计有限公司为南水北调中线一期工程总干渠沙河南—黄河南郑州2段工程监理单位，在现场设立了南水北调中线工程郑州2段项目监理部，项目监理部由项目部领导（总监、副总监）、咨询专家组、工程部、综合部组成。承担郑州2段工程（不含公路桥、生产桥、供电线路）的土建工程施工、机电设备安装工程、金属结构设备安装、安全监测、临时工程、水土保持工程及施工期环境保护工程等项目的建设监理工作。在监理服务范围内，根据发包人授权，依据国家有关水利工程的法律、法规、技术规程、规范、标准以及工程建设文件，对工程建设实施管理以及组织协调工作，进行工程质量控制、进度控制、投资控制、合同管理、信息管理和协调及安全生产管理，使工程建设按施工合同目标顺利进行。

2009年，对已进场原材料抽检13组，检测结果全部合格，合格率100%，评定单元工程9个，合格100%，优良9个，优良率100%。

（王　振　韩永峰）

南阳膨胀土试验段工程

工 程 概 况

南水北调中线一期工程总干渠膨胀土试验段工程（南阳段）位于陶岔—沙河南段南阳市境内，位于南阳市卧龙区靳岗乡，起点桩号 100 + 500，终点桩号 102 + 550，全长 2.05km。其中桩号(100 + 500) ~ (101 + 850)为弱膨胀土渠段，桩号(101 + 850) ~ (102 + 550)为中膨胀土渠段。

南阳膨胀土试验段渠道设计流量为 $340m^3/s$，加大流量为 $410m^3/s$，渠道设计水深 7.5m，加大水深 8.23m，设计底板高程 134.04 ~ 133.96m，设计渠水位 141.54 ~ 141.46m。设计断面为半挖半填渠道和挖方渠道，采用梯形断面，纵坡比为1/25 000，边坡系数1∶2.0，渠底宽 22m，最大挖深约 19.2m，最大填高 5.5m。

南阳膨胀土试验段工程布置有城-A 级跨渠公路桥和公路-Ⅱ级生产桥各 1 座，无其他交叉建筑物。

根据现场试验方案，将试验段划分为填方试验区、弱膨胀土挖方试验区和中膨胀土挖方试验区。其中填方试验区分为 2 个亚区，弱膨胀土试验区分为 4 个亚区，中膨胀土试验区分为 7 个亚区，每区长 80 ~ 120m。

渠道工程实施分为两个阶段，一期工程是按照试验方案设计的断面施工，并进行现场试验项目的研究；二期工程是在试验结束后完成最终渠道设计断面施工，并完成丁洼东南跨渠公路桥及武庄东生产桥施工。

主要工程量包括，土方开挖 155 万 m^3，拆除 10 万 m^3，土方填筑 39 万 m^3，混凝土及钢筋混凝土浇筑 2.7 万 m^3，钢筋制作安装 789t，复合土工膜 21 万 m^2，以及配合完成各项试验。

南阳膨胀土试验段工程初步设计批复总投资 18 506 万元，静态总投资 17 799 万元，其中，总干渠工程部分投资 12 291 万元，移民及环境部分投资 3403 万元，试验研究经费 2105 万元。

南阳膨胀土试验段工程永久占地 479.71 亩，临时占地 591.7 亩，原计划 2010 年 11 月完成，后经中线建管局批准，试验工作延期至 2010 年底，工期调整为 36 个月。

（徐秋达）

工 程 投 资

南阳膨胀土试验段工程初步设计概算总投资 18 506 万元，静态总投资 17 799 万元。

南阳膨胀土试验段工程 2008 年 11 月 28 日正式开工，2009 年的主要任务是紧紧围绕现场试验开展，除完成试验段一期土建工程，全部移交 13 个试验区外，还配合试验单位进行现场试验。计划完成一期土建工程和试验项目等投资 3156.55 万元。2009 年工程量和投资计划见表 1。

表 1　　2009 年工程量和投资计划

序号	项目名称	单位	工程量	计划投资（万元）	备 注
1	临时建筑施工	项	10	110.9	合同项目 14 项
2	渠道一期工程	万 m^3	84.14	2471.24	全部完成
3	填筑碾压试验	组	44	21.23	合同项目 80 组
4	边坡开挖及复合土工膜施工工艺试验	组	10	1.3	全部完成

续表

序号	项目名称	单位	工程量	计划投资（万元）	备注
5	观测和监测土建工程	m	4151	55.49	全部完成
6	桥梁工程	万 m^3	0.18	496.39	完成桥梁混凝土预制
	合计			3156.55	

截至2009年底，南阳段工程累计完成总投资3711万元（其中建安工程3352万元，独立费用359万元），建安工程占合同的37.3%。2009年，完成总投资2932万元（其中建安工程2602万元，独立费用330万元），占年度计划的92.9%，见表2。

表2　2009年投资计划实际完成情况统计

序号	工程项目	单位	工程量	实际完成投资（万元）
1	渠道一期土建工程	万 m^3	52.62	2236.4
2	填筑碾压试验	组	71	27.6
3	边坡开挖及复合土工膜施工工艺试验	组	10	1.3
4	观测和监测土建工程	m	1801	23.6
5	水土保持工程措施	万 m^3	0.9	38.6
6	丁洼东南公路桥（灌注桩）	根	8	36.5
7	临时工程	项	10	238
	合　计			2602

南阳膨胀土试验段工程中标合同价9072.067万元，截至2009年底，累计结算合同工程款2887.0773万元，占合同额的31.82%。其中，2008年结算764.1255万元，占合同额的8.42%；2009年结算2122.9518万元，占合同额的23.4%；实际累计净支付3517.1756万元，其中，合同工程款净支付2742.7234万元，材料预付款84.7689万元，工程预付款689.6833万元；累计扣除质量保证金144.3539万元。

（李君炜）

建　设　管　理

南阳膨胀土试验段工程是中线建管局委托河南省建设管理的项目。2008年9月10日，河南省南水北调中线工程建设管理局成立南阳段建设管理处（简称南阳段建管处），具体负责南阳膨胀土试验段工程的现场管理工作。

经过各参建单位的共同努力，2009年9月底，试验段一期土建工程全部完成，13个试验区全部移交试验单位，标志着南阳膨胀土试验段工程全面进入渠道运行工况模拟试验阶段。

（李君炜）

工　程　进　展

（一）2009年建设目标

碾压施工工艺试验取得施工参数，以指导试验段土建工程施工；按合同节点工期完成13个试验区段的土建施工任务，为试验单位全面进行现场试验创造必要条件；试验单位完成膨胀土体特性室内试验，各试验区全部进行运行工况模拟试验；通过监控、检测及综合性评价，完成可指导南水北调中线工程膨胀土渠道设计与施工的初步成果；完成丁洼公路桥和武庄生产桥桥梁的预制，为2010年的桥梁施工创造条件。

（二）主体工程实际完成情况

按照合同要求，全部试验区计划于2009年5月中旬移交试验单位，由于实际开工日期比合同规定开工时间推迟约2个月，经过各参建单位共同努力，弱、中试验区基本按照合同有效工期完成并提交试验单位，其中弱Ⅳ区、中Ⅶ两个裸坡试验区于3月29日交试验单位，其他9个中、弱膨胀土试验区自5月30日~7月30日陆续移交试验单位。实际开工日期推迟客观上造成填方试验Ⅰ、Ⅱ区在雨季施工，渠底板处理措施受软基及地下承压水影响较大，没能按照合同要求的有效施工工期完成，填方试验区在9月底移交试验单位，时间滞后约2个月。

（三）合同节点工期实现情况（见表1）

（1）南阳膨胀土试验段工程计划2008年10月开工，2010年11月30日完工，总工期为24个月（由于中线局批准南阳试验段现场试验期延长至2010年底，致使试验段工程2011年11月30日完工，工期调整为36个月）。受多种制约因素影响，主体工程于2008年11月28日开始施工，实际开工期后延2个月。

（2）2009年4月2日前，完成现场填筑碾压试验（碾压试验增加到117组，比合同增加27组）；完成临时蓄水池的土建施工，并具备用水条件；完成弱Ⅳ区和中Ⅶ区的土建及配合试验相关工作，正式进行大气环境影响模拟试验。

（3）2009年7月30日前，完成中膨胀土Ⅰ区、Ⅱ区、Ⅲ区、Ⅳ区、Ⅴ区、Ⅵ区和弱膨胀土Ⅰ区、Ⅱ区、Ⅲ区的土建工程及仪器埋设等相关工作，正式进行渠道运行工况模拟试验。

（4）2009年9月30日前，完成填方Ⅰ区、Ⅱ区土建工程及仪器埋设等相关工作，正式进行渠道运行工况模拟试验。至此，试验段全部进入试验阶段。

（5）2009年10月26日，进行丁洼东南跨渠公路桥试验桩的施工，12月底完成灌注桩8根。

表1　　合同节点工期实现情况

标段	承包人	里程碑	计划日期	实际日期	变化原因	备注
南阳膨胀土试验段	河南省水利第二工程局	工程开工	2008年10月1日	2008年11月28日	征地拆迁问题	
		试验段一期工程	2008年10月20日	2008年11月28日	征地拆迁问题	
		试验区完成	2009年5月14日	2009年9月30日	地下水影响、试验区试验方案变更	9月30日为最迟移交时间
		试验区充水	2009年4月1日	2009年4月12日	基本按期完成	4月12日为最早用水时间
		试验段二期工程	2010年1月1日	2011年1月1日	试验区观测试验延期	
		武庄生产桥	2009年12月1日	2011年1月1日	试验区观测试验延期	

（四）主要工程量完成情况

2009年9月底，一期土建工程完成，全部试验区进行渠道运行工况模拟试验，丁洼东南跨渠公路桥16根钻孔灌注桩全部完成。2009年主要工程量完成情况见表2。截至2009年底，累计完成土方开挖71.3万m^3，占合同工程量的46%；土方填筑12.1万m^3，占合同工程量的31%；砌石0.34万m^3，占合同工程量的17.1%；混凝土浇筑0.70万m^3，占合同工程量的25.9%；砂砾石垫层1.1万m^3，占合同工程量的25.3%；复合土工膜8.4万m^2，占合同工程量的39.3%；钢筋制作安装104t，占合同工程量的13.2%；试验导水61.2万m^3，占合同量的58%。工程质量、安全均处于受控状态。

表2　2009年主要工程量完成情况

序号	工程项目	单位	合同工程量	2009年完成工程量	占合同的百分比
1	土方开挖	万 m^3	155	33.3	21.5%
2	土方填筑	万 m^3	39	12.1	31%
3	混凝土浇筑	万 m^3	2.7	0.7	25.9%
4	浆砌石	万 m^3	1.99	0.34	17.1%
5	砂砾石垫层	万 m^3	4.34	1.1	25.3%
6	复合土工膜	万 m^2	21.4	8.4	39.3%
7	闭孔泡沫板	m^3	45.8	15.7	34.3%
8	聚硫密封胶	m^3	18.5	5.48	29.6%
9	碾压及施工工艺试验	组	90	117	130%
10	钢筋制作安装	t	789	46.4	5.9%
11	试验导水	万 m^3	105	40.6	47.2%

（李君炜）

工 程 施 工

南阳膨胀土试验段工程以"试验"为目的，施工与试验交叉，相互干扰较大，在施工当中多次出现滑坡，给施工带来很多意想不到的困难。为了按时移交试验工作面，圆满完成试验任务，南阳段建管处组织监理、施工单位多次召开进度专题会，督促施工单位加大投入，采取有效措施，强化内部管理，优化施工方案，细化保证措施，落实奖惩办法，抓进度保质量促安全，提高机械化施工程度，尤其是加强土工膜铺设、混凝土浇筑、水泥土拌和等重点工序的施工组织，争分夺秒，全力以赴，确保进度计划完成。

2009年，南阳膨胀土试验段工程未发生一起质量安全事故，质量安全状况良好，实现2009年度质量安全目标。

（李君炜）

工 程 监 理

河南省河川工程监理有限公司承担南阳膨胀土试验段工程监理工作。针对试验段特点开展质量控制管理，以做好试验配合工作为管理的重要任务，组织试验协调会，确定联络配合方法，以试验通知单、试验报告单等书面形式，结合电话、传真等联系方式，加上试验前、后质量控制点的联检、联签，保证监测仪器埋设和保护、碾压工艺试验、现场取样、大剪试验等项目顺利实施。

2009年组织重要隐蔽工程验收5次，一般隐蔽工程验收48次；累计完成单元工程质量评定311个，全部合格，其中281个优良，优良率90.4%；完成分部工程验收11个，全部优良。

（王为然　张官珍　李超峰）

质 量 管 理

在工程建设过程中，南阳段建管处推行全面质量管理，健全质量管理体系，实施目标管理，落实质量责任制，加强学习培训、开展工艺研究。先后举办4次工程质量学习班、2次技术咨询会，邀请河海大学、水利部长江水利委员会设计院和水利部长江水利委员会科学院等专家对监理、施工有关人员进行培训；组织监理和施工单位技术人员到南阳理工大学集中学习膨胀土地区道路和桥梁施工技术；组织各参建单位有关人员赴陶岔渠首引丹灌区、新乡潞王坟膨胀岩试验段及安阳段、新乡段参观学习，先后解决碾压施工工艺试验、土工袋、水泥改性土及土工格栅加筋土压实等施工工艺难题。在现场管理过程中，南阳段建管处要求各参建单位注重过程控制，从原材料进场到工程实体质量，严格控制，严格把关。在南阳膨胀土试验段工程建设过程中，重点检查工程质量验收评定的真实性、规范性、准确性、完整性和及时性。

对施工单位“三检制”落实情况、监理单位监理旁站和巡查、工序质量进行平行和跟踪抽查检验情况等进行不定期检查，并充分利用第三方试验室的专业性、独立性和公正性，采取突击抽检方式，加大对原材料、中间产品和工程实体质量的检测力度，南阳段建管处共抽检57次，其中水泥5组、复合土工膜2组、钢筋16组、砂砾料3组、土工压实34组、混凝土抗压抗渗抗冻7组，切实把好质量检查关。对发现的工程质量隐患，均要求施工单位立即整改，做到发现一处整改一处。

南阳膨胀土试验段工程累计验收11个分部工程，全部优良；验收311个单元工程，质量优良281个，优良率90.4%，工程质量处于受控状态，未发生质量事故。施工项目部被国务院南水北调办评为“南水北调工程建设2008年度工程质量管理先进集体”。

（徐秋达）

安 全 生 产

2009年初，南阳段建管处同监理部、施工项目部分别签订年度安全生产责任书，同时要求相关单位与现场人员及班组层层签订安全生产责任书，明确安全生产职责，严格落实安全生产责任制，杜绝安全事故的发生。

2009年，南阳段建管处结合南阳膨胀土试验段工程工作实际，在《南阳段建管处管理工作制度》（试行稿）基础上，补充制定了《安全生产工作例会制度》、《安全生产隐患排查与整改工作制度》及《安全生产检查制度》。

2009年，南阳段建管处在工地现场举办3期安全生产学习班，对施工、监理单位有关人员进行集中培训，并督促各参建单位组织学习安全生产法律法规、规章制度、规程标准；建管处组织编制《南阳膨胀土试验段工程2009年度汛方案》，修订并更新《南水北调中线一期工程总干渠膨胀土试验段工程（南阳段）工程建设安全事故应急预案》，对应急物质、设施进行检查，组织开展1次防汛（坍塌）、2次消防应急演练，提高了处置突发事件的水平和能力。

2009年，南阳膨胀土试验段工程安全生产处于受控状态，未发生一起安全事故，施工项目部被国务院南水北调办评为“南水北调工程建设2008年度安全生产管理优秀单位”。

（徐秋达）

施 工 科 技

南阳膨胀土试验段工程科研试验任务由长江勘测规划设计研究有限责任公司、长江科学院和河海大学联合承担。长江勘测规划设计研究有限责任公司于2008年10月成立南水北调工程南阳段膨胀土试验段设计代表处，具体负责现场试验和设计服务工作。河南省南水北调中线工程建设管理局于2009年1月成立南阳膨胀土试验段现场工作组，负责现场建设管理和协调。在参建各方的共同努力下，试验段主体工程于2008年11月28日正式开工，经过一年的试验研究，目前已获得试验成果，并运用于南水北调工程建设当中。

一、试验研究目的

膨胀（岩）土是一种具有特殊性质的（岩）土，其处理技术难度、处理工程量和投资都比较大，是南水北调中线工程面临的关键技术问题之一。为了对可行性研究阶段提出的处理方案进行验证，并为指导和优化设计提供依据，选择南阳试验段开展膨胀土处理的现场试验研究。南阳膨胀土试验段的主要研究目的是：

（1）减少非膨胀土料的使用，达到减少征地与移民的目的。通过试验寻找换填非膨胀土的替代方案，或在保证处理效果的前提下，减小换土厚度，从而可以减少工程征地与移民，对推进工程的顺利进行、保护环境和构建和谐稳定的社会具有重要的意义。

（2）优化设计方案，保证工程安全。南水北调总干渠沿线涉及膨胀土（岩）问题的渠段有186段，累计长386.8km，涉及范围广、条件复杂，任何局部的边坡失稳、衬砌结构的破坏都将可能影响渠道正常输水。根据膨胀土特殊的工程特性、渠道衬砌结构和运行特点，通过试验研究，确定适合各类膨胀土渠坡的处理措施与方案，有针对性地制定和完善膨胀土渠道地基处理和衬砌结构设计方案，达到保障工程安全运行的目的，并在中线工程中推广应用。

（3）建立一套适合膨胀土渠道开挖及处理的施工技术与工艺。膨胀土渠道开挖需要完善的临时性保护措施，施工开挖期间因保护不当而出现滑坡、影响工期的先例很多。而膨胀土渠道处理更有一套专门的施工技术与工艺，需要通过现场试验，摸索并建立相应的工艺和技术标准，为中线工程膨胀土渠道大规模施工提供技术支持。

（4）提高工程处理技术水平。膨胀土处理设计是一个正处在研究阶段的课题，我国虽然在膨胀土地区已经建成了一些渠道，但其中的教训十分深刻，代价也很大。长期以来，膨胀土渠道工程设计一直缺乏理论指导，而一些理论又缺乏相应的现场试验佐证，使膨胀土工程处理水平长期徘徊，没有取得实质性的进展。

二、试验任务

针对试验段膨胀土的特性及渠坡特点，根据初步拟定相应的处理措施，通过室内试验、专项试验对处理措施进行优化，进一步完善现场处理方案，并通过现场试验，真实模拟大气环境影响及渠道运行工况，研究膨胀土渠坡的失稳破坏机理、各种措施的施工工艺及其处理效果。根据现场试验结果，对各种处理方案，从施工方便性、经济合理性和安全可靠性等方面进行综合评价，最后推荐出适合总干渠膨胀土渠坡处理的方案，为南水北调中线工程膨胀土渠坡处理设计和大面积施工提供指导与借鉴。试验研究的主要任务如下：

（1）针对膨胀土的工程特性，开展膨胀土的专门试验研究，开展膨胀土渠坡的破坏机理、破坏模式等研究。

（2）通过现场与室内试验研究，分析和评价各种处理方案的效果，提出渠坡处理方案技术可靠性的评价标准和评价方法，通过1年时间的研究，提出适合在中线工程推广应用的膨胀土渠道处理方案。

（3）研究适合膨胀土渠道开挖、回填碾压、地基处理的施工技术与工艺，确定影响施工质量的控制指标。

（4）研究适合膨胀土渠坡稳定分析的方法，为评价渠坡处理效果提供计算依据。

（5）通过现场试验研究渠道衬砌下防渗与排水的工程措施，并评价工程措施的效果及适用的环境条件。

（6）提出膨胀土渠坡处理的设计与施工导则。

三、主要研究内容

结合总干渠设计，膨胀土渠道试验研究的主要内容包括：膨胀土工程特性研究；在渠道施工和运行环境条件下，外界作用对膨胀土工程性质影响的研究；渠道土体膨胀变形及其对渠道衬砌破坏特征的研究；不同的工程措施对膨胀土渠坡防护效果研究；膨胀土渠道处理施工工艺研究；膨胀土分类标准和现场判别方法研究；膨胀土渠道处理效果的综合评价及相应标准研究等。

（一）现场实验室建设、仪器埋设及监测

为了便于试验研究，现场试验建立了试验室，配备200号环刀、土工试验专用烘箱、电子天平、20mL量筒、击实试验仪、大剪仪及相关试验配套工具等。现场试验人员一般

在30人左右（含现场设计代表），满足现场试验需要。

试验仪器埋设工作于2008年11月10日在渠道开挖前开始预埋。截至2009年底，共完成渠道开挖线以下土应变计埋设安装165支、土压力计70支、温度计45支、混凝土应变计40支、无应力计4支、水准标点180个、测斜管25根、剖面变形仪测管15根和位移环30个。各类仪器电缆均随渠道开挖进度牵引到设计位置，并做了醒目标志及提示牌。根据现场钻孔情况，仪器埋设位置有一定的调整。南阳段膨胀土上层滞水较为丰富，仪器埋设一般集中在渠坡上部和换填处理层中。埋设安装完毕后，全部仪器均读取初始值，以后即进入正常观测程序。

仪器观测频度为：土建工程施工期间，埋设初期每天观测1次，待读数趋于稳定后3天观测1次，遇天气变化或渠道开挖时根据试验需要加密观测。进行渠道运行工况模拟试验阶段，正常情况下每3～4天观测1次，蓄水过程中在特征水位观测，蓄水完成后每1～3天观测1次；退水时渗压计观测2～3次/天；人工降雨试验观测1～2次/天。

（二）室内试验

室内试验主要进行钻孔原状样试验、击实试验、不同掺量的水泥改性膨胀性试验等。

（1）完成室内基本物理性试验累计195组、力学性试验累计75组、膨胀性试验累计101组。

（2）完成膨胀土矿物成分、化学成分试验累计38组。

（3）完成土水特征曲线、非饱和膨胀土强度试验等非饱和土特性试验。

（4）完成膨胀土的换填、弱膨胀土用作回填料、土体改性试验、土工合成材料界面摩擦试验等处理措施辅助性试验。

（5）试验段室内膨胀土化学改性试验和填Ⅰ区、中Ⅱ区水泥改性土取环刀样试验等。

土体改性试验是最重要的试验，主要是通过不同水泥掺量膨胀性试验（每组包括自由膨胀率、无荷膨胀量、膨胀力三种试验）进行比选。分为弱膨胀土3种掺量（2%、3%、5%）、3种龄期（0、3、7天）、4种压实度（100%、98%、95%、90%）共36组试验；中膨胀土3种掺量（3%、4%、5%）、4种龄期（0、3、7、14天）、4种压实度（100%、98%、95%、90%）共48组试验；中膨胀土2种掺量（6%、8%）、2种龄期（0、3）、4种压实度（100%、98%、95%、90%）共16组试验。试验结果表明，弱膨胀土3%的水泥掺量和中膨胀土6%的水泥掺量，代替非膨胀土进行渠道膨胀土换填具有推广价值。

（三）碾压施工工艺试验

土方填筑工程开工前，在选定的土料开采区开挖填筑料，进行现场试验，并根据其所获得的试验成果确定填筑施工参数。碾压试验分别进行一般填土、换填非膨胀土、水泥改性土填筑、土工格栅填土、土工袋填土五种填筑形式，各种填筑形式在非膨胀土、弱膨胀土和中膨胀土等不同土质下，进行碾压机械类型、铺土厚度、碾压遍数、土料含水率等不同碾压参数情况下的填筑碾压施工工艺试验，碾压后测定压实土的干密度和含水率，并根据试验成果优化施工参数。通过循环淘汰，逐步优化，共完成117组碾压工艺试验，满足试验研究和施工需要。

（四）膨胀土基本特性现场研究

膨胀土基本特性现场研究主要进行现场地质编录、大剪试验，以及现场含水率的测定、现场取样工作、现场膨胀土特性、地下水分布情况、膨胀土渗透试验、膨胀土地下水连通试验、地下水位观测、滑坡基本特性研究等。

（1）大剪试验是在相应的渠道开挖高程挖取方块样进行室内饱和快剪、天然快剪、物理性指标、膨胀性试验等；取物理膨胀性试验方块样进行室内试验。

（2）地下水分布及影响研究是通过试验区段的开挖及膨胀土地下水出露渗出的情况，对膨胀土地下水的赋存方式、运动方式进行研究。试验段进行了渗透试验，包括试坑注水、地下水连通试验，试验段开挖地下水位的描述，地下水水位浸润线的测量，土体含水量的垂直测量等内容。

（3）地质窗口编录，编录的主要内容有地层岩性、土体颜色、姜石含量、含水量、状态，地下水的分布、裂隙发育程度等。

（4）地质结构分带的研究，主要根据膨胀土的垂直分带性，研究不同地质结构分带下的含水量、地下水分布运动规律性、力学特征、钙质结核分布情况、裂隙分布延伸情况等。

（5）胀缩裂隙、原生裂隙研究。

（6）渠坡破坏机理和破坏模式研究。施工中，在中Ⅱ区、中Ⅳ区、中Ⅵ区、中Ⅶ区都不同程度的发生了滑坡，针对施工当中渠道滑坡情况，并结合对陶岔渠首滑坡的勘探，分别对滑坡渠坡的破坏机理进行了初步的研究，对滑坡体进行了测量，对滑坡剪切面进行了物理力学试验。通过分析，认为滑坡产生的原因主要是受控于下部的长大缓倾角裂隙面，且裂隙面充填有灰白色黏土，厚3～5mm，局部达10mm。裂隙倾向角度较大，且滑坡体滑动面含水量较高，滑坡处土体的自由膨胀率在70.5%左右，具有中等膨胀性。

（7）地下水长期观测，通过对开挖前水文地质观测孔的连续观测，了解渠道开挖线以外地下水位的变化情况。

（8）渠坡坡面保护层厚度研究，主要进行了试验段地质窗口坡面1m左右土体含水量变化的研究，采用手摇钻钻孔，含水量测量共940组。

（五）干湿循环模拟试验

在南阳试验段，共布置2个裸坡试验区，分别位于弱膨胀区和中膨胀区，布置10m×20m、20m×20m管网共22套，分别进行2.5mm/h、5mm/h、8mm/h的人工降雨强度。在降雨期间辅以改变渗沟内水位，以模拟地下水位的改变。通过自然降雨和人工降雨试验，安排相关的测试工作，研究膨胀土在干湿循环作用下的工程特性，并对裸坡区在降雨条件下形成的不同规模滑坡和雨淋沟，进行其规模和形态的描述，并取原状方块样开展相关试验工作。试验发现，雨（雪）因素是造成渠道滑坡的重要外因，尤其是中膨胀土渠更为严重。

（六）运行工况模拟试验

为了研究膨胀土渠坡的失稳破坏机理和各种措施的施工工艺及其处理效果，通过现场充（退）水试验，真实模拟渠道运行工况。试验用水从水库取水至试验段，并根据试验要求，对各试验区进行充水、退水、隔离堤注水及降雨、改变地下水位的渗沟充水（退水）等工作。

（1）正常运行工况模拟。由于渠道运行过程中，水位不可避免的出现波动，水位的陡升或陡降可能对渠坡及衬砌结构造成不利影响。假定水位在1天（24h）的最大变幅为30cm，通过每组相邻区之间的充水及退水进行模拟。首先从其中一个试验区（假定为A区）抽水至本组另一试验区（B区），历时1天（24h），在抽水过程中及完成后的1天分别测试土体的含水量随深度的变化规律、土压力、孔隙水压力、变形及衬砌板的受力状态等。然后从B区抽水至A区，历时1天（24h），在抽水过程中及完成后的1天完成相应的测试工作。

（2）检修工况模拟。首先对每组其中一个试验区（假定为A区）进行充水，历时5～10天，达到设计水深后稳定15天，再通过预埋的监测探头观测渠道周边土体的含水量随深度的变化规律、土压力、孔隙水压力、变形及衬砌板的受力状态等。然后抽水至相邻区（B区），对B区进行充水，历时5～10天。A区抽空后3h及1天后测试土体的含水量随深度的变化规律、土压力、孔隙水压力、变形及衬砌板的受力状态等。对B区稳定15天后，测试渠周土体的含水量随深度的变化规律、土压力、孔隙水压力、变形及衬砌板的受力状态。每区在退水过程中，观察逆止阀的排水效果等。

（3）防渗结构局部失效试验模拟。渠道各种运行工况模拟完毕后，进行防渗结构局部失效试验，研究防渗体系局部破坏失效情况下渠道的渗漏规律、渠坡土体含水量的变化情况、衬砌结构的受力状态等。

四、试验成果

根据南阳膨胀土试验段的试验成果，从处理效果、施工便捷、环境友好性、经济性等方面综合考虑，中膨胀土渠道及弱膨胀土一级马道以下渠坡，推荐采用水泥改性土方案处理膨胀土渠道。在非膨胀土料源较近，且征地不存在困难的情况下，也可采用换填非膨胀土进行处理。建议渠坡坡比：弱膨胀土1:2，中膨胀土1:2～1:2.5，视坡高进行选择。换填处理厚度：弱膨胀土0.6～1m，中膨胀土1～1.5m，强膨胀土1.5～2m。

根据南阳膨胀土试验段工程实际情况，膨胀土渠坡的处理，不仅需要合理的设计，合理的施工程序、严格的施工管理亦是保证处理措施能否达到相应效果的重要保证。

由于工程从开工至今，历时短，观测成果历时更短，膨胀土渠坡各种因素的实效性尚未完全得以体现，且未经历各种水文气象条件的考验，目前尚不具备对观测成果全面分析的条件，对各种处理措施的保护效果也难以作出最终评价。现阶段获得的各种成果尚需在试验段进一步验证。

在南阳膨胀土试验段工程施工与试验过程中，获取了大量的试验数据，也取得丰富的试验成果及宝贵的经验，且部分成果经专家咨询后已经在工程中应用。

（李君炜）

陶岔渠首枢纽工程

工 程 概 况

陶岔渠首枢纽工程位于河南省南阳市淅川县九重镇陶岔村，丹唐分水岭汤山、禹山垭口南侧，是南水北调中线一期工程输水总干渠的引水渠首，也是丹江口水库的副坝。原有陶岔渠首闸于1974年建成，承担引丹灌溉任务，南水北调中线一期陶岔渠首枢纽工程建成后，该枢纽承担向北京、天津、河北、河南等省市输水任务，兼顾灌溉与发电。工程设计引水流量350m^3/s，上下游水位分别为150m和149.076m，加大引水流量420m^3/s。工程批复建设内容包括上游引渠护坡、挡水建筑物（重力坝、引水闸和水电站）、闸下消力池及电站尾水渠、两岸岸坡防护工程、下游交通桥及管理设施等，批复总投资85 935万元。主要工程量为土石方开挖及老建筑物拆除71.81万m^3，土石方填筑10.58万m^3，混凝土浇筑19.11万m^3，金属结构制作安装2185t。工程于2009年10月开工建设，建设计划总工期42个月。

（柯　锐）

工 程 投 资

陶岔渠首枢纽工程为第二批新增中央投资安排项目，工程总投资85 935万元。静态总投资81 808万元、建设期贷款利息4127万元，其中工程部分投资57 856万元，建设及场地征用费 23 383 万元。投资来源为中央预算内投资、南水北调工程基金、银行贷款及国家重大水利工程建设基金等。

2009 年，该工程计划投资 10 000 万元，全部为中央预算内投资。截至 2009 年底，完成工程投资 7633 万元。其中，征地移民包干费 3000 万元，勘测设计费 1000 万元，合同预付款 3323 万元，其他款项 310 万元。

（1）下游交通桥工程合同价 491.065 万元，2009 年完成投资 123.38 万元。土石方开挖合同量 3897m^3，实际完成 4000m^3，完成 102.6%；混凝土浇筑合同量 4400m^3，实际完成 176m^3，完成 4.0%。

（2）管理设施工程合同价 1310.948 9 万元，2009 年完成工程投资 215.141 万元，土石方开挖合同量 11 824m^3，实际完成 15 890m^3，完成 134.39%（因设计变更，工程量有调整）；混凝土浇筑合同量 2542m^3，实际完成 985m^3，完成 38.75%。

（余　伟　柯　锐）

招　标　投　标

根据国务院南水北调办《关于南水北调中线一期陶岔渠首枢纽工程招标分标方案的批复》（国调办建管［2009］101 号）、《关于同意增加南水北调中线一期陶岔渠首枢纽工程水力发电及机械设备采购标的批复的通知》（国调办建管［2009］180 号）、《关于增加南水北调中线一期陶岔渠首枢纽工程通信工程标段批复的通知》（国调办建管［2010］41 号），南水北调中线一期陶岔渠首枢纽工程共分为 14 个标段。

截至 2009 年底，共完成监理标、钢筋采购标、水泥采购标、下游交通桥施工标、管理设施施工标、水力发电及机械设备采购标、主要建筑物施工及机电金属结构设备安装施工标等 7 个标段的招标工作（见表 1）。陶岔渠首枢纽工程输电线路标段委托淅川县电业局实施。

表 1　陶岔渠首枢纽工程 2009 年招标投标情况

序号	合同编号	合同名称	招标代理机构	招标文件发售日期	开标日期	中标通知书下发日期	中标单位	合同签订日期
1	NSBD-TCSN-SG-01	南水北调中线一期陶岔渠首枢纽工程下游交通桥施工承包合同	安徽安兆工程技术咨询服务有限公司	2009 年 7 月 6～10 日	2009 年 7 月 26 日	2009 年 8 月 31 日	河南豫源水利水电工程有限公司	2009 年 9 月 7 日
2	NSBD-TCSN-SG-02	南水北调中线一期陶岔渠首枢纽工程管理设施施工承包合同	安徽安兆工程技术咨询服务有限公司	2009 年 7 月 6～10 日	2009 年 7 月 26 日	2009 年 8 月 31 日	江苏新源建筑工程有限公司	2009 年 9 月 7 日
3	NSBD-TCSN-JL-01	南水北调中线一期陶岔渠首枢纽工程建设监理合同	安徽安兆工程技术咨询服务有限公司	2009 年 6 月 29 日～7 月 3 日	2009 年 7 月 21 日	2009 年 8 月 31 日	盐城市河海工程建设监理中心	2009 年 9 月 9 日
4	NSBD-TCSN-CG-01	南水北调中线一期陶岔渠首枢纽工程钢筋采购合同	安徽安兆工程技术咨询服务有限公司	2009 年 6 月 29 日～7 月 3 日	2009 年 7 月 21 日	2009 年 8 月 31 日	安徽省水利厅物资供应总站	2009 年 9 月 9 日

续表

序号	合同编号	合同名称	招标代理机构	招标文件发售日期	开标日期	中标通知书下发日期	中标单位	合同签订日期
5	NSBD-TCSN-CG-02	南水北调中线一期陶岔渠首枢纽工程水泥采购合同	安徽安兆工程技术咨询服务有限公司	2009年6月29日~7月3日	2009年7月21日	2009年8月31日	安徽省厚德物资设备有限责任公司	2009年9月10日
6	NSBD-TCSN-CG-03	南水北调中线一期陶岔渠首枢纽工程水力发电及机械设备采购合同	安徽安兆工程技术咨询服务有限公司	2009年10月9~14日	2009年11月20日	2009年12月23日	浙江富春江水电设备股份有限公司	2009年12月30日
7	NSBD-TCSN-SG-03	南水北调中线一期陶岔渠首枢纽工程主体工程施工承包合同	安徽安兆工程技术咨询服务有限公司	2009年11月6~12日	2009年12月17日	2009年12月31日	中国水利水电第十一工程局有限公司	2010年1月8日

（柯　锐）

建　设　管　理

受国务院南水北调办及水利部的委托，淮委治淮工程建设管理局作为项目法人承担南水北调中线一期陶岔渠首枢纽工程建设管理工作。2009年3月，淮委治淮工程建设管理局组建淮委南水北调中线一期陶岔渠首枢纽工程建设管理局（简称陶岔建管局）作为现场管理机构具体负责工程建设管理工作。2009年5月19日，陶岔建管局正式进驻工地现场，下设综合部、工程技术部、合同管理部与财务部，分工负责工程建设管理各项工作，现有工作人员15人。工程设计单位为长江勘测规划设计研究有限责任公司，质量监督单位为南水北调中线陶岔渠首枢纽工程质量监督项目站，监理单位为盐城市河海工程建设监理中心，管理设施、下游交通桥及主体工程施工单位分别为江苏新源建筑工程有限公司、河南豫源水利水电工程有限公司、中国水利水电第十一工程局有限公司。为做好南水北调中线一期陶岔渠首枢纽工程建设管理工作，陶岔建管局不断充实调整技术人员，建立健全有关计划、质量控制、安全生产、价款结算、财务等各项规章制度，积极完善工程质量管理体系和安全生产管理体系，明确了各参建单位职责和任务，树立了“建精品工程，创文明工地”的建设目标，建设管理工作逐步迈向规范化、系统化轨道，确保了工程顺利建设。

（柯　锐）

工　程　进　展

陶岔渠首枢纽工程2009年度工作重点是做好征地拆迁及招标工作，全年完成7个标段的招标工作和360.6亩永久占地的征用工作。截至2009年底，下游交通桥基础灌注桩已全面施工，总桩长358m的灌注桩完成桩孔开挖145m，4号、5号墩扩大基础土方开挖施工全部结束，完成土石方开挖4000m^3、混凝土浇筑176m^3；管理设施完成土方开挖15 890m^3、混凝土浇筑985m^3。

（柯　锐）

工 程 施 工

该工程下游交通桥施工单位为河南豫源水利水电工程有限公司，管理设施施工单位为江苏新源建筑工程有限公司，主体工程施工单位为中国水利水电第十一工程局有限公司。

在工程建设过程中，施工单位主要从以下几个方面来加强施工管理：一是根据年度总计划，制订月进度计划和周进度计划，明确目标，细化分解，确保重要节点工期的实现；二是建立健全各参建单位工程质量、进度、安全、投资及文明施工组织机构，加强监督和检查；三是制定质量、安全、文明施工等各项管理办法，并成立领导小组，检查并督促各单位落实；四是每周召开监理例会和不定期召开专题会，对发现的问题要求认真整改落实，采取有效措施确保工程质量、安全和进度目标的实现；五是加强过程控制，下游交通桥预应力空心板浇筑在冬季施工，项目部在施工过程中制定了完善的冬季混凝土施工方案和养护措施，有效地保证了工程质量；六是为便于全面掌握工程质量，加强对原材料和半成品的检测和横向比较，陶岔渠首枢纽工程组建了第三方检测实验室，确保了整体工程质量；七是加强信息报送，对陶岔渠首枢纽工程建设信息定期、及时向上级部门报送，并建立专项档案。

2009 年，开工的交通桥和管理设施两个标段进行了项目划分并报南水北调中线陶岔渠首枢纽工程质量监督站审批，其中，交通桥划分为 32 个分部工程，248 个分项工程；管理设施划分为 11 个单位工程，77 个分部工程，500 个分项工程。截至 2009 年底，验收的交通桥 9 个分项工程和管理设施 16 个分项工程全部合格。

陶岔渠首枢纽工程各项目经理部制订了安全生产措施计划，监理部编制了安全监理实施细则，各参建单位设有专职安全员，加强检查、明确责任，规范现场操作。建管局每月组织一次安全生产执法情况检查，严肃处理安全生产违法违规行为，并督促施工单位认真整改落实。在 2009 年陶岔渠首枢纽工程安全生产目标考核中，各参建单位通用目标考核结果全部合格，适用性目标考核结果均为 I 级，未发生安全事故。

（赵　倩）

工 程 监 理

陶岔渠首枢纽工程监理单位为盐城市河海工程建设监理中心。2009 年 8 月，盐城市河海工程建设监理中心成立南水北调中线一期陶岔渠首枢纽工程监理部（以下简称监理部）正式进驻工地现场。

根据监理合同，监理部主要负责南水北调中线一期陶岔渠首枢纽工程除移民项目外所有初步设计批复内容的建设监理（包括工程施工期建设监理和工程保修阶段的相关服务），完成被监理项目的质量、安全、进度和投资控制工作。具体有：编制项目监理规划和项目监理实施细则并实施；审查分包单位的资质，并向业主提出审查意见；组织项目监理例会，协调工作并发出监理指令；审定承包商的开工报告、施工组织设计、技术方案、进度计划；审核承包商的申请、支付证书和竣工结算；审查和处理工程变更；主持或参与工程质量事故的调查；调解业主与承包商之间的合同争议、处理索赔、审批工程延期；编写监理月报、监理工作阶段报告、专题报告和项目监理总结；审核签认分部分项工程和单位工程的质量检验评定资料，审查承包商的竣工申请，组织对待验收的工程项目进行质量检查，参与工程项目的竣工验收。

监理单位收到中标通知书后，按要求及时与项目法人签订工程建设监理合同，承担合同规定的建设监理任务。监理部制定了监理规划、监理制度及监理实施细则，以规范监理工作的内容、程序和方法，并将有关制度张贴上墙，按照建设单位授予监理单位对工程的进度、质量、投资控制和信息、合同管理以及内部各参建单位协调的权力，监理部秉承“公正、独立、自主、科学”的原则，认真做好“三控制、二管理、一协调”工作。

（奚建猛　柯　锐）

质　量　管　理

建设单位在树立工程参建单位强烈质量意识的基础上，建立健全工程建设质量管理体系，包括建设单位的质量检查体系，监理单位的质量控制体系和施工单位的质量保证体系，对工程的每一个环节和工序严格进行监督、检查与检测，严格按合同技术条款、国家有关规程、规范、标准和设计要求，对工程质量进行全方位和全过程的监督检查。督促监理单位在施工过程中对工程的关键部位实行旁站监督、对一般部位进行巡视检查的方式进行监理，对于工程施工质量、原材料、成品及半成品质量，要求监理单位严格按规范要求进行平行检测和跟踪检测，按监理实施细则对工程质量、进度和投资进行严格控制。要求施工单位建立健全质量保证体系，严格按“三检制”程序进行质量控制。

陶岔建管局成立工程质量领导小组，全面负责工程质量管理工作。2009 年 12 月，下发了《关于印发〈淮委南水北调中线一期陶岔渠首枢纽工程质量管理办法〉的通知》（陶岔建管［2009］11 号），规范了南水北调中线一期陶岔渠首枢纽工程质量管理工作，明确了各参建单位职责。并委托有资质的质量检测机构——河南科源水利建设工程检测有限公司，对工程原材料、成品、半成品质量进行全过程的跟踪抽查检测，发现问题及时督促施工单位整改，保证工程施工质量。

（柯　锐）

安　全　生　产

建设单位坚持“安全第一，预防为主，综合治理”的方针，始终把安全生产当作头等大事来抓。认真贯彻执行国家有关安全生产的法律、法规、政策，以及行业安全技术、劳动安全等规程、规范。贯彻“安全生产，人人有责”的原则，主动接受上级主管部门的监督、指导。2009 年 11 月，陶岔建管局成立安全生产领导小组，负责安全生产工作的检查、监督和协调。各参建单位安全生产管理机构安排专门人员负责安全生产管理工作。领导小组对各参建单位安全生产管理工作进行检查，定期召开安全生产会议，传达各级领导部门关于安全生产工作的指示精神和具体要求，落实安全生产措施。

2009 年 12 月，陶岔建管局下发了《关于印发〈淮委南水北调中线一期陶岔渠首枢纽工程安全生产管理办法〉的通知》（陶岔建管［2009］12 号），规范了南水北调中线一期陶岔渠首枢纽工程安全生产管理工作，明确了各参建单位职责，理顺了工作关系。在各参建单位的相互协作、共同努力下，截至 2009 年底，工程未发生安全生产事故，有力保障了工程建设的顺利进行。

（柯　锐）

丹江口水库大坝加高工程

工　程　概　况

丹江口水利枢纽工程位于湖北省丹江口市汉江干流上，是一座具有防洪、供水（灌溉）、发电、航运及水产养殖等综合效益的大型水利枢纽工程，由河床混凝土坝和坝后式电站、连接混凝土坝及两岸土石坝、通航建筑物等组成，该工程于1958年9月正式开工兴建，1973年底按初期规模全部建成，其中河床混凝土坝水下部分已按后期最终规模兴建，两岸混凝土坝及土石坝按初期规模兴建。工程初期规模为水库正常蓄水位150m，坝顶高程162m，电站装机容量900MW。1975年国家计划委员会批准将丹江口水利枢纽正常蓄水位提高到157m。

根据南水北调工程总体规划、南水北调中线工程修订规划及南水北调中线第一期工程项目建议书、丹江口大坝加高初步设计报告的审定意见，丹江口大坝加高工程主要包括：河床混凝土坝培厚加高；左岸土石坝培厚加高及延长；新建右岸土石坝、左坝头副坝和董营副坝；改扩建升船机；金属结构、机电设备更新改造等。坝顶高程由162m加高至176.6m，坝长由2494m增加到3442m。通航建筑物的通航标准由150t级改造扩建为300t级。加高后正常蓄水位从157m提高至170m，库容从174.5亿m^3增加至290.5亿m^3，可相应增加库容116亿m^3。可提高汉江中下游防洪能力，扩大防洪效益，近期年调水量95亿m^3，后期年调水量120亿~130亿m^3。

丹江口水利枢纽工程为一等工程。大坝加高工程河床及两岸混凝土坝、左右岸土石坝及副坝、电站厂房等主要建筑物为1级，挡水建筑物按千年一遇洪水设计，可能最大洪水（万年一遇洪水加大20%）校核，电站厂房按200年一遇洪水设计，1000年一遇洪水校核；下游消能防冲设施洪水标准为100年一遇，护岸工程洪水标准为50年一遇；1级挡水建筑物的地震设计烈度采用Ⅶ度；通航主要建筑物为2级，次要建筑物为3级；下游消能防冲设施及护岸工程等建筑物为3级，临时建筑物为4级。

总工期为5.5年，其中工程准备期9个月，按要求将于2010年完工，由于水库移民和陶岔项目尚未启动，大坝加高工程完工时间调整为2013年。

（黄朝君）

工　程　投　资

根据2009年初确定的建设目标，2009年丹江口大坝加高工程共安排投资计划20 100万元。2009年，丹江口大坝加高工程实际完成投资27 606万元。截至2009年底，工程累计完成投资169 587万元，占批复的初步设计概算总投资的70%。投资计划安排及完成投资构成及对比情况见表1。

表1　丹江口大坝加高工程2009年投资计划完成情况　（万元）

项 目	合 计	建筑工程	机电设备及安装工程	金属结构设备及安装工程	临时工程	独立费用	价差及基本预备费	移民及环境部分	建设期贷款利息
计划投资	20 100	4080	4590	5790	100	3740	500	200	1100
完成投资	27 606	9844	6657	5413	70	2678	1044	277	1623

2009年，在投资控制管理上做到适时、动态掌握工程投资情况，统筹分析概算投资运用，合理控制工程投资。主要有以下几方面：一是深入研究国务院南水北调办颁布的“静态控制、动态管理”的相关规定，结合丹江口大坝加高工程已完成投资和建设管理实际，统筹分析研究批复的概算总投资，修改完善了大坝加高工程项目管理预算并上报到国务院南水北调办；二是根据合同签订及价款结算情况，实时分解、归类、梳理和掌握工程投资完成情况，将已签订的每个合同清单与概算中的项目进行对应，对合同项目超概算或节余情况做到心中有数，同时根据合同结算情况与概算投资进行对比分析，及时

了解概算每一部分投资使用情况，分析概算总投资是否能够得到合理控制和使用，为合理控制投资提供分析依据；三是考虑近几年来物价涨幅较大的实际情况，根据国务院南水北调办的相关规定及时开展2008年及以前各年度价差报告编制、审查、修改完善并上报到国务院南水北调办，国务院南水北调办审查批复并下达了大坝加高工程价差投资计划2606万元。

（李全宏）

招 标 投 标

2009年，主要完成了丹江口大坝加高电厂改造6个设备采购项目、大坝加高电梯设备采购及安装、初期大坝上游面水下裂缝检查与处理、钢格栅盖板采购、开关柜采购、6kV干式变压器采购、电缆电线和电缆桥架采购等共12个标段的招标工作，中标金额共1760万元。招标投标具体情况详见表1。

表1　　2009年招标投标情况

序号	合同编号	项目名称	招标代理机构	招标文件发售时间	开标时间	定标时间	中标单位	合同签订时间
1	ZSY/CG(2008)006	电厂改造项目滤水器设备采购	汉江集团丹江口水源招标有限公司	2009年1月14日	2009年2月26日	2009年3月16日	自贡川滤设备制造有限公司	2009年4月13日
2	ZSY/CG(2008)007	电厂改造项目深井泵设备采购	汉江集团丹江口水源招标有限公司	2009年4月1日	2009年4月23日	2009年5月11日	上海深井泵厂有限公司	2009年6月5日
3	ZSY/CG(2008)008	电厂改造项目储气罐设备采购	汉江集团丹江口水源招标有限公司	2009年4月1日	2009年4月23日	2009年5月11日	武汉星光石油化工设备有限公司	2009年6月5日
4	ZSY/CG(2008)009	电厂改造项目水控阀及闸阀设备采购	汉江集团丹江口水源招标有限公司	2009年1月14日	2009年2月26日	2009年3月16日	武汉大禹阀门制造有限公司	2009年4月21日
5	ZSY/CG(2008)010	电厂改造项目蝶阀设备及管道和法兰设备采购	汉江集团丹江口水源招标有限公司	2009年1月14日	2009年2月26日	2009年3月16日	株洲南方阀门股份有限公司	2009年4月13日
6	ZSY/CG(2008)011	电厂改造项目自动化元件设备采购	汉江集团丹江口水源招标有限公司	2009年4月1日	2009年4月23日	2009年5月11日	南京南瑞集团公司	2009年6月4日
7	ZSY/CG(2009)007	电梯设备制造及安装采购	汉江集团丹江口水源招标有限公司	2009年4月1日	2009年4月23日	2009年5月11日	蒂森电梯有限公司	2009年6月5日

续表

序号	合同编号	项目名称	招标代理机构	招标文件发售时间	开标时间	定标时间	中标单位	合同签订时间
8	ZSY/JAZ(2009)001	初期大坝上游面水下裂缝检查与处理	汉江集团丹江口水源招标有限公司	2009年4月6日	2009年4月27日	2009年5月12日	江苏神龙海洋工程有限公司	2009年5月18日
9	ZSY/CG(2009)009	钢格栅盖板采购	汉江集团丹江口水源招标有限公司	2009年4月6日	2009年4月27日	2009年5月12日	广州美罗钢格板有限公司	2009年6月10日
10	ZSY/CG(2009)001	开关柜采购	汉江集团丹江口水源招标有限公司	2009年9月16日	2009年10月20日	2009年11月19日	苏州市万松电气有限公司	2009年12月9日
11	ZSY/CG(2009)003	6kV干式变压器、箱式变压器采购	汉江集团丹江口水源招标有限公司	2009年9月16日	2009年10月20日	2009年11月19日	山东鲁能泰山电力设备有限公司	2009年12月9日
12	ZSY/CG(2009)004	电缆、电线和电缆桥架及其附件采购	汉江集团丹江口水源招标有限公司	2009年9月16日	2009年10月20日	2009年11月19日	浙江正泰电缆有限公司	2009年12月9日

（李全宏）

工程进展

（一）2009年度建设计划目标

2009年，计划完成的主要工程量为，混凝土浇筑5.81万m^3，土石方填筑21.24万m^3，见表1。

表1　丹江口大坝加高工程2009年计划完成工程量表

序号	项　　目	单位	数量
1	混凝土浇筑	万m^3	5.81
2	土石方填筑	万m^3	21.24
3	混凝土结合面凿毛	万m^2	0.48
4	金结安装	t	2047.1
5	水下裂缝检查	m^2	5000
6	排水孔检查（孔径110mm）	m	6000
7	廊道内裂缝处理	m	1200
8	上游面142.5m以上裂缝处理	m	850
9	25号坝段上游面处理	m^2	190
10	113m裂缝处理	m	200

（二）工程进度

（1）2009年汛前工程进度。混凝土坝非溢流坝段除18号坝段外全部加高至176.6m高程，溢流坝段闸墩全部加高至176.6m高程，18号坝段176.6m高程搭设临时度汛栈桥，溢流坝段堰面暂不加高；右岸土石坝填筑至坝顶高程176.6m，左岸土石坝填筑至坝顶高程170m。

（2）2009年底工程进度。混凝土坝非溢流坝段全部加高至176.6m高程，溢流坝段闸墩全部加高至176.6m高程，溢流坝段堰面暂不加高；左、右岸土石坝均填筑至坝顶高程

176.6m。老坝体裂缝等缺陷的检查工作基本完成，老坝体缺陷处理工作继续进行。

（三）金属结构、机电设备制造与安装

2009年，完成堰顶工作门修复1套，堵水叠梁门埋件、检修门埋件安装各18孔；电厂快速门、液压启闭机及埋件安装2台（套），检修门埋件安装2孔，检修门检修1扇；深孔事故检修门埋件安装3孔，固卷启闭机安装11台，金属结构设备安装共完成工程量1280t。升船机设备制造已完成约80%。4号机组改造工作从2009年4月全面展开，水轮机、发电机、主变压器、调速、励磁、供水等设备均已到场，目前正在安装调试之中。

（四）工程进度分析

与2009年初上报的丹江口大坝加高工程原进度计划相比，基本完成原进度目标任务。根据确定的中线工程2013年完工、2014年汛后通水的目标，结合目前工程进展情况和库区征地移民工作计划及陶岔渠首枢纽建设安排，丹江口大坝加高工程总体施工进度调整计划目标为2013年工程完工，2014年水库蓄水并具备向北方供水条件。

（黄朝君　李志强　胡雨新）

质　量　管　理

丹江口大坝加高工程不同于一般的新建工程，是在老坝体的基础上培厚、加高，技术标准要求高，国内尚无成熟的经验，工程质量管理问题多、难度大。中线水源公司和参建各方一直高度重视工程质量的控制工作，并作为工程建设的头等大事来抓，以创建“精品工程”为目标，坚持高起点、高标准、严要求。建立健全了“政府监督、业主负责、监理控制、设计施工作保证”的四级质量管理体系，并严格落实，2009年，大坝加高工程质量管理在此体系下运行正常。

（1）注重对施工方案、措施、工艺和质量保证措施的审查工作，所有施工措施、方案均要经过监理审批后才能实施，重大技术质量问题要求报公司同意后实施。

（2）按照规定程序做好现场验收，施工单位做好“三检”制，监理严格进行验收，对重要隐蔽工程和关键部位工程的验收实行由设计、监理、施工、公司和质量监督项目站五方联检，对影响质量的每个环节都做到有效控制。

（3）做好分部工程验收和合同完工验收，2009年对已完分部工程包括右岸土石坝防渗心墙、左岸25~33号坝段新老混凝土结合面处理等10个分部工程进行了验收，并全部报质量监督站进行了核备，核定质量等级为优良；对2~右4号坝段锯缝施工和水文80kW测船制造采购两个合同项目进行了合同完工验收，全部合格。

（4）针对施工过程中出现的质量突出问题，及时组织召开专题会议，分析原因，有针对性的提出整改措施。

（5）抓好施工过程控制，坚持日巡查和每周一次现场质量联合大检查，发现问题及时进行处理，同时，进行月质量考评，做到奖优罚劣。

（6）严把试验检测关，对试验检测工作要求施工单位严格施工自检，监理单位也按要求进行抽检或平行检测，并按时做好试验成果的分析、汇总工作，确保原材料和中间产品质量符合有关规程规范要求。

（7）注重外观质量管理，对涉及永久外露面的工程项目，从施工工艺、材料等方面严格进行把关，确保外观质量。

（8）对新坝体质量缺陷严格进行检查，对小的质量缺陷及时进行了修补，对较大质量缺陷要求按照程序严格进行处理。

2009年，丹江口大坝加高工程共完成单元工程2157个，全部合格，优良2021个，优良率93.7%。2009年4月底，中线水源公司被国务院南水北调办评为“南水北调工程质量管理先进集体”。

（康子军）

安 全 管 理

大坝加高施工既要保证枢纽的正常运行又要保证加高施工的安全，安全生产形势一直比较严峻。中线水源公司始终高度重视安全生产的管理工作，始终坚持“安全第一、预防为主，综合治理”的方针和“以人为本”的安全管理理念，形成了“政府监管，项目法人统抓，监理监控，参建方各负其责”的安全生产管理体系，施工过程中强化安全管理，狠抓措施落实，使2009年安全工作一直处于受控状态。一是各参建单位都重视安全管理工作，营造了齐抓共管抓安全的良好形势；二是注重制度建设，组织修订完善了《丹江口大坝加高工程建设安全生产管理办法》和《丹江口大坝加高工程安全事故应急救援预案》并下发实施，各参建设单位按照要求对安全管理制度和专项预案进行了修订；三是按照水利部及南水北调办的有关要求，针对2009年“安全生产年”活动，各单位都制订详细的计划和安排，并做好落实和总结工作；四是继续重视重大危险源的动态管理，做好安全隐患排查治理工作；五是坚持做好安全生产日巡查、周联合大检查和月考评，共检查发现安全隐患447件，违章421起，均全部进行了整改，较好地保证了施工安全。

2009年，丹江口大坝加高工程未发生“较大”及以上安全事故，无责任事故，工程度汛安全，完成了年度安全生产目标。中线水源公司被国务院南水北调办评为“南水北调工程建设2008年度安全管理优秀单位”。

（康子军）

施 工 科 技

2009年，中线水源公司开展了大坝加高工程溢流堰面加高及相关问题项目研究；继续进行了左岸土石坝局部心墙加固现场试验及加固设计方案调整项目研究；河床坝段防渗帷幕效果检测及耐久性研究项目；初期大坝上游面防护材料试验研究等项目，并取得了一定的研究成果。

根据国务院南调办2008年11月《南水北调中线一期丹江口大坝加高工程溢流面加高有关事宜的函》（综投计函［2008］355号），溢流面在2009年汛前暂缓施工。对此，组织对丹江口大坝加高溢流面加高及相关问题进行了研究，研究包括丹江口大坝溢流堰面加高程序、施工方案、施工进度、闸墩结构等相关内容。

针对丹江口初期大坝混凝土已有40多年的龄期，碳化层厚度达3～5mm，与新浇混凝土有较大差别的特点，根据专家咨询意见，结合防护材料在国内同类工程上的应用情况，按照设计要求，为选取适合初期大坝混凝土表面的防护材料和合适的施工工艺，中线水源公司组织进行了“水泥基渗透结晶型”及“聚脲类”两类材料的比选试验。比选试验通过不同材料现场实地涂刷及室内参数测定，对各种材料的防水性、耐久性、施工工艺进行比较。

（李志强　胡雨新）

天 津 干 线 工 程

概 述

工 程 概 况

天津干线工程是南水北调中线一期工程的重要组成部分，担负着向天津市和河北省保定市及廊坊地区部分县乡的输水任务。工程全长155km，共分为6个设计单元，依次分别为西黑山进口闸—有压箱涵段工程、保定市境内1段工程、保定市境内2段工程、廊坊市境内段工程、天津市境内1段工程、天津市境内2段工程。其中，保定市境内1段工程、天津市境内1段工程分别委托河北省、天津市南水北调建设管理单位管理，廊坊市境内段部分工程为代建项目，其余均为中线建管局直接管理。

天津干线工程采用全箱涵无压接有压全自流输水方案。主要建筑物共有268座，包括：西黑山进口闸枢纽（含排冰闸）1座，陡坡1座，调节池1座、检修闸3座、保水堰井8座、王庆坨连接井1座、分流井1座、外环河出口闸1座、通气孔69座、分水口9处，西黑山左岸排水涵洞1座、倒虹吸614座、铁路涵4座、公路涵107座。工程等级为一等，主要建筑物为1级。

（朱耘志　李永鑫）

招　标　投　标

2009年，西黑山进口闸—有压箱涵段工程、保定市境内2段工程、廊坊市境内段工程严格按照《招标投标法》和国务院南水北调办相关规定，合理进行标段划分，采用公开招标的方式进行了代建、监理、施工、安全监测标的招标工作。上述三项工程的代建、监理、施工、安全监测标招标情况见表1。

表1　2009年天津干线工程标招投标情况

序号	合同编号	合同名称	招标代理单位	招标文件发售日期	开标日期	中标单位	合同签订日期
1	ZXJ/DJ/TJD-001	南水北调中线一期工程天津干线廊坊市境内段代建项目建设管理	天津普泽工程咨询有限责任公司	2009年6月8～12日	2009年7月21日	天津市水利工程建设管理中心	2009年9月8日
2	ZXJ/JL/TJD-002	西黑山进口闸—有压箱涵段监理标	天津普泽工程咨询有限责任公司	2009年6月8～12日	2009年6月29日	天津市金帆工程建设监理有限公司	2009年7月31日
3	ZXJ/JL/TJD-002	保定市境内2段监理标	天津普泽工程咨询有限责任公司	2009年6月8～12日	2009年6月29日	北京燕波工程管理有限公司	2009年7月31日
4	ZXJ/JL/TJD-004	廊坊市境内段监理1标	天津普泽工程咨询有限责任公司	2009年6月8～12日	2009年6月29日	武汉长科工程建设监理有限公司	2009年7月31日
5	ZXJ/JL/TJD-005	廊坊市境内段监理2标	天津普泽工程咨询有限责任公司	2009年6月8～12日	2009年6月29日	中国水利水电建设工程咨询西北公司	2009年7月31日
6	ZXJ/SG/TJD-002	西黑山进口闸—有压箱涵段施工标	天津普泽工程咨询有限责任公司	2009年6月15～19日	2009年7月5日	中国水利水电第十三工程局有限公司	2009年7月31日

续表

序号	合同编号	合同名称	招标代理单位	招标文件发售日期	开标日期	中标单位	合同签订日期
7	ZXJ/SG/TJD-002	保定市境内2段施工标	天津普泽工程咨询有限责任公司	2009年6月15~19日	2009年7月5日	葛洲坝集团第一工程有限公司	2009年7月31日
8	ZXJ/SG/TJD-004	廊坊市境内段TJ4-1施工标	天津普泽工程咨询有限责任公司	2009年6月15~19日	2009年7月5日	中国水利水电第十四工程局有限公司	2009年7月31日
9	ZXJ/SG/TJD-005	廊坊市境内段TJ4-2施工标	天津普泽工程咨询有限责任公司	2009年6月15~19日	2009年7月5日	中国水利水电第十一工程局有限公司	2009年7月31日
10	ZXJ/SG/TJD-006	廊坊市境内段TJ4-3施工标	天津普泽工程咨询有限责任公司	2009年6月15~19日	2009年7月5日	中国水利水电第五工程局有限公司	2009年7月31日
11	ZXJ/SG/TJD-007	廊坊市境内段TJ4-4施工标	天津普泽工程咨询有限责任公司	2009年6月15~19日	2009年7月5日	中国水利水电第四工程局有限公司	2009年7月31日
12	ZXJ/SG/TJD-008	廊坊市境内段TJ4-5施工标	天津普泽工程咨询有限责任公司	2009年6月15~19日	2009年7月5日	天津市水利工程有限公司	2009年7月31日
13	ZXJ/JC/TJD-006	西黑山进口闸—有压箱涵段、保定市境内1段、保定市境内2段、廊坊市境内段工程安全监测标	天津普泽工程咨询有限责任公司	2009年8月25~31日	2009年9月18日	中水北方勘测设计有限公司	2009年11月25日

（李永鑫　王秀贞　巫常林）

建 设 管 理

天津干线工程西黑山进口闸—有压箱涵段工程、保定市境内2段工程、廊坊市境内段工程TJ4-1~TJ4-3标、天津市境内2段工程采用直接管理方式；廊坊市境内段工程TJ4-4标和TJ4-5标采用代建管理模式。

2008年3月25日，中线建管局批准成立了南水北调中线建设管理局天津直管项目建设管理部，作为派出机构对工程建设进行直接管理。2009年，根据天津干线直管工程建设需要，天津直管建管部不断充实完善内部组织机构，调整为六个处室，以推动工程建设有序进展。其中，工程管理一处负责天津市境内2段工程建设管理和天津市境内1段工程的联系监管工作；工程管理二处负责天津干线保定市境内直管项目工程建设管理工作；工程管理三处负责天津干线廊坊市境内直管项目工程建设管理和代建项目工程的联系监管工作。

2009年，天津直管建管部带领所有参建单位，秉持“和谐、规范、廉洁、高效”的建管要求，坚持“以质量安全控制为核心，以进度控制为重点，努力把天津干线工程建成优质精品工程”的工程建设指导方针，紧紧围绕天津干线河北境内工程全线开工和完成天津市境内2段征迁和专项改迁这一工程建设目标，加强与地方各级政府及相关部门的沟通协调，积极创造良好的外部环境，力促工程建设稳步推进。

天津直管建管部积极协助中线建管局做好招标投标工作，选出了一批信誉好、实力强、素质高的企业承担工程建设任务。不断加强以中线建管局为主体或授权建管部签订的有关天津干线直管工程项目的合同、协议或其他具有合同性质文件的合同管理，对工程变更、索赔、分包、合同争议、违约等进行管理，涉及天津干线直管工程项目的勘察设计、工程监理、施工、咨询、后勤服务合同等。

加强监理管理，检查、督促监理单位行使监理委托合同中约定的监理工作内容，督促完善监理管理体系，保证监理管理机构、人员设备配备、监理管理制度管理程序落实到位。赋予监理权限，充分发挥监理作用，加强监督、检查、指导、管理，强化监理工作职责，达到有效控制工程建设的投资、进度、质量、安全目标。

加强设计管理，包括现场设计代表的管理和设计成果的管理。保证设计代表的现场服务质量，充分发挥在质量安全服务体系中的作用，重点加强施工图设计、设计变更等的管理，保证设计供图及时到位，提高设计成果质量，尽可能地减少设计变更，控制工程投资。

（朱耘志　李永鑫）

工 程 施 工

天津干线天津市境内2段工程2008年完成招标工作，2009年全面开展主体工程施工。该工程施工单位为河北省水利工程局，监理单位为黄河水电工程建设有限公司。天津市境内2段工程开工后，建管部即组织监理、施工单位将建设管理目标细化分解，并与施工单位签订了目标责任书。要求监理、施工单位针对天津市境内2段工程特点建立质量保证体系，及时编报监理规划和监理实施细则，施工单位及时编报施工组织设计和施工进度计划，并进行严格审查，提出修改意见补充完善，要求监理单位施工单位加强施工现场管理，确保各项建设目标逐一落实。天津市境内2段工程2009年完成的工程量为：土方开挖21.84万m^3，土方回填5.04万m^3，混凝土浇筑2.28万m^3，钢筋制作安装0.17万t，完成箱涵混凝土施工1318m，完成外环河出口闸297根桩基工程施工，完成工程投资4705.54万元。

天津干线河北境内工程2009年完成招标工作，开展了临建工程施工，但未进行主体工程施工。西黑山进口闸—有压箱涵段TJ1-1标段施工单位为中国水利水电第十三工程局有限公司，保定市境内2段TJ3-1标段施工单位为葛洲坝集团第一工程有限公司，廊坊市境内段TJ4-1标段施工单位为中国水利水电第十四工程局有限公司，廊坊市境内段TJ4-2标段施工单位为中国水利水电第十一工程局有限公司，廊坊市境内段TJ4-3标段施工单位为中国水利水电第五工程局有限公司，廊坊市境内段TJ4-4标段施工单位为中国水利水电第四工程局有限公司，廊坊市境内段TJ4-5标段施工单位为天津市水利工程有限公司，天津市境内 2 段 TJ6-1 标段施工单位为河北省水利工程局。

（朱耘志　李永鑫）

工　程　监　理

天津干线天津境内 2 段工程监理单位为黄河水电工程建设有限公司，西黑山进口闸—有压箱涵段工程的建设监理单位为天津市金帆工程建设监理有限公司，保定市境内 2 段工程的建设监理单位为北京燕波工程管理有限公司，廊坊市境内段工程监理 1 标的建设监理单位为武汉长科工程建设监理有限公司，廊坊市境内段工程监理 2 标的建设监理单位为中国水利水电建设工程咨询西北公司，天津市境内 2 段工程的建设监理单位为黄河水电工程建设有限公司。监理单位均实行总监理工程师负责制，由总监理工程师全权负责现场监理机构的管理、运行。

黄河水电工程建设有限公司天津市境内 2 段工程监理部 2009 年正式开展监理工作，通过现场记录、向施工单位发出指令文件、旁站监理、巡视检查、跟踪检测、平行检测、协调参建各方的关系等方式，对天津市境内 2 段工程履行监理职责，正确行使合同所赋予的监理权限，有效地控制工程建设投资、进度、质量、安全目标。其余监理部所负责的监理项目处于施工前期准备阶段，2009 年，各监理单位均筹建了监理部，积极准备做好服务工作。

（朱耘志　李永鑫）

质　量　管　理

2009 年，天津直管建管部建立健全了质量管理体系，各设计单元工程均成立以建管部部长为组长，建管部各处室及各参建单位负责人组成的质量管理委员会，设立了质量管理办公室并配备了专职质量管理人员，明确了质量管理的权利和责任，与施工单位签订了《质量责任书》。开工之前对各参建单位的质量管理保证体系建立情况进行联合检查，对质检、试验人员的素质、资质以及试验室的资质进行严格审核。施工过程中对各参建单位质量管理保证体系运行情况进行监督，按照制定的质量检查重点对工程施工质量进行不定期巡查。定期检查监理、设计、施工等单位在合同中承诺投入的人员、设备等资源落实情况；督促设计单位按时提交满足质量要求的设计图纸和文件并及时进行设计交底；监督检查监理单位对施工单位在施工全过程中的质量控制工作，重点检查监理旁站，切实做到事前审批、事中监督、事后把关；监督检查施工单位进场原材料报验与检验，“三检制”及重要工序签证制度执行情况等。确保参建单位的质量管理保障体系运行良好，真正发挥保障作用。鼓励设计、监理、施工等单位在工程建设中开展优化设计和施工方案，2009 年，在箱涵配比中推广采用了粉煤灰、磨细矿渣双掺技术，推广使用模板布以降低八字墙气泡，保证了工程质量。

天津直管建管部编制了《南水北调中线一期工程天津干线直管工程质量管理实施细则》、《质量缺陷备案实施细则》、《档案管理实施细则》等质量管理细则，拟定了《南水北调中线一期工程天津干线工程监理单位考核评比办法》和《天津干线工程质量、安全、进度、文明施工综合考核评比办法》中，明确规定实行质量一票否决制。

2009 年，天津干线直管项目工程建设中未出现质量事故，实现了质量事故“零”目标，未发生Ⅱ类以上质量缺陷，所有单元工程全部合格，优良率达到 97.9%。

（朱耘志　李永鑫）

安　全　生　产

天津直管建管部成立了天津市境内 2 段

工程安全生产领导小组和事故应急领导小组，设立了安全生产管理办公室，配备专职安全管理人员负责日常管理工作。汛前，成立防汛领导小组，落实安全度汛岗位责任制和汛期值班制度。各参建单位均成立了相应的安全生产管理机构，并配备专职安全管理人员。

天津直管建管部制定并印发了《安全生产管理实施细则》、《安全事故应急预案》、《安全生产"三项行动"工作方案》、《安全隐患排查治理制度》、《安全事故报告制度》、《南水北调中线干线工程建设管理局天津干线直管项目建设管理部安全事故应急预案》、《天津市2段工程2009年安全度汛方案》，与施工单位签订了安全生产协议。

天津直管建管部把"三项行动"作为本年度安全生产工作一条主线来抓，加强日常安全生产工作，每月25日联合设计、监理单位对施工单位进行安全生产大检查，重点加强汛期、重大节假日、冬季施工等重点时段和关键环节的安全防范工作，组织应急预案演练，提高了参建单位应对突发事件的快速反应能力。

2009年，天津直管项目建管部所管辖天津干线直管项目工程未发生任何安全事故。

（朱耘志　李　樑）

文 明 施 工

2009年，天津直管建管部制定并印发了《文明施工管理实施细则》、《工区内道路交通安全管理暂行规定》、《文物保护暂行规定》、《施工场区管理规定（试行）》、《料渣场和废弃物处理管理办法》等一系列规章制度，对环境保护、水土保持及文明施工进行规范化管理，明确专职环境保护、水土保持及文明施工管理人员，专人负责征迁及外部协调，营造和谐建设环境。

天津直管建管部要求监理单位督促施工单位提交环境保护、水土保持及文明施工等措施方案并严格审查，符合规范及合同要求后才允许开工。施工过程中，要求监理单位督促施工单位加强环境保护、水土保持及文明施工宣传，开展职业道德、职业纪律教育，强化全体施工人员文明施工和环境保护意识。在场区入口处设置"五牌一图"，在施工作业及办公生活区设置文明施工、环境保护、安全生产的宣传标牌栏和橱窗。

开工以来，施工场区整体做到规划合理、布置有序，做到封闭施工；场区道路平整畅通，养护及洒水除尘及时；各种施工材料堆放整齐，标识分明，设备停放有序；现场各种标识、标牌、标语醒目。对开挖边坡和临时弃土场覆盖防晒网、彩条布，防止水土流失及大风扬沙。采取措施预防和处理工程施工产生的烟尘、噪声、生活污水，生产废水，基本达到国家的排放标准。生活区布局合理、整洁美观，集中处理生活垃圾。各参建单位还高度重视和谐环境建设，相互之间关系融洽，相互支持、相互促进。同时积极主动与当地政府及有关部门协商，正确处理和解决征地问题和施工与周边发生的问题。

（朱耘志　李　樑）

天津市境内1段工程

工 程 概 况

天津市境内1段工程为天津干线工程第五设计单元，工程起点位于天津市武清区王庆坨镇西南与河北省交界处（桩号XW131+360），终点位于天津市西青区西青道以南奥森物流公司东侧（桩号XW151+021.365），线路全长 19.661km。工程自西向东穿越天津市的武清、西青、北辰三区。

天津市境内 1 段工程全部采用 C_{30} 地下钢筋混凝土输水箱涵结构型式，以子牙河北分流井为界，其上游段为 17.297km，3 孔 4.4m × 4.4m 有压输水箱涵，设计输水规模 45m³/s，加大输水规模 55m³/s；其下游段为 2.233km，2 孔 3.6m × 3.6m 有压输水箱涵，设计输水规模 18m³/s，加大输水规模 28m³/s。工程主要建筑物包括王庆坨连接井、子牙河北分流井、子牙河南检修闸、通气孔、子牙河河道倒虹吸及京沪高速公路、津同公路、京福公路、西青道、京沪铁路等公路、铁路穿越涵。

天津市防洪圈以外部分箱涵和沿线建筑物防洪标准按 50 年一遇洪水设计，200 年一遇洪水校核；天津市防洪圈以内部分防洪标准按 200 年一遇洪水设计。工程于 2008 年 11 月 17 日开工建设。

（刘　欣）

招　标　投　标

天津市境内 1 段工程委托建设管理单位——天津市水利工程建设管理中心严格按照《中华人民共和国招标投标法》和国家有关部委、国务院南水北调办的有关规定，对天津市境内 1 段工程 TJ5-2、TJ5-7 两个施工标段进行了公开招标。具体情况见表 1。

表 1　　天津市境内 1 段工程 2009 年施工招标情况

序号	合同编号	合同名称	招标代理单位	招标文件发售日期	开标日期	下发中标通知书日期	中标单位	合同签订日期
1	NSBDTJ/TJ1/SG-06	天津市境内 1 段工程施工 TJ5-2 标段合同	天津普泽工程咨询有限责任公司	2009 年 6 月 1～5 日	2009 年 6 月 22 日	2009 年 8 月 13 日	天津市水利工程有限公司	2009 年 9 月 4 日
2	NSBDTJ/TJ1/SG-07	天津市境内 1 段工程施工 TJ5-7 标段合同	天津普泽工程咨询有限责任公司	2009 年 6 月 1～5 日	2009 年 6 月 22 日	2009 年 8 月 13 日	中铁六局集团有限公司、天津振津工程集团有限公司联合体	2009 年 9 月 8 日

（刘　欣）

建　设　管　理

南水北调天津干线工程建设管理处（以下简称干线建管处）负责天津市境内 1 段工程建设。天津市水利工程建设管理中心结合天津市境内 1 段工程的实际情况，编制了南水北调中线一期工程天津干线（委托天津管理项目）14 项建设管理规章制度，并下发各参建单位遵照执行；按照施工合同和《南水北调中线干线工程施工进度管理办法》，编制完成了南水北调天津干线天津市 1 段工程实施总进度计划和 2009 年度、2010 年度实施计划。监理单位和施工单位分别按照承包合同和实施总进度计划，编制了天津干线天津市境内 1 段工程控制性总进度计划和施工总进度计划。施工单位还根据监理单位审批的施工总进度计划，及时将下月、下季度的进度计划进行分解，并在每月末、每季度末将方案上报监理单位审批。

为确保进度目标的实现，2009 年初，天津市水利工程建设管理中心把全年工作任务逐项分解，落实到各部门和各岗位，每月组织召开工程进度协调例会，及时分析和解决影响工程建设中的问题。在工程建设过程中，天津市水利工程建设管理中心紧密结合工程进展，积极协调地方政府及时向施工单位提供施工场地，及时协调解决影响施工作业的外部环境问题，努力营造无障碍施工环境。同时，通过统计、汇总施工周报和监理月报，对照总体进度计划进行进度风险分析，梳理和排查影响工程进度的关键点，并制定相应的应对措施，确保了进度目标的实现。

（刘　欣）

工 程 进 展

截至2009年底，天津市境内1段工程计划完成土方开挖398万m^3，实际完成615万m^3，占计划量的155%；计划完成土方回填306万m^3，实际完成291万m^3，占计划量的95%；计划完成混凝土浇筑38万m^3，实际完成52.6万m^3，占计划量的138%；计划完成合同投资5.55亿元，实际完成6.83亿元，占计划量的123%。累计建成混凝土箱涵17.2km，完成了王庆坨连接井、子牙河倒虹吸检修闸部分混凝土工程，完成了子牙河北分流井桩基工程施工。

（刘　欣）

工 程 施 工

天津市境内1段工程共划分为7个施工标段，其中，TJ5-1标段施工单位为天津市水利工程有限公司，TJ5-2标段施工单位为天津市水利工程有限公司，TJ5-3标段施工单位为中铁十九局集团有限公司，TJ5-4标段施工单位为中国水利水电基础工程局有限公司，TJ5-5标段施工单位为天津市水利工程有限公司，TJ5-6标段施工单位为中国水利水电第八工程局有限公司，TJ5-7标段施工单位为中铁六局集团有限公司和天津振津工程集团有限公司联合体。

2009年，天津市境内1段工程各施工单位合理安排工期，层层落实质量安全责任制，顺利实现了2009年全年建设目标，全线共计投入施工人员3000人，机械设备2600台（套），建成混凝土箱涵17.2km。

（刘　欣）

工 程 监 理

天津市境内1段工程建设监理单位为天津市金帆工程建设监理有限公司和天津市泽禹工程建设监理有限公司。天津市金帆工程建设监理有限公司承担天津市境内1段工程TJ5-1标段、TJ5-2标段、TJ5-3标段、TJ5-4标段范围内建筑工程、机电设备及安装工程、金属结构设备及安装工程、安全监测设备及安装工程、附属工程等的监理工作；天津市泽禹工程建设监理有限公司承担天津境内市1段工程TJ5-5标段、TJ5-6标段、TJ5-7标段范围内建筑工程、机电设备及安装工程、金属结构设备及安装工程、安全监测设备及安装工程、附属工程等的监理工作。

（刘　欣）

质 量 安 全

截至2009年底，天津市境内1段工程共进行原材料和中间产品质量检测数量为：施工单位检测10 961组（其中监理见证检测5821组），监理平行检测1134组，建管中心检测72组，检测结果均满足相关标准和规范要求。土方填筑质量检测数量为：施工单位土方取样检测16 040个点，监理平行检测917个点，检测结果全部合格。天津市境内1段工程已评定设计单元工程1232个，合格率100%；其中1135个单元工程优良，优良率 92.1%。

该工程开工建设以来，天津市水利工程建设管理中心先后组织了 6 次安全生产检查，做到发现问题及时提出整改意见，对限期整改的问题及时进行复查。从检查结果来看，天津市境内 1 段工程全线安全生产均在受控状态。

（李永鑫）

天津市境内 2 段工程

工 程 概 况

天津市境内 2 段工程属天津干线工程尾端，位于天津市西青区中北镇中北工业园区内，起点位于西青道以南、奥森物流公司东侧，相应天津干线桩号为 XW151 + 021.365，沿园区内的春光路向南穿过阜盛道至元宝路，后折向东沿元宝路前行穿过星光路、曹庄排干，至外环河以西约 270m 处再折向北至天津干线终点，相应天津干线桩号为 XW155 + 218.236，全长 4196.871m。主要建筑物包括，2 孔一联 3.6m × 3.6m 有压输水钢筋混凝土箱涵，外环河出口闸，通气孔，曹庄排干倒虹吸，阜盛道公路涵和星光路公路涵。工程等别为一等，主体建筑物为 1 级，设计流量 $18m^3/s$，加大流量 $28m^3/s$。主要工程量为土方开挖 78.81 万 m^3、土方回填 63.75 万 m^3、混凝土 8.15 万 m^3、钢筋制作安装 0.7 万 t、金属结构总量 35t。工程概算总投资 19 437 万元。

（李永鑫）

西黑山进口闸—有压箱涵段工程

工 程 概 况

西黑山进口闸—有压箱涵段工程西起河北省保定市徐水县西黑山村西总干渠，桩号为 XW0 + 000，东至徐水县丁家庄南，桩号为 XW15 + 200，全长 15.208km。西黑山进口闸—有压箱涵段设计流量 $50m^3/s$，加大流量 $60m^3/s$。该工程以 2 孔一联 3.7m × 3.7m 和 2 孔一联 4.4m × 4.4m 钢筋混凝土箱涵为主，其中无压段长 6294.508m，有压段长 4093m。其他建筑物包括西黑山进口闸枢纽、检修闸、调节池、保水堰、通气孔、排水涵洞、倒虹吸、高速公路涵及小型河（渠）、公路交叉建筑共计 30 座。主要工程量为：土方开挖 423.56 万 m^3，土方回填 335.72 万 m^3，混凝土 38.2 万 m^3，钢筋制作安装 2.94 万 t，金属结构 368.4t。工程概算总投资 74 395.70 万元。

工程于 2009 年 12 月 8 日开工建设。

（王秀贞）

保定市境内 1 段工程

工 程 概 况

南水北调中线一期工程天津干线保定市境内 1 段工程为天津干线第二设计单元。工程位于河北省保定市徐水县、容城县、白沟白洋淀温泉城开发区和雄县境内，东西走向，相应的起止桩号为 XW15 + 200 ~ XW60 + 842，渠线全长45.68km。工程主要以3孔4.4m×4.4m现浇钢筋混凝土输水箱涵为主，共包含穿越铁路建筑物1座(京广铁路涵)、穿越公路交叉建筑物35座、河渠交叉建筑物16座、保水堰3座、分水口门3座以及检修闸、通气孔等共81座建筑物。工程等别为一等，主体建筑物为1级，设计输水流量为50m³/s，加大输水流量为60 m³/s。

（王　磊　韩　平　郝丹丹）

工　程　投　资

保定市境内1段工程静态总投资252 002.46万元。其中，工程部分静态投资230 557.71万元，征地及移民工程投资为19 841.00万元，环境保护工程投资为608.00万元，水土保持工程投资为995.75万元。

2009年是保定市境内1段工程开工建设的第一年，主要进行了施工工区的施工设施建设和部分主体工程的施工。截至2009年底，完成投资合计4248.620 2万元，占概算总投资的1.69%。其中，完成施工措施项工程投资1684.36万元，完成施工混凝土拌和系统制作安装及钢模台车制作等大型临时工程费用1645.32万元，完成独立费用918.9402万元 。其中临时工程投资主要是施工营地建设、混凝土拌和系统及钢模台车制作等。施工营地建设完成投资1684.36万元，主要是保定市境内1段工程所需的12块施工营地建设；大型临时工程费用1645.32万元，主要是混凝土拌和系统设备安装调试、首批钢模台车场内制作及部分施工机械进场费用。

（王　磊　韩　平　郝丹丹）

招　标　投　标

保定市境内1段工程划分为2个监理标段和5个施工标段。另外，为保证橡胶止水带和聚硫密封胶的质量，稳定材料价格，保障及时供应，对保定市境内1段工程所需的橡胶止水带和聚硫密封胶进行招标，橡胶止水带划分为2个采购标段，双组分聚硫密封胶为1个采购标段。

（1）监理招标。2009年7月9～10日进行开标评标工作，保定市境内1段工程第一监理标段中标单位为佛山市顺水工程建设监理有限公司，第二监理标段中标单位为河北天和监理有限公司。

（2）施工招标。施工招标范围为主体建筑工程（现浇混凝土箱涵、各类交叉建筑物、房屋建筑工程、通信及安全监测预埋管道等）；临时工程、机电设备预埋件安装（不含机电设备采购与安装）、电气设备安装工程、金属结构设备安装工程及水土保持和施工期环境保护等工程。2009年7月26～29日在石家庄市进行了开标评标。中标单位分别为中铁十七局集团公司、中国水利水电十二局有限公司、中国水利水电六局有限公司、中国水利水电十六局有限公司、河北省水工局五家施工单位。招标结束后建管中心以冀调建管计〔2009〕4号文向中线建管局报送了招标评标情况报告。

（3）材料采购招标。2009年9月10～11日进行了开标评标，保定市境内1段橡胶止水带第一、二标段中标单位为河北省黄河工程橡塑有限公司，双组分聚硫密封胶采购标中标单位为河南永丽化工有限公司。

（王　磊　韩　平　郝丹丹）

建　设　进　展

河北省南水北调工程建设管理中心受中线建管局委托，负责本工程建设管理。工程建设按照施工组织设计安排，自10月陆续开始12个生产生活营区的建设，12月底前各标段完善生产生活营区，调试混凝土拌和系统，储备钢筋和砂、石骨料，拼装钢模台车，为2010年全面混凝土浇筑创造有利条件。

（王　磊　韩　平　郝丹丹）

工 程 监 理

保定市境内1段工程的建设监理单位为佛山市顺水工程建设监理有限公司、河北天和监理有限公司。

2009年9月，现场监理部组建进场后，制订了监理规划和监理实施细则，建立健全的监理规章制度和监理人员岗位责任制，审查承包人的质量保证体系和措施，核实质量文件；依据工程建设合同文件、设计文件、技术标准，对施工的全过程进行检查、验收，对重要工程部位和关键工序进行旁站监理。通过测量工作质量控制，原材料及半成品工程质量控制，施工过程工程质量控制等重点控制确保了工程质量。

监理工作执行如下工作制度：技术文件审核、审批制度；原材料、构配件和工程设备检验制度；工程质量检验制度工程计量付款签证制度；会议制度；施工现场紧急情况报告制度；工作报告制度；工程验收制度。

（王　磊　韩　平　郝丹丹）

质 量 管 理

河北省南水北调工程建设管理中心成立了以项目主要负责人为组长的质量管理领导小组，领导小组办公室设在工程技术部。定期召开工程质量管理会议，研究分析有关质量管理方面的问题，及时下达各项有关质量方面的指令。

建立健全了质量管理体系，工程质量管理实行项目发包人负责，监理单位控制，设计、施工及其他参建方保证，政府监督相结合的质量保证体系。各参建单位应建立起内部的质量保证体系，完善组织机构，实行质量奖罚制度。

（王　磊　韩　平　郝丹丹）

安 全 生 产

2009年8月施工单位中标以来，各参建单位把安全工作始终放在首位，坚持“安全第一，预防为主”的方针，把安全生产当作头等大事来抓，狠抓安全生产和文明施工，确立了南水北调天津干线保定市境内1段安全生产总体目标“杜绝群死群伤的重特大事故，避免较大事故发生，减少一般事故发生，确保事故死亡率‘零’目标”。建立了一整套长期有效的安全运行机制，为安全施工管理打下了坚实基础。

建立健全管理体系，坚持管生产必须管安全的原则，健全岗位责任制，从组织上、制度上、防范措施上保证施工安全生产，做到规范施工，安全操作。建立健全安全检查制度和安全教育制度。制定安全生产保证措施以及防洪度汛预案。

（王　磊　韩　平　郝丹丹）

保定市境内2段工程

工 程 概 况

保定市境内2段工程位于河北省保定市境内，沿线经过河北省雄县、高碑店市，起止桩号为（XW60+842）～（XW75+927），全长15.085km。根据天津干线分段工程规模，保定市境内2段设计流量50m³/s，加大流量60m³/s。该工程以有压箱涵为主，采用3孔一联4.4m×4.4m现浇普通钢筋混凝土结构。除有压箱涵外，共有各类建筑物26座。其中，河渠交叉建筑物4座，公路交叉建筑物14座，通气孔7座，分水口1座。有压箱涵段总长13.807km，倒虹吸段总长

0.438km，公路涵段总长 0.720km，通气孔段总长 0.105km，分水口段总长 0.015km。主要工程量为：土方开挖 434.48 万 m^3，土方回填 308.87 万 m^3，混凝土 47.43 万 m^3，钢筋制作安装 3.79 万 t。工程概算总投资 81 331万元。

工程于 2009 年 12 月 8 日开工建设。

（王秀贞）

廊坊市境内段工程

工 程 概 况

廊坊市境内段工程位于河北省廊坊市境内，沿线经过廊坊市固安县、霸州市、永清县和安次区，线路全长 55.434km，起止桩号为（XW75 + 927） ~ （XW131 + 360）。起点设计流量 50m^3/s，加大流量 60m^3/s；终点设计流量 45m^3/s，加大流量 55m^3/s。该工程以有压箱涵为主，采用 3 孔一联 4.4m × 4.4m 钢筋混凝土箱涵。本工程段包括检修闸、保水堰、通气孔、分水口门、倒虹吸、铁路交叉建筑物及公路交叉建筑物等，共计 93 座。主要工程量为，土方开挖 1022.93 万 m^3，土方回填 728.03 万 m^3，混凝土 111.94 万 m^3，钢筋制作安装 9.26t，金属结构 200.4t，机电设备 139 台套。工程概算总投资为 331 760.14 万元。

廊坊市境内段工程共分五个标段，其中第一～三标段为直管项目，第四、五标段为代建项目。各标段情况简述如下：

TJ4-1 标：桩号为（XW75 + 927） ~ （XW88 + 232.720），全长约 12.31km。该段为现浇混凝土有压输水箱涵，其他主要建筑物包括保水堰 1 座、郑村排干倒虹吸 1 座、小型公路涵 4 座、通气孔 5 座、分水口门 2 座、小型倒虹吸 6 座、检修闸 1 座、京九铁路穿越。

TJ4-2 标：桩号为（XW88 + 232.720） ~ （XW99 + 897），全长约 11.67km。该段为现浇混凝土有压输水箱涵，其他主要建筑物包括京开公路涵、保水堰 1 座、牤牛河倒虹吸 1 座、小型公路涵 5 座、通气孔 4 座、小型倒虹吸 4 座、津霸铁路穿越。

TJ4-3 标：桩号为（XW99 + 897） ~ （XW111 + 600），全长约 11.70km。该段为现浇混凝土有压输水箱涵，其他主要建筑物包括通气孔 5 座、分水口门 1 座、小型倒虹吸 5 座、小型公路涵 4 座、保水堰 1 座、王泊排干倒虹吸 1 座。

TJ4-4 标：桩号为（XW111 + 600） ~ （XW122 + 212），全长约 10.61km。该段为现浇混凝土有压输水箱涵，其他主要建筑物包括通气孔 6 座、小型公路涵 6 座、分水口、小型倒虹吸 1 座、廊大公路涵、保水堰、分水口 1 座。

TJ4-5 标：桩号为（XW122 + 212） ~ （XW131 + 360），全长约 9.15km。该段为现浇混凝土有压输水箱涵，其他主要建筑物包括小型公路涵 8 座、通气孔 4 座、津同公路涵、小型倒虹吸 1 座、津保高速公路穿越。

工程于 2009 年 7 月 29 日开工建设。

（巫常林）

汉江兴隆水利枢纽工程

工 程 概 况

汉江兴隆水利枢纽工程是南水北调中线工程汉江中下游治理工程之一，也是汉江中下游水资源综合开发利用的一项重要工程，位于汉江下游湖北省潜江、天门市境内，上距丹江口枢纽 378.3km，下距河口 273.7km。

兴隆水利枢纽工程正常蓄水位36.2m（黄海高程，下同），相应库容2.73亿m^3，设计、校核洪水位41.75m（相当于防洪高水位），总库容（校核洪水位以下库容）4.85亿m^3，灌溉面积327.6万亩，库区回水长度76.4km，规划航道等级为Ⅲ级，电站装机容量为40万kW。兴隆水利枢纽工程作为汉江干流规划的最下一个梯级，其主要任务是枯水期壅高库区水位，改善库区沿岸灌溉和河道航运条件。

兴隆水利枢纽工程主要由泄水建筑物、通航建筑物、电站厂房、鱼道和两岸连接交通桥组成。泄水建筑物最大泄量19 400m^3/s，坝轴线总长2835m。泄水建筑物采用56孔开敞式平底闸，泄水闸前缘总长度952m，设计单宽流量18.5m^3/s，闸底板高程29.5m，闸顶高程44.7m，闸高17.7m，孔口净宽14m，闸门采用弧形门，尺寸为14m×8.2m；通航建筑物为单线一级船闸，按三级航道标准配套设计，闸室有效尺寸180m×23m×3.5m（长×宽×槛上水深）；电站厂房为河床径流式，水电站装机4台，额定水头4.18m，额定流量289m^3/s，总容量4万kW，保证出力8700kW，年发电量2.25亿kW·h；两岸滩地交通桥，按与三级公路配套设计，桥面宽8m，交通桥采用预应力混凝土简支梁桥；鱼道采用单侧竖导式，设置在电站厂房右侧滩地上，进口位于电站厂房尾水渠右侧，鱼道轴线与坝轴线垂直，共设95个过鱼池，单个过鱼池长3.2m，间隔设置休息池，直线段上端设挡水闸门，距闸首30m处设观测室。

兴隆水利枢纽工程库区和坝区合计永久征地5827亩，其中耕地4518亩；淹没和占压滩地18 326亩；临时占地10 673亩；移民306户1240人，拆迁房屋4.10万m^2。

工程土石方开挖总量2162.21万m^3。其中主体工程开挖813.07万m^3，明渠开挖1150万m^3，围堰开挖工程量15.58万m^3，围堰拆除工程量183.56万m^3；土石方填筑总量667.49万m^3，其中主体工程填筑441.52万m^3，围堰填筑工程量221.78万m^3，导流明渠填筑工程量4.19万m^3；混凝土浇筑67.61万m^3，金属结构安装12 147t。

工程静态总投资30.49亿元（2008年三季度价格水平），设计总工期4.5年。

（马荣辉）

工 程 投 资

兴隆水利枢纽工程作为南水北调中线补偿性质的项目，由中央全额投资。2009年国家共下达兴隆枢纽建设投资5亿元，2009年实际完成6.5亿元，超额完成国家下达的投资计划。根据国家批复的初步设计报告和概算，加强合同和设计变更管理，严格控制工程投资，2009年度已完成的施工项目投资均控制在国家批复的概算和招标确定的合同金额内。

（马荣辉）

招 标 投 标

2009年，兴隆水利枢纽工程完成了建设监理两个标段，移民监理一个标段，第一批施工项目四个标段，水情自动测报系统及施工情水情预报，灯泡贯流式水轮发电机组及其附属设备采购，第二批施工项目三个标段招标工作，招标投标情况见表1。

表1　　2009年兴隆水利枢纽工程招标投标情况

序号	标段名称		合同编号	招标公告日期	招标文件发售时间	开标时间	评标结果公示日期	中标单位	中标金额
1	主体工程	1 泄洪闸工程标	HBNSBD-XL01-2009-04	2009年12月22日	2009年12月28日~2010年1月4日	2010年1月26日	2010年2月3~9日	中国水利水电第五工程有限公司、中国水电基础局有限公司联合体	32 803.158 8
2		2 电站工程标	HBNSBD-XL01-2009-05	2009年12月22日	2009年12月28日~2010年1月4日	2010年1月26日	2010年2月3~9日	中国水利水电第十一工程局有限公司、中国水电基础局有限公司联合体	22 996.219 6
3		3 船闸工程标	HBNSBD-XL01-2009-06	2009年12月22日	2009年12月28日~2010年1月4日	2010年1月26日	2010年2月3~9日	中国水利水电第六工程局有限公司、河南省岩土工程有限公司联合体	20 303.453 6
4		4 水情自动测报系统	HBNSBD-XL06-2009-02	2009年5月15日	2009年5月20~26日	2009年6月10日	2009年6月12~18日	湖北省水文水资源局	351.386 8
5		5 交通桥工程标	HBNSBD-XL01-2008-04	2008年12月12日	2008年12月15~21日	2009年1月5日	2009年1月9~15日	湖北长江路桥股份有限公司	5088.00
6	机电设备采购	1 水轮发电机组及附属设备标	HBNSBD-XL02-2009-01	2009年5月15日	2009年5月20~26日	2009年6月22日	2009年6月26日~7月2日	天津市天发重型水电设备制造有限公司	14 886
7	导流工程	1 导流明渠工程标	HBNSBD-XL01-2008-01	2008年12月12日	2008年12月15~21日	2009年1月05日	2009年1月9~15日	湖北水总水利水电建设股份有限公司	16 359.32
8		2 围堰防渗墙工程Ⅰ标	HBNSBD-XL01-2008-02	2008年12月12日	2008年12月15~21日	2009年1月5日	2009年1月9~15日	中国水电基础局有限公司	14 790.01
9		3 围堰防渗墙工程Ⅱ标	HBNSBD-XL01-2008-03	2008年12月12日	2008年12月15~21日	2009年1月5日	2009年1月9~15日	葛洲坝集团基础工程有限公司	11 130.57

续表

序号	标段名称		合同编号	招标公告日期	招标文件发售时间	开标时间	评标结果公示日期	中标单位	中标金额
10	导流工程	4 围堰填筑工程标	HBNSBD-XL01-2009-02	2009 年 8 月 6 日	2009 年 8 月 12 ~18 日	2009 年 9 月 10 日	2009 年 9 月 18 ~24 日	中国葛洲坝集团股份有限公司	9749.37
11	临时工程	1 供电系统标	HBNSBD-XL01-2009-03	2009 年 8 月 6 日	2009 年 8 月 12 ~ 18 日、2009 年 9 月 22 ~28 日	2009 年 10 月 14 日	2009 年 10 月 27 日 ~ 11 月 1 日	湖北荆力工程总承包有限责任公司	1393.87
12		2 砂石料系统标	HBNSBD-XL06-2009-01	2009 年 8 月 6 日	2009 年 8 月 12 ~18 日	2009 年 9 月 10	2009 年 9 月 18 ~24 日	湖北大禹水利水电建设有限责任公司	8712.376 4
13	工程保险	1 工程保险Ⅰ标	HBNSBD-XL06-2009-07	2009 年 11 月 25 日	2009 年 12 月 1 ~7 日	2009 年 12 月 23 日	2009 年 12 月 31 日 ~ 2010 年 1 月 7 日	中国人民财产保险股份有限公司湖北分公司	684.864
14		2 工程保险Ⅱ标							
15	监理	1 监理 1 标（主体工程监理标）	HBNSBD-XL06-2008-01	2008 年 11 月 26 日	2008 年 12 月 2 ~ 8 日	2008 年 12 月 22 日	2008 年 12 月 23 ~29 日	中国水利水电建设工程咨询西北公司	2586.84
16		2 监理 2 标（交通桥工程监理标）	HBNSBD-XL06-2008-02	2008 年 11 月 26 日	2008 年 12 月 2 ~ 8 日、2008 年 12 月 16 ~22 日	两次招标投标不足后指定		深圳市东鹏工程建设监理有限公司	108.68
17		3 移民监理监测	HBNSBD-XL06-2008-03	2008 年 12 月 12 日	2008 年 12 月 16 ~22 日	2009 年 1 月 7 日	2009 年 1 月 8 ~15 日	湖北腾升工程管理有限公司	299

（马荣辉）

建设管理

兴隆枢纽工程建设管理处（简称兴隆建管处）作为湖北省南水北调工程建设管理局的直属单位，负责工程的建设管理工作。

在兴隆枢纽开工的项目中，各标段均能够按合同约定投入各项资源。在周例会上，通过对实际进度和计划进度的偏差分析，制订下周的赶工计划。在工程建设过程中，因拆迁问题导致的停工事件多次发生，导致工程进度曾一度滞后。各承建单位通过加大投入、优化方案等措施，确保大江截流不推迟，完工日期不推迟。导流明渠标段、交通桥标段进度曾一度滞后，兴隆建管处及时召开了多次督办会，要求承建单位增大资源投入，调整施工部位设备配置，同时督促监理单位也实施工点法管理，有效地加快了施工进度。对新开工的项目，兴隆建管处督促监理单位及时发出开工通知并督促承建单位按合同要求进驻现场开展工作，确保节点工期和合同工期的实现。通过强化进度管理，确保实现兴隆枢纽年度建设目标的完成，保证年底前汉江截流目标的顺利实现。

兴隆建管处将文明施工、环境保护、水土保持管理纳入月综合管理优胜单位评比内容，强调文明施工与环境保护的重要性。工程在实施过程中，对当地的水系、道路均有不同的改变，兴隆建管处会同监理单位、承建单位多次到现场进行考察，对施工区的排水、道路作出部署。各承建单位均能将弃渣及时运至指定渣场，临建场地使用完毕后，能够按合同要求恢复原貌。对于道路扬尘控制方面，承建单位采用洒水车洒水的办法降尘。

通过建立健全完整的、具有针对性和可操作性的质量控制与管理体系，确保了兴隆枢纽工程施工质量处于受控状态。第一批开工项目导流明渠、围堰防渗墙共10个分部工程571个单元工程，全部验收合格。其中，优良单元工程503个，优良率达到88.1%，10个分部工程全被评为优良等级。左岸交通桥3个分部工程394个子分项工程，也全部合格。

加强安全生产管理工作，创建安全标准化工地，至今未发生一起重特大安全责任事故，实现了零死亡、零重伤的目标。

（马荣辉）

工程进展

2009年2月，国务院南水北调办批复兴隆枢纽初步设计报告及初步设计概算，2月13日，国务院南水北调办批复兴隆枢纽开工报告，2月26日，湖北省人民政府在工程现场举行开工典礼。

兴隆水利枢纽自2009年2月26日开工以来，截至2009年底，累计完成投资6.5亿元，超额完成国家2009年下达的投资计划。工程左岸防渗墙施工已经全部完成；导流明渠已全线贯通并通过验收；左岸交通桥工程已完成并通车；围堰填筑工程正在高强度地进行施工。对第一批开工的4个标段中已完成的13个分部工程进行了验收，其中10个分部工程被评定为优良。全年施工无责任事故、无人员伤亡。12月26日，兴隆水利枢纽工程顺利实现大江截流，这标志着工程建设已取得阶段性成果。

（马荣辉）

征地移民

河北省征地移民工作

2009年，按照国务院南水北调办工作部署，河北省紧紧围绕省政府确定的工作目标，深入贯彻落实科学发展观，从服务工程、加快境内天津干线和邯石段工程建设出发，突出重点，扎实推进，全面推进了南水北调征迁安置工作进程。

（一）总体进展

1. 京石段工作进度

2009年，京石段征迁安置工作进入扫尾阶段。河北省南水北调办通过加强督导检查和协调调度，加快个别桥梁引道、运行道路、水保工程等零星永久征地进度，加大临时用地存在问题的解决力度，深入现场逐块察勘，研究确定解决方案，督促施工单位落实整改措施，并组织力量加快复垦退还步伐，妥善解决有关征迁遗留问题。2009年内完成后续零散永久征地329亩，完成临时用地复垦退还1.47万亩。自2008年9月18日开始向北京供水至2009年7月25日，完成了供水4.35亿m^3的输水任务。

截至2009年底，京石段永久占地和临时用地征地任务已全部完成，累计完成永久征地5.05万亩（不包括连接路及水保措施征地），临时用地4万亩；完成各类房屋拆迁20.3万m^2，生产、生活安置人口4.4万人；各类专项设施迁建全部完成，完成临时用地复垦2.86万亩，累计退还临时用地3.92万亩。

2. 天津干线河北段和邯石段工作进展

为扩大内需促进经济增长，加快河北省境内南水北调工程建设，河北省在认真做好京石段扫尾工作的同时，地方各级南水北调办按照河北省委省政府工作部署和副省长张和几次调研指示精神，紧紧依靠地方各级党委政府的强力推动和各部门的通力协作，不断加大力度，强化协调调度，千方百计加快天津干线河北段和邯石段征迁安置工作进度，积极为工程早日开工建设创造有利条件。

截至2009年底，天津干线河北段征地任务已完成三分之二，房屋、树木等地上附着物补偿兑付工作也相继展开，累计完成补偿资金兑付10 025.3万元，提供永久征地354亩，临时用地2.31万亩，完成房屋补偿7234m^2，树木补偿70.8万棵，坟墓补偿4119座，各施工标段已陆续进场开展营区建设。邯石段征迁安置补偿兑付准备工作也在加紧进行，2009年年底前河北省南水北调工程建设委员会已批复石家庄、邢台、邯郸3市征迁安置实施方案，各市正在编审补偿兑付方案，完善各项实施准备工作。石家庄市区段已先行启动，完成先行用地组卷上报和948.7亩永久征地补偿兑付，完成资金兑付7576万元。

（二）实施方案编审情况

为做好天津干线和邯石段征迁安置组织实施工作，规范实施管理，河北省南水北调办制定了《南水北调中线干线河北省境内工程征迁安置实施方案编制大纲》，明确了“以县为单元，据实核定任务，落实安置方案，分市控制投资，省市综合平衡，确保不超概算”的编制原则，并于2009年7月3日印发执行。随后，河北省南水北调办在组织市县完成实物指标复核和勘测定界工作的基础上，组织设计单位和保定、廊坊、石家庄、邢台、邯郸市及沿线各县（市、区），开展天津干线和邯石段征迁安置实施方案编制工作。经逐级审查并征求有关部门意见，河北省南水北调工程建设委员会先后对5市征迁安置实施方案进行了审批。有关征迁安置实施方案批复情况如下：

2009年11月26日，河北省南水北调工程建设委员会下达了《关于南水北调中线一期工程天津干线保定市段征迁安置实施方案的批复》（冀调委字［2009］1号）。

2009年12月10日，河北省南水北调工程建设委员会下达了《关于南水北调中线一期工程天津干线廊坊市段征迁安置实施方案的批复》（冀调委字［2009］2号）。

2009年12月19日，河北省南水北调工程建设委员会下达了《关于南水北调中线一期工程总干渠邢台市段征迁安置实施方案的批复》（冀调委字［2009］3号）。

2009年12月31日，河北省南水北调工程建设委员会下达了《关于南水北调中线一期工程总干渠邯郸市段征迁安置实施方案的批复》（冀调委字［2009］4号）。

2009年12月31日，河北省南水北调工程建设委员会下达了《关于南水北调中线一期工程石家庄南段总干渠征迁安置实施方案的批复》（冀调委字［2009］5号）。

（贾志忠）

河南省征地移民工作

（一）概述

根据国务院南水北调办和中线建管局的年度总体工作安排，2009年，南水北调中线工程河南省境内征地移民工作有两大重点任务：一是完成丹江口库区试点移民1.08万人的搬迁工作，启动第一批移民6.49万人的新村建设工作；二是继续做好干线征地拆迁工作，保障黄河以北干线工程连线建设和黄河以南干线建设陆续展开。经过河南省人民政府移民工作领导小组办公室（简称河南省政府移民办）和各级移民征迁机构的共同努力，到2009年底，主要完成了四项工作：一是圆满完成了丹江口库区试点移民搬迁安置任务；二是完成了南水北调中线干线黄河北—羑河北段、穿漳河段、郑州2段和陶岔渠首工程征迁任务；三是继续做好已开工渠段的征迁扫尾工作和施工环境维护工作；四是成立了河南省南水北调丹江口库区移民安置指挥部（简称河南省移民安置指挥部），实行了省直单位分包移民迁安县（市、区）工作责任制。其中，库区试点移民顺利搬迁，干线工程焦作城区段和谐征迁，举全省之力推进库区移民迁安成为2009年移民征迁工作中的亮点。

（二）丹江口库区移民工作

根据丹江口库区移民安置初步设计规划，河南省丹江口库区农村移民共需搬迁安置16.2万人，安置区涉及郑州、新乡、许昌、平顶山、漯河和南阳6个省辖市25个县（市、区），其中淅川县内安置2.35万人，出县外迁安置13.85人。为满足库区移民要求早搬迁早安居的渴望，2009年初，河南省委、省政府提出了提前完成库区移民搬迁安置任务的设想。经过多次实地调研，2009年7月河南省政府常务会议、省委常委会议先后专题研究丹江口库区移民搬迁安置工作，提出了“四年任务、两年完成”的目标。7月24日，河南省委、省政府印发《河南省南水北调丹江口库区移民安置工作实施方案》（豫文［2009］114号），以文件形式正式确定：丹江口库区涉及河南省的农村移民161 310人（采用初设规划数据，日常工作时按照测算的16.2万移民人数部署），计划2011年底前完成搬迁安置任务，其中，试点移民10 627人，在2009年8月底前完成搬迁安置任务。库区大规模移民分两批完成，第一批移民61 459人，2009年10月启动，2010年8月完成搬迁；第二批移民89 226人，2010年5月启动，2011年4月底前完成搬迁（实施工作中，第一批移民调整为6.49万人，第二批移民为8.61万人）。到2009年8月底，试点移民全部迁出库区，顺利入住新居。10月20日，库区第一批移民新村建设工作开始启动。

1. 移民试点工作

根据国务院南水北调办的部署，涉及河南、湖北两省的丹江口库区试点移民要在2008年启动，2009年9月底完成搬迁，2009年底前完成试点总结。河南省丹江口库区试点移民涉及淅川县8个淹没乡镇10个村2537户10 627人，需要在10个安置县（市）建设12个移民安置点。2008年11月7日，河南省委、省政府在郑州召开南水北调丹江口库区移民安置动员大会，对库区移民安置工作进行动员部署，试点移民工作正式启动。到2008年底，10个安置县（市）中，郑州市、唐河县、社旗县、宝丰县、许昌县、临颍县、原阳县的9个安置点，试点移民村干部、群众代表组成的移民迁安组织和安置地乡镇政府签订了移民安置点确认书，完成了移民安置对接任务，并委托安置地县级移民机构或乡镇政府组织开展了新址征地和“三通一平”（通水、通电、土地平整）工作，为移民新村住房建设创造条件（郑州市荥阳市2个安置点、南阳市新野县1个安置点的移民群众，因对安置地调整的土地质量持有不同意见，分别于2009年1月和3月完成安置对接任务）。在尊重移民意愿的前提下，2009年2月20日，由各试点村移民迁安组织具体负责，通过招投标程序，选择施工队伍，进场开始移民房屋建设；7月20日，试点移民房屋基本建成，具备搬迁条件；经过河南省政府移民办对各试点移民新村搬迁条件检查验收后，8月16日，河南省委、省政府在许昌县姬家营移民新村举行了试点移民搬迁启动仪式，试点移民搬迁拉开序幕。8月20～31日，试点移民集中搬迁工作结束。9月1～3日对因各种原因暂时滞留库区的17户71人进行了搬迁。

搬迁期间，迁安双方累计协调组织搬迁车辆2500余辆，组织工作人员3600多人，警力700余人，医护人员近400人，实际搬迁安置2606户10 822人（具体移民人口尚待核定），其中，集中外迁安置2572户10 694人，投亲靠友34户128人。

（1）移民房屋建设。全省12个安置点，规划新村占地1345亩，建房2663户。移民新村占地标准是每人85m^2（含5m^{2}坑塘用地），每户宅基地167 m^2。绝大多数的建房形式，是由移民户在出具委托书委托移民迁安组织，移民迁安组织统一招标，统一组织建设。极少部分移民户采取了联户建设或自建。根据建房合同和各地建材价格，房屋造价最高每平方米550元（含膨胀土处理），最低每平方米450元。截至2009年8月31日，全省10个试点移民村12个安置点，累计完成移民建房2536套，面积35.34万m^2，其中一层1583套、二层953套，人均住房面积33m^2。

（2）基础设施建设。移民新村对外连接路、供水、供电、街道、排水、通信、有线电视等基础设施建设，由县级移民机构或乡镇政府负责组织实施。截至2009年8月31日，试点移民新村基础设施累计完成对外连接路34.11km，主支供水管道53.16km，主支街道42.77km，380V线路18.12km，220V线路85.86km，主支排水管道58.97km，通信电缆50.67km，有线电视电缆91.38km，沼气池976户。

（3）公益设施建设。移民新村公益设施项目主要包括学校、村部、卫生室、超市、文化大院等，建设资金除本村淹没补偿和规划投资外，资金缺口大部分通过政府有关部门帮扶解决。截至2009年8月31日，12个安置点共建学校（幼儿园）10所，面积6161.06 m^2；村部11所，面积4119.17 m^2；卫生室11个，面积953.32 m^2；超市8个，面积770.36 m^2；文化大院（广场）10所，面积6915.86 m^2。具有经营性质的卫生室、超市多数是移民个人建设，个人经营。

（4）生产用地划拨。12个安置点规划划拨生产用地13 156亩，实际完成12 924.2亩，其中水田1249.6亩，水浇地5835.2亩，旱地5839.4亩。完成土地整治3627.23亩，水利设施配套2393.03亩。人均水浇地1.05亩或旱地1.4亩。

（5）后续帮扶工作。在试点移民入驻新居当天，安置地县乡政府、移民机构和有关部门为每户移民发放了粮油、蔬菜、炊具、被褥等生活用品，帮助移民解决入驻新居时遇到的困难。试点移民搬迁安置后，安置区组织工作组进驻移民新村，及时了解掌握试点移民思想状况和生产生活情况，帮助移民尽快恢复正常的生产生活；对部分移民反映的房屋质量问题，各地逐户排查，逐户制定方案，全面进行修缮；对移民就医就学作了比较详细周到的安排，军烈属、五保户、鳏寡孤独、老弱病残等弱势群体进行了妥善安置；及时举办各类技术培训班，使移民熟悉生产方式，掌握生产技能，积极组织移民劳务输出，提高移民收入。河南省南水北调丹江口库区移民安置指挥部安排省文艺团体到移民村巡回慰问演出，活跃移民文化生活。入冬以后，各地积极开展了“关爱移民送温暖”活动，送米送面送菜、送去棉衣棉被和取暖设备，保障“移民搬得出、稳得住”，促进尽快融入当地社会，纳入日常管理。经过各级各部门9个多月的共同努力，河南省南水北调丹江口库区试点移民工作，实现了“不漏、不伤、不亡一人”、“顺利搬迁、平安搬迁、和谐搬迁”的工作目标。通过试点移民，发现了问题，完善了措施，锻炼了队伍，积累了经验，为丹江口库区大规模移民迁安工作的顺利进行奠定了扎实的基础。

（6）控制性基础设施项目建设。库区移民试点涉及的控制性项目包括淅川县境内的省道S335线复建和小三峡大桥建设。省道S335线是淅川县马蹬至上集段二级公路，路线全长25.931km，其中新建公路路线长22.321km，复建计划内老路利用改建长2.46km，计划外老路接线改建长1.15km，投资概算14 550.25万元，由淅川县统筹安排，包干实施。通过竣工决算，一期工程实际费用1.13亿元，二期工程初步概算金额为2190万元。项目共划分为12个施工合同段，按照合理低价法确定了工程施工单位。其中路基工程7个施工标段，路面工程3个施工标段，桥梁工程2个施工标段，中标单位共7个。监理单位为黄河工程咨询监理有限公司。截至2009年底，已完成了一期工程施工，共开挖土石方87.5万m^3，填方67.8万m^3，中桥7座，小桥15座，涵洞61道，完成工程投资11 792.786万元。小三峡大桥位于淅川县八仙洞风景区，横跨丹江口库区丹江湖上游的小三峡。大桥桥梁全长332m，两岸接线长约2km，大桥设计桥型为85m+150m+85m三跨预应力混凝土连续钢构桥，采用三级公路标准，双向两车道，行车道宽9m，桥梁全宽11m。桥跨中心桥面高程为182.89m，两桥头接线高程为182.11m。施工招标由淅川县南水北调中线工程建设管理局委托武汉扬子江工程咨询有限公司代理，于2008年9月完成了招投标工作。施工中标单位是黄河建工集团有限公司，中标金额为3660.26万元。监理单位为河北翼民工程咨询有限公司。工程于2009年3月开工建设，2009年底已完成两端连接线路基工程，桥梁工程已完成土石方12 600 m^3，混凝土浇筑3110 m^3，完成工程投资1060万元。

（7）监测评估。2008年10月28日，河南省政府移民办和中线水源公司发布联合发布招标公告，决定对南水北调中线一期工程河南省丹江口水库移民安置试点监督评估项目实行公开招标，根据专家评标结果并报请国务院南水北调办公示无异议后，确定江河水利水电咨询中心为中标单位，河南省政府移民办、中线水源公司与江河水利水电咨询中心签订了“南水北调中线一期工程河南省丹江口水库移民安置试点监督评估合同文件”。根据监督评估工作需要，江河水利水电咨询中心组建了江河水利水电咨询中心丹江口水库河南省移民安置试点监督评估项目部，项目部实行监督评估工作负责人全权负责制。监督评估项目部总部设在北京，下设1个河南项目部，办公地点设在郑州市。根据监督评估工作的要求，开展经常性的监督评估工作和阶段性的监测评估工作。经常性监督评估工作设3个监督评估工作站，分别为南阳工作站、平顶山工作站、郑州工作站，通过巡视、督查、座谈、协调、核查、反馈等方法，开展了试点移民监测评估工作。12个移民安置点的住房建设和基础设施、公益设施建设由公开招标确定的监理公司进行质量监理。监测评估单位认为，河南省试点移民新村建设基本按照批准的移民规划及省委、省政府、省政府移民办有关文件开展新村征地和生产用地划拨、“三通一平”、宅基地分配、房型确认、居民点内水、电、路建设，新村建设施工单位招标和议标符合程序。由移民迁安组织或移民与施工单位签订建房合同，按房屋设计图纸进行施工。所有安置试点新村建设均聘请工程监理、质检人员进驻现场，实施建房质量安全监管。安置点建设总体质量较好，未发生重大质量和安全责任事故。移民资金管理遵循责权统一，计划管理、专款专用、包干使用的原则。实行省、市、县（市）三级主管部门负责管理和核算，县（市）为基础会计核算单位，乡（镇）、村为报账单位的管理制度。在征地移民实施过程中，确需使用预备费的，由县级移民主管部门初审并上报，按照管理权限审批或报批。对实施中出现的漏项等问题，省政府移民办及时召集监督评估单位、长江勘测规划涉及有限责任公司及相关单位协调解决，形成相关纪要、文件。在移民试点过程中，省政府移民办坚持按资金管理有关规定进行监督管理，按批复计划和实施进度拨款，市、县（市）移民局（办）按进度逐级分解下达。

2. 库区大规模移民安置工作

（1）前期准备工作。2009 年 5 月 6 日，河南省委、省政府在郑州市召开南水北调丹江口库区移民安置方案优化整合暨实施规划编制工作动员会议，要求各市县选择水土资源条件较好、区位较优、经济社会相对发达、交通比较便利的地方安置移民，要在初步设计的基础上进一步优化整合安置方案，为库区大规模移民 15.1 万人的安置工作打下扎实基础。原则上以村为单位整建制安置，每个点安置移民原则上不低于 500 人，有条件的地方要整合达到1000 人或2000 人以上。各地对移民安置区进行全面踏勘，逐村逐点进行优化整合。移民安置点由初步设计设规划的 548 个整合到 206 个（不含 12 个试点移民安置点），点均安置规模由 249 人增加到 783 人。7 月 4 日，河南省政府移民办会同淅川县县委、县政府在淅川县召开南水北调丹江口库区移民安置实施规划培训会议。会后，省、市、县移民机构有关人员会同长江勘测规划设计研究有限责任公司和黄河勘测规划设计有限公司的设计人员进驻淅川县库区 10 个乡镇，全面开展库区移民外业规划设计工作。7 月 29 日，河南省委、省政府在淅川县召开河南省南水北调丹江口库区移民安置动员大会，动员部署库区大规模移民工作，要求各级各部门举全省之力确保库区移民“四年任务、两年完成”。到 2009 年 10 月，丹江口库区大规模移民安置理论对接和第一批移民安置具体对接任务圆满完成，第一批移民新村征地和“三通一平”实施规划要点编制工作进入尾声。大部分移民村推选出了移民代表，成立了移民迁安组织，开始细化新村建设方案，选定移民建房户型，探讨施工组织方式。第一批移民安置实施工作条件已经成熟。

（2）第一批移民新村建设工作。2009 年 10 月 18 日，河南省南水北调丹江口库区移民安置指挥部（以下称省移民安置指挥部）印发《河南省南水北调丹江口库区第一批移民安置工作实施意见》（豫移指〔2009〕51 号），明确第一批移民涉及淅川县库区 10 个乡镇 57 个移民村 64 901 人，规划安置点 67 个（不含淅川县内后靠安置点），其中，淅川县 2 个，出县外迁 65 个。工作安排是 10 月 31 日前各移民村迁安组织进驻安置点开展工作，11 月 30 日前完成新村三通一平任务，满足移民住房建设的道路、用水、用电需求，到 2010 年 1 月 31 日前完成移民房屋基础建设，7 月 20 日前具备入住条件。2009 年 10 月 20 日，省移民安置指挥部（以下称省移民安置指挥部）在郑州召开会议，动员部署丹江口库区第一批移民安置实施工作，库区第一批大规模移民新址征地、“三通一平”工作正式开始。11 月 14 日，省移民安置指挥部在南阳市召开南水北调丹江口库区第一批移民新村征地暨“三通一平”工作现场会，要求各地学习唐河、社旗等先进市县工作经验，加快实施工作进度。截至2009年底，全省丹江口库区第一批63个近迁外迁安置点，新村建设招投标工作全部结束，“三通一平”工程全部完成。计划建房14 495户，房屋基础全部开挖，20%的户已开始砌墙。

3. 组织协调体系建设

（1）总体要求。河南省丹江口库区移民工作的总体要求是：全面贯彻落实科学发展观，坚持以人为本，紧紧围绕南水北调中线工程建设总体部署，以实现移民“搬得出、稳得住、能发展、可致富”为目标，以加快实施规划编制为突破口，以新村建设为主线，以调整土地为重点，加强组织领导，全面安排部署，大力宣传发动，凝聚各方力量，整合各类资源，实行分级负责，加速推进移民安置工作，努力实现和谐移民。移民迁安工作实行“党委统一领导、党政齐抓共管，政府分级负责、县乡政府为主体，项目法人参与”的管理体制。移民安置要坚持“四为主”、落实“三结合”。即，农村移民安置以迁安两地县乡政府为主，集镇迁建以所在地乡（镇）政府为主，企业迁建以企业法人或其主管部门为主，专业项目复建以行业主管部门为主；移民迁安工作与社会主义新农村建设相结合，与农村经济社会发展相结合，与促进农村和谐稳定相结合。移民迁安工作纳入市县乡各级政府目标管理，移民任务不能按期完成的，实行一票否决。

（2）组织协调机构。2009年7月，河南省委、省政府成立了高规格的河南省南水北调丹江口库区移民安置指挥部，由河南省委副书记陈全国和省政府主管副省长刘满仓分别任指挥部政委和指挥长，省人大常委会副主任铁代生、省政协副主席靳绥东任副政委，省长助理何东成，省纪委副书记及省监察厅厅长王流章、省委组织部副部长宗义、省委宣传部副部长权红军、省委政法委副书记卢永礼、省委农村工作办公室常务副主任余学友、省民政厅厅长王云、省水利厅厅长王仕尧、省南水北调办及省政府移民办主任王树山、南阳市委书记黄兴维10人任副指挥长，省直34个厅、局、委、办的1名副职和6个省辖市的市长、副书记、主管副市长等52人担任成员。指挥部下设办公室，作为指挥部的日常办事机构，负责移民迁安工作的组织、协调、指导、监督检查和服务。王树山兼任办公室主任。办公室内设综合组、协调组、建设组、督查组、宣传组、稳定组6个工作组。各组工作由办公室统一协调，从省直有关单位抽调34名人员，与原有工作脱钩，在省政府移民办集中统一办公。6个省辖市25个县（市、区）党委、政府将丹江口库区移民工作作为一项政治任务摆上重要议事日程，相继成立相应的移民安置指挥部，党政主要领导分任指挥部政委和指挥长，同时明确一名副书记或常委专职抓、政府主管领导具体抓移民工作。迁安双方按照职责分工，积极主动、通力协作，形成一个相互支持、密切配合的工作机制。移民迁安任务较重的乡（镇）互派干部到对方任职（或设联络员），加强协调沟通，确保了移民迁安的顺利进行。

（3）派驻移民工作组制度。在丹江口库区大规模移民工作开始后，河南省实行省直部门分包责任制，每个迁安县（市、区）派驻一个工作组，一包到底，直至移民搬迁安置完成。移民工作组由省直25个部门（单位）抽调得力人员组成，1名实职副厅级干部任组长，成员5～6人，常驻25个移民迁安县（市、区），全程协调督导移民迁安工作。有关市县也从相关部门抽调人员，组成工作队进驻有迁安任务的乡村开展工作，并将移民工作完成情况作为年度考核和提拔任用干部的重要依据。2009年8月开始，河南省直单位25个移民迁安包县工作组、150多名队员进驻有关县（市、区），不讲条件，不讲待遇，深入基层，贴近群众，吃苦耐劳，以高度的政治责任感和历史使命感始终坚守在移民迁安工作第一线。“队员当代表，单位做后盾，一把手负总责”的氛围在全省已经初步形成。

(4) 基层党组织的作用。各级党委、政府充分发挥基层党组织的战斗堡垒作用和共产党员的先锋模范作用，加强对村组干部和党员的教育培训，引导广大党员干部服从大局，积极搬迁，带头搬迁。充分发挥党的领导优势、社会主义制度优势、国家政策优势和党的群众工作优势，使人民群众主动参与到南水北调工程建设当中。对于确实需要分村集中安置的移民村，提前帮助移民村组建好新的“两委”班子，再组织搬迁安置。对于软弱涣散的村级班子，着力整顿，切实增强基层组织的凝聚力和战斗力。

4. 移民新村建设管理模式

根据2006年7月国务院颁布的《大中型水利水电工程建设征地补偿和移民安置条例》规定，在丹江口库区试点移民新村建设时，河南省采取的模式是：在当地政府的协调指导下，移民村负责选择施工队伍和组织新村建设，移民住房大部分由移民户委托移民村迁安组织统一组织施工建设，少部分移民户采取了自主建造。由于多数施工队伍和自主施工技术力量较弱，移民户一再压低房屋建造单价，加上房屋基础沉降期短、冬季防冻经验不足、对于新型建材—蒸压粉煤灰砖切体工程施工技术认识不够等原因，试点移民入住后，虽然在房屋主体建构方面没有大的质量缺陷，但房顶渗水、墙体裂缝、室内地面不够平整、门窗关闭不严等具体问题较多。为此，安置区县、乡政府组织人员进村入户进行排查登记，并多方筹措资金，帮助移民群众对于存在质量问题的房屋进行及时修缮。

根据库区试点移民的经验和暴露出的不足，河南省委、省政府决定在库区大规模移民工作中采取政府主导、移民参与的移民新村建设管理体系，实行“六统一”的办法，确保移民新村建设质量和进度的整体推进，即统一规划、统一标准、统一招标、统一组织，统一建设、统一监管。各有关省辖市政府对本辖区的移民新村建设工程质量和施工安全负总责，县（市、区）政府是工程质量和施工安全第一责任人，乡镇政府和移民迁安组织对移民新村建设工程实施监督管理，建立“政府监督、中介监理、企业自控、移民参与”四位一体的管理模式。每个安置县建设行政主管部门对每个移民安置点派出不少于2名的监督人员，进驻施工现场，开展全过程监督。各监理单位项目总监和监理人员持证上岗，关键部位和隐蔽工程实施旁站监理。施工单位监理质量保障体系，严格按照规范和标准要求进行施工。移民迁安组织提前介入，全程参与监督管理。安置区县级政府负责移民新村建设工程的招投标工作，投标人必须具有施工总承包三级以上资质证书、安全许可证书、营业执照等有效证件。省移民安置指挥部还会同省建设部门向社会公开征集移民新村建设户型，经专家评选后，提供给移民自主选择，提高移民新村整体建设水平，并组织专家实地调研，针对住房建设中的多发性质量问题、工程建设质量考核、新型建材质量控制、工程建设防冻措施等提出了明确要求，制定了技术标准，对承担移民迁安任务的有关市县移民局办领导、建设局主管领导及安置点驻点工程质量监督员进行了全面系统的新村建设工程质量监管培训。

实施过程中，各地结合移民新村建设实际，构建了移民安置指挥部、施工单位、监理公司、建设主管部门、移民迁安组织“五级联动，五位一体”的工程质量监督管理体系，发现质量问题及时整改，发现名不符实的施工单位立即驱除，发现偷工减料的及时惩处。同时，省、市、县各级党委、政府和移民机构、建设管理部门领导经常明察暗访。

省移民安置指挥部根据各阶段工作安排时间节点，及时组织监督检查，发现忽视质量或主管单位不认真履职尽责的，全省通报批评，工作扎实、质量监控到位、进展迅速的给予表彰和奖励。

由于各地对移民新村质量的高度重视，河南省丹江口库区第一批移民新村建设进度和工程质量始终处于可控状态，减少了事故隐患和质量纠纷，广大移民群众普遍感到满意，各级党委、政府比较放心。

5. 配套政策制定

国家对库区移民的补偿补助资金是移民搬迁安置的基础，但要最大限度满足移民群众的意愿，仅靠国家投入还难以实现。为解决这一难题，河南省一方面坚持认真执行国家法规和政策，维护政策的统一性和严肃性，另一方面，在国家政策框架允许的范围内，2009年，河南省委、省政府有针对性地研究出台了《河南省南水北调丹江口库区移民安置工作实施方案》、省政府办公厅印发了《关于进一步推进南水北调中线工程丹江口库区移民新村建设的意见》，明确了移民新村建设、生产发展、就业创业、政策对接、精神文明建设和加大库区帮扶力度等6个方面的扶持措施，涉及36个省直部门，计划投入资金6.6亿元。各级各有关部门积极新农村建设资金、各项支农惠农资金，对移民安置进行帮扶，全力支持南水北调丹江口库区移民安置，争取一次规划、一步到位，确保把移民新村率先建设成为社会主义新农村的典范，并在移民搬迁安置后加大帮扶力度，帮助移民群众创业就业，积极发展生产，尽快恢复和提高移民生产生活水平，巩固库区移民安置成果。

（三）中线干线征地移民工作

1. 基本情况

南水北调中线总干渠在河南省境内总长度731km，建设用地面积38.52万亩，其中永久用地17.83万亩，临时占地20.69万亩，涉及南阳、平顶山、许昌、郑州、焦作、新乡、鹤壁、安阳8个省辖市的39个县区，占压房屋涉及人口3.7万人，生产安置共需搬迁约5.5万人。总体可研阶段征地拆迁总投资112.43亿元。

2005～2009年，河南省境内已开工有穿黄工程、安阳段工程、新乡潞王坟膨胀岩试验段工程、南阳膨胀土试验段工程、黄河北—羑河北段工程、穿漳河工程、郑州2段工程、沙河渡槽工程、北汝河渠道倒虹吸工程、陶岔渠首枢纽工程10个渠段，开工建设总长度295km，其中，2009年开工的项目有穿漳河工程、郑州2段工程、沙河渡槽工程、北汝河渠道倒虹吸工程、陶岔渠首枢纽工程。

2009年河南省南水北调中线工程干线征迁移民的主要任务是：完成黄河北—羑河北段、穿漳河段征地移民任务，确保黄河以北连线建设目标的实现，完成郑州2段、沙河渡槽工程、北汝河渠道倒虹吸工程、陶岔渠首枢纽工程征迁任务，确保黄河以南干线建设大幕的及时拉开。同时做好2005～2008年4年间已开工渠段的征迁移民后续工作和施工环境维护工作，确保中线工程顺利建设。

2. 干线征地移民工作进展情况

围绕2009年的征地移民目标，河南省南水北调办、省政府移民办及时协调各有关市县征迁机构和各有关专项单位，查难点，攻难关，解难题，化纠纷，特别是在征迁难度最大的焦作城区段征迁工程中，坚持以人为本，和谐征迁，刚性政策，人性化操作，圆满完成了干线征迁任务，在黄河以北打开了一条畅通无阻的施工通道。同时，顺利完成了郑州2段、沙河渡槽工程、北汝河渠道倒虹吸工程、陶岔渠首枢纽工程征地移民任务，确保了黄河以南中线工程的顺利推进。到2009年底，河南省累计完成征地110 211.5亩（包括永久用地和临时用地）；建成安置点29个，开工建设安置小区15个，搬迁安置人口31 281人。其中，2009年全年完成征地

80 362.5亩；搬迁人口 29 722 人。

（1）黄河北—羑河北段工程。2008 年 12 月 26 日开工，工程全长 193.17km。经过实际调整，该工程需建设用地 9.68 万亩，其中永久用地 3.96 万亩，临时用地 5.73 万亩；拆迁各类房屋 141 万 m^2，搬迁居民 2.90 万人；动迁企业 38 家、单位 69 家、农副业 441 家；涉及各类专项线路 1111 条（处）。截至 2009 年底，累计移交建设用地 72 731 亩（2009 年完成 68 209 亩），其中永久用地 39 639 亩（2009 年完成 39 499 亩），临时用地 33 092 亩（2009 年完成 28 710 亩）。实际搬迁人口 29 360人，搬迁事业单位 67 家，搬迁工矿企业 39 家。连接路复建完成 25 条，完成电力线路复建 301 条（处），通信及广电线路复建完成 629 条，管道复建完成 29 处，影响井处理完成 364 眼。

（2）穿漳河工程。2009 年 7 月 1 日正式开工。工程位于河南省安阳市安阳县同河北省交界处的漳河上，总长度 870m，施工占用河南省土地 1327 亩，其中永久用地 180 亩，临时用地 1147 亩。2009 年 2 月国务院南水北调办《关于南水北调中线一期干线穿漳河交叉建筑物初步设计报告的批复》（国调办［2009］6 号）对该工程初步设计进行了批复，河南省随即进行前期准备阶段，到 2009 年 4 月 30 日完成了施工营地地表附属物清理，正式移交建设单位。按照分阶段、分批向建设单位移交工程建设用地的计划安排，到 2009 年 12 月，累计移交工程用地 1002 亩，满足了工程建设需要。

（3）郑州 2 段工程。2009 年 7 月 28 日开工，全长 21.961km，涉及郑州市管城、二七、中原 3 个区 5 个乡镇（办事处）22 个行政村，建设用地 12 618.47 亩，其中永久用地 8093.5 亩，临时用地 4524.97 亩；拆迁居民房屋涉及人口 1399 人，企事业单位 35 家，专项设施 248 条（处）。2009 年 7 月国务院南水北调办《关于南水北调中线一期工程干线沙河南—黄河南郑州 2 段工程初步设计报告的批复》（国调办投计［2009］140 号）批复了该段初步设计。截至 2009 年底，累计完成土地移交 8762.3 亩。

（4）陶岔渠首枢纽工程。2009 年 9 月开始进行前期工程准备，12 月 28 日南阳市委、市政府在施工现场举行开工动员大会，12 月 30 日国务院南水北调办主任张基尧在南水北调中线干线沙河渡槽段工程开工动员大会上宣布沙河渡槽工程、北汝河渠道倒虹吸工程、陶岔渠道枢纽工程同时开工建设。陶岔渠首枢纽工程是南水北调中线工程输水干线的引水渠首，位于南阳市淅川县九重镇陶岔村，施工总工期 36 个月。工程征地拆迁涉及淅川、邓州 2 个县市，2 个乡镇、8 个村，搬迁人口 362 人；拆迁 5 家单位、6 个村组副业及部分专项设施。工程建设征地 1067.7 亩，其中永久用地 360.6 亩，临时用地 707.1 亩。2009 年 8 月国务院南水北调办《关于南水北调中线一期陶岔渠首工程初步设计报告的批复》（国调办投计［2009］165 号）批复了该段初步设计。到 2009 年底，河南省按期完成了房屋拆迁和人口搬迁任务，拆除各类房屋面积 1.5 万 m^2，移交建设用地 201.6 亩。

（5）沙河渡槽工程。2009 年 12 月 30 日开工。工程全长 11.963km，征迁处理长度 12.446km。总占地面积 5254.93 亩，其中永久占地 2494.91 亩，临时占地 2760.02 亩。影响各类线路 80 条，迁建企业 2 个，副业 10 户，拆迁房屋 2.04 万 m^2，搬迁安置 498 人，建集中居民点 3 个。2009 年底完成了临时用地手续办理，移交建设用地 1534.2 亩。

（6）北汝河渠道倒虹吸工程。2009 年 12 月 30 日开工。工程全长 1.482km，倒虹吸工程本身长 1.28km，征迁处理长度 4.19km。总占地面积 2544.46 亩，其中永久占地 1501.26 亩，临时用地 1043.2 亩。影响各类线路 20 条，拆迁房屋 2.38 万 m^2，搬迁安置 778 人，建集中居民点 1 个。2009 年底完成了临时用地手续办理，移交建设用地653.4亩。

（7）其他开工渠段。2005～2008年之间已开工建设的穿黄工程、安阳段工程、新乡潞王坟膨胀岩试验段工程、南阳膨胀土试验段工程，25 327亩（其中永久用地13 612亩、临时用地11 715亩）建设用地和1559名征迁群众搬迁安置任务已经完成。2009年主要是解决施工影响问题，做好征迁后续工作和临时用地返还工作，维护施工环境，保障穿黄工程建设顺利进行。

3. 配套工程征地移民工作情况

河南境内的南水北调中线干线配套工程供水线路总长998.8km，涉及南阳、平顶山、漯河、周口、许昌、郑州、焦作、新乡、鹤壁、濮阳、安阳11个省辖市、57个县（市、区）。规划永久征地1.29万亩，临时用地8.66万亩，涉及搬迁人口1537人。2009年主要开展了工程建设可行性研究工作，征地移民工作尚未启动。

4. 组织管理情况

（1）机构建设。为保证南水北调中线工程征地移民工作正常开展，河南省政府明确南水北调中线工程征地拆迁工作由省政府移民办公室主管，省直其他部门协助。根据工作的需要，南阳市、平顶山市、许昌市、郑州市、焦作市、新乡市、鹤壁市及安阳市都成立了相应的征地拆迁工作领导小组，成立了具体的征迁业务管理单位（南水北调办或移民局、办），并配备了相应的工作人员；同时相应的县（区）也成立了相应机构，负责协调管理本区域内的征迁工作；工程建设涉及的有关乡镇及行政村均抽调干部具体负责征迁工作。在征迁工作中设计部门、监理部门全面介入，协助地方征迁机构处理实施中遇到的问题，监督征地拆迁项目实施的进度和质量。

（2）制度建设。为加强对南水北调工程征地移民工作的监督，提高征地拆迁群众安置工作效率，2009年5月13日，河南省政府移民工作领导小组印发《河南省南水北调工程征迁安置工作督察办法》（豫移［2009］12号）。5月21日，河南省政府移民工作领导小组印发《河南省南水北调工程征迁安置工作奖励办法》的通知（豫移［2009］14号）。同时针对临时用地使用问题较多的现象，河南省政府移民办拟订了《河南省南水北调中线干线工程建设临时用地使用规定和复垦措施》、《河南省南水北调中线干线工程建设临时用地复垦管理意见》，提交省政府研究，待批准同意后下达执行。

（3）管理体制。河南省干线征地移民工作实行“省政府领导、省辖市政府包干负责、县为基础、项目法人参与的管理体制”，省人民政府与有关省辖市人民政府签订南水北调征地移民工作责任书，市人民政府与有关县级人民政府签订南水北调征地移民工作责任书，县级人民政府负责组织实施。根据管理权限的不同，城（集）镇、企事业单位、专项设施的迁建、文物古迹等，分别由省、市（县）移民主管部门与有关单位或其主管部门签订任务和投资包干协议，根据包干协议组织实施。已开工的单元工程由省政府移民办公室会同项目法人通过招标方式，共同委托有移民安置监测评估专业技术能力的单位对搬迁进度、征迁安置质量、资金的拨付和使用情况以及拆迁居民生活水平的恢复情况进行监理和监测评估（亦称监督评估），监理和监测评估单位定期或不定期向省移民办及中线局上报报告，并提出合理化建议。

5. 征地移民监理监测情况

2009年开工的五个项目，通过招投标或邀标，穿漳河工程征地拆迁安置监理监测工作由黄河勘测规划设计有限公司负责，郑州2段工程征地拆迁安置监理和监测评估单位分别由河南华兴监理公司和华北水利学院监理公司负责。陶岔渠首枢纽工程征地拆迁安置监理监测工作由河南省天地工程咨询有限公司负责。沙河渡槽工程、北汝河渠道倒虹吸工程开工较晚，其征地拆迁监理监测负责单位将于2010年初确定。

（四）移民资金管理工作

1. 基本情况

截至2009年底，河南省政府移民办累计收到国家拨付南水北调中线干线、丹江口库区和陶岔渠首枢纽三项工程征地移民资金1 022 413.47万元。累计拨出793 372.18万元。其中，2009年收到398 507.63万元，拨出544 708.78万元。

（1）陶岔渠首枢纽工程征迁资金。截至2009年底，累计收到资金3000万元，拨出2143.63万元，预付866.3万元。其中，2009年度收到3000万元，拨出2143.63万元，预付866.3万元。

（2）丹江口库区移民资金。截至2009年底，累计收到移民资金211 406万元，共拨出征地拆迁资金197 992.67万元；其中，2009年收到移民资金133 247.5万元，拨出资金160 734.92万元。

（3）干线征迁资金。截至2009年底，累计收到南水北调中线干线征地拆迁投资808 007.47万元，累计拨出征地拆迁资金592 369.58万元（含预付款100 097.2万元）；其中，2009年度收到拨款262 260.13万元，拨出380 963.93万元。

2. 资金管理工作

2009年，河南省政府移民办在资金管理方面主要做了以下工作：

（1）审计工作。河南省政府移民办委托江河会计师事务所分三个组对南水北调丹江口库区试点各市县移民资金进行审计，确保移民资金的安全合规使用；配合审计署对国务院南水北调办经济责任审计，延伸对河南省移民办和郑州、焦作、南阳市及所辖县（区）南水北调征地移民资金专项审计；配合中央扩大内需促进经济增长政策落实检查第23检查组对河南省境内南水北调中线工程干线征迁和丹江口库区移民利用新增中央投资情况进行了专项审计。

（2）移民资金制度。河南省政府移民办在《南水北调中线工程河南省征地移民资金会计核算补充规定（试行）》、《河南省在建水利工程移民资金管理办法会计核算办法（暂行）》的基础上，2009年3月印发了《河南省水利移民项目会计报表考核评比办法（试行）》的通知（豫移资［2009］7号），明确了会计报表考核评比的范围、内容和具体办法，对提高会计报表质量、加强移民资金管理将起到积极的促进作用。

（3）财务培训。河南省政府移民办4月在许昌市召开南水北调工程丹江口库区移民试点资金管理座谈会，对库区移民试点实施以来资金管理中发现的问题进行梳理，并就资金支付程序、会计核算方法等业务进行培训，现场参观了许昌县移民项目资金支付流程。12月，省政府移民办召开全省移民资金2009年度会计决算暨丹江口移民财务培训工作会议，对2009年度财务报表做了明确的要求，并对财务软件的使用做了相应培训。

（郭贵明、郭安强，资料提供为王守刚、马文博、鲁肃）

湖北省征地移民工作

2009年是湖北省南水北调中线工程移民工作坚持以人为本、以质取胜的理念，按照国务院南水北调办的总体部署，稳步推进库区移民试点，着力优化库区移民初设规划，全面启动库区移民工作，推进了文物保护工作，圆满完成移民各项工作，维护了库区安置区的社会稳定。

（一）丹江口库区移民试点工作

自2008年启动移民试点工作以来，湖北省不断优化调整移民安置试点设计规划，整合落实各项优惠政策，加强移民建房组织协调和质量监管，妥善处理移民线上资源补偿难点问题，分期分批组织移民有序搬迁，稳步推进南水北调中线工程丹江口库区移民试点工作。截至2009年底，湖北省已累计完成移民搬迁1720户、7170人（其中：外迁安置1210户、5100人，后靠安置510户、2070人），占应搬迁总数的58%。预计2010年3月前可以全面完成移民搬迁工作。已搬迁移民生活顺利过渡，生产全面展开，学生已经全部就近入学，部分移民已被优先安排到附近工厂务工，库区安置区经济社会秩序稳定。丹江口水利枢纽大坝加高工程施工影响区内871人，11家单位和3家企业已经提前完成搬迁，确保了工程建设的需要。郧县汉江二桥、丹江口市习均大桥控制性工程建设进展顺利。

（二）库区大规模移民搬迁安置工作

根据国务院南水北调工程建设委员会第三次全体会议确定的调水目标，湖北省委、省政府确立了“四年移民任务，两年基本完成，三年彻底扫尾”的总体目标。全省采取特事特办、急事急办和超常规的工作思路，将初步设计和实施规划交叉安排，将移民对接与规划设计交叉进行，将规划审批权限下放到市级政府，采取“对接一批，规划一批，审批一批，启动一批”的方法，确保实施规划工作整体向前推进，启动了8万移民外迁安置和库区城集镇、工业企业和专业项目的迁复建规划工作。一是圆满完成移民对接。历时4个多月，全省组织了1500多批次、28 000多名村组干部和移民代表的对接考察，按照“规模适度、相对集中，有利于新农村建设”的原则，进一步优化了移民安置点布局，完成了8万人外迁对接工作，分布在湖北省5个地级市的17个县（市、区）和3个直管市，共178个安置点。目前移民代表都已签字认可安置点，对安置点总体满意度比较高。二是科学编制移民实施规划。根据湖北省委、省政府将移民搬迁安置与新农村建设和全面建设小康社会结合起来，按照控制规模，适当集中的原则，科学安排移民安置点布局，把房屋建筑设计、社会事业和基础设施配套按新农村建设标准一次规划到位。目前，外迁安置区县（市、区）移民安置实施规划基本完成。三是启动库区大规模移民工作。全省外迁8万人的生产和居民点、对外交通建设的征地工作已经全部落实；178个安置点全部完成了居民点测量和地质勘察。其中，176个安置点完成了规划设计，170个安置点启动了基础设施建设。2009年底所有安置点的基础设施建设都全面启动，2010年1月底前基本完成基础设施建设任务；2009年12月份启动部分安置点建房，2010年1月全面开展建房工作。

（三）初步设计规划优化工作

根据2003年初开展库区淹没影响实物指标调查以来移民工作总体环境发生较大变化的实际情况，按照修订和调整后的有关国家政策法规，统筹考虑移民近期生产生活安置和长远安稳发展需要，在反复征求库区各级政府和移民意见的基础上，进一步修订、完善和补充了库区大规模移民的初设规划，适度提高了相关设计标准。较好地解决了地方政府关注的郧县库岸防护工程、库周交通，移民反映比较强烈的渔船、渔具补偿标准偏低，基础设施建设定额调整等问题。

（四）移民投资计划下达及完成情况

1. 试点移民

根据《国家发展改革委关于核定南水北调中线一期工程丹江口水库建设征地移民试点规划投资概算的通知》（发改投资［2008］2534号文），按照2007年第3季度价格，湖北省移民试点规划投资核定为157 191万元，其中农村移民安置补偿费79 280万元、居民迁移补偿费1900万元、单位迁建补偿费3229万元、工业企业迁建补偿费255万元、专业项目恢复改建补偿费14 423万元、库底清理费442万元、基本预备费10 734万元、有关税费36 825万元、其他费用7811万元，生产安置增补费2292万元。

根据与中线水源公司签订的投资包干协

议，湖北省移民试点包干投资为155 057万元。

截至2009年底，湖北省移民局累计收到中线水源公司拨入的南水北调中线工程丹江口库区试点征地移民资金14.186 5亿元，累计下达移民安置试点经费计划12.1亿元，累计拨出南水北调中线工程库区试点征地移民资金11.24亿元，占累计下达试点征地移民资金计划数12.1亿元的92.89%。

2. 整体移民

根据《关于南水北调中线一期工程丹江口水库初步设计阶段建设征地农村移民安置规划设计报告（直接费概算）的批复》（国调办征地［2009］215号），除移民试点外，按照2008年度平均价格水平，核定湖北省丹江口库区移民安置规划农村部分直接费概算1 084 969.67万元。其中，征用土地补偿费和安置补助费375 969.34万元，受淹小型水电设施补助费和农田水利设施配套补助费9497.83万元，移民生产安置增补费96 714.57万元，房屋及附属建筑物补偿费183 528.12万元，房屋装修补助费3486.22万元，农村移民建房困难补助费49 860.41万元，农副业补偿费为734.69万元，学校、医疗网点调整补助费8199.2万元，居民点基础设施补偿费272 623.57万元，移民搬迁费18 656.79万元，零星林木补偿费5 755.82万元，坟墓迁移费3335.2万元，临时搬迁道路及设施补助费1434.67万元，移民过渡期生活补助费14 564.4万元，移民新村双瓮厕所、沼气池补助费6453.6万元，渔业生产资料补助费3821.29万元，出乡（镇）安置移民安置区专业项目增容费4171.45万元，外迁移民安置补助费9659.52万元，淹没线上失去功能的单位补助费2506.75万元，农村居民点村台垫高后增加房屋基础处理费3163.71万元，居民点膨胀土地基处理费8076.52万元，财产户补偿费（不包含房屋及附属建筑物补偿费）56.46万元，外迁安置区公益性墓地征地费248.07万元，农村小型商业补助费30.14万元，郧县回民清真寺建设补助费10.00万元，移民生产用地附着物补偿费1270.77万元，移民新村村委会及文化活动室补助费1140.56万元。

截至2009年底，湖北省累计收到中线水源公司拨入的南水北调中线工程丹江口库区征地移民资金12亿元。湖北省移民局累计下达南水北调中线工程丹江口库区整体阶段计划10.67亿元。

（五）组织协调管理

（1）领导重视是关键。国务院南水北调办和湖北省委、省政府高度重视南水北调中线工程丹江口水库移民工作。在组织领导方面，省政府成立了由李鸿忠省长任指挥长，田承忠副省长任副指挥长，省直40个委（办、厅、局）主要负责人为成员的南水北调中线工程丹江口水库移民搬迁安置指挥部，全面领导指挥全省移民工作。同时建立了省委常委和省政府副省长与有关库区安置区联系点制度；在总体思路方面，明确提出要举全省之力，带着“热心、爱心、责任心”，坚持“优越、优先、优厚”的原则，把移民工程建设成为落实科学发展观、改善民生和社会主义新农村建设的典范工程；在具体目标方面，要求把移民新村建设成为奔小康的先进村和新农村建设的示范村，并提出了“每人有一份稳产高效的口粮田、每户有一个良好的居住环境、每户建一口沼气池、每人享受一份国家后期扶持补助、每个符合条件的移民优先办理一份新型农村社会养老保险、每户培训转移一个劳动力”的“六个一”安置目标；在排忧解难方面，国务院南水北调办主任张基尧、副主任张野深入库区、安置区，解决移民搬迁的实际困难。湖北省委书记罗清泉亲自主持召开省委专题会议，研究确定解决移民安置与新农村建设结合的有关优惠政策问题。湖北省省长李鸿忠先后两次主持召开省政府常务会议，研究确定湖北省南水北调中线工程移民工作目标和措施。副省长田承忠每月主持召开一次湖北省工作会议进行分析检查，每一关键节点深入基层开展现场督办。库区安置区各级党委政府实行了“五个舍得”的工作措施，即舍得拿最好的地方安置移民、舍得拿最好的田地用于移民生产用地、舍得拿最优惠的政策进行配套、舍得财政拿钱补贴移民安置，舍得拿最强的领导负责移民安置工作。

（2）以人为本是根本。一是把安置对接工作做细，最大限度满足移民意愿。对接是整个移民外迁安置工作的基础环节。在对接工作中，充分发挥移民主人翁精神，广泛听取移民意见，改变过去的领导看点、政府决策为政府引导、移民定点，最大限度地尊重和满足移民意愿。二是把实施规划做优，致力建设移民新村典范。科学安排移民安置点布局，按照把房屋建筑设计、社会事业和基础设施配套按新农村建设标准一次规划到位的工作要求，全省各地按照布局合理、村容整洁、特色鲜明、生活方便、饮水安全、环境优美、住房适用、设施配套的要求，在反复征求群众意见的基础上，不断调整、优化和完善实施规划，努力把移民新村规划建设为社会主义新农村的亮点。三是把政策落实工作做实，促进移民搬迁安置工作。按照“优越、优先、优厚”的原则，坚持在国家补偿政策上让移民多得，在各项支农政策上让移民先得，在搬迁安置政策上让移民实得，把各项惠民政策用足用够用活，从政策层面上最大限度地满足移民安置和发展的需求。

（3）齐心协力是基础。移民工作是政府行为，湖北省省直各有关部门按照湖北省委、省政府的要求，加大对移民的帮扶。一是建立移民工作结对联系机制。湖北省直36个单位与迁出地27个县级政府实行一对一联系指导，协调省直部门落实新农村建设有关政策，帮助解决移民工作推进中的困难和问题。二是在部门新农村建设政策上，省直28个部门将支持移民新村建设的项目和资金列入了2010年年度计划，优先戴帽下达到移民安置点。如湖北省电力公司积极弥补规划投资不足开展安置区电力设施项目配套建设，国土资源厅将全省移民安置用地全部纳入土地整理范围，交通运输厅将移民安置点点外道路纳入通村公路补助，农业厅按1500元标准补助每户移民建设沼气池。据初步统计，湖北省省直各部门支持移民新村建设的各项投入和政策减免资金达10多亿元，有力地支持了移民安置点新村建设工作。三是各县（市、区）组建帮扶工作队，对口帮扶到户。由安置乡镇领导班子成员、党政干部、村组干部和党员组建对口帮扶工作队，一名工作队员联系包保一户移民，主要负责包移民户搬迁行李的搬运、包搬迁期间的饮食起居、包解决移民迁入后的生产生活困难、包移民的安全及稳定。四是及时对移民开展生产指导。及时做好移民责任田划分工作，统一在责任田中腾出1分耕地作为菜地，用以解决移民吃菜问题。在严格落实移民人均1.5亩责任田的基础上，还增加了人均0.1亩的生产发展用地。由农业部门对移民进行大田农业生产技术培训，并对已腾空的耕地按农时指导种植时令作物。五是开展技能培训，促进移民就业。积极推广团风县“移民未动，就业先行”的经验做法，组织迁出地劳动保障部门深入安置区实地考察用工市场，积极开展劳务洽谈，签订劳务对接协议，组织移民开展订单式培训，主动做好就业对接服务，全力为外迁移民开辟就业门路。

（4）强化管理是保证。一是加强移民资金监管。南水北调移民资金量大，涉及面宽，管理任务十分繁重。全省库区安置区成立了由监察、检察、移民、审计、建行等部门参加的资金监督网，定期开展对移民资金的检查和审计，并督促认真抓好审计整改工作，确保资金安全和发挥效益。二是加强工程质量管理。各级政府和建管部门认真落实招投标制度，高度重视工程质量建设，严把规划设计、承建方资质、地基结构、施工安全、建材质量等重要关口，建立移民建房理事会、安置点建设协管员和工程质量安全巡查员制度，加强对工程质量的全程监管，确保移民房屋建设质量。

（郝　毅）

丹江口坝区征地移民工作

根据湖北省移民局与中线水源公司包干协议，包干协议总额为15 731.39万元，2007年从预备费追加1163.19万元。坝区包干总额为16 894.58万元。截至2009年底，湖北省移民局共下达丹江口大坝加高工程移民投资计划16 424.1万元。其中：农村移民安置计划4528.96万元，占27.58%；城集镇迁建计划7487.54万元，占45.59%；工业企业迁建计划1560.31万元，占9.50%；专业项目复建计划326万元，占1.98%；有关税费计划931万元，占5.67%；其他费用计划1590.29万元，占9.68%。中线水源公司累计拨入湖北省南水北调中线工程坝区征地移民资金16 771.38万元，占包干总额的99.27%。

湖北省累计支出坝区征地移民资金14 893.15万元，占拨入坝区征地移民资金总额的88.80%。其中：农村移民安置支出3462.47万元，占该项目累计计划数的76.45%；城集镇迁建支出6135.59万元，占该项目累计计划数的81.94%；工业企业迁建支出1560.31万元，占该项目累计计划数的100%；专业项目复建支出247.73万元，占该项目累计计划数的75.99%；税费支出994.57万元，占该项目累计计划数的106.83%；其他费用支出2492.48万元，占该项目累计计划数的156.73%。

经过4年多努力，丹江口大坝加高工程坝区移民已由“搬得出”向“稳得住、能发展”转变。丹江口市政府通过扶助扶持、鼓励创业、培训就业等多种方式，使坝区移民的生产生活不断改善，搬迁企业得到快速发展。2009年，坝区农村移民人均纯收入达到3300元，比搬迁前人均增加500元。目前，坝区搬迁移民的生产生活安置实现了住新房、种新地、有序新生活的目标。

根据2008年10月国家发展改革委批复的总体可研报告，批复坝区移民投资23 726万元，比初步设计核定的投资21 603万元增加2123万元。2009年7月，中线水源公司委托长江勘测规划设计研究有限责任公司编制完成了《南水北调中线一期工程丹江口大坝加高工程初步设计阶段坝区建设征地移民安置规划补充报告》，并经水利部水规总院审查后，报国务院南水北调办批复。

（郝　毅）

生　态　环　境

河南省生态环境保护工作

丹江口水库位于汉江中上游，流域地跨河南、湖北、陕西等省，控制面积9.5万km^2，天然入库水量408.5亿m^3（约占汉江流域水量的70%）。丹江口水库大坝加高后总库容达290.5亿m^3，河南省境内库区面积将达到506km^2，占库区总面积的48%，丹江口库区及其上游是南水北调中线工程的水源地，工程的引水渠首位于河南省南阳市淅川县陶岔。水源地共涉及河南省南阳、洛阳、三门峡3市的淅川、西峡、内乡、邓州、栾川、卢氏6县，流域总面积为7815km^2。河南省境内丹江口水库的汇水支流主要有丹江、淇河、老灌河、西老灌河、蛇尾河和丁河。

根据《国务院关于丹江口库区及上游水污染防治和水土保持规划的批复》（国函〔2006〕10号），河南省《丹江口库区及上游水污染防治和水土保持规划》（以下简称《规划》）实施以来，各级各有关部门本着对群众、对历史、对未来高度负责的态度，牢固树立“政绩融在清水里，丰碑刻在青山上”的绿色政绩观，时刻绷紧生态环保这根弦，坚持统筹兼顾工程效益与生态效益、经济效益与社会效益的关系，努力做到领导到位、责任到位、工作到位、措施到位，彻底清理整顿污染源，全面实施污染物总量控制和排污许可证制度，严把建设项目审批和验收关，严格控制新污染源，加大对重点污染企业的监管力度，控制城镇生活污染，加快《规划》项目实施，积极开展水土保持，严格控制矿产资源开发，大力调整经济结构布局，治理农业面源污染。确保把南水北调中线工程建成清水走廊、生态走廊。

（一）《规划》项目实施情况

河南省委、省政府对实施《规划》高度重视，省政府多次召开专题会议研究部署，并建立了由河南省发展改革委牵头，省南水北调办、省环保局、省水利厅等10个省直部门和南阳、洛阳、三门峡3市政府组成的联席会议制度，负责组织协调《规划》的实施工作。渠首所在地南阳市也建立了联席会议制度，落实了《规划》实施的组织协调机构，建立了相应的工作机制。2003年以来，河南省水源区3市6县共关停并转污染企业773家。其中，南阳市435家，洛阳市栾川县125家，三门峡市卢氏县213家。河南省在水源区三省中率先关闭了所有的黄姜加工企业，从而彻底清除了黄姜加工这个重污染产业。首批《规划》项目进展顺利并已初见成效。

为了加快《规划》项目实施进度，河南省发展改革委召开项目建设推进会议，努力加快前期工作步伐，积极争取国家资金支持；河南省环保局加强库区环境监督管理，先后在库区建成了4个环境监测点和渠首陶岔自动监测站；河南省南水北调办会同有关部门多次派人到库区进行调研和督导，推进项目前期工作；河南省水利厅加强对水保项目的组织和指导，大力实施小流域治理工程；河南省农业、林业、财政、畜牧、国土资源、建设等部门根据各自职责，积极支持库区水质保护工作；库区及上游南阳、三门峡、洛阳三市政府行动迅速，及时召集有关部门和各县政府进行安排部署，组织协调筹措前期工作资金，保证了项目前期工作顺利进行。开展的主要工作如下：

（1）建立丹江口库区及上游主要断面水质监测资料定期上报制度。2008年6月，河南省南水北调办向河南省环保局发函商请定期提供南水北调中线水源地水质监测状况，主要包括丹江、淇河、老灌河入库断面及渠首陶岔水质情况。经过协商，河南省环保局指定省环境监测总站专人负责此事。从7月起，开始向国务院南水北调办上报有关监测数据。

（2）建立水质保护信息月报制度。按照河南省政府要求，河南省南水北调办从2009年7月开始，以月报形式向河南省政府上报南水北调中线水源区水质保护工作进展情况及水质监测状况。为及时了解和掌握相关情况，分别向河南省环保厅、发展改革委、水利厅、文物局发函，商请按月提供水源地水质监测状况、丹江口库区及上游水污染防治和水土保持规划项目进展情况、丹江口库区及上游水土保持工程完成情况、南水北调中线工程文物发掘保护工作进展情况。经过协商，现各相关单位已按月提供相关数据。

（3）建立丹江口库区及上游水土保持项目完成情况定期上报制度。2008年6月，河南省南水北调办向河南省水利厅发函商请定期提供丹江口库区及上游水土保持工程完成情况，协商从2008年第2季度起以季度为单位提供有关数据。河南省水利厅已从第2季度开始，每季度定期向河南省南水北调办提供有关水保项目进展情况，并及时上报国务院南水北调办。

（4）建立丹江口水库水质监测站网。河南省南水北调办委托河南省水文水资源局在丹江口水库及主要支流设置8个监测断面，形成水质监测站网，以便及时了解丹江口水库各支流入库水质监测信息，切实保障水源地水质安全，严格控制进入各级支流的废污水总量，切实当好水资源保护的耳目，为领导决策提供依据。目前，丹江口水库及各主要支流断面监测信息已按月提供。

（5）绘制完成《规划》近期项目示意图。为了促进《规划》项目实施进度，更好更详细地了解《规划》项目进展情况，促成规划项目早上报、早获批、早开工，尽早发挥效益，2009年3月，河南省南水北调办组织了《规划》近期项目示意图绘制座谈会，召集水源区相关地市搜集绘制地图所需的基础资料，并委托河南省水利勘测设计研究有限公司绘制《规划》近期项目示意图，经过多次讨论研究和修改，于5月完成了《规划》项目近期示意图并投入使用。

河南省《规划》内近期（2006～2010年）63个项目中，2009年，除因企业关停转产已明确不再实施的12个工业点源项目外，已完成19个，在建12个，上报待批项目19个，正在开展前期工作项目1个。其中点源治理项目国家批复实施项目12个，争取国家资金补贴0.752 6亿元。水土保持项目实施方面，已有17个项目区的可研已批复，15个项目区已下达投资，争取国家资金1.487 8亿元。目前，国家已安排河南省城市垃圾污水、水土保持、工业点源治理项目共32个，项目总投资7.59亿元，其中国家补贴资金4.078亿元。截至2009年底河南省已完成投资5.289亿元。其中，2009年项目总投资2.435 3亿元，争取国家投资1.291 8亿元。

（二）总干渠保护区划定工作

2009年7月，河南省南水北调办组织召开了河南省南水北调中线工程总干渠两侧水源保护区划定方案座谈会，会上河南省水利勘测设计有限公司就保护区划定工作进行了汇报，会议对《南水北调中线一期工程总干渠（河南段）两侧水源保护区划定方案》（征求意见稿）进行了讨论，各单位发表了相关的意见。会后，河南省南水北调办又向省环境保护厅、水利厅、国土资源厅发了《关于征求〈南水北调中线一期工程总干渠（河南段）两侧水源保护区划定方案〉意见的函》（豫调办移函〔2009〕11号）征求意见，同时也上报国调办征求意见，现已有了反馈意见。

（三）水源地生态补偿工作

（1）生态补偿资金使用情况。2008年底，国家财政部、国务院南水北调办出台了丹江口库区及上游生态补偿政策，并分配河南省3市4县生态补偿资金8200万元。其中，分配淅川县补助资金4000万元，西峡县2400万元，卢氏县1200万元，栾川县600万元。按照财政部要求，生态补偿资金主要用于涉及民生的基本公共服务领域。2008年生态补偿资金使用情况如下：行政事业单位工资、津贴补助3960万元；社会保障1640万元；生态建设2600万元。2009年底，财政部下达河南省南水北调水源区3市6县生态补偿资金2.92亿元，其中淅川县12 000万元，邓州市6000万元，西峡县3800万元，内乡县3400万元，卢氏县2500万元，栾川县1500万元。这些资金在促进水源地污染企业的“关、停、并、转”，补偿安置企业下岗工人，保持社会稳定，促进水源区生态环境设施建设等方面均发挥了积极作用。

（2）内乡、邓州两县生态补偿政策。作为水源区的上游，内乡、邓州两县对水源区水质保护工作起着重要作用，但由于种种原因，以前两县未享受到水源区相关优惠政策。为了调动两县的积极性，河南省南水北调办协调相关部门积极向国家发展改革委、国务院南水北调办、财政部申请反映两县的情况，争取上级的理解和支持。2009年两县已被纳入库区经济社会发展规划和生态补偿范围。

（四）专题调研活动

陪同国家有关部门领导到水源地对《规划》项目实施工作进行指导和督促。2009年3月，陪同全国人大常委会副委员长韩启德视察河南省南水北调中线工程水源保护工作，国务院南水北调办副主任李津成、全国政协常委赖明及国家发展改革委、农业部、环境保护部、水利部、财政部、国家林业局等部门有关同志参加视察。韩启德副委员长一行先后视察了宛西制药有限公司污水处理厂，西峡县污水处理厂、垃圾处理场，淅川县铁瓦河小流域治理、陶岔渠首等。在视察期间，韩启德副委员长认真了解南水北调中线工程水源保护情况，详细询问治污工艺流程、措施及水土保持效果。

陪同国家有关部门领导到实地调研生态补偿机制问题。2009年5月，陪同全国人大常委、环资委副主任委员、农工党中央副主席汪纪戎率领的调研组到河南省调研南水北调中线工程水源区生态补偿机制问题。调研组一行先后考察了丹江口水库水质和南水北调中线工程渠首，并在南阳召开座谈会。11月，河南省南水北调办陪同国务院南水北调办环保司、财政部预算司组成的联合调研组来河南省调研南水北调水源地生态补偿工作。通过调研使上级领导了解了第一批资金使用情况及效果，充分反映了河南省在水质保护方面所作的贡献和面临的困难，对补偿资金使用管理进行探讨，为有关部委对生态补偿工作进一步加强、完善提供了依据。

（程　浩）

湖北省生态环境保护工作

（一）《丹江口库区及上游水污染防治和水土保持规划》项目进展

《丹江口库区及上游水污染防治和水土保持规划》安排湖北省近期项目296个。其中，水污染防治项目11个，垃圾处理场建设项目6个，工业点源治理项目12个，库周垃圾清理项目3个，生态农业示范区项目2个，监测能力建设项目2个和水土保持小流域治理256条，湿地保护项目1个，水土保持示范项目2个，水土保持中心苗圃项目1个，总投资260 606万元。截至2009年底，国家批准概算并下达投资计划21个项目，概算总投资198 880万元，下达投资计划116 639万元，21个项目全部开工建设。其中，有8个水污染防治项目和水土保持24个项目区94条小流域的治理工作已经完成。

（二）《丹江口库区及上游水污染防治和水土保持规划》修编进展

根据国务院南水北调工程建设委员会第三次全体会议和部际联席会议部署，国务院南水北调办和国家发展改革委共同组织了《丹江口库区及上游水污染防治和水土保持规划》修编工作。按照有关要求，湖北省完成了修编项目的统计和项目申报工作。

（三）汉江中下游生态环境治理投资实施工作

根据《南水北调中线一期工程环境影响复核报告书》和《南水北调中线一期工程可行性研究总报告》，为减缓调水对汉江中下游生态环境的不利影响，计列汉江中下游生态环境治理投资4.393 5亿元。其中，水质保护4.071 0亿元，生态影响防护0.12亿元，水质监测站网0.149 5亿元，环境保护科研0.053亿元。根据国务院南水北调办的要求，湖北省南水北调办经过认真调查和研究，基本核定了汉江中下游生态环境治理投资项目。截至2009年底，污水处理厂资金补助方案已得到了湖北省政府批准，小流域综合治理、鱼类增殖放流和水质监测站网建设项目的实施方案正在进一步修改完善中。

（四）南水北调中线调水对汉江中下游生态环境影响及生态补偿政策研究工作

南水北调中线调水对湖北省汉江中下游生态环境和经济社会发展的影响除水量、水质及水生生物外，对经济社会发展特别是对财政增支减收的影响情况，目前还没有准确和统一的统计数字。为切实摸清和掌握调水对汉江中下游的影响，为进一步争取国家对汉江中下游实施生态补偿提供支撑，经报湖北省政府批准，湖北省南水北调办与湖北省财政厅、环保厅共同开展了汉江中下游生态环境影响及生态补偿政策研究工作，截至2009年底，已完成了研究大纲审查，并召开汉江中下游生态补偿研究工作会议，进行了专题部署。

（武耕民）

文　物　保　护

河北省文物保护工作

南水北调中线总干渠线路经过河北省太行山前平原地带，这里是人类生存生活的重要区域，埋藏着丰富的古代文化遗存。2006～2008年，河北省按计划开展第一、二批控制性文物保护项目，确保了南水北调工程京石段顺利实现向北京输水。2009年，河北省继续按照第二批控制性文物保护项目计划开展工作。

2009年6月，布署南水北调工程石家庄以南段考古发掘工作，邀请国内17家考古科研机构参与河北省南水北调工程文物保护工作，完成勘探面积40余万m^2，发掘面积6万m^2，发掘古墓葬1000余座，出土文物2000余件。组织专家检查、验收考古发掘工地，所有考古发掘项目均通过专家验收；发现了元氏南白娄唐代家族墓地、赞皇北朝李氏家族墓地、临城解村东先商遗址、邯郸白村先商遗址、永年台口龙山遗址等重要的考古学文化遗存，出土一批精美的文物。

为加强南水北调工程资金管理，2009年6月8日，印发了《河北省南水北调工程文物保护资金管理办法实施细则》。

2009年8月在北戴河组织召开了《南水北调工程文物保护初步设计》专家评审会。国务院南水北调办、国家文物局、中线建管局的领导出席了会议。

另外，还组织新闻媒体对南水北调工程考古发掘成果进行集中报道，扩大了南水北调工程文物保护工作的影响。与文物出版社签订《唐县高昌墓群》出版协议，发掘报告已提交文物出版社出版。

（贾志忠）

河南省文物保护工作

2009年，河南省共有中国社会科学院考古研究所、河南省文物考古研究所、中山大学等8家文物保护科研单位和高等院校对淅川下寨遗址、淅川六叉口遗址、淅川下王岗遗址、淅川龙山岗遗址、荥阳蒋寨遗址、安阳韩琦墓地等项目实施考古发掘工作。

南水北调工程受水区涉及河南省11个省辖市、7个县级市、24个县城，共42座城市。由河南省文物局南水北调文物保护办公室组织管理，河南省文物考古研究所汇总，河南省11个省辖市及涉及县（市）文物部门共同参与的《南水北调工程受水区供水配套工程河南省文物保护规划》的调查、编制工作已于2009年3月完成，提交河南省水利规划设计研究院汇总上报。

河南省文物局参加国务院南水北调办、国家文物局在北戴河召开的南水北调文物保护初步设计报告审查会，审查会原则通过了河南省上报的《2009年度南水北调工程丹江口库区文物保护项目初步设计报告》、《2009年度南水北调工程总干渠文物保护项目初步设计报告》。

2009年，河南省文物局主编，文物出版社出版了《南水北调中线工程文物保护项目考古发掘出土文物集萃（一）》；制定了《河南省南水北调工程文物保护项目成果报告出版管理暂行规定》，对考古发掘报告的出版作出了详细具体的规定；制定了南水北调文物保护经费的拨付程序，经河南省文物局领导研究制定了《河南省南水北调中线工程文物保护工作暂行管理办法》、《河南省南水北调中线工程文物保护项目完工财务验收办法》、《关于拨付南水北调中线工程库区文物保护项目经费的请示》等规章制度，完善资金管理程序，提高资金使用效益；先后对无锡市考古所承担的淅川鳖盖山墓地、安阳市文物考古研究所承担的郭里墓地、新乡市文物局负责的2006年度文物勘探工作财务情况进行了检查验收，针对存在的问题提出了整改措施。

2009年，河南省南水北调文物保护项目完成发掘面积25 000m^2，出土文物近3000件。南水北调工程总干渠河南省新乡段、焦作段、郑州段相继开工，新乡段文物巡护工作取得较大收获，抢救文物2000余件。截至2009年底，河南省共完成南水北调文物保护项目154项，完成考古发掘面积47万m^2，出土文物近5万件。

2009年，河南省南水北调文物保护项目新郑胡庄墓地、荥阳娘娘寨遗址被评为2008年度“全国十大考古新发现”，至此，河南省南水北调文物保护项目获得“全国十大考古新发现”的数量达到6个。

经过多次协调，韩琦墓地搬迁保护协调工作圆满完成，考古发掘实现重要突破。韩琦墓地的发掘是近期宋代考古的重要发现之一，具有较重要的意义。通过此次发掘确证了该处为宋代三朝宰相韩琦及其韩氏家族的墓地。这是对宋代宰相一级高级贵族墓葬进行的科学考古发掘，为研究宋代宰相一级的高级官员墓葬形制、陵园规制及宋代丧葬文化提供了新的资料，具有重要的考古价值。出土的韩琦墓志1.53m见方，6000余字，是目前我国已发现的规格最大的墓志之一，具有十分重要的历史、书法等价值。

另外，丹江口库区淅川县下王岗遗址发现了仰韶文化、龙山文化、二里头文化、西周时期的遗存，仰韶文化聚落遗迹的发现为仰韶文化时期聚落布局和聚落演变的研究奠定了材料基础；龙山文化遗存的发掘，对豫西南地区及相邻区域龙山文化谱系或序列研究具有标尺作用；二里头文化房址的发现，表明二里头文化时期是该遗址十分重要的一个时代，应该是豫西南地区二里头文化最典型代表；西周时期遗存丰富，相当于西周早、中、晚期，中、晚期遗存已是较为典型的楚文化，为探讨早期楚文化的特征、分布、来源等提供了重要的线索。荥阳蒋寨遗址发现有殷墟三期、西周早期的遗存，西周时期居住遗址的发现，填补中原地区西周居住地址研究的空白，为建立商代晚期和西周早期文化分期的标尺提供了重要资料。

2009年，河南省积极推进南水北调中线工程总干渠河南省黄河以南文物保护项目的考古发掘和焦作地面文物的搬迁保护工作，搬迁测绘工作已完成。

（董　睿）

湖北省文物保护工作

2009年是湖北省文物保护工作的关键一年。湖北省文物局积极组织开展2009年度文物保护工作，取得了一系列成果。

在总结三峡工程文物保护工作经验基础

上，湖北省文物局创新并率先实行了“四制三查两会一评”的文物保护项目管理模式，“四制”即考古发掘项目合同制、监理制、重点项目现场评估制、发掘面积现场确认验收制；“三查”即考古工地巡查、课题开题检查、项目结项审查；“两会”即每年召开两次会议分别安排部署全年考古工作和对该年度考古工作进行汇报总结；“一评”即评选出该年度先进集体和先进个人。

2009年，湖北省文物局根据国务院南水北调办、国家文物局有关要求和湖北省政府工作部署，结合湖北省南水北调工程涉及区域实际情况，及时制订了2009年度地下考古发掘项目工作计划，并于2009年3月下旬召开会议安排部署了2009年度考古工作计划。邀请中国社会科学院考古研究所、南京大学、成都文物考古研究所等18家具有团体领队资质和10家湖北省内文博单位，对丹江口库区24个考古发掘项目和引江济汉、兴隆水利枢纽工程11个考古发掘项目进行了抢救性保护；邀请中国文化遗产研究院、湖北省三峡工程库区文物管理中心对考古发掘项目进行全面监理。

项目工作过程中，湖北省文物局严格执行“四制三查两会一评”的项目管理机制，邀请国家文物局考古专家组成员徐光冀及湖北省内有关单位的专家组成专家组，会同监理单位先后6次深入考古发掘现场，通过听汇报、看现场、查资料的方式，检查、验收考古发掘项目，对进一步提高考古发掘水平起到了很好的促进作用。通过各方共同努力，2009年湖北省共完成考古勘探面积8.98万m^2，考古发掘面积6.3万m^2。其中，郧县辽瓦店子遗址获评国家文物局田野考古二等奖，引江济汉工程沙洋县严仓墓群考古发掘引起社会各界广泛关注，被评为湖北省2009年度重要考古新发现。

为加强湖北省南水北调工程丹江口库区文物保护工作及文物保护经费使用管理，2009年5月，湖北省文物局、省移民局根据国家文物局和国务院南水北调办下发的《南水北调东、中线一期工程文物保护管理办法》、《南水北调工程建设文物保护资金管理办法》有关规定和要求，对湖北省制定并试行一年的相关管理办法进行了修订并正式印发，进一步促进了湖北省南水北调工程文物保护规范管理工作；整理、编辑了《湖北省南水北调工程文物保护工作资料汇编》，对于各项目承担单位全面掌握湖北省南水北调工程文物保护工作的指导思想、政策方针、法律法规以及工作制度、各项管理要求规范起到了重要促进作用。

在前期组织申报的基础上，湖北省文物局确立了《汉水中游地区的文明化进程》、《早期楚文化的考古学研究》、《湖北省南水北调文物保护工程中出土古人骨的综合性研究》等14个南水北调文物保护科研课题项目，内容涉及多领域、多学科。为进一步促进课题研究，湖北省文物局于2009年3月聘请有关专家召开南水北调工程文物保护科研课题开题会，提出审查意见，进一步指明了研究思路，并于2010年1月召开会议听取各项目2009年度进展情况汇报。上述科研课题项目的及时开展，有望以南水北调工程文物保护为契机，将有关学术热点、难点问题的研究大步推进。

同时，为了向新中国60华诞献礼，并及时宣传湖北省最近考古工作成果，2009年9月，湖北省文物局编辑出版了《汉丹集萃——南水北调工程湖北库区出土文物图集》，这是继《郧县老幸福院墓地》、《湖北省南水北调工程重要考古发现Ⅰ》之后，湖北省推出的又一部体现湖北省库区文物保护工作重要成果的图书，集中展示了近几年湖北省丹江口库区出土的文物珍品。此外，《湖北省南水北调工程重要考古发现Ⅱ》已送出版社编辑出版。

（代天荣）

新开工项目介绍

穿漳河工程

工程概况

南水北调中线一期总干渠穿漳河工程，位于河南省安阳市安丰乡施家河村与河北省邯郸市讲武城之间。东距京广线漳河铁路桥约2km，距107国道约2.5km，南距安阳市17km，北距邯郸市36km，其上游11.4km处建有岳城水库。

穿漳河工程为输水工程的一部分，为一等工程，主要建筑物为1级，次要建筑物为3级。其中南岸连接渠道、进口渐变段、进口检修闸、管身段、出口节制闸、出口渐变段、北岸连接渠道、退水闸和排冰闸首控制段，按1级建筑物设计，退水闸泄槽、消力池、海漫、防护堤、护岸工程按3级建筑物设计。

工程建筑物采用渠道倒虹吸型式，由南向北分别由南岸连接渠道（包括退水闸、排冰闸）、进口渐变段、进口检修闸段、倒虹吸管身段、出口节制闸段、出口渐变段、北岸连接渠道等组成，在南岸连接渠道右侧设有退水、排冰闸。本渠段起点坐标为 $X=4\ 012\ 543.63$、$Y=38\ 528\ 329.45$，终点坐标为 $X=4\ 013\ 560.00$、$Y=38\ 528\ 700.00$，工程轴线总长为1081.81m（水平投影），其中倒虹吸管身段轴线长619.18m。下游护岸位于工程轴线下游约1.26km，护岸工程顺流向长度500m。

漳河南岸总干渠设计水位92.19m，加大水位92.56m；北岸总干渠设计水位91.87m，加大水位92.25m；设计流量235m^3/s，加大流量265m^3/s。

工程静态总投资36 856万元。主要工程量包括，土石方开挖77.7万m^3，土石方填筑70.7万m^3，混凝土浇筑9.7万m^3。工期30个月。

穿漳河交叉建筑物中的主要建筑物设计洪水标准为100年一遇，校核洪水标准为300年一遇；次要建筑物设计洪水标准为30年一遇，校核洪水标准为100年一遇。

本工程地震设计烈度为Ⅷ度，其动参数值采用中国地震局分析预报中心《南水北调中线工程沿线设计地震动参数区划报告》（2004年4月）提供的成果。

主要建筑物

（一）渠道倒虹吸及进、出口建筑物

倒虹吸采用三孔一联箱型钢筋混凝土结构型式。两岸裹头体型采用抛物线型式及裹头的防护结构型式，南岸裹头与退水闸海漫之间采用圆弧形防护工程连接。进出口渐变段、进出口闸室段、退水闸和排冰闸及其泄槽、管身段等部位分别采用振冲桩和换填方法进行地基处理。

（二）两岸连接渠道

根据与倒虹吸南北岸连接渠道相连的河南、河北段的渠道设计情况进行南北岸连接渠道断面结构设计。

（三）下游护岸工程

下游护岸工程范围和型式，护岸坡顶高程根据天然河岸高程确定。护岸范围为本工程轴线以下1.31～1.81km之间的右岸，长度500m。

沙河南—黄河南段工程　沙河渡槽工程

工　程　概　况

南水北调中线一期工程总干渠沙河南—黄河南沙河渡槽工程起点为总干渠陶岔—沙河南段与沙河南—黄河南段的分界点，位于鲁山县薛寨村北，渠线向西北延伸，至官店东折向北，在娘娘庙与张楼之间跨越沙河，至詹营村南转向东北，跨将相河、大郎河，至张庄村后再转向东，绕鲁山坡南麓至三街村西北结束，终点为鲁山坡溜槽出口50m处，与鲁山北段设计单元相接，全长11.963km，其中明渠长2.888km，建筑物长9.075km。该渠段是南水北调中线一期工程的组成部分，担负向沙河以北地区的输供水任务。设计流量320m^3/s，加大流量380m^3/s。起点断面设计水位为132.37m，终点设计水位为130.489m，其中建筑物分配水头1.77m。

工程静态总投资258 482万元。主要工程量包括，土石方开挖294.7万m^3，土石方填筑256.6万m^3，混凝土浇筑123.3万m^3。工期42个月。

工程于2009年12月30日开工。

沙河渡槽工程为一等工程，总干渠渠道、渡槽、左岸排水和控制工程等主要建筑物为1级建筑物，退水渠、附属建筑物、河道防护工程及河（沟）穿渠工程上、下游连接段等次要建筑物为3级建筑物，临时工程为4～5级建筑物。

总干渠河渠交叉断面以上集水面积大于等于20km^2的河渠交叉建筑物设计洪水标准为100年一遇，校核洪水标准为300年一遇；集水面积小于20km^2的左岸排水建筑物设计洪水标准为50年一遇，校核洪水标准为200年一遇；总干渠各渠段的防洪标准和与其相连接的各类河渠交叉、左岸排水建筑物的洪水标准相同。

工程区场地地震基本烈度小于Ⅵ度，该工程段主要建筑物以其所在场地地震基本烈度作为抗震设计烈度，对渡槽应采取必要的抗震措施。

主 要 建 筑 物

沙河渡槽工程由渠道、跨河渡槽、落地槽、左岸排水建筑物、公路交叉建筑物和控制工程等建筑物组成。工程起点位于河南省鲁山县薛寨村北，桩号SH(3)0+000，坐标为$X=3\ 728\ 507.982$，$Y=496\ 005.795$，终点位于鲁山县三街村西鲁山坡溜槽出口，桩号SH(3)11+963.1，坐标为$X=3\ 737\ 155.512$，$Y=499\ 303.474$。渠段总长11.963km，其中明渠长2.888km，建筑物长9.075km。各类交叉建筑物共12座，其中渡槽1座，统称沙河渡槽，包括沙河梁式渡槽、沙河—大郎河箱基渡槽、大郎河梁式渡槽、大郎河—鲁山坡箱基渡槽和鲁山坡落地槽；另布置左岸排水建筑物5座，节制闸1座，退水闸1座，公路交叉建筑物4座。

（一）渠道工程

渠岸超高内水控制堤顶高程超高值半挖半填段取1.0m，全填方段取1.2m（不含路缘石高度）。

土质渠道衬砌型式为现浇混凝土板（混凝土等级为C20、F150、W6），渠坡板厚为10cm，渠底板厚为8cm；防渗设计除渠基渗透系数小于1×10^{-5}cm/s渠段外，过水断面均采用全断面复合土工膜防渗。排水措施是在渠底设置一排纵向集水暗管，每隔16m设置一个逆止式排水器。

该渠段弱膨胀岩（土）结合渠道复合土工膜防渗不另采取措施的处理方案。

（二）渡槽

（1）梁式渡槽。总干渠穿越沙河、大郎河梁式渡槽上部结构采用U型槽方案，双线四槽布置型式，下部结构槽墩为空心墩、下接混凝土灌注桩基础。渡槽跨度采用30m跨度方案。

（2）箱基渡槽。沙河—大郎河段、大郎河—杏树沟段渡槽上部结构采用双线双槽矩形断面、下部支撑采用框架结构的横箱基础型式。

（3）鲁山坡落地槽。落地槽采用单槽矩形断面型式和落地槽段的建筑物布置方式。

（三）节制闸

节制闸设置在沙河渡槽进口段，采用开敞式整体钢筋混凝土结构型式，4孔2联布置。

（四）退水闸

退水闸设置在沙河渡槽进口渐变段前右岸，采用单孔胸墙式整体钢筋混凝土结构型式。

（五）检修闸

沙河梁式渡槽末端检修闸采用开敞式整体钢筋混凝土结构型式。

沙河南—黄河南段工程　北汝河渠道倒虹吸工程

工　程　概　况

南水北调中线一期工程总干渠沙河南—黄河南北汝河渠道倒虹吸段工程位于河南省宝丰县东北大边庄与郏县渣园乡朱庄村之间的北汝河上，是南水北调中线一期工程的组成部分，担负向北汝河渠道倒虹吸以北地区的输供水任务。

北汝河渠道倒虹吸工程场地距宝丰县县城处约15km。设计段起点总干渠桩号为SH（3）39+869.3，终点总干渠桩号为SH（3）41+351.3，设计段总长1482m。渠段起点设计水位128.761m，终点水位128.254m，总设计水头为0.507m。本段设计流量315m³/s，加大流量375m³/s。

工程静态总投资58 271万元。主要工程量包括，土石方开挖141.7万m³，土石方填筑122.0万m³，混凝土浇筑21.2万m³。工期37个月。

北汝河渠道倒虹吸工程为一等工程，北汝河渠道倒虹吸交叉建筑物管身段、进口检修闸、出口节制闸、退水闸控制段、进出口裹头及连接渠道等主要建筑物为1级建筑物，退水闸泄槽、消能工、退水渠以及河道护岸工程等次要建筑物为3级建筑物，临时工程为4级建筑物。

北汝河渠道倒虹吸交叉建筑物设计洪水标准为100年一遇，校核洪水标准为300年一遇。工程区场地地震基本烈度为Ⅵ度。

主 要 建 筑 物

总干渠穿越北汝河采用倒虹吸型式，根据洪水影响评价意见，口门宽度采用950m。北汝河渠道倒虹吸工程由进口连接明渠、退水闸、进口渐变段、进口检修闸、管身段、出口节制闸、出口渐变段和出口连接明渠组成。工程起点坐标为$X=3\ 758\ 657.120$，$Y=511\ 885.901$，终点坐标为$X=3\ 760\ 030.493$，$Y=512\ 442.832$，线路总长度为1482m，其中渠道倒虹吸总长1282m、明渠长200m。退水闸位于进口连接段渠道右岸渠堤上，与总干渠轴线交角为50°。

倒虹吸采用两孔一联共4孔钢筋混凝土矩形箱涵结构型式。

沙河南—黄河南段工程　郑州2段工程

工 程 概 况

郑州2段工程是南水北调中线一期工程总干渠沙河南—黄河南段中第三设计标段的第九设计单元，担负向郑州市及以北地区的输供水任务。郑州2段工程起点位于中牟和郑州市交界处，向西过潮河后折向西北，经郑州市南郊魏河、十八里河至西郊金水河，继续向西北至终点，终点位于郑州市西南金水河与贾鲁河之间的郑湾村附近，全长21.961km，其中建筑物长1.446km，明渠长20.515km。

郑州2段工程起点设计流量295m^3/s，加大流量355m^3/s；终点设计流量285m^3/s，加大流量345m^3/s。工程静态总投资292 373万元，工期31个月。

该渠段起点断面设计水位为121.145m，终点设计水位为119.775m。该渠段内共有大小河流及坡面排水11条，根据集水面积划分和沟道合并，共布置4座河渠交叉建筑物和6座左岸排水建筑物（其中柴郭沟与贾寨沟通过导流沟沟通合并为一个左岸排水建筑物）。根据河道地形情况将交叉河流划分为单条河流和串流区河道进行洪水调节计算确定设计洪水位。

郑州2段工程为一等工程，总干渠渠道、各类交叉建筑物和控制工程等主要建筑物为1级建筑物，附属建筑物、河道护岸工程等次要建筑物为3级建筑物，临时工程为4~5级建筑物。

总干渠河渠交叉断面以上集水面积大于20km^2的河渠交叉建筑物设计洪水标准为100年一遇，校核洪水标准为300年一遇；集水面积小于20km^2的左岸排水建筑物设计洪水标准为50年一遇，校核洪水标准为200年一遇；总干渠和河渠交叉及左岸排水建筑物连接段的洪水标准与相应建筑物的洪水标准相同。

郑州2段工程段场区地震动峰值加速度为0.10g，相应地震基本烈度为Ⅶ度，主要建筑物抗震设计烈度为Ⅶ度。

主 要 建 筑 物

郑州2段工程渠段由全挖方渠道、半挖半填渠道、河渠交叉工程、左岸排水工程、公路交叉工程和控制工程等建筑物组成。所有交叉工程均采用立交布置型式。

各类交叉和控制建筑物共34座，其中河渠交叉建筑物4座、左岸排水建筑物6座、分水口门2座、节制闸2座、退水闸1座、公路交叉建筑物19座。

（一）渠道工程

郑州2段工程渠道采用梯形断面型式，纵断面渠底比降为1/26 000和1/23 000，渠道综合糙率为0.015，横断面全挖方渠道一级马道以下边坡坡比为1:2.75~1:3.5，半挖半填渠道内坡坡比为1:2.5，外坡坡比为1:1.5。

郑州2段工程渠段为挖方和半挖半填渠道，由渠内水位控制的渠堤顶高程和一级马道顶超高宜取1.0m。

衬砌型式为现浇混凝土板（C20、F150、W6），渠坡板厚10cm，渠底板厚8cm；对渠基渗透系数大于10^{-5}cm/s的渠段和湿陷性黄土渠段均采用全断面复合土工膜防渗；排水措施根据不同渠段渠外地下水位分布和变化情况，采用暗管集水、逆止式自流内排，设集水井抽排或内排与抽排相结合等排水型式。

(二) 河渠交叉建筑物

潮河、魏河、十八里河和金水河等4座河渠交叉建筑物均采用渠道倒虹吸型式。

各渠道倒虹吸的建筑物由进口渐变段、进口检修闸、管身段、出口工作闸和出口渐变段组成。其中潮河和金水河倒虹吸出口工作闸为节制闸，在十八里河倒虹吸前设置退水闸。

各渠道倒虹吸管身段采用钢筋混凝土箱形结构，两孔一联共4孔。

地基处理采用水泥粉煤灰碎石桩。

(三) 左岸排水

刘村沟、水泉沟、荆胡沟、杏园西北沟为排水渡槽，站马屯沟、贾寨沟为排水倒虹吸。

排水渡槽槽身上部结构为混凝土多纵梁矩形槽或多侧墙矩形槽，槽身下部结构为薄壁墩，墩下基础为钻孔灌注桩。

排水倒虹吸采用钢筋混凝土箱形结构型式。

(四) 控制工程

十八里河退水闸采用平底板带胸墙潜孔式结构型式。

刘湾分水闸和密垌分水闸采用胸墙式整体结构后接矩形箱涵的结构型式。

潮河和金水河节制闸与渠道倒虹吸结合布置。

陶岔渠首枢纽工程

工程概况

陶岔渠首枢纽工程是南水北调中线工程的组成部分，其开发任务是供水、灌溉，并兼顾发电。

工程设计流量为$350m^3/s$，加大流量为$420m^3/s$，电站装机容量为50MW。主要建筑物包括引水闸、河床式电站、连接坝段、导墙、输水渠道等。

工程采用原闸线下游70m、挡水采用重力坝的下闸线坝线方案，从左至右依次布置左岸挡水坝段、安装场坝段、河床式电站厂房、引水闸和右岸挡水坝段，枢纽上游接引水渠，引水闸后设消力池和连接渠段。

工程工期42个月。工程静态总投资81 808万元。

陶岔渠首枢纽距丹江口水库约30km，正常蓄水位为170m，设计洪水位为172.2m，校核洪水位为174.35m。

陶岔渠首枢纽工程均为一等工程，主要建筑物引水闸、河床式电站挡水部分以及两岸连接坝段为1级建筑物，上游引渠段及闸下消能建筑物为总干渠输水渠道组成部分按1级建筑物设计，上、下游导墙为1级建筑物，河床式电站副厂房、开关站等次要建筑物为3级建筑物。

主要建筑物设计洪水标准为1000年一遇，校核洪水标准为10 000年一遇加20%。

陶岔渠首枢纽工程场区地震基本烈度为Ⅵ度。拦河大坝抗震设计地震基本烈度为Ⅵ度。地震动峰值加速度取0.15g。

主要建筑物

陶岔渠首枢纽工程挡水建筑物为重力坝，陶岔枢纽老闸附近的下闸线为选定闸线。工程从左至右依次布置左岸挡水坝段、安装场坝段、河床式电站厂房、引水闸和右岸挡水坝段，枢纽上游接引水渠，引水闸后设消力池和连接渠段。

引水闸闸型采用胸墙式，平底结构，共

3 孔，边孔为整体式，中孔采用孔中分缝。

对上游引渠边坡采取干砌石防护的处理措施，处理范围为两岸高程高于 170m 的引渠边坡护至 170m 高程，低于 170m 高程的护至渠坡顶。

河床式电站厂区布置按照主厂房、副厂房、安装场等建筑物的布置型式。

陶岔渠首枢纽工程位于岩溶发育地区，为防止水库渗漏和保证工程安全，需结合坝基防渗对两岸山体采取防渗处理措施，对坝基岩溶孔洞进行回填处理。

天津干线工程　1~4 单元工程

工　程　概　况

天津干线工程是南水北调中线一期工程的重要组成部分，天津干线工程分为河北省境内的西黑山进口闸—有压箱涵段、保定市境内 1 段、保定市境内 2 段、廊坊市境内段和天津市境内的天津市境内 1 段、天津市境内 2 段等 6 个设计单元。线路起点为位于河北省保定市徐水县西黑山村北的南水北调中线总干渠与西黑山进口闸中心线交点，向东途经河北省保定市的徐水、容城、雄县、高碑店，廊坊市的固安、霸州、永清、安次和天津市的武清、北辰、西清等 11 个区县，沿途穿越京广铁路、津保高速公路、京沪高速公路、京福公路、津浦铁路等重要交通设施以及瀑河、兰沟河、大清河、牤牛河等河流，终点位于外环河附近并与天津市配套供水工程相接。线路全长 155.352km，其中位于河北省的 1~4 单元工程总长 131.407km，各分段长度为西黑山进口闸—有压箱涵段 15.200km、保定市境内 1 段 45.642km、保定市境内 2 段 15.085km、廊坊市境内段 55.433km。担负南水北调中线一期工程贯通后向天津市和河北省保定及廊坊等市（县）的输供水任务。天津干线的供水范围为天津市中心市区、西青区、塘沽区、大港区、东丽区、北辰区、津南区、静海县，河北省保定市的徐水县、容城县、雄县、高碑店市，廊坊市的固安县、霸州市、永清县、安次区等。

西黑山分水口门至霸州市 3 号渠东分水口门渠段的设计流量和加大流量分别为 $50m^3/s$ 和 $60m^3/s$；霸州市 3 号渠东分水口门至安次区得胜口分水口门渠段的设计流量和加大流量分别为 $47m^3/s$ 和 $57m^3/s$；安次区得胜口分水口门至天津子牙河分水口门渠段的设计流量和加大流量分别为 $45m^3/s$ 和 $55m^3/s$。

天津干线在河北省境内布设徐水县郎五庄南、容城县北城南、高碑店市白沟、雄县口头村、固安县王铺头、霸州市 3 号渠东、永清县西辛庄西、霸州市信安、安次区得胜口等 9 处分水口门。分水口门设计流量分别为 1.0、1.0、0.7、0.5、0.1、2.1、0.1、1.9、$0.1m^3/s$，各分水口门同时分水时，最大分水流量为 $5m^3/s$。

工程工期 36 个月。工程静态总投资 727 441万元，总投资 745 863 万元。

天津干线为一等工程，天津干线 1~4 单元工程的箱涵、矩形槽及西黑山进口闸、排冰闸、东黑山陡坡、调节池、保水堰井、分水口、检修闸、通气孔等控制建筑物和各类交叉建筑物为 1 级建筑物，附属建筑物、防护及河穿箱涵工程的上下游连接工程等次要建筑物为 3 级建筑物；临时建筑物为 4~5 级建筑物。

天津干线 1~4 单元工程河渠交叉断面以上集流面积大于等于 $20km^2$ 的河渠交叉建筑物的设计洪水标准为 100 年一遇，校核洪水标准为300年一遇；集水面积小于20km^{2}的河渠交叉建筑物及左岸排水建筑物设计洪水标准为50年一遇，校核洪水标准为200年一遇；天津市防洪圈以外的干线各段箱涵和建筑物的洪水标准应与其相连的各类河渠交叉建筑物的洪水标准相同。

天津干线1～4单元工程沿线地震基本烈度为Ⅵ度，地震动峰值加速度为0.05g～0.15g。各主要建筑物抗震设计烈度采用地震基本烈度。

西黑山进口闸—有压箱涵段工程概况

西黑山进口闸—有压箱涵段工程为天津干线第1设计单元工程。该段位于天津干线首端，西起河北省保定市徐水县西黑山村西，东至徐水县丁家庄南，桩号为(XW0+000)～(XW15+200)，全长15.200km。设计输水流量为50m^3/s，加大输水流量为60m^3/s。该工程包括西黑山进口闸枢纽、曲水河倒虹吸、张石高速公路涵、通气孔及小型河渠交叉建筑物和公路交叉建筑等，共计30座。

主要工程量包括，土石方开挖420.4万m^3，土石方填筑337.5万m^3，混凝土浇筑38.1万m^3。工程静态总投资72 311万元，总投资74 395万元。工期36个月。

保定市境内1段工程概况

保定市境内1段工程为天津干线第2设计单元工程。起点位于保定市徐水县丁家庄村西，终点位于保定市雄县辛许庄村东，沿线经过河北省徐水县、容城县、高碑店市、雄县等县（市）。桩号为（XW15+200）～（XW60+842），全长45.642km。设计输水流量为50m^3/s，加大输水流量为60m^3/s，向河北省总分水流量2.73m^3/s。

该工程以输水箱涵为主，并包括保水堰、检修闸、通气孔、京广铁路涵、京广公路涵、京深高速公路涵、津保公路涵、津保高速白沟连接线涵、兰沟河倒虹吸、萍河倒虹吸、大清河倒虹吸，以及小型河渠交叉建筑物和小型公路涵等各类建筑物共计81座。

主要工程量约为土方开挖244.38万m^3、土方回填166.02万m^3、混凝土浇筑31.02万m^3。工程静态总投资252 002万元，总投资258 375万元。工期为36个月。

保定市境内2段工程概况

保定市境内2段为天津干线第3设计单元。该段位于河北省保定市境内。沿线经过河北省雄县、高碑店市，桩号为（XW60+842）～（XW75+927），全长15.085km。设计输水流量为50m^3/s，加大输水流量为60m^3/s。

该工程包括河渠交叉建筑物、分水口门、通气孔、公路交叉建筑物等（包括津同公路和津保公路穿越）共计26座。

主要工程量包括，土石方开挖434.1万m^3，土石方填筑302.3万m^3，混凝土浇筑47.4万m^3。工程静态总投资80 156万元，总投资81 332万元。工期23个月。

廊坊市境内段工程概况

廊坊市境内段工程为天津干线第4设计单元工程。该段位于河北省廊坊市境内，沿线经过廊坊市固安、霸州、永清和安次，桩号为（XW75+927）～（XW131+360），全长55.433km。设计输水流量为50m^3/s，加大输水流量为60m^3/s。

该工程段包括检修闸、保水堰、通气孔、分水口门、倒虹吸、铁路交叉建筑物及公路交叉建筑物等共计93座。

主要工程量包括，土石方开挖1018.3万m^3，土石方填筑726.5万m^3，混凝土浇筑

110.5 万 m^3。工程静态总投资 322 972 万元，总投资 331 760 万元，工期 36 个月。

主要建筑物

天津干线工程由西黑山进口闸、东黑山陡坡泄槽、无压箱涵、调节池、有压箱涵和保水堰井、连接井、分流井、出口闸等输水、控制建筑物及各类交叉建筑物组成。

天津干线工程起点为南水北调中线总干渠与西黑山进口闸中心线交点，坐标为 X = 4 327 378.848，Y = 115 534 093.309（1954 年北京坐标系，下同）；天津干线河北段与天津市区段交点位于河北霸州与天津武清分界处，坐标为 X = 4 335 594.062，Y = 117 488 185.130；终点位于天津市外环河以西约 200m 处，坐标为 X = 4 334 370.481，Y = 117 507 656.098。天津干线工程全线无压输水箱涵总长 6.310km，有压输水箱涵总长 128.840km。全线主要建筑物共 268 座，其中进口闸枢纽 1 座、陡坡 1 座、调节池 1 座、检修闸 4 座、保水堰 8 座，连接井 1 座、分流井 1 座、出口闸 1 座、通气孔 69 座（其中 1 号通气孔与东黑山村东检修闸结合布置）、分水口 9 处、排水涵洞 1 座、倒虹吸 61 座、铁路涵 4 座、公路涵 107 座。

天津干线 1 ~ 4 单元工程主要建筑物共 230 座，其中进口闸枢纽 1 座、陡坡 1 座、调节池 1 座、检修闸 3 座、保水堰 8 座、通气孔 59 座（其中 1 号通气孔与东黑山村东检修闸结合布置）、分水口 9 处、排水涵洞 1 座、倒虹吸 53 座、铁路涵 3 座、公路涵 92 座。

无压箱涵段采用一孔接两孔方案，有压箱涵段采用三孔方案。

压力箱涵的最大工作压力为 0.15MPa。

输水箱涵混凝土等级采用 C30，纵向伸缩缝间距为 10 ~ 15m，箱涵间伸缩缝宽 3cm。缝间止水采用中埋式复合型遇水膨胀橡胶止水带，填缝材料采用聚乙烯闭孔泡沫塑料板，迎水面嵌缝密封材料采用双组分聚硫密封胶。本渠段地下水中的 SO_4^{2-} 对普通硅酸盐水泥具有中强侵蚀性，在混凝土中掺加磨细矿渣和粉煤灰的双掺措施，以提高混凝土自身抗侵蚀能力。

西黑山进口闸闸室采用三孔一联开敞式结构。闸室右侧布置排冰闸和蓄冰池。

大清河、瀑河、牤牛河等河渠交叉建筑物采用倒虹吸型式以及建筑物的结构布置。

根据北京铁路局的审查意见（京铁师函［2008］375 号），箱涵穿越京广铁路采用顶进框构保护涵方案，穿越京九、津霸铁路采用暗挖隧洞方案下穿铁路。

根据河北省交通厅的有关意见（冀交函基［2007］259 号），箱涵穿越张石高速公路、京广公路等 11 座交叉建筑物采用明挖结合管幕法方案。

汉江兴隆水利枢纽工程

工程概况

汉江兴隆水利枢纽位于汉江中下游河段湖北省潜江、天门市境内，上距丹江口水利枢纽 378.3km，下距河口 273.7km，是南水北调中线一期工程汉江中下游四项治理工程之一，作为南水北调中线一期工程的重要组成部分，其开发任务是以灌溉、航运为主，兼顾发电。

汉江兴隆水利枢纽工程为一等工程，最小通航流量为 420m^3/s，最大通航流量为 10 000m^3/s，正常蓄水位为 36.2m，入库洪峰为 19 400m^3/s 时相应水库水位为 41.75m；本阶段装机容量为40MW。汉江丹江口至汉口河段近期按Ⅳ级航道整治；远期按Ⅲ级航道渠化和整治。工程按1000t级船队通航规模设置船闸。

工程静态总投资304 905万元。工期54个月。

为与南水北调中线一期工程一致，工程的近期设计水平年为2010年，远期设计水平年为2030年。

汉江兴隆水利枢纽工程为一等工程。主要建筑物泄水闸、电站厂房、船闸上闸首、鱼道闸首及两岸滩地过流段等为1级建筑物；Ⅲ级船闸的闸室段和下闸首为2级建筑物；船闸导航墙、靠船建筑物、电站副厂房、开关站、鱼道除闸首外的其他部位、坝区防护建筑物等次要建筑物为3级建筑物。工程管理范围内的两岸堤防加固仍维持该段汉江堤防原级别不变，为2级堤防。

最大下泄流量19 400m^3/s（该河段最大安全泄量）时相应的闸上水位，为确定本工程各主要建筑物的设计（校核）水位。

汉江兴隆水利枢纽工程位于Ⅵ度地震基本烈度区，根据各主要建筑物自身特点，采取相应的抗震措施。

主要建筑物

汉江兴隆水利枢纽工程在原河槽和左岸低漫滩上布置泄水闸，紧邻泄水闸右侧布置电站厂房，船闸布置于厂房右侧的滩地上，鱼道位于电站厂房与船闸之间；船闸与右岸汉江堤防之间、泄水闸与左岸汉江堤防之间为滩地过流段；主体工程与两岸堤防之间采用交通桥连接。

泄水闸采用56孔，底板高程为29.5m。

泄水闸采用开敞式平底闸型式，闸孔净宽为14m，闸室为两孔一联整体式结构；闸下采用底流消能、下挖式消力池后接钢筋混凝土海漫和柔性混凝土沉排海漫及防冲槽等水平防冲设施。闸室前采用钢筋混凝土防渗铺盖、闸基采用水泥土截渗墙防渗型式。闸基处理采用水泥土搅拌桩法加固地基。

船闸上闸首闸基防渗采用上游铺盖和水泥土搅拌桩垂直防渗相结合的布置型式。

船闸地基采用水泥土搅拌桩法解决饱和砂土震动液化、地基承载力不足和沉降量过大等问题。

电站建筑物采用引水渠、进出口、主副厂房、安装场和尾水渠组成的建筑物布置和结构型式。

对坝区汉江两侧未达标堤防进行加固，右岸堤防加固范围为（下游汉右253+600）～（上游汉右254+900），长1.3km；左岸堤防加固范围为（下游汉左247+500）～（上游汉左251+500），长4km。

陆 西线工程

THE WESTERN ROUTE PROJECT OF THE SNWDP

综　述

概　述

2009年是开展南水北调西线第一期工程项目建议书工作的第八年，中心任务是全面完成南水北调西线第一期工程项目建议书有关成果，提交《南水北调西线第一期工程项目建议书（送审稿）》总报告，通过黄河水利委员会初审。

1月，对南水北调西线第一期工程项目建议书的成果体系进行了明晰，确定南水北调西线第一期工程项目建议书成果分为总报告、专题报告、附件三个层次。总报告名为《南水北调西线第一期工程项目建议书》，包括《综合说明书》和13个分篇报告，13个分篇报告为第一篇《工程建设必要性及开发任务》，第二篇《水文》，第三篇《工程地质》，第四篇《建设规模》，第五篇《工程布置及主要建筑物》，第六篇《机电及金属结构》，第七篇《施工组织设计》，第八篇《工程管理》，第九篇《工程建设移民》，第十篇《环境影响分析》，第十一篇《水土保持》，第十二篇《投资估算》，第十三篇《经济评价》；专题报告是重大问题及技术难题研究的成果，共21项；附件是支撑专题报告的子报告和其他专项研究，共64项。

1~5月，黄河勘测规划设计有限公司（以下简称黄河设计公司）组织各专业根据黄河水利委员会科学技术委员会2008年咨询意见，对项目建议书13个分篇报告（咨询稿）进行补充修改完善，5月底，完成项目建议书总报告，包括综合说明书（送审稿）及13个分篇报告（送审稿）。5~9月，陆续完成项目建议书各类成果的校审、付印程序。11月，黄河设计公司向黄河水利委员会提交项目建议书总报告（送审稿）、专题报告以及附件等96份成果，12月4日，《南水北调西线第一期工程项目建议书》总报告通过黄河水利委员会的初审。

继续进行项目的管理工作。重点对项目建议书阶段委托相关单位研究的一些重大专题进行清理，对尚未结题的专题加强了督促检查和协调工作。验收了水利部发展研究中心、国家发展改革委经济体制与管理研究所共同承担的《南水北调西线第一期工程资金筹措与管理体制研究》成果。继续安排调水河流6个专用水文站的水文观测，并对2008年的观测成果进行检查验收。

参与有关南水北调西线工程的各种研讨会。参加黄河水利委员会科技委在河南省郑州市组织召开的“黄河流域严重干旱与南水北调西线工程座谈会”，黄河研究会、全球水伙伴（中国 黄河）主办的第四届黄河国际论坛分会场“黄河流域水资源配置与调控工程高层论坛”，准备会议有关材料，结合2008年冬2009年春黄河流域特大干旱，汇报了黄河流域干旱形势及南水北调西线前期工作情况，论述南水北调西线工程的必要性及紧迫性。

根据水利部的安排，10月开展了“南水北调西线工程多水源方案比选”项目的立项工作，初步分析了通天河调水直接入黄河的可行性，编制了《南水北调西线工程多水源方案比选任务书》。

（崔　荃　张　玫）

前期工作进展

（一）阶段成果咨询

2009年12月4~5日，黄河水利委员会在河南省郑州市召开南水北调西线第一期工程项目建议书初审会，参加会议的有黄河水利委员会科技委、规计局、总工办、水调局、财务局、水文局、水资源保护局、移民局、供水局、黄河设计公司等单位的专家和代表约30人。会议听取了黄河设计公司关于《南水北调西线第一期工程项目建议书》的汇报，进行了认真的讨论，形成审查意见。审查意见指出，南水北调西线工程是在国家全局高度上对水资源实施优化配置的战略性、基础性工程，是国务院批准的《南水北调工程总体规划》重要组成部分。项目建议书围绕调出区、受水区和工程区开展了大量基础调研、分析论证及重要专题研究，该项目建议书思路清晰、资料翔实、论证充分、内容全面，成果基本满足本阶段内容和深度的要求。

（二）专题研究验收及评价

2009年1月15日，国务院南水北调工程建设委员会专家委员会印发《关于印发〈南水北调远景设想方案综合分析〉专题研究报告评审意见的函》（专委函字［2009］2号文），对黄河设计公司完成的《南水北调远景设想方案综合分析》提出“从国家的长远发展战略和水资源配置考虑，开展对南水北调西线工程后续水源及对社会上提出的远景调水设想进行分析研究，是十分必要和有意义的”和“对报告适当修改后，委托单位可以验收”的意见，要求黄河设计公司“按专家评审意见进行修改完善，并尽快提交最终研究报告”。

2009年7月28日，黄河设计公司在河南省郑州市召开了《南水北调西线第一期工程资金筹措与管理体制研究报告》验收会，该报告由水利部发展研究中心、国家发展改革委经济体制与管理研究所共同承担。参加验收组的有黄河设计公司南水北调西线项目部、生产管理部、规划院、工程院等单位的代表。验收组听取了专题承担单位的汇报，查阅了有关成果、附件及资料，经过充分讨论，同意验收该专题。

2009年8月24日，黄河水利委员会国际合作与科技局对黄河设计公司完成的“南水北调西线工程综合数据管理与服务平台”进行了评审。评审委员会成员由来自河海大学、河南省郑州大学、河南省水利厅、黄河水利委员会国科局、河南黄河河务局等单位专家组成。评审委员会认为：该成果整体达到国际先进水平，并建议在南水北调西线工程后续规划设计中进一步推广应用。

（三）规划设计工作

（1）工程建设必要性和开发任务论证。根据黄河水利委员会科技委咨询意见，调整了报告结构，并进行了以下补充修改：结合有关专题研究成果，进一步充实和提炼黄河流域在国家发展中战略地位等有关内容；增加结合有关典型事例和连续枯水年情况，加强对黄河流域资源性缺水状况及其导致问题的描述；根据不同调水工程的特点，进一步分析比较缓解黄河流域缺水的对策措施；从缺水导致水资源危机、生态危机和对社会稳定等方面的不利影响，进一步论证工程建设的紧迫性；编制完成项目建议书第一篇《工程建设的必要性及开发任务》（送审稿）。

（2）建设规模论证。根据黄河水利委员会科技委咨询意见进行了以下补充修改：补充分析了洪水最大流量的成果，编制完成项目建议书第二篇《水文》（送审稿）。区域地质一章调整为区域地质概况、区域构造稳定性与地震两部分；利用中国地震局有关专题研究成果及主要结论，进一步优化完善区域稳定性评价；根据汶川地震后调整的地震动参数区划，复核本工程区有关参数；加强了河谷结构的论述及顺向谷枢纽区工程地质条件的分析评价；对坝址区岩体结构、岩体质量及岩体（石）物理力学指标进行了协调；研究了不同地质环境下板岩工程特性；对不同洞段围岩分类进行了协调；进一步分析论证了部分料场天然砂砾石料质量；编制完成

第三篇《工程地质》（送审稿）。进一步分析完善了生态环境保护目标、河道内生态环境用水计算方法、水质评价和预测，编制完成第四篇《建设规模》（送审稿）。

（3）调水工程总体布置及施工。根据黄河水利委员会科技委咨询意见进行了以下补充修改：进一步研究热巴—阿安洞段采用压力输水方案的技术可行性及经济合理性；进一步研究比较输水线路跨玛柯河取直方案、输水线路直接入贾曲方案。编制完成第四篇《工程布置及主要建筑物》（送审稿）、第六篇《机电及金属结构》（送审稿）。结合工程地质勘察成果，对混凝土骨料的开采利用作进一步复核，修改相关内容，编制完成项目建议书第七篇《工程施工》（送审稿）第十二篇《投资估算》（送审稿）。

（4）工程建设征地移民。根据黄河水利委员会科技委咨询意见进行了以下补充修改：补充说明了实物调查抽样方法；按有关统计资料复核了基准年有关指标；补充对社会适应性调整的论证分析；完成项目建议书第九篇《工程建设征地移民》（送审稿）。

（5）环境影响分析及水土保持。根据黄河水利委员会科技委咨询意见进行了以下补充修改：进一步分析调水以后水文情势引起各生态环境因子的变化情况；进一步说明水源区的范围，工程直接影响范围及间接影响范围；补充环保措施实施后的分析说明；进一步分析西北地区及黄河生态补水的紧迫性；完成项目建议书第十篇《环境影响分析》（送审稿）、第十一篇《水土保持专项报告》（送审稿）。

（6）经济评价。根据黄河水利委员会科技委咨询意见进行了以下补充修改：进一步拓展多元筹资的途径；分别阐述建设期和运行期的建设管理体制的构架；进一步分析论证增加黄河供水量筹集资本金的措施；补充向黄河河道补水效益计算方法的论证；补充敏感性分析；进一步分析工程成本费用的构成、有关取费费率和主体工程的费用分摊；充实对受水区的宏观经济影响分析；编制完成第八篇《工程管理》（送审稿）、完成项目建议书第十二篇《经济评价》（送审稿）。

（四）勘测工作

2009 年，四川省水文水资源勘测局继续在雅砻江温波、达曲东谷、阿柯河安斗，青海省水文水资源勘测局继续在玛柯河班玛，黄河水利委员会上游水文水资源勘测局继续在泥曲泥柯、杜柯河壤塘等 6 个专用水文站进行水文测验、资料整编工作。10 月，黄河设计公司陆续完成 6 个专用水文站 2008 年水文测验成果的验收。

（崔　荃　曹海涛）

重点研究项目

西线工程超长隧洞 TBM（全断面掘进机）施工关键技术问题研究

2009 年，“十一五”科技支撑计划南水北调西线工程超长隧洞 TBM（全断面掘进机）施工关键技术问题研究课题进入结题阶段。3 月 13 日，黄河设计公司作为课题牵头单位在河南省郑州市召开“十一五”科技支撑计划南水北调西线工程超长隧洞 TBM 施工关键技术问题研究课题研讨会，中国科学院武汉岩土力学研究所、河海大学、中铁隧道集团有限公司、北京振冲工程股份有限公司等课题承担单位参加了会议。课题组负责人、黄河设计公司总工景来红要求各单位要尽快提交结题报告提纲，黄河设计公司将继续做好协调，精心组织，合理安排，保证课题的顺利完成。截至2009年底，各课题承担单位完成结题工作。

（崔　荃）

重　要　会　议

黄河流域严重干旱形势与南水北调西线工程专家座谈会

2009年2月21日，黄河水利委员会科技委在河南省郑州市组织召开了“黄河流域严重干旱形势与南水北调西线工程专家座谈会”。中国科学院、工程院的5位院士曹楚生、王思敬、山仑、刘昌明、韩其为和水利部原总工朱尔明，清华大学教授张仁等多位专家参加了会议。

院士和专家建议：积极推进南水北调西线工程的前期工作，力争早日开工，以适应黄河流域对水资源的需求，真正实现我国水资源南北调配、东西互济的目标。

黄河流域水资源配置与调控工程高层论坛

2009年10月21～23日，黄河研究会、全球水伙伴（中国　黄河）主办，黄河设计公司承办的黄河流域水资源配置与调控工程高层论坛在河南省郑州市召开。水利部原部长杨振怀，中国科学院院士刘昌明、汪集旸，中国工程院院士陈志恺、曹楚生、陈厚群、茆智，全球水伙伴总部秘书长Ania Grobicki女士，全球水伙伴（中国　黄河）主席黄自强出席论坛。

黄河流域水资源配置与调控工程高层论坛是第四届黄河国际论坛的重要分论坛，重点探讨黄河流域在水资源管理、配置等方面存在的矛盾和焦点问题；探讨黄河流域水资源综合管理对于民生水利、生态水利、可持续发展水利的影响和作用；研讨古贤水库对于完善黄河防洪减淤“上拦”工程体系，提高水资源调度能力及调水调沙综合效率的影响和作用；研讨南水北调西线工程的建设时机和对流域经济社会发展、生态保护的影响。

（曹海涛）

CHINA SOUTH-TO-NORTH WATER DIVERSION PROJECT CONSTRUCTION YEARBOOK

柒 配套工程

THE MATCHING PROJECTS

北 京 市

概 述

国务院南水北调工程建设委员会第三次全体会议确定了南水北调中线工程“2013年主体工程完工，2014年汛后通水”的总体目标。据此，结合北京市政府批准实施的《北京市南水北调配套工程总体规划》，北京市南水北调办启动了《北京市南水北调配套工程规划实施方案》编制工作，对北京市配套工程建设任务进行细化，明确工程建设时序、资金来源和项目法人，并提出北京市南水北调工程三个阶段目标：第一阶段为2008年4月前，完成南水北调干线北京段工程和北京市南水北调配套工程“三厂一线”工程，具备接纳年调水4亿m^3的能力；第二阶段为2014年前，完成北京市南水北调配套工程阶段建设任务，基本形成北京城市“26213”的供水格局，具备接纳年调水10亿m^3的能力；第三阶段为2020年前，全面完成北京市南水北调配套工程建设任务，具备接纳年调水14亿m^3的能力，首都可持续发展水资源支撑能力进一步增强。

截至2009年底，第一阶段目标已经实现并发挥效益，已接纳河北来水3.34亿m^3，输送张坊水0.3亿m^3，具备了常态引水条件。同时，全年实现大宁调蓄水库和南干渠两项工程开工，落实投资计划约12亿元，全部拨付项目单位，对确保配套工程按时完成起到了较好的资金保障作用。

（李闽峰）

前 期 工 作

（一）团城湖调节池工程

团城湖调节池工程位于北京市海淀区团城湖西南，调节池的调蓄水位49.0～45.0m，最大调蓄容积151万m^3，近期实现调蓄容积127万m^3。建设内容包括南水北调总干渠至调节池的引水渠道、调节池及调节池分水口、管理设施、南水北调教育展示基地等。

团城湖调节池工程主要任务为满足自来水厂供水变化及双水源切换要求，并向第九水厂、第八水厂、城子水厂、燕化田村水厂及石景山水厂分配水量。

2009年重点推进团城湖调节池工程规划方案、征地拆迁调查、项目可行性研究报告编制等前期工件。预计2013年前建成。

（二）郭公庄水厂工程

郭公庄水厂地处北京市丰台区西南部，水厂位置在花乡桥南六圈路南北两侧，郭公庄路东侧。水厂一期规模为50万m^3/天，规划水厂总占地45.16hm^2（含调节池占地20hm^2）。建设内容包括南干渠郭公庄分水口至净配水厂之间的输水管线、净配水厂，服务范围为中心城西南地区等。

郭公庄水厂工程规划已获批准，项目法人已组织编制了项目可行性研究报告，下一步将按程序申请立项。一期工程计划2012年建成。

（三）黄村水厂工程

黄村水厂地处北京市大兴新城西北部，南水北调南干渠以南。水厂位置在黄亦路南侧、芦城路西侧、京西铁路东侧。水厂一期规模为18万m^3/天，规划占地34hm^2（含调节池占地12.5hm^2）。建设内容主要包括输水管线、调节池以及净配水厂，服务范围为大兴新城等。

黄村水厂工程（一期）可行性研究报告已编制完成，下一步将按程序申请立项。计划于2013年建成。

（四）房山丁家洼水厂工程

房山丁家洼水厂地处北京市房山新城燕山地区，水厂位置在南水北调中线总干渠北侧，燕化动力厂的南侧，燕化供销部仓储处北庄仓库西侧。水厂规模为 34 万 m^3/天，规划水厂总占地 $38hm^2$（含调节池占地 $9hm^2$）。建设内容主要包括引水管道、调节池、提升泵房、输水管线和净配水厂，服务范围为房山新城及燕化地区等。

房山丁家洼水厂工程已正式委托相关单位开展项目可行性研究报告编制工作。计划于 2013 年建成。

（五）东水西调改造工程

东水西调改造工程地处北京市西部地区，起点位于规划团城湖调节池北侧，终点为门头沟区城子水厂，全长约 21km。工程建设内容为新建团城湖调节池引水管线和水源切换站，改造现状取水口，对玉泉山泵站、杏石口泵站、麻峪泵站和现状输水管线等进行改造。

东水西调改造工程承担向北京西部地区的供水任务，沿线设置石景山水厂分水口、五里坨分水口和城子水厂分水口。

东水西调改造工程项目建议书（代可行性研究报告）已编制完成，下一步将按程序申请立项。计划于 2012 年建成。

（六）东干渠工程

东干渠工程地处北京市东部地区，起点与团城湖—第九水厂输水工程关西庄泵站北侧分水口相接，基本沿五环路外侧布置，终点位于大兴区三海子公园南，与南干渠末端相接，全长约 44km。

东干渠工程承担向北京城市东部、南部地区的供水任务，沿线设置第八水厂分水口、第十水厂分水口、通州水厂分水口和亦庄分水口。

已正式委托相关单位开展东干渠工程项目可行性研究报告编制工作。主体工程计划于 2012 年完工。

（李闽峰）

在建工程

2009 年，实现大宁调蓄水库和南干渠工程开工建设，当年落实投资计划约 12 亿元。

（一）大宁调蓄水库工程

大宁调蓄水库工程位于北京市房山区大宁村北，最大调蓄库容 3753 万 m^3。工程建设内容包括库区防渗、新建泵站、新建闸和橡胶坝及工程管理设施等。

大宁调蓄水库工程短期内可使南水北调总干渠来水过程与北京市需水过程相匹配。

2009 年 9 月，北京市规划委和市发展改革委批复大宁调蓄水库工程初步设计，批复概算投资 10.24 亿元。

大宁调蓄水库工程于 2009 年底开工建设，计划 2011 年建成。

当年落实投资计划约 3 亿元。截至 2009 年底，已完成大宁水库中堤、副坝前树木伐移工作，生产生活临建已完成，为工程施工创造了良好的条件。

（二）南干渠工程

南干渠工程地处北京市南部地区，起点位于丰台卢沟桥乡，基本沿五环路布置，终点至大兴区三海子公园南，全长约 27km。其中：京沪高铁西侧长约 11km，用浅埋暗挖法施工建设两条内径 3.4m 的钢筋混凝土隧洞；京沪高铁东侧长约 16km，用盾构法施工建设一条内径 4.7m 的钢筋混凝土隧洞。

南干渠工程承担向北京东部、南部地区的供水任务，沿线设置郭公庄水厂分水口、黄村水厂分水口、首都新机场水厂分水口。

2009 年 9 月，北京市规划委和市发展改革委批复南干渠工程初步设计，批复概算投资 33.47 亿元。

南干渠工程于 2009 年底开工建设，计划于 2012 年建成。

结合工程全程 27km 的实际，将南干渠工程划分 13 个施工标段建设。当年落实投资计划9亿元。截至2009年底，九标1号盾构井场地已平整；十标正在进行28号排气阀井场地平整；十二标5号盾构井生活区场地平成已完成。

（三）工程征地拆迁

坚持“以人为本、依法合规、扎实有效、保持稳定”的总体思路，明确了“建委会领导、市南水北调办监管、拆迁办和区级政府组织实施、项目法人参与”的配套工程拆迁实施体制，建立了征地拆迁联络员工作机制，在北京市重大基础设施项目中首次引入征地拆迁监理机制，切实加强征地拆迁进度、质量和资金的监督力度，积极推进配套工程征地拆迁。截至2009年底，交付临时用地3.7万m^2，移植树木1497株，为施工进场创造条件。

坚持属地为主，条块结合，做好沿线维稳工作；加强政策宣传，妥善接待信访，维护上访秩序，取得群众理解；坚持预防为主，制定应急处理预案；坚持定期排查与重点抽查，实现全年无重大上访事件，营造和谐施工环境。

（李闽峰）

建设管理

始终坚持“科技创新保质量”，“机制创新保效率”，“管理创新保安全”，以安全生产为前提、以工程质量为中心，全面做好工程建设、管理的组织实施工作。

（一）安全生产

始终坚持“安全第一、预防为主、综合治理”的方针，加强组织领导，层层落实安全生产责任制，进一步完善安全生产应急预案，确保安全无事故。在应急调水期间，加强内部保卫，实行武警值守关键节点部位、保安巡查，确保首都供水安全。

（二）质量管理

严格工程质量管理，实行了“项目法人负责、监理单位控制、施工单位保证、政府部门监督”相结合的管理体制，建管部门依靠质量监督机构，形成联合巡查机制，定期开展质量巡查和专项抽查，加强对参建单位行为和工程实体质量的监督检查。

（三）招标管理

在总结干线工程招标经验的基础上，规范配套工程招投标管理，加强招标监督工作，规范招标评标工作机制和程序，严格执行招标工作纪律，加强对招投标的内部监督、外部监督和社会监督环节，对招投标全过程实施动态管理。

（四）专项治理工作

按照国务院南水北调办统一部署，切实开展建设领域突出问题专项治理工作，提高工程监管水平。以“三重一大”建设（重大决策、重要干部任免、重大项目安排和大额资金使用）、领导干部作风年建设和廉政风险防范管理为契机，促进工程廉政；对配套工程重点实施“五项监管”和“六项制度建设”，认真排查工程建设中出现的各类问题。

（李闽峰）

天津市

概述

2009年，天津市南水北调办团结协调天津市有关部门，组织配套工程各参建单位，全力推进配套工程各项前期工作和各项工程建设。滨海新区供水一期工程可行性研究报告得到批复，尔王庄水库至津滨水厂供水工程建设实施方案得到批复，王庆坨水库工程可行性研究报告完成修编。中心城区供水工程建设全面展开，尔王庄水库至津滨水厂供水工程开工建设，两项工程年度建设任务圆满完成。

（何　睦）

前　期　工　作

2009年8月24日，天津市发展改革委批复了滨海新区供水一期工程可行性研究报告；同时，天津市南水北调办组织完成了该工程的环境影响评价、水土保持方案、土地预审等工作；2009年10月13日，通过公开招标选定由天津市水利勘测设计院承担该工程的初步设计工作。按照天津市发展改革委的要求，天津市南水北调办组织对王庆坨水库工程规模进行了重新论证，按照先建设一库、库容控制在2000万m^3的要求重新组织编制了可行性研究报告，并于2009年9月10日送天津市发展改革委审批。按照天津市人民政府《关于研究津滨水厂建设有关工作的会议纪要》（津政纪［2009］26号）精神，为加快推进尔王庄水库至津滨水厂供水工程建设，缩短前期工作时间，经天津市人民政府同意，将该工程可行性研究和初步设计两个阶段合并为实施方案一个阶段，并组织天津市水利勘测设计院在规定时间内编制完成了该工程实施方案，于2009年9月29日送天津市发展改革委审批。配套工程总体可行性研究工作继续推进，各输水管线选线规划、规模论证、方案比选等工作基本完成，配套工程信息系统建设方案和工程运行管理方案初稿编制完成。

科研工作取得明显成效，PCCP管道改进及软土地基处理措施研究、PCCP管道和钢管防腐技术研究两项科研项目基本完成，大掺量磨细矿渣混凝土技术在天津干线工程中广泛应用，为工程建设提供了有力的技术支撑。

（何　睦）

投　资　计　划

2009年，天津市南水北调工程建设投资规模为71 300.09万元，共安排3项工程和6项前期工作，完成投资71 444.09万元，为计划的100.2%。其中：天津干线工程完成征地拆迁投资10 127万元，配套工程前期工作完成投资1173.09万元，配套工程建设完成投资60 144万元。

2009年，天津干线工程征地拆迁，计划投资10 127万元，实际完成投资10 127万元，为计划的100%；配套工程前期工作，计划投资1173.09万元，实际完成投资1173.09万元，为计划的100%，主要包括古海岸湿地保护费150万元、滨海新区供水工程可行性研究700万元、尔王庄水库至津滨水厂供水工程选线规划107.5万元、滨海新区供水工程大港区支线地下管线测量86.27万元、滨海新区供水工程地下管线测量11.72万元、尔王庄水库至津滨水厂供水工程地下管线测量117.6万元；配套工程建设，计划投资60 000万元，实际完成投资60 144万元，为计划的100.24%，主要包括中心城区供水工程完成投资40 080万元，尔王庄水库至津滨水厂供水管线工程完成投资20 064万元。

天津南水北调水源工程建设投资有限责任公司注册资本金共到位13亿元，62.17亿元银团贷款合同已经签订，土地抵押手续办理完毕，共提取流动资金贷款5亿元，满足了工程建设需要。

天津市南水北调办结合国家的检查和稽察，对南水北调工程天津质量监督站、天津市南水北调工程征地拆迁管理中心、天津市水利工程建设管理中心的资金管理与使用情况进行了深入自查自纠，资金管理得到进一步规范，全年没有发生违规违纪使用资金问题。

天津市南水北调办配合天津市物价局等

部门，综合考虑南水北调工程建设安排、用水量预测、南水北调工程基金上缴额度、居民承受能力等因素，认真测算了天津市需调整的居民生活用水价格。2009 年 4 月 1 日，天津市上调自来水水价 0.50 元/m^3，上调的 0.5 元中 0.38 元作为南水北调工程基金。截至 2009 年底，天津市累计上缴国家南水北调工程基金 8.865 亿元。

（何　睦）

建设管理

2009 年，配套工程全年共完成工程建设投资 2.9 亿元，其中：中心城区供水工程 2.35 亿元、尔王庄水库至津滨水厂供水工程 0.55 亿元。中心城区供水工程建成输水箱涵 5.07km，共完成土方开挖 99 万 m^3，占总量的 88%；土方回填 28 万 m^3，占总量的 34%；钢筋制作安装 0.8 万 t，占总量的 78%；混凝土浇筑 9.5 万 m^3，占总量的 72%。尔王庄水库至津滨水厂供水工程已完成施工、监理、管材采购招标，征地拆迁稳步推进，各标段施工准备工作基本展开，部分施工单位进场作业。

（一）建设管理体系建设和制度建设

针对天津市南水北调工程建设的特点，天津市南水北调办组织制定了《南水北调中线一期天津干线箱涵工程施工质量评定验收标准》，并由国务院南水北调办印发施行；同时，天津市南水北调办还制定了箱涵工程施工技术规范、箱涵工程原材料及中间产品质量检验标准、箱涵工程施工质量资料技术规定、质量与安全监督导则、施工现场安全生产管理导则、监理导则、项目建设管理体系实施导则等 7 个专项技术标准，修订了《天津市南水北调工程建设管理工作流程》，标准和制度建设走在全国南水北调系统前列。

（二）质量管理

配套工程各参建单位严格执行质量管理体系和各项施工技术标准，把好原材料质量检查关和工序质量控制关；天津市南水北调办有关部门和质量监督、检测机构加强质量监督与控制，定期进行质量检查和巡查。2009 年，中心城区供水工程共评定 198 个单元工程，质量合格率 100%，优良率 93%。

（三）安全生产

配套工程各参建单位认真落实安全生产有关法律法规和规范要求，建立了较为完善的安全保证体系和安全生产规章制度，切实加强现场安全控制，工程建设安全始终受控。一年来，天津市南水北调办、天津市南水北调工程质量与安全监督站、天津市水利工程建设管理中心，共组织安全生产检查 10 次，各有关单位认真整改，共消除 6 类、37 项安全隐患，全年没有发生人员伤亡及重大安全事故，圆满实现了安全生产零事故的目标。

（四）在建工程进度管理

配套工程建设管理单位——天津市水利工程建设管理中心按照总进度计划和年度实施计划，详细分解了年度建设任务，逐项落实到各部门、各岗位，在保证质量和安全的前提下，努力加快建设进度。为加强进度管理，天津市南水北调办和天津市水利工程建设管理中心建立了“建设进度信息报告”制度，对进度计划的执行情况和进度管理体系的运行情况进行监督检查，及时协调、解决影响工程建设进度的问题，竭尽全力为工程建设创造良好的外部环境。

（何　睦）

河 北 省

概 述

2009年，河北省南水北调配套工程建设工作的重点是筹备组建项目法人，落实筹资方案，组织开展跨市输水干渠等重点工程的前期工作，为尽快实现开工建设做好各项准备工作。廊坊市应急供水工程廊坊干渠工程总体可行性研究报告已经河北省发展改革委批复，初步设计也已完成并通过了河北省水利厅组织的专家审查；沙河干渠、石津干渠、赞善干渠和邯沧干渠的可行性研究工作进展顺利。

（卢亚卓）

前 期 工 作

2008年11月26日，河北省政府批准了《河北省南水北调配套工程规划》，2009年河北省南水北调办积极组织开展配套工程前期工作。

按照国家确定的主体工程由国家负责筹资和建设，配套工程由各省（市）政府负责筹资和建设，各省尽快组建配套工程项目法人，与中线总干渠法人对接的建设管理要求，以及配套工程规划提出的“政府主导，准市场机制运作，分级管理，责权统一”的建设管理思路，河北省积极筹备组建河北水务集团作为配套工程的项目法人。2009年底，经过多次咨询、反复研究和广泛征求意见，河北省水利厅和河北省南水北调办联合提出“组建河北水务集团”的方案，并通过河北省政府常务会议的审议，同意河北省南水北调配套工程第一步（2010～2014年）建设任务为：建设完成廊坊、沙河、石津、赞善、邯沧5条干渠，向邯郸、邢台、石家庄、保定市供水的输水工程，向涿州、高邑、霸州等25个县（市、区）供水的管道工程；实现向7个设区市和25个县（市、区）供水16.6亿m^3。工程投资67.5亿元，由省、市、县各级财政出资本金40%，利用银行贷款60%，由项目法人——河北水务集团负责建设完成。河北水务集团为副厅级事业法人，“三定方案”正在抓紧组建。

按照河北省南水北调配套工程规划，将构建“两纵六横十库”为骨架的供水网络体系。按照南水北调中线总干渠2014年汛后通水的目标，河北省南水北调办大力推进从总干渠往东输水的廊坊干渠、沙河干渠、石津干渠、赞善干渠和邯沧干渠等重点工程的各项前期工作。经过积极协调，2009年9月27日，河北省发展改革委批复了《河北省廊坊市应急供水工程廊坊干渠工程可行性研究报告》，初步设计报告通过河北省水利厅组织的专家审查；沙河干渠、石津干渠、赞善干渠和邯沧干渠可行性研究报告工作取得了阶段性进展；配套工程建设管理体制、水价制定政策、外调水与当地水统一管理、优化配套设计等重大课题的研究工作正在组织开展。

（卢亚卓）

江 苏 省

概 述

2009年，江苏省南水北调配套工程前期工作继续推进，《南水北调东线一期江苏境内受水区配套工程规划》总报告基本完成，各专题研究取得重要成果。《南水北调东线一期江苏境内受水区配套工程规划》已列入《江苏省“十二五”水利发展规划》，提升了配套工程建设的战略意义。

（薛刘宇　刘丽君）

前 期 工 作

根据国家发展改革委、水利部、国务院南水北调办联合印发的《关于加快南水北调中、东线一期工程受水区配套工程建设的通知》（发改农经［2007］2456号），2008年7月，江苏省发展改革委、江苏省水利厅、江苏省南水北调办联合下达了《江苏省南水北调配套工程规划任务书》，启动了江苏省南水北调受水区配套工程规划工作。江苏南水北调办负责规划编制组织协调工作，规划由江苏省水利勘测设计研究院有限公司作为编制总承单位，江苏省水文局、江苏省水资源服务中心、江苏省农村水利科技发展中心、江苏省苏北供水局等单位协助做各个专题研究工作，沿线受水区各市水利局参与规划编制。截至2009年底，规划工作已取得以下重要成果：

（1）经过多次讨论和初步审查，江苏省水利勘测设计研究院有限公司总承编制的《南水北调东线一期江苏省受水区配套工程规划（报审稿）》总报告已经完成。

（2）《江苏省南水北调受水区用水户概化》、《江苏省南水北调受水区水资源配置》、《农业用水户管理体制运行机制研究》、《江都市沿运灌区供水成本测算方案和水价制定研究》、《供水区输水干线水质保护研究》、《灌区续建配套和节水改造规划》等，作为配套工程规划专题研究均编制完成并通过初审。

（3）正在编制中的《江苏省“十二五”水利发展规划》已将江苏省南水北调配套工程规划一并列入，有助于下一阶段更好地促进建设实施。根据目前编制完成的《南水北调东线一期江苏省受水区配套工程规划（报审稿）》总报告，江苏省配套工程总投资约55亿元，主要内容包括：①干线口门优化配置及完善工程。根据江苏省内南水北调供水区用水户概化、水资源配置、“用水、保水、管水”的要求以及灌区内部水系调整的可行性，对干线取水口门适当合并、分类、拆除重建或更新改造；②支线配套工程。对复新河、蔷薇河等承担向江苏省内区域供水、补水的支线进行河道整治和口门归并完善；③影响处理工程。完善东线一期可行性研究报告未能充分考虑的影响处理工程，主要是洪泽湖、南四湖周边的影响处理工程，着力解决滨湖堤防薄弱、穿堤建筑物损坏老化，以及圩区排涝降渍困难等抬高蓄水位后带来的问题；④农业用水户配水与计量工程。主要考虑支渠以上的控制、计量工程，用水户内部的配水、控制以及节水等工程措施结合灌区改造项目一并实施；⑤计量监测控制工程。主要针对市县交水断面、梯级泵站出水口、干线分水闸、船闸、农业取水口门等进行配置；⑥干线水质保护措施。在全面分析江苏省南水北调沿线14个治污控制单元水质达标情况的基础上，对达标情况较差的高邮北澄子河、丰县复兴河单元提出了尾水利用及导流、综合整治等水质达标措施，对夹江、芒稻河等南水北调东线水源地提出了以林带、湿地为主的源头水质保护生态廊道工程措施。此外，为保证连云港送清水工程的安全运行，作为徐州市、宿迁市尾水输水工程的配套工程，计划实施新沂河尾水通道扩大工程。

（薛刘宇　刘丽君）

山　东　省

概　　述

2009年2月，山东省编制完成了《南水北调山东续建配套工程可研报告编制工作技术方案》。2009年2月21日，山东省水利厅组织召开了全省续建配套工程前期工作会议，对工作进行了全面部署，协调南水北调工程沿线13个市确认分水口门位置和相应的分水量。2009年9月，编制完成了《南水北调东线工程山东省续建配套工程规划报告（修订稿）》。

（徐国涛）

河　南　省

概　　述

2007年10月，《河南省人民政府关于批转河南省南水北调受水区供水配套工程规划的通知》（豫政文［2007］195号）批复了配套工程规划。依据批复的配套工程规划，河南省南水北调办组织开展了配套工程可行性研究工作。

（耿万东）

前　期　工　作

2009年期间，河南省南水配套工程前期工作主要是完成了配套工程可行性研究报告的编制、初审、上报，以及配合河南省工程咨询公司对配套工程可行性研究报告进行评估等。

2009年2月10日，为加强对配套工程前期工作的领导，河南省南水北调办以《关于成立河南省南水北调配套工程建设领导小组的通知》（豫调办［2009］3号）成立了配套工程建设领导小组，河南省南水北调办主任王树山任组长，各副主任任副组长。领导小组下设办公室，具体负责组织开展配套工程的各项前期工作。2009年2月23日，河南省南水北调办下发《关于印发河南省南水北调配套工程2009年度工作计划的通知》（豫调办［2009］6号），明确了配套工程前期工作的时间节点、责任处室及工作要求，加紧开展配套工程可行性研究报告和7个专项（防洪影响评价、燕山水库参与调蓄分析研究、水土保持、环境影响评价、压覆矿床评估、地质灾害评价、文物保护规划）编制工作。同期建立配套工程前期工作旬报制度。

（一）可行性研究主报告的编制工作

可行性研究主报告的编制设计单位是河南省水利勘测设计研究有限公司，勘测责任单位是河南省水利勘测有限公司。在2008年工作的基础上，进行线路比选、优化，增加舞阳县城、南阳龙升工业园区、禹州神垕镇3个供水目标的供水线路，汇入专题报告成果，2009年5月完成《河南省南水北调受水区供水配套工程可行性研究报告（初稿）》。

（二）配套工程占地实物调查工作

2009年2月10日，河南省南水北调办召开受水区配套工程占地实物调查培训会，受水区各市县相关人员参加培训。会后共分10个小组开展为期35天的调查。2009年3月15日，编制完成配套工程实物指标调查报告，3月底前编制完成拆迁安置规划报告。

（三）配套工程专项工作

配套工程防洪影响评价工作由河南省南水北调办委托河南省水利勘测设计研究有限公司承担；燕山水库对南水北调受水区水资源配置影响的分析研究由郑州大学承担；水土保持方案编制由河南省水利勘测设计研究有限公司承担；环境影响评价由黄河勘测规划设计有限公司承担；压覆矿床评估工作以黄河为界分别由省地质环境监测院、省水文地质工程地质勘察院承担；地质灾害评价由河南省水利勘测公司承担；文物保护规划由河南省文物考古研究所承担。各承担单位均于2009年4月底前完成专项中间成果，并纳入到配套工程可行性研究主报告中。

2009年6月30日~7月3日，受河南省南水北调办委托，黄河勘测规划设计有限公司组织专家在郑州召开会议，对《河南省南水北调受水区供水配套工程可行性研究报告（初稿）》进行审查，形成配套工程可行性研究报告初审意见。河南省水利勘测设计研究有限公司据此对配套工程可行性研究报告进行修改。2009年8月6日，河南省南水北调办以《关于报送〈河南省南水北调受水区供水配套工程可行性研究报告〉的函》（豫调办投函［2009］32号）将配套工程可行性研究报告报送河南省发展改革委。

2009年11月19~23日，河南省发展改革委委托河南省工程咨询工程公司对《河南省南水北调受水区供水配套工程可行性研究报告》进行评估。参加会议的有专家委员会成员以及河南省发展改革委，河南省南水北调办，河南省财政厅、建设厅、水利厅、国土资源厅、环保厅、文物局，工商银行股份有限公司河南省分行、建设银行股份有限公司河南省分行、中国银行股份有限公司河南省分行、农业银行河南省分行、国家开发银行河南省分行，河南省建投集团，河南省水利投资有限公司，河南省水利勘测设计研究有限公司及南阳、平顶山、漯河、周口、许昌、郑州、焦作、新乡、鹤壁、濮阳、安阳市的发展改革委和南水北调办的领导和代表。会议听取河南省水利勘测设计研究有限公司的汇报、省直有关部门和受水区11市的意见，之后与会专家分组对配套工程可行性研究报告进行讨论和质询，会议形成审查意见。

（四）受水城市供配水工程规划工作

城市水厂及管网工程是城市建设的组成部分，也是南水北调工程的最终用户。该项工程只有与南水北调主体工程、配套工程同步建成，才能接纳使用南水北调水，发挥工程效益。按照分级负责的原则，城市水厂及管网工程建设的责任主体是省辖市政府。为有效推进前期工作，按照河南省南水北调中线工程建设领导小组全体会议和省长办公会议要求，河南省南水北调办与河南省发展改革委共同研究起草，并联合河南省水利厅、建设厅、国土资源厅、环保厅印发《关于开展我省南水北调受水区城市供配水规划及项目前期工作的通知》（豫发改城市［2009］378号），要求受水省辖市加强规划和项目前期工作的组织领导，加快编制城市供配水工程规划，加快受水城市水厂及管网工程项目前期工作，研究规划和项目实施的保障措施，确保用好南水北调水。

（耿万东）

捌 队伍建设

TEAM BUILDING

国务院南水北调工程建设委员会办公室

概 述

国务院南水北调工程建设委员会办公室（以下简称国务院南水北调办）2009年干部人事工作，认真贯彻落实党的十七届四中全会精神，按照全国组织部长会议有关部署，围绕南水北调工程建设大局和国务院南水北调办中心工作，不断健全制度措施，努力推进、逐步深化干部人事制度改革，进一步加强领导班子建设、干部队伍和干部廉政建设，加大干部教育培训力度，积极推动国务院南水北调办机关干部交流锻炼，加强干部监督管理，不断开创南水北调干部人事工作新局面，为南水北调工程建设提供坚强的组织和人才保障。

（胡周汉 陈维江 何韵华）

干 部 任 免

2009年3月9日，经任职试用期满考核合格，国务院南水北调办以办任［2009］1号文件，任命苏克敬为国务院南水北调工程建设委员会办公室建设管理司副司长；吴健为南水北调工程建设监管中心副主任；李勇为南水北调工程设计管理中心主任。

2009年5月26日，国务院南水北调办以办任［2009］2号文件，任命张力威为国务院南水北调工程建设委员会办公室总经济师兼环境保护司司长，免去其环境与移民司司长职务；袁松龄为国务院南水北调工程建设委员会办公室征地移民司司长（试用期一年），免去其环境与移民司副司长职务。

2009年6月10日，国务院南水北调办党组以办任［2009］3号文件，任命刘国华为国务院南水北调工程建设委员会办公室环境保护司副司长，免去其环境与移民司副司长职务；邓培全为国务院南水北调工程建设委员会办公室征地移民司副司长（试用期一年）。

2009年6月15日，国务院南水北调办党组以办任［2009］4号文件，任命范治晖为国务院南水北调工程建设委员会办公室环境保护司副巡视员；陈曦川为国务院南水北调工程建设委员会办公室征地移民司副巡视员。

2009年6月16日，国务院南水北调办以办任［2009］5号文件，任命卢胜芳为国务院南水北调工程建设委员会办公室综合司巡视员；王松春为国务院南水北调工程建设委员会办公室建设管理司巡视员；王平生为国务院南水北调工程建设委员会办公室监督司巡视员，免去其投资计划司副司长职务；王平为国务院南水北调工程建设委员会办公室投资计划司副巡视员。

2009年7月1日，国务院南水北调办以办任［2009］6号文件，任命谢义彬为国务院南水北调工程建设委员会办公室经济与财务司副司长（试用期一年）。

2009年8月27日，国务院南水北调办以办任［2009］7号文件，任命耿六成为南水北调工程设计管理中心副主任。

（胡周汉 陈维江 何韵华）

队伍建设与组织机构

（一）队伍建设

2009年，国务院南水北调办认真贯彻全国组织部长会议和贯彻落实深化干部人事制度改革规划纲要座谈会会议精神，根据南水北调工作需要，通过制定周密方案，严格工作程序，做好国务院南水北调办机关和部分事业单位干部集中调整，以及2009年公务员的招录、备案工作，进一步加强了干部队伍建设。研究制定挂职干部总结方案，完成国务院南水北调办机关2008年6位赴基层挂职锻炼干部期满考核工作。协助中共中央组织部干部监督检查组和干部考察组，做好对国务院南水北调办近3年干部选拔任用情况检查、省部级后备干部考察和国务院南水北调办副主任人选民主推荐等有关工作。按照中共中央组织部要求，完成国务院南水北调办机关和各直属单位处级以上党员领导干部2006～2008年度个人有关事项报告的统计上报工作。

（二）组织机构

积极开展国务院南水北调办“三定”规定调整的协调工作，多次到国务院办公厅秘书局、中央机构编制委员会办公室沟通汇报，联系水利部、国家发展改革委，就国务院南水北调办机关后勤及离退休人员事务管理、初步设计概算审批等职能调整征求意见。2009年4月，中央机构编制委员会办公室以《关于调整国务院南水北调工程建设委员会办公室有关职责和内设机构的批复》（中央编办复字[2009]69号），对国务院南水北调办“三定”规定调整进行批复。在此基础上，国务院南水北调办认真总结5年来的工作经验，从适应工程建设需要出发，完成国务院南水北调办机关各司主要职责、内设处室和人员编制的调整工作，开展国务院南水北调办机关离退休干部管理工作调研。同时，针对中央机构编制委员会办公室开展的行政编制结构调整工作，积极协调增加国务院南水北调办行政编制事宜。根据南水北调中线干线工程建设需要，研究批复南水北调中线干线工程建设管理局纪检监察机构设置和直管机构方案。

（三）教育培训

2009年，国务院南水北调办按照中共中央组织部《关于2008～2012年大规模培训干部工作的实施意见》和《关于在干部教育培训中进一步加强学风建设的若干意见》等要求，进一步加强干部教育培训工作，全面提高干部队伍素质。坚持和完善领导班子自学、领导班子中心组学习和脱产进修“三位一体”的理论学习机制，不断提高领导干部政治素养、政策理论水平和把握全局的能力。分层次、按需求，采用多种方式加大干部教育培训工作力度，积极开展干部到中央党校调训、初任培训、任职培训、业务培训，鼓励干部职工参加继续教育等，促进干部素质和能力的全面提高。

（四）人事管理

指导国务院南水北调办各直属单位严格按照人才规划，紧密结合南水北调工程建设实际，做好应届毕业生接收和京外调干工作。组织开展国务院南水北调办2009年中国工程院院士有效候选人申报工作及国务院南水北调办人员参加水利学会、大坝协会及百千万人才人选推荐工作。组织完成2008年度专业技术职务任职资格评审和管理工作。

（胡周汉　陈维江　何韵华）

党的建设与精神文明建设

2009年，在中央国家机关工委和国务院南水北调办党组的领导下，国务院南水北调办直属机关党建工作坚持以邓小平理论、“三个代表”重要思想和科学发展观为指导，充分发挥各级党组织和工青妇组织的积极性和创造性，坚持“围绕中心，服务大局”，扎实开展学习实践科学发展观活动，努力推进机关党的思想、组织、作风、制度和党风廉政建设，推进文明和谐机关建设，为促进南水北调工程又好又快建设提供了坚强的思想政治保证。

（一）深入学习实践科学发展观活动

一是深入学习实践科学发展观。在国务院南水北调办党组中心组学习的带动下，国务院南水北调办机关和直属各单位处级以上领导干部发挥骨干作用，以学习型党支部创建活动为载体，深入开展学习实践科学发展观活动，认真组织党员干部研读《深入学习实践科学发展观活动领导干部学习文件选编》、《毛泽东邓小平江泽民论科学发展》和《科学发展观重要论述摘编》，深入学习领会胡锦涛、习近平同志关于学习实践活动的重要讲话和批示精神。邀请国家统计局总经济师姚景源作专题辅导报告，召开了学习《六个“为什么”》座谈会。

二是学习领会党的十七届四中全会精神。党的十七届四中全会召开之后，直属机关党委迅速下发了《关于学习贯彻党的十七届四中全会精神的通知》，及时为每位党员干部配备了《中共中央关于加强和改进新形势下党的建设若干重大问题的决定》单行本和辅导读本。邀请中央党校党建教研部主任、博士生导师王长江教授作了《提高党的建设科学化水平》的专题辅导报告，先后组织党员干部听取了由中央政策研究室、中央党校、中国社会科学院专家讲授的“学习贯彻党的十七届四中全会精神”系列辅导报告会。

三是抓好学习实践活动整改落实工作。认真督促落实学习实践活动整改落实方案，圆满完成学习实践科学发展观整改落实方案确定的2009年整改任务。

（二）基层组织建设

（1）完成直属机关党委、纪委和工青妇组织换届工作。根据党章规定，经国务院南水北调办党组同意并经中央国家机关工委批准，2009年5月15日，召开了中共国务院南水北调办直属机关第一次代表大会，选举产生了中共国务院南水北调办直属机关委员会和纪律检查委员会。国务院南水北调办机关、直属事业单位和中线建管局基层党组织顺利完成了换届工作。直属机关党委换届后，严格按照有关章程和程序完成了直属机关工会、共青团、妇委会等群众组织的换届工作。

（2）组织开展主题党日活动。根据中央国家机关工委的统一部署，在国务院南水北调办直属机关广泛组织开展“迎国庆主题党日”活动。2009年7月，直属机关党委组织优秀共产党员、优秀党务工作者和先进党支部代表到革命圣地延安考察学习，组织青年同志赴天津接受革命传统教育，并对南水北调工程进行了调研，召开了青年干部座谈会。各党支部（党委）结合实际和业务工作特点，也开展了丰富多彩的主题党日活动。2009年10月，直属机关党委将各党支部主题党日活动情况汇编成册。

（3）组织发展和党员干部教育培训工作。2009年，国务院南水北调办直属机关有6名同志发展成为预备党员，8名预备党员按期转正，15人向所在党组织递交了入党申请书。2009年，先后选派了7名同志参加中央国家机关党校司局级、处级和科级培训班的学习。

（4）创先争优活动。2009年，国务院南水北调办中线建管局漕河项目建管部被评为“中央国家机关五一劳动奖状先进集体”，中线建管局河南直管建管部党支部书记、部长高必华被评为“五一劳动奖章先进个人”。“五四”青年节期间，国务院南水北调办机关团委对20名“优秀团员青年”、8个“优秀团干部”和4个“优秀团支部（团委）”进行了表彰。同时，深入开展青年文明号创建活动，中线建管局河北直管项目部运行管理办公室被共青团中央和国家安全生产监督管理总局评为“第七届全国青年安全生产示范岗”，经济与财务司财务处被评为“中央国家机关青年文明号”，有12个青年集体被评为“2008年度南水北调办青年文明号”，有17个青年集体被继续认定为“南水北调办青年文明号”。七一前夕，国务院南水北调办直属机关党委评选表彰了6个先进党支部、21名优秀共产党员、14名优秀党务工作者，通过开展一系列的创先争优活动，形成了创先争优的良好氛围。

（二）党风廉政建设

（1）学习中央纪委三、四次全会精神和贯彻国务院第二次廉政工作会议精神。中央纪委第十七届三、四次全会和国务院第二次廉政工作会议召开之后，认真组织党员干部学习胡锦涛、温家宝、贺国强同志在会上的重要讲话，学习《关于党政机关厉行节约若干问题的通知》等中央文件，观看了警示教育片《天津市政法委原副书记、天津市检察院原检察长李宝金受贿、挪用公款案》、《河南省人大常委会原副主任王有杰受贿案》和《河北省外经贸厅原副厅长李友灿受贿案》。2009年9月，以“加强领导干部党性修养、树立和弘扬良好作风”为主题，组织召开了司局级党员领导干部民主生活会和党员组织生活会。

（2）建立健全党风廉政建设规章制度，从源头上预防和治理腐败。认真贯彻执行中央印发的《建立健全惩治和预防腐败体系2008～2012年工作规划》，贯彻《国务院南水北调办党组建立健全惩治和预防腐败体系2008～2012年工作要点》，明确了国务院南水北调办直属机关惩治和预防腐败的指导思想、工作目标、基本原则、主要任务、实施步骤和工作要求。根据中央统一部署，配合有关部门开展了南水北调工程建设领域突出问题专项治理工作。

（3）贯彻落实党风廉政责任制。认真贯彻执行《中共国务院南水北调工程建设委员会办公室党组党风廉政建设责任制实施办法》，将党风廉政建设各项任务分解落实到党政领导班子成员和有关单位，做到职责划分清晰，责任要求明确，工作任务具体，完成时限清楚，保障措施有力。

（四）庆祝新中国成立60周年系列活动

（1）爱国主义教育。围绕中央庆祝新中国成立60周年系列宣传活动，先后组织干部职工参观了新中国成立60周年成就展、“内蒙古新疆广西宁夏西藏自治区成就展”和《复兴之路》主题展览；组织干部职工观看60年献礼主旋律影片《建国大业》；选派干部职工参加中央国家机关庆祝新中国成立60周年大型歌咏和群众游行活动。

（2）群众性文体活动。2009年，举办了国务院南水北调办直属机关第四届干部职工文化艺术作品展览，展示了干部职工在业余时间创作的书法、绘画、诗歌、摄影、刺绣等作品，促进和丰富了干部职工业余文化生活。组织开展了跳绳、踢毽子等群众体育活动；派出司局级、处级两个代表队参加中央国家机关“公仆杯”乒乓球赛，司局级队顺利晋级A组；组队参加了中央国家机关第九届桥牌团体赛，以总分第三名的好成绩顺利晋级乙级队。坚持开展足球、羽毛球、乒乓球、篮球和机关工间操活动。机关妇工委组织开展了主题为“了解新农村，增强爱国情”的赴留民营生态农场学习参观活动，组织全体女职工开展多项体育健身活动，如游泳、乒乓球、保龄球等体育运动。机关团委组织召开纪念五四运动90周年座谈会暨青年工作表彰会。

（3）“送温暖献爱心”活动。国务院南水北调办直属机关党委组织干部职工捐款5万余元，拟将河北唐县封庄村“南水北调希望小学”现有约400m长的泥土路硬化，改善希望小学的交通环境。直属机关党委、机关工会坚持开展慰问困难党员和困难职工活动，针对他们生活上的困难，每次节日到来，都及时向他们送去慰问品和慰问金，表达组织的关心和爱护。每逢职工生日，机关党委、机关工会都及时送上生日祝福和慰问。每当机关干部职工个人和家庭遇有红白喜事，机关党委、工会、妇工委都及时到家中慰问，送去关心和温暖。

（4）统战工作和稳定工作。国务院南水北调办直属机关党委关心重视民主党派和无党派人士的思想、工作和生活，及时组织他们学习党的方针政策，学习党的十七届四中全会和中央经济工作会议精神，积极选派民主党派和无党派人士参加短期培训，着力提高他们的综合素质。在日常工作中，注意团结和引导他们在又好又快地推进南水北调工程建设中积极发挥作用。在党组织换届选举、召开领导班子民主生活会之前都认真征求民主党派和无党派人士意见，有效地调动了他们的积极性、主动性和创造性。

（五）获得荣誉

中央国家机关精神文明建设协调领导小组授予国务院南水北调办机关2009年度“中央国家机关文明单位”荣誉称号。

（倪春飞）

深入学习实践科学发展观活动

根据《中共中央关于在全党开展深入学习实践科学发展观活动的意见》(中发［2008］14号）精神，按照中央召开的全党深入学习实践科学发展观活动动员大会及第一批深入学习实践科学发展观活动工作会议部署，在中央指导检查组的指导帮助下，国务院南水北调办从2008年9月~2009年2月，以国务院南水北调办机关、直属事业单位和中线建管局司局级以上领导班子和处级以上党员领导干部为重点，组织国务院南水北调办255名党员开展了深入学习实践科学发展观活动，顺利完成了各项任务。

2008年9月开始，国务院南水北调办在中央指导检查组指导下，成立了国务院南水北调办深入学习实践科学发展观活动领导小组办公室，建立了领导责任制，在国务院南水北调办机关、直属事业单位和中线建管局全体党员干部范围内开展深入学习实践科学发展观活动，于2008年完成了准备动员、学习调研阶段的各项活动任务，顺进转入分析检查阶段。

（一）分析检查

（1）2009年，按照中央要求，国务院南水北调办党组书记、主任张基尧同志全程主持，党组成员全程参与了国务院南水北调办党组关于落实科学发展观情况的分析检查报告的撰写。国务院南水北调办党组先后4次召开会议，确定分析检查报告基本框架和主要内容，反复进行专题讨论和修改完善。同时，通过不同方式反复征求各司各单位对国务院南水北调办党组分析检查报告的意见建议，并进行了反复认真修改，报送李克强、回良玉副总理审阅。

（2）组织群众评议并公布分析检查报告。制定了《国务院南水北调办深入学习实践科学发展观活动群众评议工作方案》。2009年1月12~13日，国务院南水北调办学习实践活动办公室组织机关和事业单位全体干部职工、中线建管局处级以上干部和有关专家，对国务院南水北调办党组分析检查报告进行评议。2009年1月15日，按要求以书面形式在国务院南水北调办范围内公布了国务院南水北调办党组分析检查报告和群众评议结果。

（二）整改落实

（1）制定整改落实方案。国务院南水北调办党组依据分析检查报告，制定了《中共国务院南水北调办党组深入学习实践科学发展观整改落实方案》，确定了工程建设、前期工作、资金监管、征地移民、治污环保、监督管理、领导班子和队伍建设等7个方面78项整改措施。2009年2月9日，在国务院南水北调办范围内公布了《中共国务院南水北调办党组深入学习实践科学发展观整改落实方案》。

（2）集中解决突出问题。在边学边改、边查边改的基础上，国务院南水北调办党组和各司各单位领导班子本着“实事求是、尽力而为、量力而行”的原则，按照整改目标和时限要求，按时完成了学习实践活动期间整改落实事项。

（三）群众满意度测评和总结

国务院南水北调办深入学习实践科学发展观活动领导小组制定了《国务院南水北调办深入学习实践科学发展观活动群众满意度测评工作方案》，并于2009年2月26日对国务院南水北调办开展学习实践活动进行了满意度测评。参加测评的干部职工共200人，其中国务院南水北调办机关和事业单位131人，占机关单位总人数的91%；中线建管局69人，占基层干部职工人数的24%。测评结果是：对国务院南水北调办学习实践活动表示满意和比较满意的达100%，其中：认为“满意”的198人，占

99%；认为“比较满意”的2人，占1%。在认真开展学习实践活动总结的同时，认真组织开展了“回头看”工作。

（倪春飞）

有关省（直辖市）南水北调工程建设管理机构

北京市

机构设置

2009年，北京市机构编制委员会办公室批准成立北京市南水北调办机关党委（人事处）、北京市南水北调信息中心、北京市南水北调调水运行中心、北京市南水北调工程质量监督站4个部门和机构，理顺了北京市南水北调工程拆迁办公室主要职能、人员编制和经费形式。

（李闽峰）

人事管理

2009年，北京市南水北调办共核增行政编制3名、正处级职数1名，核增事业编制63名、处级领导职数11名；2009年共提拔处级干部4名。另外，建立健全了各项管理制度，将北京市南水北调系统所有工作人员纳入规范化管理。

（李闽峰）

教育培训

2009年，北京市南水北调办共选送参加北京市委党校、行政学院培训3人；北京市南水北调办机关及下属单位中层以上干部54人利用干部在线学习平台完成每人40学时的培训课程，合格率100%；组织业务考察学习近240人次；2009年初，建管中心成立职工夜校，开展了调水运行管理、消除隐患规范安全生产、配套工程应用技术培训等系列专业教育培训11次，培训1050人次，系统内干部职工人均受训3次；针对建管中心与水利水电学校联合举办的水利基础知识培训班，开设《水力学基础》、《防洪抢险技术》等5门专业课程互动式教学，普及水利专业知识54课时，共培训人员55人，合格率达99%。

（李闽峰）

党建工作

2009年4月，北京市委组织部批复同意成立中共北京市南水北调工程建设委员会办公室机关委员会；5月15日，召开党员大会选举产生了第一届机关委员会；7月，北京市南水北调办机关全体党员通过直选的方式，选举产生了机关支部委员会；随后，各下属单位相继选举成立党总支、党支部。至此，北京市南水北调办系统党组织体系已经建立。2009年12月，组织基层党支部完成了党、工、团综合信息系统的信息采集工作，建立了党员和职工的基础数据库。

（李闽峰）

廉政建设

2009年，按照北京市委部署，在北京市南水北调系统内全面开展了“弘扬北京奥运精神、加强领导干部作风建设年”和“深入学习实践科学发展观整改落实回头看”活动，教育和引导领导干部牢记职责使命，加强党性修养，坚持理想信念，坚定发展信心，求真务实，开拓创新。

同时，结合党员干部作风建设、队伍建设，建立作风建设责任制，实行作风建设的表彰和警示、淘汰机制，将干部作风建设纳入选拔、任用、考核中，并着力加强廉政教育，积极开展廉政教育活动，继续推进“机制创新、科技创新、管理创新”，以党的建设和精神文明建设成果为南水北调工程建设提供坚强的思想、政治和组织保证，确保“工程安全、资金安全、干部安全”。

（李闽峰）

天　津　市

管　理　体　制

2009年，天津市南水北调办出台《关于进一步完善南水北调工程建设管理体制和工作机制的意见》，进一步理顺了天津市南水北调办、南水北调水源工程建设投资有限公司、天津市水利工程建设管理中心等各参建单位的职责，工程建设管理的规范性、有效性明显提高。

（何　睦）

廉　政　建　设

2009年，天津市南水北调办全面开展工程建设领域突出问题专项治理活动，各阶段工作按计划有序推进。党风廉政建设深入推进，与天津市监察局重点工程派驻组和工程建设现场指挥部临时党支部密切配合，大力开展廉政教育，不断加强廉政监督，打造廉洁工程，2009年没有发生违规违纪问题。

（何　睦）

精　神　文　明　建　设

2009年，天津市南水北调办紧密结合工程建设，组织开展了丰富多彩的精神文明建设活动。2009年7月初，天津市南水北调办与天津市水利工程建设管理中心在天津干线天津市1段工程施工现场，举办了“唱响红色旋律，建设廉洁工程”主题慰问演出，各参建单位的文艺精英冒着细雨，以饱满的热情、高超的技艺，为广大参建职工表演了精心编排的文艺节目。2009年7月底，天津市南水北调办组织配套工程各参建单位，举办了“喜迎建国六十周年，爱国歌曲大家唱”主题活动，增强了各参建单位的凝聚力，活跃了职工文化生活，激发了广大职工的爱国热情和建好南水北调工程的责任心。

（何　睦）

河　北　省

机　构　设　置

2009年5月21日，经河北省机构编制委员会批准，河北省南水北调工程建设监管中心加挂“河北省南水北调建设管理中心”牌子，增加了“组织和承担南水北调工程部分受委托项目及部分配套工程建设管理”职责。

（蔡顺富）

人事管理

（1）2009年4月16日，中共河北省委组织部以组干字［2009］88号文决定，免去许光峰河北省水利厅党组成员职务；2009年5月21日，河北省人力资源和社会保障厅以冀人社任［2009］29号文决定，免去许光峰同志河北省南水北调工程建设委员会办公室副主任职务，退休。

（2）2009年11月23日，中共河北省委组织部以组干字［2009］284号文决定，免去耿六成同志河北省水利厅党组成员职务；2009年12月22日，河北省人力资源和社会保障厅以冀人社任［2009］48号文决定，免去耿六成同志河北省南水北调工程建设委员会办公室副主任职务。

（3）河北省委组织部以组干字［2009］388号文通知，经河北省委2009年12月30日批准，宋伟同志任河北省水利厅党组成员。

（4）2009年9月29日，河北省水利厅党组以冀水党［2009］46号文决定，任命季茂祥同志为河北省南水北调工程建设管理局一分局局长（副处级）。

（蔡顺富）

党风廉政建设

（1）党建工作。2009年，河北省南水北调办坚持以邓小平理论和“三个代表”重要思想为指导，认真贯彻落实党的十七大和十七届四中全会精神，深入学习实践科学发展观，以建设一流南水北调工程为目标，科学务实，积极作为，深入开展和谐机关建设和干部作风建设年活动，进一步增强基层党组织的凝聚力和战斗力，促进机关作风进一步转变，为顺利开展各项中心工作奠定坚实基础。

（2）廉政建设。作风建设是党的建设的重要组成部分。河北省南水北调办机关党委始终把党风廉政建设和反腐败工作列入议事日程，做到了把党风廉政建设与学习教育结合起来，把党风廉政建设与和谐机关创建结合起来，把党风廉政建设与实际工作结合起来。提高机关干部素质、规范机关工作人员的从政行为和拒腐防变能力，维护机关党员队伍的良好形象。促进了党风廉政建设和反腐倡廉宣传教育工作开展以及党风廉政责任制工作的落实。

（蔡顺富）

江苏省

队伍建设

2009年，江苏省南水北调办按照江苏省水利厅党组的要求，加强干部队伍建设，做好干部教育培训工作。定期组织干部职工参加政治学习和业务学习。组织干部参加省级机关处级以上干部菜单式选学培训。做好人事和干部管理方面的相关工作，完成从基层招录公务员的考察录用工作，协调办理出国学习和考察人员的相关手续。

（杨金海　袁连冲）

党建工作

2009年，江苏省南水北调办的党建工作坚持以邓小平理论和“三个代表”重要思想为指导，全面落实科学发展观，深入学习贯彻党的十七届四中全会精神，认真组织党员参加政治学习，开好支部民主生活会，组织党员学习十七届四中全会及江苏省委十一届六、七次全会精神。做好组织工作，2名同志被江苏省水利厅授予“优秀党员”称号，1名同志作为优秀党员受到省级机关工委表彰，发展了3名同志加入中国共产党。经江苏省水利厅机关党委同意，成立了泗洪站建设处等3个临时党支部。组织全体党员在泗洪站工地开展机关作风和廉政建设主题教育活动，积极营造良好的工作氛围，凝心聚力推进江苏省南水北调工程建设。

（杨金海　袁连冲）

党风廉政建设

2009年，江苏省南水北调办认真贯彻中央、江苏省和江苏省水利厅党组党风廉政建设各项规定，按照“工程安全、资金安全、干部安全”要求，以落实党风廉政建设责任制为龙头，以加强思想教育为基础，以完善制度建设为抓手，切实加强党风廉政建设各项工作，推动了工程顺利建设。江苏省南水北调办和南水北调东线江苏水源有限责任公司（以下简称江苏水源公司）分别与各截污导流工程项目法人、调水工程现场建设管理单位主要负责人签订党风廉政建设责任状，各单位主要负责人与中层干部和领导班子成员签订党风廉政建设承诺书，年终对责任状和承诺书的履行情况进行认真考核，并严格与评先和奖惩挂钩。坚持把思想教育作为重点，组织党员干部学习中纪委、江苏省纪委和江苏省水利厅党组纪检工作会议精神，组织开展警示教育和廉政文化进工地活动，在工地现场举行机关作风和党风廉政建设党员活动日，要求干部职工树立正确的世界观、人生观和价值观，警醒大家要算清人生几笔账，坚决不做违法违纪的事。充分发挥纪检监察工作派驻制度的优势，全力配合和支持派驻纪检组工作，确保派驻纪检组对南水北调工程实施全过程的严密监督。江苏省南水北调工程实行纪检监察派驻制和取得的工作成效，得到了中央扩大内需促进经济增长政策落实第二十三检查组的充分肯定，并专门就此印发了简报。

（杨金海　袁连冲）

山东省

机构设置

2009年，山东省南水北调工程建设管理局（以下简称山东省南水北调建管局）成立了山东省南水北调局工程建设质量监督管理中心和纪检督查室2个临时性机构，人员编制34人。南水北调东线山东干线有限责任公司（以下简称山东干线公司）新组建了鲁北段工程建设管理局、南四湖至东平湖段建管局2个现场建管机构和山东省南水北调管理信息系统建设项目办公室。

2009年，随着工程建设的开展，山东省市、县级办事机构也逐渐完善，工程沿线枣庄、济宁、泰安、济南、聊城、德州、淄博、东营等市相继成立了领导机构，其中济宁、枣庄、泰安、济南、淄博、德州、东营市成立了市南水北调工程建设管理局，梁山、东平、宁阳等县成立了相应的县一级办事机构。

（杨忠堂　杨建伟　程　栋）

人事管理

（1）干部考察任免。2009年，山东省南水北调建管局2名副处级干部晋升为调研员，

3 名主任科员晋升为副调研员；山东干线公司 7 名部门干部、19 名部门副职干部和 27 名科级干部通过竞争上岗走上领导岗位。

（2）人才引进。通过公开招聘，共引进工程建设管理各类人才 89 名，其中山东省有突出贡献的中青年专家 2 人，享受国务院特殊津贴人员 2 人，厅级拔尖人才 1 人，山东省水利系统“3131 人才培养工程”水利专家 1 人，学术带头人 1 人，中青年科技骨干 7 人，高级研究人员（教授、研究员、高级工程师）77 人，博士 4 人，硕士 37 人，大学学历 111 人。

（3）教育培训。2009 年参加各类培训的职工达 500 余人次，进一步提高了在职职工的专业技术水平，培训效果显著。

（4）职称工作。先后有 2 人晋升为中级技术资格，1 人晋升为副高技术资格。

（5）外事工作。办理了赴荷兰、日本、俄罗斯、澳大利亚等团组及随国务院南水北调办的出国审批申报、安全教育、政治审查等工作。

（杨忠堂　杨建伟　程　栋）

党　建　工　作

2009 年，山东省南水北调建管局党委理论学习中心组定期组织学习贯彻党的十七大、十七届四中全会精神和中央、山东省委扩大内需促进增长的一系列重大部署，坚持以科学发展观为指导研究解决工程建设中的重大问题，班子的核心作用更加突出，领导水平和管理水平进一步提升。2009 年，新成立穿黄局、韩庄局、济东局、两湖局、鲁北局 5 个党支部。深入扎实开展党员教育活动，七一期间组织全体党员到西柏坡参观学习，大力开展艰苦奋斗等优良传统教育，基层党组织大力开展“三无一带头”（党员身边无违纪、无事故、无难题，在困难和危险面前冲在前头），党支部的战斗堡垒和党员的先锋模范作用得到充分发挥。

（杨忠堂　杨建伟　程　栋）

反腐倡廉和精神文明建设

2009 年，山东省南水北调建管局建立健全反腐倡廉领导体制和工作机制，与山东省纪委、山东省检察院、山东省水利厅纪检组成立预防职务犯罪指导委员会，制定了《南水北调预防职务犯罪工作方案》，对工程招投标和施工全过程实施有效监督。坚持廉政建设工作一把手负责制，班子成员严格落实“一岗双责”，做到与业务工作同部署、同落实、同检查。坚持重大事项集体研究，对工程建设、干部配备、资金管理、物资采购等重大问题，实行党委集体研究，努力形成组织规范、议题明确、集思广益、决策科学、监督有力、落实到位的决策机制和执行机制。

山东省南水北调建管局不断加强反腐倡廉制度建设，2009 年，制定出台了《纪检监察举报工作办法》、《外事管理暂行规定》、《信访工作暂行规定》、《内部审计管理办法》、《货币资金管理办法》等规章制度，进一步规范工程管理、招标投标、资金使用管理、人事管理和设备物资采购、价款结算支付等关键环节的权力运行机制，实现以制度规范行为、用制度约束权力。严格实行工程合同与廉政合同双签制度，各环节廉政合同签订率实现了 100%，通过用制度约束双方行为，有效防范了各类违纪违法问题的发生。

进一步深化反腐倡廉预防教育，组织开展“为党旗添光彩，为南水北调工程建设又好又快发展做贡献”和“加强党性修养、弘扬优良作风”等教育活动。认真落实党委理论学习中心组学习和政治学习日制度，每月一次政治学习都安排反腐倡廉教育内容，由山东省南水北调建管局局领导轮流主持宣讲；山东省南水北调建管局局党委成员轮流为全体党员讲廉政勤政党课；邀请山东省检察院职务犯罪预防领域的专家领导现场辅导授课；组织赴西柏坡、孟良崮等革命教育基地现场教学；集体观看《悔过录》、《段义和案件警示录》等警示教育片，通过不断提高廉政教育水平和质量，切实增强了广大党员干部的宗旨意识、责任意识和廉政勤政意识，思想作风、工作作风和生活作风有了明显改进。严格执行个人重大事项报告、民主生活会、述职述廉、民主评议、廉政提醒谈话等制度，2009 年，山东省南水北调建管局局党委对山东干线公司 46 名新任中层领导和调任重要岗位的党员干部进行集体廉政提醒谈话，使他们自觉筑牢了思想道德防线和党纪国法防线。

对中央新增投资计划执行情况进行监督检查，制定《山东南水北调工程落实中央扩大内需投资计划督察考核办法》，定期对承担扩内需投资项目单位实施督察考核，将考核结果纳入各单位工作考核指标和有关责任人的政绩考核体系，有力推进了工程建设进度，确保了中央“一扩三保”新增投资任务的提前完成。对人员招聘、固定资产采购以及工程开标等工作进行全程监督，初步实现由事后监督向事前预防、过程监控转变。

深入开展工程建设领域专项治理，进一步规范山东南水北调工程建设市场秩序。认真开展清理“小金库”、反商业贿赂、厉行节约、规范和加强公务用车管理等治理工作，为早发现、早查处腐败苗头，从源头防范和治理腐败问题，创造和谐、廉洁的工程建设环境提供了有力保证。

（杨忠堂　杨建伟　程　栋）

河　南　省

人　事　任　免

2009 年 11 月，河南省委组织部任命蒋立同志为河南省政府移民工作领导小组办公室常务副主任（副厅级），免去其河南省南水北调中线工程领导小组办公室副巡视员职务；王常春同志任河南省南水北调中线工程建设领导小组办公室副巡视员。

（付黎歌）

党 风 廉 政 建 设

2009 年，河南省南水北调办党风廉政建设和反腐败工作在河南省纪委、河南省监察厅的指导下，坚持以科学发展观为指导，深入贯彻落实河南省委八届八次全会、河南省政府廉政工作会议、河南省纪委八届四次全会精神，紧密联系南水北调工作实际，坚持“标本兼治、综合治理、惩防并举、注重预防”的方针，惩治和预防腐败体系逐步完善，廉洁自律意识明显增强，继续保持全年无违法违纪案事件发生，为南水北调工程建设和征迁移民工作健康推进提供了有力保证。

2009 年，河南省南水北调办颁布了《建立健全惩治和预防腐败体系 2008 ~ 2012 年实施方案》，并印发了《河南省南水北调办公室 2009 年党风廉政建设和反腐败工作任务分工意见》，明确河南省南水北调办主任负总责，每位办领导抓党风廉政建设的具体责任，将党风廉政建设和反腐败工作任务进行细化分解，明确牵头部门和协办单位，明确工作目标、完成时限和保证措施，增强了党风廉政建设责任制的可操作性。为突出反腐倡廉建设，河南省南水北调办领导班子采取了一系列措施：召开党风廉政建设专题会议就党风廉政建设和反腐败工作进行部署；主任办公扩大会议将反腐倡廉和业务工作同部署、同检查；将反腐倡廉建设作为与工程建设进度、质量安全并列的全年主要工作目标，纳入干部业绩考核评价体系之中；将干部廉洁自律情况列为选拔任用干部的重要内容，实行了干部任前公示和任前廉政谈话制度；在领导干部民主生活会和理论学习班中，把反腐倡廉建设作为检查和学习的重要内容；在评选先进部门、文明工地、年度考核等活动中，将违法违纪案件零记录作为必要条件，实行一票否决。

河南省南水北调办结合实际，用活载体，创新形式，拓展领域，丰富内容，突出主题，彰显特色，深入开展以“读书思廉、会议讲廉、典型示廉、任前谈廉、文化助廉”为主要内容的党风廉政建设和反腐倡廉活动，着力构建单位教育、自我教育、家庭教育于一体的宣教格局，着力营造以廉为荣、以贪为耻的廉政氛围，着力增强廉政认知力，引导全体建设者把参与工程建设的自豪感化为崇高的政治责任和神圣的历史使命，自觉把南水北调工程作为落实科学发展观的大舞台和建功立业的主战场，积极审慎地对待每一件事，真正从思想上筑牢拒腐防变的堤坝，实现超前防范，不想腐败。

（付黎歌）

精神文明建设

2009年，在河南省文明委和省直文明委的指导下，河南省南水北调办精神文明建设工作坚持贴近工作、贴近基层、贴近群众、贴近生活，坚持高标准，严要求，以开展群众性精神文明创建活动和文明工地建设、安全生产竞赛、争创青年文明号等为载体，内强素质，外塑形象，扎扎实实开展文明单位创建活动，取得明显成效。

河南省南水北调办紧紧围绕创建学习型、创新型、服务型、节约型、和谐型、廉洁型机关，坚持“六讲六不”，即：讲学习、不浑浑噩噩；讲正气、不随波逐流；讲大局、不搞本位主义；讲团结、不搞小圈子；讲实干、不心浮气躁；讲纪律、不放纵自己。扎实开展“讲党性修养、树良好作风、促科学发展”教育活动，圆满完成学习提高、检查评议、整改落实3个阶段的各项工作。深入开展学习焦裕禄、“五四”演讲活动，组织开展岗位练兵和技术比武、知识竞赛，开展帮扶、文体以及文明评选等系列活动。

河南省南水北调办文明创建工作坚持创新理念，以提升单位形象为主线，坚持创建活动与广大干部职工经常性思想教育相结合，与南水北调工程建设相结合，与单位整体建设相结合，机关创建和工地创建相结合，不断提升文明创建水平，促进南水北调各项工作再上新台阶。

（付黎歌）

湖　北　省

精神文明建设

为庆祝新中国成立60周年，切实加强南水北调工作机关精神文明建设，进一步活跃工地文化生活，促进干部职工身心健康，2009年9月28～29日，湖北省南水北调办在武汉市举办第四届“南水北调杯”乒乓球比赛和象棋、扑克等比赛活动。这次比赛，赛出了水平，加深了友谊，营造了浓厚的和谐机关文化氛围，展现了干部职工团结向上的精神风貌。

（郭　军）

项 目 法 人 单 位

南水北调中线干线工程建设管理局

组 织 机 构

2009年1月4日，南水北调中线干线工程建设管理局（以下简称中线建管局）以中线局人［2009］1号文决定，中线建管局审计部更名为中线建管局审计稽察部。2009年4月24日，国务院南水北调办以国调办综［2009］56号文，批复同意成立中线建管局监察部，与党群工作部合署办公，一套人马两块牌子。监察部部长（副部长）由党群工作部部长（副部长）兼任。2009年6月15日，国务院南水北调办以国调办综［2009］104号文，批复中线建管局直管建管部机构设置和人员编制。

2009年6月12日，中线建管局以中线局编［2009］2号文决定，成立京石段河北段工程运行三级管理机构：南水北调中线干线石家庄管理处，南水北调中线干线新乐管理处，南水北调中线干线定州管理处，南水北调中线干线唐县管理处，南水北调中线干线顺平管理处，南水北调中线干线保定管理处，南水北调中线干线易县管理处，南水北调中线干线涞涿管理处。2009年6月10日，中线建管局以中线局编［2009］4号文决定，成立惠南庄泵站项目建设管理部工程运行管理处。2009年6月12日，中线建管局以中线局编［2009］3号文决定，成立河北直管项目建设管理部工程运行管理处。2009年9月16日，中线建管局以中线局人［2009］29号文决定，河南直管项目建设管理部工程管理处更名为河南直管项目建设管理部工程管理一处；河南直管项目建设管理部穿漳管理处更名为河南直管项目建设管理部工程管理二处；增设河南直管项目建设管理部工程管理三处；增设河南直管项目建设管理部工程管理四处。2009年9月30日，中线建管局以中线局人［2009］31号文决定，天津直管项目建设管理部工程管理处更名为天津直管项目建设管理部工程管理一处；增设天津直管项目建设管理部工程管理二处、天津直管项目建设管理部工程管理三处、天津直管项目建设管理部技术管理处；天津直管项目建设管理部计划合同处更名为天津直管项目建设管理部合同管理处。2009年10月23日，中线建管局以中线局人［2009］33号文决定，河北直管项目建设管理部工程管理处更名为河北直管项目建设管理部工程管理一处，增设河北直管项目建设管理部工程管理二处、河北直管项目建设管理部工程管理三处、河北直管项目建设管理部工程管理四处。

（何　可）

人 事 管 理

2009年1月21日，中线建管局以中线局任［2009］2号文决定，任命陈新忠为南水北调中线干线工程建设管理局审计稽察部部长，任命董永全为南水北调中线干线工程建设管理局审计稽察部副部长。

2009年3月27日，中线建管局以中线局任［2009］6号文决定，任命刘彬为南水北调中线干线工程建设管理局河北直管项目建设管理部副部长。

2009年9月9日，中线建管局以中线局任［2009］11号文决定，任命张德华兼任南水北调中线干线工程建设管理局监察部副部长。

2009年9月10日，中线建管局以中线局任［2009］12号文决定，任命鞠连义为南水北调中线干线工程建设管理局河北直管项目建设管理部部长。

2009年9月10日，中线建管局以中线局任［2009］13号文决定，任命张杰平为南水北调中线干线工程建设管理局计划合同部副部长。

2009年9月30日，中线建管局以中线局任［2009］14号文决定，任命庞敏为南水北调中线干线工程建设管理局工程技术部部长，王以亮为南水北调中线干线工程建设管理局党群工作部部长兼监察部部长，贾琦为南水北调中线干线工程建设管理局工程运行管理部部长。

（何　可）

党的建设

2009年，中线建管局机关党委和各级党组织，紧紧围绕南水北调中线干线工程建设的中心任务，深入开展学习实践科学发展观活动，大力加强党的建设，为南水北调中线干线工程又好又快建设发挥了较好的服务保证作用。

（一）深入学习实践科学发展观活动

中线建管局机关党委制定了《中共南水北调中线建管局党组深入学习实践科学发展观整改落实方案》，针对分析检查阶段查找出来的突出问题和需要完善的制度，按轻重缓急和难易程度，分别提出整改落实的目标、方式和时限要求，共提出了7个方面17项整改措施，并详细分解，明确分管领导、责任部门、整改期限。认真清理规章制度，研究提出制度建设方案，做好完善体制机制有关工作。组织开展了学习实践活动满意度测评，认真总结学习实践活动。按照“整改落实方案”安排，督促各部门认真落实各项整改措施，按时完成各项整改任务，确保学习实践活动各项任务圆满完成和取得实效。2009年7月，中线建管局开展自查整改落实工作，并形成了整改落实工作自查情况报告；截至2009年底，各项整改措施均已按期落实，多项需要长期贯彻执行的整改措施取得了阶段性成效。

（二）党员思想建设

2009年，中线建管局制定理论学习计划，对全年的理论学习进行统一安排。印发了《关于学习贯彻党的十七届四中全会精神的通知》，组织全局干部员工认真学习贯彻党的十七届四中全会精神。组织举办了部门副职以上干部理论学习班，着力提高干部素质。采取集中学习与自学相结合的方式，组织开展《六个“为什么”》学习活动，进一步提高干部员工对中国特色社会主义理论体系的认识，增强责任意识和大局观念。组织开展向吴大观同志学习活动，进一步增强党员干部的党性意识。

（三）党建工作

2009年，中线建管局制定发展党员计划，按照党员发展工作的十六字方针，认真做好发展党员工作，共发展预备党员6人，转正7人。组织召开了中线建管局党员大会，选举产生了中线建管局第二届机关党委，并成立了15个党支部和1个党总支，进一步完善了党的组织机构。大力开展争先创优工作，共评选出优秀共产党员17名，优秀党务工作者11名，先进基层党组织5个，推选出12名优秀党员、7位优秀党务工作者、3个先进党组织报国务院南水北调办“两优一先”表彰。组织召开了以“加强领导干部党性修养、树立和弘扬良好作风”为主题的民主生活会和专题组织生活会。组织开展了“纪念中国共产党成立88周年，迎接新中国成立60周年”

主题党日活动。

（刘世一）

廉政建设

2009年，中线建管局有针对性地抓好党风廉政建设的各项工作，有力地保证了工程建设实现“工程安全、资金安全、干部安全”。

（1）体制机制建设。通过召开中线建管局党员大会，选举产生了中线建管局第一届机关纪委；按照国务院南水北调办批复精神，成立监察部，进一步健全了中线建管局惩治和预防腐败体系，形成了“党组统一领导，党政齐抓共管，纪委组织协调，部门各负其责，群众积极参与”的反腐倡廉领导体制和工作机制。

（2）廉政工作会议。在总结2008年廉政工作经验的基础上，中线建管局研究部署了2009年党风廉政建设和反腐败工作任务。中线建管局党组书记、局长石春先对2009年廉政工作提出了要求；中线建管局党组副书记、纪检组长韩连峰作了题为《深入贯彻落实科学发展观，扎实推进党风廉政建设和反腐败工作》的廉政工作报告。制定了《南水北调中线建管局2009年反腐倡廉建设工作要点》，统一安排了全局反腐倡廉建设工作。

（3）廉政宣传教育。坚持在党员干部特别是党员领导干部中开展经常性的党风党纪教育，不断提高廉洁自律意识。邀请司法部预防犯罪研究所同志作《常见职务犯罪认定与处罚》专题讲座；在部门副职以上干部理论学习班上，邀请国家预防腐败局同志作《加强思想作风建设，深入开展反腐斗争》专题讲座，增强党员领导干部的廉洁从业意识，筑牢拒腐防变的思想防线。进一步加强机关廉政文化建设，不断推进廉洁文化进机关、进工地、进项目、进合同、进家庭的“五进”活动，倡导廉洁精神，打造廉洁环境，充分发挥了廉洁文化建设的服务保障功能。

（4）信访工作。2009年，中线建管局认真贯彻中纪委《关于依纪依法规范纪检监察信件举报工作的若干意见》的精神，进一步加大了案件检查工作的力度，努力做好群众来信来访的处理、催办工作，坚持以人为本，依法办事，认真做好群众的思想工作，及时处理群众反映的问题，从而使群众反映的问题基本上做到事事有答复、件件有落实。2009年，中线建管局根据直接收到或上级部门转来群众来信中反映中线建管局有关领导干部在工程建设中的有关问题，派人逐一进行调查核实，将调查情况及时向有关部门、有关领导作了汇报，并书面报告上级机关。还积极配合地方机关工作，对地方检察院转来案件进行了认真核查。

（刘世一）

精神文明建设

2009年，中线建管局制定《南水北调中线建管局2009年精神文明创建工作要点》，明确精神文明创建工作年度目标和重点环节、重点任务，对细胞工程提出了具体要求。经中线建管局精神文明建设领导小组研究决定：授予人力资源部等5个部门（单位）“南水北调中线建管局2009年度文明部门（单位）”荣誉称号，授予秦昊等54名同志“南水北调中线建管局2009年度精神文明员工”荣誉称号。

中线建管局组织开展了多项精神文明创建活动：组织召开了“八一”座谈会，号召退转军人保持“讲忠诚、讲责任、讲奉献”的良好品质，并把部队的优良作风和光荣传统带到中线建管局。组织干部职工参观了新中国成立60周年成就展和《复兴之路》主题展览，并举办了新中国成立60周年成就图片展览。积极组织开展“爱国歌曲大家唱”活动，组织员工参加庆祝新中国成立60周年歌咏比赛。深入开展创建节约型机关和节约型建管部活动，召开了全局节约工作动员大会，成立了节约工作领导小组和办公室，出台了《中线建管局2009年建设节约型机关实施方案》，建立了能源消费统计台账和节约资源量化管理体系，节约型机关建设取得初步成效。

（刘世一）

群 团 工 作

2009年，中线建管局工会、共青团工作坚持以工程建设为中心，深入基层，贴近群众，贴近青年，积极开展特点突出形式多样的群众性活动，充分发挥工会、共青团组织凝聚人心的作用，不断提高广大员工的积极性。

一是发挥群团作用，服务工程建设。加强组织和制度建设，通过召开中线建管局第二次工会会员大会，选举产生了新一届工会委员会和工会经费审查委员会，并对工会成立以来的制度进行清理与修订。文体活动阵地前移，利用工余时间，组织员工到工地开展各项文体活动，鼓舞士气。组织开展“五一劳动奖章”、“五一劳动奖状”评选活动，积极营造争当模范的氛围，中线建管局河北直管建管部荣获中央国家机关“五一劳动奖状”，中线建管局河南直管建管部高必华同志荣获中央国家机关“五一劳动奖章”。

二是开展文体活动，丰富员工生活。以“四个一”机关俱乐部建设为契机，建立乒乓球室、台球室，开展工间操活动，开设了瑜珈班，定期开展羽毛球活动。实现自助式、赞助式和组织式文体活动组织多样化，将群众性的文体活动作为重点，开展春季玉渊潭公园健步走活动、秋季登香山等多种群众性健身活动。组织开展“中线杯”篮球和跳绳比赛，举办春节联欢会，组织员工参加“红牛杯”桥牌赛、“中国农业银行杯”桥牌赛等。

三是关心员工福利，维护员工权益。走访调查困难员工，救助困难员工和家庭遭重大变故的员工，探视和慰问因病住院员工。对员工结婚、婚育进行祝贺并致贺礼，推行了员工生日祝贺并致贺礼制度，使员工感受了大家庭的温暖。狠抓计划生育工作，积极开展“巾帼建功”、争创“三八红旗手”活动，在三八妇女节、六一儿童节对妇女和儿童进行祝贺并致贺礼。积极向党政领导反映群众呼声，为他们排忧解难。

四是扎实开展共青团工作，充分发挥共青团组织的生力军作用。积极开展青年理论武装工程，组织青年同志参观天津建管部工地和平津战役纪念馆，进一步加强了团员干部作风建设和青年思想政治建设。大力开展青年素质拓展工程、号手工程、榜样工程活动，努力在青年中形成崇尚先进、学习先进、争当先进的良好风气，引导广大团员青年在又快又好地建设南水北调中线干线工程的浪潮中建功立业。扎实推进团的基层基础建设，不断完善团建工作机制，积极开展团青工作交流活动。

（刘世一）

南水北调中线水源有限责任公司

人 事 管 理

（一）干部任免

2009年12月，水利部长江水利委员会以长任［2009］469号文，任命长江水利委员会副主任熊铁兼任南水北调中线水源有限责任公司（以下简称中线水源公司）董事长。

（二）人才队伍建设

（1）理论学习。中线水源公司制定了学

习计划，利用周五组织员工进行集中学习，2009年共集中学习12次。重点学习了科学发展观理论知识、中纪委十七届三次全会精神、党的十七届四中全会精神、《六个“为什么”》和党风廉政建设相关内容，传达落实了国务院南水北调工程建设委员会第四次全体会议和水利部、国务院南水北调办、长江水利委员会等重要会议精神，完成了上级党组织布置的各项学习任务。

（2）教育培训。按照《中线水源公司员工教育培训管理办法》和《中线水源公司2009年员工培训计划》，2009年，中线水源公司参加主管部门和行业组织的业务培训54人次，选派参加水利部、国务院南水北调办、长江水利委员会组织的境外业务考察或培训5人，派到上级主管部门交流锻炼3人次。

（刘兆增）

党的建设和精神文明建设

（一）党建工作

（1）党建会议。2009年1月23日，中线水源公司召开了2009年党建会，中线水源公司党委书记贺平作了题为《深入学习实践科学发展观，做好党建工作，促进工程建设》的党委工作报告。报告总结了2008年中线水源公司党委的工作，对2009年中线水源公司党委的工作进行了安排。

（2）深入学习实践科学发展观活动。中线水源公司学习实践科学发展观活动于2008年10月16日正式启动，到2009年3月上旬结束，圆满完成了学习调研、分析检查和整改落实3个阶段的各项任务，达到了中央提出的“党员干部受教育、科学发展上水平、人民群众得实惠”的要求。学习实践活动成效显著，实现了基层党组织参与学习实践活动的覆盖面达100%，党员覆盖率达100%，学习实践活动群众满意度达100%的目标。

（3）领导干部民主生活会。2009年12月7日，中线水源公司召开了以“加强作风建设，增强班子战斗力”为主题的领导班子专题民主生活会。为开好此次民主生活会，中线水源公司党委办公室分别向各部门、各参建单位发出了《2009年度水源公司党员领导干部民主生活会征求意见表》。召开职工代表座谈会，广泛征求对中线水源公司领导班子和成员在工程建设管理、公司内部管理、工作作风、廉洁自律等方面的意见和建议。生活会上，中线水源公司领导班子成员紧扣会议主题，结合各自的工作，认真查摆了自己在思想、学习、工作、廉洁自律等方面的情况，并针对党内外群众提出的意见和建议，逐一提出了整改措施。整个生活会在民主团结、敢讲真话、务实创新的氛围中进行，班子成员之间坦诚相见，开诚布公地进行了批评和自我批评。

（二）党风廉政建设

2009年，中线水源公司党风廉政建设工作始终坚持“教育、制度、监督并重”的方针，通过加强学习、开展廉政教育和制度建设等活动，保证了工程建设的顺利进行。

先后组织学习了中纪委七次三次会议精神、《中国共产党巡视工作条例》、《关于实行领导干部问责制的暂行规定》、《国有企业领导人员廉洁从业规定》等文件，并将上述规定在中线水源公司内网上刊发，号召职工学习。制定了2009年反腐倡廉工作计划和中线水源公司贯彻落实《建立健全惩治和预防腐败体系2008～2012年工作规划》2009年工作计划。同时，中线水源公司还根据工程建设的实际，对以前制定的各项管理制度进行了修订和完善。2009年5月25日～6月24日，中线水源公司组织开展了以“树优良作风、促科学发展”为主题的党风廉政建设宣传教育月活动，为员工配发了《从政提醒》一书，先后组织开展了反腐倡廉警示教育报告会，收看了专题片，中线水源公司主要领导为员工上廉政党课等，增强了教育活动的吸引力和感染力，取得了党员干部思想认识有了新的提高、工作作风有明显改善的成效。

国务院南水北调办南水北调工程建设领域突出问题专项治理工作动员大会召开后，中线水源公司立即召开专门会议，传达国务院南水北调办主任张基尧的讲话精神和《国务院南水北调办开展工程建设领域突出问题专项治理工作方案》。为加强对专项治理工作的领导，成立了以国务院南水北调办总经理王新友任组长，其他领导及各部门主任为成员专项治理工作领导小组。制定了专项治理工作实施方案，明确了治理工作的阶段目标和任务，确定了治理工作的重点和主要措施。召开了由项目法人、各参建单位参加的专题会，安排部署专项治理工作，明确了责任，落实了任务。2009 年 9～10 月开展了自查，并将自查情况向国务院南水北调办进行了报告。

（三）精神文明建设

中线水源公司始终坚持两个文明建设一起抓，以创建“文明工地”、“青年文明号”和“工人先锋岗”为载体，有计划、有步骤地推进精神文明创建活动。2009 年，中线水源公司综合部综合处、水电三局丹江口施工局、葛洲坝项目部拌和班被国务院南水北调办认定为“青年文明号”，综合部汽车班被长江水利委员会授予“工人先锋岗”荣誉称号。

（四）群团工作

2009 年，中线水源公司工会进一步完善了各项制度，积极参与民主管理和民主监督，在学习实践活动中和民主生活会前，广泛收集群众意见，为中线水源公司建言献策。召开了两次职工大会，分别对《中线水源公司员工管理办法》和违纪员工处理事项进行了审议和表决。开展了“职工之家”创建活动，为工会提供活动阵地。组织了支援台湾水灾爱心捐款公益活动。

（刘兆增）

南水北调东线江苏水源有限责任公司

人事外事管理

2009 年，南水北调东线江苏水源有限责任公司（以下简称江苏水源公司）认真做好人事外事管理工作。一是完善江苏水源公司领导班子，对江苏水源领导班子重新作了分工；二是结合统筹建设与发展的年度工作思路，进一步完善江苏水源公司内设机构，积极筹建江苏水源公司直属机构；三是为加强江苏水源公司人力资源的有效管理，组织修订江苏水源公司人力资源管理、职能配置及岗位设置暂行办法，目前《江苏水源公司人力资源管理暂行办法》已印发执行；四是按江苏水源公司规定与 3 名新进人员签订了全日制劳动合同，并办理了人事档案、养老保险、医疗保险等接转手续；五是办理了江苏水源公司补充医疗保险和补充养老保险（企业年金），员工医疗和养老有了进一步保障；六是根据国家有关规定，经多次修改，制定出台了《江苏水源公司员工休假办法》；七是加强外事管理，完成 1 名员工出国考察手续办理工作。另外，按规定办理部分人员人事任免，积极做好员工职称申报工作。

（吴丹华）

党的建设和精神文明建设

2009 年，江苏水源公司认真开展党风廉政建设、精神文明建设、群团工作和文化建设。一是组织江苏水源公司员工开展理论学习活动，重点开展学习实践科学发展观、党的十七届四中全会及江苏省委十一届七次全委扩大会议精神；组织江苏水源公司党员和新开工项目建设管理人员开展警示教育和作风建设；对新开工项目，协调组建了工地临时党支部，加强了现场机构党的建设；在2009年培养发展了3名中共预备党员。二是组织江苏水源公司女职工三八节开展活动及春节职工家属团拜活动。三是江苏水源公司文明创建工作取得新的突破。江苏水源公司首次荣获“江苏省五一劳动奖状”称号。淮阴三站建设处、韩仕宾同志也分别获得“江苏省五一劳动奖状”、“江苏省五一劳动奖章”。江都站改造工程建设处、江苏水源公司计划发展部被国务院南水北调办评为“南水北调系统青年文明号”。四是组织开展全体员工赴南水北调三阳河堆土区开展义务植树活动、组队参加江苏省重点工程劳动竞赛动员誓师大会、会同南京师范大学组织学生赴江苏省南水北调工地开展社会实践系列活动，为工程一线作了慰问演出。与江苏省水利厅、江苏省南水北调办联合组织慰问了淮阴三站和刘老涧二站等高温期间坚持一线岗位职工。

（吴丹华）

制 度 建 设

2009年，江苏水源公司进一步修订完善规章制度，严格按制度加强管理，做到“用制度管人、按规章办事”。根据国家有关规定，为充分体现江苏水源公司对员工的人文关怀，经多次修改，制定出台了《江苏水源公司人力资源管理暂行办法》、《江苏水源公司员工休假办法》。另外，修订完善了安全生产、合同管理、财务管理等建设管理办法，进一步规范工程建设管理。

（余 真）

玖 统计资料

THE STATISTICAL INFORMATION

在建工程基建投资统计

概　　述

2009年，南水北调东、中线一期工程多项工程开工。截至2009年底，南水北调工程在建单项工程20项（共含65项设计单元工程）。在建的20项单项工程分别是：东线一期工程中的济平干渠工程、骆马湖—南四湖江苏境内工程、韩庄运河段工程、长江—骆马湖（2003年度）工程、三阳河潼河宝应站工程、南四湖水资源控制和水质监测工程、东线穿黄河工程、济南—引黄济青段工程、长江—骆马湖段其他工程、南四湖—东平湖段工程；中线一期工程中的京石段应急供水工程、黄河北—漳河南段工程、天津干线工程、穿黄河工程、丹江口大坝加高工程、陶岔渠首—沙河南段工程、穿漳河工程、沙河南—黄河南段工程、陶岔渠首枢纽工程、兴隆水利枢纽工程。

截至2009年底南水北调东、中线一期工程整体投资情况见图1。

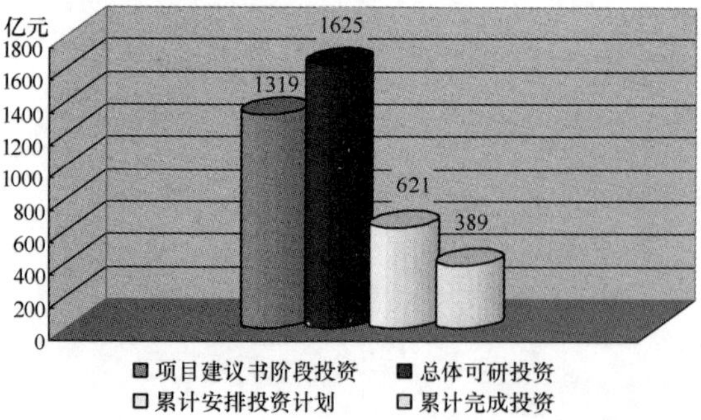

图1　南水北调东、中线一期工程整体投资情况

（马永征）

累计投资安排及完成情况

截至2009年底，国家累计安排南水北调主体工程（不含截污导流工程）建设项目投资计划621.2亿元，其中工程建设投资计划603.1亿元，初步设计工作投资13.7亿元，文物保护工作投资4.4亿元。另外，国家累计下达地方安排截污导流工程投资计划22.1亿元。

截至2009年底，南水北调主体工程建设项目累计完成投资389.4亿元（不含截污导流、初步设计和文物保护投资）。其中，2003年完成投资7.7亿元，2004年完成投资12.6亿元，2005年完成投资18.3亿元，2006年完成投资80.5亿元，2007年完成投资71.3亿元，2008年完成投资51.1亿元，2009年完成投资147.9亿元。

东线一期工程累计完成投资66.3亿元。江苏水源公司累计完成投资27.7亿元，占累计下达投资的95.2%；山东干线公司累计完成投资38.6亿元，占累计下达投资的63.1%。

中线一期工程累计完成投资323.2亿元。其中：中线水源公司累计完成投资33.0亿元，占累计下达投资的47.3%；中线干线建管局累计完成投资285.2亿元，占累计下达投资的65.5%；湖北省建管局累计完成投资5亿元，占累计下达投资的100%。

南水北调工程各项目法人累计完成投资情况见图2。

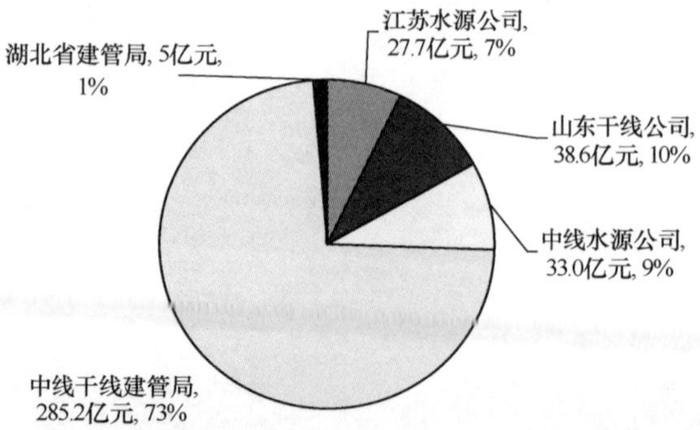

图2　南水北调工程各项目法人累计完成投资情况

（马永征）

2009年投资安排及完成情况

2009年，下达南水北调工程建设投资计划161.6亿元，完成投资147.9亿元。其中下达东线一期工程建设投资计划16.6亿元，完成投资13.0亿元；下达中线一期工程建设投资计划145.0亿元，完成投资134.9亿元。

（马永征）

东线一期在建工程建设进展情况

（一）淮阴三站工程

工程批复总投资24 778万元，已全部下达。截至2009年底，累计完成投资24 729万元（其中建安工程18 433万元，设备购置2万元，其他6294万元），占总投资的99.8%。累计完成土方237万m^3，石方4.51万m^3，混凝土25 296m^3，金属结构307t，机电设备11台（套）。

截至2009年底，站区道路完成全部沥青混凝土路面施工；厂房室内室外装饰完工，全面完成门卫房厂房、水位房施工；完成机组单机试运行，完成机组联合试运行；完成自动化视频监视、数据采集，正在调试远动功能；继续绿化土建实施。

（二）淮安四站工程

工程批复总投资15 971万元，已全部下达。截至2009年底，累计完成工程投资15 971万元（其中建安工程6798万元，设备购置3844万元，其他费用5329万元），占总投资的100%。累计完成土方153.8万m^3，石方2.35万m^3，混凝土25 288.4m^3，金属结构460t，机电设备4台（套）。淮安四站于2008年底建成。

（三）淮安四站输水河道工程

工程批复总投资28 845万元，已全部下达。截至2009年底，已完成全部投资(其中建安工程9860.07万元，设备工程197.02万元，其他费用18 787.91万元）。累计完成土方412.51万m^3，石方1.31万m^3，混凝土24 218m^3，金属结构339.2t，机电设备21台（套）。

（四）江都站改造工程

工程批复总投资26 380万元，已全部下达。截至2009年底，累计完成工程投资21 817万元（其中建安工程7478万元，设备购置10 075万元，其他费用4264万元）占总投资的82.7%。累计完成土方64.46万m^3，石方1.75万m^3，混凝土25 150m^3，金属结构1000t，机电设备15台（套）。

截至2009年底，江都三站主厂房排架抗震加固工作已经完成，继续进行四站第二批三台机组及四站检修门槽的改造工作，江都三站、四站装饰工程开工。

（五）三阳河、潼河、宝应站工程

工程批复总投资93 178万元，已全部下达。截至2009年底，累计完成投资93 178万元，占总投资计划的100%。累计完成土方挖填2713万m^3，石方5.95万m^3，混凝土浇筑13.4万m^3，金属结构237t。

三阳河、潼河、宝应站工程于2005年9月基本完成。

（六）刘山站工程

工程批复总投资24 454万元，已全部下达。截至2009年底，刘山站工程全部完工，累计完成投资24 454万元（其中建安工程投资9824万元，机电设备4870万元，其他费用9760万元）。累计完成土方196万m^3，石方3.65万m^3，混凝土4.69万m^3，金属结构660t，机电设备5台（套）。

（七）解台站工程

工程批复总投资为19 007万元，已全部下达。截至2009年底，累计完成投资19 007万元（其中征迁2419万元，建筑工程投资6864.6万元，设备及安装工程费用5255.8万元，独立费用1808万元，其他2659.6万元），占工程总投资的100%。累计完成土方110.9万m^3，石方6.17万m^3，混凝土3.88万m^3，金属结构460t，机电设备5台（套）。

（八）蔺家坝站工程

工程批复总投资为18 637万元，已全部下达。截至2009年底，累计完成投资22 049万元（其中建安工程7970万元，设备及安装8113万元，其他费用5966万元），占工程总投资的118.3%。累计完成土方121.99万m^3，石方0.4万m^3，混凝土34 908.69m^3，金属结构457.04t，机电设备4台（套）。

蔺家坝站工程基本建设完成，继续进行堤顶道路施工及相关验收准备工作。

（九）骆马湖水资源控制工程

工程批复总投资0.29亿元，已全部下达。截至2009年底，累计完成投资2758万元，占总投资的92.9%（其中建筑工程1443万元，安装工程142万元，设备178万元，其他费用995万元）。累计完成土方15.53万m^3，石方0.03万m^3，混凝土8789m^3，金属结构82.5t，机电设备4台（套）。

骆马湖水资源控制工程已基本建成，新建控制闸工程、交通道路工程、分流岛及引河护砌工程、临时控制设施浮箱门加固改造等工程均已按计划完成，正在水保工程及资料整理工作。

（十）姚楼河闸工程

工程批复总投资2232万元，已全部下达。截至2009年底，累计完总计完成投资2083万元，占总投资的89.3%。累计完成土方17万m^3，石方1700m^3，混凝土6600m^3，金属结构64t。

截至2009年底，姚楼河闸工程完成大半，桥头堡、管理房和启闭机房混凝土浇筑已经完成，正在进行电气设备安装，管理房、桥头堡和启闭房装饰施工等。

（十一）杨官屯河闸工程

工程批复总投资3014万元，已全部下达。截至2009年底，累计完成687万元，占总投资的22.8%。

截至2009年底，已完成取土区界沟的开挖和地上附着物的推铲，完成部分临建工程的建设场地的平整，完成部分临时房屋搭建，修筑取土区内施工运输道路，完成部分10kV配电线路架设。

（十二）大沙河闸工程

工程批复总投资9103万元，已全部下达。截至2009年底，累计完成投资3304万元，占总投资的36.3%。累计完成土方11.8万m^3，混凝土1900m^3。

截至2009年底，临建房屋基本完成，一期围堰填筑完成，主体工程综合楼一层楼板以下完成，左岸基础处理完成，开始船闸上闸首水泥褥垫层铺设，船闸工程下闸首底板及墩墙、闸室8号、6号底板混凝土浇筑完成。

（十三）泗阳站工程

工程批复总投资30 614万元，已全部下达。截至2009年底，累计完成投资6900万元，占总投资的22.5%。

截至2009年底，已完成征迁安置工作，施工进场道路基本完成，临时设施基本完成，泗阳泵站电力介接入系统工程已经启动。

（十四）泗洪站工程

工程批复总投资55 893万元，已全部下达。截至2009年底，累计完成投资8500万元，占总投资的15.2%。

截至2009年底，已完成全部征迁安置工作，施工进场道路基本完成，临时设施已经完成，继续进行闸室基坑开挖，完成船闸东侧防渗墙施工，导流河开始开挖。

（十五）刘老涧二站工程

工程批复总投资20 722万元，已全部下达。截至2009年底，累计完成投资7104万元（其中建安工程445万元，设备购置520万元，其他费用6139万元）占总投资的34.3%。

截至2009年底，已完成征迁安置工作；站内交通桥工程完工。临时设施基本完成，上下游围堰顺利合拢，开始主体工程施工。泵站底板接地体安装完成，开始钢筋绑扎。刘老涧二站电力接入系统工程已经启动，主机泵已开始制作。

(十六) 皂河二站工程

工程批复总投资 27 316 万元，已全部下达。截至 2009 年底，累计完成投资 4380 万元，占总投资的 16%。

截至 2009 年底，正在进行工程开工前各项准备工作，“四通一平”及各项临时设施正按计划有序开展；皂河二站电力接入系统工程 220kV 宿迁变电站至 110kV 皂河变电站同塔双回 110kV 线路工程已建设完成，并通过宿迁供电公司验收；皂河镇变至皂河站 110kV 单回路架设工程准备工作正在开展，征迁完成过半。

(十七) 皂河一站改造工程

工程批复总投资 12 219 万元，已全部下达。截至 2009 年底，累计完成投资 110 万元，占总投资的 0.9%。

截至 2009 年底，正在进行工程开工前各项准备工作，“四通一平”及各项临时设施正按计划有序开展。

(十八) 济平干渠工程

工程批复总投资 13.06 亿元，共下达投资计划 133 815 万元。截至 2009 年底，累计完成投资 125 465 万元。占总投资的 96%。累计完成土石方 1947 万 m^3，完成混凝土浇筑 55.3 万 m^3。

截至 2009 年底，工程共计完成桥梁 130 座，倒虹吸 39 座，水闸 28 座，水闸 33 座，渡槽 7 座，排涝站 2 座，跌水 1 座，完成植树 33.2 万株。工程迁占及地面附着物补偿工作全部完成，征地手续已经国土资源部批复。工程已于 2006 年 12 月 30 日进行了项目法人组织的验收工作。正在开展完工验收准备工作。

(十九) 万年闸泵站工程

工程批复总投资 25 166 万元，下达投资计划 25 371 万元。截至 2009 年底，累计完成投资 20 781 万元，占工程总投资的 81.9%。累计完成土方 165.99 万 m^3，石方 2.49 万 m^3，混凝土 49 700m^3，金属结构 1228.14t。

截至 2009 年底，引水渠、进水闸、引水渠交通桥、生产桥、跌水等主体工程基本完成，进水口码头段 120m 渠道土方开挖完成，10kV 供电线路完成，进水口码头段 120m 渠道衬砌完成，自动化控制设备安装调试基本完成。

(二十) 韩庄泵站工程

工程批复总投资 22 762 万元，累计下达投资计划 22 762 万元。截至 2009 年底，累计完成投资 12 407 万元，占工程总投资的 54.5%。累计完成土方 100.7 万 m^3，石方 4.39 万 m^3，混凝土 26 306m^3。

截至 2009 年底，工程基本完成，出水渠微山段土方外运剩余 1 万 m^3，引水渠预留回填的土方未开挖。水泵外壳全部制造完成，进出水连接管、泵轴与支架均已制造完成。两台电机装配完成，变频器一台套制造完成，计划于 2010 年 1 月上旬第一台机组进行厂内联合调试。工程迁占及地面附着物补偿工作已经基本完成。环境保护措施和施工期环境保护临时措施在施工中实施。

(二十一) 台儿庄泵站工程

台儿庄泵站工程总投资 2.46 亿元，已全部下达。截至 2009 年底，累计完成投资 22 116万元，占工程总投资的 90.0%。累计完成土方 111.5 万 m^3，石方 1052m^3，混凝土 53 700m^3，金属结构 804t。

截至 2009 年底，完成厂区围墙施工，完成门卫房建筑工程，完成主泵房装修工程，完成站区场内道路工程。完成管理设施工程房屋建筑工程，正在进行房屋装修；站区水土保持工程完成 85%。主泵、机电、电气、自动化设备已安装调试完毕，并通过联合试运行。工程迁占及地面附着物补偿工作已基本完成。环境保护措施和施工期环境保护临时措施在施工中实施。

（二十二）韩庄运河段水资源控制工程

工程批复总投资2009万元，共下达投资计划2009万元。截至2009年底，累计完成投资667万元，占工程总投资的33.2%。累计完成土方4.28万m^3，混凝土2120m^3。

截至2009年底，韩庄运河段水资源控制工程的三支沟和魏家沟水资源控制工程全部完成，进入单位工程验收程序。控制室内机电设备安装工程已完成，户外供电电源部分正在组织施工。控制室内机电设备安装工程已完成。户外供电电源部分正在组织施工。工程迁占及地面附着物补偿工作已基本完成。

（二十三）二级坝泵站工程

工程批复总投资2.52亿元，累计下达投资计划25 217万元。截至2009年底，累计完成投资22 049万元，占工程总投资的87.4%。累计完成土方152.71万m^3，石方1060m^3，混凝土37 155m^3，金属结构720t。

截至2009年底，水泵机组主要配件已到国内组装已完成了80%。主泵房及进水闸工程本月进水闸工程主要进行清污机起吊柱及左侧机架桥三、四混凝土施工，本月共完成5根起吊柱混凝土浇筑，闸室段机架桥全部完成。前池段底板混凝土已全部完成。进水池两侧翼墙及底板混凝土已全部浇筑完成。主泵房出水侧墩墙及胸墙混凝土已全部完成。二级坝公路桥工程已完成，待工程验收。引水渠和引水渠交通桥工程已于2009年5月通过单位工程验收，这两个单位工程质量评定为优良。

（二十四）潘庄引河闸工程

工程批复总投资1360万元，累计下达投资计划1360万元。截至2009年底，累计完成投资1346万元，占工程总投资的99.0%。

截至2009年底，潘庄引河闸主体工程基本完成。工程迁占及地面附着物补偿工作已基本完成。环境保护措施和施工期环境保护临时措施在施工中实施。

（二十五）穿黄河工程

工程批复总投资6.13亿元，累计下达投资计划5亿元。截至2009年底，累计完成投资2.55亿元，占工程总投资的41.5%。累计完成土方468.70万m^3，石方2.04万m^3，混凝土126 800m^3。

截至2009年底，穿黄南区工程5个土建标段（加上拌合站）已进入施工高潮。出湖闸闸室、3节箱涵混凝土、玉斑堤土方回填已完成，闸门已安装完成且具备挡水条件。南干渠土方开挖已完成80%，完成总长的75%；4座生产桥已全部完成并具备通行条件。检修闸闸室、拦污栅底板及边墙混凝土已浇筑完成，土方回填工作也已基本完成。穿黄隧洞工程完成了隧洞出口段部分土石方开挖，穿引黄渠埋涵完成了渐变段及消力池土方开挖。工程迁占及地面附着物补偿工作正在进行中。环境保护措施和施工期环境保护临时措施在施工中实施。

（二十六）济南市区段工程

工程批复总投资27.32亿元，共下达投资计划262 302万元。截至2009年底，累计完成投资151 169万元，占工程总投资的55.3%。累计完成土方293.22万m^3，混凝土357 700m^3。

截至2009年底,济南市区段工程济洛路—洪家园桥段输水暗涵工程长度总计16.64km，累计完成土方开挖12.24km、暗涵浇筑10.3km。工程迁占及地面附着物补偿工作正在进行中。环境保护措施和施工期环境保护临时措施在施工中实施。

（二十七）东湖水库工程

工程批复总投资96 403万元，共下达投资计划52 302万元。截至2009年底，累计完成投资35 513万元，占工程总投资的36.8%。

截至2009年底，主要完成了移民迁占资金和设计费。

（马永征）

中线一期在建工程建设进展情况

（一）丹江口水库大坝加高工程

工程批复总投资24.25亿元，累计下达投资计划19.66亿元。截至2009年底，累计完成投资169 587.74万元，占概算静态投资的78%。累计完成土石方584.19万m^3，混凝土浇筑99.81万m^3。

截至2009年底，需加高的54个坝段中，已有53个坝段加高至新坝顶高程。所有加高坝段（除推迟施工的溢流堰顶部位外）初期坝体下游贴坡面、坝顶裂缝已检查、处理完成。5号发电机顺利通过分部工程验收和部分工程投入使用验收，4号发电机的安装正紧张进行。水轮机及其附属设备制造工作正紧张进行。

左右岸施工道路、过江施工大桥、施工场平、营地房建、施工供水供电、左右岸临时交通码头、施工控制网复核等前期准备工程均使用正常。目前坝区移民搬迁工作全面完成。

（二）穿黄工程

工程批复总投资31.37亿元，累计下达投资计划303 000万元。截至2009年底，累计完成投资149 813万元，占总投资的47%。累计完成土方1843万m^3，石方18万m^3，混凝土21.99万m^3，钢筋3.10万t。

截至2009年底，南岸明渠除下渠道路占压区外，渠道土方开挖及边坡防护（含拱架内植草）已全部完工。上游线累计掘进3450m，管片拼装2174环。北岸明渠共9968m，累计完成渠道填筑9724m，渠道边坡浆砌石累计完成8282m；新、老蟒河倒虹吸已全部完成并验收，实现河道过流。

（三）安阳段工程

工程批复总投资20.62亿元，累计下达投资计划186 730万元。截至2009年底，累计完成投资128 541万元，占总投资的61%。累计完成土方1635万m^3，石方693万m^3，混凝土36.24万m^3，钢筋1.66万t，金属结构418t。

截至2009年底，3座河渠交叉建筑物主体完工，管身段回填、进出口段工程基本完成，16座左岸排水建筑物均15座主体工程全部完成，渠道施工已全线展开，累计完成渠道边坡混凝土衬砌25 674m，渠道底板混凝土衬砌累计完成9646m。

（四）京石段应急供水工程

京石段应急供水工程划分为17个设计单元工程，其中永定河倒虹吸、西四环暗涵、惠南庄泵站、北拒马河暗渠、惠南庄泵站至大宁段、总干渠穿五棵松地铁、总干渠与北京段铁路交叉工程、滹沱河倒虹吸、唐河倒虹吸、釜山隧洞、古运河枢纽、漕河渡槽、生产桥、石家庄至北拒马河总干渠和连接段工程等14个设计单元工程的主体工程已完工，目前正在验收阶段。工程管理专题2个设计单元已批复，北京段永久供电工程正在核定概算。

截至2009年底，京石段已批复的设计单元工程总投资为1 940 968万元，投资已全部下达。合同工程量：土方16 016万m^3，石方2392万m^3，混凝土504万m^3，金属结构8960t。

截至2009年底，已批复的设计单元工程累计完成投资1 631 723万元，占概算投资的84%。累计完成土方16 967万m^3，石方2528万m^3，混凝土496万m^3，金属结构7074t。

（五）调度中心土建工程

工程总投资2.27亿元，投资计划已全部下达。截至2009年底，累计完成投资2.02亿元，占工程总投资的89%。

（六）潞王坟试验段工程

工程平批复总投资2.68亿元，投资计划已全部下达。截至2009年底，累计完成投资20 057万元，占总投资的73%。累计完成土方97万m^3，石方283万m^3，混凝土3535m^3。

截至2009年底，试验区工程施工已全部完成并通过单位工程验收，正在进行试验延期观测工作；非试验区土石方开挖已完成，正在进行混凝土框格预制、SY1 +250 ~ SY1 +340渠道右岸山包软岩二次开挖、试验段永久征地线处防护围栏安设。试验单位已完成全部试验断面的现场测试、仪器埋设、碾压试验、定期观测等试验观测工作；完成了裸坡试验区1∶1.5、1∶2.0、1∶2.5三种坡比的人工降雨试验；完成了试验2区、3区、5区和8区一级马道以下局部渗漏试验。

（七）石门河倒虹吸工程

工程于批复总投资25 122万元，累计下达投资计划10 000万元。截至2009年底，累计完成投资5244万元，占总投资的21%。累计完成土方66万m^3，混凝土650m^3。

截至2009年底，工程已完成管身段216.4m土石方开挖；完成343.6m出口闸室、渐变段及渠道段高程93m以上土石方开挖；完成126.4m管身段级配碎石换填施工；完成强夯区的全部强夯施工；完成第63、65管节底板钢筋的安装；基本完成布料机及龙门吊的安装工作；完成第91、92管节垫层混凝土浇筑；正在进行进口渐变段及出口段土石方开挖、降水和级配碎石换填施工。

（八）辉县段工程

工程批复总投资400 374万元，累计下达投资计划153 000万元。截至2009年底，累计完成投资140 589万元，占总投资的35%。累计完成土方1779万m^3，石方65万m^3，混凝土2.19万m^3，钢筋0.18万t。

截至2009年底，辉县段工程总干渠沿线土石方开挖已全面展开，强夯、重夯和地基处理施工有序进行，7座河渠交叉建筑物已全部开工，18座左岸排水建筑物已开工10座。30座公路桥有4座正在进行绕行道路施工、钢筋笼绑扎和灌筑桩钻孔施工。

（九）焦作2段工程

工程批复总投资351 729万元，累计下达投资计划155 000万元。截至2009年底，累计完成投资153 496万元，占总投资的44%。累计完成土方1215万m^3，石方132万m^3，混凝土2.18万m^3，钢筋0.19万t。

截至2009年底，正在进行主渠道挖方及填方工程和各类建筑物的施工。建设路公路桥已完成17根灌注桩施工。聩城寨倒虹吸、纸纺河渠倒虹吸工程进行管身段混凝土浇筑施工。位村河排水渡槽已完成8根灌注桩桩基混凝土浇筑、煤矿学校公路桥完成8根灌注桩混凝土浇注；云台大道公路桥已完成5灌注桩桩基混凝土浇筑。安阳城生产桥已完成桥台桩基混凝土浇筑。

（十）新乡和卫辉段工程

工程批复总投资165 740万元，累计下达投资计划78 000万元。截至2009年底，累计完成投资53 996万元，占总投资的33%。累计完成土方601万m^3，石方97万m^3，混凝土1.6万m^3。

截至2009年底，新乡和卫辉段总干渠沿线土石方开挖已全面展开，强夯、重夯等地基处理施工有序进行，4座河渠交叉建筑物（山庄河倒虹吸、十里河倒虹吸、香泉河倒虹吸和沧河倒虹吸）已全部开工建设，正在进行钢筋与模板制安、混凝土浇筑施工；2座渠渠交叉建筑物已开工建设1座，目前已完成管身段底板垫层混凝土浇筑；9座左岸排水建筑物已开工建设1座（西寺门左岸排水倒虹），正在进行管身段底板混凝土浇筑。

（十一）温博段工程

工程批复总投资150 136万元，累计下达投资计划68 900万元。截至2009年底，累计完成投资49 765万元，占总投资的33%。累计完成土方281万m^3，混凝土0.9万m^3。

截至2009年底，温博段一标护城河倒虹吸完成水平管身段混凝土施工，北冷涝河倒虹吸完成基坑开挖和底板混凝土垫层浇筑，济河倒虹吸完成降水井施工。完成3座公路桥桥梁桩基施工。渠道开挖完成1500m，渠道填筑完成1000m，完成强夯基础处理3000m，土挤密桩基础处理600m。二标渠道开挖完成2500m，渠堤填筑完成2000m，重夯基础处理完成4500m。完成5座公路桥的桩基施工。三标渠道开挖完成1000m，渠堤填筑完成500m，完成4000m长渠道的强夯、重夯、挤密桩等基础处理。完成齐村南公路桥桩基施工。

（十二）沁河渠道倒虹吸工程

工程批复总投资34 469万元，累计下达投资计划11 000万元。截至2009年底，累计完成投资6304万元，占总投资的18%。累计完成土方96万m^3。

截至2009年底，沁河渠道倒虹吸工程完成一期基坑开挖，完成8节底板混凝土垫层浇筑施工。二期防渗墙完成1万m^2。

（十三）焦作1段工程

工程批复总投资207 459万元，累计下达投资计划118 000万元。截至2009年底，累计完成投资81 491万元，占总投资的39%。累计完成土方67万m^3。

截至2009年底，焦作1段工程渠道开挖完成1200m，渠堤填筑完成200m，开始南敬村南公路桥桩基施工，白马门河倒虹吸开始基坑开挖，进行部分建筑垃圾的清运。三标开始渠道基础重夯试验施工；李河倒虹吸完成基坑开挖，完成单联6块底板和3节侧墙的混凝土浇筑。

（十四）鹤壁段工程

工程批复总投资213 374万，累计下达投资计划105 000万元。截至2009年底，累计完成投资72 652万元，占总投资的34%。累计完成土方470万m^3，石方111万m^3。

截至2009年底，临时工程基本完成。主体工程进行基础处理，渠道挖方填方施工，进行小庄沟倒虹吸和刘庄沟倒虹吸管身垫层混凝土浇筑及水泥土换填，各类建筑物土石方开挖。

（十五）汤阴段工程

工程批复总投资162 810万元，累计下达投资计划78 000万元。截至2009年底，累计完成投资49 470万元，占总投资的30%。累计完成土方173万m^3，石方321万m^3。

截至2009年底，渠道施工已全面展开，正在进行渠道土石方开挖工程。倒虹吸及渡槽等建筑物也开始土石方开挖及混凝土浇筑。安全监测标正在施工。

（十六）穿漳河工程

工程批复总投资38 256万元，累计下达投资计划15 000万元。截至2009年底，累计完成投资5120万元，占总投资的13%。累计完成土方15万m^3，混凝土0.11万m^3。

截至2009年底，穿漳河工程进口连接渠完成土方开挖、振冲碎石桩地基处理、回填碾压试验。进口渐变段完成土方开挖和振冲碎石桩地基处理。进口检修闸室完成土方开挖、振冲碎石桩地基处理、底板混凝土施工完成。管身段完成地下水位以上土方开挖，完成帷幕灌浆，完成围堰填筑。退水排冰闸完成土方开挖、振冲碎石桩地基处理、泄槽和消力池段垫层及底板混凝土施工完成。一期导流沟开挖完成。

（十七）南阳膨胀土试验段工程

工程批复总投资18 506万元，累计下达11 000万元。截至2009年底，累计完成投资6727万元，占总投资的36%。累计完成土方83万m^3，混凝土6709m^3。

截至2009年底，渠道一期土建工程完工，二期工程丁洼公路桥开工。渠道运行工况模拟试验继续进行。填方试验Ⅰ、Ⅱ区土建工程基本完成，已经具备移交试验单位的条件。弱、中膨胀土试验区土建部分全部完工，已经移交试验单位，正在进行渠道运行工况模拟试验。

（十八）郑州2段工程

工程批复总投资297 882万元，累计下达投资计划150 000万元。截至2009年底，累计完成投资135 311万元，占总投资的45%。累计完成土方144万m^3。

截至2009年底，郑州2段施工营地及其附属设施混凝土拌和站、钢筋加工厂正在建设中。潮河、魏河、十八里河、金水河4座河渠交叉建筑物基坑均已开挖。

（十九）天津市境内1段工程

工程批复总投资128 338万元，累计下达投资计划72 000万元。截至2009年底，累计完成投资83 172万元，占总投资的65%。累计完成土方897万m^3，混凝土53万m^3，钢筋4.45万t。

截至2009年底，天津市1段工程完成箱涵主体工程全断面基槽开挖长度17.77km，占计划量的93%；累计完成浇筑混凝土50万m^3，占计划量的81%。其中浇筑混凝土垫层17.68km，成型箱涵17.39km。

（二十）天津市境内2段工程

工程批复总投资19 437万元，累计下达投资计划8000万元。截至2009年底，累计完成投资8034万元，占总投资的41%。累计完成土方27万m^3，混凝土2.28万m^3，钢筋1691t。

截至2009年底，天津市2段工程本月主要进行输水箱涵土方开挖及混凝土浇筑，累计完成输水箱涵土方开挖1318m，回填800m。累计完成输水箱涵混凝土垫层浇筑1318m。累计完成输水箱涵底板混凝土浇筑92节，累计完成输水箱涵墙体及顶板混凝土浇筑83节。

（二十一）廊坊市境内段工程

工程批复总投资331 760万元，累计下达投资计划120 000万元。截至2009年底累计完成投资23 548万元，占总投资的7%。

截至2009年底，廊坊市段工程目前主要进行工程征迁、施工营地临建设施建设等施工准备工作。

（二十二）西黑山进口闸—有压箱涵段工程

工程批复总投资74 395万元，累计下达投资计划35 000万元。截至2009年底，累计完成投资610万元，占总投资的1%。

截至2009年底，主要进行工程征迁协调工作及部分营地的建设。本月主要进行易保公路主营地、城北庄营地建设。HZS90型拌和站吊装已完成。

（二十三）保定市境内2段工程

工程总投资81 332万元，累计下达投资计划40 000万元。截至2009年底，累计完成投资877万元，占总投资的1%。

截至2009年底，主要进行营地建设工作，完成测量控制点的加密工作。

（二十四）南水北调中线干线工程自动化调度与运行管理决策支持系统（京石应急段）

工程批复总投资57 057万元，累计下达投资57 057万元。截至2009年底，累计完成投资20 008万元，占总投资的35%。

截至2009年底，召开了京石段程控交换系统、传输系统、通信电源系统、计算机网络系统、应用支撑平台与数据存储系统、视频监控系统、水质监测系统、闸站监控系统等第一次设计联络会。设备生产按计划进度顺利进行。自动化调度系统控制中枢以及展现载体的总调中心实体环境建设项目已经基本完成，调度控制以及决策会商环境基本形成。总公司数据存储与应用支撑系统设备已安装完成，京石段传输、交换、电源、网络、存储等主要设备都已基本生产完成。

（马永征）

拾 大事记

MAJOR EVENTS

一　月

1日　《中国南水北调》报创刊。该报刊由国务院南水北调办主管，南水北调中线干线工程建设管理局主办，刊号为“京内资准字0808－L0091号”。

5日　南水北调中线京石段应急供水工程建成通水表彰大会在北京市召开，会议全面总结京石段工程建设经验，对工程建设中涌现出的先进集体和先进个人进行表彰。

7日　河南省全面启动南水北调受水区供水配套工程文物保护前期工作。

8日　以全国政协常委、原司法部部长张福森为组长、青海省人大副主任郭汝琢为副组长的中央学习实践科学发展观活动第二十二指导检查组一行，到南水北调中线干线漕河段和北拒马河暗渠工程指导检查工作。

13～15日　国务院南水北调办在北京市组织召开南水北调工程质量监督工作座谈会暨业务培训会议。

22日　南水北调东线一期工程南四湖水资源控制、水质监测工程和骆马湖水资源控制工程潘庄引河闸工程开工建设。

二　月

4日　国务院南水北调办安全生产领导小组和重特大事故应急处理领导小组第七次全体会议在北京市召开。

6日　南水北调中线一期工程黄河北—漳河南段工程石门河倒虹吸工程开工建设。

12日　河南省人民政府出台《关于进一步推进南水北调中线工程丹江口库区移民新村建设的意见》。

13日　南水北调中线兴隆水利枢纽工程开工建设，标志着南水北调东、中线工程在七省市全部开工。

16日　国务院南水北调办主任张基尧向全国人大副委员长、九三学社中央主席韩启德汇报南水北调工程有关情况。

18～19日　国务院南水北调办、环境保护部、水利部组成联合调研组调研南水北调东线骆马湖水质状况。

18日　河南省南水北调办参加第三届中国国际建设环境友好型社会成果展的“一渠清水送北京——河南省南水北调中线工程水源区生态建设成果展”荣获金奖。

22～27日　为贯彻落实国务院南水北调工程建设委员会第三次全体会议“要抓紧编制丹江口库区及上游经济社会发展规划”精神，国家发展改革委、国务院南水北调办联合组成调研组赴丹江口库区及上游三省进行现场调研。

三　月

2日　国务院南水北调办在北京市召开深入学习实践科学发展观活动总结大会。

3日　国务院南水北调办印发《国务院南水北调工程建设委员会办公室新闻宣传工作管理办法》。

3日　南水北调工程建设年鉴编纂工作会议在北京市召开。

10日　湖北省人民政府在武汉市召开湖北省南水北调中线工程丹江口库区移民试点工作督办会议。

16～22日　全国人大常委会副委员长、九三学社中央主席韩启德率领由九三学社中央和国务院八部委组成的调研组，深入河南省南阳市、湖北省十堰市、陕西省商洛市等中线工程水源地9个县（区），实地查看水源保护工作。

17日　山东省人民政府印发《山东省南水北调工程基金筹集和使用管理办法》。

19日　国务院南水北调工程建设委员会专家委员会工作座谈会在北京市召开。

23日　财政部、国家发展改革委、国务院南水北调办和审计署联合印发《关于调整南水北调工程基金分年度上缴额度及有关问题的通知》。

25日　国务院南水北调办印发《南水北调工程建设投资计划管理办法》。

26日　南水北调东线一期工程南四湖水资源控制、水质监测工程和骆马湖水资源控制工程大沙河闸工程开工建设。

26日　国务院南水北调办在北京市召开加快南水北调工程建设座谈会。

27日　国务院南水北调办批复南水北调东线一期工程泗洪站、刘老涧二站工程初步设计技术方案。

四　月

2日　南水北调中线一期工程黄河北—漳河南段工程辉县段工程、新乡和卫辉段工程开工建设。

2日　南水北调系统网络宣传工作会议在北京市召开。

23日　南水北调中线干线河北段工程建设座谈会在石家庄市召开。

28日　南水北调中线北京市内配套工程暨南干渠、大宁调蓄水库工程开工建设。

28～29日　南水北调工程质量安全工作会议在河南省郑州市召开。

五　月

11～13日　全国人大常委、环资委副主任委员汪纪戎率队调研南水北调生态补偿机制问题。

12日　南水北调东线一期工程江苏长江—骆马湖段其他工程刘老涧二站工程开工建设。

12日　国务院南水北调办下发通知，要求确保南水北调各在建工程和完工项目安全度汛，保障南水北调工程建设顺利进行。

13日　国务院南水北调办召开治理“小金库”工作领导小组第一次全体会议，传达全国“小金库”治理工作电视电话会议精神，审议通过《国务院南水北调办开展“小金库”专项治理工作实施方案》。

18～23日　国务院南水北调办组织人民日报、新华社、中央电视台等中央新闻媒体记者赴南水北调工程现场开展重点宣传报道活动。

20日　南水北调中线一期工程黄河北—漳河南段工程鹤壁段工程、汤阴段工程开工建设。

21日　南水北调中线一期工程黄河北—漳河南段工程温博段工程、沁河渠道倒虹吸工程、焦作1段工程开工建设。

23～25日　南水北调丹江口库区移民试点及干线工程征迁工作现场经验交流会在河南省郑州市召开，总结交流南水北调工程征地移民工作经验，要求加快推进和努力做好征地移民工作。

26日　南水北调中线京石段应急供水工程圆满完成国务院确定的应急供水任务，对缓解首都北京的缺水状况，确保北京供水安全起到重要作用。

27日　湖北省丹江口库区移民安置试点工作现场会在湖北省宜城市召开。

31日　南水北调中线一期工程穿漳河工程开工建设。

31日　南水北调东线江都市截污导流工程顺利通过联合试运行暨合同项目完成验收，成为南水北调东线工程中第一个建成、第一个发挥效益的截污导流单项工程。

六　月

2日　南水北调东线一期工程南四湖—东平湖段工程长沟泵站工程开工建设。

4日　南水北调东线一期南四湖—东平湖段输水与航运结合工程开工建设。

14日　湖北省政府在武汉市召开全省南水北调中线工程丹江口库区移民实施规划工

作会议。

16～17 日　全国人大常委、环资委主任委员汪光焘率领调研组就丹江口库区水质保护情况和调水对汉江中下游影响情况进行调研，实地考察丹江口水库大坝加高工程和水库水质状况。

20 日　南水北调中线丹江口大坝加高工程实现坝顶全线贯通，两台 500t 级坝顶门式起重机具备启闭闸门条件，标志着丹江口大坝加高工程实现重大阶段性目标。

21 日　南水北调东线一期工程骆马湖水资源控制工程通过南水北调东线江苏水源有限责任公司组织的单位工程暨合同项目完工验收。

22～23 日　全国人大代表视察组视察南水北调中线河南段工程和丹江口库区移民试点村。

26 日　南水北调中线一期工程天津干线工程天津市境内 1 段工程卫河倒虹吸箱涵主体工程完工。

29 日　河南省丹江口库区移民试点新村基础设施和公益设施建设现场会在河南省许昌市召开。

30 日　南水北调东线工程洪泽湖—骆马湖段工程开工建设。

七　月

6 日　河南省南水北调丹江口库区移民安置对接暨试点移民搬迁工作会议在河南省郑州市召开。

16～17 日　河南省委、省政府分别召开河南省委常委会议和省政府常务会议，专题研究部署南水北调丹江口库区移民安置工作，并通过了《南水北调丹江口库区移民安置工作实施方案》。

27 日　南水北调中线一期工程沙河南—黄河南段工程郑州 2 段工程开工建设。

27 日　南水北调中线一期工程天津干线工程廊坊市境内段工程开工建设。

27～31 日　国务院南水北调办、交通运输部、环境保护部、住房和城乡建设部、国土资源部和国家安全生产监督管理总局等部门组成的联合调研组，对南水北调东线江苏段京杭运河水污染防治工作进行调研。

7 月 28 日～8 月 2 日　由国务院南水北调办会同交通运输部、环境保护部、住房和城乡建设部、国土资源部和国家安全生产监督管理总局联合组成调研组，赴江苏省扬州、淮安、宿迁、徐州及山东省枣庄、济宁六市开展东线京杭运河航运水污染防治工作调研。

29～30 日　河南省委、省政府在南阳市淅川县召开全省南水北调丹江口库区大规模移民动员大会，安排部署库区移民工作。

八　月

12～31 日　国家发展改革委与国务院南水北调办组织联合专家组对江苏省、山东省部分截污导流工程项目进行稽察。

14 日　国务院南水北调办在北京市召开南水北调工程建设领域突出问题专项治理工作动员大会。

16 日　河南省南水北调丹江口库区试点移民搬迁启动，首批来自南水北调丹江口库区淅川县滔河乡姬家营的 300 多名移民喜迁新居。

17～23 日　国务院南水北调工程建设委员会专家委员会对南水北调东、中线工程质量进行调研。

19 日　南水北调工程征地移民维稳工作座谈会在北京市召开。

20 日　湖北省首批移民搬迁在襄樊市惠岗村和荆门市新河村同时启动。

26 日　北京市南水北调配套工程征地拆迁动员会在北京市召开。

九　月

7 日　南水北调工程建设领域突出问题专

项治理工作专题会议在北京市召开。

15～18日　南水北调系统第二期资金管理培训班在北京市举办。

16日　原中共中央政治局委员、全国人大常委会副委员长姜春云一行到湖北省丹江口市就中线丹江口库区经济发展以及环境保护、水污染防治进行调研。

21日　南水北调工程网络展览和网站群开通。

29日　南水北调东线一期工程济平干渠开闸向小清河补充水源。

十　月

10～18日　国务院南水北调办会同环境保护部、水利部，组织有关单位专家，赴河南、湖北、陕西三省开展丹江口库区及上游水质监测建设项目实施方案论证和水源保护区划定调研。

15日　南水北调中线陶岔渠首枢纽工程开工建设。

10月16日～11月19日　中央扩大内需促进经济增长政策落实检查工作领导小组第二十三检查组对国务院南水北调办及南水北调工程新增中央投资涉及的19个项目进行专项检查。

20日　河南省南水北调丹江口库区第一批移民实施动员大会在郑州市召开。

21日　南水北调东线江苏长江—骆马湖段其他工程泗洪站工程开工建设。

22～29日　国务院南水北调工程建设委员会专家委员会对南水北调东线治污工作进行调研。

十 一 月

3～10日　国务院南水北调办、财政部等单位组成调研组，赴丹江口库区及上游河南、湖北、陕西三省有关市县，检查生态补偿资金安排使用情况，研究完善生态补偿工作机制的措施。

6日　中央纪委副书记、监察部部长马馼考察南水北调中线穿黄工程。

9～12日　南水北调中线穿黄工程盾构施工技术咨询会在郑州市召开。

17～19日　南水北调中线工程考古发现与研究研讨会在郑州市召开。

22～23日　香港工程师考察团赴南水北调中线工程进行考察。

22日　南水北调中线引江济汉通航控制性工程开工建设。

25日　南水北调中线一期工程天津干线工程保定市境内1段工程开工建设。

28～30日　南水北调工程水资源保护培训研讨班在深圳市举办。

11月28日～12月5日　国务院南水北调办委托河南省南水北调办对南水北调中线总干渠膨胀土（南阳）试验段工程进行稽察。

十 二 月

1日　国务院南水北调工程建设委员会第四次全体会议在北京市召开，总结国务院南水北调工程建设委员会第三次全体会议以来南水北调工程建设工作，研究存在的问题，部署2010年工程建设任务。中共中央政治局常委、国务院副总理、国务院南水北调工程建设委员会主任李克强主持会议并讲话。中共中央政治局委员、国务院副总理、国务院南水北调工程建设委员会副主任回良玉出席会议并讲话。全国政协副主席、科技部部长万钢出席会议。

4日　南水北调中线一期工程天津干线工程西黑山进口闸—有压箱涵段工程、保定市境内2段工程开工建设。

9日　南水北调系统宣传工作暨网络展览总结表彰会议在南京市召开，总结南水北调宣传及网络展览工作，并对南水北调宣传工作先进集体和先进个人、网络展览优秀展区和优秀组织单位进行了表彰。

18 日　国务院南水北调办印发《关于进一步加强南水北调工程质量管理和质量监督工作的意见》。

19 日　河北省南水北调工程建设委员会第三次全体会议召开，强调要高标准、高质量完成工程建设各项任务，努力建设一流的精品工程、阳光工程、民心工程。

22 日　南水北调中线一期工程穿黄工程Ⅱ-A“穿越号”盾构机顺利到达黄河南岸工作竖井，标志着穿黄上游线过河段隧洞顺利贯通，中线穿黄工程建设取得重大阶段性胜利。

23～24 日　国家发展改革委会同国务院南水北调办、交通运输部、环境保护部、住房和城乡建设部、国土资源部、国家安监总局等有关部委，在北京市召开江苏、山东两省《南水北调东线京杭运河航运水污染防治设施建设方案》审查会。

25 日　丹江口库区及上游水污染防治和水土保持部际联席会议办公室召开《丹江口库区及上游水污染防治和水土保持规划》修编大纲起草工作讨论会议，规划修编工作全面启动。

26 日　南水北调中线兴隆水利枢纽工程实现大江截流。

26 日　南水北调东线宿迁市南水北调截污导流工程顺利通过联合试运行验收。

28 日　南水北调东线一期工程江苏长江—骆马湖段其他工程泗阳站工程开工建设。

28 日　南水北调中线一期工程沙河南—黄河南段工程沙河渡槽工程、北汝河渠道倒虹吸工程开工建设。

28～29 日　2010 年南水北调工程建设工作会议在河南省郑州市召开，贯彻落实中央经济工作会议和国务院南水北调建委会第四次全体会议精神，总结工程建设取得的经验，分析南水北调工程建设面临的形势和任务，研究部署 2010 年南水北调工程建设工作。

31 日　南水北调东线一期东湖水库和双王城水库工程建设动员大会在济南市召开。

Contents

Chapter One Important Event Records

Chapter Two Policies, Laws and Regulations · Important Files

Chapter Three General Management

Chapter Four The Eastern Route Project of the SNWDP

Chapter Five The Middle Route Project of the SNWDP

Chapter Six The Western Route Project of the SNWDP

Chapter Seven The Matching Projects

Chapter Eight Team Building

Chapter Nine The Statistical Information

Chapter Ten Major Events

《中国南水北调工程建设年鉴 2010》编辑出版工作人员

终　　审　杨元峰

复　　审　杨伟国

责任编辑　姜　萍　韩世韬　安小丹

美术设计　王红柳

版式设计　张秋雁

责任校对　黄　蓓　刘振英

出版印制　蔺义舟

中国水利水电第十一工程局有限公司

执行董事、总经理、
党委副书记 孙玉民

党委书记、副总经理 王禹

中国水利水电第十一工程局有限公司(简称中国水电十一局)，中国建筑业500强，国家水利水电工程施工总承包特级资质，总资产43.42亿元，注册资本3亿元，现有职工8300人。隶属于中国水利水电建设集团公司。

中国水电十一局成立于 1955 年，是新中国建立后经国务院批准组建的机械化水电施工队伍。先后承建了黄河三门峡水电站、洛河故县水利枢纽等大型水利水电工程，参与建设了黄河小浪底水利枢纽工程、长江三峡工程等上百个大型水利水电、工民建和路桥工程。在混凝土筑坝、水轮发电机组及大型金属结构安装、高边坡开挖支护、大型地下洞室施工、大型泵站建设安装、城建管网及顶管施工、病险库加固处理等方面居国内先进水平；在高流速挟沙过流面处理、深水钢拱围堰、碾压混凝土筑坝、面板堆石坝施工、基础工程化学灌浆、湿陷性黄土地基处理等科技项目上获得国家、省部级重大施工技术成果奖；取得质量、环境和职业健康安全管理体系认证。

进入21世纪，中国水电十一局加强企业文化建设，实施国际强局战略，推动创新能力持续增强。国际上进入亚洲、非洲和美洲地区多个国家工程建设市场，国内工程拓展至28个省市自治区。2007年参与福建武邵高速公路建设，2008年进入京沪高速铁路工程施工。近年来取得国家发明专利2项，实用性专利9项（ZL200410031153.9、ZL200610012975.1、ZL200620025047.4、ZL200620025048.9），国家级工法6项；获得新中国成立60周年"百项经典暨精品工程"4项，鲁班奖3项，詹天佑奖2项，全国企业新纪录4项，中国企业重大创新项目1项。获得全国建筑业先进单位、全国电力行业优秀企业、中国优秀诚信企业、中国精神文明建设先进单位、全国企业文化建设工作先进单位、全国模范职工之家、河南省优秀施工企业、河南省文明单位等称号。

截止到2010年3月，中国水电十一局在南水北调东线和中线工程中共中标承担了19个项目的施工任务，合同总价达到36亿元。在南水北调工程施工过程中，自主研发的大型渠道衬砌机获得1项国家发明专利、8项实用新型专利（ZL200920110432.2、ZL200620127312.X、ZL200620127310.0、ZL200620127309.8），大型PCCP管道施工技术获得国家级工法，8个项目获得国务院南水北调办公室文明工地称号，另有多个项目获得国务院南水北调办公室及有关省市的表彰奖励。

中国水电十一局在南水北调工程项目上获得的部分荣誉

1.国家发明专利（ZL200620127311.5）：中线京石段应急供水工程S6标大跨度综合性渠道混凝土浇筑机
2.国家实用新型专利8项（ZL200620128392.0、ZL200620128389.9）：中线京石段应急供水工程S6标大跨度综合性渠道混凝土浇筑机
3.国家级工法：中线京石段应急供水工程惠南庄—大宁段PCCP管道施工1标大型PCCP管道安装技术
4.中央企业学习型红旗班组：中线穿黄工程1标测量队
5.全国工程建设优秀质量管理小组二等奖：中线安阳段工程五标QC小组
6.全国电力行业优秀QC小组：中线穿黄工程1标QC小组
7.国务院南水北调办文明工地：
  中线京石段应急供水工程惠南庄—大宁段PCCP管道工程施工1标
  中线京石段应急供水工程滹沱河倒虹吸工程2标
  中线京石段应急供水工程S6标
  中线河南安阳段工程5标
  中线穿黄工程1标
  中线水源工程丹江口大坝加高工程右岸土建工程
  东线台儿庄泵站工程
  东线淮阴三站工程
8.国务院南水北调办安全生产管理优秀单位：
  中线水源工程丹江口大坝加高工程右岸土建工程项目部
  中线京石段应急供水工程惠南庄—大宁段PCCP管道工程施工1标项目部
  东线淮阴三站工程项目部
9.国务院南水北调办质量管理先进集体：
  中线水源工程丹江口大坝加高工程右岸土建工程项目部
  中线安阳段工程5标项目部
10.国务院南水北调办青年文明号：
  东线台儿庄泵站工程项目部土建一队

中线京石段滹沱河倒虹吸工程

中线北京段pccp管道施工

中国水利水电第十一工程局有限公司

中线渠道衬砌

中线郑州段工程2-1标

中线安阳段工程5标

中线焦作段工程2-4标

东线台儿庄泵站

丹江口大坝加高工程

中线穿黄工程I标

中线京石段应急供水工程s6标

中国水电
SINOHYDRO

中国水利水电第十一工程局有限公司

地　址：河南省郑州市高新技术开发区莲花街9号
电　话：0371-86019001　86019002
传　真：0371-86019003
邮　编：450001

中国水电建设集团十五工程局有限公司

质量管理先进奖牌

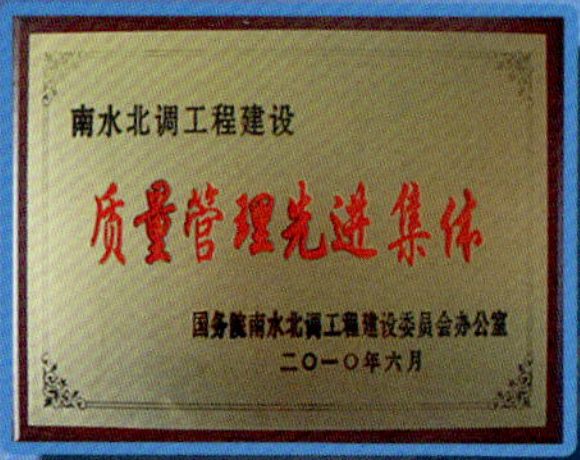

质量管理先进奖牌

通水后的南水北调中线京石段应急供水工程直管项目七标抱阳山桥

中国水电建设集团十五工程局有限公司（秦海国际工程总公司），简称中国水电十五局。前身为陕西省水电工程局（集团）有限责任公司，现为中国水电集团全资子公司，具有国家水利水电、公路工程、房屋建筑工程三项施工总承包一级资质，公路路基工程专业承包一级资质，市政公用工程施工总承包二级资质，以及对外承包工程资质和经济技术合作经营权。

目前，职工总数4200余人，其中各类专业技术人员占到职工总数的50%以上。国内外一流的工程机械设备2000余台（套），总资产17亿元。连续17年竣工终验工程优良率保持100%。20世纪90年代初就跻身中国建筑施工综合实力百强企业，“九五”以来先后荣获全国先进建筑施工企业、全国五一劳动奖状、全国质量管理先进企业、全国守合同重信用企业、全国创建文明行业工作先进单位、全国企务公开先进单位、全国劳动和谐企业等荣誉300余项。

中国水电十五局创建57年来累计修筑各类拦河坝、水电站、泵站100余座，隧洞100余km，供水管道500余km，公路近500km，大中型桥梁、渡槽50多座，房屋建筑35万m^2。先后在国内外修建了40多座土石坝、碾压混凝土坝，仅百米以上的大坝就有13座。公司早期承建的陕西石头河水库为当时全国土石坝第一高坝，筑坝技术荣获全国科学大会奖；承建完成的新疆克孜尔水库、西安黑河金盆水利枢纽、汉中汉江桥闸工程荣获中国建筑工程鲁班奖（国家优质工程）、淮河入海水道江苏二河水利枢纽拦河闸工程荣获2006年中国水利工程优质（大禹）奖，淮河入海水道总体荣获中国建筑工程鲁班奖；在新疆乌鲁瓦提水利枢纽工程、新疆哈密榆树沟水库、西藏小江当干渠和阿里狮泉河镇供水工程、青海黄河公伯峡水电站大坝、陕西东雷抽黄北干二级站、西安黑河金盆水利枢纽、云南大水沟水库等工程建设及机械制造中创造了16项中国企业新纪录，昆明掌鸠河引水供水倒虹吸工程最高水头415m、管径2.2m，堪称亚洲之前茅。

20世纪80年代起，中国水电十五局率先走出陕西、走向全国，先后参与了南水北调、长江三峡、黄河小浪底、京沪高速铁路、青海李家峡、公伯峡、新疆引额济乌、淮河入海水道等国家重点工程建设，在全国各地独立或作为主力军承建了一大批大型水利水电工程、城市桥闸、高速公路和房屋建筑工程，并以优良的业绩赢得了业主的赞誉。中国水电十五局还远赴伊拉克、突尼斯、毛里求斯、几内亚、马里、老挝、阿尔及利亚等国家和地区承担水利水电、公路、市政建设等工程，在澳门特别行政区长期进行汽车包修业务。

2000年，中国水电十五局从企业化管理的事业单位改制为国有独资公司，2005年从陕西省划归中国水利水电建设集团公司成为中央企业，实现了两次历史性飞跃。特别是划归中国水利水电建设集团公司以来，中国水电十五局贯彻“融合、提升、调整、创新”的工作方针，全面与集团公司管理体系接轨，努力提升经营管理水平，调整产业、产权、队伍和组织结构。根据市场环境的变化，中国水电十五局提出了用4年左右的时间建成集团范围内的管理强局，再经过5年左右的努力，进而实现经济强局的战略目标，确定了“主业突出，水电非水电并举，国内国外协调持续发展”的战略方针。在中国水电集团连续四年的业绩考核中绩效进步突出，2009年与2004年相比签约合同额增长1.2倍，在岗职工收入增长1.3倍，净资产增长2.1倍，利润总额增长11倍。企业经营模式发生深刻变化，工程技术不断创新，连续17年延续工程优良率保持百分之百，三连冠连夺中国建筑工程优质奖—鲁班奖。企业党建工作坚强有力，文化治企持续推进，呈现出待续、健康、全面、和谐发展的喜人局面。

总经理徐中秋在南水北调工地检查

南水北调工程是中国水电十五局的主战场和支柱市场。2005年以来，凭着“自强不息，勇于超越”的企业精神，中国水电十五局先后承建了南水北调中线京石段应急供水工程直管七标、河北段工程S30标、安阳段工程八标、新乡和卫辉段工程三标、温博段工程三标、穿黄工程三标、南沙河倒虹吸工程等8个项目，共签约合同额14亿多元，成为南水北调工程建设的主力军之一。在南水北调工程搭起的千里“大舞台”上，中国水电十五局和众多国内一流施工企业同台竞技，大显身手，为南水北调工程建设作出了贡献。

京石段应急供水工程直管项目七标

1. 京石段应急供水工程直管项目七标工程

南水北调中线京石段应急供水工程直管七标渠道全长6583.159m，沿渠线共有各类建筑物10座，其中左岸排水建筑物3座，公路桥5座，分水口1座，埋管1座。其主要合同工程量为：土方开挖779万m^3，土方回填64.3万m^3，混凝土7.56万m^3，钢筋制作安装1414t，浆砌石3.65万m^3，合同总价15362.9588万元。本工程于2006年8月1日正式开工，渠道工程于2008年4月具备通水条件，重大设计变更后的韩庄公路桥正在施工，其他工程已完工。2008年9月18日正式向北京供水，运行正常。

京石段应急供水工程河北段工程S30标

2.京石段应急供水工程河北段工程S30标

南水北调中线京石段应急供水工程曲逆河中支排洪涵洞项目（S30标）位于河北顺平县境内，全长2330m，包括曲逆河中支排洪涵洞、曲逆河中支退水闸、西朝阳桥、北庄桥和2330m渠道等工程项目；其中曲逆河中支排洪涵洞为大型建筑物。合同工程量为：土方开挖43万m^3，土方回填量52万m^3，混凝土浇筑3.8万m^3，钢筋制作安装1400t，合同项目总投资5053.83万元。

中国水电建设集团十五工程局有限公司

阔步前进的中国水电十五局

地址：陕西省西安市科技路16号
邮编：710065
电话：029-88758100（传真）

新卫三标工程

3. 新乡和卫辉段工程三标

新乡和卫辉段是南水北调中线一期工程总干渠Ⅳ渠段（黄河北—姜河北）的组成部分，位于Ⅳ渠段中部。

标段长度5.1km，包含渠道3898m，建筑物9座，其中河渠交叉建筑2座，节制闸1座，退水闸1座，左岸排水倒虹吸1座，公路桥2座，生产桥2座。最大的建筑物沧河倒虹吸全长859m，三孔一联箱形钢筋混凝土结构，单孔尺寸6.8m×6.8m。主要工程量有土石方开挖232万m^3，土石方回填211万m^3，混凝土16.5万m^3，钢筋制作安装10994t，砂石铺筑6.43万m^3，沥青路面7.75万m^2，重强夯37.9万m^2，土工材料38.1万m^2。合同总价2.6558亿元。合同工期为2009年4月1日～2011年12月31日。

4. 温博段工程三标

温博段工程三标是南水北调中线一期工程总干渠Ⅳ渠段（黄河北—姜河北）的首段，地域上属于河南省焦作市的温县和博爱县。全长28.5km，扣除其中作为另一设计单元的沁河渠道倒虹吸工程段1.38km后，温博段总长为27.12km。

温博段工程三标是温博段工程三个标的末段，标段全长6.5km，标段内共有各种建筑物9座，其中：河渠交叉建筑物2座，左岸排水建筑物1座，分水口门建筑物1座，公路桥3座，生产桥2座及多项小型建筑物。

本工程合同总价为2.76亿元，施工工期为2009年5月1日～2011年10月底，总合同期为30个月。主要工程量：土石方开挖351万m^3，土石方填筑106万m^3，混凝土16.6万m^3，钢筋制作安装9766t、重夯、强夯15.7万m^2，浆砌块石27292m^3。

5. 漳河北—古运河南段工程SG11标

南水北调中线一期工程总干渠漳河北—古运河南段工程，土建施工SG11标段位于河北省临城县，总长12.107km，工程共有各类建筑物12座，包括大型交叉建筑物1座，左岸排水建筑物共7座，渠渠交叉物2座，分水口门工程2座。主要工程量：土石方开挖704.03万m^3，土方填筑97.0万m^3，钢筋2807t，混凝土11.69万m^3，砌石4.95万m^3。总工期为33个月，计划2010年6月15日开工，2013年3月15日完工。

6. 安阳段工程八标

安阳段工程八标位于京广铁路西侧，从羑河北岸、安阳市所辖汤阴县与安阳县界开始，经过安阳县及安阳市区，最终与漳河涵洞式渡槽进口相连接，全渠段总长度40322.1m，其中渠道长度39358.7m。全段共有各类建筑物58座，其中：河渠交叉物3座，渠道交叉物9座，左岸排水建筑16座，铁路桥1座，分水闸2座，公路交叉25座，节制闸1座，退水闸1座。

7. 穿黄工程

穿黄工程位于郑州市以西约30km处，于孤柏山湾横穿黄河。合同内容包括桩号（15+000）～（19+304.5）段渠道内的所有工程，主要项目有4.3km的沿渠施工道路及2km料场道路，4.3km的渠道土方开挖及回填、渠道混凝土衬砌、渠堤公路及绿化工程，三个跨渠桥、两个排水工程及一个倒虹吸工程等。工程于2006年3月1日开工，目前已完工程量占合同额的55%以上。

8. 南沙河渠道倒虹吸工程

南沙河渠道倒虹吸工程南水北调中线一期工程大型河渠交叉建筑物之一。由进口渠道、南段倒虹吸、中间明渠、北段倒虹吸、出口渠道五大部分组成，其中南沙河倒虹吸南段由进口连接渠道、南段渠道倒虹吸、中间明渠三部分组成，标段全长2315m。

温博工程段三标

漳河北—古运河南段工程SG11标

南水北调中线沧河倒虹吸工程工地上灯火通明，一片繁忙景象

工人在南水北调中线北石洞倒虹吸工程工地上加紧施工

安阳段工程八标

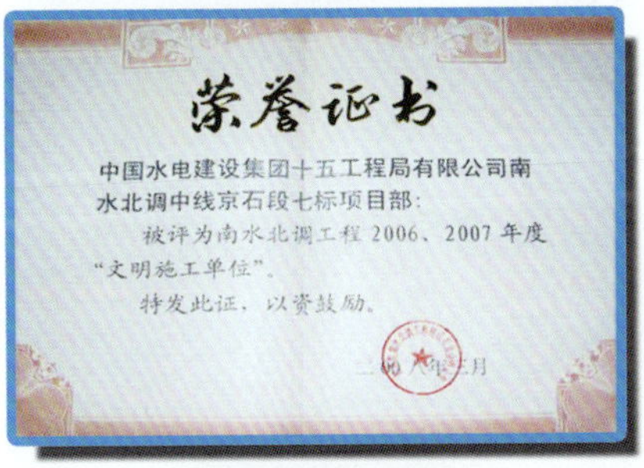

荣誉证书

中国水电建设集团十五工程局有限公司南水北调中线京石段七标项目部：

被评为南水北调工程2006、2007年度“文明施工单位”。

特发此证，以资鼓励。

文明施工单位证书

南沙河渠道倒虹吸工程

穿黄工程

开拓奋进中的中国水电十四局

执行董事、总经理 周宇

党委书记 洪坤

中国水利水电第十四工程局有限公司（简称中国水电十四局）具有水利水电工程和公路工程施工总承包特级资质、市政公用工程施工总承包、土石方工程承包、桥梁和隧道工程专业承包一级资质和地铁工程施工专业资质及承包经营外工程资质。通过质量管理、职业健康安全管理和环境管理三个体系的认证。

中国水电十四局扎根于云南红土高原，弘扬"自强不息、勇于超越"的企业精神，并以"以人为本、亲和诚信、实履约、精益求精"为经营理念，以"一流的质量、顾客的期望、我们的追求"为质量方针，形成了具有自身特点企业文化。50多年来，始终致力于核心竞争力的打造，形成了擅长大型地下洞室工程施工、当地材料坝填筑、高水大容量水轮发电机组安装和城市轨道交通工程施工的核心竞争力，国内、国际和水电、非水电建筑市场开拓齐头并进，成为国内最具竞争实力的水电施工企业之一，被业内誉为"地下铁军"和"水电劲旅"。

自1954年成立以来，已建成各类大中小型工程400多项，安装水轮发电机组超过370台，完成总装机容量达1400万KV先后承建参建了云南鲁布革、漫湾、大朝山水电站和长江三峡工程、黄河小浪底水利枢纽工程等大型特大型水利水电工程。在公路、铁路、地铁、市政、环保、火电工程等领域也建成了多项工程，在多个国家承建水电和公路项目。目前，国内承建参建有小湾、功果桥、溪洛渡等多个水电站及京沪高速铁路等多项铁路、公路、城市轨道交通工程，在国外担负着多个电站、公路和市政工程施工。

近些年来，中国水电十四局获省部级以上重大科技成果奖92项（其中国家级科技成果奖23项）；承建的鲁布革水电站、广州抽水蓄能电站和参建的长江三峡工程、黄河小浪底水利枢纽工程荣膺新中国成立60周年百项经典暨精品工程；承建的鲁布革水电站大坝等项工程荣获国家鲁班奖，各1项工程获詹天佑奖、大禹奖和国际堆石坝里程碑工程奖；2项工程荣获国家优质工程银质奖，28项工程获省部级优质工程奖。被评为全国建筑业科技百强企业、全国百家产品质量信得过企业、全国用户满意施工企业、全国电力行业优秀企业、中国优秀诚信企业；跻身全国电力行业首批AAA级信用企业；连续20年被授予"守合同、重信用"企业称号；连续三年评为云南外经企业前十名；三获全国优秀施工企业称号，并荣膺全国五一劳动奖状。

溪洛渡水电站右岸地下厂房施工

黄河小浪底水利枢纽工程大坝

土建施工和机电安装齐头并进的
小湾水电站地下厂房

长江三峡工程大坝施工

担负施工的广州火车站地铁车站工程

京沪高铁三标五工区十四段预制梁架设

地址：云南省昆明市环城东路395号　邮编：650041
网址：www.fcbmis.com　电话：0871－3329000　传真：0871－3333460

长江勘测规划设计研究院

全国勘察设计单位百强　　三峡工程勘察设计单位

长江勘测规划设计研究院（简称长江设计院），隶属于水利部长江水利委员会，是从事工程勘察、规划、设计、科研、咨询、建设监理及管理和总承包业务的科技型企业，具有工程设计综合甲级、工程勘察综合甲级等一批重要资质，综合实力位于全国勘察设计单位百强，是国家核准的高新技术企业。长江设计院单位分布在湖北、湖南、河南、重庆、上海、广东、西藏等7个省市区，总部位于武汉。全院现有各类专业技术人员近2000人，拥有中国工程院院士2人，全国工程勘察设计大师3人，教授级高工140余人，高级工程师740余人，各类注册工程师逾千人。半个多世纪以来，长江设计院完成了以长江流域综合规划为代表的大量长江干支流综合规划和专业规划，承担了三峡工程、南水北调中线工程等数以百计的工程勘察设计，近年来还承接了大量的国外工程项目，足迹遍布国内及全球30多个国家和地区。

长江设计院共获得国家技术发明奖、科技进步奖、优秀工程勘察设计奖等奖项300余项，拥有国家授权专利29项，先后荣获全国五一劳动奖状、全国工程勘察设计行业国庆60周年十佳自主技术创新企业、全国水利水电行业AAA+级信用企业、全国优秀水利企业、全国水利科技工作先进集体、全国水利抗震救灾先进集体、全国水利系统职工文化先进集体、湖北省文明单位等多项荣誉。

地址：湖北省武汉市解放大道1863号　电话：(027)82827792　传真：(027)82829202
邮编：430010　邮箱：zhglb@cjwsjy.com.cn　网址：www.cjwsjy.com.cn

长江科学院

长江科学院始建于1951年，是国家水利行业的重点科研单位，是水利部非营利科研机构之一，隶属水利部长江水利委员会。长江科学院网站为《长江水利科技网》。长江科学院以水利水电科学研究为主，为国家水利事业、长江治理开发和水行政管理提供科技支撑，并面向国民经济建设相关行业开展技术服务、科技开发。下设12个专业研究所。主要专业有防洪减灾、河流泥沙、水资源与生态环境、水土保持、工程安全与病害防治、空间信息技术应用，水力学、土工与渗流、岩石力学、水工结构、基础处理、工程材料、爆破与抗震、机电控制设备、自动化与水工仪器等。

针对南水北调工程建设中的关键技术问题，开展了大量卓有成效的科学试验研究，提供了重要的科技支撑。主要服务领域在膨胀土地段渠道破坏机理及处理技术、沿线水土保持、工程建设监理、工程质量检测等方面。

一、南水北调中线工程总干渠膨胀土（岩）处理技术研究

由长江科学院牵头完成的国家“十一五”科技支撑课题“膨胀土地段渠道破坏机理及处理技术研究”，重点开展了中线工程膨胀土（岩）工程特性和处理技术的室内和现场试验研究，提出了膨胀土（岩）地段渠坡处理方案和施工技术。

南水北调中线总干渠新乡膨胀岩现场试验段

运用大型岩土离心机开展膨胀土边坡稳定及处理措施的离心模型试验

开展膨胀土（岩）处理技术的现场原型试验

开展室内1:1局部边坡模型试验

二、沿线水土保持监测项目

近年来开展的南水北调中线工程项目有：

（1）南水北调中线一期丹江口水库建设征地移民安置工程环境保护和水土保持初步设计。

（2）丹江口库区及上游水土保持重点治理工程湖北片区水土保持监测。

（3）南水北调中线一期工程穿漳河交叉建筑物工程与漳河北一古运河南段石家庄段水土保持监测。

（4）农业科技成果转化资金项目—南水北调中线水源区小流域综合治理技术转化应用。

茶园小区

用于埋设石棉瓦的沟（耕地）

初

三、南水北调中线天津干线廊坊市内段工程监理1标工程

长江科学院武汉长科监理公司承担的廊坊市内段工程监理1标工程，是位于河北省境内的南水北调中线一期工程天津干线工程第4设计单元廊坊市内段工程TJ4-1标～TJ4-3标三个受监工程项目。工程投资约17.57亿元，为3孔4.4m×4.4m有压输水现浇混凝土箱涵，线路全长35.673km。监理服务期为48个月。在各参建单位的共同努力下，工程进展顺利，工程质量满足设计要求。

TJ4-1标箱涵工程形象

TJ4－2标
箱涵施工现场

TJ4－3标箱涵工程形象

径流

矮林小区

坡耕地小区

镀锌铁皮及导流管头

河南省水利

荣誉证书

河南省水利第一工程局南水北调中线工程安阳六标项目部：

被评为2009年度南水北调工程建设质量管理先进集体。

国务院南水北调工程建设委员会办公室

二〇一〇年六月

安阳六标2009年度建设质量管理优秀单位

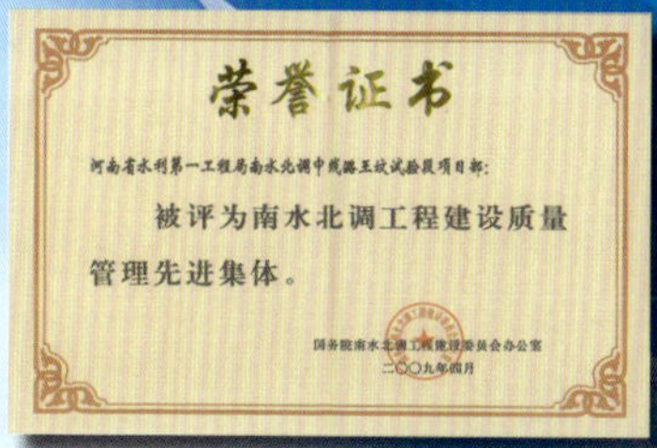
荣誉证书

河南省水利第一工程局南水北调中线潞王坟试验段项目部：

被评为南水北调工程建设质量管理先进集体。

国务院南水北调工程建设委员会办公室

二〇〇九年四月

南水北调试验段2008年度质量管理先进集体

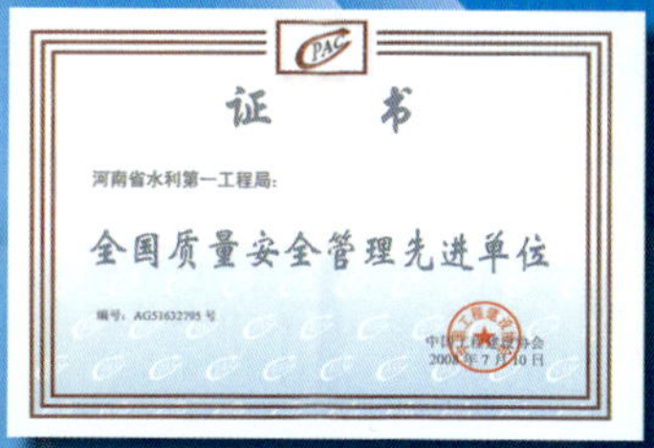
证书

河南省水利第一工程局：

全国质量安全管理先进单位

编号：AG51632795号

全国质量安全管理先进单位

承建的白龟山水库除险加固工程

公司简介 Company Introduction

河南省水利第一工程局(以下简称工程局)是具有独立法人地位，“独立核算、自负盈亏”的国家水利水电工程施工总承包一级企业。现有职工2423人，拥有各类专业技术人员1020人，其中：具有高级职称的68人（教授级高工2人）、中级职称的288人；注册建造师129人，其中壹级注册建造师79人。拥有各类主要施工机械设备2240台(套)，总功率68000千瓦；注册资金1.1亿元，固定资产19772万元，流动资金10276万元，总资产28850万元。

工程局以承建国内外水利水电工程、房屋建筑工程、河道疏浚以及国内和国际招标工程为主，同时承建公路、铁路、涵闸、桥梁、城市供水、机场、港口、基础处理、输变电站、金属结构制安与设备安装工程等。主要年施工能力为：土石方800万m^3，混凝土浇筑120万m^3，工业民用建筑100万m^2，河道疏浚500万m^3，大型输水管道200km，年施工产值达15亿元人民币。

60年来，工程局先后建成了南湾、鸭河口、昭平台、白龟山、陆浑、板桥、杨庄、燕山等大中型水库19座；承建了大型灌溉工程四处、水电站10余座、大型蓄洪滞洪工程7处及国防、工民建等一大批国家重点工程。

第一工程局

改革开放后，特别是近十几年来，工程局不断强化内部管理，积极建立现代企业制度，注重新工艺、新技术的引进和应用，谋求多元化发展，使我们在激烈的建筑市场竞争中立于不败之地。2005年在全省水利行业率先通过“质量、环境、职业健康安全”三合一管理体系认证，全面提升了管理水平和企业形象。先后承建了国家南水北调建设项目、省大中型水利建设项目与水库除险加固及交通道路、电站、供水、疏浚等重点工程和国外工程项目近百项。

工程局一贯坚持“质量第一，信誉至上”的宗旨，“以人为本，诚信守法，构建精品工程；防污节能，安全健康，持续科学发展”的管理方针，在加强管理，恪守信誉方面，得到社会各界的好评。特别是2000年以来工程局多次获得河南省先进建筑施工企业和重合同守信用企业称号；2003年获得水利部全国水利建设先进集体称号；2004年获得省建设厅出省施工先进企业和郑州市对外经济技术合作先进企业称号；2005年、2008年获得中国工程建筑协会质量安全管理先进单位称号；承建的盘石头水库工程、白沙水库工程等多个项目被水利部授予水利系统文明建设工地称号；2007年被评为2003～2007年河南省重点项目建设先进集体，被水利部评为全国水利建设先进集体，被河南省建筑业协会评为河南省先进建筑企业；在建的南水北调中线工程安阳段六标项目部被国务院南水北调办评为青年文明号，2008年又被评为南水北调中线工程2006、2007年度文明施工单位和文明工地。2010年又被评为2009年度安全生产管理优秀单位，工程建设质量管理先进集体。在建的南水北调中线潞王坟试验段项目部2009年被国务院南水北调办评为2008年度安全生产管理优秀单位，工程建设质量管理先进集体。2008年5月12日，汶川大地震后，工程局根据水利部指令，第一时间派出抗震抢险突击队奔赴救灾前线。对四川绵竹市汉旺镇官宋硼堰水利枢纽、广济镇石亭江和柏林水库、大白溪等水库震损水利设施进行应急除险，并被中华全国总工会授予抗震救灾重建家园——工人先锋号荣誉称号；被水利部表彰为全国水利抗震救灾先进集体。震后工程局积极投入到对四川江油的援建中，参与建设的豫江大堤综合整治工程以短短8个月的实际工期创造了水利工程建设的奇迹，以优质工程在江油援建的历史上添上了浓墨重彩的一笔。

在企业不断发展、壮大的过程中，工程局始终坚持“用户至上”的服务理念，一如既往地为“追求人类生活环境和员工个人价值实现的不断进步”，衷心希望与社会各界真诚合作，以精良的设备、精湛的施工技术以及丰富的施工经验，为业主建造优质、满意工程，为我国的水利建设事业作出更大、更多贡献。

承建的陆浑水库除险加固工程

承建的燕山水库溢洪道工程

南水北调工程安阳段六标安阳河倒虹吸

在建的南水北调新乡试验段

地址：河南省郑州市城北路9号
电话：0371-66381569（办公室） 66381559（市场部）
传真：0371-66381569 邮编：450000

河南省水利第二工程局

河南省水利第二工程局（以下简称工程局）始建于1950年，是隶属于河南省水利厅的国家水利水电工程施工总承包一级施工企业，同时具有房屋建筑工程施工总承包二级、公路、桥梁、送变电、地基和基础处理、环保工程施工资质及对外合作经营资格。现有职工1546人，其中各类专业技术人员728人，注册一级建造师57人、注册造价师24人。注册资本8100万元，各种大型施工机械设备1878台（套）。

工程局能够独立承担大型水库(含各种类型的大坝)、电站、隧洞、渡槽、涵闸、供水、排灌、河道治理、堤防填筑、桩基、灌浆、钻探等水利水电工程施工和桥梁、公路、等交通工程施工，以及电厂土建、工业厂房、民用建筑、基础勘探处理、大型土石方(含爆破)、商品混凝土工程和矿山开采等各类工程施工。年生产能力为土石方开挖2500万m³，土石方填筑1900万m³，混凝土浇筑180万m³，基础灌浆80万m²。

改革开放以来，工程局先后承建了南湾、小南海、陆浑、鲇鱼山、孤石滩、宝泉、昭平台、白沙、燕山等30余座大中型水库的修建工程。目前在建的主要水利水电工程施工项目有：石柱沟水库碾压混凝土坝工程、罗寺沟废石坝工程、驻马店宿鸭湖水库除险加固工程、三门峡市山口水库复建工程，其中在南水北调工程建设中，工程局先后承建了南水北调中线一期总干渠工程膨胀土试验段（南阳段）、安阳段2标、焦作2段1标、辉县段3标、郑州2段3标和潮河段4标等工程。

几十年来，工程局严格管理，诚信经营，文明施工，重视新技术、新工艺、新材料的应用和推广，并有一套严密的质量管理、职业健康安全管理和环境管理的保证体系和管理措施，获得ISO 9001:2008（GB/T 19001-2008）质量体系、GB/T 28001-2001职业健康安全管理体系、ISO 14001:2004（GB/T 24001-2004）环境管理体系认证证书，多次被评为河南省先进建筑企业、河南省建筑安全先进企业、

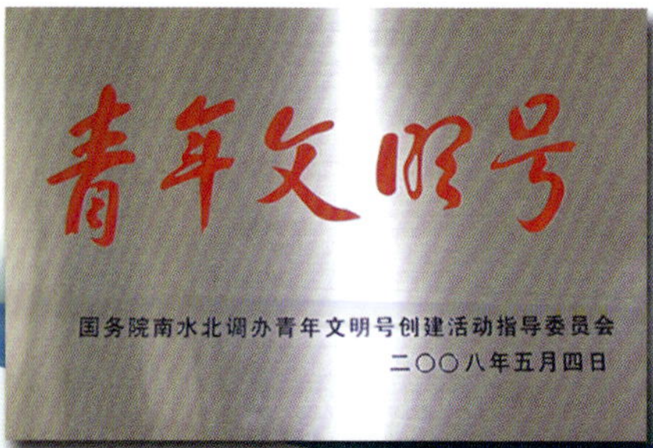

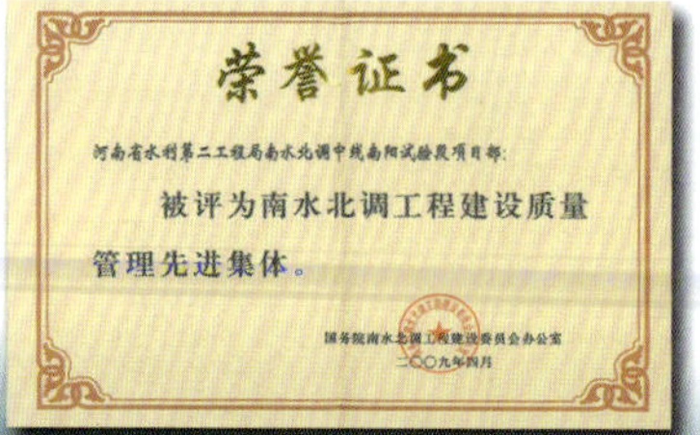

地址：郑州经济技术开发区经北五路6号　　电话：（0371）65895301

【企业精神】：开拓创新，团结协作，艰苦奋斗，诚实守信

【经营理念】：管理创品牌，质量求生存，创新求发展，诚信求效益

【质量方针】：科技创新稳步发展，规范管理多创精品
持续改进质量体系，诚信求实顾客满意

河南省优秀水利施工企业。2007年，工程局被水利部授予全国优秀水利企业。工程局承建的郑州东区熊耳河治理工程、东风渠治理工程荣获水利工程优质（大禹）奖。南水北调中线一期工程膨胀土试验段（南阳段）项目部和郑州2段3标项目部被国务院南水北调办公室评为南水北调工程建设质量管理先进集体、南水北调工程建设2008年度安全生产管理优秀单位，南水北调中线安阳段Ⅱ标、南水北调膨胀土试验段（南阳段）项目荣获国务院南水北调办颁发的青年文明号光荣称号。工程局被国务院南水北调办评为A级信用等级施工单位。

工程局始终以实业报国、造福社会为已任，坚持体制创新和管理创新，弘扬“开拓创新，团结协作，艰苦奋斗，诚实守信”的企业精神，团结拼搏，秉承“管理创品牌，质量求生存，创新求发展，诚信求效益”的经营理念，以“科技创新稳步发展，规范管理多创精品，持续改进质量体系，诚信求实顾客满意”为质量方针，信守承诺，为发包人和社会建造精品工程而孜孜以求，在市场竞争中不断提高企业的综合实力。

河南省水利第二工程局衷心希望与各界朋友携手合作，共创美好明天！

安阳段2标下毛仪倒虹吸工程

南阳试验段渠道防护工程

荣誉证书

河南省水利第二工程局南水北调中线工程郑州2~3项目部：

被评为2009年度南水北调工程建设安全生产管理优秀单位。

国务院南水北调工程建设委员会办公室
二〇一〇年五月

荣誉证书

河南省水利第二工程局南水北调中线工程郑州二段三标项目部：

被评为2009年度南水北调工程建设质量管理先进集体。

国务院南水北调工程建设委员会办公室
二〇一〇年六月

南阳试验段充水试验

传真：（0371）65895331　网址：www.ysej.com

为南水北调工程安全运行保驾护航

——北京市水利科学研究所水利工程质量检测中心

南水北调北京段工程荣誉证书和奖章

北京市水利科学研究所隶属于北京市水务局，是以水利和水资源方面应用技术研究为主的公益性科研院所。业务范围包括水资源、水环境、水土保持、水生态建设、雨洪利用、综合节水、工程质量检测、水务规划及战略研究等多个专业方向。其中水利工程质量检测中心以质量检测、安全监测为主体业务，积极为水利工程建设与管理提供技术支持和决策服务，同时为社会单位提供水利和水资源方面技术咨询服务。

水利工程质量检测中心已取得资质认定计量认证证书和水利部水利工程质量检测混凝土工程、岩土工程、量测三个类别的水利工程质量检测单位甲级资质。

从2005年至2009年，水利工程质量检测中心为南水北调工程提供真实可靠的原材料检测数据和监测数据共计80397组。先后承担了5项南水北调工程安全监测数据采集和分析，为工程施工质量和运行提供了有力保障。同时完成南水北调北京市配套工程防渗专项研究和塑性混凝土特性研究等相关咨询工作，现正参加南水北调安全监测信息管理及分析软件开发工作。

在南水北调建设中，获得了北京市南水北调工程优秀成果二等奖，两名同志分别获得北京市人民政府颁发的优秀建设者铜质奖章和优秀建设者贡献奖章。

随着南水北调配套工程的开展，北京市水利科学研究所水利工程质量检测中心将继续服务于南水北调工程，致力于提供高质量的工程检测、监测和咨询服务，进一步开辟新的业务领域，为南水北调工程安全运行保驾护航。

地址：北京市海淀区车公庄西路21号 水利工程质量检测中心（海202）　　邮编：100048

电话：010-88416472　　传真：010-88423808　　邮箱：sksjczx@163.com

南水北调工程PCCP管道压水试验安全监测

实验室设备

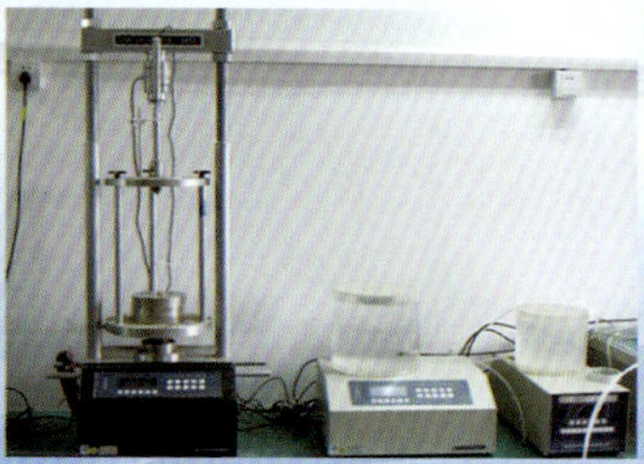

全自动三轴仪

南水北调工程PCCP原型观测设备埋设

中国水利水电建设工程咨询西北公司

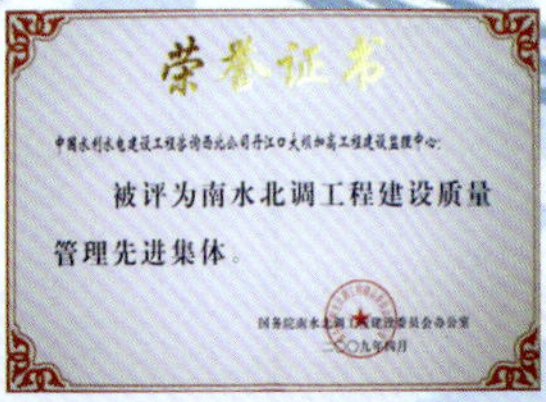

中国水利水电建设工程咨询西北公司(以下简称西北公司)成立于1988年6月，是南水北调工程建设信用等级为A级的监理单位。西北公司持有国家颁发的甲级工程咨询资格证书、甲级工程建设监理单位资质证书等，通过了中国船级社质量认证公司的质量管理体系认证、环境管理体系认证和职业健康安全管理体系认证。公司现有各类人员1183人，其中：咨询专家组成员26名（其中国家级设计大师1人，享受政府特殊津贴的专家14人），总监理工程师资格人员126人，水利部监理工程师资格人员235人，建设部监理工程师45人，国家电力公司监理工程师135人，国家注册咨询工程师15人，具有造价工程师从业资格人员63人，具有安全从业资格人员65人，具有各类执业资格人员占到了技术人员总数的50%以上。

西北公司专业齐全、技术力量雄厚，拥有先进的科学试验设备仪器。承担着大中型水利水电建设工程勘测、设计、科研、试验技术咨询；工程建设监理、工程项目管理、工程项目总承包、水利水电工程新材料研究开发及应用；土木、水运、公路、人防工程勘测、设计、科研试验技术咨询等工作。

西北公司先后承担了黄河上游水电开发及地区经济发展研究、黄河上游梯级电站联合调度运行研究、龙羊峡工程效益分析研究、青铜峡大坝安全复核、碧口水电站工程地震分析、青铜峡唐渠水电站设计、黑山峡河段开发方案技术咨询，长江三峡工程双排机方案咨询与研究、陕西东庄水利枢纽开发方式及选坝研究、陕西翠华山抽水蓄能电站初步设计、新疆叶尔羌河阿尔塔什水电站可行性研究、黄河沙坡头水电站设计方案咨询等近200项咨询设计任务。

西北公司成立至今已承担完成长江三峡工程一期与二期工程、南水北调中线干线滹沱河倒虹吸工程、黄河小浪底水利枢纽大坝工程、黄河李家峡水电站、黄河大峡水电站、新疆山口水电站、黑龙江莲花水电站、甘肃疏勒河昌马水库水利枢纽、淮河入海水道淮安枢纽、长江干堤加固工程、广西红水河乐滩水电站、广西南盘江平班水电站、黄河小峡水电站、四川紫坪铺水利枢纽等50余项大中型工程的建设监理工作。

南水北调中线丹江口大坝加高工程。西北公司承担了丹江口大坝加高工程全部土建及金结机电设备监造和安装工程。

南水北调中线总干渠滹沱河倒虹吸工程。西北公司承担了该工程的施工监理任务。

南水北调中线汉江兴隆水利枢纽工程。西北公司承担了该项目的主体工程施工监理任务。

西北公司还承担着长江三峡工程三期工程、南水北调中线水源工程丹江口大坝加高工程、南水北调中线汉江兴隆水利枢纽工程、南水北调中线一期工程天津干线工程、南水北调中线一期引江济汉工程、云南澜沧江小湾水电站、河北张河湾抽水蓄能电站、浙江滩坑水电站、重庆乌江彭水水电站、云南李仙江居甫渡水电站、辽宁蒲石河抽水蓄能电站、金沙江向家坝水电站及雅砻江锦屏一级水电站引水发电系统工程、澜沧江糯扎渡水电站大坝及溢洪道工程等大中型水利水电工程及多项公路、桥梁、房屋建筑、市政工程的建设监理任务。

此外，西北公司是国内最早步入国际水电市场的咨询监理公司之一，目前承担着柬埔寨甘再水电站项目管理、缅甸DAPEIN（I）水电站建设监理、缅甸密松和其培水电站电源电站建设监理、土耳其机电设备监造、伊江上游水电项目对外交通板瓦至其培公路工程施工监理等。

2000年2月，西北公司被评为1999年度先进工程建设监理单位。

2008年12月，为表彰西北公司过去20年在监理行业的杰出表现，中国建设监理协会授予西北公司中国建设监理创新发展20年工程监理先进企业称号，这也是目前中国建设监理行业的奖项。

在2009年中国电力优质工程的评选中，全国共有5项水电项目获奖，其中2项（广西乐滩水电站工程和重庆彭水水电站工程）是由西北公司承担监理工作的。

西北公司近年来被评为长江三峡工程建设先进单位及三峡工程质量管理先进集体、南水北调工程建设质量管理和安全生产管理优秀单位、黑龙江省重点优质工程先进监理单位、黄河小浪底先进建设集体、四川省水利基本建设工程质量管理先进集体、澜沧江流域水电建设先进集体、糯扎渡水电站工程质量先进集体、乌江彭水电站工程建设优秀监理等多项荣誉称号，所监理（管理）的工程荣获中国建筑工程鲁班奖、国家优秀工程金质银质奖、中国水利工程优质（大禹）奖、中国电力优质工程、中石油优质工程金奖、中国大唐集团公司达标投产工程等多项荣誉，西北公司的社会信誉已得到所服务客户的广泛认可，西北公司已成为国内水电建设监理行业的品牌企业。

地址：陕西省西安市沣惠南路橡树街区A座21层　邮编：710075　电话:029-88891096/88891059　传真：029-88891111

中国华水水电开发总公司

www.chhic.cn

中国华水水电开发总公司拥有水利水电工程总承包一级资质，是中国长江三峡集团公司的子公司。公司以承建水利水电工程为主，2003~2009年期间，先后承建了150余项水电站、拦河坝（闸）、防洪堤、病险水库与堤坝防渗加固等工程，在水利基础处理和水库的除险加固技术领域具有科技领先优势，研究开发出土石坝防渗、病险水库与堤坝加固治理等多项科研成果。南水北调中线京石段应急供水工程S7标工程由中国华水水电开发总公司承建，合同金额7559万元，经过三年施工，于2009年9月完工，2010年6月验收，工程等级为优良。

中国华水水电开发总公司愿秉承合作、友谊、共赢的理念，与各界朋友真诚合作，携手并肩，促进共同繁荣，共创美好未来。

地址：北京市丰台区菜户营甲230号

邮编：100069

电话：010-58062288

传真：010-58062299

网址：http://www.chhic.cn

徐州市水利工程建设监理中心

徐州市水利工程建设监理中心于1996年12月成立，2001年7月获得水利部建设监理单位丙级资质等级证书，2003年4月获得水利部建设监理单位乙级资格等级证书，2007年9月1日获得水利部建设监理单位甲级资格等级证书。业务范围：各等级水利工程的施工监理、各类各等级水利工程建设环境保护监理。

监理中心有固定的工作场所、健全的监理机构，完善的组织章程和管理制度。监理中心设主任1名、副主任2名、总工1名，下设人力资源部、经营部、工程部和财务部。现有员工124人，监理人员结构合理，其中15人具有总监理工程师资格，102人具有注册监理工程师资格证书、注册证书；15人具有监理员岗位证书；监理工程师中有18人具有高级职称，58人具有中级职称，水利部造价师17人(其中2人具有高级职称)；后勤保障人员7人。

10年来，监理中心以创业、务实的企业精神，勤奋、敬业的工作态度，以水利建设项目为主，承接了数百个大、中型水工建筑物、河道治理、水库除险加固、道路桥梁的建设监理工作，具有丰富的监理经验。承担监理任务的南水北调东线张楼中运河地涵工程、南水北调东线第一期工程徐州市截污导流工程施工监理01标第二施工标分别获得了南水北调东线第一期工程江苏境内截污导流工程2009年度文明工地，监理中心获得南水北调东线徐州段工程2009年度工程建设先进集体。2010年6月，监理中心又被评为AA级重合同守信用企业。

监理中心本着“守法、诚信、公正、科学”的执业准则，科学监理，热情服务，内抓管理，外创信誉，不断完善质量管理体系，并运用现代计算机网络技术规范化管理。

我们真诚地愿与各界朋友开展交流合作，以一流的技术、一流的质量竭诚为顾客提供优质的工程监理服务。

南水北调东线张楼中运河地涵工程

南水北调东线第一期工程徐州市截污导流工程

张楼地涵工程

张楼地涵工程

北京韩建河山管业有限公司

Beijing Hanjian Heshan Pipiline Co.,Ltd

南水北调中线北京段

PCCP制造第一标段工程

技术创新

公司拥有8项专利，参与了国家科技部“十一五”科研课题“超大口径PCCP生产技术及安全性的研究”，开发研制了多项专业设备，“超大口径PCCP成套生产技术及关键设备的应用开发”科研课题获建材行业科技进步二等奖。

工程业绩

- 南水北调中线北京段PCCP制造第一标段工程。
- 山西省万家寨引黄入晋工程北干线预应力钢筒混凝土管（PCCP）采购项目。
- 哈尔滨磨盘山水库供水（二期）工程输水管线采购PCCP管材及配件五标段项目。
- 安徽淮水北调临涣输水管道工程PCCP输水管材采购A标段。
- 山西坪上应急引水工程主干线PCCP管制作04标。
- 山西省张峰水库工程输水总干2号倒虹和3号倒虹的PCCP管材制造项目。

水利水电项目：

- 南水北调北京段DN4000安装工程。
- 山西省万家寨引黄工程北干线PCCP输水工程安装Ⅱ标。
- 燕房污水处理厂管线工程。

电话 010-80380468 | 传真 010-80387202 | 邮编 102423 | 网址 http://www.bjhs.cn | 邮箱 hs@bjhs.cn | 地址 北京市房山区韩村河镇丰收路1号

天津振津工程集团有限公司

天津振津工程集团有限公司（以下简称振津集团公司）成立于 1988 年，注册资金 1 亿元，是一家同时具有水利水电总承包一级、市政公用工程总承包一级、管道工程专业承包一级、机电设备安装工程专业承包一级、堤防工程专业承包一级的建筑施工企业。

振津集团公司始终以建设让人民放心的工程为企业宗旨，经营范围涉及线路管道设备安装，工业、民用建筑工程，水利水电工程，市政建设工程，建筑装饰工程，防腐保温工程，水利水电工程的技术开发、技术服务、预拌商品混凝土等。近年来，先后承担了南水北调中线南沙河倒虹吸北段工程、南水北调中线一期天津市内配套工程天津干线分流井至西河泵站输水工程、永定新河综合治理一期工程、蓟运河防潮闸除险加固工程、天津市芦新河泵站除险加固工程、天津市引滦水源保护工程新建州河暗渠、明渠工程、海河堤岸改造工程和景观建设工程、北运河防洪综合治理工程、外环河整治工程、新开河综合治理工程、于桥水库坝基加固工程、北大港水库除险加固工程等项目。在全国各地承揽安装了各种市政管道、石油管道、化工管道、燃气管道、供热管道、供水排水管道等 1200 多 km、气化站、储气罐若干座，煤气入户安装几千万户，工程项目遍及广州、北京、河北、内蒙古、福建、上海、安徽等地。

1999 年振津集团公司一次通过 ISO 9001 质量保证体系认证，2002 年取得了长城（天津）质量保证中心三合一管理体系认证。先后取得天津市质量技术监督局首批压力管道设备安装许可证；国家质量监督检验检疫总局认可的中型平面滑动闸门、中型平面定轮闸门、中型水利水电工程压力钢管生产许可证；天津市燃气工程施工企业认定证书；天津市压力容器安装许可证。连续 10 年被天津市工商局评为重合同、守信誉单位；企业信用等级为 AAA。此外还曾荣获全国水利系统用户满意企业、全国水利系统卓越绩效模式先进单位、全国水利系统质量管理奖、天津市优秀企业、天津市质量管理奖、天津市实施卓越绩效模式先进企业等荣誉称号。

公司办公楼

芦新河泵站除险加固工程

南水北调天津干线实验段

蓟运河闸除险加固工程

引滦入津水源保护新建州河暗渠工程

地址：天津市河西区洞庭路 52 号
邮编：300222
电话：022-88181243
传真：022-88181233

HONGBO

上海宏波工程咨询管理有限公司

党委书记兼董事长 顾德龟

总经理 李松

真情寄语

宏观之宇宙，宇宙之微波——这就是宏波。

作为一个企业铭牌和文化符号，她已深深融入上海宏波工程咨询管理有限公司执业的全过程，融入每个宏波人的灵魂之宅和人格之枢。我们的企业精神、企业文化、价值取向、人文情怀于是便有了取之不尽的源泉。15年来，我们正是这样从小到大、从宏观到微观实现一次次蜕变和升华，一步步得到社会的认可和信任。为此，特向一贯关心和支持我们的各级领导、合作伙伴、新老朋友、社会各界表示衷心感谢和良好祝愿！

星驰云移，物竞天择。今后，我们将一如既往地践行这一理念，在微观上把工作做严做细，把服务做严做细，把管理做严做细；在宏观上把品牌做大做强，把效益做大做强，把奉献做大做强。这既是我们的追求，也是我们对社会的庄严承诺。

谢谢大家！

崇西水闸

滴水湖出海闸

世博园白莲泾泵闸

嘉善体育场看台

地址：上海市徐汇区龙华西路31弄58号
邮编：200232
电话：021-64573841
传真：021-64568594
邮箱：mail@shhb.com.cn
网址：www.shhb.com.cn

世博会庆典广场音乐喷泉

□创业历程

上海宏波工程咨询管理有限公司成立于1994年12月，2000年7月通过中国方圆委ISO 9001质量体系认证，2007年7月完成企业改制。公司现拥有水利部、建设部、国家发改委、国家质量技术监督局和上海市10多项高等级资质，专业涉及水务、水利、市政、交通、工民建、绿化、设备、生态环保等各个领域，并在工程咨询、工程代建、工程测量和审图等专业方面具有人才和技术优势，可为社会提供全过程、全方位的综合性工程咨询和项目管理服务；公司先后承担200多项工程监理任务，其中不乏上海市重大工程项目；改制后年产值连续三年以近30%的速度增长；先后获得水利部先进集体、水利部优秀企业、上海市文明单位、上海市五好党组织、上海市重大工程实事立功竞赛优秀企业，以及国务院南水北调办先进集体、先进监理单位等60多项工程大奖和荣誉称号。

南水北调京石段总干渠

□恒久理想

公司党工团组织健全，活动丰富多彩，旨在“以人为本、以和为贵、以文化俗、以诚强企”，是一个富于活力与挑战、追求卓越与完美、充满温馨与和谐、注重自身形象与社会奉献的企业。

南水北调京石段漠道沟倒虹吸

□人才荟萃

公司现有各类专业人员600人，各类注册执业资格500人次，其中教授级高工3人，高级工程师64人，高级经济师3人，中级技术职称166人；硕士学历18人，本科学历140人，大专学历232人，并建立了现代化人力资源开发、引进、培训、使用和晋升机制。

□执业严谨

公司始终坚持国家基本建设有关政策法令，以优质服务和安全生产为兴业之本，重合同，守信用，具有完整严格的质量、安全、进度、投资控制系统和保障体系，现场操控和处置能力强，监督检验手段先进，所监理工程优良率70%以上，客户满意率100%。

南水北调宿迁截污导流总提升泵站

□企业精神

团结、奋进、求实、创新。

□价值观念

真诚面对社会，创造财富人生，合作共谋发展，不断超越自我。

□发展愿景

把宏波公司建设成国内一流的智力型、服务型、复合型的咨询企业，力求在员工发展和顾客满意度上做得最好。

奉贤水厂

亚洲最大的污泥处理工程白龙港蛋型消化池之一

南水北调中线孟良河渠道倒虹吸

亚洲第一江心水库青草沙水库龙口合龙

金汇港出海闸

欢庆的一刻

白龙港污水处理厂

小浪底工程咨询有限公司

XECC

XIAOLANGDI ENGINEERING CONSULTING COMPANY LTD.

公司简介

小浪底工程咨询有限公司于1992年9月30日由水利部批准成立，是具有独立法人地位的、专业工程建设监理和工程咨询的技术经济实体。

经营服务范围及资质

水利水电、工民建筑、公路桥梁、机电设备安装等工程监理；水土保持、环境和移民监理；工程项目咨询服务；工程设备、材料采购招标代理；建筑质量控制及质量评估等招标咨询；质量监测与评估；内外部变形观测；工程设备制造监理和咨询。公司持有国家颁发的甲级建设监理资格、甲级工程建设项目招标代理资格、甲级工程咨询资格、水土保持、环境保护工程施工监理资格、甲级测绘资格及甲级质量检测单位资质证书等。通过ISO9001:2000质量管理体系国际标准认证。

专业特长

大型国际、国内工程项目工程管理、工程代建、咨询；国际工程项目合同管理和索赔争议处理咨询；大型水利水电工程建设监理、征迁移民监理、水保环境监理；工程建设项目招标代理。

经营业绩

公司成立至今，已承担完成了黄河小浪底枢纽工程、嫩江尼尔基枢纽工程、四川岷江紫坪铺枢纽工程、黄河公伯峡水电站、黄河西霞院工程、广西右江百色枢纽工程、引滦入津水源保护工程；南水北调中线穿黄工程、重庆巴山水电站、广西右江百色厂区公路、小浪底黄河公路大桥、拉西瓦水电站黄河大桥和伊黑龙大桥、洛阳小浪底大厦、河南省洛阳人民警察学校、洛阳市小浪底和顺园II期、海南西岛及肖旗港码头工程等大中型水利水电工程和公路桥梁、房屋建筑、港口码头等工程的建设监理任务。同时承担了小浪底及西霞院工程设备制造监理、龙滩水电站I标段和II标段地形测量、小浪底大坝观测、西霞院水库施工测量、环境监测监理，以及南水北调中线黄河北—漳河南、漳河北—古运河南、陶岔—沙河南、沙河南—黄河南段征地拆迁补偿和移民安置等监理任务。还承担了南水北调中线京石段应急供水工程河北段防护林、北京段绿化工程、西霞院枢纽工程等80多项工程招标代理。此外，公司还提供了越南清化省达门水库、老挝XESET2水电站等国外工程咨询服务。

公司目前正在进行云南小岩头水电站、四川大发水电站、苏州东太湖综合整治等工程建设监理。

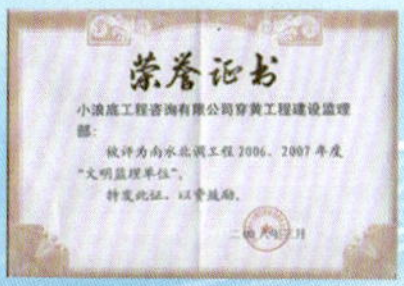
荣誉证书
小浪底工程咨询有限公司穿黄工程建设监理部：
被评为南水北调工程2006、2007年度"文明监理单位"，
特发此证，以资鼓励。

荣誉证书
授予：小浪底工程咨询有限公司
共创鲁班奖工程监理企业

荣誉证书
小浪底工程咨询有限公司穿黄工程建设监理部：
被评为南水北调工程建设质量管理先进集体。

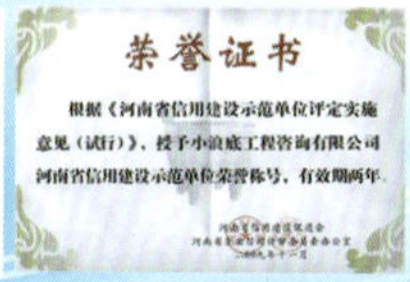
荣誉证书
根据《河南省信用建设示范单位评定实施意见（试行）》，授予小浪底工程咨询有限公司河南省信用建设示范单位荣誉称号，有效期两年。

获奖情况

公司2005年被水利部建管司评为2004年度水利系统文明建设工地，2006年荣获中国水利电力质量管理协会颁发的全国水利系统质量管理奖，2007年荣获中国建设监理协会颁发的共创鲁班奖工程监理企业荣誉证书，2008年荣获南水北调委员会文明监理单位。2009年被评为河南省信用建设示范单位，荣获中国水利工程优质（大禹）奖，公司穿黄监理部被评为南水北调建设质量管理先进集体，2010年荣获第九届中国土木工程詹天佑奖。公司所监理的项目荣获水利系统文明建设工地、监理先进单位、河南省优质测绘工程一等奖、科学技术进步二等奖、中国建筑工程鲁班奖、新中国成立六十周年百项经典精品工程等多项奖项及荣誉。

公司还积极参与社会活动，成为国际咨询工程师联合会（FIDIC）会员、中国工程咨询协会（CNAEC）会员和理事单位、河南省工程咨询协会、中国设备监理协会常务理事单位。

小浪底咨询公司长期坚持以公正、科学、求实、廉洁的"工程师"精神，以专业技术人员和现代化的技术设备，以及丰富的水利水电工程建设经验和智力密集型企业的优势，竭诚为国内外水利水电工程建设和土木工程建设领域的客户提供符合ISO9000质量管理体系标准、国际咨询工程师联合会（FIDIC）和中国工程咨询协会规定的工程监理和咨询服务。公司诚信守法、严格履行合同，提供优质服务，完善管理体系，深受顾客好评。

南水北调穿黄工程是南水北调中线一期总干渠穿越黄河的关键性工程，位于河南省郑州市以西约30km处，各类渠道与隧洞总长19.30km。主要任务是安全有效地将中线调水从黄河南岸输送到黄河北岸，并在水量丰沛和需要时向黄河补水。其中隧洞工程包括邙山隧洞段和过河隧洞段，共长4250m，直径7m，采用双洞平行布置，双层衬砌结构，外层为装配式普通钢筋混凝土管片结构，内层为现浇预应力钢筋混凝土整体结构。上游线隧洞已于10年6月22日全线贯通。该工程被授予南水北调工程2006、2007年度文明工地称号，公司穿黄监理部被授予南水北调工程文明监理单位和南水北调建设质量管理先进集体称号。

南水北调中线干线邯郸段及穿漳河环境保护工程包括穿漳河交叉建筑物工程和邯郸市渠段两部分。小浪底咨询公司监理的II标段，涉及邯郸市的邯郸县、复兴区、邯山区3个县（区），渠段总长21.12km，永久征地5096亩，临时用地5543亩，及居民房屋、工矿企业、电力、通信、广播、交通、管线等专项设施恢复迁建及环境保护。在河南省南水北调办和中线建管组织的对漳河北—古运河南9家监理单位人员和设备配备、制度建设、现场记录与档案管理检查评比时，地方满意度高，综合评比名列前茅。

地址：河南省郑州市紫荆山路68号　邮编：450000　电话：037165362285　传真：037165362268　网址：www.xecc.com.cn